본서는 바쁜 현대 사회에서 최소한의 시간으로 산업안전기사 자격증을 취득하고자 하는 **벼락치기** 수험생을 위하여 이렇게 만들었다.

❶ 2026년 최신 개정법 적용
❷ NCS(국가직무능력표준) 출제기준 적용
❸ 합격요점노트로 시험에 자주 출제되는 필수 이론 내용을 간추렸다.
❹ 계산문제에 지레 겁먹고 포기하는 수험자를 위해 계산문제를 모아서 풀어보고 완전히 이해할 수 있도록 총정리해두었다.
❺ 8개년 과년도 문제를 통해 실전처럼 연습하고 공부할 수 있도록 구성하였다.
❻ 전과목 무료 동영상 강의 제공을 통해 처음 접하는 사람도 쉽게 이해할 수 있도록 하였다.
❼ 365일 저자 직통 전화(010-7209-6627)를 운영하여 학습 중 의문점을 바로 해결할 수 있도록 하였다.

본 수험서가 세상에 출간되기까지 불철주야 인고의 고통을 함께 한 '도서출판 세화' 박 용 사장님을 비롯한 임직원께도 고맙게 생각하며, 오늘이 있기까지 변함없이 은혜와 사랑을 주시는 나의 하나님께 진정으로 감사드립니다.

모든 세화 가족의 건강과 장수, 그리고 합격을 기원합니다.

저자 씀

CONTENTS

PART 01 합격요점노트

PART 02 계산문제총정리

PART 03 실전은 연습처럼

2018년~2021년 과년도 1회차 문제해설

ISO 9001:2015
koita 한국산업기술진흥협회
▸ISO 45001:2018 인증
▸ISO 9001:2015 인증
▸안전연구소 인정

CBT 백과사전식
NCS적용 문제해설

녹색자격증
녹색직업

2026
개정5판 총6쇄

세계유일무이
365일 저자상담직통전화
010-7209-6627

CBT 실전 연습
AI 기출문제 학습앱
맞추다 MACHUDA
https://machuda.kr

전과목 핵심요약 노트
전과목 계산문제 총정리
과년도 기출문제 8개년

벼락치기 산업안전기사 필기

ONLY ONE 합격교재
전과목 7개년 7회분 무료강좌

• 합격요점 + 합격문제 •

안전공학박사/명예교육학박사
대한민국산업현장교수/기술지도사 정 재 수 지음

동영상 강의

에듀피디	정재수의 안전닷컴
에어클래스	온캠퍼스
이패스코리아	한솔아카데미

네이버 검색창에 검색해 보세요.
cafe "정재수의 안전스쿨"
http://cafe.naver.com/anjeonschool
카페에 가입하시면 무료 동영상
정재수의 안전스쿨

"산업안전 우수 숙련기술자" 선정

산업안전, 건설안전 기사 · 지도사 · 기능장 · 기술사 등 관련 자격 및 의문사항에 대하여
365일 성심 성의껏 답변해 드리고 있습니다. 저자와 상담 후 교재를 구입하세요.
www.sehwapub.co.kr

PATENT 특허 제10-2687805호

대한민국 최초, 최다, 최고, 최상, 최적 적중률의 안전관리 완벽합격!

• 특허 제10-2687805호 •
명칭 : 국가직무능력표준에 따른 자격사 교육 콘텐츠 생성 자동화 방법, 장치 및 시스템

도서출판 세화

머리말

내가 너의 갈길을 가르쳐보이고 너를 주목하여 훈계하리로다
[시편 32:8]

2026년 산업안전기사를 취득해야 하는 이유가 있다. 건강, 장수, 재산이다. 건강하고 장수하고 부자가 되려면 산업안전(산업)기사에 합격하면 성취가 가능하다.

오늘의 시대는 국내외 상황이 급변하고 무제한 국가 경쟁력 시대, 구미 불산(불화수소산) 누출사고, 2014년 세월호 참사 이후 모든 안전인의 자성과 새로운 각오와 안전업계와 관련된 관, 민, 산, 학, 연 모두의 변화가 절실히 요구되는 절박한 때이다.

특히 2018년 4월 27일 남북정상회담 및 시장개방으로 인한 국내외 무제한 경쟁력에 부딪치고 우리의 목표인 최상의 품질 달성 등 우리의 당면한 문제를 우리 스스로 해결하기 위해서는 우리 모든 안전인들이 끝없이 연구하는 노력이 계속 이어져야 하고 이러기 위한 뚜렷한 동기 부여를 위해서는 안전관리자에 대한 활용 영역 확대, 안전기사에 대한 Incentive 부여 등이 시급히 마련되어야 한다고 본다.

대한민국 헌법 제34조 및 안전관리헌장에서도 국민의 안전을 강조하고 있다.

안전한 대한민국을 만들기 위해 산업안전(산업)기사를 목표로 공부하고자 하는 수험생들의 결단과 노력에 먼저 감사를 드린다.

PART 04 연습은 실전처럼 2022년~2024년 과년도 전회차 문제해설

2022년도 기사 정기검정 과년도 문제해설

2023년도 기사 정기검정 복원문제 및 예적(예상적중) 문제해설

2024년도 기사 정기검정 복원문제 및 예적(예상적중) 문제해설

PART 05 2025년 과년도 전회차 문제해설

2025년도 기사 정기검정 복원문제 및 예적(예상적중) 문제해설

S A F E T Y   E N G I N E E R

PART 01

합격 요점노트

제1장

벼락치기 • 산업안전 필기

산업재해 예방

01 재해의 종류

(1) 산업재해 : 통제를 벗어난 에너지의 광란으로 인하여 입은 인명과 재산의 피해 현상

합격정보 **산업안전보건법 정의**

"산업재해"란 노무를 제공하는 사람이 업무에 관계되는 건설물·설비·원재료·가스·증기·분진 등에 의하거나 작업 또는 그 밖의 업무로 인하여 사망 또는 부상하거나 질병에 걸리는 것을 말한다.

(2) 중대재해

① 사망자가 1명 이상 발생한 재해
② 3개월 이상의 요양이 필요한 부상자가 동시에 2명 이상 발생한 재해
③ 부상자 또는 직업성 질병자가 동시에 10명 이상 발생한 재해

(3) 중대재해 발생시 관할 지방 고용노동관서의 장에게 보고해야 할 사항

① 발생개요 및 피해상황
② 조치 및 전망
③ 그 밖에 중요한 사항

(4) 재해발생 형태

① **집중형** : 발생요소가 각각 독립적으로 작용하는 형태(재해가 집중적으로 발생)
② **연쇄형** : 원인들이 연쇄적 작용을 일으켜 결국 재해를 발생케 하는 형태
② **복합형** : 집중형과 연쇄형의 혼합형으로 대부분의 재해가 이 형태를 따른다.

(5) 상해정도별 구분(ILO 구분)

① 사망
② 영구 전 노동 불능
③ 영구 일부 노동 불능
④ 일시 전 노동 불능
⑤ 일시 일부 노동 불능
⑥ 구급처치상해

02 산업재해의 발생과정

(1) 하인리히 domino(연쇄성) 이론

① 제1단계 : 사회적 환경 및 유전적 요소
② 제2단계 : 개인적인 결함
③ 제3단계 : 불안전 행동 및 불안전한 상태
④ 제4단계 : 사고
⑤ 제5단계 : 재해

재해발생 비율 – 사망:경상해:무상해 = 1:29:300

(2) 버드의 사고연쇄성 이론

① 제1단계 : 관리의 부족(통제부족)
② 제2단계 : 기본원인 – 기원론, 원인학(기원)
③ 제3단계 : 직접원인 – 불안전행동, 불안전상태(징후)
④ 제4단계 : 사고(접촉)
⑤ 제5단계 : 상해(손실)

재해발생 비율 – 중상:경상:무상해(물적손실):무상해, 무사고(아차사고)
= 1 : 10 : 30 : 600

(3) 아담스의 도미노 이론

① 제1단계 : 관리구조
② 제2단계 : 작전적(operation) error(관리감독자의 오판, 누락)
③ 제3단계 : 전술적(tactical) error(작전적 error에 의한 작업자의 error)
④ 제4단계 : 사고
⑤ 제5단계 : 물적 상해

(4) 간접원인

① **기술적 원인** : 건물·기계장치의 설계불량, 구조·재료의 부적합, 생산방법의 부적합, 점검·정비·보존불량
② **교육적 원인** : 안전지식의 부족, 안전수칙의 오해, 경험·훈련의 미숙, 작업방법의 교육 불충분, 유해·위험작업의 교육 불충분
③ **작업관리상의 원인** : 안전관리조직 결함, 안전수칙 미제정, 작업준비 불충분, 인원배치 부적당, 작업지시 부적당

(5) 직접원인 : 불안전한 행동(인적)과 불안전한 상태(물적)

① **불안전한 행동** : 위험장소 접근, 안전장치의 기능 제거, 기계기구의 잘못사용, 운전중인 기계장치의 손질, 위험물 취급 부주의 등등

② **불안전한 상태** : 물 자체의 결함, 안전방호장치의 결함, 복장·보호구의 결함, 물의 배치 및 작업장소 결함, 생산공정의 결함

03 산업재해 예방대책

(1) 재해예방 기본원칙 : 손실우연, 원인연계, 예방가능, 대책선정

(2) 하인리히의 사고방지 5단계

① 제1단계 : 안전관리조직의 조직

② 제2단계 : 사실의 발견

㉮ 사고 및 활동기록검토
㉯ 안전점검 및 검사
㉰ 안전회의·토의
㉱ 사고조사
㉲ 작업분석

③ 제3단계 : 분석 평가

재해조사분석, 안전성 진단·평가, 작업환경 측정, 사고기록, 인적·물적 조건 조사 등

④ 제4단계 : 시정책의 선정(인사조정, 교육 및 훈련방법 개선)

⑤ 제5단계 : 시정책의 적용(3E, 3S의 활용)

㉮ 3E : 기술, 교육, 독려

㉯ 3S : 표준화, 전문화, 단순화

(3) 재해발생시 조치순서

① 제1단계 : 긴급처리(기계정지－응급처치－통보－2차 재해방지－현장보존)

② 제2단계 : 재해조사

③ 제3단계 : 원인강구(중점분석대상 : 사람 － 물체 － 관리)

④ 제4단계 : 대책수립(이유 : 동종 및 유사재해의 예방)

⑤ 제5단계 : 대책실시 계획

⑥ 제6단계 : 대책실시

⑦ 제7단계 : 평가

(3) 재해사례 연구의 순서

① 제1단계 : 사실의 확인

② 제2단계 : 문제점 발견(작업표준 등을 근거)

③ 제3단계 : 근본적인 문제점 결정(각 문제점마다 재해요인의 인적·물적·관리적 원인 결정)

④ 제4단계 : 대책수립

(3) 재해 조사의 목적

① 원인의 규명 및 예방대책 자료수집

② 동종 및 유사재해의 재발방지

04 무재해운동

(1) 무재해운동의 정의 : 무재해 개시 사업장에서 근로자가 업무에 기인하여 사망 또는 4일 이상의 휴업을 요하는 부상 또는 질병에 이환되지 않는 것

(2) 무재해운동의 기본 3원칙

① 무의 원칙

② 선취(안전제일)의 원칙

③ 참가의 원칙

(3) 무재해운동의 3기둥(요소)

① 최고경영자의 엄격한 안전경영자세

② 안전활동의 라인화(라인화 철저)

③ 직장 자주안전활동의 활성화

(4) 무재해운동의 이념 – 무재해운동은 인간존중의 이념에서 출발한다.

※ 팀 활동의 3원리 : 팀 워크의 원리, 합의의 원리, 미팅의 원리

(5) 무재해 운동의 실천기법 위험예지훈련(3훈련)

① 감수성 훈련

② 단시간미팅 훈련

③ 문제해결 훈련

(6) 위험예지훈련의 4단계

① 제1단계 : 현상파악

② 제2단계 : 본질추구

③ 제3단계 : 대책수립

④ 제4단계 : 목표설정

(7) 팀 미팅기법(브레인 스토밍 4원칙)

비평금지 – 자유분방 – 대량발언 – 수정발언

(8) STOP(안전관찰 점검표) 훈련순서

결심 – 정지 – 관찰 – 조치 – 보고

05 재해율 및 재해 cost

(1) 천인율 : 근로자 1,000명당 발생하는 재해로 인한 재해자수

$$천인율=\frac{사상자수}{연평균근로자수}\times 1,000$$

(2) 도수율(빈도율) : 연평균근로시간 100만 근로시간당 발생하는 재해건수

① $도수율=\frac{재해건수}{연근로시간수}\times 10^6$

② 연천인율=도수율×2.4

③ 환산도수율=도수율×0.1

(3) 강도율 : 근로시간 합계 1,000시간당 요양재해로 인한 근로손실일수

① $강도율=\frac{총요양근로손실일수}{연근로시간수}\times 1,000$

② 환산강도율=강도율×100

[표] 등급별 근로손실일수

신체장해등급	4	5	6	7	8	9	10	11	12	13	14
근로손실일수	5,500	4,000	3,000	2,200	1,500	1,000	600	400	200	100	50

※사망 및 1~3급은 7,500일

(4) 안전 활동률 : 일정기간의 안전 활동률

$$\text{안전활동률} = \frac{\text{안전활동건수}}{\text{근로시간수} \times \text{평균 근로자수}} \times 10^6$$

※안전활동 건수에는 다음 항목이 포함

실시한 안전개선 권고수, 안전 조치할 불안전 작업수, 불안전 행동 적발수, 불안전한 물리적 지적 건수, 안전회의 건수, 안전홍보(PR) 건수

(5) 근로 장비율 및 설비 증가율

① $\text{근로 장비율} = \frac{\text{설비 총액}}{\text{기준평균인원}}$

② $\text{설비 증가율} = \frac{\text{금기말의 사용 총설비}}{\text{전기말의 사용 총설비}} \times 100$

(6) 재해코스트 역설자

하인리히, 시몬즈, 버즈, 콤패즈, 노구치

(7) 재해코스트 계산

① 하인리히 : 재해코스트=직접비+간접비

1 : 4

㉮ **직접비** : 휴업급여, 장해급여, 요양급여, 유족급여, 장의비, 유족특별급여, 장해특별급여

㉯ **간접비** : 직접비 이외의 모든 비용

② 시몬즈의 방식 : 재해코스트=보험코스트+비보험코스트

재해코스트=보험코스트+비보험코스트(휴업×A+통원×B+구급×C+무상해×D)

06 안전보건조직

(1) 직계식 조직 – 소규모(100명 미만) 사업장에 적합

① **장점**

㉮ 안전에 관한 명령, 지시는 생산라인을 통해 신속, 정확하게 전달된다.

㉯ 명령과 보고 계통이 간단, 명료하다.

② **단점**

㉮ 안전정보 및 신기술 개발이 어렵다.

㉯ 안전에 대한 전문적인 지식이나 정보, 기술축적이 미흡하다.

㉰ 라인에 과중한 책임을 지우기 쉽다.

(2) 참모식 조직 – 중규모(100～1,000명 미만) 사업장에 적합

① 장점

㉮ 안전에 대한 지식 및 기술축적이 용이하다.

㉯ 안전정보 수집이 빠르고 안전에 대한 신기술 개발이 가능하다.

㉰ 사업장 실정에 맞는 개선안 마련이 가능하다.

㉱ 경영자에게 지도와 조언, 자문이 가능하다.

② 단점

㉮ 안전 지시나 명령이 신속하지 못하며 정확하게 전달되지 못한다.

㉯ 생산부서와 마찰이 일어나기 쉽다.

㉰ 생산부서에는 안전에 대한 책임과 권한이 없다.

(3) 직계 참모식 조직 – 대규모 사업장에 적합(1,000명 이상)

① 장점

㉮ 안전에 대한 지식 및 기술축적이 가능하다.

㉯ 안전에 대한 지시 및 전달이 신속, 정확하다.

㉰ 안전에 대한 신기술의 개발 및 보급이 용이하다.

㉱ 안전활동이 생산과 분리되지 않으므로 운용이 쉽다.

② 단점

명령계통과 지도 조언 및 권고적 참여가 혼동되기 쉽다.

07 안전보건관리체제

(1) 안전보건관리책임자의 업무

① 사업장의 산업재해 예방계획의 수립에 관한 사항

② 안전보건관리규정의 작성 및 변경에 관한 사항

③ 안전보건교육에 관한 사항

④ 작업환경측정 등 작업환경의 점검 및 개선에 관한 사항

⑤ 근로자의 건강진단 등 건강관리에 관한 사항

⑥ 산업재해의 원인 조사 및 재발 방지대책 수립에 관한 사항

⑦ 산업재해에 관한 통계의 기록 및 유지에 관한 사항
⑧ 안전장치 및 보호구 구입 시 적격품 여부 확인에 관한 사항
⑨ 그 밖에 근로자의 유해·위험 방지조치에 관한 사항으로서 고용노동부령으로 정하는 사항

(2) 안전관리자의 업무

① 산업안전보건위원회 또는 안전 및 보건에 관한 노사협의체에서 심의·의결한 업무와 해당 사업장의 안전보건관리규정 및 취업규칙에서 정한 업무
② 위험성평가에 관한 보좌 및 지도·조언
③ 안전인증대상기계등과 자율안전확인대상기계등 구입 시 적격품의 선정에 관한 보좌 및 지도·조언
④ 해당 사업장 안전교육계획의 수립 및 안전교육 실시에 관한 보좌 및 지도·조언
⑤ 사업장 순회점검, 지도 및 조치 건의
⑥ 산업재해 발생의 원인 조사·분석 및 재발 방지를 위한 기술적 보좌 및 지도·조언
⑦ 산업재해에 관한 통계의 유지·관리·분석을 위한 보좌 및 지도·조언
⑧ 법 또는 법에 따른 명령으로 정한 안전에 관한 사항의 이행에 관한 보좌 및 지도·조언
⑨ 업무 수행 내용의 기록·유지
⑩ 그밖에 안전에 관한 사항으로서 고용노동부장관이 정하는 사항

08 안전관리 및 안전보건관리규정

(1) 안전보건관리규정에 포함되어야 할 사항

① 안전보건관리조직과 그 직무에 관한 사항
② 안전보건교육에 관한 사항
③ 작업장 안전관리에 관한 사항
④ 작업장 보건관리에 관한 사항
⑤ 사고조사 및 대책수립에 관한 사항
⑥ 그 밖의 안전보건에 관한 사항

(2) 안전관리규정 작성시 유의사항

① 규정된 기준은 법정기준을 상회하도록 할 것
② 관리자층의 직무와 권한, 근로자에게 강제 또는 요청할 부분을 명확히 할 것

③ 관계 법령 제정, 개정에 따라 즉시 개정이 되도록 라인 활동에 쉬운 규정이 되도록 할 것
④ 작성 또는 개정시 현장의 의견을 충분히 반영할 것
⑤ 규정 내용은 정상시는 물론 이상시, 사고 및 재해발생시의 조치에 관한 규정이어야 한다.

(3) 안전관리계획

① 안전관리계획의 기본방향
㉮ 현재 기준 범위 내에서 안전유지 방향
㉯ 현재 기준의 재설정 방향
㉰ 문제 해결의 방향

② 안전관리 계획의 평가 척도
㉮ 절대척도 ㉯ 상대척도
㉰ 평정척도 ㉱ 도수척도

09 안전보건개선계획

(1) 안전보건개선계획서상 재해다발원인 및 유형분석표에 포함되어야 하는 항목

① 관리적 요인(기술적 원인, 교육적 원인, 작업관리상의 원인)
② 직접원인(인적 원인, 물적 원인)
③ 발생형태(추락, 낙하, 비래)
④ 기인물

(2) 안전보건개선계획의 공통사항

① 안전보건관리조직 ② 안전표지 부착
③ 보호구 착용 ④ 건강진단 실시
⑤ 참고사항

(3) 안전관리계획의 기본 사이클

① 제1단계 : 계획(Plan) ② 제2단계 : 실시(Do)
③ 제3단계 : 검토(Check) ④ 제4단계 : 조치(Action)

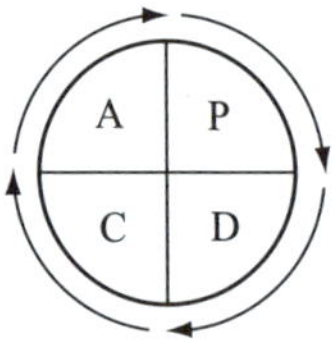

[그림] 안전관리 4-cycle

(4) 안전활동평가의 순서

① 제1단계 : 평가대상과 목표의 선정

② 제2단계 : 대상의 구체화와 방침의 결정

③ 제3단계 : 평가기준의 작성

④ 제4단계 : 측정

⑤ 제5단계 : 평가

10 작업표준

(1) 작업표준의 구비요건

① 작업실정에 맞는 것일 것

② 좋은 작업의 표준일 것

③ 표현을 구체적으로 나타낼 것

④ 생산성과 품질특성에 맞는 것일 것

⑤ 이상시의 조치에 대해서 정해둘 것

⑥ 다른 규정에 위반되지 않을 것

(2) 작업표준의 작성순서

① 제1단계 : 작업의 분류 및 정리

② 제2단계 : 작업분해

③ 제3단계 : 동작순서 및 급소를 정함

④ 제4단계 : 작업표준안 작성

⑤ 제5단계 : 작업표준의 제정 및 교육실시

(3) 길브레스(Gilbreth) 동작경제의 3원칙

① 동작능(능력) 활용의 원칙

㉮ 발 또는 왼손으로 할 일은 오른손을 사용하지 않는다.

㉯ 양손을 동시에 작업을 시작하고 동시에 끝낸다.

㉰ 양손을 동시에 쉬지 않도록 함이 좋다.

② 동작(작업)량 절약의 원칙

㉮ 적게 움직이게 한다.

㉯ 재료와 공구는 취급하는 부근에 정돈한다.

㉰ 동작의 수를 줄인다.
㉱ 동작의 양을 줄인다.
㉲ 물건을 장시간 취급할 경우 장구를 사용한다.

③ 동작 개선의 원칙

㉮ 동작이 자동적으로 이루어지는 순서로 한다.
㉯ 양손을 동시에 반대 방향으로 좌우 대칭적으로 운동한다.
㉰ 관성, 중력, 기계력 등을 이용한다.
㉱ 작업점의 높이를 적당히 하여 피로를 줄인다.

합격정보 **바안스(Barnes) 동작경제의 3원칙**
① 신체의 사용에 관한 원칙 ② 작업장의 배치에 관한 원칙 ③ 공구 및 설비 디자인에 관한 원칙

11 보호구

(1) 보호구의 정의

인체에 미치는 각종의 유해, 위험으로부터 인체를 보호하기 위하여 착용하는 보조기구를 말한다.(소극적이고 2차적 대책이다.)

(2) 보호구가 갖추어야 할 구비요건

① 착용이 간편할 것
② 작업에 방해를 주지 않을 것
③ 유해 위험요소에 대한 방호가 완전할 것
④ 재료의 품질이 우수할 것
⑤ 구조 및 표면가공이 우수할 것
⑥ 외관상 보기가 좋을 것

(3) 보호구의 선정시 유의사항

① 사용목적에 적합할 것
② 검정에 합격하고 성능이 보장되는 것
③ 작업에 방해가 되지 않는 것
④ 착용이 쉽고 크기 등 사용자에게 편리한 것

(4) 안전인증대상 보호구

① 추락 및 감전 위험방지용 안전모
② 안전화
③ 안전장갑
④ 방진마스크
⑤ 방독마스크

⑥ 송기마스크
⑦ 전동식 호흡보호구
⑧ 보호복
⑨ 안전대
⑩ 차광 및 비산물 위험방지용 보안경
⑪ 용접용 보안면
⑫ 방음용 귀마개 또는 귀덮개

(5) 보호구의 관리

① 햇빛이 들지 않고 통풍이 잘 되며, 청결하고 습기가 없는 장소에 보관할 것
② 발열체가 주변에 없을 것
③ 부식성 액체, 유기용제, 기름, 화장품, 산 등과 혼합하여 보관하지 않을 것
④ 모래, 진흙 등이 묻은 경우는 세척하고 그늘에서 말려 보관할 것
⑤ 땀 등으로 오염된 경우는 세탁하고 건조시킨 후 보관할 것
⑥ 정기적으로 점검할 것

안전인증대상 보호구

1. 안전모

① 안전모의 종류
- AB형 : 낙하, 비래, 추락 등에 의한 것
- AE형 : 물체의 낙하, 비래, 감전에 대한 위험 방지 또는 경감
- ABE형 : 물체의 낙하, 비래, 추락, 감전에 대한 위험의 방지 또는 경감

② 안전모의 구비조건
- 쉽게 부식하지 않을 것
- 피부에 해로운 영향을 주지 않을 것
- 사용 목적에 따라 내열성, 내한성 및 내수성을 보유할 것
- 안전모는 착장체, 턱끈 등의 부속품을 제외한 무게가 0.44kg을 초과하지 않을 것
- 모체의 표면은 밝고 선명한 색채로 할 것

③ 안전모의 시험성능기준
- 내관통성시험 : AB, AE, ABE 안전모의 시험방법. 0.45kg의 철제 추를 낙하시켜 관통거리 측정
- 충격흡수성시험 : AB, ABE 안전모 시험방법. 무게 3.6kg의 철제 추의 충격, 전달충격력을 측정
- 내전압성시험 : AE, ABE 안전모 시험방법. 주파수 60Hz, 20kV의 전압을 가하여 측정, 이때의 충격전류는 10mA 이하이어야 한다.
- 내수성시험 : AE, ABE 안전모 시험방법. 20~25℃의 물에 24시간, 무게증가율(%) 산출
- 난연성시험 : AE, ABE의 시험방법

안전인증대상 보호구

2. 안전대

① 안전대의 종류 및 사용방법

종 류	사용구분
벨트식 안전그네식	U자 걸이용
	1개 걸이용
안전그네식	안전블록
	추락방지대

※ 추락방지대 및 안전블록은 안전그네식에만 적용 함

② 안전대의 일반구조(U자걸이용 안전대)

- 동체대기 벨트, 각링 및 신축조절기가 있을 것
- D링, 각링은 안전대 착용자의 동체 양측의 해당하는 곳에 고정되도록 동체대기 벨트에 부착할 것
- 신축조절기가 로프로부터 이탈하지 말 것

3. 안전화 시험방법

가죽제 안전화	은면결렬시험, 인열강고시험, 6가크롬함량, 내부식성시험, 인장강도시험, 내유성시험, 내압박성시험, 내충격성시험, 박리저항시험, 내답발성시험 등
고무제 안전화	인장강도 및 노화후 인장강도시험, 내유성시험, 내화학성시험, 완성품의 내화학성시험, 파열강도시험, 선심 및 내답판의 내부식성시험, 누출방지시험 등

① 내전압성 시험

절연화	14,000V에 1분간 견디고 충전전류가 5mA 이하일 것
절연장화	20,000V에 1분간 견디고 이때의 충전전류가 20mA 이하일 것

② 정전기 안전화의 성능기준

구분	사용작업장	대전방지성능(저항)
1종	착화에너지가 0.1mJ 이상의 가연성물질 또는 가스(메탄, 프로판 등)를 취급하는 작업장	$0.1M\Omega < R < 100M\Omega$
2종	착화에너지가 0.1mJ 미만의 가연성물질 또는 가스(수소, 아세틸렌 등)를 취급하는 작업장	$0.1M\Omega < R < 10M\Omega$

안전인증대상 보호구

4. 안전장갑

① 전기용 고무장갑
- A종 : 300V 초과, 교류 600V, 직류 750V 이하
- B종 : 직류 750V 초과 3,500V 이하의 작업
- C종 : 3,500V 초과 7,000V 이하의 작업

② 용접용 가죽제 보호장갑
- 1종 : 아크용접작업에 사용
- 2종 : 가스용접 및 용단작업에 사용

5. 보안경

① 종류
- 차광안경 : 고글형, 스펙터클형, 프론트형
- 유리보호안경
- 플라스틱 보호안경
- 도수렌즈 보호안경

② 사용목적
- 강렬한 가시광선을 약하게 하여 광원의 모양을 관측하는 기능
- 유해한 자외선의 차단
- 열작업에서 발생하는 유해한 자외선의 차단
- 작업시 비산되는 물질로부터의 눈의 보호

6. 방진마스크 : Nacl 및 파라핀 오일(Paraffin Oil) 시험[%]

① 등급은 분진포집효율에 따라 구분(분리식)
- 특급은 99.95% 이상(중독성 분진, 퓸, 방사성 물질 분진의 비산하는 장소)
- 1급은 94% 이상(갱내, 암석을 파쇄·분쇄하는 장소, 아크용접, 용단작업, 현저하게 분진이 많이 발생하는 작업, 석면을 사용하는 작업, 주물공장 등)
- 2급은 80% 이상

② 성능시험 : 흡기저항시험, 분진포집효율시험, 배기저항시험, 흡기저항상승시험, 배기변의 작동기밀시험

③ 방진마스크가 갖추어야 할 구비조건
- 분진포집효율(여과효율)이 좋을 것
- 흡기, 배기 저항이 낮을 것
- 사용적(유효공간)이 적을 것
- 중량이 가벼울 것

안전인증대상 보호구

- 시야가 넓을 것
- 안면 밀착성이 좋을 것
- 피부 접촉 부위의 고무질이 좋을 것

7. 방독마스크의 종류

종류	시험가스	정화통 외부측면 표시색
유기화합물용	시클로헥산(C_6H_{12}) 디메틸에테르(CH_3OCH_3) 이소부탄(C_4H_{10})	갈색
할로겐용	염소가스 또는 증기(Cl_2)	회색
황화수소용	황화수소가스(H_2S)	회색
시안화수소용	시안화수소가스(HCN)	회색
아황산용	아황산가스(SO_2)	노란색
암모니아용	암모니아가스(NH_3)	녹색
※ 복합용 및 겸용의 정화통 : ① 복합용[해당가스 모두 표시(2층분리)] ② 겸용[백색과 해당가스 모두 표시(2층분리)]		

8. 방음용 귀마개 또는 귀덮개의 종류 · 등급

종류	등급	기호	성 능	비 고
귀마개	1종	EP－1	저음부터 고음까지 차음하는 것	귀마개의 경우 재사용 여부를 제조특성으로 표기
	2종	P－2	주로 고음을 차음하고 저음(회화음영역)은 차음하지 않는 것	
귀덮개	－	EM		

9. 용접용 보안면의 형태

형 태	구 조
헬멧형	안전모나 착용자의 머리에 지지대나 헤드밴드 등을 이용하여 적정위치에 고정, 사용하는 형태(자동용접필터형, 일반용접필터형)
핸드실드형	손에 들고 이용하는 보안면으로 적절한 필터를 장착하여 눈 및 안면을 보호하는 형태

안전인증대상 보호구

10. 방열복의 종류 및 질량

종 류	착용 부위	질량[kg]
방열 상의	상체	3.0 이하
방열 하의	하체	2.0 이하
방열 일체복	몸체(상·하체)	4.3 이하
방열 장갑	손	0.5 이하
방열 두건	머리	2.0 이하

12 안전보건표지의 종류

(1) 안전보건표지 색채, 색도기준 및 용도

색채	색도기준	용도	사용예
빨간색	7.5R 4/14	금지	정지신호, 소화설비 및 그 장소, 유해행위의 금지
		경고	화학물질, 취급장소에서의 유해·위험 경고
노란색	5Y 8.5/12	경고	화학물질 취급장소에서의 유해·위험 경고외 그밖의 위험 경고, 주의표지 또는 기계방호물
파란색	2.5PB 4/10	지시	특정 행위의 지시 및 사실의 고지
녹색	2.5G 4/10	안내	비상구 및 피난소, 사람 또는 차량의 통행표지
흰색	N9.5		파란색 또는 녹색에 대한 보조색
검은색	N0.5		문자 및 빨간색 또는 노란색에 대한 보조색

(2) 안전표찰 – 안전모 등에 부착하는 녹십자표지로서 작업복 또는 보호의의 우측 어깨 안전모의 좌우면, 안전완장

작업시작 전 점검사항

산업안전보건기준에 관한 규칙 [별표 3] 작업시작 전 점검사항(제35조제2항 관련)

1. 프레스 등을 사용하여 작업을 하는 때

가. 클러치 및 브레이크의 기능
나. 크랭크축·플라이휠·슬라이드·연결봉 및 연결 나사의 풀림유무
다. 1행정 1정지기구·급정지장치 및 비상정지장치의 기능
라. 슬라이드 또는 칼날에 의한 위험방지 기구의 기능
마. 프레스의 금형 및 고정볼트 상태
바. 방호장치의 기능
사. 전단기(剪斷機)의 칼날 및 테이블의 상태

2. 로봇의 작동범위 내에서 그 로봇에 관하여 교시 등(로봇의 동력원을 차단하고 행하는 것을 제외한다)의 작업을 하는 때

가. 외부전선의 피복 또는 외장의 손상유무
나. 매니퓰레이터(manipulator) 작동의 이상유무
다. 제동장치 및 비상정지장치의 기능

3. 공기압축기를 가동하는 때

가. 공기저장 압력용기의 외관상태
나. 드레인 밸브의 조작 및 배수
다. 압력방출장치의 기능
라. 언로드 밸브의 기능
마. 윤활유의 상태
바. 회전부의 덮개 또는 울
사. 그 밖의 연결부위의 이상유무

4. 크레인을 사용하여 작업을 하는 때

가. 권과방지장치·브레이크·클러치 및 운전장치의 기능
나. 주행로의 상측 및 트롤리가 횡행(橫行)하는 레일의 상태
다. 와이어로프가 통하고 있는 곳의 상태

5. 이동식 크레인을 사용하여 작업을 하는 때

가. 권과방지장치 그 밖의 경보장치의 기능
나. 브레이크·클러치 및 조정장치의 기능
다. 와이어로프가 통하고 있는 곳 및 작업장소의 지반상태

6. 리프트(간이리프트를 포함한다)를 사용하여 작업을 하는 때

가. 방호장치·브레이크 및 클러치의 기능
나. 와이어로프가 통하고 있는 곳의 상태

7. 곤돌라를 사용하여 작업을 하는 때

가. 방호장치·브레이크의 기능
나. 와이어로프·슬링 와이어 등의 상태

작업시작 전 점검사항

8. 양중기의 와이어로프·달기체인·섬유로프·섬유벨트 또는 훅·샤클·링 등의 철구(이하 "와이어로프 등"이라 한다)를 사용하여 고리걸이작업을 하는 때

와이어로프 등의 이상유무

9. 지게차를 사용하여 작업을 하는 때

가. 제동장치 및 조종장치 기능의 이상유무

나. 하역장치 및 유압장치 기능의 이상유무

다. 바퀴의 이상유무

라. 전조등·후미등·방향지시기 및 경보장치 기능의 이상유무

10. 구내운반차를 사용하여 작업을 하는 때

가. 제동장치 및 조종장치 기능의 이상유무

나. 하역장치 및 유압장치 기능의 이상유무

다. 바퀴의 이상유무

라. 전조등·후미등·방향지시기 및 경음기 기능의 이상유무

마. 충전장치를 포함한 홀더 등의 결합상태의 이상유무

11. 고소작업대를 사용하여 작업을 하는 때

가. 비상정지장치 및 비상하강방지장치 기능의 이상유무

나. 과부하방지장치의 작동유무(와이어로프 또는 체인구동방식의 경우)

다. 아우트리거 또는 바퀴의 이상유무

라. 작업면의 기울기 또는 요철 유무

12. 화물자동차를 사용하는 작업을 행하게 하는 때

가. 제동장치 및 조종장치의 기능

나. 하역장치 및 유압장치의 기능

다. 바퀴의 이상유무

13. 컨베이어 등을 사용하여 작업을 하는 때

가. 원동기 및 풀리기능의 이상유무

나. 이탈 등의 방지장치기능의 이상유무

다. 비상정지장치 기능의 이상유무

라. 원동기·회전축·기어 및 풀리 등의 덮개 또는 울 등의 이상유무

14. 차량계 건설기계를 사용하여 작업을 하는 때

브레이크 및 클러치 등의 기능

14의2. 용접·용단 작업 등의 화재위험작업을 할 때

가. 작업 준비 및 작업 절차 수립 여부

나. 화기작업에 따른 인근 가연성물질에 대한 방호조치 및 소화기구 비치 여부

다. 용접불티 비산방지덮개 또는 용접방화포 등 불꽃· 불티 등의 비산을 방지하기 위한 조치 여부

안전인증대상 보호구

라. 인화성 액체의 증기 또는 인화성 가스가 남아 있지 않도록 하는 환기 조치 여부
마. 작업근로자에 대한 화재예방 및 피난교육 등 비상조치 여부

15. 이동식 방폭구조 전기기계·기구를 사용하는 때

전선 및 접속부 상태

16. 근로자가 반복하여 계속적으로 중량물을 취급하는 작업을 하는 때

가. 중량물 취급의 올바른 자세 및 복장
나. 위험물의 비산에 따른 보호구의 착용
다. 카바이드·생석회 등과 같이 온도상승이나 습기에 의하여 위험성이 존재하는 중량물의 취급방법
라. 그 밖에 하역운반기계 등의 적절한 사용방법

17. 양화장치를 사용하여 화물을 싣고 내리는 작업을 하는 때

가. 양화장치(揚貨裝置)의 작동상태
나. 양화장치에 제한하중을 초과하는 하중을 실었는지 여부

18. 슬링 등을 사용하여 작업을 하는 때

가. 훅이 붙어 있는 슬링·와이어 슬링 등의 매달린 상태
나. 슬링·와이어 슬링 등의 상태(작업시작 전 및 작업중 수시로 점검)

관리감독자의 유해 · 위험방지업무

산업안전보건기준에 관한 규칙 [별표 2] 관리감독자의 유해·위험 방지(제35조제1항 관련)

1. 프레스 등을 사용하는 작업

가. 프레스 등 및 그 방호장치를 점검하는 일
나. 프레스 등 및 그 방호장치에 이상이 발견된 때 즉시 필요한 조치를 하는 일
다. 프레스 등 및 그 방호장치에 전환스위치를 설치한 때 그 전환스위치의 열쇠를 관리하는 일
라. 금형의 부착·해체 또는 조정작업을 직접 지휘하는 일

2. 목재가공용 기계를 취급하는 작업

가. 목재가공용 기계를 취급하는 작업을 지휘하는 일
나. 목재가공용 기계 및 그 방호장치를 점검하는 일
다. 목재가공용 기계 및 그 방호장치에 이상이 발견된 즉시 보고 및 필요한 조치를 하는 일
라. 작업중 지그 및 공구 등의 사용상황을 감독하는 일

관리감독자의 유해 · 위험방지업무

3. 크레인을 사용하는 작업

가. 작업방법과 근로자의 배치를 결정하고 그 작업을 지휘하는 일
나. 재료의 결함유무 또는 기구 및 공구의 기능을 점검하고 불량품을 제거하는 일
다. 작업중 안전대 또는 안전모의 착용상황을 감시하는 일

4. 위험물을 제조하거나 취급하는 작업

가. 그 작업을 지휘하는 일
나. 위험물을 제조하거나 취급하는 설비 및 그 설비의 부속설비가 있는 장소의 온도·습도·차광 및 환기상태 등을 수시로 점검하고 이상을 발견한 때에는 즉시 필요한 조치를 하는 일
다. 나목에 따라 한 조치를 기록 및 보관하는 일

5. 건조설비를 사용하는 작업

가. 건조설비를 처음으로 사용하거나 건조방법 또는 건조물의 종류를 변경한 때에는 근로자에게 미리 그 작업방법을 교육하고 작업을 직접 지휘하는 일
나. 건조설비가 있는 장소를 항상 정리정돈하고 그 장소에 가연성 물질을 내버려 두지 아니하도록 하는 일

6. 아세틸렌 용접장치를 사용하는 금속의 용접·용단 또는 가열작업

가. 작업방법을 결정하고 작업을 지휘하는 일
나. 아세틸렌 용접장치의 취급에 종사하는 근로자로 하여금 다음의 작업요령을 준수하도록 하는 일
(1) 사용중의 발생기에 불꽃을 발생시킬 우려가 있는 공구를 사용하거나 그 발생기에 충격을 가하지 아니하도록 할 것
(2) 아세틸렌 용접장치의 가스누출을 점검하는 때에는 비눗물을 사용하는 등 안전한 방법으로 할 것
(3) 발생기실의 출입구의 문을 열어 두지 아니하도록 할 것
(4) 이동식 아세틸렌 용접장치의 발생기에 카바이드를 교환하는 때에는 옥외의 안전한 장소에서 할 것
다. 아세틸렌 용접작업을 시작하는 때에는 아세틸렌 용접장치를 점검하고 발생기 내부로부터 공기와 아세틸렌의 혼합가스를 배제하는 일
라. 안전기는 작업중 그 수위를 쉽게 확인할 수 있는 장소에 놓고 1일 1회 이상 점검하는 일
마. 아세틸렌 용접장치 내의 물이 동결되는 것을 방지하기 위하여 아세틸렌 용접장치를 보온하거나 가열할 때에는 온수 또는 증기를 사용하는 등 안전한 방법에 의하도록 하는 일
바. 발생기의 사용을 중지한 때에는 물과 잔류 카바이드가 접촉하지 아니한 상태로 유지하는 일
사. 발생기를 수리·가공·운반 또는 보관하는 때에는 아세틸렌 및 카바이드를 접촉하지 아니한 상태로 유지하는 일
아. 작업에 종사하는 근로자의 보안경 및 안전장갑의 착용상황을 감시하는 일

관리감독자의 유해 · 위험방지업무

7. 가스집합용접장치의 취급작업

가. 작업방법을 결정하고 작업을 직접 지휘하는 일
나. 가스집합장치의 취급에 종사하는 근로자로 하여금 다음의 작업요령을 준수하도록 하는 일
(1) 부착할 가스용기의 마개 및 배관 연결부에 붙어 있는 유류·찌꺼기 등을 제거할 것
(2) 가스용기를 교환하는 때에는 그 용기의 마개 및 배관연결부 부분의 가스누출을 점검하고 배관 내의 가스가 공기와 혼합되지 아니하도록 할 것
(3) 스누출을 점검하는 때에는 비눗물을 사용하는 등 안전한 방법으로 할 것
(4) 밸브 또는 콕은 서서히 열고 닫을 것
다. 가스용기의 교환작업을 감시하는 일
라. 그 작업을 시작하는 때에는 호스·취관·호스밴드 등의 기구를 점검하고 손상·마모 등으로 인하여 가스 또는 산소가 누출될 우려가 있다고 인정하는 때에는 보수하거나 교환하는 일
마. 안전기는 작업중 그 기능을 쉽게 확인할 수 있는 장소에 두고 1일 1회 이상 점검하는 일
바. 그 작업에 종사하는 근로자의 보안경 및 안전장갑의 착용상황을 감시하는 일

8. 거푸집 및 동바리의 고정·조립 또는 해체 작업/노천 굴착작업/흙막이지보공의 고정·조립 또는 해체 작업/터널의 굴착작업/구축건물 등의 해체작업

가. 안전한 작업방법을 결정하고 작업을 지휘하는 일
나. 재료·기구의 결함유무를 점검하고 불량품을 제거하는 일
다. 작업중 안전대 및 안전모 등 보호구 착용상황을 감시하는 일

9. 높이 5m 이상의 비계를 조립·해체하거나 변경하는 작업(해체작업의 경우 가목의 규정 적용 제외)

가. 재료의 결함유무를 점검하고 불량품을 제거하는 일
나. 기구·공구·안전대 및 안전모 등의 기능을 점검하고 불량품을 제거하는 일
다. 작업방법 및 근로자의 배치를 결정하고 작업진행상태를 감시하는 일
라. 안전대 및 안전모 등의 착용상황을 감시하는 일

10. 달비계 작업

가. 작업용 섬유로프, 작업용 섬유로프의 고정점, 구명줄의 조정점, 작업대, 고리걸이용 철구 및 안전대 등의 결손 여부를 확인하는 일
나. 작업용 섬유로프 및 안전대 부착설비용 로프가 고정점에 풀리지 않는 매듭방법으로 결속되었는지 확인하는 일
다. 근로자가 작업대에 탑승하기 전 안전모 및 안전대를 착용하고 안전대를 구명줄에 체결했는지 확인하는 일
라. 작업방법 및 근로자 배치를 결정하고 작업 진행 상태를 감시하는 일

관리감독자의 유해 · 위험방지업무

PART 01

11. 발파작업

가. 점화 전에 점화작업에 종사하는 근로자 외의 자의 대피를 지시하는 일
나. 점화작업에 종사하는 근로자에 대하여는 대피장소 및 경로를 지시하는 일
다. 점화 전에 위험구역 내에서 근로자가 대피한 것을 확인하는 일
라. 점화순서 및 방법에 대하여 지시하는 일
마. 점화신호를 하는 일
바. 점화작업에 종사하는 근로자에 대하여 대피신호를 하는 일
사. 발파 후 터지지 아니한 장약이나 남은 장약의 유무, 용수의 유무 및 암석·토사의 낙하 여부 등을 점검하는 일
아. 점화하는 자를 정하는 일
자. 공기압축기의 안전밸브 작동유무를 점검하는 일
차. 안전모 등 보호구의 착용상황을 감시하는 일

12. 채석을 위한 굴착작업

가. 대피방법을 미리 교육하는 일
나. 작업을 시작하기 전 또는 폭우가 내린 후에는 암석·토사의 낙하·균열의 유무 또는 함수(含水)·용수 및 동결의 상태를 점검하는 일
다. 발파한 후에는 발파장소 및 그 주변의 암석·토사의 낙하·균열의 유무를 점검하는 일

13. 화물취급작업

가. 작업방법 및 순서를 결정하고 작업을 지휘하는 일
나. 기구 및 공구를 점검하고 불량품을 제거하는 일
다. 그 작업장소에는 관계근로자 외의 자의 출입을 금지시키는 일
라. 로프 등의 해체작업을 하는 때에는 하대(荷臺) 위의 화물의 낙하위험 유무를 확인하고 그 작업의 착수를 지시하는 일

14. 부두 및 선박에서의 하역작업

가. 작업방법을 결정하고 작업을 지휘하는 일
나. 통행설비·하역기계·보호구 및 기구·공구를 점검·정비하고 이들의 사용상황을 감시하는 일
다. 주변 작업자간의 연락조정을 행하는 일

15. 전로 등 전기작업 또는 그 지지물의 설치, 점검, 수리 및 도장 등의 작업

가. 작업구간 내의 충전전로 등 모든 충전 시설을 점검하는 일
나. 작업방법 및 그 순서를 결정(근로자 교육 포함)하고 작업을 지휘하는 일
다. 작업근로자의 보호구 또는 절연용 보호구 착용 상황을 감시하고 감전재해 요소를 제거하는 일

관리감독자의 유해 · 위험방지업무

라. 작업 공구, 절연용 방호구 등의 결함 여부와 기능을 점검하고 불량품을 제거하는 일
마. 작업장소에 관계 근로자 외에는 출입을 금지하고 주변 작업자와의 연락을 조정하며 도로 작업 시 차량 및 통행인 등에 대한 교통통제 등 작업전반에 대해 지휘·감시하는 일
바. 활선작업용 기구를 사용하여 작업할 때 안전거리가 유지되는지 감시하는 일
사. 감전재해를 비롯한 각종 산업재해에 따른 신속한 응급처치를 할 수 있도록 근로자들을 교육하는 일

16. 관리대상 유해물질을 취급하는 작업

가. 관리대상 유해물질을 취급하는 근로자가 물질에 오염되지 않도록 작업방법을 결정하고 작업을 지휘하는 업무
나. 관리대상 유해물질을 취급하는 장소나 설비를 매월 1회 이상 순회점검하고 국소배기장치 등 환기설비에 대해서는 다음 각 호의 사항을 점검하여 필요한 조치를 하는 업무. 단, 환기설비를 점검하는 경우에는 다음의 사항을 점검
(1) 후드(hood)나 덕트(duct)의 마모·부식, 그 밖의 손상 여부 및 정도
(2) 송풍기와 배풍기의 주유 및 청결 상태
(3) 덕트 접속부가 헐거워졌는지 여부
(4) 전동기와 배풍기를 연결하는 벨트의 작동 상태
(5) 흡기 및 배기 능력 상태
다. 보호구의 착용 상황을 감시하는 업무
라. 근로자가 탱크 내부에서 관리대상 유해물질을 취급하는 경우에 다음의 조치를 했는지 확인하는 업무
(1) 관리대상 유해물질에 관하여 필요한 지식을 가진 사람이 해당 작업을 지휘
(2) 관리대상 유해물질이 들어올 우려가 없는 경우에는 작업을 하는 설비의 개구부를 모두 개방
(3) 근로자의 신체가 관리대상 유해물질에 의하여 오염되었거나 작업이 끝난 경우에는 즉시 몸을 씻는 조치
(4) 비상시에 작업설비 내부의 근로자를 즉시 대피시키거나 구조하기 위한 기구와 그 밖의 설비를 갖추는 조치
(5) 작업을 하는 설비의 내부에 대하여 작업 전에 관리대상 유해물질의 농도를 측정하거나 그 밖의 방법으로 근로자가 건강에 장해를 입을 우려가 있는지를 확인하는 조치
(6) 제(5)에 따른 설비 내부에 관리대상 유해물질이 있는 경우에는 설비 내부를 충분히 환기하는 조치
(7) 유기화합물을 넣었던 탱크에 대하여 제(1)부터 제(6)까지의 조치 외에 다음의 조치
㈎ 유기화합물이 탱크로부터 배출된 후 탱크 내부에 재유입되지 않도록 조치
㈏ 물이나 수증기 등으로 탱크 내부를 씻은 후 그 씻은 물이나 수증기 등을 탱크로부터 배출

PART 01

관리감독자의 유해 · 위험방지업무

(다) 탱크 용적의 3배 이상의 공기를 채웠다가 내보내거나 탱크에 물을 가득 채웠다가 내보내거나 탱크에 물을 가득 채웠다가 배출

마. 나목에 따른 점검 및 조치 결과를 기록·관리하는 업무

17. 허가대상 유해물질 취급작업

가. 근로자가 허가대상 유해물질을 들이마시거나 허가대상 유해물질에 오염되지 않도록 작업수칙을 정하고 지휘하는 업무

나. 작업장에 설치되어 있는 국소배기장치나 그 밖에 근로자의 건강장해 예방을 위한 장치 등을 매월 1회 이상 점검하는 업무

다. 근로자의 보호구 착용 상황을 점검하는 업무

18. 석면 해체·제거작업

가. 근로자가 석면분진을 들이마시거나 석면분진에 오염되지 않도록 작업방법을 정하고 지휘하는 업무

나. 작업장에 설치되어 있는 석면분진 포집장치, 음압기 등의 장비의 이상 유무를 점검하고 필요한 조치를 하는 업무

다. 근로자의 보호구 착용 상황을 점검하는 업무

19. 고압작업

가. 작업방법을 결정하여 고압작업자를 직접 지휘하는 업무

나. 유해가스의 농도를 측정하는 기구를 점검하는 업무

다. 고압작업자가 작업실에 입실하거나 퇴실하는 경우에 고압작업자의 수를 점검하는 업무

라. 작업실에서 공기조절을 하기 위한 밸브나 콕을 조작하는 사람과 연락하여 작업실 내부의 압력을 적정한 상태로 유지하도록 하는 업무

마. 공기를 기압조절실로 보내거나 기압조절실에서 내보내기 위한 밸브나 콕을 조작하는 사람과 연락하여 고압작업자에 대하여 가압이나 감압을 다음과 같이 따르도록 조치하는 업무

(1) 가압을 하는 경우 1분에 제곱센티미터당 0.8킬로그램 이하의 속도로 함

(2) 감압을 하는 경우에는 고용노동부장관이 정하여 고시하는 기준에 맞도록 함

바. 작업실 및 기압조절실 내 고압작업자의 건강에 이상이 발생한 경우 필요한 조치를 하는 업무

20. 밀폐공간 작업

가. 산소가 결핍된 공기나 유해가스에 노출되지 않도록 작업 시작 전에 해당 근로자의 작업을 지휘하는 업무

나. 작업을 하는 장소의 공기가 적절한지를 작업 시작 전에 측정하는 업무

다. 측정장비·환기장치 또는 공기호흡기 또는 송기마스크를 작업 시작 전에 점검하는 업무

라. 근로자에게 공기호흡기 또는 송기마스크의 착용을 지도하고 착용 상황을 점검하는 업무

제2장

벼락치기 • 산업안전 필기

안전교육 및 산업심리학

01 교육의 개요

(1) 교육의 3요소

① 교육의 주체 : 강사
② 교육의 객체 : 교육생
③ 교육의 매개체 : 교재

(2) 교육지도의 8원칙

① 상대의 입장에서
② 한 번에 하나씩
③ 동기부여를 중요하게
④ 인상의 강화
⑤ 쉬운 것에서 어려운 것으로
⑥ 오감의 활용
⑦ 반복하여 학습
⑧ 기능적인 이해

02 학습이론 및 적응기재

(1) S-R이론(자극에 의한 반응으로 보는 이론)

① 시행착오설 ② 조건반사설
③ 접근적 조건화설 ④ 도구적 조건화설

(2) 시행착오설에 의한 학습법칙

① 효과의 법칙
② 준비성의 법칙
③ 연습의 법칙

(3) 조건반사설에 의한 학습이론의 원리

① 강도의 원리
② 일관성의 원리
③ 시간의 원리
④ 계속성의 원리

(4) 합리화

① 신포도형
② 투사형
③ 달콤한 레몬형
④ 망상형

03 안전보건교육

(1) 안전교육의 3단계

① 지식교육
② 기능교육
③ 태도교육

(2) 안전태도교육을 위한 기본단계

① 청취한다.
② 이해, 납득시킨다.
③ 모범을 보인다.
④ 권장한다.
⑤ 칭찬을 한다.
⑥ 벌을 준다.

04 안전보건교육계획

(1) 안전보건교육계획에 포함될 사항

① 교육목표
② 교육의 종류 및 교육대상(최우선적 고려사항)
③ 교육의 과목 및 교육내용
④ 교육기간 및 시간
⑤ 교육장소
⑥ 교육방법
⑦ 교육담당자 및 강사
⑧ 소요예산 책정

(2) 교육계획수립 및 추진순서

교육의 필요점(요구사항) 발견 → 교육대상 결정 → 교육내용 및 방법 결정 → 강사 결정 → 교재 작성 → 시간표 및 지도안 작성 → 교육 실시 → 평가

(3) 강의 계획의 4단계

① 제1단계 : 학습목적(3요소 : 목표, 주제, 학습정도)과 학습성과의 설정
② 제2단계 : 학습자료의 수집 및 체계화
③ 제3단계 : 강의방법의 선정
④ 제4단계 : 강의안 작성

(4) 교육평가의 5요건 : 확실성, 신뢰성, 객관성, 간이성, 경제성

05 교육훈련기법

(1) 하버드 학파의 5단계 교수법

① 준비 ② 교시
③ 연합 ④ 총괄
⑤ 응용

(2) 교육진행의 교육법 4단계

① 제1단계 : 도입
② 제2단계 : 제시
③ 제3단계 : 적용
④ 제4단계 : 확인

(3) 관리감독자 훈련(TWI)

① JI(Job Instruction) – **작업지도기법** : 작업을 가르치는 기법 훈련
② JM(Job Method) – **작업개선기법** : 작업의 개선방법에 대한 훈련
③ JR(Job Relation) – **인간관계관리기법** : 사람을 다루는 기법훈련
④ JS(Job Safety) – **작업안전기법** : 작업안전에 대한 훈련기법

(4) 관리자 교육훈련(MTP)

한 클래스는 10~15명, 2시간씩 20회 총 40시간을 훈련

(5) OJT와 OffJT의 비교

① OJT
　㉮ 사업장의 실정에 맞춘 구체적이고, 실질적인 지도교육이 가능하다.
　㉯ 교육효과가 업무에 신속히 반영된다.
　㉰ 동기부여가 쉽다.
　㉱ 개개인의 능력 및 적성에 적합한 세부교육이 가능하다.
　㉲ 교육으로 인해 업무가 중단되는 일이 없다.
　㉳ 교육경비를 절감할 수 있다.
　㉴ 교육을 통하여 상사와 부하의 의사소통과 신뢰감이 증가된다.
　㉵ 개별교육에 적합하다.

② OffJT
　㉮ 다수의 대상자를 일괄적, 체계적으로 교육시킬 수 있다.
　㉯ 우수한 강사를 확보할 수 있다.
　㉰ 교재, 시설 등을 효과적으로 활용할 수 있다.
　㉱ 집단적인 협조와 협력이 가능하다.
　㉲ 업무와 분리되므로 교육에 전념할 수 있다.
　㉳집단교육에 적합하다.

06 산업심리

(1) 안전심리의 5대 요소 : 동기, 기질, 감정, 습성, 습관

(2) 주의의 특성

① 선택성

② 방향성

③ 변동성

(3) 재해누발자(빈발자)

① **미숙성 누발자** : 기능의 미숙, 환경에 익숙하지 못하여 재해를 유발하는 자

② **상황성 누발자** : 작업이 어렵거나 기계, 설비에 결함이 있거나 주의력의 집중이 혼란된 경우 및 심신에 근심이 있는 경우에 재해를 일으키는 자

③ **습관성 누발자** : 재해의 경험에 의해 겁쟁이가 되거나 신경과민인 경우와 일종의 슬럼프상태에 빠진 경우에 재해를 일으키는 자

④ **소질성 누발자** : 개인적인 소질 가운데 재해요인의 소질을 가지고 있는 경우와 개인의 특수한 성격에 의해 재해를 일으키는 자

〈 소질성 누발자의 요인 〉

㉮ 주의력의 산만, 주의력 지속 불능

㉯ 주의력 범위의 협소, 편중

㉰ 저지능

㉱ 생활의 불규칙, 흐리멍텅함

㉲ 작업에 대한 경시나 지속성 부족

㉳ 정직하지 못함, 흥분성

㉴ 비협조성, 도덕성의 결여

㉵ 소심한 성격, 감각운동의 부적합

07 동기부여

(1) Maslow의 욕구단계이론

① 제1단계 : 생리적 욕구

② 제2단계 : 안전욕구

③ 제3단계 : 소속 및 애정욕구 또는 사회적 욕구

④ 제4단계 : 자기존경의 욕구 또는 승인의 욕구

⑤ 제5단계 : 자아실현의 욕구 또는 성취의 욕구

(2) Alderfer의 ERG 이론

① **생존욕구(E)** : 생리적 욕구와 안전욕구(신체적)

② **관계욕구(R)** : 소속 및 애정욕구, 사회적 욕구, 안전욕구

③ **성장욕구(G)** : 자아실현 욕구, 자기존경욕구

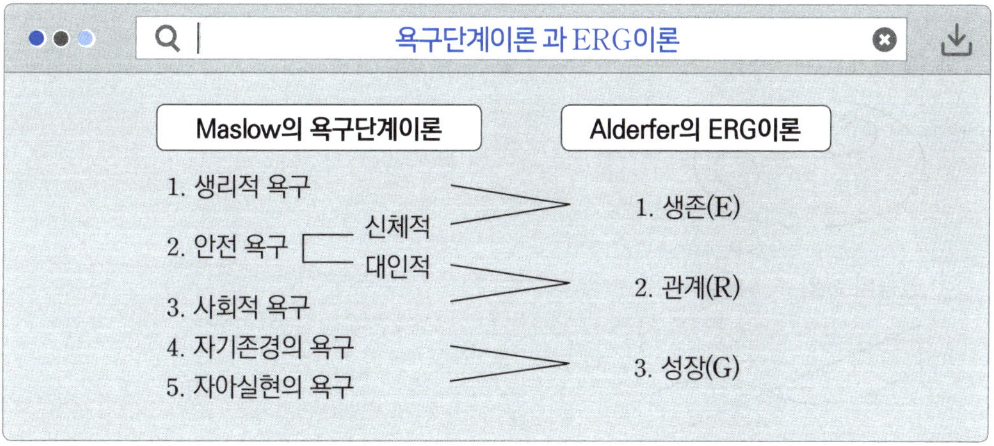

(3) 데이비스(Davis)의 동기부여 이론

① 경영의 성과=인간의 성과×물적인 성과

② 인간의 성과=인간의 능력×동기유발

③ 인간의 능력=지식×기능

④ 동기유발=상황×태도

(4) 인간의 착오

① 인지과정의 착오

② 판단과정의 착오

③ 조치과정의 착오

(5) 피로와 휴식

① 피로의 종류 : 주관적, 객관적, 생리적 피로

② 휴식 : 휴식시간$(R)=\dfrac{60(E-4)}{E-1.5}$(분)

(6) 군화(gestalt : 게슈탈트)의 법칙

① 근접의 원리

○○　○○　○○　○○

② 유사성(동류)의 원리

●○　●○　●○　●○

③ 폐쇄(폐합)의 원리

④ 연속의 요인

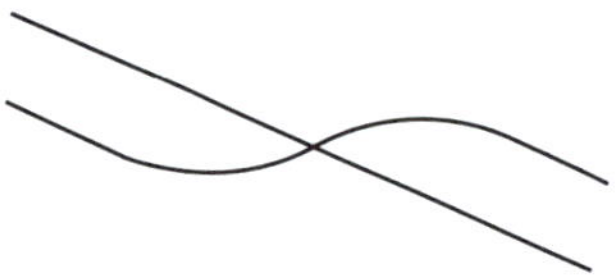

(7) 운동의 시지각(착시)

① 자동운동　② 가현운동　③ 유도운동

(8) 테크니컬 스킬즈와 소시얼 스킬즈

① technical skills : 사물을 인간의 목적에 유익하도록 처리하는 능력을 말함

② social skills : 사람과 사람 사이의 커뮤니케이션을 양호하게 하고, 사람들의 욕구를 충족케 하고 모랄을 향상시키는 능력을 말함

08 교육대상자 별 안전보건교육의 종류

(1) 근로자 정기안전보건교육

① 산업안전 및 사고 예방에 관한 사항
② 산업보건 및 직업병 예방에 관한 사항
③ 위험성 평가에 관한 사항
④ 건강증진 및 질병 예방에 관한 사항
⑤ 유해·위험 작업환경 관리에 관한 사항
⑥ 산업안전보건법령 산업재해보상보험 제도에 관한 사항
⑦ 직무스트레스 예방 및 관리에 관한 사항
⑧ 직장 내 괴롭힘, 고객의 폭언 등으로 인한 건강장해 예방 및 관리에 관한 사항

(2) 관리감독자 정기안전보건교육

① 산업안전 및 사고 예방에 관한 사항
② 산업보건 및 직업병 예방에 관한 사항
③ 위험성 평가에 관한 사항
④ 유해·위험 작업환경 관리에 관한 사항
⑤ 산업안전보건법령 및 산업재해보상보험 제도에 관한 사항
⑥ 직무스트레스 예방 및 관리에 관한 사항
⑦ 직장 내 괴롭힘, 고객의 폭언 등으로 인한 건강장해 예방 및 관리에 관한 사항
⑧ 작업공정의 유해·위험과 재해 예방대책에 관한 사항
⑨ 사업장 내 안전보건관리체제 및 안전·보건조치 현황에 관한 사항
⑩ 표준안전 작업방법 결정 및 지도·감독 요령에 관한 사항
⑪ 현장근로자와의 의사소통능력 및 강의능력 등 안전보건교육 능력 배양에 관한 사항
⑫ 비상시 또는 재해 발생 시 긴급조치에 관한 사항
⑬ 그 밖의 관리감독자의 직무에 관한 사항

(3) 근로자 채용 시의 교육 및 작업내용 변경 시의 교육

① 산업안전 및 사고 예방에 관한 사항
② 산업보건 및 직업병 예방에 관한 사항
③ 위험성 평가에 관한 사항
④ 산업안전보건법령 및 산업재해보상보험 제도에 관한 사항
⑤ 직무스트레스 예방 및 관리에 관한 사항

⑥ 직장 내 괴롭힘, 고객의 폭언 등으로 인한 건강장해 예방 및 관리에 관한 사항
⑦ 기계·기구의 위험성과 작업의 순서 및 동선에 관한 사항
⑧ 작업 개시 전 점검에 관한 사항
⑨ 정리정돈 및 청소에 관한 사항
⑩ 사고 발생 시 긴급조치에 관한 사항
⑪ 물질안전보건자료에 관한 사항

(4) 건설업기초안전보건교육 내용 및 시간 : 4시간 이상

교육내용	소계 4시간
가. 건설공사의 종류(건축·토목 등) 및 시공 절차	1시간
나. 산업재해 유형별 위험요인 및 안전보건조치	2시간
다. 안전보건관리체제 현황 및 산업안전보건 관련 근로자 권리·의무	1시간

(5) 안전보건관리책임자 등에 대한 교육시간

교육대상	교육시간	
	신규교육	보수교육
① 안전보건관리책임자	6시간 이상	6시간 이상
② 안전관리자, 안전관리전문기관의 종사자	34시간 이상	24시간 이상
③ 보건관리자, 보건관리전문기관의 종사자	34시간 이상	24시간 이상
④ 건설재해예방 전문지도기관의 종사자	34시간 이상	24시간 이상
⑤ 석면조사기관의 종사자	34시간 이상	24시간 이상
⑥ 안전보건관리담당자	–	8시간 이상
⑦ 안전검사기관, 자율안전검사기관의 종사자	34시간 이상	24시간 이상

(6) 특수형태근로종사자에 대한 안전보건교육

교육과정	교육시간
① 최초 노무제공 시 교육	2시간 이상(특별교육을 실시한 경우는 면제한다.)
② 특별교육	16시간 이상(최초 작업에 종사하기 전 4시간 이상 실시하고 12시간은 3개월 이내에서 분할하여 실시가능
	단기간 작업 또는 간헐적 작업인 경우에는 2시간 이상

제3장

벼락치기 • 산업안전 필기

인간공학 및 위험성 평가 관리

01 인간공학의 개론

(1) 인간공학의 목적

① 안전성 향상 및 사고방지

② 기계조작의 능률과 생산성 향상

③ 사용성 향상(쾌적성, 편리성)

(2) 감각기관의 반응시간

① 청각 : 0.17초
② 촉각 : 0.18초
③ 시각 : 0.20초
④ 미각 : 0.29초
⑤ 통각 : 0.70초

(3) 인간-기계 기본기능

① 정보입력

② 감지

③ 정보처리(인간의 정보처리 한계 : 0.5초) 및 의사결정

④ 행동기능

⑤ 출력

(4) 인간-기계통합체계의 유형

① 수동체계
② 기계화(반자동) 체계
③ 자동체계

(5) 인간기준

① 인간성능 척도
② 생리학적 지표
③ 주관적 반응
④ 사고빈도

(6) 인간기준의 요건

① 적절성
② 무오염성
③ 신뢰성(반복성)
④ 민감도

(7) 작업설계를 할 때 철학적으로 고려할 사항

① 작업확대
② 작업윤택화
③ 작업만족도
④ 작업순환

(8) 작업설계를 할 때의 딜레마

: 작업능률과 작업만족도와의 관계

02 Human Error

(1) 심리학적 분류(Swain)

① omission error(생략적 에러)
② time error(시간적 에러)
③ commission error(수행적 에러)
④ sequential error(순서적 에러)
⑤ extraneous error(불필요한(작업외적) 에러)

(2) 실수 원인의 수준적 분류

① Primary error(1차 에러)
② secondary error(2차 에러)
③ command error(지시 에러)

(3) 인간의 행동과정을 통한 분류

① 입력 실수(input error)
② 정보처리 실수(information processing error)
③ 의사결정 실수(decision making error)
④ 출력 실수(output error)
⑤ 피드백 실수(feedback error)

(4) 인간의 과오의 배후요인(4M)

① Man ② Machine
③ Media ④ Management

03 신뢰도

(1) 인간의 신뢰성 결정요인

① 주의력
② 긴장수준
③ 의식수준(경험, 지식, 기술)

(2) 기계의 신뢰성 요인

① 재질
② 기능
③ 작동방법

(3) 인간기계의 신뢰도 측정방법

① 직렬 $R=r_1 \times r_2$
② 병렬 $R=1-(1-r_1)(1-r_2)$

(4) 고장률의 유형

① 초기고장
② 우발고장
③ 마모고장

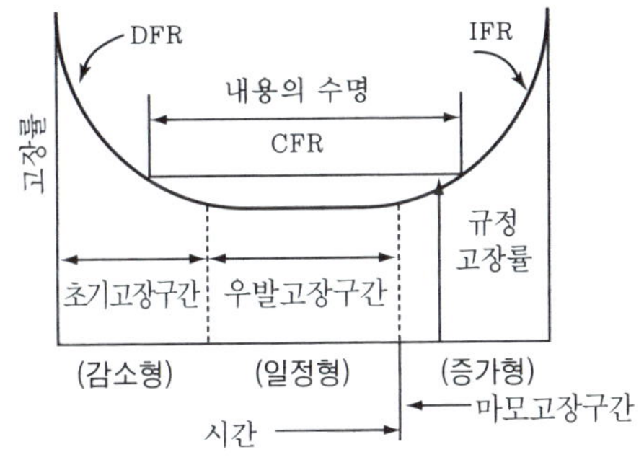

[그림] 기계설비 고장유형 3가지

(5) MTBF(평균고장간격)

(6) MTTR(평균수리시간)

(7) MTTF(평균고장시간)

① 직렬계 수명=MTTF×$1/n$
② 병렬계 수명=MTTF×$(1+1/2+\cdots+1/n)$

MTBF, MTTR, MTTF

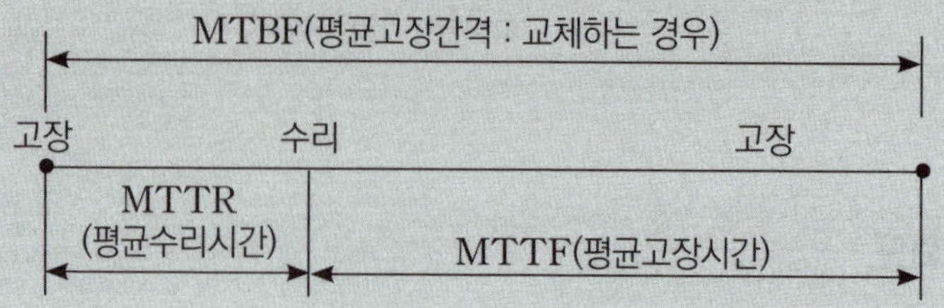

(8) 인간에 대한 감시(Monitoring)방법 5가지

① 자기감시(Self-Monitoring)
② 생리학적 감시(Physiological Monitoring)
③ 시각적 감시(Visual Monitoring) : 태도
④ 반응적 감시(Reactional Monitoring)
⑤ 환경적 감시(Environmental Monitoring)

(9) 페일 세이프(fail safe) : 인간이나 기계 등에 과오나 동작상의 실수가 있더라도 사고·재해를 발생시키지 않도록 철저하게 2중, 3중으로 통제를 가하는 것(기능적 안전)

(10) 풀 프루프(fool proof) : 인간의 실수가 있어도 안전장치가 설치되어 사고나 재해로 연결되지 않는 구조

04 인체계측

(1) 인체측정자료의 응용원칙

① 최대치수와 최소치수
② 조절범위
③ 평균치 기준설계

(2) 정상작업영역 : 상완을 자연스럽게 수직으로 늘어뜨린 채, 전완만으로 편하게 뻗어 파악할 수 있는 구역(34~45cm)

(3) 최대작업역 : 전완과 상완을 곧게 펴서 파악할 수 있는 구역(55~65cm)

(4) 의자의 설계원칙

① 체중분포
② 의자 좌판의 높이
③ 의자 좌판의 깊이와 폭
④ 몸통의 안정

(5) 부품 배치의 원칙

① 중요성의 원칙
② 사용빈도의 원칙
③ 기능별 배치의 원칙
④ 사용순서의 원칙

05 표시장치

(1) 기계의 통제방법

① **개폐에 의한 통제** : 스위치, 푸시버튼, 토글 스위치, 로터리 스위치 등
② **양의 조절에 의한 통제** : 노브, 크랭크, 핸들, 레버, 페달 등
③ **반응에 의한 통제** : 신호 또는 감응에 의하여 기계를 통제(마우스 등)

(2) 통제표시비

① C/D비$=\dfrac{X : \text{조절기}}{Y : \text{표시기}}$(직선통제비)

② C/D비$=\dfrac{\dfrac{a}{360}\times 2\pi L}{\text{표시기 이동거리}}$(회전통제비)

a : 조정장치의 움직인 각도, L : 반경

(3) 경로용량(Channel capacity) : 주어진 자극에 대한 반응할 수 있는 최대정보량

(4) 통제표시비 설계시 고려사항

① 계기의 크기
② 공차
③ 목시거리
④ 조작시간
⑤ 방향성

(5) 온도와 불쾌지수

① **온도**

㉮ 안전활동에 알맞은 최적 온도 : 18~21℃
㉯ 손가락에 영향을 주는 한계 : 13~15.5℃

② 불쾌지수

㉮ 70 이하 : 쾌적

㉯ 70~75 : 약간 불쾌감(민감한 사람은 불쾌감을 느낌)

㉰ 75~80 : 반수 이상 불쾌감

㉱ 80 이상 : 거의 모든 사람이 불쾌감

06 조명

(1) 광량(광도) : 점광원으로부터 방출되는 빛의 양
(광원의 실제 에너지 : 단위 – cd, candela)

(2) 조도(illuminance)

① foot–candela(fc) : 1cd의 점광원으로부터 1ft 떨어진 구면에 비추는 광의 밀도

② lux : 1cd의 점 광원으로부터 1m 떨어진 구면에 비추는 광의 밀도

$$\text{조도}=\frac{\text{광량}}{\text{거리}^2},\quad \text{소요조명}=\frac{\text{광속발산도}}{\text{반사율}}$$

(3) 대비(luminance contrast)

$$\text{대비}(\%)=\frac{\text{배경의 광도}-\text{목표물의 광도}}{\text{배경의 광도}}\times 100$$

〈 범위 〉

- 표적이 배경보다 어두울 경우(+) : 0～100%
- 표적이 배경보다 밝을 경우(–) : 0～–∞

(4) 휘광(glare)의 처리방법

① 광원으로부터의 직사 휘광 처리

㉮ 광원의 휘도를 줄이고 수를 늘린다.

㉯ 광원을 시선에서 멀리 위치시킨다.

㉰ 휘광원 주위를 밝게 하여 광도비를 줄인다.

㉱ 가리개(shield), 갓(hood), 차양(visor)을 사용한다.

② 창문으로부터의 직사 휘광 처리

㉮ 창문을 높이 단다.

㉯ 창 위에 드리우개(overhang)를 설치한다.

㉰ 창문(안쪽)에 수직 날개(fin)들을 달아 직사광선을 피한다.

㉱ 차양(shade) 혹은 발(blind)을 사용한다.

③ 반사 휘광의 처리

㉮ 발광체의 휘도를 줄인다.

㉯ 일반(간접)조명 수준을 높인다.

㉰ 산란광, 간접광, 조절판, 창문에 차양 등을 사용한다.

㉱ 반사광이 눈에 비치지 않게 광원을 위치시킨다.

㉲ 무광택 도료, 빛을 산란시키는 표면색을 한 사무용 기기, 윤기를 제거한 종이 등을 사용한다.

07 청각

(1) 음압수준(dB) $= 20\log_{10}\left(\frac{P_1}{P_0}\right)$

(2) 음량의 척도

① phon : 1,000Hz 순음의 음압 수준

② sone : 40dB의 1,000Hz 순음(40dB보다 크다 작다.)

Sone치 $= 2^{(\text{phon치}-40)/10}$

③ 인식소음수준(PNdB) / dBA / NRN

(3) 복합소음의 크기(크기가 같은 소음원)

① 70dB의 기계가 2대 있을 때(3dB 증가)

② 70+10 log n=73dB(n=2일 때)

10대가 있으면 80dB(10dB 증가)

100대가 있으면 90dB

(4) C5-dip 현상 : 4000Hz대의 소리로 귀가 먹는 현상

(5) 소음허용노출기준 : 연속소음 90dB에서 8시간

08 시스템 안전해석

(1) 위험성 분류상 categry의 단계

① category Ⅰ – 파국
② category Ⅱ – 중대(위험)
③ category Ⅲ – 한계
④ category Ⅳ – 무시

(2) PHA(예비위험분석) : System의 최초단계의 분석, 정성적

(3) FHA(결함사고분석) : Sub System의 해석, 귀납적 분석

(4) FMEA(고장형태와 영향분석) : 시스템이나 기기의 신뢰성을 계통적으로 해석, 평가하는 하나의 수법. 정성적 귀납적 분석이며, 여기에 CA(치명도 해석)을 추가하여 FMECA라고도 부르며 정량적 분석을 한다.

(5) FMEA의 순서

① 제1단계 : 대상시스템의 분석
② 제2단계 : 고장형태와 그 영향의 해석
③ 제3단계 : 치명도 해석과 개선책의 검토

(6) 위험성 분류상 category의 단계

① category Ⅰ – 생명 또는 가옥의 손실
② category Ⅱ – 작업수행의 실패
③ category Ⅲ – 활동의 지연
④ category Ⅳ – 영향 없음

(7) DT(Dicision Tree) : 요소의 신뢰도를 사용해서 시스템의 신뢰도를 나타내는 시스템 모델의 한 가지로 귀납적이기는 하지만 정량적인 해석방법이다.

(8) ETA : FTA와 정반대의 위험해석방법으로 위험을 분석하는 것으로 사상의 안전도를 사용한 시스템의 안전도를 귀납적이면서 정량적으로 해석하는 기법

(9) THERP(인간과오율 예측) : 인간의 과오를 정량적으로 평가하기 위하여 개발된 확률론적 안전기법

(10) MORT : 관리, 생산, 설계, 보전 등에 대한 넓은 범위에 걸쳐 안전성을 확보하려고 시도된 기법(연역적 해석)

(11) FTA : 결함수분석법 또는 결함수 관련수법이라 하며, 재해발생확률을 연역적이고 정량적으로 구할 수 있다. 재해원인을 정확하게 도식화할 수 있다.

(12) FTA의 작성절차

① 대상이 되는 시스템의 범위를 결정한다.
② 대상 시스템에 관한 자료를 정비해 둔다.
③ 상상하고 결정하는 사고의 명제를 결정한다.
④ 원인추구의 전제요건을 미리 생각해 둔다.
⑤ 정상사상에서 시작하여 순차적으로 생각되는 원인사상을 논리기호로 이어간다.
⑥ 각각의 골격이 될 수 있는 대충의 tree를 만든다.
⑦ 각각의 사상에 번호를 붙여 정리하면 좋다.

(13) FTA에 의한 재해사례 연구순서

① 제1단계 : 톱 사상의 선정(System의 안전보건문제점 파악, 사고·재해의 모델화, 문제점의 중요도, 우선 순위의 결정, 해석할 톱 사상의 결정)
② 제2단계 : 사상마다 재해원인, 요인의 규명
㉮ Level 1 : 톱 사상의 재해원인의 결정
㉯ Level 2 : 중간사상의 재해요인의 결정
㉰ Level 3 : 말단사상까지의 전개
③ 제3단계 : FT도의 작성
㉮ 부분적 FT도를 다시 본다.
㉯ 중간사상의 발생조건의 재검토
㉰ 전체의 FT도의 완성
④ 제4단계 : 개선계획의 작성
㉮ 안전성이 있는 개선안의 검토
㉯ 제약의 검토와 타협
㉰ 개선안의 결정
㉱ 개선안의 실시계획

(14) FTA의 활용 및 기대효과

① 사고원인 규명의 간편화
② 사고원인 분석의 일반화

③ 사고원인 분석의 정량화
④ 노력, 시간의 절감
⑤ 시스템의 결함 진단
⑥ 안전점검 Check List 작성

(15) 컷(cut) : 그 속에 포함되어 있는 모든 기본사상이 일어났을 때 정상사상을 일으키는 기본사상의 집합

(16) 미니멀 컷 셋(minimal cut set) : 정상사상을 일으키기 위한 필요 최소한의 컷

(17) 패스(path) : 그 속에 포함되어 있는 기본사상이 일어나지 않을 때 처음으로 정상사상이 일어나지 않는 기본사상의 집합

(18) 미니멀 패스 셋(minimal path set) : 필요 최소한의 것

07 안전성 평가

(1) 안전성 평가의 종류

① 안전성 평가(safety assessment)
② 기술개발의 종합평가(technology assessment)
③ 위험성 평가(risk assessment)
④ 인간과 사고에 대한 평가(human assessment)

(2) 안전성 평가의 순서

① 제1단계 : 관계자료의 작성준비
② 제2단계 : 정성적 평가
③ 제3단계 : 정량적 평가
④ 제4단계 : 안전대책
⑤ 제5단계 : 재평가(재해정보 및 FTA에 의한 재평가)

(3) 안전성 평가의 4가지 기법

① 체크 리스트에 의한 평가
② 위험의 예측평가
③ 고장형 영향분석
④ FTA법

제4장

벼락치기 • 산업안전 필기

기계·기구 및 설비 안전 관리

01 기계설비의 안전화

(1) 기계설비의 안전화를 위한 고려사항

① 외관상 안전화 : 덮개, 케이스 내장, 색채조절

② 작업의 안전화 : 인간공학에 바탕

③ 작업점의 안전화

④ 기능의 안전화

⑤ 구조의 안전화

㉮ 설계상 결함

㉯ 재료의 결함

㉰ 가공 결함

㉱ 안전율 $= \frac{\text{영구변형이 생기는 영역의 모든 하중(A)}}{\text{탄성한도 이내의 모든 하중(B)}}$

㉲ 안전여유 = A − B

⑥ 보전작업의 안전화

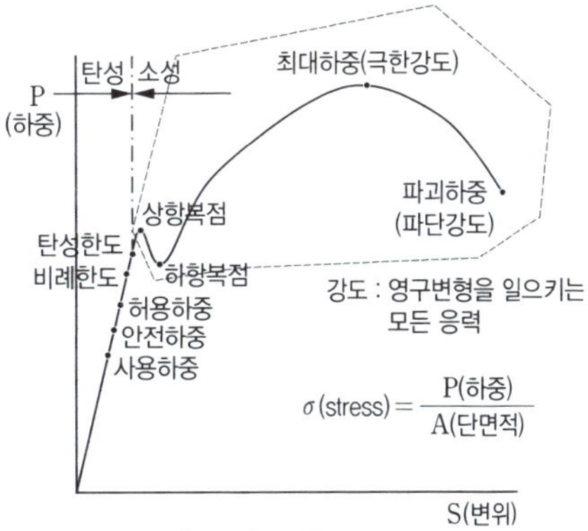

[그림] 하중과 변위

(2) 기계설비의 본질적안전화 추구

① 조작상 위험이 가능한 없도록 설계할 것

② 안전기능이 기계설비에 내장되어 있을 것

③ 페일 세이프의 기능을 가질 것

④ 풀 프루프의 기능을 가질 것

(3) 기계설비의 잠재적인 위험점 6가지

① **협착점** : 왕복운동을 하는 운동부분과 움직임이 없는 고정부분 사이에 형성되는 위험점

② **끼임점** : 고정부분과 회전운동부분이 만드는 위험점
③ **절단점** : 회전하는 운동부분 자체와 운동하는 기계 자체와의 위험이 형성되는 위험점
④ **물림점** : 회전하는 두 회전체에 물려 들어가는 위험성이 존재하는 점
⑤ **접선물림점** : 회전하는 부분의 접선 방향으로 물려 들어갈 위험이 존재하는 점
⑥ **회전말림점** : 회전하는 물체의 길이, 굵기, 속도 등의 불규칙 부위와 돌기회전 부위에 의해 장갑 및 작업복 등이 말려들 위험이 형성되는 점

02 방호장치

(1) 방호장치의 구비조건 : 안전기능, 페일 세이프, 사용의 용이성, 신뢰성, 보전성, 안전성, 무효대책

(2) 방호장치의 성능

① **위치제한형** : 양수조작식(프레스에 많이 설치)
② **접근거부형** : 게이트 가드(프레스 및 전단기에 설치)
③ **접근반응형** : 광선식, 압력감지방식, 압력호스식
④ **포집형** : 연삭기 덮개, 반발예방장치 등(위험원이 비산, 튀어오르는 것을 방지)
⑤ **감지형** : 이상온도, 이상압력, 과부하 감지(안전한계 설정)

(3) 방호장치의 검정합격시 표시사항

"한국산업안전공단 검정필"이라는 문자, 합격번호, 합격년월일, 위험기계기구명, 방호장치명, 모델명

(4) 방호장치를 해야 할 기계, 기구와 방호장치의 종류

① **프레스 또는 전단기** : 방호장치
② **아세틸렌 용접장치/가스집합 용접장치** : 안전기
③ **방폭용 전기기계·기구** : 방폭구조
④ **전기기계·기구, 교류아크용접기** : 자동전격방지기
⑤ **크레인, 승강기, 곤돌라, 리프트** : 과부하방지장치, 권과방지장치
⑥ **압력용기** : 압력방출장치 및 언로드밸브
⑦ **보일러** : 압력방출장치 및 압력제한스위치
⑧ **롤러기** : 급정지장치

⑨ 연삭기 : 덮개(직경 5cm 이상)

⑩ 목재가공용 둥근톱 : 반발예방장치 및 날접촉예방장치

(5) 방호장치에 대한 근로자와 사업주 준수사항

① 방호조치를 해체하고자 할 경우에는 사업주의 허가를 받아 해체할 것

② 방호조치를 해체한 후 그 사유가 소멸된 때에는 지체 없이 원상복귀시킬 것

③ 방호조치의 기능이 상실된 것을 발견한 때에는 지체 없이 사업주에게 신고할 것

(6) 동력에 의해 작동되는 기계, 기구의 일반적 방호조치사항

① 작동부분상의 돌기부분은 묻힘형으로 하거나 덮개를 부착할 것

② 동력전달부분 및 속도조절부분에는 덮개를 부착하거나 방호망을 설치할 것

③ 회전기계의 물림점(롤러, 기어 등)에는 덮개 또는 울을 설치할 것

03 공작기계 및 산업기계

(1) 공작기계의 안전장치

① 칩 비산 방지를 위한 안전장치의 종류

㉮ 칩 브레이커
㉯ 칩 비산방지 투명판(shield)
㉰ 칩받이
㉱ 칸막이
㉲ 조절편

② 선반의 안전장치

㉮ 칩 브레이커
㉯ 커버
㉰ 브레이크

③ 셰이퍼의 안전장치

㉮ 칩받이
㉯ 칸막이
㉰ 방책

(2) 연삭기의 덮개의 노출각도

① 탁상용 연삭기

㉮ 덮개의 최대 노출각도 : 90°이내

㉯ 주축에서 수평면 위로 이루는 각도 : 65°이내

㉰ 수평면 이하의 부분에서 연삭하는 경우:125°

㉣ 상부 사용 목적 : 60°

② 원통, 만능 휴대용, 스윙 연삭기 : 180°이내

③ 평면, 절단 연삭기 : 150°

(3) 연삭작업의 안전작업방법

① 연삭숫돌의 직경이 5cm 이상인 것은 덮개 설치

② 작업시작 전에 1분 이상, 숫돌 교체시는 3분 이상 시운전할 것

③ 연삭숫돌의 측면을 사용하지 말 것(단, 측면사용 목적의 연삭 숫돌인 cup형은 제외)

④ 연삭숫돌을 제조 후 사용속도의 1.5배로 안전시험을 할 것

(4) 연삭기 방호장치 표시사항

① 제조회사명

② 제조년월일

③ 제품명 및 모델

④ 숫돌사용 원주속도

⑤ 숫돌회전방향

(5) 목재가공용 둥근톱의 방호장치의 설치요령

① 날접촉 예방장치는 반발예방장치에 대면하고 있는 부분과 가공재를 절단하는 부분 이외의 부분을 덮을 수 있는 구조이어야 한다.

② 반발예방장치는 목재의 반발을 충분히 방지할 수 있도록 설치해야 한다.

③ 반발예방장치는 톱날 후면으로부터 12mm 이내에 설치하되, 그 두께는 톱 두께의 1.1배 이상이고 치진폭보다 작아야 한다.

(6) 반발예방장치의 구조

① 분할날

㉮ 톱 두께의 1.1배 이상

㉯ 톱날과 12mm 이내에 설치

㉰ 톱날의 직경이 610mm 이상이면 현수식을 사용

② 반발방지 발톱(finger) : 톱의 직경이 450mm 이상이면 사용 불가능

③ 반발방지 롤러 : 톱의 노출높이가 10mm 이상일 때 설치

(7) 둥근톱기계 방호장치의 표시사항

① 제조회사명

② 제조년월일

③ 제품명 및 모델

④ 둥근톱의 사용가능 치수

(8) 동력식 수동대패의 작업 전 안전기준

① 대패날은 테이블면에서 1mm 이하로 나오게 할 것

② 대패날과 전후 테이블 사이의 간격 : 3mm 이내

③ 날접촉예방장치의 기능상 이상여부를 확인할 것

④ 고정식 날접촉예방장치의 경우 날 노출부분의 폭은 가공재료의 최소 폭을 유지하도록 조정할 것

04 프레스 및 롤러기

(1) 프레스의 방호장치

① 양수조작식 방호장치

㉮ 반드시 두 손을 사용하여 작동되도록 설치할 것

㉯ 누름버튼 또는 조작부의 간격을 300mm 이상으로 할 것

㉰ 작동 직후 손이 위험지역에 들어가지 못하도록 위험지역으로부터 다음에 정하는 거리 이상에 설치할 것

거리(cm)= 160×프레스를 작동 후 작업점까지 도달시간(초)

거리(mm)=1.6×T_m(ms)

$$T_m=\left(\frac{1}{2}+\frac{1}{N}\right)\times\frac{60,000}{spm}$$

② 게이트 가드식(gate guard) 방호장치

㉮ 게이트가 위험부위를 차단하지 않으면 작동되지 않도록 연동장치(interlock)로 설치할 것

㉯ 금형의 크기에 따라 게이트의 크기를 선택하여 설치한다.

③ 수인식 방호장치(pull out)

㉮ 손을 당겨내는 수인줄은 작업자에 따라 조정이 가능할 것

㉯ 행정수를 보통 120spm 이하, 행정길이는 40mm 이상의 프레스에 설치

㉰ 수인용 줄의 재질은 합성 섬유로 절단 하중 150kg에 견디는 직경 4mm 이상의 로프를 사용하며 사용 도중 늘어나거나 끊어지지 않는 튼튼한 줄을 사용한다.

㉱ 수인줄의 끄는 양은 정반 안길이의 1/2 이상이어야 한다.

㉲ 수인줄과 연결부는 50kg 이상의 정하중에 견디어야 한다.

④ 손쳐내기식(제수형) 방호장치

㉮ 손쳐내기봉은 그 길이 및 진폭을 조정할 수 있는 구조이며, 진폭은 금형폭 이상이어야 한다.

㉯ 손쳐내기판은 금형 크기의 1/2 이상으로 한다.

㉰ 손쳐내기판은 손의 부상을 방지하기 위해 고무 등 완충물을 설치해야 된다.

⑤ 감응식 방호장치

㉮ 투광기에서 발생시키는 빛 이외의 광선에 감응해서는 안 된다.

㉯ 광축의 설치거리는 위험 부위로부터 다음에 정하는 거리(안전거리) 이상에 설치해야 된다.

설치거리(mm)$=1.6(T_1+T_s)$

T_1 : 손이 광선을 차단 후 급정지기구가 작동을 개시하기까지의 시간(ms)

T_s : 급정지기구가 작동 직후로부터 슬라이드가 정지할 때까지의 시간(ms)

T_1+T_s : 최대정지시간(급정지시간)

㉰ 광축의 수는 2개 이상으로 하고, 광축간의 간격은 50mm 이하이어야 한다.

㉱ 위험구역을 충분히 감지할 수 있는 구조일 것

(2) 프레스기의 방호장치에 표시할 사항

① 제조 번호
② 제조자명
③ 제조 연월일
④ 사용할 수 있는 프레스의 압력 능력
⑤ 사용할 수 있는 프레스의 행정 길이

(3) 전단기의 방호장치에 표시할 사항

① 제조 번호
② 제조자명
③ 제조 연월일
④ 사용할 수 있는 전단기의 종류
⑤ 사용할 수 있는 전단두께
⑥ 사용할 수 있는 절삭공구의 길이

※ 프레스기 방호장치의 조작용 회로의 전압 : 150V 이하

급정지기구가 부착되어 있어야만 유효한 방호장치(마찰식 클러치 부착 프레스)

① 양수조작식
② 감응식

급정지기구가 부착되어 있지 않아도 유효한 방호장치(확동식 클러치 부착 프레스)

① 양수기동식
② 게이트 가드식
③ 수인식
④ 손쳐내기식

(4) 기타 프레스기와 관련된 중요한 사항

① 프레스 본체에 양수조작식, 광선식, 가드식의 방호장치를 내장한 프레스 : 안전 프레스

② 100ton 이하의 프레스 재해 다발 요인 : 클러치 이상

③ 프레스기에서 가장 중요한 점검 부분 : 클러치 이상 유무

④ 프레스 등의 금형을 부착, 해체 또는 조정작업을 하는 때에는 신체의 일부가 위험한계 내에 들어가서 슬라이드가 불시에 하강함으로 인한 재해를 막기 위한 조치 : 안전블록 설치

⑤ 프레스기 페달에 U자형 덮개를 씌우는 이유 : 페달의 불시 작동으로 인한 사고예방

(5) 롤러기의 방호장치

① 손조작식 : 밑면에서 1.8m 이내, 위치는 급정지장치의 조작부의 중심점을 기준

② 복부조작식 : 밑면에서 0.8m~1.1m 이내

③ 무릎조작식 : 밑면에서 0.6m 이내

(6) 표면속도의 계산

$$V=\frac{\pi DN}{1,000}[\text{m/min}]$$

D : 롤러 원통의 직경(mm) N : 1분간에 롤러가 회전하는 수(rpm)

앞면 롤의 표면 속도(m/min)	급정지 거리
30 미만	앞 롤 원주의 1/3
30 이상	앞 롤 원주의 1/2.5

(7) 롤러기의 가드의 개구부 간격

$$Y=6+0.15X$$

Y : 가드의 개구부 간격(mm) X : 가드와 위험점간의 거리(mm)

(8) 롤러기의 안전기준

① 롤러기 주위의 바닥은 평탄하고, 돌출물이나 장애물이 있으면 안되며, 기름이 묻어 있는 경우에는 제거한다.

② 롤러기 청소시 정지시킨 후 청소한다.

③ 롤러기를 사용하여 고무, 고무화합물 또는 합성수지를 연화하는 작업에는 3개월 이상의 경험을 가진 작업자를 배치시킨다.

05 용접장치

(1) 용접장치의 안전기 성능

① 주요부분은 두께 2mm 이상의 강판 또는 강관을 사용한다.

② 도입부는 수봉식으로 하되, 유효수주는 25mm 이상 되게 한다.

③ 물의 보충 및 교환이 용이하며 수위는 쉽게 점검이 가능한 구조로 한다.

(2) 안전기의 설치장소

① 아세틸렌 용접장치(매 취관마다 설치)

㉮ 주관 및 취관에 가장 근접한 분기관마다 설치(취관에 미설치인 경우)

㉯ 발생기와 가스용기 사이에 설치(가스용기와 발생기가 분리되어 있는 경우)

② 가스집합 용접장치

: 주관 및 분기관에 안전기를 설치. 이 경우 하나의 취관에 대하여 2개 이상의 안전기를 설치하여야 한다.

(3) 발생기실의 설치장소

① 발생기는 전용의 발생기실 내에 설치할 것

② 발생기실은 건물의 최상층에 위치하여야 하며, 화기를 사용하는 설비로부터 상당한 거리를 둔 장소에 설치

③ 발생기실을 옥외에 설치한 때에는 그 개구부를 다른 건축물로부터 1.5m 이상 격리시킬 것

(4) 발생기실 구조

① 벽은 불연성의 재료로 하고 철근콘크리트 그 밖에 이와 동등 이상의 강도를 가진 구조로 할 것

② 지붕 및 천장에는 얇은 철판이나 가벼운 불연성 재료를 사용할 것

③ 바닥면적의 1/16 이상의 단면적을 가진 배기통을 옥상으로 돌출시키고 그 개구부를 창 또는 출입구로부터 1.5m 이상 떨어지도록 할 것

④ 문은 불연성 재료로 두께는 1.5mm 이상의 철판

(5) 아세틸렌용접장치를 사용할 때 준수사항

① 발생기실에는 관계근로자 외의 자가 출입하는 것을 금지시킬 것

② 발생기에는 5m 이내 또는 발생기실에서 3m 이내의 장소에서는 흡연, 화기의 사용 또는 불꽃이 발생할 위험한 행위를 금지시킬 것

③ 아세틸렌용접장치의 설치장소에는 적당한 소화설비를 갖출 것

(6) 가스집합용접장치의 가스장치실 구조

① 가스가 누출된 때에는 가스가 정체되지 않도록 할 것
② 지붕 및 천장에는 가벼운 불연성 재료를 사용
③ 벽에는 불연성의 재료를 사용

06 보일러의 운전

보일러의 운전시 준수사항

① 가동중인 보일러에는 작업자가 항상 정위치를 떠나지 아니할 것
② 압력방출장치, 압력제한스위치를 매일 작동시험하여 정상 작동여부를 점검할 것
③ 압력방출장치는 봉인된 상태에서 정상 작동되도록 하고 1일 1회 이상 작동 시험을 실시할 것
④ 고저수위 조절장치와 급수펌프와의 상호기능상태를 점검할 것
⑤ 보일러의 각종 부속장치의 누설상태 점검
⑥ 노 내의 환기 및 통풍장치를 점검할 것

(1) 압력방출장치 및 압력제한스위치의 점검

① 압력방출장치는 1년에 1회 이상 표준압력계를 이용하여 토출압력을 시험한 후 납으로 봉인할 것
② 압력방출장치는 1일 1회 이상 작동상태를 점검
③ 압력제한 스위치는 1일 1회 이상 작동시험을 하고 이상 발견시 즉시 보고

(2) 역화의 발생원인

① 점화할 때 착화가 늦어졌을 경우
② 댐퍼를 지나치게 조인 경우
③ 연료밸브를 과대하게 급히 열었을 경우
④ 압입통풍이 지나치게 강할 경우
⑤ 흡입통풍이 부족한 경우
⑥ 연도 내에 미연가스가 다량 있는 경우
⑦ 연소 중 갑자기 소화된 후 노내 여열로 점화했을 경우

07 양중기의 방호장치

(1) 권과방지장치

일정거리 이상의 권상을 못하도록 지정거리에서 권상을 정지시키는 장치

(2) 과부하방지장치

하중이 정격을 초과하였을 때 리밋 스위치가 하중의 권상을 정지시키는 장치

(3) 리밋 스위치 종류

권과방지장치, 과부하방지장치, 과전류차단장치, 압력제한장치

(4) 리프트의 방호장치

권과방지장치, 과부하방지장치, 출입문인터로크

(5) 곤돌라의 방호장치

권과방지장치, 과부하방지장치, 제동장치, 경보장치

(6) 승강기의 방호장치

과부하방지장치, 비상정지장치, 출입문 인터로크,
경보장치, 파이널 리밋 스위치

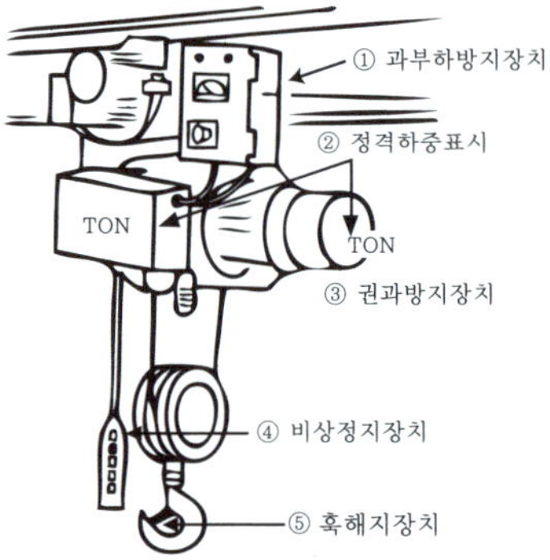

[그림] 양중기 방호장치

(7) 와이어 로프의 안전기준

① 소선의 수가 10% 이상 절단되지 않을 것
② 지름 감소가 공칭지름의 7%를 초과하지 않을 것
③ 꼬이지 않을 것
④ 현저한 변형, 마모, 부식 등이 없을 것

(8) 와이어 로프

① 안전율 $= \dfrac{\text{로프 가닥수} \times \text{로프의 파단강도(kg)}}{\text{허용응력(kg)}}$

② 와이어 로프에 걸리는 하중의 계산

총하중 = 정하중(w_1) + 동하중(w_2)

여기서, 동하중 $w_2 = \dfrac{w_1}{g} \times a$

g : 중력가속도(9.8m/s^2)　　a : 가속도(m/s^2)

③ 슬링 와이어 로프의 한 가닥에 걸리는 하중

$$하중=\frac{하물의\ 무게}{2}\div\cos\frac{\theta}{2}$$

(9) 체인의 안전기준(체인의 안전율은 5 이상으로 할 것)

① 신장률은 제조 당시 길이의 5% 이하일 것

② 링크의 단면감소가 제조 당시의 단면지름의 10% 이하일 것

③ 균열이 없을 것

08 차량계 하역운반기계의 안전

(1) 일반안전기준(작업계획의 작성내용)

① 작업장소의 넓이와 지형

② 차량계 하역운반기계의 종류와 능력

③ 화물의 종류와 형상

④ 운행경로 및 작업방법

(2) 전도 또는 전락의 위험방지조치

① 유도자의 배치

② 지반의 부동침하방지

③ 갓길의 붕괴방지

(3) 운전자의 운전위치 이탈시 조치사항

① 포크 및 버킷 등 하역장치를 가장 낮은 위치에 둘 것

② 원동기를 정지시키고 브레이크를 확실하게 거는 등 갑작스러운 주행을 방지하기 위한 조치를 할 것

(4) 지게차의 안전

① 하역작업시 전후안정도 : 4%(5톤 이상은 5%)

② 주행시의 전후안정도 : 18%

③ 하역작업시의 좌우안정도 : 6%

④ 주행시 좌우안정도 : (15+1.1V)%,
V : 최고속도

⑤ $안정도=\frac{경사로높이}{경사로밑변거리}\times 100\%$

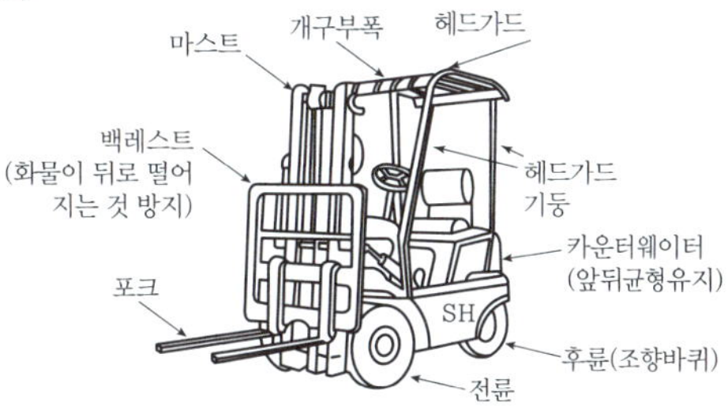

[그림] 지게차 구조

제5장

벼락치기 • 산업안전 필기

전기설비 안전 관리

01 전기의 위험성과 감전방지

(1) 감전에 영향을 미치는 1차적 요인

① 통전전류의 세기
② 통전시간
③ 통전경로
④ 주파수 및 파형
⑤ 전원의 종류(직류보다 교류가 더 위험)

(2) 전격전류의 크기

① 최소감지전류 : 1~2[mA]
② 고통한계전류 : 7~8[mA]
③ 가수(이탈)전류 : 10~15[mA]
④ 불수(교착)전류 : 20~25[mA]
⑤ 심실세동전류 : 50~100[mA]

$$I=\frac{165}{\sqrt{T}}[\text{mA}]$$

$$W=I^2RT=\left(\frac{165}{\sqrt{T}}\times 10^{-3}\right)^2 RT[\text{J}]$$
$$=0.24\times I^2RT[\text{cal}]$$
$$=0.24\times 10^{-3}\times I^2RT[\text{kcal}]$$
$$=0.24\times 10^{-3}\times 3{,}600\times I^2RT[\text{kcal}](T=\text{sec})$$
$$=0.86I^2RT[\text{kcal}](T=\text{hour})$$

(3) 인체에서 가장 전류에 대해 민감한 곳은

① 안구로서 20μA(0.02mA)에서도 반응한다.
② 혀끝으로서 45μA에서도 반응한다.

(4) 인체의 전기저항

피부저항	내부조직 저항	발과 신발 사이 저항	신발과 대지저항	인체의 전기저항
2,500Ω	300Ω	1,500Ω	700Ω	500Ω

02 감전방지

(1) 전기기계, 기구의 충전부에 대한 방호조치

① 폐쇄형 외함이 있는 구조

② 방호망 또는 절연덮개를 설치

③ 발전소, 변전소 및 개폐소 등은 관계근로자 외의 자가 출입을 못하게 할 것

④ 전주 위 및 철탑 위 등 격리되어 있는 장소로서 관계자 외의 자가 접근할 우려가 없는 곳에 설치

(2) 누전차단기를 설치해야 할 장소

① 전기기계, 기구 중 대지전압이 150V를 초과하는 이동형 또는 휴대형의 것

② 물 등 도전성이 높은 액체에 의한 습윤 장소

③ 철판, 철골 위 등 도전성이 높은 장소

④ 임시배선의 전로가 설치되는 장소

(3) 누전차단기가 갖추어야 할 성능

① 부하에 적합한 정격전류를 갖출 것

② 전로에 적합한 차단용량을 갖출 것

③ 전격감도전류가 30mA 이하이며, 동작시간은 0.03초 이내일 것

④ 정격부동작전류가 정격감도전류의 50% 이상일 것

⑤ 절연저항이 5MΩ 이상일 것

(4) 누전차단기를 설치하지 않아도 되는 경우

① 이중절연 구조의 전동기계나 기구

② 비접지식 전로(혼촉방지판, 절연변압기)에 접속하여 사용하는 전동기계·기구

③ 절연대 위에서 사용하는 전동기계나 기구

(5) 잔류전하 방지 2가지

① 전력케이블　　　② 전력 콘덴서

(6) 이격거리

구분	교류	직류	접근한계거리	
			인체	건물
저압	1,000V 이하	1,500V 이하	–	–
고압	1,000~7,000V	1,500~7,000V	1.0m 이상	1m 이상
특별고압	7,000V 이상		2m 이상	

충전전로의 선간전압(kV)	충전전로에 대한 접근한계거리(㎝)
0.3 이하	접촉금지
0.3 초과 0.75 이하	30
0.75 초과 2 이하	45
2 초과 15 이하	60
15 초과 37 이하	90
37 초과 88 이하	110
88 초과 121 이하	130
121 초과 145 이하	150
145 초과 169 이하	170
169 초과 242 이하	230
242 초과 362 이하	380
362 초과 550 이하	550
550 초과 800 이하	790

03 피뢰설비

(1) 피뢰침의 설치시 준수사항

① 피뢰침 접지극과 대지간 접지저항은 10Ω 이하일 것

② 피뢰도선은 30mm^2 이상의 동선을 사용 확실하게 접속할 것

③ 인화성 가스의 누설 위험이 있는 시설물로부터 1.5m 이상 격리시킬 것

(2) 피뢰침의 점검(점검기록은 3년간 보존)

① 접지저항의 측정　　② 지상 각 접속부의 검사

③ 지상에서 단선, 융용, 그 밖에 손상부분 유무 점검

(3) 피뢰기의 성능(구비요건)

① 충격방전 개시전압과 제한전압이 낮을 것
② 뇌전류의 방전능력이 클 것
③ 속류의 차단이 확실할 것
④ 반복 동작이 가능할 것
⑤ 구조가 견고하며, 특성이 변하지 않을 것

(4) 피뢰기의 종류

① 저항형 피뢰기
② 밸브형 피뢰기 : 값이 싸고, 배선선로용에 쓰임
㉮ 벨트형 산화막
㉯ 알루미늄 셀
㉰ 오토밸브
㉱ 종이 피뢰기
③ 밸브저항형 피뢰기
④ 방출통형 피뢰기 : 섬락 방지용
⑤ 종이 피뢰기(p－Valve) : 밀폐형이므로 현장에서 간단하게 점검, 배선선로용에 쓰임

04 정전 및 활선작업의 안전

(1) 정전작업요령의 작성내용

① 작업책임자의 임명, 정전범위 및 절연용 보호구, 작업시작 전 점검 등 작업시작 전에 필요한 사항
② 전로 또는 설비의 정전순서에 관한 사항
③ 개폐기 관리 및 표지판 부착에 관한 사항
④ 정전 확인 순서에 관한 사항
⑤ 단락접지 실시에 관한 사항
⑥ 전원 재투입 순서에 관한 사항

(2) 정전 작업 전 조치사항

① 전로의 개로개폐기에 시건장치 및 통전금지 표지판 설치
② 전력케이블, 전력콘덴서 등의 잔류전하 방전
③ 검전기구로 충전여부 확인
④ 단락접지기구로 단락접지

(3) 정전 작업중 조치사항

① 작업지휘자에 의한 지휘
② 개폐기의 관리
③ 단락접지의 상태관리
④ 근접활선에 대한 방호상태의 관리

(4) 정전 작업 종료시 조치사항

① 단락접지기구의 철거
② 표지판의 철거
③ 작업자에 대한 위험이 없는 것을 확인
④ 개폐기를 투입해서 송전 재개

(5) 전원 재투입 순서

① 재투입 전 단락접지기구, 사용된 공구들이 제거되었는지 확인하고 적절한 검사를 통하여 안전하게 재투입할 수 있는지 여부 확인
② 재투입 전에 해당 전로나 설비와 관련된 작업자들이 작업을 완전히 정리하고 안전한 위치에 있는지 여부 확인
③ 작업 책임자의 지시나 감독하에 표지판의 제거
④ 설비운전 책임자에게 재투입 준비완료의 통보
⑤ 재투입

(6) 시설물 건설 등의 작업시 조치사항

① 해당 충전전로를 이설
② 감전의 위험에 대한 방호방책을 설치
③ 절연용 방호구를 설치
④ 감시인을 두고 감시

(7) 저압활선 및 활선근접작업시 조치사항

① 절연용 보호구 착용
② 근접된 충전전로에 절연용 방호구 설치
③ 절연용 방호구의 설치 또는 해체시 활선작업용 기구 사용(핫 스틱)

(8) 고압활선 및 활선근접작업시 조치사항

① 절연용 보호구 착용 및 절연용 방호구 설치
② 활선작업용 기구 사용

③ 활선작업용 장치 사용
④ 충전전로에서 머리 위로 30cm 이상, 신체 또는 발 아래로는 60cm 이상 이격시킬 것

(9) 특별고압활선작업 및 활선근접작업시 조치사항

① 활선작업용 기구 사용
② 활선작업용 장치 사용
③ 접근한계거리 이상 유지
④ 충전전로에 대해서 접근한계거리가 유지되도록 보기 쉬운 곳에 표지판 설치 및 감시인 배치

05 전기용접

(1) 자동전격방지기의 성능

아크발생을 정지시킬 때 주접점이 개로될 때까지 1초 이내에 2차 무부하 전압을 25V 이하로 낮추는 것(전원전압에 변동이 있을 경우 30V 이하)

(2) 자동전격방지기의 부착요령

① 직각으로 부착
② 용접기의 이동, 진동, 충격으로 이완되지 않도록 이완방지 조치할 것
③ 작동상태를 알기 위한 표시등은 보기 쉬운 곳에 설치할 것
④ 테스터 스위치는 조작하기 쉬운 곳에 설치할 것

(3) 자동전격방지기의 사용 전 점검

① 외함의 접지상태 이상유무
② 외함의 변경, 파손 및 결합상태 유무
③ 배선 및 접속부분 피복의 손상유무
④ 전자접촉기의 작동상태 이상유무
⑤ 소음발생의 유무

(4) 직류와 교류 용접기의 특성 비교

비교사항	직류용접기	교류용접기
아크의 안정도	우수	약간 떨어짐
비피복봉 사용	가능	불가능

비교사항	직류용접기	교류용접기
전격의 위험	적다	많다
구조	복잡	간단
고장	회전기에 많다	적다
가격	고가	저렴

06 전선 및 접지

(1) 전선의 요건

① 도전율과 인장강도 및 내식성이 커야 한다.

② 접속이 쉬워야 한다.

③ 가요성(유연성)이 풍부해야 한다.

(2) 전선의 굵기를 결정하는 요건

① 허용전류 ② 기계적 강도 ③ 선로의 전압강하

(3) 절연저항 $= \dfrac{\text{전압}}{\text{누설전류}}$

(4) 누설전류 $= \dfrac{\text{최대공급전류}}{2000}$

(5) 전로의 사용전압

전로의 사용전압(V)	DC 시험전압(V)	절연저항(MΩ 이상)
SELV 및 PELV	250	0.5
FELV, 500V 이하	500	1.0
500V 초과	1,000	1.0

[주] 특별저압(Extra Low Voltage):2차 전압이 AC 50V, DC 120V 이하)으로 SELV(비접지회로구성) 및 PELV(접지회로 구성)은 1차와 2차가 전기적으로 절연된 회로, FELV는 1차와 2차가 전기적으로 절연되지 않은 회로

※ 측정시 영향을 주거나 손상을 받을 수 있는 SPD 또는 기타 기기 등은 측정 전에 분리시켜야 하고 부득이하게 분리가 어려운 경우에는 시험전압을 250V DC로 낮추어 측정할 수 있지만 절연저항 값은 1MΩ 이상이어야 한다.

(6) TN계통접지의 분류

구분	특 징
TN−S 계통	계통 전체에 대해 별도의 중성선 또는 PE 도체를 사용, 배전계통에서 PE 도체를 추가로 접지할 수 있다.
TN−C 계통	계통 전체에 대해 중성선과 보호도체의 기능을 동일도체로 겸용한 PEN 도체를 사용, 배전계통에서 PEN 도체를 추가로 접지할 수 있다.
TN−C−S 계통	계통의 일부분에서 PEN 도체를 사용하거나 중성선과 별도의 PE 도체를 사용하는 방식, 배전계통에서 PEN 도체와 PE 도체를 추가로 접지할 수 있다.

07 정전기의 대전

(1) 대전의 종류

마찰, 박리, 유동, 분출, 충돌, 파괴, 교반 또는 침강

(2) 정전기의 방전

코로나, 스트리머, 불꽃, 연면, 뇌상 방전

(3) 정전기 방지 대책

① 도전성 재료의 사용
② 가습(70% 이상)
③ 제전기 사용(전압인가식, 자기방전식, 이온식)
④ 대전방지제 사용
⑤ 배관 내의 액체의 유속 제한, 정치시간의 확보

08 전기설비의 방폭

(1) 폭발의 기본조건

① 인화성 가스 또는 증기의 존재
② 위험분위기의 조성{인화성 물질+조연성 물질(산소−공기)}
③ 최소착화에너지 이상의 점화원 존재

(2) 폭발등급(KSC)

폭발등급	안전간격	가스의 종류
1	0.6mm 초과	기타
2	0.4~0.6mm 이하	이소프렌, 산화에틸렌, 에틸렌, 석탄가스
3	0.4mm 이하	수성가스, 수소, 아세틸렌, 이황화탄소

(3) 방폭의 기본조건

① 점화원의 방폭적 격리
② 전기설비의 안전도 증강
③ 점화능력의 본질적 억제

(4) 방폭구조 설계시 고려사항

① 폭발등급
② 발화도
③ 위험장소

(5) 최대안전 틈새의 한계(KSCIEC)

가스 및 증기 그룹 A	0.9mm 이상의 최대안전틈새
가스 및 증기 그룹 B	0.5mm 초과 0.9mm 미만의 최대안전틈새
가스 및 증기 그룹 C	0.5mm 이하의 최대안전틈새

「최대안전틈새」라 함은 대상으로 한 가스 또는 증기와 공기와의 혼합가스에 대하여 화염일주가 일어나지 않는 틈새의 최대치

(6) 발화도범위에 따른 방폭전기기의 온도등급 및 폭발등급 18. 3. 4 기 20. 8. 22 기 23. 4. 1 기

온도등급 [℃]		T1	T2	T3	T4	T5
		450 초과	300 초과 450 이하	200 초과 300 이하	135 초과 200 이하	100 초과 135 이하
폭발등급	1	암모니아, 프로판, 일산화탄소, 메탄	부탄, 옥시드	가솔린, 헥산	아세트알데히드, 에틸에테르	
	2	석탄가스 (CH_4+H_2)	에틸렌			
	3	수성가스 ($CO+H_2$)	아세틸렌			이황화탄소

참고 T6(85[℃] 초과 ~ 100[℃] 이하) : 온도 등급 표시

제6장

벼락치기 • 산업안전 필기

화학설비 안전 관리

01 방폭구조

(1) 내압방폭구조

"d". 속에서의 폭발을 밖으로 전달하지 못하게 하는 구조

(2) 압력방폭구조

"p". 내부에 일정압력을 형성, 가연성 가스의 침입을 막는 구조

(3) 안전증 방폭구조

"e". 점화원이 될 수 있는 소재들에 대한 안전도 증강

(4) 유입방폭구조

"o". 용기 내에서 전기불꽃을 발생하는 부분을 유중에 내장하여 유면 또는 용기 외부에 존재하는 위험분위기에 대해 점화성이 없게 한 구조

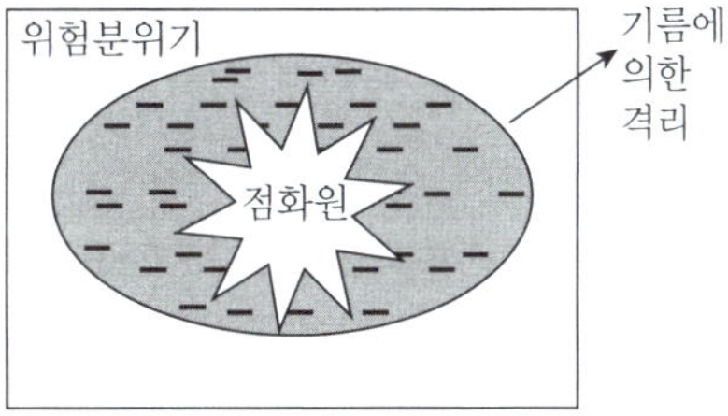

[그림] 유입 방폭 구조

(5) 본질안전 방폭구조

"ia, ib". 이상의 상태에서 전기불꽃이 발생하여도 최소착화에너지 이하로 되게 하여 폭발을 방지하는 구조

(6) 특수방폭구조

"s". 모래를 삽입한 사입구조와 밀폐방폭구조 등이 있다.

02 연소

(1) 연소의 3요소

① 인(가연)화물
② 산소
③ 점화원

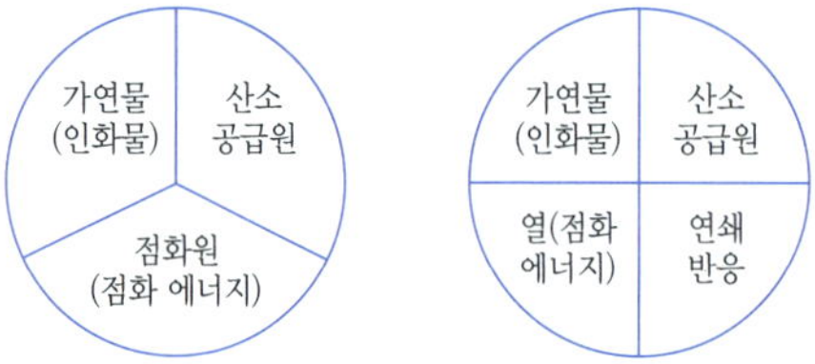

(a) 연소의 3요소 (b) 연소의 4요소

[그림] 연소의 2가지 표현

(2) 연소하기 쉬운 조건

① 산화되기 쉬울 것
② 산소와 접촉면적이 클 것
③ 발열량이 클 것
④ 열전도율이 적을 것
⑤ 건조가 양호할 것

(3) 기체의 연소 : 정상연소, 비정상연소

(4) 액체의 연소 : 증발연소, 인화

(5) 고체의 연소

① 표면연소 : 고체의 표면에 고온을 유지하면서 연소(불꽃이 없다). 목탄, 코크스, 금속분
② 분해연소 : 고체가 가열시 열분해가 일어나고 동시에 가연성 가스가 발생하여 공기 중에 산소와 혼합하여 연소하는 상태. 목탄, 석탄 연소
③ 자기연소 : 분해되어 연소하면서 공기중의 산소를 필요로 하지 않고 그 물질 중에 포함되어 있는 산소로서 내부연소하는 상태. 화약/폭약 연소

(6) 자연발화의 조건

① 축적된 열량이 큰 경우
② 공기와의 접촉면적이 큰 경우
③ 고온 다습한 경우

PART 01

03 위험물

(1) 산업안전보건법상의 위험물 분류

① 폭발성 물질 및 유기과산화물

② 물반응 물질 및 인화성 고체

③ 산화성 액체 및 산화성 고체

〈 저장법 〉

- 나트륨·칼륨 : 석유 속
- 황린 : 물 속
- 적린·마그네슘 : 격리저장
- 질산은 : 갈색병

④ 인화성 액체

㉮ 에틸에테르, 가솔린, 아세트알데히드, 산화프로필렌, 그 밖에 인화점이 섭씨 23℃ 미만이고 초기끓는점이 섭씨 35℃ 이하인 물질

㉯ 노말헥산, 아세톤, 메틸에틸케톤, 메틸알코올, 에틸알코올, 이황화탄소, 그 밖에 인화점이 섭씨 23℃ 미만이고 초기 끓는점이 섭씨 35℃를 초과하는 물질

㉰ 크실렌, 아세트산아밀, 등유, 경유, 테레핀유, 이소아밀알코올, 아세트산, 하이드라진, 그 밖에 인화점이 섭씨 23℃ 이상 섭씨 60℃ 이하인 물질

⑤ 인화성 가스

㉮ 수소
㉯ 아세틸렌
㉰ 에틸렌
㉱ 메탄
㉲ 에탄
㉳ 프로판
㉴ 부탄
㉵ 영 별표 13에 따른 인화성 가스

〈 참고 〉

- 포화탄화수소 ⇒ C_nH_{2n+2}

$n=1s$ C_1H_4(메탄)
$n=2$ C_2H_6(에탄)
$n=3$ C_3H_8(프로판)
$n=4$ C_4H_{10}(부탄)

⑥ 부식성 물질

㉮ 부식성 산
- 염산(HCl), 황산(H_2SO_4), 질산(HNO_3) ⇒ 20% 이상 함유
- 기타의 산 ⇒ 60% 이상 함유 ex) 탄산, 초산

㉯ 부식성 염기 — 40% 이상 함유

예 수산화칼륨, 수산화나트륨, 수산화칼슘, 수산화바륨

⑦ 급성독성물질

㉮ 쥐에 대한 경구투입실험에 의하여 실험동물의 50퍼센트를 사망시킬 수 있는 물질의 양, 즉 LD_{50}(경구, 쥐)이 킬로그램당 300밀리그램 –(체중)이하인 화학물질

㉯ 쥐 또는 토끼에 대한 경피흡수실험에 의하여 실험동물의 50퍼센트를 사망시킬 수 있는 물질의 양, 즉 LD_{50}(경피, 토끼 또는 쥐)이 킬로그램당 1000밀리그램 –(체중)이하인 화학물질

㉰ 쥐에 대한 4시간 동안의 흡입실험에 의하여 실험동물의 50퍼센트를 사망시킬 수 있는 물질의 농도, 즉 가스 LC_{50}(쥐, 4시간 흡입)이 2500ppm 이하인 화학물질, 증기 LC_{50}(쥐, 4시간 흡입)이 10mg/ 이하인 화학물질, 분진 또는 미스트 1mg/ 이하인 화학물질

(2) 급성독성물질

① LD_{50}(고, 액체 ⇒ 투입)
② LC_{50}(기체 ⇒ 흡입)
] 반수치사량

(3) 소방법상의 위험물 분류

① 제1류 산화성 고체

② 제2류 인화성 고체

③ 제3류 물반응성 물질 및 인화성 고체

④ 제4류 인화성 액체

⑤ 제5류 자기반응성 물질

⑥ 제6류 산화성 액체 : 과염소산($HClO_4$), 과산화수소(H_2O_2), 황산(H_2SO_4), 질산(HNO_3)

(4) 유해물질의 유해요인

① 노출농도와 노출시간

② 근로자의 감수성

③ 작업강도

④ 기상조건

(5) 분진의 허용농도

분진구분	SiO_2함유량	허용농도
제1종	30% 이상	$2mg/m^3$
제2종	30% 이하	$5mg/m^3$
제3종	1% 이하	$10mg/m^3$

(6) 분진의 대책

① 작업 공정에서 분진 발생 억제 및 감소화
② 분진 비산 방지 조치
③ 환기
④ 개인 보호구 착용으로 분진흡입방지
⑤ 그 밖에 공정을 습식으로 하거나 밀폐 등의 조치

(7) 분진의 폭발성에 영향을 주는 요인

① 분진 입도 및 입도 분포
② 입자의 형상과 표면상태
③ 분진의 부유성
④ 분진의 화학적 성질과 조성
⑤ 유해물질이 인체에 흡입되는 경로
㉮ 호흡기 ㉯ 소화기 ㉰ 피부

04 소화

(1) 화학적인 소화방법

① **제거소화방법** : 가연물 제거(밸브를 잠근다. 산림화재의 경우 연소방면의 수목을 자르는 방법)
② **질식소화방법** : 불연성 물질로서 가연물을 감싸 소화하는 방법. 이산화탄소, 질소, 4염화탄소, 1염화1브롬화메탄, 토사, 거적 등
③ **냉각소화방법** : 액체(물)의 증발잠열 이용
④ **희석소화방법** : 가연성 가스의 산소나 가연물 조성을 연소한계 이하로 되게 하여 소화. 공기중의 산소농도를 CO2를 이용하여 희석한다.

(2) 화재의 종류

① A급화재 : 일반화재, 냉각소화(목재, 종이, 섬유 등의 화재)
② B급화재 : 가연성 액체에 의한 화재(에테르, 가솔린, 경유, 벤젠, 콜타르 등)
③ C급화재 : 전기화재(소화시 절연성을 갖는 소화재 사용)
④ D급화재 : 금속에 의한 화재
⑤ E급화재 : 압축 또는 액화가스에 의한 화재
⑥ K급화재 : 부엌(주방)화재

(3) 소화제

① **포말소화기**

㉮ 기계포 : 포핵 – 공기

㉯ 화학포 : 포핵 – CO_2

주성분 – $NaHCO_3+Al_2(SO_4)_3$

② **분말소화기**

㉮ 1종 분말 : $NaHCO_3$(B, C급)

㉯ 2종 분말 : 중탄산칼륨(B, C급)

㉰ 3종 분말 : 인산암모늄(A, B, C급)

③ **탄산가스(CO_2) 소화기** : B, C급 화재에 적합

④ **할로겐화물 소화기** : B, C급 화재에 적합

⑤ **산알칼리 소화기** : 일반화재(A급)만 유효

주성분 : 중탄산나트륨 + 황산

⑥ **간이소화**

㉮ 건조사 : 금속화재

㉯ 팽창질석, 팽창진주암 : 알킬알루미늄

05 폭발

(1) $\dfrac{\text{폭굉}\uparrow(1{,}000\sim3{,}500\text{m/s})}{\text{폭연}\downarrow}$ 음속(340m/s)

(2) 폭발의 종류

① **기상 폭발** : 혼합가스의 폭발, 가스의 분해, 분진폭발, 분무폭발

② **응상 폭발** : 혼합위험성 물질의 폭발, 폭발성 화합물의 폭발, 증기폭발, 도선폭발, 고상 전이에 의한 폭발

※ 흔히 분진폭발을 화약의 폭발(고상 폭발)과 기상 폭발의 중간형태라고도 한다.

(3) 폭발의 조건

① 인화성 가스, 증기, 분진 등이 폭발범위 내에 존재

② 밀폐공간이 존재

③ 점화원이 존재(최소착화에너지 이상인 경우)

(4) 폭발범위(폭발 상한계, 하한계)의 계산 : 르 샤틀리에의 공식

$$\frac{100}{L}[\mathrm{Vol\%}]=\frac{V_1}{L_1}+\frac{V_2}{L_2}+\frac{V_3}{L_3}\cdots \Rightarrow L=\frac{100}{\frac{V_1}{L_1}+\frac{V_2}{L_2}+\frac{V_3}{L_3}\cdots}$$

여기서, L : 혼합가스의 폭발하한계(상한계)

L_1, L_2, L_3 : 단독가스의 폭발하한계(상한계)

V_1, V_2, V_3 : 단독가스의 공기 중 부피

100 : $V_1+V_2+V_3+\cdots$(단독가스 부피의 합)

(5) 완전연소 조성 농도(화학양론 농도, 이론산소 농도)

$$C_{st}[\mathrm{Vol\%}]=\frac{100}{1+4.773\left(n+\frac{m-f-2\lambda}{4}\right)}$$

여기서, n : 탄소　　m : 수소　　f : 할로겐원소　　λ : 산소의 원자 수

〈 참고 〉 폭발범위의 계산 : Jones식

- 폭발하한계 = $0.55\times C_{st}$
- 폭발상한계 = $3.50\times C_{st}$

(6) 위험도

$$\text{위험도}=\frac{\text{폭발상한계}-\text{폭발하한계}}{\text{폭발하한계}}$$

(7) 화재의 예방대책

① 예방대책　　② 국한대책

③ 소화대책　　④ 피난대책

(8) 폭발만의 방지 대책 : 예방대책, 국한대책

(9) 폭발의 방호대책 : 폭발봉쇄, 폭발억제, 폭발방산

06 위험물취급시 안전조치

(1) 위험물 취급요령

① 지정된 장소에서만 취급할 것

② 위험물을 저장 또는 취급할 때는 새거나 넘치지 않도록 할 것

③ 보호구를 착용한 후 신중하게 취급할 것
④ 작업 지휘자를 정하여 작업할 것

(2) 가스 등의 용기취급시의 준수사항

① 용기의 온도를 섭씨 40℃ 이하로 유지할 것
② 전도의 위험이 없도록 할 것
③ 충격을 가하지 아니하도록 할 것
④ 운반할 때에는 반드시 캡을 씌울 것
⑤ 밸브의 개폐는 서서히 할 것
⑥ 용해 아세틸렌의 용기는 세워서 둘 것
⑦ 용기의 부식, 마모 또는 변형상태를 점검한 후 사용할 것

07 화학설비

(1) 화학설비의 안전장치

① 안전밸브
② 파열판
③ 체크밸브 : 유체의 역류방지
④ flame arrestor : 화염 차단
⑤ 플레어 스택 : 인화성의 유독성 폐가스 처리
⑥ 개스킷 : 유체의 누설방지
⑦ 통기밸브
⑧ 역화방지기
⑨ 벤트 스택
⑩ 자동경보장치
⑪ 긴급차단장치
⑫ 스팀 트랩

(2) 유량계

① 직접식 : 습식 가스미터(용적식)
② 간접식
㉮ 차압식 : 피토관, 오리피스미터, 벤츄리관
㉯ 면적식 : 로타미터

[그림] 유량계

제 7 장

벼락치기 • 산업안전 필기

건설공사 안전 관리

01 지반조사 및 토질시험

(1) 보링

보링

- 보링
  - 기계식
    - 충격식
    - 수세식
    - 회전식
  - 인력식
    - 오거보링

(2) 토질시험의 분류

① **밀도시험** – 밀도, 입도, 함수비, 현장함수당량, 원심함수당량 및 진비중, 액성·소성한계시험

② **역학시험** – 표준관입시험, 전단시험, 압밀시험 및 투수·다짐압축시험, 지반의 지지력시험

(3) 흙의 전단강도($\tau = C + \sigma \cdot \tan\theta$)

① 사질토의 $\tau = \sigma \cdot \tan\theta$　　② 점토의 $\tau = C$

구분	점착력	마찰력	시료채취	투수성	압밀침하량	침하속도
점토	大	小	불교란시료	小	大	大
사질토	小	大	교란시료	大	小	小

(4) 토질시험방법

① 표준관입시험(standard penetration test)

② 베인시험(vane test)　　③ 평판재하시험(plate bearing test)

건설공사 유해·위험방지계획서

산업안전보건법 시행령 제42조(유해위험방지계획서 제출 대상) 제1항제3호

유해위험방지계획서 제출대상 건설공사

1. 건축물 또는 시설 등의 건설·개조 또는 해체공사
   가. 지상높이가 31미터 이상인 건축물 또는 인공구조물
   나. 연면적 3만제곱미터 이상인 건축물
   다. 연면적 5천제곱미터 이상인 시설
      ① 문화 및 집회시설(전시장 및 동물원·식물원은 제외한다)
      ② 판매시설, 운수시설(고속철도의 역사 및 집배송시설은 제외한다)
      ③ 종교시설
      ④ 의료시설 중 종합병원
      ⑤ 숙박시설 중 관광숙박시설
      ⑥ 지하도상가
      ⑦ 냉동·냉장 창고시설
2. 연면적 5천제곱미터 이상인 냉동·냉장 창고시설의 설비공사 및 단열공사
3. 최대지간길이가 50m 이상인 교량건설 등 공사
4. 터널건설 등의 공사
5. 다목적댐, 발전용댐 및 저수용량 2천만톤 이상의 용수전용댐, 지방상수도 전용댐 건설 등의 공사
6. 깊이 10m 이상인 굴착공사

02 건설기계

(1) 굴착기계

① 주행상태에 따른 분류
   ㉮ 무한궤도식 : 굴곡이 심한 곳/습지/연약지, 장거리 이동 부적합
   ㉯ 트럭형
      ㉠ 전·후진 – 주행운전자
      ㉡ 하역작업 – 하역운전자
   ㉰ 휠형 : 고무타이어로 기동성 우수, 습지나 경사지의 작업은 부적합
② 주행형태에 따른 분류
   ㉮ 파워 셔블 : 기중기가 위치한 지반면보다 높은 장소에 적합

㉯ 드래그 셔블(백호)

㉠ 지면보다 높거나 낮은 곳에 적합, 수중굴착 가능

㉡ 굴삭깊이 : 최대 6m

㉰ 드래그 라인

㉠ 작업범위가 광범위, 수중굴착, 연약한 지반

㉡ 굴삭깊이 : 지하 8m까지 가능

㉱ 클램쉘 : 수중굴착/깊은 굴착/호퍼작업, 협소한 장소 굴착

㉲ 브레이커 : 빌딩해체/도로파괴/해체공사

㉳ 오거 및 파일 드라이버 : 구멍뚫기

③ 붐과 암의 각도가 80~110°에서 굴착력이 최대

(2) 토공기계

① 트랙터

② 도저(작업거리 : 6m 이하)

㉮ 불도저 : 배토판이 상하 이동

㉯ 앵글 도저 : 배토판이 좌우 30° 이동

㉰ 틸트 도저 : 배토판이 좌우·상하 20~25° 이동

③ 스크레이퍼(토공 만능기계) : 굴착/싣기/운반/하역

④ 모터 그레이더(토공기계의 대패)

⑤ 롤러(다짐기계)

(3) 차량계 하역운반기계

① 지게차

② 로더

③ 컨베이어

④ 트럭

(4) 차량계 하역운반기계의 작업계획에 포함사항

① 차량계 하역운반기계의 종류 및 능력

② 차량계 하역운반기계의 운행경로

③ 차량계 하역운반기계의 작업방법

(5) 차량계 하역운반기계의 전도방지대책

① 갓길의 붕괴 방지

② 지반의 부동 침하 방지

③ 유도자 배치

(6) 차량계 건설기계의 전도방지대책

① 갓길의 붕괴 방지
② 노폭의 유지
③ 지반의 부동 침하방지
④ 유도자 배치

(7) 항발기, 항타기 조립 등에 있어 점검사항

① 본체의 연결부의 풀림 또는 손상의 유무
② 권상용 와이어로프, 드럼 및 도르래의 부착상태의 이상유무
③ 권상장치의 브레이크 및 쐐기장치 기능의 이상유무
④ 권상기의 설치상태의 이상유무
⑤ 버팀의 방법 및 고정상태의 이상유무

03 건설재해 및 대책

(1) 가설공사의 안전

① 가설통로의 설치기준

㉮ 견고한 구조로 할 것
㉯ 경사는 30° 이하로 할 것
㉰ 경사가 15°를 초과하는 때는 미끄러지지 아니하는 구조로 할 것
㉱ 추락의 위험이 있는 장소에는 안전난간을 설치할 것
㉲ 수직갱에 가설된 통로의 길이가 15m 이상인 때에는 10m 이내마다 계단참 설치
㉳ 건설공사에 사용하는 높이가 8m 이상인 비계다리에는 7m 이내마다 계단참 설치

② 안전난간의 구조 및 설치기준

㉮ 상부 난간대, 중간 난간대, 발끝막이판 및 난간기둥으로 구성할 것. 다만, 중간 난간대, 발끝막이판 및 난간기둥은 이와 비슷한 구조와 성능을 가진 것으로 대체할 수 있다.
㉯ 상부 난간대는 바닥면·발판 또는 경사로의 표면(이하 "바닥면등"이라한다)으로부터 90cm 이상 지점에 설치하고, 상부 난간대를 120cm 이하에 설치하는 경우에는 중간 난간대는 상부 난간대와 바닥면 등의 중간에 설치하여야 하며, 120cm 이상 지점에 설치하는 경우에는 중간 난간대를 2단 이상으로 균등하게 설치하고 난간의 상하 간격은 60cm 이하가 되도록 할 것. 다만, 난간기둥 간의 간격이 25cm 이하인 경우에는 중간 난간대를 설치하지 않을 수 있다.

㉰ 발끝막이판은 바닥면 등으로부터 10cm 이상의 높이를 유지할 것. 다만, 물체가 떨어지거나 날아올 위험이 없거나 그 위험을 방지할 수 있는 망을 설치하는 등 필요한 예방 조치를 한 장소는 제외한다.

㉱ 난간기둥은 상부 난간대와 중간 난간대를 견고하게 떠받칠 수 있도록 적정한 간격을 유지할 것

㉲ 상부 난간대와 중간 난간대는 난간 길이 전체에 걸쳐 바닥면 등과 평행을 유지할 것

㉳ 난간대는 지름 2.7cm 이상의 금속제 파이프나 그 이상의 강도가 있는 재료일 것

㉴ 안전난간은 구조적으로 가장 취약한 지점에서 가장 취약한 방향으로 작용하는 100kg 이상의 하중에 견딜 수 있는 튼튼한 구조일 것

③ 가설통로의 구조

㉮ 견고한 구조로 할 것

㉯ 경사는 30° 이하로 할 것. 다만, 계단을 설치하거나 높이 2m 미만의 가설통로로서 튼튼한 손잡이를 설치한 경우에는 그러하지 아니하다.

㉰ 경사가 15°를 초과하는 경우에는 미끄러지지 아니하는 구조로 할 것

㉱ 추락할 위험이 있는 장소에는 안전난간을 설치할 것. 다만, 작업상 부득이한 경우에는 필요한 부분만 임시로 해체할 수 있다.

㉲ 수직갱에 가설된 통로의 길이가 15m 이상인 경우에는 10m 이내마다 계단참을 설치할 것

㉳ 건설공사에 사용하는 높이 8m 이상인 비계다리에는 7m 이내마다 계단참을 설치할 것

④ 사다리식 통로 등의 구조

㉮ 견고한 구조로 할 것

㉯ 심한 손상, 부식 등이 없는 재료를 사용할 것

㉰ 발판의 간격은 일정하게 할 것

㉱ 발판과 벽과의 사이는 15cm 이상의 간격을 유지할 것

㉲ 폭은 30cm 이상으로 할 것

㉳ 사다리가 넘어지거나 미끄러지는 것을 방지하기 위한 조치를 할 것

㉴ 사다리의 상단은 걸쳐놓은 지점으로부터 60cm 이상 올라가도록 할 것

㉵ 사다리식 통로의 길이가 10m 이상인 경우에는 5m 이내마다 계단참을 설치할 것

㉶ 사다리식 통로의 기울기는 75° 이하로 할 것. 다만, 고정식 사다리식 통로의 기울기는 90° 이하로 하고, 그 높이가 7m 이상인 경우에는 바닥으로부터 높이가 2.5m 되는 지점부터 등받이울을 설치할 것

㉷ 접이식 사다리 기둥은 사용시 접혀지거나 펼쳐지지 않도록 철물 등을 사용하여 견고

하게 조치할 것

⑤ 계단의 설치기준

㉮ 계단의 강도

㉠ 계단 및 계단참은 500kg/m^2 이상의 하중에 견딜 것

㉡ 안전율 4 이상(파괴응력도·허용응력도)

㉯ 계단의 폭

㉠ 계단의 폭은 1m 이상

㉡ 급유용, 보수용, 비상용 계단 및 나선형 계단의 폭은 1m 이하도 가능

㉰ 계단참의 높이

㉠ 계단참의 높이는 3m 이내

㉡ 진행방향으로 각각 1.2m 이상의 계단참 설치

(2) 비계의 안전

① 작업발판의 설치기준(비계의 높이가 2m 이상인 작업장소에 적용)

② 통나무 비계의 설치기준

㉮ 비계 기둥의 간격은 2.5m 이하로 하고 지상으로부터 첫 번째 띠장은 3m 이하의 위치에 설치할 것. 다만, 작업의 성질상 이를 준수하기 곤란하여 쌍기둥 등에 의하여 해당 부분을 보강한 경우에는 그러하지 아니하다.

㉯ 비계 기둥이 미끄러지거나 침하하는 것을 방지하기 위하여 비계 기둥의 하단부를 묻고, 밑둥잡이를 설치하거나 깔판을 사용하는 등의 조치를 할 것

㉰ 비계 기둥의 이음이 겹침이음인 경우에는 이음 부분에서 1m 이상을 서로 겹쳐서 두 군데 이상을 묶고, 비계 기둥의 이음이 맞댄이음인 경우에는 비계 기둥을 쌍기둥틀로 하거나 1.8m 이상의 덧댐목을 사용하여 네 군데 이상을 묶을 것

㉱ 비계 기둥·띠장·장선 등의 접속부 및 교차부는 철선이나 그 밖의 튼튼한 재료로 견고하게 묶을 것

㉲ 교차 가새로 보강할 것

㉳ 외줄비계·쌍줄비계 또는 돌출비계에 대해서는 다음 각 목에 따른 벽이음 및 버팀을 설치할 것. 다만, 창틀의 부착 또는 벽면의 완성 등의 작업을 위하여 벽이음 또는 버팀을 제거하는 경우, 그 밖에 작업의 필요상 부득이한 경우로서 해당 벽이음 또는 버팀 대신 비계기둥 또는 띠장에 사재를 설치하는 등 비계의 도괴방지를 위한 조치를 한 경우에는 그러하지 아니하다.

㉠ 간격은 수직 방향에서 5.5m 이하, 수평 방향에서는 7.5m 이하로 할 것

㉡ 강관·통나무 등의 재료를 사용하여 견고한 것으로 할 것

㉢ 인장재와 압축재로 구성되어 있는 경우에는 인장재와 압축재의 간격은 10m 이내

로 할 것

③ 통나무 비계의 사용기준

지상높이 4층 이하 또는 12m 이하인 건축물, 공작물의 건조, 해체 및 조립 작업에 사용

④ 강관비계의 설치기준

㉮ 비계기둥의 간격은 띠장 방향에서는 1.85m 이하, 장선(長線) 방향에서는 1.5m 이하로 할 것

㉯ 띠장 간격은 2.0m 이하로 설치할 것

㉰ 비계기둥의 제일 윗부분으로부터 31m 되는 지점 밑부분의 비계기둥은 2개의 강관으로 묶어 세울 것. 다만, 브래킷(bracket) 등으로 보강하여 2개의 강관으로 묶을 경우 이상의 강도가 유지되는 경우에는 그러하지 아니하다.

㉱ 비계기둥 간의 적재하중은 400kg을 초과하지 않도록 할 것

⑤ 달비계의 안전계수

㉮ 달기와이어로프 및 달기강선의 안전계수는 10 이상

㉯ 달기체인 및 달기후크의 안전계수는 5 이상

㉰ 달기 강대와 달비계의 하부 및 상부 지점의 안전계수 : 강재(鋼材)의 경우 2.5 이상, 목재의 경우 5 이상

(3) 거푸집

① 거푸집의 구비조건

㉮ 조립, 해체, 운반이 용이할 것

㉯ 최소한의 재료로 여러 번 반복사용이 가능할 것

㉰ 수밀성이 있을 것

㉱ 변형이 생기지 않을 것

㉲ 충격하중과 작업하중에 견딜 수 있는 충분한 강도

② 거푸집지보공의 조립, 해체시 준수사항

㉮ 작업구역 내 관계근로자 외의 자는 출입금지

㉯ 악천후시에는 작업중지

㉰ 공구를 올리거나 내릴 때 달줄, 달포대 이용

③ 거푸집의 조립순서

기둥 → 보받이 내력벽 → 큰보 → 작은보 → 바닥 → 내벽 → 외벽

(4) 콘크리트

① 워커빌리티

시공연도라고 하며, 콘크리트가 분리되는 일이 없이 쉽게 타설될 수 있는 정도를 말한다.

② 블리딩(부수현상) 침하

콘크리트의 타설과 다지기가 끝난 후 시간이 지나면서 물이 분리되어 콘크리트의 표면으로 떠오르는 현상을 말한다.

〈 블리딩 침하 영향 〉

- 과잉습윤으로 공극이 생겨 강도가 낮아진다.
- 레이턴스층 형성, 수밀성이 약해진다.
- 골재나 철근과의 부착성을 떨어뜨려 강도가 약해진다.

③ 콘크리트의 강도

압축강도 > 전단강도 > 인장강도

④ 콘크리트의 설계기준강도 : 재령 28일 강도

⑤ 물 시멘트 비 : 콘크리트의 강도, 시공연도에 가장 큰 영향을 준다.

⑥ 슬럼프 시험

콘크리트 타설 전 시험하는 마지막 시험으로 소요 시공연도가 되는지를 검토하는 시험

⑦ 콘크리트의 측압

거푸집의 파괴원인 중 가장 중요한 것이 타설시 거푸집이 받는 콘크리트의 측압이다. 콘크리트를 높이 부어감에 따라 측압 최대점은 어느 높이에 도달하면 더 이상 상승하지 않고, 이후에는 조금씩 저하한다.

⑧ 측압에 영향을 주는 요소

㉮ 타설속도 : 속도가 빠를수록 측압은 상승한다.

㉯ consistency : 연한 콘크리트일수록 측압도 크다.

㉰ 비중 : 비중이 클수록 측압도 크다.

㉱ 온도 및 기온 : 온도가 낮을 때 측압은 커진다.

㉲ 거푸집 표면의 평활도 : 표면이 매끄러우면 마찰계수가 작아져서 측압이 커진다.

㉳ 투수성, 누수성 : 투수성, 누수성이 클수록 측압은 적다.

㉴ 거푸집의 수평 단면 : 단면이 클수록 측압은 크다.

㉵ 진동기 사용 : 진동기를 사용하여 다져지면 측압은 커진다.

㉶ 타설방법 : 높은 곳에서 하락시켜 충격을 주면 측압은 커진다.

㉷ 시멘트의 종류 : 조강 시멘트 등 응결 시간이 빠른 것일수록 측압이 커진다.

㉸ 거푸집의 강성 : 강성이 클수록 측압이 크다.

㉹ 철골 또는 철근량 : 철골 또는 철근량이 많을수록 측압은 작아진다.

〈 도괴(무너짐)위험이 큰 건물(철골 콘크리트조의 건물) 〉

- 높이 20m 이상의 건물
- 구조물의 폭과 높이의 비가 1:4 이상의 건물
- 건물, 호텔 등에서 단면 구조에 현저한 차이가 있는 것
- 연면적당 철골량이 50kg/m² 이하의 건물
- 기둥이 타이 플레이트형 건물
- 이음부가 현장 용접인 경우

⑨ 콘크리트 양생시 안전조치

㉮ 타설 후 수화작용을 돕기 위해서 7일 정도는 습윤 보양 실시

㉯ 일광의 직사, 급격한 건조 및 한기에 대하여 보호

㉰ 타설 후 1일간은 그 위를 보행 또는 중량물을 올려놓아서는 안 된다.

㉱ 타설 후 3일간은 진동 등 충격을 가해서는 안 된다.

(5) 굴착공사

① 노천굴착작업시 사전조사내용

㉮ 형상, 지질 및 지층의 상태조사

㉯ 균열, 함수, 용수 및 동결의 유무 또는 상태조사

㉰ 매설물 등의 유무 또는 상태조사

㉱ 지반의 지하수위 유무 또는 상태조사

② 흙막이 지보공의 정기점검사항

㉮ 부재의 손상, 변형, 부식, 변위 및 탈락의 유무와 상태

㉯ 버팀대의 긴압의 정도

㉰ 부재의 접속부, 부착부 및 교차부의 상태

㉱ 침하의 정도

(6) 터널공사의 안전

① 터널건설작업시 낙반에 의한 위험방지조치

㉮ 터널지보공 설치　　㉯ 록볼트 설치

㉰ 부석의 제거

② 터널지보공의 조립도에 포함되어야 할 사항

㉮ 부재의 배치　　㉯ 부재의 치수

㉰ 부재의 재료

③ 터널지보공의 수시점검사항
㉮ 부재의 손상, 변형, 부식, 변위, 탈락의 유무 및 상태
㉯ 부재의 긴압의 정도
㉰ 부재의 접속부 및 교차부의 상태
㉱ 기둥침하의 유무 및 상태

(7) 잠함작업의 안전

① 잠함 내 굴착작업시 안전조치
㉮ 산소결핍의 우려가 있는 때, 산소의 농도를 측정하는 자를 지명하여 농도 측정
㉯ 안전하게 승강하기 위한 승강설비 설치
㉰ 굴착 깊이가 20m 초과시 외부와 연락할 수 있는 통신설비 설치
㉱ 굴착 깊이가 20m 초과시 공기의 송급 실시
㉲ 잠함 내 작업시 작업을 금지시켜야 할 경우
㉳ 승강설비가 고장난 경우
㉴ 굴착 깊이가 20m 초과시 외부와의 연락을 위한 통신장비의 고장시
㉵ 산소결핍시 또는 굴착 깊이가 20m 초과시 시설해야 하는 송기설비의 고장시
㉶ 잠함 내부에 다량의 물 등이 침투할 우려가 있는 경우

(8) 하역작업의 안전

① 화물적재시 준수사항
㉮ 침하 우려가 없는 튼튼한 기반 위에 적재할 것
㉯ 건물의 칸막이나 벽 등이 화물의 압력에 견딜 만큼을 지니지 아니한 경우에는 칸막이나 벽에 기대어 적재하지 않도록 할 것
㉰ 불안정할 정도로 높이 쌓아 올리지 말 것
㉱ 하중이 한쪽으로 치우치지 않도록 쌓을 것

② 부두·안벽 등 하역작업시 조치사항
㉮ 작업장 및 통로의 위험한 부분에는 안전하게 작업할 수 있는 조명을 유지할 것
㉯ 부두 또는 안벽의 선을 따라 통로를 설치하는 경우에는 폭을 90cm 이상으로 할 것
㉰ 육상에서의 통로 등 작업장소로서 다리 또는 선거(船渠) 갑문(閘門)을 넘는 보도(步道) 등의 위험한 부분에는 안전난간 또는 울타리 등을 설치할 것

(9) 비계

① 이동식비계 조립시 준수사항
㉮ 이동식비계의 바퀴에는 뜻밖의 갑작스러운 이동 또는 전도를 방지하기 위하여 브레

이크·쐐기 등으로 바퀴를 고정시킨 다음 비계의 일부를 견고한 시설물에 고정하거나 아우트리거(outrigger)를 설치하는 등 필요한 조치를 할 것

㈏ 승강용 사다리는 견고하게 설치할 것

㈐ 비계의 최상부에서 작업을 하는 경우에는 안전난간을 설치할 것

㈑ 작업발판은 항상 수평을 유지하고 작업발판 위에서 안전난간을 딛고 작업을 하거나 받침대 또는 사다리를 사용하여 작업하지 않도록 할 것

㈒ 작업발판의 최대적재하중은 250kg을 초과하지 않도록 할 것

② 시스템비계구성시 준수사항

㈎ 수직재·수평재·가새재를 견고하게 연결하는 구조가 되도록 할 것

㈏ 비계 밑단의 수직재와 받침철물은 밀착되도록 설치하고, 수직재와 받침철물의 연결부의 겹침길이는 받침철물 전체길이의 3분의 1 이상이 되도록 할 것

㈐ 수평재는 수직재와 직각으로 설치하여야 하며, 체결 후 흔들림이 없도록 견고하게 설치할 것

㈑ 수직재와 수직재의 연결철물은 이탈되지 않도록 견고한 구조로 할 것

㈒ 벽 연결재의 설치간격은 제조사가 정한 기준에 따라 설치할 것

③ 시스템비계의 조립 작업시 준수사항

㈎ 비계 기둥의 밑둥에는 밑받침 철물을 사용하여야 하며, 밑받침에 고저차가 있는 경우에는 조절형 밑받침 철물을 사용하여 시스템 비계가 항상 수평 및 수직을 유지하도록 할 것

㈏ 경사진 바닥에 설치하는 경우에는 피벗형 받침 철물 또는 쐐기 등을 사용하여 밑받침 철물의 바닥면이 수평을 유지하도록 할 것

㈐ 가공전로에 근접하여 비계를 설치하는 경우에는 가공전로를 이설하거나 가공전로에 절연용 방호구를 설치하는 등 가공전로와의 접촉을 방지하기 위하여 필요한 조치를 할 것

㈑ 비계 내에서 근로자가 상하 또는 좌우로 이동하는 경우에는 반드시 지정된 통로를 이용하도록 주지시킬 것

㈒ 비계 작업 근로자는 같은 수직면상의 위와 아래 동시 작업을 금지할 것

㈓ 작업발판에는 제조사가 정한 최대적재하중을 초과하여 적재해서는 아니 되며, 최대적재하중이 표기된 표지판을 부착하고 근로자에게 주지시키도록 할 것

④ 달비계의 구조

1. 다음 각 목의 어느 하나에 해당하는 와이어로프를 달비계에 사용해서는 아니 된다.

가. 이음매가 있는 것

나. 와이어로프의 한 꼬임[(스트랜드(strand)를 말한다. 이하 같다)]에서 끊어진 소선

(素線)[필러(pillar)선은 제외한다)]의 수가 10퍼센트 이상(비자전로프의 경우에는 끊어진 소선의 수가 와이어로프 호칭지름의 6배 길이 이내에서 4개 이상이거나 호칭지름 30배 길이 이내에서 8개 이상)인 것
다. 지름의 감소가 공칭지름의 7퍼센트를 초과하는 것
라. 꼬인 것
마. 심하게 변형되거나 부식된 것
바. 열과 전기충격에 의해 손상된 것

2. 다음 각 목의 어느 하나에 해당하는 달기 체인을 달비계에 사용해서는 아니 된다.
가. 달기 체인의 길이가 달기 체인이 제조된 때의 길이의 5퍼센트를 초과한 것
나. 링의 단면지름이 달기 체인이 제조된 때의 해당 링의 지름의 10퍼센트를 초과하여 감소한 것
다. 균열이 있거나 심하게 변형된 것
3. 달기 강선 및 달기 강대는 심하게 손상·변형 또는 부식된 것을 사용하지 않도록 할 것
4. 달기 와이어로프, 달기 체인, 달기 강선, 달기 강대 또는 달기 섬유로프는 한쪽 끝을 비계의 보 등에, 다른 쪽 끝을 내민 보, 앵커볼트 또는 건축물의 보 등에 각각 풀리지 않도록 설치할 것
5. 작업발판은 폭을 40cm 이상으로 하고 틈새가 없도록 할 것
6. 작업발판의 재료는 뒤집히거나 떨어지지 않도록 비계의 보 등에 연결하거나 고정시킬 것
7. 비계가 흔들리거나 뒤집히는 것을 방지하기 위하여 비계의 보·작업발판 등에 버팀을 설치하는 등 필요한 조치를 할 것
8. 선반 비계에서는 보의 접속부 및 교차부를 철선·이음철물 등을 사용하여 확실하게 접속시키거나 단단하게 연결시킬 것
9. 근로자의 추락 위험을 방지하기 위하여 달비계에 안전대 및 구명줄을 설치하고, 안전난간을 설치할 수 있는 구조인 경우에는 안전난간을 설치할 것
가. 달비계에 구명줄을 설치할 것
나. 근로자에게 안전대를 착용하도록 하고 근로자가 착용한 안전줄을 달비계의 구명줄에 체결(締結)하도록 할 것
다. 달비계에 안전난간을 설치할 수 있는 구조인 경우에는 달비계에 안전난간을 설치할 것
10. 사업주는 작업의자형 달비계를 설치하는 경우에는 다음 각 호의 사항을 준수해야 한다.
가. 달비계의 작업대는 나무 등 근로자의 하중을 견딜 수 있는 강도의 재료를 사용하여 견고한 구조로 제작할 것
나. 작업대의 4개 모서리에 로프를 매달아 작업대가 뒤집히거나 떨어지지 않도록 연

결할 것

다. 작업용 섬유로프는 콘크리트에 매립된 고리, 건축물의 콘크리트 또는 철재 구조물 등 2개 이상의 견고한 고정점에 풀리지 않도록 결속(結束)할 것

라. 작업용 섬유로프와 구명줄은 다른 고정점에 결속되도록 할 것

마. 작업하는 근로자의 하중을 견딜 수 있을 정도의 강도를 가진 작업용 섬유로프, 구명줄 및 고정점을 사용할 것

바. 근로자가 작업용 섬유로프에 작업대를 연결하여 하강하는 방법으로 작업을 하는 경우 근로자의 조종 없이는 작업대가 하강하지 않도록 할 것

사. 작업용 섬유로프 또는 구명줄이 결속된 고정점의 로프는 다른 사람이 풀지 못하게 하고 작업 중임을 알리는 경고표지를 부착할 것

아. 작업용 섬유로프와 구명줄이 건물이나 구조물의 끝부분, 날카로운 물체 등에 의하여 절단되거나 마모(磨耗)될 우려가 있는 경우에는 로프에 이를 방지할 수 있는 보호 덮개를 씌우는 등의 조치를 할 것

자. 달비계에 다음 각 목의 작업용 섬유로프 또는 안전대의 섬유벨트를 사용하지 않을 것

가. 꼬임이 끊어진 것

나. 심하게 손상되거나 부식된 것

다. 2개 이상의 작업용 섬유로프 또는 섬유벨트를 연결한 것

라. 작업높이보다 길이가 짧은 것

10. 근로자의 추락 위험을 방지하기 위하여 다음 각 목의 조치를 할 것

가. 달비계에 구명줄을 설치할 것

나. 근로자에게 안전대를 착용하도록 하고 근로자가 착용한 안전줄을 달비계의 구명줄에 체결(締結)하도록 할 것

⑤ 걸침비계의 구조

사업주는 선박 및 보트 건조작업에서 걸침비계를 설치하는 경우에는 다음 각 호의 사항을 준수하여야 한다.

㉮ 지지점이 되는 매달림부태의 고정부는 구조물로부터 이탈되지 않도록 견고히 고정할 것

㉯ 비계재료 간에는 서로 움직임, 뒤집힘 등이 없어야 하고, 재료가 분리되지 않도록 철물 또는 철선으로 충분히 결속할 것. 다만, 작업발판 밑 부분에 띠장 및 장선으로 사용되는 수평부재 간의 결속은 철선을 사용하지 않을 것

㉰ 매달림부재의 안전율은 4 이상일 것

㉱ 작업발판에는 구조검토에 따라 설계한 최대적재하중을 초과하여 적재하여서는 아니되며, 그 작업에 종사하는 근로자에게 최대적재하중을 충분히 알릴 것

SAFETY ENGINEER

PART 02

계산문제 총정리

제1과목

벼락치기 • 산업안전 필기

산업재해 예방

01 400명의 근로자가 있는 어느 사업장에서 연간 3건의 사상자가 발생되었다. 연천인율은?

① 1.2 ② 3.3
③ 5.4 ④ 7.5

해설

$$\text{연천인율} = \frac{\text{사상자수}}{\text{연평균근로자수}} \times 1{,}000 = \frac{3}{400} \times 1{,}000 = 7.5$$

02 근로자 200명이 근무하는 어느 사업장에 1년에 9명의 사상자가 발생하였다고 한다. 연천인율은?

① 40 ② 45
③ 50 ④ 55

해설

$$\text{연천인율} = \frac{\text{사상자수}}{\text{연평균근로자수}} \times 1{,}000 = \frac{9}{200} \times 1{,}000 = 45$$

03 연간 연노동 시간수가 110만 시간이고, 이 기간 중에 휴업재해가 12건 발생했다면 도수율은 얼마인가?

① 1.09 ② 10.9
③ 109 ④ 1090

해설

$$\text{빈도율(도수율)} = \frac{\text{재해건수}}{\text{연근로시간수}} \times 10^6 = \frac{12}{1{,}100{,}000} \times 10^6 = 10.91$$

04 도수율 4이고 연 근로시간 12,000,000시간이라면 몇 건의 재해가 발생하였는가?

① 4.8 ② 48
③ 480 ④ 0.48

해설

$$\text{도수율} = \frac{\text{재해건수}}{\text{연근로시간수}} \times 10^6$$

$$4 = \frac{x}{12{,}000{,}000} \times 10^6$$

$$\Rightarrow x = 4 \times \frac{12{,}000{,}000}{10^6} = 48$$

해답 1. ④ 2. ② 3. ② 4. ②

05 1,000인이 일하고 있는 사업장에서 1주 48시간씩 52주를 일하고, 1년간에 80건의 재해가 발생했다고 한다. 병 등 다른 이유에 의해서 근로자는 총 노동시간의 5%를 결근했다. 이때 재해 도수율은?

① 25.46　② 33.74
③ 47.81　④ 56.91

해설

$$도수율=\frac{재해건수}{연근로시간수}\times10^6$$
$$=\frac{80}{(1{,}000\times48\times52)\times0.95}\times10^6$$
$$=33.74$$

06 어느 사업장에 연천인율이 8.2이었다. 도수율은?

① 2.41　② 3.42
③ 4.53　④ 5.44

해설

$$도수율=\frac{연천인율}{2.4}=\frac{8.2}{2.4}=3.42$$

07 S현장의 2021년도 재해건수는 24건, 의사진단에 의한 휴업총일수는 3,650일이었다. 도수율과 강도율을 각각 구하면?(단, 1인당 1일 8시간, 300일 근무하며, 평균근로자 수는 500명이다.)

① 20.00, 2.50
② 2.02, 0.25
③ 20.04, 3.40
④ 2.05, 0.34

해설

① $도수율=\frac{24}{500\times8\times300}\times10^6=20$

② $강도율=\frac{3{,}650\times\frac{300}{365}}{500\times8\times300}\times10^3=2.5$

08 연평균 200명의 근로자가 작업하는 사업장에서 연간 3건의 재해가 발생하여 사망 1명, 30일 가료 1명, 나머지 1명은 20일간 요양하였다. 이 사업장의 강도율은?(단, 연간근로일수는 300일이다.)

① 15.61　② 15.71
③ 17.61　④ 17.71

해설

$$강도율=\frac{총요양근로손실일수}{연근로시간수}\times1{,}000$$
$$=\frac{7{,}500+50\times\frac{300}{365}}{200\times300\times8}\times1{,}000$$
$$=15.71$$

해답 5. ② 6. ② 7. ① 8. ②

PART 02

09 베어링 및 기계부품을 생산하는 업체에 300명의 근로자가 일하고 있는데 1년에 21건의 재해가 발생하였다. 이 사업자에서 근로자 1명이 평생작업한다면 몇 건의 재해를 당할 수 있겠는가?(단, 평생근로시간은 10만 시간임)

① 약 1건 ② 약 3건
③ 약 5건 ④ 약 6건

해설

$$도수율 = \frac{재해건수}{연근로시간수} \times 10^6 = \frac{21}{300 \times 2,400} \times 10^6 = 29.17$$

$$\therefore 환산도수율 = \frac{도수율}{10} = \frac{29.167}{10} = 29.167 \times 0.1 = 2.92$$

10 재해의 도수율(빈도율)이 20.04되는 사업장에서 근로자 1명이 평생동안 작업을 하였을 때 몇 건의 재해를 당하게 되겠는가?(단, 평생근로 년수를 40년, 평생근로 시간수를 100,000시간(잔업시간 4,000시간 포함)으로 생각한다.)

① 약 0.5건 ② 약 2건
③ 약 5건 ④ 약 20건

해설

$$환산도수율 = \frac{도수율}{10} = \frac{20.04}{10} = 20.04 \times 0.1 = 2$$

11 재해강도율 11.98의 사업장에서 어떤 근로자가 아래 조건으로 작업한다면, 이 공장에서 일생동안 일하는 가운데 근로자 각자는 재해발생시 며칠의 휴업을 평균적으로 하여야 하는가?(단, 1일 8시간씩 40년 근무, 연간 과외시간 근로 100시간으로 가정)

① 1198 ② 2198
③ 3198 ④ 4198

해설

$$환산강도율 = 강도율 \times 100 = 11.98 \times 100 = 1198$$

12 도수율이 24.5이고, 강도율이 2.15인 사업장이 있다. 한 사람의 근로자가 입사하여 퇴직할 때까지는 며칠간의 근로손실일수를 가져올 수 있는가?

① 2.45일 ② 215일
③ 2,150일 ④ 2,450일

해설

$$환산강도율 = 강도율 \times 100 = 2.15 \times 100 = 215$$

해답 9. ② 10. ② 11. ① 12. ②

13 상시 100인이 작업하는 공장에서 1일 8시간씩 연근로일수가 300일인 때, 1명 사망, 4급 장해등급 1명이 발생하였고, 4건의 휴업재해에 의하여 180일을 휴업하였다. 이 공장의 종합재해지수는?

① 25 ② 37

③ 54.78 ④ 54.92

해설

$$종합재해지수 = \sqrt{도수율 \times 강도율}$$

$$도수율 = \frac{재해건수}{연근로시간수} \times 10^6 = \frac{6}{100 \times 8 \times 300} \times 10^6 = 25$$

$$강도율 = \frac{총요양근로손실일수}{연근로시간수} \times 1000 = \frac{7{,}500 + 5{,}500 + \left(180 \times \frac{300}{365}\right)}{100 \times 8 \times 300} \times 1000 = 54.78$$

$$\therefore 종합재해지수 = \sqrt{25 \times 54.78} = 37$$

14 어느 사업장에서 당해년도에 330명의 재해자가 발생하였다. 무상해 사고는 몇 명인가?

① 29명 ② 30명

③ 300명 ④ 329명

해설

하인리히 재해발생 비율은 총 330명 중에서
사망 : 경상해 : 무상해 = 1 : 29 : 300
즉 무상해 사고는 300명이다.

15 하인리히의 재해 구성 비율 법칙에 의하면, 중상해 2건이 발생하였다면, 무상해 사고는 몇 건 발생되었다고 볼 수 있는가?

① 29 ② 60

③ 300 ④ 600

해설

하인리히 Domino이론

① 제1단계 : 사회적 환경 및 유전적 요소
② 제2단계 : 개인적인 결함
③ 제3단계 : 불안전행동 및 불안전한 상태
④ 제4단계 : 사고
⑤ 제5단계 : 재해

재해발생 비율

사망 : 경상해 : 무상해 = 1 : 29 : 300
즉 중상이 2명이므로
경상해 : 29 × 2 = 58
무상해 : 300 × 2 = 600

해답 13. ② 14. ③ 15. ④

16 어떤 사업장에서 상해 또는 질병이 5명 발생하였는데 이때 버드(Frank, E. Bird, Jr)의 재해비율 연구에 의한 경상이 일어날 수 있는 횟수는 어느 정도인가?

① 50명 ② 100명
③ 150명 ④ 200명

해설

버드의 사고연쇄성 이론
① 제1단계 : 관리의 부족(통제부족)
② 제2단계 : 기본원인 - 기원론, 원인학(기원)
③ 제3단계 : 직접원인 - 불안전행동, 불안전상태(징후)
④ 제4단계 : 사고(접촉)
⑤ 제5단계 : 상해(손실)

재해발생 비율
중상 : 경상 : 무상해(물적손실) : 무상해, 무사고(아차사고) = 1 : 10 : 30 : 600
즉 중상이 5명이므로
경상 : 10×5=50
무상해(물적손실) : 30×5=150
무상해/무사고 : 600×5=3,000

17 산재사고로 인한 직접 손실액이 1,860억원이라고 한다. 간접 손실액은 얼마인가?(단, 하인리히 이론 적용)

① 1,860억원 ② 5,600억원
③ 7,440억원 ④ 9,300억원

해설

재해코스트 계산
① 하인리히 방식 :
재해코스트 = 직접비+간접비
1 : 4
따라서 재해코스트 =
1,860억원+(1,860×4)=9,300억원
- 직접비 : 휴업급여, 장애급여, 요양급여, 유족급여, 장의비, 유족특별급여, 장애특별급여
- 간접비 : 직접비 이외의 모든 비용

② 시몬즈의 방식 :
재해코스트 = 보험코스트+비보험코스트
(휴업×A+통원×B+구급×C+무상해×D)

해답 16. ① 17. ③

보충학습

산업재해통계업무처리규정

제정 1981. 7. 11.　　노동부예규 제 49호
일부개정 2022. 5. 2. 고용노동부예규 제194호

제1장 총　칙

제1조(목적) 이 예규는 「산업안전보건법」 제4조제1항제7호에 따른 산업재해에 관한 조사 및 통계의 유지·관리를 위하여 같은 법 시행규칙 제73조제1항에 따른 산업재해조사표 제출과 전산입력·통계업무 처리에 관하여 필요한 사항을 규정함을 목적으로 한다.

제2조(적용범위) 이 예규는 「산업안전보건법」(이하 "법"이라 한다)의 적용을 받는 사업 또는 사업장(이하"사업"이라 한다)에 적용한다.

제2장 산출방법

제3조(산업재해통계의 산출방법 및 정의) ① 재해율 등 산업재해통계의 산출방법은 다음 각 호와 같다.

1. 재해율 = (재해자수 / 산재보험적용근로자수) × 100
   - ○ "재해자수"는 근로복지공단의 유족급여가 지급된 사망자 및 근로복지공단에 최초요양신청서(재진 요양신청이나 전원요양신청서는 제외한다)를 제출한 재해자 중 요양승인을 받은자(지방고용노동관서의 산재 미보고 적발 사망자 수를 포함한다)를 말함. 다만, 통상의 출퇴근으로 발생한 재해는 제외함.
   - ○ "산재보험적용근로자수"는 「산업재해보상보험법」이 적용되는 근로자수를 말함. 이하 같음.
     "산재보험적용근로자수"는 「산업재해보상보험법」이 적용되는 근로자수를 말함. 이하 같음.
2. 사망만인율 = (사망자수 / 산재보험적용근로자수) × 10,000
   - ○ "사망자수"는 근로복지공단의 유족급여가 지급된 사망자(지방고용노동관서의 산재미보고 적발 사망자를 포함한다)수를 말함. 다만, 사업장 밖의 교통사고(운수업, 음식숙박업은 사업장 밖의 교통사고도 포함)·체육행사·폭력행위·통상의 출퇴근에 의한 사망, 사고발생일로부터 1년을 경과하여 사망한 경우는 제외함.
3. 휴업재해율 = (휴업재해자수 / 임금근로자수) × 100
   - ○ "휴업재해자수"란 근로복지공단의 휴업급여를 지급받은 재해자수를 말함. 다만, 질병에 의한 재해와 다만, 사업장 밖의 교통사고(운수업, 음식숙박업은 사업장 밖의 교통사고도 포

함)·체육행사·폭력행위·통상의 출퇴근으로 발생한 재해는 제외함.

○ "임금근로자수"는 통계청의 경제활동인구조사상 임금근로자수를 말함.

4. 도수율(빈도율) = (재해건수 / 연근로시간수) × 1,000,000
5. 강도율 = (총요양근로손실일수 / 연근로시간수) × 1,000

○ "총요양근로손실일수"는 재해자의 총 요양기간을 합산하여 산출하되, 사망, 부상 또는 질병이나 장해자의 등급별 요양근로손실일수는 별표 1과 같음.

6. "재해조사 대상 사고사망자수"는 「근로감독관 집무규정(산업안전보건)」에 따라 지방고용노동관서에서 법 상 안전보건조치 위반 여부를 조사하여 중대재해로 발생보고한 사망사고 중 업무상 사망사고로 인한 사망자 수를 말함. 다만 각 목의 업무상 사망사고는 제외한다.

가. 법 제3조 단서에 따라 법의 일부적용대상 사업장에서 발생한 재해 중 적용조항 외의 원인으로 발생한 것이 객관적으로 명백한 재해[「중대재해처벌 등에 관한 법률」(이하 "중처법"이라 한다) 제2조제2호에 따른 중대산업재해는 제외한다]

나. 고혈압 등 개인지병, 방화 등에 의한 재해 중 재해원인이 사업주의 법 위반, 경영책임자등의 중처법 위반에 기인하지 아니한 것이 명백한 재해

다. 해당 사업장의 폐지, 재해발생 후 84일 이상 요양 중 사망한 재해로서 목격자 등 참고인의 소재불명 등으로 재해발생에 대하여 원인규명이 불가능하여 재해조사의 실익이 없다고 지방관서장이 인정하는 재해

② 그 밖에 이 예규에서 사용하는 용어의 뜻은 이 예규에 특별한 규정이 없으면 법, 「산업안전보건법 시행령」 및 「산업안전보건법 시행규칙」(이하 "규칙"이라 한다)이 정하는 바에 따른다.

제2장 산업재해조사표 입력 및 전송

제4조(입력) 지방고용노동관서의 장은 사업주가 규칙 제73조제1항에 따라 산업재해조사표를 작성하여 제출한 경우에는 기재사항의 적정 여부를 검토하고, 그 결과 등 전월분의 실적을 매월 5일까지 산업안전보건에 관한 행정정보시스템(노사누리)에 입력하여야 한다

제5조(산업재해조사표의 전송) 고용노동부장관은 제4조에 따라 입력된 산업재해조사표를 한국산업안전보건공단(이하 "공단"이라 한다)에 전송하여야 한다.

제3장 자료관리 및 통계업무 처리

제6조(자료관리) 공단은 고용노동부 및 근로복지공단이 전송한 산업재해 발생 관련 자료 및 업무상재해 관련 자료를 관리하여야 한다.

제7조(통계업무 처리) 공단은 제6조에 따라 전송받은 자료를 집계·분석하여야 한다.

제8조(보고) 공단은 제7조에 따라 집계·분석한 산업재해발생현황을 고용노동부장관에게 보고하여야 한다.

제9조(재해통계 등) ① 고용노동부 산업재해통계업무 담당자는 분기별·연도별 재해발생현황을 작성하여야 한다.

② 제1항의 규정에 따라 작성할 내용은 다음과 같다.

1. 재해율
2. 사망만인율
3. 휴업재해율
4. 강도율
5. 도수율
6. 재해조사 대상 사고사망자수

③ 지방고용노동관서의 장은 월별·분기별·연도별 재해발생 현황을 관리하여야 한다.

제10조(자료제출) 고용노동부장관이 산업재해통계에 관한 자료제출을 요청하면 공단은 그 자료를 지체 없이 제출하여야 한다.

제11조(재검토기한) 고용노동부장관은「훈령·예규 등의 발령 및 관리에 관한 규정」에 따라 이 예규에 대하여 2022년 7월 1일 기준으로 매 3년이 되는 시점(매 3년째의 6월 30일까지를 말한다)마다 그 타당성을 검토하여 개선 등의 조치를 하여야 한다.

부 칙

제1조(시행일) 이 예규는 발령일부터 시행한다.

[별표 1] 요양근로손실일수 산정요령

신체장해등급이 결정되었을 때는 다음과 같이 등급별 근로손실일수를 적용한다.

구 분	사망	신 체 장 해 자 등 급											
		1~3	4	5	6	7	8	9	10	11	12	13	14
근로손실 일수(일)	7,500	7,500	5,500	4,000	3,000	2,200	1,500	1,000	600	400	200	100	50

※ 부상 및 질병자의 요양근로손실일수는 요양신청서에 기재된 요양일수를 말한다.

제2과목

벼락치기 • 산업안전 필기

인간공학 및 위험성 평가 관리

01 제어장치에서 제어장치의 변위를 2[cm] 움직였을 때 표시계의 지침이 8[cm] 움직였다면 이 기기의 통제표시비(C/D)는 얼마인가?

① 0.6　　② 0.20
③ 0.25　　④ 4.0

해설

$$C/D비(직선통제비)=\frac{X : 조절기}{Y : 표시기}=\frac{2}{8}=0.25$$

02 회전운동을 하는 조종구와 같은 조종장치의 반지름이 5[cm]이고 60[°]움직였을 때 선형표시장치의 눈금이 6.28[cm]이었다. 이 때의 통제표시비는?

① 30　　② 60
③ 1.256　　④ 0.83

해설

$$C/D비(회전통제비)=\frac{\frac{a}{360}\times 2\pi\gamma}{표시기\ 이동거리}$$

$$=\frac{\frac{60}{360}\times 2\times\pi\times 5}{6.28}$$

$$=0.83$$

03 4[m] 거리에서 조도가 60[lux]라면 2[m]에서는 조도가 얼마인가?

① 150[lux]
② 240[lux]
③ 320[lux]
④ 480lux

해설

① $조도=\frac{광원}{거리^2}=\frac{광원}{4^2}=60[lux]$

$\therefore 광원=4^2\times 60=960[lux]$

② $조도=\frac{4^2\times 60lux}{2^2}=240[lux]$

해답 1. ③ 2. ④ 3. ②

04 눈과 글자의 거리가 28[cm], 글자의 크기가 0.2[cm], 획 폭은 0.03[cm]일 때 시각은 얼마인가?

① 0.007 ② 0.001
③ 3.68 ④ 24.55

해설

$$\text{시각} = \frac{57.3 \times 60 \times L}{D} = \frac{57.3 \times 60 \times 0.2}{28}$$
$$= 24.56$$

05 아래의 그림과 같이 글자 A의 높이가 9[cm]일 때 글자의 굵기 X는 얼마로 하여야 글자를 식별함에 있어 오독률이 가장 적은가?

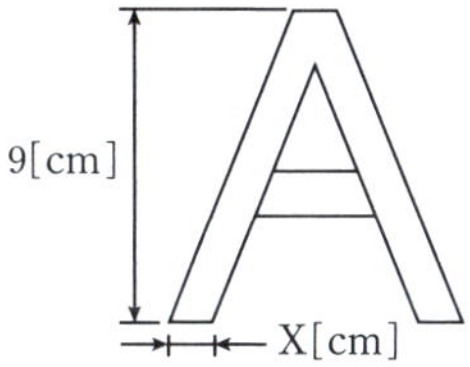

① 1.2[cm] ② 1.5[cm]
③ 2[cm] ④ 2.25[cm]

해설

글자의 굵기는 높이의 $\frac{1}{6}$로 한다.

$\therefore X = 9 \times \frac{1}{6} = 1.5[\text{cm}]$

06 소음이 심한 기계로부터 1.5[m] 떨어진 곳의 음압수준이 100[dB]라면 이 기계로부터 5[m] 떨어진 곳의 음압수준은?

① 약 85[dB] ② 약 90[dB]
③ 약 96[dB] ④ 약 102[dB]

해설

$$dB_2 = dB_1 - 20\log\frac{r_2}{R_1} = 100 - 20\log\frac{5}{1.5}$$
$$= 89.52[\text{dB}]$$

07 50[phon]의 기준음을 들려준 후 70[phon]의 소리를 듣는다면 작업자는 주관적으로 몇 배의 소리로 인식하는가?

① 1.5배 ② 2배
③ 3배 ④ 4배

해설

① 50[phon]의 sone치 $= 2^{\frac{50-40}{10}} = 2[\text{sone}]$

② 70[phon]의 sone치 $= 2^{\frac{70-40}{10}} = 8[\text{sone}]$

∴ 4배로 들린다.

해답 4. ④ 5. ② 6. ② 7. ④

08 다음 시스템의 신뢰도는?

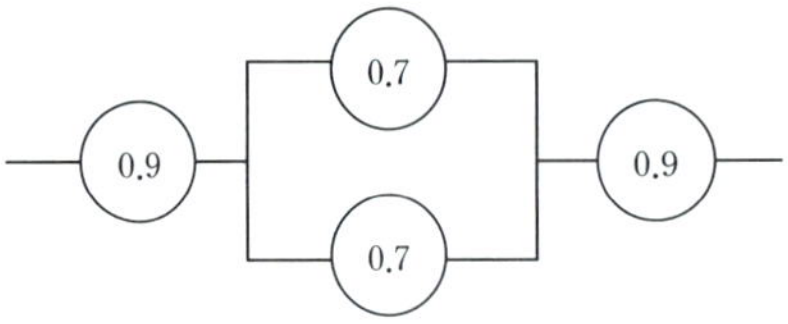

① 0.6261　② 0.7371
③ 0.8481　④ 0.9591

해설

$R=0.9\times\{1-(1-0.7)(1-0.7)\}\times 0.9$
$=0.7371$

09 7개의 기기로 구성된 그림과 같은 시스템이 있다. 모든 기기가 동일하게 신뢰도가 0.8이다. 이 시스템의 신뢰도는 얼마인가?

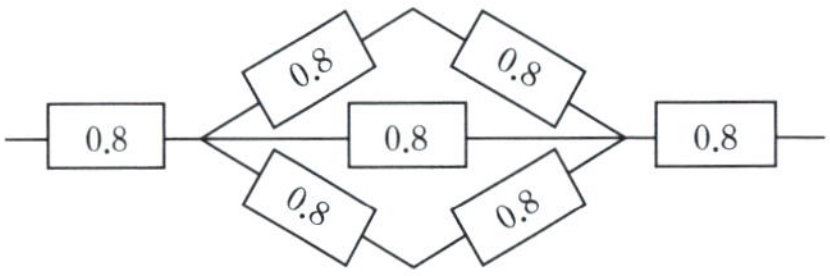

① 0.5121　② 0.6234
③ 0.7325　④ 0.9740

해설

$R=0.8^2\times\{1-(1-0.64)^2(1-0.8)\}$
$=0.6234$

10 다음과 같은 시스템의 신뢰도는 얼마인가?

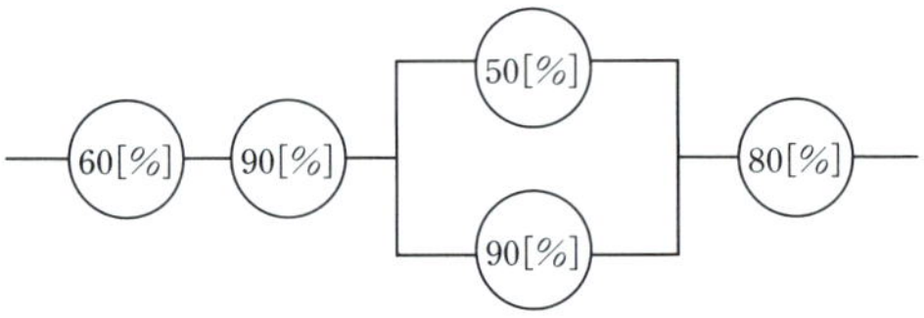

① 41[%]　② 52[%]
③ 61[%]　④ 74[%]

해설

$R=0.6\times 0.9\times\{1-(1-0.5)(1-0.9)\}$
$\times 0.8=0.4104$

해답 8. ② 9. ② 10. ①

11 평균고장시간이 4×10^8시간인 요소 4개가 직렬 체계를 이루었을 때 이 체계의 수명은?

① 1×10^8시간
② 4×10^8시간
③ 16×10^8시간
④ 8.3×10^8시간

해설

$$\begin{bmatrix} \text{직렬계 } MTBF\times\frac{1}{n} \\ \text{병렬계 } MTBF\left(1+\frac{1}{2}+\cdots+\frac{1}{n}\right) \end{bmatrix}$$

$$\therefore \text{직렬계 } MTBF\times\frac{1}{n}=4\times10^8\times\frac{1}{4}=1\times10^8$$

12 평균고장시간(MTTF)이 6×10^5시간인 요소 3개가 병렬계를 이루었을 때 이 체계의 수명은?

① 2×10^5시간
② 6×10^5시간
③ 11×10^5시간
④ 18×10^5시간

해설

$$\begin{bmatrix} \text{직렬계 } MTTF\times\frac{1}{n} \\ \text{병렬계 } MTTF\left(1+\frac{1}{2}+\cdots+\frac{1}{n}\right) \end{bmatrix}$$

$$\therefore \text{병렬계}=MTTF\left(1+\frac{1}{2}+\cdots+\frac{1}{n}\right)=6\times10^5\times\left(1+\frac{1}{2}+\frac{1}{3}\right)=11\times10^5$$

13 어떤 부품의 고장확률 밀도함수는 평균 고장률(λ)이 시간당 10^{-3}인 지수분포를 따르고 있다. 이 부품을 1,000시간 작동시켰을 때의 신뢰도는 얼마인가?

① 0.15 ② 0.37
③ 0.56 ④ 0.75

해설

$$R_{(t)}=e^{-\lambda t}=e^{-10^{-3}\times1000}=0.37$$

14 어떤 전자기기의 수명은 지수분포를 따르며, 그 평균수명은 1,000시간이라고 한다. 그런데 이러한 기기를 1,000시간 사용하였으나 아직은 고장없이 작동하고 있다. 이 기기가 앞으로 500시간 동안 고장없이 정상작동할 확률은 얼마인가?

① $e^{-0.5}$ ② $e^{-1.5}$
③ $1-e^{-0.5}$ ④ $1-e^{-1.5}$

해설

$$R_s=e^{-\lambda t}=e^{-\frac{t}{t_0}}=e^{-\frac{500}{1,000}}=e^{-0.5}$$

해답 11. ① 12. ③ 13. ② 14. ①

15 어느 부품 15,000개를 1만 시간 가동 중에 15개의 불량품이 발생하였다. 평균고장시간(MTBF)은?

① 1×10^6시간 ② 2×10^6시간
③ 1×10^7시간 ④ 2×10^7시간

해설
$MTBF=\frac{1}{\lambda}=\frac{15,000\times10,000}{15}=1\times10^7$

16 삼륜차는 타이어가 3개인 하나의 시스템으로 볼 수 있다. 타이어 1개가 파열될 확률은 0.01이다. 이때 이 삼륜차의 신뢰도는 얼마인가?

① 0.92 ② 0.95
③ 0.97 ④ 0.99

해설
$R=(1-0.01)^3=0.97$

17 어느 공장의 한 설비는 평균 수리율(μ)이 0.5/시간이고, 평균 고장률(λ)은 0.001/시간이다. 이 설비의 가동성(Availability)은 얼마인가?

① 0.598 ② 0.698
③ 0.898 ④ 0.998

해설
가동성$=\frac{\mu}{\lambda+\mu}=\frac{0.5}{0.001+0.5}=0.998$

18 그림과 같은 기초사건이 반복되지 않은 결함나무가 있다. 독립인 기초사건들의 확률이 $P_1=0.3$, $P_2=0.2$, $P_3=0.1$일 때 정상사건의 발생확률은?

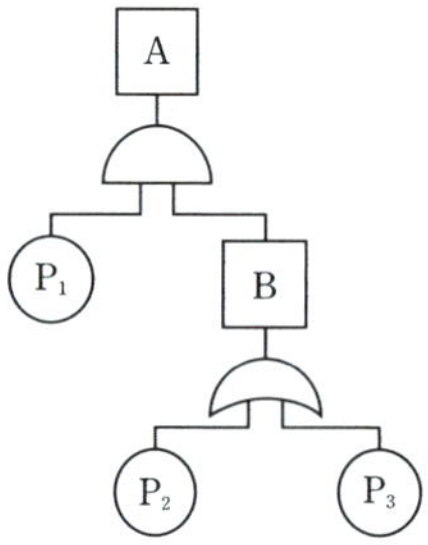

① 0.058 ② 0.068
③ 0.078 ④ 0.084

해설
$A=P_1\times B$
$0.3\times\{1-(1-0.2)(1-0.1)\}=0.084$

해답 15. ③ 16. ③ 17. ④ 18. ④

19 다음 FT에서 minimal cut set를 구하면?(단, ① ~④는 기본사상)

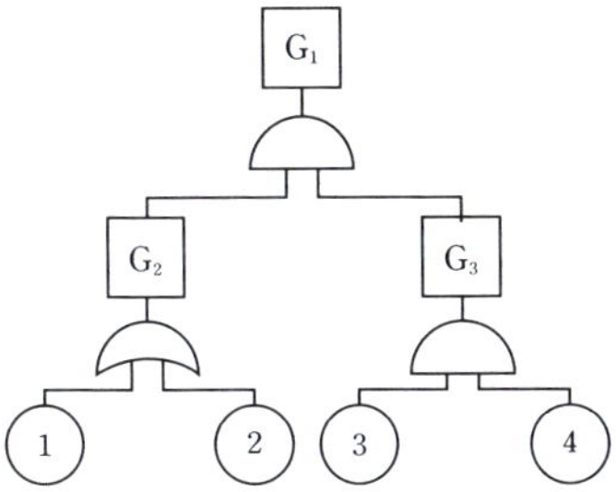

① (①, ②, ③, ④)
② (①, ③, ④)
③ (①, ②)
④ (③, ④)

해설

G_1
↓
$G_2 \cdot G_3$
↓
① · G_3
② · G_3
↓
① · ③ · ④
② · ③ · ④

G_2=①
②

G_3=③ · ④

모든 기본사상이 일어났을 때 정상사상을 일으키는 기본 사상의 집합을 컷 셋이라 하며, 컷 셋 중 컷 셋을 포함하는 것을 배제한 최소한 컷 셋을 최소 컷 셋이라 한다. 따라서, 최소 컷 셋은 ①·③·④, 또는 ②·③·④이다.

20 그림의 G_3 Tree를 짜맞춘 수식으로 나타낸 것은?

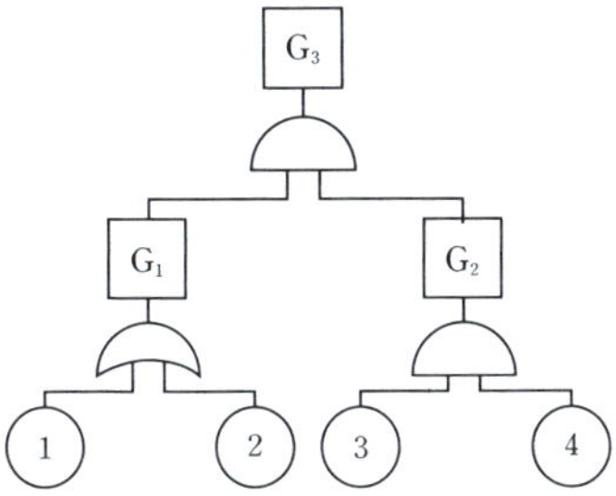

① ①×②×③×④
② ①×②×(③+④)
③ (①+②)×③×④
④ (①+②)×(③+④)

해설

G_3
↓
$G_1 \cdot G_2$
↓
$G_3 = G_1 \cdot G_2$
=(①/②)·(③④)=(①③④)(②③④)

① 컷셋 : (①③④)(②③④)
② 미니멀컷 : (①③④)또는 (②③④)

해답 19. ② 20. ②

21

다음 그림과 같은 결함수의 정상사상의 재해발생 확률을 구하면?(단, 기본사상 1, 2, 3의 발생 확률은 각각 0.1, 0.2, 0.3이다.)

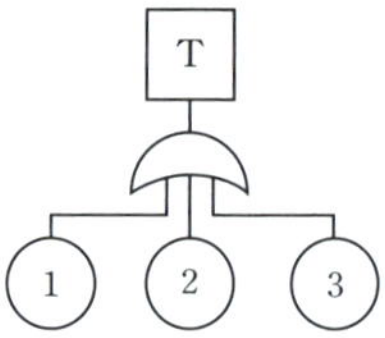

① 0.496　② 0.549
③ 0.626　④ 0.706

해설

$$R_t = 1-(1-0.1)(1-0.2)(1-0.3) = 0.496$$

22

다음 FT에서 정상사상 T의 발생확률은?(단, X_1, X_2, X_3의 발생확률은 각각 0.1이다.)

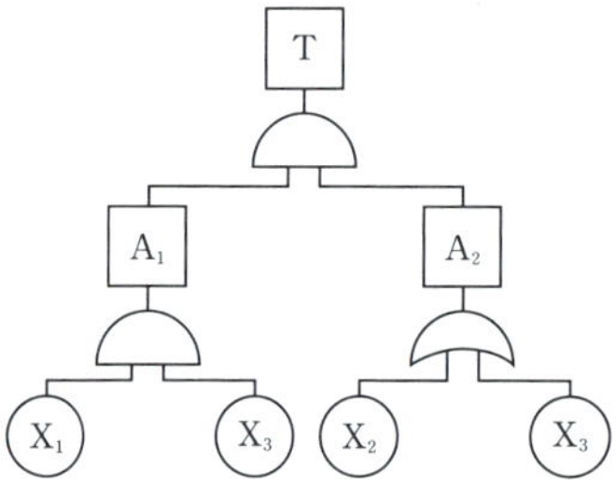

① 0.0019　② 0.019
③ 0.02　④ 0.2

해설

$$T = A_1 \times A_2 = 0.1^2 \times \{1-(1-0.1)(1-0.1)\} = 0.0019$$

23

검사 공정의 작업자가 제품의 완성도에 대한 검사를 하고 있다. 어느 날 10,000개의 제품에 대한 검사를 실시하여 200개의 불량품을 발견하였으나, 이 Lot에는 실제로 500개의 불량품이 있었다. 이 때 인간과오율(Human Error Probability)은 얼마인가?

① 0.02　② 0.03
③ 0.04　④ 0.05

해설

$$Hep = \frac{500-200}{10,000} = 0.03$$

해답 21. ① 22. ① 23. ②

24 어떤 위험물 저장탱크가 폭발하는 경우 사망재해의 빈도는 883년 1회 정도이며 피해자는 평균 1명이다. 1년간 작업시간을 2,400시간이라 할 때 FAFR값은?

① 34.7　　② 47.2
③ 51.1　　④ 61.1

해설

$$FAFR=\frac{100,000,000}{883\times 2,400}=47.19$$

25 인체는 눈에 띌 만한 발한 없이도 인체의 피부와 허파로부터 하루에 600[g] 정도의 수분이 무감 증발된다. 이 무간증발로 인한 열손실은 약 얼마인가?(단, 37[℃]의 물 1[g]을 증발시키는 데 필요한 에너지는 2,410[J/g] [575.7cal/g]임)

① 17[watt]　　② 19[watt]
③ 21[watt]　　④ 23[watt]

해설

$$\text{열손실률}(R)=\frac{\text{증발에너지}(Q)}{\text{증발시간}(T)}=\frac{600[g]\times 2410[T/g]}{24\times 60\times 60\times[sec]}=16.7336[J/sec]≒17[watt]$$

26 다음 시스템에 대하여 톱사상(Top Event)에 도달할 수 있는 최소 컷셋(Minimal Cut Sets)을 구할 때 다음 중 올바른 집합은?(단, ①, ②, ③, ④는 각 부품의 고장확률을 의미하며 집합 {1, 2}는 ①번 부품과 ②번 부품이 동시에 고장나는 경우를 의미한다.)

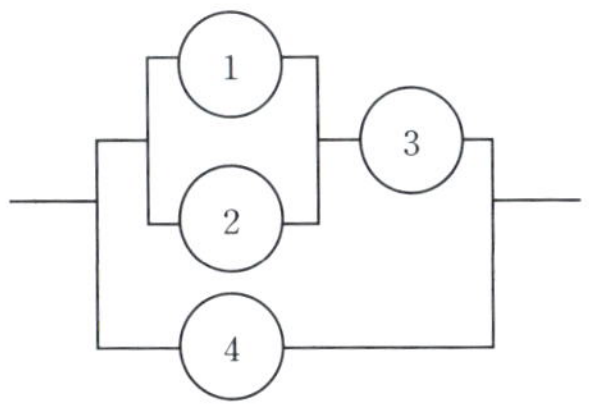

① {1, 2}, {3, 4}
② {1, 3}, {2, 4}
③ {1, 3, 4}, {2, 3. 4}
④ {1, 2, 4}, {3, 4}

해설

(1) 그림에서 ①과 ②를 B로 표시하고 B와 ③을 A로 표시하여 FT도를 작성하면 다음과 같이 된다(FT도 작성시 병렬연결은 AND 기호, 직렬연결은 OR 기호로 나타냄).
(2) 상기 FT도에서 최소컷셋을 구한다(AND는 가로로 배열, OR은 세로로 배열)

∴ T → A④ → B④ / ③④ → ①②④ / ③④ [최소컷셋]

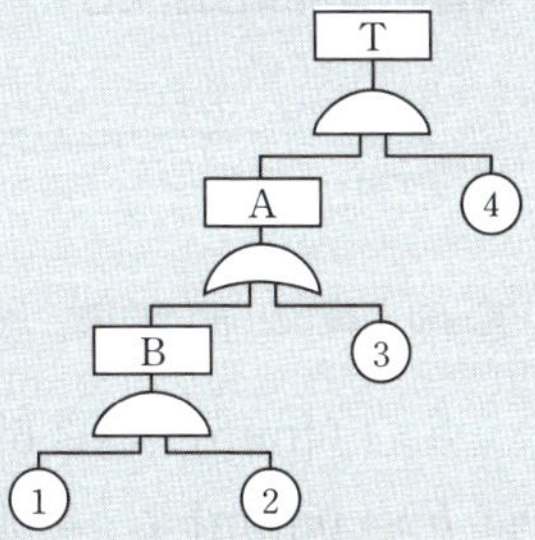

해답 24. ② 25. ① 26. ④

제3과목

벼락치기 • 산업안전 필기

기계·기구 및 설비 안전 관리

01 둥근톱의 톱날직경이 420[mm]일 경우 분할날의 최소 길이는?

① 400[mm] ② 240[mm]
③ 220[mm] ③ 340[mm]

해설

$$L=\pi D\times\frac{1}{4}\times\frac{2}{3}=\frac{\pi D}{6}=\frac{3.14\times 420}{6}$$
$$=219.8\fallingdotseq 220[\text{mm}]$$

02 목제가공용 둥근톱날의 두께가 3[mm]일 때 분할날의 두께는 얼마 이상으로 하는가?

① 3.6[mm] ② 3.3[mm]
③ 4.5[mm] ④ 4.8[mm]

해설

분할날의 두께는 톱날 두께의 1.1배 이상
$\therefore 3\times 1.1=3.3[\text{mm}]$ 이상

03 분할날 두께가 4[mm]일 때 톱날과의 관계에서 적합한 설치조건인 것은?

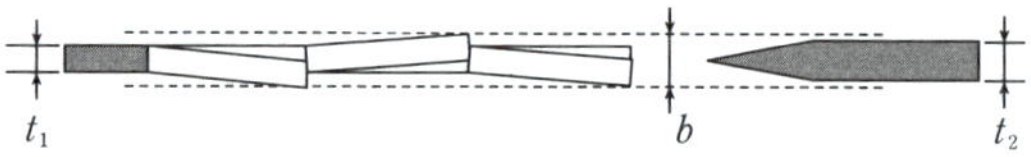

t_1 : 톱날의 두께 b : 치진폭 t_2 : 분할날의 두께

① $b>4.0[\text{mm}]$, $t_1\le 3.6[\text{mm}]$
② $b>4.0[\text{mm}]$, $t_1\le 4.0[\text{mm}]$
③ $b>4.0[\text{mm}]$, $t_1\le 4.4[\text{mm}]$
④ $b>4.0[\text{mm}]$, $t_1\le 3.6[\text{mm}]$

해설

분할날의 두께는 톱날 두께의 1.1배 이상, 치진폭보다는 작아야 한다.

해답 1. ③ 2. ② 3. ①

04 탁상용 연삭기의 숫돌차의 바깥지름이 330[mm]이라면, 플랜지의 바깥 지름은 최소 몇 [mm] 이상이어야 안전한가?

① 165[mm] 이상 ② 82.5[mm] 이상
③ 110[mm] 이상 ④ 100[mm] 이상

해설

$d=330\times\frac{1}{3}=110[mm]$

05 롤러 맞물림점의 전방 80[mm]의 거리에 가드를 설치하고자 할 때 가드 개구부의 간격은?

① 16[mm] ② 17[mm]
③ 18[mm] ④ 19[mm]

해설

$Y=6+0.15X=6+(0.15\times 80)=18[mm]$

06 앞면 롤러 지름이 600[mm]이고, 회전수가 20[rpm]의 경우 롤러기에 설치하는 급정지장치의 급정지거리는 얼마인가?(단, π는 3.14임)

① 942[mm] ② 753[mm]
③ 628[mm] ④ 600[mm]

해설

① $V=\frac{\pi DN}{1,000}=\frac{3.14\times 600\times 20}{1,000}=37.68[m/min]$

② 원주속도가 37.68[m/min]이므로 급정지 거리는 앞면 롤러의 원주 길이의 $\frac{1}{2.5}$이어야 한다.

∴ 정지거리 $=\frac{3.14\times 600}{2.5}=753.6[mm]$

07 롤러의 런닝 닙 포인트(작업점)의 전방 40[mm]의 거리에 가드를 설치하고자 한다. 가드 개구부의 간격은 얼마로 하여야 하는가?

① 10[mm] ② 12[mm]
③ 15[mm] ④ 18[mm]

해설

$Y=6+0.15X=6+(0.15\times 40)=12[mm]$

08 직경이 25[mm]의 일감을 선반에 물려 500[rpm]으로 회전하고 있다. 일감 표면의 원주속도는 약 몇 [m/s]인가?

① 12.5 ② 654
③ 39.2 ④ 0.65

해설

$V(m/s)=\frac{\pi DN}{1,000\times 60}=\frac{\pi\times 25\times 500}{1,000\times 60}=0.65[m/s]$

해답 4. ③ 5. ③ 6. ② 7. ② 8. ④

09 연강(mild steel)의 항복강도는 250[MPa], 인장강도는 450[MPa]이다. 한편 이 강에 대한 사용응력은 100[MPa]이다. 이 때의 안전계수는?

① 2.5 ② 4.5
③ 0.4 ④ 1.8

해설

항복강도로 계산시→

$$안전계수 = \frac{항복강도}{사용응력} = \frac{250}{100} = 2.5$$

인장강도로 계산시→

$$안전계수 = \frac{인장강도}{사용응력} = \frac{450}{100} = 4.5$$

합격키 안전계수는 높은 값보다 낮은 값을 선택한다.

10 평균지름 25[cm], 소선의 지름 1.25[cm]인 원통형 코일 스프링에 18[kg]의 축하중을 적용시켰더니 축방향으로 10[cm]가 늘어났다. 이 때 이 코일스프링에 저장된 탄성에너지의 크기는 얼마인가?

① 250[kg · cm] ② 180[kg · cm]
③ 1000[kg · cm] ④ 90[kg · cm]

해설

$$\mu = \frac{1}{2}\rho \cdot \delta = \frac{1}{2} \times 18 \times 10 = 90[\text{kg} \cdot \text{cm}]$$

11 클러치 맞물림 개수 4개 200[spm](stroke per minute)의 동력 프레스기 양수기동식 안전장치의 안전거리는?

① 360[mm] ② 325[mm]
③ 260[mm] ④ 210[mm]

해설

$$T_m = \left(\frac{1}{클러치\ 맞물림\ 개소} + \frac{1}{2}\right) \times \frac{3.14 \times 600 \times 20}{매분\ 행\ 정수(spm)}$$

$$= \left(\frac{1}{4} + \frac{1}{2}\right) \times \frac{60,000}{200} = 225[\text{ms}]$$

$$D_m = 1.6 \times T_m = 1.6 \times 225 = 360[\text{mm}]$$

해답 9. ① 10. ④ 11. ①

보충학습 양수기동식의 안전거리(D_m : 안전거리)

$$D_m[\text{mm}] = 1.6T_m$$

T_m : 양손으로 누름 단추를 누르기 시작할 때부터 슬라이드가 하사점에 도달하기까지 소요시간(ms)

$$T_m = \left(\frac{1}{클러치\ 맞물림\ 개소} + \frac{1}{2}\right) \times \frac{3.14 \times 600 \times 20}{매분\ 행\ 정수(spm)}$$

12 프레스기의 감응식 방호장치에서 손이 광선을 차단 후 직후부터 급정지장치가 작동을 개시한 시간이 0.03초이고, 급정지 장치가 작동을 시작하여 슬라이드가 정지한 때까지의 시간이 0.2초이면 광축의 설치거리는?

① 253[mm] 이상 ② 299[mm] 이상
③ 368[mm] 이상 ④ 460[mm] 이상

해설

안전거리[mm]$=1.6(T_1+T_s)$
$D_m=1.6(0.03+0.2)\times10^3$
$=1.6\times0.23\times10^3$
$=368$[mm]

13 프레스의 금형 앞쪽(위험점)으로부터 20[cm] 떨어진 위치에 광전자석 안전장치를 부착하고자 한다. 급정지에 소요되는 시간 중 전기적 작동시간이 25[ms]라고 할 때 기계적 작동시간의 범위는?

① 0.1초
② 0.125초 이하
③ 12.5[ms] 이하
④ 0.1225초 이하

해설

안전거리[mm]$=1.6(T_1+T_s)$
T_1 : 손이 광선을 차단한 직후로부터 급정지기구가 작동을 개시하기까지의 시간[ms]
T_s : 급정지기구가 작동을 개시한 때로부터 슬라이드가 정지할 때까지의 시간[ms]
안전거리[mm]$=1.6(T_1+T_s)$에서
20cm$=1.6(25+x)$
$x=\dfrac{200-1.6\times25}{1.6}=100$[ms]$=0.1$[sec]
1[sec]$=100$[ms]
따라서 답은 0.1초

14 다음 그림과 같은 스트레이트 사이드(straight-side)형 프레스(press)에 안전장치를 설치하고자 한다. 만족한 안전거리는?(단, $T_l+T_s=150$[ms], $a=140$[mm], $l_B=950$[mm])

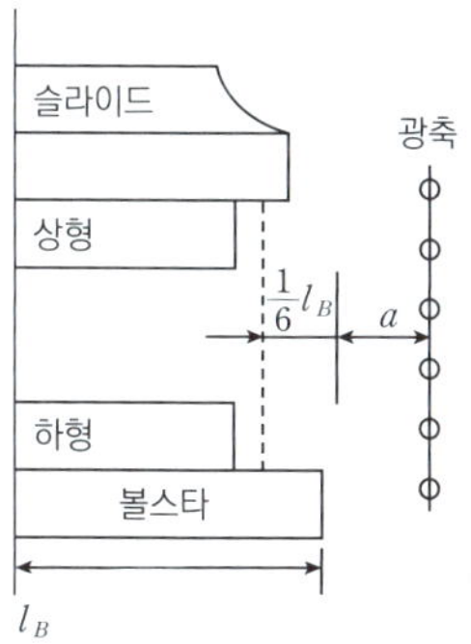

① 240>230.6 ② 240>298.3
③ 240<298.3 ④ 240=240

해설

안전거리[mm]$=1.6(T_1+T_s)$에서
① 안전거리$=1.6T_m=1.6\times150=240$
① 안전거리$=a+\left(\frac{1}{6}\times l_B\right)$
$=140+\left(\frac{1}{6}\times950\right)=298.33$
∴ 240<안전거리<298.33

해답 12. ③ 13. ① 14. ③

15 하물중량이 200[kg], 지게차의 중량이 400[kg], 앞바퀴에서 하물의 중심까지의 최단거리가 1[m]이면 지게차가 안정되기 위한 앞바퀴에서 지게차의 중심까지의 최단 거리는?

① 2[m] 초과 ② 0.5[m] 초과
③ 3[m] 초과 ④ 1[m] 이상

해설

지게차의 안정을 유지하려면 다음과 같은 관계를 유지해야 한다.

$W \cdot a < G \cdot b$

따라서 $200 \times 1 < 400 \times x$

$\therefore x = 0.5$[m] 초과

16 그림과 같이 중앙부에 지름 d=120[mm]의 구멍이 뚫린 폭 220[mm]의 판에 하중 W=3,600[kg]이 작용할 때, 안전율을 13 이상으로 하려면 판의 두께는 얼마 이상으로 해야 하는가?(단, 재료의 인장강도는 39[kg/mm^2] 이다.)

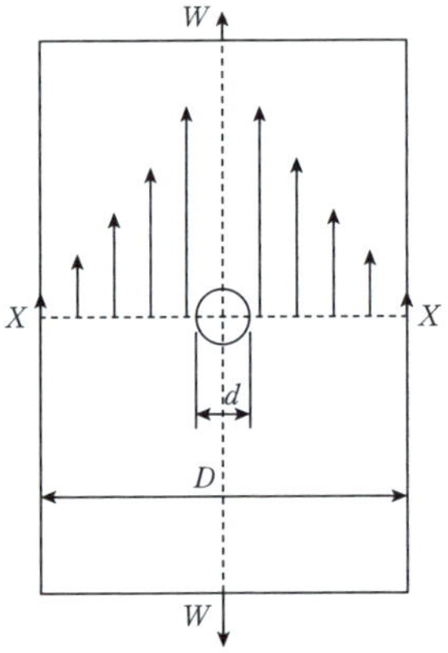

① 5[mm] ② 12[mm]
③ 15[mm] ④ 20[mm]

해설

$D = 220$[mm]

$d = 120$[mm]

$P = 3{,}600$[kg]

$\sigma_{max} = 39$[kg/mm^2]

$S = 13$

$$\sigma_{av} = \frac{\sigma_{max}}{13} = \frac{39}{13} = 3[\text{kg/mm}^2]$$

$$3 = \frac{3{,}600}{(220-120)t} \text{ 에서}$$

$$\therefore t = \frac{3{,}600}{(220-120)\times 3} = 12[\text{mm}]$$

17 지름 16[mm], 길이 3[m]의 축이 3,000[kgf]의 인장하중을 받고 2.2[mm] 늘어났다고 하자. 이 축에 발생하는 인장응력은?

① 1,493[kgf/cm^2]
② 1,360[kgf/cm^2]
③ 393[kgf/cm^2]
④ 660[kgf/cm^2]

해설

$$\text{인장응력} = \frac{\text{인장하중}}{\text{단면적}} = \frac{3{,}000}{\frac{\pi}{4}\times 1.6^2} = 1{,}492.83[\text{kg/cm}^2]$$

해답 15. ② 16. ② 17. ①

제4과목

벼락치기 • 산업안전 필기

전기설비 안전 관리

01 교류아크용접기의 허용사용률이 옳은 것은(단, 정격사용률은 10[%], 2차 정격전류 400[A], 교류아크용접기의 사용전류는 200[A]이다.)

① 40[%] ② 50[%]
③ 60[%] ④ 70[%]

해설

$$허용사용률 = \frac{(정격\ 2차전류)^2}{(실제\ 사용\ 용접전류)^2} \times 정격\ 사용률$$
$$= \frac{400^2}{200^2} \times 10 = 40[\%]$$

02 누전중인 기기 외함에 접촉시 인체의 대지저항은 10,000[Ω]이었고, 접지선에 흐르는 전류는 0.5[A], 접지저항은 100[Ω]이었다. 이 때 인체를 통하여 흐르는 전류 [mA]는?

① 2[mA] ② 3[mA]
③ 4[mA] ④ 5[mA]

해설

$$V = I \cdot R = 0.5 \times 100 = 50[V]$$
$$I = \frac{V}{R} = \frac{50}{10,000} = 0.005[A] \times 1,000 = 5[mA]$$

03 400[A]의 전류가 흐르는 단상 전로의 한 선에서 누전되는 최소 전류[A]는?

① 0.1[A] ② 0.2[A]
③ 0.5[A] ④ 1[A]

해설

$$누설전류 = 최대공급전류 \times \frac{1}{2,000} = \frac{400}{2,000}$$
$$= 0.2[A]$$

04 인체에 접촉되는 전압의 최저 허용전압을 50[V]로 하고, 인체 저항을 1,250[Ω]으로 할 때 지속 안전 전류는 몇 [mA]인가?

① 30 ② 40
③ 62.5 ④ 25

해설

$$I = \frac{V}{R} = \frac{50}{1200} = 0.04[A] \times 1000 = 40[mA]$$

해답 1. ① 2. ④ 3. ② 4. ②

05 인체의 저항을 500[Ω]이라 하면, 심실세동전류에서의 에너지는 몇 J인가?

① 13.6[J]
② 13[J]
③ 11.5[J]
④ 272.2[J]

해설

$Q=I^2RT[J/S]$

$=\left(\frac{165\sim185}{\sqrt{T}}\times10^{-3}\right)^2\times500\times T$

$=13.61\sim17.11[J]$

06 인체에 전격을 당하는 경우 만약 통전전류가 0.5초간 흘렀다면 심실세동을 일으키는 전류치는 얼마인가?

① 165[mA] ② 233[mA]
③ 296[mA] ④ 325[mA]

해설

심실세동전류$(I)=\frac{165}{\sqrt{T}}=\frac{165}{\sqrt{0.5}}$

$=233.35[mA]$

07 인체의 저항을 500[Ω]이라 하면 심실세동을 일으키는 정현파 교류의 안전한계는 몇 Joule인가?

① 18.0~30.0[J]
② 15.0~27.0[J]
③ 6.5~17.0[J]
④ 2.5~6.0[J]

해설

$W=I^2RT=\left(\frac{165\sim185}{\sqrt{T}}\times10^{-3}\right)^2RT[J]$

$W=I^2RT$

$=165^2\times10^{-6}\times500=13.61[J]$

$W=I^2RT$

$=185^2\times10^{-6}\times500=17.113[J]$

따라서 해당되는 범위는 6.5~17.0[J]이다.

08 폭발한계에 도달한 메탄가스가 혼합되었을 경우 착화한계전압[V]은?(단, 메탄의 착화최소에너지는 0.2[mJ], 극간 용량은 10[μF]이라 가정한다.)

① 6,325 ② 5,225
③ 4,135 ④ 3,035

해설

$E=\frac{1}{2}CV^2$에서

$0.2\times10^{-3}=\frac{1}{2}\times10\times10^{-6}\times x^2$

$\therefore\ x=6.325[V]$

해답 5. ① 6. ② 7. ③ 8. ①

09 백금과 동을 접촉시킨 경우 접촉전위차[V] 및 접촉면의 전하밀도[C/m^2]를 구하면?(단, 백금 및 동의 일함수(work function)를 각각 5.44 및 4.29[eV]라 한다. 또 접촉계면의 두께를 5×10^{-10}[m], 유전율은 8.855×10^{-12}[F/m]과 같다고 한다.)

① 0.95, 1×10^{-2}　② 1.15, 2×10^{-2}
③ 0.95, 2×10^{-2}　④ 1.15, 1×10^{-2}

해설
① 전위차=5.44−4.29=1.15[V]
② 전하밀도=전계×유전율
$=\frac{1.15}{5\times10^{-10}}\times8.855\times10^{-12}$
$=2\times10^{-2}$

10 정전용량 C=10[μF]인 물체에 정전전압 V=1000[V]로 충전하였을 때 물체가 가지는 정전 에너지는 몇 Joule인가?

① 2　② 3
③ 4　④ 5

해설
$E=\frac{1}{2}CV^2=\frac{1}{2}\times10\times10^{-6}\times1{,}000^2=5[J]$

11 두 물체의 마찰로 3,000[V]의 마찰전압이 생겼다. 폭발성 위험의 장소에서 두 물체의 정전용량이 몇 [pF]이면 폭발로 이어지겠는가?(단, 착화에너지는 0.25[mJ]이다.)

① 55[pF]　② 27[pF]
③ 1.6[pF]　④ 22.5[pF]

해설
$E=\frac{1}{2}CV^2$ 식에서
$C=\frac{2E}{V^2}=\frac{2\times0.25\times10^{-3}}{3{,}000^2}\times10^{12}=55[pF]$

12 위험지역 내 시설하는 제어실, 변전실 등의 전기설비에 대한 방폭화의 대응방법으로 내부에 청정한 공기를 불어넣어서 양압이 유지되도록 하는데, 양압송기장치는 제어실, 변전실의 모든 개구부를 닫은 상태에서 내부압력이 몇 [mmHg] 이상의 송기능력이 있어야 하는가?

① 0.468　② 0.374
③ 0.281　④ 0.187

해설
압력실 각 부의 최저 압력은 0.05[kPa](=0.5[mbar])로 해야 한다.
$\therefore \frac{0.05[kPa]}{101325}\times760=0.375[mmHg]$

해답 9. ② 10. ④ 11. ① 12. ②

13 3300/220[V], 20[kVA]인 3상변압기에서 공급받고 있는 저압전선로의 절연부분의 전선과 대지간의 절연저항의 최솟값은 얼마로 유지해야 하는가?(단, 변압기 저압측의 1단자는 접지공사 시행)

① 1[MΩ]　② 2,794[Ω]
③ 4,840[Ω]　④ 8,383[Ω]

해설

① $절연저항=\frac{전압}{누설전류}$

$=\frac{전압}{최대공급전류\times\frac{1}{2,000}}$

$=\frac{220}{\frac{20\times1,000}{220}\times\frac{1}{2,000}}=4,840[\Omega]$

② $3상\ 변압기에서의\ 절연저항=\sqrt{3}\times4,840=8,383[\Omega]$

14 220[V] 전압에 접촉된 사람의 신체저항이 약 1,000[Ω]일 때 이 사람의 신체에 흐르는 전류는 얼마이며, 또 그 결과치는 위험한가 안전한가?

① 약 10[mA], 안전
② 약 45[mA], 위험
③ 약 50[mA], 위험
④ 약 220[mA], 위험

해설

$I[A]=\frac{V}{R}$ 공식에서

$I=\frac{220}{1000}=0.224[A]\times1,000=220[mA]$

∴ 50[mA] 이상이므로 위험하다.

15 피뢰침의 제한전압이 800[kV]이고 충격 절연강도를 1,260[kV]라고 할 때 보호여유도는 얼마인가?

① 33.33[%]　② 47.33[%]
③ 57.5[%]　④ 33.5[%]

해설

$보호여유도=\frac{충격\ 절연강도-제한전압}{제한전압}\times100$

$=\frac{1,260-800}{800}\times100=57.5[\%]$

해답 13. ④ 14. ③ 15. ③

제5과목

벼락치기 • 산업안전 필기

화학설비 안전 관리

01 풍량이 100[m^3/min]이고, 풍전압이 100mmH_2O일 때 송풍기 동력(HP)은?(단, 송풍기의 효율(η)은 0.8이고, 1HP=0.746[kW]이다.)

① 2.7　　② 2
③ 1.5　　④ 1

해설

$$\text{송풍기 마력(HP)} = \frac{P(\text{통풍력}) \cdot V(\text{기체 체적})}{75 \times \eta(\text{송풍기효율})}$$

$$= \frac{100\frac{m^3}{min} \times 1\frac{min}{60}sec \times 100[mmH_2O]}{75 \times 0.8}$$

$= 2.7$

02 작업장 내 A물질의 샘플링 시간간격(t)에 대한 농도(c)는 다음과 같다. TWA(시간가중평균농도)는?

t(hr)	c(ppm)	t(hr)	c(ppm)
2	40	3	60
2	45	1	35

① 22.50　　② 45.00
③ 48.13　　④ 52.13

해설

시간가중평균농도(TWA) : 1일 8시간 작업을 기준으로 하여 유해 요인의 측정농도에 노출시간을 곱하여 8시간으로 나눈 농도

$$TWA = \frac{C_1T_1 + C_2T_2 + \cdots + C_nT_n}{8}$$

$$= \frac{(2\times40)+(2\times45)+(3\times60)+(1\times35)}{8}$$

$= 48.125$

03 열교환탱크 외부를 두께 0.2[m]의 석면(k=0.037 [kcal/m·hr℃])으로 보온하였더니 석면의 내면은 40[℃], 외면은 20[℃]이었다. 면적 1[m^2]당 1시간에 손실되는 열량[kcal]은?

① 0.0037　　② 0.037
③ 1.37　　④ 3.7

해설

$$Q = \frac{A\cdot\Delta t}{\frac{l}{\lambda}} = \frac{\lambda\cdot A\cdot\Delta t}{l} = \frac{0.037\times1\times20}{0.2}$$

$= 3.7[kcal]$

해답 1. ① 2. ③ 3. ④

04 직경 2[m]의 소방 수조탱크에 물이 4[m] 깊이로 채워져 있고, 바닥에 직경 10[cm]의 노즐이 연결되어 있을 때 이 노즐을 통하여 흘러나오는 물의 부피 유속은 몇 $[m^3/s]$인가?(단, 수조 내의 압력은 대기압과 같다.)

① $0.02[m^3/s]$
② $0.05[m^3/s]$
③ $0.07[m^3/s]$
④ $0.09[m^3/s]$

해설

$\frac{P_1}{r}+\frac{V_1^2}{2g}+Z_1=\frac{P_2}{r}+\frac{V_2^2}{2g}+Z_2$ 에서

여기서, $P_1+P_2=P_{1atm}$, $V_1=0$,

$Z_1-Z_2=4[m]$이므로

$\frac{V_2^2}{2g}=Z_1=Z_2=h$

$\therefore V=\sqrt{2gh}=\sqrt{2\times 9.8\times 4}=8.854[m/s]$

그리고 유량(Q)은

$Q=A_2V_2=\frac{\pi D^2}{4}V_2=\frac{3.14}{4}\times 0.1^2\times 8.854$

$=0.0695[m^3/s]$

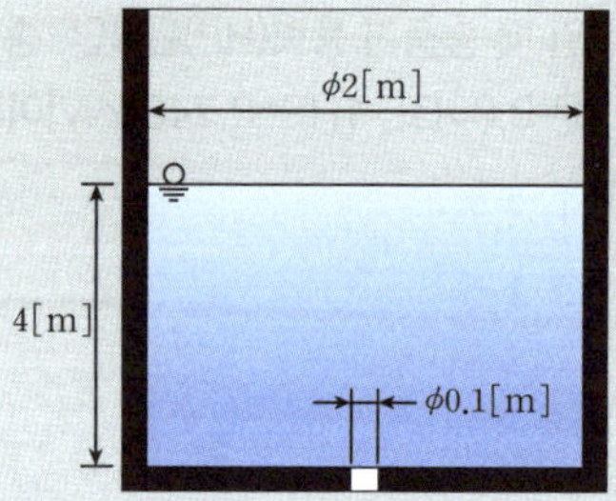

05 클로로벤젠(C_6H_5Cl)의 완전연소 조성농도는 얼마인가?

① 1.7[Vol%]　② 2.9[Vol%]
③ 3.2[Vol%]　④ 4.8[Vol%]

해설

$$C_{st}=\frac{100}{1+4.773\left(n+\frac{m-f-2\lambda}{4}\right)}[\%]$$

$$=\frac{100}{1+4.773\left(6+\frac{5-1}{4}\right)}=2.9[Vol\%]$$

여기서, n : 탄소수　m : 수소수
f : 할로겐수　λ : 산소수

06 메탄 80[%], 에탄 15[%], 프로판 5[%] 혼합가스의 공기 중의 폭발하한계는 얼마인가?(단, 메탄, 에탄, 프로판의 폭발하한계는 각각 5.0[%], 3.0[%], 2.1[%]이다.)

① 4.3[%]　② 5.3[%]
③ 7.5[%]　④ 3.0[%]

해설

혼합가스의 폭발한계

$$폭발한계=\frac{100}{\frac{V_1}{L_1}+\frac{V_2}{L_2}+\cdots+\frac{V_n}{L_n}}$$

$$=\frac{100}{\frac{80}{5.0}+\frac{15}{3.0}+\frac{5}{2.1}}=4.277$$

해답　4. ③　5. ②　6. ①

07 가연성 가스 또는 증기의 폭발한계와 상한계로부터 위험도를 계산할 수 있으며, 이 위험도의 값이 큰 것일수록 위험성이 높다. 공기 중에서의 수소 폭발하한계가 4.0[Vol%]이고, 상한계가 75[Vol%]이라면 수소의 위험도는 얼마인가?

① 18.75 ② 71.00
③ 17.75 ④ 12.54

해설

$$위험도(H)=\frac{폭발상한계-폭발하한계}{폭발하한계}=\frac{75-4.0}{4.0}=17.75$$

08 다음과 같이 가연성 물질의 LEL, UEL값이 주어졌을 때 위험도가 가장 큰 물질은?

	프로판	부탄	벤젠	가솔린
LEL	9.5	8.4	6.7	6.2
UFL	2.4	1.8	1.4	1.4

① 프로판 ② 부탄
③ 벤젠 ④ 가솔린

해설

$$위험도(H)=\frac{폭발상한계-폭발하한계}{폭발하한계}$$

① $프로판(H)=\frac{9.5-2.4}{2.4}=2.96$

② $부탄(H)=\frac{8.4-1.8}{1.8}=3.67$

③ $벤젠(H)=\frac{6.7-1.4}{1.4}=3.79$

④ $가솔린(H)=\frac{6.2-1.4}{1.4}=3.43$

09 다음 표에 있는 가스들은 위험도가 높은 가스들이다. 위험도 순위로 나열한 것은?

성분	폭발하한선	폭발상한선
수소	4.0[Vol%]	75.0[Vol%]
산화에틸렌	3.0[Vol%]	80.0[Vol%]
이황화탄소	1.25[Vol%]	44.0[Vol%]
아세틸렌	2.5[Vol%]	81.0[Vol%]

① 아세틸렌-산화에틸렌-이황화탄소-수소
② 아세틸렌-산화에틸렌-수소-이황화탄소
③ 이황화탄소-아세틸렌-수소-산화에틸렌
④ 이황화탄소-아세틸렌-산화에틸렌-수소

해설

① $수소=\frac{75.0-4.0}{4.0}=17.75$

② $산화에틸렌=\frac{80.0-3.0}{3.0}=25.67$

③ $이황화탄소=\frac{44.0-1.25}{1.25}=34.2$

④ $아세틸렌=\frac{81.0-2.5}{2.5}=31.4$

해답 7. ③ 8. ③ 9. ④

10 가연성 가스 혼합물을 구성하는 성분의 조성과 연소하한값이 다음과 같을 때 혼합가스의 연소하한값은 얼마인가?

성분	조성(%)	연소하한값
메탄	2.5	L 5.0[Vol%]
에틸렌	0.5	L 2.7[Vol%]
공기	96	
헥산	1	L 1.1[Vol%]

① 2.51[Vol%] ② 7.51[Vol%]
③ 12.07[Vol%] ④ 15.01[Vol%]

해설

혼합가스의 폭발한계

$$\text{폭발한계} = \frac{100}{\frac{V_1}{L_1}+\frac{V_2}{L_2}+\cdots+\frac{V_n}{L_n}}$$

$$= \frac{100-96}{\frac{2.5}{5.0}+\frac{0.5}{2.7}+\frac{1}{1.1}} = 2.509$$

11 공기중에서 이황화탄소(CS_2)의 폭발한계는 체적[%]으로서 하한계가 1.25[%], 상한계가 44[%]이다. 이를 20[℃] 대기압에서 [mg/l]의 단위로 환산하면 하한계와 상한계는 각각 약 얼마인가?(단, 이황화탄소의 분자량은 76.1이다.)

① 61, 640 ② 39.6, 1393
③ 146, 860 ④ 55.4, 1641.8

해설

① 하한계 $= \dfrac{1.25\times 10{,}000\times 76.1}{22.4\times\frac{273+20}{273}\times 1{,}000}$

$= 39.56[\text{mg}/l]$

② 상한계 $= \dfrac{44\times 10{,}000\times 76.1}{22.4\times\frac{273+20}{273}\times 1{,}000}$

$= 1392.79[\text{mg}/l]$

12 일산화탄소의 폭발범위는 공기 중에서 10.5~74[%]이다. 일산화탄소의 위험도는?

① 6.05 ② 7.15
③ 8.25 ④ 9.35

해설

$$\text{위험도}(H) = \frac{\text{폭발상한}-\text{폭발하한}}{\text{폭발하한}} = \frac{74-10.5}{10.5}$$

$= 6.05$

13 비중이 1.5이고 직경이 74[μm]인 분체가 터미널 속도(종말속도) 0.2[m/s]의 속도로 직경 6[m]의 사일로(silo)에서 질량유속 400[kg/h]로 흐를 때의 평균농도는?

① 19.7[mg/l] ② 14.8[mg/l]
③ 10.8[mg/l] ④ 25.8[mg/l]

해설

평균농도[mg/l]

$$= \frac{400[\text{kg/hr}]\times\left(\frac{1[\text{hr}]}{3{,}600}[\text{sec}]\right)\left(10^6\frac{[\text{mg}]}{1[\text{kg}]}\right)}{\frac{\pi}{4}\times 6^2[\text{m}^2]\times 0.2[\text{m/s}]\times\left(\frac{1{,}000[l]}{1[\text{m}^3]}\right)}$$

$= 19.66[\text{mg}/l]$

해답 10. ① 11. ② 12. ① 13. ①

14 프로판(C_3H_8)의 연소에 필요한 최소 산소농도의 값은?(단, 프로판의 폭발하한은 Jone식에 의해 추산한다.)

① 8.1[%v/v] ② 11.1[%v/v]
③ 15.1[%v/v] ④ 20.1[%v/v]

해설

MOC=산소 몰수×연소범위하한[%]
=5×2.2=11[%]

15 프로판(C_3H_8)가스 1[m^3]를 완전 연소시키는 데 필요한 이론 공기량은?(단, 공기 중의 산소농도는 20[Vol%]이다.)

① 20[m^3] ② 25[m^3]
③ 30[m^3] ④ 35[m^3]

해설

$C_3H_8+5O_2 \rightarrow 3CO_2+4H_2O$
연소반응식에서 프로판 1[m^3]에 대해 산소는 5[m^3]이 필요하므로

$\therefore$ 필요한 공기량$=\frac{\text{산소량}}{0.2}=\frac{5}{0.2}=25[m^3]$

16 최고 충전압력 100[atm]의 고압용기에 20[℃]의 산소를 100[atm]으로 충전시킬 때 용기의 화재로 온도가 상승하여 안전밸브가 작동했다면 산소온도[K]는?

① 370 ② 378
③ 387 ④ 390

해설

안전밸브 작동압력=내압시험압력$\times\frac{8}{10}$

내압시험압력=최고충전압력$\times\frac{5}{3}$
=상용압력×1.5

$\therefore$ 안전밸브 작동압력$=100\times\frac{5}{3}\times\frac{8}{3}$
$\fallingdotseq 133.33[atm]$

보일·샤를의 법칙에서$=\frac{(100+1)}{273+20}$
$=\frac{133.33+1}{x}$

$\therefore x=389.69[K]$

17 다음 중 프로판(C_3H_8)가스 420[kg]을 용적 60의 용기에 충전하려면 몇 개의 용기가 필요한가?(단, 가스정수는 2.35이다.)

① 17개 ② 19개
③ 15개 ④ 13개

해설

$n=\frac{\frac{W}{V}}{C}$를 응용 (여기서, W : 프로판가스의 양,
V : 용기의 용적,
C : 가스정수)

$\therefore n=\frac{\frac{W}{V}}{C}=\frac{\frac{420}{60}}{2.35}\ \frac{420\times2.35}{60}$
$=16.45\fallingdotseq 17$개

해답 14. ② 15. ② 16. ④ 17. ①

제6과목

벼락치기 • 산업안전 필기

건설공사 안전관리

01 아래의 그림과 같이 무게 500[kg]의 중량물을 와이어 로프에 의해 상부60[°]의 각으로 들어올릴 때, 로프의 한 선에 걸리는 하중(T)은?

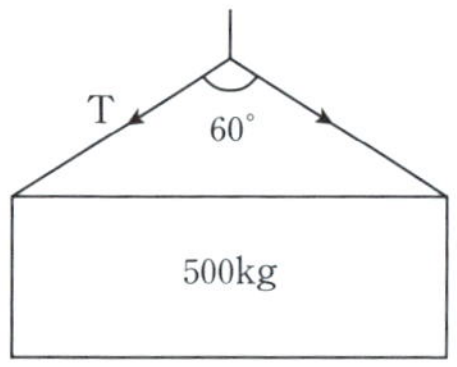

① 269[kg] ② 279[kg]
③ 289[kg] ④ 299[kg]

해설

$$T=\frac{\frac{\text{짐의 무게}}{\text{로프의 가닥수}}}{\cos\frac{\theta}{2}}=\frac{\frac{500}{2}}{\cos\frac{60}{2}}=\frac{250}{\cos 30}$$

$=288.68[\text{kg}]$

02 다음 중 크레인 로프에 4[ton]의 중량을 걸어서 20m/s^{2}의 가속도로 감아올릴 때 로프에 걸리는 하중은?

① 12,063[kg]
② 12,093[kg]
③ 12,143[kg]
④ 12,163[kg]

해설

총하중 = 정하중(W_1) + 동하중(W_2)

여기서, $W_2=\frac{W_1}{\text{중력가속도}(g)}\times\text{가속도}(a)$

$\therefore W=4{,}000+\frac{4{,}000}{9.8}\times 20$

$=12{,}163[\text{kg}]$

해답 1. ③ 2. ④

03 그림과 같이 로프에 하중이 재하되었을 때 로프에 작용하는 최대 인장응력은 얼마인가?(단, 로프의 단면적은 1[cm^2])

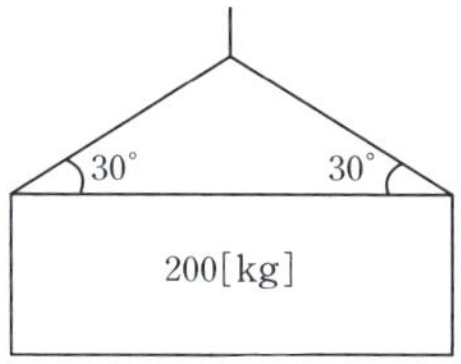

① 400[kg/cm^2] ② 300[kg/cm^2]
③ 200[kg/cm^2] ④ 100[kg/cm^2]

해설

$$T=\frac{\frac{\text{짐의 무게}}{\text{로프의 가닥수}}}{\cos\frac{\theta}{2}}=\frac{\frac{200}{2}}{\cos\frac{120}{2}}=\frac{100}{\cos 60}$$

$=200[kg]$

$$\therefore \text{인장응력}=\frac{\text{최대하중}}{\text{단면적}}=\frac{200}{1}$$

$=200[kg/cm^2]$

04 파단하중(절단하중)이 350[kg]이고, 안전계수가 6인 와이어 로프의 안전하중은?

① 29.2[kg] ② 2100[kg]
③ 117.7[kg] ④ 58.3[kg]

해설

$$\text{안전계수}=\frac{\text{파단하중}}{\text{안전하중}}$$

$$\therefore \text{안전하중}=\frac{\text{파단하중}}{\text{안전계수}}=\frac{350}{6}=58.3[kg]$$

05 인장강도가 44[kg/mm^2]이고, 호칭지름이 20[mm]인 볼트의 안전하중은 약 몇 [kg]인가?(단, 안전계수는 5로 한다.)

① 1,381[kg] ② 2,763[kg]
③ 11,052[kg] ④ 7,040[kg]

해설

$$\text{안전계수}=\frac{\text{파단하중}}{\text{안전하중}}$$

① 파단하중=인장강도×단면적

$$=44\times\frac{3.14\times 20^2}{4}=13{,}816[kg]$$

② $\text{안전계수}=\frac{\text{파단하중}}{\text{안전하중}}=\frac{13{,}816}{5}\fallingdotseq 2{,}763kg$

06 1,000[kg]을 적재할 수 있는 와이어 로프의 지름이 2[%] 손상되었다. 이 와이어 로프에 적재할 수 있는 최대 하중은?

① 880[kg] ② 940[kg]
③ 960[kg] ④ 980[kg]

해설

$$1{,}000-\left(1000\times\frac{2}{100}\right)=980[kg]$$

해답 3. ③ 4. ④ 5. ② 6. ④

07 단면적이 154[mm²]인 인장철근을 인장한 결과 11.5[ton]에서 파단되었다. 이 철근의 인장강도는?

① 70[kg/mm²]　② 72[kg/mm²]
③ 75[kg/mm²]　④ 78[kg/mm²]

해설

$$\text{인장강도}(\sigma)=\frac{\text{파단하중}}{\text{단면적}}=\frac{11500}{154}=74.68[\text{kg/mm}^2]$$

08 보통 흙의 건지에 깊이 5[m]를 개굴착하고자 한다. 기울기를 1 : 0.5로 할 경우, 그림에서 L은?

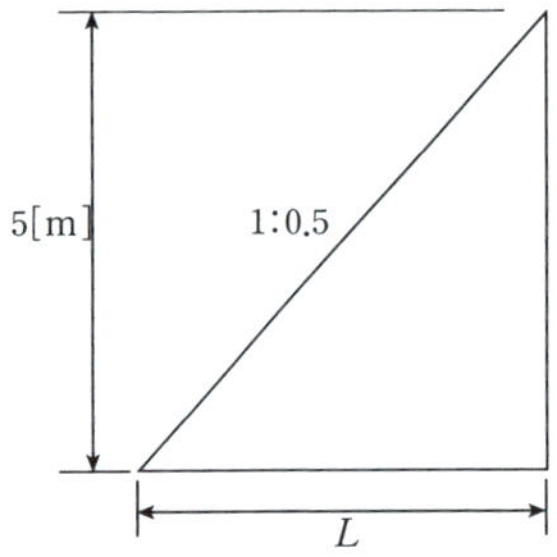

① 2[m]　② 2.5[m]
③ 5[m]　④ 10[m]

해설

1:0.5=5:X
∴ X=2.5

09 길이가 10[m]인 단순보의 중앙에 4[ton]의 힘이 작용할 때 중앙점에서의 모멘트는?

① 5[ton·m]
② 10[ton·m]
③ 15[ton·m]
④ 20[ton·m]

해설

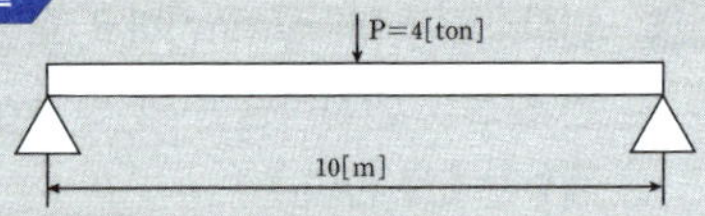

$$M_{x=a}=\frac{Pba}{l}=\frac{4,000\times5\times5}{10}=10,000[\text{kg}\cdot\text{m}]$$
$$=10[\text{ton}\cdot\text{m}]$$

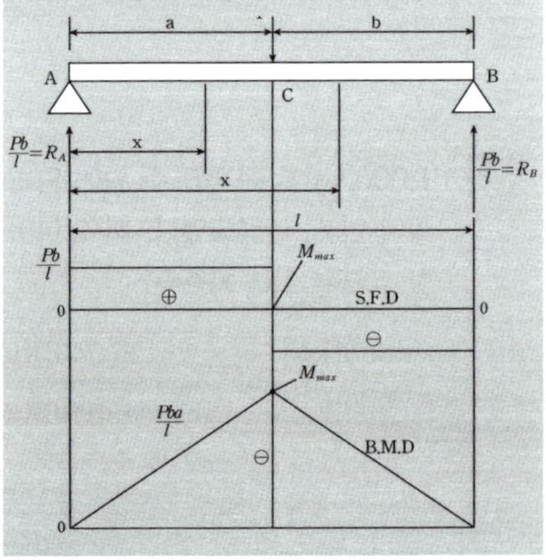

해답 7. ③ 8. ② 9. ②

10 콘크리트 공시체 지름이 15[cm], 높이가 30[cm]인 공시체를 압축시험한 결과 38,000[kg]에서 파괴되었다. 압축강도로 옳은 것은?

① 213[kg/cm²] ② 215[kg/cm²]
③ 220[kg/cm²] ④ 230[kg/cm²]

해설

$$압축강도(\sigma)=\frac{파단하중}{단면적}=\frac{38,000}{\frac{\pi}{4}15^2}=215.04[kg/cm^2]$$

11 노천굴착작업을 할 때 경암의 비탈면 기울기는 1 : 0.3이 적당하다. 이때 1:0.3의 경사각은 얼마인가?

① 30[°] ② 48[°]
③ 73[°] ④ 84[°]

해설

$$\tan\theta=\frac{1}{0.3}$$
$$\therefore \theta=73.3[°]$$

12 어떤 재료의 진비중이 0.8이고, 겉보기 비중이 0.2일 때 이 재료의 공극률은 얼마인가?

① 25[%] ② 40[%]
③ 55[%] ④ 75[%]

해설

$$공극률=\frac{진비중-겉보기비중}{진비중}\times100=\frac{0.8-0.2}{0.8}\times100=75[\%]$$

13 추락시 로프의 지지점에서 최하단까지의 거리 h는?(단, 로프의 길이는 150[cm], 로프의 신율은 30[%], 근로자의 신장은 180[cm]이다.)

① 2.7[m] ② 2.85[m]
③ 3.00[m] ④ 3.15[m]

해설

$$h=150+(150\times0.3)+\left(180\times\frac{1}{2}\right)=285[cm]$$
$$h=로프의\ 길이+(로프의\ 길이\times신장률)+\left(근로자의\ 신장\times\frac{1}{2}\right)$$

14 대상액이 60억원인 일반건설공사(을)인 경우 표준안전관리비 계상액은?

① 112,800,000원 ② 126,000,000원
③ 135,600,000원 ④ 159,600,000원

해설

표준안전관리비 계상액=60억원×2.10
=126,000,000원

해답 10. ② 11. ③ 12. ④ 13. ② 14. ②

15 다음과 같은 조건에서 작업면과 방망이 부착된 위치와의 수직거리(낙하높이)는?

[조건] 1. 단일방망
2. L(단변 방향 길이) : 10[m]
3. A(장변 방향 방망의 지지 간격) : 5[m]

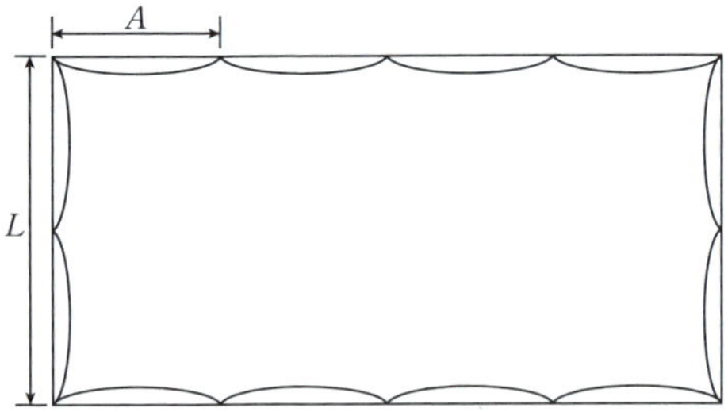

① 5[m] 이하
② 7.5[m] 이하
③ 10[m] 이하
④ 12.5[m] 이하

해설

낙하높이 $= 0.75 \times L = 0.75 \times 10 = 7.5$[m]

16 건조기에 습한 재료(고체) 10[kg]이 있다. 건조 후 무게를 측정하니 6.8[kg]이었다. 처음 재료의 함수율[kg·H_2O·kg]은 얼마인가?

① 0.25 ② 0.36
③ 0.47 ④ 0.58

해설

$$함수율 = \frac{건조\ 전\ 무게 - 건조\ 후\ 무게}{건조\ 후\ 무게} = \frac{10.8 - 6.8}{6.8} = 0.471$$

17 슬래브 두께가 130[mm]일 때 거푸집 공사의 가설재 계산에서 하중 산정으로 옳은 것은?(단, 보통 철근 콘크리트 비중 2.4, 거푸집 중량은 무시, 충격하중과 작업하중은 고려한다.)

① 312[kg/m^2]
② 468[kg/m^2]
③ 618[kg/m^2]
④ 800[kg/m^2]

해설

$(130 \times 2.4) + (130 \times 2.4 \times 0.5) + 150$
$= 618$[kg/m^2]

해답 15. ② 16. ③ 17. ③

18 덤프트럭이 적재위치에서 출발하여 되돌아오는 시간이 50분, 싣기 기계가 트럭 1대에 흙을 싣는 시간이 9분 걸린다면 기계가 쉬지 않고 작업하기 위해서는 몇 대의 트럭이 필요한가?

① 4대 ② 7대
③ 9대 ④ 11대

해설

$$\text{필요한 트럭대수} = \frac{\text{되돌아오는 시간 초}}{\text{싣는 시간 초}} + 1 = \frac{50 \times 60}{9 \times 60} + 1 = \text{약 7대}$$

19 함수비 20[%], 공극비 0.8, 흙의 비중이 2.6일 때 포화도는 얼마인가?

① 55[%] ② 65[%]
③ 75[%] ④ 85[%]

해설

$$\text{포화도} = \frac{\text{비중} \times \text{함수비}}{\text{공극비}} = \frac{2.6 \times 20[\%]}{0.8} = 65[\%]$$

20 지름이 10[cm]이고 높이가 20[cm]인 원기둥 콘크리트 공시체가 할렬인장강도 시험에서 10,000[kg]에서 파괴되었다. 이때 콘크리트의 할렬인장강도는 몇 [kg/cm^2]인가?

① 21.8 ② 31.8
③ 41.8 ④ 51.8

해설

$$\text{할렬인장강도} = \frac{2P}{\pi DL} = \frac{2 \times 10{,}000}{\pi \times 10 \times 20} = 31.8[\text{kg/cm}^2]$$

21 인간의 반응시간을 조사하는 실험에서 0.1, 0.2, 0.3, 0.4의 점등확률을 갖는 4개의 전등이 있다. 이 자극 전등이 전달하는 정보량은?

① 1.846 ② 1.762
③ 1.546 ④ 1.342

해설

$$A = \frac{\log\left(\frac{1}{0.1}\right)}{\log 2} = 3.32,\quad B = \frac{\log\left(\frac{1}{0.2}\right)}{\log 2} = 2.32$$

$$C = \frac{\log\left(\frac{1}{0.3}\right)}{\log 2} = 1.74,\quad D = \frac{\log\left(\frac{1}{0.4}\right)}{\log 2} = 1.32$$

$$\text{정보량} = (0.1 \times A) + (0.2 \times B) + (0.3 \times C) + (0.4 \times D) = (0.1 \times 3.32) + (0.2 \times 2.32) + (0.3 \times 1.74) + (0.4 \times 1.32) = 1.846$$

해답 18. ② 19. ② 20. ② 21. ①

22 빨강, 노랑, 파랑의 3가지 색으로 구성된 교통 신호등이 있다. 신호등은 항상 3가지 색 중 하나가 켜지도록 되어 있다. 1시간 동안 조사한 결과 파란등은 총 30분 동안, 빨간등과 노란등은 각각 총 15분 동안 켜진 것으로 나타났다. 이 신호등의 총 정보량은 몇 [bit]인가?

① 0.5 ② 0.75
③ 1.0 ④ 1.5

해설

$A=\dfrac{\log\left(\frac{1}{0.5}\right)}{\log 2}=1,\quad B=\dfrac{\log\left(\frac{1}{0.25}\right)}{\log 2}=2,$

$C=\dfrac{\log\left(\frac{1}{0.25}\right)}{\log 2}=2$

정보량 $=(0.5\times A)+(0.25\times B)+(0.25\times C)$
$=(0.5\times 1)+(0.25\times 2)+(0.25\times 2)$
$=0.5+0.5+0.5=1.5$

해답 22. ④

PART 03

실전은 연습처럼

2018년도 기사 제1회 (2018년 3월 4일 시행)

2019년도 기사 제1회 (2019년 3월 3일 시행)

2020년도 기사 제1·2회 (2020년 6월 7일 시행)

2021년도 기사 제1회 (2021년 3월 7일 시행)

2018년도 기사 정기검정 제1회 (2018년 3월 4일 시행)

자격종목 및 등급(선택분야)

산업안전기사

1 산업재해 예방 및 안전보건교육

01 **기업 내 정형교육 중 TWI(Training Within Industry)의 교육내용이 아닌 것은?**

① Job Method Training
② Job Relation Training
③ Job Instruction Training
④ Job Standardization Training

해설

TWI 교육내용 4가지

① 작업방법훈련(Job Method Training : JMT) : 작업개선
② 작업지도훈련(Job Instruction Training : JIT) : 작업지도·지시
③ 인간관계훈련(Job Relations Training : JRT) : 부하 통솔
④ 작업안전훈련(Job Safety Training : JST) : 작업안전

참고 산업안전기사 필기 p.1-145(1. 기업내 정형교육)

KEY ① 2016년 3월 6일 기사 출제
② 2016년 8월 21일 산업기사 출제
③ 2017년 5월 7일, 8월 26일 산업기사 출제

합격자의 조언

실기필답형 출제

02 **재해사례연구의 진행단계 중 다음 ( )안에 알맞은 것은?**

재해 상황의 파악 → (㉠) → (㉡) → 근본적 문제점의 결정 → (㉢)

① ㉠ 사실의 확인 ㉡ 문제점의 발견
㉢ 대책 수립
② ㉠ 문제점의 발견 ㉡ 사실의 확인
㉢ 대책 수립
③ ㉠ 사실의 확인 ㉡ 대책수립
㉢ 문제점의 발견
④ ㉠ 문제점의 발견 ㉡ 대책수립
㉢ 사실의 확인

해설

재해사례연구 진행단계

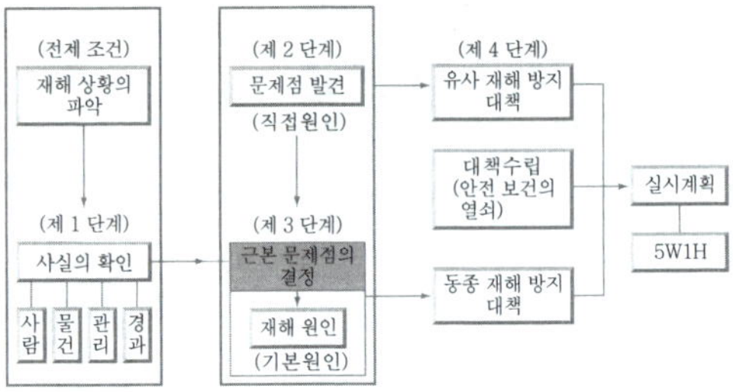

참고 산업안전기사 필기 p.3-47(3. 재해사례연구의 진행단계)

KEY ① 2016년 10월 1일 기사 출제
② 2017년 9월 23일 기사 출제

03 **교육심리학의 학습이론에 관한 설명 중 옳은 것은?**

① 파블로프(Pavlov)의 조건반사설은 맹목적 시행을 반복하는 가운데 자극과 반응이 결합하여 행동하는 것이다.
② 레빈(Lewin)의 장설은 후천적으로 얻게 되는 반사작용으로 행동을 발생시킨다는 것이다.
③ 톨만(Tolman)의 기호형태설은 학습자의 머리 속에 인지적 지도 같은 인지구조를 바탕으로 학습하려는 것이다.
④ 손다이크(Thorndike)의 시행착오설은 내적, 외적의 전체구조를 새로운 시점에서 파악하여 행동하는 것이다.

[정답] 01 ④ 02 ① 03 ③

해설

학습이론

① 파블로프 : 조건반사설(반드시 목적시행)
② 레빈 : 선천적
③ 손다이크 : 연습과 반복

참고 ① 산업안전기사 필기 p.1-149(2. 자극과 반응)
② I. P. Pavlov : 러시아 생리학자

04 레빈(Lewin)의 법칙 $B=f(P \cdot E)$중 B가 의미하는 것은?

① 인간관계 ② 행동
③ 환경 ④ 함수

해설

레빈의 인간행동법칙

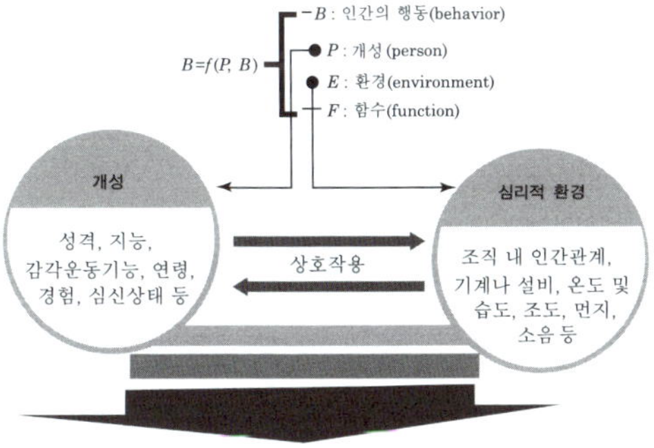

[그림] 인간의 행동이 결정됨

참고 ① 산업안전기사 필기 p.1-77(합격날개 : 합격예측)
② Lewin : 독일 태생의 미국인, 행동주의 심리학파

KEY ① 2011년 6월 12일 기사 출제
② 2016년 3월 6일 기사 출제
③ 2016년 10월 1일 기사 출제
④ 2017년 5월 7일 기사 출제
⑤ 2017년 8월 26일 기사 출제
⑥ 2017년 9월 23일 기사 출제

05 학습지도의 형태 중 몇 사람의 전문가에 의해 과정에 관한 견해를 발표하고 참가자로 하여금 의견이나 질문을 하게 하는 토의방식은?

① 포럼(Forum)
② 심포지엄(Symposium)
③ 버즈세션(Buzz session)
④ 자유토의법(Free discussion method)

해설

토의식 교육법

① 포럼(Forum : 공개토론회) : 새로운 자료나 교재를 제시하고 거기서의 문제점을 피교육자로 하여금 제기하게 하거나 의견을 여러 가지 방법으로 발표하게 하고 다시 깊이 파고들어 토의를 행하는 방법.
② 버즈 세션(Buzz Session) : 6-6회의라고도 하며, 먼저 사회자와 기록계를 선출한 후 나머지 사람은 6명씩의 소집단으로 구분하고, 소집단별로 각각 사회자를 선발하여 6분씩 자유토의를 행하여 의견을 종합하는 방법
③ 패널 디스커션(Panel Discussion : Workshop) : 패널 멤버(교육과제에 정통한 전문가 4~5명)가 피교육자 앞에서 자유로이 토의를 하고, 다음에 피교육자 전원이 참가하여 사회자의 사회에 따라 토의하는 방법

참고 산업안전기사 필기 p.1-144(④ 심포지엄)

KEY ① 2017년 5월 7일 산업기사 출제
② 2017년 9월 23일 기사 출제

06 산업안전보건법령상 지방고용노동관서의 장이 사업주에게 안전관리자·보건관리자 또는 안전보건관리담당자를 정수 이상으로 증원하게 하거나 교체하여 임명할 것을 명할 수 있는 경우의 기준 중 다음 ( )안에 알맞은 것은?

- 중대재해가 연간(㉠)건 이상 발생한 경우
- 해당 사업장의 연간재해율이 같은 업종의 평균재해율의 (㉡)배 이상인 경우

① ㉠ 2, ㉡ 2 ② ㉠ 2, ㉡ 3
③ ㉠ 2, ㉡ 1 ④ ㉠ 3, ㉡ 3

해설

안전관리자 등의 증원 · 교체임명 명령

① 해당 사업장의 연간재해율이 같은 업종의 평균재해율의 2배 이상인 경우
② 중대재해가 연간 2건 이상 발생한 경우

[정답] 04 ② 05 ② 06 ①

③ 관리자가 질병이나 그 밖의 사유로 3개월 이상 직무를 수행할 수 없게 된 경우
④ 화학적 인자로 인한 직업성질병자가 연간 3명 이상 발생한 경우. 이 경우 직업성질병자 발생일은 「산업재해보상보험법 시행규칙」에 따른 요양급여의 결정일로 한다.

참고 산업안전기사 필기 p.1-221(제12조)

정보제공
산업안전보건법 시행규칙 제12조 (2023년 9월 28일 개정법 적용)

07 하인리히(Heinrich)의 재해구성비율에 따른 58건의 경상이 발생한 경우 무상해 사고는 몇 건이 발생하겠는가?

① 58건 ② 116건
③ 600건 ④ 900건

해설

하인리히 1:29:300법칙
300건×2=600건

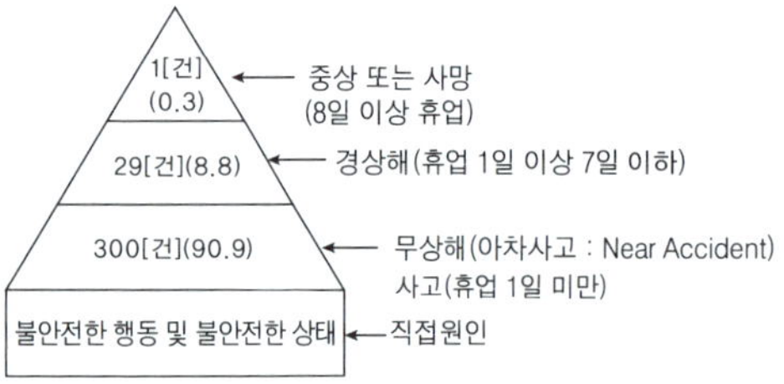

[그림] 하인리히 법칙(단위 : [%])

참고 산업안전기사 필기 p.3-33(1. 하인리히의 1 : 29 : 300)

KEY ① 2016년 10월 1일 기사 출제
② 2017년 9월 23일 산업기사 출제

08 상해 정도별 분류 중 의사의 진단으로 일정기간 정규 노동에 종사할 수 없는 상해에 해당하는 것은?

① 영구 일부노동 불능상해
② 일시 전노동 불능상해
③ 영구 전노동 불능상해
④ 구급처치 상해

해설

근로불능상해의 종류(ILO기준)
① 영구 일부노동불능 상해 : 부상 결과로 신체 부분의 일부가 노동 기능을 상실한 부상(신체 장해 등급 제4급에서 제14급에 해당)
② 영구 전노동불능 상해 : 부상 결과로 노동 기능을 완전히 잃게 되는 부상(신체 장해 등급 제1급에서 제3급에 해당) : 노동 손실 일수 7,500일
③ 응급(구급)조치 상해 : 부상을 입은 다음 치료(1일 미만)를 받고 다음부터 정상작업에 임할 수 있는 정도의 상해

참고 산업안전기사 필기 p.1-5(8. ILO의 국제노동통계의 구분)

동일회 문제 확인
2018년 3월 4일 (문제 16번)

09 데이비스(Davis)의 동기부여이론 중 동기유발의 식으로 옳은 것은?

① 지식×기능 ② 지식×태도
③ 상황×기능 ④ 상황×태도

해설

데이비스(K. Davis)의 동기부여 이론 등식
① 경영의 성과=인간의 성과×물질의 성과
② 능력(ability)=지식(knowledge)×기능(skill)
③ 동기유발(motivation)=상황(situation)×태도(attitude)
④ 인간의 성과(human performance)=능력×동기유발

참고 산업안전기사 필기 p.1-100(2. 데이비스의 동기부여 이론등식)

KEY 2016년 5월 8일 기사 출제

10 안전보건관리조직의 유형 중 스탭형(Staff) 조직의 특징이 아닌 것은?

① 생산부문은 안전에 대한 책임과 권한이 없다.
② 권한 다툼이나 조정 때문에 통제수속이 복잡해지며 시간과 노력이 소모된다.
③ 생산부분에 협력하여 안전명령을 전달, 실시하므로 안전지시가 용이하지 않으며 안전과 생산을 별개로 취급하기 쉽다.
④ 명령 계통과 조언 권고적 참여가 혼동되기 쉽다.

[정답] 07 ③ 08 ② 09 ④ 10 ④

해설

line and staff형 조직의 단점

① 명령계통과 조언, 권고적 참여가 혼돈되기 쉽다.
② 스태프의 월권 행위가 있을 수 있다.

참고 산업안전기사 필기 p.1-23(표 안전보건관리 조직 형태)

KEY ① 2016년 3월 6일 기사·산업기사 동시출제
② 2016년 10월 1일 산업기사 출제
③ 2017년 3월 5일 기사 출제
④ 2017년 5월 7일 기사 출제
⑤ 2017년 8월 26일 기사·산업기사 동시 출제

11 자율검사프로그램을 인정받기 위해 보유하여야 할 검사장비의 이력카드 작성, 교정주기와 방법 설정 및 관리 등의 관리주체는?

① 사업주
② 제조자
③ 안전관리전문기관
④ 안전보건관리책임자

해설

자율안전프로그램의 관리주체 : 사업주

참고 산업안전기사 필기 p.3-59(3. 자율검사 프로그램에 따른 안전검사)

정보제공
산업안전보건법 시행규칙 제137조(자율검사 프로그램의 인정 등)

12 다음의 방진마스크 형태로 옳은 것은?

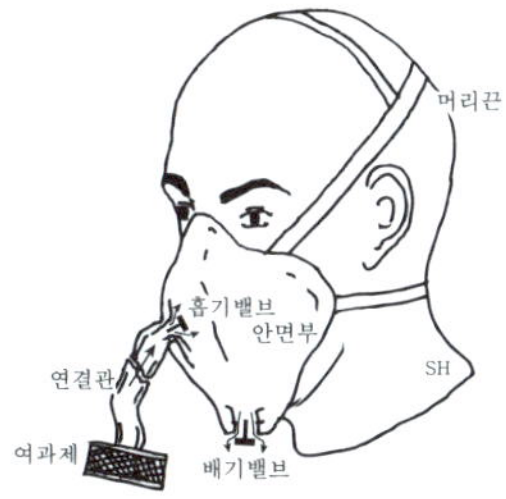

① 직결식 전면형　② 직결식 반면형
③ 격리식 전면형　④ 격리식 반면형

해설

방진마스크

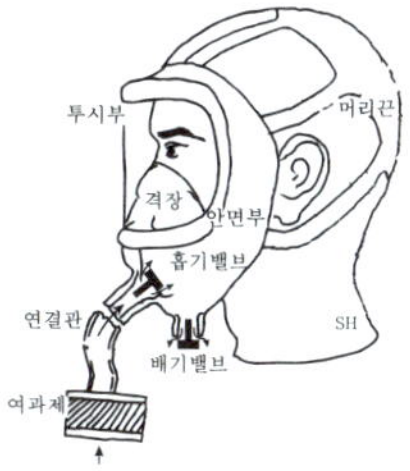

① 격리식 전면형

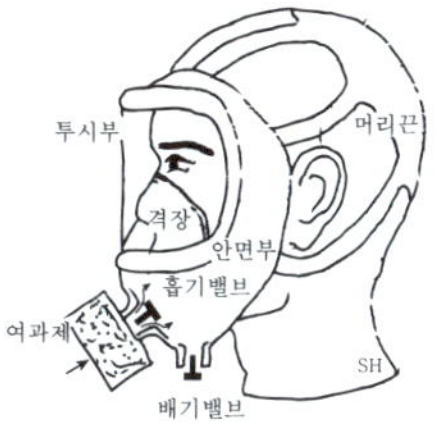

② 직결식 전면형

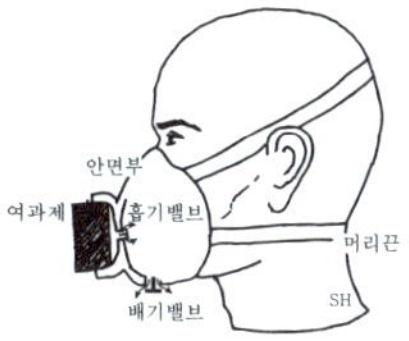

③ 직결식 반면형

[그림] 방진마스크의 종류

참고 산업안전기사 필기 p.1-55(2. 방진 · 방독마스크)

KEY 2016년 8월 21일 기사 출제

13 작업자 적성의 요인이 아닌 것은?

① 성격(인간성)
② 지능
③ 인간의 연령
④ 흥미

해설

작업자 적성 요인

① 성격(인간성)
② 지능
③ 흥미

참고 산업안전기사 필기 p.1-76(합격날개 : 합격예측)

KEY 2006년 3월 5일(문제 2번) 출제

[정답] 11 ① 12 ④ 13 ③

14 **산업안전보건법령상 안전보건교육 중 관리감독자 정기안전보건교육의 교육내용으로 옳은 것은? (단, 산업안전보건법 및 일반관리에 관한 사항을 제외한다.)**

① 산업안전 및 재해사례에 관한 사항
② 사고 발생 시 긴급조치에 관한 사항
③ 건강증진 및 질병 예방에 관한 사항
④ 산업보건 및 직업병 예방에 관한 사항

해설

관리감독자 정기안전보건교육 내용

① 산업안전 및 사고 예방에 관한 사항
② 산업보건 및 직업병 예방에 관한 사항
③ 위험성 평가에 관한 사항
④ 유해·위험 작업환경 관리에 관한 사항
⑤ 산업안전보건법령 및 산업재해보상보험 제도에 관한 사항
⑥ 직무스트레스 예방 및 관리에 관한 사항
⑦ 직장 내 괴롭힘, 고객의 폭언 등으로 인한 건강장해 예방 및 관리에 관한 사항
⑧ 작업공정의 유해·위험과 재해 예방대책에 관한 사항
⑨ 사업장 내 안전보건관리체제 및 안전·보건조치 현황에 관한 사항
⑩ 표준안전 작업방법 결정 및 지도·감독 요령에 관한 사항
⑪ 현장근로자와의 의사소통능력 및 강의 능력 등 안전보건교육 능력 배양에 관한 사항
⑫ 비상시 또는 재해 발생 시 긴급조치에 관한 사항
⑬ 그 밖의 관리감독자의 직무에 관한 사항

참고 산업안전기사 필기 p.1-154(3. 관리감독자 정기안전보건교육)

KEY ① 2017년 5월 7일 기사 출제
② 2017년 8월 26일 기사(문제 9번) 출제

정보제공

산업안전보건법 시행규칙 [별표 5] 교육대상별 교육내용

합격자의 증언

산업보건 및 직업병 예방에 관한 사항 : 근로자, 관리감독자 공통교육내용

15 **산업안전보건법령상 안전보건표지의 색채와 색도기준의 연결이 틀린 것은?(단, 색도기준은 한국산업표준(KS)에 따른 색의 3속성에 의한 표시방법에 따른다.)**

① 빨간색-7.5R 4/14 ② 노란색-5Y 8.5/12
③ 파란색-2.5PB 4/10 ④ 흰색-N0.5

해설

안전보건표지의 색채, 색도

색채	색도기준	용도
빨간색	7.5R 4/14	금지
		경고
노란색	5Y 8.5/12	경고
파란색	2.5PB 4/10	지시
녹색	2.5G 4/10	안내
흰색	N9.5	
검은색	N0.5	

참고 산업안전기사 필기 p.1-62(4. 안전보건표지의 색채, 색도기준)

KEY ① 2017년 3월 5일 기사 출제
② 2017년 8월 26일 산업기사 출제

정보제공

산업안전보건법 시행규칙 [별표 8] 안전보건표지의 색채, 색도기준 및 용도

16 **강도율에 관한 설명 중 틀린 것은?**

① 사망 및 영구 전노동불능(신체장해등급 1~3급)의 근로손실일수는 7,500일로 환산한다.)
② 신체장해 등급 중 제 14급은 근로손실일수를 50일로 환산한다.
③ 영구 일부 노동불능은 신체 장해등급에 따른 근로손실일수에 $\frac{300}{365}$을 곱하여 환산한다.
④ 일시 전노동 불능은 휴업일수에 $\frac{300}{365}$을 곱하여 근로손실일수를 환산한다.

해설

영구일부노동 신체장해등급 : 노동손실일수로 결정(4급~14급)

참고 산업안전기사 필기 p.2-44(4. 강도율)

KEY ① 2016년 3월 6일 기사 · 산업기사 동시 출제
② 2017년 9월 26일 기사 · 산업기사 동시 출제

동일회 문제확인

2018년 3월 4일(문제 8번)

[정답] 14 ④ 15 ④ 16 ③

17 산업안전보건법령상 안전보건표지의 종류 중 경고표지의 기본모형(형태)이 다른 것은?

① 폭발성물질 경고
② 방사성물질 경고
③ 매달린 물체 경고
④ 고압전기 경고

해설

경고표지

인화성 물질 경고	산화성 물질 경고	폭발성 물질 경고	급성독성 물질경고	부식성 물질 경고

방사성 물질 경고	고압전기 경고	매달린 물체 경고	낙하물 경고	고온 경고

저온 경고	몸균형 상실 경고	레이저 광선 경고	발암성 · 변이원성 · 생식독성 · 전신 독성 · 호흡기과민성물질 경고	위험장소 경고

참고) 산업안전기사 필기 p.1-61(4. 안전보건표지의 종류와 형태)

KEY ▶ 2017년 9월 23일 기사 출제

정보제공

산업안전보건법 시행규칙 [별표 6] 안전보건표지의 종류와 형태

18 석면 취급장소에서 사용하는 방진마스크의 등급으로 옳은 것은?

① 특급　② 1급
③ 2급　④ 3급

해설

방진마스크의 구분 및 사용장소

등급	특급	1급	2급
사용장소	• 베릴륨 등과 같이 독성이 강한 물질들을 함유한 분진 등 발생장소 • 석면 취급 장소	• 특급마스크 착용장소를 제외한 분진 등 발생장소 • 금속흄 등과 같이 열적으로 생기는 분진 등 발생장소 • 기계적으로 생기는 분진 등 발생장소(규소 등과 같이 2급 방진마스크를 착용하여도 무방한 경우는 제외한다.)	• 특급 및 1급 마스크 착용장소를 제외한 분진 등 발생장소
	배기밸브가 없는 안면부여과식 마스크는 특급 및 1급 장소에 사용해서는 안 된다.		

참고) 산업안전기사 필기 p.1-67(문제 18번) 적중

19 적응기제 중 도피기제의 유형이 아닌 것은?

① 합리화　② 고립
③ 퇴행　④ 억압

해설

도피기제(Excape Mechanism)

갈등을 해결하지 않고 도망감

구분	특징
억압	무의식으로 쑤셔 넣기
퇴행	유아 시절로 돌아가 유치해짐
백일몽	공상의 나래를 펼침
고립(거부)	외부와의 접촉을 끊음

참고) 산업안전기사 필기 p.1-115(보충학습 : 적응기제 3가지)

KEY ▶ ① 2016년 5월 8일 산업기사 출제
② 2017년 3월 5일 기사 출제
③ 2017년 9월 23일 기사 출제

[정답] 17① 18① 19①

20 생체 리듬(Bio Rhythm)중 일반적으로 33일을 주기로 반복되며, 상상력, 사고력, 기억력 또는 의지, 판단 및 비판력 등과 깊은 관련성을 갖는 리듬은?

① 육체적 리듬　　② 지성적 리듬
③ 감성적 리듬　　④ 생활 리듬

해설

지성적 리듬(I : Intellectual cycle) : PSI학설, 생물시계, 체내시계

① 33일 주기
② 초록(녹)색 표시
③ 일점쇄선 표시
④ 상상력, 사고력, 기억력, 인지력, 판단력 등이 증가

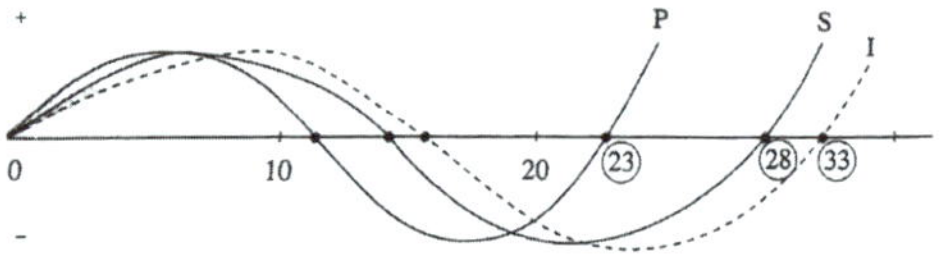

[그림] Biorhythm

참고 산업안전기사 필기 p.1-108(3. 지성적 리듬)

2 인간공학 및 위험성 평가·관리

21 에너지 대사율(RMR)에 대한 설명으로 틀린 것은?

① $RMR = \frac{\text{운동대사량}}{\text{기초대사량}}$

② 보통 작업시 RMR은 4~7임

③ 가벼운 작업시 RMR은 0~2임

④ $RMR = \frac{\text{운동시 산소소모량} - \text{안정시 산소소모량}}{\text{기초대사량(산소소비량)}}$

해설

작업강도 구분

① 1~2RMR(가벼운 작업)　② 2~4RMR(보통작업)
③ 4~7RMR(중작업)　④ 7RMR 이상(초중작업)

참고 산업안전기사 필기 p.1-102(2. 작업강도 구분)

KEY 2016년 10월 1일 산업기사 출제

22 FMEA의 특징에 대한 설명으로 틀린 것은?

① 서브시스템 분석 시 FTA보다 효과적이다.
② 시스템 해석기법은 정성적·귀납적 분석법 등에 사용된다.
③ 각 요소간 영향 해석이 어려워 2가지 이상 동시 고장은 해석이 곤란하다.
④ 양식이 비교적 간단하고 적은 노력으로 특별한 훈련 없이 해석이 가능하다.

해설

FMEA의 장·단점

① 장점 : 서식이 간단하고 비교적 적은 노력으로 특별한 훈련없이 분석을 할 수 있다.
② 단점 : 논리성이 부족하고 특히 각 요소 간의 영향을 분석하기 어렵기 때문에 동시에 두 가지 이상의 요소가 고장날 경우 분석이 곤란하다.
③ 요소가 물체로 한정되어 있기 때문에 인적원인을 분석하는 데는 곤란이 있다.

참고 산업안전기사 필기 p.2-62(합격날개 : 합격예측)

보충학습

FTA : 서브시스템 분석시 효과적

23 A사의 안전관리자는 자사 화학 설비의 안전성 평가를 위해 제2단계인 정성적 평가를 진행하기 위하여 평가 항목 대상을 분류하였다. 주요 평가 항목 중에서 설계관계항목이 아닌 것은?

① 건조물　　② 공장 내 배치
③ 입지조건　　④ 원재료, 중간제품

해설

정성적 평가항목

① 입지조건
② 공장내의 배치
③ 소방설비
④ 공정기기
⑤ 수송 · 저장
⑥ 원재료
⑦ 중간체
⑧ 제품

[정답] 20 ② 21 ② 22 ① 23 ④

참고 산업안전기사 필기 p.2-38(2. 2단계 : 정성적 평가)

KEY ① 2014년 8월 17일 기사 출제
② 2016년 5월 8일 기사 출제
③ 2016년 10월 1일 산업기사 출제
④ 2017년 3월 5일 기사 출제
⑤ 2017년 8월 26일 기사 출제

보충학습

(1) 설계관계 평가요소
① 건조물
② 입지조건
③ 공장내 배치
(2) 운전관계 평가요소
① 원재료
② 중간제품
③ 공정 및 공정기기
④ 수송 및 저장

24 기계설비 고장 유형 중 기계의 초기결함을 찾아 내 고장률을 안정시키는 기간은?

① 마모고장 기간
② 우발고장 기간
③ 에이징(aging) 기간
④ 디버깅(debugging) 기간

해설

초기고장

① 디버깅(Debugging)기간 : 기계의 초기 결함을 찾아내 고장률을 안정시키는 기간
② 번인(Burn-in)기간 : 물품을 실제로 장시간 가동하여 그 동안에 고장난 것을 제거하는 기간
③ 비행기 : 에이징(Aging)이라 하여 3년 이상 시운전
④ 욕조곡선(Bath-tub) : 예방보전을 하지 않을 때의 곡선은 서양식 욕조 모양과 비슷하게 나타나는 현상

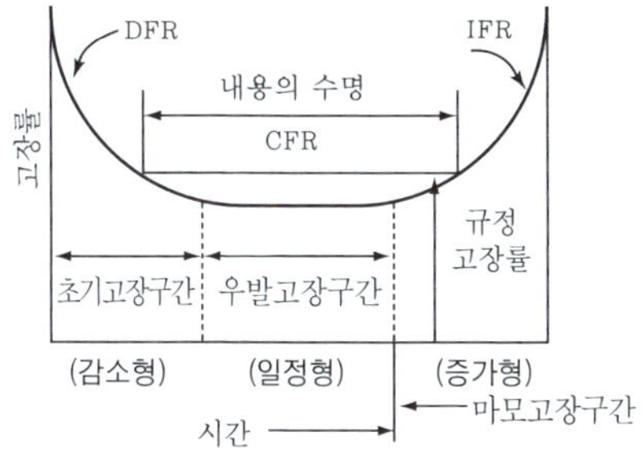

[그림] 기계설비 고장유형

참고 산업안전기사 필기 p.2-12(2. 기계설비 고장 유형)

25 들기 작업 시 요통재해예방을 위하여 고려할 요소와 가장 거리가 먼 것은?

① 들기 빈도 ② 작업자 신장
③ 손잡이 형상 ④ 허리 비대칭 각도

해설

들기 작업시 요통재해 예방 고려요소(들기작업 변수)

① 무게 : 작업물의 무게(kg)
② 수평위치 : 두 발 뒤꿈치 뼈의 중점에서 손까지의 거리(cm)
③ 수직거리 : 바닥에서 손까지의 거리(cm)
④ 수직이동거리 : 들기작업에서 수직으로 이동한 거리(cm)
⑤ 비대칭 각도 : 정면에서 비틀린 정도를 나타내는 각도
⑥ 들기 빈도 : 15분 동안의 평균적인 분당 들어 올리는 횟수
⑦ 커플링 분류 : 물체를 들 때 미끄러지거나 떨어뜨리지 않도록 하는 손잡이 등의 상태

참고 ① 산업안전기사 필기 p.2-44(합격날개 : 합격예측)
② 산업안전기사 필기 p.2-45(합격날개 : 합격예측)

26 일반적으로 작업장에서 구성요소를 배치할 때, 공간의 배치 원칙에 속하지 않는 것은?

① 사용빈도의 원칙 ② 중요도의 원칙
③ 공정개선의 원칙 ④ 기능성의 원칙

해설

부품(공간)배치의 원칙

① 중요성(도)의 원칙(일반적 위치결정)
② 사용빈도의 원칙(일반적 위치결정)
③ 기능별(성) 배치의 원칙(배치결정)
④ 사용순서의 원칙(배치결정)

참고 산업안전기사 필기 p.2-160(2. 부품배치의 원칙)

KEY 2017년 9월 23일 산업기사 출제

27 반사율이 60[%]인 작업 대상물에 대하여 근로자가 검사작업을 수행할 때 휘도(luminance)가 90[fL]이라면 이 작업에서의 소요조명(fc)은 얼마인가?

① 75 ② 150
③ 200 ④ 300

[정답] 24 ④ 25 ② 26 ③ 27 ②

해설

소요조명(fc)

① 반사율 $= \frac{\text{광속발산도(fL)}}{\text{조명(fc)}} \times 100$

② 소요조명(fc) $= \frac{\text{광속발산도(fL)}}{\text{반사율}} \times 100 = \frac{90}{60} \times 100$

$= 150[\text{fc}]$

참고 산업안전기사 필기 p.2-169(3. 반사율)

KEY ① 2011년 6월 12일 기사 출제
② 2017년 5월 7일 산업기사 출제

28 산업안전보건법령상 유해하거나 위험한 장소에서 사용하는 기계·기구 및 설비를 설치·이전하는 경우 유해위험방지계획서를 작성, 제출하여야 하는 대상이 아닌 것은?

① 화학설비 ② 금속 용해로
③ 건조설비 ④ 전기용접장치

해설

유해·위험방지계획서의 제출대상 기계·설비

① 금속이나 그 밖의 광물의 용해로
② 화학설비
③ 건조설비
④ 가스집합용접장치
⑤ 제조금지물질 또는 허가대상물질 관련설비
⑥ 분진작업관련설비

참고 산업안전기사 필기 p.2-44(2. 유해위험방지계획서의 제출대상 기계·설비)

정보제공
산업안전보건법 시행령 제42조(유해위험방지계획서 제출대상)

29 동작경제의 원칙에 해당하지 않는 것은?

① 공구의 기능을 각각 분리하여 사용하도록 한다.
② 두 팔의 동작은 동시에 서로 반대방향으로 대칭적으로 움직이도록 한다.
③ 공구나 재료는 작업동작이 원활하게 수행되도록 그 위치를 정해준다.
④ 가능하다면 쉽고도 자연스러운 리듬이 작업동작에 생기도록 작업을 배치한다.

해설

공구 및 설비 디자인에 관한 원칙 (Design of tools and equipment)

① 치구나 발로 작동시키는 기기를 사용할 수 있는 작업에서는 이러한 기기를 활용하여 양손이 다른 일을 할 수 있도록 한다.
② 공구의 기능은 결합하여서 사용하도록 한다.
③ 공구와 자제는 가능한 한 사용하기 쉽도록 미리 위치를 잡아준다.
④ 각 손가락이 서로 다른 작업을 할 때에는 작업량을 각 손가락의 능력에 맞도록 분배해야 한다.
⑤ 레버, 핸들 및 통제기기는 작업자가 몸의 자세를 크게 바꾸지 않더라도 조작하기 쉽도록 배열한다.

참고 산업안전기사 필기 p.2-76(3. 공구 및 설비 디자인에 관한 원칙)

30 휴먼 에러 예방 대책 중 인적 요인에 대한 대책이 아닌 것은?

① 설비 및 환경 개선
② 소집단 활동의 활성화
③ 작업에 대한 교육 및 훈련
④ 전문인력의 적재적소 배치

해설

휴먼에러 예방대책

① 물적대책 : 설비 및 환경 개선
② 인적대책
  ㉮ 소집단 활동의 활성화
  ㉯ 작업에 대한 교육 및 훈련
  ㉰ 전문인력의 적재적소 배치

참고 산업안전기사 필기 p.2-22(4. 인간에러예방기법)

31 다음 시스템에 대하여 톱사상(top event)에 도달할 수 있는 최소 컷셋(minimal cut sets)을 구할 때 올바른 집합은?(단, X_1, X_2, X_3, X_4는 각 부품의 고장확률을 의미하며 집합 $\{X_1, X_2\}$는 X_1 부품과 X_2 부품이 동시에 고장 나는 경우를 의미한다.)

[정답] 28 ④ 29 ① 30 ① 31 ③

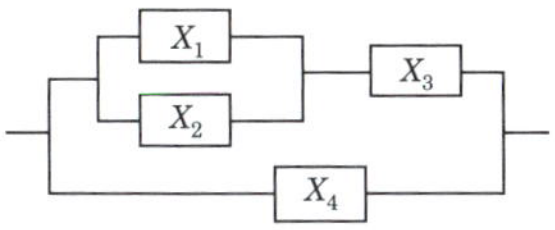

① $\{X_1, X_2\}, \{X_3, X_4\}$
② $\{X_1, X_3\}, \{X_2, X_4\}$
③ $\{X_1, X_2, X_4\}, \{X_3, X_4\}$
④ $\{X_1, X_3, X_4\}, \{X_2, X_3, X_4\}$

해설

최소 컷셋(Minimal Cut set)

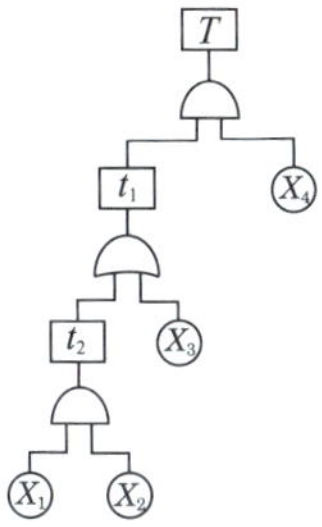

(1) 그림에서 X_1과 X_2를 t_2로 표시하고 t_2와 X_3을 t_1로 표시하여 FT도를 작성(FT도 작성시 병렬연결은 AND, 직렬연결은 OR 기호로 표시)
(2) FT도에서 최소컷셋을 구하면,

$$\therefore T \rightarrow t_1 \ X_4 \rightarrow \begin{matrix} t_2 & X_4 \\ X_3 & X_4 \end{matrix} \rightarrow \begin{matrix} (X_1, X_2, X_4) \\ (X_3, X_4) \end{matrix}$$

참고 산업안전기사 필기 p.2-77(5. 컷셋. 미니멀컷셋 요약)

KEY ① 2001년 6월 3일 출제
② 2006년 5월 14일 출제
③ 2010년 5월 9일 기사 출제

32 운동관계의 양립성을 고려하여 동목(moving scale)형 표시장치를 바람직하게 설계한 것은?

① 눈금과 손잡이가 같은 방향으로 회전하도록 설계한다.
② 눈금의 숫자는 우측으로 감소하도록 설계한다.
③ 꼭지의 시계 방향 회전이 지시치를 감소시키도록 설계한다.
④ 위의 세 가지 요건을 동시에 만족시키도록 설계한다.

해설

정침동목형

① 지침이 고정되어 있고 눈금이 움직이는 형으로서, 정목동침형의 단점에 비해서 개창형(開窓型)이나 수직, 수평형의 정침동목형이 계기반 또한 눈금이 긴 경우에는 이동 테이프를 사용하여 계기반 후면에 말아 넣고 필요한 부분만을 노출시켜 볼 수 있다.
② 장점 : 아날로그표시장치(면적 최소가능)

KEY ① 2016년 1월 1일 산업기사 출제
② 2016년 5월 8일 산업기사 출제

PART 03

33 신뢰성과 보전성 개선을 목적으로 한 효과적인 보전기록자료에 해당하는 것은?

① 자재관리표　　② 주유지시서
③ 재고관리표　　④ MTBF분석표

해설

MTBF(평균고장간격 : Mean Time Between Failures)

① 고장이 발생되어도 다시 수리를 해서 쓸 수 있는 제품을 의미 : 무고장 시간의 평균
② 고장에서 고장까지의 정상 상태에 머무르는 무고장 동작 시간의 평균치
③ 평균고장 발생의 시간 길이로 수리하면서 사용하는 제품의 신뢰도 척도
④ 고장 사이의 작동시간 평균치 : 보전성개선목적(보전기록자료)

참고 산업안전기사 필기 p.2-50(합격날개 : 은행문제)

KEY 2016년 3월 6일 산업기사 출제

34 보기의 실내면에서 빛의 반사율이 낮은 곳에서부터 높은 순서대로 나열한 것은?

[보기]
A:바닥　B:천정　C:가구　D:벽

① A<B<C<D　　② A<C<B<D
③ A<C<D<B　　④ A<D<C<B

[정답] 32 ① 33 ④ 34 ③

해설

옥내 최적반사율

① 천정 : 80~90[%]
② 벽 : 40~60[%]
③ 가구 : 25~45[%]
④ 바닥 : 20~40[%]

참고 산업안전기사 필기 p.2-169(① 옥내최적반사율)

KEY ① 2016년 3월 6일 산업기사 출제
② 2016년 10월 1일 기사 출제
③ 2017년 8월 26일 산업기사 출제
④ 2017년 9월 23일 산업기사 출제

35 다음 시스템의 신뢰도는 얼마인가?(단, 각 요소의 신뢰도는 a, b가 각 0.8, c, d가 각 0.6이다.)

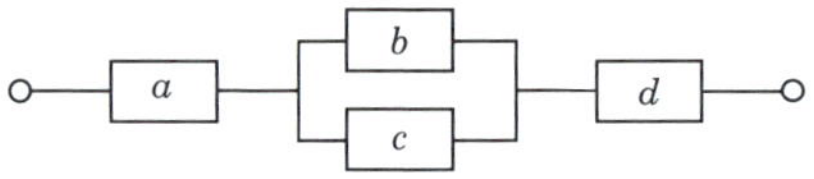

① 0.2245　　② 0.3754
③ 0.4416　　④ 0.5756

해설

$R_s = a \times [1-(1-b)(1-c)] \times d$
$= 0.8 \times [1-(1-0.8)(1-0.6)] \times 0.6$
$= 0.4416$

참고 산업안전기사 필기 p.2-89(문제 25번)

KEY 2017년 5월 7일 기사 출제

36 FTA(Fault Tree Analysis)에 사용되는 논리기호와 명칭이 올바르게 연결된 것은?

①  : 전이기호
② 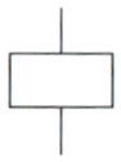 : 기본사상
③ 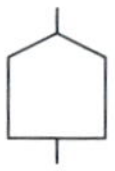 : 통상사상
④ 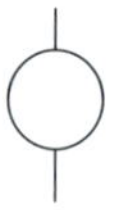 : 결함사상

해설

FTA의 기호

기호	명칭	입 · 출력현상
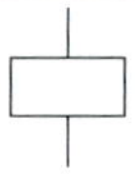	결함사상	개별적인 결함사상(비정상적 사건)
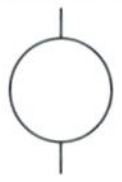	기본사상	더 이상 전개되지 않는 기본적인 사상
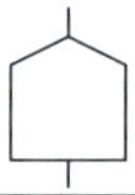	통상사상	통상발생이 예상되는 사상(예상되는 원인)
	생략사상	정보부족, 해석기술의 불충분으로 더 이상 전개할 수 없는 사상. 작업 진행에 따라 해석이 가능할 때는 다시 속행한다.

참고 산업안전기사 필기 p.2-70(표. FTA기호)

KEY ① 2016년 10월 1일 산업기사 출제
② 2017년 8월 26일 기사·산업기사 동시 출제

37 HAZOP 기법에서 사용하는 가이드워드와 그 의미가 잘못 연결된 것은?

① Other than : 기타 환경적인 요인
② No/Not : 디자인 의도의 완전한 부정
③ Reverse : 디자인 의도의 논리적 반대
④ More/Less : 정량적인 증가 또는 감소

해설

유인어(guide words)

① NO 또는 NOT : 설계 의도의 완전한 부정을 의미
② AS Well AS : 성질상의 증가를 나타내는 것으로 설계의도와 운전조건 등 부가적인 행위와 함께 일어나는 것을 의미
③ PART OF : 성질상의 감소, 성취나 성취되지 않음을 나타냄
④ MORE LESS : 양의 증가 또는 양의 감소로 양과 성질을 함께 나타냄
⑤ OTHER THAN : 완전한 대체를 의미
⑥ REVERSE : 설계의도와 논리적인 역을 의미

참고 산업안전기사 필기 p.2-41(2. 유인어)

KEY ① 2016년 5월 8일 기사 출제
② 2018년 3월 4일 (문제 22번) 출제

[정답] 35 ③ 36 ③ 37 ①

38 경계 및 경보신호의 설계지침으로 틀린 것은?

① 주의를 환기시키기 위하여 변조된 신호를 사용한다.
② 배경소음의 진동수와 다른 진동수의 신호를 사용한다.
③ 귀는 중음역에 민감하므로 500~3,000[Hz]의 진동수를 사용한다.
④ 300[m] 이상의 장거리용으로는 1,000[Hz]를 초과하는 진동수를 사용한다.

해설

경계 및 경보신호(청각적 표시장치) 선택시 지침
① 귀는 중음역에 가장 민감하므로 500~3,000[Hz]의 진동수를 사용
② 고음은 멀리가지 못하므로 300[m] 이상 장거리용으로는 1,000[Hz] 이하의 진동수 사용

KEY ① 2016년 3월 6일 산업기사 출제
② 2017년 3월 5일 산업기사 출제
③ 2017년 9월 23일 산업기사 출제

39 동작의 합리화를 위한 물리적 조건으로 적절하지 않은 것은?

① 고유 진동을 이용한다.
② 접촉 면적을 크게 한다.
③ 대체로 마찰력을 감소시킨다.
④ 인체표면에 가해지는 힘을 적게 한다.

해설

동작의 합리화를 위한 물리적 조건
① 고유 진동을 이용한다.
② 접촉면적을 작게 한다.
③ 대체로 마찰력을 감소시킨다.
④ 인체표면에 가해지는 힘을 적게 한다.

40 정량적 표시장치에 관한 설명으로 맞는 것은?

① 정확한 값을 읽어야 하는 경우 일반적으로 디지털보다 아날로그 표시장치가 유리하다.
② 동목(moving scale)형 아날로그 표시장치는 표시장치의 면적을 최소화할 수 있는 장점이 있다.
③ 연속적으로 변화하는 양을 나타내는 데에는 일반적으로 아날로그보다 디지털 표시장치가 유리하다.
④ 동침(moving pointer)형 아날로그 표시장치는 바늘의 진행 방향과 증감속도에 대한 인식적인 암시 신호를 얻는 것이 불가능한 단점이 있다.

해설

정량적 표시장치
① 정확한 값 : 디지털 표시장치
② 연속적으로 변하는 양 : 아날로그 표시장치
③ 동침형 표시장치 : 인식적인 암시신호를 얻는 것이 장점

KEY 2016년 8월 31일 산업기사 출제

합격자의 조언
2018년 3월 4일(문제 32번)

3 기계·기구 및 설비안전관리

41 로봇의 작동범위 내에서 그 로봇에 관하여 교시 등(로봇의 동력원을 차단하고 행하는 것을 제외한다.)의 작업을 행하는 때 작업시작 전 점검 사항으로 옳은 것은?

① 과부하방지장치의 이상 유무
② 압력제한 스위치 등의 기능의 이상 유무
③ 외부전선의 피복 또는 외장의 손상 유무
④ 권과방지장치의 이상 유무

해설

로봇의 작업시작전 점검 사항
① 외부전선의 피복 또는 외장의 손상유무
② 매니퓰레이터(manipulator) 작동의 이상유무
③ 제동장치 및 비상정지장치의 기능

[정답] 38 ④ 39 ② 40 ② 41 ③

참고 산업안전기사 필기 p.3-51(표. 작업시작전 기계·기구 및 점검내용)

정보제공
산업안전보건기준에 관한 규칙 [별표 3] 작업시작전 점검사항

42 방사선 투과검사에서 투과사진에 영향을 미치는 인자는 크게 콘트라스트(명암도)와 명료도로 나누어 검토할 수 있다. 다음 중 투과사진의 콘트라스트(명암도)에 영향을 미치는 인자에 속하지 않는 것은?

① 방사선의 선질
② 필름의 종류
③ 현상액의 강도
④ 초점-필름간 거리

해설

콘트라스트에 영향을 미치는 인자
① 방사선의 선질
② 필름의 종류
③ 현상액의 강도

참고 산업안전기사 필기 p.3-224(합격날개 : 은행문제3)

43 보기와 같은 기계요소가 단독으로 발생시키는 위험점은?

[보기]
밀링커터, 둥근톱날

① 협착점　　② 끼임점
③ 절단점　　④ 물림점

해설

위험점 구분
① 협착점(Squeeze-point) : 왕복운동을 하는 동작부분과 움직임이 없는 고정부분 사이에서 형성되는 위험점
　예 프레스기, 전단기, 성형기, 조형기, 굽힘기계(bending machine)
② 끼임점(Shear-point) : 고정부분과 회전하는 동작부분이 함께 만드는 위험점
　예 연삭숫돌과 덮개, 교반기의 날개와 하우징, 프레임에서 암의 요동운동을 하는 기계부분 등
③ 물림점(Nip-point) : 회전하는 두 개의 회전체에는 물려 들어가는 위험성이 존재한다. 이때 위험점이 발생되는 조건은 회전체가 서로 반대방향으로 맞물려 회전되어야 한다.
　예 롤러와 롤러의 물림, 기어와 기어의 물림 등

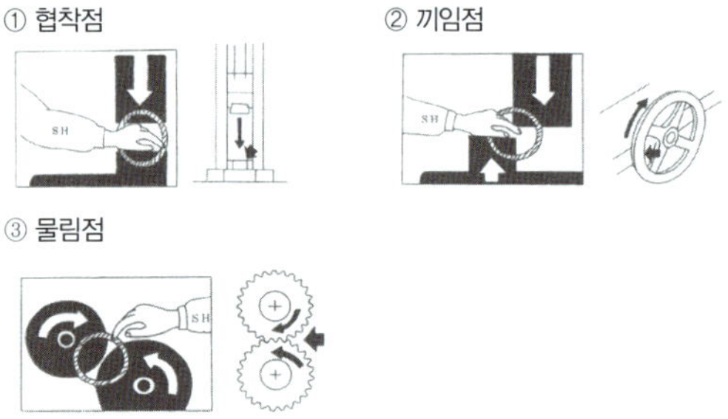

[그림] 위험점

참고 산업안전기사 필기 p.3-15(4. 위험점의 분류)

KEY ① 2017년 3월 5일 산업기사 출제
② 2017년 5월 7일 산업기사 출제
③ 2017년 8월 26일 산업기사 출제

44 프레스 및 전단기에서 위험한계 내에서 작업하는 작업자의 안전을 위하여 안전블록의 사용 등 필요한 조치를 취해야 한다. 다음 중 안전 블록을 사용해야 하는 작업으로 가장 거리가 먼 것은?

① 금형 가공작업　　② 금형 해체작업
③ 금형 부착작업　　④ 금형 조정작업

해설

금형 조정작업의 안전대책
금형을 부착·해체 또는 조정하는 작업을 할 때에 해당 작업에 종사하는 근로자의 신체가 위험한계 내에 있는 경우 슬라이드가 갑자기 작동함으로써 근로자에게 발생할 우려가 있는 위험을 방지하기 위하여 안전블록을 설치

참고 산업안전기사 필기 p.3-97(합격날개 : 합격예측 및 관련법규)

KEY ① 2016년 3월 6일 산업기사 출제
② 2016년 8월 21일 기사·산업기사 동시 출제
③ 2017년 8월 26일 기사 출제

정보제공
산업안전보건기준에 관한 규칙 제104조(금형조정작업의 위험방지)

[정답] 42 ④ 43 ③ 44 ①

45 아세틸렌 용접장치를 사용하여 금속의 용접·용단 또는 가열작업을 하는 경우 아세틸렌을 발생시키는 게이지 압력은 최대 몇 [kPa] 이하이어야 하는가?

① 17 ② 88
③ 127 ④ 210

해설

아세틸렌 용접장치 최대게이지 압력
127[kPa] 이하

참고 산업안전기사 필기 p.3-114(합격날개 : 합격예측 및 관련법규)

KEY 2017년 3월 5일 기사 출제

정보제공
산업안전보건기준에 관한 규칙 제285조(압력의 제한)

46 산업안전보건법령상 프레스 작업시작 전 점검해야 할 사항에 해당하는 것은?

① 언로드 밸브의 기능
② 하역장치 및 유압장치 기능
③ 권과방지장치 및 그 밖의 경보장치의 기능
④ 1행정 1정지기구·급정지장치 및 비상정지장치의 기능

해설

프레스 작업시작전 점검사항
① 클러치 및 브레이크의 기능
② 크랭크축·플라이휠·슬라이드·연결봉 및 연결나사의 풀림 유무
③ 1행정 1정지기구·급정지장치 및 비상정지장치의 기능
④ 슬라이드 또는 칼날에 의한 위험방지 기구의 기능
⑤ 프레스의 금형 및 고정볼트 상태
⑥ 방호장치의 기능
⑦ 전단기(剪斷機)의 칼날 및 테이블의 상태

참고 산업안전기사 필기 p.3-51(표. 작업시작전 기계·기구 및 점검 내용)

KEY ① 2016년 3월 6일 기사 출제
② 2017년 3월 5일 기사 출제
③ 2017년 5월 7일 기사 출제
④ 2017년 8월 26일 기사 출제

정보제공
산업안전보건기준에 관한 규칙 [별표 3] 작업시작 전 점검사항

47 화물중량이 200[kgf], 지게차의 중량이 400[kgf], 앞바퀴에서 화물의 무게중심까지의 최단거리가 1[m]일 때 지게차가 안정되기 위하여 앞바퀴에서 지게차의 무게중심까지 최단거리는 최소 몇 [m]를 초과해야 하는가?

① 0.2[m] ② 0.5[m]
③ 1[m] ④ 2[m]

해설

지게차 무게중심 최단거리

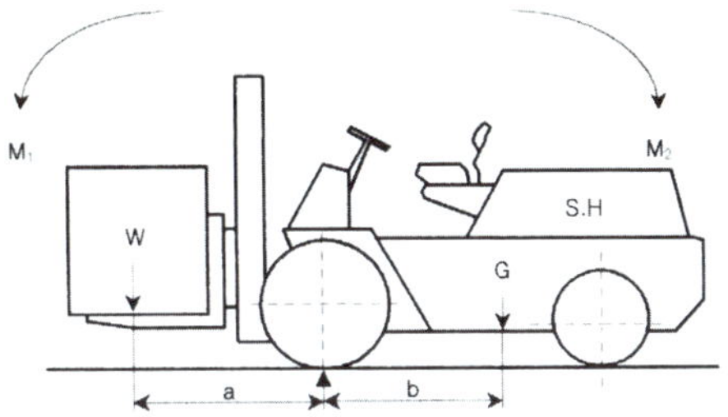

① $M_1 = W \times a = 200 \times 1 = 200$[kgf]
② $M_2 = G \times b = 400 \times b = 400 \cdot b$[kgf]
③ $M_1 \leq M_2$, $200 \leq 400 \cdot b$
④ $b = \frac{200}{400} = 0.5$[m]

참고 산업안전기사 필기 p.3-188(문제 180번) 적중

KEY ① 2004년 5월 23일 기사 출제
② 2018년 3월 4일 기사 출제

48 다음 중 셰이퍼에서 근로자의 보호를 위한 방호장치가 아닌 것은?

① 방책 ② 칩받이
③ 칸막이 ④ 급속귀환장치

해설

방호장치(플레이너·셰이퍼·슬로터) 공통
① 칩받이
② 방책(방호울)
③ 칸막이
④ 가드

참고 산업안전기사 필기 p.3-86(3. 방호장치)

[정답] 45 ③ 46 ④ 47 ② 48 ④

PART 03

보충학습

급속 귀환 운동 기구

① 가고 오는 두 방향의 운동 시간이 각각 다른 왕복 운동 기구
② 불필요한 행정(行程)의 시간을 절약할 목적으로 사용
예 복사기·셰이퍼·플레이너·슬로터

49 지게차 및 구내 운반차의 작업시작 전 점검 사항이 아닌 것은?

① 버킷, 디퍼 등의 이상 유무
② 제동장치 및 조종장치 기능의 이상 유무
③ 하역장치 및 유압장치 기능의 이상 유무
④ 전조등, 후미등, 경보장치 기능의 이상 유무

해설

지게차 및 구내운반차 작업시작전 점검사항

(1) 지게차를 사용하여 작업을 할 때
① 제동장치 및 조종장치 기능의 이상유무
② 하역장치 및 유압장치 기능의 이상유무
③ 바퀴의 이상유무
④ 전조등·후미등·방향지시기 및 경보장치 기능의 이상유무
(2) 구내운반차를 사용하여 작업을 할 때
① 제동장치 및 조종장치 기능의 이상유무
② 하역장치 및 유압장치 기능의 이상유무
③ 바퀴의 이상유무
④ 전조등·후미등·방향지시기 및 경음기 기능의 이상유무
⑤ 충전장치를 포함한 홀더 등의 결합상태의 이상유무

참고 산업안전기사 필기 p.3-52(표. 작업시작전 기계·기구 및 점검내용)

정보제공
산업안전보건기준에 관한 규칙 [별표 3] 작업시작전 점검사항

50 다음 중 선반에서 절삭가공시 발생하는 칩을 짧게 끊어지도록 공구에 설치되어 있는 방호장치의 일종인 칩 제거기구를 무엇이라 하는가?

① 칩 브레이커　② 칩 받침
③ 칩 쉴드　④ 칩 커터

해설

칩브레이커
칩을 짧게 끊어주는 선반전용 안전장치

[그림] 선반 클램프형 칩브레이커

참고 ① 산업안전기사 필기 p.3-82(4. 선반작업시 안전수칙)
② 산업안전기사 필기 p.3-134(합격날개 : 합격예측)

KEY ① 2016년 5월 8일 산업기사 출제
② 2016년 8월 21일 산업기사 출제

51 아세틸렌 용접장치에 사용하는 역화방지기에서 요구되는 일반적인 구조로 옳지 않은 것은?

① 재사용 시 안전에 우려가 있으므로 역화방지 후 바로 폐기하도록 해야 한다.
② 다듬질 면이 매끈하고 사용상 지장이 있는 부식, 흠, 균열 등이 없어야 한다.
③ 가스의 흐름방향은 지워지지 않도록 돌출 또는 각인하여 표시하여야 한다.
④ 소염소자는 금망, 소결금속, 스틸울(steel wool), 다공성 금속물 또는 이와 동등 이상의 소염성능을 갖는 것이어야 한다.

해설

역화방지기의 일반구조

① 역화방지기의 구조는 소염소자, 역화방지장치 및 방출장치 등으로 구성되어야 한다. 다만, 토치 입구에 사용하는 것은 방출장치를 생략할 수 있다.
② 역화방지기는 그 다듬질 면이 매끈하고 사용상 지장이 있는 부식, 흠,균열 등이 없어야 한다.
③ 가스의 흐름방향은 지워지지 않도록 돌출 또는 각인하여 표시하여야 한다.
④ 소염소자는 금망, 소결금속, 스틸울(steel wool), 다공성금속물 또는 이와 동등 이상의 소염성능을 갖는 것이어야 한다.
⑤ 역화방지기는 역화를 방지한 후 복원이 되어 계속 사용할 수 있는 구조이어야 한다.

참고 산업안전기사 필기 p.3-115(합격날개 : 합격예측)

정보제공
방호장치 자율안전기준고시 [별표 1]

[정답] 49 ① 50 ① 51 ①

52 초음파 탐상법의 종류에 해당하지 않는 것은?

① 반사식 ② 투과식
③ 공진식 ④ 침투식

해설

초음파 탐상법의 종류

① 반사식
② 투과식
③ 공진식

참고 산업안전기사 필기 p.3-223(표. 초음파 검사종류)

53 다음 목재가공용 기계에 사용되는 방호장치의 연결이 옳지 않은 것은?

① 둥근톱기계 : 톱날접촉 예방장치
② 띠톱기계 : 날접촉 예방장치
③ 모떼기기계 : 날접촉 예방장치
④ 동력식 수동대패기계 : 반발 예방장치

해설

동력식 수동대패기계 방호장치

날접촉예방장치

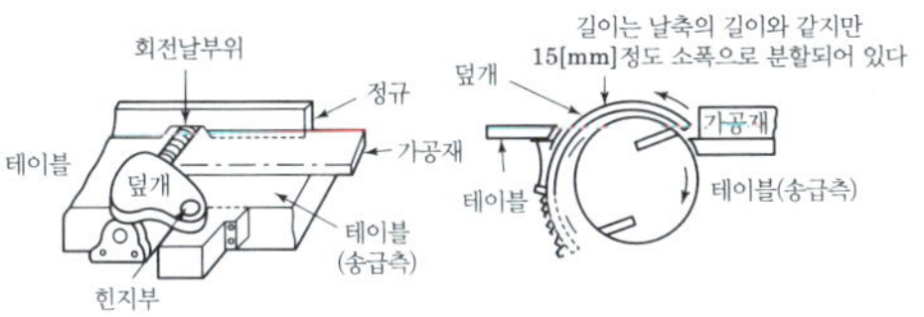

[그림] 가동식 날접촉 예방장치

참고 산업안전기사 필기 p.3-133(3. 동력식 수동대패기계)

정보제공

산업안전보건기준에 관한 규칙 제109조(대패기계의 날접촉 예방장치)

54 급정지기구가 부착되어 있지 않아도 유효한 프레스의 방호장치로 옳지 않은 것은?

① 양수기동식 ② 가드식
③ 손쳐내기식 ④ 양수조작식

해설

급정지 기구에 따른 방호장치

구분	종류
급정지 기구가 부착되어 있어야만 유효한 방호장치	① 양수 조작식 방호장치 ② 감응식 방호장치
급정지 기구가 부착되어 있지 않아도 유효한 방호장치	① 양수 기동식 방호장치 ② 게이트 가드 방호장치 ③ 수인식 방호장치 ④ 손쳐 내기식 방호장치

참고 산업안전기사 필기 p.3-104(표. 급정지기구에 따른 방호장치)

55 인장강도가 350[MPa]인 강판의 안전율이 4라면 허용응력은 몇 [N/mm^2]인가?

① 76.4 ② 87.5
③ 98.7 ④ 102.3

해설

① 안전율$(S_f) = \dfrac{\text{기초(인장) 강도}}{\text{허용응력}}$

② 안전율>1

③ 허용응력 $= \dfrac{\text{인장강도}}{\text{안전율}} = \dfrac{350}{4} = 87.5[\text{N/mm}^2]$

참고 산업안전기사 필기 p.3-189(합격날개 : 합격예측)

보충학습

MPa = N/mm^2

56 그림과 같이 50[kN]의 중량물을 와이어 로프를 이용하여 상부에 60[°]의 각도가 되도록 들어올릴 때, 로프 하나에 걸리는 하중(T)은 약 몇 [kN]인가?

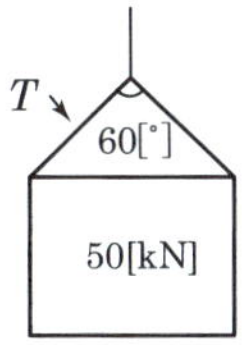

① 16.8 ② 24.5
③ 28.9 ④ 37.9

[정답] 52 ④ 53 ④ 54 ④ 55 ② 56 ③

해설

하중계산

① 한 가닥에 걸리는 하중(kg) = $\frac{w}{2} \div \cos\frac{\theta}{2}$

여기서, $w1$: 매단 물체의 무게
θ : 매단 각도[kgf]

② 한 가닥에 걸리는 하중 = $\frac{50}{2} \div \cos\frac{60}{2}$
= 25÷cos30[°] = 28.9[kN]

참고 ① 산업안전기사 필기 p.3-148(3. 와이어 로프에 걸리는 하중계산)
② 산업안전기사 필기 p.3-185(문제 85번) 적중

KEY ① 2010년 3월 7일 기사 출제
② 2016년 5월 14일 기사 출제

57 다음 중 휴대용 동력 드릴 작업 시 안전사항에 관한 설명으로 틀린 것은?

① 드릴의 손잡이를 견고하게 잡고 작업하여 드릴손잡이 부위가 회전하지 않고 확실하게 제어 가능하도록 한다.
② 절삭하기 위하여 구멍에 드릴날을 넣거나 뺄 때 반발에 의하여 손잡이 부분이 튀거나 회전하여 위험을 초래하지 않도록 팔을 드릴과 직선으로 유지한다.
③ 드릴이나 리머를 고정시키거나 제거하고자 할 때 금속성 망치 등을 사용하여 확실히 고정 또는 제거한다.
④ 드릴을 구멍에 맞추거나 스핀들의 속도를 낮추기 위해서 드릴날을 손으로 잡아서는 안된다.

해설

드릴 고정방법

① 전용공구사용
② 금속성 망치 절대금지

참고 ① 산업안전기사 필기 p.3-69(3. 드릴 작업시 안전대책)
② 산업안전기사 필기 p.3-164(문제 47번) 적중

KEY ① 2017년 3월 5일 기사 출제
② 2017년 5월 7일 산업기사 출제
③ 2017년 8월 26일 산업기사 출제

58 보일러에서 폭발사고를 미연에 방지하기 위해 화염 상태를 검출할 수 있는 장치가 필요하다. 이 중 바이메탈을 이용하여 화염을 검출하는 것은?

① 프레임 아이 ② 스택 스위치
③ 전자 개폐기 ④ 프레임 로드

해설

스택스위치

바이메탈을 이용한 화염검출

참고 산업안전기사 필기 p.3-120(합격날개 : 은행문제)

59 밀링작업 시 안전 수칙에 관한 설명으로 옳지 않은 것은?

① 칩은 기계를 정지시킨 다음에 브러시 등으로 제거한다.
② 일감 또는 부속장치 등을 설치하거나 제거할 때는 반드시 기계를 정지시키고 작업한다.
③ 커터는 될 수 있는 한 컬럼에서 멀게 설치한다.
④ 강력 절삭을 할 때는 일감을 바이스에 깊게 물린다.

해설

커터 : 컬럼에서 가까이 설치(이유 : 진동방지)

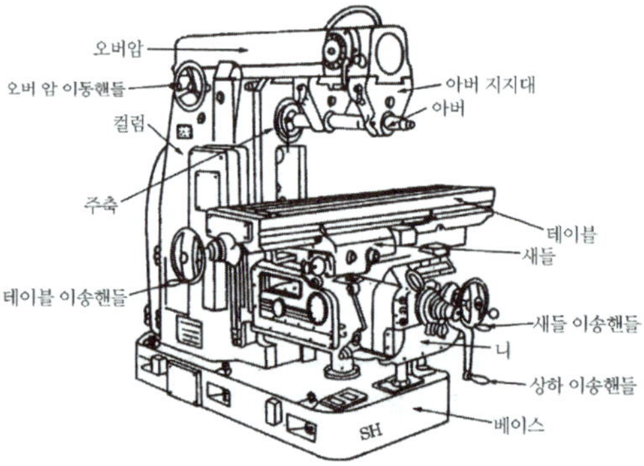

[그림] 밀링머신의 구조 및 명칭

[정답] 57 ③ 58 ② 59 ③

참고 산업안전기사 필기 p.3-84(2. 절삭방향)

보충학습
① 컬럼(기둥 : column) : 기계를 지지하는 몸체
② 오버 암(over arm) : 아버의 휨(굽힘) 방지
③ 주축(스핀들 : spindle) : 중공원으로 되어 있으며 앞쪽은 내셔날 테이퍼(T = 7/24)로 되어 있고 아버에 커터를 끼워서 사용 예 테이퍼 롤러 베어링 사용, 재질은 Ni-Cr강 사용)
④ 니(knee) : 상하 이동을 하며 수동 및 자동이송장치가 내장되어 있다.
⑤ 새들(saddle) : 전후 이동
⑥ 테이블(table) : 좌우 이동을 하며 테이블 윗면에 T홈이 파져 있으며 직접 또는 바이스에 의해 일감을 고정한다.

60 다음 중 방호장치의 기본목적과 가장 관계가 먼 것은?

① 작업자의 보호
② 기계기능의 향상
③ 인적·물적 손실의 방지
④ 기계위험 부위의 접촉방지

해설

방호장치 기본목적
① 작업자 보호
② 인적·물적 손실 방지
③ 기계위험 부위 접촉방지

참고 산업안전기사 필기 p.3-26(문제 26번) 적중

4 전기설비 안전관리

61 화재·폭발 위험분위기의 생성방지 방법으로 옳지 않은 것은?

① 폭발성 가스의 누설 방지
② 가연성 가스의 방출 방지
③ 폭발성 가스의 체류 방지
④ 폭발성 가스의 옥내 체류

해설

화재·폭발위험분위기 생성 방지방법
① 폭발성 가스의 누설 방지
② 가연성 가스의 방출 방지
③ 폭발성 가스의 체류 방지

합격자의 증언
제5과목 : 화학설비위험방지기술에도 출제

62 우리나라에서 사용하고 있는 전압(교류와 직류)을 크기에 따라 구분한 것으로 알맞은 것은?

① 저압 : 직류는 700[V] 이하
② 저압 : 교류는 1,000[V] 이하
③ 고압 : 직류는 800[V]를 초과하고, 6[kV] 이하
④ 고압 : 교류는 700[V]를 초과하고, 6[kV] 이하

해설

전압분류

전압분류	직류	교류
저압	1,500[V] 이하	1,000[V] 이하
고압	1,500~7,000[V] 이하	1,000~7,000[V] 이하
특별고압	7,000[V] 초과	7,000[V] 초과

참고 산업안전기사 필기 p.4-30(문제 30번) 적중

KEY ① 2017년 5월 7일 기사 출제
② 2017년 8월 26일 기사 출제

63 내압방폭구조의 주요 시험항목이 아닌 것은?

① 폭발강도 ② 인화시험
③ 절연시험 ④ 기계적 강도시험

해설

내압방폭용기의 성능시험
① 폭발압력(기준압력)측정
② 폭발강도(정적 및 동적)시험 : 기계적 강도
③ 폭발인화시험

KEY 2014년 3월 2일 산업기사 출제

정보제공
방호장치 안전인증고시 [별표 7의 2]

[정답] 60 ② 61 ④ 62 ② 63 ③

64 교류아크 용접기의 접점방식(Magnet식)의 전격방지장치에서 지동시간과 용접기 2차측 무부하전압(V)를 바르게 표현한 것은?

① 0.06초 이내, 25[V] 이하

② 1±0.3초 이내, 25[V] 이하

③ 2±0.3초 이내, 50[V] 이하

④ 1.5±0.06초 이내, 50[V] 이하

해설

자동전격방지장치 무부하전압

① 시간 : 1±0.3초 이내

② 전압 : 25[V] 이하

참고 산업안전기사 필기 p.4-81(9. 정밀점검)

KEY ① 2016년 5월 8일 산업기사 출제
② 2017년 5월 7일 기사 출제
③ 2017년 8월 26일 기사 출제

동일회 문제확인

2018년 3월 4일(문제 74번)

65 누전차단기의 시설방법 중 옳지 않은 것은?

① 시설장소는 배전반 또는 분전반 내에 설치한다.

② 정격전류용량은 해당 전로의 부하전류 값 이상이어야 한다.

③ 정격감도전류는 정상의 사용상태에서 불필요하게 동작하지 않도록 한다.

④ 인체감전보호형은 0.05초 이내에 동작하는 고감도고속형이어야 한다.

해설

인체감전보호형 누전차단기 기준

① 전류 : 30[mA]

② 시간 : 0.03 초 이내

참고 산업안전기사 필기 p.4-5(1. 누전차단기의 종류)

KEY ① 2016년 3월 6일 산업기사 출제
② 2017년 5월 7일 기사 출제
③ 2017년 8월 26일 기사 출제

66 방폭전기기기의 온도등급에서 기호 T2의 의미로 맞는 것은?

① 최고표면온도의 허용치가 135[℃] 이하인 것

② 최고표면온도의 허용치가 200[℃] 이하인 것

③ 최고표면온도의 허용치가 300[℃] 이하인 것

④ 최고표면온도의 허용치가 450[℃] 이하인 것

해설

방폭전기기기의 최고표면온도에 따른 분류 : 압력, 유입, 안전증

최고표면온도의 범위[℃]	온도 등급
300 초과 450 이하	T1
200 초과 300 이하	T2
135 초과 200 이하	T3
100 초과 135 이하	T4
85 초과 100 이하	T5
85 이하	T6

참고 산업안전기사 필기 p.4-60(표. 방폭전기기기의 최고표면온도에 따른 분류)

67 사업장에서 많이 사용되고 있는 이동식 전기기계·기구의 안전대책으로 가장 거리가 먼 것은?

① 충전부 전체를 절연한다.

② 절연이 불량인 경우 접지저항을 측정한다.

③ 금속제 외함이 있는 경우 접지를 한다.

④ 습기가 많은 장소는 누전차단기를 설치한다.

해설

절연불량대책

보호망 부착 등 절연대책

참고 산업안전기사 필기 p.4-78(합격날개 : 참고)

정보제공

산업안전보건기준에 관한 규칙 제309조(임시로 사용하는 전등 등의 위험방지)

[정답] 64 ② 65 ④ 66 ③ 67 ②

68 감전사고를 방지하기 위해 허용보폭전압에 대한 수식으로 맞는 것은?

E : 허용보폭전압　　R_b : 인체의 저항
ρ_s : 지표상층 저항률　　I_K : 심실세동전류

① $E=(R_b+3\rho_s)I_K$　　② $E=(R_b+4\rho_s)I_K$
③ $E=(R_b+5\rho_s)I_K$　　④ $E=(R_b+6\rho_s)I_K$

해설

허용보폭전압(E)=(R_b+6ρ_s)×I_k

참고 산업안전기사 필기 p.4-20(② 허용보폭전압)

KEY 2017년 3월 5일 기사 출제

69 인체저항이 5,000[Ω]이고, 전류가 3[mA]가 흘렀다. 인체의 정전용량이 0.1[μF]라면 인체에 대전된 정전하는 몇 [μC]인가?

① 0.5　　② 1.0
③ 1.5　　④ 2.0

해설

인체 정전하
① $Q=C\times V=0.1\times15=1.5$[μC]
② $V=IR=3\times10^{-3}\times5{,}000=15$[V]

참고 ① 산업안전기사 필기 p.4-33(6. 정전기에너지)
② 산업안전기사 필기 p.4-34(합격날개 : 은행문제)

KEY ① 2016년 5월 8일 산업기사 출제
② 2016년 8월 21일 기사 출제
③ 2017년 3월 5일 기사 · 산업기사 출제
④ 2017년 5월 7일 산업기사 출제

70 저압전로의 절연성능 시험에서 전로의 사용전압이 380[V]인 경우 전로의 전선 상호간 및 전로와 대지 사이의 절연저항은 최소 몇 [MΩ] 이상이어야 하는가?

① 0.4[MΩ]　　② 1.0[MΩ]
③ 0.2[MΩ]　　④ 0.1[MΩ]

해설

저압전로의 절연성능

전로의 사용전압[V]	DC 시험전압[V]	절연저항([MΩ] 이상)
SELV 및 PELV	250	0.5
FELV, 500[V] 이하	500	1.0
500[V] 초과	1,000	1.0

[주] 특별저압(Extra Low Voltage : 2차 전압이 AC 50[V], DC 120[V] 이하)으로 SELV(비접지회로구성) 및 PELV(접지회로 구성)은 1차와 2차가 전기적으로 절연된 회로, FELV는 1차와 2차가 전기적으로 절연되지 않은 회로

참고 산업안전기사 필기 p.4-87(문제 23번) 적중

KEY ① 2016년 3월 6일 산업기사 출제
② 2016년 8월 21일 산업기사 출제

71 방폭전기기기의 등급에서 위험장소의 등급분류에 해당되지 않는 것은?

① 3종 장소　　② 2종 장소
③ 1종 장소　　④ 0종 장소

해설

위험장소 등급분류
① 방폭전기기기 : 0종, 1종, 2종
② 분진폭발장소 : 20종, 21종, 22종

참고 산업안전기사 필기 p.4-51(1. 위험장소의 구분)

KEY ① 2017년 8월 26일 산업기사 출제
② 2018년 3월 4일 기사 · 산업기사 동시 출제

72 다음은 무슨 현상을 설명한 것인가?

전위차가 있는 2개의 대전체가 특정거리에 접근하게 되면 등전위가 되기 위하여 전하가 절연공간을 깨고 순간적으로 빛과 열을 발생하며 이동하는 현상

① 대전　　② 충전
③ 방전　　④ 열전

[정답] 68 ④　69 ③　70 ②　71 ①　72 ③

PART 03

해설

방전

전하가 절연공간을 깨고 순간적으로 빛과 열을 발생하여 이동하는 현상

참고 산업안전기사 필기 p.4-4(용어정의)

73 다음 그림은 심장맥동주기를 나타낸 것이다. T파는 어떤 경우인가?

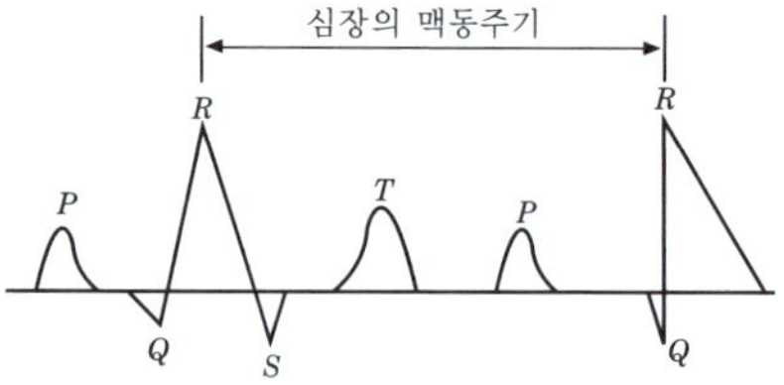

① 심방의 수축에 따른 파형
② 심실의 수축에 따른 파형
③ 심실의 휴식 시 발생하는 파형
④ 심방의 휴식 시 발생하는 파형

해설

전격인가위상 : 심장 맥동주기의 위상에서의 통전여부

심장의 맥동주기	구성 및 현상
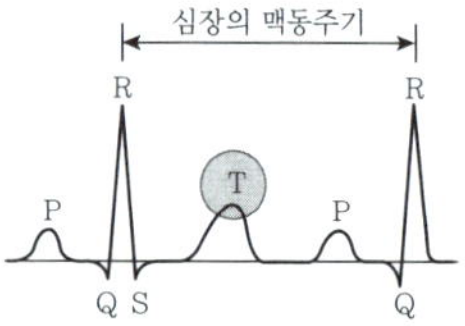	• P파 : 심방수축에 따른 파형 • Q-R-S파 : 심실수축에 따른 파형 • T파 : 심실의 수축 종료 후 심실의 휴식시 발생하는 파형 • R-R파 : 심장의 맥동주기

➡ 전격이 인가시 심실세동을 일으키는 확률이 가장 크고 위험한 파 : 심실이 수축종료 후 휴식하는 T파

참고 산업안전기사 필기 p.4-6(합격날개 : 합격예측)

KEY ① 2014년 8월 17일 기사 출제
② 2017년 8월 26일 기사 출제

74 교류 아크 용접기의 자동전격장치는 전격의 위험을 방지하기 위하여 아크 발생이 중단된 후 약 1초 이내에 출력측 무부하 전압을 자동적으로 몇 [V] 이하로 저하시켜야 하는가?

① 85 ② 70
③ 50 ④ 25

해설

자동전격장치 무부하 전압 : 25[V] 이하

참고 산업안전기사 필기 p.4-81(라. 전격방지의 전원전압)

KEY ① 2016년 5월 8일 산업기사 출제
② 2017년 5월 7일 기사 출제
③ 2017년 8월 26일 기사 출제

동일 회 문제 확인
2018년 3월 4일(문제 64번)

75 인체의 대부분이 수중에 있는 상태에서 허용접촉전압은 몇 [V] 이하 인가?

① 2.5[V] ② 25[V]
③ 30[V] ④ 50[V]

해설

종별허용접촉전압

종별	접 촉 상 태	허용접촉 전압[V]
제 1 종	• 인체의 대부분이 수중에 있는 상태	2.5 이하
제 2 종	• 인체가 많이 젖어 있는 상태 • 금속제 전기기계장치나 구조물에 인체의 일부가 상시 접촉되어 있는 상태	25 이하
제 3 종	• 제1종, 제2종 이외의 경우로서 통상적인 인체 상태에 있어서 접촉전압이 가해지면 위험성이 높은 상태	50 이하
제 4 종	• 제1종, 제2종 이외의 경우로서 통상적인 인체 상태에 있어서 접촉전압이 가해져도 위험성이 낮은 상태 • 접촉전압이 가해질 우려가 없는 경우	무제한

참고 산업안전기사 필기 p.4-19(표. 종별허용접촉전압)

KEY ① 2016년 3월 6일 산업기사 출제
② 2016년 8월 21일 산업기사 출제
③ 2017년 5월 7일 기사 · 산업기사 출제

[정답] 73 ③ 74 ④ 75 ①

76 우리나라의 안전전압으로 볼 수 있는 것은 약 몇 [V]인가?

① 30[V]　　② 50[V]
③ 60[V]　　④ 70[V]

해설

각국의 안전전압[V]

국 가 명	안전전압[V]	국 가 명	안전전압[V]
체 코	20	프 랑 스	24[AC], 50[DC]
독 일	24	네덜란드	50
영 국	24	한 국	30
일 본	24~30	오스트리아	60(0.5초)
벨기에	35		110~130(0.2초)
스위스	36		

참고 산업안전기사 필기 p.4-16(표. 각국의 안전전압)

77 22.9[kV] 충전전로에 대해 필수적으로 작업자와 이격시켜야 하는 접근한계 거리는?

① 45[cm]　　② 60[cm]
③ 90[cm]　　④ 110[cm]

해설

충전전로 한계거리

충전전로의 사용전압 (단위 : kV)	충전전로에 대한 접근한계거리 (단위 : cm)
0.3 이하	접촉금지
0.3 초과 0.75 이하	30
0.75 초과 2 이하	45
2 초과 15 이하	60
15 초과 37 이하	90
37 초과 88 이하	110

참고 산업안전기사 필기 p.4-89(문제 32번) 적중

KEY 2016년 5월 8일 산업기사 출제

정보제공
산업안전보건기준에 관한 규칙 제321조(충전전로에서의 전기작업)

78 개폐조작 시 안전절차에 따른 차단 순서와 투입 순서로 가장 올바른 것은?

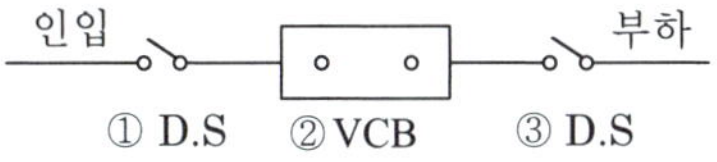

① 차단 ②→①→③, 투입 ①→②→③
② 차단 ②→③→①, 투입 ①→②→③
③ 차단 ②→①→③, 투입 ③→②→①
④ 차단 ②→③→①, 투입 ③→①→②

해설

차단·투입순서

① 투입순서 : ③→①→②(단로기 투입한 후 차단기 투입)
② 차단순서 : ②→③→①(차단기 개방한 후 단로기 개방)

참고 산업안전기사 필기 p.4-7(11. 유입차단기 작동순서)

79 정전기에 대한 설명으로 가장 옳은 것은?

① 전하의 공간적 이동이 크고, 자계의 효과가 전계의 효과에 비해 매우 큰 전기
② 전하의 공간적 이동이 크고, 자계의 효과와 전계의 효과를 서로 비교할 수 없는 전기
③ 전하의 공간적 이동이 적고, 전계의 효과와 자계의 효과가 서로 비슷한 전기
④ 전하의 공간적 이동이 적고, 자계의 효과가 전계에 비해 무시할 정도의 적은 전기

해설

정전기

① 전하의 공간적 이동이 적다.
② 자계의 효과가 전계에 비해 무시할 정도의 적은 전기

참고 산업안전기사 필기 p.4-35(합격날개 : 은행문제)

[정답] 76 ① 77 ③ 78 ④ 79 ④

80 인체저항을 500[Ω]이라 한다면, 심실세동을 일으키는 위험 한계 에너지는 약 몇 [J]인가?(단, 심실세동전류값 $I=\frac{165}{\sqrt{T}}$[mA]의 Dalziel의 식을 이용하며, 통전시간은 1초로 한다.)

① 11.5 ② 13.6
③ 15.3 ④ 16.2

해설

위험한계에너지

$q = I^2RT[J/S] = \left(\frac{165\sim185}{\sqrt{T}}\times10^{-3}\right)^2\times500\times T$

$= \frac{165^2\sim185^2}{T}\times10^{-6}\times500\times T$

$= 165^2\times10^{-6}\times500\sim185^2\times10^{-6}\times500$

$= 13.61\sim17.11[J] = 13.6\times0.24[cal] = 3.3[cal]$

참고 산업안전기사 필기 p.4-18(3. 위험한계에너지)

KEY ① 2016년 8월 21일 기사 출제
② 2017년 5월 7일 기사 출제

5 화학설비 안전관리

81 다음 물질 중 물에 가장 잘 용해되는 것은?

① 아세톤 ② 벤젠
③ 톨루엔 ④ 휘발유

해설

아세톤(CH_3COCH_3)

① 달콤한 냄새가 나는 투명한 무색 액체이다.
② 인화점은 0[℉]이며 물보다 밀도가 낮고 증기는 공기보다 무겁다.
③ 페인트 및 매니큐어 제거제의 용제로 사용되어진다.

참고 산업안전기사 필기 p.5-43(합격날개 : 은행문제)

KEY 2020년 8월 22일 (문제 83번) 출제

82 다음 중 최소발화에너지가 가장 작은 가연성 가스는?

① 수소 ② 메탄
③ 에탄 ④ 프로판

해설

최소발화에너지

가연물	압력[atm]	최소발화에너지[mJ]
메탄	1	0.29
프로판	1	0.26
헵탄	1	0.25
수소	1	0.03

참고 산업안전기사 필기 p.5-94(표. 최소발화에너지)

KEY 2010년 5월 9일 기사 출제

83 안전설계의 기초에 있어 기상폭발대책을 예방대책, 긴급대책, 방호대책으로 나눌 때, 다음 중 방호대책과 가장 관계가 깊은 것은?

① 경보 ② 발화의 저지
③ 방폭벽과 안전거리 ④ 가연조건의 성립저지

해설

폭발대책

① 경보 : 긴급대책
② 발화저지 : 예방대책
③ 가연조건의 성립저지 : 예방대책

참고 산업안전기사 필기 p.5-11(합격날개 : 은행문제)

84 공정안전보고서 중 공정안전자료에 포함하여야 할 세부내용에 해당하는 것은?

① 비상조치계획에 따른 교육계획
② 안전운전지침서
③ 각종 건물·설비의 배치도
④ 도급업체 안전관리계획

[정답] 80 ② 81 ① 82 ① 83 ③ 84 ③

해설

공정안전자료의 주요세부내용

① 취급 · 저장하고 있는 유해 · 위험물질의 종류와 수량
② 유해 · 위험물질에 대한 물질안전보건자료
③ 유해 · 위험설비의 목록 및 사양
④ 유해 · 위험설비의 운전방법을 알 수 있는 공정도면
⑤ 각종 건물 · 설비의 배치도
⑥ 폭발위험장소구분도 및 전기단선도
⑦ 위험설비의 안전설계 · 제작 및 설치관련지침서

참고 산업안전기사 필기 p.5-88(표. 공정안전보고서에 포함될 주요내용)

85 다음 중 물질에 대한 저장방법으로 잘못된 것은?

① 나트륨–유동 파라핀 속에 저장
② 니트로글리세린–강산화제 속에 저장
③ 적린–냉암소에 격리 저장
④ 칼륨–등유 속에 저장

해설

발화성 물질의 저장법

① 나트륨 · 칼륨 : 석유속 또는 유동파라핀 속 등에 저장
② 황린 : 물속에 저장
③ 적린 · 마그네슘 · 칼륨 : 냉암소에 격리 저장
④ 질산은($AgNo_3$)용액 : 햇빛을 피하여 저장
⑤ 질화면(nitro cellulose) : 저장 · 취급 중 에틸알코올 또는 이소프로필알코올로 습면상태로 하는 이유는 건조상태에서는 자연발화를 일으켜 분해폭발이 존재하기 때문

참고 산업안전기사 필기 p.5-37(9. 발화성 물질의 저장법)

KEY ① 2016년 3월 6일 산업기사 출제
② 2016년 8월 21일 산업기사 출제

86 화학설비 가운데 분체화학물질 분리장치에 해당하지 않는 것은?

① 건조기 ② 분쇄기
③ 유동탑 ④ 결정조

해설

분체화학물질의 분리장치

① 결정조 ② 유동탑
③ 탈습기 ④ 건조기

참고 산업안전기사 필기 p.5-49(합격날개 : 참고)

정보제공
산업안전보건기준에 관한 규칙 [별표 7]

87 특수화학설비를 설치할 때 내부의 이상상태를 조기에 파악하기 위하여 필요한 계측장치로 가장 거리가 먼 것은?

① 압력계 ② 유량계
③ 온도계 ④ 비중계

해설

특수화학설비 이상상태 파악 계측장치 종류

① 온도계
② 유량계
③ 압력계

참고 산업안전기사 필기 p.5-17(합격날개 : 합격예측 및 관련법규)

KEY 2017년 8월 26일 산업기사 출제

정보제공
산업안전보건기준에 관한 규칙 제273조(계측장치등의 설치)

88 위험물 또는 위험물이 발생하는 물질을 가열·건조하는 경우 내용적이 몇 세제곱미터 이상인 건조설비인 경우 건조실을 설치하는 건축물의 구조를 독립된 단층건물로 하여야 하는가?(단, 건조실을 건축물의 최상층에 설치하거나 건축물이 내화구조인 경우는 제외한다.)

① 1 ② 10
③ 100 ④ 1,000

해설

위험물 건조설비 건축물의 구조

① 위험물 또는 위험물이 발생하는 물질을 가열 · 건조하는 경우 내용적이 1[m^3] 이상인 건조설비
② 위험물이 아닌 물질을 가열 · 건조하는 경우로서 다음 각 목의 어느 하나의 용량에 해당하는 건조설비
㉮ 고체 또는 액체연료의 최대사용량이 시간당 10[kg] 이상
㉯ 기체연료의 최대사용량이 시간당 1[m^3] 이상
㉰ 전기사용 정격용량이 10[kW] 이상

[정답] 85 ② 86 ② 87 ④ 88 ①

참고 산업안전기사 필기 p.5-53(합격날개 : 합격예측 및 관련 법규)

정보제공

산업안전보건기준에 관한 규칙 제280조(위험물건조설비를 설치하는 건축물의 구조)

89 공기 중에서 폭발범위가 12.5~74[vol%]인 일산화탄소의 위험도는 얼마인가?

① 4.92　② 5.26
③ 6.26　④ 7.05

해설

$$위험도(H) = \frac{U-L}{L} = \frac{74-12.5}{12.5} = 4.92[vol\%]$$

참고 산업안전기사 필기 p.5-60(㉮ 위험도)

KEY ① 2016년 5월 8일 기사 출제
② 2017년 3월 5일 기사 출제

90 숯, 코크스, 목탄의 대표적인 연소 형태는?

① 혼합연소　② 증발연소
③ 표면연소　④ 비혼합연소

해설

연소형태

① 확산연소 : 가연성 가스와 공기가 확산에 의해 혼합되면서 연소하는 것 예 수소, 아세틸렌 등의 기체 연소
② 증발연소 : 액체표면에서 발생된 증기가 연소하는 것
예 알코올, 에테르, 등유, 경유 등의 액체연소
③ 분해연소 : 열 분해에 의해 가연성 가스를 방출시켜서 연소하는 것
예 중유, 석탄, 목재, 고체 파라핀 등의 고체연소
④ 표면연소 : 고체 표면에서 연소가 일어나는 것
예 숯, 알루미늄박, 마그네슘 등의 고체연소

참고 산업안전기사 필기 p.5-4(2. 고체의 연소)

91 다음 중 자연발화가 가장 쉽게 일어나기 위한 조건에 해당하는 것은?

① 큰 열전도율
② 고온, 다습한 환경
③ 표면적이 작은 물질
④ 공기의 이동이 많은 장소

해설

자연발화조건

① 발열량이 클 것
② 열전도율이 작을 것
③ 주위의 온도가 높을 것
④ 표면적이 넓을 것
⑤ 수분이 적당량 존재할 것

참고 산업안전기사 필기 p.5-7(2. 자연발화조건)

KEY 2017년 8월 26일 기사 출제

92 위험물에 관한 설명으로 틀린 것은?

① 이황화탄소의 인화점은 0[℃]보다 낮다.
② 과염소산은 쉽게 연소되는 가연성 물질이다.
③ 황린은 물속에 저장한다.
④ 알킬알루미늄은 물과 격렬하게 반응한다.

해설

과염소산 : 조연성 물질

참고 ① 산업안전기사 필기 p.5-35(1. 위험물 분류와 취급)
② 산업안전기사 필기 p.5-38(1. 위험물 안전관리법의 위험물 분류)

보충학습

과염소산

① 일반적 성질
㉮ 불쾌한 냄새가 나는 무색 투명의 휘발성 액체로 햇볕을 쬐면 황색으로 변한다.
㉯ 물에는 녹지 않지만 벤젠, 알코올, 에테르, 사염화탄소 등에 녹는다.
㉰ 물보다 무겁다.
② 위험성
㉮ 연소시 유독성 가스인 이산화황(SO_2)과 이산화탄소를 발생한다.

[정답] 89 ①　90 ③　91 ②　92 ②

㉯ 고온의 물과 반응하여 황화수소를 발생한다.
㉰ 증기는 공기보다 무겁고 유독하여 신경에 장애를 줄 수 있다.
㉱ 제4류 위험물 중 착화점이 가장 낮고 연소범위가 넓다.
③ 저장 및 취급
가연성 증기의 발생을 방지하기 위해 물속에 저장한다.

93 물과 반응하여 가연성 기체를 발생하는 것은?

① 피크린산 ② 이황화탄소
③ 칼륨 ④ 과산화칼륨

해설

칼륨(K)
① 칼륨은 공기 중의 수분 또는 물과 반응하여 수소가스를 발생하고 발화한다.
② $2K+2H_2O \rightarrow 2KOH+H_2 \uparrow +92.8[kcal]$

참고 산업안전기사 필기 p.5-69(문제 35번) 적중

KEY ① 2015년 5월 7일 기사 출제
② 2017년 8월 26일 기사 출제

94 프로판(C_3H_8)의 연소하한계가 2.2[vol%]일 때 연소를 위한 최소산소농도(MOC)는 몇 [vol%]인가?

① 5.0 ② 7.0
③ 9.0 ④ 11.0

해설

MOC계산
① 프로판의 연소식 :
$1C_3H_8+5O_2=3CO_2+4H_2O$(여기서 1, 5, 3, 4 = 몰수)
② MOC농도 = 폭발하한계 × $\frac{산소의\ 몰수}{연료의\ 몰수}$[vol%]
③ 프로판의 최소산소농도 = $2.2 \times \frac{5}{1} = 11$[vol%]

참고 산업안전기사 필기 p.5-19(보충학습)

KEY 2004년 5월 23일 기사 출제

95 다음 중 유기과산화물로 분류되는 것은?

① 메틸에틸케톤 ② 과망간산칼륨
③ 과산화마그네슘 ④ 과산화벤조일

해설

유기과산화물의 종류
① 메틸에틸케톤과산화물
② 과산화벤조일
③ 과초산

참고 산업안전기사 필기 p.5-8(1. 위험물 분류와 취급)

정보제공
① 산업안전보건기준에 관한 규칙 [별표 9] 위험물의 기준량
② 2020. 5. 26. 개정법 적용

96 연소이론에 대한 설명으로 틀린 것은?

① 착화온도가 낮을수록 연소위험이 크다.
② 인화점이 낮은 물질은 반드시 착화점도 낮다.
③ 인화점이 낮을수록 일반적으로 연소위험이 크다.
④ 연소범위가 넓을수록 연소위험이 크다.

해설

연소위험과 인화점 · 착화점과의 관계
① 인화점이 낮을수록 연소위험이 크다.
② 착화점이 낮을수록 연소위험이 크다.
③ 연소범위가 넓을수록 연소위험이 크다.
④ 산소농도가 클수록 연소위험이 크다.

참고 산업안전기사 필기 p.5-24(문제 18번) 적중

KEY 2003년 5월 25일 기사 출제

97 디에틸에테르의 연소범위에 가장 가까운 값은?

① 2~10.4[%] ② 1.9~48[%]
③ 2.5~15[%] ④ 1.5~7.8[%]

해설

디에틸에테르($C_2H_5OC_2H_5$)
① 일반적 성질
㉮ 무색 투명한 휘발성 액체이다.
㉯ 물에는 약간 녹고, 알코올, 에테르에 잘 녹는다.
㉰ 진한 황산과 에틸알코올의 혼합물을 140[℃]로 가열하여 제조한다.

[정답] 93 ③ 94 ④ 95 ④ 96 ② 97 ②

② 위험성
㉮ 강산화제와 혼합 시 폭발의 위험이 있다.
㉯ 공기와 장시간 접촉하면 과산화물을 생성하며 폭발할 수 있다.
③ 저장 및 취급
㉮ 갈색병에 밀봉하여 보관하며, 2[%] 이상의 공간용적을 확보한다.
㉯ 대량으로 저장할 때는 불활성가스를 봉입한다.
㉰ 동식물성 섬유로 여과 시 정전기로 인해 발화할 수 있다.
㉱ 정전기 발생을 방지하기 위해 소량의 염화칼슘을 넣어준다.
㉲ 과산화물 생성을 방지하기 위해 저장용기에 40[mesh]의 구리망을 넣어둔다.
④ 연소범위 : 1.9~48[%]

98 송풍기의 회전차 속도가 1,300[rpm]일 때 송풍량이 분당 300[m³]였다. 송풍량을 분당 400[m³]으로 증가시키고자 하다면 송풍기의 회전차 속도는 약 몇 [rpm]으로 하여야 하는가?

① 1,533 ② 1,733
③ 1,967 ④ 2,167

해설

송풍기 회전차 속도
① 1,300 : 300 = X : 400
② X = 1,733[rpm]

참고 산업안전기사 필기 p.5-55(합격날개 : 은행문제)

KEY 2011년 6월 12일(문제 89번) 출제

99 다음 중 물과 반응하였을 때 흡열반응을 나타내는 것은?

① 질산암모늄 ② 탄화칼슘
③ 나트륨 ④ 과산화칼륨

해설

질산암모늄
① 화학식 : NH_4NO_3
② 별명 : 초안, 암모니아질산, 암모늄질산, 질산암모늄염, 니트람
③ 특성
㉮ 무색, 무취, 백색, 흡습성이 있고 물에 잘 녹으며, 에탄올에도 녹는다.
㉯ 공기중에는 안전하나 고온, 또는 밀폐용기, 가연성물질과 공존등에 의하여 폭발하므로 주의해야 한다.
④ 용도
㉮ 비료
㉯ 냉각제
㉰ 폭약
㉱ 효모 배양의 양분
㉲ 인쇄

보충학습

흡열반응
① 열의 흡수가 따르는 화학반응
② 핵반응에 있어서 에너지의 흡수가 따르는 것을 말한다. Q값은 음이 된다. 반응에너지·에너지 증가에 대응해서 작용을 한 입자의 정지질량의 합 보다 생성된 입자의 질량의 합 쪽이 커진다.

100 다음 중 노출기준(TWA)이 가장 낮은 물질은?

① 염소 ② 암모니아
③ 에탄올 ④ 메탄올

해설

독성 가스의 허용노출기준(TWA)

가스명칭	허용농도(ppm)	가스명칭	허용농도(ppm)
이산화탄소(CO_2)	5,000	불화수소(HF)	3
일산화탄소(CO)	50	염소(Cl_2)	1
산화에틸렌(C_2H_4O)	50	포스겐($COCl_2$)	0.1
암모니아(NH_3)	25	브롬(Br_2)	0.1
일산화질소(NO)	25	불소(F_2)	0.1
디메틸아민[$(CH_3)_2NH$]	25	오존(O_3)	0.1
브롬메틸(CH_3Br)	20	인화수소(PH_3)	0.3
황화수소(H_2S)	10	아세트알데히드(CH_3CHO)	200
시안화수소(HCN)	10	포름알데히드(HCHO)	5
아황산가스(SO_2)	5	메틸아민(CH_3NH_2)	10
염화수소(HCl)	5		

참고 산업안전기사 필기 p.5-18(2. 유해물질 허용농도)

KEY 2016년 8월 21일 기사 출제

[정답] 98 ② 99 ① 100 ①

6 건설공사 안전관리

101 경암을 다음 그림과 같이 굴착하고자 한다. 굴착면의 기울기를 1:0.5로 하고자 할 경우 L의 길이로 옳은 것은?

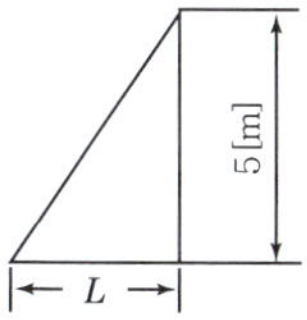

① 2[m]　② 2.5[m]
③ 5[m]　④ 10[m]

해설

굴착면의 기울기 예

① 1 : 0.5 (5:2.5)　② 1 : 1　③ 1 : 1.5

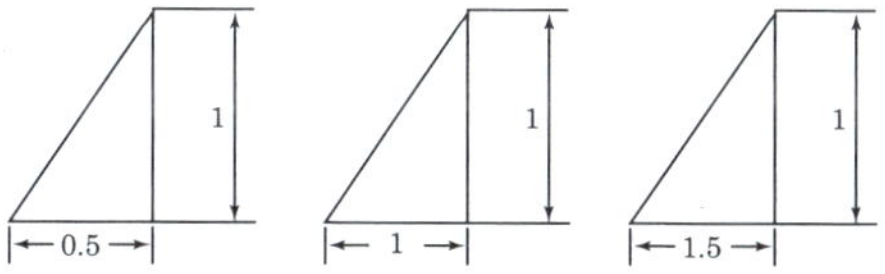

참고 산업안전기사 필기 p.6-56([표] 굴착면의 기울기 기준)

KEY ① 2016년 5월 8일 기사 · 산업기사 동시출제
② 2017년 3월 5일 기사 출제
③ 2017년 9월 23일 기사 출제

정보제공
산업안전보건기준에 관한 규칙 [별표 11] 굴착면의 기울기 기준

102 흙막이 지보공을 조립하는 경우 미리 조립도를 작성하여야 하는데 이 조립도에 명시되어야 할 사항과 가장 거리가 먼 것은?

① 부재의 배치　② 부재의 치수
③ 부재의 긴압정도　④ 설치방법과 순서

해설

흙막이 조립도 명시사항

① 부재의 배치　② 부재의 치수
③ 부재의 재질　④ 설치방법과 순서

참고 산업안전기사 필기 p.6-105(합격날개 : 합격예측 및 관련법규)

KEY 2017년 8월 26일 기사 출제

정보제공
산업안전보건기준에 관한 규칙 제346조(조립도)

103 미리 작업장소의 지형 및 지반상태 등에 적합한 제한속도를 정하지 않아도 되는 차량계 건설기계의 속도 기준은?

① 최대 제한 속도가 10[km/h] 이하
② 최대 제한 속도가 20[km/h] 이하
③ 최대 제한 속도가 30[km/h] 이하
④ 최대 제한 속도가 40[km/h] 이하

해설

차량계건설기계 제한속도를 정하지 않는 속도기준

10[km/h] 이하

참고 산업안전기사 필기 p.6-171(합격날개 : 합격예측 및 관련법규)

정보제공
산업안전보건기준에 관한 규칙 제98조(제한속도 지정 등)

104 터널공사에서 발파작업 시 안전대책으로 옳지 않은 것은?

① 발파전 도화선 연결상태, 저항치 조사 등의 목적으로 도통시험 실시 및 발파기의 작동상태에 대한 사전점검 실시
② 모든 동력선은 발원점으로부터 최소한 15[m] 이상 후방으로 옮길 것
③ 지질, 암의 절리 등에 따라 화약량에 대한 검토 및 시방기준과 대비하여 안전조치를 실시
④ 발파용 점화회선은 타동력선 및 조명회선과 한곳으로 통합하여 관리

해설

발파용 점화회선과 타동력선·조명회선은 각각 독립하여 관리한다.

[정답] 101 ② 102 ③ 103 ① 104 ④

105 달비계의 최대 적재하중을 정함에 있어서 활용하는 안전계수의 기준으로 옳은 것은?(단, 곤돌라의 달비계를 제외한다.)

① 달기 와이어로프 : 5 이상
② 달기 강선 : 5 이상
③ 달기 체인 : 3 이상
④ 달기 훅 : 5 이상

해설

달비계의 안전계수
① 달기와이어로프 및 달기 강선의 안전계수는 10 이상
② 달기체인 및 달기훅의 안전계수는 5 이상
③ 달기강대와 달비계의 하부 및 상부지점의 안전계수는 강재의 경우 2.5 이상, 목재의 경우 5 이상

참고 산업안전기사 필기 p.6-92(합격날개 : 합격예측 및 관련 법규)

KEY ① 2016년 10월 1일 산업기사 출제
② 2018년 3월 4일 기사 · 산업기사 동시 출제

정보제공
산업안전보건기준에 관한 규칙 제55조(작업발판의 최대적재하중)

106 다음 보기의 ( )안에 알맞은 내용은?

동바리로 사용하는 파이프 서포트의 높이가 ( )[m]를 초과하는 경우에는 높이 2[m] 이내마다 수평연결재를 2개 방향으로 만들고 수평연결재의 변위를 방지할 것

① 3 ② 3.5
③ 4 ④ 4.5

해설

동바리로 사용하는 파이프서포트 기준
① 파이프서포트를 3개 이상 이어서 사용하지 아니하도록 할 것
② 파이프서포트를 이어서 사용할 경우에는 4개 이상의 볼트 또는 전용철물을 사용하여 이을 것
③ 높이가 3.5[m]를 초과할 경우에는 높이 2[m] 이내마다 수평연결재를 2개 방향으로 만들고 수평연결재의 변위를 방지할 것

참고 산업안전기사 필기 p.6-87(합격날개 : 참고)

KEY ① 2016년 10월 1일 기사 출제
② 2017년 5월 7일 기사 출제
③ 2017년 8월 26일 산업기사 출제

정보제공
산업안전보건기준에 관한 규칙 제332조(거푸집동바리 등의 안전조치)

107 건립 중 강풍에 의한 풍압 등 외압에 대한 내력이 설계에 고려되었는지 확인하여야 하는 철골 구조물이 아닌 것은?

① 단면이 일정한 구조물
② 기둥이 타이플레이트형인 구조물
③ 이음부가 현장용접인 구조물
④ 구조물의 폭과 높이의 비가 1:4인 구조물

해설

내력설계확인 구조물
① 높이 20[m] 이상인 구조물
② 구조물의 폭과 높이의 비가 1 : 4 이상인 구조물
③ 건물, 호텔 등에서 단면 구조에 현저한 차이가 있는 것
④ 연면적당 철골량이 50[kg/m^2] 이하인 구조물
⑤ 기둥이 타이 플레이트(tie plate)형인 구조물
⑥ 이음부가 현장 용접인 경우

참고 산업안전기사 필기 p.6-153(3. 철골의 자립도 검토)

KEY 2017년 9월 23일 기사 출제

108 건설업 산업안전보건관리비 중 안전시설비로 사용할 수 없는 것은?

① 안전통로
② 비계에 추가 설치하는 추락방지용 안전난간
③ 사다리 전도방지장치
④ 통로의 낙하물 방호선반

[정답] 105 ④ 106 ② 107 ① 108 ①

해설

안전시설비 등 사용가능 항목

가. 산업재해 예방을 위한 안전난간, 추락방호망, 안전대 부착설비, 방호장치(기계·기구와 방호장치가 일체로 제작된 경우, 방호장치 부분의 가액에 한함) 등 안전시설의 구입·임대 및 설치를 위해 소요되는 비용

나. 「건설기술진흥법」 제62조의3에 따른 스마트 안전장비 구입·임대 비용의 5분의 1에 해당하는 비용. 다만, 제4조에 따라 계상된 안전보건관리비 총액의 10분의 1을 초과할 수 없다.

다. 용접 작업 등 화재 위험작업 시 사용하는 소화기의 구입·임대 비용

참고 산업안전기사 필기 p.6-46(문제 4번)

KEY 2017년 5월 7일 기사 출제

합격자의 증언

※ 반드시 확인

109 **터널 등의 건설작업을 하는 경우에 낙반 등에 의하여 근로자가 위험해질 우려가 있는 경우에 필요한 조치와 가장 거리가 먼 것은?**

① 터널 지보공을 설치한다.
② 록볼트를 설치한다.
③ 환기, 조명시설을 설치한다.
④ 부석을 제거한다.

해설

터널등의 건설작업시 낙반등의 조치기준

① 터널지보공 설치
② 록볼트 설치
③ 부석제거

참고 산업안전기사 필기 p.6-107(합격날개 : 합격예측 및 관련법규)

KEY 2016년 5월 8일 산업기사 출제

정보제공

산업안전보건기준에 관한 규칙 제109조(낙반등에 의한 위험의 방지)

110 **강관을 사용하여 비계를 구성하는 경우 준수해야 할 사항으로 옳지 않은 것은?**

① 비계기둥의 간격은 띠장 방향에서는 1.85[m] 이하, 장선(長線) 방향에서는 1.5[m] 이하로 할 것
② 띠장 간격은 2.0[m] 이하로 설치하되, 첫 번째 띠장은 지상으로부터 2[m] 이하의 위치에 설치할 것
③ 비계기둥의 제일 윗부분으로부터 31[m]되는 지점 밑부분의 비계기둥은 3개의 강관으로 묶어 세울 것
④ 비계기둥 간의 적재하중은 400[kg]을 초과하지 않도록 할 것

해설

비계구성시 준수사항

비계기둥의 제일 윗부분으로부터 31[m]되는 지점 밑부분의 비계기둥은 2개의 강관으로 묶어 세울 것. 다만, 브래킷(bracket) 등으로 보강하여 2개의 강관으로 묶을 경우 이상의 강도가 유지되는 경우에는 그러하지 아니하다.

참고 산업안전기사 필기 p.6-99(합격날개 : 합격예측 및 관련법규)

KEY ① 2017년 3월 5일 기사 출제
② 2017년 5월 7일 산업기사 출제
③ 2017년 8월 26일 기사 · 산업기사 동시출제

정보제공

산업안전보건기준에 관한 규칙 제60조(강관비계의 구조)

111 **이동식비계 조립 및 사용 시 준수사항으로 옳지 않은 것은?**

① 비계의 최상부에서 작업을 하는 경우에는 안전난간을 설치할 것
② 승강용사다리는 견고하게 설치할 것
③ 작업발판은 항상 수평을 유지하고 작업발판 위에서 작업을 위한 거리가 부족할 경우에는 받침대 또는 사다리를 사용할 것
④ 작업발판의 최대적재하중은 250[kg]을 초과하지 않도록 할 것

[정답] 109 ③ 110 ③ 111 ③

PART 03

해설

이동식비계 조립시 기준

① 작업발판 수평유지
② 받침대 또는 사다리는 사용하지 않는다.

참고 산업안전기사 필기 p.6-103(합격날개 : 합격예측 및 관련법규)

KEY 2017년 8월 26일 기사 출제

정보제공
산업안전보건기준에 관한 규칙 제68조(이동식 비계)

112 **유해·위험 방지를 위한 방호조치를 하지 아니하고는 양도, 대여, 설치 또는 사용에 제공하거나, 양도·대여를 목적으로 진열해서는 아니 되는 기계·기구에 해당하지 않는 것은?**

① 지게차 ② 공기압축기
③ 원심기 ④ 덤프트럭

해설

유해위험기계 방호 장치

① 예초기에는 날접촉 예방장치
② 원심기에는 회전체 접촉 예방장치
③ 공기압축기에는 압력방출장치
④ 금속절단기에는 날접촉 예방장치
⑤ 지게차에는 헤드 가드, 백레스트(backrest), 전도등, 후미등, 안전벨트
⑥ 포장기계에는 구동부 방호 연동장치

참고 산업안전기사 필기 p.1-219(별표 20)

정보제공
산업안전보건시행규칙 제98조(방호조치)

113 **화물운반하역 작업 중 걸이작업에 관한 설명으로 옳지 않은 것은?**

① 와이어로프 등은 크레인의 후크 중심에 걸어야 한다.
② 인양 물체의 안정을 위하여 2줄 걸이 이상을 사용하여야 한다.
③ 매다는 각도는 60[°] 이상으로 하여야 한다.
④ 근로자를 매달린 물체위에 탑승시키지 않아야 한다.

해설

매다는 각도 : 60[°] 이하

참고 산업안전기사 필기 p.6-162(2. 보의 조립)

KEY ① 2016년 5월 8일 기사 출제
② 2016년 8월 21일 산업기사 출제

114 **거푸집동바리 등을 조립하는 경우에 준수하여야 할 사항으로 옳지 않은 것은?**

① 깔목의 사용, 콘크리트 타설, 말뚝박기 등 동바리의 침하를 방지하기 위한 조치를 할 것
② 개구부 상부에 동바리를 설치하는 경우에는 상부하중을 견딜 수 있는 견고한 받침대를 설치할 것
③ 거푸집이 곡면인 경우에는 버팀대의 부착 등 그 거푸집의 부상(浮上)을 방지하기 위한 조치를 할 것
④ 동바리의 이음은 맞댄이음이나 장부이음을 피할 것

해설

동바리 이음 방법

① 맞댄이음이나 장부이음
② 같은 품질 재료 사용

참고 산업안전기사 필기 p.6-88(합격날개 : 합격예측 및 관련법규)

정보제공
산업안전보건기준에 관한 규칙 제332조(거푸집동바리 등의 안전조치)

115 **사업의 종류가 건설업이고, 공사금액이 850억원 일 경우 산업안전보건법령에 따른 안전관리자를 최소 몇 명 이상 두어야 하는가?**

① 1명 이상 ② 2명 이상
③ 3명 이상 ④ 4명 이상

[정답] 112 ④ 113 ③ 114 ④ 115 ②

해설

건설업의 안전관리자 선임기준

(1) 기본선임 기준
　공사금액 50억원 이상 ~ 800억원 미만 : 1명
(2) 추가 선임기준
　공사금액 800억 이상 ~ 1,500억원 미만 : 2명 선임

정보제공
산업안전보건법 시행령 [별표 3] 건설업 안전관리자수 선임방법

116 선박에서 하역작업 시 근로자들이 안전하게 오르내릴 수 있는 현문 사다리 및 안전망을 설치하여야 하는 것은 선박이 최소 몇 톤급 이상일 경우인가?

① 500톤급　② 300톤급
③ 200톤급　④ 100톤급

해설

현문사다리 선박설치기준

① 톤급규격 : 300[t]급 이상
② 너비 : 55[cm] 이상
③ 방책높이 : 82[cm] 이상

참고 산업안전기사 필기 p.6-183(1. 항만하역작업의 안전기준)

KEY 2017년 9월 23일 기사 출제

정보제공
산업안전보건기준에 관한 규칙 제397조(선박승강설비의 설치)

117 타워크레인을 와이어로프로 지지하는 경우에 준수해야 할 사항으로 옳지 않은 것은?

① 와이어로프를 고정하기 위한 전용 지지프레임을 사용할 것
② 와이어로프 설치각도는 수평면에서 60[°] 이상으로 하되, 지지점은 4개소 미만으로 할 것
③ 와이어로프와 그 고정부위는 충분한 강도와 장력을 갖도록 설치할 것
④ 와이어로프가 가공전선에 근접하지 않도록 할 것

해설

와이어로프 설치각도 : 수평면에서 60[°] 이내

참고 산업안전기사 필기 p.6-138(합격날개 : 합격예측 및 관련법규)

정보제공
산업안전보건기준에 관한 규칙 제142조(타워크레인의 지지)

118 터널붕괴를 방지하기 위한 지보공에 대한 점검사항과 가장 거리가 먼 것은?

① 부재의 긴압 정도
② 부재의 손상·변형·부식·변위 탈락의 유무 및 상태
③ 기둥침하의 유무 및 상태
④ 경보장치의 작동상태

해설

터널지보공의 수시 점검사항

① 부재의 손상·변형·부식·변위 탈락의 유무 및 상태
② 부재의 긴압의 정도
③ 부재의 접속부 및 교차부의 상태
④ 기둥침하의 유무 및 상태

참고 산업안전기사 필기 p.6-116(합격날개 : 합격예측 및 관련법규)

KEY 2017년 3월 5일 산업기사 출제

정보제공
산업안전보건기준에 관한 규칙 제366조(붕괴 등의 방지)

119 작업중이던 미장공이 상부에서 떨어지는 공구에 의해 상해를 입었다면 어느 부분에 대한 결함이 있었겠는가?

① 작업대 설치
② 작업방법
③ 낙하물 방지시설 설치
④ 비계설치

[정답] 116 ② 117 ② 118 ④ 119 ③

PART 03

해설

추락과 낙하

① 추락 : 사람이 떨어지는 것(대책 : 추락방호망)
② 비래 : 물건이나 물체가 떨어지는 것(대책 : 낙하물 방지망)

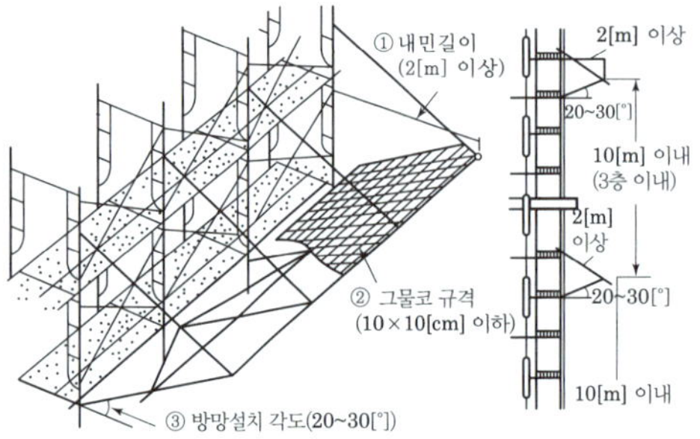

[그림] 낙하물방지망(방호선반)

참고 산업안전기사 필기 p.6-58(2. 낙하 · 비래재해의 예방대책에 관한 사항)

KEY ① 2016년 3월 6일 기사 출제
② 2016년 10월 1일 기사 출제
③ 2017년 3월 5일 산업기사 출제
④ 2017년 9월 23일 산업기사 출제

120 이동식 크레인을 사용하여 작업을 할 때 작업 시작 전 점검 사항이 아닌 것은?

① 주행로의 상측 및 트롤리(trolley)가 횡행하는 레일의 상태
② 권과방지장치 그 밖의 경보장치의 기능
③ 브레이크·클러치 및 조정장치의 기능
④ 와이어로프가 통하고 있는 곳 및 작업장소의 지반상태

해설

이동식크레인 작업시작전 점검사항

① 권과방지장치 그 밖의 경보장치의 기능
② 브레이크 · 클러치 및 조정장치의 기능
③ 와이어로프가 통하고 있는 곳 및 작업장소의 지반상태

참고 산업안전기사 필기 p.3-51(5. 이동식크레인을 사용하여 작업할 때)

정보제공
산업안전보건기준에 관한 규칙 [별표 3] 작업시작전 점검사항

[정답] 120 ①

2019년도 기사 정기검정 제1회 (2019년 3월 3일 시행)

자격종목 및 등급(선택분야)

산업안전기사

1 산업재해 예방 및 안전보건교육

01 제일선의 감독자를 교육대상으로 하고, 작업을 지도하는 방법, 작업개선방법 등의 주요 내용을 다루는 기업내 교육방법은?

① TWI ② MTP
③ ATT ④ CCS

해설

TWI(기업내 정형 교육) 교육 내용

① 작업방법훈련(Job Method Training : JMT) : 작업개선
② 작업지도훈련(Job Instruction Training : JIT) : 작업지도·지시
③ 인간관계훈련(Job Relations Training : JRT) : 부하 통솔
④ 작업안전훈련(Job Safety Training : JST) : 작업안전

참고 산업안전기사 필기 p.1-145(1. 기업내 정형교육)

KEY ① 2016년 3월 6일 기사 출제
② 2016년 8월 21일 산업기사 출제
③ 2017년 5월 7일 산업기사 출제
④ 2017년 8월 26일 산업기사 출제
⑤ 2018년 3월 4일 기사·산업기사 동시 출제
⑥ 2018년 4월 28일 기사 출제
⑦ 2019년 3월 3일 산업안전, 건설안전기사 동시 출제

02 안전검사기관 및 자율검사프로그램 인정기관은 고용노동부장관에게 그 실적을 보고하도록 관련법에 명시되어 있는데 그 주기로 옳은 것은?

① 매월 ② 격월
③ 분기 ④ 반기

해설

안전검사 절차

제9조(안전검사 실적보고) ① 안전검사기관 및 공단은 규칙 제73조의2제2항 및 제74조의2제4항에 따른 안전검사 및 심사 실시 결과를 전산으로 입력하는 등 검사 대상품에 대한 통계관리를 하여야 한다.
② 안전검사기관은 별지 제1호서식에 따라 분기마다 다음 달 10일까지 분기별 실적과, 매년 1월20일까지 전년도 실적을 고용노동부장관에게 제출하여야 하며, 공단은 별지 제2호서식에 따라 분기마다 다음 달 10일까지 분기별 실적과, 매년 1월 20일까지 전년도 실적을 고용노동부장관에게 제출하여야 한다.
제9조의2(안전검사 결과의 보존) 안전검사기관은 제4조의 안전검사결과서를 3년간 보존하여야 한다.

참고 산업안전기사 필기 p.3-52(합격날개 : 은행문제)

정보제공
안전검사 절차에 관한 고시 제 2014-164호 제9조(안전검사 실적보고)

03 다음 재해사례에서 기인물에 해당하는 것은?

기계작업에 배치된 작업자가 반장의 지시를 받기 전에 정지된 선반을 운전시키면서 변속치차의 덮개를 벗겨내고 치차를 저속으로 운전하면서 급유하려고 할때 오른손이 변속치차에 맞물려 손가락이 절단되었다.

① 덮개 ② 급유
③ 선반 ④ 변속치차

해설

재해발생의 분석시 3가지

① 기인물 : 불안전한 상태에 있는 물체(환경포함 : 선반)
② 가해물 : 직접 사람에게 접촉되어 위해를 가한 물체(변속치차)
③ 사고의 형태(재해형태) : 물체(가해물)와 사람과의 접촉현상(협착)

참고 산업안전기사 필기 p.1-28(합격날개 : 합격예측)

KEY 2015년 3월 8일 문제 8번 출제

[정답] 01 ① 02 ③ 03 ③

PART 03

04 보호구 안전인증 고시에 따른 분리식 방진마스크의 성능기준에서 포집효율이 특급인 경우, 염화나트륨(NaCl) 및 파라핀 오일(Paraffin oil) 시험에서의 포집효율은?

① 99.95[%] 이상　② 99.9[%] 이상
③ 99.5[%] 이상　④ 99.0[%] 이상

해설

방진마스크의 성능

	종류	등급	염화나트륨(NaCl) 및 파라핀 오일(Paraffin oil) 시험(%)
여과재 분진 등 포집효율	분리식	특급	99.95[%] 이상
		1급	94.0[%] 이상
		2급	80.0[%] 이상
	안면부 여과식	특급	99.0[%] 이상
		1급	94.0[%] 이상
		2급	80.0[%] 이상
여과재 질량	**종류**	**등급**	**질량(g)**
	분리식	전면형	500 이하
		반면형	300 이하
안면부 누설률	**형태**	**등급**	**누설률(%)**
	분리식	전면형	0.05 이하
		반면형	5 이하
	안면부 여과식	특급	5 이하
		1급	11 이하
		2급	25 이하

참고 산업안전기사 필기 p.1-54(합격날개 : 참고)

05 산업안전보건법상 특별안전보건교육에서 방사선 업무에 관계되는 작업을 할 때 교육내용으로 거리가 먼 것은?

① 방사선의 유해·위험 및 인체에 미치는 영향
② 방사선 측정기기 기능의 점검에 관한 사항
③ 비상시 응급처치 및 보호구 착용에 관한 사항
④ 산소농도측정 및 작업환경에 관한 사항

해설

방사선 업무에 관계되는 작업 특별안전보건교육

① 방사선의 유해·위험 및 인체에 미치는 영향
② 방사선의 측정기기 기능의 점검에 관한 사항
③ 방호거리·방호벽 및 방사선물질의 취급 요령에 관한 사항
④ 응급처치 및 보호구 착용에 관한 사항
⑤ 그 밖의 안전보건관리에 필요한 사항

참고 산업안전기사 필기 p.1-161(33. 방사선 업무에 관계되는 작업)

정보제공
산업안전보건법 시행규칙 [별표 5] 안전보건교육 교육대상별 교육내용

06 주의의 수준이 Phase 0인 상태에서의 의식상태는?

① 무의식 상태　② 의식 이완상태
③ 명료한 상태　④ 과긴장상태

해설

의식 레벨의 단계

단계	의식의 모드	주의작용	생리적 상태	신뢰성	뇌파 패턴
제0단계	무의식, 실신	zero	수면, 뇌발작	zero	γ파
제1단계	의식 흐림(subnor-mal, 의식몽롱함)	inactive	피로, 단조로움, 졸음, 술 취함	0.9 이하	θ파
제2단계	이완상태(normal, relaxed)	passive, 마음이 안쪽으로 향한다.	안정 기거, 휴식시, 정례작업 시(정상 작업시)	0.99~0.99999	α파
제3단계	상쾌한 상태(normal, clear)	active, 앞으로 향하는 주의, 시야도 넓다.	적극 활동시	0.999999 이상	β파
제4단계	과긴장 상태(hypernor-mal, exited)	일점으로 응집, 판단 정지	긴급 방위 반응, 당황해서 panic(감정 흥분시 당황한 상태)	0.9 이하	β파 또는 전자파

참고 산업안전기사 필기 p.1-118(4. 의식레벨의 5단계)

KEY ① 2016년 10월 1일 산업기사 출제
② 2018년 4월 28일 기사 출제

[정답] 04 ① 05 ④ 06 ①

07 한 사람, 한 사람의 위험에 대한 감수성 향상을 도모하기 위하여 삼각 및 원 포인트 위험예지 훈련을 통합한 활용기법은?

① 1인 위험예지훈련
② TBM 위험예지훈련
③ 자문자답 위험예지훈련
④ 시나리오 역할연기훈련

해설

1인 위험예지 훈련

① 한 사람 한 사람의 위험에 대한 감수성 향상을 도모하기 위하여 삼각 및 One Point 위험예지훈련을 통합한 활용기법의 하나이다.
② 한 사람 한 사람(리더 제외)이 동시에 공통의 도해로 4라운드까지의 1인 위험예지를 지적확인하면서 단시간에 실시한다.
③ 그 결과를 리더의 사회로 서로서로 발표하고 강평함으로써 자기 개발의 도모를 겨냥하고 있다.

참고 산업안전기사 필기 p.1-14(합격날개 : 합격예측)

KEY 2014년 3월 2일 기사 출제

08 재해예방의 4원칙에 관한 설명으로 틀린 것은?

① 재해의 발생에는 반드시 원인이 존재한다.
② 재해의 발생과 손실의 발생은 우연적이다.
③ 재해를 예방할 수 있는 안전대책은 반드시 존재한다.
④ 재해는 원인 제거가 불가능하므로 예방만이 최선이다.

해설

하인리히 산업재해예방의 4원칙

① 예방가능의 원칙
천재지변을 제외한 모든 인재는 예방이 가능하다.
② 손실우연의 원칙
사고의 결과 손실의 유무 또는 대소는 사고 당시의 조건에 따라 우연적으로 발생한다.
③ 원인연계(계기)의 원칙
사고에는 반드시 원인이 있고 원인은 대부분 복합적 연계 원인이다.
④ 대책선정의 원칙
사고의 원인이나 불안전 요소가 발견되면 반드시 대책은 선정 실시되어야 하며 대책선정이 가능하다. 대책은 재해방지의 세 기둥이라고 할 수 있다.

참고 산업안전기사 필기 p.3-35(하인리히 산업재해예방 4원칙)

KEY
① 2016년 5월 8일 산업기사 출제
② 2016년 10월 1일 기사 출제
③ 2017년 3월 5일 기사 출제
④ 2017년 5월 7일 산업기사 출제
⑤ 2017년 9월 23일 기사 출제
⑥ 2018년 3월 4일 기사·산업기사 동시 출제
⑦ 2018년 8월 19일 산업기사 출제

09 적응기제(適應機制, Adjustment Mechanism)의 종류 중 도피적 기제(행동)에 해당하지 않는 것은?

① 고립 ② 퇴행
③ 억압 ④ 합리화

해설

적응기제 3가지

① 도피기제(Excape Mechanism) : 갈등을 해결하지 않고 도망감

구분	특징
억압	무의식으로 쑤셔 넣기
퇴행	유아 시절로 돌아가 유치해짐
백일몽	공상의 나래를 펼침
고립(거부)	외부와의 접촉을 끊음

② 방어기제(Defence Mechanism) : 갈등을 이겨내려는 능동성과 적극성

구분	특징
보상	열등감을 다른 곳에서 강점으로 발휘함
합리화	자기변명, 자기실패의 합리화, 자기미화
승화	열등감과 욕구불만을 사회적으로 바람직한 가치로 나타내는 것
동일시	힘 있고 능력 있는 사람을 통해 자기만족을 얻으려 함
투사	자신의 열등감을 다른 것에 던져 그것들도 결점이 있음을 발견해서 열등감에서 벗어나려 함

③ 공격기제(Aggressive Mechanism) : 직접적, 간접적

참고 산업안전기사 필기 p.1-115(보충학습)

KEY
① 2017년 3월 5일 산업기사 출제
② 2018년 3월 4일 기사 출제

[정답] 07 ① 08 ④ 09 ④

PART 03

10 인간오류에 관한 분류 중 독립행동에 의한 분류가 아닌 것은?

① 생략오류 ② 실행오류
③ 명령오류 ④ 시간오류

해설

심리적 분류(Swain)의 인적(독립행동)오류(불확정, 시간지연, 순서착오)

① 생략오류(Omission Errors : 부작위 실수) : 직무 또는 어떤 단계를 수행치 않음 (누락오류)
② 실행오류(Commission error : 작위 실수) : 직무의 불확실한 수행(예 선택, 순서, 시간, 정성적 착오)
③ 과잉행동오류(Extraneous error : 불필요한 과오) : 수행되지 않아야 할 직무수행
④ 순서오류(Sequential error : 순서적 과오) : 순서에서 벗어난 직무수행
⑤ 시간오류(Timing error : 지연 과오) : 계획된 시간 내에 직무수행 실패 너무 늦거나 일찍 수행

참고 산업안전기사 필기 p.2-20(1. 심리적 분류)

KEY 2017년 8월 26일 기사 출제

보충학습

명령(command)오류 : 원인에 의한 분류

11 다음중 안전보건교육계획을 수립할 때 고려할 사항으로 가장 거리가 먼 것은 ?

① 현장의 의견을 충분히 반영한다.
② 대상자의 필요한 정보를 수집한다.
③ 안전교육시행체계와의 연관성을 고려한다.
④ 정부 규정에 의한 교육에 한정하여 실시한다.

해설

안전보건교육계획 수립시 고려할 사항

① 정보수집(자료수집)
② 현장의 의견 반영
③ 교육시행 체계와 관계 고려
④ 법규정 교육과 그 이상의 교육

참고 산업안전기사 필기 p.1-137(3. 안전보건교육계획 수립시 고려할 사항)

KEY 2015년 5월 30일 기사 출제(문제 19번)

12 사고의 원인분석방법에 해당하지 않는 것은?

① 통계적 원인분석 ② 종합적 원인 분석
③ 클로즈(close)분석 ④ 관리도

해설

산업재해 통계도 종류

① 파레토도 ② 특성요인도
③ 크로스(클로즈)분석 ④ 관리도

참고 산업안전기사 필기 p.3-3(2. 파레토도, 특성요인도, 클로즈분석, 관리도)

KEY 2016년 8월 21일 기사 출제

13 하인리히의 재해 코스트 평가방식 중 직접비에 해당하지 않는 것은?

① 산재보상비 ② 치료비
③ 간호비 ④ 생산손실

해설

직접비와 간접비

직접비(법적으로 지급되는 산재보상비)		간접비(직접비 제외한 모든 비용)
구분	적용	
요양급여	요양비 전액(진찰, 약제, 처치 · 수술기타 치료, 의료시설수용, 간병, 이송 등)	인적손실 물적손실 생산손실 임금손실 시간손실 기타손실 등
휴업급여	1일당 지급액은 평균임금의 100분의 70에 상당하는 금액	
장해급여	장해등급에 따라 장해보상연금 또는 장해보상일시금으로 지급	
간병급여	요양급여 받은 자가 치유후 간병이 필요하여 실제로 간병을 받는 자에게 지급	
유족급여	근로자가 업무상사유로 사망한 경우 유족에게 지급(유족보상연금 또는 유족보상일시금)	
상병보상연금	요양개시후 2년 경과된 날 이후에 다음의 상태가 계속되는 경우 지급 ① 부상 또는 질병이 치유되지 아니한 상태 ② 부상 또는 질병에 의한 폐질의 정도가 폐질등급기준에 해당	
장의비	평균임금의 120일분에 상당하는 금액	
기타 비용	상해특별급여, 유족특별급여(민법에 의한 손해배상 청구)	

[정답] 10 ③ 11 ④ 12 ② 13 ④

참고 산업안전기사 필기 p.3-46(표 : 직접비와 간접비)

KEY ① 2016년 5월 8일 산업기사 출제
② 2017년 3월 5일 기사 출제
③ 2017년 5월 7일 기사 출제
④ 2017년 9월 23일 기사 출제
⑤ 2018년 8월 19일 산업기사 출제

14 안전관리조직의 참모식(staff형)에 대한 장점이 아닌 것은?

① 경영자의 조언과 자문역할을 한다.
② 안전정보 수집이 용이하고 빠르다.
③ 안전에 관한 명령과 지시는 생산라인을 통해 신속하게 전달한다.
④ 안전전문가가 안전계획을 세워 문제해결 방안을 모색하고 조치한다.

해설

라인형 조직과 스태프형 조직

구 분	장 점	단 점
line형 조직 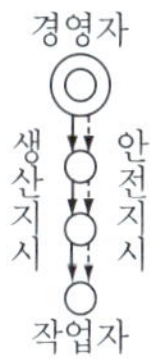	① 안전에 관한 명령과 지시는 생산 라인을 통해 신속 · 정확히 전달 실시된다. ② 중소 규모 기업에 활용된다.	① 안전 전문 입안이 되어 있지 않아 내용이 빈약하다. ② 안전의 정보가 불충분하다.
staff형 조직 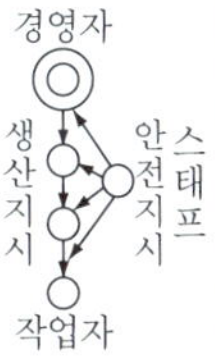	① 안전 전문가가 안전계획을 세워 문제 해결 방안을 모색하고 조치한다. ② 경영자의 조언과 자문 역할을 한다. ③ 안전 정보 수집이 용이하고 빠르다.	① 생산 부문에 협력하여 안전 명령을 전달 실시하므로 안전과 생산을 별개로 취급하기 쉽다. ② 생산 부문은 안전에 대한 책임과 권한이 없다.

참고 산업안전기사 필기 p.1-23(표. 안전보건관리 조직형태)

KEY ① 2016년 3월 6일 기사·산업기사 동시 출제
② 2016년 10월 1일 산업기사 출제
③ 2017년 3월 5일 기사 출제
④ 2017년 5월 7일 기사 출제
⑤ 2017년 8월 26일 기사·산업기사 동시 출제

15 산업안전보건법령상 안전인증대상 기계가 아닌 것은?

① 연삭기 ② 롤러기
③ 압력용기 ④ 고소(高所) 작업대

해설

안전인증대상 기계의 종류

① 프레스 ② 전단기 및 절곡기
③ 크레인 ④ 리프트
⑤ 압력용기 ⑥ 롤러기
⑦ 사출성형기 ⑧ 고소 작업대
⑨ 곤돌라

참고 산업안전기사 필기 p.3-53(1. 안전인증대상 기계의 종류)

KEY ① 2017년 3월 5일 기사·산업기사 동시 출제
② 2017년 5월 7일 기사 출제
③ 2018년 3월 4일 기사 출제

정보제공

산업안전보건법 시행령 제74조(안전인증대상 기계 등)

16 안전교육방법 중 학습자가 이미 설명을 듣거나 시범을 보고 알게 된 지식이나 기능을 강사의 감독 아래 직접적으로 연습하여 적용할 수 있도록 하는 교육방법은?

① 모의법 ② 토의법
③ 실연법 ④ 반복법

해설

실연법

(1) 개요
① 학습자가 이미 설명을 듣거나 시범을 보고 알게 된 지식이나 기능을 강사의 감독 아래 직접적으로 연습하여 적용할 수 있도록 하는 교육방법
② 안전교육방법 중 피교육자의 동작과 직접적으로 관련있는 교육방법

(2) 특징
① 수업의 중간이나 마지막 단계에 행하는 것으로서 언어 학습이나 문제해결 학습에 효과적인 학습법
② 직접 실습하는 만큼 학생들의 참여가 높고, 다른 방법에 비해서 교사 대 학습자의 수의 비율이 높다.

[정답] 14 ③ 15 ① 16 ③

참고 산업안전기사 필기 p.1-143(합격날개 : 참고)

KEY 2009년 5월 10일 문제 3번 출제

보충학습

모의법(Simulation method)

실제의 장면이나 상태와 극히 유사한 사태를 인위적으로 만들어 그 속에서 학습토록 하는 교육방법

17 산업안전보건법령상 안전보건표지의 종류 중 관계자외 출입금지표지에 해당되는 것은?

① 안전모 착용
② 폭발성물질 경고
③ 방사성물질 경고
④ 석면취급 및 해체·제거

해설

관계자외 출입금지 표지의 종류

501 허가대상물질 작업장	502 석면취급/해체 작업장	503 금지대상물질의 취급 실험실 등
관계자외 출입금지 (허가물질 명칭) 제조/사용/보관 중 보호구/보호복 착용 흡연 및 음식물 섭취 금지	관계자외 출입금지 석면 취급/해체 중 보호구/보호복 착용 흡연 및 음식물 섭취 금지	관계자외 출입금지 발암물질 취급 중 보호구/보호복 착용 흡연 및 음식물 섭취 금지

참고 산업안전기사 필기 p.1-62(⑤ 관계자외출입금지)

KEY 2017년 3월 4일 문제 16번 출제

정보제공

산업안전보건법 시행규칙 [별표 6] 안전보건표지의 종류와 형태

18 국제노동기구(ILO)의 산업재해 정도구분에서 부상 결과 근로자가 신체장해등급 제12급 판정을 받았다면 이는 어느 정도의 부상을 의미하는가?

① 영구 전노동불능
② 영구 일부노동불능
③ 일시 전노동불능
④ 일시 일부노동불능

해설

영구 일부노동불능 상해

① 부상 결과로 신체 부분의 일부가 노동 기능을 상실한 부상
② 신체 장해 등급 제4급에서 제14급에 해당

참고 산업안전기사 필기 p.1-5(8. ILO의 근로불능 상해의 종류)

KEY 2018년 4월 28일 기사 출제

19 특정과업에서 에너지 소비수준에 영향을 미치는 인자가 아닌 것은?

① 작업방법　② 작업속도
③ 작업관리　④ 도구

해설

특정 과업에서 에너지 소비수준에 영향을 미치는 인자

① 작업방법
② 작업속도
③ 작업자세
④ 도구설계

참고 산업안전기사 필기 p.1-106(합격날개 : 은행문제)

20 사고예방대책의 기본원리 5단계 중 틀린 것은?

① 1단계 : 안전관리계획
② 2단계 : 현상파악
③ 3단계 : 분석평가
④ 4단계 : 대책의 선정

해설

하인리히 사고예방대책 기본원리 5단계

① 제1단계(안전관리조직 : Organization)
② 제2단계(사실의 발견 : Fact finding:현상파악)
③ 제3단계(분석평가 : Analysis)
④ 제4단계(시정(대)책의 선정 : Selection of remedy)
⑤ 제5단계(시정(대)책의 적용 : Application of remedy)

참고 산업안전기사 필기 p.1-33546(7. 하인리히 사고예방대책 기본원리 5단계)

KEY ① 2017년 5월 7일 기사·산업기사 동시 출제
② 2018년 8월 19일 산업기사 출제

[정답] 17 ④ 18 ② 19 ③ 20 ①

2 인간공학 및 시스템 안전공학

21 의도는 올바른 것이었지만 행동이 의도한 것과는 다르게 나타나는 오류를 무엇이라 하는가?

① Slip ② Mistake
③ Lapse ④ Violation

해설

인간의 오류 모형

구분	특징
착각(Illusion)	감각적으로 물리현상을 왜곡하는 지각 오류
착오(Mistake)	상황해석을 잘못하거나 목표를 잘못 이해하고 착각하여 행하는 인간의 실수로 위치, 순서, 패턴, 형상, 기억오류 등 외부적 요인에 의해 나타나는 오류
실수(Slip)	의도는 올바른 것이었지만, 행동이 의도한 것과는 다르게 나타나는 오류
건망증(Lapse)	일련의 과정에서 일부를 빠뜨리거나 기억의 실패에 의해 발생하는 오류
위반(Violation)	정해진 규칙을 알고 있음에도 의도적으로 따르지 않거나 무시한 경우에 발생하는 오류

참고 산업안전기사 필기 p.2-19(합격날개 : 합격예측)

KEY ① 2009년 5월 10일 문제 35번 출제
② 2017년 8월 26일 기사 출제

22 시스템 수명주기 단계 중 마지막 단계인 것은?

① 구상단계 ② 개발단계
③ 운전단계 ④ 생산단계

해설

시스템 수명주기 단계

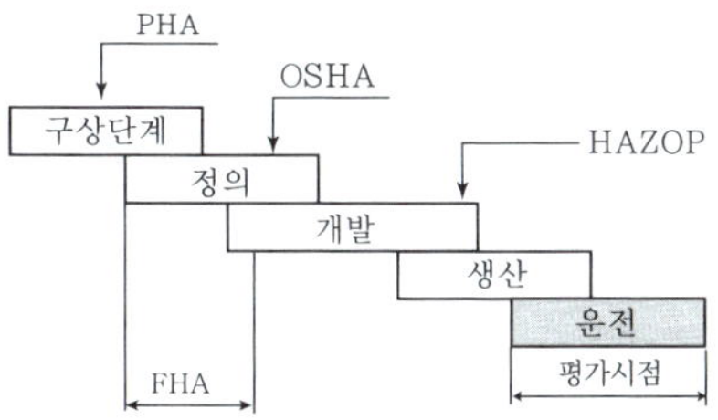

참고 산업안전기사 필기 p.2-60(그림 : PHA, OSHA, HAZOP)

KEY 2018년 8월 19일 기사 출제

23 FT도에 사용되는 다음 게이트의 명칭은?

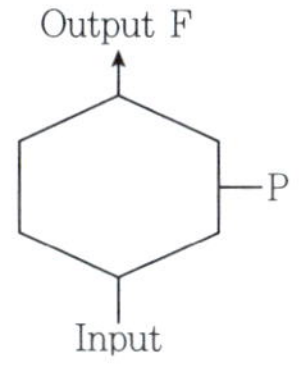

① 부정 게이트
② 억제 게이트
③ 배타적 OR 게이트
④ 우선적 AND 게이트

해설

억제 Gate(논리기호)

수정 Gate의 일종으로 억제 모디파이어(Inhibit Modifier)라고도 하며 입력현상이 일어나 조건을 만족하면 출력이 생기고, 조건이 만족되지 않으면 출력이 생기지 않는다.

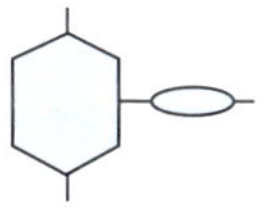

[그림] 억제 Gate

참고 산업안전기사 필기 p.2-71(합격날개 : 합격예측)

KEY ① 2015년 5월 31일 기사 문제 26번 출제
② 2015년 9월 19일 기사 문제 56번 출제

24 FTA에서 시스템의 기능을 살리는데 필요한 최소 요인의 집합을 무엇이라 하는가?

① critical set
② minimal gate
③ minimal path
④ Boolean indicated cut set

해설

최소패스셋(minimal path set)

① 어떤 고장이나 실수를 일으키지 않으면 재해는 일어나지 않는다고 하는 것.
② 시스템의 신뢰도를 나타낸다.
③ FT도에서 최소 패스 셋 구하는 법 : 최소 패스 셋은 FT도의 결합 게이트들을 반대로 (AND↔OR) 변환한 후 최소 컷 셋을 구하면 된다.

[정답] 21 ① 22 ③ 23 ② 24 ③

참고 산업안전기사 필기 p.2-77(합격날개 : 합격예측)

KEY ① 2017년 5월 7일 기사 출제
② 2017년 9월 23일 기사 출제
③ 2018년 3월 4일 산업기사 출제
④ 2018년 4월 28일 산업기사 출제

25 **쾌적환경에서 추운환경으로 변화 시 신체의 조절작용이 아닌 것은?**

① 피부온도가 내려간다.
② 직장온도가 약간 내려간다.
③ 몸이 떨리고 소름이 돋는다.
④ 피부를 경유하는 혈액 순환량이 감소한다.

해설

적온에서 추운 환경으로 바뀔 때(저온스트레스)
① 피부온도가 내려간다.
② 피부를 경유하는 혈액순환량이 감소하고, 많은 양의 혈액이 몸의 중심부를 순환한다.
③ 직장(直腸)온도가 약간 올라간다.
④ 소름이 돋고 몸이 떨린다.

참고 산업안전기사 필기 p.2-171(3.온도변화에 따른 인체의 적응)

KEY 2017년 5월 7일 기사 출제

26 **염산을 취급하는 A업체에서는 신설 설비에 관한 안전성 평가를 실시해야 한다. 정성적 평가단계의 주요 진단 항목에 해당하는 것은?**

① 공장 내의 배치
② 제조공정의 개요
③ 재평가 방법 및 계획
④ 안전보건교육 훈련계획

해설

정성적 평가내용에 포함사항

① 입지조건	② 공장 내의 배치
③ 소방설비	④ 공정기기
⑤ 수송·저장	⑥ 원재료, 중간체, 제품

참고 산업안전기사 필기 p.2-38(2. 2단계 : 정성적 평가)

KEY ① 2016년 5월 8일 기사 출제
② 2016년 10월 1일 산업기사 출제
③ 2017년 3월 5일 기사 출제
④ 2017년 8월 26일 기사 출제
⑤ 2018년 3월 4일 기사 출제

27 **인간-기계시스템의 설계를 6단계로 구분할 때, 첫번째 단계에서 시행하는 것은?**

① 기본 설계
② 시스템의 정의
③ 인터페이스 설계
④ 시스템의 목표와 성능명세 결정

해설

인간-기계 설계시스템 6단계
① 1단계 : 시스템의 목표와 성능 명세 결정
② 2단계 : 시스템의 정의
③ 3단계 : 기본설계
④ 4단계 : 인터페이스설계
⑤ 5단계 : 보조물설계
⑥ 6단계 : 시험 및 평가

참고 산업안전기사 필기 p.2-29(문제 31번) 적중

KEY ① 2016년 3월 6일 기사 출제
② 2016년 10월 1일 기사 출제

28 **점광원으로부터 0.3[m] 떨어진 구면에 비추는 광량이 5[Lumen] 일 때, 조도는 약 몇 [럭스]인가?**

① 0.06 ② 16.7
③ 55.6 ④ 83.4

해설

$$\text{조도} = \frac{\text{광도[cd]}}{(\text{거리})^2} = \frac{5}{0.3^2} = 55.6[\text{Lux}]$$

참고 산업안전기사 필기 p.2-169(2. 조명단위)

KEY 2017년 3월 5일 기사 출제

[정답] 25 ② 26 ① 27 ④ 28 ③

29 음량 수준을 측정할 수 있는 3가지 척도에 해당되지 않는 것은?

① sone ② 럭스
③ phon ④ 인식소음 수준

해설

음의 크기의 수준 3가지 척도

① Phon : 1,000[Hz] 순음의 음압수준(dB)을 나타낸다.
② sone : 1,000[Hz], 40[dB]의 음압수준을 가진 순음의 크기 (=40[Phon])를 1 [sone]이라 한다.

sone과 Phon의 관계식
∴ sone치 = $2^{(phon-40)/10}$

③ 인식소음 수준
㉮ PNdb(perceived noise level)의 척도는 910~1,090[Hz]대의 소음 음압수준
㉯ PLdb(perceived level of noise)의 척도는 3,150 [Hz]에 중심을 둔 1/3 옥타브대 음을 기준으로 사용

참고 산업안전기사 필기 p.2-173(합격날개 : 합격예측)

KEY 2016년 3월 6일 산업기사 출제

30 실린더 블록에 사용하는 가스켓의 수명은 평균 10,000[시간]이며, 표준편차는 200[시간]으로 정규분포를 따른다. 사용시간이 9,600[시간]일 경우에 신뢰도는 약 얼마인가?(단, 표준정규분포표에서 $u_{0.8413}=1$, $u_{0.9772}=2$ 이다.)

① 84.13[%] ② 88.73[%]
③ 92.72[%] ④ 97.72[%]

해설

신뢰도

① 확률변수 X는 정규분포 N(10,000, 200^2)을 따른다.
② 9,600시간은 $\frac{9,600-10,000}{200}=-2$
③ 표준정규분포상 $-Z_2$보다 큰 값을 신뢰도로 한다.
④ 전체에서 $-Z_2$보다 작은 값을 빼면 된다.
⑤ 정규분포의 특성상 이는 Z_2보다 큰 값과 동일한 값이다.
⑥ Z_2의 값이 0.9772이므로 $1-0.9772=0.0228$이 된다.
⑦ 신뢰도 = $1-0.0228=0.9772\times100=97.72$[%]

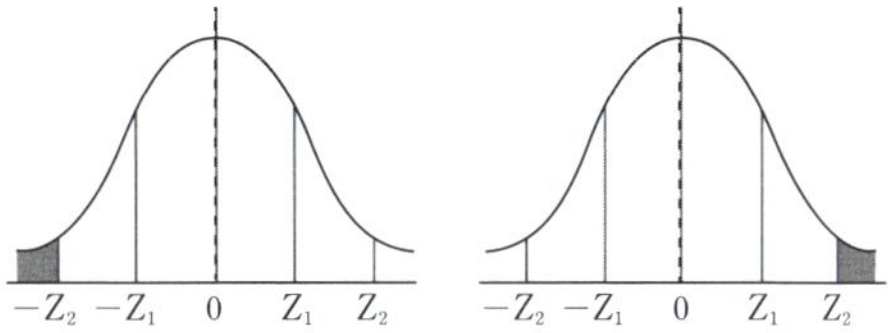

[그림] 정규분포

보충학습

정규분포

① 확률변수 X는 정규분포 N(평균, 표준편차²)을 따른다.
② 구하고자 하는 값을 정규분포상의 값으로 변환하려면 $\frac{\text{대상값}-\text{평균}}{\text{표준편차}}$를 이용한다.

KEY ① 2014년 8월 17일 산업기사 출제
② 2015년 5월 31일(문제35번)산업기사 출제

31 음압수준이 70[dB]인 경우, 1,000[Hz]에서 순음의 [phon]치는?

① 50[phon] ② 70[phon]
③ 90[phon] ④ 100[phon]

해설

phon

①1000[Hz]의 순음의 음압수준 [dB]
② 70[dB]=70[phon]

참고 산업안전기사 필기 p.2-173(합격날개 : 합격예측)

합격자의 조언

정독이 필요한 문제입니다.

32 인체계측자료의 응용원칙 중 조절 범위에서 수용하는 통상의 범위는 얼마인가?

① 5~95[%tile] ② 20~80[%tile]
③ 30~70[%tile] ④ 40~60[%tile]

해설

조절범위(조정범위) 설계

① 사무실 의자의 높낮이 조절, 자동차 좌석의 전후조절 등
② 통상 5[%]치에서 95[%]치까지에서 90[%] 범위를 수용대상으로 설계
③ 가장 우선적으로 설계적용 고려순서 : 조절식 → 극단치 → 평균치

[정답] 29 ② 30 ④ 31 ② 32 ①

참고 산업안전기사 필기 p.2-169(2. 조절범위 설계)

KEY ① 2016년 8월 21일 산업기사 출제
② 2017년 9월 23일 기사 출제

보충학습

인체계측에서 [%tile]

① 개요
㉠ [%tile] = 평균값 ± (표준편차 ×[%tile]계수)로 구한다.
㉡ 조절범위에서 수용하는 통상의 범위는 5~95[%tile]이다.
② [%tile] 구하는 방법
㉠ 5[%tile] = 평균 - 1.645 × 표준편차로 구한다.
㉡ 95[%tile] = 평균 + 1.645 × 표준편차로 구한다.

33 동작 경제 원칙에 해당되지 않는 것은?

① 신체사용에 관한 원칙
② 작업장 배치에 관한 원칙
③ 사용자 요구 조건에 관한 원칙
④ 공구 및 설비 디자인에 관한 원칙

해설

동작 경제의 3원칙

① 신체의 사용에 관한 원칙(Use of The human body)
② 작업장의 배치에 관한 원칙(Arrangement of the workplace)
③ 공구 및 설비 디자인에 관한 원칙(Design of tools and equipment)

참고 산업안전기사 필기 p.2-75(4. 동작 경제의 3원칙)

KEY 2018년 3월 4일 기사 출제

34 정신적 작업 부하에 관한 생리적 척도에 해당하지 않는 것은?

① 부정맥 지수 ② 근전도
③ 점멸융합주파수 ④ 뇌파도

해설

근전도(EMG : electro-myogram)

① 근육활동의 전위차를 기록한 것
② 심장근의 근전도를 특히 심전도(ECG : electro-cardiogram)라 한다.
③ 신경활동 전위차의 기록은 ENG(electroneurogram)

참고 산업안전기사 필기 p.2-160(1. 동적근력작업)

KEY ① 2016년 3월 6일 문제 24번 출제
② 2016년 10월 1일 기사 출제

35 FMEA의 장점이라 할 수 있는 것은?

① 분석방법에 대한 논리적 배경이 강하다.
② 물적, 인적요소 모두가 분석대상이 된다.
③ 서식이 간단하고 비교적 적은 노력으로 분석이 가능하다.
④ 두 가지 이상의 요소가 동시에 고장 나는 경우에도 분석이 용이하다.

해설

FMEA의 장·단점

① 장점 : 서식이 간단하고 비교적 적은 노력으로 특별한 훈련없이 분석을 할 수 있다.
② 단점 : 논리성이 부족하고 특히 각 요소 간의 영향을 분석하기 어렵기 때문에 동시에 두 가지 이상의 요소가 고장날 경우 분석이 곤란하며, 또한 요소가 물체로 한정되어 있기 때문에 인적원인을 분석하는 데는 곤란이 있다.

참고 산업안전기사 필기 p.2-62(합격날개 : 합격예측)

KEY ① 2015년 9월 19일 기사 문제 46번 출제
② 2018년 3월 4일 산업기사 출제

36 수리가 가능한 어떤 기계의 가용도(availability)는 0.9이고, 평균수리시간(MTTR)이 2시간일 때, 이 기계의 평균수명(MTBF)은?

① 15시간 ② 16시간
③ 17시간 ④ 18시간

해설

평균수명

① MTBF(평균고장간격 : Mean Time Between Failures) : 고장이 발생되어도 다시 수리를 해서 쓸 수 있는 제품을 의미(무고장 시간의 평균)
② MTTR(평균수리시간 : Mean Time To Repair) : 체계의 고장 발생 순간부터 수리가 완료되어 정상적으로 작동을 시작하기까지의 평균고장시간이며 지수분포를 따른다.

참고 산업안전기사 필기 p.2-83(3. MTBF)

KEY ① 2016년 3월 6일 산업기사 출제
② 2018년 3월 4일 기사 출제
③ 2018년 4월 28일 기사 출제

[정답] 33 ③ 34 ② 35 ③ 36 ④

보충학습

① 평균수명(MTBF)은 가용도를 통해서 구할 수 있다.

② 총 운용시간은 (평균 수리시간 +평균수명(MTBF))이므로 가용도 측면에서 볼 때 총 운용시간은 1이고, 평균 수리시간은(1-가용도)이므로 0.1에 해당한다. 평균 수리시간이 2시간이라고 했으므로 총 운용시간은 20시간이고, 평균수명은 18시간이 된다.

② 설비의 가동성(Availability)

㉠ 가동률, 가용도라고도 하며, 특정 설비가 정상적으로 작동하여 그 설치목적을 수행하는 비율을 말한다.

㉡ $\frac{MTBF}{MTBF+MTTR} = \frac{\text{평균고장간격}}{\text{평균고장간격}+\text{평균수리시간}}$

$= \frac{\text{실질가동시간}}{\text{총운용시간}}$ 으로 구한다.

㉡ $0.9 = \frac{MTBF}{MTBF+2}$

$\therefore MTBF = 18$ [시간]

37 산업안전보건법령에 따라 제조업 중 유해위험방지계획서 제출대상 사업의 사업주가 유해 위험방지계획서를 제출하고자 할 때 첨부하여야 하는 서류에 해당하지 않는 것은?

① 공사개요서

② 기계·설비의 배치도면

③ 기계·설비의 개요를 나타내는 서류

④ 원재료 및 제품의 취급, 제조 등의 작업방법의 개요

해설

유해·위험방지계획서 제출서류(제조업)

① 건축물 각 층의 평면도

② 기계·설비의 개요를 나타내는 서류

③ 기계·설비의 배치도면

④ 원재료 및 제품의 취급, 제조 등의 작업방법의 개요

⑤ 그 밖에 고용노동부장관이 정하는 도면 및 서류

참고 산업안전기사 필기 p.2-44(합격날개 : 합격예측)

KEY ① 2015년 3월 8일 기사 문제 33번 출제
② 2015년 9월 19일 기사 문제 43번 출제

정보제공

산업안전보건법 시행규칙 제42조 (제출서류 등)

38 생명유지에 필요한 단위시간당 에너지량을 무엇이라 하는가?

① 기초 대사량 ② 산소 소비율

③ 작업 대사량 ④ 에너지 소비율

해설

기초대사량(BMR)

① 생명유지에 필요한 단위 시간당 에너지량

② $A = H^{0.725} \times W^{0.425} \times 72.46$

여기서, A : 몸의 표면적[cm^2], H : 신장[cm],
W : 체중[kg]

참고 산업안전기사 필기 p.1-102(㉥ 기초대사량)

KEY ① 2016년 3월 6일 산업기사 출제
② 2017년 3월 5일 산업기사 출제
③ 2017년 9월 23일 산업기사 출제

39 다음의 각 단계를 결함수분석법(FTA)에 의한 재해사례의 연구 순서대로 나열한 것은?

[다음]

㉠ 정상사상의 선정
㉡ FT도 작성 및 분석
㉢ 개선 계획의 작성
㉣ 각 사상의 재해원인 규명

① ㉠→㉡→㉢→㉣ ② ㉠→㉣→㉢→㉡

③ ㉠→㉢→㉡→㉣ ④ ㉠→㉣→㉡→㉢

해설

FTA에 의한 재해사례연구순서

① 제1단계 : 톱사상의 선정

② 제2단계 : 사상마다의 재해원인 및 요인 규명

③ 제3단계 : FT도 작성

④ 제4단계 : 개선계획 작성

⑤ 제5단계 : 개선안 실시계획

참고 산업안전기사 필기 p.2-75(합격날개 : 합격예측)

KEY 2016년 10월 1일 기사 출제

[정답] 37 ① 38 ① 39 ④

40 인간 기계시스템의 연구 목적으로 가장 적절한 것은?

① 정보 저장의 극대화
② 운전시 피로의 평준화
③ 시스템의 신뢰성 극대화
④ 안전의 극대화 및 생산능률의 향상

해설

인간 기계 시스템의 연구목적
안전의 극대화 및 생산 능률의 향상

참고 산업안전기사 필기 p.2-6(1. 인간-기계 통합시스템)

KEY ① 2015년 9월 19일 기사 문제 54번 출제
② 2017년 8월 26일 산업기사 출제

3 기계·기구 및 설비안전관리

41 휴대용 연삭기 덮개의 개방부 각도는 몇 도[°] 이내여야 하는가?

① 60[°] ② 90[°]
③ 125[°] ④ 180[°]

해설

휴대용 연삭기 개방부 각도
휴대용 연삭기, 스윙연삭기, 슬라브연삭기, 기타 이와 비슷한 연삭기의 덮개 각도

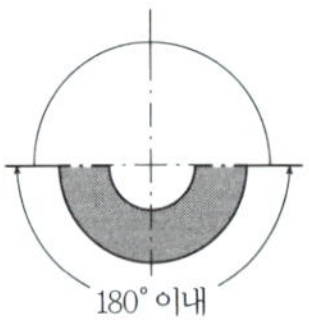

[그림] 개방부 각도

참고 산업안전기사 필기 p.3-94(그림. 연삭기 종류 미 덮개의 표준형상)

KEY ① 2016년 8월 21일 기사 출제
② 2017년 3월 5일 산업기사 출제
③ 2017년 5월 7일 기사·산업기사 동시 출제
④ 2017년 8월 26일 산업기사 출제
⑤ 2018년 8월 19일 산업기사 출제

42 롤러기 급정지장치 조작부에 사용하는 로프의 성능 기준으로 적합한 것은?(단, 로프의 재질은 관련 규정에 적합한 것으로 본다.)

① 지름 1[mm] 이상의 와이어로프
② 지름 2[mm] 이상의 합성섬유로프
③ 지름 3[mm]이상의 합성섬유로프
④ 지름 4[mm] 이상의 와이어로프

해설

손으로 조작하는 로프식 성능기준
① 수직접선에서 5[cm] 이내 위치
② 직경 4[mm] 이상의 와이어로프 또는 직경이 6[mm] 이상이고 절단하중이 2.94[kN] 이상의 합성섬유 로프 사용

참고 산업안전기사 필기 p.3-110(합격날개 : 합격예측 및 관련법규)

KEY 2013년 6월 2일 문제57번 출제

43 다음 중 공장 소음에 대한 방지 계획에 있어 소음원에 대한 대책에 해당하지 않는 것은?

① 해당 설비의 밀폐
② 설비실의 차음벽 시공
③ 작업자의 보호구 착용
④ 소음기 및 흡음장치 설치

해설

소음원에서 소음을 줄이는 방법
(1) 음향적 설계
① 진동시스템의 에너지를 줄인다.
② 에너지와 소음발산 시스템과의 조합을 줄인다.
③ 구조를 바꿔서 적은 소음이 노출되게 한다.
(2) 저소음 기계로 교체
(3) 작업방법의 변경

참고 산업안전기사 필기 p.3-228(합격날개 : 은행문제)

KEY 2015년 8월 16일 산업기사 출제

보충학습

작업자 보호구 착용
① 개인적인 소음대책
② 소극적인 수용자 대책

[정답] 40 ④ 41 ④ 42 ④ 43 ③

44 와이어로프의 꼬임은 일반적으로 특수로프를 제외하고는 보통 꼬임(Ordinary Lay)과 랭 꼬임(Lang's Lay)으로 분류할 수 있다. 다음 중 랭 꼬임과 비교하여 보통 꼬임의 특징에 관한 설명으로 틀린 것은?

① 킹크가 잘 생기지 않는다.
② 내마모성, 유연성, 저항성이 우수하다.
③ 로프의 변형이나 하중을 걸었을 때 저항성이 크다.
④ 스트랜드의 꼬임 방향과 로프의 꼬임 방향이 반대이다.

해설

와이어로프의 꼬임 방법

꼬임 / 구분	보통 꼬임(Z꼬임)	랭 꼬임(S꼬임)
외관	• 소선과 로프축은 평행이다. • 가닥과 소선의 꼬임이 반대 방향	• 소선과 로프축은 각도를 가진다. • 가닥과 소선의 꼬임이 같은 방향
장점	• 킹크(kink)를 잘 일으키지 않으므로 취급이 쉽다. • 꼬임이 견고하기 때문에 모양이 잘 흐트러지지 않는다.	• 소선은 긴 거리에 걸쳐서 외부와 접촉하므로 로프의 내마모성이 크다. • 유연하다.
단점	• 소선이 짧은 거리에 걸쳐 외부와 접촉하므로 국부적으로 단선을 일으키기 쉽다.	• 킹크를 일으키기 쉬우므로 취급주의가 필요하다.
용도	• 일반용	• 광산 삭도용

주 킹크라는 것은 꼬임이 되돌아가든가 서로 걸려서 엉킴(kink)이 생기는 상태

참고 산업안전기사 필기 p.6-178(표. 와이어로프의 꼬임 방법)

KEY 2013년 6월 2일 문제 42번 출제

45 보일러 등에 사용하는 압력방출장치의 봉인은 무엇으로 실시해야 하는가?

① 구리테이프 ② 납
③ 봉인용 철사 ④ 알루미늄 실(seal)

해설

봉인재료 : Pb(납)

참고 산업안전기사 필기 p.3-121(합격날개 : 합격예측 및 관련법규)

KEY ① 2011년 6월 12일 기사 출제
② 2018년 8월 19일 기사·산업기사 동시 출제

정보제공

산업안전보건기준에 관한 규칙 제116조(압력방출장치)

46 프레스 및 전단기에 사용되는 손쳐내기식 방호장치의 성능기준에 대한 설명 중 옳지 않은 것은?

① 진동각도·진폭시험 : 행정길이가 최소일 때 진동각도는 60[°]~90[°]이다.
② 진동각도·진폭시험 : 행정길이가 최대일 때 진동각도는 30[°]~60[°]이다.
③ 완충시험 : 손쳐내기봉에 의한 과도한 충격이 없어야 한다.
④ 무부하 동작시험 : 1회의 오동작도 없어야 한다.

해설

손쳐내기식 방호장치의 성능기준

구분	성능기준
진동각도·진폭시험	행정길이가 최소일때 : (60~90[°]) 진동각도 최대일때 : (45~90[°]) 진동각도
완충시험	손쳐내기봉에 의한 과도한 충격이 없어야 한다.
무부하 동작시험	1회의 오동작도 없어야 한다.

참고 산업안전기사 필기 p.3-100(표. 손쳐내기식 방호장치 성능기준)

47 다음 중 산업안전보건법령상 연삭숫돌을 사용하는 작업의 안전수칙으로 틀린 것은?

① 연삭숫돌을 사용하는 경우 작업시작 전과 연삭숫돌을 교체한 후에는 1분 정도 시운전을 통해 이상 유무를 확인한다.
② 회전 중인 연삭숫돌이 근로자에게 위험을 미칠 우려가 있는 경우에 그 부위에 덮개를 설치하여야 한다.

[정답] 44 ② 45 ② 46 ② 47 ①

PART 03

③ 연삭숫돌의 최고 사용회전속도를 초과하여 사용하여서는 안 된다.
④ 측면을 사용하는 목적으로 하는 연삭 숫돌이 외에는 측면을 사용해서는 안 된다.

해설

안전기준

① 작업시작하기 전 1분 이상 시운전
② 연삭숫돌을 교체한 후 3분 이상 시운전
③ 숫돌파열이 가장 많이 발생하는 경우는 스위치를 넣는 순간

참고 산업안전기사 필기 p.3-95(4. 연삭기 구조면에 있어서 안전대책)

KEY ① 2017년 3월 5일 기사 출제
② 2017년 8월 26일 산업기사 출제
③ 2018년 3월 4일 산업기사 출제

48 **다음 중 산업용 로봇에 의한 작업 시 안전조치 사항으로 적절하지 않은 것은?**

① 로봇의 운전으로 인해 근로자가 로봇에 부딪칠 위험이 있을 때에는 1.8[m] 이상의 울타리를 설치하여야 한다.
② 작업을 하고 있는 동안 로봇의 가동스위치 등은 작업에 종사하고 있는 근로자가 아닌 사람이 그 스위치 등을 조작할 수 없도록 필요한 조치를 한다.
③ 로봇의 조작방법 및 순서, 작업 중의 매니플레이터의 속도 등에 관한 지침에 따라 작업을 하여야 한다.
④ 작업에 종사하는 근로자가 이상을 발견하면, 관리 감독자에게 우선 보고하고, 지시에 따라 로봇의 운전을 정지시킨다.

해설

이상 발견시 최우선 조치사항 : 운전정지

참고 산업안전기사 필기 p.3-125(합격날개 : 합격예측 및 관련법규)

KEY 2013년 8월 18일 문제59번 출제

정보제공
산업안전보건기준에 관한 규칙 제223조(운전중 위험방지)

49 **프레스 작업 시작 전 점검해야 할 사항으로 거리가 먼 것은?**

① 매니퓰레이터 작동의 이상유무
② 클러치 및 브레이크 기능
③ 슬라이드, 연결봉 및 연결 나사의 풀림 여부
④ 프레스 금형 및 고정볼트 상태

해설

프레스 작업시작전 점검사항

① 클러치 및 브레이크의 기능
② 크랭크축·플라이휠·슬라이드·연결봉 및 연결나사의 풀림 유무
③ 1행정 1정지기구·급정지장치 및 비상정지장치의 기능
④ 슬라이드 또는 칼날에 의한 위험방지 기구의 기능
⑤ 프레스의 금형 및 고정볼트 상태
⑥ 방호장치의 기능
⑦ 전단기(剪斷機)의 칼날 및 테이블의 상태

참고 산업안전기사 필기 p.3-51(표. 작업시작전 기계·기구 및 점검내용)

KEY ① 2016년 3월 6일 산업기사 출제
② 2017년 3월 5일 기사 출제
③ 2017년 5월 7일 기사 출제
④ 2017년 8월 26일 기사 출제
⑤ 2018년 3월 4일 기사 출제
⑥ 2018년 4월 28일 기사 출제
⑦ 2018년 8월 19일 기사 출제

정보제공
산업안전보건기준에 관한 규칙 [별표 3] 작업시작전 점검사항

50 **압력용기 등에 설치하는 안전밸브에 관련한 설명으로 옳지 않은 것은?**

① 안지름이 150[mm]를 초과하는 압력용기에 대해서는 과압에 따른 폭발을 방지하기 위하여 규정에 맞는 안전밸브를 설치해야 한다.
② 급성 독성물질이 지속적으로 외부에 유출될 수 있는 화학설비 및 그 부속설비에는 파열판과 안전밸브를 병렬로 설치한다.
③ 안전밸브는 보호하려는 설비의 최고사용압력이하에서 작동되도록 하여야 한다.

[정답] 48 ④ 49 ① 50 ②

④ 안전밸브의 배출용량은 그 작동원인에 따라 각각의 소요분출량을 계산하여 가장 큰 수치를 해당 안전밸브의 배출용량으로 하여야 한다.

해설

파열판 및 안전밸브의 직렬설치

사업주는 급성독성물질이 지속적으로 외부에 유출될 수 있는 화학설비 및 그 부속설비에는 파열판과 안전밸브를 직렬로 설치하고 그 사이에는 압력지시계 또는 자동경보장치를 설치하여야 한다.

참고 산업안전기사 필기 p.5-4(합격날개 : 합격예측 및 관련 법규)

KEY 2018년 8월 19일 산업기사 출제

정보제공

산업안전보건기준에 관한 규칙 제263조(파열판 및 안전밸브의 직렬설치)

51 **유해·위험기계·기구 중에서 진동과 소음을 동시에 수반하는 기계설비로 가장 거리가 먼 것은?**

① 컨베이어 ② 사출 성형기
③ 가스 용접기 ④ 공기 압축기

해설

가스용접기 : 소음 발생

참고 산업안전기사 필기 p.3-89(합격날개 : 은행문제)

KEY 2009년 3월 1일 문제47번 출제

52 **기능의 안전화 방안을 소극적 대책과 적극적 대책으로 구분할 때 다음 중 적극적 대책에 해당하는 것은?**

① 기계의 이상을 확인하고 급정지 시켰다.
② 원활한 작동을 위해 급유를 하였다.
③ 회로를 개선하여 오동작을 방지하도록 하였다.
④ 기계의 볼트 및 너트가 이완되지 않도록 다시 조립하였다.

해설

적극적 대책

회로를 개선하여 오동작을 사전에 방지하거나 또는 별도의 안전한 회로에 의한 정상기능을 찾도록 하는 대책

참고 산업안전기사 필기 p.3-206(③ 적극적 대책)

KEY ① 2018년 8월 19일 산업기사 출제
② 2012년 5월 20일 문제54번 출제

53 **프레스기의 비상정지스위치 작동 후 슬라이드가 하사점까지 도달시간이 0.15[초] 걸렸다면 양수기동식 방호장치의 안전거리는 최소 몇 [cm] 이상 이어야 하는가?**

① 24 ② 240
③ 15 ④ 150

해설

양수기동식 안전거리(Dm)

$=1.6T_m=1.6\times0.15=0.24[\text{ms}]\times100=24[\text{cm}]$

참고 산업안전기사 필기 p.3-102(합격날개 : 참고)

KEY ① 2017년 5월 7일 산업기사 출제
② 2018년 3월 4일 산업기사 출제

54 **컨베이어(conveyor) 역전방지장치의 형식을 기계식과 전기식으로 구분할 때 기계식에 해당하지 않는 것은?**

① 라쳇식 ② 밴드식
③ 스러스트식 ④ 롤러식

해설

컨베이어의 역전방지 장치

(1) 기계식
① 라쳇식 ② 롤러식 ③ 밴드식
(2) 전기식
① 전기브레이크 ② 스러스트브레이크

참고 산업안전기사 필기 p.3-138(5. 컨베이어의 역전방지 장치)

KEY 2012년 8월 26일 문제60번 출제

[정답] 51 ③ 52 ③ 53 ① 54 ③

55 재료의 강도시험중 항복점을 알 수 있는 시험의 종류는?

① 비파괴시험 ② 충격시험
③ 인장시험 ④ 피로시험

해설

인장시험

① 시험편을 시험기에 장치하고 서서히 인장하여 시험편이 파괴될 때까지의 하중과 신장의 관계를 선도(線圖)로 나타낸다.
② 재료의 항복점, 인장강도, 신장, 교축 등을 조사할 목적으로 행하는 것을 인장시험이라 한다.

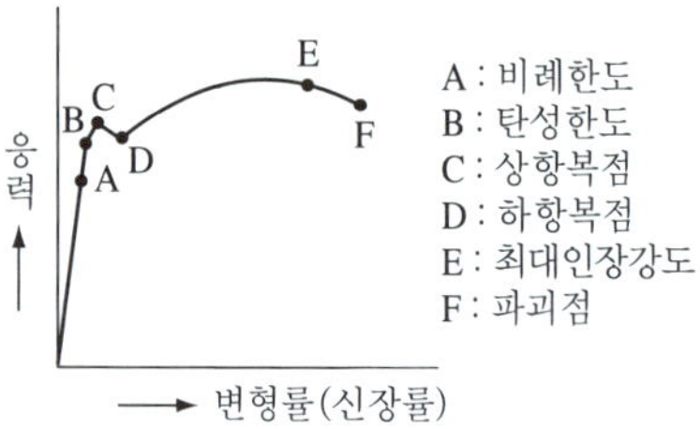

[그림] 응력변형률 곡선

참고 산업안전기사 필기 p.3-219(1. 인장시험)

KEY 2017년 3월 5일 기사 출제

56 다음 중 프레스를 제외한 사출성형기·주형조형기 및 형단조기 등에 관한 안전조치사항으로 틀린 것은?

① 근로자의 신체 일부가 말려들어갈 우려가 있는 경우에는 양수조작식 방호장치를 설치하여 사용한다.
② 게이트가드식 방호장치를 설치할 경우에는 연동구조를 적용하여 문을 닫지 않아도 동작할 수 있도록 한다.
③ 사출성형기의 전면에 작업용 발판을 설치할 경우 근로자가 쉽게 미끄러지지 않는 구조여야 한다.
④ 기계의 히터 등의 가열부위, 감전우려가 있는 부위에는 방호덮개를 설치하여 사용한다.

해설

게이트가드는 이를 닫지 아니하면 기계가 작동되지 아니하는 연동구조이어야 한다.

참고 산업안전기사 필기 p.3-98(합격날개 : 합격예측 및 관련법규)

정보제공

산업안전보건기준에 관한 규칙 제121조(사출성형기 등의 방호장치)

57 자분탐상검사에서 사용하는 자화방법이 아닌 것은?

① 축통전법 ② 전류 관통법
③ 극간법 ④ 임피던스법

해설

자분탐상 방법

구분	특징
직각 통전법	시험품의 축에 대해 직각인 방향에 직접 전류를 흘려서 전류 주위에 생기는 자장을 이용하여 자화시키는 방법
극간법	시험품의 일부분 또는 전체를 전자석 또는 영구자석의 자극간에 놓고 자화시키는 방법
축 통전법	시험품의 축 방향의 끝단에 전류를 흘려, 전류 둘레에 생기는 원형 자장을 이용하여 자화시키는 방법
자속(전류) 관통법	시험품의 구멍 등에 철심을 놓고 교류 자속을 흘림으로써 시험품 구멍 주변에 유도 전류를 발생시켜, 그 전류가 만드는 자장에 의해서 시험품을 자화시키는 방법

참고 산업안전기사 필기 p.3-224(표. 자분탐상 방법)

58 다음 중 소성가공을 열간가공과 냉간가공으로 분류하는 가공온도의 기준은?

① 융해점 온도 ② 공석점 온도
③ 공정점 온도 ④ 재결정 온도

해설

재결정온도 : 열간가공과 냉간가공온도 기준

참고 산업안전기사 필기 p.3-142192(합격날개 : 합격예측)

KEY 2012년 5월 20일 문제 52번 출제

[정답] 55 ③ 56 ② 57 ④ 58 ④

59 컨베이어 설치 시 주의사항에 관한 설명으로 옳지 않은 것은?

① 컨베이어에 설치된 보도 및 운전실 상면은 가능한 수평이어야 한다.
② 근로자가 컨베이어를 횡단하는 곳에는 바닥면 등으로부터 90[cm]이상 120[cm]이하에 상부난간대를 설치하고, 바닥면과의 중간에 중간난간대가 설치된 건널다리를 설치한다.
③ 폭발의 위험이 있는 가연성 분진 등을 운반하는 컨베이어 또는 폭발의 위험이 있는 장소에 사용되는 컨베이어의 전기기제 및 기구는 방폭구조이어야 한다.
④ 보도, 난간, 계단, 사다리의 설치 시 컨베이어를 가동시킨 후에 설치하면서 설치상황을 확인한다.

해설

컨베이어 설치 전 또는 가동개시전에 반드시 정지시킨 후 확인한다.

참고 산업안전기사 필기 p.3-141(합격날개 : 은행문제)

60 다음 중 용접 결함의 종류에 해당하지 않는 것은?

① 비드(bead)
② 기공(blow hole)
③ 언더컷(under cut)
④ 용입 불량(incomplete penetration)

해설

용접결함의 종류

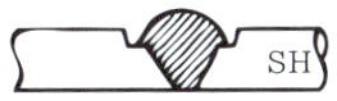

① Under Cut(언더 컷)

② Over Lap(오버랩)

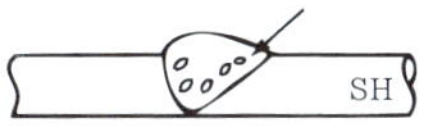

③ Blow Hole(기공)

④ 용입부족

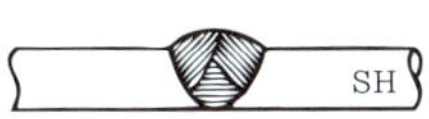

⑤ Slag(슬래그)섞임

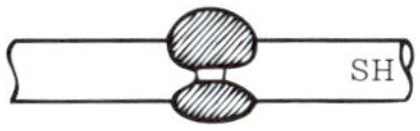

⑥ 용입불량

⑦ Crater(크레이터)

⑧ Crack(크랙)

참고 산업안전기사 필기 p.6-168(그림. 용접결함의 종류)

KEY ① 2015년 8월 16일 문제 60번 출제
② 2017년 3월 5일 산업기사 출제
③ 2019년 3월 3일 기사, 산업기사 동시 출제

4 전기설비 안전관리

61 정전작업 시 작업 중의 조치사항으로 옳은 것은?

① 검전기에 의한 정전확인
② 개폐기의 관리
③ 잔류전하의 방전
④ 단락접지 실시

해설

정전작업 중(작업 시) 조치사항

① 작업지휘자에 의해 작업한다.
② 개폐기를 관리한다.
③ 단락접지 상태를 확인·관리한다.(혼촉 또는 오동작 방지)
④ 근접활선에 대한 방호상태를 관리한다.

참고 산업안전기사 필기 p.4-76(2. 작업중)

KEY ① 2017년 8월 21일 기사 출제
② 2017년 5월 7일 기사 출제

보충학습

작업 전 조치사항

① 검전기에 의한 정전확인
② 잔류전하의 방전
③ 단락접지 실시

[정답] 59 ④ 60 ① 61 ②

62 자동전격방지장치에 대한 설명으로 틀린 것은?

① 무부하시 전력손실을 줄인다.

② 무부하 전압을 안전전압 이하로 저하시킨다.

③ 용접을 할 때에만 용접기의 주회로를 개로(OFF)시킨다.

④ 교류 아크용접기의 안전장치로서 용접기의 1차 또는 2차 측에 부착한다.

해설

용접을 할 때에는 용접기의 주회로를 폐로(ON)시킨다.

참고 산업안전기사 필기 p.4-78(2. 방호장치의 성능)

KEY ① 2016년 5월 8일 산업기사 출제
② 2017년 5월 7일 기사 출제
③ 2018년 3월 4일 기사 출제

63 인체의 전기저항 R을 1,000[Ω]이라고 할 때 위험 한계 에너지의 최저는 약 몇 [J]인가?(단, 통전 시간은 1초이고, 심실세동전류 $I=\frac{165}{\sqrt{T}}$[mA]이다.

① 17.23　　② 27.23

③ 37.23　　④ 47.23

해설

위험한계에너지

$Q=I^2RT[J/S]=\left(\frac{165\sim185}{\sqrt{T}}\times10^{-3}\right)^2\times1,000\times T$

$=\frac{165^2\sim185^2}{T}\times10^{-6}\times1,000\times T$

$=165^2\times10^{-6}\times1,000\sim185^2\times10^{-6}\times1,000$

$=27.23\sim34.22[J]=27.23\times0.24[cal]=6.5^3[cal]$

참고 산업안전기사 필기 p.4-18(3. 위험한계에너지)

KEY ① 2016년 8월 21일 기사 출제
② 2017년 5월 7일 기사 출제
③ 2018년 3월 4일 기사 출제
④ 2018년 4월 28일기사·산업기사 동시 출제
⑤ 2018년 8월 19일 기사 출제

64 다음 그림과 같이 완전 누전되고 있는 전기기기의 외함에 사람이 접촉하였을 경우 인체에 흐르는 전류(I_m)는? (단, E(V)는 전원의 대지전압, R_2[Ω]는 변압기 1선 접지, 제2종 접지저항, R_3[Ω]은 전기기기 외함 접지, 제3종 접지저항, R_m[Ω]은 인체저항이다.)

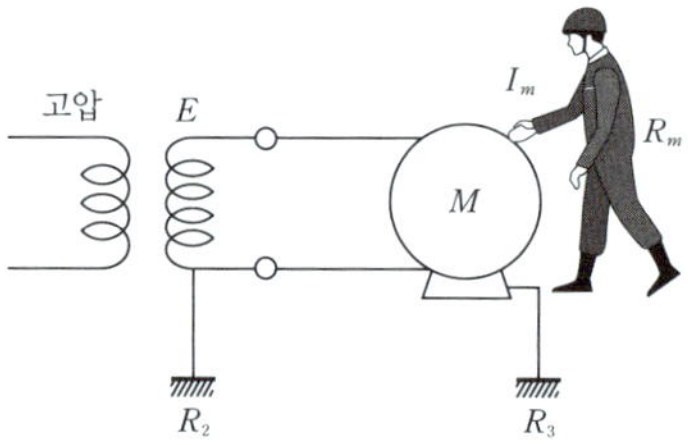

① $\dfrac{E}{R_2+\left(\dfrac{R_3\times R_m}{R_3+R_m}\right)}\times\dfrac{R_3}{R_3+R_m}$

② $\dfrac{E}{R_2+\left(\dfrac{R_3+R_m}{R_3\times R_m}\right)}\times\dfrac{R_3}{R_3+R_m}$

③ $\dfrac{E}{R_2+\left(\dfrac{R_3\times R_m}{R_3+R_m}\right)}\times\dfrac{R_m}{R_3+R_m}$

④ $\dfrac{E}{R_3+\left(\dfrac{R_2\times R_m}{R_2+R_m}\right)}\times\dfrac{R_3}{R_3+R_m}$

해설

인체전류(I_m)

① 저항 R_2와 R_3은 직렬로 연결되었고, 인체는 저항R_3에 연결되어 병렬로 구성되어 있으므로 합성저항$=R_2+\left(\frac{1}{R_3}+\frac{1}{R_m}\right)$

② 지락전류 $I=\dfrac{E}{R_2+\left(\frac{1}{R_3}+\frac{1}{R_m}\right)}=\dfrac{E}{R_2+\left(\frac{R_3\cdot R_m}{R_3+R_m}\right)}$

여기서 감전전류는 구해진 지락전류가 저항 R_2와 인체의 저항에 반비례하게 나눠서 걸리게 되므로 인체에 걸리는 전류는

③ 지락전류 $I=\dfrac{E}{R_2+\left(\frac{R_3\cdot R_m}{R_3+R_m}\right)}\times\dfrac{R_3}{R_3+R_m}$

④ 인체에 걸리는 전류

$\dfrac{E}{R_2+\left(\frac{R_3\cdot R_m}{R_3+R_m}\right)}\times\dfrac{R_3}{R_3+R_m}$

KEY 2015년 3월 8일 문제 68번 출제

[정답] 62 ③　63 ②　64 ①

65 전기화재가 발생되는 비중이 가장 큰 발화원은?

① 주방기기
② 이동식 전열기
③ 회전체 전기기계 및 기구
④ 전기배선 및 배선기구

해설

발화원(기기별)
① 이동이 가능한 전열기 : 35[%]
② 전등, 전화 등의 배선 : 27[%]
③ 전기기기 : 14[%]
④ 전기장치 : 9[%]
⑤ 배선기구 : 5[%]
⑥ 고정된 전열기 : 5[%]

참고 산업안전기사 필기 p.4-72(1. 발화원)

보충설명
본 문제는 말도 안되지만 답은 ④입니다. 이번 시험에 혹시 출제시 ④로 해야 합니다.

66 역률개선용 커패시터(capacitor)가 접속되어있는 전로에서 정전작업을 할 경우 다른 정전작업과는 달리 주의 깊게 취해야 할 조치사항으로 옳은 것은?

① 안전표지 부착
② 개폐기 전원투입 금지
③ 잔류전하 방전
④ 활선 근접작업에 대한 방호

해설

역률개선용 커패시터 접속된 전로 정전작업시 최우선 조치사항 : 잔류전하방전

참고 산업안전기사 필기 p.4-7(합격날개 : 은행문제)

KEY 2016년 8월 26일 문제 78번 출제

정보제공
산업안전보건기준에 관한 규칙 제319조(정전전로에서의 전기작업)

67 감전사고를 방지하기 위한 방법으로 틀린 것은?

① 전기기기 및 설비의 위험부에 위험표지
② 전기설비에 대한 누전차단기 설치
③ 전기기기에 대한 정격표시
④ 부자격자는 전기기계 및 기구에 전기적인 접촉금지

해설

전기사고 예방대책
① 전기설비 점검철저
② 보호접지
③ 노출충전부 절연방호구 사용
④ 전기기기 위험표시
⑤ 작업자 보호대 착용
⑥ 유자격자 취업
⑦ 안전교육실시

참고 산업안전기사 필기 p.4-29(문제 19번) 적중

KEY ① 1996년 3월 31일 기사 출제
② 2015년 8월 16일 문제 61번 출제
③ 2016년 3월 6일 문제 67번 출제

68 전기기기 방폭의 기본 개념이 아닌 것은?

① 점화원의 방폭적 격리
② 전기기기의 안전도 증강
③ 점화능력의 본질적 억제
④ 전기설비 주위 공기의 절연능력 향상

해설

전기설비의 기본개념(방폭화 방법)
① 점화원의 방폭적 격리 : 내압(耐壓), 압력(壓力), 유입(油入)방폭구조
② 전기설비의 안전도 증감 : 안전증방폭구조
③ 점화능력의 본질적 억제 : 본질안전방폭구조의 전기설비

참고 산업안전기사 필기 p.4-13(3. 전기설비의 기본개념)

KEY 2018년 4월 28일 기사 출제

보충학습
폭발성 위험 분위기 해소 : 충전방폭 구조

[정답] 65 ④ 66 ③ 67 ③ 68 ④

69 **대전물체의 표면전위를 검출전극에 의한 용량 분할을 통해 측정할 수 있다. 대전물체의 표면전위 V_s는?(단, 대전물체와 검출전극간의 정전용량은 C_1, 검출전극과 대지간의 정전용량은 C_2, 검출전극의 전위는 V_e 이다.)**

① $V_s = \left(\frac{C_1 \times C_2}{C_1} + 1\right)V_e$

② $V_s = \frac{C_1 + C_2}{C_1}V_e$

③ $V_s = \frac{C_2}{C_1 + C_2}V_e$

④ $V_s = \left(\frac{C_1}{C_1 + C_2} + 1\right)V_e$

해설

표면전위(V_s)

① 직렬로 연결된 C_1과 C_2에서 송전선 전압이 E일 때 정전용량 C_1에 걸리는 전압은 $\frac{C_2}{C_1+C_2}E$가 된다.

② C_2에 걸리는 전압은 $\frac{C_1}{C_1+C_2}E$가 된다.

③ 대전물체의 표면전위(V_s)가 E와 같고, C_2에 걸리는 전압이 검출전극의 전위(V_e)이므로 대입하면 $V_e = \frac{C_1}{C_1+C_2}V_s$가 된다.

④ $V_s = \frac{C_1+C_2}{C_1}V_e$

참고 ① 산업안전기사 필기 p.4-39(합격날개 : 은행문제 2)
② 산업안전기사 필기 p.4-33(6. 정전기에너지)

KEY 2012년 8월 26일 문제 72번 출제

70 **다음 중 불꽃(spark)방전의 발생 시 공기 중에 생성되는 물질은?**

① O_2　　② O_3
③ H_2　　④ C

해설

불꽃방전과 스파크 방전시 공기중 생성물질 : O_3(오존)

참고 ① 산업안전기사 필기 p.4-34(3. 불꽃방전)
② 산업안전기사 필기 p.4-48(문제 15번)

KEY 2013년 8월 17일 기사 문제 76번 출제

71 **감전사고가 발생했을 때 피해자를 구출하는 방법으로 틀린 것은?**

① 피해자가 계속하여 전기설비에 접촉되어 있다면 우선 그 설비의 전원을 신속히 차단한다.
② 감전 상황을 빠르게 판단하고 피해자의 몸과 충전부가 접촉되어 있는지를 확인한다.
③ 충전부에 감전되어 있으면 몸이나 손을 잡고 피해자를 곧바로 이탈시켜야 한다.
④ 절연 고무장갑, 고무장화 등을 착용한 후에 구원해 준다.

해설

어떠한 경우라도 감전자의 몸이나 손을 잡으면 안된다.(이유 : 동시감전)

참고 산업안전기사 필기 p.4-21(합격날개 : 은행문제)

KEY 2014년 5월 24일 문제 64번 출제

72 **샤워시설이 있는 욕실에 콘센트를 시설하고자 한다. 이때 설치되는 인체감전보호용 누전차단기의 정격감도전류는 몇 [mA] 이하인가?**

① 5　　② 15
③ 30　　④ 60

해설

욕실 등의 인체 감전방지용 누전차단기
① 정격감도 전류 : 15[mA]
② 시간 : 0.03초 이내

참고 산업안전기사 필기 p.4-6(⑥ 샤워실 인체감전 보호용 정격감도전류)

KEY 2019년 3월 3일 문제 73번 출제

73 **인체의 저항을 500[Ω]이라 할 때 단상 440[V]의 회로에서 누전으로 인한 감전재해를 방지할 목적으로 설치하는 누전 차단기의 규격은?**

[정답] 69 ② 70 ② 71 ③ 72 ② 73 ②

① 30[mA], 0.1[초]　② 30[mA], 0.03[초]
③ 50[mA], 0.1[초]　④ 50[mA], 0.3[초]

해설

누전차단기 규격

참고 산업안전기사 필기 p.4-5(그림. 누전차단기)

KEY ① 2018년 3월 4일 기사 · 산업기사 동시 출제
② 2018년 4월 28일 산업기사 출제
③ 2018년 8월 19일 산업기사 출제

74 접지의 종류와 목적이 바르게 짝지어지지 않은 것은?

① 계통 접지 – 고압전로와 저압전로가 혼촉되었을때의 감전이나 화재 방지를 위하여
② 지락검출용 접지 – 차단기의 동작을 확실하게 하기 위하여
③ 기능용 접지 – 피뢰기 등의 기능손상을 방지하기 위하여
④ 등전위 접지 – 병원에 있어서 의료기기 사용시 안전을 위하여

해설

접지의 종류 및 목적

접지의 종류	목적
계통 접지	고압 전로와 저압 전로의 혼촉으로 인한 감전이나 화재를 방지하기 위해 변압기의 중성점을 접지하는 방식
기기 접지	누전되고 있는 기기에 접촉되었을 때의 감전을 방지
피뢰기 접지	낙뢰로부터 전기 기기의 손상을 방지, 제1종 접지
정전기 장해 방지용 접지	정전기 축적에 의한 폭발 재해를 방지
지락 검출용 접지	누전 차단기의 동작을 확실하게 한다.
등전위 접지	병원에 있어서의 의료 기기 사용 시의 안전을 위해 설치
잡음 대책용접지	잡음에 의한 Electronics 장치의 파괴나 오동작을 방지
기능용 접지	건축물 내에 설치된 전자기기의 안정적 가동을 확보하기 위한 목적으로 설치

참고 산업안전기사 필기 p.4-41(합격날개 : 합격예측)

KEY 2011년 8월 21일 문제 69번 출제

75 방폭 기기·일반요구사항(KS C IEC 60079-0) 규정에서 제시하고 있는 방폭기기설치 시 표준환경조건이 아닌 것은?

① 압력 : 80~110[kpa]
② 상대습도 : 40~80[%]
③ 주위온도 : –20~40[℃]
④ 산소 함유율 21[%v/v]의 공기

해설

방폭기기 – 일반요구사항 (KSC IEC 60079-0)

구분	조건
주변온도	–20~40[℃]
표　고	1,000[m] 이하
상대습도	45~85[%] (생략가능)
공해, 부식성가스, 진동	전기설비에 특별한 고려를 필요로 하는 정도의 공해, 부식성 가스, 진동 등이 존재하지 않는 환경

참고 산업안전기사 필기 p.4-54(합격날개 : 합격예측 및 관련법규)

76 정격감도전류에서 동작시간이 가장 짧은 누전차단기는?

① 시연형 누전차단기
② 반한시형 누전차단기
③ 고속형 누전차단기
④ 감전보호형 누전차단기

[정답] 74 ③　75 ②　76 ④

해설

누전차단기의 종류

종류		동작시간
고감도형	고속형	• 정격감도전류에서 0.1초 이내 동작
	시연형(지연형)	• 정격감도전류에서 0.1초 초과 2초 이내 동작
	반한시형	• 정격감도전류에서 0.2초 초과 2초 이내 동작 • 정격감도전류의 1.4배에서 0.1초 초과 0.5초 이내 동작 • 정격감도전류의 4.4배에서 0.05초 이내 동작
중감도형	고속형	• 정격감도전류에서 0.1초 이내 동작
	시연형(지연형)	• 정격감도전류에서 0.1초 초과 2초 이내 동작
인체감전 보호형		• 정격감도전류에서 0.03초 이내 동작

참고 산업안전기사 필기 p.4-5(1. 누전차단기의 종류)

KEY 2019년 3월 3일 문제 73번 출제

77 방폭지역 구분 중 폭발성 가스 분위기가 정상상태에서 조성되지 않거나 조성된다 하더라도 짧은 기간에만 존재할 수 있는 장소는?

① 0종 장소 ② 1종 장소
③ 2종 장소 ④ 비방폭지역

해설

가스 폭발 위험장소의 구분

① 0종 장소 : 장치 및 기기들이 정상 가동되는 경우에 폭발성 가스가 항상 존재하는 장소이다.
② 1종 장소 : 장치 및 기기들이 정상 가동 상태에서 폭발성 가스가 가끔 누출되어 위험 분위기가 존재하는 장소이다.
③ 2종 장소 : 작업자의 조작상 실수나 이상운전으로 폭발성 가스가 누출되거나 유출된 가스가 체류하여 폭발을 일으킬 우려가 있는 장소이다.

참고 산업안전기사 필기 p.4-52(3. 가스 폭발 위험장소의 구분)

KEY ① 2016년 3월 6일 산업기사 출제
② 2018년 3월 4일 산업기사 출제
③ 2018년 8월 19일 산업기사 출제

78 전기설비기술기준에서 정의하는 전압의 구분으로 틀린 것은?

① 교류 저압 : 1,000[V] 이하
② 직류 저압 : 1,500[V] 이하
③ 직류 고압 : 1,500[V] 초과 7,000[V] 이하
④ 특고압 : 7,000[V] 미만

해설

전압분류

전압분류	직류	교류
저압	1,500[V] 이하	1,000[V] 이하
고압	1,500~7,000[V] 이하	1,000~7,000[V] 이하
특별고압	7,000[V] 초과	7,000[V] 초과

참고 산업안전기사 필기 p.4-30(문제 30번) 적중

KEY ① 2017년 5월 7일 기사 출제
② 2017년 8월 26일 기사 출제
③ 2018년 3월 4일 기사 출제
④ 2018년 8월 19일 산업기사 출제

79 피뢰기의 구성요소로 옳은 것은?

① 직렬갭, 특성요소
② 병렬갭, 특성요소
③ 직렬갭, 충격요소
④ 병렬갭, 충격요소

해설

피뢰기 구성요소

① 직렬갭 : 정상 시에는 방전을 하지 않고 절연상태를 유지하며, 이상과 전압 발생 시에는 신속히 이상 전압을 대지로 방전하고 속류를 차단하는 역할을 한다.
② 특성요소 : 뇌전류 방전 시 피뢰기 자신의 전위 상승을 억제하여 자신의 절연 파괴를 방지하는 역할을 한다.

참고 산업안전기사 필기 p.4-56(합격날개 : 은행문제)

KEY 2008년 5월 11일 문제 74번 출제

[정답] 77 ③ 78 ④ 79 ①

80 내압방폭구조의 필요충분조건에 대한 사항으로 틀린 것은?

① 폭발화염이 외부로 유출되지 않을 것
② 습기침투에 대한 보호를 충분히 할 것
③ 내부에서 폭발한 경우 그 압력에 견딜 것
④ 외함의 표면온도가 외부의 폭발성 가스를 점화하지 않을 것

해설

내압방폭구조(d)

① 아크를 발생시키는 전기설비를 전폐용기에 넣고 용기 내부에서 폭발이 일어날 경우 용기가 폭발 압력에 견뎌 외부의 폭발성 가스에 인화될 위험이 없도록 한 전폐형 구조
② 폭발한 고열 가스가 용기의 틈을 통하여 누설되더라도 틈의 냉각 효과로 인하여 폭발의 위험이 없도록 한다.

참고 산업안전기사 필기 p.4-53(① 내압방폭구조)

KEY ① 2016년 5월 8일 기사 출제
② 2016년 8월 21일 기사·산업기사 동시 출제
③ 2018년 3월 4일 기사 출제
④ 2018년 8월 19일 기사·산업기사 동시 출제

5 화학설비 안전관리

81 위험물 또는 가스에 의한 화재를 경보하는 기구에 필요한 설비가 아닌 것은?

① 간이완강기 ② 자동화재감지기
③ 축전지설비 ④ 자동화재수신기

해설

화재 경보설비의 정의 및 종류

① 화재발생 사실을 통보하는 기계·기구 또는 설비
② 비상 방송설비, 자동화재 탐지 설비 및 시각경보기 등

참고 산업안전기사 필기 p.5-88(합격날개 : 은행문제 2)

KEY 2015년 8월 16일 문제 87번 출제

보충학습

간이완강기 : 피난설비

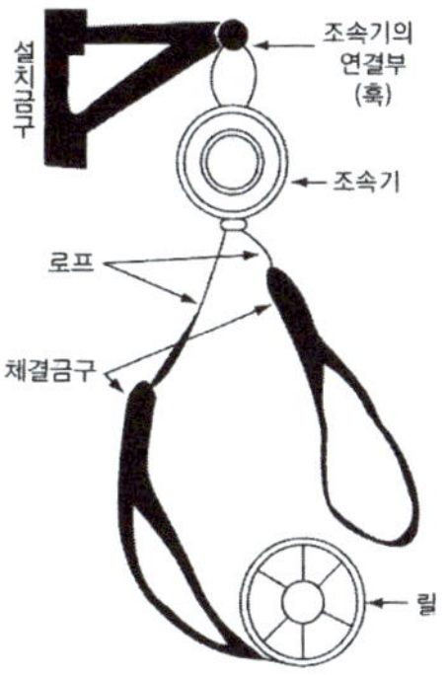

[그림] 간이완강기의 구조

82 산업안전보건기준에 관한 규칙에서 지정한 '화학설비 및 그 부속설비의 종류' 중 화학설비의 부속설비에 해당하는 것은?

① 응축기·냉각기·가열기 등의 열교환기류
② 반응기·혼합조 등의 화학물질 반응 또는 혼합장치
③ 펌프류·압축기 등의 화학물질 이송 또는 압축설비
④ 온도·압력·유량 등을 지시·기록하는 자동제어 관련 설비

해설

화학설비의 부속설비 종류

① 배관·밸브·관·부속류 등 화학물질이송 관련설비
② 온도·압력·유량 등을 지시·기록 등을 하는 자동제어 관련설비
③ 안전밸브·안전판·긴급차단 또는 방출밸브 등 비상조치 관련설비
④ 가스누출감지 및 경보관련 설비
⑤ 세정기·응축기·벤트스택·플레어스택 등 폐가스처리설비
⑥ 사이클론·백필터·전기집진기 등 분진처리설비
⑦ ①목부터 ⑥목까지의 설비를 운전하기 위하여 부속된 전기관련 설비
⑧ 정전기 제거장치·긴급 샤워설비 등 안전관련 설비

참고 산업안전기사 필기 p.5-49(합격날개 : 합격예측)

KEY 2009년 7월 26일 문제 88번 출제

정보제공

산업안전보건기준에 관한 규칙 [별표 9] 화학설비 및 그 부속설비의 종류

[정답] 80 ② 81 ① 82 ④

보충학습

화학설비

① 응축기·냉각기 ·가열기 등의 열교환기류
② 반응기·혼합조 등의 화학물질 반응 또는 혼합장치
③ 펌프류·압축기 등의 화학물질 이송 또는 압축설비

83 다음 중 반응기를 조작방식에 따라 분류할 때 이에 해당하지 않는 것은?

① 회분식 반응기　② 반회분식 반응기
③ 연속식 반응기　④ 관형식 반응기

해설

반응기의 구분

구분	종류	특징
조작(운전) 방식에 의한 분류	회분식 반응기 (Batch Reactor)	① 원료를 반응기 내에 주입하고, 일정 시간 반응시킨 다음 생성물을 꺼내는 방식 ② 반응이 진행되는 동안 원료 도입 또는 생성물의 배출이 없다. ③ 다품종 소량 생산에 유리하다.
	반회분식 반응기 (semi-batch Reactor)	반응 성분의 일부를 반응기 내에 넣어두고 반응이 진행됨에 따라 다른 성분을 계속 첨가하는 형식의 반응기이다.
	연속식 반응기 (plug flow Reactor)	① 원료를 연속적으로 반응기에 도입하는 동시에 반응 생성물을 연속적으로 반응기에 배출시키면서 반응을 진행시키는 반응기이다. ② 소품종 대량생산에 적합하다.
구조에 의한 분류	① 관형반응기　③ 교반기형반응기	② 탑형반응기　④ 유동층형 반응기

참고 산업안전기사 필기 p.5-49(③ 반응기의 종류)

KEY 2011년 3월 20일 문제 89번 출제

84 다음 중 물과 반응하여 수소가스를 발생할 위험이 가장 낮은 물질은?

① Mg　② Zn
③ Cu　④ Na

해설

물과 반응 원소

① 구리(Cu)는 상온에서 고체 상태로 존재하며 녹는점이 낮아 물과 접촉해도 반응하지 않는다.
② 물과의 반응
　㉠ 구리(Cu), 철(Fe), 금(Au), 은(Ag), 탄소(C) 등은 상온에서 고체 상태로 존재하며 녹는점이 낮아 물과 접촉해도 반응하지 않는다.
　㉡ 칼륨(K), 나트륨(Na), 마그네슘(Mg), 아연(Zn), 리튬(Li) 등은 물과 격렬히 반응해 수소(H_2)를 발생시킨다.
　㉢ 탄화칼슘(CaC_2)은 물(H_2O)과 반응하여 아세틸렌(C_2H_2)을 발생시키므로 불연성가스로 봉입하여 밀폐용기에 저장해야 한다.

KEY ① 2008년 7월 27일 문제 98번 출제
② 2013년 3월 10일 문제 95번 출제

85 다음 중 가연성 물질이 연소하기 쉬운 조건으로 옳지 않은 것은?

① 연소 발열량이 클 것
② 점화에너지가 작을 것
③ 산소와 친화력이 클 것
④ 입자의 표면적이 작을 것

해설

연소의 조건(타기 쉬운 조건)

① 열전도율이 작은 것일수록
② 건조도가 좋은 것일수록
③ 산소와의 접촉면이 클수록
④ 발열량이 큰 것일수록
⑤ 산화되기 쉬운 것일수록

참고 산업안전기사 필기 p.5-7(3. 연소의 조건)

KEY 2015년 3월 6일 문제 85번 출제

86 다음 중 열교환기의 보수에 있어 일상점검항목과 정기적 개방점검항목으로 구분할 때 일상점검항목으로 가장 거리가 먼 것은?

① 도장의 노후상황
② 부착물에 의한 오염의 상황
③ 보온재, 보냉재의 파손여부
④ 기초볼트의 체결정도

[정답] 83 ④　84 ③　85 ④　86 ②

해설

열교환기 일상점검 항목

① 보온재 및 보냉재의 파손상황
② 도장의 노후 상황
③ Flange부, 용접부 등의 누설여부
④ 기초볼트의 조임 상태

참고 산업안전기사 필기 p.5-53(1. 일상점검 항목)

KEY 2009년 5월 10일 문제 83번 출제

87 **헥산 1[vol%], 메탄 2[vol%], 에틸렌 2[vol%], 공기 95[vol%]로 된 혼합가스의 폭발하한계값[vol%]은 약 얼마인가?(단 헥산, 메탄, 에틸렌의 폭발하한계 값은 각각 1.1, 5.0, 2.7[vol%] 이다.)**

① 2.44 ② 12.89
③ 21.78 ④ 48.78

해설

폭발하한값

① 부피 $=0.01+0.02+0.02=0.05$
② 이분율 (0.05를 100으로 한다)

㉮ 헥산 $=\frac{0.01}{0.05}\times100=20$

㉯ 메탄 $=\frac{0.02}{0.05}\times100=40$

㉰ 에틸렌 $=\frac{0.02}{0.05}\times100=40$

③ 르샤틀리에의 법칙(혼합가스의 폭발범위 계산)

$$\frac{100}{L}=\frac{V_1}{L_1}+\frac{V_2}{L_2}+\frac{V_3}{L_3}$$

$$=\frac{20}{1.1}+\frac{40}{5.0}+\frac{40}{2.7}=41$$

$\therefore L=2.44$

참고 산업안전기사 필기 p.5-77(문제 74번)

KEY 2015년 8월 16일 문제 88번 출제

88 **이산화탄소 소화약제의 특징으로 가장 거리가 먼 것은?**

① 전기절연성이 우수하다.
② 액체로 저장할 경우 자체 압력으로 방사할 수 있다.
③ 기화상태에서 부식성이 매우 강하다.
④ 저장에 의한 변질이 없어 장기간 저장이 용이한 편이다.

해설

이산화탄소의 특성

① 상온에서 기체이며 그 가스비중(공기=1.0)은 1.51로 공기보다 무겁다.
② 무색무취로 화학적으로 안정하고 가연성·부식성은 거의 없다.
③ 이산화탄소는 화학적으로 비교적 안정하다.
④ 공기보다 1.5배 무겁기 때문에 심부화재에 적합하다.
⑤ 고농도의 이산화탄소는 인체에 독성이 있다.
⑥ 액화가스로 저장하기 위하여 임계온도(31[℃])이하로 냉각시켜놓고 가압한다.
⑦ 저온으로 고체화한 것을 드라이아이스라고 하며 냉각제로 사용한다.

참고 산업안전기사 필기 p.5-14(3. 탄산가스 소화기)

PART 03

89 **산업안전보건기준에 관한 규칙 중 급성 독성물질에 관한 기준 중 일부이다. (A)와 (B)에 알맞은 수치를 옳게 나타낸 것은?**

- 쥐에 대한 경구투입실험에 의하여 실험동물의 50퍼센트를 사망시킬 수 있는 물질의 양, 즉 LD50(경구, 쥐)이 킬로그램당 (A)밀리그램-(체중) 이하인 화학물질
- 쥐 또는 토끼에 대한 경피흡수실험에 의하여 실험동물의 50퍼센트를 사망시킬 수 있는 물질의 양, 즉 LD50(경피, 토끼 또는 쥐)이 킬로그램당 (B)밀리그램-(체중) 이하인 화학물질

① A : 1,000 B : 300
② A : 1,000 B : 1,000
③ A : 300 B : 300
④ A : 300 B : 1,000

[정답] 87 ① 88 ③ 89 ④

해설

급성독성물질

① 쥐에 대한 경구 투입실험에 의하여 실험동물의 50[%]를 사망시킬 수 있는 물질의 양, 즉 LD_{50}(경구, 쥐)이 킬로그램당(체중) 300[mg] 이하인 화학물질
② 쥐 또는 토끼에 대한 경피흡수 실험에 의하여 실험동물의 50[%]를 사망시킬 수 있는 물질의 양, 즉 LD_{50}(경피, 토끼 또는 쥐)이 킬로그램당(체중) 1,000[mg] 이하인 화학물질

참고 산업안전기사 필기 p.5-36(6. 급성독성물질)

정보제공
산업안전보건기준에 관한 규칙 [별표 1] 위험물질의 종류

90 분진폭발을 방지하기 위하여 첨가하는 불활성 첨가물로 적합하지 않은 것은?

① 탄산칼슘　② 모래
③ 석분　④ 마그네슘

해설

분진폭발 구분

분진폭발을 일으키는 물질	분진폭발을 일으키지 않는 물질
• 금속분 (알루미늄, 마그네슘, 아연분말) • 플라스틱 • 농산물 • 황	• 시멘트 • 생석회(Cao) • 석회석 • 탄산칼슘($CaCO_3$)

참고 산업안전기사 필기 p.5-8(7. 분진폭발의 방지대책)

KEY ① 2017년 3월 5일 기사 출제
② 2018년 8월 19일 기사 출제

91 다음 중 가연성 가스이며 독성 가스에 해당하는 것은?

① 수소　② 프로판
③ 산소　④ 일산화탄소

해설

① 일산화탄소(CO)는 질식성가스로 50[ppm]이내 가연성가스이다.
② 독성가스로 TWA 30 이다.

참고 산업안전기사 필기 p.5-44(표. 주요 고압가스의 분류)

KEY 2013년 6월 2일 문제 99번 출제

92 위험물을 저장하는 방법으로 틀린 것은?

① 황린은 물속에 저장
② 나트륨은 석유 속에 저장
③ 칼륨은 석유 속에 저장
④ 리튬은 물속에 저장

해설

발화성 물질의 저장법

① 나트륨·칼륨 : 석유 유동파라핀 속에 저장
② 황린 : 물속에 저장
③ 적린·마그네슘·칼륨 : 냉암소 격리 저장
④ 질산은($AgNO_3$)용액 : 햇빛을 피하여 저장, 갈색병에 넣어 냉암소 보관

참고 산업안전기사 필기 p.5-37(9. 발화성물질의 저장법)

KEY ① 2016년 3월 6일 산업기사 출제
② 2016년 8월 21일 산업기사 출제
③ 2018년 3월 4일 기사 출제
④ 2018년 8월 19일 산업기사 출제

정보제공
산업안전보건기준에 관한 규칙 [별표 1] 위험물질의 종류

보충학습
리튬 : 등유 속에 저장(물반응성 물질)

93 다음 중 인화성 가스가 아닌 것은?

① 부탄　② 메탄
③ 수소　④ 산소

해설

인화성 가스의 종류

① 수소　② 아세틸렌　③ 에틸렌
④ 메탄　⑤ 에탄　⑥ 프로판
⑦ 부탄　⑧ 영 별표 10에 따른 인화성 가스

참고 산업안전기사 필기 p.5-36(5. 인화성 가스)

KEY ① 2017년 8월 26일 기사 출제
② 2019년 3월 3일 기사·산업기사 동시 출제

정보제공
산업안전보건기준에 관한 규칙 [별표 1] 위험물질의 종류

보충학습
산소 : 조연성 가스

[정답] 90 ④　91 ④　92 ④　93 ④

94 **다음 중 자연 발화의 방지법으로 가장 거리가 먼 것은?**

① 직접 인화할 수 있는 불꽃과 같은 점화원만 제거하면 된다.
② 저장소 등의 주위 온도를 낮게 한다.
③ 습기가 많은 곳에는 저장하지 않는다.
④ 통풍이나 저장법을 고려하여 열의 축적을 방지한다.

해설

자연발화 방지법
① 저장소의 온도를 낮출 것
② 산소와의 접촉을 피할 것
③ 통풍 및 환기를 철저히 할 것
④ 습도가 높은 곳에는 저장하지 말 것

KEY 2014년 5월 25일 문제 87번 출제

95 **인화성 가스가 발생할 우려가 있는 지하작업장에서 작업을 할 경우 폭발이나 화재를 방지하기 위한 조치사항 중 가스의 농도를 측정하는 기준으로 적절하지 않은 것은?**

① 매일 작업을 시작하기 전에 측정한다.
② 가스의 누출이 의심되는 경우 측정한다.
③ 장시간 작업할 때에는 매 8시간마다 측정한다.
④ 가스가 발생하거나 정체할 위험이 있는 장소에 대하여 측정한다.

해설

인화성가스 농도 측정기준
① 매일 작업을 시작하기 전에 측정한다.
② 가스의 누출이 의심되는 경우 측정한다.
③ 가스가 발생하거나 정체할 위험이 있는 장소에 대하여 측정한다.
④ 장시간 작업할 때에는 매 4시간마다 측정한다.

KEY 2009년 5월 10일 문제 94번 출제

96 **다음 중 가연성가스가 밀폐된 용기 안에서 폭발할 때 최대폭발압력에 영향을 주는 인자로 가장 거리가 먼 것은?**

① 가연성가스의 농도(몰수)
② 가연성가스의 초기온도
③ 가연성가스의 유속
④ 가연성가스의 초기압력

해설

폭발발생의 필수인자
① 인화성 물질 온도
② 조성(인화성 물질의 농도범위)
③ 압력의 방향
④ 용기의 크기와 형태(모양)

참고 산업안전기사 필기 p.5-3(2. 폭발발생의 필수인자)

KEY 2014년 3월 2일 문제 85번 출제

97 **물이 관 속을 흐를 때 유동하는 물 속의 어느 부분의 정압이 그 때의 물의 증기압보다 낮을 경우 물이 증발하여 부분적으로 증기가 발생되어 배관의 부식을 초래하는 경우가 있다. 이러한 현상을 무엇이라 하는가?**

① 서어징(surging)
② 공동현상(cavitation)
③ 비말동반(entrainment)
④ 수격작용(water hammering)

해설

공동현상(cavitation)
유체의 증기압이 물의 증기압보다 낮을 경우 부분적으로 증기를 발생시켜 배관을 부식시키는 현상

참고 산업안전기사 필기 p.5-59(합격날개 : 합격예측)

KEY 2015년 8월 16일 문제 99번 출제

보충학습

① 수격작용(water hammering, 물망치작용)
밸브를 급격히 개폐 시에 배관 내를 유동하던 물이 배관을 치는 현상(압력파가 급격히 관내를 왕복하는 현상)으로 배관 파열을 초래한다.

[정답] 94 ① 95 ③ 96 ③ 97 ②

PART 03

② 맥동현상(surging)
유량이 단속적으로 변하여 펌프입출구에 설치된 진공계, 압력계가 흔들리고 진동과 소음이 일어나며 펌프의 토출량의 변화를 초래한다.

98 메탄이 공기 중에서 연소될 때의 이론혼합비(화학양론조성)는 약 몇 [vol%]인가?

① 2.21　② 4.03
③ 5.76　④ 9.5

해설

이론혼합비
메탄(CH_4)은 탄소(a)가, 1 수소(b)가 4이므로

$$Cst=\frac{100}{1+4.773\times\left(1+\frac{4}{4}\right)}=9.50[\text{vol}\%]$$

KEY ① 2009년 3월 1일 문제 89번 출제
② 2019년 3월 3일 기사·산업기사 동시 출제

보충학습
완전연소 조성농도(화학양론 농도)와 최소산소농도(MOC)
① 완전연소 조성농도(화학양론 농도)
㉠ 가연성 가스의 조성은 완전연소 조성농도에서 폭발의 위험성이 가장 높아진다.
㉡ 완전연소 조성농도(Cst)는

$$=\frac{100}{1+\text{공기몰수}\times\left(a+\frac{4b-c-2d}{4}\right)}\text{이다.}$$

주로 공기의 몰수는 4.773을 사용하므로

$$\frac{100}{1+4.773\left(a+\frac{4b-c-2d}{4}\right)}[\text{vol}\%]\text{로 구한다}$$

단, a : 탄소, b : 수소, c : 할로겐원자의 원자수, d : 산소의 원자수로 구한다.
㉢ Jones식에 따라 폭발한계를 추산하면 폭발하한계 $=Cst\times0.55$, 폭발상한계$=Cst\times3.50$이다.
② 최소 산소 농도(MOC)
㉠ 연소 시 필요한 산소(O_2) 농도 즉, 산소양론계수는 $a+\frac{b-c-2d}{4}$로 구한다
㉡ 최소산소농도(MOC)=산소양론계수× 연소하한값으로 구한다.

99 고압의 환경에서 장시간 작업하는 경우에 발생할 수 있는 잠함병(潛函病) 또는 잠수병(潛水病)은 다음 중 어떤 물질에 의하여 중독현상이 일어나는가?

① 질소　② 황화수소
③ 일산화탄소　④ 이산화탄소

해설

N_2(질소)
① 잠함병, 잠수병의 중독 원소
② 화학공장의 대표적 불활성가스

참고 산업안전기사 필기 p.5-36(합격날개 : 은행문제)

KEY 2012년 8월 26일 문제 92번 출제

보충학습
잠함·잠수병 : 체내에 축적된 질소의 중독 현상

100 공기 중에서 A 가스의 폭발하한계는 2.2[vol%]이다. 이 폭발하한계 값을 기준으로 하여 표준상태에서 A 가스와 공기의 혼합기체 1[m³]에 함유되어 있는 A 가스의 질량을 구하면 약 몇 [g]인가?(단, A 가스의 분자량은 26 이다.)

① 19.02　② 25.54
③ 29.02　④ 35.5

해설

A(C_2H_2)가스의 질량
① 표준상태 0[℃], 1기압에서 기체의 부피는 22.4[L]
$\frac{22.4}{1,000}=0.0224[\text{m}^3]$
② 분자량은 26, 농도는 폭발하한계로 구하면 0.022가 되므로 기체의 단위부피당 질량$=\frac{26\times0.022}{0.0224}=25.54[\text{g}]$

KEY 2010년 5월 9일 문제 82번 출제

보충학습
샤를의 법칙
① 압력이 일정할 때 기체의 부피는 온도의 증가에 비례한다.
② $\frac{T_2}{T_1}=\left(\frac{V_2}{V_1}\right)$ 또는 $V_1T_2=V_2T_1$ 으로 표시된다.
③ 표준상태 0[℃], 1기압에서 기체의 부피는 22.4[L]이다.
④ 기체의 단위부피당 질량[g/m³]은 $\frac{\text{농도}\times\text{분자량}}{V_1}$으로 구한다.

[정답] 98 ④　99 ①　100 ②

6 건설공사 안전관리

101 **산업안전보건법령에 따른 거푸집 및 동바리를 조립하는 경우의 준수사항으로 옳지 않은 것은?**

① 개구부 상부에 동바리를 설치하는 경우에는 상부하중을 견딜 수 있는 견고한 받침대를 설치할 것
② 동바리의 이음은 맞댄이음이나 장부이음으로 하고 같은 품질의 제품을 사용할 것
③ 강재와 강재의 접속부 및 교차부는 철선을 사용하여 단단히 연결할 것
④ 거푸집이 곡면인 경우에는 버팀대의 부착 등 그 거푸집의 부상(浮上)을 방지하기 위한 조치를 할 것

해설

강재와 강재의 접속부 및 교차부 : 볼트·클램프 등 전용철물을 사용하여 단단히 연결할 것

참고 산업안전기사 필기 p.6-88(합격날개 : 합격예측 및 관련법규)

KEY 2018년 3월 4일 기사 · 산업기사 동시 출제

정보제공
산업안전보건기준에 관한 규칙 제332조의2(동바리 유형에 따른 동바리 조립 시의 안전조치)

102 **타워 크레인(Tower Crane)을 선정하기 위한 사전 검토사항으로서 가장 거리가 먼 것은?**

① 붐의 모양 ② 인양능력
③ 작업반경 ④ 붐의 높이

해설

타워크레인을 선정하기 위한 사전 검토사항
① 작업반경 ② 입지조건
③ 건립기계의 소음영향 ④ 건물형태
⑤ 인양능력 ⑥ 붐의 높이

참고 산업안전기사 필기 p.6-131(합격날개 : 합격예측)

KEY 2003년 2회 출제

103 **건설현장에서 근로자의 추락재해를 예방하기 위한 안전난간을 설치하는 경우 그 구성요소와 거리가 먼 것은?**

① 상부난간대 ② 중간난간대
③ 사다리 ④ 발끝막이판

해설

안전난간의 구성요소
① 상부난간대 ② 중간난간대
③ 발끝막이판 ④ 난간기둥

참고 산업안전기사 필기 p.6-151(합격날개 : 합격예측)

KEY ① 2017년 9월 23일 산업기사 출제
② 2018년 3월 4일 산업기사 출제
③ 2018년 8월 19일 산업기사 출제

정보제공
산업안전보건기준에 관한 규칙 제13조(안전난간의 구조 및 설치요건)

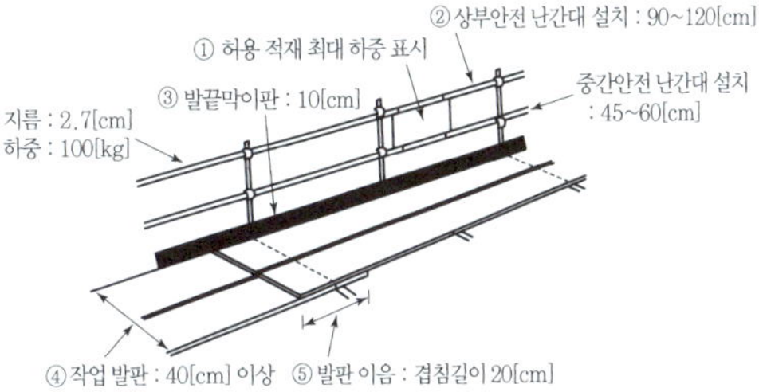

[그림] 안전난간

104 **달비계(곤돌라의 달비계는 제외)의 최대적재하중을 정하는 경우에 사용하는 안전계수의 기준으로 옳은 것은?**

① 달기체인의 안전계수 : 10 이상
② 달기강대와 달비계의 하부 및 상부지점의 안전계수(목재의 경우) : 2.5 이상
③ 달기와이어로프의 안전계수 : 5 이상
④ 달기강선의 안전계수 : 10 이상

[정답] 101 ③ 102 ① 103 ③ 104 ④

해설

달비계의 안전계수 기준

① 달기와이어로프 및 달기강선의 안전계수는 10 이상
② 달기체인 및 달기훅의 안전계수는 5 이상
③ 달기강대와 달비계의 하부 및 상부지점의 안전계수는 강재의 경우 2.5 이상, 목재의 경우 5 이상

참고 산업안전기사 필기 p.6-92(합격날개 : 합격예측)

KEY ① 2016년 10월 1일 산업기사 출제
② 2018년 3월 4일 산업기사 출제
③ 2018년 8월 19일 산업기사 출제
④ 2019년 3월 3일 산업기사 출제

정보제공
산업안전보건기준에 관한 규칙 제55조(작업발판의 최대 적재하중)

105 달비계의 구조에서 달비계 작업발판의 폭은 최소 얼마 이상 이어야 하는가?

① 30[cm] ② 40[cm]
③ 50[cm] ④ 60[cm]

해설

달비계 작업 발판 기준

① 폭 : 40[cm] 이상
② 틈 : 틈새가 없도록 할 것

참고 산업안전기사 필기 p.6-102(합격날개 : 합격예측 및 관련법규)

KEY ① 2017년 8월 26일 기사 · 산업기사 동시 출제
② 2018년 4월 28일 기사 출제

정보제공
산업안전보건기준에 관한 규칙 제63조(달비계의 구조)

106 건설업 중 교량건설 공사의 경우 유해 위험방지계획서를 제출하여야 하는 기준으로 옳은 것은?

① 최대 지간길이가 40[m] 이상인 교량건설 등 공사
② 최대 지간길이가 50[m] 이상인 교량건설 등 공사
③ 최대 지간길이가 60[m] 이상인 교량건설 등 공사
④ 최대 지간길이가 70[m] 이상인 교량건설 등 공사

해설

유해위험방지계획서 제출대상 건설공사

(1) 건축물 또는 시설 등의 건설·개조 또는 해체공사
가. 지상높이가 31미터 이상인 건축물 또는 인공구조물
나. 연면적 3만제곱미터 이상인 건축물
다. 연면적 5천제곱미터 이상인 시설
① 문화 및 집회시설(전시장 및 동물원·식물원은 제외한다)
② 판매시설, 운수시설(고속철도의 역사 및 집배송시설은 제외한다)
③ 종교시설
④ 의료시설 중 종합병원
⑤ 숙박시설 중 관광숙박시설
⑥ 지하도상가
⑦ 냉동·냉장 창고시설
(2) 연면적 5천제곱미터 이상인 냉동·냉장 창고시설의 설비공사 및 단열공사
(3) 최대지간길이가 50[m] 이상인 교량건설 등 공사
(4) 터널건설 등의 공사
(5) 다목적댐, 발전용댐 및 저수용량 2천만톤 이상의 용수전용댐, 지방상수도 전용댐 건설 등의 공사
(6) 깊이 10[m] 이상인 굴착공사

참고 산업안전기사 필기 p.6-20(3. 유해위험방지계획서 제출대상 건설공사)

KEY ① 2016년 5월 8일 기사 출제
② 2017년 3월 5일 산업기사 출제
③ 2018년 4월 28일 기사 출제
⑤ 2018년 8월 19일 기사 · 산업기사 동시 출제

정보제공
산업안전보건기법 시행령 제42조(유해위험방지계획서 제출대상)

107 구축물이 풍압·지진등에 의하여 붕괴 또는 전도하는 위험을 예방하기 위한 조치와 가장 거리가 먼 것은?

① 설계도서에 따라 시공했는지 확인
② 건설공사 시방서에 따라 시공했는지 확인
③ 「건축물의 구조기준 등에 관한 규칙」에 따른 구조기준을 준수했는지 확인
④ 보호구 및 방호장치의 성능검정 합격품을 사용했는지 확인

[정답] 105 ② 106 ② 107 ④

해설

구축물 풍압·지진 등의 예방조치사항

① 설계도서에 따라 시공했는지 확인
② 건설공사 시방서(示方書)에 따라 시공했는지 확인
③「건축물의 구조기준 등에 관한 규칙」에 따른 구조기준을 준수했는지 확인

참고 산업안전기사 필기 p.6-143(합격날개 : 합격예측 및 관련법규)

KEY 2016년 10월 1일 기사 출제

정보제공
산업안전보건기준에 관한 규칙 제51조(구축물 또는 이와 유사한 시설물 등의 안전 유지)

108 철골건립준비를 할 때 준수하여야 할 사항과 가장 거리가 먼 것은?

① 지상 작업장에서 건립준비 및 기계기구를 배치할 경우에는 낙하물의 위험이 없는 평탄한 장소를 선정하여 정비하고 경사지에는 작업대나 임시발판 등을 설치하는 등 안전조치를 한 후 작업하여야 한다.
② 건립작업에 다소 지장이 있다하더라도 수목은 제거하여서는 안된다.
③ 사용전에 기계기구에 대한 정비 및 보수를 철저히 실시하여야 한다.
④ 기계에 부착된 앵커 등 고정장치와 기초구조 등을 확인하여야 한다.

해설

장해물의 제거

건립 작업장에 지장이 되는 수목이나 전주 등은 제거하거나 이설하여 작업능률을 저하시키지 않도록 하여야 한다.

참고 산업안전기사 필기 p.6-160(2. 건립 준비 및 기계 기구의 배치)

KEY 2015년 3월 8일 문제 116번 출제

109 건설현장에서 높이 5[m] 이상인 콘크리트 교량의설치작업을 하는 경우 재해예방을 위해 준수해야 하는 사항으로 옳지 않은 것은?

① 작업을 하는 구역에는 관계 근로자가 아닌 사람의 출입을 금지할 것
② 재료, 기구 또는 공구 등을 올리거나 내릴 경우에는 근로자로 하여금 크레인을 이용하도록 하고 달줄, 달포대 등의 사용을 금하도록 할 것
③ 중량물 부재를 크레인 등으로 인양하는 경우에는 부재에 인양용 고리를 견고하게 설치하고, 인양용 로프는 부재에 두 군데 이상 결속하여 인양하여야 하며, 중량물이 안전하게 거치되기 전까지는 걸이로프를 해제시키지 아니할 것
④ 자재나 부재의 낙하·전도 또는 붕괴 등에 의하여 근로자에게 위험을 미칠 우려가 있을 경우에는 출입금지구역의 설정, 자재 또는 가설시설의 좌굴 (挫屈)또는 변형 방지를 위한 보강재 부착 등의 조치를 할 것

해설

달줄 또는 달포대 사용

재료·기구 또는 공구 등을 올리거나 내리는 경우 근로자는 달줄 또는 달포대를 사용하게 할 것

참고 산업안전기사 필기 p.6-95(합격날개 : 합격예측 및 관련 법규)

정보제공
산업안전보건기준에 관한 규칙 제57조(비계 등의 조립·해체 및 변경)

110 건축공사로서 대상액이 5억원 이상 50억원 미만인 경우에 산업안전보건관리비의 비율(가) 및 기초액(나)으로 옳은 것은?

① (가) 1.86% (나) 5,349,000원
② (가) 1.99% (나) 5,499,000원
③ (가) 2.35% (나) 5,400,000원
④ (가) 1.57% (나) 4,411,000원

[정답] 108 ② 109 ② 110 ①

PART 03

해설

공사종류 및 규모별 산업안전관리비 계상기준표

구분 / 공사종류	대상액 5억원 미만	대상액 5억원 이상 50억원 미만		대상액 50억원 이상	영 별표5에 따른 보건관리자 선임대상 건설공사
		비율(X)	기초액(C)		
건축공사	2.93[%]	1.86[%]	5,349,000원	1.97[%]	2.15[%]
토목공사	3.09[%]	1.99[%]	5,499,000원	2.10[%]	2.29[%]
중건설공사	3.43[%]	2.35[%]	5,400,000원	2.44[%]	2.66[%]
특수건설공사	1.85[%]	1.20[%]	3,250,000원	1.27[%]	1.38[%]

참고 산업안전기사 필기 p.6-43(별표1. 공사의 종류 및 규모별 산업안전관리비 계상기준표)

KEY ① 2016년 3월 6일 산업기사 출제
② 2016년 10월 1일 산업기사 출제
③ 2017년 3월 5일 기사 출제
④ 2017년 8월 26일 기사 출제

정보제공
고시 2023-49호 건설업산업안전보건관리비 계상 및 사용기준(개정 : 2023.10.5)

111 중량물을 운반할 때의 바른 자세로 옳은 것은?

① 허리를 구부리고 양손으로 들어올린다.
② 중량은 보통 체중의 60%가 적당하다.
③ 물건은 최대한 몸에서 멀리 떼어서 들어올린다.
④ 길이가 긴 물건은 앞쪽을 높게 하여 운반한다.

해설

인력운반 안전기준

① 1인당 무게는 25[kg] 정도가 적절하며, 무리한 운반 금지
② 2인 이상 1조가 되어 어깨메기로 하여 운반하는 등 안전을 도모
③ 긴 철근을 1인이 운반시 앞쪽을 높게하여 어깨에 메고 뒤쪽 끝을 끌면서 운반
④ 운반시 양끝을 묶어 운반
⑤ 내려놓을 때는 던지지 말고 천천히 내려놓을 것
⑥ 공동 작업시 신호에 따라 작업(신호 준수)

참고 산업안전기사 필기 p.6-182[(1) 인력운반 안전기준]

KEY 2017년 5월 7일 산업기사 출제

112 추락방지용 방망의 그물코의 크기가 10[cm]인 신품 매듭방망사의 인장강도는 몇 킬로그램 이상이어야 하는가?

① 80 ② 110
③ 150 ④ 200

해설

방망사의 신품에 대한 인장강도

그물코의 크기 (단위 :[cm])	방망의 종류(단위 : [kg])	
	매듭없는 방망	매듭 방망
10	240	200
5		110

참고 산업안전기사 필기 p.6-50(① 방망사의 강도)

KEY ① 2016년 5월 8일 기사 출제
② 2017년 3월 5일 기사 출제
③ 2017년 8월 26일 기사 출제
④ 2018년 4월 28일 산업기사 출제
⑤ 2018년 8월 19일 기사 출제

113 다음 중 방망에 표시해야할 사항이 아닌 것은?

① 방망의 신축성 ② 제조자명
③ 제조년월 ④ 재봉치수

해설

방망의 표시사항

① 제조자명
② 제조연월
③ 재봉치수
④ 그물코
⑤ 신품인 때의 방망의 강도

참고 산업안전기사 필기 p.6-51(⑤ 방망의 표시사항)

KEY ① 2016년 5월 8일 기사 출제
② 2016년 8월 21일 산업기사 출제

[정답] 111 ④ 112 ④ 113 ①

114 **강관비계 조립시의 준수사항으로 옳지 않은 것은?**

① 비계기둥에는 미끄러지거나 침하하는 것을 방지하기 위하여 밑받침철물을 사용한다.
② 지상높이 4층 이하 또는 12[m] 이하인 건축물의 해체 및 조립등의 작업에서만 사용한다.
③ 교차 가새로 보강한다.
④ 외줄비계·쌍줄비계 또는 돌출비계에 대해서는 벽이음 및 버팀을 설치한다.

해설

통나무 비계 적용기준

지상높이 ; 4층 이하 또는 12[m] 이하

참고 산업안전기사 필기 p.6-93(합격날개 : 합격예측 및 관련법규)

KEY 2017년 9월 23일 기사 출제

정보제공

산업안전보건기준에 관한 규칙 제59조(강관비계 조립 시의 준수사항)

115 **사다리식 통로 등을 설치하는 경우 고정식 사다리식 통로의 기울기는 최대 몇 도 이하로 하여야 하는가?**

① 60도 ② 75도
③ 80도 ④ 90도

해설

사다리식 통로등의 기울기 각도

① 일반적인 각도 : 75[°] 이하
② 고정식 : 90[°] 이하

참고 산업안전기사 필기 p.6-18(합격날개 : 합격예측 및 관련법규)

KEY ① 2016년 10월 1일 산업기사 출제
② 2017년 5월 7일 기사 · 산업기사 동시 출제
③ 2018년 4월 28일 산업기사 출제

정보제공

산업안전보건기준에 관한 규칙 제24조(사다리식 통로 등의 구조)

116 **부두·안벽 등 하역작업을 하는 장소에서 부두 또는 안벽의 선을 따라 통로를 설치하는 경우에는 폭을 최소 얼마 이상으로 해야 하는가?**

① 70[cm] ② 80[cm]
③ 90[cm] ④ 100[cm]

해설

부두 또는 안벽의 통로 최소 폭

90[cm] 이상

참고 산업안전기사 필기 p.6-183(1. 항만하역작업의 안전기준)

KEY ① 2017년 5월 7일 기사 · 산업기사 동시 출제
② 2017년 9월 23일 기사 출제
③ 2018년 4월 23일 기사 출제

정보제공

산업안전보건기준에 관한 규칙 제390조(하역작업장의 조치기준)

117 **건설작업장에서 근로자가 상시 작업하는 장소의 작업면 조도기준으로 옳지 않은 것은?(단, 갱내 작업장과 감광재료를 취급하는 작업장의 경우는 제외)**

① 초정밀 작업 : 600럭스[lux] 이상
② 정밀 작업 : 300럭스[lux] 이상
③ 보통 작업 : 150럭스[lux] 이상
④ 초정밀, 정밀, 보통 작업을 제외한 기타 작업 : 75럭스[lux] 이상

해설

조명(조도)수준

① 초정밀작업 : 750[Lux] 이상
② 정밀작업 : 300[Lux] 이상
③ 보통작업 : 150[Lux] 이상
④ 그 밖의 작업 : 75[Lux] 이상

참고 산업안전기사 필기 p.2-169(합격날개 : 합격예측)

KEY ① 2017년 3월 5일 기사 출제
② 2017년 8월 26일 기사 출제

정보제공

산업안전보건기준에 관한 규칙 제2조(조도)

[정답] 114 ② 115 ④ 116 ③ 117 ①

118 승강기 강선의 과다감기를 방지하는 장치는?

① 비상정지장치　　② 권과방지장치
③ 해지장치　　④ 과부하방지방치

해설

크레인의 방호장치

종류	용도
권과방지 장치	양중기의 권상용 와이어로프 또는 지브등의 붐 권상용 와이어로프의 권과 방지 ㉠ 나사형 제동개폐기 ㉡ 롤러형 제동개폐기 ㉢ 캠형 제동개폐기
과부하 방지 장치	정격하중 이상의 하중 부하시 자동으로 상승정지 되면서 경보음이나 경보등 발생
비상 정지장치	돌발사태 발생시 안전유지 위한 전원차단 및 크레인 급정지시키는 장치
제동 장치	운동체와 정지체의 기계적접촉에 의해 운동체를 감속하거나 정지 상태로 유지하는 기능을 하는 장치
기타 방호 장치	① 해지장치 ② 스토퍼(Stopper) ③ 이탈방지장치 ④ 안전밸브 등

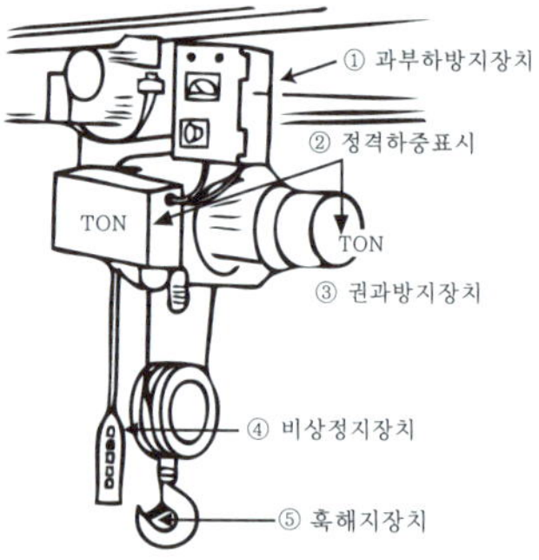

[그림] 크레인의 방호장치

참고 산업안전기사 필기 p.6-131(합격날개 : 합격예측)

KEY 2018년 8월 19일 기사 출제

119 흙막이 지보공을 설치하였을 때 정기적으로 점검하여야 할 사항과 거리가 먼 것은?

① 경보장치의 작동상태
② 부재의 손상·변형·부식·변위 및 탈락의 유무와 상태
③ 버팀대의 긴압(緊壓)의 정도
④ 부재의 접속부·부착부 및 교차부의 상태

해설

흙막이 지보공의 정기 점검사항

① 부재의 손상·변형·부식 ·변위 및 탈락의 유무와 상태
② 버팀대의 긴압의 정도
③ 부재의 접속부·부착부 및 교차부의 상태
④ 침하의 정도

참고 산업안전기사 필기 p.6-106(합격날개 : 합격예측 및 관련법규)

KEY ① 2017년 3월 5일 기사 출제
② 2017년 9월 23일 기사 출제

정보제공
산업안전보건기준에 관한 규칙 제347조(붕괴등의 위험방지)

120 사질지반 굴착 시, 굴착부와 지하수위차가 있을 때 수두차에 의하여 삼투압이 생겨 흙막이벽 근입부분을 침식하는 동시에 모래가 액상화되어 솟아오르는 현상은?

① 동상현상　　② 연화현상
③ 보일링현상　　④ 히빙현상

해설

보일링(Boiling)현상

투수성이 좋은 사질지반의 흙막이 지면에서 수두차로 인한 상향의 침투압이 발생 유효응력이 감소하여 전단강도가 상실되는 현상으로 지하수가 모래와 같이 솟아오르는 (모래의 액상화)현상

참고 산업안전기사 필기 p.6-19(합격날개 : 합격예측)

보충학습
① 동상 : 온도가 하강함에 따라 토중수가 얼어 부피가 약 9% 정도 증대하게 됨으로써 지표면이 부풀어 오르는 현상
② 연화 : 동결된 지반이 기온 상승으로 녹기 시작하여 녹은 물이 적절하게 배수되지 않을 때, 녹은 흙의 함수비가 얼기 전보다 훨씬 증가하여 지반이 연약해지고 강도가 떨어지는 현상
③ 히빙현상 : 흙막이 벽체 내·외의 토사의 중량 차에 의해 점토지반의 토공사에서 흙막이 밖에 있는 흙이 안으로 밀려 들어와 내측 흙이 부풀어 오르는 현상

[정답] 118 ② 119 ① 120 ③

2020년도 기사 정기검정 제1·2회 (2020년 6월 7일 시행)

자격종목 및 등급(선택분야)

산업안전기사

1 산업재해 예방 및 안전보건교육

01 **산업안전보건법상 안전관리자의 업무는?**

① 직업성질환 발생의 원인조사 및 대책수립
② 해당 사업장 안전교육계획의 수립 및 안전교육 실시에 관한 보좌 및 조언·지도
③ 근로자의 건강장해의 원인조사와 재발방지를 위한 의학적 조치
④ 당해 작업에서 발생한 산업재해에 관한 보고 및 이에 대한 응급조치

해설

안전관리자의 업무

① 산업안전보건위원회 또는 안전보건에 관한 노사협의체에서 심의·의결한 업무와 해당 사업장의 안전보건관리규정 및 취업규칙에서 정한 업무
② 위험성평가에 관한 보좌 및 지도·조언
③ 안전인증대상 기계 등과 자율안전확인대상 기계 등 구입 시 적격품의 선정에 관한 보좌 및 지도·조언
④ 해당 사업장 안전교육계획의 수립 및 안전교육 실시에 관한 보좌 및 지도·조언
⑤ 사업장 순회점검·지도 및 조치의 건의
⑥ 산업재해 발생의 원인 조사·분석 및 재발 방지를 위한 기술적 보좌 및 지도·조언
⑦ 산업재해에 관한 통계의 유지·관리·분석을 위한 보좌 및 지도·조언
⑧ 법 또는 법에 따른 명령으로 정한 안전에 관한 사항의 이행에 관한 보좌 및 지도·조언
⑨ 업무수행 내용의 기록·유지
⑩ 그 밖에 안전에 관한 사항으로서 고용노동부장관이 정하는 사항

참고 산업안전기사 필기 p.1-26(2. 안전관리자의 업무)

KEY ① 2017년 3월 5일 기사 출제
② 2017년 5월 7일 기사 출제
③ 2017년 9월 23일 기사 출제
④ 2018년 3월 4일 기사 출제
⑤ 2018년 4월 28일 기사 출제
⑥ 2018년 8월 19일 산업기사 출제

정보제공
① 산업안전보건법 시행령 제18조(안전관리자의 업무 등)
② 2023. 12. 12.「법률 제18426호」적용

02 **산업안전보건법령상 안전보건표지의 종류 중 경고표지에 해당하지 않는 것은?**

① 레이저광선 경고
② 급성독성물질 경고
③ 매달린 물체 경고
④ 차량통행 경고

해설

경고표지의 종류

201 인화성 물질경고	202 산화성 물질경고	203 폭발성 물질경고	204 급성독성 물질경고	205 부식성 물질경고

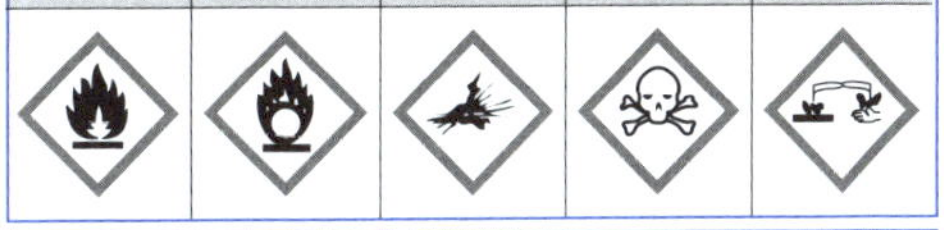

206 방사성 물질경고	207 고압전기 경고	208 매달린 물체경고	209 낙하물 경고	210 고온 경고

211 저온 경고	212 몸균형 상실경고	213 레이저 광선경고	214 발암성·변이원성·생식독성·전신독성·호흡기과민성 물질 경고	215 위험장소 경고

[정답] 01 ② 02 ④

참고 산업안전기사 필기 p.1-61(2. 경고표지)

KEY ① 2017년 9월 23일 기사 출제
② 2018년 3월 4일 기사 출제
③ 2019년 4월 27일 산업기사 출제
④ 2020년 6월 14일 산업기사 출제

정보제공
산업안전보건법 시행규칙 [별표6] 안전보건표지의 종류와 형태

03 크레인, 리프트 및 곤돌라는 사업장에 설치가 끝난 날부터 몇 년 이내에 최초의 안전검사를 실시해야 하는가? (단, 이동식 크레인, 이삿짐운반용 리프트는 제외한다.)

① 1년 ② 2년
③ 3년 ④ 4년

해설

안전검사의 주기

구분	검사주기
크레인(이동식 크레인은 제외한다) 리프트(이삿짐운반용 리프트는 제외한다) 및 곤돌라	사업장에서 설치가 끝난 날부터 3년 이내에 최초 안전검사를 실시하되, 그 이후부터 매 2년(건설현장에서 사용하는 것은 최초로 설치한 날부터 매 6개월 마다)

참고 산업안전기사 필기 p.3-59(표. 안전검사의 주기)

KEY ① 2016년 8월 21일 기사 출제
② 2017년 3월 5일 산업기사 출제
③ 2018년 3월 4일 기사·산업기사 동시 출제
④ 2018년 8월 19일 기사·산업기사 동시 출제
⑤ 2019년 3월 3일 기사 출제

정보제공
산업안전보건법 시행령 제126조 (안전검사주기와 합격표시 및 표시방법)

04 Y·G 성격검사에서 "안전, 적응, 적극형"에 해당하는 형의 종류는?

① A형 ② B형
③ C형 ④ D형

해설

Y·G(矢田部·Guilford) 성격검사
① A형(평균형) : 조화적, 적응적
② B형(右偏형) : 정서 불안정, 활동적, 외향적(불안정, 부적응, 적극형)
③ C형(左偏형) : 안전 소극형(온순, 소극적, 안전, 비활동, 내향적)
④ D형(右下형) : 안전, 적응, 적극형(정서 안전, 사회 적응, 활동적 대인관계 양호)
⑤ E형(左下형) : 불안전, 부적응, 수동형(D형과 반대)

참고 산업안전기사 필기 p.1-78(2. Y·G 성격검사)

05 위험예지훈련 4R(라운드) 기법의 진행방법에서 3R에 해당하는 것은?

① 목표설정 ② 대책수립
③ 본질추구 ④ 현상파악

해설

문제해결의 4단계(4 Round)
① 1R – 현상파악 ② 2R – 본질추구
③ 3R – 대책수립 ④ 4R – 행동목표설정

참고 산업안전기사 필기 p.1-12(1. 위험예지훈련의 4단계)

KEY ① 2016년 3월 6일 기사 출제
② 2016년 5월 8일 기사·산업기사 동시 출제
③ 2017년 3월 5일 기사·산업기사 동시 출제
④ 2017년 5월 7일 기사 출제
⑤ 2017년 8월 26일 기사 출제
⑥ 2017년 9월 23일 기사 출제
⑦ 2018년 3월 4일 산업기사 출제
⑧ 2019년 4월 27일 기사·산업기사 동시 출제
⑨ 2019년 8월 4일 기사 출제
⑩ 2020년 6월 14일 산업기사 출제

06 S사업장의 2019년 도수율이 10이라 할 때 연천인율은 얼마인가?

① 2.4 ② 5
③ 12 ④ 24

해설

도수율과 연천인율 관계
연천인율 = 도수율 × 2.4 = 10 × 2.4 = 24

[정답] 03 ③ 04 ④ 05 ② 06 ④

참고 산업안전기사 필기 p.3-43(5. 연천인율과 빈도율 상관관계)

KEY ① 2016년 5월 8일 기사 출제
② 2019년 4월 27일 기사 출제

07 안전보건교육계획에 포함해야 할 사항이 아닌 것은?

① 교육지도안
② 교육장소 및 교육방법
③ 교육의 종류 및 대상
④ 교육의 과목 및 교육내용

해설

교육의 준비사항

① 지도교육안 작성(이론 수업) 4단계
㉮ 준비(도입)단계 : 5분
㉯ 제시단계 : 40분
㉰ 실습 또는 적용 단계 : 10분
㉱ 확인 또는 평가 단계 : 5분
② 교재준비
③ 강사선정

참고 산업안전기사 필기 p.1-137(2.)

KEY 2019년 9월 21일 산업기사 출제

보충학습

안전교육계획에 포함시켜야 할 사항

① 교육목표
② 교육의 종류 및 교육대상
③ 교육의 과목 및 교육내용
④ 교육기간(교육시기)
⑤ 교육방법
⑥ 교육장소
⑦ 교육담당자 및 강사

08 몇 사람의 전문가에 의하여 과제에 관한 견해를 발표한 뒤에 참가자로 하여금 의견이나 질문을 하게 하여 토의하는 방법을 무엇이라 하는가?

① 심포지엄(symposium)
② 버즈 세션(buzz session)
③ 케이스 메소드(case method)
④ 패널 디스커션(panel discussion)

해설

심포지엄(symposium)

① 몇 사람의 전문가에 의하여 과제에 관한 견해를 발표
② 참가자로 하여금 의견이나 질문을 하게 하여 토의하는 방법

참고 산업안전기사 필기 p.1-144(③ 심포지엄)

KEY ① 2018년 3월 4일 기사 출제
② 2018년 9월 15일 산업기사 출제

09 방진마스크의 사용 조건 중 산소농도의 최소기준으로 옳은 것은?

① 16[%]
② 18[%]
③ 21[%]
④ 23.5[%]

해설

방진·방독마스크 조건

O_2(산소) 농도 최소기준 : 18[%] 이상

참고 산업안전기사 필기 p.1-55(2. 방진·방독마스크)

KEY 2017년 5월 7일 기사 출제

실기작업형 출제사례

"적정한 공기"라 함은 산소농도의 범위가 (①)[%] 이상, (②)[%] 미만, 이산화탄소의 농도가 (③)[%] 미만, 일산화탄소 농도가 30[ppm] 미만, 황화수소의 농도가 (④)[%] 미만인 수준의 공기를 말한다. **[정답]** ① 18 ② 23.5 ③ 1.5 ④ 10

정보제공

산업안전보건기준에 관한 규칙 제618조 (정의)

10 안전교육에 대한 설명으로 옳은 것은?

① 사례중심과 실연을 통하여 기능적 이해를 돕는다.
② 사무직과 기능직은 그 업무가 판이하게 다르므로 분리하여 교육한다.
③ 현장 작업자는 이해력이 낮으므로 단순반복 및 암기를 시킨다.
④ 안전교육에 건성으로 참여하는 것을 방지하기 위하여 인사고과에 필히 반영한다.

[정답] 07 ① 08 ① 09 ② 10 ①

PART 03

해설

기능적인 이해를 돕는다

① 기술교육 과정에서 가장 중요한 것이 바로 기능적인 이해의 증진이다. '왜 그렇게 되어야 하는가?'하는 문제에 관하여 근거 있게 기능적으로 이해시켜야 한다.
② 무조건 암기식 교육이나 주입식 교육은 오래가지 않으며 기억량이 적을 뿐만 아니라 행동상에도 무리가 오는 법이다.

참고 산업안전기사 필기 p.1-138(1. 교육지도의 원칙)

11 **산업안전보건법령에 따라 환기가 극히 불량한 좁은 밀폐된 공간에서 용접작업을 하는 근로자를 대상으로 한 특별안전 보건교육내용에 포함되지 않는 것은?(단, 일반적인 안전보건에 필요한 사항은 제외한다.)**

① 작업환경에 관한 사항
② 사고 시 응급조치에 관한 사항
③ 작업내용, 안전작업방법 및 절차에 관한 사항
④ 폭발 한계점, 발화점 및 인화점 등에 관한 사항

해설

밀폐공간에서의 작업시 교육

① 산소농도 측정 및 작업환경에 관한 사항
② 사고 시의 응급처치 및 비상 시 구출에 관한 사항
③ 보호구 착용 및 보호 장비 사용에 관한 사항
④ 작업내용·안전작업방법 및 절차에 관한 사항
⑤ 장비·설비 및 시설 등의 안전점검에 관한 사항
⑥ 그 밖에 안전·보건관리에 필요한 사항

참고 산업안전기사 필기 p.1-161(34. 밀폐공간에서의 작업)

KEY 2019년 4월 27일 기사 출제(문제 19번)

정보제공

산업안전보건법 시행규칙 [별표5] 안전보건교육 교육대상별 교육내용

12 **생체 리듬(Bio Rhythm) 중 일반적으로 28일을 주기로 반복되며, 주의력·창조력·예감 및 통찰력 등을 좌우하는 리듬은?**

① 육체적 리듬 ② 지성적 리듬
③ 감성적 리듬 ④ 정신적 리듬

해설

감성적 리듬(S : Sensitivity cycle)

① 28일 주기
② 빨간(적)색 표시
③ 점선 표시
④ 감정, 주의심, 창조력, 희로애락 등이 증가

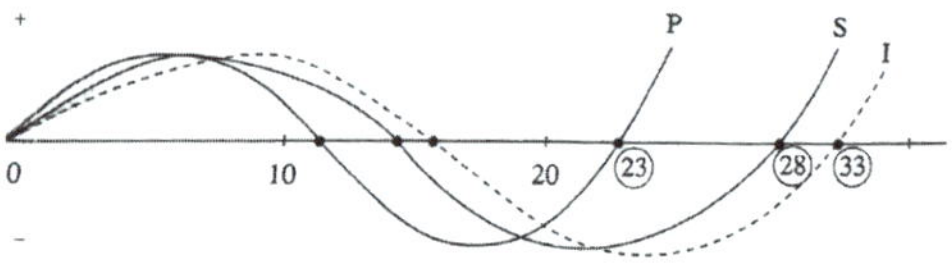

[그림] Biorhythm(PSI학설)

참고 산업안전기사 필기 p.1-108(2. 감성적 리듬)

13 **재해예방의 4원칙에 해당하지 않는 것은?**

① 예방가능의 원칙 ② 손실가능의 원칙
③ 원인연계의 원칙 ④ 대책선정의 원칙

해설

하인리히 산업재해예방의 4원칙

① 예방가능의 원칙
② 손실우연의 원칙
③ 원인연계(계기)의 원칙
④ 대책선정의 원칙

참고 산업안전기사 필기 p.3-35(6. 하인리히 산업재해예방의 4원칙)

KEY
① 2016년 5월 8일 산업기사 출제
② 2016년 10월 1일 기사 출제
③ 2017년 3월 5일 기사 출제
④ 2017년 5월 7일 산업기사 출제
⑤ 2017년 9월 23일 기사 출제
⑥ 2018년 3월 4일 기사·산업기사 동시 출제
⑦ 2018년 8월 19일 산업기사 출제
⑧ 2019년 3월 3일 기사·산업기사 동시 출제
⑨ 2019년 9월 21일 기사 출제
⑩ 2020년 6월 14일 산업기사 출제

14 **작업을 하고 있을 때 긴급 이상상태 또는 돌발사태가 되면 순간적으로 긴장하게 되어 판단능력의 둔화 또는 정지상태가 되는 것은?**

[정답] 11 ④ 12 ③ 13 ② 14 ②

① 의식의 우회 ② 의식의 과잉
③ 의식의 단절 ④ 의식의 수준저하

해설

의식의 과잉

① 돌발사태, 긴급 이상 상태 직면시 순간적으로 의식이 긴장
② 한 방향으로만 집중하는 판단력 정지, 긴급 방위 반응 등의 주의의 일점집중 현상이 발생

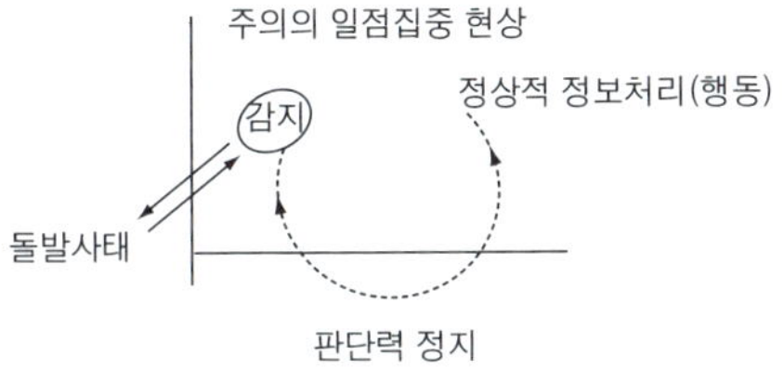

[그림] 의식의 과잉

참고 산업안전기사 필기 p.1-120(2. 안전보건관리 조직형태)

KEY ① 2016년 3월 6일 기사·산업기사 동시 출제
② 2016년 10월 1일 산업기사 출제
③ 2017년 3월 5일 기사 출제
④ 2017년 5월 7일 기사 출제
⑤ 2017년 8월 26일 기사·산업기사 동시 출제

15 관리감독자를 대상으로 교육하는 TWI의 교육 내용이 아닌 것은?

① 문제해결능력 ② 작업지도훈련
③ 인간관계훈련 ④ 작업방법훈련

해설

TWI 교육내용 4가지

① 작업 방법 훈련(Job Method Training : JMT) : 작업개선
② 작업 지도 훈련(Job Instruction Training : JIT) : 작업지도·지시
③ 인간 관계 훈련(Job Relations Training : JRT) : 부하 통솔
④ 작업 안전 훈련(Job Safety Training : JST) : 작업안전

참고 산업안전기사 필기 p.1-145(2. 관리감독자 교육)

KEY ① 2016년 3월 6일 기사·산업기사 동시 출제
② 2016년 8월 21일 산업기사 출제
③ 2017년 5월 7일 기사 출제
④ 2017년 8월 26일 산업기사 출제
⑤ 2018년 3월 4일 기사·산업기사 동시 출제
⑥ 2018년 4월 28일 기사 출제
⑦ 2019년 3월 3일 기사 출제
⑧ 2019년 8월 4일 산업기사 출제

16 재해 코스트 산정에 있어 시몬즈(R.H. Simonds) 방식에 의한 재해코스트 산정법으로 옳은 것은?

① 직접비 + 간접비
② 간접비 + 비보험코스트
③ 보험코스트 + 비보험코스트
④ 보험코스트 + 사업부보상금 지급액

해설

시몬즈(R.H. Simonds)의 재해코스트 산출방식

① 총재해코스트 = 보험 코스트 + 비보험 코스트
② 보험 코스트 : 산재보험료(반드시 사업장에서 지출)
③ 비보험 코스트 = (휴업상해건수×A) + (통원상해건수×B) + (응급조치건수×C) + (무상해 건수×D)

주 A, B, C, D는 장해 정도에 따른 비보험 코스트의 평균치

참고 산업안전기사 필기 p.3-46(2. 시몬스의 재해코스트 산출방식)

KEY ① 2016년 5월 8일 기사 출제
② 2016년 10월 1일 기사 출제
③ 2017년 5월 7일 기사·산업기사 동시 출제
④ 2018년 3월 4일 기사 출제

17 무재해운동의 기본이념 3원칙 중 다음에서 설명하는 것은?

> 직장 내의 모든 잠재위험요인을 적극적으로 사전에 발견, 파악, 해결함으로서 뿌리에서부터 산업재해를 제거하는 것

① 무의 원칙 ② 선취의 원칙
③ 참가의 원칙 ④ 확인의 원칙

해설

무의원칙

① 근원적으로 산업재해를 없애는 것
② '0'의 원칙이다.

참고 산업안전기사 필기 p.1-10(합격날개 : 합격예측)

KEY 2017년 5월 7일 기사 출제

[정답] 15 ① 16 ③ 17 ①

18 어느 사업장에서 물적손실이 수반된 무상해사고가 180건 발생하였다면 중상은 몇 건이나 발생할 수 있는가?(단, 버드의 재해구성 비율법칙에 따른다.)

① 6건　　② 18건
③ 20건　　④ 29건

해설

버드 이론 1 : 10 : 30 : 600의 법칙

① 1960년대 175,300여 건의 보험사고를 분석하여 하인리히가 처음 주장한 사고 발생 연쇄이론을 수정
② 641[건]의 사고 중 중상, 경상, 무상해 물적 손실 사고, 무상해 무손실 사고의 비율이 약 1 : 10 : 30 : 600이라고 제시
③ 무상해 : 180건 ÷ 30 = 6
④ 중상해 : 1 × 6건 = 6건

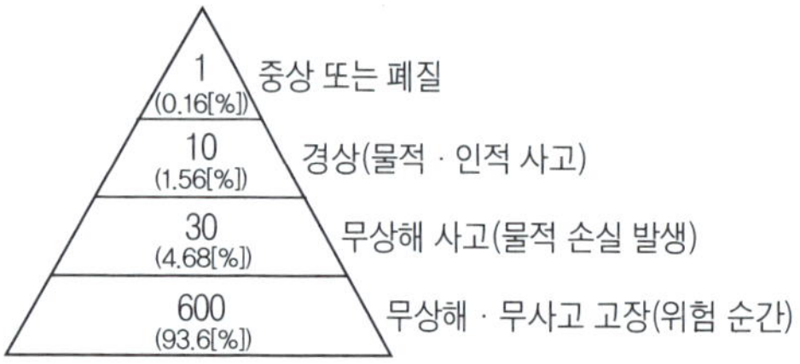

[그림] 버드의 법칙

참고 산업안전기사 필기 p.3-33(3. 버드 이론 1 : 10 : 30 : 600의 법칙)

KEY
① 2016년 5월 8일 기사 출제
② 2017년 5월 7일 기사 출제
③ 2017년 9월 23일 기사 출제

19 산업안전보건법령상 산업안전보건위원회의 사용자위원에 해당되지 않는 사람은? (단, 각 사업장은 해당하는 사람을 선임하여야 하는 대상 사업장으로 한다.)

① 안전관리자
② 산업보건의
③ 명예산업안전감독관
④ 해당 사업장 부서의 장

해설

근로자 위원의 종류

① 근로자 대표
② 명예산업안전감독관이 위촉되어 있는 사업장의 경우 근로자대표가 지명하는 1명 이상의 명예산업안전감독관
③ 근로자대표가 지명하는 9명(근로자인 제②호의 위원이 있는 경우에는 9명에서 그 위원의 수를 제외한 수를 말한다) 이내의 해당 사업장의 근로자

정보제공
① 산업안전보건법 시행령 제35조(산업안전보건위원회의 구성)
② 2023. 12. 12「법률 제33913호」 적용

20 다음 중 맥그리거(McGregor)의 Y이론과 가장 거리가 먼 것은?

① 성선설
② 상호신뢰
③ 선진국형
④ 권위주의적 리더십

해설

X · Y 이론 특징

X 이론의 특징	Y 이론의 특징
인간 불신감	상호 신뢰감
성악설	성선설
인간은 원래 게으르고 태만하여 남의 지배를 받기를 즐긴다.	인간은 부지런하고 근면 적극적이며 자주적이다.
물질 욕구(저차원 욕구)	정신욕구(고차원 욕구)
명령 통제에 의한 관리	목표 통합과 자기통제에 의한 자율관리
저개발국형	선진국형

참고 산업안전기사 필기 p.1-100(4. McGregor의 X·Y 이론)

KEY
① 2016년 3월 6일 기사 출제
② 2016년 5월 8일 기사 출제
③ 2017년 9월 23일 기사 출제
④ 2018년 3월 4일 기사 출제
⑤ 2019년 3월 3일 기사 출제

[정답] 18 ①　19 ③　20 ④

2 인간공학 및 위험성 평가·관리

21 인간공학 연구조사에 사용되는 기준의 구비조건과 가장 거리가 먼 것은?

① 다양성
② 적절성
③ 무오염성
④ 기준 척도의 신뢰성

해설

인간공학 연구조사에 사용되는 기준 3가지
① 적절성
② 무오염성
③ 기준 척도의 신뢰성

참고 ① 산업안전기사 필기 p.2-6(합격날개 : 합격예측)
② 산업안전기사 필기 p.2-31(문제 40번)

KEY 2010년 7월 25일(문제 23번) 출제

22 산업안전보건법령상 사업주가 유해위험방지계획서를 제출할 때에는 사업장 별로 관련 서류를 첨부하여 해당 작업 시작 며칠 전까지 해당 기관에 제출하여야 하는가?

① 7일 ② 15일
③ 30일 ④ 60일

해설

유해위험방지 계획서 제출시기 및 부수
① 제조업 : 해당 작업시작 15일 전까지 공단에 2부 제출
② 건설업 : 공사 착공전날까지 공단에 2부 제출

참고 ① 산업안전기사 필기 p.1-224(제42조 제출서류등)
② 공단 : 한국산업안전보건공단

정보제공
① 산업안전보건법 시행규칙 제42조(제출서류등)
② 2023. 9. 27 개정「고용노동부령 제393호」적용

23 손이나 특정 신체부위에 발생하는 누적손상장애(CTD)의 발생인자와 가장 거리가 먼 것은?

① 무리한 힘 ② 다습한 환경
③ 장시간의 진동 ④ 반복도가 높은 작업

해설

누적손상장애(CTD)
(1) CTD_s(누적외상병)의 원인
① 부적절한 자세
② 무리한 힘의 사용
③ 과도한 반복작업
④ 연속작업(비휴식)
⑤ 낮은 온도 등
(2) CTD_s의 예방대책

관리적인 면	짧은 간격의 작업전환(짧게 자주 휴식), 준비운동, 수공구의 적절한 사용 등
공학적인 면	자동화 작업, 직무 재설계, 작업장 재설계, 수공구의 재설계, 작업의 순환배치 등
치료적인 면	충분한 휴식, 영양분 섭취, 초음파 적용, 보호구 사용, 적절한 투약, 외과 수술 등

참고 산업안전기사 필기 p.2-197(문제 36번) 적중

KEY ① 2016년 10월 1일 기사 출제
② 2017년 3월 5일 기사 출제
③ 2019년 9월 21일 산업기사 출제

24 화학설비에 대한 안전성 평가 중 정량적 평가항목에 해당되지 않는 것은?

① 공정 ② 취급물질
③ 압력 ④ 화학설비용량

해설

3단계 : 정량적 평가항목
① 해당 화학설비의 취급물질
② 해당 화학설비의 용량
③ 온도
④ 압력
⑤ 조작

참고 산업안전기사 필기 p.2-38(3. 3단계 : 정량적 평가항목)

KEY ① 2016년 3월 6일 기사 출제
② 2019년 3월 3일 산업기사 출제
③ 2019년 4월 27일 기사 출제

[정답] 21 ① 22 ② 23 ② 24 ①

25 휴먼 에러(Human Error)의 요인을 심리적 요인과 물리적 요인으로 구분할 때, 심리적 요인에 해당하는 것은?

① 일이 너무 복잡한 경우
② 일의 생산성이 너무 강조될 경우
③ 동일 형상의 것이 나란히 있을 경우
④ 서두르거나 절박한 상황에 놓여있을 경우

해설

내적 요인(심리적 요인)

① 지식 부족
② 의욕이나 사기 결여
③ 서두르거나 절박한 상황
④ 체험적 습관
⑤ 선입관
⑥ 주의 소홀
⑦ 과다자극, 과소자극
⑧ 피로

참고 산업안전기사 필기 p.2-19(3.인간과오의 내적요인과 외적 요인)

26 모든 시스템 안전분석에서 제일 첫번째 단계의 분석으로, 실행되고 있는 시스템을 포함한 모든 것의 상태를 인식하고 시스템의 개발단계에서 시스템 고유의 위험상태를 식별하여 예상되고 있는 재해의 위험수준을 결정하는 것을 목적으로 하는 위험분석기법은?

① 결함위험분석
(FHA : Fault Hazards Analysis)
② 시스템위험분석
(SHA : System Hazards Analysis)
③ 예비위험분석(PHA : Preliminary Hazard Analysis)
④ 운용위험분석(OHA : Operating Hazard Analysis)

해설

PHA의 목적

① 시스템 개발 단계에서 시스템 고유의 위험 영역을 식별하고 예상되는 재해의 위험 수준을 구상단계에서 적용하고 평가하는 데 있다.
② 정성적 평가기법

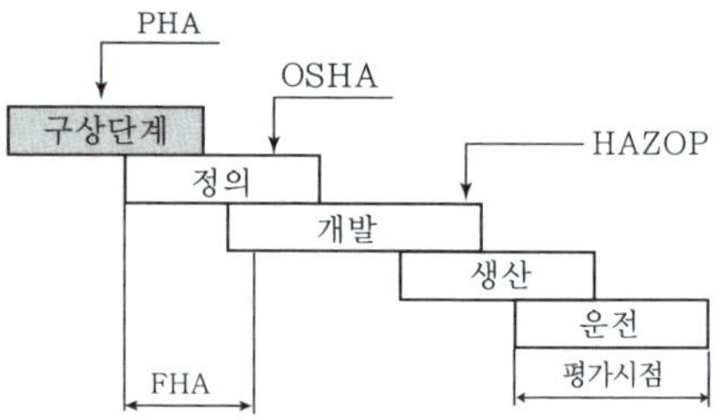

[그림] PHA · OSHA · FHA · HAZOP

참고 산업안전기사 필기 p.2-60(2. PHA)

KEY ① 2012년 3월 4일 기사 출제
② 2018년 8월 19일 기사 출제
③ 2019년 3월 3일 기사 출제
④ 2019년 9월 21일 기사 출제
⑤ 2020년 6월 14일 산업기사 출제

27 FT도에서 사용하는 기호 중 다음 그림과 같이 OR 게이트이지만 2개 또는 그 이상의 입력이 동시에 존재할 때 출력이 생기지 않는 경우 사용하는 것은?

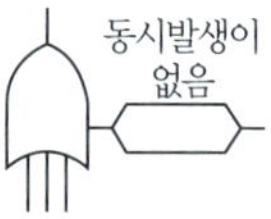

① 부정 OR 게이트 ② 배타적 OR 게이트
③ 억제 게이트 ④ 조합 OR 게이트

해설

FTA기호

기 호	명 칭	기 호	명 칭
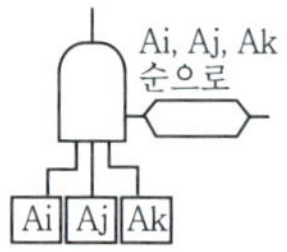	우선적 AND 게이트	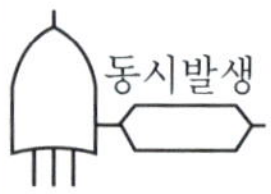	배타적 OR 게이트
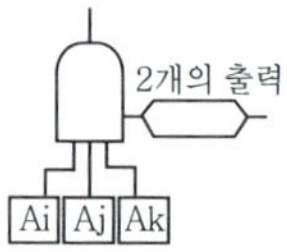	조합 AND 게이트		위험 지속 AND 게이트

참고 산업안전기사 필기 p.2-70(표 : FTA기호)

[정답] 25 ④ 26 ③ 27 ②

KEY ① 2017년 3월 5일 산업기사 출제
② 2017년 9월 23일 기사 출제
③ 2019년 3월 3일 산업기사 출제
④ 2019년 4월 27일 산업기사 출제
⑤ 2019년 9월 21일 기사 출제

28 의자 설계 시 고려해야할 일반적인 원리와 가장 거리가 먼 것은?

① 자세고정을 줄인다.
② 조정이 용이해야 한다.
③ 디스크가 받는 압력을 줄인다.
④ 요추 부위의 후만곡선을 유지한다.

해설

의자설계시 인간공학적 원칙 4가지

① 등받이의 굴곡은 요추의 굴곡(전만곡)과 일치해야 한다.
② 좌면의 높이는 사람의 신장에 따라 조절 가능해야 한다.
③ 정적인 부하와 고정된 작업자세를 피해야 한다.
④ 의자의 높이는 오금의 높이보다 같거나 낮아야 한다.

참고 산업안전기사 필기 p.2-163(합격날개 : 합격예측)

KEY 2017년 3월 5일 기사 출제

29 각 부품의 신뢰도가 다음과 같을 때 시스템의 전체 신뢰도는 약 얼마인가?

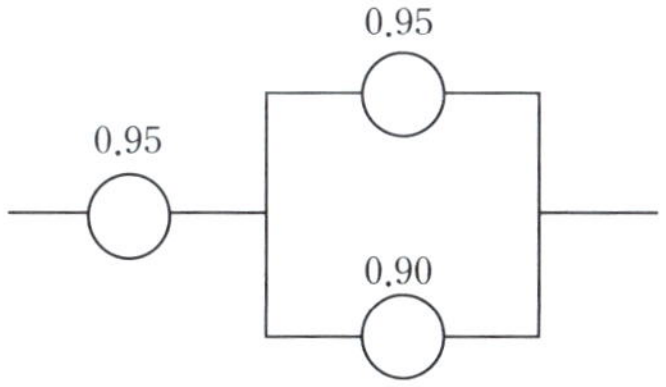

① 0.8123　② 0.9453
③ 0.9553　④ 0.9953

해설

신뢰도 계산

$R_s = 0.95 \times [1-(1-0.95)\times(1-0.90)] = 0.9453$

참고 산업안전기사 필기 p.2-89(문제 25번)

KEY ① 2017년 5월 7일 기사 출제
② 2018년 3월 4일 기사 출제
③ 2018년 4월 28일 산업기사 출제
④ 2019년 4월 27일 산업기사 출제

30 다음 FT도에서 시스템에 고장이 발생할 확률은 약 얼마인가? (단, X_1과 X_2의 발생확률은 각각 0.05, 0.03 이다.)

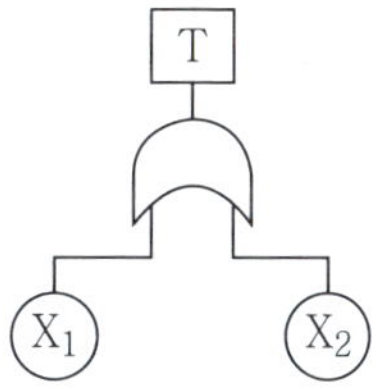

① 0.0015　② 0.0785
③ 0.9215　④ 0.9985

해설

고장발생확률계산

$R_s = 1-(1-X_1)\times(1-X_2) = 1-(1-0.05)\times(1-0.03) = 0.0785$

참고 산업안전기사 필기 p.2-92(문제 38번)

31 조종장치를 촉각적으로 식별하기 위하여 사용되는 촉각적 코드화의 방법으로 옳지 않은 것은?

① 색감을 활용한 코드화
② 크기를 이용한 코드화
③ 조종장치의 형상 코드화
④ 표면 촉감을 이용한 코드화

해설

촉각적 표시장치

① 기계적진동(mechanical vibration)이나 전기적 임펄스(electric impulse)이다.
② 암호화를 위하여 고려할 특성 : 형상, 크기, 표면촉감

KEY 2017년 9월 23일 산업기사 출제

[정답] 28 ④ 29 ② 30 ② 31 ①

32 인체 계측 자료의 응용 원칙이 아닌 것은?

① 기존 동일 제품을 기준으로 한 설계
② 최대치수와 최소치수를 기준으로 한 설계
③ 조정범위를 기준으로 한 설계
④ 평균치를 기준으로 한 설계

해설

인체계측자료의 응용원칙

① 최대치수와 최소치수(극단치기준) : 최대치수 또는 최소치수를 기준으로 하여 설계한다.
② 조절범위(조절식) : 체격이 다른 여러 사람에 맞도록 만든 것이다.
③ 평균치를 기준으로 한 설계 : 최대치수나 최소치수, 조절식으로 하기에 곤란할 때 평균치를 기준으로 하여 설계한다.

참고 산업안전기사 필기 p.2-159(합격날개 및 합격예측)

KEY ① 2018년 3월 4일 산업기사 출제
② 2018년 9월 15일 산업기사 출제

33 반사율이 85[%], 글자의 밝기가 400[cd/m²]인 VDT화면에 350[lux]의 조명이 있다면 대비는 약 얼마인가?

① −6.0 ② −5.0
③ −4.2 ④ −2.8

해설

대비

(1) 화면의 밝기 계산

① 반사율 $=\dfrac{\text{광속발산도}(fL)}{\text{조명}(fc)}\times 100$

② 광속발산도 $=\dfrac{\text{반사율}\times\text{조명}}{100}=\dfrac{85\times 350}{100}=297.5$

③ 광속발산도 $=\pi\times$ 휘도

④ 조명의 휘도(화면의 밝기) $=\dfrac{\text{광속발산도}}{\pi}$

$=\dfrac{297.5}{\pi}=94.7$[cd/m²]

(2) 글자의 총 밝기 = 글자의 밝기 + 조명의 휘도
$=400+94.7=494.7$[cd/m²]

(3) 대비 $=\dfrac{\text{배경의 밝기}-\text{표적물체의 밝기}}{\text{배경의 밝기}}$

$=\dfrac{94.7-494.7}{94.7}=-4.22$

참고 산업안전기사 필기 p.2-175(6. 대비)

KEY ① 2008년 5월 11일(문제 29번) 출제
② 2014년 3월 2일 산업기사 출제
③ 2017년 5월 7일(문제 28번) 출제

34 적절한 온도의 작업환경에서 추운 환경으로 온도가 변할 때 잘못된 것은?

① 발한(發汗)이 시작된다.
② 피부의 온도가 내려간다.
③ 직장(直腸)온도가 약간 올라간다.
④ 혈액의 많은 양이 몸의 중심부를 위주로 순환한다.

해설

적온에서 추운 환경으로 바뀔 때(저온스트레스)

① 피부온도가 내려간다.
② 피부를 경유하는 혈액순환량이 감소하고, 많은 양의 혈액이 몸의 중심부를 순환한다.
③ 직장(直腸)온도가 약간 올라간다.
④ 소름이 돋고 몸이 떨린다.

참고 산업안전기사 필기 p.2-171(3. 온도변화에 따른 인체의 적응)

KEY ① 2017년 5월 7일 기사 출제
② 2019년 3월 3일 기사 출제
③ 2019년 8월 4일 산업기사 출제

35 인체에서 뼈의 주요 기능이 아닌 것은?

① 인체의 지주 ② 장기의 보호
③ 골수의 조혈 ④ 근육의 대사

해설

뼈의 역할 및 기능

(1) 뼈의 역할
① 신체 중요부분 보호
② 신체의 지지 및 형상 유지
③ 신체 활동 수행

(2) 뼈의 기능
① 골수에서 혈구세포를 만드는 조혈 기능
② 칼슘, 인 등의 무기질 저장 및 공급 기능

참고 산업안전기사 필기 p.2-164(합격날개 : 합격예측)

KEY 2018년 4월 28일 산업기사 출제

[정답] 32 ① 33 ③ 34 ① 35 ④

36 **시스템안전 MIL-STD-882B 분류기준의 위험성 평가 매트릭스에서 발생빈도에 속하지 않는 것은?**

① 거의 발생하지 않는(Remote)
② 전혀 발생하지 않는(impossible)
③ 보통 발생하는(reasonably probable)
④ 극히 발생하지 않을 것 같은(extremely im-probable)

해설

MIL-STD-882B의 위험성평가 매트릭스(Matrix) 분류
① 자주 발생(Frequent)
② 보통 발생(Probable)
③ 가끔 발생(Occasional)
④ 거의 발생하지 않음(Remote)
⑤ 극히 발생하지 않음(Improbable)

참고 산업안전기사 필기 p.2-60(합격날개 : 합격예측)

보충학습

MIL-STD-882B의 시스템 안전 필요사항에 대한 우선권 순서
최소리스크를 위한 설계 → 안전장치 설치 → 경보장치 설치 → 절차 및 교육훈련 개발

37 **인간-기계 시스템을 설계할 때에는 특정기능을 기계에 할당하거나 인간에게 할당하게 된다. 이러한 기능할당과 관련된 사항으로 옳지 않는 것은? (단, 인공지능과 관련된 사항은 제외한다.)**

① 인간은 원칙을 적용하여 다양한 문제를 해결하는 능력이 기계에 비해 우월하다.
② 일반적으로 기계는 장시간 일관성이 있는 작업을 수행하는 능력이 인간에 비해 우월하다.
③ 인간은 소음, 이상온도 등의 환경에서 작업을 수행하는 능력이 기계에 비해 우월하다.
④ 일반적으로 인간은 주위가 이상하거나 예기치 못한 사건을 감지하여 대처하는 능력이 기계에 비해 우월하다.

해설

기계는 소음·이상온도 등의 환경에서 작업을 수행하는 능력이 인간에 비해 우월하다.

참고 산업안전기사 필기 p.2-11(표 : 인간-기계의 장단점)

KEY ① 2010년 7월 22일(문제 30번) 출제
② 2016년 5월 8일 산업기사 출제
③ 2018년 9월 15일 기사 출제

38 **시각 장치와 비교하여 청각 장치 사용이 유리한 경우는?**

① 메시지가 길 때
② 메시지가 복잡할 때
③ 정보 전달 장소가 너무 소란할 때
④ 메시지에 대한 즉각적인 반응이 필요할 때

해설

시각적 장치 사용시 유리한 경우
① 전언이 복잡하고 길 때
② 전언이 후에 재참조될 경우
③ 전언이 공간적 위치를 다룰 때
④ 수신자의 청각 계통이 과부화 상태일 경우
⑤ 수신 장소가 너무 시끄러울 경우
⑥ 즉각적인 행동을 요구하지 않을 때
⑦ 직무상 한 곳에 머무르는 경우

참고 산업안전기사 필기 p.2-31(문제 43번)

KEY ① 2017년 5월 7일 산업기사 출제
② 2018년 3월 4일 산업기사 출제
③ 2018년 4월 28일 산업기사 출제
④ 2018년 8월 19일 산업기사 출제
⑤ 2018년 9월 15일 산업기사 출제
⑥ 2019년 4월 27일 산업기사 출제
⑦ 2019년 8월 4일 기사 출제
⑧ 2019년 9월 21일 산업기사 출제

39 **컷셋(cut set)과 패스셋(path set)에 관한 설명으로 옳은 것은?**

① 동일한 시스템에서 패스셋의 개수와 컷셋의 개수는 같다.
② 패스셋은 동시에 발생했을 때 정상사상을 유발하는 사상들의 집합이다.
③ 일반적으로 시스템에서 최소 컷셋의 개수가 늘어나면 위험 수준이 높아진다.

[정답] 36 ② 37 ③ 38 ④ 39 ③

PART 03

④ 최소 컷셋은 어떤 고장이나 실수를 일으키지 않으면 재해는 일어나지 않는다고 하는 것이다.

해설

컷셋과 패스셋

① 컷셋(cut set) : 정상사상을 발생시키는 기본사상의 집합으로 그 안에 포함되는 모든 기본사상이 발생할 때 정상사상을 발생시킬 수 있는 기본사상의 집합
② 패스셋(path set) : 모든 기본사상이 일어나지 않을 때 처음으로 정상사상이 일어나지 않는 기본사상의 집합(고장나지 않도록 하는 사상의 조합)

참고 산업안전기사 필기 p.2-77(합격날개 : 합격예측)

KEY ① 2017년 5월 7일 기사 출제
② 2018년 3월 4일 산업기사 출제
③ 2018년 4월 28일 산업기사 출제
④ 2019년 4월 27일 산업기사 출제
⑤ 2020년 6월 14일 산업기사 출제

40 FTA에 의한 재해사례 연구순서 중 2단계에 해당하는 것은?

① FT도의 작성
② 톱사상의 선정
③ 개선계획의 작성
④ 사상의 재해원인을 규명

해설

D. R. Cheriton의 FTA에 의한 재해사례 연구순서

① 제1단계 : 톱(top)사상의 선정
② 제2단계 : 사상마다 재해원인 및 요인규명
③ 제3단계 : FT(Fault Tree)도의 작성
④ 제4단계 : 개선계획 작성
⑤ 제5단계 : 개선안 실시계획

참고 산업안전기사 필기 p.2-67(합격날개 : 합격예측)

KEY ① 2016년 10월 1일 기사 출제
② 2017년 3월 5일 기사 출제
③ 2018년 9월 15일 기사 출제
④ 2019년 9월 21일 산업기사 출제

3 기계·기구 및 설비안전관리

41 기계설비의 작업능률과 안전을 위해 공장의 설비 배치 3단계를 올바른 순서대로 나열한 것은?

① 지역배치 → 건물배치 → 기계배치
② 건물배치 → 지역배치 → 기계배치
③ 기계배치 → 건물배치 → 지역배치
④ 지역배치 → 기계배치 → 건물배치

해설

기계설비 layout 3단계

① 제1단계 : 지역배치
② 제2단계 : 건물배치
③ 제3단계 : 기계배치

참고 산업안전기사 필기 p.3-14(합격날개 : 합격예측)

KEY ① 2016년 8월 21일 기사 출제
② 2018년 4월 15일 실기 필답형 출제

합격자의 조언

실기 필답형에 단골 출제 문제입니다.

42 다음 중 설비의 진단방법에 있어 비파괴시험이나 검사에 해당하지 않는 것은

① 피로시험 ② 음향탐사검사
③ 방사선투과시험 ④ 초음파탐상검사

해설

파괴시험법

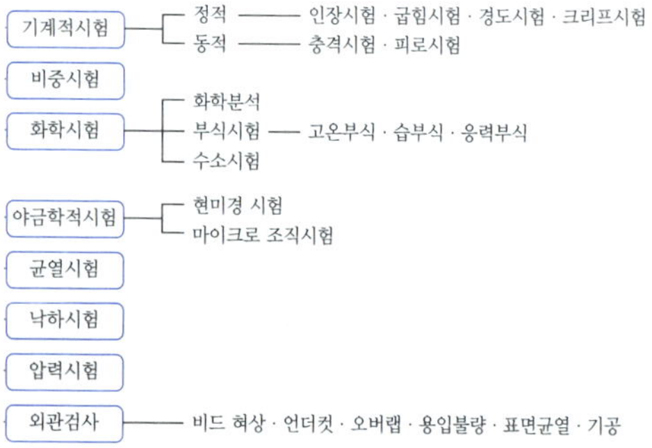

참고 산업안전기사 필기 p.3-221(그림 : 파괴시험)

[정답] 40 ④ 41 ① 42 ①

KEY ① 2010년 7월 25일(문제 47번) 출제
② 2017년 5월 7일 출제

43 밀링작업 시 안전수칙으로 틀린 것은?

① 보안경을 착용한다.
② 칩은 기계를 정지시킨 다음에 브러시로 제거한다.
③ 가공 중에는 손으로 가공면을 점검하지 않는다.
④ 면장갑을 착용하여 작업한다.

해설

회전하는 기계는 면장갑 착용금지 입니다.

참고 산업안전기사 필기 p.3-84(2. 밀링작업시 안전수칙)

KEY ① 2016년 3월 6일 산업기사 출제
② 2018년 3월 4일 기사 출제
③ 2018년 4월 28일 기사 출제

44 다음 중 회전축, 커플링 등 회전하는 물체에 작업복 등이 말려드는 위험을 초래하는 위험점은?

① 협착점　② 접선물림점
③ 절단점　④ 회전말림점

해설

회전말림점(Trapping-point)

① 회전하는 물체에 작업복, 머리카락 등이 말려드는 위험이 존재하는 점
② 회전하는 축, 커플링, 돌출된 키나 고정나사, 회전하는 공구 등

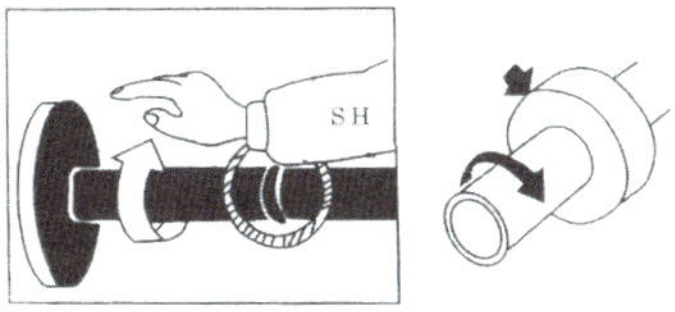

[그림] 회전말림점

참고 산업안전기사 필기 p.3-15(4. 위험점의 분류)

45 무부하 상태에서 지게차로 20[km/h]의 속도로 주행할 때, 좌우 안정도는 몇[%] 이내이어야 하는가?

① 37[%]　② 39[%]
③ 41[%]　④ 43[%]

해설

지게차 좌우 안정도

$15+1.1[V]=15+1.1\times 20=37[\%]$

참고 산업안전기사 필기 p.3-136(표 : 지게차의 안정조건)

KEY ① 2016년 5월 8일 산업기사 출제
② 2016년 8월 21일 산업기사 출제
③ 2017년 3월 5일 산업기사 출제
④ 2017년 5월 7일 기사 출제

46 산업안전보건법령상 승강기의 종류에 해당하지 않는 것은?

① 리프트
② 에스컬레이터
③ 화물용 엘리베이터
④ 승객용 엘리베이터

해설

승강기 종류 5가지

① 승객용 엘리베이터
② 승객화물용 엘리베이터
③ 화물용 엘리베이터
④ 소형화물용 엘리베이터
⑤ 에스컬레이터

참고 산업안전기사 필기 p.3-151(7. 곤돌라 및 승강기)

정보제공

산업안전보건기준에 관한 규칙 제132조(양중기)

합격자의 조언

제6과목 건설안전기술에도 출제되고 실기 필답형에도 출제되는 내용입니다.

[정답] 43 ④ 44 ④ 45 ① 46 ①

PART 03

47 프레스 금형의 파손에 의한 위험방지 방법이 아닌 것은?

① 금형에 사용하는 스프링은 반드시 인장형으로 할 것
② 작업 중 진동 및 충격에 의해 볼트 및 너트의 헐거워짐이 없도록 할 것
③ 금형의 하중 중심은 원칙적으로 프레스 기계의 하중 중심과 일치하도록 할 것
④ 캠, 기타 충격이 반복해서 가해지는 부분에는 완충장치를 설치할 것

해설

금형에 사용되는 스프링 : 압축형

참고 산업안전기사 필기 p.3-107 (합격날개 : 합격예측)

KEY 2018년 8월 19일 산업기사 출제

48 다음 중 연삭 숫돌의 파괴원인으로 거리가 먼 것은?

① 플랜지가 현저히 클 때
② 숫돌에 균열이 있을 때
③ 숫돌의 측면을 사용할 때
④ 숫돌의 치수 특히 내경의 크기가 적당하지 않을 때

해설

연삭 숫돌의 파괴원인

① 숫돌의 속도가 너무 빠를 때
② 숫돌에 균열이 있을 때
③ 플랜지가 현저히 작을 때
④ 숫돌의 치수(특히 구멍지름)가 부적당할 때
⑤ 숫돌에 과대한 충격을 줄 때
⑥ 작업에 부적당한 숫돌을 사용할 때
⑦ 숫돌의 불균형이나 베어링의 마모에 의한 진동이 있을 때
⑧ 숫돌의 측면을 사용할 때
⑨ 반지름방향의 온도변화가 심할 때

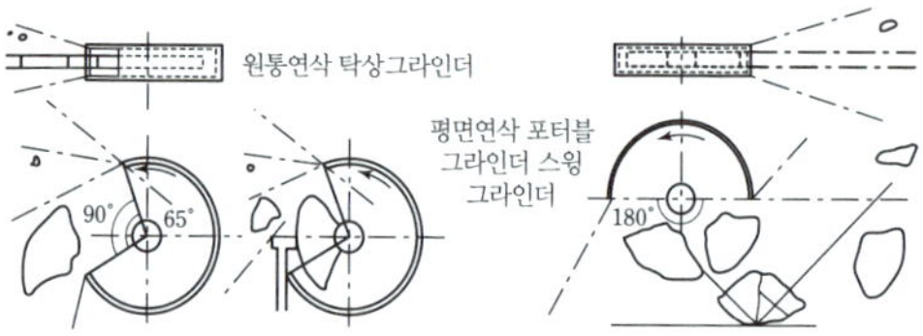

[그림] 안전덮개의 개구각과 파편의 비산방향

참고 산업안전기사 필기 p.3-91(1. 숫돌의 파괴원인)

KEY ① 2016년 5월 8일 산업기사 출제
② 2016년 8월 21일 기사 출제
③ 2020년 6월 14일 산업기사 출제

49 지름 5[cm] 이상을 갖는 회전중인 연삭숫돌이 근로자들에게 위험을 미칠 우려가 있는 경우에 필요한 방호장치는?

① 받침대　② 과부하 방지장치
③ 덮개　④ 프레임

해설

연삭기 구조면에 있어서 안전대책

① 구조 규격에 적당한 덮개를 설치할 것(숫돌지름 : 5[cm] 이상)
② 플랜지의 직경은 숫돌직경의 1/3 이상인 것을 사용하며 양쪽을 모두 같은 크기로 할 것(플랜지 안쪽에 종이나 고무판을 부착하여 고정시, 종이나 고무판의 두께는 0.5~1[mm] 정도가 적합하며, 숫돌의 종이라벨은 제거하지 않고 고정)

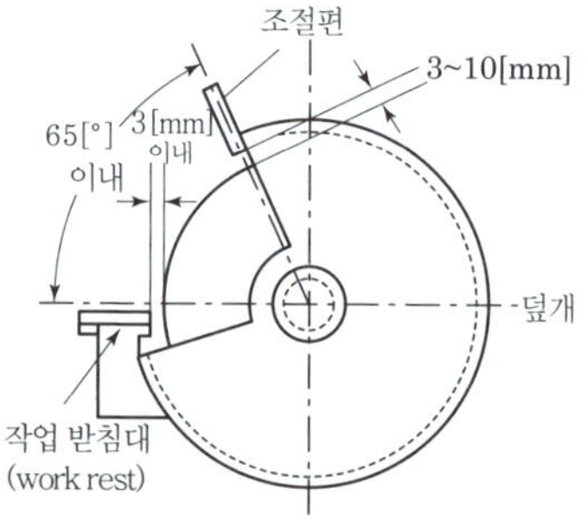

[그림] 덮개의 표준조건

참고 산업안전기사 필기 p.3-94(4. 연삭기 구조면에 있어서 안전대책)

정보제공

산업안전보건기준에 관한 규칙 제122조(연삭숫돌의 덮개 등)

[정답] 47 ① 48 ① 49 ③

50 롤러기의 앞면 롤의 지름이 300[mm] 분당회전수가 30[회]일 경우 허용되는 급정지장치의 급정지거리는 약 몇 [mm] 이내이어야 하는가?

① 37.7　　② 31.4
③ 377　　④ 314

해설

앞면 롤러의 표면속도에 따른 급정지거리

(1) 표면속도

$$V=\frac{\pi\times D\times N}{1,000}[\text{m/min}]$$

여기서, V : 표면속도
D : 롤러 원통의 직경[mm]
N : 1분간에 롤러기가 회전되는 수[rpm]

$$V=\frac{\pi\times D\times N}{1,000}=\frac{\pi\times 300\times 30}{1,000}=28.25[\text{m/min}]$$

(2) 속도가 30 미만이므로

$$\text{급정지거리}=\pi\times d\times\frac{1}{3}=\pi\times 300\times\frac{1}{3}=314[\text{mm}]$$

참고 산업안전기사 필기 p.3-110(표 : 롤러의 급정지거리)

KEY
① 2016년 3월 6일 산업기사 출제
② 2017년 3월 5일 기사 출제
③ 2017년 8월 26일 산업기사 출제
④ 2018년 8월 19일 기사 출제
⑤ 2019년 3월 3일 산업기사 출제
⑥ 2019년 4월 27일 산업기사 출제

51 크레인의 방호장치에 해당되지 않는 것은?

① 권과방지장치　　② 과부하방지장치
③ 비상정지장치　　④ 자동보수장치

해설

양중기 방호장치

(1) 크레인 방호장치
① 권과방지장치
② 과부하방지장치
③ 제동장치
④ 비상정지장치

(2) 승강기 방호장치
① 과부하방지장치
② 파이널 리밋스위치
③ 비상정지장치
④ 속도조절기
⑤ 출입문 인터로크

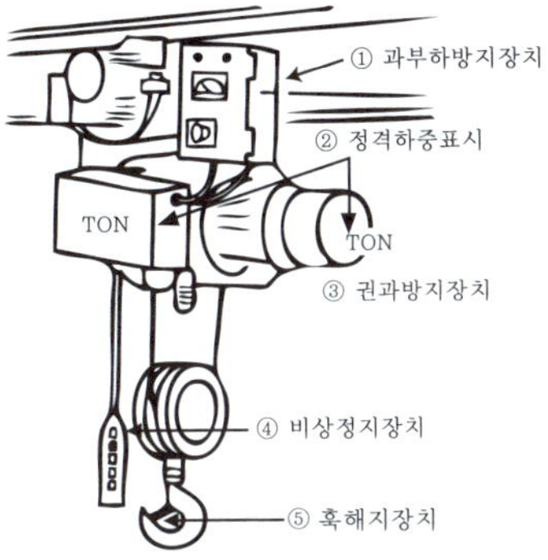

[그림] 크레인의 방호장치

참고 산업안전기사 필기 p.3-150(합격날개 : 합격예측 및 관련법규)

KEY
① 2017년 5월 7일 산업기사 출제
② 2017년 8월 26일 산업기사 출제

정보제공
산업안전보건기준에 관한 규칙 제134조(방호장치의 조정)

52 어떤 로프의 최대하중이 700[N]이고, 정격하중은 100[N]이다. 이 때 안전계수는 얼마인가?

① 5　　② 6
③ 7　　④ 8

해설

$$\text{안전계수}=\frac{\text{최대하중}}{\text{정격하중}}=\frac{700[\text{N}]}{100[\text{N}]}=7$$

참고 산업안전기사 필기 p.3-189(합격날개 : 합격예측)

KEY
① 2017년 5월 7일 기사 출제
② 2017년 8월 26일 기사 출제
③ 2018년 4월 28일 산업기사 출제
④ 2019년 4월 27일 산업기사 출제

정보제공
산업안전보건기준에 관한 규칙 제164조(고리걸이 훅 등의 안전계수)

[정답] 50 ④　51 ④　52 ③

53 산업안전보건법령상 프레스의 작업시작 전 점검사항이 아닌 것은?

① 금형 및 고정볼트 상태
② 방호장치의 기능
③ 전단기의 칼날 및 테이블의 상태
④ 트롤리(trolley)가 횡행하는 레일의 상태

해설

프레스 등을 사용하여 작업을 할 때 점검사항
① 클러치 및 브레이크의 기능
② 크랭크축·플라이휠·슬라이드·연결봉 및 연결나사의 풀림 유무
③ 1행정 1정지기구·급정지장치 및 비상정지장치의 기능
④ 슬라이드 또는 칼날에 의한 위험방지 기구의 기능
⑤ 프레스의 금형 및 고정볼트 상태
⑥ 방호장치의 기능
⑦ 전단기(剪斷機)의 칼날 및 테이블의 상태

참고 산업안전기사 필기 p.3-51(표 : 작업시작전 점검사항)

KEY
① 2016년 3월 6일 산업기사 출제
② 2017년 3월 5일 기사 출제
③ 2017년 5월 7일 기사 출제
④ 2017년 8월 26일 기사 출제
⑤ 2018년 3월 4일 기사 출제
⑥ 2018년 4월 28일 기사 출제
⑦ 2018년 8월 19일 기사 출제
⑧ 2019년 3월 3일 기사 출제
⑨ 2019년 4월 27일 산업기사 출제
⑩ 2020년 6월 14일 산업기사 출제

정보제공
산업안전보건기준에 관한 규칙 [별표3] 작업시작전 점검사항

54 컨베이어의 제작 및 안전기준 상 작업구역 및 통행구역에 덮개, 울 등을 설치해야 하는 부위에 해당하지 않는 것은?

① 컨베이어의 동력전달 부분
② 컨베이어의 제동장치 부분
③ 호퍼, 슈트의 개구부 및 장력 유지장치
④ 컨베이어 벨트, 폴리, 롤러, 체인, 스프라켓, 스크류 등

해설

컨베이어 제작 및 안전기준상 방호장치 덮개, 울 등 설치기준
① 컨베이어의 동력전달 부분
② 호퍼, 슈트의 개구부 및 장력 유지장치
③ 컨베이어 벨트, 폴리, 롤러, 체인, 스프라켓, 스크류 등

참고 산업안전기사 필기 p.3-139(합격날개 : 은행문제)

55 아세틸렌 용접장치에 관한 설명 중 틀린 것은?

① 아세틸렌발생기로부터 5[m] 이내, 발생기실로부터 3[m] 이내에는 흡연 및 화기사용을 금지한다.
② 발생기실에는 관계 근로자가 아닌 사람이 출입하는 것을 금지한다.
③ 아세틸렌 용기는 뉘어서 사용한다.
④ 건식안전기의 형식으로 소결금속식과 우회로식이 있다.

해설

아세틸렌 용기는 뉘어서는 안된다.

참고 산업안전기사 필기 p.3-174(문제 98번) 적중

56 가공기계에 쓰이는 주된 풀 푸르프(Fool Proof)에서 가드(Guard)의 형식으로 틀린 것은?

① 인터록 가드(Interlock Guard)
② 안내 가드(Guide Guard)
③ 조정 가드(Adjustable Guard)
④ 고정 가드(Fixed Guard)

해설

fool proof 가드 형식 및 기능

형식	기능
고정가드 (fixed guard)	개구부로부터 가공물과 공구 등을 넣어도 손은 위험 영역에 머무르지 않는다.
조정가드 (adjustable guard)	가공물과 공구에 맞도록 형상과 크기를 조절한다.
경고가드 (warning guard)	손이 위험 영역에 들어가기 전에 경고한다.
인터록 가드 (interlock guard)	기계가 작동 중에 개폐되는 경우 기계가 정지한다.

[정답] 53 ④ 54 ② 55 ③ 56 ②

참고 산업안전기사 필기 p.3-193(표 : 절삭가공기계에 사용되는 주된 fool proof 기구)

57 산업안전보건법령상 로봇에 설치되는 제어장치의 조건에 적합하지 않은 것은?

① 누름버튼은 오작동 방지를 위한 가드를 설치하는 등 불시기동을 방지할 수 있는 구조로 제작·설치되어야 한다.
② 로봇에는 외부 보호 장치와 연결하기 위해 하나 이상의 보호정지회로를 구비해야 한다.
③ 전원공급램프, 자동운전, 결함검출 등 자동제어의 상태를 확인할 수 있는 표시장치를 설치해야 한다.
④ 조작버튼 및 선택스위치 등 제어장치에는 해당 기능을 명확하게 구분할 수 있도록 표시해야 한다.

해설

로봇에 설치되는 제어장치의 조건
① 누름버튼은 오작동 방지를 위한 가드를 설치하는 등 불시기동을 방지할 수 있는 구조로 제작·설치되어야 한다.
② 전원공급램프, 자동운전, 결함검출 등 자동제어의 상태를 확인할 수 있는 표시장치를 설치해야 한다.
③ 조작버튼 및 선택스위치 등 제어장치에는 해당 기능을 명확하게 구분할 수 있도록 표시해야 한다.

참고 산업안전기사 필기 p.3-126(보충문제)

정보제공
위험기계·기구 자율안전확인 고시 [별표 2] 산업용 로봇의 제작 및 안전기준

58 선반가공 시 연속적으로 발생되는 칩으로 인해 작업자가 다치는 것을 방지하기 위하여 칩을 짧게 절단시켜주는 안전장치는?

① 커버 ② 브레이크
③ 보안경 ④ 칩 브레이커

해설

칩브레이커 : 칩을 짧게 끊어주는 선반전용 안전장치

[그림] 선반 클램프형 칩브레이커

참고 산업안전기사 필기 p.3-82(4. 선반작업시 안전장치)

KEY ① 2018년 3월 4일 기사 출제
② 2018년 4월 28일 산업기사 출제
③ 2019년 8월 4일 기사 출제

59 프레스 양수조작식 방호장치 누름버튼의 상호간 내측거리는 몇[mm] 이상인가?

① 50 ② 100
③ 200 ④ 300

해설

양수조작식 방호장치

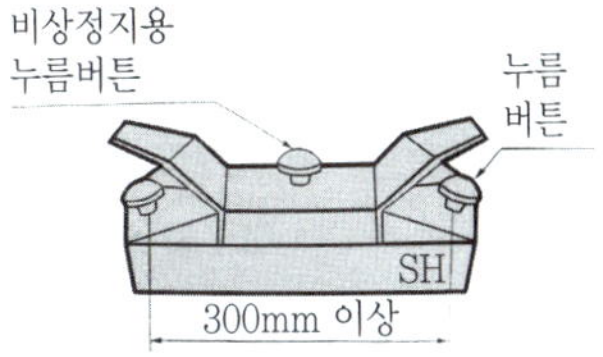

[그림] 양수조작식 누름버튼

참고 산업안전기사 필기 p.3-101(합격날개 : 합격예측)

KEY ① 2018년 3월 4일 산업기사 출제
② 2018년 8월 19일 산업기사 출제
③ 2019년 4월 27일 산업기사 출제
④ 2019년 8월 4일 기사 출제

60 산업안전보건법령상 탁상용 연삭기의 덮개에는 작업 받침대와 연삭숫돌과의 간격을 몇 [mm] 이하로 조정할 수 있어야 하는가?

① 3 ② 4
③ 5 ④ 10

해설

작업받침대와 연삭숫돌과의 간격 : 3[mm] 이하

[정답] 57 ② 58 ④ 59 ④ 60 ①

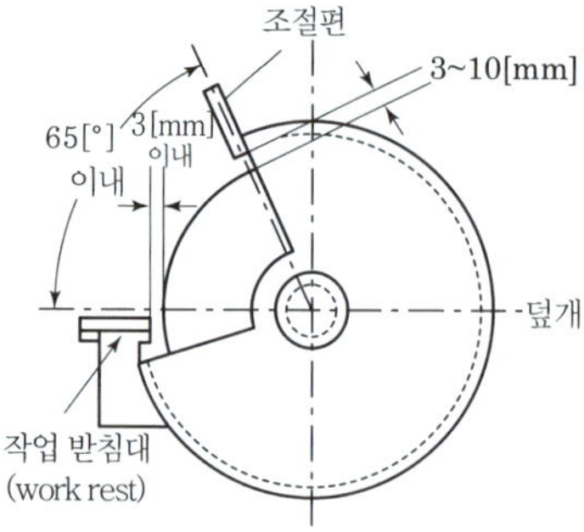

[그림] 덮개의 표준조건

참고 산업안전기사 필기 p.3-94(4. 연삭기 구조면에 있어서 안전대책)

4 전기설비 안전관리

61 화재가 발생하였을 때 조사해야 하는 내용으로 가장 관계가 먼 것은?

① 발화원 ② 착화물
③ 출화의 경과 ④ 응고물

해설

전기화재 폭발의 원인 3가지

① 발화원
② 경로(출화의 경과)
③ 착화물

참고 산업안전기사 필기 p.4-72(1. 전기화재 폭발의 원인)

KEY ① 2017년 3월 5일 산업기사 출제
② 2019년 8월 4일 기사 출제

62 감전사고 방지대책으로 틀린 것은?

① 설비의 필요한 부분에 보호접지 실시
② 누출된 충전부에 통전망 설치
③ 안전전압 이하의 전기기기 사용
④ 전기기기 및 설비의 정비

해설

간접접촉(누전)에 의한 감전방지방법

① 보호절연물을 사용한다.
② 안전전압 이하의 기기를 사용한다.
③ 보호접지(기기접지)를 사용한다.
④ 사고회로의 신속한 차단을 한다.
⑤ 회로를 전기적으로 격리한다.

참고 산업안전기사 필기 p.4-21(2. 간접접촉에 의한 감전방지방법)

63 전기기기의 Y종 절연물의 최고 허용온도는?

① 80[℃] ② 85[℃]
③ 90[℃] ④ 105[℃]

해설

전기기기의 절연의 종류와 최고허용온도

① Y종 절연 : 허용온도 90[℃] - 목면, 견, 지류 등을 기름에 먹이지 않은 채 절연한 것
② A종 절연 : 허용온도 105[℃] - 목면, 견, 지류 등을 기름에 적셔서 절연한 것
③ E종 절연 : 허용온도 120[℃] - 에나멜선용 폴리우레탄 및 에폭시수지, 셀룰로오스, 트리아세테이트 등의 재료로 절연한 것
④ B종 절연 : 허용온도 130[℃] - 운모, 석면, 유리 섬유 등 무기질재료를 접착제와 함께 사용하여 절연한 것
⑤ H종 절연 : 허용온도 180[℃] - 운모, 석면, 유리 섬유 등의 재료를 실리콘수지 또는 같은 성질의 재료로 된 접착재료와 함께 사용하여 절연한 것
⑥ C종 절연 : 허용온도 180[℃] 초과 - 운모, 석면 자기 등을 단독 또는 접착재료와 함께 사용하여 절연한 것

참고 ① 산업안전기사 필기 p.4-74(표. 절연물의 내열구분)
② 산업안전기사 필기 p.4-74(문제 8번) 적중

64 활선 작업 시 사용할 수 없는 전기작업용 안전장구는?

① 전기안전모 ② 절연장갑
③ 검전기 ④ 승주용 가제

해설

활선작업용 기구

① 사용시 손으로 잡을 수 있는 부분을 포함하여 절연재료로 만들어진 봉상의 절연공구

[정답] 61 ④ 62 ② 63 ③ 64 ④

② 절연봉(핫스틱), 다용도집게봉, 조작용훅봉(디스콘봉), 수동식 절단기, 활차

참고 산업안전기사 필기 p.4-23(5. 활선작업용 장치)

65 인체의 전기저항을 500[Ω]이라 한다면 심실세동을 일으키는 위험에너지(J)는? (단, 심실세동전류 $I=\frac{165}{\sqrt{T}}$[mA], 통전 시간은 1초이다.)

① 13.61 ② 23.21
③ 33.42 ④ 44.63

해설

심실세동을 일으키는 위험에너지

$I[mA]=\frac{165}{\sqrt{T}}$를 대입하여 푼다.

Q : J, I=A, R=X, T=sec

$Q=\left(\frac{165}{\sqrt{T}}\times10^{-3}\right)^2\times500\times T$

$=\frac{165^2}{\sqrt{T}}\times10^{-6}\times500\times T$

$=165^2\times10^{-6}\times500 \fallingdotseq 13.6[J]$

참고 산업안전기사 필기 p.4-18(3. 위험한계에너지)

KEY ① 2016년 8월 21일 기사 출제
② 2017년 5월 7일 기사 출제
③ 2018년 3월 4일 기사 출제
④ 2018년 4월 28일 기사 · 산업기사 동시출제
⑤ 2018년 8월 19일 기사 출제
⑥ 2019년 3월 3일 기사 출제

66 교류아크 용접기에 전격 방지기를 설치하는 요령 중 틀린 것은?

① 이완 방지 조치를 한다.
② 직각으로만 부착해야 한다.
③ 동작 상태를 알기 쉬운 곳에 설치한다.
④ 테스트 스위치는 조작이 용이한 곳에 위치시킨다.

해설

전격방지기 설치 상 주의사항

① 직각으로 설치한다.(단, 불가피한 경우 20[℃] 이내)
② 전격방지기의 외함은 접지시킬것

참고 산업안전기사 필기 p.4-78(2. 전격방지기 설치상 주의사항)

67 인체의 표면적이 0.5[m²]이고 정전용량은 0.02[pF/cm²]이다. 3,300[V]의 전압이 인가되어 있는 전선에 접근하여 작업을 할 때 인체에 축적되는 정전기 에너지(J)는?

① 5.445×10^{-2} ② 5.445×10^{-4}
③ 2.723×10^{-2} ④ 2.723×10^{-4}

해설

정전기 에너지

$W=\frac{1}{2}QV=\frac{1}{2}CV^2[J]$ 이므로

$W=\frac{1}{2}\times(0.02\times10^{-12})\times0.5\times10^4\times3300^2=5.445\times10^{-4}$

참고 산업안전기사 필기 p.4-33(6. 정전기 에너지)

KEY ① 2016년 5월 8일 산업기사 출제
② 2016년 8월 21일 기사 출제
③ 2017년 3월 5일 기사 · 산업기사 동시출제
④ 2017년 5월 7일 산업기사 출제
⑤ 2018년 8월 4일 기사 출제
⑥ 2019년 8월 4일 기사 출제

보충학습

① P(피코) : 10^{-12}
② 면적 : 0.5[m²]=0.5×10,000[cm²]

68 정전기에 관한 설명으로 옳은 것은?

① 정전기는 발생에서부터 억제-축적방지-안전한 방전이 재해를 방지할 수 있다.
② 정전기발생은 고체의 분쇄공정에서 가장 많이 발생한다.
③ 액체의 이송시는 그 속도(유속)를 7[m/s] 이상 빠르게 하여 정전기의 발생을 억제한다.
④ 접지 값은 10[Ω] 이하로 하되 플라스틱 같은 절연도가 높은 부도체를 사용한다.

[정답] 65 ① 66 ② 67 ② 68 ①

해설

정전기
① 전하의 공간적 이동이 적다
② 자계의 효과가 전계에 비해 무시할 정도의 적은 전기

참고 산업안전기사 필기 p.4-35(합격날개 : 은행문제)

69 폭발위험장소의 분류 중 인화성 액체의 증기 또는 가연성 가스에 의한 폭발위험이 지속적으로 또는 장기간 존재하는 장소는 몇종 장소로 분류되는가?

① 0종 장소 ② 1종 장소
③ 2종 장소 ④ 3종 장소

해설

가스 폭발 위험장소의 구분
① 0종 장소 : 장치 및 기기들이 정상 가동되는 경우에 폭발성 가스가 항상 존재하는 장소
② 1종 장소 : 장치 및 기기들이 정상 가동 상태에서 폭발성 가스가 가끔 누출되어 위험 분위기가 존재하는 장소
③ 2종 장소 : 작업자의 조작상 실수나 이상운전으로 폭발성 가스가 누출되거나 유출된 가스가 체류하여 폭발을 일으킬 우려가 있는 장소

참고 산업안전기사 필기 p.4-65(보충문제) 해설

KEY ① 2016년 3월 6일 산업기사 출제
② 2018년 3월 4일 산업기사 출제
③ 2018년 8월 19일 산업기사 출제
④ 2019년 3월 3일 기사 출제

70 화염일주한계에 대한 설명으로 옳은 것은?

① 폭발성 가스와 공기의 혼합기에 온도를 높인 경우 화염이 발생할 때까지의 시간 한계치
② 폭발성 분위기에 있는 용기의 접합면 틈새를 통해 화염이 내부에서 외부로 전파되는 것을 저지할 수 있는 틈새의 최대간격치
③ 폭발성 분위기 속에서 전기불꽃에 의하여 폭발을 일으킬 수 있는 화염을 발생시키기에 충분한 교류파형의 1주기치
④ 방폭설비에서 이상이 발생하여 불꽃이 생성된 경우에 그것이 점화원으로 작용하지 않도록 화염의 에너지를 억제하여 폭발하한계로 되도록 화염 크기를 조정하는 한계치

해설

화염일주한계[최대안전틈새(MESG : Maximum Experimental Safe Gap)]
① 폭발성 분위기 내에 방치된 표준용기의 접합면 틈새를 통하여 폭발화염이 내부에서 외부로 전파되는 것을 저지(최소점화에너지 이하)할 수 있는 틈새의 최대간격치
② 폭발등급측정에 사용되는 표준용기 : 내용적이 8[l], 틈새의 안길이 L이 25[mm]인 용기로서 틈이 폭 W[mm]를 변환시켜서 화염일주한계를 측정하도록 한 것 (안전간격 : 내압방폭구조에 적용)

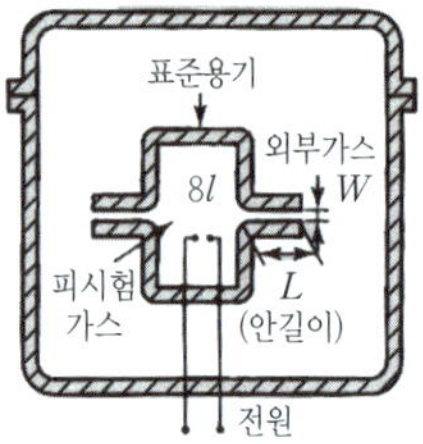

참고 ① 산업안전기사 필기 p.4-59(합격날개 : 합격예측)
② 산업안전기사 필기 p.5-5(합격날개 : 합격예측)

KEY ① 2016년 8월 21일 기사 출제
② 2018년 8월 19일 기사 출제
③ 2020년 6월 7일 기사 (문제 90번)
④ 2020년 6월 14일 산업기사 출제

71 내압방폭구조의 기본적 성능에 관한 사항으로 틀린 것은?

① 내부에서 폭발할 경우 그 압력에 견딜 것
② 폭발화염이 외부로 유출되지 않을 것
③ 습기침투에 대한 보호가 될 것
④ 외함 표면온도가 주위의 가연성 가스에 점화하지 않을 것

해설

내압(耐壓)방폭구조(explosion proof : d)의 특징
① 용기의 내부에 폭발성 가스의 폭발이 일어날 경우에 용기가 폭발압력에 견디고 또한 외부의 폭발성 분위기에의 불꽃의 전파를 방지하도록 한 방폭구조
② 점화원의 방폭적 격리
③ MESG 특성 적용

[정답] 69 ① 70 ② 71 ③

참고 산업안전기사 필기 p.4-53(1. 내압방폭구조)

KEY ① 2019년 3월 3일 기사 출제
② 2019년 4월 27일 기사 · 산업기사 동시출제

72 감전사고를 일으키는 주된 형태가 아닌 것은?

① 충전전로에 인체가 접촉되는 경우
② 이중절연 구조로 된 전기 기계·기구를 사용하는 경우
③ 고전압의 전선로에 인체가 근접하여 섬락이 발생된 경우
④ 충전 전기회로에 인체가 단락회로의 일부를 형성하는 경우

해설

이중절연구조 : 감전사고의 염려가 없다.

참고 산업안전기사 필기 p.4-21(2. 간접접촉에 의한 감전방지 방법)

보충학습

섬락(閃絡 : flashover)

고체나 액체의 절연물 주위의 공간을 통하여 전위차가 있는 두 장소 사이에서 방전이 이루어지는 것

73 전자파 중에서 광량자 에너지가 가장 큰 것은?

① 극저주파 ② 마이크로파
③ 가시광선 ④ 적외선

해설

전자파

(1) 전자파 장해를 방지하기 위해 시설하는 것 중 가장 효과적인 접지 방식 : 다점접지방식
(2) 전자파 장해를 방지하기 위한 대책
① 차폐대책(자기차폐, 전자파차폐)
② 필터를 이용한 전자파 흡수체(저항손실형, 자기 손실형, 복합형)
③ 접지대책
④ 와이어링에 의한 대책 : 전자장의 노이즈 장해 제거
(3) 에너지크기 순서
가시광선 > 적외선 > 마이크로파 > 극저주파

참고 산업안전기사 필기 p.4-53(7. 전자파)

보충학습

광량자설

① 빛을 연속적인 파동의 흐름으로 보아서는 광전 효과를 합리적으로 설명할 수 없어 아인슈타인은 빛이 불연속적인 에너지의 입자라는 광량자설을 주장하였다.
② 광량자의 에너지는 빛의 진동수에 비례한다.

74 피뢰침의 제한전압이 800[kV] 충격절연강도가 1,000[kV]라 할 때, 보호여유도는 몇 [%] 인가?

① 25 ② 33
③ 47 ④ 63

해설

보호여유도

$$\text{보호여유도}[\%] = \frac{\text{충격절연강도} - \text{제한전압}}{\text{제한전압}} \times 100 = \frac{1{,}000 - 800}{800} \times 100 = 25[\%]$$

참고 산업안전기사 필기 p.4-58(2. 보호범위와 여유도)

KEY ① 2017년 3월 5일 기사 출제
② 2018년 8월 19일 산업기사 출제

75 제3종 접지공사를 시설하여야 하는 장소가 아닌 것은?

① 금속몰드 배선에 사용하는 몰드
② 고압계기용 변압기의 2차측 전로
③ 고압용 금속제 케이블트레이 계통의 금속트레이
④ 400[V] 미만의 저압용 기계기구의 철대 및 금속제 외함

[정답] 72 ② 73 ③ 74 ① 75 ③

해설

개정 접지시스템

구분	① 계통접지(TN, TT, IT 계통) ② 보호접지 ③ 피뢰시스템 접지
종류	① 단독접지 ② 공통접지 ③ 통합접지
구성요소	① 접지극 ② 접지도체 ③ 보호도체 및 기타 설비
연결방법	접지극은 접지도체를 사용하여 주 접지단자에 연결

합격안내

본 문제는 법개정으로 출제되지 않습니다.

76 **다음 중 폭발위험장소에 전기설비를 설치할 때 전기적인 방호조치로 적절하지 않은 것은?**

① 다상 전기기기는 결상운전으로 인한 과열방지조치를 한다.

② 배선은 단락·지락 사고시의 영향과 과부하로부터 보호한다.

③ 자동차단이 점화의 위험보다 클 때는 경보장치를 사용한다.

④ 단락보호장치는 고장상태에서 자동복구 되도록 한다.

해설

폭발위험장소 전기설비설치시 방호조치 조건

① 다상 전기기기는 결상운전으로 인한 과열방지조치를 한다.
② 배선은 단락·지락 사고시의 영향과 과부하로부터 보호한다.
③ 자동차단이 점화의 위험보다 클 때는 경보장치를 사용한다.

77 **충격전압시험시의 표준충격파형을 1.2×50[μs]로 나타내는 경우 1.2와 50이 뜻하는 것은?**

① 파두장 – 파미장

② 최초섬락시간 – 최종섬락시간

③ 라이징타임 – 스테이블타임

④ 라이징타임 – 충격전압인가시간

해설

표준충격 파형

예 1.2×50[μs]
① 1.2 : 파두장
② 50 : 파미장

참고 산업안전기사 필기 p.4-58(합격날개 : 용어정의)

KEY 2018년 4월 28일 (문제 61번) 출제

78 **온도조절용 바이메탈과 온도 퓨즈가 회로에 조합되어 있는 다리미를 사용한 가정에서 화재가 발생했다. 다리미에 부착되어 있던 바이메탈과 온도퓨즈를 대상으로 화재사고를 분석하려 하는데 논리기호를 사용하여 표현하고자 한다. 어느 기호가 적당한가?(단, 바이메탈의 작동과 온도 퓨즈가 끊어졌을 경우를 0, 그렇지 않을 경우를 1이라 한다.)**

①
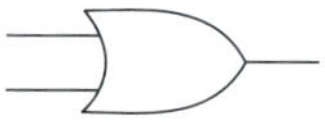

②
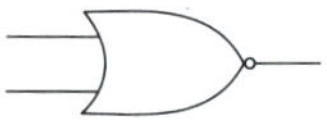

③

④
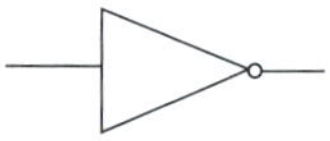

해설

논리기호

① 바이메탈 : 바이메탈을 이용하여 일정한 온도에 이르면 자동으로 회로가 열려 과열방지
② 온도퓨즈 : 바이메탈을 이용한 자동온도 조절장치가 고장나면 퓨즈가 끊어지면서 전류를 차단시킴

[표] 입 · 출력

입력		출력
바이메탈	온도퓨즈	
0	0	0
0	1	0
1	0	0
1	1	1

③ 논리곱(AND) : 두 개의 입력이 모두 "1"일 때 출력도 "1"이 된다.

KEY 2010년 5월 9일(문제 73번) 출제

[정답] 76 ④ 77 ① 78 ③

79 폭발위험이 있는 장소의 설정 및 관리와 가장 관계가 먼 것은?

① 인화성 액체의 증기 사용
② 가연성 가스의 제조
③ 가연성 분진 제조
④ 종이 등 가연성 물질 취급

해설

화재·폭발 위험 분위기의 생성방지 방법

① 폭발성 가스의 누설 방지
② 가연성 가스의 방출 방지
③ 폭발성 가스의 체류 방지

80 전기설비의 필요한 부분에 반드시 보호접지를 실시하여야 한다. 접지공사의 종류에 따른 접지저항과 접지선의 굵기가 틀린것은?

① 제1종 – 10[Ω]이하, 공칭단면적 6[mm^2]이상의 연동선
② 제2종 – $\frac{150}{\text{1선 지락전류}}$[Ω] 이하, 공칭단면적 2.5[$mm^2$]이상의 연동선
③ 제3종 – 100[Ω]이하, 공칭단면적 2.5[mm^2]이상의 연동선
④ 특별 제3종 – 10[Ω]이하, 공칭단면적 2.5[mm^2]이상의 연동선

해설

개정 접지시스템

구분	① 계통접지(TN, TT, IT 계통) ② 보호접지 ③ 피뢰시스템 접지
종류	① 단독접지 ② 공통접지 ③ 통합접지
구성요소	① 접지극 ② 접지도체 ③ 보호도체 및 기타 설비
연결방법	접지극은 접지도체를 사용하여 주 접지단자에 연결

합격안내
본 문제는 법개정으로 출제되지 않습니다.

5 화학설비 안전관리

81 프로판(C_3H_8)의 연소에 필요한 최소산소농도의 값은 약 얼마인가? 단, 프로판의 폭발하한은 Jone식에 의해 추산한다.)

① 8.1[%v/v]
② 11.1[%v/v]
③ 15.1[%v/v]
④ 20.1[%v/v]

해설

최소산소농도(MOC)

① 프로판의 연소식 :
$1C_3H_8 + 5O_2 = 3CO_2 + 4H_2O$(여기서 1, 5, 3, 4 = 몰수)

② MOC농도 = 폭발하한계 × $\frac{\text{산소의 몰수}}{\text{연료의 몰수}}$ [vol%]

③ 프로판의 최소산소농도 = $2.2 \times \frac{5}{1} = 11$ [vol%]

참고 산업안전기사 필기 p.5-19(실전문제) 적중

KEY ① 2004년 5월 23일 기사 출제
② 2018년 3월 4일 기사 출제

82 다음 관(pipe) 부속품 중 관로의 방향을 변경하기 위하여 사용하는 부속품은?

① 니플(nipple)
② 유니온(union)
③ 플랜지(flange)
④ 엘보우(elbow)

해설

피팅류(Fittings)

용도	종류
두 개의 관을 연결할 때	플랜지, 유니온, 커플링, 니플, 소켓
관로의 방향을 바꿀 때	엘보우, Y지관, 티, 십자
관로의 크기를 바꿀 때	축소관, 부싱
가지관을 설치할 때	티(T), Y지관, 십자
유로를 차단할 때	플러그, 캡, 밸브
유량 조절	밸브

㈜ elbow : 팔꿈치, ㄱ자

참고 산업안전기사 필기 p.5-58(합격날개 : 합격예측)

[정답] 79 ④ 80 ② 81 ② 82 ④

KEY ① 2016년 5월 8일 기사 출제
② 2017년 5월 26일 기사 출제
③ 2018년 3월 4일 산업기사 출제
④ 2018년 8월 19일 산업기사 출제

83 산업안전보건기준에 관한 규칙에 따르면 쥐에 대한 경구투입실험에 의하여 실험동물의 50퍼센트를 사망시킬 수 있는 물질의 양, 즉 LD_{50}(경구, 쥐)이 킬로그램당 몇 밀리그램-(체중) 이하인 화학물질이 급성 독성물질에 해당하는가?

① 25 ② 100
③ 300 ④ 500

해설

급성독성물질

① 쥐에 대한 경구 투입실험에 의하여 실험동물의 50[%]를 사망시킬 수 있는 물질의 양
② 즉 LD_{50}(경구, 쥐)이 킬로그램당(체중) 300[mg] 이하인 화학물질

참고 산업안전기사 필기 p.5-36(6. 급성독성물질)

KEY 2019년 3월 3일 기사 출제

정보제공

산업안전보건기준에 관한 규칙 [별표 1] 위험물질의 종류

보충학습

급성독성물질 기준

① 경구(oral) : 300[mg/kg] ② 경피 : 1,000[mg/kg]
③ 가스 : 2,500[ppm] ④ 증기 : 10[mg/l]
⑤ 분진 : 미스트[mg/l]

84 분진폭발의 발생 순서로 옳은 것은?

① 비산 → 분산 → 퇴적분진 → 발화원 →2차폭발 → 전면폭발
② 비산 → 퇴적분진 → 분산 → 발화원 →2차폭발 → 전면폭발
③ 퇴적분진 → 발화원 → 분산 → 비산 →전면폭발 → 2차폭발
④ 퇴적분진 → 비산 → 분산 → 발화원 →전면폭발 → 2차폭발

해설

분진폭발의 과정

분진의 퇴적 → 비산하여 분진운 생성 → 분산 → 점화원 → 폭발

참고 산업안전기사 필기 p.5-9(합격날개 : 합격예측) 적중

보충학습

분진폭발의 특성 : 퇴적(1차) - 2차 폭발(나중)

85 산업안전보건기준에 관한 규칙상 국소배기장치의 후드 설치 기준이 아닌 것은?

① 유해물질이 발생하는 곳마다 설치할 것
② 후드의 개구부 면적은 가능한 한 크게 할 것
③ 외부식 또는 리시버식 후드는 해당 분진등의 발산원에 가장 가까운 위치에 설치할 것
④ 후드 형식은 가능하면 포위식 또는 부스식 후드를 설치할 것

해설

후드(Hood)

(1) 기능
오염물(Contaminant)의 발생원을 되도록 포위하도록 설치된 국소배기장치의 입구부
(2) 설치기준
① 유해물질이 발생하는 곳마다 설치할 것
② 유해인자의 발생형태 및 비중, 작업방법 등을 고려하여 해당 분진 등의 발산원을 제어할 수 있는 구조로 설치할 것
③ 후드형식은 가능한 한 포위식 또는 부스식 후드를 설치할 것
④ 외부식 또는 리시버식 후드는 해당 분진에 설치할 것
⑤ 후드의 개구면적을 크게 하지 않을 것

참고 산업안전기사 필기 p.5-38(표. 국소배기장치의 후드 및 덕트설치 요령)

86 폭발방호대책 중 이상 또는 과잉압력에 대한 안전장치로 볼 수 없는 것은?

① 안전밸브(safety valve)
② 릴리프밸브(relief valve)
③ 파열판(burst disk)
④ 플레임 어레스터(flame arrester)

[정답] 83 ③ 84 ④ 85 ② 86 ④

해설

Flame arrester(인화방지망, 화염방지기)

① 인화성 증기를 발생하는 액체저장탱크에서 외부로 증기를 방출하고 탱크내부로 외부공기를 유입하는 부분에 설치하는 안전장치
② 40[mesh] 금속망을 설치하여 인화를 방지

참고 산업안전기사 필기 p.5-47(2. 안전장치)

KEY 2010년 5월 9일 (문제 98번) 출제

87 산업안전보건법령에 따라 유해하거나 위험한 설비의 설치·이전 또는 주요 구조부분의 변경 공사시 공정안전보고서의 제출시기는 착공일 며칠 전까지 관련기관에 제출하여야 하는가?

① 15[일] ② 30[일]
③ 60[일] ④ 90[일]

해설

공정안전보고서 제출시기 및 기관

① 제출시기 : 변경공사 착공일 30[일] 전까지
② 제출기관 : 공단(한국산업안전보건공단) 2부 제출

참고 산업안전기사 필기 p.5-91(2. 공정안전관리 보고서의 제출시기 등)

KEY 2014년 8월 17일 (문제 92번) 출제

정보제공

① 산업안전보건법 시행규칙 제51조(공정안전보고서의 제출시기)
② 2023. 9. 28. 고용노동부령 제393호 적용

88 다음 중 메타인산(HPO_3)에 의한 소화효과를 가진 분말소화약제의 종류는?

① 제1종 분말소화약제
② 제2종 분말소화약제
③ 제3종 분말소화약제
④ 제4종 분말소화약제

해설

분말소화약제의 종류

종 류	주성분		분말색	적용화재
	품명	화학식		
제1종	탄산수소나트륨	$NaHCO_3$	백색	B, C급 화재
제2종	탄산수소칼륨	$KHCO_3$	담청색	B, C급 화재
제3종	인산암모늄	$NH_4H_2PO_4$	담홍색	A, B, C급 화재
제4종	탄산수소칼륨 요소	$KHCO_3$ + $(NH_2)_2CO$	쥐색 (회색)	B, C급 화재

참고 산업안전기사 필기 p.5-13(2. 분말 소화약제의 종류)

KEY ① 2018년 4월 28일 기사 출제
② 2018년 8월 19일 기사 출제

89 다음 인화성 가스 중 가장 가벼운 물질은?

① 아세틸렌 ② 수소
③ 부탄 ④ 에틸렌

해설

① 원자번호 1번 : 수소(H_2) 예 수소풍선
② 무게 : 1[m^3]당 0.025[N]
③ 분자량 2인 가장 가벼운 물질

90 가연성 가스 및 증기의 위험도에 따른 방폭전기기기의 분류로 폭발등급을 사용하는데, 이러한 폭발등급을 결정하는 것은?

① 발화도 ② 화염일주한계
③ 폭발한계 ④ 최소발화에너지

해설

안전간격(화염일주 한계 : MESG)

① 화염이 틈새를 통하여 바깥쪽의 폭발성 가스에 전달되지 않는 한계의 틈새
② 폭발등급 결정
③ 폭발성 가스의 종류에 따라 다르다.

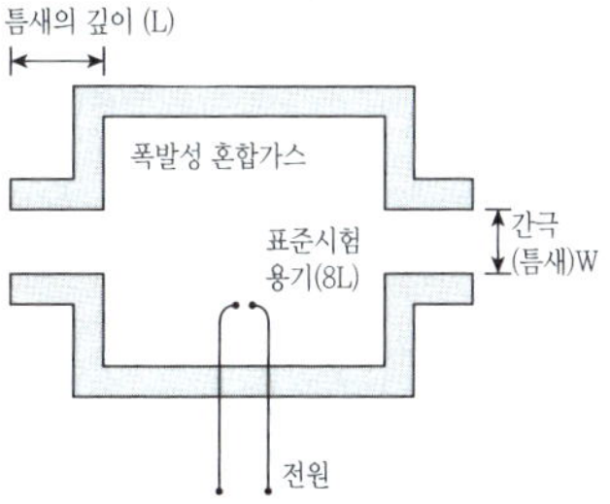

[그림] 폭발 등급 측정장치

[정답] 87 ② 88 ③ 89 ② 90 ②

참고 산업안전기사 필기 p.5-6(2. 안전간격)

KEY 2020년 6월 7일 (문제 70번) 출제

보충학습

逸走 : 일주

① 도주(일본식 한자어)
② 화염이 도망가지 못하도록 하는 좁은 공간(한계)

91 다음 중 독성이 가장 강한 가스는?

① NH_3 ② $COCl_2$
③ $C_6H_5CH_3$ ④ H_2S

해설

독성가스 허용농도

① NH_3(암모니아) : 25[ppm]
② $COCl_2$(포스겐) : 0.1[ppm]
③ Cl_2(염소) : 1[ppm]
④ H_2S(황화수소) : 10[ppm]

참고 ① 산업안전기사 필기 p.5-68(문제 34번 적중)
② 산업안전기사 필기 p.5-44(표. 주요 고압가스의 분류)

KEY ① 2017년 3월 5일 기사 출제
② 2019년 8월 4일 기사 출제

보충학습

$COCl_2$: 1차 세계대전 독가스

92 공기 중에서 폭발범위가 12.5~74[vol%]인 일산화탄소의 위험도는 얼마인가?

① 4.92 ② 5.26
③ 6.26 ④ 7.05

해설

$$위험도(H) = \frac{폭발상한선(U) - 폭발하한선(L)}{폭발하한선(L)} = \frac{74-12.5}{12.5} = 4.92$$

참고 산업안전기사 필기 p.5-70(문제 40번) 출제

93 반응성 화학물질의 위험성은 실험에 의한 평가 대신 문헌조사 등을 통해 계산에 의해 평가하는 방법을 사용할 수 있다. 이에 관한 설명으로 옳지 않은 것은?

① 위험성이 너무 커서 물성을 측정할 수 없는 경우 계산에 의한 평가 방법을 사용할 수도 있다.
② 연소열, 분해열, 폭발열 등의 크기에 의해 그 물질의 폭발 또는 발화의 위험예측이 가능하다.
③ 계산에 의한 평가를 하기 위해서는 폭발 또는 분해에 따른 생성물의 예측이 이루어져야 한다.
④ 계산에 의한 위험성 예측은 모든 물질에 대해 정확성이 있으므로 더 이상의 실험을 필요로 하지 않는다.

해설

화학물질의 위험성 평가방법

① 위험성이 너무 커서 물성을 측정할 수 없는 경우 계산에 의한 평가 방법을 사용할 수도 있다.
② 연소열, 분해열, 폭발열 등의 크기에 의해 그 물질의 폭발 또는 발화의 위험예측이 가능하다.
③ 계산에 의한 평가를 하기 위해서는 폭발 또는 분해에 따른 생성물의 예측이 이루어져야 한다.

94 메탄 1[vol%], 헥산 2[vol%], 에틸렌 2[vol%], 공기 95[vol%]로 된 혼합가스의 폭발하한계값(vol%)은 약 얼마인가? (단, 메탄, 헥산, 에틸렌의 폭발하한계 값은 각각 5.0, 1.1, 2.7[vol%] 이다.)

① 1.8 ② 3.5
③ 12.8 ④ 21.7

해설

르샤틀리에의 법칙

① 각 성분기제의 체적

메탄 : $\frac{1}{5} \times 100 = 20[\%]$, 핵산 : $\frac{2}{5} \times 100 = 40[\%]$

에틸렌 : $\frac{2}{5} \times 100 = 40[\%]$

③ 혼합가스의 폭발하한계 값

$$\frac{100}{L} = \frac{V_1}{L_1} + \frac{V_2}{L_2} + \frac{V_3}{L_3} = \frac{20}{5.0} + \frac{40}{1.1} + \frac{40}{2.7} = 55.178$$

그러므로, $L = \frac{100}{55.178} = 1.812$

[정답] 91 ② 92 ① 93 ④ 94 ①

참고 산업안전기사 필기 p.5-22(문제 5번) 적중

KEY 2019년 4월 27일 기사 출제

95 **다음 중 분해 폭발의 위험성이 있는 아세틸렌의 용제로 가장 적절한 것은?**

① 에테르 ② 에틸알코올
③ 아세톤 ④ 아세트알데히드

해설

아세톤(CH_3COCH_3)

① C_2H_2의 용제 : 아세톤
② 달콤한 냄새가 나는 무색투명액체

참고 산업안전기사 필기 p.5-43(합격날개 : 합격예측)

KEY 2009년 5월 10일 (문제 94번) 출제

96 **소화약제(IG) 100의 구성성분은?**

① 질소 ② 산소
③ 이산화탄소 ④ 수소

해설

불활성가스 소화약제

① 소화약제 IG100의 구성성분 : 질소(N_2)
② N_2 : 100[%] 구성 예 IG541 = N_2 : 52, Ar : 40, CO : 8

보충학습

(1) 불활성기체 소화약제
① 헬륨 ② 네온 ③ 아르곤 ④ 질소
(2) 할로겐화합물(청정) 소화약제
① 불소 ② 염소 ③ 브롬 ④ 요오드

97 **압축기와 송풍의 관로에 심한 공기의 맥동과 진동을 발생하면서 불안정한 운전이 되는 서징(surging) 현상의 방지법으로 옳지 않은 것은?**

① 풍량을 감소시킨다.
② 배관의 경사를 완만하게 한다.
③ 교축밸브를 기계에서 멀리 설치한다.
④ 토출가스를 흡입측에 바이패스 시키거나 방출밸브에 의해 대기로 방출시킨다.

해설

맥동현상(surging)

① 유량이 단속적으로 변하여 펌프입출구에 설치된 진공계, 압력계가 흔들리고 진동과 소음이 일어나며 펌프의 토출량의 변화를 초래한다.
② 방지대책 : 교축밸브를 기계에서 가까이 설치한다.

98 **가열·마찰·충격 또는 다른 화학물질과의 접촉 등으로 인하여 산소나 산화제의 공급이 없더라도 폭발 등 격렬한 반응을 일으킬 수 있는 물질은?**

① 에틸알코올 ② 인화성 고체
③ 니트로화합물 ④ 테레핀유

해설

니트로화합물

(1) 제5류(자기반응성물질)
(2) 자기연소성 물질이라 하며, 가연성인 동시에 산소공급원을 함께 가지고 있어 위험하다.
(3) 연소의 속도가 매우 빨라 폭발적이며 화약의 원료로 많이 사용된다.
(4) 니트로N(질소성분) 예 TNT
(5) 4류 위험물 : ①, ④
(6) 2류 위험물 : ②

99 **다음 중 물과 반응하여 아세틸렌을 발생시키는 물질은?**

① Zn ② Mg
③ Al ④ CaC_2

해설

아세틸렌용접장치

① 발생기 : 물과 작용하여 아세틸렌가스가 발생되고, 소석회의 백색분말이 남는다.
$CaC_2 + 2H_2O = C_2H_2 + CaOH_2$
② 순수한 카바이드 1[kg]으로 348[l]의 아세틸렌이 발생되나 불순물이 포함된 시판제품은 230~300[l]가 발생된다.

참고 산업안전기사 필기 p.5-76(문제 71번) 적중

[정답] 95 ③ 96 ① 97 ③ 98 ③ 99 ④

PART 03

100 **다음 중 파열판에 관한 설명으로 틀린 것은?**

① 압력 방출속도가 빠르다.
② 한번 파열되면 재사용 할 수 없다.
③ 한번 부착한 후에는 교환할 필요가 없다.
④ 높은 점성의 슬러리나 부식성 유체에 적용할 수 있다.

해설

파열판(Rupture disk)

① 파열판이 적정하게 작동하지 않는 예로서는 평판파열판에 내압이 걸리도록 하는 방법
② 돔상태로 변형하여 파열압력이 상승하도록 한 경우
③ 재료가 부식하여 규정압력 이하에서 파열하도록 한 경우
④ 형식, 재질을 충분히 검토하고 일정기간 정하여 교환하는 것이 필요

참고 산업안전기사 필기 p.5-72(문제 50번) 해설

KEY 2016년 8월 21일 출제

정보제공
산업안전보건기준에 관한 규칙 제263조(파열판 및 안전밸브의 직렬설치)

6 건설공사 안전관리

101 **작업장에 계단 및 계단참을 설치하는 경우 매 제곱미터 당 최소 몇 킬로그램 이상의 하중에 견딜 수 있는 강도를 가진 구조로 설치하여야 하는가?**

① 300[kg] ② 400[kg]
③ 500[kg] ④ 600[kg]

해설

계단의 강도 : 500[kg/m^2] 이상

참고 산업안전기사 필기 p.6-53(2. 계단의 안전)

정보제공
산업안전보건기준에 관한 규칙 제26조 (계단의 강도)

102 **작업으로 인하여 물체가 떨어지거나 날아올 위험이 있는 경우 필요한 조치와 가장 거리가 먼 것은?**

① 투하설비 설치 ② 낙하물 방지망 설치
③ 수직보호망 설치 ④ 출입금지구역 설정

해설

낙하, 비래에 의한 위험방지 안전대책

① 낙하물 방지망 설치
② 수직보호망 설치
③ 방호 선반의 설치
② 출입금지 구역의 설정
③ 보호구 착용

참고 산업안전기사 필기 p.6-76(문제 1번)

KEY ① 2017년 8월 26일 기사 출제
② 2019년 9월 21일 기사 출제

정보제공
산업안전보건기준에 관한 규칙 제14조 (낙하물에 의한 위험의 방지)

103 **공정율이 65[%]인 건설현장의 경우 공사 진척에 따른 산업안전보건관리비의 최소 사용기준으로 옳은 것은? (단, 공정율은 기성공정율을 기준으로 함)**

① 40[%] 이상 ② 50[%] 이상
③ 60[%] 이상 ④ 70[%] 이상

해설

공사진척에 따른 안전관리비 사용기준

공 정 률	50[%] 이상 70[%] 미만	70[%] 이상 90[%] 미만	90[%] 이상
사용 기준	50[%] 이상	70[%] 이상	90[%] 이상

참고 산업안전기사 필기 p.6-44(표 : 공사진척에 따른 안전관리비 사용기준)

KEY ① 2017년 5월 7일 기사 출제
② 2017년 9월 23일 기사 출제
③ 2019년 8월 4일 산업기사 출제

정보제공
건설업 산업안전보건관리비계상기준 고시 2020-63호(2020. 1. 23.)

[정답] 100 ③ 101 ③ 102 ① 103 ②

104 **사업주가 유해위험방지 계획서 제출 후 건설공사 중 6개월 이내마다 안전보건공단의 확인을 받아야 할 내용이 아닌 것은?**

① 유해위험방지 계획서의 내용과 실제공사 내용이 부합하는지 여부
② 유해위험방지 계획서 변경 내용의 적정성
③ 자율안전관리 업체 유해위험방지 계획서 제출·심사 면제
④ 추가적인 유해·위험요인의 존재 여부

해설

유해위험방지계획서 공단 확인 내용

① 유해위험방지 계획서의 내용과 실제공사 내용이 부합하는지 여부
② 유해위험방지 계획서 변경 내용의 적정성
③ 추가적인 유해·위험요인의 존재 여부

정보제공

산업안전보건법 시행규칙 제46조(확인)

105 **다음 중 방망사의 폐기 시 인장강도에 해당하는 것은? (단, 그물코의 크기는 10[cm]이며 매듭없는 방망의 경우임)**

① 50[kg] ② 100[kg]
③ 150[kg] ④ 200[kg]

해설

방망사의 폐기시 인장강도

그물코의 크기 (단위 : [cm])	방망의 종류(단위 : [kg])	
	매듭 없는 방망	매듭 방망
10	150	135
5		60

참고 산업안전기사 필기 p.6-107(표 : 방망사의 폐기시 인장강도)

106 **굴착공사에서 비탈면 또는 비탈면 하단을 성토하여 붕괴를 방지하는 공법은?**

① 배수공 ② 배토공
③ 공작물에 의한 방지공 ④ 압성토공

해설

압성토 공법(sur charge)

① 토사의 측방에 압성토를 하거나 법면 구배를 작게 하여 활동에 저항하는 모멘트 증가
② 점성토 연약지반 개량공법

107 **지면보다 낮은 땅을 파는데 적합하고 수중굴착도 가능한 굴착기계는?**

① 백호 ② 파워셔블
③ 가이데릭 ④ 파일드라이버

해설

백호(back hoe)[드래그셔블(drag shovel)]

① 토목공사나 수중굴착에 많이 사용된다.
② 지하층이나 기초의 굴착에 사용된다.

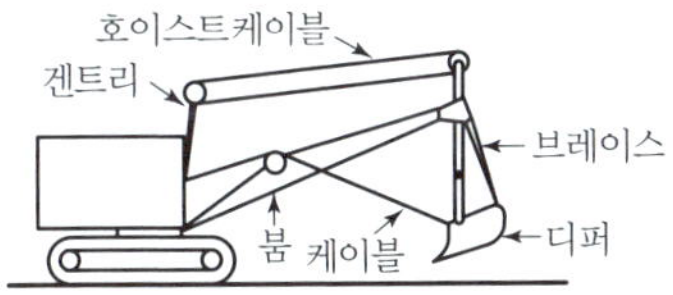

[그림] 백호

참고 산업안전기사 필기 p.6-63(2. 백호)

108 **다음은 안전대와 관련된 설명이다. 아래 내용에 해당되는 용어로 옳은 것은?**

> 로프 또는 레일 등과 같은 유연하거나 단단한 고정줄로서 추락발생시 추락을 저지시키는 추락방지대를 지탱해 주는 줄모양의 부품

① 안전블록 ② 수직구명줄
③ 죔줄 ④ 보조죔줄

해설

안전대 부속품

① "안전블록"이란 안전그네와 연결하여 추락발생시 추락을 억제할 수 있는 자동잠김장치가 갖추어져 있고 죔줄이 자동적으로 수축되는 장치

[정답] 104 ③ 105 ③ 106 ④ 107 ① 108 ②

② "보조죔줄"이란 안전대를 U자걸이를 위해 훅 또는 카라비너를 지탱벨트의 D링에 걸거나 떼어낼 때 잘못하여 추락하는 것을 방지하기 위한 링과 걸이설비연결에 사용하는 훅 또는 카라비너를 갖춘 줄모양의 부품
③ "수직구명줄"이란 로프 또는 레일 등과 같은 유연하거나 단단한 고정줄로서 추락발생시 추락을 저지시키는 추락방지대를 지탱해 주는 줄모양의 부품
④ "충격흡수장치"란 추락 시 신체에 가해지는 충격하중을 완화시키는 기능을 갖는 죔줄에 연결되는 부품

109 굴착과 싣기를 동시에 할 수 있는 토공기계가 아닌 것은?

① Power shovel　② Tractor shovel
③ Back hoe　④ Motor grader

해설

모터그레이더(motor grader)
① 끝마무리 작업, 정지작업에 유효 : 전륜을 기울게 할 수 있어 비탈면 고르기 작업도 가능(예 땅 고르기 작업)
② 상하작동, 좌우회전 및 경사, 수평선회가 가능

참고 산업안전기사 필기 p.6-69(5. 모터그레이더)

KEY ① 2017년 3월 5일 기사 출제
② 2017년 9월 23일 기사 출제

110 구축물에 안전진단 등 안전성 평가를 실시하여 근로자에게 미칠 위험성을 미리 제거하여야 하는 경우가 아닌 것은?

① 구축물 또는 이와 유사한 시설물의 인근에서 굴착·항타작업 등으로 침하·균열 등이 발생하여 붕괴의 위험이 예상될 경우
② 구조물, 건축물, 그 밖의 시설물이 그 자체의 무게·적설·풍압 또는 그 밖에 부가되는 하중 등으로 붕괴 등의 위험이 있을 경우
③ 화재 등으로 구축물 또는 이와 유사한 시설물의 내력(耐力)이 심하게 저하되었을 경우
④ 구축물의 구조체가 안전측으로 과도하게 설계가 되었을 경우

해설

구축물 안전성 평가내용
① 구축물 또는 이와 유사한 시설물의 인근에서 굴착 · 항타작업 등으로 침하 · 균열 등이 발생하여 붕괴의 위험이 예상될 경우
② 구축물 또는 이와 유사한 시설물에 지진, 동해(凍害), 부동침하(不同沈下) 등으로 균열 · 비틀림 등이 발생하였을 경우
③ 구조물, 건축물, 그 밖의 시설물이 그 자체의 무게 · 적설 · 풍압 또는 그 밖에 부가되는 하중 등으로 붕괴 등의 위험이 있을 경우
④ 화재 등으로 구축물 또는 이와 유사한 시설물의 내력(耐力)이 심하게 저하되었을 경우
⑤ 오랜 기간 사용하지 아니하던 구축물 또는 이와 유사한 시설물을 재사용하게 되어 안전성을 검토하여야 하는 경우
⑥ 그 밖의 잠재위험이 예상될 경우

정보제공
산업안전보건기준에 관한 규칙 제52조(구축물 또는 이와 유사한 시설물의 안전성 평가)

111 산업안전보건법령에 따른 지반의 종류별 굴착면의 기울기 기준으로 옳지 않은 것은?

① 모래 – 1:1.8
② 그 밖의 흙 – 1:1.5
③ 풍화암 – 1:1.0
④ 연암 – 1:1.0

해설

굴착면의 기울기 기준

지반의 종류	굴착면의 기울기
모래	1 : 1.8
연암 및 풍화암	1 : 1.0
경암	1 : 0.5
그 밖의 흙	1 : 1.2

참고 산업안전기사 필기 p.6-56(표 : 굴착면의 기울기 기준)

KEY ① 2016년 5월 8일 기사·산업기사 동시 출제
② 2017년 3월 5일 기사 출제
③ 2017년 9월 23일 기사 출제
④ 2018년 8월 19일 산업기사 출제
⑤ 2019년 4월 27일 기사·산업기사 동시 출제

정보제공
산업안전보건기준에 관한 규칙 [별표 11] 굴착면의 기울기 기준

[정답] 109 ④　110 ④　111 ②

112 달비계의 사용이 불가한 와이어로프의 기준으로 옳지 않은 것은?

① 이음매가 있는 것
② 와이어로프의 한 꼬임에서 끊어진 소선의 수가 7[%] 이상인 것
③ 지름의 감소가 공칭지름의 7[%]를 초과하는 것
④ 심하게 변형되거나 부식된 것

해설

와이어로프 사용금지기준

① 이음매가 있는 것
② 와이어로프의 한 꼬임에서 끊어진 소선(필러선을 제외한다)의 수가 10 [%] 이상인 것
③ 지름의 감소가 공칭지름의 7[%]를 초과하는 것
④ 심하게 변형되거나 부식된 것
⑤ 꼬인 것
⑥ 열과 전기충격에 의해 손상된 것

참고 산업안전기사 필기 p.6-102(합격날개 : 합격예측 및 관련법규)

정보제공
산업안전보건기준에 관한 규칙 제63조(달비계의 구조)

113 가설통로 설치에 관한 기준으로 옳지 않은 것은?

① 경사는 30[°]이하로 한다.
② 건설공사에 사용하는 높이 8[m] 이상인 비계다리에는 7[m] 이내마다 계단참을 설치한다.
③ 작업상 부득이한 경우에는 필요한 부분에 한하여 안전난간을 임시로 해체할 수 있다.
④ 수직갱에 가설된 통로의 길이가 10[m] 이상인 경우에는 5[m] 이내마다 계단참을 설치한다.

해설

수직갱 15[m] 이상인 경우 : 10[m] 이내마다 계단참 설치

참고 산업안전기사 필기 p.6-17(합격날개 : 합격예측 및 관련법규)

KEY
① 2017년 3월 5일, 5월 7일 산업기사 출제
② 2017년 9월 23일 기사 출제
③ 2018년 4월 28일 기사·산업기사 동시 출제
④ 2018년 8월 19일, 9월 15일 산업기사 출제
⑤ 2019년 3월 3일, 4월 27일 산업기사 출제
⑥ 2019년 4월 27일, 8월 4일 기사 출제
⑦ 2020년 6월 14일 산업기사 출제

정보제공
산업안전보건기준에 관한 규칙 제23조(가설통로의 구조)

114 강관비계의 수직방향 벽이음 조립간격(m)으로 옳은 것은?(단, 틀비계이며 높이가 5[m] 이상일 경우)

① 2[m] ② 4[m]
③ 6[m] ④ 9[m]

해설

강관비계 조립 간격

강관비계의 종류	조립 간격(단위 : [m])	
	수직 방향	수평 방향
단관비계	5	5
틀비계(높이 5[m] 미만인 것은 제외)	6	8

참고 산업안전기사 필기 p.6-94([표] 강관비계 조립 간격)

정보제공
산업안전보건기준에 관한 규칙 [별표 5] 강관비계의 조립 간격

115 크레인의 운전실 또는 운전대를 통하는 통로의 끝과 건설물 등의 벽체의 간격은 최대 얼마 이하로 하여야 하는가?

① 0.2[m] ② 0.3[m]
③ 0.4[m] ④ 0.5[m]

해설

벽체의 간격 : 0.3[m] 이하

참고 산업안전기사 필기 p.6-140(합격날개 : 합격예측 및 관련법규)

KEY
① 2017년 3월 5일 기사 출제
② 2020년 6월 14일 산업기사 출제

[정답] 112 ② 113 ④ 114 ③ 115 ②

정보제공

산업안전보건기준에 관한 규칙 제145조(건설물 등의 벽체와 통로와의 간격등)

116 **흙막이 지보공을 설치하였을 때 정기적으로 점검하여 이상 발견 시 즉시 보수하여야 할 사항이 아닌 것은?**

① 굴착 깊이의 정도

② 버팀대의 긴압의 정도

③ 부재의 접속부·부착부 및 교차부의 상태

④ 부재의 손상·변형·부식 ·변위 및 탈락의 유무와 상태

해설

흙막이지보공 정기점검사항

① 부재의 손상·변형·부식 ·변위 및 탈락의 유무와 상태

② 버팀대의 긴압의 정도

③ 부재의 접속부·부착부 및 교차부의 상태

④ 침하의 정도

참고 산업안전기사 필기 p.6-106(합격날개 : 합격예측 및 관련법규)

KEY ① 2017년 3월 5일 기사 출제
② 2017년 9월 23일 기사 출제
③ 2019년 3월 3일 기사 · 산업기사 동시 출제

정보제공

산업안전보건기준에 관한 규칙 제347조(붕괴 등의 위험방지)

117 **달비계의 최대 적재하중을 정하는 경우 그 안전계수 기준으로 옳지 않은 것은?**

① 달기와이어로프 및 달기강선의 안전계수 : 10 이상

② 달기체인 및 달기훅의 안전계수 : 5 이상

③ 달기강대와 달비계의 하부 및 상부지점의 안전계수 : 강재의 경우 3 이상

④ 달기강대와 달비계의 하부 및 상부지점의 안전계수 : 목재의 경우 5 이상

해설

달비계의 안전계수

① 달기와이어로프 및 달기강선의 안전계수는 10 이상

② 달기체인 및 달기훅의 안전계수는 5 이상

③ 달기강대와 달비계의 하부 및 상부지점의 안전계수는 강재의 경우 2.5 이상, 목재의 경우 5 이상

참고 산업안전기사 필기 p.6-92(합격날개 : 합격예측 및 관련법규)

KEY ① 2016년10월 1일 산업기사 출제
② 2018년 3월 4일 기사 · 산업기사 동시 출제
③ 2018년 8월 19일 산업기사 출제
④ 2019년 3월 3일 기사 출제

정보제공

산업안전보건기준에 관한 규칙 제55조(작업발판의 최대적재하중)

118 **철골공사 시 안전작업방법 및 준수사항으로 옳지 않은 것은?**

① 강풍, 폭우 등과 같은 악천우시에는 작업을 중지하여야 하며 특히 강풍시에는 높은 곳에 있는 부재나 공구류가 낙하비래하지 않도록 조치하여야 한다.

② 철골부재 반입 시 시공순서가 빠른 부재는 상단부에 위치하도록 한다.

③ 구명줄 설치 시 마닐라 로프 직경 10[mm]를 기준하여 설치하고 작업방법을 충분히 검토하여야 한다.

④ 철골보의 두 곳을 매어 인양시킬 때 와이어로프의 내각은 60[°] 이하이어야 한다.

해설

구명줄 설치기준

① 1가닥에 여러명 동시사용 금지

② 마닐라 로프 직경 16[mm]를 기준

[정답] 116 ① 117 ③ 118 ③

119 **해체공사 시 작업용 기계기구의 취급안전 기준에 관한 설명으로 옳지 않은 것은?**

① 철제햄머와 와이어로프의 결속은 경험이 많은 사람으로서 선임된 자에 한하여 실시하도록 하여야 한다.
② 팽창제 천공간격은 콘크리트 강도에 의하여 결정되나 70~120[cm] 정도를 유지하도록 한다.
③ 쐐기타입으로 해체 시 천공구멍은 타입기삽입부분의 직경과 거의 같아야 한다.
④ 화염방사기로 해체작업 시 용기 내 압력은 온도에 의해 상승하기 때문에 항상 40[℃] 이하로 보존해야 한다.

해설

팽창제 안전
① 천공재 직경 : 30~50[mm] 정도
② 천공 간격 : 30~70[cm] 정도

참고 산업안전기사 필기 p.6-141(4. 팽창제의 안전)

120 **콘크리트 타설 시 거푸집 측압에 관한 설명으로 옳지 않은 것은?**

① 기온이 높을수록 측압은 크다.
② 타설속도가 클수록 측압은 크다.
③ 슬럼프가 클수록 측압은 크다.
④ 다짐이 과할수록 측압은 크다.

해설

기온이 낮을수록 측압이 크다.

참고 산업안전기사 필기 p.6-151(3. 측압에 영향을 주는 요인)

KEY ① 2016년 5월 8일 산업기사 출제
② 2016년 10월 1일 기사 출제
③ 2017년 5월 7일 산업기사 출제
④ 2018년 8월 19일 기사·산업기사 동시 출제
⑤ 2018년 9월 15일 기사 출제
⑥ 2019년 8월 4일 기사 출제

PART 03

[정답] 119 ② 120 ①

2021년도 기사 정기검정 제1회 (2021년 3월 7일 시행)

자격종목 및 등급(선택분야)

산업안전기사

1 산업재해 예방 및 안전보건교육

01 산업안전보건법령상 중대재해의 범위에 해당하지 않는 것은?

① 1명의 사망자가 발생한 재해
② 1개월의 요양을 요하는 부상자가 동시에 5명 발생한 재해
③ 3개월의 요양을 요하는 부상자가 동시에 3명 발생한 재해
④ 10명의 직업성 질병자가 동시에 발생한 재해

해설

중대재해의 종류 3가지
① 사망자가 1명 이상 발생한 재해
② 3개월 이상의 요양이 필요한 부상자가 동시에 2명 이상 발생한 재해
③ 부상자 또는 직업성 질병자가 동시에 10명 이상 발생한 재해

참고 산업안전기사 필기 p.1-4(6. 중대재해)

KEY ① 2016년 3월 8일 기사 및 산업기사 동시출제
② 2016년 5월 8일 기사 출제
③ 2020년 8월 22일 기사 출제

합격정보
산업안전보건법 시행규칙 제3조(중대재해의 범위)

02 Thorndike의 시행착오설에 의한 학습의 원칙이 아닌 것은?

① 연습의 원칙
② 효과의 원칙
③ 동일성의 원칙
④ 준비성의 원칙

해설

시행착오설에 의한 학습의 3원칙
① 효과의 원칙
② 연습의 원칙
③ 준비성의 원칙

참고 산업안전기사 필기 p.1-149(2. Thorndike의 시행착오설)

KEY ① 2017년 3월 5일 기사 출제
② 2018년 3월 4일 기사·산업기사 동시 출제
③ 2020년 6월 7일 기사 출제

03 재해의 빈도와 상해의 강약도를 혼합하여 집계하는 지표로 옳은 것은?

① 강도율 ② 종합재해지수
③ 안전활동률 ④ Safe-T-Score

해설

종합재해지수(FSI)
① 종합재해지수는 재해의 빈도의 다수와 상해정도의 강약을 나타내는 성적지표로 사용
② 종합재해지수(FSI) $= \sqrt{\text{도수율} \times \text{강도율}}$

참고 산업안전기사 필기 p.3-44(5. 종합재해지수)

KEY ① 2016년 5월 8일 기사 출제
② 2017년 8월 26일 기사 출제
③ 2018년 8월 19일 산업기사 출제
④ 2018년 9월 15일 산업기사 출제

04 집단에서의 인간관계 메커니즘(Mechanism)과 가장 거리가 먼 것은?

① 분열, 강박 ② 모방, 암시
③ 동일화, 일체화 ④ 커뮤니케이션, 공감

[정답] 01 ② 02 ③ 03 ② 04 ①

해설

적응기제(mechanism)의 분류

- 방어적 기제
  - 보상
  - 합리화
  - 동일시
  - 승화
- 도피적 기제
  - 고립
  - 퇴행
  - 억압
  - 백일몽
- 공격적 기제
  - 직접적
  - 간접적

참고 산업안전기사 필기 p.1-115(보충학습)

05 재해조사의 목적과 가장 거리가 먼 것은?

① 재해예방 자료수집
② 재해관련 책임자 문책
③ 동종 및 유사재해 재발방지
④ 재해발생 원인 및 결함 규명

해설

재해조사의 목적

① 관계자의 책임을 추궁하는 것이 아니다.
② 사고의 진실을 밝혀내는 것이다.

참고 산업안전기사 필기 p.3-31(4. 재해 조사시의 유의사항)

KEY ① 2016년 3월 6일 기사 출제
② 2018년 4월 28일 기사 출제
③ 2019년 4월 27일 기사 출제

06 무재해 운동의 3원칙에 해당되지 않는 것은?

① 무의 원칙 ② 참가의 원칙
③ 선취의 원칙 ④ 대책선정의 원칙

해설

무재해 운동의 3원칙

① 무의 원칙 : 근원적 산업재해 "제거"
② 참가의 원칙 : "전원"이 각각의 입장에서 적극적으로 위험을 해결
③ 선취의 원칙 : "미리" 발견, 파악, 해결하여 재해를 예방

참고 산업안전기사 필기 p.1-10(2. 무재해 운동기본이념 3대 원칙)

KEY 2020년 6월 7일 등 20번 이상 출제

보충학습

하인리히 재해예방 4원칙

① 예방가능 : 재해는 원칙적으로 원인만 제거하면 예방이 가능
② 원인계기(원인연계) : 재해발생은 반드시 원인이 있고, 서로 연계됨
③ 손실우연 : 재해손실은 사고발생시 사고대상의 조건에 따라 달라지므로, 손실의 크기는 우연에 의해서 결정
④ 대책선정 : 재해예방을 위한 안전대책은 반드시 존재

07 산업안전보건법령상 보안경 착용을 포함하는 안전보건표지의 종류는?

① 지시표지 ② 안내표지
③ 금지표지 ④ 경고표지

해설

지시표시의 종류

① 보안경 착용	② 방독마스크/방진마스크 착용
③ 보안면 착용	④ 안전모 착용
⑤ 귀마개 착용	⑥ 안전화 착용
⑦ 안전장갑 착용	⑧ 안전복 착용

참고 산업안전기사 필기 p.1-61(4. 안전보건표지의 종류와 형태)

KEY 2020년 9월 27일 등 20번 이상 출제

합격정보

산업안전보건법 시행규칙 [별표 6] 안전보건표지의 종류와 형태

08 안전보건관리조직의 형태 중 라인-스태프(Line-Staff)형에 관한 설명으로 틀린 것은?

① 조직원 전원을 자율적으로 안전 활동에 참여시킬 수 있다.
② 라인의 관리, 감독자에게도 안전에 관한 책임과 권한이 부여된다.
③ 중규모 사업장(100명 이상~500명 미만)에 적합하다.
④ 안전 활동과 생산업무가 유리될 우려가 없기 때문에 균형을 유지할 수 있어 이상적인 조직 형태이다.

[정답] 05 ② 06 ④ 07 ① 08 ③

해설

직계·참모식 조직(Line-staff형) 의 특징

① Line형과 staff형의 장점을 취한 절충식 조직형태
② 안전계획, 평가 및 조사는 스태프에서, 생산기술의 안전대책은 라인에서
③ 안전스태프는 안전에 관한 기획, 입안, 조사, 검토 및 연구
④ 라인의 관리, 감독자에게도 안전에 관한 책임과 권한이 부여
⑤ 1,000명 이상의 대규모 사업장에 적용

참고 산업안전기사 필기 p.1-23(표 : 안전보건관리 조직 형태)

KEY 2020년 8월 23일 등 20회 이상 출제

09 교육훈련기법 중 Off.J.T(Off the Job Training)의 장점이 아닌 것은?

① 업무의 계속성이 유지된다.
② 외부의 전문가를 강사로 활용할 수 있다.
③ 특별교재, 시설을 유효하게 사용할 수 있다.
④ 다수의 대상자에게 조직적 훈련이 가능하다.

해설

OFF.J.T와 OJT

① Off.J.T 장점 : ②, ③, ④
② OJT 장점 : ①

참고 산업안전기사 필기 p.1-142(표 : OJT와 Off.J.T의 특징)

KEY 2020년 8월 22일 등 20회 이상 출제

10 안전교육 중 같은 것을 반복하여 개인의 시행착오에 의해서만 점차 그 사람에게 형성되는 것은?

① 안전기술의 교육 ② 안전지식의 교육
③ 안전기능의 교육 ④ 안전태도의 교육

해설

기능교육의 특징

① 안전지식교육에 의해서 얻은 지식을 살려서 기능을 체득하는 것을 목적으로 실시하는 것
② 현장실습을 통한 경험체득

참고 산업안전기사 필기 p.1-152(2. 제2단계 : 기능교육)

KEY ① 2017년 8월 26일 기사 출제
② 2019년 4월 27일 기사 출제
③ 2020년 9월 27일 기사 출제

11 산업안전보건법령상 안전인증대상기계 등에 포함되는 기계, 설비, 방호장치에 해당하지 않는 것은?

① 롤러기
② 크레인
③ 동력식 수동대패용 칼날 접촉 방지장치
④ 방폭구조(防爆構造) 전기기계·기구 및 부품

해설

안전인증대상기계 방호장치의 종류

① 프레스 및 전단기 방호장치
② 양중기용 과부하방지장치
③ 보일러 압력방출용 안전밸브
④ 압력용기 압력방출용 안전밸브
⑤ 압력용기 압력방출용 발열판
⑥ 절연용 방호구 및 활선작업용 기구
⑦ 방폭구조 전기기계 기구 및 부품
⑧ 추락, 낙하 및 붕괴 등의 위험방호에 필요한 가설기자재
⑨ 충돌·협착 등의 위험방지에 필요한 산업용 로봇의 방호장치

참고 산업안전기사 필기 p.3-54(2. 방호장치의 종류)

KEY ① 2016년 3월 6일 기사 출제
② 2018년 4월 28일 기사 출제

합격정보

산업안전보건법 시행령 제74조(안전인증대상기계 등)

보충학습

① 설치·이전하는 경우 안전인증을 받아야 하는 기계
가. 크레인
나. 리프트
다. 곤돌라
② 주요 구조 부분을 변경하는 경우 안전인증을 받아야 하는 기계 및 설비
가. 프레스 나. 전단기 및 절곡기(折曲機)
다. 크레인 라. 리프트
마. 압력용기 바. 롤러기
사. 사출성형기(射出成形機) 아. 고소(高所)작업대
자. 곤돌라

12 재해로 인한 직접비용으로 8,000만원의 산재보상비가 지급되었을 때, 하인리히 방식에 따른 총 손실비용은?

① 16,000만원 ② 24,000만원
③ 32,000만원 ④ 40,000만원

[정답] 09 ① 10 ③ 11 ③ 12 ④

해설

하인리히 총 손실비용

직접비+간접비=1:4=8,000+32,000=40,000만원

참고 산업안전기사 필기 p.3-45(1. 하인리히의 재해코스트 산출방식)

KEY ① 2017년 8월 26일 산업기사 출제
② 2018년 4월 28일 산업기사 출제
③ 2020년 9월 27일 기사 출제

13 일반적으로 시간의 변화에 따라 야간에 상승하는 생체리듬은?

① 혈압 ② 맥박수
③ 체중 ④ 혈액의 수분

해설

생체리듬의 변화

① 야간에는 체중이 감소한다.
② 야간에는 말초운동 기능이 저하된다.
③ 체온, 혈압, 맥박수는 주간에 상승하고 야간에 감소한다.
④ 혈액의 수분과 염분량은 주간에 감소하고 야간에 증가한다.

참고 산업안전기사 필기 p.1-108(5. 위험일의 변화 및 특징)

KEY ① 2017년 8월 28일 기사 출제
② 2017년 9월 23일 기사 출제
③ 2018년 4월 28일 기사 출제
④ 2020년 9월 27일 기사 출제

14 상황성 누발자의 재해 유발원인과 가장 거리가 먼 것은?

① 작업이 어렵기 때문이다.
② 심신에 근심이 있기 때문이다.
③ 기계설비의 결함이 있기 때문이다.
④ 도덕성이 결여되어 있기 때문이다.

해설

상황성 누발자의 재해 유발원인

① 작업에 어려움이 많은 자
② 기계 설비의 결함이 있을 때
③ 심신에 근심이 있는 자
④ 환경 상 주의력 집중이 혼란되기 쉬울 때

보충학습

소질성 누발자

개인 소질 가운데 재해 원인 요소를 가지고 있는 자(도덕성의 결여 등)

참고 산업안전기사 필기 p.1-98(2. 상황성 누발자)

KEY ① 2017년 8월 26일 산업기사 출제
② 2017년 9월 23일 기사 출제
③ 2019년 3월 3일 기사 출제
④ 2019년 4월 27일 기사 출제
⑤ 2020년 8월 22일 기사 출제
⑥ 2020년 8월 23일 산업기사 출제

15 작업자 적성의 요인이 아닌 것은?

① 지능 ② 인간성
③ 흥미 ④ 연령

해설

작업자의 적성요인 3가지

① 지능
② 인간성(성격)
③ 흥미

참고 산업안전기사 필기 p.1-76(합격날개 : 합격예측)

KEY 2018년 3월 4일 기사 출제

16 보호구에 관한 설명으로 옳은 것은?

① 유해물질이 발생하는 산소결핍지역에서는 필히 방독마스크를 착용하여야 한다.
② 차광용보안경의 사용구분에 따른 종류에는 자외선용, 적외선용, 복합용, 용접용이 있다.
③ 선반작업과 같이 손에 재해가 많이 발생하는 작업장에서는 장갑 착용을 의무화한다.
④ 귀마개는 처음에는 저음만을 차단하는 제품부터 사용하며, 일정 기간이 지난 후 고음까지 모두 차단할 수 있는 제품을 사용한다.

[정답] 13 ④ 14 ④ 15 ④ 16 ②

해설

보호구 착용 작업

① 유해물질이 발생하는 산소결핍지역에서는 필히 산소마스크를 착용
② 선반작업과 같이 손에 재해가 많이 발생하는 작업장에서는 회전 말림점에 장갑이 말려 들어가므로, 장갑 착용금지

참고 산업안전기사 필기 p.1-58(1. 보호구)

보충학습

방음보호구 적용 범위

종류	등급	기호	성능
귀마개	1종	EP-1	저음부터 고음까지 차음하는 것
	2종	EP-2	주로 고음을 차음하여 회화음 영역인 저음은 차음하지 않는 것
귀덮개	-	EM	

17 참가자에게 일정한 역할을 주어 실제적으로 연기를 시켜봄으로써 자기의 역할을 보다 확실히 인식할 수 있도록 체험학습을 시키는 교육방법은?

① Symposium
② Brain Storming
③ Role Playing
④ Fish Bowl Playing

해설

Role Playing

참가자에게 일정한 역할을 주어서 실제적으로 연기를 시켜봄으로써 자기의 역할을 보다 확실히 인식시키는 방법
(예 연극하는 것, 체험학습, Role Model 등)

참고 산업안전기사 필기 p.1-150(9. 적응과 역할)

KEY ① 2017년 3월 5일 기사 출제
② 2019년 2월 21일 기사 출제

18 브레인스토밍 기법에 관한 설명으로 옳은 것은?

① 타인의 의견을 수정하지 않는다.
② 지정된 표현방식에서 벗어나 자유롭게 의견을 제시한다.
③ 참여자에게는 동일한 횟수의 의견제시 기회가 부여된다.
④ 주제와 내용이 다르거나 잘못된 의견은 지적하여 조정한다.

해설

BS의 4원칙

① 타인의 의견을 수정권장(발언)한다.
② 지정된 표현방식에서 벗어나 자유롭게 의견을 제시한다 : 자유분방
③ 참여자에게는 동일한 횟수의 의견제시 무제한 기회
④ 주제와 내용이 다르거나 잘못된 의견은 비판금지

참고 산업안전기사 필기 p.1-14(3. BS의 4원칙)

KEY 2020년 9월 27일 기사 등 10번 이상 출제

19 하인리히의 재해구성비율 "1 : 29 : 300"에서 "29"에 해당되는 사고발생비율은?

① 8.8[%]　② 9.8[%]
③ 10.8[%]　④ 11.8[%]

해설

하인리히(330)건

① 1회 중상 - 0.3[%]
② 29회 경상 - 8.8[%]
③ 300회 아차사고 - 90.9[%]
④ 29÷(1+29+300)×100=약 8.8[%]

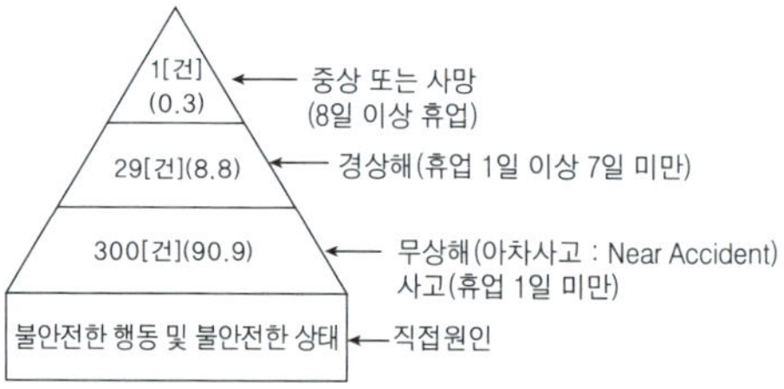

[그림] 하인리히 법칙[단위 : %]

보충학습

버드(641)건

① 1회 중상
② 10회 경상
③ 30회 무상해사고(물적손실)
④ 600회 아차사고

참고 산업안전기사 필기 p.3-33(1. 하인리히의 1 : 29 : 300)

KEY 2019년 9월 21일 기사 등 10번 이상 출제

[정답] 17 ③ 18 ② 19 ①

20 산업안전보건법령상 대상자별 안전보건교육의 교육시간에 관한 설명으로 옳은 것은?

① 일용근로자의 작업내용 변경 시의 교육은 2시간 이상이다.
② 사무직에 종사하는 근로자의 정기교육은 매반기 3시간 이상이다.
③ 일용근로자를 제외한 근로자의 채용 시 교육은 4시간 이상이다.
④ 관리감독자의 지위에 있는 사람의 정기교육은 연간 8시간 이상이다.

해설

안전보건교육 시간

(1) 정기교육
① 사무직 종사 근로자 : 매반기 6시간 이상
② 사무직 종사 근로자 외(판매 직접종사) : 매반기 6시간 이상
③ 사무직 종사 근로자 외(판매 직접 외) : 매반기 12시간 이상
④ 관리감독자 : 연간 16시간 이상
(2) 채용 시 교육
① 일용근로자 : 1시간 이상
② 일용근로자를 제외 : 8시간 이상
(3) 작업내용 변경 시 교육
① 일용근로자 : 1시간 이상
② 일용근로자를 제외 : 2시간 이상

참고 산업안전기사 필기 p.1-190(표 : 안전보건 교육 과정별 교육 시간)

KEY 2020년 8월 23일 산업기사 등 10번 이상 출제

합격정보
산업안전보건법 시행규칙 [별표 4] 안전보건교육 교육과정별 교육시간(제26조제1항 등 관련)

2 인간공학 및 위험성 평가·관리

21 자동차를 생산하는 공장의 어떤 근로자가 95[dB](A)의 소음수준에서 하루 8시간 작업하며 매 시간 조용한 휴게실에서 20분씩 휴식을 취한다고 가정하였을 때, 8시간 시간가중평균(TWA)은?(단, 소음은 누적소음노출량측정기로 측정하였으며, OSHA에서 정한 95[dB](A)의 허용시간은 4시간이라 가정한다.)

① 약 91[dB](A)
② 약 92[dB](A)
③ 약 93[dB](A)
④ 약 94[dB](A)

해설

시간가중평균

① 소음노출량(D) $= \dfrac{\text{가동시간}}{\text{기준시간(hr)}}$

$= \dfrac{8\times(60-20)}{60\times 4}\times 100 = 133[\%]$

② 소음수준 $= 16.61\times\log\dfrac{133}{100}+90 = 92.06$[dB]

보충학습
"시간 가중 평균 농도(TWA)"라 함은 1일 8시간 작업을 기준으로 하여 유해요인의 측정 농도에 발생 시간을 곱하여 8시간으로 나눈 농도를 말하며 산출 공식은 다음과 같다.

$$\text{TWA 농도} = \frac{C_1\cdot T_1 + C_2\cdot T_2 + \cdots C_n\cdot T_n}{8}$$

주 C : 유해 요인의 측정 농도(단위 : ppm 또는 mg/m³)
T : 유해 요인의 발생 시간(단위 : 시간)

합격정보
작업환경 측정 및 정도 관리 등에 관한 고시 제36조(소음수준의 평가)

22 정신작업 부하를 측정하는 척도를 크게 4가지로 분류할 때 심박수의 변동, 뇌 전위, 동공 반응 등 정보처리에 중추신경계 활동이 관여하고 그 활동이나 징후를 측정하는 것은?

① 주관적(subjective) 척도
② 생리적(physiological) 척도
③ 주 임무(primary task) 척도
④ 부 임무(secondary task) 척도

해설

생리적 척도

① 에너지 소비와 심장 박동수
② 동공반응 등 스트레스 분석

참고 ① 산업안전기사 필기 p.2-5(3. 인간기준의 종류)
② 산업안전기사 필기 p.2-4(합격날개 : 은행문제)

KEY 2016년 10월 1일 기사 출제

[정답] 20 ② 21 ② 22 ②

PART 03

23 Chapanis가 정의한 위험의 확률수준과 그에 따른 위험발생률로 옳은 것은?

① 전혀 발생하지 않는(impossible) 발생빈도 : 10^{-8}/day
② 극히 발생할 것 같지 않는(extremely un-likely) 발생빈도 : 10^{-7}/day
③ 거의 발생하지 않은(remote) 발생빈도 : 10^{-6}/day
④ 가끔 발생하는(occasional) 발생빈도 : 10^{-5}/day

해설

Chapanis의 위험발생률 분석

확률수준	발생빈도
극히 발생하지 않는(impossible)	$>10^{-8}$/day
매우 가능성이 없는(extremely unlikely)	$>10^{-6}$/day
거의 발생하지 않는(remote)	$>10^{-5}$/day
가끔 발생하는(occasional)	$>10^{-4}$/day
가능성이 있는(reasonably probable)	$>10^{-3}$/day
자주 발생하는(frequent)	$>10^{-2}$/day

참고 산업안전기사 필기 p.2-3(합격날개 : 합격예측)

KEY 2018년 4월 28일 출제

24 인간의 위치 동작에 있어 눈으로 보지 않고 손을 수평면상에서 움직이는 경우 짧은 거리는 지나치고, 긴 거리는 못 미치는 경향이 있는데 이를 무엇이라고 하는가?

① 사정효과(range effect)
② 반응효과(reaction effect)
③ 간격효과(distance effect)
④ 손동작효과(hand action effect)

해설

사정효과(Range effect)

① 짧은 거리는 지나치고 긴거리는 못미치는 영향(거리효과)
② 조작자가 작은 오차에는 과잉반응, 큰 오차에는 과소반응을 하는 현상

참고 ① 산업안전기사 필기 p.2-34(문제 60번) 적중
② 산업안전기사 필기 p.2-158(합격날개 : 합격예측)

25 불(Boole) 대수의 정리를 나타낸 관계식으로 틀린 것은?

① $A \cdot A = A$　② $A + \overline{A} = 0$
③ $A + AB = A$　④ $A + A = A$

해설

불대수 정리

$A + \overline{A} = 1$(예 $1+0=0+1=1$)

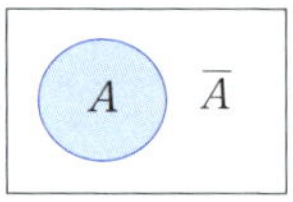

[그림] 명제 예

참고 산업안전기사 필기 p.2-59(합격날개 : 합격예측)

KEY 2018년 9월 15일 기사 출제

26 그림과 같은 FT도에서 정상사상 T의 발생 확률은? (단, X_1, X_2, X_3의 발생 확률은 각각 0.1, 0.15, 0.1 이다.)

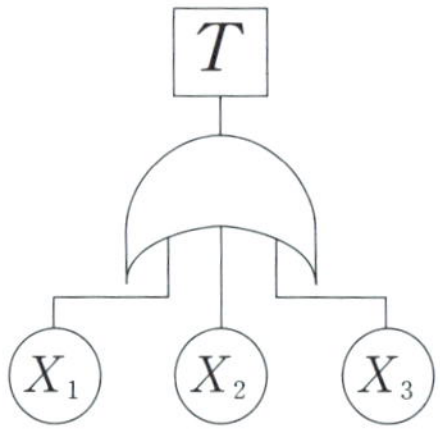

① 0.3115　② 0.35
③ 0.496　④ 0.9985

해설

T의 발생확률

$R_s = 1 - [(1-0.1)(1-0.15)(1-0.1)] = 0.3115$

참고 산업안전기사 필기 p.2-89(문제 24번)

[정답] 23 ① 24 ① 25 ② 26 ①

27 서브시스템, 구성요소, 기능 등의 잠재적 고장 형태에 따른 시스템의 위험을 파악하는 위험분석 기법으로 옳은 것은?

① ETA(Event Tree Analysis)
② HEA(Human Error Analysis)
③ PHA(Preliminary Hazard Analysis)
④ FMEA(Failure Mode and Effect Analysis)

해설

FMEA

기계부품의 고장이 기계시스템 전체에 미치는 영향을 예측하는 해석방법

참고 산업안전기사 필기 p.2-62(4. 고장형태 및 영향분석)

KEY 2018년 8월 19일 산업기사 출제

28 불필요한 작업을 수행함으로써 발생하는 오류로 옳은 것은?

① Command error
② Extraneous error
③ Secondary error
④ Commission error

해설

심리적 분류(Swain)의 인적(독립행동)오류(불확정, 시간지연, 순서착오)

① 생략에러(Omission errors : 부작위 실수) : 직무 또는 어떤 단계를 수행치 않음(누락오류)
② 실행에러(Commission error : 작위 실수) : 직무의 불확실한 수행 (예 선택, 순서, 시간, 정성적 착오)
③ 과잉행동에러(Extraneous error : 불필요한 과오) : 수행되지 않아야 할 직무수행
④ 순서에러(Sequential error : 순서적 과오) : 순서에서 벗어난 직무수행
⑤ 시간에러(Timing error : 지연오류) : 계획된 시간 내에 직무수행 실패 너무 늦거나 일찍 수행

참고 ① 산업안전기사 필기 p.2-20(2. 인간실수의 분류)
② 2021년 3월 7일 산업심리 및 교육 출제

KEY ① 2019년 3월 3일 기사 출제
② 2019년 8월 4일 기사, 산업기사 출제
③ 2020년 6월 14일 산업기사 출제

29 작업공간의 배치에 있어 구성요소 배치의 원칙에 해당하지 않는 것은?

① 기능성의 원칙
② 사용빈도의 원칙
③ 사용순서의 원칙
④ 사용방법의 원칙

해설

구성요소 배치의 4원칙

① 중요성의 원칙
② 기능별 배치의 원칙
③ 사용순서의 원칙
④ 사용빈도의 원칙

참고 산업안전기사 필기 p.2-160(2. 부품배치의 4원칙)

KEY ① 2018년 3월 4일 기사, 산업기사 출제
② 2018년 8월 19일 산업기사 출제
③ 2019년 3월 3일 산업기사 출제
④ 2020년 6월 14일 산업기사 출제

30 인간이 기계보다 우수한 기능이라 할 수 있는 것은? (단, 인공지능은 제외한다.)

① 일반화 및 귀납적 추리
② 신뢰성 있는 반복 작업
③ 신속하고 일관성 있는 반응
④ 대량의 암호화된 정보의 신속한 보관

해설

인간과 기계의 기능

① 인간 : 귀납적
② 기계 : 연역적

참고 산업안전기사 필기 p.2-11(표 : 인간-기계의 장단점)

KEY ① 2016년 5월 8일 산업기사 출제
② 2018년 9월 15일 기사 출제
③ 2020년 6월 7일 기사 출제

[정답] 27 ④ 28 ② 29 ④ 30 ①

31 다음 시스템의 신뢰도 값은?

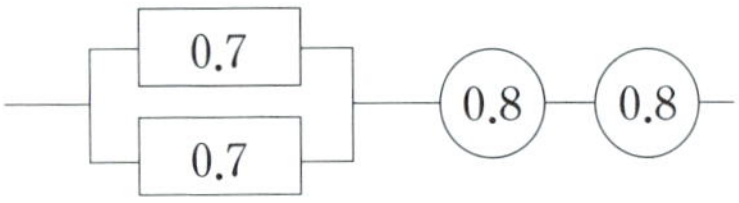

① 0.5824 ② 0.6682
③ 0.7855 ④ 0.8642

해설

신뢰도 계산

$Rs = \{1-[(1-0.7)(1-0.7)]\} \times 0.8 \times 0.8 = 0.5824$

참고 산업안전기사 필기 p.2-89(문제 25번)

KEY ① 2017년 5월 7일 기사 출제
② 2018년 3월 4일 기사 출제
③ 2018년 4월 28일 산업기사 출제
④ 2019년 4월 27일 산업기사 출제
⑤ 2020년 6월 7일 기사 출제

32 인체측정 자료를 장비, 설비 등의 설계에 적용하기 위한 응용원칙에 해당하지 않는 것은?

① 조절식 설계
② 극단치를 이용한 설계
③ 구조적 치수 기준의 설계
④ 평균치를 기준으로 한 설계

해설

인간계측자료의 응용 3원칙

① 최대치수와 최소치수 설계(극단치 설계)
② 조절범위(조절식 설계)
③ 평균치를 기준으로 한 설계

참고 산업안전기사 필기 p.2-158(1. 인체계측 및 응용원칙)

KEY ① 2017년 3월 5일 산업기사 출제
② 2017년 8월 26일 기사 출제
③ 2017년 9월 23일 산업기사 출제
④ 2018년 3월 4일 산업기사 출제
⑤ 2019년 8월 4일 기사 출제

33 시각적 표시장치보다 청각적 표시장치를 사용하는 것이 더 유리한 경우는?

① 정보의 내용이 복잡하고 긴 경우
② 정보가 공간적인 위치를 다룬 경우
③ 직무상 수신자가 한 곳에 머무르는 경우
④ 수신 장소가 너무 밝거나 암순응이 요구될 경우

해설

시각과 청각

(1) 시각적 표시장치 사용 : ①, ②, ③
(2) 청각적 표시장치 사용 : ④

참고 산업안전기사 필기 p.2-31(문제 43번)

KEY ① 2017년 5월 7일 산업기사 출제
② 2018년 3월 4일 산업기사 출제
③ 2018년 4월 28일 산업기사 출제
④ 2018년 8월 19일 산업기사 출제
⑤ 2018년 9월 15일 산업기사 출제
⑥ 2019년 4월 27일 산업기사 출제
⑦ 2019년 8월 4일 기사 출제
⑧ 2019년 9월 21일 산업기사 출제
⑨ 2020년 6월 7일 기사 출제

34 시스템의 수명 및 신뢰성에 관한 설명으로 틀린 것은?

① 병렬설계 및 디레이팅 기술로 시스템의 신뢰성을 증가시킬 수 있다.
② 직렬시스템에서는 부품들 중 최소 수명을 갖는 부품에 의해 시스템 수명이 정해진다.
③ 수리가 가능한 시스템의 평균 수명(MTBF)은 평균 고장률(λ)과 정비례 관계가 성립한다.
④ 수리가 불가능한 구성요소로 병렬구조를 갖는 설비는 중복도가 늘어날수록 시스템 수명이 길어진다.

해설

MTBF(평균고장간격)

① 고장율과 반비례 관계 ② $\lambda = \frac{1}{MTBF}$

[정답] 31 ① 32 ③ 33 ④ 34 ③

참고 산업안전기사 필기 p.2-83[2. MTBF(평균고장간격 : Mean Time Between Failures)]

KEY ① 2016년 3월 6일 산업기사 출제
② 2018년 3월 4일 기사 출제
③ 2018년 4월 28일 기사 출제
④ 2019년 3월 3일 기사 출제
⑤ 2019년 9월 21일 산업기사 출제

35 컷셋(Cut Sets)과 최소 패스셋(Minimal Path Sets)의 정의로 옳은 것은?

① 컷셋은 시스템 고장을 유발시키는 필요 최소한의 고장들의 집합이며, 최소 패스셋은 시스템의 신뢰성을 표시한다.
② 컷셋은 시스템 고장을 유발시키는 기본고장들의 집합이며, 최소 패스셋은 시스템의 불신뢰도를 표시한다.
③ 컷셋은 그 속에 포함되어 있는 모든 기본 사상이 일어났을 때 정상사상을 일으키는 기본사상의 집합이며, 최소 패스셋은 시스템의 신뢰성을 표시한다.
④ 컷셋은 그 속에 포함되어 있는 모든 기본 사상이 일어났을 때 정상사상을 일으키는 기본사상의 집합이며, 최소 패스셋은 시스템의 성공을 유발하는 기본사상의 집합이다.

해설

용어정의
① 컷셋 : 모든 기본사상이 일어났을 때 정상사상을 일으키는 기본사상의 집합
② 미니멀 컷셋 : 정상사상을 일으키기 위한 기본사상의 최소집합으로 시스템의 위험성을 나타낸다.
③ 미니멀 패스셋 : 시스템의 신뢰성을 표시한다.

참고 산업안전기사 필기 p.2-77(합격날개 : 합격예측)

KEY ① 2017년 5월 7일 기사 출제
② 2017년 9월 23일 기사 출제
③ 2018년 3월 4일 산업기사 출제
④ 2018년 4월 28일 산업기사 출제
⑤ 2018년 9월 15일 기사 출제

36 동작경제의 원칙에 해당하지 않는 것은?

① 공구의 기능을 각각 분리하여 사용하도록 한다.
② 두 팔의 동작은 동시에 서로 반대방향으로 대칭적으로 움직이도록 한다.
③ 공구나 재료는 작업동작이 원활하게 수행되도록 그 위치를 정해준다.
④ 가능하다면 쉽고도 자연스러운 리듬이 작업동작에 생기도록 작업을 배치한다.

해설

동작경제의 원칙
① 양손의 동작은 동시에 시작하여 동시에 끝나야 한다.
② 양손은 휴식시간을 제외하고는 동시에 쉬어서는 안된다.
③ 팔의 동작은 서로 반대의 대칭적 방향으로 이루어져야 하며 동시에 행해져야 한다.
④ 손과 몸의 동작은 일에 만족스럽게 할 수 있는 가장 단순한 동작에 한정되어야 한다.
⑤ 작업에 도움이 되도록 가급적 물체의 관성(慣性)을 활용하고, 근육운동으로 작업을 수행하는 경우를 최소한으로 줄여야 한다.
⑥ 갑자기 예각방향으로 변화를 하는 직선동작보다는 유연하고 연속적인 곡선동작을 하는 것이 좋다.
⑦ 제한되거나 통제된 동작보다는 탄도적 동작이 보다 빠르고 쉬우며 정확하다.
⑧ 작업을 원활하고 자연스럽게 수행하는 데는 리듬이 중요하다. 가급적 쉽고 자연스러운 리듬이 가능하도록 작업이 배열되어야 한다.
⑨ 눈의 고정은 가급적 줄이고 함께 가까이 있도록 한다.
⑩ 공구의 기능은 결합하여 사용한다.

참고 ① 산업안전기사 필기 p.2-75(4. 동작경제의 원칙)
② 2021년 3월 7일 산업심리 및 교육 출제

KEY ① 2010년 3월 7일 기사 출제
② 2018년 3월 4일 기사 출제
③ 2019년 3월 3일 기사 출제

37 화학설비에 대한 안전성 평가 중 정성적 평가방법의 주요 진단 항목으로 볼 수 없는 것은?

① 건조물 ② 취급물질
③ 입지 조건 ④ 공장 내 배치

[정답] 35 ③ 36 ① 37 ②

PART 03

해설

정량적 평가항목

① 취급물질
② 화학설비의 용량
③ 온도
④ 압력
⑤ 조작

참고 산업안전기사 필기 p.2-38(2. 2단계 : 정성적 평가)

KEY ① 2016년 5월 8일 기사 출제
② 2016년 10월 1일 산업기사 출제
③ 2017년 3월 5일 기사 출제
④ 2017년 8월 26일 기사 출제
⑤ 2018년 3월 4일 기사 출제
⑥ 2019년 3월 3일 기사 출제

38 산업안전보건법령상 해당 사업주가 유해위험방지계획서를 작성하여 제출해야 하는 대상은?

① 시·도지사　② 관할 구청장
③ 고용노동부장관　④ 행정안전부장관

해설

유해위험방지계획서 제출

사업주가 일정한 공사 또는 작업을 개시하려고 할 때, 유해위험방지계획서를 고용노동부 장관(안전보건공단 위탁)에 제출하여 심사를 받아야 한다.

참고 산업안전기사 필기 p.2-35(제42조 : 제출서류 등)

합격정보

산업안전보건법 시행규칙 제42조(제출서류 등)

39 작업면상의 필요한 장소만 높은 조도를 취하는 조명은?

① 완화조명　② 전반조명
③ 투명조명　④ 국소조명

해설

국소조명

작업대의 조명과 같이 필요한 부분만 밝게 하는 조명

참고 산업안전기사 필기 p.2-168(1. 조명)

40 다음 현상을 설명하는 이론은?

인간이 감지할 수 있는 외부의 물리적 자극 변화의 최소범위는 표준 자극의 크기에 비례한다.

① 피츠(Fitts) 법칙
② 웨버(Weber) 법칙
③ 신호검출이론(SDT)
④ 힉-하이만(Hick-Hyman) 법칙

해설

웨버(Weber) 법칙

① 같은 종류의 두 자극을 구별할 수 있는 최소 차이는 자극의 강도에 비례한다고 하는 법칙
② Weber비 $= \dfrac{\text{변화감지역}}{\text{기준자극의 크기}}$
③ Weber비가 작을수록 분별력이 뛰어난 감각이다.

참고 산업안전기사 필기 p.2-172(합격날개 : 합격예측)

3 기계·기구 및 설비안전관리

41 비파괴 검사 방법으로 틀린 것은?

① 인장 시험
② 음향 탐상 시험
③ 와류 탐상 시험
④ 초음파 탐상 시험

해설

파괴 시험과 비파괴 시험

(1) 인장 시험 : 파괴시험
(2) 비파괴검사 종류
① 침투탐상검사　② 자분탐상검사
③ 방사선투과검사　④ 초음파탐상검사
⑤ 와전류탐상검사　⑥ 육안검사
⑦ 누설검사　⑧ 음향방출검사

참고 산업안전기사 필기 p.3-219(1. 인장시험)

[정답] 38 ③　39 ④　40 ②　41 ①

KEY ① 2017년 3월 5일 기사 출제
② 2019년 3월 3일 기사 출제
③ 2020년 8월 22일 기사 출제

42 기계설비의 위험점 중 연삭숫돌과 작업받침대, 교반기의 날개와 하우스 등 고정부분과 회전하는 동작 부분 사이에서 형성되는 위험점은?

① 끼임점 ② 물림점
③ 협착점 ④ 절단점

해설

기계·기구 설비의 6가지 위험점

① 협착점 : 왕복운동을 하는 동작 부분과 움직임이 없는 고정 부분 사이에 형성되는 위험점
② 끼임점 : 고정 부분과 회전하는 동작 부분이 함께 만드는 위험점
③ 절단점 : 회전하는 운동부분 자체의 위험에서 초래되는 위험점
④ 물림점 : 회전하는 두 개의 회전체에 물려 들어갈 위험성이 형성되는 것
⑤ 접선 물림점 : 회전하는 부분의 접선방향으로 물려 들어갈 위험성이 존재하는 점
⑥ 회전 말림점 : 회전하는 물체에 작업복 등이 말려드는 위험이 존재하는 점

참고 산업안전기사 필기 p.3-15(2. 끼임점)

KEY ① 2016년 8월 21일 산업기사 출제
② 2018년 3월 4일 산업기사 출제
③ 2020년 6월 14일 산업기사 출제

43 다음 중 금형을 설치 및 조정할 때 안전수칙으로 가장 적절하지 않은 것은?

① 금형을 체결할 때에는 적합한 공구를 사용한다.
② 금형의 설치 및 조정은 전원을 끄고 실시한다.
③ 금형을 부착하기 전에 하사점을 확인하고 설치한다.
④ 금형을 체결할 때에는 안전블록을 잠시 제거하고 실시한다.

해설

금형의 안전화

금형을 부착, 해체, 조정 작업할 때 신체 일부가 위험점 내에서 슬라이드 불시 하강으로 인한 위험을 방지하기 위해 안전블록을 설치한다.

참고 산업안전기사 필기 p.3-97(합격날개 : 합격예측)

KEY 2020년 6월 14일 산업기사 등 20번 이상 출제

보충학습

산업안전보건기준에 관한 규칙 제104조(금형조정작업의 위험방지)

44 선반 작업에 대한 안전수칙으로 가장 적절하지 않은 것은?

① 선반의 바이트는 끝을 짧게 장치한다.
② 작업 중에는 면장갑을 착용하지 않도록 한다.
③ 작업이 끝난 후 절삭 칩의 제거는 반드시 브러시 등의 도구를 사용한다.
④ 작업 중 일감의 치수 측정 시 기계 운전상태를 저속으로 하고 측정한다.

해설

일감의 치수 측정

① 치수 측정 시 기계 운전상태를 정지하고 측정한다.
② 저속시 가장 큰 힘이 작용한다.

참고 산업안전기사 필기 p.3-81(4. 선박작업시 안전수칙)

KEY 2020년 9월 27일 기사 등 20번 이상 출제

45 프레스의 손쳐내기식 방호장치 설치기준으로 틀린 것은?

① 방호판의 폭이 금형 폭의 1/2 이상이어야 한다.
② 슬라이드 행정수가 300SPM 이상의 것에 사용한다.
③ 손쳐내기봉의 행정(Stroke) 길이를 금형의 높이에 따라 조정할 수 있고 진동폭은 금형폭 이상이어야 한다.
④ 슬라이드 하행정거리의 3/4 위치에서 손을 완전히 밀어내야 한다.

[정답] 42 ① 43 ④ 44 ④ 45 ②

해설

손쳐내기식 방호장치의 일반구조

① 슬라이드 하행정거리의 3/4 위치에서 손을 완전히 밀어내야 한다.
② 손쳐내기봉의 행정(Stroke) 길이를 금형의 높이에 따라 조정할 수 있고 진동폭은 금형폭 이상이어야 한다.
③ 방호판과 손쳐내기봉은 경량이면서 충분한 강도를 가져야 한다.
④ 방호판의 폭은 금형폭의 1/2 이상이어야 하고, 행정길이가 300[mm] 이상의 프레스기계에는 방호판 폭을 300[mm]로 해야 한다.
⑤ 손쳐내기봉은 손 접촉 시 충격을 완화할 수 있는 완충재를 부착해야 한다.
⑥ 부착볼트 등의 고정금속부분은 예리하게 돌출되지 않아야 한다.

참고 산업안전기사 필기 p.3-100(3. 손쳐내기식)

KEY ① 2016년 8월 21일 산업기사 출제
② 2017년 3월 5일 기사 출제
③ 2017년 8월 26일 산업기사 출제
④ 2019년 8월 4일 산업기사 출제
⑤ 2020년 9월 27일 기사 출제

합격정보

방호장치 안전인증 고시

[별표 1] 프레스 또는 전단기 방호장치의 성능기준(제4조 관련)
31. 손쳐내기식 방호장치의 일반구조

보충학습

보기 ②는 양수조작식 핀클러치 방식에 적용

46 산업안전보건법령상 정상적으로 작동될 수 있도록 미리 조정해 두어야 할 이동식 크레인의 방호장치로 가장 적절하지 않은 것은?

① 제동장치
② 권과방지장치
③ 과부하방지장치
④ 파이널 리미트 스위치

해설

이동식크레인 방호장치의 종류

① 과부하방지장치
② 권과방지장치
③ 비상정지장치
④ 제동장치

참고 산업안전기사 필기 p.3-142(합격날개 : 합격예측 및 관련법규)

KEY 2020년 9월 27일 기사 등 10번 이상 출제

합격정보

산업안전보건기준에 관한 규칙 제134조(방호장치의 조정)

보충학습

파이널 리미트 스위치 : 승강기 방호장치

47 산업안전보건법령상 고속회전체의 회전시험을 하는 경우 미리 회전축의 재질 및 형상 등에 상응하는 종류의 비파괴검사를 해서 결함 유무를 확인해야 한다. 이 때 검사 대상이 되는 고속회전체의 기준은?

① 회전축의 중량이 0.5톤을 초과하고, 원주속도가 100[m/s] 이내인 것
② 회전축의 중량이 0.5톤을 초과하고, 원주속도가 120[m/s] 이상인 것
③ 회전축의 중량이 1톤을 초과하고, 원주속도가 100[m/s] 이내인 것
④ 회전축의 중량이 1톤을 초과하고, 원주속도가 120[m/s] 이상인 것

해설

비파괴검사 실시 기준

고속회전체(회전축의 중량이 1톤을 초과하고, 원주속도가 초당 120미터 이상인 것으로 한정한다.)의 회전시험을 하는 경우 미리 회전축의 재질 및 형상 등에 상응하는 종류의 비파괴검사를 해서 결함 유무를 확인한다.

참고 산업안전기사 필기 p.3-112(합격날개 : 합격예측 및 관련법규)

KEY ① 2017년 3월 5일 산업기사 출제
② 2018년 3월 4일 산업기사 출제

합격정보

산업안전보건기준에 관한 규칙 제115조(비파괴검사의 실시)

48 보일러 부하의 급변, 수위의 과상승 등에 의해 수분이 증기와 분리되지 않아 보일러 수면이 심하게 솟아올라 올바른 수위를 판단하지 못하는 현상은?

① 프라이밍　② 모세관
③ 워터해머　④ 역화

[정답] 46 ④　47 ④　48 ①

해설

프라이밍(priming)

보일러 수위가 너무 높아졌을 때 보일러 속의 수변으로부터 격렬하게 증발하는 증기와 동반하여 보일러수가 물보라처럼 비상하여, 가는 입자의 물방울로 되어 다량이 날라나오며 증기와 함께 보일러 밖으로 송출되는 현상

참고 산업안전기사 필기 p.3-120(1. 보일러 이상현상의 종류)

KEY ① 2016년 8월 21일 산업기사 출제
② 2018년 3월 4일 산업기사 출제
③ 2018년 4월 28일 산업기사 출제
④ 2020년 8월 23일 산업기사 출제

49 다음 중 절삭가공으로 틀린 것은?

① 선반 ② 밀링
③ 프레스 ④ 보링

해설

절삭가공에 사용되는 공작기계의 종류

① 선반 ② 드릴링 머신
③ 밀링 머신 ④ 세이빙 머신

보충학습

press(프레스) : 비절삭(소성)가공 기계

참고 ① 산업안전기사 필기 p.3-79(중점학습내용)
② 산업안전기사 필기 p.3-95(1. 소성가공의 개요)

50 500[rpm]으로 회전하는 연삭숫돌의 지름이 300 [mm]일 때 회전속도[m/min]는?

① 471 ② 551
③ 751 ④ 1,025

해설

회전속도 계산

회전속도 $= \pi \times D \times N/1,000$
$= \pi \times 300 \times 500/1,000 = 471$[m/min]

D : 직경[mm], N : 회전수[rpm]

참고 산업안전기사 필기 p.3-93(합격날개 : 합격예측)

KEY ① 2016년 5월 8일 기사 출제
② 2017년 8월 26일 기사, 산업기사 출제
③ 2019년 4월 27일 기사 출제
④ 2020년 9월 27일 기사 출제

51 산업안전보건법령상 금속의 용접, 용단에 사용하는 가스 용기를 취급할 때 유의사항으로 틀린 것은?

① 밸브의 개폐는 서서히 할 것
② 운반하는 경우에는 캡을 벗길 것
③ 용기의 온도는 40[℃] 이하로 유지할 것
④ 통풍이나 환기가 불충분한 장소에는 설치하지 말 것

해설

운반하는 경우에는 캡을 씌울 것

참고 산업안전기사 필기 p.3-117(합격날개 : 합격예측)

합격정보

산업안전보건기준에 관한 규칙 제234조(가스 등의 용기)

52 크레인 로프에 질량 2,000[kg]의 물건을 10[m/s²]의 가속도로 감아올릴 때, 로프에 걸리는 총 하중[kN]은? (단, 중력가속도는 9.8[m/s²])

① 9.6 ② 19.6
③ 29.6 ④ 39.6

해설

총 하중계산

① 힘 = 질량 × 가속도
= 질량 × (끌어올리는 가속도 + 중력가속도)
② 총 하중 = 2,000 × (10 + 9.8) = 39,600 = 39.6[KN]

참고 산업안전기사 필기 p.3-149(합격날개 : 참고)

KEY 2018년 8월 21일 기사 출제

53 산업안전보건법령상 숫돌 지름이 60[cm]인 경우 숫돌 고정 장치인 평형 플랜지의 지름은 최소 몇 [cm] 이상인가?

① 10 ② 20
③ 30 ④ 60

[정답] 49 ③ 50 ① 51 ② 52 ④ 53 ②

PART 03

해설

평행플랜지 지름계산

① 연삭숫돌 지름의 1/3 이상
② 60×1/3=20[cm] 이상

참고 산업안전기사 필기 p.3-93(합격날개 : 합격예측)

KEY 2019년 8월 4일 기사·산업기사 동시출제 등 10번 이상 출제

합격정보
연삭기의 안전기준에 관한 기술상의 지침 제5조(평형플랜지의 치수)

54 **산업안전보건법령상 롤러기의 방호장치 설치 시 유의해야 할 사항으로 가장 적절하지 않은 것은?**

① 손으로 조작하는 급정지장치의 조작부는 롤러기의 전면 및 후면에 각각 1개씩 수평으로 설치하여야 한다.
② 앞면 롤러의 표면속도가 30[m/min] 미만인 경우 급정지 거리는 앞면 롤러 원주의 1/2.5 이하로 한다.
③ 급정지장치의 조작부에 사용하는 줄은 사용 중 늘어져서는 안된다.
④ 급정지장치의 조작부에 사용하는 줄은 충분한 인장강도를 가져야 한다.

해설

급정지거리 계산기준

① 표면속도 30[m/min] 이상 $=\pi\times D\times 1/2.5$
② 표면속도 30[m/min] 미만 $=\pi\times D\times 1/3$

참고 산업안전기사 필기 p.3-110(합격날개 : 합격예측)

KEY 2020년 9월 27일 기사 등 10번 이상 출제

55 **산업안전보건법령상 컨베이어에 설치하는 방호장치로 거리가 가장 먼 것은?**

① 건널다리
② 반발예방장치
③ 비상정지장치
④ 역주행방지장치

해설

컨베이어의 방호장치의 종류

① 이탈방지장치
② 비상정지장치
③ 덮개, 울의 설치

보충학습
반발예방장치 : 목재가공 기계톱날의 방호장치

참고 산업안전기사 필기 p.3-137(3. 컨베이어의 역전방지장치)

KEY ① 2019년 4월 27일 산업기사 출제
② 2020년 6월 14일 산업기사 출제

56 **자동화 설비를 사용하고자 할 때 기능의 안전화를 위하여 검토할 사항으로 거리가 가장 먼 것은?**

① 재료 및 가공 결함에 의한 오동작
② 사용압력 변동 시의 오동작
③ 전압강하 및 정전에 따른 오동작
④ 단락 또는 스위치 고장 시의 오동작

해설

기능의 안전화 대책

① 전압강하 및 정전에 따른 오작동
② 사용압력 변동 시 오작동
③ 밸브고장 시 오작동
④ 단락 또는 스위치 고장 시 오작동

보충학습
구조의 안전화
결함을 사전에 제거(예 재료, 설계, 가공 결함)

참고 산업안전기사 필기 p.3-189(2. 기능의 안전화)

KEY 2020년 8월 23일 산업기사 출제

57 **프레스 작동 후 작업점까지의 도달시간이 0.3초인 경우 위험한계로부터 양수조작식 방호장치의 최단 설치거리는?**

① 48[cm] 이상
② 58[cm] 이상
③ 68[cm] 이상
④ 78[cm] 이상

[정답] 54 ② 55 ② 56 ① 57 ①

해설

최단설치(안전)거리

Dm(안전거리)=1.6Tm(슬라이드가 하사점에 도달하기까지의 소요시간)=1.6×0.3=0.48[m]=48[cm] 이상

참고 산업안전기사 필기 p.3-102(합격날개 : 합격예측)

KEY 2020년 8월 22일 기사 등 10번 이상 출제

58 휴대형 연삭기 사용 시 안전사항에 대한 설명으로 가장 적절하지 않은 것은?

① 잘 안맞는 장갑이나 옷은 착용하지 말 것
② 긴 머리는 묶고 모자를 착용하고 작업할 것
③ 연삭숫돌을 설치하거나 교체하기 전에 전선과 압축공기 호스를 설치할 것
④ 연삭작업 시 클램핑 장치를 사용하여 공작물을 확실히 고정할 것

해설

연삭숫돌을 설치하거나 교체한 후에 전선과 압축공기 호스를 설치할 것

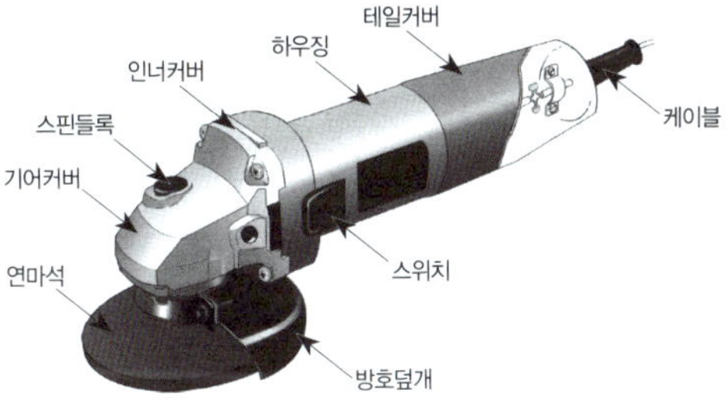

[그림] 휴대용연삭기 구조

59 산업안전보건법령상 보일러에 설치해야하는 안전장치로 거리가 가장 먼 것은?

① 해지장치
② 압력방출장치
③ 압력제한스위치
④ 고·저수위조절장치

해설

보일러 안전장치의 종류

① 압력방출장치
② 압력제한 스위치
④ 고저수위 조절장치

보충학습

해지장치 : 훅걸이용 와이어로프 등이 훅으로부터 벗겨지는 것을 방지하기 위한 장치

참고 산업안전기사 필기 p.3-121(3. 방호장치의 종류)

KEY 2019년 8월 4일 기사·산업기사 등 10번 이상 출제

60 지게차의 방호장치에 해당하는 것은?

① 버킷 ② 포크
③ 마스트 ④ 헤드가드

해설

지게차의 방호장치

헤드가드 : 최대하중의 2배(4톤 넘는 값에 대해서는 4톤으로 한다)에 해당하는 등분포정하중에 견딜 수 있는 강도의 헤드가드를 설치하여야 한다.

참고 산업안전기사 필기 p.3-149(합격날개 : 합격예측)

KEY 2020년 9월 27일 기사 등 10번 이상 출제

합격정보

산업안전보건기준에 관한 규칙 제180조(헤드가드)

4 전기설비 안전관리

61 전기설비에 접지를 하는 목적으로 틀린 것은?

① 누설전류에 의한 감전방지
② 낙뢰에 의한 피해방지
③ 지락사고 시 대지전위 상승유도 및 절연강도 증가
④ 지락사고 시 보호계전기 신속동작

[정답] 58 ③ 59 ① 60 ④ 61 ③

해설

지락사고 시 대지전위 상승억제 및 절연강도 증가

참고 산업안전기사 필기 p.4-36(1. 접지의 목적)

KEY ① 2018년 4월 28일 기사 출제
② 2019년 8월 4일 기사 출제

62 전로에 시설하는 기계기구의 철대 및 금속제외함에 접지공사를 생략할 수 없는 경우는?

① 30[V] 이하의 기계기구를 건조한 곳에 시설하는 경우
② 물기 없는 장소에 설치하는 저압용 기계기구를 위한 전로에 정격감도전류 40[mA] 이하, 동작시간 2초 이하의 전류동작형 누전차단기를 시설하는 경우
③ 철대 또는 외함의 주위에 적당한 절연대를 설치하는 경우
④ 「전기용품 및 생활용품 안전관리법」의 적용을 받는 이중절연구조로 되어 있는 기계기구를 시설하는 경우

해설

접지를 해야 하는 대상부분
① 전기기계·기구의 금속제 외함, 금속제 외피 및 철대
② 고정 설치되거나 고정배선에 접속된 전기기계·기구의 노출된 비충전 금속체 중 충전될 우려가 있는 다음에 해당하는 비충전 금속체
③ 지면이나 접지된 금속체로부터 수직거리 2.4[m], 수평거리 1.5[m] 이내의 것
④ 물기 또는 습기가 있는 장소에 설치되어 있는 것
⑤ 금속으로 되어있는 기기접지용 전선의 피복·외장 또는 배선관 등
⑥ 사용전압이 대지전압 150[V]를 넘는 것

참고 산업안전기사 필기 p.4-37(3. 접지를 해야 하는 대상 부분)

합격정보

산업안전보건기준에 관한 규칙 제302조(전기기계·기구의 접지)

보충학습

누전차단기 설치기준

전기기계·기구에 접속되어 있는 누전차단기는 정격감도전류가 30[mA]이하이고 작동시간은 0.03[초] 이내일 것(다만, 정격전부하전류가 50[A] 이상인 전기기계·기구에 접속되는 누전차단기는 오작동을 방지하기 위하여 정격감도전류는 200[mA] 이하로, 작동시간은 0.1[초] 이내로 할 수 있다.

63 한국전기설비규정에 따라 욕조나 샤워시설이 있는 욕실 등 인체가 물에 젖어있는 상태에서 전기를 사용하는 장소에 인체감전보호용 누전차단기가 부착된 콘센트를 시설하는 경우 누전차단기의 정격감도전류 및 동작시간은?

① 15[mA] 이하, 0.01[초] 이하
② 15[mA] 이하, 0.03[초] 이하
③ 30[mA] 이하, 0.01[초] 이하
④ 30[mA] 이하, 0.03[초] 이하

해설

인체감전보호용 누전차단기 기준
① 정격 감도 전류 : 15[mA]
② 동작시간 : 0.03[초] 이하

참고 산업안전기사 필기 p.4-5(1. 누전차단기 종류)

KEY 2020년 9월 27일 기사 등 20번 이상 출제

64 개폐기로 인한 발화는 스파크에 의한 가연물의 착화화재가 많이 발생한다. 이를 방지하기 위한 대책으로 틀린 것은?

① 가연성증기, 분진 등이 있는 곳은 방폭형을 사용한다.
② 개폐기를 불연성 상자 안에 수납한다.
③ 비포장 퓨즈를 사용한다.
④ 접속부분의 나사풀림이 없도록 한다.

해설

화재방지를 위하여 포장 퓨즈를 사용한다.

참고 산업안전기사 필기 p.4-73(2. 전기화재의 예방대책)

65 인체의 전기저항을 500[Ω]으로 하는 경우 심실세동을 일으킬 수 있는 에너지는 약 얼마인가?(단, 심실세동전류 $I = \frac{165}{\sqrt{T}}$[mA]로 한다.)

[정답] 62 ② 63 ② 64 ③ 65 ①

① 13.6[J] ② 19.0[J]
③ 13.6[mJ] ④ 19.0[mJ]

해설

위험한계 에너지

$$Q=I^2RT[J/S]=\left(\frac{165}{\sqrt{T}}\times10^{-3}\right)^2\times500=\frac{165^2}{T}\times10^{-6}\times500$$
$$=13.61[J]$$

참고 산업안전기사 필기 p.4-18(3. 위험한계 에너지)

KEY 2020년 9월 27일 기사 등 20번 이상 출제

66 방폭인증서에서 방폭부품을 나타내는데 사용되는 인증번호의 접미사는?

① "G" ② "X"
③ "D" ④ "U"

해설

방호장치 안전인증 고시 제2조(정의)

"방폭부품(Ex component)"이란 전기기기 및 모듈(ex 케이블글랜드를 제외한다)의 부품을 말하며, 기호 "U"로 표시하고, 폭발성 가스 분위기에서 사용하는 전기기기 및 시스템에 사용할 때 단독으로 사용하지 않고 추가 고려사항이 요구된다.

67 개폐기, 차단기, 유도 전압조정기의 최대 사용전압이 7[kV] 이하인 전로의 경우 절연 내력시험은 최대 사용 전압의 1.5배의 전압을 몇분간 가하는가?

① 10 ② 15
③ 20 ④ 25

해설

시험전압시간 : 10[분]

[표] 최대사용전압과 시험전압

최대 사용 전압	시험 전압	최저 시험전압	예
1. 7,000[V] 이하	1.5배	500[V]	6,600→9,900
2. 7,000[V] 초과 25,000[V] 중성점 접지식(중성선을 가지는 것으로 그 중성선을 다중 접지하는 것에 한한다.)	0.92배		22,900→21,068
3. 7,000[V] 초과 60,000[V] 이하인 전로로 2의 것을 제외	1.25배	10,500[V]	60,000→75,000
4. 60,000[V] 초과 중성점 비접지식 전로(전위 변성기를 사용하여 접지하는 것 포함)	1.25배		66,000→82,500
5. 60,000[V] 초과 중성점 직접 접지식전로(6과 7의 것을 제외)	1.1배	75,000[V]	66,000→72,600
6. 60,000[V] 초과 중성점 직접접지식(7란의 것을 제외)	0.72배		154,000→110,880 345,000→248,400
7. 170,000[V] 넘는 중성점 직접 접지식 발전소/변전소에 시설하는 것(구내)	0.64배		345,000→220,800

단, 전로에 케이블을 사용하는 경우에는 직류로 시험할 수 있으며, 시험 전압은 교류인 경우의 2배

68 다른 두 물체가 접촉할 때 접촉 전위차가 발생하는 원인으로 옳은 것은?

① 두 물체의 온도 차
② 두 물체의 습도 차
③ 두 물체의 밀도 차
④ 두 물체의 일함수 차

해설

일함수 에너지의 힘 : 두 물체의 일함수 차

참고 산업안전기사 필기 p.4-32(합격날개 : 용어정의)

69 방폭전기설비의 용기내부에서 폭발성가스 또는 증기가 폭발하였을 때 용기가 그 압력에 견디고 접합면이나 개구부를 통해서 외부의 폭발성가스나 증기에 인화되지 않도록 한 방폭구조는?

① 내압 방폭구조 ② 압력 방폭구조
③ 유입 방폭구조 ④ 본질안전 방폭구조

[정답] 66 ④ 67 ① 68 ④ 69 ①

PART 03

해설

방폭구조의 기호

① 내압 방폭구조 : 내부압력, 기호 Ex d
② 압력 방폭구조 : 외부압력, 기호 Ex p
③ 유입 방폭구조 : 기름으로 보호. 기호 Ex o
④ 본질안전 방폭구조 : Intrinsically Safe, Ex i

참고 산업안전기사 필기 p.4-53(1. 내압방폭구조)

KEY 2020년 6월 7일 기사 등 10번 이상 출제

70 불활성화할 수 없는 탱크, 탱크롤리 등에 위험물을 주입하는 배관은 정전기 재해방지를 위하여 배관 내 액체의 유속제한을 한다. 배관 내 유속제한에 대한 설명으로 틀린 것은?

① 물이나 기체를 혼합하는 비수용성 위험물의 배관 내 유속은 1[m/s] 이하로 할 것
② 저항률이 10^{10}[Ω·cm] 미만의 도전성 위험물의 배관 내 유속은 7[m/s] 이하로 할 것
③ 저항률이 10^{10}[Ω·cm] 이상인 위험물의 배관 내 유속은 관내경이 0.05[m] 이면 3.5[m/s] 이하로 할 것
④ 이황화탄소 등과 같이 유동대전이 심하고 폭발 위험성이 높은 것은 배관 내 유속을 3[m/s] 이하로 할 것

해설

이황화탄소 등과 같이 유동대전이 심하고 폭발 위험성이 높은 것은 배관 내 유속을 1[m/s] 이하로 할 것

참고 산업안전기사 필기 p.4-38(2. 배관내 액체의 유속제한)

KEY 2016년 8월 21일 기사 출제

71 고압 및 특고압 전로에 시설하는 피뢰기의 설치장소로 잘못된 곳은?

① 가공전선로와 지중전선로가 접속되는 곳
② 발전소, 변전소의 가공전선 인입구 및 인출구
③ 고압 가공전선로에 접속하는 배전용 변압기의 저압측
④ 고압 가공전선로로부터 공급을 받는 수용장소의 인입구

해설

피뢰기 설치 장소

고압 가공전선로에 접속하는 배전용 변압기의 고압측 및 특고압측에 설치

참고 산업안전기사 필기 p.4-53(2. 피뢰기 설비)

KEY ① 2016년 5월 8일 기사 출제
② 2017년 3월 5일 기사 출제

72 속류를 차단할 수 있는 최고의 교류전압을 피뢰기의 정격전압이라고 하는데 이 값은 통상적으로 어떤 값으로 나타내고 있는가?

① 최댓값 ② 평균값
③ 실효값 ④ 파고값

해설

실효값(RMS value : 實效)

① 실제로 효과 : 우리나라 – 실효값
② RMS(Root Mean Square) : 외국

참고 산업안전기사 필기 p.4-57(1. 피뢰기의 성능)

KEY ① 2016년 8월 21일 기사 출제
② 2018년 8월 19일 기사 출제
③ 2019년 8월 4일 기사 출제

73 감전 등의 재해를 예방하기 위하여 특고압용 기계·기구 주위에 관계자 외 출입을 금하도록 울타리를 설치할 때, 울타리의 높이와 울타리로부터 충전부분까지의 거리의 합이 최소 몇 [m] 이상이 되어야 하는가?(단, 사용전압이 35[kV] 이하인 특고압용 기계기구이다.)

① 5[m] ② 6[m]
③ 7[m] ④ 9[m]

[정답] 70 ④ 71 ③ 72 ③ 73 ①

해설

특별고압 가공전선

① 35[kV] 이하 : 지표상 5[m]
　㉮ 철도를 횡단하는 경우 : 궤도면상 5.5[m]
　㉯ 횡단보도교 위의 케이블인 경우 : 노면상 4[m]
② 160[kV] 이하 : 지표상 6[m](단, 산지 등에 설치시 : 지표상 5[m])
③ 160[kV] 초과 : 지표상 6[m](단, 산지 5[m]에 10[kV] 증가시마다 0.12[m]를 더한 값)

참고 산업안전기사 필기 p.4-59(2. 특별고압가공전선)

74 산업안전보건기준에 관한 규칙 제319조에 의한 정전전로에서의 정전 작업을 마친 후 전원을 공급하는 경우에 사업주가 작업에 종사하는 근로자 및 전기기기와 접촉할 우려가 있는 근로자에게 감전의 위험이 없도록 준수해야할 사항이 아닌 것은?

① 단락 접지기구 및 작업기구를 제거하고 전기기기 등이 안전하게 통전될 수 있는지 확인한다.
② 모든 작업자가 작업이 완료된 전기기기에서 떨어져 있는지 확인한다.
③ 잠금장치와 꼬리표를 근로자가 직접 설치한다.
④ 모든 이상 유무를 확인한 후 전기기기 등의 전원을 투입한다.

해설

잠금장치와 꼬리표를 근로자가 직접 철거한다.

참고 산업안전기사 필기 p.4-77(3. 작업종료시)

합격정보

산업안전보건기준에 관한 규칙

제319조(정전전로에서의 전기작업)

③ 사업주는 제1항 각 호 외의 부분 본문에 따른 작업 중 또는 작업을 마친 후 전원을 공급하는 경우에는 작업에 종사하는 근로자 또는 그 인근에서 작업하거나 정전된 전기기기등(고정 설치된 것으로 한정한다)과 접촉할 우려가 있는 근로자에게 감전의 위험이 없도록 다음 각 호의 사항을 준수하여야 한다.

1. 작업기구, 단락 접지기구 등을 제거하고 전기기기등이 안전하게 통전될 수 있는지를 확인할 것
2. 모든 작업자가 작업이 완료된 전기기기등에서 떨어져 있는지를 확인할 것
3. 잠금장치와 꼬리표는 설치한 근로자가 직접 철거할 것
4. 모든 이상 유무를 확인한 후 전기기기등의 전원을 투입할 것

75 한국전기설비규정에 따라 과전류차단기로 저압전로에 사용하는 범용 퓨즈(gG)의 용단전류는 정격전류의 몇 배인가?(단, 정격전류가 4[A] 이하인 경우이다.)

① 1.5배　　② 1.6배
③ 1.9배　　④ 2.1배

해설

범용퓨즈(gG)의 용단전류는 정격전류 : 2.1배

참고 산업안전기사 필기 p.4-3(1. 퓨즈의 재료)

76 정전기가 대전된 물체를 제전시키려고 한다. 다음 중 대전된 물체의 절연저항이 증가되어 제전의 효과를 감소시키는 것은?

① 접지한다.
② 건조시킨다.
③ 도전성 재료를 첨가한다.
④ 주위를 가습한다.

해설

정전기 방지대책

발생 및 대전	접지
	정전화, 정전작업복 착용
	유속제한, 정치시간 확보
	대전방지제 사용
	가습
	제전기 사용
	제조장치 및 탱크의 불활성화
전격	대전억제
	대전전하의 신속한 누설
화재 및 폭발	환기에 의한 위험물질의 제거
	집진에 의한 분진의 제거

참고 산업안전기사 필기 p.4-36(그림 : 정전기 방지대책)

KEY ① 2016년 5월 8일 기사 출제
② 2016년 8월 21일 기사 출제
③ 2017년 5월 7일 산업기사 출제
④ 2018년 3월 4일 산업기사 출제
⑤ 2018년 8월 19일 산업기사 출제
⑥ 2019년 3월 3일 산업기사 출제
⑦ 2019년 8월 4일 기사 출제

[정답] 74 ③ 75 ④ 76 ②

PART 03

77 변압기의 최소 IP 등급은?(단, 유입 방폭구조의 변압기이다.)

① IP55 ② IP56
③ IP65 ④ IP66

해설

유입방폭구조(KSC IEC 60079-6)

① 변압기 최소 IP : IP66
② 방폭구조(기호) : O

참고 산업안전기사 필기 p.4-54(② 유입방폭구조)

KEY 2020년 9월 27일(문제 72번)

합격정보

유입방폭구조인 전기기기의 성능기준 제21조

78 절연물의 절연계급을 최고허용온도가 낮은 온도에서 높은 온도 순으로 배치한 것은?

① Y종 → A종 → E종 → B종
② A종 → B종 → E종 → Y종
③ Y종 → E종 → B종 → A종
④ B종 → Y종 → A종 → E종

해설

절연물의 내열구분

종별	허용 최고 온도[℃]	절연물의 종류
Y종	90	유리화수지, 메타크릴수지, 폴리에틸렌, 폴리염화비닐, 폴리스티렌
A종	105	폴리에스테르수지, 셀룰로오스 유도체, 폴리아미드, 폴리비닐포르말
E종	120	멜라민수지, 페놀수지의 유기질, 폴리에스테르수지
B종	130	무기질기재의 각종 성형 적층물
F종	155	에폭시수지, 폴리우레탄수지, 변성실리콘수지
H종	180	유리, 실리콘, 고무
C종	180 이상	실리콘, 플루오르화에틸렌

참고 산업안전기사 필기 p.4-74(표 : 절연물의 내열구분)

KEY 2020년 6월 7일 기사 출제

79 가스그룹이 IIB인 지역에 내압방폭구조 "d"의 방폭기기가 설치되어 있다 . 기기의 플랜지 개구부에서 장애물까지의 최소 거리[mm]는?

① 10 ② 20
③ 30 ④ 40

해설

안전간격과 폭발등급

① 화염일주 한계에서 말하는 틈을 안전간격이라 하며 안전간격이 작은 가스일수록 폭발하기 쉬운 위험한 가스로 취급된다.
② 폭 10[mm], 길이(거리) 30[mm], 틈새길이 25[mm]

보충학습

"최대실험안전틈새, MESG(Maximum experimental safe gap, MESG)" 이란 IEC 60079-1-1에서 규정한 조건에 따라 시험을 10회 실시했을 때 화염이 전파되지 않고, 접합면의 길이가 25[mm]인 접합의 최대틈새를 말한다.

참고 산업안전기사 필기 p.4-53(합격날개 : 합격예측)

KEY ① 2016년 8월 21일 기사 출제
② 2018년 8월 19일 기사 출제

80 극간 정전용량이 1,000[pF]이고, 착화에너지가 0.019 [mJ]인 가스에서 폭발한계 전압[V]은 약 얼마인가? (단, 소수점 이하는 반올림 한다.)

① 3,900 ② 1,950
③ 390 ④ 195

해설

최소착화 에너지(E)

① $E=\frac{1}{2}CV^2$

② $V=\sqrt{\frac{2E}{C}}=\sqrt{\frac{2\times0.019\times10^{-3}}{1000\times10^{-12}}}=195[V]$

보충학습

① $[mJ]=10^{-3}[J]$
② $[pF]=10^{-12}[F]$

참고 산업안전기사 필기 p.4-33(6. 정전기 에너지)

KEY ① 2016년 8월 21일 기사 (문제 76번) 출제
② 2020년 9월 27일 등 20번 이상 출제
③ 2021년 3월 7일 기사 (문제 98번) 출제

[정답] 77 ④ 78 ① 79 ③ 80 ④

5 화학설비 안전관리

81 산업안전보건법령상 대상 설비에 설치된 안전밸브에 대해서는 경우에 따라 구분된 검사주기마다 안전밸브가 적정하게 작동하는지 검사하여야 한다. 화학공정 유체와 안전밸브의 디스크 또는 시트가 직접 접촉될 수 있도록 설치된 경우의 검사주기로 옳은 것은?

① 매년 1회 이상 ② 2년마다 1회 이상
③ 3년마다 1회 이상 ④ 4년마다 1회 이상

해설

제261조(안전밸브 등의 설치)

설치된 안전밸브에 대해서는 다음 각 호의 구분에 따른 검사주기마다 국가교정기관에서 교정을 받은 압력계를 이용하여 설정압력에서 안전밸브가 적정하게 작동하는지를 검사한 후 납으로 봉인하여 사용하여야 한다. 다만, 공기나 질소취급용기 등에 설치된 안전밸브 중 안전밸브 자체에 부착된 레버 또는 고리를 통하여 수시로 안전밸브가 적정하게 작동하는지를 확인할 수 있는 경우에는 검사하지 아니할 수 있고 납으로 봉인하지 아니할 수 있다.

① 화학공정 유체와 안전밸브의 디스크 또는 시트가 직접 접촉될 수 있도록 설치된 경우 : 매년 1회 이상
② 안전밸브 전단에 파열판이 설치된 경우 : 2년마다 1회 이상
③ 공정안전보고서 제출 대상으로서 고용노동부장관이 실시하는 공정안전보고서 이행상태 평가결과가 우수한 사업장의 안전밸브의 경우 : 4년마다 1회 이상

참고 산업안전기사 필기 p.5-6(합격날개 : 합격예측 및 관련법규)

합격정보
산업안전보건기준에 관한 규칙

82 위험물안전관리법령상 제1류 위험물에 해당하는 것은?

① 과염소산나트륨 ② 과염소산
③ 과산화수소 ④ 과산화벤조일

해설

위험물의 분류

① 제1류(산화성 고체) : 아염소산, 염소산, 과염소산나트륨, 무기과산화물, 삼산화크롬, 브롬산염류, 요오드산염류, 과망간산염류, 중크롬산염류
② 제2류(가연성 고체) : 황화인, 적린, 유황, 철분, Mg, 금속분류, 인화성 고체
③ 제3류(자연발화성 및 금수성 물질) : K, Na, 알킬Al, 알킬Li, 황린, 칼슘 또는 Al의 탄화물류 등
④ 제4류(인화성 액체) : 특수인화물류, 동식물류, 알코올류, 제1석유류~제4석유류
⑤ 제5류(자기반응성 물질) : 유기산화물류, 질산에스테르류(니트로셀룰로오스, 질산에틸, 니트로글리세린), 셀룰로이드류, 니트로화합물, 아조화합물류, 디아조화합물류, 히드라진 유도체류
⑥ 제6류(산화성 액체) : 과염소산, 과산화수소, 질산

참고 산업안전기사 필기 p.5-66(문제 27번) 적중

KEY
① 2017년 5월 7일 기사 출제
② 2018년 4월 25일 기사 출제
③ 2018년 8월 19일 기사 출제

합격자의 조언
① 매 시험마다 위험물에서 1문제가 출제되고 있음
② 산업안전기사를 합격하여 소방설비기사, 위험물, 자격취득도 한걸음 다가선 것이라 할 수 있음

PART 03

83 산업안전보건법령상 다음 내용에 해당하는 폭발위험장소는?

> 20종 장소 밖으로서 분진운 형태의 가연성 분진이 폭발농도를 형성할 정도의 충분한 양이 정상작동 중에 존재할 수 있는 장소를 말한다.

① 21종 장소 ② 22종 장소
③ 0종 장소 ④ 1종 장소

해설

분진폭발위험장소

구분	적요
20종 장소	분진운 형태의 가연성 분진이 폭발농도를 형성할 정도로 충분한 양이 정상작동 중에 연속적으로 또는 자주 존재하거나, 제어할 수 없을 정도의 양 및 두께의 분진층이 형성될 수 있는 장소
21종 장소	20종 장소 외의 장소로서, 분진운 형태의 가연성 분진이 폭발농도를 형성할 정도의 충분한 양이 정상작동 중에 존재할 수 있는 장소
22종 장소	21종 장소 외의 장소로서, 가연성 분진운 형태가 드물게 발생 또는 단기간 존재할 우려가 있거나, 이상작동 상태 하에서 가연성 분진층이 형성될 수 있는 장소

참고 산업안전기사 필기 p.5-58(표 : 폭발위험장소의 분류)

[정답] 81 ① 82 ① 83 ①

KEY ① 2016년 3월 6일 산업기사 출제
② 2018년 3월 4일 기사, 산업기사 출제
③ 2018년 8월 19일 산업기사 출제

84 다음 중 질식소화에 해당하는 것은?

① 가연성 기체의 분출화재시 주 밸브를 닫는다.
② 가연성 기체의 연쇄반응을 차단하여 소화한다.
③ 연료 탱크를 냉각하여 가연성 가스의 발생속도를 작게 한다.
④ 연소하고 있는 가연물이 존재하는 장소를 기계적으로 폐쇄하여 공기의 공급을 차단한다.

해설

소화구분

① : 제거소화
② : 억제소화
③ : 냉각소화

참고 산업안전기사 필기 p.5-12(2. 소화의 종류)

KEY ① 2016년 3월 6일 산업기사 출제
② 2017년 3월 5일 기사 출제

85 포스겐가스 누설검지의 시험지로 사용되는 것은?

① 연당지 ② 염화팔라듐지
③ 하리슨시험지 ④ 초산구리벤젠지

해설

각종 가스의 누설검지 시험지 및 변색상태

종 류	시 험 지	색깔의 변색상태
암모니아(NH_3)	붉은리트머스 시험지	갈색
염소(Cl_2)	KI전분지(요오드화칼륨 녹말종이)	청색
포스겐($COCl_2$)	하리슨시약(시험지)	오렌지색
아세틸렌(C_2H_2)	염화제2구리 착염지	적색
일산화탄소(CO)	염화팔라듐지	검은색
황화수소(H_2S)	연당지(초산납 시험지)	검은색
시안화수소(HCN)	질산구리벤젠지(초산구리벤젠지)	청색
아황산가스(SO_2)	암모니아에 적신 헝겊	흰 연기
프로판(C_3H_8)	비눗물	기포발생

참고 산업안전기사 필기 p.5-63(문제 12번) 적중

KEY 2021년 3월 7일 기사 출제

86 공기 중 아세톤의 농도가 20[ppm](TLV 500 ppm), 메틸에틸케톤(MEK)의 농도가 100[ppm](TLV 200ppm)일 때 혼합물질의 허용농도[ppm]는?(단, 두 물질은 서로 상가작용을 하는 것으로 가정한다.)

① 150 ② 200
③ 270 ④ 222

해설

허용농도

① 노출지수(EI)=20/500+100/200=0.54
②보정된 허용농도=혼합물의 공기 중 농도/노출지수
=(20+100)/(20/500+100/200)=222[ppm]
③ 1을 초과하지 않으므로 허용기준 이내

$\therefore$허용농도$=\frac{120}{0.54}=222.22$[ppm]

참고 산업안전기사 필기 p.5-41(2. 유해물질의 허용농도)

KEY ① 2016년 8월 21일 산업기사 출제
② 2018년 3월 4일 산업기사 출제
③ 2019년 3월 3일 기사 출제

보충학습

상가 작용(相加作用 : additive action, additive Wirkung)

두 종류 이상의 약물을 병용했을 때, 약물의 효력이 따로따로 투여한 경우의 합으로 나타나는 경우를 말한다.(출처 : 화학대사전, 세화)

87 Li과 Na에 관한 설명으로 틀린 것은?

① 두 금속 모두 실온에서 자연발화의 위험성이 있으므로 알코올 속에 저장해야 한다.
② 두 금속은 물과 반응하여 수소기체를 발생한다.
③ Li은 비중 값이 물보다 작다.
④ Na는 은백색의 무른 금속이다.

[정답] 84 ④ 85 ③ 86 ④ 87 ①

해설

Li과 Na의 저장법

① 나트륨 : 3류 금수성
② $2Na+2H_2O \rightarrow 2NaOH+H_2$(수소)
③ 석유 속에 저장

참고 산업안전기사 필기 p.5-37(9. 발화성 물질의 저장법)

KEY ① 2016년 3월 6일 산업기사 출제
② 2016년 8월 21일 기사, 산업기사 출제
③ 2018년 3월 4일 기사 출제
④ 2018년 8월 19일 산업기사 출제
⑤ 2019년 3월 3일 기사 출제

88 분진폭발의 특징에 관한 설명으로 옳은 것은?

① 가스폭발보다 발생에너지가 작다.
② 폭발압력과 연소속도는 가스폭발보다 크다.
③ 입자의 크기, 부유성 등이 분진폭발에 영향을 준다.
④ 불완전연소로 인한 가스중독의 위험성은 작다.

해설

분진폭발의 특성

① 가스폭발보다 발생에너지가 크다.
② 폭발압력과 연소속도는 가스폭발보다 작다.
③ 불완전연소로 인한 가스중독의 위험성은 크다.

참고 산업안전기사 필기 p.5-9(표 : 증기폭발, 분진폭발, 분해폭발)

KEY ① 2016년 5월 8일 기사 출제
② 2017년 8월 26일 기사 출제
③ 2018년 3월 4일 산업기사 출제
④ 2018년 8월 19일 기사 출제
⑤ 2021년 3월 7일(문제 99번)

89 다음 중 누설 발화형 폭발재해의 예방 대책으로 가장 거리가 먼 것은?

① 발화원 관리
② 밸브의 오동작 방지
③ 가연성 가스의 연소
④ 누설물질의 검지 경보

해설

국한대책

① 가연성 물질의 집적(集積)방지
② 건물 및 설비의 불연성화(不燃性化)
③ 일정한 공지의 확보
④ 방화벽 및 문, 방유제, 방액제 등의 정비
⑤ 위험물 시설 등의 지하 매설

참고 ① 산업안전기사 필기 p.5-18(2. 화재가 확대되지 않도록 국한대책)
② 산업안전기사 필기 p.5-21(문제 4번 적중)

보충학습

폭발재해 형태

① 열이동형 : 수증기폭발, 저비점 액체가 고열물과 접촉
② 평형파탄형 : 액체가 들어있는 고압용기의 파손, 비등, 폭발
③ 반응폭주형 : 화학공장 용기 폭발
④ 자연발화형 : 3류 위험물
⑤ 누설착화형 : UVCE(LPG 저장탱크)
⑥ 착화파괴형 : VCE(경질유 저장탱크)

90 다음 중 폭발한계[vol%]의 범위가 가장 넓은 것은?

① 메탄 ② 부탄
③ 톨루엔 ④ 아세틸렌

해설

혼합가스의 폭발범위

가연성 가스	하한계[%]	상한계[%]
아세틸렌(C_2H_2)	2.5	81
산화에틸렌(C_2H_4O)	3	80
수소(H_2)	4	75
일산화탄소(CO)	12.5	75
프로판(C_3H_8)	2.1	9.5
에탄(C_2H_6)	3	12.5
메탄(CH_4)	5	15
부탄(C_4H_{10})	1.8	8.4

참고 산업안전기사 필기 p.5-10(표 : 혼합가스의 폭굉 범위)

KEY ① 2017년 3월 5일 산업기사 출제
② 2017년 8월 26일 기사 출제

[정답] 88 ③ 89 ③ 90 ④

91 **다음 중 관의 지름을 변경하고자 할 때 필요한 관 부속품은?**

① elbow ② reducer
③ plug ④ valve

해설

reducer(축소관) : 관을 줄이는 것

참고 산업안전기사 필기 p.5-58(합격날개 : 합격예측)

KEY 2020년 9월 27일 기사 등 10번 이상 출제

92 **안전밸브 전단·후단에 자물쇠형 또는 이에 준하는 형식의 차단밸브 설치를 할 수 있는 경우에 해당하지 않는 것은?**

① 자동압력조절밸브와 안전밸브 등이 직렬로 연결된 경우
② 화학설비 및 그 부속설비에 안전밸브 등이 복수방식으로 설치되어 있는 경우
③ 열팽창에 의하여 상승된 압력을 낮추기 위한 목적으로 안전밸브가 설치된 경우
④ 인접한 화학설비 및 그 부속설비에 안전밸브 등이 각각 설치되어 있고, 해당 화학설비 및 그 부속설비의 연결배관에 차단밸브가 없는 경우

해설

자동압력조절밸브와 안전밸브 등은 직렬로 보호

참고 산업안전기사 필기 p.5-6(합격날개 : 합격예측 및 관련 법규)

KEY ① 2016년 5월 8일 산업기사 출제
② 2017년 8월 26일 기사 출제
③ 2018년 8월 19일 기사 출제

합격정보
산업안전보건기준에 관한 규칙 제266조(차단밸브의 설치금지)

93 **산업안전보건기준에 관한 규칙에 정한 위험물질의 종류에서 "물반응성 물질 및 인화성 고체"에 해당하는 것은?**

① 질산에스테르류 ② 니트로화합물
③ 칼륨·나트륨 ④ 니트로소화합물

해설

물반응성 물질
① 나트륨 : 3류 금수성(물반응성 물질)
② $2Na + 2H_2O \rightarrow 2NaOH + H_2$(수소)

참고 산업안전기사 필기 p.5-35(2. 물반응성 물질 및 인화성 고체)

KEY 2016년 5월 8일 기사 출제

합격정보
산업안전보건기준에 관한 규칙 [별표 1] 위험물질의 종류

94 **다음 중 인화점에 관한 설명으로 옳은 것은?**

① 액체의 표면에서 발생한 증기농도가 공기중에서 연소하한 농도가 될 수 있는 가장 높은 액체온도
② 액체의 표면에서 발생한 증기농도가 공기중에서 연소상한 농도가 될 수 있는 가장 낮은 액체온도
③ 액체의 표면에서 발생한 증기농도가 공기중에서 연소하한 농도가 될 수 있는 가장 낮은 액체온도
④ 액체의 표면에서 발생한 증기농도가 공기중에서 연소상한 농도가 될 수 있는 가장 높은 액체온도

해설

인화점(flash point)
액체의 표면에서 발생한 증기농도가 공기 중에서 연소하한 농도가 될 수 있는 가장 낮은 액체온도

참고 ① 산업안전기사 필기 p.5-39(합격날개 : 합격예측)
② 산업안전기사 필기 p.5-25(문제 18번 해설)

KEY 2018년 3월 4일 산업기사 출제

[정답] 91 ② 92 ① 93 ③ 94 ③

95 **수분을 함유하는 에탄올에서 순수한 에탄올을 얻기 위해 벤젠과 같은 물질을 첨가하여 수분을 제거하는 증류 방법은?**

① 공비증류 ② 추출증류
③ 가압증류 ④ 감압증류

해설

공비(共沸)증류

벤젠과 같은 물질을 첨가하여 수분을 제거하는 증류 방법

참고 산업안전기사 필기 p.5-50(1. 증류)

96 **위험물을 산업안전보건법령에서 정한 기준량 이상으로 제조하거나 취급하는 설비로서 특수화학설비에 해당되는 것은?**

① 가열시켜 주는 물질의 온도가 가열되는 위험물질의 분해온도보다 높은 상태에서 운전되는 설비
② 상온에서 게이지 압력으로 200[kPa]의 압력으로 운전되는 설비
③ 대기압 하에서 300[℃]로 운전되는 설비
④ 흡열반응이 행하여지는 반응설비

해설

특수화학설비의 종류

사업주는 별표 9에 따른 위험물을 같은 표에서 정한 기준량 이상으로 제조하거나 취급하는 다음 각 호의 어느 하나에 해당하는 화학설비(이하 "특수화학설비"라 한다)를 설치하는 경우에는 내부의 이상 상태를 조기에 파악하기 위하여 필요한 온도계 · 유량계 · 압력계 등의 계측장치를 설치하여야 한다.

① 발열반응이 일어나는 반응장치
② 증류 · 정류 · 증발 · 추출 등 분리를 하는 장치
③ 가열시켜 주는 물질의 온도가 가열되는 위험물질의 분해온도 또는 발화점보다 높은 상태에서 운전되는 설비
④ 반응폭주 등 이상 화학반응에 의하여 위험물질이 발생할 우려가 있는 설비
⑤ 온도가 섭씨 350도 이상이거나 게이지 압력이 980킬로파스칼 이상인 상태에서 운전되는 설비
⑥ 가열로 또는 가열기

참고 산업안전기사 필기 p.5-17(합격날개 : 합격예측 및 관련법규)

KEY ① 2017년 8월 28일 산업기사 출제
② 2018년 3월 4일 기사, 산업기사 출제
③ 2018년 4월 28일 기사 출제

합격정보
산업안전보건기준에 관한 규칙 제273조(계측장치 등의 설치)

97 **공기 중에서 A물질의 폭발하한계가 4[vol%], 상한계가 75[vol%] 라면 이 물질의 위험도는?**

① 16.75 ② 17.75
③ 18.75 ④ 19.75

해설

위험도 계산

$$H=\frac{\text{폭발상한계}-\text{폭발하한계}}{\text{폭발하한계}}=\frac{75-4}{4}=17.75$$

참고 산업안전기사 필기 p.5-70(문제 5번) 적중

KEY ① 2020년 6월 7일 기사 출제
② 2020년 6월 14일 산업기사 출제

98 **다음 중 최소발화에너지(E[J])를 구하는 식으로 옳은 것은?(단, I는 전류[A], R은 저항[Ω], V는 전압[V], C는 콘덴서용량[F], T는 시간[초]이라 한다.)**

① $E=IRT$ ② $E=0.24I^2\sqrt{R}$
③ $E=\frac{1}{2}CV^2$ ④ $E=\frac{1}{2}\sqrt{C^2V}$

해설

최소 발화(정전기)에너지

① 정전용량C[F]인 물체에 전압 V[V]가 가해져서 Q[C]의 전하가 축적되어 있을 때 에너지는 $W=\frac{1}{2}QV=\frac{1}{2}CV^2=\frac{1}{2}\ \frac{Q^2}{C}$[J]이 된다.

② 유도된 전압$=\frac{C_1}{C_1+C_2}E$

W : 정전기 에너지[J]
C : 도체의 정전용량[F]
V : 대전전위(유도된 전압)[V]
Q : 대전전하량[C]

참고 ① 산업안전기사 필기 p.4-33(6. 정전기 에너지)
② 산업안전기사 필기 p.4-34(합격날개 : 은행문제)

[정답] 95 ① 96 ① 97 ② 98 ③

KEY ① 2016년 5월 8일 산업기사 출제
② 2016년 8월 21일 기사 출제
③ 2017년 3월 5일 기사, 산업기사 출제
④ 2017년 5월 7일 산업기사 출제
⑤ 2018년 3월 4일 기사 출제
⑥ 2019년 8월 4일 기사 출제
⑦ 2020년 6월 7일 기사 출제
⑧ 2020년 8월 22일 기사 출제
⑨ 2020년 8월 23일 산업기사 출제
⑩ 2020년 9월 27일 기사 출제

99 다음 중 분진이 발화 폭발하기 위한 조건으로 거리가 먼 것은?

① 불연성질 ② 미분상태
③ 점화원의 존재 ④ 산소 공급

해설

분진폭발의 특성

① 입자들이 어떤 최소 크기 이하여야 한다.
② 부유된 입자의 농도가 어떤 한계 사이에 있어야 한다.
③ 부유된 분진은 거의 균일하여야 한다.

참고 산업안전기사 필기 p.5-8(합격날개 : 합격예측)

KEY ① 2019년 8월 4일 산업기사 출제
② 2019년 4월 27일 기사 출제
③ 2021년 3월 7일 (문제 88번) 출제

보충학습

불연성질 : 불연은 불이 안 붙는것

100 압축하면 폭발할 위험성이 높아 아세톤 등에 용해시켜 다공성 물질과 함께 저장하는 물질은?

① 염소 ② 아세틸렌
③ 에탄 ④ 수소

해설

아세틸렌 용기에 충전할 때 다공성 물질의 종류

① 다공성플라스틱 ② 규조토
③ 석회 ④ 목탄
⑤ 산화철 ⑥ 탄산마그네슘
⑦ 석면 ⑧ 아세톤

참고 산업안전기사 필기 p.5-43(합격날개 : 은행문제)

6 건설공사 안전관리

101 거푸집 및 동바리 등을 조립하는 경우에 준수하여야 하는 기준으로 옳지 않은 것은?

① 동바리로 사용하는 파이프 서포트를 이어서 사용하는 경우에는 3개 이상의 볼트 또는 전용철물을 사용하여 이을 것
② 동바리로 사용하는 강관은 높이 2[m] 이내마다 수평연결재를 2개 방향으로 만들것
③ 깔목의 사용, 콘크리트 타설, 말뚝박기 등 동바리의 침하를 방지하기 위한 조치를 할 것
④ 동바리로 사용하는 파이프 서포트를 3개 이상 이어서 사용하지 않도록 할 것

해설

파이프 서포트 안전기준

① 파이프 서포트를 3개 이상 이어서 사용하지 않도록 할 것
② 파이프 서포트를 이어서 사용하는 경우에는 4개 이상의 볼트 또는 전용철물을 사용하여 이을 것

참고 산업안전기사 필기 p.6-88(합격날개 : 합격예측 및 관련법규)

합격정보

산업안전보건기준에 관한 규칙 제332조의 2(동바리 유형에 따른 동바리 조립시의 안전조치)

102 사면 보호 공법 중 구조물에 의한 보호공법에 해당되지 않는 것은?

① 블럭공
② 식생구멍공
③ 돌쌓기공
④ 현장타설 콘크리트 격자공

해설

식생구멍공

식생(植生)은 구조물이 아닌 나무

KEY 함정이 있습니다. : 구조물

[정답] 99 ① 100 ② 101 ① 102 ②

103 산업안전보건법령에서 규정하는 철골작업을 중지하여야 하는 기후조건에 해당하지 않는 것은?

① 풍속이 초당 10[m] 이상인 경우
② 강우량이 시간당 1[mm] 이상인 경우
③ 강설량이 시간당 1[cm] 이상인 경우
④ 기온이 영하 5[℃] 이하인 경우

해설

철골작업을 중지하여야 하는 기후조건

① 풍속이 초당 10[m] 이상인 경우
② 강우량이 시간당 1[mm] 이상인 경우
③ 강설량이 시간당 1[cm] 이상인 경우

참고 산업안전기사 필기 p.6-147(표 : 악천후 시 작업중지 기준)

합격정보

산업안전보건기준에 관한 규칙 제383조(작업의 제한)

104 강관을 사용하여 비계를 구성하는 경우 준수하여야 할 기준으로 옳지 않은 것은?

① 비계기둥의 간격은 띠장 방향에서는 1.85[m] 이하, 장선(長線) 방향에서는 1.5[m] 이하로 할 것
② 띠장 간격은 2.0[m] 이하로 할 것
③ 비계기둥의 제일 윗부분으로부터 31[m] 되는 지점 밑부분의 비계기둥은 3개의 강관으로 묶어 세울 것
④ 비계기둥 간의 적재하중은 400[kg]을 초과하지 않도록 할 것

해설

강관비계의 구조

① 비계기둥의 간격은 띠장 방향에서는 1.85미터 이하, 장선(長線) 방향에서는 1.5미터 이하로 할 것. 다만, 선박 및 보트 건조작업의 경우 안전성에 대한 구조검토를 실시하고 조립도를 작성하면 띠장 방향 및 장선 방향으로 각각 2.7미터 이하로 할 수 있다.
② 띠장 간격은 2.0미터 이하로 할 것. 다만, 작업의 성질상 이를 준수하기가 곤란하여 쌍기둥틀 등에 의하여 해당 부분을 보강한 경우에는 그러하지 아니하다.
③ 비계기둥의 제일 윗부분으로부터 31미터되는 지점 밑부분의 비계기둥은 2개의 강관으로 묶어 세울 것. 다만, 브라켓(bracket, 까치발) 등으로 보강하여 2개의 강관으로 묶을 경우 이상의 강도가 유지되는 경우에는 그러하지 아니하다.
④ 비계기둥 간의 적재하중은 400킬로그램을 초과하지 않도록 할 것

참고 산업안전기사 필기 p.6-99(합격날개 : 합격예측 및 관련 법규)

합격정보

산업안전보건기준에 관한 규칙 제60조(강관비계의 구조)

105 다음 중 지하수위 측정에 사용되는 계측기는?

① Load Cell
② Inclinometer
③ Extension meter
④ Piezo meter

해설

지하수위 측정에 사용되는 계측기

종류	용도
건물 경사계 (tilt meter)	지상 인접구조물의 기울기를 측정하는 기기
지표면 침하계 (level and staff)	주위 지반에 대한 지표면의 침하량을 측정하는 기기
지중 경사계 (inclinometer)	지중수평변위를 측정하여 흙막이의 기울어진 정도를 파악하는 기기
지중 침하계 (extension meter)	지중수직변위를 측정하여 지반의 침하 정도를 파악하는 기기
변형계 (strain gauge)	흙막이 버팀대의 변형 정도를 파악하는 기기
하중계 (load cell)	흙막이 버팀대에 작용하는 토압, 어스 앵커의 인장력 등을 측정하는 기기
토압계 (earth pressure meter)	흙막이에 작용하는 토압의 변화를 파악하는 기기
간극 수압계 (piezo meter)	굴착으로 인한 지하의 간극수압을 측정하는 기기
지하수위계 (water level meter)	지하수의 수위변화를 측정하는 기기

참고 산업안전기사 필기 p.6-118([표] 계측장치의 종류 및 설치 목적)

KEY ▶ 2021년 3월 7일 (문제 66번) 출제

[정답] 103 ④ 104 ③ 105 모두 답

106 **터널 지보공을 조립하거나 변경하는 경우에 조치하여야 하는 사항으로 옳지 않은 것은?**

① 목재의 터널 지보공은 그 터널 지보공의 각 부재에 작용하는 긴압 정도를 체크하여 그 정도가 최대한 차이나도록 할 것
② 강(鋼)아치 지보공의 조립은 연결볼트 및 띠장 등을 사용하여 주재 상호간을 튼튼하게 연결할 것
③ 기둥에는 침하를 방지하기 위하여 받침목을 사용하는 등의 조치를 할 것
④ 주재(主材)를 구성하는 1세트의 부재는 동일 평면 내에 배치할 것

해설

목재의 터널 지보공은 그 터널 지보공의 각 부재에 작용하는 긴압 정도를 체크하여 그 정도 : 균등

합격정보

산업안전보건기준에 관한 규칙 제364조(조립 또는 변경시의 조치)

사업주는 터널 지보공을 조립하거나 변경하는 경우에는 다음 각 호의 사항을 조치하여야 한다.
① 주재(主材)를 구성하는 1세트의 부재는 동일 평면 내에 배치할 것
② 목재의 터널 지보공은 그 터널 지보공의 각 부재의 긴압 정도가 균등하게 되도록 할 것

107 **미리 작업장소의 지형 및 지반상태 등에 적합한 제한속도를 정하지 않아도 되는 차량계 건설기계의 속도 기준은?**

① 최대 제한 속도가 10[km/h] 이하
② 최대 제한 속도가 20[km/h] 이하
③ 최대 제한 속도가 30[km/h] 이하
④ 최대 제한 속도가 40[km/h] 이하

해설

산업안전보건기준에 관한 규칙 제98조(제한속도의 지정 등)

① 사업주는 차량계 하역운반기계, 차량계 건설기계(최대제한속도가 시속 10킬로미터 이하인 것은 제외한다)를 사용하여 작업을 하는 경우 미리 작업장소의 지형 및 지반 상태 등에 적합한 제한속도를 정하고, 운전자로 하여금 준수하도록 하여야 한다.
② 사업주는 궤도작업차량을 사용하는 작업, 입환기로 입환작업을 하는 경우에 작업에 적합한 제한속도를 정하고, 운전자로 하여금 준수하도록 하여야 한다.
③ 운전자는 제1항과 제2항에 따른 제한속도를 초과하여 운전해서는 아니 된다.

108 **차량계 건설기계를 사용하여 작업을 하는 경우 작업계획서 내용에 포함되지 않는 사항은?**

① 사용하는 차량계 건설기계의 종류 및 성능
② 차량계 건설기계의 운행경로
③ 차량계 건설기계에 의한 작업방법
④ 차량계 건설기계 사용 시 유도자 배치 위치

해설

차량계 건설기계를 사용하여 작업을 하는 경우 작업계획서 내용

① 사용하는 차량계 건설기계의 종류 및 성능
② 차량계 건설기계의 운행경로
③ 차량계 건설기계에 의한 작업방법

합격정보

산업안전보건기준에 관한 규칙(별표 [4] 사전조사 및 작업계획서 내용)

109 **이동식비계를 조립하여 작업을 하는 경우에 준수하여야 할 기준으로 옳지 않은 것은?**

① 승강용사다리는 견고하게 설치할 것
② 비계의 최상부에서 작업을 하는 경우에는 안전난간을 설치할 것
③ 작업발판의 최대적재하중은 400[kg]을 초과하지 않도록 할 것
④ 작업발판은 항상 수평을 유지하고 작업발판 위에서 안전난간을 딛고 작업을 하거나 받침대 또는 사다리를 사용하여 작업하지 않도록 할 것

[정답] 106 ① 107 ① 108 ④ 109 ③

해설

작업발판의 최대적재하중 : 250[kg]

합격정보

산업안전보건기준에 관한 규칙 제68조(이동식비계)

사업주는 이동식비계를 조립하여 작업을 하는 경우에는 다음 각 호의 사항을 준수하여야 한다.

① 이동식비계의 바퀴에는 뜻밖의 갑작스러운 이동 또는 전도를 방지하기 위하여 브레이크 · 쐐기 등으로 바퀴를 고정시킨 다음 비계의 일부를 견고한 시설물에 고정하거나 아웃트리거(outrigger, 전도방지용 지지대)를 설치하는 등 필요한 조치를 할 것
② 승강용사다리는 견고하게 설치할 것
③ 비계의 최상부에서 작업을 하는 경우에는 안전난간을 설치할 것
④ 작업발판은 항상 수평을 유지하고 작업발판 위에서 안전난간을 딛고 작업을 하거나 받침대 또는 사다리를 사용하여 작업하지 않도록 할 것
⑤ 작업발판의 최대적재하중은 250킬로그램을 초과하지 않도록 할 것

110 화물을 적재하는 경우의 준수사항으로 옳지 않은 것은?

① 침하 우려가 없는 튼튼한 기반 위에 적재할 것
② 건물의 칸막이나 벽 등이 화물의 압력에 견딜 만큼의 강도를 지니지 아니한 경우에는 칸막이나 벽에 기대어 적재하지 않도록 할 것
③ 불안정할 정도로 높이 쌓아 올리지 말 것
④ 하중을 한쪽으로 치우더라도 화물을 최대한 효율적으로 적재할 것

해설

한쪽으로 치우치지 않도록 적재할 것

합격정보

산업안전보건기준에 관한 규칙 제173조(화물적재시의 조치)

111 유해위험방지계획서를 고용노동부장관에게 제출하고 심사를 받아야 하는 대상 건설공사 기준으로 옳지 않은 것은?

① 최대 지간길이가 50[m] 이상인 다리의 건설 등 공사
② 지상높이 25[m] 이상인 건축물 또는 인공구조물의 건설 등 공사
③ 깊이 10[m] 이상인 굴착공사
④ 다목적댐, 발전용댐, 저수용량 2천만톤 이상의 용수 전용 댐 및 지방상수도 전용 댐의 건설 등 공사

해설

지상높이 31[m] 이상인 건축물 또는 인공구조물의 건설 등 공사

참고 산업안전기사 필기 p.6-20(3. 유해위험방지 계획서 제출 대상 건설공사)

합격정보

산업안전보건법 시행령 제42조(유해위험방지계획서 제출 대상)

112 가설통로를 설치하는 경우 준수하여야 할 기준으로 옳지 않은 것은?

① 경사는 30[°]이하로 할 것
② 경사가 15[°]를 초과하는 경우에는 미끄러지지 아니하는 구조로 할 것
③ 추락할 위험이 있는 장소에는 안전난간을 설치할 것
④ 수직갱에 가설된 통로의 길이가 15[m] 이상인 경우에는 7[m] 이내마다 계단참을 설치할 것

해설

수직갱에 가설된 통로의 길이가 15[m] 이상인 경우에는 10[m] 이내마다 계단참을 설치할 것

참고 산업안전기사 필기 p.6-17(합격날개 : 합격예측 및 관련 법규)

합격정보

산업안전보건기준에 관한 규칙 제23조(가설통로의 구조)

[정답] 110 ④ 111 ② 112 ④

PART 03

113 발파구간 인접구조물에 대한 피해 및 손상을 예방하기 위한 건물기초에서의 허용진동치[cm/sec] 기준으로 옳지 않은 것은?(단, 기존 구조물에 금이 가 있거나 노후구조물 대상일 경우 등은 고려하지 않는다)

① 문화재 : 0.2[cm/sec]
② 주택, 아파트 : 0.5[cm/sec]
③ 상가 : 1.0[cm/sec]
④ 철골콘크리트 빌딩 : 0.8~1.0[cm/sec]

해설

발파허용 진동치[cm/sec]

건물분류	문화재	주택 아파트	상가	철골콘크리트 빌딩 및 상가
건물기초에서 허용진동치	0.2	0.5	1.0	1.0~4.0

참고 산업안전기사 필기 p.6-6(합격날개 : 합격예측)

합격정보

터널공사 표준안전작업지침 – NATM 공법(2020. 1. 7 고용노동부고시 제2020-10호)

※ 2023년 7월 1일 법개정으로 출제되지 않습니다.

114 안전계수가 4이고 2,000[MPa]의 인장강도를 갖는 강선의 최대허용응력은?

① 500[MPa]
② 1,000[MPa]
③ 4,500[MPa]
④ 2,000[MPa]

해설

$$허용응력 = \frac{인장강도}{안전계수} = \frac{2,000}{4} = 500[MPa]$$

참고 산업안전기사 필기 p.6-14(문제 18번 적중)

115 지하수위 상승으로 포화된 사질토 지반의 액상화 현상을 방지하기 위한 가장 직접적이고 효과적인 대책은?

① well point 공법 적용
② 동다짐 공법 적용
③ 입도가 불량한 재료를 입도가 양호한 재료로 치환
④ 밀도를 증가시켜 한계간극비 이하로 상대밀도를 유지하는 방법 강구

해설

지반 액상화 방지대책

well point 공법 적용 : 지중에 1~2[m] 간격으로 집수관을 설치하고, 지하수를 흡입펌프를 이용하여 지하수위를 저하시키는 공법

참고 산업안전기사 필기 p.6-19(합격날개 : 합격예측)

116 공사진척에 따른 공정률이 다음과 같을 때 안전관리비 사용기준으로 옳은 것은?(단, 공정률은 기성공정률을 기준으로 함)

공정률 : 70퍼센트 이상, 90퍼센트 미만

① 50퍼센트 이상 ② 60퍼센트 이상
③ 70퍼센트 이상 ④ 80퍼센트 이상

해설

공사진척에 따른 안전관리비 사용기준

공 정 률	50[%] 이상 70[%] 미만	70[%] 이상 90[%] 미만	90[%] 이상
사용 기준	50[%] 이상	70[%] 이상	90[%] 이상

(주) 공정률은 기성공정률을 기준으로 한다.

참고 산업안전기사 필기 p.6-44(표 : 공사진척에 따른 안전관리비 사용기준)

KEY ① 2017년 5월 7일 기사 출제
② 2017년 9월 23일 기사 출제
③ 2019년 8월 4일 산업기사 출제
④ 2020년 6월 7일 기사 출제

[정답] 113 ④ 114 ① 115 ① 116 ③

117 크레인 등 건설장비의 가공전선로 접근시 안전대책으로 옳지 않은 것은?

① 안전 이격거리를 유지하고 작업한다.
② 장비를 가공전선로 밑에 보관한다.
③ 장비의 조립, 준비 시부터 가공전선로에 대한 감전 방지 수단을 강구한다.
④ 장비 사용 현장의 장애물, 위험물 등을 점검 후 작업계획을 수립한다.

해설

가공전선로에서 멀리 보관해야 한다.

합격정보

산업안전보건기준에 관한 규칙 제322조(충전전로 인근에서의 차량·기계 장치 작업)

118 거푸집동바리등을 조립 또는 해체하는 작업을 하는 경우의 준수사항으로 옳지 않은 것은?

① 재료, 기구 또는 공구 등을 올리거나 내리는 경우에는 근로자로 하여금 달줄·달포대 등의 사용을 금하도록 할 것
② 낙하·충격에 의한 돌발적 재해를 방지하기 위하여 버팀목을 설치하고 거푸집동바리 등을 인양장비에 매단 후에 작업을 하도록 하는 등 필요한 조치를 할 것
③ 비, 눈, 그 밖의 기상상태의 불안정으로 날씨가 몹시 나쁜 경우에는 그 작업을 중지할 것
④ 해당 작업을 하는 구역에는 관계 근로자가 아닌 사람의 출입을 금지할 것

해설

재료, 기구 또는 공구 등을 올리거나 내리는 경우에는 근로자로 하여금 달줄·달포대를 사용할 것

합격정보

산업안전보건기준에 관한 규칙 제226조(조립 등 작업시의 준수사항)

119 흙의 투수계수에 영향을 주는 인자에 관한 설명으로 옳지 않은 것은?

① 포화도 : 포화도가 클수록 투수계수도 크다.
② 공극비 : 공극비가 클수록 투수계수는 작다.
③ 유체의 점성계수 : 점성계수가 클수록 투수계수는 작다.
④ 유체의 밀도 : 유체의 밀도가 클수록 투수계수는 크다.

해설

공극비 : 공극비가 클수록 투수계수는 크다.

참고 산업안전기사 필기 p.6-9(합격날개 : 합격예측)

보충학습

공극비(孔隙比 : void ratio) : 구멍의 비율

120 터널공사의 전기발파작업에 관한 설명으로 옳지 않은 것은?

① 전선은 점화하기 전에 화약류를 충진한 장소로부터 30[m] 이상 떨어진 안전한 장소에서 도통시험 및 저항시험을 하여야 한다.
② 점화는 충분한 허용량을 갖는 발파기를 사용하고 규정된 스위치를 반드시 사용하여야 한다.
③ 발파 후 발파기와 발파모선의 연결을 유지한 채 그 단부를 절연시킨 후 재점화가 되지 않도록 한다.
④ 점화는 선임된 발파책임자가 행하고 발파기의 핸들을 점화할 때 이외는 시건장치를 하거나 모선을 분리하여야 하며 발파책임자의 엄중한 관리하에 두어야 한다.

해설

발파 모선의 연결을 제거(분리)한다.

합격정보

산업안전보건기준에 관한 규칙 제348조(발파의 작업기준)

[정답] 117 ② 118 ① 119 ② 120 ③

PART 03

S A F E T Y   E N G I N E E R

PART 04

연습은 실전처럼

2022년도 기사 정기검정 제1회 (2022년 3월 5일 시행)

자격종목 및 등급(선택분야)

산업안전기사

※ 본 문제는 복원문제 및 예적(예상적중) 문제로 실제문제와 동일하지 않을 수 있습니다.

1 산업재해 예방 및 안전보건교육

01 산업안전보건법령상 산업안전보건위원회의 구성·운영에 관한 설명 중 틀린 것은?

① 정기회의는 분기마다 소집한다.
② 위원장은 위원 중에서 호선(互選)한다.
③ 근로자대표가 지명하는 명예산업안전 감독관은 근로자 위원에 속한다.
④ 공사금액 100억원 이상 건설업의 경우 산업안전보건위원회를 구성·운영해야 한다.

해설

건설업 산업안전보건위원회 구성 조건

① 공사금액 : 120억원 이상
② 토목공사 : 150억원 이상

참고 산업안전기사 필기 p.1-24(20. 건설업)

KEY 2020년 6월 7일 기사 출제

합격정보

① 산업안전보건법 시행령 제35조(산업안전보건위원회의 구성)
② 산업안전보건법 시행령 제36조(산업안전보건위원회의 위원장)
③ 산업안전보건법 시행령 제37조(산업안전보건위원회의 회의 등)
④ 산업안전보건법 시행령 [별표 9] 산업안전보건위원회를 구성해야할 사업의 종류 및 사업장의 상시 근로자 수(예 제조업 : 50명, 100명, 300명 등)

02 산업안전보건법령상 잠함(潛函) 또는 잠수작업 등 높은 기압에서 작업하는 근로자의 근로시간 기준은?

① 1일 6시간, 1주 32시간 초과금지
② 1일 6시간, 1주 34시간 초과금지
③ 1일 8시간, 1주 32시간 초과금지
④ 1일 8시간, 1주 34시간 초과금지

해설

근로시간 연장의 제한

사업주는 유해하거나 위험한 작업으로서 대통령령으로 정하는 작업에 종사하는 근로자에게는 1일 6시간, 1주 34시간을 초과하여 근로하게 하여서는 아니된다.(예 잠함 잠수작업)

KEY 2017년 8월 26일(문제 18번) 출제

정보제공

산업안전보건법 제139조(유해·위험작업에 대한 근로시간 제한 등)

03 산업현장에서 재해 발생 시 조치 순서로 옳은 것은?

① 긴급처리 → 재해조사 → 원인분석 → 대책수립
② 긴급처리 → 원인분석 → 대책수립 → 재해조사
③ 재해조사 → 원인분석 → 대책수립 → 긴급처리
④ 재해조사 → 대책수립 → 원인분석 → 긴급처리

해설

재해발생 조치사항

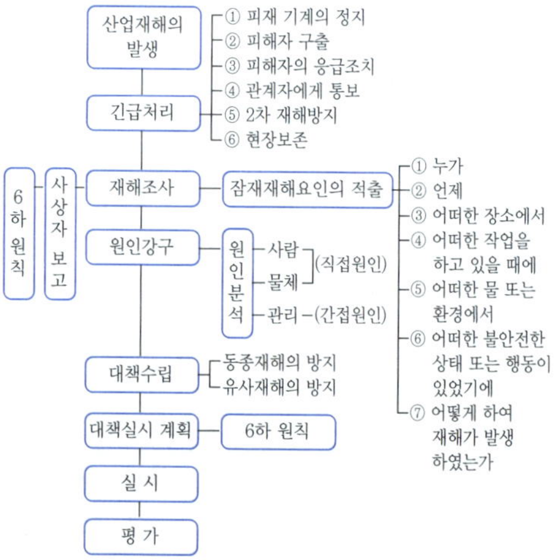

[정답] 01 ④ 02 ② 03 ①

참고 산업안전기사 필기 p.3-34(4.산업재해발생 조치순서)

KEY ① 산업안전기사 필기 2016년 10월 1일 출제
② 산업안전기사 필기 2017년 3월 5일 출제
③ 산업안전기사 필기 2017년 8월 26일(문제 2번) 출제

04 산업재해보험적용근로자 1,000명인 플라스틱 제조 사업장에서 작업 중 재해 5건이 발생하였고, 1명이 사망하였을 때 이 사업장의 사망만인율은?

① 2 ② 5
③ 10 ④ 20

해설

$$\text{사망만인율} = \frac{\text{사망자수}}{\text{산재보험적용 근로자수}} \times 10{,}000$$
$$= \frac{1}{1{,}000} \times 10{,}000 = 10$$

참고 산업안전기사 필기 p.3-44(합격날개 : 합격예측)

KEY 2019년 4월 27일 산업기사 출제

합격정보
산업재해 통계업무처리 규정 제3조(산업재해 통계의 산출방법 및 정의)

05 안전보건 교육계획 수립 시 고려사항 중 틀린것은?

① 필요한 정보를 수집한다.
② 현장의 의견은 고려하지 않는다.
③ 지도안은 교육대상을 고려하여 작성한다.
④ 지도안에 의한 교육에만 그치지 않아야 한다.

해설

교육계획수립시 필수사항 : 현장의 의견 반영(예 우문현답)

참고 산업안전기사 필기 p.1-137(3. 안전보건교육 계획 수립 시 고려할 사항)

06 학습지도의 형태 중 몇 사람의 전문가가 주제에 대한 견해를 발표하고 참가자로 하여금 의견을 내거나 질문을 하게 하는 토의 방식은?

① 포럼(Forum)
② 심포지엄(Symposium)
③ 버즈세션(Buzz session)
④ 자유토의법(Free discussion method)

해설

토의법

① 포럼(Forum : 많은 인원이 회의)
새로운 자료나 교재를 제시하고 거기서의 문제점을 피교육자로 하여금 제기하도록 하거나 의견을 여러 가지 방법으로 발표하게 하고 다시 깊이 파고 들어 토의
② 심포지엄(symposium : 전문가와 질문)
몇 사람의 전문가에 의하여 과제에 관한 견해를 발표한 뒤 참가자로 하여금 의견이나 질문을 하게 하여 토의
③ 패널 디스커션(Panel Discussion : 전문가와 전문가, 교육자와 교육자)
패널 멤버가 피교육자 앞에서 자유로이 토의를 하고 뒤에 피교육자 전원이 참가하여 사회자의 사회에 따라 토의
④ 버즈 세션(Buzz session : 6-6 회의)
먼저 사회자와 기록계를 선출한 후 나머지 사람은 6명씩 소집단으로 구분하고, 소집단별로 각각 사회자를 선발하여 6분간씩 토의(예 벌집모양이라고 벌이 웅웅 대는 Buzz)
⑤ 사례연구법(case method)
먼저 사례를 제시하고 문제적 사실들과 그의 상호관계에 대해서 검토하고 대책을 토의

참고 산업안전기사 필기 p.1-173(1. 토의식 교육방법)

KEY ① 2018년 3월 4일 기사 출제
② 2018년 9월 15일 산업기사 출제
③ 2020년 6월 7일(문제 8번) 출제

07 산업안전보건법령상 근로자 안전보건교육 대상에 따른 교육시간 기준 중 틀린 것은?(단, 상시 작업이며, 일용근로자는 제외한다.)

① 특별교육 – 16시간 이상
② 채용 시 교육 – 8시간 이상
③ 작업내용 변경 시 교육 – 2시간 이상
④ 사무직 종사 근로자 정기교육 – 매분기 1시간 이상

[정답] 04 ③ 05 ② 06 ② 07 ④

PART 04

해설

근로자 안전보건교육

교육과정	교육대상		교육시간
정기교육	사무직 종사 근로자		매반기 6시간 이상
	사무직 종사 근로자 외의 근로자	판매업무에 직접 종사하는 근로자	매반기 6시간 이상
		판매업무에 직접 종사하는 근로자 외의 근로자	매반기 12시간 이상
	관리감독자의 지위에 있는 사람		연간 16시간 이상
채용시의 교육	일용근로자		1시간 이상
	일용근로자를 제외한 근로자		8시간 이상
작업내용 변경시의 교육	일용근로자		1시간 이상
	일용근로자를 제외한 근로자		2시간 이상
특별교육	별표 5 제1호라목 각 호의 어느 하나에 해당하는 작업에 종사하는 일용근로자		2시간 이상
특별교육	별표 5 제1호라목 제40호의 타워크레인 신호작업에 종사하는 일용근로자		8시간 이상
	별표 5 제1호라목 각 호의 어느 하나에 해당하는 작업에 종사하는 일용근로자를 제외한 근로자		16시간 이상(최초 작업에 종사하기 전 4시간 이상 실시하고 12시간은 3개월 이내에서 분할하여 실시가능)
			단기간 작업 또는 간헐적 작업인 경우에는 2시간 이상
건설업 기초 안전보건교육	건설 일용근로자		4시간 이상

참고 산업안전산업기사 필기 p.1-155(표 : 안전보건교육 교육과정별 교육시간)

KEY ① 2016년 5월 8일 기사 출제
② 2020년 6월 7일 기사 출제
③ 2020년 8월 23일 산업기사 출제

정보제공

산업안전보건법 시행규칙 [별표 4] 안전보건교육 교육과정별 교육시간

08 버드(Bird)의 신 도미노이론 5단계에 해당하지 않는 것은?

① 제어부족(관리) ② 직접원인(징후)
③ 간접원인(평가) ④ 기본원인(기원)

해설

버드(Frank Bird)의 최신(새로운) 연쇄성(Domino) 이론

① 제1단계 : 전문적 관리 부족(제어 부족)
② 제2단계 : 기본원인(기원)
③ 제3단계 : 직접원인(징후) : 인적 원인+물적 원인
④ 제4단계 : 사고(접촉)
⑤ 제5단계 : 상해(손해, 손실)

참고 산업안전기사 필기 p.3-32(2. 버드의 최신 연쇄성 이론)

KEY 2017년 3월 5일(문제 9번) 출제

09 재해예방의 4원칙에 해당하지 않는 것은?

① 예방가능의 원칙
② 손실우연의 원칙
③ 원인연계의 원칙
④ 재해 연쇄성의 원칙

해설

재해예방 4원칙

① 예방가능의 원칙
② 손실우연의 원칙
③ 원인계기(연계)의 원칙
④ 대책선정의 원칙

참고 산업안전기사 필기 p.3-35(6. 산업재해 예방의 4원칙)

KEY ① 2016년 5월 8일 산업기사 출제
② 2016년 10월 1일 건설안전기사 출제
③ 2017년 3월 5일(문제 11번) 출제
④ 2022년 3월 5일 건설안전기사 출제

10 안전점검을 점검시기에 따라 구분할 때 다음에서 설명하는 안전점검은?

> 작업담당자 또는 해당 관리감독자가 맡고 있는 공정의 설비, 기계, 공구 등을 매일 작업 전 또는 작업 중에 일상적으로 실시하는 안전점검

[정답] 08 ③ 09 ④ 10 ②

① 정기점검 ② 수시점검
③ 특별점검 ④ 임시점검

해설

수시점검(일상점검)
매일 작업 전·작업 중 또는 작업 후에 일상적으로 실시하는 점검을 말하며 작업과 작업책임자·관리감독자가 실시하고 사업주의 안전 순찰도 넓은 의미에서 포함된다.
예 작업전 점검내용 : 방호장치 작동 여부

참고 산업안전기사 필기 p.3-49(2. 수시점검)

KEY 2022년 3월 5일 건설안전기사 출제

11 타일러(Tyler)의 교육과정 중 학습경험선정의 원리에 해당하는 것은?

① 기회의 원리 ② 계속성의 원리
③ 계열성의 원리 ④ 통합성의 원리

해설

학습경험 선정의 원리
① 동기유발(만족)의 원리
② 기회의 원리
③ 가능성의 원리
④ 다목적 달성의 원리
⑤ 전이가능성의 원리

참고 산업안전기사 필기 p.1-138(합격날개 : 합격예측)

KEY ① 2018년 8월 19일(문제 12번) 출제
② 2020년 9월 27일 건설안전기사 출제

정보제공
Frederick W.Taylor 과학적 관리
(1) 과학적 관리의 원칙(생산성과 종업원의 임금 동시 향상) → 작업환경의 재설계)
① 과학적 방법
② 과학적 선발과 교육
③ 개인주의가 아닌 협동심 고취
④ 경영층과 근로자들의 일을 최적화 하기 위한 작업의 균등분배
(2) 단점
① 고임금을 희망하는 근로자들을 비인간적으로 착취
② 최소 인원으로 작업이 가능하여 대량의 실업자 유발

12 주의(Attention)의 특성에 관한 설명 중 틀린 것은?

① 고도의 주의는 장시간 지속하기 어렵다.
② 한 지점에 주의를 집중하면 다른 곳의 주의는 약해진다.
③ 최고의 주의 집중은 의식의 과잉상태에서 가능하다.
④ 여러 자극을 지각할 때 소수의 현란한 자극에 선택적 주의를 기울이는 경향이 있다.

해설

주의의 특성 3가지
① 선택성 : 사람은 한 번에 여러 종류의 자극을 자각하거나 수용하지 못하며 소수의 특정한 것으로 한정해서 선택하는 기능을 말한다.
② 방향성 : 공간적으로 보면 시선의 초점에 맞았을 때는 쉽게 인지되지만 시선에서 벗어난 부분은 무시되기 쉽다.
③ 변동(단속)성 : 주의는 리듬이 있어 언제나 일정한 수준을 지키지는 못한다.

참고 산업안전기사 필기 p.1-117(2. 인간의 주의 특성)

KEY ① 2016년 5월 8일 출제
② 2016년 10월 1일 출제
③ 2017년 3월 4일 산업기사 출제
④ 2018년 4월 28일(문제 22번) 출제
⑤ 2020년 9월 27일(문제 38번) 출제
⑥ 2021년 9월 12 건설안전기사 출제

13 산업재해보상보험법령상 보험급여의 종류가 아닌 것은?

① 장례비
② 간병급여
③ 직업재활급여
④ 생산손실비용

해설

하인리히(H,W.Heinrich)방식(1:4원칙)
① 직접비와 간접비
직접비는 법적으로 지급되는 산재보상이며, 간접비는 그 이외의 비용

구분	종류
직접비	요양급여, 휴업급여, 장해급여, 유족급여, 장의비 등
간접비	인적손실, 물적손실, 생산손실, 임금손실, 시간손실 등

[정답] 11 ① 12 ③ 13 ④

② 직접손실비용 : 간접손실비용 = 1:4(표 : 1대 4의 경험법칙)
재해손실비용 = 직접비 + 간접비 = 직접비 × 5

참고 산업안전기사 필기 p.3-46(표 : 직접비와 간접비)

KEY ① 2016년 5월 8일 산업기사 출제
② 2017년 3월 5일 출제
③ 2017년 5월 7일 출제
④ 2017년 9월 23일 출제
⑤ 2018년 8월 19일 산업기사 출제
⑥ 2019년 3월 3일 출제
⑦ 2019년 8월 4일 출제
⑧ 2021년 3월 7일 (문제 16번) 출제
⑨ 2021년 5월 15일 건설안전기사 출제

14 **산업안전보건법령상 그림과 같은 기본 모형이 나타내는 안전보건표지의 표시사항으로 옳은 것은? (단, L은 안전보건표지를 인식할 수 있거나 인식해야 할 안전거리를 말한다.)**

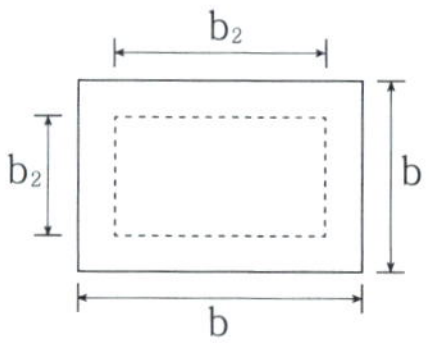

$b \geq 0.0224L$
$b_2 = 0.8b$

① 금지 ② 경고
③ 지시 ④ 안내

해설

안전보건표지의 기본 모형

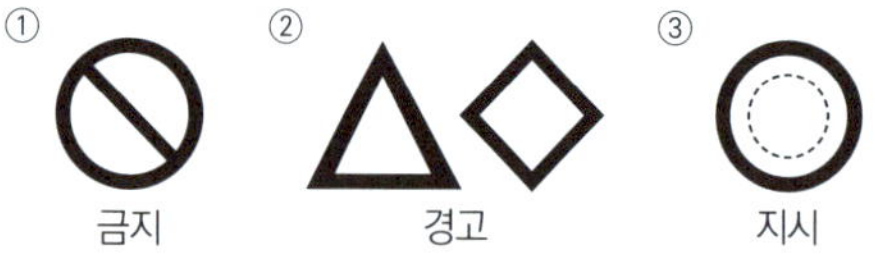

참고 산업안전기사 필기 p.1-60(2. 안전보건표지의 크기 및 표준기준)

KEY ① 2017년 5월 7일 산업기사 출제
② 2018년 9월 15일 출제

합격정보
산업안전보건법 시행 규칙 [별표 9] 안전보건표지의 기본 모형

15 **기업내의 계층별 교육훈련 중 주로 관리감독자를 교육대상자로 하며 작업을 가르치는 능력, 작업방법을 개선하는 기능 등을 교육 내용으로 하는 기업 내 정형교육은?**

① TWI(Training Within Industry)
② ATT(American Telephone Telegram)
③ MTP(Management Training Program)
④ ATP(Administration Training Program)

해설

기업내 정형교육(TWI : Training Within Industry)

① 작업 방법 훈련(JMT : Job Method Training) : 작업개선
② 작업 지도 훈련(JIT : Job Instruction Training) : 작업지도·지시
③ 인간 관계 훈련(JRT : Job Relations Training) : 부하 통솔
④ 작업 안전 훈련(JST : Job Safety Training) : 작업안전

참고 산업안전기사 필기 p.1-145(1.기업내 정형교육)

KEY ① 2016년 3월 6일 기사, 산업기사 출제
② 2016년 8월 21일 산업기사 출제
③ 2017년 5월 7일 산업기사 출제
④ 2017년 8월 26일 산업기사 출제
⑤ 2018년 3월 4일 기사, 산업기사 출제
⑥ 2018년 4월 28일 기사 출제
⑦ 2019년 3월 3일 기사 출제
⑧ 2019년 8월 4일 산업기사 출제
⑨ 2020년 6월 7일 기사 출제
⑩ 2021년 5월 15일(문제 9번) 출제

보충학습

(1) CCS(Civil Communication Section)=ATP(Administration Training Program)
① 교육대상 : 원래 회사 운영진 대상
② 정책의 수립, 조직, 통제 및 운영
(2) MTP(Management Training Program)
교육대상 : 중간 관리층
(3) ATT(American Telephone Telegram)
미국 전화국에서 직급 상하를 떠나 부하직원이 상사에 지도원이 될 수 있다.

16 **사회행동의 기본 형태가 아닌 것은?**

① 모방 ② 대립
③ 도피 ④ 협력

해설

인간의 사회적 행동의 기본형태

① 협력(cooperation) : 조력, 분업

[정답] 14④ 15① 16①

② 대립(opposition) : 공격, 경쟁
③ 도피(escape) : 고립, 정신병, 자살
④ 융합(accomodation) : 강제, 타협, 통합

참고 산업안전기사 필기 p.1-110(합격날개 : 합격예측)

KEY ① 2017년 8월 26일 산업기사 출제
② 2022년 3월 5일 건설안전기사 출제
③ 2022년 3월 5일(문제 25번) 출제

17 위험예지훈련의 문제해결 4라운드에 해당하지 않는 것은?

① 현상파악 ② 본질추구
③ 대책수립 ④ 원인결정

해설

문제해결의 4단계(4 Round)

① 1R – 현상파악 ② 2R – 본질추구
③ 3R – 대책수립 ④ 4R – 행동목표설정

참고 산업안전기사 필기 p.1-12(1. 위험예지훈련의 4단계)

KEY ① 2016년 3월 6일 기사 출제
② 2016년 5월 8일 기사·산업기사 동시 출제
③ 2017년 3월 5일 기사·산업기사 동시 출제
④ 2017년 5월 7일 기사 출제
⑤ 2017년 8월 26일 기사 출제
⑥ 2017년 9월 23일 기사 출제
⑦ 2018년 3월 4일 산업기사 출제
⑧ 2019년 4월 27일 기사·산업기사 동시 출제
⑨ 2019년 8월 4일 기사 출제
⑩ 2020년 6월 7일 기사 출제
⑪ 2020년 6월 14일 산업기사 출제
⑫ 2020년 9월 27일 기사 출제
⑬ 2021년 8월 14일(문제 11번) 출제
⑭ 2022년 3월 5일 건설안전기사 출제

18 바이오리듬(생체리듬)에 관한 설명 중 틀린 것은?

① 안정기(+)와 불안정기(−)의 교차점을 위험일이라 한다.
② 감성적 리듬은 33일을 주기로 반복하며, 주의력, 예감 등과 관련되어 있다.
③ 지성적 리듬은 "I"로 표시하며 사고력과 관련이 있다.
④ 육체적 리듬은 신체적 컨디션의 율동적 발현, 즉 식욕·활동력 등과 밀접한 관계를 갖는다.

해설

PSI학설(생물시계, 체내시계)

리듬 \ 방법	색으로 표시	주기
육체적(P)	청색	23일
감성적(S)	적색	28일
지성적(I)	녹색	33일
위험일(O)	점(·), 하트형, 크로바형 등	

참고 산업안전기사 필기 p.1-107(3. 위험일)

KEY ① 2017년 3월 5일(문제 33번) 출제
② 2018년 4월 28일(문제 27번) 출제
③ 2020년 9월 27일 건설안전기사 출제
④ 2022년 3월 5일 건설안전기사 출제

19 운동의 시지각(착각현상) 중 자동운동이 발생하기 쉬운 조건에 해당하지 않는 것은?

① 광점이 작은 것
② 대상이 단순한 것
③ 광의 강도가 큰 것
④ 시야의 다른 부분이 어두운 것

해설

자동운동이 발생하기 쉬운 조건

① 광점이 작을 것
② 시야의 다른 부분이 어두울 것
③ 광의 강도가 작을 것
④ 대상이 단순할 것

참고 산업안전기사 필기 p.1-117(합격날개 : 합격예측)

KEY 2023년 4월 1일 지도사 출제

20 보호구 안전인증 고시상 안전인증 방독마스크의 정화통 종류와 외부 측면의 표시 색이 잘못 연결된 것은?

① 할로겐용 – 회색
② 황화수소용 – 회색

[정답] 17 ④ 18 ② 19 ③ 20 ③

PART 04

③ 암모니아용 – 회색
④ 시안화수소용 – 회색

해설

방독마스크 흡수관(정화통)의 종류

종 류	시험가스	정화통 외부측 표시색
유기화합물용	시클로헥산(C_6H_{12}) 디메틸에테르(CH_3OCH_3), 이소부탄(C_4H_{10})	갈색
할로겐용	염소가스 또는 증기(Cl_2)	회색
황화수소용	황화수소가스(H_2S)	회색
시안화수소용	시안화수소가스(HCN)	회색
아황산용	아황산가스(SO_2)	노란색
암모니아용	암모니아가스(NH_3)	녹색

참고 산업안전기사 필기 p.1-55(표 : 방독마스크 흡수관의 종류)

KEY ① 2016년 3월 6일 산업기사 출제
② 2017년 3월 5일 기사 출제
③ 2018년 4월 28일 기사 출제
④ 2021년 5월 15일(문제 7번) 출제

2 인간공학 및 위험성 평가·관리

21 **태양광이 내리쬐지 않는 옥내의 습구흑구 온도지수(WBGT) 산출 식은?**

① 0.6×자연습구온도+0.3×흑구온도
② 0.7×자연습구온도+0.3×흑구온도
③ 0.6×자연습구온도+0.4×흑구온도
④ 0.7×자연습구온도+0.4×흑구온도

해설

습구 흑구 온도지수(WBGT)

① 옥외(태양광선이 내리 쬐는 장소)
WBGT=0.7×자연습구온도(NWB)+0.2×흑구온도(GT)+0.1×건구온도(DB)
② 옥내 또는 옥외(태양광선이 내리쬐지 않는 장소)
WBGT(℃)=0.7×자연습구온도(NWB)+0.3×흑구온도(GT)

참고 산업안전기사 필기 p.2-170(합격날개 : 합격예측)

KEY 2016년 5월 8일(문제 57번) 출제

22 **부품 배치의 원칙 중 기능적으로 관련된 부품들을 모아서 배치한다는 원칙은?**

① 중요성의 원칙
② 사용 빈도의 원칙
③ 사용 순서의 원칙
④ 기능별 배치의 원칙

해설

구성요소 배치의 4원칙

① 중요성의 원칙
② 기능별 배치의 원칙
③ 사용순서의 원칙
④ 사용빈도의 원칙

참고 산업안전기사 필기 p.2-160(2. 부품배치의 4원칙)

KEY ① 2018년 3월 4일 기사, 산업기사 출제
② 2018년 8월 19일 산업기사 출제
③ 2019년 3월 3일 산업기사 출제
④ 2020년 6월 14일 산업기사 출제
⑤ 2021년 3월 7일(문제 29번) 출제

23 **인간공학의 목표와 거리가 가장 먼 것은?**

① 사고 감소
② 생산성 증대
③ 안전성 향상
④ 근골격계 질환 증가

해설

인간공학의 연구목적(Chapanis, A.)

① 첫째 : 안전성의 향상과 사고방지
② 둘째 : 기계 조작의 능률성과 생산성 향상
③ 셋째 : 쾌적성
④ 3가지의 궁극적인 목적은 안전과 능률(안전성 및 효율성 향상)

참고 산업안전기사 필기 p.2-3(1. 인간공학의 연구목적)

KEY ① 2016년 5월 8일 기사 출제
② 2017년 3월 5일 산업기사 출제
③ 2021년 8월 14일 산업안전기사 출제

[정답] 21 ② 22 ④ 23 ④

24 시각적 식별에 영향을 주는 각 요소에 대한 설명 중 틀린 것은?

① 조도는 광원의 세기를 말한다.
② 휘도는 단위 면적당 표면에 반사 또는 방출되는 광량을 말한다.
③ 반사율은 물체의 표면에 도달하는 조도와 광도의 비를 말한다.
④ 광도 대비란 표적의 광도와 배경의 광도의 차이를 배경 광도로 나눈 값을 말한다.

해설

조도

① 단위면적에 비추는 빛의 양(밀도)
② 공식 $= \dfrac{\text{광도[cd]}}{(\text{거리})^2}$

참고 산업안전기사 필기 p.2-169(3. 조도)

KEY ① 2017년 3월 5일 출제
② 2019년 3월 3일 출제
③ 2021년 9월 12일(문제 50번) 출제

보충학습

광도 : 광원의 세기

25 A사의 안전관리자는 자사 화학 설비의 안전성 평가를 실시하고 있다. 그 중 제2단계인 정성적 평가를 진행하기 위하여 평가항목을 설계관계 대상과 운전관계 대상으로 분류하였을 때 설계관계 항목이 아닌 것은?

① 건조물　② 공장 내 배치
③ 입지조건　④ 원재료, 중간제품

해설

정성적 평가(제2단계)

(1) 설계관계
① 입지조건
② 공장내의 배치
③ 건조물
④ 소방용 설비 등

(2) 운전관계
① 원재료
② 중간제품 등의 위험성
③ 프로세스의 운전조건 수송, 저장 등에 대한 안전대책
④ 프로세스기기의 선정요건

참고 산업안전기사 필기 p.2-37(합격날개 : 합격예측)

26 양립성의 종류가 아닌 것은?

① 개념의 양립성　② 감성의 양립성
③ 운동의 양립성　④ 공간의 양립성

해설

양립성(compatibility)

정보입력 및 처리와 관련한 양립성은 인간의 기대와 모순되지 않는 자극 반응조합의 관계를 말하는 것

참고 ① 산업안전기사 필기 p.1-75(6. 양립성)
② 산업안전기사 필기 p.2-176(합격날개 : 합격예측)

KEY ① 2018년 3월 4일 산업기사 출제
② 2018년 4월 28일 기사·산업기사 동시 출제
③ 2020년 8월 22일(문제 55번) 출제

보충학습

양립성의 종류

종류	특징
공간(spatial)	표시장치나 조종장치에서 물리적 형태 및 공간적 배치
운동(movement)	표시장치의 움직이는 방향과 조종장치의 방향이 사용자의 기대와 일치
개념(coneptual)	이미 사람들이 학습을 통해 알고있는 개념적 연상
양식(modality)	직무에 맞는 응답양식 존재

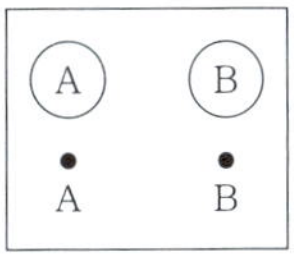

[그림 1] 공간 양립성

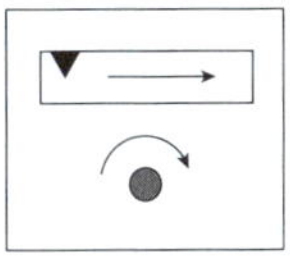

[그림 2] 운동 양립성

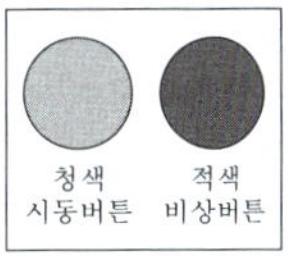

[그림 3] 개념 양립성

27 그림과 같은 시스템에서 부품 A, B, C, D의 신뢰도가 모두 r로 동일할 때 이 시스템의 신뢰도는?

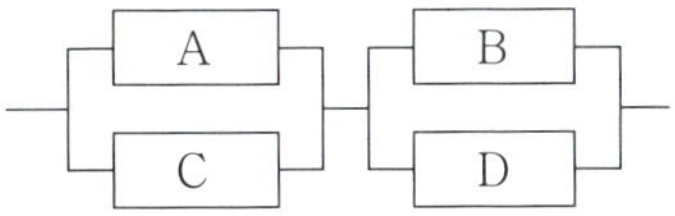

① $r(2-r^2)$　② $r^2(2-r)^2$
③ $r^2(2-r^2)$　④ $r^2(2-r)$

[정답] 24 ① 25 ④ 26 ② 27 ②

해설

시스템 신뢰도 계산

$R=[1-(1-r)(1-r)]\times[1-(1-r)(1-r)]$
$=r^2(2-r)^2$

참고 산업안전기사 필기 p.2-94 (문제 48번) 적중

보충학습

① 병렬 연결
(A, C)구간$=1-(1-A)\times(1-C)=1-(1-r)^2$
$=1-(1-2r+r^2)=r(2-r)$
(B, D)구간$=1-(1-B)\times(1-D)=r(2-r)$

② 직렬 연결
(AC, BD)$=$(A, C)$\times$(B, D)$=r(2-r)\times r(2-r)$
$=r^2(2-r)^2$

28 FTA에서 사용되는 논리게이트 중 입력과 반대되는 현상으로 출력되는 것은?

① 부정 게이트
② 억제 게이트
③ 배타적 OR 게이트
④ 우선적 AND 게이트

해설

부정 Gate

부정 모디파이어 라고도 하며 입력현상의 반대인 출력이 된다.

[그림] 부정 Gate

참고 산업안전기사 필기 p.2-72(합격날개 : 합격예측)

KEY 2018년 8월 19일 출제

보충학습

배타적 OR Gate

① OR Gate로 2개 이상의 입력이 동시에 존재할 때에는 출력사상이 생기지 않는다. 예를 들면 '동시에 발생하지 않는다'라고 기입한다. (1개만 되고, 2개 이상은 안된다.)
② OR 게이트 : 입력사상 중 한 가지라도 발생하면 출력사상 발생.(합집합)
③ AND 게이트 : 입력사상이 전부 발생하는 경우에만 출력사상 발생. (교집합)
④ 우선전 AND 게이트 : 입력사상이 특정한 순서대로 발생한 경우 출력사상 발생.
⑤ 조합 AND 게이트 : 3개의 입력사상 중 오직 2개가 일어나면 출력사상 발생.(1개×, 3개× 오직 2개만 ○)

29 어떤 결함수를 분석하여 minimal cut set을 구한 결과 다음과 같았다. 각 발행확률을 q_i, i=1, 2, 3이라 할 때, 정상사상의 발생확률함수로 맞는 것은?

[다음]
$k_1=[1,\ 2]$ $k_2=[1,\ 3]$ $k_3=[2,\ 3]$

① $q_1q_2+q_1q_2-q_2q_3$
② $q_1q_2+q_1q_3-q_2q_3$
③ $q_1q_2+q_1q_3+q_2q_3-q_1q_2q_3$
④ $q_1q_2+q_1q_3+q_2q_3-2q_1q_2q_3$

해설

정상사상의 발생확률 함수

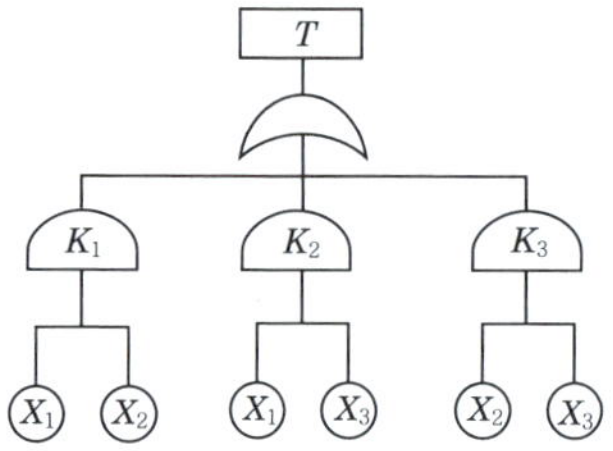

① $T=1-(1-X_1X_2)(1-X_1X_3)(1-X_2X_3)$
$=X_1X_2+X_1X_3+X_2X_3-X_1X_2X_3$
② $T_q=q_1q_2+q_1q_3+q_2q_3-2q_1q_2q_3$

KEY ① 2003년 8월 30일 출제
② 2012년 5월 20일(문제 49번)
③ 2019년 4월 27일(문제 51번) 출제

보충학습

① 1, 2, 3 중에 2개가 동시에 발생하면, 정상사상이 발생하는 것이며, 이중에 3개가 동시에 발생하는 q1, q2, q3는 교집합 개념으로 제외
② q1, q2, q3는 교집합이 2개 적용된다는 것에 유의

30 부품고장이 발생하여도 기계가 추후 보수 될 때까지 안전한 기능을 유지할 수 있도록 하는 기능은?

① fail – soft ② fail – active
③ fail – operational ④ fail – passive

[정답] 28 ① 29 ④ 30 ③

해설

Fail operational

① 병렬 또는 대기 여분계의 부품을 구성한 경우이며, 부품의 고장이 있어도 다음 정기점검까지 운전이 가능한 구조
② 운전상 제일 선호하는 안전한 운전방법

참고 산업안전기사 필기 p.2-23(4. Fail-safe)

KEY 2017년 5월 7일(문제 56번) 출제

보충학습

Fail soft

기계설비 또는 장치의 일부가 고장났을 때, 기능의 저하가 되더라도 전체로서는 기능을 정지시키지 않는 기법

31 반사경 없이 모든 방향으로 빛을 발하는 점광원에서 3[m] 떨어진 곳의 조도가 300[lux]라면 2[m] 떨어진 곳에서 조도[lux]는?

① 375 ② 675
③ 875 ④ 975

해설

조도

① $조도 = \frac{광도}{(거리)^2}$
② 빛이 퍼져가는 면적은 거리에 반비례
③ $300[lux] \times (\frac{3}{2})^2 = 675[lux]$

참고 산업안전기사 필기 p.2-168(2. 조명단위)

KEY 2017년 3월 5일(문제 46번) 출제

32 통화이해도 척도로서 통화 이해도에 영향을 주는 잡음의 영향을 추정하는 지수는?

① 명료도 지수
② 통화 간섭 수준
② 이해도 점수
④ 통화 공진 수준

해설

통화 간섭 수준(SIL)

① 통화 이해도에 영향을 주는 잡음의 영향 추정 지수
② 통화 이해도 척도

보충학습

통화 이해도 측정 방법

① 송화자료를 수화자에게 전송하는 실험
② 명료도지수의 사용 : 옥타브대의 음성과 잡음의 dB값에 가중치를 곱하여 합계를 구하는 방법
③ 이해도 점수 : 송화 내용 중에서 알아듣고 인식한 비율(%)
④ 통화간섭수준(SIL) : 통화 이해도에 끼치는 잡음의 영향을 추정하는 지수
⑤ 소음기준(NC)곡선 : 사무실, 회의실, 공장 등에서의 통화평가 방법

33 예비위험분석(PHA)에서 식별된 사고의 범주가 아닌 것은?

① 중대(critical)
② 한계적(marginal)
③ 파국적(catastrophic)
④ ~~수용가능~~(acceptable)

해설

식별된 사고의 4가지 PHA범주

① 파국적
② 중대(위기적)
③ 한계적
④ 무시

참고 산업안전기사 필기 p.2-60(3. PHA의 카테고리 분류)

KEY ① 2016년 5월 8일 기사 출제
② 2018년 9월 15일(문제 48번) 출제
③ 2020년 9월 27일(문제 44번) 출제

34 인간공학적 연구에 사용되는 기준 척도의 요건 중 다음 설명에 해당하는 것은?

> 기준 척도는 측정하고자 하는 변수 외의 다른 변수들의 영향을 받아서는 안된다.

① 신뢰성 ② 적절성
③ 검출성 ④ 무오염성

[정답] 31 ② 32 ② 33 ④ 34 ④

PART 04

해설

기준의 요건

구분	특징
적절성(relevance)	기준이 의도된 목적에 적합하다고 판단되는 정도
무오염성	측정하고자 하는 변수외의 영향이 없도록
기준척도의 신뢰성 (reliability criterion measure)	척도의 신뢰성 즉 반복성 (repeatability)

참고 산업안전기사 필기 p.2-6(합격날개 : 합격예측)

KEY ① 2017년 8월 26일 출제
② 2019년 8월 4일 산업기사 출제
③ 2020년 9월 27일(문제 49번) 출제

35 James Reason의 원인적 휴먼에러 종류 중 다음 설명의 휴면에러 종류는?

> 자동차가 우측 운행하는 한국의 도로에 익숙해진 운전자가 좌측 운행을 해야 하는 일본에서 우측 운행을 하다가 교통사고를 냈다.

① 고의 사고(Violation)
② 숙련 기반 에러(Skill based error)
③ 규칙 기반 착오(Rule based mistake)
④ 지식 기반 착오(Knowledge based mis-take)

해설

라스무센의 3가지 휴먼에러

① 지식기반착오(Konowledge based Mistake) : 무지로 발생하는 착오
② 규칙기반착오(Rule-base Mistake) : 규칙을 알지 못해 발생하는 착오
③ 숙련기반착오(Skill-base Mistake) : 숙련되지 못해 발생하는 착오

참고 산업안전기사 필기 p.2-4(합격날개 : 합격예측)

KEY 2017년 5월 7일 출제

36 근골격계부담작업의 범위 및 유해요인조사 방법에 관한 고시상 근골격계부담작업에 해당하지 않는 것은?(단, 상시 작업을 기준으로 한다.)

① 하루에 10회 이상 25[kg] 이상의 물체를 드는 작업
② 하루에 총 2시간 이상 쪼그리고 앉거나 무릎을 굽힌 자세에서 이루어지는 작업
③ 하루에 총 2시간 이상 시간당 5회 이상 손 또는 무릎을 사용하여 반복적으로 충격을 가하는 작업
④ 하루에 4시간 이상 집중적으로 자료입력 등을 위해 키보드 또는 마우스를 조작하는 작업

해설

근골격계 부담작업

① 하루에 4시간 이상 집중적으로 자료입력 등을 위해 키보드 또는 마우스를 조작하는 작업
② 하루에 총 2시간 이상 목, 어깨, 팔꿈치, 손목 또는 손을 사용하여 같은 동작을 반복하는 작업
③ 하루에 총 2시간 이상 머리 위에 손이 있거나, 팔꿈치가 어깨위에 있거나, 팔꿈치를 몸통으로부터 들거나, 팔꿈치를 몸통뒤쪽에 위치하도록 하는 상태에서 이루어지는 작업
④ 지지되지 않은 상태이거나 임의로 자세를 바꿀 수 없는 조건에서, 하루에 총 2시간 이상 목이나 허리를 구부리거나 트는 상태에서 이루어지는 작업
⑤ 하루에 총 2시간 이상 쪼그리고 앉거나 무릎을 굽힌 자세에서 이루어지는 작업
⑥ 하루에 총 2시간 이상 지지되지 않은 상태에서 1[kg] 이상의 물건을 한손의 손가락으로 집어 옮기거나, 2[kg] 이상에 상응하는 힘을 가하여 한손의 손가락으로 물건을 쥐는 작업
⑦ 하루에 총 2시간 이상 지지되지 않은 상태에서 4.5[kg] 이상의 물건을 한 손으로 들거나 동일한 힘으로 쥐는 작업
⑧ 하루에 10회 이상 25[kg] 이상의 물체를 드는 작업
⑨ 하루에 25회 이상 10[kg] 이상의 물체를 무릎 아래에서 들거나, 어깨 위에서 들거나, 팔을 뻗은 상태에서 드는 작업
⑩ 하루에 총 2시간 이상, 분당 2회 이상 4.5[kg] 이상의 물체를 드는 작업
⑪ 하루에 총 2시간 이상 시간당 10회 이상 손 또는 무릎을 사용하여 반복적으로 충격을 가하는 작업

참고 산업안전기사 필기 p.2-112(2. 근골격계 부담작업의 범위)

KEY 2018년 8월 19일 출제

정보제공
고용노동부 고시 제2020-12호(근골격계 부담작업 범위)

[정답] 35 ③ 36 ③

37 HAZOP 분석기법의 장점이 아닌 것은?

① 학습 및 적용이 쉽다.
② 기법 적용에 큰 전문성을 요구하지 않는다.
③ 짧은 시간에 저렴한 비용으로 분석이 가능하다.
④ 다양한 관점을 가진 팀 단위 수행이 가능하다.

해설

HAZOP의 개념

① 공장 설비 프로세스에 존재하는 해저드(hazards) 및 운용 상의 문제점(operability problems)을 찾아내는 정성적 분석 기법
② 시스템의 원래 의도한 설계와 차이가 있는 변이(deviations)를 일련의 가이드워드(guidewords)를 활용하여 체계적으로 식별
③ Hazard : 인적, 경제적, 환경적 피해 초래할 수 있는 바람직하지 않는 이벤트
④ 단점 : 장시간 비용이 많이 든다.

참고 산업안전기사 필기 p.2-66(10. 위험 및 운용성 분석)

KEY 2020년 6월 14일 산업기사 출제

38 서브시스템 분석에 사용되는 분석방법으로 시스템 수명주기에서 ㉠에 들어갈 위험분석기법은?

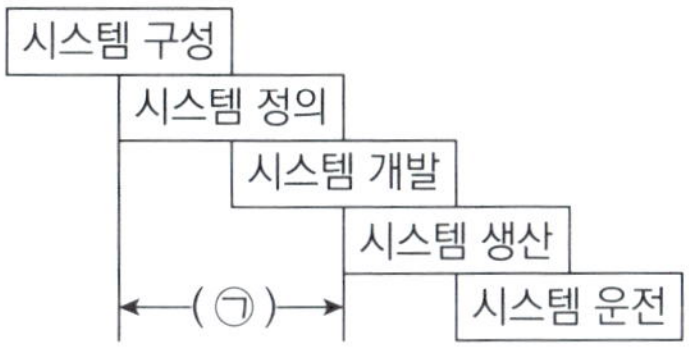

① PHA　② FHA
③ FTA　④ ETA

해설

시스템 분석

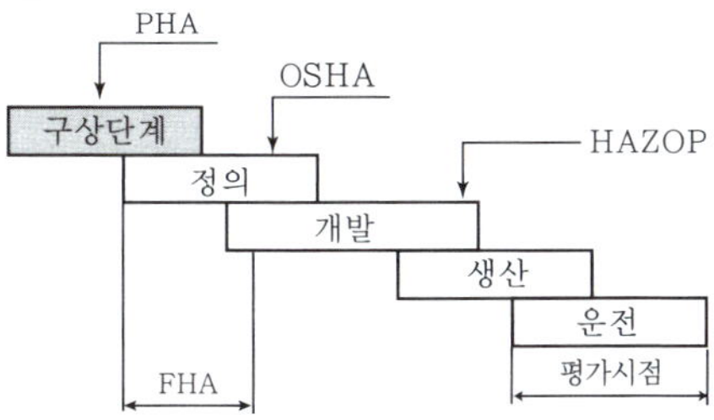

[그림] PHA · OSHA · FHA · HAZOP

참고 산업안전기사 필기 p.2-60(2. 예비 위험 분석)

KEY ① 2012년 3월 4일 출제
② 2016년 5월 8일 산업기사 출제
③ 2018년 8월 19일 출제
④ 2019년 3월 3일 출제
⑤ 2019년 9월 21일 출제
⑥ 2020년 6월 7일 출제
⑦ 2020년 6월 14일 산업기사 출제

39 불(Boole) 대수의 관계식으로 틀린 것은?

① $A+\overline{A}=1$
② $A+AB=A$
③ $A(A+B)=A+B$
④ $A+\overline{A}B=A+B$

해설

$A(A+B)=AA+AB=A+AB$

참고 산업안전기사 필기 p.2-59(7. 불대수 기본공식)

KEY ① 2018년 9월 15일 출제
② 2020년 3월 7일 출제

보충학습

불 대수의 대수법칙

동정법칙	$A+A=A,\ AA=A$
교환법칙	$AB=BA,\ A+B=B+A$
흡수법칙	$A(AB)=(AA)B=AB$ $A+AB=A\cup(A\cap B)=(A\cup A)\cap(A\cup B)$ $=A\cap(A\cup B)=A$
분배법칙	$A(B+C)=AB+AC,$ $A+(BC)=(A+B)\cdot(A+C)$
결합법칙	$A(BC)=(AB)C,\ A+(B+C)=(A+B)+C$

40 정신적 작업 부하에 관한 생리적 척도에 해당하지 않는 것은?

① 근전도　② 뇌파도
③ 부정맥 지수　④ 점멸융합주파수

[정답] 37 ③ 38 ② 39 ③ 40 ①

PART 04

해설

근전도(EMG : electro-myogram : 육체적 척도)

① 근육활동의 전위차를 기록한 것
② 심장근의 근전도를 특히 심전도(ECG : Electro-cardiogram)
③ 신경활동 전위차의 기록은 ENG(electroneurogram)

참고 산업안전기사 필기 p.2-160(1. 동적근력작업)

KEY ① 2016년 3월 6일 기사(문제 24번) 출제
② 2016년 10월 1일 기사 출제
③ 2019년 3월 3일(문제 54번) 출제

3 기계 · 기구 및 설비안전관리

41 산업안전보건법령상 사업주가 진동작업을 하는 근로자에게 충분히 알려야 할 사항과 거리가 가장 먼 것은?

① 인체에 미치는 영향과 증상
② 진동기계·기구 관리방법
③ 보호구 선정과 착용방법
④ 진동재해 시 비상연락체계

해설

유해성 등의 주지

① 인체에 미치는 영향과 증상
② 보호구의 선정과 착용방법
③ 진동 기계·기구 관리방법
④ 진동 장해 예방방법

참고 산업안전기사 필기 p.3-229(합격날개 : 은행문제)

합격정보

산업안전보건기준에 관한 규칙 제519조(유해성 등의 주지)

42 산업안전보건법령상 크레인에 전용탑승설비를 설치하고 근로자를 달아 올린 상태에서 작업에 종사시킬 경우 근로자의 추락 위험을 방지하기 위하여 실시해야 할 조치 사항으로 적합하지 않은 것은?

① 승차석 외의 탑승 제한
② 안전대나 구명줄의 설치
③ 탑승설비의 하강시 동력하강방법을 사용
④ 탑승설비가 뒤집히거나 떨어지지 않도록 필요한 조치

해설

탑승의 제한기준

① 탑승설비가 뒤집히거나 떨어지지 않도록 필요한 조치를 할 것
② 안전대나 구명줄을 설치하고, 안전난간을 설치할 수 있는 구조인 경우에는 안전난간을 설치할 것
③ 탑승설비를 하강시킬 때에는 동력하강방법으로 할 것

참고 산업안전기사 필기 p.3-206(합격날개 : 합격예측 및 관련법규)

합격정보

산업안전보건기준에 관한 규칙 제86조(탑승의 제한)

43 연삭기에서 숫돌의 바깥지름이 150[mm]일 경우 평형플랜지 지름은 몇 [mm] 이상이어야 하는가?

① 30 ② 50
③ 60 ④ 90

해설

플랜지 지름 계산

플랜지지름 = 숫돌바깥지름 $\times \frac{1}{3} = 150 \times \frac{1}{3} = 50$[mm]

참고 ① 산업안전기사 필기 p.3-93(합격날개 : 합격예측)
② 산업안전기사 필기 p.3-93(은행문제 : 적중)

KEY ① 2016년 8월 21일 산업기사 출제
② 2017년 3월 5일 산업기사 출제
③ 2017년 5월 7일 기사·산업기사 출제
④ 2017년 8월 26일 출제
⑤ 2018년 4월 28일(문제 56번) 출제

합격정보

위험기계·기구 자율안전확인고시 [별표 1]

44 플레이너 작업시의 안전대책이 아닌 것은?

① 베드 위에 다른 물건을 올려놓지 않는다.
② 바이트는 되도록 짧게 나오도록 설치한다.
③ 프레인 내의 피트(pit)에는 뚜껑을 설치한다.
④ 칩 브레이커를 사용하여 칩이 길게 되도록 한다.

[정답] 41 ④ 42 ① 43 ② 44 ④

해설

플레이너 작업시 안전대책

① 베드 위에 다른 물건을 올려놓지 않는다.
② 바이트는 되도록 짧게 나오도록 설치한다.
③ 프레임 내의 피트(pit)에는 뚜껑을 설치한다.

참고 산업안전기사 필기 p.3-85(2. 플레이너 안전대책)

KEY ① 2015년 8월 16일(문제 49번)
② 2016년 8월 21일(문제 59번) 출제

보충학습

칩브레이커

① 선반작업시 칩을 짧게 자르는 장치
② 오로지 선반에만 적용한다.

④ 과부하방지장치와 타 방호장치는 기능에 서로 장애를 주지 않도록 부착할 수 있는 구조이어야 한다.
⑤ 방호장치의 기능을 제거 또는 정지할 때 양중기의 기능도 동시에 정지할 수 있는 구조이어야 한다.
⑥ 과부하방지장치는 정격하중의 1.1배 권상 시 경보와 함께 권상동작이 정지되고 횡행과 주행동작이 불가능한 구조이어야 한다. 다만, 타워크레인은 정격하중의 1.05배 이내로 한다.
⑦ 과부하방지장치에는 정상동작상태의 녹색램프와 과부하 시 경고 표시를 할 수 있는 붉은색램프와 경보음을 발하는 장치 등을 갖추어야 하며, 양중기 운전자가 확인할 수 있는 위치에 설치해야 한다.

참고 방호장치 안전인증고시 [별표 2] 양중기과부하장치 성능기준

KEY 2018년 4월 28일(문제 48번) 출제

45 양중기 과부하방지장치의 일반적인 공통사항에 대한 설명 중 부적합한 것은?

① 과부하방지장치와 타 방호장치는 기능에 서로 장애를 주지 않도록 부착할 수 있는 구조이어야 한다.
② 방호장치의 기능을 변형 또는 보수할 때 양중기의 기능도 동시에 정지할 수 있는 구조이어야 한다.
③ 과부하방지장치에는 정상동작상태의 녹색램프와 과부하 시 경고 표시를 할 수 있는 붉은색램프와 경보음을 발하는 장치 등을 갖추어야 하며, 양중기 운전자가 확인할 수 있는 위치에 설치해야 한다.
④ 과부하방지장치 작동 시 경보음과 경보램프가 작동되어야 하며 양중기는 작동이 되지 않아야 한다. 다만, 크레인은 과부하 상태 해지를 위하여 권상된 만큼 권하시킬 수 있다.

해설

과부하방지장치 일반적인 성능기준

① 과부하방지장치 작동 시 경보음과 경보램프가 작동되어야 하며 양중기는 작동이 되지 않아야 한다. 다만, 크레인은 과부하 상태해지를 위하여 권상된 만큼 권하시킬 수 있다.
② 외함은 납봉인 또는 시건할 수 있는 구조이어야 한다.
③ 외함의 전선 접촉부분은 고무 등으로 밀폐되어 물과 먼지 등이 들어가지 않도록 한다.

46 방호장치를 분류할 때는 크게 위험장소에 대한 방호장치와 위험원에 대한 방호장치로 구분할 수 있는데, 다음 중 위험장소에 대한 방호장치가 아닌 것은?

① 격리형 방호장치
② 접근거부형 방호장치
③ 접근반응형 방호장치
④ 포집형 방호장치

해설

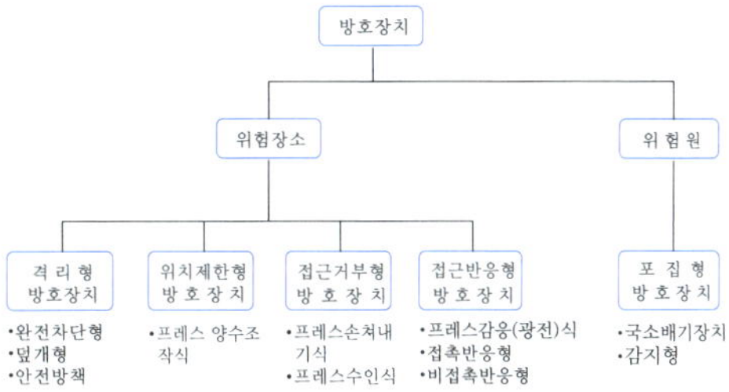

[그림] 방호장치의 구분

참고 산업안전기사 필기 p.3-202(그림. 방호장치의 구분)

KEY 2018년 4월 28일(문제 53번) 출제

[정답] 45 ② 46 ④

47 산업안전보건법령상 프레스 작업시작 전 점검해야 할 사항에 해당하는 것은?

① 와이어로프가 통하고 있는 곳 및 작업장소의 지반상태
② 하역장치 및 유압장치 기능
③ 권과방지장치 및 그 밖의 경보장치의 기능
④ 1행정 1정지기구·급정지장치 및 비상정지 장치의 기능

해설

프레스 작업시작전 점검사항
① 클러치 및 브레이크의 기능
② 크랭크축·플라이휠·슬라이드·연결봉 및 연결나사의 풀림 유무
③ 1행정 1정지기구·급정지장치 및 비상정지장치의 기능
④ 슬라이드 또는 칼날에 의한 위험방지 기구의 기능
⑤ 프레스의 금형 및 고정볼트 상태
⑥ 방호장치의 기능
⑦ 전단기(剪斷機)의 칼날 및 테이블의 상태

참고 산업안전기사 필기 p.3-51(표 : 작업시작전 기계 · 기구 및 점검내용)

KEY ① 2016년 3월 6일 출제
② 2017년 3월 5일 출제
③ 2017년 5월 7일 출제
④ 2017년 8월 26일 출제
⑤ 2018년 3월 4일 출제
⑥ 2021년 8월 14일 출제

정보제공
산업안전보건기준에 관한 규칙 [별표 3] 작업시작전 점검사항

48 산업안전보건법령상 목재가공용 기계에 사용되는 방호장치의 연결이 옳지 않은 것은?

① 둥근톱기계 : 톱날접촉예방장치
② 띠톱기계 : 날접촉예방장치
③ 모떼기기계 : 날접촉예방장치
④ 동력식 수동대패기계 : 반발예방장치

해설

동력식 수동대패기계 방호장치
날접촉예방장치

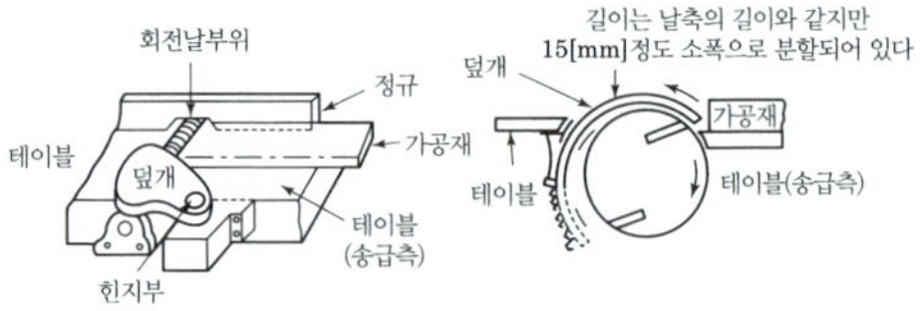

[그림] 가동식 날접촉 예방장치

참고 산업안전기사 필기 p.3-134(3. 날접촉 예방장치 종류)

정보제공
산업안전보건기준에 관한 규칙 제109조(대패기계의 날접촉 예방장치)

KEY 2018년 3월 4일(문제 53번) 출제

49 다음 중 금속 등의 도체에 교류를 통한 코일을 접근시켰을 때, 결함이 존재하면 코일에 유기되는 전압이나 전류가 변하는 것을 이용한 검사방법은?

① 자분탐상검사
② 초음파탐상검사
③ 와류탐상검사
④ 침투형광탐상검사

해설

와류탐상검사(Eddy Current)
① 금속등의 도체에 교류를 통한 코일을 접근
② 결함이 존재하면 코일에 유기되는 전압이나 전류변화 이용

참고 산업안전기사 필기 p.3-224(합격날개 : 은행문제)

KEY 2017년 3월 5일(문제 48번) 출제

50 산업안전보건법령상에서 정한 양중기의 종류에 해당하지 않는 것은?

① 크레인[호이스트(hoist)를 포함한다]
② 도르래
③ 곤돌라
④ 승강기

[정답] 47 ④ 48 ④ 49 ③ 50 ②

해설

양중기의 종류 5가지

① 크레인(호이스트 포함)
② 이동식 크레인
③ 리프트(이삿짐운반용 리프트의 경우에는 적재하중이 0.1[t] 이상인 것)
④ 곤돌라
⑤ 승강기

참고 ① 산업안전기사 필기 p.3-141(1. 양중기의 종류)
② 산업안전기사 필기 p.3-139(합격날개 : 합격예측)

KEY 2021년 5월 15일 등 20회 이상 출제

합격정보
산업안전보건기준에 관한 규칙 제132조(양중기)

51 롤러의 급정지를 위한 방호장치를 설치하고자 한다. 앞면 롤러 직경이 36[cm]이고, 분당회전속도가 50[rpm]이라면 급정지거리는 약 얼마 이내이어야 하는가?(단, 무부하동작에 해당한다.)

① 45[cm] ② 50[cm]
③ 55[cm] ④ 60[cm]

해설

급정지 거리 계산

급정지 거리 $=\pi\times D\times\frac{1}{2.5}=\pi\times 36\times\frac{1}{2.5}$
$=452.16=45[\mathrm{cm}]$

보충학습
$$V=\frac{\pi DN}{1000}=\frac{\pi\times 36\times 50}{1000}=5.65[\mathrm{m/min}]$$

참고 산업안전기사 필기 p.3-110(표 : 롤러의 급정지 거리)

KEY ① 2016년 3월 6일 산업기사 출제
② 2017년 3월 5일(문제 50번) 출제

52 다음 중 금형 설치·해체작업의 일반적인 안전사항으로 틀린 것은?

① 고정볼트는 고정 후 가능하면 나사산이 3~4개 정도 짧게 남겨 슬라이드 면과의 사이에 협착이 발생하지 않도록 해야 한다.
② 금형 고정용 브래킷(물림판)을 고정시킬 때 고정용 브래킷은 수평이 되게 하고, 고정볼트는 수직이 되게 고정하여야 한다.
③ 금형을 설치하는 프레스의 T홈 안길이는 설치 볼트 직경 이하로 한다.
④ 금형의 설치 용구는 프레스의 구조에 적합한 형태로 한다.

해설

프레스 기계에 설치하기 위해 금형에 설치하는 홈의 안전대책

① 설치하는 프레스기계의 T홈에 적합한 형상의 것일 것
② 안길이는 설치볼트 직경의 2배 이상일 것

참고 산업안전기사 필기 p.3-105(합격날개 : 합격예측)

KEY ① 2018년 8월 19일 기사 출제
② 2019년 8월 4일(문제 54번) 출제

53 산업안전보건법령상 보일러에 설치하는 압력방출장치에 대하여 검사 후 봉인에 사용되는 재료로 가장 접합한 것은?

① 납 ② 주석
③ 구리 ④ 알루미늄

해설

봉인재료

압력방출장치 봉인재료 : 납(pb)

참고 산업안전기사 필기 p.3-121(합격날개 : 합격예측 및 관련법규)

합격정보
산업안전보건기준에 관한 규칙 제116조(압력방출장치)

54 슬라이드가 내려옴에 따라 손을 쳐내는 막대가 좌우로 왕복하면서 위험점으로부터 손을 보호하여 주는 프레스의 안전장치는?

① 수인식 방호장치
② 양손조작식 방호장치
③ 손쳐내기식 방호장치
④ 게이트 가드식 방호장치

[정답] 51 ① 52 ③ 53 ① 54 ③

해설

손쳐내기식 방호장치의 일반구조

① 슬라이드 하행정거리의 3/4 위치에서 손을 완전히 밀어내야 한다.
② 손쳐내기봉의 행정(Stroke) 길이를 금형의 높이에 따라 조정할 수 있고 진동폭은 금형폭 이상이어야 한다.
③ 방호판과 손쳐내기봉은 경량이면서 충분한 강도를 가져야 한다.
④ 방호판의 폭은 금형폭의 1/2 이상이어야 하고, 행정길이가 300[mm] 이상의 프레스기계에는 방호판 폭을 300[mm]로 해야 한다.
⑤ 손쳐내기봉은 손 접촉 시 충격을 완화할 수 있는 완충재를 부착해야 한다.
⑥ 부착볼트 등의 고정금속부분은 예리하게 돌출되지 않아야 한다.

참고 산업안전기사 필기 p.3-100(3. 손쳐내기식)

KEY
① 2016년 8월 21일 산업기사 출제
② 2017년 3월 5일 기사 출제
③ 2017년 8월 26일 산업기사 출제
④ 2019년 8월 4일 산업기사 출제
⑤ 2020년 9월 27일 기사 출제
⑥ 2021년 3월 7일(문제 45번) 출제

합격정보

방호장치 안전인증 고시

[별표 1] 프레스 또는 전단기 방호장치의 성능기준(제4조 관련)
31. 손쳐내기식 방호장치의 일반구조

55 산업안전보건법령에 따라 사업주는 근로자가 안전하게 통행할 수 있도록 통로에 얼마 이상의 채광 또는 조명시설을 하여야 하는가?

① 50럭스 ② 75럭스
③ 90럭스 ④ 100럭스

해설

통로의 조명기준 : 75럭스 이상

참고 산업안전기사 필기 p.3-191(합격날개 : 합격예측 및 관련법규)

합격정보

산업안전보건기준에 관한 규칙 제21조(통로의 조명)

56 산업안전보건법령상 다음 중 보일러의 방호장치와 가장 거리가 먼 것은?

① 언로드밸브 ② 압력방출장치
③ 압력제한스위치 ④ 고저수위 조절장치

해설

보일러 방호장치의 종류

① 압력방출장치
② 고저수위 조절장치
③ 압력제한스위치
④ 화염검출기

참고 산업안전기사 필기 p.3-121(3. 방호장치의 종류)

KEY
① 2017년 3월 5일 출제
② 2017년 5월 7일 기사 · 산업기사 동시 출제
③ 2018년 4월 28일(문제 54번) 출제
④ 2020년 8월 22일(문제 47번) 출제

정보제공

① 산업안전보건기준에 관한 규칙 제116조(압력방출장치)
② 산업안전보건기준에 관한 규칙 제117조(압력제한스위치)
③ 산업안전보건기준에 관한 규칙 제118조(고저수위조절장치)

보충학습

언로드 밸브 : 공기압축기 방호장치

57 다음 중 롤러기 급정지장치의 종류가 아닌 것은?

① 어깨조작식 ② 손조작식
③ 복부조작식 ④ 무릎조작식

해설

롤러기 급정지장치 종류

급정지장치 조작부의 종류	위 치
손으로 조작하는 것	밑면으로부터 1.8[m] 이내
복부로 조작하는 것	밑면으로부터 0.8[m] 이상 1.1[m] 이내
무릎으로 조작하는 것	밑면으로부터 0.6[m] 이내

참고 산업안전기사 필기 p.3-110(합격날개 : 합격예측 및 관련법규)

KEY
① 2016년 8월 21일 기사 출제
② 2017년 3월 5일 기사 · 산업기사 동시 출제
③ 2017년 5월 7일 산업기사 출제
④ 2017년 8월 26일 기사 · 산업기사 동시 출제

[정답] 55 ② 56 ① 57 ①

⑤ 2018년 3월 4일 산업기사 출제
⑥ 2018년 4월 28일 산업기사 출제
⑦ 2020년 6월 14일 산업기사 출제
⑧ 2020년 8월 22일(문제 57번) 출제

합격정보

방호장치 자율안전기준고시 [별표 3] 롤러기 급정지장치의 성능 기준

58 산업안전보건법령에 따라 레버풀러(lever puller) 또는 체인블록(chain block)을 사용하는 경우 훅의 입구(hook mouth) 간격이 제조자가 제공하는 제품사양서 기준으로 몇[%] 이상 벌어진 것은 폐기하여야 하는가?

① 3　② 5
③ 7　④ 10

해설

레버풀러(lever puller) 또는 체인블록(chain block)을 사용시 준수사항

① 정격하중을 초과하여 사용하지 말 것
② 레버풀러 작업 중 훅이 빠져 튕길 우려가 있을 경우에는 훅을 대상물에 직접 걸지 말고 피벗 클램프(pivot clamp)나 러그(lug)를 연결하여 사용할 것
③ 레버풀러의 레버에 파이프 등을 끼워서 사용하지 말 것
④ 체인블록의 상부 훅(top hook)은 인양하중에 충분히 견디는 강도를 갖고, 정확히 지탱될 수 있는 곳에 걸어서 사용할 것
⑤ 훅의 입구 (hook mouth) 간격이 제조자가 제공하는 제품사양서 기준으로 10퍼센트 이상 벌어진 것은 폐기할 것
⑥ 체인블록은 체인의 꼬임과 헝클어지지 않도록 할 것
⑦ 체인과 훅은 변형, 파손, 부식, 마모(磨耗)되거나 균열된 것을 사용하지 않도록 조치할 것

참고 산업안전기사 필기 p.3-203(합격날개 : 은행문제)

합격정보

산업안전보건기준에 관한 규칙 제96조(작업도구 등의 목적 외 사용 금지 등)

59 컨베이어(conveyor)역전방지장치의 형식을 기계식과 전기식으로 구분할 때 기계식에 해당하지 않는 것은?

① 라쳇식　② 밴드식
③ 슬러스트식　④ 롤러식

해설

컨베이어의 역전방지 장치

(1) 기계식
① 라쳇식　② 롤러식　③ 밴드식
(2) 전기식
① 전기브레이크　② 스러스트브레이크

참고 산업안전기사 필기 p.3-137(3. 컨베이어의 역전방지 장치)

KEY ① 2012년 8월 26일 문제60번 출제
② 2019년 3월 3일(문제 54번) 출제

60 다음 중 연삭 숫돌의 3요소가 아닌 것은?

① 결합제　② 입자
③ 저항　④ 기공

해설

연삭숫돌의 3요소

① 입자(절삭날)
② 결합제(절삭날지지)
③ 기공(칩의 저장, 배출)

참고 산업안전기사 필기 p.3-89(합격날개 : 합격예측)

4 전기설비 안전관리

61 다음 ( )안에 알맞은 내용을 나타낸 것은?

폭발성 가스의 폭발등급 측정에 사용되는 표준용기는 내용적이 (㉮)[cm³], 반구상의 플렌지 접합면의 안길이(㉯)[mm]의 구상용기의 틈새를 통과시켜 화염일주 한계를 측정하는 장치이다.

① ㉮ 600　㉯ 0.4
② ㉮ 1800　㉯ 0.6
③ ㉮ 4500　㉯ 8
④ ㉮ 8000　㉯ 25

[정답] 58 ④ 59 ③ 60 ③ 61 ④

해설

화염일주한계 = 최대안전틈새 = 안전간격(safety gap)

① 내용적 : 8000[cm^3]=8[ℓ]
② 접합면의 안길이 : 25[mm]

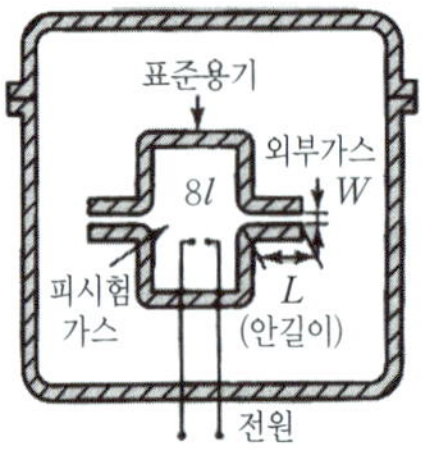

[그림] 폭발등급 측정에 사용되는 표준용기

참고 산업안전기사 필기 p.4-59 (합격날개 : 합격예측)

KEY ① 2016년 8월 21일 출제
② 2018년 8월 19일(문제 66번) 출제

보충학습

화염일주한계

폭발성분위기 내에서 방치된 표준용기의 접합 면 틈새를 통하여 폭발화염이 내부에서 외부로 전파되는 것을 저지할 수 있는 틈새의 최대간격치

62 다음 차단기는 개폐기구가 절연물의 용기 내에 일체로 조립한 것으로 과부하 및 단락사고 시에 자동적으로 전로를 차단하는 장치는?

① OS ② VCB
③ MCCB ④ ACB

해설

MCCB(배선용 차단기)

① MCCB는 산업용 차단기로 1,000[V] 이하 정격전류 2,000[A] 이하
② 순시트립전류는 정격전류의 10배
③ 차단 시간은 10[m/s](0.01초) 이하
예 옛날 두꺼비 집 개량

참고 산업안전기사 필기 p.4-8(13. 배선용 차단기)

보충학습

① MCB
MCB는 주택용 차단기로 380[V] 이하 정격전류 125[A] 이하이며, 부동작 전류, 1.13배, 동작전류 1.45배, 순시트립 전류는 정격전류의 5~10배 이며, 차단시간은 약 0.02초 이하임.
② VCB(진공차단기)
③ ACB(기중차단기 : Air Circuit Breaker)

63 한국전기설비규정에 따라 보호등전위본딩 도체로서 주접지단자에 접속하기 위한 등전위본딩 도체(구리도체)의 단면적은 몇 [mm^2] 이상이어야 하는가? (단, 등전위본딩 도체는 설비 내에 있는 가장 큰 보호접지 도체 단면적의 $\frac{1}{2}$ 이상의 단면적을 가지고 있다.)

① 2.5 ② 6
③ 16 ④ 50

해설

등전위 본딩

① 낙뢰시 접지되어있는 주접지도체에 다른 기기나 보호해야할 대상을 도체를 이용하여 전위차가 접지도체와 등전위가 되게하여 낙뢰로 부터 보호되게 하는 방법
② 주 접지단자에 접속되는 등전위본딩선의 단면적
㉮ 동 6[mm^2] ㉯ 알루미늄 16[mm^2] ㉰ 철 50[mm^2]
③ 등전위본딩도체
주접지단자에 접속하기 위한 등전위본딩 도체는 설비 내에 있는 가장 큰 보호접지도체 단면적의 1/2 이상의 단면적을 가져야 하고 위의 단면적 이상이어야 한다.
④ 중성선 : 다선식 전로에서 전원의 중성극에 접속된 전선
⑤ 분기회로 : 간선에서 분기하여 분기과전류 차단기를 거쳐서 부하에 이르는 사이의 배선
⑥ 등전위본딩(등 전위접속) : 등 전위성을 얻기 위해 전선간을 전기적으로 접속하는 조치를 말한다.

참고 ① 산업안전기사 필기 p.4-43(8. 본딩)
② 산업안전기사 필기 p.4-43(합격날개 : 합격예측)

64 저압전로의 절연성능 시험에서 전로의 사용전압이 380[V]인 경우 전로의 전선 상호간 및 전로와 대지 사이의 절연저항은 최소 몇 [MΩ] 이상이어야 하는가?

① 0.1 ② 0.3
③ 0.5 ④ 1

해설

저압전로의 절연성능

전로의 사용전압[V]	DC 시험전압[V]	절연저항
SELV 및 PELV	250	0.5[MΩ] 이상
FELV, 500[V]	500	1.0[MΩ] 이상
500[V]	1,000	1.0[MΩ] 이상

참고 산업안전기사 필기 p.4-87(문제 23번) 적중

[정답] 62 ③ 63 ② 64 ④

65 **전격의 위험을 결정하는 주된 인자로 가장 거리가 먼 것은?**

① 통전전류 ② 통전시간
③ 통전경로 ④ 접촉전압

해설

1·2차 감전(전격) 위험요소

(1) 전격위험도 결정조건(1차적 감전위험요소)
① 통전전류의 크기
② 통전시간
③ 통전경로
④ 전원의 종류(직류보다 상용주파수의 교류전원이 더 위험한 이유 : 극성변화)
⑤ 주파수 및 파형
⑥ 전격인가위상
(2) 2차적 감전위험요소
① 인체의 조건(저항)
② 전압
③ 계절

참고 산업안전기사 필기 p.4-18(1. 감전요소)

KEY ① 2016년 8월 21일 산업기사 출제
② 2017년 3월 5일 출제
③ 2017년 8월 26일 출제
④ 2018년 3월 4일 산업기사 출제
⑤ 2018년 4월 28일(문제 80번) 출제

66 **교류 아크용접기의 허용사용률[%]은?(단, 정격사용률은 10[%], 2차 정격전류는 500[A], 교류 아크용접기의 사용전류는 250[A]이다.)**

① 30 ② 40
③ 50 ④ 60

해설

허용사용률 계산

$$허용사용률 = \frac{(정격2차전류)^2}{(실제용접전류)^2} \times 정격사용률$$
$$= \frac{500^2}{250^2} \times 10 = 40[\%]$$

참고 산업안전기사 필기 p.4-79(㉯ 허용사용률)

KEY ① 2016년 8월 21일(문제 79번) 출제
② 2017년 8월 26일 출제
③ 2019년 4월 27일(문제 62번) 출제
④ 2021년 8월 14일(문제 66번) 출제

67 **내압방폭구조의 필요충분조건에 대한 사항으로 틀린 것은?**

① 폭발화염이 외부로 유출되지 않을 것
② 습기침투에 대한 보호를 충분히 할 것
③ 내부에서 폭발한 경우 그 압력에 견딜 것
④ 외함의 표면온도가 외부의 폭발성가스를 점화하지 않을 것

해설

내압(耐壓)방폭구조(explosion proof : d)의 특징

① 용기의 내부에 폭발성 가스의 폭발이 일어날 경우에 용기가 폭발압력에 견디고 또한 외부의 폭발성 분위기에의 불꽃의 전파를 방지하도록 한 방폭구조
② 점화원의 방폭적 격리
③ MESG 특성 적용

참고 산업안전기사 필기 p.4-53(1. 내압방폭구조)

KEY ① 2019년 3월 3일 기사 출제
② 2019년 4월 27일 기사 · 산업기사 동시출제
③ 2020년 6월 7일(문제 71번) 출제

68 **다음 중 전동기를 운전하고자 할 때 개폐기의 조작순서로 옳은 것은?**

① 메인 스위치 → 분전반 스위치 → 전동기용 개폐기
② 분전반 스위치 → 메인 스위치 → 전동기용 개폐기
③ 전동기용 개폐기 → 분전반 스위치 → 메인스위치
④ 분전반 스위치 → 전동기용 스위치 → 메인스위치

해설

개폐기 조작 순서

메인 스위치(메인전력분배) – 분전반 스위치(메인전력을 받은 분배기) – 전동기용 개폐기(분전반에서 나온 전력)

참고 산업안전기사 필기 p.4-4(2. 개폐기)

[정답] 65 ④ 66 ② 67 ② 68 ①

KEY ① 2007년 3월 4일(문제 77번) 출제
② 2010년 7월 25일(문제 61번) 출제
③ 2017년 7월 25일(문제 61번) 출제
④ 2019년 4월 27일(문제 70번) 출제

69 다음 빈 칸에 들어갈 내용으로 알맞은 것은?

교류 특고압 가공전선로에서 발생하는 극저주파 전자계는 지표상 1[m]에서 전계가 (ⓐ), 자계가 (ⓑ)가 되도록 시설하는 등 상시 정전유도 및 전자유도 작용에 의하여 사람에게 위험을 줄 우려가 없도록 시설하여야 한다.

① ⓐ 0.35[kV/m] 이하 ⓑ 0.833[μT] 이하
② ⓐ 3.5[kV/m] 이하 ⓑ 8.33[μT] 이하
③ ⓐ 3.5[kV/m] 이하 ⓑ 83.3[μT] 이하
④ ⓐ 35[kV/m] 이하 ⓑ 833[μT] 이하

해설

전기사업법, 전기설비기준
① 특고압 가공전선로에서 발생하는 극저주파 전자계는 지표상 1[m]에서 전계가 3.5[kV/m] 이하
② 자계가 83.3[μT] 이하가 되도록 시설

참고 산업안전기사 필기 p.4-95(문제 67번) 적중

70 감전사고를 방지하기 위한 방법으로 틀린 것은?

① 전기기기 및 설비의 위험부에 위험표지
② 전기설비에 대한 누전차단기 설치
③ 전기기기에 대한 정격표시
④ 무자격자는 전기기계 및 기구에 전기적인 접촉 금지

해설

직접접촉에 의한 감전방지대책
① 충전부에 절연 방호망을 설치할 것
② 충전부는 내구성이 있는 절연물로 완전히 덮어 감쌀 것
③ 충전부가 노출되지 않도록 폐쇄형 외함구조로 할 것
④ 관계자 외에 출입을 금지하고 평소에 잠금상태가 되어야 한다.

참고 산업안전기사 필기 p. 4-20(1. 직접접촉에 의한 감전방지 방법)

KEY ① 2016년 8월 21일 산업기사 출제
② 2017년 3월 5일 출제
③ 2017년 5월 7일(문제 76번) 출제
④ 2020년 9월 27일(문제 76번) 출제

71 외부피뢰시스템에서 접지극은 지표면에서 몇 [m] 이상 깊이로 매설하여야 하는가?(단, 동결심도는 고려하지 않는 경우이다.)

① 0.5 ② 0.75
③ 1 ④ 1.25

해설

접지공사의 방법
① 접지극은 지하 75[cm] 이상의 깊이에 묻을 것(목적 : 접촉전압 감소)
② 접지극은 지표 위 60[cm]까지의 접지선부분에는 옥내용절연전선, 케이블을 사용할 것
③ 지하 75[cm]로부터 지표 위 2[m]까지의 접지선 부분은 합성수지관, 몰드로 덮을 것
④ 접지선은 캡타이어케이블, 절연전선, 통신용케이블 외의 케이블을 사용할 것
⑤ 접지선을 철주, 그 밖에 금속체를 따라서 시설하는 경우에는 접지극을 지중에서 그 금속체로부터 1[m] 이상 떼어 매설할 것

참고 산업안전기사 필기 p.4-89(문제 31번) 적중

72 정전기의 재해방지 대책이 아닌 것은?

① 부도체에는 도전성을 향상 또는 제전기를 설치 운영한다.
② 접촉 및 분리를 일으키는 기계적 작용으로 인한 정전기 발생을 적게 하기 위해서는 가능한 접촉 면적을 크게 하여야 한다.
③ 저항률이 10^{10}[$\Omega \cdot$cm]미만의 도전성 위험물의 배관유속은 7[m/s] 이하로 한다.
④ 생산공정에 별다른 문제가 없다면, 습도를 70[%] 정도 유지하는 것도 무방하다.

[정답] 69 ③ 70 ③ 71 ② 72 ②

해설

접촉면적 및 압력

① 접촉면적이 크고 접촉압력이 증가할수록 정전기의 발생량이 크다.
② 접촉면적을 작게한다.

참고 산업안전기사 필기 p.4-33(5. 접촉면적 및 압력)

KEY 2021년 5월 15일(문제 79번) 출제

73 어떤 부도체에서 정전용량이 10[pF] 이고, 전압이 5[kV]일 때 전하량[C]은?

① 9×10^{-12} ② 6×10^{-10}
③ 5×10^{-8} ④ 2×10^{-6}

해설

전하량계산

$Q=CV=10[pF]\times5[kV]$
$=(10\times10^{-12})\times(5\times10^{3})$
$=50\times10^{-9}=5\times10^{-8}$

참고 ① 산업안전기사 필기 p.4-33(6. 정전기 에너지)
② 산업안전기사 필기 p.4-34(합격날개 : 은행문제)

KEY ① 2016년 8월 21일 기사(문제 76번) 출제
② 2020년 9월 27일 등 20번 이상 출제
③ 2021년 3월 7일 기사(문제 98번) 출제

보충학습

① $[mJ]=10^{-3}[J]$
② $[pF]=10^{-12}[F]$

74 KS C IEC 60079-0에 따른 방폭에 대한 설명으로 틀린 것은?

① 기호 "X"는 방폭기기의 특정사용조건을 나타내는 데 사용되는 인증번호의 접미사이다.
② 인화하한(LFL)과 인화상한(UFL) 사이의 범위가 클수록 폭발성 가스 분위기 형성 가능성이 크다.
③ 기기그룹에 따라 폭발성가스를 분류할 때 IIA의 대표 가스로 에틸렌이 있다.
④ 연면거리는 두 도전부 사이의 고체 절연물 표면을 따른 최단거리를 말한다.

해설

기기 그룹(Equipment Grouping)

① Group I – '폭발성 갱내 가스에 취약한 광산'에서의 사용을 목적으로 한다.
② Group II – Group I 장소 이외의 '폭발성 가스 분위기'가 존재하는 장소에서 사용하기 위함. Group II의 세부 분류로써 IIA 대표 가스는 프로판, IIB 대표 가스는 에틸렌, IIC 대표 가스는 수소 및 아세틸렌 등이다. 참고로 IIB로 표시된 기기는 IIA 지역에 사용할 수 있다. IIC로 표시된 기기는 IIA 또는 IIB 지역에 사용할 수 있다.
③ Group III – '폭발성 분진 분위기'가 존재하는 장소에서 사용하기 위함. Group III의 세부 분류로써 IIIA 가연성부유물, IIIB 비도전성 분진, IIIC로 표시된 기기는 IIIA 또는 IIIB 지역에 사용할 수 있다.

75 다음 중 활선근접 작업시의 안전조치로 적절하지 않은 것은?

① 근로자가 절연용 방호구의 설치·해체작업을 하는 경우에는 절연용 보호구를 착용하거나 활선작업용 기구 및 장치를 사용하도록 하여야 한다.
② 저압인 경우에는 해당 전기작업자가 절연용 보호구를 착용하되, 충전전로에 접촉할 우려가 없는 경우에는 절연용 방호구를 설치하지 아니할 수 있다.
③ 유자격자가 아닌 근로자가 근로자의 몸 또는 긴 도전성 물체가 방호되지 않은 충전전로에서 대지전압이 50[kV]이하인 경우에는 400[cm] 이내로 접근할 수 없도록 하여야 한다.
④ 고압 및 특별고압의 전로에서 전기작업을 하는 근로자에게 활선작업용 기구 및 장치를 사용하여야 한다.

해설

충전전로에서 전기작업

① 유자격자가 아닌 근로자가 충전전로 인근의 높은 곳에서 작업할 때에 근로자의 몸 또는 긴 도전성 물체가 방호되지 않은 충전전로에서 대지전압이 50 킬로볼트 이하인 경우에는 300센티미터 이내이다.

[정답] 73 ③ 74 ③ 75 ③

② 대지전압이 50킬로볼트를 넘는 경우에는 10킬로볼트당 10센티미터씩 더한 거리 이내로 각각 접근할 수 없도록 할 것

합격정보

산업안전보건기준에 관한 규칙 제321조(충전전로에서의 전기작업)

76 밸브 저항형 피뢰기의 구성요소로 옳은 것은?

① 직렬갭, 특성요소 ② 병렬갭, 특성요소
③ 직렬갭, 충격요소 ④ 병렬갭, 충격요소

해설

피뢰기 특징

(1) 피뢰기의 기능
  ① 기능 : 이상전압의 내습 시 이를 신속하게 대지로 방전하고 속류를 차단한다.
  ② 역할 : 뇌전류 및 이상전압으로부터 전기기계기구를 보호한다.
(2) 피뢰기 구성요소
  ① 직렬갭 : 정상 시에는 방전을 하지 않고 절연상태를 유지하며, 이상과 전압 발생 시에는 신속히 이상 전압을 대지로 방전하고 속류를 차단하는 역할을 한다.
  ② 특성요소 : 뇌전류 방전 시 피뢰기 자신의 전위 상승을 억제하여 자신의 절연 파괴를 방지하는 역할을 한다.
(3) 피뢰기의 종류
  ① 갭 저항형 피뢰기
  ② 갭 레스형 피뢰기
  ③ 밸브형 피뢰기 밸브
  ④ 저항형 피뢰기
(4) 피뢰기의 제한전압
  피뢰기 단자 간에 남게되는 충격전압

참고 산업안전기사 필기 p.4-57(2. 피뢰기 설비)

KEY ① 2008년 5월 11일(문제 74번) 출제
② 2019년 3월 3일(문제 79번) 출제

77 정전기 제거 방법으로 가장 거리가 먼 것은?

① 작업장 바닥을 도전처리한다.
② 설비의 도체 부분은 접지시킨다.
③ 작업자는 대전방지화를 신는다.
④ 작업장을 항온으로 유지한다.

해설

정전기 방지대책

- 발생 및 대전
  - 접지
  - 정전화, 정전작업복 착용
  - 유속제한, 정치시간 확보
  - 대전방지제 사용
  - 가습
  - 제전기 사용
  - 제조장치 및 탱크의 불활성화
- 전격
  - 대전억제
  - 대전전하의 신속한 누설
- 화재 및 폭발
  - 환기에 의한 위험물질의 제거
  - 집진에 의한 분진의 제거

참고 산업안전기사 필기 p.4-36([그림] 정전기 방지대책)

KEY ① 2016년 5월 8일 기사 출제
② 2016년 8월 21일 기사 출제
③ 2017년 5월 7일 산업기사 출제
④ 2018년 3월 4일 산업기사 출제
⑤ 2018년 8월 19일 산업기사 출제
⑥ 2019년 3월 3일 산업기사 출제
⑦ 2019년 8월 4일 기사 출제
⑧ 2021년 3월 7일(문제 76번) 출제
⑨ 2021년 5월 15일(문제 79번) 및 (문제 80번) 출제
⑩ 2021년 5월 15일(문제 66번) 출제

78 인체의 전기저항을 0.5[kΩ]이라고 하면 심실 세동을 일으키는 위험한계 에너지는 몇 [J] 인가?(단, 심실세동전류값 $I=\frac{165}{\sqrt{T}}$[mA]의 Dalziel의 식을 이용하며, 통전시간은 1초로 한다.)

① 13.6 ② 12.6
③ 11.6 ④ 10.6

해설

위험한계에너지

$$Q=I^2RT[J/S]=\left(\frac{165}{\sqrt{T}}\times10^{-3}\right)^2\times500\times T$$
$$=\frac{165^2}{T}\times10^{-6}\times500\times T\ =13.6[J]$$

참고 산업안전기사 필기 p.4-18(3. 위험한계에너지)

KEY ① 2016년 8월 21일 기사 출제
② 2017년 5월 7일 기사 출제
③ 2018년 3월 4일 기사 출제
④ 2018년 4월 28일 기사·산업기사 동시 출제

[정답] 76 ① 77 ④ 78 ①

⑤ 2018년 8월 19일 기사 출제
⑥ 2019년 3월 4일 기사 출제
⑦ 2020년 8월 22일(문제 67번) 출제
⑧ 2020년 9월 27일(문제 77번) 출제

79 다음 중 전기설비기술기준에 따른 전압의 구분으로 틀린 것은?

① 저압 : 직류 1[kV] 이하
② 고압 : 교류 1[kV] 초과, 7[kV] 이하
③ 특고압 : 직류 7[kV] 초과
④ 특고압 : 교류 7[kV] 초과

해설

전압분류

전압분류	직류	교류
저압	1,500[V] 이하	1,000[V] 이하
고압	1,500~7,000[V] 이하	1,000~7,000[V] 이하
특별고압	7,000[V] 초과	7,000[V] 초과

참고 산업안전기사 필기 p.4-30(문제 30번) 적중

KEY
① 2017년 5월 7일 기사 출제
② 2017년 8월 26일 기사 출제
③ 2018년 3월 4일 기사 출제
④ 2018년 8월 19일 산업기사 출제
⑤ 2019년 3월 3일(문제 78번) 출제

80 가스 그룹 IIB 지역에 설치된 내압방폭구조 "d" 장비의 플랜지 개구부에서 장애물까지의 최소 거리[mm]는?

① 10　② 20
③ 30　④ 40

해설

내압방폭구조 플랜지 접합부와 장애물 간 최소 이격거리

가스그룹	최소 이격거리[mm]
IIA	10
IIB	30
IIC	40

참고 산업안전기사 필기 p.4-53(합격날개 : 합격예측)

5 화학설비 안전관리

81 다음 설명이 의미하는 것은?

> 온도, 압력 등 제어상태가 규정의 조건을 벗어나는 것에 의한 반응속도가 지수함수적으로 증대되고, 반응용기 내의 온도, 압력이 급격히 이상상승되어 규정 조건을 벗어나고, 반응이 과격화되는 현상

① 비등　② 과열·과압
③ 폭발　④ 반응폭주

해설

반응폭주의 원리

① 반응물질량 제어 실패 : 반응물질과 투입에 다른 반응 활성화로 반응폭주 발생
② 반응온도 제어 실패 : 반응온도의 상승으로 인한 반응속도의 증가로 반응폭주 발생
③ 촉매의 양 제어 실패 : 반응속도를 높이는 촉매의 과 투입에 따른 반응폭주 발생
④ 이물질 흡입에 의한 이상반응 발생으로 반응폭주 발생

참고 산업안전기사 필기 p.5-52(합격날개 : 은행문제)

KEY
① 2017년 5월 7일(문제 97번) 출제
② 2020년 9월 27일(문제 99번) 출제

정보제공
산업안전보건기준에 관한규칙 제262조(파열판의 설치)

82 다음 중 전기화재의 종류에 해당하는 것은?

① A급　② B급
③ C급　④ D급

[정답] 79 ① 80 ③ 81 ④ 82 ③

PART 04

해설

화재의 종류 및 특성

화재구분 / 화재의 종류	화재 급수	소화기 표시 색상	소화효과	화재특성
일반 가연물 화재	A급	백색	냉각 소화	① 백색연기 발생 ② 연소 후 재를 남긴다.
유류화재	B급	황색	질식 효과	① 검은연기 발생 ② 연소 후 재를 남기지 않는다.
전기화재	C급	청색	질식 효과	전기시설물이 점화원의 기능을 하며 발화 후 일반 유류화재로 전환
금속화재	D급	무색	마른모래피복(건조사)	금속이 열을 발생
가스화재	E급	황색		재가 없음
부엌화재	K급			주방화재

참고 산업안전기사 필기 p.5-23(문제 13번 적중)

KEY ① 2016년 8월 21일 산업기사 출제
② 2018년 8월 19일 출제
③ 2020년 8월 22일(문제 81번) 출제
④ 2020년 9월 27일(문제 95번) 출제

83 다음 중 폭발범위에 관한 설명으로 틀린 것은?

① 상한값과 하한값이 존재한다.
② 온도에는 비례하지만 압력과는 무관하다.
③ 가연성 가스의 종류에 따라 각각 다른 값을 갖는다.
④ 공기와 혼합된 가연성 가스의 체적 농도로 나타낸다.

해설

폭발발생의 필수인자

① 인화성 물질 온도
② 조성(인화성 물질의 농도범위)
③ 압력의 방향
④ 용기의 크기와 형태(모양)

참고 산업안전기사 필기 p.5-3(2. 폭발발생의 필수인자)

KEY ① 2014년 3월 2일(문제 85번) 출제
② 2019년 3월 3일(문제 96번) 출제
③ 2020년 9월 27일(문제 84번) 출제

보충학습

보일 샤를 법칙에 의해 온도 상승 시 부피, 압력이 상승하여 넓어진다.

$$\frac{P_1V_1}{T_1} - \frac{P_2V_2}{T_2} = K\text{(일정)}$$

84 다음 [표]와 같은 혼합가스의 폭발범위(vol%)로 옳은 것은?

종류	용적비율(vol%)	폭발하한계(vol%)	폭발상한계(vol%)
CH_4	70	5	15
C_2H_6	15	3	12.5
C_3H_8	5	2.1	9.5
C_4H_{10}	10	1.9	8.5

① 3.75~13.21　② 4.33~13.21
③ 4.33~15.22　④ 3.75~15.22

해설

혼합가스의 폭발범위

① $L(\text{하한}) = \dfrac{100}{\dfrac{V_1}{L_1}+\dfrac{V_2}{L_2}+\dfrac{V_3}{L_3}+\dfrac{V_4}{L_4}} = \dfrac{100}{\dfrac{70}{5}+\dfrac{15}{3}+\dfrac{5}{2.1}+\dfrac{10}{1.9}}$
$=3.75$

② $U(\text{상한}) = \dfrac{100}{\dfrac{V_1}{L_1}+\dfrac{V_2}{L_2}+\dfrac{V_3}{L_3}+\dfrac{V_4}{L_4}} = \dfrac{100}{\dfrac{70}{15}+\dfrac{15}{12.5}+\dfrac{5}{9.5}+\dfrac{10}{8.5}}$
$=13.21$

∴ V = 각성분의 체적
L = 각성분의 폭발하한치(LFL)

참고 산업안전기사 필기 p.5-11(보충학습 : 혼합가스의 폭발범위)

KEY ① 2017년 8월 26일 산업기사 출제
② 2018년 8월 19일(문제 86번) 출제

85 위험물을 저장·취급하는 화학설비 및 그 부속설비를 설치할 때 '단위공정시설 및 설비로부터 다른 단위공정시설 및 설비의 사이'의 안전거리는 설비의 바깥 면으로부터 몇[m] 이상이 되어야 하는가?

① 5　② 10
③ 15　④ 20

[정답] 83 ② 84 ① 85 ②

해설

안전거리

구 분	안전거리
1. 단위공정시설 및 설비로부터 다른 단위공정시설 및 설비의 사이	설비의 바깥면으로부터 10[m] 이상
2. 플레어스택으로부터 단위공정시설 및 설비, 위험물질 저장탱크 또는 위험물질 하역설비의 사이	플레어스택으로부터 반경 20[m] 이상. 다만, 단위 공정시설 등이 불연제로 시공된 지붕 아래 설치된 경우에는 그러하지 아니하다.
3. 위험물질 저장탱크로부터 단위공정시설 및 설비, 보일러 또는 가열로의 사이	저장탱크의 바깥면으로부터 20[m] 이상. 다만, 저장탱크의 방호벽, 원격조정 소화설비 또는 살수설비를 설치한 경우에는 그러하지 아니하다.
4. 사무실 · 연구실 · 실험실 · 정비실 또는 식당으로부터 단위공정시설 및 설비, 위험물질 저장탱크, 위험물질 하역설비, 보일러 또는 가열로의 사이	사무실 등의 바깥면으로부터 20[m] 이상. 다만, 난방용 보일러인 경우 또는 사무실 등의 벽을 방호구조로 설치한 경우에는 그러하지 아니하다.

참고 산업안전기사 필기 p.5-72(문제 51번) 적중

KEY ① 2010년 7월 25일 기사 출제
② 2019년 4월 27일 산업기사 출제
③ 2020년 8월 22일 기사 출제
④ 2021년 5월 15일(문제 94번) 출제

합격정보

산업안전보건기준에 관한 규칙 [별표 8] 안전거리

86 열교환기의 열교환 능률을 향상시키기 위한 방법으로 거리가 먼 것은?

① 유체의 유속을 적절하게 조절한다.
② 유체의 흐르는 방향을 병류로 한다.
③ 열교환기 입구와 출구의 온도차를 크게 한다.
④ 열전도율이 좋은 재료를 사용한다.

해설

열 교환기의 열 교환 능률을 향상시키기 위한 방법

① 유체의 유속을 적절하게 조절한다
② 열 교환하는 유체의 온도차를 크게 한다.
③ 열 전도율이 높은 재료를 사용한다.
④ 유체의 흐르는 방향을 향류로 한다.

참고 산업안전기사 필기 p.5-53(합격날개 : 은행문제)

KEY 2018년 8월 19일(문제 87번) 출제

보충학습

향류 : 열 교환이 잘 되도록 반대로 흐르게 함

87 다음 중 인화성 물질이 아닌 것은?

① 디에틸에테르 ② 아세톤
③ 에틸알코올 ④ 과염소산칼륨

해설

산화성 고체

$kclo_4$(과염소산칼륨) − kcl(차아염소산칼륨) + $2O_2$(산소)

참고 산업안전기사 필기 p.5-35(3. 산화성 액체 및 산화성 고체)

KEY 2016년 8월 21일(문제 81번) 출제

합격정보

산업안전보건기준에 관한 규칙 [별표 1] 위험물질의 종류

보충학습

위험물 분류

① 산고(산화성 고체)
② 가고(가연성 고체)
③ 자금(자연발화성 물질 및 금수성 물질)
④ 인해(인화성 액체)
⑤ 자생(자기반응성 물질)
⑥ 산액(산화성 액체)

88 산업안전보건법령상 위험물질의 종류에서 "폭발성 물질 및 유기과산화물"에 해당하는 것은?

① 리튬 ② 아조화합물
③ 아세틸렌 ④ 셀룰로이드류

해설

폭발성 물질 및 유기과산화물의 종류

① 질산에스테르류
② 니트로화합물
③ 니트로소화합물
④ 아조화합물 및 디아조화합물
⑤ 하이드라진 유도체
⑥ 유기과산화물

참고 산업안전기사 필기 p.5-35(1. 폭발성 물질 및 유기과산화물)

KEY ① 2018년 3월 4일 출제
② 2018년 4월 28일 출제

합격정보

산업안전보건기준에 관한 규칙 [별표 1] 위험물질의 종류

[정답] 86 ② 87 ④ 88 ②

PART 04

89 건축물 공사에 사용되고 있으나, 불에 타는 성질이 있어서 화재 시 유독한 사이안화수소(HCN)가스가 발생되는 물질은?

① 염화비닐　② 염화에틸렌
③ 메타크릴산메틸　④ 우레탄

해설

우레탄

(1) 카밤산에스터
　① 화학식 H_2NCOOR. 카밤산 H_2NCOOH의 -OH기가 -OR기로 치환된 에스터 화합물이다.
　② R가 에틸기 C_2H_5인 경우는 카밤산에틸, R이 메틸기 CH_3인 경우는 카밤산메틸이라 한다.
　③ 카르밤산과 알코올 또는 페놀에서 생기는 에스터이다. 유리 카밤산은 불안정하여 존재하지는 않으나 에스터로서는 안정하다.
　④ 알코올 또는 페놀류(類)의 존재를 확인하기 위하여 사용되나 그 이용도는 낮다.(예 2021년 이천 물류창고 화재)
(2) 카밤산에틸
　① 화학식 $H_2NCOOC_2H_5$. 대표적인 우레탄이다.
　② 단순히 우레탄이라 할 때는 이것을 가리킬 때가 많다.
　③ 막대 모양 결정이며, 녹는 점 49~50[℃], 끓는 점 184[℃]이다.
　④ 최면제로서 쓰이지만 그 작용이 약하므로, 특히 심장병 등에서 다른 최면약의 사용을 기피하는 경우에 사용된다.
　⑤ 습관성이 강하므로 사용시에는 주의해야 한다.

참고 산업안전기사 필기 p.5-60(합격날개 : 은행문제)

KEY 2017년 5월 7일(문제 99번) 출제

90 반응기를 설계할 때 고려하여야 할 요인으로 가장 거리가 먼 것은?

① 부식성　② 상의 형태
③ 온도 범위　④ 중간생성물의 유무

해설

반응기 안전설계시 고려할 요소

① 상(Phase)의 형태(고체, 액체, 기체)
② 온도범위
③ 운전압력
④ 부식성

참고 산업안전기사 필기 p.5-49(합격날개 : 합격예측)

91 에틸알코올 1몰이 완전 연소 시 생성되는 CO_2와 H_2O의 몰수로 옳은 것은?

① CO_2 : 1, H_2O : 4　② CO_2 : 2, H_2O : 3
③ CO_2 : 3, H_2O : 2　④ CO_2 : 4, H_2O : 1

해설

에틸알코올

$C_2H_5OH + 3O_2 = 2CO_2 + 3H_2O$

92 산업안전보건법령상 각 물질이 해당하는 위험물질의 종류를 옳게 연결한 것은?

① 아세트산(농도 90[%]) - 부식성 산류
② 아세톤(농도 90[%]) - 부식성 염기류
③ 이황화탄소 - 인화성 가스
④ 수산화칼륨 - 인화성 가스

해설

부식성 물질

(1) 부식성 산류
　① 농도가 20퍼센트 이상인 염산, 황산, 질산, 그 밖에 이와 같은 정도 이상의 부식성을 가지는 물질
　② 농도가 60퍼센트 이상인 인산, 아세트산, 불산, 그 밖에 이와 같은 정도 이상의 부식성을 가지는 물질
(2) 부식성 염기류
　농도가 40퍼센트 이상인 수산화나트륨, 수산화칼륨, 그 밖에 이와 같은 정도 이상의 부식성을 가지는 염기류
(3) 인화성 가스
　① 수소　② 아세틸렌
　③ 에틸렌　④ 메탄
　⑤ 에탄　⑥ 프로판
　⑦ 부탄　⑧ 영 별표 13에 따른 인화성 가스
(4) 수산화칼륨(KOH)
　① 무기 화합물
　② 위험물은 아님

참고 산업안전기사 필기 p.5-36(7. 부식성 물질)

KEY ① 2019년 8월 4일 출제
　② 2020년 8월 22일 출제

합격정보

산업안전보건기준에 관한 규칙 [별표 1] 위험물질의 종류

[정답] 89 ④ 90 ④ 91 ② 92 ①

93 물과의 반응으로 유독한 포스핀가스를 발생하는 것은?

① HCl ② NaCl
③ Ca_3P_2 ④ $Al(OH)_3$

해설

포스핀가스(PH_3)

Ca_3P_2(인화칼슘)＋$6H_2O$ → $3Ca(OH)_2$＋$2PH_3$(포스핀)

94 분진폭발의 요인을 물리적 인자와 화학적 인자로 분류할 때 화학적 인자에 해당하는 것은?

① 연소열 ② 입도분포
③ 열전도율 ④ 입자의 형상

해설

분진폭발의 화학적 인자

① 연소열
② 산화속도

참고 산업안전기사 필기 p.5-8(7. 분진폭발의 방지대책)

95 메탄올에 관한 설명으로 틀린 것은?

① 무색투명한 액체이다.
② 비중은 1보다 크고, 증기는 공기보다 가볍다.
③ 금속나트륨과 반응하여 수소를 발생한다.
④ 물에 잘 녹는다.

해설

메탄올(methanol)

① 분자식 CH_3OH($CO+2H_2$ → CH_3OH)
② 가장 간단한 구조의 알코올이며 물의 수소원자 하나를 메틸기($-CH_3$)로서 치환한 구조를 가진 것
③ 1661년 R. 보일은 목재의 건류에서 중성의 액체를 얻었는데, 1834년. B.A. 뒤마에 의해 이물질은 CH_3OH로 결정되었다.
④ 비중 0.79로 증기는 공기보다 가볍다.
⑤ 일산화탄소를 수소로 환원하는 고압접촉반응에 의해 제조된다.

96 다음 중 자연발화가 쉽게 일어나는 조건으로 틀린 것은?

① 주위온도가 높을수록
② 열 축적이 클수록
③ 적당량의 수분이 존재할 때
④ 표면적이 작을수록

해설

자연발화조건

① 발열량이 클 것
② 연전도율이 작을 것
③ 주위의 온도가 높을 것
④ 표면적이 클수록(공기를 접촉할 면적 넓어야)
⑤ 수분이 적당량 존재할 것

참고 산업안전기사 필기 p.5-7(2. 자연발화조건)

KEY ① 2017년 8월 26일 기사 출제
② 2018년 3월 4일(문제 91번) 출제
③ 2018년 8월 19일 기사 출제
④ 2020년 8월 22일(문제 87번) 출제

PART 04

97 다음 중 인화점이 가장 낮은 것은?

① 벤젠 ② 메탄올
③ 이황화탄소 ④ 경유

해설

인화점[℃]

① 벤젠 : -11[℃]
② 이황화탄소 : -30[℃]
③ 가솔린 : -43[℃]
④ 경유 : 40~85[℃]

98 자연발화성을 가진 물질이 자연발화를 일으키는 원인으로 거리가 먼 것은?

① 분해열 ② 증발열
③ 산화열 ④ 중합열

[정답] 93 ③ 94 ① 95 ② 96 ④ 97 ③ 98 ②

해설

자연발화 구분

① 산화열에 의한 발화 : 석탄, 건성유 등
② 분해열에 의한 발화 : 셀룰로이드, 니트로셀룰로오스 등
③ 흡착열에 의한 발화 : 활성탄 목탄 등
④ 미생물에 의한 발화 : 퇴비, 먼지 등

참고 산업안전기사 필기 p.5-7(1. 자연발화의 구분)

KEY 2017년 3월 5일(문제 85번) 출제

보충학습

증발열 : 흡열반응으로 온도가 내려간다.
예 사람의 땀이 증발 시 시원함을 느끼는 것

99 비점이 낮은 가연성 액체 저장탱크 주위에 화재가 발생했을 때 저장탱크 내부의 비등현상으로 인한 압력 상승으로 탱크가 파열되어 그 내용물이 증발, 팽창하면서 발생되는 폭발현상은?

① Back Draft ② BLEVE
③ Flash Over ④ UVCE

해설

비등액체 팽창증기폭발(BLEVE)의 발생단계

① 액체가 들어있는 탱크의 주위에서 화재가 발생한다.
② 화재에 의한 열에 의하여 탱크의 벽이 가열된다.
③ 액위 이하의 탱크벽은 액에 의하여 냉각되나, 액의 온도는 올라가고, 탱크 내의 압력이 증가된다.
④ 화염이 열을 제거시킬 액이 없고 증기만 존재하는 탱크의 벽이나 천장(roof)에 도달하면, 화염과 접촉하는 부위의 금속의 온도는 상승하여 그의 구조적 강도를 잃게 된다.
⑤ 탱크는 파열되고 그 내용물은 폭발적으로 증발한다.

참고 산업안전기사 필기 p.5-25(문제 19번) 적중

KEY 2017년 6월 7일(문제 91번) 출제

보충학습

BLEVE 비등액 팽창증기폭발 : Boiling Liquid Expanding Vapor Explosion

100 사업주는 산업안전보건법령에서 정한 설비에 대해서는 과압에 따른 폭발을 방지하기 위하여 안전밸브 등을 설치하여야 한다. 다음 중 이에 해당하는 설비가 아닌 것은?

① 원심펌프
② 정변위 압축기
③ 정변위 펌프(토출축에 차단밸브가 설치된 것만 해당한다)
④ 배관(2개 이상의 밸브에 의하여 차단되어 대기온도에서 액체의 열팽창에 의하여 파열될 우려가 있는 것으로 한정한다)

해설

안전밸브 설치 화학설비

사업주는 다음 각 호의 어느 하나에 해당하는 설비에 대해서는 과압에 따른 폭발을 방지하기 위하여 폭발 방지 성능과 규격을 갖춘 안전밸브 또는 파열판(이하 "안전밸브 등"이라 한다.)을 설치하여야 한다. 다만, 안전밸브 등에 상응하는 방호장치를 설치한 경우에는 그러하지 아니하다.

① 압력용기(안지름이 150밀리미터 이하인 압력용기는 제외하며, 압력 용기 중 관형 열교환기의 경우에는 관의 파열로 인하여 상승한 압력이 압력용기의 최고사용압력을 초과할 우려가 있는 경우만 해당한다.)
② 정변위 압축기
③ 정변위 펌프(토출축에 차단밸브가 설치된 것만 해당한다)
④ 배관(2개 이상의 밸브에 의하여 차단되어 대기온도에서 액체의 열팽창에 의하여 파열될 우려가 있는 것으로 한정)

참고 산업안전기사 필기 p.5-3(합격날개 : 합격예측 및 관련 법규)

KEY ① 2017년 5월 7일 출제
② 2018년 4월 28일(문제 83번) 출제

정보제공

산업안전보건기준에 관한 규칙 제261조(안전밸브 등의 설치)

6 건설공사 안전관리

101 유해위험방지계획서 제출 시 첨부서류로 옳지 않은 것은?

① 공사현장의 주변 현황 및 주변과의 관계를 나타내는 도면
② 공사개요서
③ 전체공정표
④ 작업인부의 배치를 나타내는 도면 및 서류

[정답] 99 ② 100 ① 101 ④

해설

건설업 유해위험방지계획서 첨부서류

① 공사개요서
② 공사현장의 주변 현황 및 주변과의 관계를 나타내는 도면(매설물 현황을 포함한다)
③ 건설물, 사용 기계설비 등의 배치를 나타내는 도면
④ 전체 공정표
⑤ 산업안전보건관리비 사용계획
⑥ 안전관리 조직표
⑦ 재해 발생 위험 시 연락 및 대피방법

참고 산업안전기사 필기 p.6-21(4. 제출시 첨부서류)

KEY ① 2016년 3월 6일(문제 113번) 출제
② 2017년 3월 5일(문제 105번) 출제
③ 2020년 9월 27일(문제 119번) 출제
④ 2021년 9월 12일(문제 107번) 출제

정보제공

산업안전보건법 시행규칙 [별표 10] 유해위험방지계획서 첨부서류

102 추락·재해방지 설비 중 근로자의 추락재해를 방지 할 수 있는 설비로 작업발판 설치가 곤란한 경우에 필요한 설비는?

① 경사로 ② 추락방호망
③ 고정사다리 ④ 달비계

해설

작업발판 설치가 곤란한 경우 : 추락방호망 설치

합격정보

산업안전보건기준에 관한 규칙 제42조(추락의 방지)

103 건설업 산업안전보건관리비 계상 및 사용 기준에 따른 안전관리비의 개인보호구 및 안전장구 구입비 항목에서 안전관리비로 사용이 가능한 경우는?

① 안전보건관리자가 선임되지 않은 현장에서 안전보건업무를 담당하는 현장관계자용 무전기, 카메라, 컴퓨터, 프린터 등 업무용 기기
② 중대재해 목적으로 발생한 정신질환을 치료하기 위해 소요되는 비용
③ 근로자에게 일률적으로 지급하는 보냉·보온장구
④ 감리원이나 외부에서 방문하는 인사에게 지급하는 보호구

해설

근로자 건강장해예방비 등

① 법·영·규칙에서 규정하거나 그에 준하여 필요로 하는 각종 근로자의 건강장해 예방에 필요한 비용
② 중대재해 목적으로 발생한 정신질환을 치료하기 위해 소요되는 비용
③ 「감염병의 예방 및 관리에 관한 법률」 제2조제1호에 따른 감염병의 확산 방지를 위한 마스크, 손소독제, 체온계 구입비용 및 감염병병원체 검사를 위해 소요되는 비용
④ 법 제128조의2 등에 따른 휴게시설을 갖춘 경우 온도, 조명 설치·관리기준을 준수하기 위해 소요되는 비용

참고 산업안전기사 필기 p.6-41(6. 근로자 건강장해 예방비 등)

KEY ① 2017년 6월 7일 산업기사 출제
② 2018년 3월 4일 기사 출제
③ 2019년 3월 3일 산업기사 출제
④ 2020년 6월 14일 산업기사 출제

합격정보

2023년 10월 5일 개정고시 적용

104 가설통로의 설치기준으로 옳지 않은 것은?

① 경사가 15[°]를 초과하는 때에는 미끄러지지 않는 구조로 한다.
② 건설공사에 사용하는 높이 8[m] 이상인 비계다리에는 7[m] 이내마다 계단참을 설치한다.
③ 수직갱에 가설된 통로의 길이가 15[m] 이상일 경우에는 15[m] 이내 마다 계단참을 설치한다.
④ 추락의 위험이 있는 장소에는 안전난간을 설치한다.

해설

수직갱에 가설된 통로의 길이가 15[m] 이상인 경우에는 10[m] 이내마다 계단참을 설치할 것

참고 산업안전기사 필기 p.6-17(합격날개 : 합격예측 및 관련 법규)

합격정보

산업안전보건기준에 관한 규칙 제23조(가설통로의 구조)

KEY 2021년 3월 7일(문제 112번) 출제

[정답] 102 ② 103 ② 104 ③

105 비계의 높이가 2[m] 이상인 작업장소에 작업발판을 설치할 경우 준수하여야 할 기준으로 옳지 않은 것은?

① 작업발판의 폭은 30[cm] 이상으로 한다.
② 발판재료간의 틈은 3[cm] 이하로 한다.
③ 추락의 위험성이 있는 장소에는 안전난간을 설치한다.
④ 발판재료는 뒤집히거나 떨어지지 않도록 2개 이상의 지지물에 연결하거나 고정시킨다.

해설

작업발판 폭 : 40[cm]이상

참고 산업안전기사 필기 p.6-94(합격날개 : 합격예측 및 관련 법규)

KEY 2021년 9월 12일(문제 102번) 출제

합격정보

산업안전보건기준에 관한 규칙 제56조(작업 발판의 구조)

106 가설구조물의 문제점으로 옳지 않은 것은?

① 도괴(무너짐)재해의 가능성이 크다.
② 추락재해 가능성이 크다.
③ 부재의 결합이 간단하나 연결부가 견고하다.
④ 구조물이라는 통상의 개념이 확고하지 않으며 조립의 정밀도가 낮다.

해설

가설 구조물의 특징
① 연결재가 부족하여 불안정해지기 쉽다.
② 부재 결합이 간략하고 불완전 결합이 많다.
③ 구조물이라는 통상의 개념이 확고하지 않아 조립의 정밀도가 낮다.
④ 부재는 과소 단면이거나 결함이 있는 재료가 사용되기 쉽다.

참고 산업안전기사 필기 p.6-87(1. 가설 구조물의 특징)

107 거푸집 해체작업 시 유의사항으로 옳지 않은 것은?

① 일반적으로 수평부재의 거푸집은 연직부재의 거푸집보다 빨리 떼어낸다.
② 해체된 거푸집이나 각목 등에 박혀있는 못 또는 날카로운 돌출물은 즉시 제거하여야 한다.
③ 상하 동시 작업은 원칙적으로 금지 하여 부득이한 경우에는 긴밀히 연락을 위하며 작업을 하여야 한다.
④ 거푸집 해체작업장 주위에는 관계자를 제외하고는 출입을 금지시켜야 한다.

해설

거푸집 해체 순서
① 거푸집은 일반적으로 연직부재를 먼저 떼어낸다.
② 이유 : 하중을 받지 않기 때문

참고 산업안전기사 필기 p.6-115(7. 거푸집의 해체 시 안전수칙)

KEY
① 2017년 5월 7일 산업기사 출제
② 2017년 8월 26일 산업기사 출제
③ 2019년 4월 27일(문제 102번) 출제

108 법면 붕괴에 의한 재해 예방조치로서 옳은 것은?

① 지표수와 지하수의 침투를 방지한다.
② 법면의 경사를 증가한다.
③ 절토 및 성토높이를 증가한다.
④ 토질의 상태에 관계없이 구배조건을 일정하게 한다.

해설

붕괴방지공법
① 활동할 가능성이 있는 토사는 제거하여야 한다.
② 비탈면 또는 법면의 하단을 다져서 활동이 안 되도록 저항을 만들어야 한다.
③ 지표수가 침투되지 않도록 배수를 시키고 지하수위를 낮추기 위하여 수평 보링(boring)을 하여 배수시켜야 한다.
④ 말뚝(강관, H형강, 철근 콘크리트)을 박아 지반을 강화시킨다.

참고 산업안전기사 필기 p.6-57(2. 붕괴방지 공법)

KEY
① 2016년 3월 6일 출제
② 2021년 5월 15일(문제 119번) 출제

[정답] 105 ① 106 ③ 107 ① 108 ①

합격정보

굴착공사 표준안전 작업지침 제31조(예방)

109 취급·운반의 원칙으로 옳지 않은 것은?

① 운반 작업을 집중하여 시킬 것
② 생산을 최고로 하는 운반을 생각할 것
③ 곡선 운반을 할 것
④ 연속 운반을 할 것

해설

취급, 운반의 5원칙

① 직선운반을 할 것
② 연속운반을 할 것
③ 운반작업을 집중화시킬 것
④ 생산을 최고로 하는 운반을 생각할 것
⑤ 최대한 시간과 경비를 절약할 수 있는 운반방법을 고려할 것

참고 산업안전기사 필기 p.6-171(합격날개 : 합격예측)

KEY ① 2017년 8월 26일 출제
② 2018년 4월 28일 기사 출제
③ 2019년 3월 3일 산업기사 출제

참고 산업안전기사 필기 p.6-161(합격날개 : 합격예측)

110 철골작업 시 철골부재에서 근로자가 수직 방향으로 이동하는 경우에 설치하여야 하는 고정된 승강로의 최대 답단 간격은 얼마 이내인가?

① 20[cm] ② 25[cm]
③ 30[cm] ④ 40[cm]

해설

승강로 답단간격

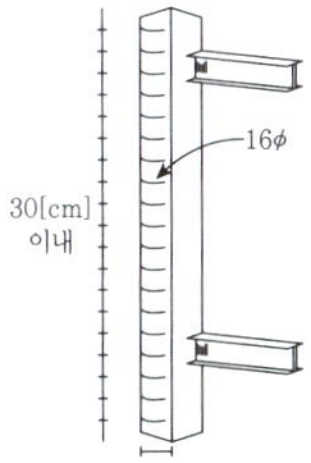

[그림] 고정된 승강로 Trap(답단)

참고 산업안전기사 필기 p.6-168 (그림 : 고정된 승강로 Trap)

KEY ① 2018년 8월 19일 기사 출제
② 2018년 7월 7일 기사 작업형 출제
③ 2018년 9월 15일(문제 11번) 출제

정보제공

산업안전보건기준에 관한 규칙 제381조(승강로의 설치)

사업주는 근로자가 수직방향으로 이동하는 철골부재(鐵骨部材)에는 답단(踏段) 간격이 30센티미터 이내인 고정된 승강로를 설치하여야 하며, 수평방향 철골과 수직방향 철골이 연결되는 부분에는 연결작업을 위하여 작업발판 등을 설치하여야 한다.

111 재해사고를 방지하기 위하여 크레인에 설치된 방호장치로 옳지 않은 것은?

① 공기정화장치 ② 비상정지장치
③ 제동장치 ④ 권과방지장치

해설

크레인의 방호장치

종류	용도
권과방지 장치	양중기의 권상용 와이어로프 또는 지브등의 붐 권상용 와이어로프의 권과 방지 ㉠ 나사형 제동개폐기 ㉡ 롤러형 제동개폐기 ㉢ 캠형 제동개폐기
과부하 방지 장치	정격하중 이상의 하중 부하시 자동으로 상승정지되면서 경보음이나 경보등 발생
비상 정지장치	돌발사태 발생시 안전유지 위한 전원차단 및 크레인 급정지시키는 장치
제동 장치	운동체와 정지체의 기계적접촉에 의해 운동체를 감속하거나 정지 상태로 유지하는 기능을 하는 장치
기타 방호 장치	① 해지장치 ② 스토퍼(Stopper) ③ 이탈방지장치 ④ 안전밸브 등

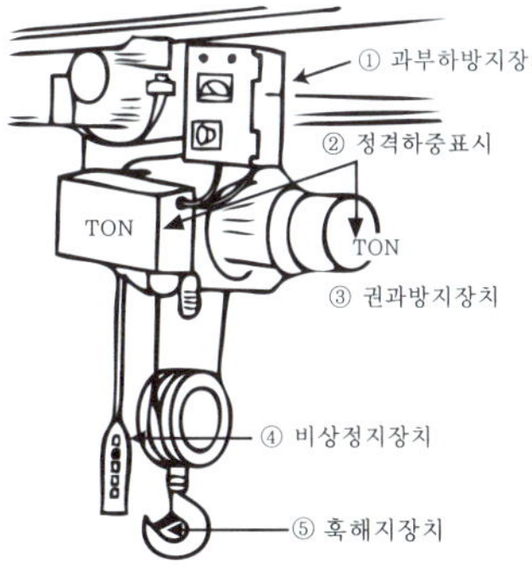

[그림] 크레인의 방호장치

참고 산업안전기사 필기 p.6-131(합격날개 : 합격예측)

[정답] 109 ③ 110 ③ 111 ①

KEY ① 2018년 8월 19일 기사 출제
② 2019년 3월 7일(문제 118번) 출제
③ 2021년 9월 12일(문제 103번) 출제

112 작업장 출입구 설치 시 준수해야 할 사항으로 옳지 않은 것은?

① 출입구의 위치·수 및 크기가 작업장의 용도와 특성에 맞도록 한다.
② 출입구에 문을 설치하는 경우에는 근로자가 쉽게 열고 닫을 수 있도록 한다.
③ 주된 목적이 하역운반기계용인 출입구에는 보행자용 출입구를 따로 설치하지 않는다.
④ 계단이 출입구와 바로 연결된 경우에는 작업자의 안전한 통행을 위하여 그 사이에 1.2[m] 이상 거리를 두거나 안내표지 또는 비상벨 등을 설치한다.

해설

산업안전보건기준에 관한 규칙

제11조(작업장의 출입구) 사업주는 작업장에 출입구(비상구는 제외한다. 이하 같다)를 설치하는 경우 다음 각 호의 사항을 준수하여야 한다.

1. 출입구의 위치, 수 및 크기가 작업장의 용도와 특성에 맞도록 할 것
2. 출입구에 문을 설치하는 경우에는 근로자가 쉽게 열고 닫을 수 있도록 할 것
3. 주된 목적이 하역운반기계용인 출입구에는 인접하여 보행자용 출입구를 따로 설치할 것
4. 하역운반기계의 통로와 인접하여 있는 출입구에서 접촉에 의하여 근로자에게 위험을 미칠 우려가 있는 경우에는 비상등 · 비상벨 등 경보장치를 할 것
5. 계단이 출입구와 바로 연결된 경우에는 작업자의 안전한 통행을 위하여 그 사이에 1.2미터 이상 거리를 두거나 안내표지 또는 비상벨 등을 설치할 것. 다만, 출입구에 문을 설치하지 아니한 경우에는 그러하지 아니하다.

참고 산업안전기사 필기 p.3-14(합격날개 : 합격예측 및 관련법규)

113 옥외에 설치되어 있는 주행크레인에 대하여 이탈방지장치를 작동시키는 등 그 이탈을 방지하기 위한 조치를 하여야 하는 순간풍속에 대한 기준으로 옳은 것은?

① 순간풍속이 초당 10[m]를 초과하는 바람이 불어올 우려가 있는 경우
② 순간풍속이 초당 20[m]를 초과하는 바람이 불어올 우려가 있는 경우
③ 순간풍속이 초당 30[m]를 초과하는 바람이 불어올 우려가 있는 경우
④ 순간풍속이 초당 40[m]를 초과하는 바람이 불어올 우려가 있는 경우

해설

옥외 주행크레인 이탈방지조치 풍속기준 : 30[m/sec]

참고 산업안전기사 필기 p.6-139(합격날개 : 합격예측 및 관련법규)

정보제공

산업안전보건기준에 관한 규칙 제140조(폭풍에 의한 이탈 방지)

114 지반 등의 굴착작업 시 연암의 굴착면 기울기로 옳은 것은?

① 1 : 0.3 ② 1 : 0.5
③ 1 : 0.8 ④ 1 : 1.0

해설

굴착면의 기울기 기준

지반의 종류	굴착면의 기울기
모래	1 : 1.8
연암 및 풍화암	1 : 1.0
경암	1 : 0.5
그 밖의 흙	1 : 1.2

(2) 예 1 : 1.0

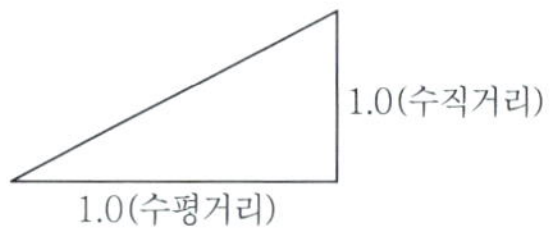

참고 산업안전기사 필기 p.6-56(표. 굴착면의 기울기 기준)

KEY ① 2016년 5월 8일 기사 · 산업기사 동시 출제
② 2020년 6월 7일(문제 111번) 출제
③ 2020년 9월 27일(문제 115번) 출제
④ 2021년 9월 12(문제 115번) 출제

[정답] 112 ③ 113 ③ 114 ④

정보제공
산업안전보건기준에 관한 규칙 제338조([별표 11] 지반 등의 굴착 시 위험방지) : 2024. 1. 1. 적용

115 사면지반 개량 공법으로 옳지 않은 것은?

① 전기 화학적 공법 ② 석회 안정처리 공법
③ 이온 교환 공법 ④ 옹벽 공법

해설

지반개량공법

① 점토질 지반개량공법 : 탈수공법(센드드레인, 페이퍼드레인, 프리로딩, 침투압, 생석회 말뚝)과 치환공법
② 사질토 지반개량공법 : 다짐공법(다짐말뚝, 컴포우저, 바이브로 플로테이션, 전기충격, 폭파다짐), 배수공법(웰 포인트), 고결공법(약액주입)
③ 일시적 개량공법 : 웰 포인트, 동결, 소결공법이 있다.

참고 산업안전기사 필기 p.6-63(합격날개 : 합격예측)

KEY ① 2013년 6월 2일(문제 116번)
② 2015년 3월 8일(문제 118번)
③ 2016년 3월 6일(문제 106번) 출제

116 흙막이벽의 근입깊이를 깊게하고, 전면의 굴착부분을 남겨두어 흙의 중량으로 대항하게 하거나, 굴착예정부분의 일부를 미리 굴착하여 기초콘크리트를 타설하는 등의 대책과 가장 관계 깊은 것은?

① 파이핑현상이 있을 때
② 히빙현상이 있을 때
③ 지하수위가 높을 때
④ 굴착깊이가 깊을 때

해설

히빙

(1) 히빙(Heaving)의 정의
연약성 점토지반 굴착시 굴착외측 흙의 중량에 의해 굴착저면의 흙이 활동전단 파괴되어 굴착내측으로 부풀어 오르는 현상
(2) 방지대책
① 흙막이 근입깊이를 깊게 ② 표토제거 하중감소
③ 지반개량 ④ 굴착면 하중증가
⑤ 어스앵커설치 등

참고 산업안전기사 필기 p.6-19(합격날개 : 합격예측)

KEY ① 2014년 5월 25일(문제 110번)
② 2015년 3월 8일(문제 105번)
③ 2016년 3월 6일(문제 112번) 출제

117 사다리식 통로 등을 설치하는 경우 통로 구조로서 옳지 않은 것은?

① 발판의 간격은 일정하게 한다.
② 발판과 벽과의 사이는 15[cm] 이상의 간격을 유지한다.
③ 사다리의 상단은 걸쳐놓은 지점으로부터 60[cm] 이상 올라가도록 한다.
④ 폭은 40[cm] 이상으로 한다.

해설

사다리식 통로 폭 : 30[cm]이상

참고 산업안전기사 필기 p.6-18(합격날개 : 합격예측 및 관련 법규)

KEY ① 2016년 10월 1일 산업기사 출제
② 2017년 5월 7일 기사·산업기사 동시출제
③ 2018년 4월 28일 산업기사 출제

118 콘크리트 타설작업을 하는 경우에 준수해야 할 사항으로 옳지 않은 것은?

① 당일의 작업을 시작하기 전에 해당 작업에 관한 거푸집동바리 등의 변형·변위 및 지반의 침하 유무 등을 점검하고 이상이 있으면 보수한다.
② 작업 중에는 거푸집동바리 등의 변형·변위 및 침하 유무 등을 감시할 수 있는 감시자를 배치하여 이상이 있으면 작업을 빠른 시간 내 우선 완료하고 근로자를 대피시킨다.
③ 콘크리트 타설작업 시 거푸집붕괴의 위험이 발생할 우려가 있으면 충분한 보강 조치를 한다.

[정답] 115 ④ 116 ② 117 ④ 118 ②

PART 04

④ 콘크리트를 타설하는 경우에는 편심이 발생하지 않도록 골고루 분산하여 타설한다.

해설

제334조(콘크리트의 타설작업) 사업주는 콘크리트의 타설작업을 하는 경우에는 다음 각 호의 사항을 준수하여야 한다.
1. 당일의 작업을 시작하기 전에 해당 작업에 관한 거푸집동바리 등의 변형·변위 및 지반의 침하유무 등을 점검하고 이상이 있으면 보수할 것
2. 작업중에는 거푸집동바리 등의 변형·변위 및 침하유무 등을 감시할 수 있는 감시자를 배치하여 이상이 있으면 작업을 중지시키고 근로자를 대피시킬 것
3. 콘크리트의 타설작업시 거푸집붕괴의 위험이 발생할 우려가 있는 경우에는 충분한 보강조치를 할 것
4. 설계도서상의 콘크리트 양생기간을 준수하여 거푸집동바리 등을 해체할 것
5. 콘크리트를 타설하는 경우에는 편심이 발생하지 않도록 골고루 분산하여 타설할 것

참고 산업안전기사 필기 p.6-91(합격날개 : 합격예측 및 관련법규)

KEY ① 2016년 5월 8일 기사 출제
② 2016년 10월 1일 산업기사 출제
③ 2017년 3월 5일 산업기사 출제
④ 2021년 5월 15일 기사 출제
⑤ 2021년 8월 14일 기사 출제

119 건설작업장에서 근로자가 상시 작업하는 장소의 작업면 조도기준으로 옳지 않은 것은?(단, 갱내 작업장과 감광재료를 취급하는 작업장의 경우는 제외)

① 초정밀 작업 : 600럭스[lux] 이상
② 정밀 작업 : 300럭스[lux] 이상
③ 보통 작업 : 150럭스[lux] 이상
④ 초정밀, 정밀, 보통작업을 제외한 기타 작업 : 75럭스[lux] 이상

해설

조명(조도)수준
① 초정밀작업 : 750[Lux] 이상
② 정밀작업 : 300[Lux] 이상
③ 보통작업 : 150[Lux] 이상
④ 그 밖의 작업 : 75[Lux] 이상

참고 산업안전기사 필기 p.2-169(합격날개 : 합격예측)

KEY ① 2017년 3월 5일 기사 출제
② 2017년 8월 26일 기사 출제
③ 2019년 3월 3일(문제 117번) 출제

정보제공
산업안전보건기준에 관한 규칙 제2조(조도)

120 강관틀비계를 조립하여 사용하는 경우 준수해야할 기준으로 옳지 않은 것은?

① 수직방향으로 6[m], 수평방향으로 8[m] 이내마다 벽이음을 할 것
② 높이가 20[m]를 초과하거나 중량물의 적재를 수반하는 작업을 할 경우에는 주틀 간의 간격을 2.4[m] 이하로 할 것
③ 길이가 띠장 방향으로 4[m] 이하이고 높이가 10[m]를 초과하는 경우에는 10[m] 이내마다 띠장 방향으로 버팀기둥을 설치할 것
④ 주틀 간에 교차 가새를 설치하고 최상층 및 5층 이내마다 수평재를 설치할 것

해설

높이 20[m]이상 시 주틀간의 간격 : 1.8[m] 이하

참고 산업안전기사 필기 p.6-101(합격날개 : 합격예측 및 관련법규)

KEY ① 2016년 5월 8일(문제 101번) 출제
② 2017년 9월 23일 산업기사 출제
③ 2018년 8월 19일 기사 출제
④ 2019년 9월 21(문제 103번) 출제

합격정보
① 산업안전보건기준에 관한 규칙(별표 5) 강관비계의 조립간격
② 산업안전보건기준에 관한 규칙 제62조(강관틀 비계)

[정답] 119 ① 120 ②

자격종목 및 등급(선택분야)

산업안전기사

※ 본 문제는 복원문제 및 예적(예상적중) 문제로 실제문제와 동일하지 않을 수 있습니다.

1 산업재해 예방 및 안전보건교육

01 매슬로우(Maslow)의 인간의 욕구단계 중 5번째 단계에 속하는 것은?

① 안전욕구 ② 존경의 욕구
③ 사회적 욕구 ④ 자아실현의 욕구

해설

매슬로우(Maslow, A. H.)의 욕구단계 이론

① 제1단계(생리적 욕구 : 생명유지의 기본적 욕구) : 기아, 갈증, 호흡, 배설, 성욕 등 인간의 가장 기본적인 욕구(종족보존)
② 제2단계(안전욕구) : 자기보존욕구
③ 제3단계(사회적 욕구) : 소속감과 애정욕구
④ 제4단계(존경욕구) : 인정받으려는 욕구
⑤ 제5단계(자아실현의 욕구) : 잠재적인 능력을 실현하고자 하는 욕구 (성취욕구)

참고 ① 산업안전기사 필기 p.1-101(5. 매슬로우의 욕구 단계이론)
② 산업안전기사 필기 p.1-100(합격날개 : 은행문제)

KEY ▶ 2021년 8월 14일 (문제 14번 등) 30회 이상 출제

02 A사업장의 현황이 다음과 같을 때 이 사업장의 강도율은?

- 근로자수 : 500명
- 연근로시간수 : 2,400시간
- 신체장해등급
  - 2급 : 3명
  - 10급 : 5명
- 의사진단에 의한 휴업일수 : 1,500일

① 0.22 ② 2.22
③ 22.28 ④ 222.88

해설

강도율 계산

$$강도율 = \frac{총요양근로손실일수}{연근로시간수} \times 1,000$$

$$= \frac{(7,500 \times 3) + (600 \times 5) + \left(1,500 \times \frac{300}{365}\right)}{500 \times 2,400} \times 1,000$$

$$= 22.28$$

참고 산업안전기사 필기 p.3-43(4. 강도율)

KEY ▶ 2020년 8월 23일 산업기사 등 30회 이상 출제

정보제공

산업재해 통계업무 처리규정 제3조(산업재해 통계의 산출방법 및 정의) : 2022년 5월 2일 개정

보충학습

[표] 신체 장해 근로 손실일수 등급

신체장해등급	4	5	6	7	8	9	10	11	12	13	14
손실일수	5,500	4,000	3,000	2,200	1,500	1,000	600	400	200	100	50

※ 사망자 및 장해등급 1, 2, 3급의 노동(근로)손실일수 7,500일

03 보호구 자율안전확인 고시상 자율안전확인 보호구에 표시하여야 하는 사항을 모두 고른 것은?

ㄱ. 모델명 ㄴ. 제조 번호
ㄷ. 사용 기한 ㄹ. 자율안전확인 번호

① ㄱ, ㄴ, ㄷ ② ㄱ, ㄴ, ㄹ
③ ㄱ, ㄷ, ㄹ ④ ㄴ, ㄷ, ㄹ

해설

자율안전 확인 제품 표시 방법

① 형식 또는 모델명 ② 규격 또는 등급 등
③ 제조자명 ④ 제조번호 및 제조연월
⑤ 자율안전 확인 번호

[정답] 01 ④ 02 ③ 03 ②

PART 04

참고 산업안전기사 필기 p.3-57(2. 자율안전확인제품 표시 방법)

04 학습지도의 형태 중 참가자에게 일정한 역할을 주어 실제적으로 연기를 시켜봄으로써 자기의 역할을 보다 확실히 인식시키는 방법은?

① 포럼(Forum)
② 심포지엄(Symposium)
③ 롤 플레잉(Role Playing)
④ 사례연구법(Case study method)

해설

Role Playing(역할연기)

참가자에게 일정한 역할을 주어서 실제적으로 연기를 시켜봄으로써 자기의 역할을 보다 확실히 인식시키는 방법
(예) 연극하는 것, 체험학습, Role Model 등)

참고 산업안전기사 필기 p.1-150(9. 적응과 역할)

KEY ① 2017년 3월 5일 기사 출제
② 2019년 2월 21일 기사 출제
③ 2021년 3월 7일(문제 17번) 출제

05 보호구 안전인증 고시상 전로 또는 평로 등의 작업 시 사용하는 방열두건의 차광도 번호는?

① #2 ~ #3 ② #3 ~ #5
③ #6 ~ #8 ④ #9 ~ #11

해설

방열두건의 사용구분

차광도 번호	사용구분
#2~ #3	고로강판가열로, 조괴(造塊) 등의 작업
#3~ #5	전로 또는 평로 등의 작업
#6~ #8	전기로의 작업

참고 산업안전기사 필기 p.1-54(합격날개 : 합격예측)

정보제공
보호구 안전인증고시 제2020-35호 [별표 8] 방열복의 성능기준

06 산업재해의 분석 및 평가를 위하여 재해발생건수 등의 추이에 대해 한계선을 설정하여 목표관리를 수행하는 재해통계 분석기법은?

① 관리도 ② 안전 T점수
③ 파레토도 ④ 특성 요인도

해설

관리도(Control chart)

재해발생건수 등의 추이파악 → 목표관리 행하는 데 필요한 월별 재해발생 수의 그래프화 → 관리 구역 설정 → 관리하는 방법

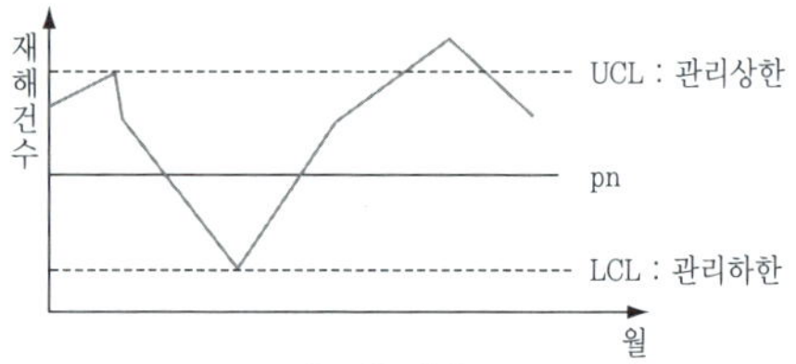

[그림] 관리도

참고 산업안전기사 필기 p.3-4(4. 관리도)

KEY ① 2017년 3월 5일(문제 14번) 출제
② 2018년 9월 15일 출제

07 산업안전보건법령상 안전보건관리규정 작성시 포함되어야 할 사항을 모두 고른 것은? (단, 그 밖에 안전 및 보건에 관한 사항은 제외한다.)

ㄱ. 안전보건교육에 관한 사항
ㄴ. 재해사례 연구 · 토의 결과에 관한 사항
ㄷ. 사고 조사 및 대책 수립에 관한 사항
ㄹ. 작업장의 안전 및 보건 관리에 관한 사항
ㅁ. 안전 및 보건에 관한 관리조직과 그 직무에 관한 사항

① ㄱ, ㄴ, ㄷ, ㄹ ② ㄱ, ㄴ, ㄹ, ㅁ
③ ㄱ, ㄷ, ㄹ, ㅁ ④ ㄴ, ㄷ, ㄹ, ㅁ

해설

안전보건관리규정 작성 시 포함사항

① 안전 및 보건에 관한 관리조직과 그 직무에 관한 사항
② 안전보건교육에 관한 사항

[정답] 04 ③ 05 ② 06 ① 07 ③

③ 작업장의 안전 및 보건 관리에 관한 사항
④ 사고 조사 및 대책 수립에 관한 사항
⑤ 그 밖에 안전 및 보건에 관한 사항

참고 산업안전기사 필기 p.1-179(제2절 안전보건관리 규정)

KEY 2021년 5월 15일 기사 출제

정보제공
산업안전보건법 제25조(안전보건관리규정의 작성)

08 억측판단의 배경으로 볼 수 없는 것은?

① 정보가 불확실할 때
② 타인의 의견에 동조할 때
③ 희망적인 관측이 있을 때
④ 과거에 성공한 경험이 있을 때

해설

억측판단이 발생하는 배경 4가지
① 희망적인 관측 : 그때도 그랬으니까 괜찮겠지 하는 관측
② 정보나 지식의 불확실 : 위험에 대한 정보의 불확실 및 지식의 부족
③ 과거의 선입관 : 과거에 그 행위로 성공하는 경험의 선입관
④ 초조한 심정 : 일을 빨리 끝내고 싶은 초조한 심정

참고 산업안전기사 필기 p.1-119(합격날개 : 합격예측)

KEY 2017년 3월 5일 산업기사(문제 1번) 출제

09 하인리히의 사고예방원리 5단계 중 교육 및 훈련의 개선, 인사조정, 안전관리규정 및 수칙의 개선 등을 행하는 단계는?

① 사실의 발견 ② 분석 평가
③ 시정방법의 선정 ④ 시정책의 적용

해설

제4단계(시정방법의 선정 : Selection of remedy)
① 기술적 개선 ② 배치 (인사) 조정
③ 교육 및 훈련 개선 ④ 안전 행정의 개선
⑤ 규정 및 수칙·작업 표준·제도 개선
⑥ 안전 운동 전개 등의 효과적인 개선 방법을 선정

참고 산업안전기사 필기 p.3-36(4. 제4단계 : 시정방법의 선정)

KEY ① 2018년 3월 4일 산업기사 출제)
② 2021년 5월 15일(문제 17번) 출제

10 재해예방의 4원칙에 대한 설명으로 틀린 것은?

① 재해발생은 반드시 원인이 있다.
② 손실과 사고와의 관계는 필연적이다.
③ 재해는 원인을 제거하면 예방이 가능하다.
④ 재해를 예방하기 위한 대책은 반드시 존재한다.

해설

하인리히 산업재해예방의 4원칙
① 예방가능의 원칙 : 천재지변을 제외한 모든 인재는 예방이 가능하다.
② 손실우연의 원칙 : 사고의 결과 손실의 유무 또는 대소는 사고 당시의 조건에 따라 우연적으로 발생한다.
③ 원인연계(계기)의 원칙 : 사고에는 반드시 원인이 있고 원인은 대부분 복합적 연계 원인이다.
④ 대책선정의 원칙 : 사고의 원인이나 불안전 요소가 발견되면 반드시 대책은 선정 실시되어야 하며 대책선정이 가능하다. 대책은 재해방지의 세 기둥이라고 할 수 있다.

참고 산업안전기사 필기 p.3-35(6. 하인리히 산업재해예방의 4원칙)

KEY ① 2016년 5월 8일 기사 출제
② 2017년 3월 5일 기사 출제
③ 2019년 4월 27일 기사 출제
④ 2020년 8월 22일(문제 20번) 출제
⑤ 2022년 3월 5일 기사 출제

PART 04

11 산업안전보건법령상 안전보건진단을 받아 안전보건개선계획의 수립 및 명령을 할 수 있는 대상이 아닌 것은?

① 유해인자의 노출기준을 초과한 사업장
② 산업재해율이 같은 업종 평균 산업재해율의 2배 이상인 사업장
③ 사업주가 필요한 안전조치 또는 보건조치를 이행하지 아니하여 중대재해가 발생한 사업장
④ 상시 근로자 1천명 이상인 사업장에서 직업성 질병자가 연간 2명 이상 발생한 사업장

[정답] 08 ② 09 ③ 10 ② 11 ④

해설

안전보건진단을 받아 안전보건 개선계획을 수립할 대상 4가지

① 산업재해율이 같은 업종 평균 산업재해율의 2배 이상인 사업장
② 법 제49조제1항제2호(사업주가 필요한 안전조치 또는 보건조치를 이행하지 아니하여 중대재해가 발생한 사업장)에 해당하는 사업장
③ 직업성 질병자가 연간 2명 이상(상시근로자 1천명 이상 사업장의 경우 3명 이상) 발생한 사업장
④ 그 밖에 작업환경 불량, 화재·폭발 또는 누출 사고 등으로 사업장 주변까지 피해가 확산된 사업장으로서 고용노동부령으로 정하는 사업장

참고 산업안전기사 필기 p.1-198(제49조)

정보제공
산업안전보건법 시행령 제49조(안전보건진단을 받아 안전보건개선계획을 수립할 대상)

12 버드(Bird)의 재해분포에 따르면 20건의 경상(물적, 인적상해)사고가 발생했을 때 무상해·무사고(위험순간) 고장 발생 건수는?

① 200　② 600
③ 1,200　④ 12,000

해설

버드 이론 1 : 10 : 30 : 600의 법칙

① 1960년대 175,300여 건의 보험사고를 분석하여 하인리히가 처음 주장한 사고 발생 연쇄이론을 수정
② 641[건]의 사고 중 중상, 경상, 무상해 물적 손실 사고, 무상해 무손실 사고의 비율이 약 1 : 10 : 30 : 600이라고 제시
③ 무상해 : 600건 ×2=1,200[건]

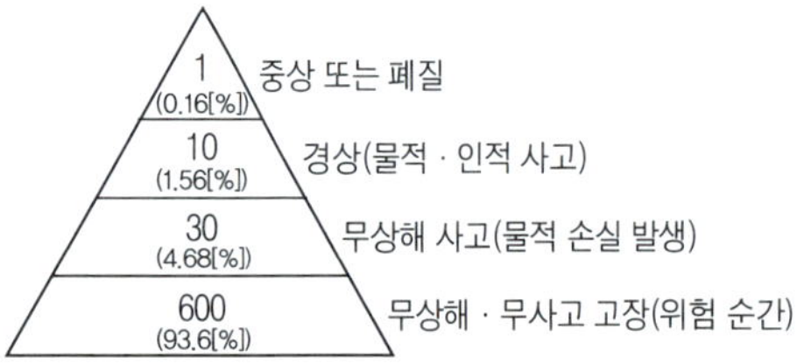

[그림] 버드의 법칙

참고 산업안전기사 필기 p.3-33(3. 버드 이론 1 : 10 : 30 : 600의 법칙)

KEY
① 2016년 5월 8일 기사 출제
② 2017년 5월 7일 기사 출제
③ 2017년 9월 23일 기사 출제
④ 2020년 6월 7일(문제 18번) 출제

13 산업안전보건법령상 거푸집 동바리와 조립 또는 해체작업시 특별교육 내용이 아닌 것은?(단, 그 밖에 안전보건관리에 필요한 사항은 제외한다.)

① 비계의 조립순서 및 방법에 관한 사항
② 조립 해체 시의 사고 예방에 관한 사항
③ 동바리의 조립방법 및 작업 절차에 관한 사항
④ 조립재료의 취급방법 및 설치기준에 관한 사항

해설

거푸집동바리의 조립 또는 해체작업 특별교육 내용

① 동바리의 조립방법 및 작업절차에 관한 사항
② 조립재료의 취급방법 및 설치기준에 관한 사항
③ 조립해체시의 사고예방에 관한 사항
④ 보호구 착용 및 점검에 관한 사항
⑤ 그 밖에 안전보건관리에 필요한 사항

참고 산업안전기사 필기 p.1-160(25. 거푸집동바리의 조립 또는 해체작업)

정보제공
산업안전보건법 시행규칙 [별표 5] 안전보건교육 교육대상별 교육내용

14 산업안전보건법령상 다음의 안전보건표지 중 기본모형이 다른 것은?

① 위험 장소 경고　② 인화성 물질 경고
③ 산화성 물질 경고　④ 부식성 물질 경고

해설

경고표지 모형 비교

인화성 물질경고	산화성 물질경고	폭발성 물질경고	급성독성 물질경고	부식성 물질경고	위험장소 경고

참고 산업안전기사 필기 p.1-61(4. 안전보건표지의 종류와 형태)

KEY
① 2017년 9월 23일 기사 출제
② 2018년 3월 4일 기사 출제
③ 2019년 4월 27일 산업기사 출제
④ 2020년 8월 22일(문제 18번) 출제
⑤ 2021년 5월 15일(문제 12번) 출제

[정답] 12 ③ 13 ① 14 ①

15 학습정도(Level of learning)의 4단계를 순서대로 나열한 것은?

① 인지 → 이해 → 지각 → 적용
② 인지 → 지각 → 이해 → 적용
③ 지각 → 이해 → 인지 → 적용
④ 지각 → 인지 → 이해 → 적용

해설

학습의 정도 4단계

① 인지(to acquaint)
② 지각(to know)
③ 이해(to understand)
④ 적용(to apply)

참고 산업안전기사 필기 p.1-141(6. 학습의 정도)

KEY 2016년 3월 6일 기사, 산업기사 출제

16 기업내 정형교육 중TWI(Training Within Industry)의 교육 내용이 아닌 것은?

① Job Method Training
② Job Relation Training
③ Job Instruction Training
④ Job Standardiziation Training

해설

기업내 정형교육(TWI : Training Within Industry)

① 작업 방법 훈련(Job Method Training : JMT) : 작업개선
② 작업 지도 훈련(Job Instruction Training : JIT) : 작업지도·지시
③ 인간 관계 훈련(Job Relations Training : JRT) : 부하 통솔
④ 작업 안전 훈련(Job Safety Training : JST) : 작업안전

참고 산업안전기사 필기 p.1-145(1.기업내 정형교육)

KEY ① 2016년 3월 6일 기사, 산업기사 출제
② 2016년 8월 21일 산업기사 출제
③ 2017년 5월 7일 산업기사 출제
④ 2017년 8월 26일 산업기사 출제
⑤ 2018년 3월 4일 기사, 산업기사 출제
⑥ 2018년 4월 28일 기사 출제
⑦ 2019년 3월 3일 기사 출제
⑧ 2019년 8월 4일 산업기사 출제
⑨ 2020년 6월 7일 기사 출제
⑩ 2021년 5월 15일(문제 9번) 출제

17 레빈(Lewin)의 법칙 $B=f(P \cdot E)$ 중 B가 의미하는 것은?

① 행동 ② 경험
③ 환경 ④ 인간관계

해설

레빈의 법칙

$B=f(P \cdot E)$
① B : Behavior(인간의 행동)
② f : function(함수관계)
③ P : Person(개체 : 연령, 경험, 심신상태, 성격, 지능, 소질 등)
④ E : Environment(심리적 환경 : 인간관계, 작업환경 등)

참고 산업안전기사 필기 p.1-77(합격예측 : 참고)

KEY 2021년 8월 14일(문제 12번) 등 3번 이상 출제

18 재해원인을 직접원인과 간접원인으로 분류할 때 직접원인에 해당하는 것은?

① 물적 원인 ② 교육적 원인
③ 정신적 원인 ④ 관리적 원인

해설

산업재해원인

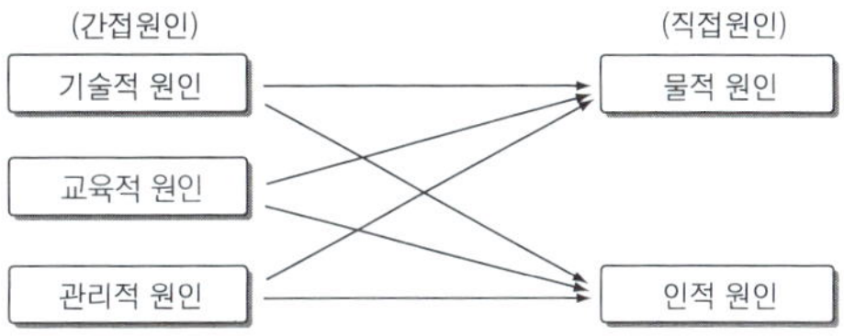

[그림] 직 · 간접재해원인 비교

참고 산업안전기사 필기 p.3-30(그림 : 직·간접재해원인 비교)

KEY ① 2017년 5월 7일 산업기사 출제
② 2018년 4월 28일 기사 출제
③ 2019년 4월 27일 기사 출제
④ 2020년 8월 22일(문제 14번) 출제

[정답] 15 ② 16 ④ 17 ① 18 ①

19 산업안전보건법령상 안전관리자의 업무가 아닌 것은?(단, 그 밖에 고용노동부장관이 정하는 사항은 제외한다.)

① 업무 수행 내용의 기록
② 산업재해에 관한 통계의 유지·관리·분석을 위한 보좌 및 지도·조언
③ 안전교육계획의 수립 및 안전교육 실시에 관한 보좌 및 지도·조언
④ 작업장 내에서 사용되는 전체 환기장치 및 국소 배기장치 등에 관한 설비의 점검

해설

안전관리자의 업무

① 산업안전보건위원회 또는 안전보건에 관한 노사협의체에서 심의·의결한 업무와 해당 사업장의 안전보건관리규정 및 취업규칙에서 정한 업무
② 위험성평가에 관한 보좌 및 지도·조언
③ 안전인증대상 기계 등과 자율안전확인대상 기계 등 구입 시 적격품의 선정에 관한 보좌 및 지도·조언
④ 해당 사업장 안전교육계획의 수립 및 안전교육 실시에 관한 보좌 및 지도·조언
⑤ 사업장 순회점검·지도 및 조치의 건의
⑥ 산업재해 발생의 원인 조사·분석 및 재발 방지를 위한 기술적 보좌 및 지도·조언
⑦ 산업재해에 관한 통계의 유지·관리·분석을 위한 보좌 및 지도·조언
⑧ 법 또는 법에 따른 명령으로 정한 안전에 관한 사항의 이행에 관한 보좌 및 지도·조언
⑨ 업무수행 내용의 기록·유지
⑩ 그 밖에 안전에 관한 사항으로서 고용노동부장관이 정하는 사항

참고 산업안전기사 필기 p.1-26(2. 안전관리자의 업무)

KEY ① 2017년 3월 5일 기사 출제
② 2017년 5월 7일 기사 출제
③ 2017년 9월 23일 기사 출제
④ 2018년 3월 4일 기사 출제
⑤ 2018년 4월 28일 기사 출제
⑥ 2018년 8월 19일 산업기사 출제
⑦ 2020년 6월 7일(문제 1번) 출제

정보제공
산업안전보건법 시행령 제18조(안전관리자의 업무 등)

20 헤드십(headship)의 특성에 관한 설명으로 틀린 것은?

① 지휘형태는 권위주의적이다.
② 상사의 권한 근거는 비공식적이다.
③ 상사와 부하의 관계는 지배적이다.
④ 상사와 부하의 사회적 간격은 넓다.

해설

leadership과 headship의 비교

개인과 상황 변수	leadership	headship
권한 행사	선출된 리더	임명적 헤드
권한 부여	밑으로부터 동의	위에서 위임
권한 귀속	집단 목표에 기여한 공로 인정	공식화된 규정에 의함
상사와 부하와의 관계	개인적인 영향	지배적
부하와의 사회적 관계(간격)	좁음	넓음
지휘 형태	민주주의적	권위주의적
책임 귀속	상사와 부하	상사
권한 근거	개인적	법적 또는 공식적

참고 산업안전기사 필기 p.1-113(5. leadership과 headship의 비교)

KEY ① 2016년 3월 6일, 8월 21일, 10월 1일기사 출제
② 2017년 5월 7일, 9월 23일 기사 출제
③ 2018년 3월 4일 기사, 산업기사 출제
④ 2018년 8월 19일 산업기사 출제
⑤ 2019년 9월 21일 산업기사 출제
⑥ 2020년 8월 23일 산업기사 출제
⑦ 2020년 9월 27일 기사 출제
⑧ 2021년 5월 15일(문제 2번) 출제

2 인간공학 및 위험성 평가·관리

21 위험분석 기법 중 시스템 수명주기 관점에서 적용 시점이 가장 빠른 것은?

① PHA ② FHA
③ OHA ④ SHA

[정답] 19 ④ 20 ② 21 ①

해설

시스템 분석

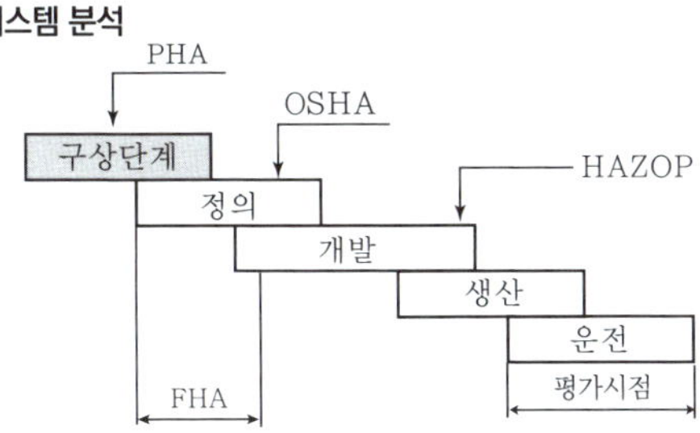

[그림] PHA · OSHA · FHA · HAZOP

참고 산업안전기사 필기 p.2-60(2. 예비 위험 분석)

KEY ① 2012년 3월 4일 출제
② 2016년 5월 8일 산업기사 출제
③ 2018년 8월 19일 출제
④ 2019년 3월 3일, 9월 21일 출제
⑤ 2020년 6월 7일 출제
⑥ 2020년 6월 14일 산업기사 출제
⑦ 2022년 3월 5일(문제 38번) 출제

22 상황해석을 잘못하거나 목표를 잘못 설정하여 발생하는 인간의 오류 유형은?

① 실수(Slip) ② 착오(Mistake)
③ 위반(Violation) ④ 건망증(Lapse)

해설

인간의 오류 5가지 모형

구분	특징
착각(Illusion)	감각적으로 물리현상을 왜곡하는 지각 오류
착오(Mistake)	상황해석을 잘못하거나 목표를 잘못 이해하고 착각하여 행하는 인간의 실수로 위치, 순서, 패턴, 형상, 기억오류 등 외부적 요인에 의해 나타나는 오류
실수(Slip)	의도는 올바른 것이었지만, 행동이 의도한 것과는 다르게 나타나는 오류
건망증(Lapse)	일련의 과정에서 일부를 빠뜨리거나 기억의 실패에 의해 발생하는 오류
위반(Violation)	정해진 규칙을 알고 있음에도 의도적으로 따르지 않거나 무시한 경우에 발생하는 오류

참고 산업안전기사 필기 p.2-19(합격날개 : 합격예측)

KEY ① 2009년 5월 10일(문제 35번) 출제
② 2017년 8월 26일 출제
③ 2019년 3월 3일(21번), 4월 27일(47번) 출제
④ 2021년 5월 15일(42번), 9월 12일(59번) 출제

23 A작업의 평균에너지소비량이 다음과 같을 때, 60분간의 총 작업시간 내에 포함되어야 하는 휴식시간(분)은?

- 휴식중 에너지소비량 : 1.5[kcal/min]
- A작업시 평균 에너지소비량 : 6[kcal/min]
- A기초대사를 포함한 작업에 대한 평균 에너지소비량 상한 : 5[kcal/min]

① 10.3 ② 11.3
③ 12.3 ④ 13.3

해설

휴식시간 계산

휴식시간$(R)=\dfrac{60(E-5)}{E-1.5}=\dfrac{60(6-5)}{6-1.5}=13.33$[분]

여기서, R : 휴식시간(분)
E : 작업 시 평균 에너지 소비량[kcal/분]
60분 : 총작업 시간
1.5[kcal/분] : 휴식시간 중 에너지 소비량
5[kcal/분] : 기초대사량을 포함한 보통작업에 대한 평균 에너지(기초대사량을 포함하지 않을 경우 – 4[kcal/분])

참고 산업안전기사 필기 p.1-102(3. 휴식)

KEY ① 2016년 5월 8일 기사 출제
② 2016년 10월 1일 기사 출제
③ 2018년 9월 15일(문제 43번) 출제

24 시스템의 수명곡선(욕조곡선)에 있어서 디버깅(Debugging)에 관한 설명으로 옳은 것은?

① 초기고장의 결함을 찾아 고장률을 안정시키는 과정이다.
② 우발 고장의 결함을 찾아 고장률을 안정시키는 과정이다.
③ 마모 고장의 결함을 찾아 고장률을 안정시키는 과정이다.
④ 기계 결함을 발견하기 위해 동작시험을 하는 기간이다.

[정답] 22 ② 23 ④ 24 ①

PART 04

해설

초기고장

① 디버깅(Debugging)기간 : 기계의 초기 결함을 찾아내 고장률을 안정시키는 기간
② 번인(Burn-in)기간 : 물품을 실제로 장시간 가동하여 그 동안에 고장난 것을 제거하는 기간
③ 비행기 : 에이징(Aging)이라 하여 3년 이상 시운전
④ 욕조곡선(Bath-tub) : 예방보전을 하지 않을 때의 곡선은 서양식 욕조 모양과 비슷하게 나타나는 현상

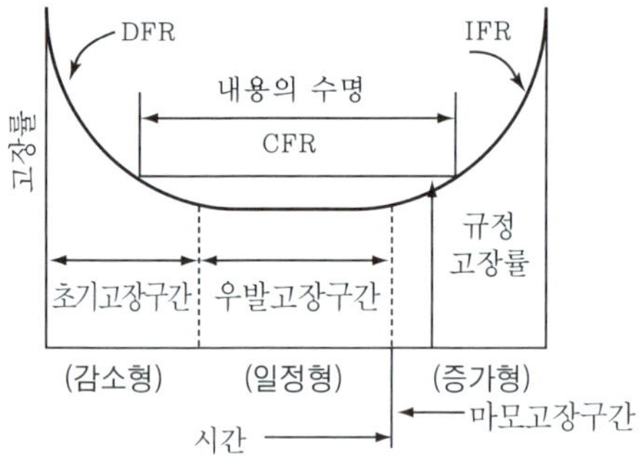

[그림] 기계설비 고장유형

참고 산업안전기사 필기 p.2-13(2. 기계설비 고장 유형)

KEY 2018년 3월 4일(문제 44번) 출제

25 밝은 곳에서 어두운 곳으로 갈 때 망막에 조응이 형성되는 생리적 과정인 암조응이 발생하는데 완전 암조응(Dark adaptation)이 발생하는데 소요되는 시간은?

① 약 3~5분　② 약 10~5분
③ 약 30~40분　④ 약 60~90분

해설

암조응

① 밝은 곳에서 어두운 곳으로 갈 때 : 원추세포의 감수성 상실, 간상세포에 의해 물체 식별
② 완전 암조응 : 보통 30~40분 소요(명조응 : 수초 내지 1~2분)

참고 산업안전기사 필기 p.2-175(7. 암조응)

KEY 2019년 4월 27일 산업기사 출제

26 인간공학에 대한 설명으로 틀린 것은?

① 인간-기계 시스템의 안전성, 편리성, 효율성을 높인다.
② 인간을 작업과 기계에 맞추는 설계 철학이 바탕이 된다.
③ 인간이 사용하는 물건, 설비, 환경의 설계에 적용된다.
④ 인간의 생리적, 심리적인 면에서의 특성이나 한계점을 고려한다.

해설

인간공학

기계, 기구, 환경 등의 물적 조건을 인간의 특성과 능력에 잘 조화하도록 설계하기 위한 수단을 연구하는 학문이다.

참고 산업안전기사 필기 p.2-2(합격날개 : 합격용어)

KEY ① 2015년 5월 31일(문제 34번) 출제
② 2015년 8월 16일(문제 38번) 출제
③ 2017년 9월 23일 출제
④ 2019년 4월 27일 출제

27 HAZOP 기법에서 사용하는 가이드워드와 그 의미가 잘못 연결된 것은?

① Part of : 성질상의 감소
② As well as : 성질상의 증가
③ Other than : 기타 환경적인 요인
④ More/Less : 정량적인 증가 또는 감소

해설

유인어(guide words)

① NO 또는 NOT : 설계 의도의 완전한 부정을 의미
② AS Well AS : 성질상의 증가를 나타내는 것으로 설계의도와 운전조건 등 부가적인 행위와 함께 일어나는 것을 의미
③ PART OF : 성질상의 감소, 성취나 성취되지 않음을 나타냄
④ MORE LESS : 양의 증가 또는 양의 감소로 양과 성질을 함께 나타냄
⑤ OTHER THAN : 완전한 대체를 의미
⑥ REVERSE : 설계의도와 논리적인 역을 의미

참고 산업안전기사 필기 p.2-41(2. 유인어)

[정답] 25 ③ 26 ② 27 ③

KEY ① 2016년 5월 8일 출제
② 2018년 3월 4일(문제 37번) 출제
③ 2020년 9월 27일(문제 58번) 출제
④ 2021년 9월 12일(문제 55번) 출제

28 그림과 같은 FT도에 대한 최소 컷셋(minimal cut sets)으로 옳은 것은?(단, Fussell의 알고리즘을 따른다.)

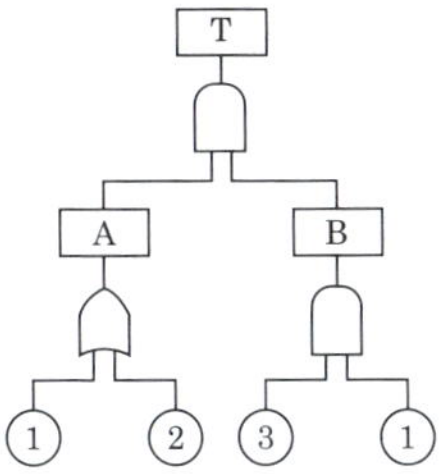

① {1, 2}　　② {1, 3}
③ {2, 3}　　④ {1, 2, 3}

해설

최소컷셋

① $T = A \cdot B$

$= \begin{matrix} X_1 \\ X_2 \end{matrix} \cdot B$

$= X_1X_1X_3$

$\quad X_2X_1X_3$

② 컷셋 = $(X_1X_3)(X_1X_2X_3)$

③ 미니멀(최소) 컷셋 = (X_1X_3)

참고 산업안전기사 필기 p.2-77(5. 컷셋·미니멀 컷셋 요약)

KEY ① 2016년 10월 1일 출제
② 2021년 8월 14일(문제 28번) 출제

29 경계 및 경보신호의 설계지침으로 틀린 것은?

① 주의를 환기시키기 위하여 변조된 신호를 사용한다.
② 배경소음의 진동수와 다른 진동수의 신호를 사용한다.
③ 귀는 중음역에 민감하므로 500~3,000[Hz]의 진동수를 사용한다.
④ 300[m] 이상의 장거리용으로는 1,000[Hz]를 초과하는 진동수를 사용한다.

해설

경계 및 경보신호(청각적 표시장치) 선택시 지침

① 귀는 중음역에 가장 민감하므로 500~3,000[Hz]의 진동수를 사용
② 고음은 멀리가지 못하므로 300[m] 이상 장거리용으로는 1,000[Hz] 이하의 진동수 사용

KEY ① 2016년 3월 6일 산업기사 출제
② 2017년 3월 5일 산업기사 출제
③ 2017년 9월 23일 산업기사 출제
④ 2018년 3월 4일(문제 38번) 출제

30 FTA(Fault Tree Analysis)에서 사용되는 사상기호 중 통상의 작업이나 기계의 상태에서 재해의 발생원인이 되는 요소가 있는 것을 나타내는 것은?

① 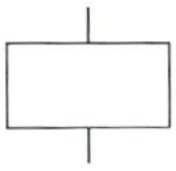
② 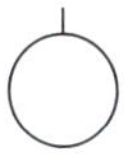
③ 
④ 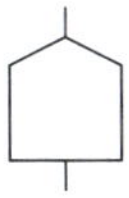

해설

FTA 기호

기 호	명 칭	기 호	명 칭
	결함사상	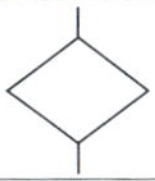	생략사상
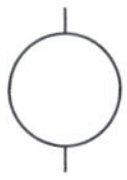	기본사상	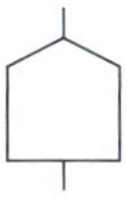	통상사상

참고 산업안전기사 필기 p.2-70(표 : FTA 기호)

KEY ① 2007년 8월 5일(문제 33번) 출제
② 2016년 10월 1일 산업기사 출제
③ 2017년 5월 7일 기사 출제
④ 2017년 8월 19일 산업기사 출제
⑤ 2017년 8월 26일 기사, 산업기사 출제
⑥ 2018년 3월 4일 기사 출제
⑦ 2018년 8월 19일 산업기사 출제
⑧ 2020년 6월 14일 산업기사 출제
⑨ 2021년 5월 15일 기사 출제
⑩ 2021년 8월 14일(문제 33번) 출제

[정답] 28 ② 29 ④ 30 ④

PART 04

31 불(Bool) 대수의 정리를 나타낸 관계식 중 틀린 것은?

① $A \cdot 0=0$　② $A+1=1$
③ $A \cdot \overline{A}=1$　④ $A(A+B)=A$

해설

멱등법칙

① $A+A=A$
② $A \times A=A$(+합집합, ×는 교집합으로서 A와 A의 교집합과 합집합은 항상 A이다)
③ $A+A'=1$(A와 non A의 합집합은 1, 즉 신호 있음)
④ $A \times A'=0$(A와 non A의 교집합은 0, 즉 신호 없음)

참고 산업안전기사 필기 p.2-59(7. 불대수 기본공식)

KEY ① 2018년 9월 15일 출제
② 2020년 3월 7일 출제
③ 2022년 3월 5일(문제 39번) 출제

32 근골격계질환 작업분석 및 평가 방법인 OWAS의 평가요소를 모두 고른 것은?

ㄱ. 상지　ㄴ. 무게(하중)
ㄷ. 하지　ㄹ. 허리

① ㄱ, ㄴ　② ㄱ, ㄷ, ㄹ
③ ㄴ, ㄷ, ㄹ　④ ㄱ, ㄴ, ㄷ, ㄹ

해설

OWAS의 평가도구

평가도구명 (Abaktsus Tools)	구분	평가요소
OWAS(와스 : Ovaco Working Posture Anslysing System)	평가되는 위해요인	자세, 힘, 노출시간
	관련된 신체부위	상체, 허리, 하체
	적용대상 작업종류	중량물 취급
	한계점	중량물작업 한정, 반복성 미고려

참고 산업안전기사 필기 p.2-113(2. 인간공학적 유해요인 평가)

33 다음 중 좌식작업이 가장 적합한 작업은?

① 정밀 조립 작업
② 4.5[kg] 이상의 중량물을 다루는 작업
③ 작업장이 서로 떨어져 있으며 작업장 간 이동이 잦은 작업
④ 작업자의 정면에서 매우 높거나 낮은 곳으로 손을 자주 뻗어야 하는 작업

해설

좌식작업이 적합한 작업 : 정밀조립 작업
예 시계를 수리하는 사람

참고 산업안전기사 필기 p.2-166(보충문제)

34 n개의 요소를 가진 병렬 시스템에 있어 요소의 수명(MTTF)이 지수분포를 따를 경우 이 시스템의 수명으로 옳은 것은?

① $\mathrm{MTTF} \times n$
② $\mathrm{MTTF} \times \frac{1}{n}$
③ $\mathrm{MTTF}\left(1+\frac{1}{2}+\cdots+\frac{1}{n}\right)$
④ $\mathrm{MTTF}\left(1 \times \frac{1}{2} \times \cdots \times \frac{1}{n}\right)$

해설

MTTF(고장까지의 평균시간 : Mean Time To Failure)

① 기계의 평균수명으로 모든 기계가 t_0를 갖지 않기 때문에 확률분포로 파악
② 고장이 발생하면 그것으로 수명이 없어지는 제품
③ 한번 고장이 발생하면 수명이 다하는 것으로 생각하여 수리하지 않고 폐기 또는 교환하는 제품의 고장까지의 평균시간
④ $MTTF(1+\frac{1}{2}+\cdots+\frac{1}{n})$

참고 산업안전기사 필기 p.2-83(4. MTTF)

KEY ① 2011년 3월 20일(문제 55번) 출제
② 2013년 6월 2일(문제 52번) 출제
③ 2019년 9월 21일 건설안전기사(문제 50번) 출제

[정답] 31 ③ 32 ④ 33 ① 34 ③

35 인간 – 기계 시스템에 관한 설명으로 틀린 것은?

① 자동 시스템에서는 인간요소를 고려하여야 한다.
② 자동차 운전이나 전기 드릴 작업은 반자동 시스템의 예시이다.
③ 자동 시스템에서 인간은 감시, 정비유지, 프로그램 등의 작업을 담당한다.
④ 수동 시스템에서 기계는 동력원을 제공하고 인간의 통제 하에서 제품을 생산한다.

해설

인간–기계 시스템

① 수동체계의 경우 : 장인과 공구, 가수와 앰프
② 기계화 체계의 경우 : 운전하는 사람과 자동차 엔진
③ 자동화 체계 : 인간은 주로 감시, 프로그램 입력, 정비유지

참고 산업안전기사 필기 p.2-9(합격날개 : 합격예측)

KEY ① 2019년 3월 3일 산업기사 출제
② 2019년 9월 21일 건설안전기사(문제 46번) 출제

36 양식 양립성의 예시로 가장 적절한 것은?

① 자동차 설계 시 고도계 높낮이 표시
② 방사능 사업장에 방사능 폐기물 표시
③ 청각적 자극 제시와 이에 대한 음성 응답
④ 자동차 설계 시 제어장치와 표시장치의 배열

해설

양립성(compatibility)

정보입력 및 처리와 관련한 양립성은 인간의 기대와 모순되지 않는 자극 반응조합의 관계를 말하는 것

참고 ① 산업안전기사 필기 p.1-75(6. 양립성)
② 산업안전기사 필기 p.2-176(합격날개 : 합격예측)

KEY ① 2018년 3월 4일 산업기사 출제
② 2018년 4월 28일 기사·산업기사 동시 출제

보충학습

양립성의 종류

종류	특징
공간(spatial)	표시장치나 조종장치에서 물리적 형태 및 공간적 배치
운동(movement)	표시장치의 움직이는 방향과 조종장치의 방향이 사용자의 기대와 일치
개념(conceptual)	이미 사람들이 학습을 통해 알고있는 개념적 연상
양식(modality)	직무에 맞는 응답양식 존재 예 청각적 자극 제시

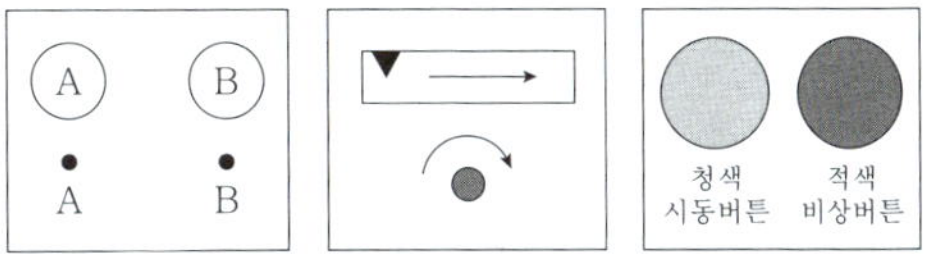

[그림1] 공간 양립성 [그림2] 운동 양립성 [그림3] 개념 양립성

37 다음에서 설명하는 용어는?

유해 · 위험요인을 파악하고 해당 유해 · 위험요인에 의한 부상 또는 질병의 발생 가능성(빈도)과 중대성(강도)을 추정 · 결정하고 감소대책을 수립하여 실행하는 일련의 과정을 말한다.

① 위험성 결정 ② 위험성 평가
③ 위험빈도 추정 ④ 유해·위험요인 파악

해설

위험성 평가 용어정의

① "위험성평가"란 유해·위험 요인을 파악하고 해당 유해·위험요인에 의한 부상 또는 질병의 발생 가능성(빈도)과 중대성(강도)을 추정·결정하고 감소대책을 수립하여 실행하는 일련의 과정을 말한다.
② "유해 위험요인"이란 유해·위험을 일으킬 잠재적 가능성이 있는 것의 고유한 특징이나 속성을 말한다.
③ "유해·위험요인 파악"이란 유해요인과 위험요인을 찾아내는 과정을 말한다.
④ "위험성"이란 유해·위험요인이 부상 또는 질병으로 이어질 수 있는 가능성(빈도)과 중대성(강도)을 조합한 것을 의미한다.

참고 산업안전기사 필기 p.2-43(합격날개 : 은행문제)

합격정보

사업장 위험성 평가에 관한 지침 제3조(정의)

[정답] 35 ④ 36 ③ 37 ②

38 태양광선이 내리쬐는 옥외장소의 자연습구 온도 20[℃], 흑구온도 18[℃], 건구온도 30[℃] 일 때 습구흑구온도지수(WBGT)는?

① 20.6[℃]　② 22.5[℃]
③ 25.0[℃]　④ 28.5[℃]

해설

습구 흑구 온도지수(WBGT)

① 옥외(태양광선이 내리 쬐는 장소)
WBGT＝0.7×자연습구온도(NWB)＋0.2×흑구온도(GT)＋0.1×건구온도(DB)＝0.7×20[℃]＋0.2×18[℃]＋0.1×30[℃]＝20.6[℃]
② 옥내 또는 옥외(태양광선이 내리쬐지 않는 장소)
WBGT(℃)＝0.7×자연습구온도(NWB)＋0.3×흑구온도(GT)

참고 산업안전기사 필기 p.2-170(합격날개 : 합격예측)

KEY 2016년 5월 8일(문제 57번) 출제

39 FTA(Fault Tree Analysis)에 관한 설명으로 옳은 것은?

① 정성적 분석만 가능하다.
② 복잡하고 대형화된 시스템의 신뢰성 분석 및 안정성 분석에 이용되는 기법이다.
③ FT에 동일한 사건이 중복되어 나타나는 경우 상향식(Bottom up)으로 정상 사건 T의 발생 확률을 계산 할 수 있다.
④ 기초사건과 생략사건의 확률값이 주어지게 되더라도 정상 사건의 최종적인 발생확률을 계산할 수 없다.

해설

FTA의 특징

① FTA는 시스템이나 기기의 신뢰성이나 안전성을 그림으로 그려 해석하는 방법
② 대륙간 탄도탄(ICBM : Intercontinental Ballistic Missile)의 고장에 곤욕을 치르고 있는 미 국방성이 BTL에 의뢰하여 W.A.Watson 등에 의해 고안되어 1961년 개발 미사일의 발사 제어 시스템의 안전성 확립에 활용하여 성과를 거둠
③ 1965년 Boeing 항공회사의 D.F.Haasl에 의해 보완됨으로써 실용화되기 시작한 시스템의 고장 해석방법

참고 산업안전기사 필기 p.2-67(5. FTA 특징)

40 1sone에 관한 설명으로 ( )에 알맞은 수치는?

> 1sone : (ㄱ)[Hz], (ㄴ)[dB]의 음압수준을 가진 순음의 크기

① ㄱ : 1,000, ㄴ : 1
② ㄱ : 4,000, ㄴ : 1
③ ㄱ : 1,000, ㄴ : 40
④ ㄱ : 4,000, ㄴ : 40

해설

음의 크기의 수준

① Phon : 1,000[Hz] 순음의 음압수준(dB)을 나타낸다.
② sone : 1,000[Hz], 40[dB]의 음압수준을 가진 순음의 크기(＝40[Phon])를 1 [sone]이라 한다.
③ sone과 Phon의 관계식
∴ sone치＝$2^{(phon-40)/10}$

참고 산업안전기사 필기 p.2-173(합격날개 : 합격예측)

KEY ① 2015년 8월 16일(문제 22번) 출제
② 2016년 3월 6일 기사, 산업기사 동시 출제
③ 2019년 3월 3일(문제 29번) 출제
④ 2019년 4월 27일(문제 55번) 출제
⑤ 2021년 5월 15일(문제 30번) 출제

3 기계·기구 및 설비안전관리

41 다음 중 와이어 로프의 구성요소가 아닌 것은?

① 클립　② 소선
③ 스트랜드　④ 심강

해설

와이어 로프의 구성요소

① 소선(wire)
② 가닥(strand)
③ 심(core) 또는 심강

참고 ① 산업안전기사 필기 p.3-152(그림 : 로프의 형태)
② 산업안전기사 필기 p.6-177(합격날개 : 합격예측)

[정답] 38 ① 39 ② 40 ③ 41 ①

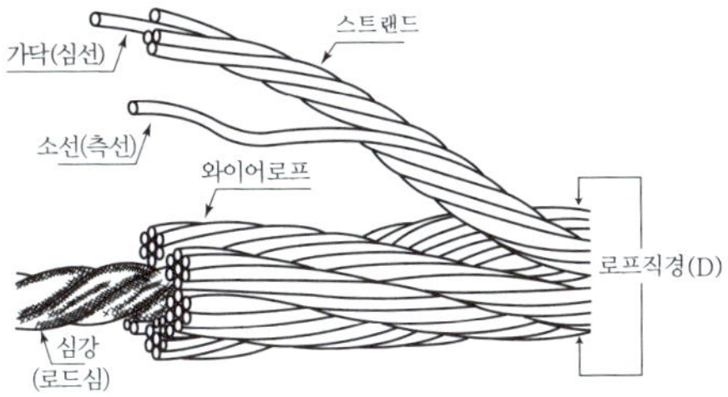

[그림] 로프의 형태

합격자의 조언

제6과목 건설안전기술에도 자주 출제됩니다.

42 산업안전보건법령상 산업용 로봇에 의한 작업 시 안전조치 사항으로 적절하지 않은 것은?

① 로봇의 운전으로 인해 근로자가 로봇에 부딪칠 위험이 있을 때에는 높이 1.8[m] 이상의 울타리를 설치하여야 한다.

② 작업을 하고 있는 동안 로봇의 가동스위치 등은 작업에 종사하고 있는 근로자가 아닌 사람이 그 스위치 등을 조작할 수 없도록 필요한 조치를 한다.

③ 로봇의 조작방법 및 순서, 작업 중의 매니퓰레이터의 속도 등에 관한 지침에 따라 작업을 하여야 한다.

④ 작업에 종사하는 근로자가 이상을 발견하면, 관리 감독자에게 우선 보고하고, 지시가 나올 때까지 작업을 진행한다.

해설

교시등의 작업에 조치사항

① 다음 각 목의 사항에 관한 지침을 정하고 그 지침에 따라 작업을 시킬 것
   ㉮ 로봇의 조작방법 및 순서
   ㉯ 작업 중의 매니퓰레이터의 속도
   ㉰ 2명 이상의 근로자에게 작업을 시킬 경우의 신호방법
   ㉱ 이상을 발견한 경우의 조치
   ㉲ 이상을 발견하여 로봇의 운전을 정지시킨 후 이를 재가동시킬 경우의 조치
   ㉳ 그 밖에 로봇의 예기치 못한 작동 또는 오조작에 의한 위험을 방지하기 위하여 필요한 조치

② 작업에 종사하고 있는 근로자 또는 해당 근로자를 감시하는 자가 이상을 발견한 때에는 즉시 로봇의 운전을 정지시키기 위한 조치를 할 것

③ 작업을 하고 있는 동안 로봇의 기동스위치 등에 작업중이라는 표시를 하는 등 작업에 종사하고 있는 근로자가 아닌 사람이 그 스위치 등을 조작할 수 없도록 필요한 조치를 할 것

참고 산업안전기사 필기 p.3-127(합격날개 : 합격예측 및 관련법규)

정보제공

산업안전보건기준에 관한 규칙 제222조(교시 등)

KEY 2019년 8월 4일(문제 42번) 출제

43 밀링 작업 시 안전수칙으로 옳지 않은 것은?

① 테이블 위에 공구나 기타 물건 등을 올려놓지 않는다.

② 제품 치수를 측정할 때는 절삭 공구의 회전을 정지한다.

③ 강력 절삭을 할 때는 일감을 바이스에 짧게 물린다.

④ 상·하, 좌·우 이송장치의 핸들은 사용 후 풀어 둔다.

해설

강력절삭시 일감은 깊게 물려야 합니다.

[그림] 밀링바이스

참고 산업안전기사 필기 p.3-84(밀링작업시 안전수칙)

KEY ① 2016년 3월 6일 산업기사 출제
② 2018년 3월 4일 기사 출제
③ 2018년 4월 28일 기사 출제
④ 2020년 6월 7일(문제 43번) 출제

[정답] 42 ④ 43 ③

44 다음 중 지게차의 작업 상태별 안정도에 관한 설명으로 틀린 것은?(단, V는 최고속도[km/h]이다.)

① 기준 부하상태에서 하역작업 시의 전후 안정도는 20[%] 이내이다.

② 기준 부하상태에서 하역작업 시의 좌우 안정도는 6[%] 이내이다.

③ 기준 무부하상태에서 주행 시의 전후 안정도는 18[%] 이내이다.

④ 기준 무부하상태에서 주행 시의 좌우 안정도는 (15+1.1V)[%] 이내이다.

해설

지게차의 안정조건

안정도	지게차의 상태	
· 하역작업시 전후 안정도 4[%] (5[t] 이상의 것은 3.5[%]) · 부하상태	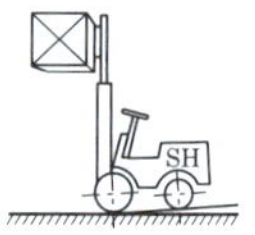	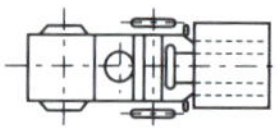 위에서 본 모양
· 주행시의 전후 안정도 18[%] · 부하상태		
· 하역작업시의 좌우 안정도 6[%] · 부하상태		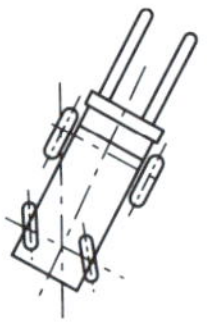 위에서 본 모양
· 주행시의 좌우 안정도(15+1.1V)[%] V : 최고속도[km/hr] · 무부하상태	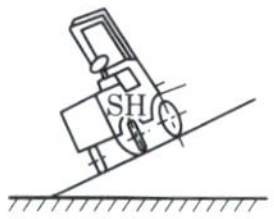	

$$안정도=\frac{h}{l}\times 100[\%]$$

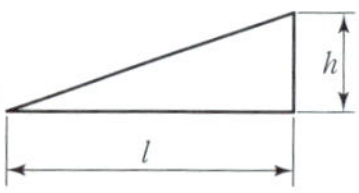

참고 산업안전기사 필기 p.3-136(표. 지게차의 안정조건)

KEY ① 2016년 5월 8일 산업기사 출제
② 2016년 8월 21일 산업기사 출제
③ 2017년 5월 7일(문제 46번) 출제

합격정보

건설기계 안전기준에 관한 규칙

제22조(안정도) ① 지게차는 다음 각 호에 해당하는 지면에서 중심선이 지면의 기울어진 방향과 평행할 경우 앞이나 뒤로 넘어지지 아니하여야 한다.

1. 지게차의 최대하중상태에서 쇠스랑을 가장 높이 올린 경우 기울기가 100분의 4(지게차의 최대하중이 5톤 이상인 경우에는 100분의 3.5)인 지면
2. 지게차의 기준부하상태에서 주행할 경우 기울기가 100분의 18인 지면

② 지게차는 다음 각 호에 해당하는 지면에서 중심선이 지면의 기울어진 방향과 직각으로 교차할 경우 옆으로 넘어지지 아니하여야 한다.

1. 지게차의 최대하중상태에서 쇠스랑을 가장 높이 올리고 마스트를 가장 뒤로 기울인 경우 기울기가 100분의 6인 지면
2. 지게차의 기준무부하상태에서 주행할 경우 구배가 지게차의 최고주행속도에 1.1을 곱한 후 15를 더한 값인 지면. 다만, 규격이 5,000킬로그램 미만인 경우에는 최대 기울기가 100분의 50, 5,000킬로그램 이상인 경우에는 최대 기울기가 100분의 40인 지면을 말한다.

45 산업안전보건법령상 보일러의 안전한 가동을 위하여 보일러 규격에 맞는 압력방출장치가 2개 이상 설치된 경우에 최고사용압력 이하에서 1개가 작동되고, 다른 압력방출장치는 최고사용압력의 몇 배 이하에서 작동되도록 부착하여야 하는가?

① 1.03배　② 1.05배

③ 1.2배　④ 1.5배

해설

압력방출 장치

① 보일러 규격에 적합한 압력방출장치를 최고사용압력 이하에서 작동하도록 1개 또는 2개 이상 설치

② 2개 이상 설치된 경우 최고사용압력 이하에서 1개가 작동되고, 다른압력방출장치는 최고사용압력 1.05배 이하에서 작동되도록 부착

③ 1년에 1회 이상 토출압력시험 후 납으로 봉인(공정안전관리 이행수준 평가결과가 우수한 사업장은 4년에 1회 이상 토출압력시험 실시)

④ 종류 : 스프링식, 중추식, 지렛대식(일반적으로 스프링식 안전밸브를 많이 사용)

[그림] 압력방출장치(안전밸브)

[정답] 44 ① 45 ②

참고 산업안전기사 필기 p.3-121(3. 방호장치의 종류)

KEY ① 2016년 8월 21일 기사 출제
② 2017년 8월 16일 기사 출제
③ 2018년 4월 28일 기시 출제
④ 2019년 3월 3일 기사 출제
⑤ 2020년 9월 27일 기사 출제
⑥ 2021년 5월 15일(문제 46번) 출제

합격정보
산업안전보건기준에 관한 규칙 제116조(압력방출장치)

46 금형의 설치, 해체, 운반 시 안전사항에 관한 설명으로 틀린 것은?

① 운반을 위하여 관통 아이볼트가 사용될 때는 구멍 틈새가 최소화되도록 한다.
② 금형을 설치하는 프레스의 T홈 안길이는 설치 볼트 지름의 1/2이하로 한다.
③ 고정볼트는 고정 후 가능하면 나사산을 3~4개 정도 짧게 남겨 설치 또는 해체 시 슬라이드 면과의 사이에 협착이 발생하지 않도록 해야 한다.
④ 운반 시 상부금형과 하부금형이 닿을 위험이 있을때는 고정 패드를 이용한 스트랩, 금속재질이나 우레탄 고무의 블록 등을 사용한다.

해설

프레스 기계에 설치하기 위해 금형에 설치하는 홈의 안전대책
① 설치하는 프레스기계의 T홈에 적합한 형상의 것일 것
② 안길이는 설치볼트 직경의 2배 이상일 것

[그림] 아이볼트

참고 산업안전기사 필기 p.3-105(합격날개 : 합격예측)

KEY ① 2018년 8월 19일 기사 출제
② 2019년 8월 4일(문제 54번) 출제
③ 2022년 3월 5일(문제 52번) 출제

47 선반에서 절삭 가공 시 발생하는 칩을 짧게 끊어지도록 공구에 설치되어 있는 방호장치에 일종인 칩 제거 기구를 무엇이라 하는가?

① 칩 브레이커 ② 칩 받침
③ 칩 쉴드 ④ 칩 커터

해설

칩브레이커
칩을 짧게 끊어주는 선반전용 안전장치

[그림] 선반 클램프형 칩브레이커

참고 산업안전기사 필기 p.3-81(4. 선반작업시 안전수칙)

KEY ① 2016년 5월 8일 산업기사 출제
② 2016년 8월 21일 산업기사 출제
③ 2018년 8월 19일 산업기사(문제 41번) 출제

48 다음 중 산업안전보건법령상 안전인증대상 방호장치에 해당하지 않는 것은?

① 연삭기 덮개
② 압력용기 압력방출용 파열판
③ 압력용기 압력방출용 안전밸브
④ 방폭구조(防爆構造) 전기기계·기구 및 부품

해설

안전인증대상기계 방호장치의 종류
① 프레스 및 전단기 방호장치
② 양중기용 과부하방지장치
③ 보일러 압력방출용 안전밸브
④ 압력용기 압력방출용 안전밸브
⑤ 압력용기 압력방출용 발열판
⑥ 절연용 방호구 및 활선작업용 기구
⑦ 방폭구조 전기기계 기구 및 부품
⑧ 추락, 낙하 및 붕괴 등의 위험방호에 필요한 가설기자재
⑨ 충돌·협착 등의 위험방지에 필요한 산업용 로봇의 방호장치

참고 산업안전기사 필기 p.3-54(2. 방호장치의 종류)

[정답] 46 ② 47 ① 48 ①

PART 04

KEY ① 2016년 3월 6일 기사 출제
② 2018년 4월 28일 기사 출제
③ 2021년 3월 7일(문제 11번) 출제

합격정보
산업안전보건법 시행령 제74조(안전인증대상기계 등)

49 인장강도가 250[N/mm²]인 강판에서 안전율이 4라면 이 강판의 허용응력(N/mm²)은 얼마인가?

① 42.5 ② 62.5
③ 82.5 ④ 102.5

해설

$$\text{허용응력} = \frac{\text{인장강도}}{\text{안전율}} = \frac{250}{4} = 62.5[\text{N/mm}^2]$$

참고 산업안전기사 필기 p.3-189(합격날개 : 합격예측)

KEY ① 2017년 5월 7일 기사 출제
② 2017년 8월 26일 기사 출제
③ 2018년 4월 28일 산업기사 출제
④ 2019년 4월 27일 산업기사 출제
⑤ 2020년 6월 7일(문제 52번) 출제
⑥ 2020년 9월 27일(문제 42번) 출제
⑦ 2021년 8월 14일(문제 49번) 출제

50 산업안전보건법령상 강렬한 소음작업에서 데시벨에 따른 노출시간으로 적합하지 않은 것은?

① 100데시벨 이상의 소음이 1일 2시간 이상 발생하는 작업
② 110데시벨 이상의 소음이 1일 30분 이상 발생하는 작업
③ 115데시벨 이상의 소음이 1일 15분 이상 발생하는 작업
④ 120데시벨 이상의 소음이 1일 7분 이상 발생하는 작업

해설

강렬한 소음작업 기준

dB 기준	90	95	100	105	110	115
허용노출시간	8시간	4시간	2시간	1시간	30분	15분

참고 산업안전기사 필기 p.2-172(표 : 음압과 허용노출관계)

KEY ① 2016년 8월 26일 기사, 산업기사 출제
② 2020년 8월 22일 기사 출제
③ 2021년 8월 14일(문제 41번) 출제

합격정보
산업안전보건기준에 관한 규칙 제512조(정의)

보충학습
① 소음작업 : 1일 8시간 작업을 기준으로 85[dB] 이상의 소음을 발생하는 작업
② 충격소음(최대음압수준) : 140[dBA]

51 방호장치 안전인증 고시에 따라 프레스 및 전단기에 사용되는 광전자식 방호장치의 일반구조에 대한 설명으로 가장 적절하지 않은 것은?

① 정상동작표시램프는 녹색, 위험표시램프는 붉은색으로 하며, 근로자가 쉽게 볼 수 있는 곳에 설치해야 한다.
② 슬라이드 하강 중 정전 또는 방호장치의 이상시에 정지할 수 있는 구조이어야 한다.
③ 방호장치는 릴레이, 리미트 스위치 등의 전기부품의 고장, 전원전압의 변동 및 정전에 의해 슬라이드가 불시에 동작하지 않아야 하며, 사용전원전압의 ±(100분의 10)의 변동에 대하여 정상으로 작동되어야 한다.
④ 방호장치의 감지기능은 규정한 검출영역 전체에 걸쳐 유효하여야 한다.(다만, 블랭킹 기능이 있는 경우 그렇지 않다.)

해설

광전자식 방호장치의 일반구조

① 방호장치는 릴레이, 리미트 스위치 등의 전기부품의 고장, 전원전압의 변동 및 정전에 의해 스라이드가 불시에 동작하지 않아야 한다.
② 사용전원전압의 ±(100분의 20)의 변동에 대하여 정상으로 작동되어야 한다.

[정답] 49 ② 50 ④ 51 ③

[그림] 광전자식 방호장치

참고 산업안전기사 필기 p.3-103(합격날개 : 합격예측)

KEY 2018년 3월 4일 산업기사(문제 54번) 출제

52 산업안전보건법령상 연삭기 작업 시 작업자가 안심하고 작업을 할 수 있는 상태는?

① 탁상용 연삭기에서 숫돌과 작업 받침대의 간격이 5[mm]이다.
② 덮개 재료의 인장강도는 224[MPa]이다.
③ 숫돌 교체 후 2분 정도 시험운전을 실시하여 해당 기계의 이상 여부를 확인하였다.
④ 작업 시작 전 1분 정도 시험운전을 실시하여 해당 기계의 이상 여부를 확인하였다.

해설

연삭기 시험운전 시간
① 작업시작 전 : 1분 이상
② 숫돌 교체시 : 3분 이상

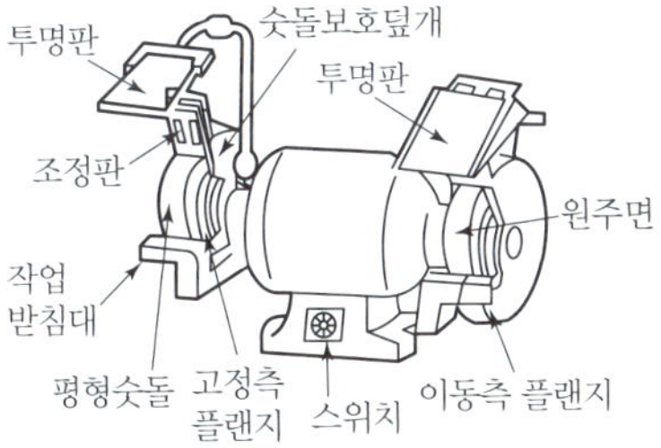

[그림] 탁상용연삭기

참고 산업안전기사 필기 p.3-94(4. 연삭기 구조면에 있어서 안전대책)

KEY ① 2016년 3월 6일 산업기사 출제
② 2020년 6월 7일 기사 출제
③ 2020년 8월 22일(문제 51번) 출제

53 보기와 같은 기계요소가 단독으로 발생시키는 위험점은?

[보기]
밀링커터, 둥근톱날

① 협착점　② 끼임점
③ 절단점　④ 물림점

해설

위험점 구분
① 협착점(Squeeze-point) : 왕복운동을 하는 동작부분과 움직임이 없는 고정부분 사이에서 형성되는 위험점(왕복+고정)
예 프레스기, 전단기, 성형기, 조형기, 굽힘기계(bending machine)
② 끼임점(Shear-point) : 고정부분과 회전하는 동작부분이 함께 만드는 위험점(회전+고정)
예 연삭숫돌과 덮개, 교반기의 날개와 하우징, 프레임에서 암의 요동운동을 하는 기계부분 등
③ 물림점(Nip-point) : 회전하는 두 개의 회전체에는 물려 들어가는 위험성이 존재한다. 이때 위험점이 발생되는 조건은 회전체가 서로 반대방향으로 맞물려 회전되어야 한다.(회전+회전)
예 롤러와 롤러의 물림, 기어와 기어의 물림 등

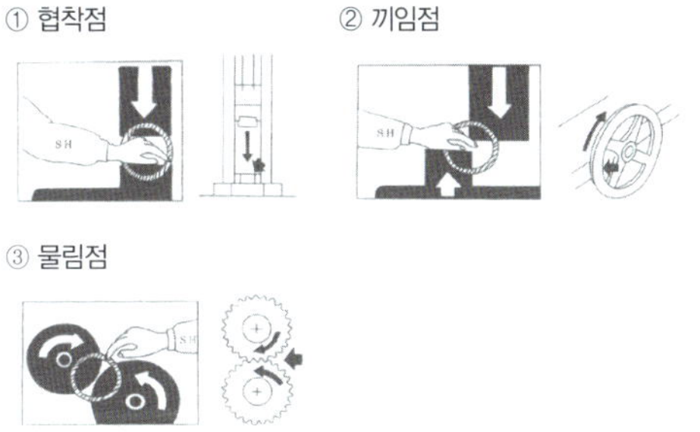

[그림] 위험점

참고 산업안전기사 필기 p.3-15(4. 위험점의 분류)

KEY ① 2017년 3월 5일 산업기사 출제
② 2017년 5월 7일 산업기사 출제
③ 2017년 8월 26일 산업기사 출제
④ 2018년 3월 4일(문제 43번) 출제

[정답] 52 ④ 53 ③

54 다음 중 크레인의 방호장치로 가장 거리가 먼 것은?

① 권과방지장치 ② 과부하방지장치
③ 비상정지장치 ④ 자동보수장치

해설

크레인의 방호장치

종류	용도
권과방지 장치	양중기의 권상용 와이어로프 또는 지브등의 붐 권상용 와이어로프의 권과 방지 ㉠ 나사형 제동개폐기 ㉡ 롤러형 제동개폐기 ㉢ 캠형 제동개폐기
과부하 방지 장치	정격하중 이상의 하중 부하시 자동으로 상승정지되면서 경보음이나 경보등 발생
비상 정지장치	돌발사태 발생시 안전유지 위한 전원차단 및 크레인 급정지시키는 장치
제동 장치	운동체와 정지체의 기계적접촉에 의해 운동체를 감속하거나 정지 상태로 유지하는 기능을 하는 장치
기타 방호 장치	① 해지장치 ② 스토퍼(Stopper) ③ 이탈방지장치 ④ 안전밸브 등

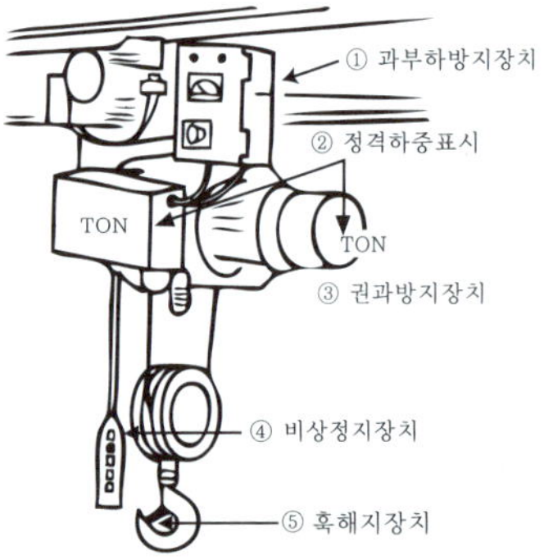

[그림] 크레인의 방호장치

참고 ① 산업안전기사 필기 p.3-186(문제 169번)
② 산업안전기사 필기 p.6-131(합격날개 : 합격예측)

KEY ① 2018년 8월 19일 기사 출제
② 2019년 3월 7일(문제 118번) 출제
③ 2021년 9월 12일(문제 103번) 출제
④ 2022년 3월 5일(문제 111번) 출제
⑤ 2022년 4월 24일(문제 108번) 출제

합격정보
산업안전보건기준에 관한 규칙 제134조(방호조치의 조정)

55 산업안전보건법령상 프레스기를 사용하여 작업을 할 때 작업시작 전 점검사항으로 틀린 것은?

① 클러치 및 브레이크의 기능
② 압력방출장치의 기능
③ 크랭크축·플라이휠·슬라이드·연결봉 및 연결나사의 풀림 유무
④ 프레스의 금형 및 고정 볼트의 상태

해설

프레스 작업시작전 점검사항
① 클러치 및 브레이크의 기능
② 크랭크축·플라이휠·슬라이드·연결봉 및 연결나사의 풀림 유무
③ 1행정 1정지기구·급정지장치 및 비상정지장치의 기능
④ 슬라이드 또는 칼날에 의한 위험방지 기구의 기능
⑤ 프레스의 금형 및 고정볼트 상태
⑥ 방호장치의 기능
⑦ 전단기(剪斷機)의 칼날 및 테이블의 상태

참고 산업안전기사 필기 p.3-51(표 : 작업시작전 기계 · 기구 및 점검내용)

KEY ① 2016년 3월 6일 출제
② 2017년 3월 5일, 5월 7일, 8월 26일 출제
③ 2018년 3월 4일 출제
④ 2021년 8월 14일 출제
⑤ 2022년 3월 5일(문제 47번) 출제

정보제공
산업안전보건기준에 관한 규칙 [별표 3] 작업시작전 점검사항

56 설비보전은 예방보전과 사후보전으로 대별된다. 다음 중 예방보전의 종류가 아닌 것은?

① 시간계획보전 ② 개량보전
③ 상태기준보전 ④ 적응보전

해설

보전의 분류

구분	특징
예방보전(PM)	계획적으로 일정한 사용기간마다 실시하는 보전으로 PM에 대하여 항상 사용 가능한 상태로 유지(시간계획보전, 상태기준보전, 적응보전)
사후보전(BM)	기계설비의 고장이나 결함등이 발생했을 경우 이를 수리 또는 보수하여 회복시키는 보전활동

[정답] 54 ④ 55 ② 56 ②

개량보전(CM)	설비를 안정적으로 가동하기 위해 고장이 발생한 후 설비자체의 체질 개선을 실시하는 사후 보전방식
보전예방(MP)	설비의 계획단계 및 설치 시부터 고장 예방을 위한 여러 가지 연구가 필요하다는 보전 방식

참고 산업안전기사 필기 p.2-48(2. 보전의 분류)

보충학습

개량보전(corrective maintenance : CM)

기기나 시스템의 고장 후 설계변경, 재료의 개선 등으로 수명을 연장하거나 수리, 검사가 쉽도록 설비자체의 체질개선을 하는 사후 보전방식

57 천장크레인에 중량 3[kN]의 화물을 2줄로 매달았을 때 매달기용 와이어(sling wire)에 걸리는 장력은 약 몇 [kN]인가?(단, 매달기용 와이어(Sling wire) 2줄 사이의 각도는 55[°]이다.)

① 1.3　　② 1.7

③ 2.0　　④ 2.3

해설

장력계산

$$장력=\frac{\frac{T}{2}}{\cos\frac{\pi}{2}}=\frac{\frac{3}{2}}{\cos\frac{55}{2}}=1.7[KN]$$

참고 산업안전기사 필기 p.3-148(3. 와이어로프에 걸리는 하중계산)

KEY ① 2006년 5월 14일 출제
② 2010년 3월 7일 출제
③ 2018년 3월 4일 출제
④ 2018년 8월 19일 출제

58 다음 중 롤러의 급정지 성능으로 적합하지 않은 것은?

① 앞면 롤러 표면 원주속도가 25[m/min], 앞면 롤러의 원주가 5[m]일 때 급정지거리 1.6[m]이내

② 앞면 롤러 표면 원주속도가 35[m/min], 앞면 롤러의 원주가 7[m] 일 때 급정지거리 2.8[m] 이내

③ 앞면 롤러 표면 원주속도가 30[m/min], 앞면 롤러의 원주가 6[m]일 때 급정지거리 2.6[m] 이내

④ 앞면 롤러 표면 원주속도가 20[m/min], 앞면롤러의 원주가 8[m]일 때 급정지거리 2.6[m] 이내

해설

급정지 거리계산

(1) 앞면 롤러 표면 원주 속도가 25[m/min] 이므로

① 급정지 거리=앞면 롤러의 원주 $\times\frac{1}{3}$

$$=5\times\frac{1}{3}=1.67[m] \text{ 이내}$$

② 급정지 거리가 1.6[m] 이내이므로 적합

(2) 앞면 롤러 표면 원주 속도가 35[m/min] 이므로

① 급정지 거리=앞면 롤러의 원주 $\times\frac{1}{2.5}$

$$=7\times\frac{1}{2.5}=2.8[m] \text{ 이내}$$

② 급정지 거리가 2.8[m] 이내이므로 적합

(3) 앞면 롤러 표면 원주 속도가 30[m/min] 이므로

① 급정지 거리=앞면 롤러의 원주 $\times\frac{1}{2.5}$

$$=6\times\frac{1}{2.5}=2.4[m] \text{ 이내}$$

② 급정지 거리가 2.6[m] 이내이므로 부적합

(4) 앞면 롤러 표면 원주 속도가 20[m/min] 이므로

① 급정지 거리=앞면 롤러의 원주 $\times\frac{1}{3}$

$$=8\times\frac{1}{3}=2.67[m] \text{ 이내}$$

② 급정지 거리가 2.6[m] 이내이므로 적합

보충학습

① 앞면 롤러의 표면 속도에 따른 급정지 거리

앞면 롤러의 표면속도 (m/min)	급정지 거리
30 미만	앞면 롤러 원주의 $\frac{1}{3}$ 이내$(=\pi\cdot D\cdot\frac{1}{3})$
30 이상	앞면 롤러 원주의 $\frac{1}{2.5}$ 이내$(=\pi\cdot D\cdot\frac{1}{2.5})$

② 표면 속도의 산식

$$V=\frac{\pi DN}{1000}=30[m/min]$$

여기서, V : 표면속도
D : 롤러 원통의 직경(mm)
N : 1분간에 롤러기가 회전하는 수(rpm)

참고 산업안전기사 필기 p.3-110(표 : 롤러의 급정지 거리)

[정답] 57 ② 58 ③

KEY ① 2016년 3월 6일 산업기사 출제
② 2017년 3월 5일(문제 50번) 출제
③ 2022년 3월 5일(문제 51번) 출제

59 **조작자의 신체부위가 위험한계 밖에 위치하도록 기계의 조작 장치를 위험구역에서 일정거리 이상 떨어지게 하는 방호장치는?**

① 덮개형 방호장치
② 차단형 방호장치
③ 위치제한형 방호장치
④ 접근반응형 방호장치

해설

방호장치의 종류

구 분	종 류	사용용도
위험장소	격리형 방호장치	작업점에 접촉하여 재해가 발생하지 않도록 기계설비 외부에 차단벽이나 방호망을 설치하는 것
	위치제한형 방호장치	작업자의 신체부위가 위험한계 구역에 있지 아니하고 안전거리를 유지할 수 있도록 하는 것
	접근거부형 방호장치	작업자의 신체부위가 위험한계 구역에 접근 시 신체부위를 안전한 곳으로 되돌리는 것
	접근반응형 방호장치	작업자의 신체부위가 위험한계 구역으로 들어오면 이를 감지하여 작동 중인 기계를 즉시 정지하거나 전원이 차단되도록 하는 것
위험원	포집형 방호장치	위험원이 외부로 비산되지 않도록 포집하는 방식으로 용접흄의 발생을 국소배기장치나 연삭기의 비산칩을 포집하여 방호하는 것을 예로 들 수 있다.
	감지형 방호장치	이상온도, 압력상승, 과부하 등 기계의 이상상황 발생시 이를 감지하여 안전한 상태로 조정하거나 정상상태로 복구되도록 하는 것

참고 산업안전기사 필기 p.3-202(표 : 용도별 방호장치의 구분)

KEY ① 2012년 5월 20일 (문제 50번) 출제
② 2019년 3월 3일 산업기사(문제 50번) 출제

60 **산업안전보건법령상 아세틸렌 용접장치의 아세틸렌 발생기실을 설치하는 경우 준수하여야 하는 사항으로 옳은 것은?**

① 벽은 가연성 재료로 하고 철근 콘크리트 또는 그 밖에 이와 동등하거나 그 이상의 강도를 가진 구조로 할 것
② 바닥면적의 16분의 1 이상의 단면적을 가진 배기통을 옥상으로 돌출시키고 그 개구부를 창이나 출입구로부터 1.5미터 이상 떨어지도록 할 것
③ 출입구의 문은 불연성 재료로 하고 두께 1.0밀리미터 이하의 철판이나 그 밖에 그 이상의 강도를 가진 구조로 할 것
④ 발생기실을 옥외에 설치한 경우에는 그 개구부를 다른 건축물로부터 1.0미터 이내 떨어지도록 할 것

해설

제287조(발생기실의 구조 등) 사업주는 발생기실을 설치하는 경우에 다음 각 호의 사항을 준수하여야 한다.〈개정 2019. 1. 31.〉

1. 벽은 불연성 재료로 하고 철근 콘크리트 또는 그 밖에 이와 같은 수준이거나 그 이상의 강도를 가진 구조로 할 것
2. 지붕과 천장에는 얇은 철판이나 가벼운 불연성 재료를 사용할 것
3. 바닥면적의 16분의 1 이상의 단면적을 가진 배기통을 옥상으로 돌출시키고 그 개구부를 창이나 출입구로부터 1.5미터 이상 떨어지도록 할 것
4. 출입구의 문은 불연성 재료로 하고 두께 1.5밀리미터 이상의 철판이나 그 밖에 그 이상의 강도를 가진 구조로 할 것
5. 벽과 발생기 사이에는 발생기의 조정 또는 카바이드 공급 등의 작업을 방해하지 않도록 간격을 확보할 것

참고 산업안전기사 필기 p.3-115(합격날개 : 합격예측 및 관련법규)

KEY ① 2016년 3월 6일 산업기사 출제
② 2017년 5월 7일 기사 출제
③ 2018년 3월 4일 산업기사 출제
④ 2018년 4월 28일 기사 출제
⑤ 2019년 8월 4일(문제 56번)
⑥ 2020년 9월 27일 (문제 44번) 출제

보충학습

아세틸렌 용접장치 화기 안전거리

① 발생기 : 5[m]
② 발생기실 : 3[m]

정보제공

산업안전보건기준에 관한 규칙 제287조(발생기실의 구조 등)

[정답] 59 ③ 60 ②

4 전기설비 안전관리

61 대지에서 용접작업을 하고 있는 작업자가 용접봉에 접촉한 경우 통전전류는?(단, 용접기의 출력 측 무부하전압 : 90[V], 접촉저항(손, 용접봉 등 포함) : 10[kΩ], 인체의 내부저항 : 1[kΩ], 발과 대지의 접촉저항 : 20[kΩ] 이다.)

① 약 0.19[mA] ② 약 0.29[mA]
③ 약 1.96[mA] ④ 약 2.90[mA]

해설

통전전류

① R=10+1+20=31[kΩ]

② $I = \frac{V}{R} = \frac{90}{31} = 2.90[mA]$

참고 산업안전기사 필기 p.4-25 (문제 4번)

KEY 1995년 8월 27일 기출문제

62 KS C IEC 60079-10-2에 따라 공기 중에 분진운의 형태로 폭발성 분진 분위기가 지속적으로 또는 장기간 또는 빈번히 존재하는 장소는?

① 0종 장소 ② 1종 장소
③ 20종 장소 ④ 21종 장소

해설

분진 폭발 위험 장소

장소	적요	예
20종 장소	분진운 형태의 가연성 분진이 폭발농도를 형성할 정도로 충분한 양이 정상작동 중에 연속적으로 또는 자주 존재하거나, 제어할 수 없을 정도의 양 및 두께의 분진층이 형성될 수 있는 장소	호퍼 · 분진저장소 · 집진장치 · 필터 등의 내부
21종 장소	20종 장소 외의 장소로서, 분진운 형태의 가연성 분진이 폭발농도를 형성할 정도의 충분한 양이 정상작동 중에 존재할 수 있는 장소	집진장치 · 백필터 · 배기구 등의 주위, 이송벨트 샘플링 지역 등
22종 장소	21종 장소 외의 장소로서, 가연성 분진운 형태가 드물게 발생 또는 단기간 존재할 우려가 있거나, 이상작동 상태하에서 가연성 분진층이 형성될 수 있는 장소	21종 장소에서 예방조치가 취하여진 지역, 환기설비 등과 같은 안전장치 배출구 주위 등

참고 산업안전기사 필기 p.4-49(문제 21번) 해설

63 설비의 이상현상에 나타나는 아크(Arc)의 종류가 아닌 것은?

① 단락에 의한 아크
② 지락에 의한 아크
③ 차단기에서의 아크
④ 전선저항에 의한 아크

해설

설비의 이상 현상에 나타나는 아크의 종류

① 교류아크용접기의 아크
② 단락에 의한 아크
③ 지락에 의한 아크
④ 섬락(플래시오버)의 아크
⑤ 차단기(서킷 브레이커, CB)에 있어서의 아크
⑥ 전선 절단에 의한 아크

KEY 2007년 3월 4일(문제 65번) 출제

64 정전기 재해방지에 관한 설명 중 틀린 것은?

① 이황화탄소의 수송 과정에서 배관 내의 유속을 2.5[m/s] 이상으로 한다.
② 포장 과정에서 용기를 도전성 재료에 접지한다.
③ 인쇄 과정에서 도포량을 소량으로 하고 접지한다.
④ 작업장의 습도를 높여 전하가 제거되기 쉽게 한다.

해설

초기 배관 내 유속 제한

① 도전성 위험물로써 저항률이 10^{10}[Ωcm] 미만의 배관유속은 7[m/s] 이하
② 이황화탄소, 에테르 등과 같이 폭발위험성이 높고 유동대전이 심한 액체는 1[m/s] 이하
③ 비수용성이면서 물기가 기체를 혼합한 위험물은 1[m/s] 이하

참고 ① 산업안전기사 필기 p.4-38(2. 배관내 액체의 유속제한)
② 산업안전기사 필기 p.4-49(문제 19번) 해설

KEY ① 2015년 3월 8일(문제 64번)
② 2016년 8월 21일 (문제 66번) 출제

[정답] 61 ④ 62 ③ 63 ④ 64 ①

PART 04

65 한국전기설비규정에 따라 사람이 쉽게 접촉할 우려가 있는 곳에 금속제 외함을 가지는 저압의 기계기구가 시설되어 있다. 이 기계기구의 사용전압이 몇 [V]를 초과할 때 전기를 공급하는 전로에 누전차단기를 시설해야 하는가?(단, 누전차단기를 시설하지 않아도 되는 조건은 제외한다.)

① 30[V] ② 40[V]
③ 50[V] ④ 60[V]

해설

KEC 211.2.4 누전차단기의 시설

전원의 자동차단에 의한 저압전로의 보호대책으로 누전차단기를 시설해야 할 대상

(1) 금속제 외함을 가지는 사용전압이 50[V]를 초과하는 저압의 기계기구로서 사람이 쉽게 접촉할 우려가 있는 곳에 시설하는 것에 전기를 공급하는 전로. 다만, 다음의 어느 하나에 해당하는 경우에는 적용하지 아니한다.
① 기계·기구를 발전소·변전소·개폐소 또는 이에 준하는 곳에 시설하는 경우
② 기계·기구를 건조한 곳에 시설하는 경우
③ 대지전압이 150[V] 이하인 기계·기구를 물기가 있는 곳 이외의 곳에 시설하는 경우

(2) 주택의 인입구 등 이 규정에서 누전차단기 설치를 요구하는 전로

(3) 특고압전로, 고압전로 또는 저압전로와 변압기에 의하여 결합되는 사용전압 400[V]초과의 저압전로 또는 발전기에서 공급하는 사용전압 400[V] 초과의 저압전로

66 다음 중 방폭설비의 보호등급(IP)에 대한 설명으로 옳은 것은?

① 제 1 특성 숫자가 "1"인 경우 지름 50[mm] 이상의 외부 분진에 대한 보호
② 제 1 특성 숫자가 "2"인 경우 지름 10[mm] 이상의 외부 분진에 대한 보호
③ 제 2 특성 숫자가 "1"인 경우 지름 50[mm] 이상의 외부 분진에 대한 보호
④ 제 2 특성 숫자가 "2"인 경우 지름 10[mm] 이상의 외부 분진에 대한 보호

해설

IP(Ingress Protection)이란 국제전기 표준회의(IEC)가 제정한 고체(방진+액체(방수)의 침투에 대한 보호 수준을 규정하는 기준

고체에 대한 보호 정도 First Number		액체에 대한 보호 정도 Second Number	
1	50mm 이상의 고체로 부터 보호함 (손에 닿는 정도)	1	수직이 낙수물로 부터 보호됨
2	12mm 이상의 고체로 부터 보호함 (손가락 크기 정도)	2	15정도 들이치는 낙수물로 부터 보호됨
3	2.4mm 이상의 고체로 부터 보호함 (연장, 전선크기)	3	60까지의 스프레이로 부터 보호됨
4	1mm 이상의 고체로 부터 보호함 (연장, 전선크기)	4	모든 방향의 스프레이로 부터 보호됨
5	먼지로 부터 보호됨	5	모든 방향의 낮은 압력의 분사되는 물로부터 보호됨
6	먼지로 부터 완벽하게 보호됨	6	모든 방향의 높은 압력의 분사되는 물로부터 보호됨
		7	15cm ~ 1m 까지 침수되어도 보호됨
		8	장기간 침수되어 수압을 받아도 보호됨

67 정전기 발생에 영향을 주는 요인에 대한 설명으로 틀린 것은?

① 물체의 분리속도가 빠를수록 발생량은 적어진다.
② 접촉면적이 크고 접촉압력이 높을수록 발생량이 많아진다.
③ 물체 표면이 수분이나 기름으로 오염되면 산화 및 부식에 의해 발생량이 많아진다.
④ 정전기의 발생은 처음 접촉, 분리할 때가 최대로 되고 접촉, 분리가 반복됨에 따라 발생량은 감소한다.

해설

정전기 분리속도

① 분리속도가 빠르면 정전기의 발생량이 커진다.
② 전하의 완화시간이 길면 전하분리 Energy도 커져서 발생량이 증가한다.

참고 산업안전기사 필기 p.4-32(4. 정전기 분리속도)

KEY
① 2016년 8월 21일 출제
② 2017년 3월 5일 출제
③ 2017년 5월 7일(문제 73번) 출제

[정답] 65 ③ 66 ① 67 ①

68 전기기기, 설비 및 전선로 등의 충전 유무 등을 확인하기 위한 장비는?

① 위상검출기
② 디스콘 스위치
③ COS
④ 저압 및 고압용 검전기

해설

검전기 : 전기기기, 설비, 전선로 등의 충전유무 확인
① 저압용 ② 고압용 ③ 특고압용

[그림] 검전기 소형

참고 산업안전기사 필기 p.4-23(1. 검전기)

KEY ① 2011년 3월 20일(문제 64번) 출제
② 2019년 4월 27일(문제 65번) 출제

보충학습
COS : Cut Out Switch

69 피뢰기로서 갖추어야 할 성능 중 틀린 것은?

① 충격 방전 개시전압이 낮을 것
② 뇌전류의 방전 능력이 클 것
③ 제한 전압이 높을 것
④ 속류 차단을 확실하게 할 수 있을 것

해설

피뢰기의 성능
① 충격방전 개시전압이 낮을 것
② 제한전압이 낮을 것
③ 반복동작이 가능할 것
④ 구조가 견고하고 특성이 변화하지 않을 것
⑤ 점검, 보수가 간단할 것
⑥ 뇌전류에 대한 방전능력이 클 것
⑦ 속류의 차단이 확실할 것(정격전압 : 실효값)

참고 산업안전기사 필기 p.4-57(1. 피뢰기 성능)

KEY ① 2016년 8월 21일 기사 출제
② 2018년 8월 19일 기사 출제
③ 2019년 8월 4일(문제 80번) 출제

70 접지저항 저감 방법으로 틀린 것은?

① 접지극의 병렬 접지를 실시한다.
② 접지극의 매설 깊이를 증가시킨다.
③ 접지극의 크기를 최대한 작게 한다.
④ 접지극 주변의 토양을 개량하여 대지 저항률을 떨어뜨린다.

해설

접지저항을 감소시키는 방법
① 약품법 : 도전성 물질을 접지극 주변토양에 주입
② 병렬법 : 접지 수를 증가하여 병렬접속
③ 접지전극을 대지에 깊이 박는 방법(75[cm] 이상)
④ 토질개량
⑤ 보조 mesh 및 보조전극 사용
⑥ 접지극의 규격을 크게

참고 산업안전기사 필기 p.4-37(보충학습)

KEY 2016년 8월 21일(문제 69번) 출제

71 교류 아크용접기의 사용에서 무부하 전압이 80[V], 아크 전압 25[V], 아크 전류 300[A]일 경우 효율은 약 몇 [%]인가?(단, 내부손실은 4[kW]이다.)

① 65.2 ② 70.5
③ 75.3 ④ 80.6

해설

효율계산
① 사용전력＝아크전압 × 전류 $=25\times300=7,500[W]$
② 총 전력＝사용전력＋손실전력
$=7,500+4,000=11,500[W]$
③ 효율$=\dfrac{\text{사용전력}}{\text{총 전력}}\times100=\dfrac{7500}{11,500}\times100=65.22[\%]$

참고 산업안전기사 필기 p.4-78(2. 전격방지기의 설치시 주의사항)

KEY ① 2012년 8월 26일(문제 66번) 출제
② 2016년 3월 6일(문제 78번) 출제

[정답] 68 ④ 69 ③ 70 ③ 71 ①

72 아크방전의 전압전류 특성으로 가장 옳은 것은?

①
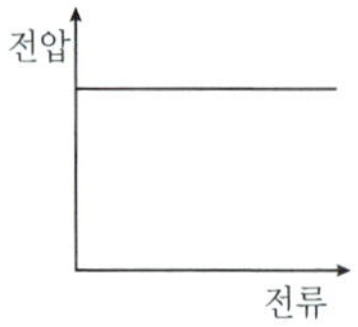

②
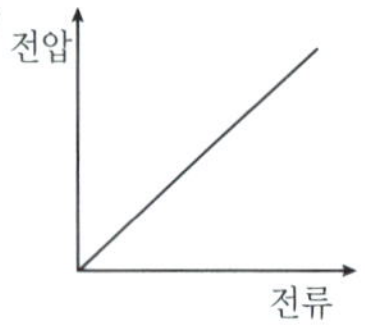

③
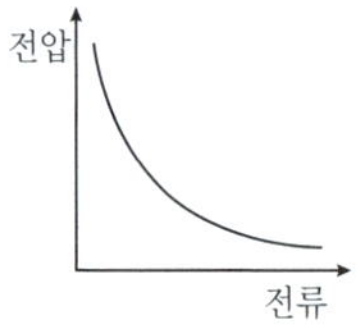

④
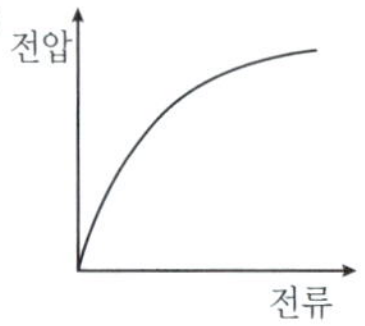

해설

아크방전 특성

아크 양쪽 끝의 전압은 전류가 증가함에 따라 감소한다.

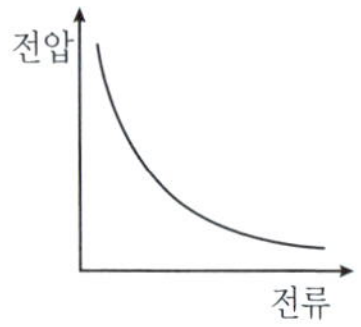

보충학습

① 아크 방전(electric arc)은 전극에 전위차가 발생하여 전극 사이의 기체에 지속적으로 발생하는 절연 파괴의 일종이다.
② 아크 방전이 글로 방전 전압보다 낮은 것을 특징으로 하고, 아크를 지지하는 전극으로부터 전자의 열전자 방출에 의존한다.

73 다음 중 기기보호등급(EPL)에 해당하지 않는 것은?

① EPL Ga ② EPL Ma
③ EPL Dc ④ EPL Mc

해설

EPL(Equipment Protection Level)

① 기기보호등급을 의미한다.
② 점화원이 될 수 있는 가능성에 기초하여 기기에 부여된 보호등급이다.
③ 폭발성 가스 분위기, 폭발성 분진 분위기, 폭발성 광산 내 분위기의 차이를 구별한다.
④ 종류 : EPL Ma, EPL Mb, EPL Ga, EPL Gb, EPL Gc, EPL Da, EPL Db, EPL Dc

74 다음 중 산업안전보건기준에 관한 규칙에 따라 누전차단기를 설치하지 않아도 되는 곳은?

① 철판·철골 위 등 도전성이 높은 장소에서 사용하는 이동형 전기기계·기구
② 대지전압이 220[V]인 휴대형 전기기계·기구
③ 임시배선의 전로가 설치되는 장소에서 사용하는 이동형 전기기계·기구
④ 절연대 위에서 사용하는 전기기계·기구

해설

누전차단기 설치장소

① 전기기계, 기구 중 대지전압이 150[V]를 초과하는 이동형 또는 휴대형의 것
② 물 등 도전성이 높은 액체에 의한 습윤한 장소
③ 철판, 철골 위 등 도전성이 높은 장소
④ 임시배선의 전로가 설치되는 장소

참고 산업안전기사 필기 p.4-6(2. 누전차단기 설치장소)

KEY ① 2017년 5월 7일 산업기사 출제
② 2017년 8월 26일 기사 출제
③ 2018년 4월 28일 기사 출제
④ 2020년 9월 27일 기사 출제
⑤ 2021년 5월 15일(문제 63번) 출제

합격정보

산업안전보건기준에 관한 규칙 제304조(누전차단기에 의한 감전방지)

75 다음 설명이 나타내는 현상은?

> 전압이 인가된 이극 도체간의 고체 절연물 표면에 이물질이 부착되면 미소방전이 일어난다. 이 미소방전이 반복되면서 절연물 표면에 도전성 통로가 형성되는 현상이다.

① 흑연화 현상 ② 트래킹 현상
③ 반단선 현상 ④ 절연이동현상

[정답] 72 ③ 73 ④ 74 ④ 75 ②

해설

트래킹 현상(Tracking effect)

① 전기기기 등에 묻어있는 습기, 수분, 먼지, 기타 오염물질이 부착된 표면을 따라서 전류가 흘러 주변의 절연물질이 탄화
② 오랜시간 탄화가 지속되면 결국 이 부분에 지락 및 단락으로 진행되어 전기적인 열 스트레스와 플러그 양극 간에 불꽃방전이 반복 발생하여 화재가 발생

참고 산업안전기사 필기 p.4-39(합격날개 : 용어정의)

76 다음 중 방폭구조의 종류가 아닌 것은?

① 본질안전 방폭구조 ② 고압 방폭구조
③ 압력 방폭구조 ④ 내압 방폭구조

해설

주요 국가 방폭구조의 기호

방폭구조 / 나라명	내압	유입	압력	안전증	본질안전	특수	사입
한 국	d	o	p	e	i	s	—
영 국	FLT				ELP		
독 일	Exd	Exo	Exf	Exe	Exi	Exs	Exq
오스트리아	Exd	Exo	Exe	Exi	Exs	Exq	
프랑스	—	—	—	—	—	—	—
이태리	Exd	Exo	Exp	Exe	Exi		Exq
스위스	Exd	Exo	Exf	Exe		Exs	
스웨덴	Xt	Xo	Xy	Xh	Xi	Xs	

참고 산업안전기사 필기 p.4-68(문제 11번 적중))

KEY ① 2018년 3월 4일 산업기사 출제
② 2019년 4월 27일 산업기사 출제
③ 2020년 8월 22일(문제 62번) 출제

정보제공
위험기계·기구방호장치성능검정규정 제52조 (용어의 정의)

77 심실세동전류 $I=\frac{165}{\sqrt{T}}$[mA]라면 심실세동시 인체에 직접받는 전기 에너지 [cal]는 약 얼마인가?(단, T는 통전시간으로 1초이며, 인체의 저항은 500[Ω]으로 한다.)

① 0.52 ② 1.35
③ 2.14 ④ 3.27

해설

위험한계에너지

$$Q=I^2RT[J/S]=\left(\frac{165}{\sqrt{T}}\times 10^{-3}\right)^2\times 500\times T$$
$$=\frac{165^2}{T}\times 10^{-6}\times 500\times T$$
$$=13.6[J]\times 0.24[cal]=3.26[cal]$$

참고 산업안전기사 필기 p.4-18(3. 위험한계에너지)

KEY ① 2016년 8월 21일 기사 출제
② 2017년 5월 7일 기사 출제
③ 2018년 3월 4일 기사 출제
④ 2018년 4월 28일 기사·산업기사 동시 출제
⑤ 2018년 8월 19일 기사 출제
⑥ 2019년 3월 4일 기사 출제
⑦ 2020년 8월 22일(문제 67번) 출제
⑧ 2020년 9월 27일(문제 77번) 출제
⑨ 2022년 3월 5일(문제 78번) 출제

PART 04

78 산업안전보건기준에 관한 규칙에 따른 전기기계·기구의 설치시 고려할 사항으로 거리가 먼 것은?

① 전기기계·기구의 충분한 전기적 용량 및 기계적 강도
② 전기기계·기구의 안전효율을 높이기 위한 시간 가동율
③ 습기·분진 등 사용장소의 주위 환경
④ 전기적·기계적 방호수단의 적정성

해설

전기기계·기구의 설치시 고려사항

① 전기 기계기구의 충분한 전기적 용량 및 기계적 강도
② 습기·분진 등 사용장소의 주위 환경
③ 전기적, 기계적 방호수단의 적정성

참고 산업안전기사 필기 p.4-37(합격날개 : 합격예측 및 관련 법규)

합격정보
산업안전보건기준에 관한 규칙 제 303조 (전기기계·기구의 적정설치 등)

[정답] 76 ② 77 ④ 78 ②

79 정전작업 시 조치사항으로 틀린 것은?

① 작업 전 전기설비의 잔류 전하를 확실히 방전한다.
② 개로된 전로의 충전여부를 검전기구에 의하여 확인한다.
③ 개폐기에 잠금장치를 하고 통전금지에 관한 표지판은 제거한다.
④ 예비 동력원의 역송전에 의한 감전의 위험을 방지하기 위해 단락접지 기구를 사용하여 단락접지를 한다.

해설

정전작업시 조치사항
① 작업지휘자에 의해 작업한다.
② 개폐기를 관리한다.
③ 단락접지 상태를 확인관리한다.(혼촉 또는 오동작 방지)
④ 근접활선에 대한 방호상태를 관리한다.

참고 산업안전기사 필기 p.4-76(2. 작업중)

KEY ① 2016년 8월 21일 출제
② 2017년 5월 7일(문제 76번) 출제

보충학습

작업종료 시
① 단락접지기구를 철거한다.
② 표지를 철거한다.
③ 작업자에 대한 위험이 없는 것을 확인한다.
④ 개폐기를 투입하여 송전을 재개한다.

80 정전기로 인한 화재 폭발의 위험이 가장 높은 것은?

① 드라이클리닝설비
② 농작물 건조기
③ 가습기
④ 전동기

해설

드라이클리닝(dry cleaning)
① 물 대신 유기용제(有機溶劑)를 사용하는 세탁법으로 의복의 형태와 염색 등이 손상되기 쉬운 모직물이나 견직물 제품에 많이 사용된다.
② 화재 폭발의 위험이 가장 높다.

합격정보

산업안전보건기준에 관한 규칙 제325조(정전기로 인한 화재 폭발 등 방지)
① 위험물을 탱크로리·탱크차 및 드럼 등에 주입하는 설비
② 탱크로리·탱크차 및 드럼 등 위험물저장설비
③ 인화성 액체를 함유하는 도료 및 접착제 등을 제조·저장·취급 또는 도포(塗布)하는 설비
④ 위험물 건조설비 또는 그 부속설비
⑤ 인화성 고체를 저장하거나 취급하는 설비
⑥ 드라이클리닝설비, 염색가공설비 또는 모피류 등을 씻는 설비 등 인화성유기용제를 사용하는 설비
⑦ 유압, 압축공기 또는 고전위정전기 등을 이용하여 인화성 액체나 인화성 고체를 분무하거나 이송하는 설비
⑧ 고압가스를 이송하거나 저장·취급하는 설비
⑨ 화약류 제조설비
⑩ 발파공에 장전된 화약류를 점화시키는 경우에 사용하는 발파기(발파공을 막는 재료로 물을 사용하거나 갱도발파를 하는 경우는 제외한다)

5 화학설비 안전관리

81 산업안전보건법에서 정한 위험물질을 기준량 이상 제조하거나 취급하는 화학설비로서 내부의 이상 상태를 조기에 파악하기 위하여 필요한 온도계·유량계·압력계 등의 계측장치를 설치하여야 하는 대상이 아닌 것은?

① 가열로 또는 가열기
② 증류·정류·증발·추출 등 분리를 하는 장치
③ 반응폭주 등 이상 화학반응에 의하여 위험물질이 발생할 우려가 있는 설비
④ 흡열반응이 일어나는 반응장치

해설

특수화학설비의 종류
사업주는 위험물을 같은 표에서 정한 기준량 이상으로 제조하거나 취급하는 다음 각 호의 어느 하나에 해당하는 화학설비(이하"특수화학설비"라 한다)를 설치하는 경우에는 내부의 이상 상태를 조기에 파악하기 위하여 필요한 온도계·유량계·압력계 등의 계측장치를 설치하여야 한다.
① 발열반응이 일어나는 반응장치
② 증류·정류·증발·추출 등 분리를 하는 장치

[정답] 79 ③ 80 ① 81 ④

③ 가열시켜 주는 물질의 온도가 가열되는 위험물질의 분해온도 또는 발화점보다 높은 상태에서 운전되는 설비
④ 반응폭주 등 이상 화학반응에 의하여 위험물질이 발생할 우려가 있는 설비
⑤ 온도가 섭씨 350도 이상이거나 게이지 압력이 980킬로파스칼 이상인 상태에서 운전되는 설비
⑥ 가열로 또는 가열기

참고 산업안전기사 필기 p.5-17(합격날개 : 합격예측 및 관련법규)

KEY ① 2017년 8월 28일 산업기사 출제
② 2018년 3월 4일 기사(문제 87번) 출제
③ 2018년 4월 28일 기사 출제
④ 2021년 3월 7일(문제 96번) 출제
⑤ 2021년 5월 15일(문제 81번) 출제

합격정보
산업안전보건기준에 관한 규칙 제273조(계측장치 등의 설치)

82 다음 중 퍼지(purge)의 종류에 해당하지 않는 것은?

① 압력퍼지 ② 진공퍼지
③ 스위프퍼지 ④ 가열퍼지

해설

퍼지(purge)의 종류
① 압력퍼지
② 진공 퍼지
③ 가압퍼지
④ 스위프 퍼지
⑤ 사이펀 퍼지

참고 산업안전기사 필기 p.5-20(표 : 퍼지의 종류)

KEY ① 2011년 6월 12일(문제 86번) 출제
② 2018년 4월 28일(문제 91번) 출제
③ 2021년 8월 14일(문제 82번) 출제
④ 2022년 4월 24일(문제 85번) 출제

83 폭발한계와 완전 연소 조성 관계인 Jones식을 이용하여 부탄(C_4H_{10})의 폭발하한계를 구하면 약 몇 [vol%]인가?

① 1.4 ② 1.7
③ 2.0 ④ 2.3

해설

C_4H_{10} 양론농도계산
① $C_{st}=\dfrac{100}{1+4.773\left(4+\dfrac{10}{4}\right)}=3.125$
② 연소하한값 $=0.55\times C_{st}=0.55\times 3.125=1.718$

참고 산업안전기사 필기 p.5-11(보충학습 : 폭발범위의 계산)

KEY ① 2020년 8월 22일(문제 86번) 출제
② 2021년 8월 14일(문제 94번) 출제

보충학습
폭발범위의 계산 : Jones식
① 폭발하한계 $=0.55\times C_{st}$
② 폭발상한계 $=3.50\times C_{st}$

여기서, $C_{st}=\dfrac{100}{1+4.773\left(n+\dfrac{m-f-\lambda}{4}\right)}$

(n:탄소, m:수소, f:할로겐원소, λ:산소의 원자수)

84 가스를 분류할 때 독성가스에 해당하지 않는 것은?

① 황화수소 ② 시안화수소
③ 이산화탄소 ④ 산화에틸렌

해설

독성가스 허용농도
① NH_3(암모니아) : 25[ppm]
② $COCl_2$(포스겐) : 0.1[ppm]
③ Cl_2(염소) : 1[ppm]
④ H_2S(황화수소) : 10[ppm]

참고 산업안전기사 필기 p.5-44(표. 주요 고압가스의 분류)

KEY ① 2017년 3월 5일 기사 출제
② 2019년 8월 4일 기사 출제

보충학습
① $COCl_2$: 1차 세계대전 독가스
② CO_2 : 불연성가스(질식성 가스)

85 다음 중 폭발 방호 대책과 가장 거리가 먼 것은?

① 불활성화 ② 억제
③ 방산 ④ 봉쇄

[정답] 82 ④ 83 ② 84 ③ 85 ①

PART 04

해설

폭발 재해의 방호대책

① 폭발 봉쇄 : 압력을 완화시켜 폭발을 방지한다.
② 폭발 억제 : 큰 폭발이 되지 않도록 폭발을 진압한다.
③ 폭발 방산 : 안전밸브나 파열판 등으로 탱크 내 압력을 방출시킨다.

참고 산업안전기사 필기 p.5-20(표. 퍼지의 종류)

KEY 2022년 4월 24일(문제 82번)

보충학습

퍼지(불활성화 : purge)

연소되지 않은 가스가 노 안에 또는 기타 장소에 차 있으면 점화를 했을 때 폭발할 우려가 있으므로 점화시키기 전에 이것을 노 밖으로 배출하기 위하여 환기시키는 것을 퍼지라고 한다.(화재방호대책)

86 질화면(Nitrocellulose)은 저장·취급 중에는 에틸알코올 등으로 습면상태를 유지해야 한다. 그 이유를 옳게 설명한 것은?

① 질화면을 건조 상태에서는 자연적으로 분해하면서 발화할 위험이 있기 때문이다.
② 질화면은 알코올과 반응하여 안정한 물질을 만들기 때문이다.
③ 질화면은 건조 상태에서 공기 중의 산소와 환원반응을 하기 때문이다.
④ 질화면은 건조 상태에서 유독한 중합물을 형성하기 때문이다.

해설

니트로셀룰로오스의 취급 및 저장방법

① 저장 중 충격과 마찰 등을 방지하여야 하다.
② 자연발화 방지를 위하여 안전용제를 사용한다.
③ 화재 시 질식소화는 적응성이 없으므로 냉각소화를 한다.
④ 건조하면 분해·폭발하므로 알코올에 적셔 습하게 보관한다.

KEY ① 2011년 6월 12일(문제 83번) 출제
② 2018년 4월 28일(문제 84번) 출제

보충학습

질화면(窒化綿 : nitrocellulose)

셀룰로오스의 질산에스테르이지만 니트로셀룰로오스란 통칭이 널리 쓰여지고 있다.

87 분진폭발의 특징으로 옳은 것은?

① 연소속도가 가스폭발보다 크다.
② 완전연소로 가스중독의 위험이 작다.
③ 화염의 파급속도보다 압력의 파급속도가 빠르다.
④ 가스 폭발보다 연소시간은 짧고 발생에너지는 작다.

해설

압력의 속도

① 압력속도는 300[m/s] 정도이다.
② 화염속도보다는 압력속도가 훨씬 빠르다.

참고 산업안전기사 필기 p.5-11(표. 분진폭발의 특징)

KEY ① 2018년 4월 28일 기사 출제
② 2019년 8월 4일(문제 86번) 출제)

88 크롬에 대한 설명으로 옳은 것은?

① 은백색 광택이 있는 금속이다.
② 중독 시 미나마타병이 발병한다.
③ 비중이 물보다 작은 값을 나타낸다.
④ 3가 크롬이 인체에 가장 유해하다.

해설

크롬(Cr)중독

① 전기업체의 크롬합금, 크롬도금이나 시멘트공장, 사진현상소, 크롬연료 제조공장 등에서 일하는 근로자들에게 많이 발생하고 있다.
② 크롬중독은 피부와 점막에 자극 증상을 일으켜 궤양을 형성하지만 통증이 없는 특징이 있고 눈꺼풀, 손가락마디, 손톱 부근 등에서 증상이 잘 나타난다.
③ 사회적으로 문제가 되고 있는 직업병, 비충격 천공증세를 일으키는데 이것은 코의 점막을 자극하여 콧물이 나오다가 염증이 생기면 고름이 나오고, 딱지가 생겼다 하는 증상이 반복되어 코 내부의 물렁뼈에 구멍이 생기는 무서운 병이다.
④ 발암성 물질로서 폐암을 일으킬 우려가 있는 물질이다.

참고 산업안전기사 필기 p.5-69(문제 39번)

KEY ① 2018년 3월 4일 출제
② 2018년 4월 28일 출제

[정답] 86 ① 87 ③ 88 ①

보충학습

① 크롬의 직업병은 대부분 이따이이따이병으로 알고 있고 실제 학명도 동일하나 여러분은 실기시험에서는 폐암, 비중격 천공증세로 써야 합니다.
② 3가, 6가의 화합물 사용
③ 미나마타병 원인 : 수은(Hg)

89 사업주는 인화성 액체 및 인화성 가스를 저장 취급하는 화학설비에서 증기나 가스를 대기로 방출하는 경우에는 외부로부터의 화염을 방지하기 위하여 화염방지기를 설치하여야 한다. 다음 중 화염방지기의 설치 위치로 옳은 것은?

① 설비의 상단　② 설비의 하단
③ 설비의 측면　④ 설비의 조작부

해설

화염방지기 설치 위치 : 설비의 상단

참고 산업안전기사 필기 p.5-8(합격날개 : 합격예측 및 관련법규)

KEY ① 2018년 8월 19일(문제 99번) 출제
② 2021년 8월 14일(문제 97번) 출제

합격정보

산업안전보건기준에 관한 규칙 제269조(화염방지기의 설치)

90 열교환탱크 외부를 두께 0.2[m]의 단열재(열전도율 K=0.037[kcal/m·h·℃])로 보온하였더니 단열재 내면은 40[℃], 외면은 20[℃]이었다. 면적 1[m²]당 1시간에 손실되는 열량(kcal)은?

① 0.0037　② 0.037
③ 1.37　④ 3.7

해설

열교환기 손실 열량

$$Q = KA\frac{\Delta T}{\Delta X}$$

$$= 0.037 \times \frac{(40-20)[℃]}{0.2} = 3.7[\text{kcal}]$$

참고 산업안전기사 필기 p.5-76(문제 68번) 적중

KEY 2020년 6월 7일 출제

91 산업안전보건법령상 다음 인화성 가스의 정의에서 ( )안에 알맞은 값은?

"인화성 가스"란 인화한계 농도의 최저한도가 (㉠)[%] 이하 또는 최고한도와 최저한도의 차가 (㉡)[%] 이상인 것으로서 표준압력(101.3[kPa]), 20[℃]에서 가스 상태인 물질을 말한다.

① ㉠ 13, ㉡ 12　② ㉠ 13, ㉡ 15
③ ㉠ 12, ㉡ 13　④ ㉠ 12, ㉡ 15

해설

"인화성 가스"란 인화한계 농도의 최저한도가 13[%] 이하 또는 최고한도와 최저한도의 차가 12[%] 이상인 것으로서 표준압력(101.3 [kPa])에서 20[℃]에서 가스 상태인 물질을 말한다.

합격정보

산업안전보건법 시행령 [별표 13] 비고

PART 04

92 액체 표면에서 발생한 증기농도가 공기 중에서 연소하한농도가 될 수 있는 가장 낮은 액체온도를 무엇이라 하는가?

① 인화점　② 비등점
③ 연소점　④ 발화온도

해설

인화점

① 점화원에 의하여 인화될 수 있는 최저 온도(낮으면 낮을수록 위험하다.)
② 연소가능한 인화성 증기를 발생시킬 수 있는 최저 온도

참고 산업안전산업기사 필기 p.5-39(합격날개 : 합격예측)

KEY 2017년 8월 26일 산업기사(문제 77번) 출제

93 위험물의 저장방법으로 적절하지 않은 것은?

① 탄화칼슘은 물 속에 저장한다.
② 벤젠은 산화성 물질과 격리시킨다.
③ 금속나트륨은 석유 속에 저장한다.
④ 질산은 갈색병에 넣어 냉암소에 보관한다.

[정답] 89 ① 90 ④ 91 ① 92 ① 93 ①

해설

탄화칼슘(카바이트) : 금수성 물질

참고 업안전기사 필기 p.5-39(3류 자연발화성 및 금수성물질)

KEY 2018년 8월 19일(문제 84번) 출제

94 다음 중 열교환기의 보수에 있어 일상점검항목과 정기적 개방점검항목으로 구분할 때 일상점검항목으로 거리가 먼 것은?

① 도장의 노후상황
② 부착물에 의한 오염의 상황
③ 보온재, 보냉재의 파손여부
④ 기초볼트의 체결정도

해설

열교환기 일상점검 항목

① 보온재 및 보냉재의 파손상황
② 도장의 노후 상황
③ Flange부, 용접부 등의 누설여부
④ 기초볼트의 조임 상태

참고 산업안전기사 필기 p.5-51(1. 일상점검 항목)

KEY ① 2009년 5월 10일(문제 83번) 출제
② 2019년 3월 3일(문제 86번) 출제

95 다음 중 반응기의 구조 방식에 의한 분류에 해당하는 것은?

① 탑형 반응기
② 연속식 반응기
③ 반회분식 반응기
④ 회분식 균일상 반응기

해설

조작방법에 의한 분류 반응기

① 회분식 균일상 반응기 : 여러 액체와 가스를 가지고 진행시켜 가스를 만들고, 이것을 회수하여 1회의 조작이 끝나는 경우에 사용되는 반응기이다.
② 반회분식 반응기
③ 연속식 반응기 : 반응기의 한쪽에 연속적으로 원료액체를 유입시키고 다른 쪽에서 연속적으로 반응성 액체를 유출하는 형식이며 농도, 압력, 온도 등은 시간적인 변화가 없다.

참고 산업안전기사 필기 p.5-77(문제 73번) 적중

96 다음 중 공기 중 최소 발화에너지 값이 가장 작은 물질은?

① 에틸렌　② 아세트알데히드
③ 메탄　④ 에탄

해설

최소발화에너지

가연물	압력[atm]	최소발화에너지[mJ]
메탄	1	0.29
프로판	1	0.26
헵탄	1	0.25
수소	1	0.03
에틸렌	1	0.10
에탄	1	0.69
아세트알데히드	1	0.37

참고 산업안전기사 필기 p.5-94(표. 최소발화에너지)

KEY ① 2010년 5월 9일 기사 출제
② 2017년 8월 26일(문제 93번) 출제
③ 2018년 3월 4일(문제 82번) 출제

97 다음 [표]의 가스(A~D)를 위험도가 큰 것부터 작은 순으로 나열한 것은?

가스	폭발하한값	폭발상한값
A	4.0 [vol%]	75.0 [vol%]
B	3.0 [vol%]	80.0 [vol%]
C	1.25 [vol%]	44.0 [vol%]
D	2.5 [vol%]	81.0 [vol%]

① D-B-C-A　② D-B-A-C
③ C-D-A-B　④ C-D-B-A

해설

위험도 계산

위험도$(H)=\dfrac{U-L}{L}$

[정답] 94 ② 95 ① 96 ① 97 ④

① $A=\frac{75-4}{4}=17.75$ ② $B=\frac{80-3}{3}=25.67$

③ $C=\frac{44-1.25}{1.25}=34.2$ ④ $D=\frac{81-2.5}{2.5}=31.4$

참고 산업안전기사 필기 p.5-60(㉮ 위험도)

KEY ① 2021년 5월 15일 기사 등 10회 이상 출제
② 2018년 8월 19일 산업기사 등 10회 이상 출제

98 알루미늄분이 고온의 물과 반응하였을 때 생성되는 가스는?

① 이산화탄소 ② 수소
③ 메탄 ④ 에탄

해설

Al과 물의 반응

① Al : 금수성 물질로서 물과 접촉 시 수소(H_2)방출
② $Al+3H_2O=Al(OH)_3+1.5H_2$

참고 산업안전기사 필기 p.5-69(문제 35번)

KEY ① 2006년 5월 14일 (문제 88번) 출제
② 2017년 5월 7일 (문제 90번) 출제

보충학습

① Cu, Fe, Au, Ag, C : 상온에서 고체로 물과 접촉해도 반응불가
② K, Na, Mg, Zn, Li : 물과 격렬반응하여 수소(H_2) 발생

99 메탄, 에탄, 프로판의 폭발하한계가 각각 5[vol%], 3[vol%], 2.1[vol%]이일 때, 다음 중 폭발하한계가 가장 낮은 것은? (단, Le Chatelier의 법칙을 이용한다.)

① 메탄 20[vol%], 에탄 30[vol%], 프로판 50[vol%]의 혼합가스
② 메탄 30[vol%], 에탄 30[vol%], 프로판 40[vol%]의 혼합가스
③ 메탄 40[vol%], 에탄 30[vol%], 프로판 30[vol%]의 혼합가스
④ 메탄 50[vol%], 에탄 30[vol%], 프로판 20[vol%]의 혼합가스

해설

르샤틀리에(Le Chatelier) 법칙

(1) $L=\frac{100}{\frac{V_1}{L_1}+\frac{V_2}{L_2}+\cdots\cdots+\frac{V_n}{L_n}}$ (순수한 혼합가스일 경우)

(2) $L=\frac{V_1+V_2+\cdots\cdots+V_n}{\frac{V_1}{L_1}+\frac{V_2}{L_2}+\cdots\cdots+\frac{V_n}{L_n}}$ (혼합가스가 공기와 섞여있을 경우)

여기서, L : 혼합가스의 폭발한계[%] – 폭발상한, 폭발하한 모두 적용 가능
$L_1, L_2, L_3, \cdots, L_n$: 각 성분가스의 폭발한계(%) – 폭발상한계, 폭발하한계
$V_1, V_2, V_3, \cdots, V_n$: 전체 혼합가스 중 각 성분가스의 비율(%) – 부피비

(3) 결론

① $\frac{100}{\frac{20}{5}+\frac{30}{3}+\frac{50}{2.1}}=2.65[\text{vol}\%]$

② $\frac{100}{\frac{30}{5}+\frac{30}{3}+\frac{40}{2.1}}=2.86[\text{vol}\%]$

③ $\frac{100}{\frac{40}{5}+\frac{30}{3}+\frac{30}{2.1}}=3.09[\text{vol}\%]$

④ $\frac{100}{\frac{50}{5}+\frac{30}{3}+\frac{20}{2.1}}=3.39[\text{vol}\%]$

참고 산업안전기사 필기 p.5-77(문제 74번)

KEY 2020년 8월 22일 등 수없이 출제

100 고압가스 용기 파열사고의 주요 원인 중 하나는 용기의 내압력(耐壓力, capacity to resist pressure) 부족이다. 다음 중 내압력 부족의 원인으로 거리가 먼 것은?

① 용기 내벽의 부식 ② 강재의 피로
③ 과잉 충전 ④ 용접 불량

해설

고압가스용기 파열사고 원인

(1) 용기의 내압력부족
① 용기자체에 결함이 있는 경우 : 용기재료의 불량, 용기 내벽의 부식, 강재의 피로, 용접불량 등
② 용기에 대해 낙하, 충돌 등의 충격 및 기타 타격을 주는 경우
③ 용기에 절단, 구멍 뚫기 등의 가공을 하는 경우

[정답] 98 ② 99 ① 100 ③

PART 04

(2) 용기 내압(耐壓)이 이상상승
① 과잉 충전
② 가열, 직사광선, 화재 등에 의한 용기 온도의 상승
③ 내용물의 중합반응 또는 분해반응에 의한 것 등

참고 산업안전기사 필기 p.5-74(문제 61번) 적중

6 건설공사 안전관리

101 건설현장에 거푸집동바리 설치 시 준수사항으로 옳지 않은 것은?

① 파이프 서포트 높이가 4.5[m]를 초과하는 경우에는 높이 2[m] 이내마다 2개 방향으로 수평연결재를 설치한다.
② 동바리의 침하 방지를 위해 깔목의 사용, 콘크리트 타설, 말뚝박기 등을 실시한다.
③ 강재와 강재의 접속부는 볼트 또는 클램프 등 전용철물을 사용한다.
④ 강관틀 동바리는 강관틀과 강관틀 사이에 교차가새를 설치한다.

해설

동바리로 사용하는 파이프서포트 안전기준
① 파이프서포트를 3개 이상 이어서 사용하지 아니하도록 할 것
② 파이프서포트를 이어서 사용할 경우에는 4개 이상의 볼트 또는 전용철물을 사용하여 이을 것
③ 높이가 3.5[m]를 초과할 경우에는 높이 2[m] 이내마다 수평연결재를 2개 방향으로 만들고 수평연결재의 변위를 방지할 것

참고 산업안전기사 필기 p.6-88(합격날개 : 합격예측 및 관련법규)

KEY ① 2018년 3월 4일 기사·산업기사 동시 출제
② 2018년 8월 19일 출제
③ 2018년 9월 15일 산업기사 출제
④ 2020년 8월 22일 출제
⑤ 2020년 8월 22일 산업기사등 20번 이상 출제

정보제공
산업안전보건기준에 관한 규칙 제332조(거푸집동바리 등의 안전조치)

102 고소작업대를 설치 및 이동하는 경우에 준수하여야 할 사항으로 옳지 않은 것은?

① 와이어로프 또는 체인의 안전율은 3 이상일 것
② 붐의 최대 지면경사각을 초과 운전하여 전도되지 않도록 할 것
③ 고소작업대를 이동하는 경우 작업대를 가장 낮게 내릴 것
④ 작업대에 끼임·충돌 등 재해를 예방하기 위한 가드 또는 과상승방지장치를 설치할 것

해설

고소작업대의 와이어로프 및 체인의 안전율 : 5 이상

참고 산업안전기사 필기 p.6-50(합격날개 : 합격예측 및 관련법규)

정보제공
산업안전보건기준에 관한규칙 제186조(고소작업대 설치 등의 조치)

KEY ① 2017년 3월 5일 산업기사 출제
② 2017년 9월 23일 산업기사 출제

103 건설공사의 유해위험방지계획서 제출 기준일로 옳은 것은?

① 당해공사 착공 1개월 전까지
② 당해공사 착공 15일 전까지
③ 당해공사 착공 전날 까지
④ 당해공사 착공 15일 후까지

해설

유해위험방지계획서 제출기간
① 건설업 : 공사착공 전날까지
② 제조업 : 해당작업 시작 15일 전까지
③ 제출처 : 한국산업안전보건공단

참고 산업안전기사 필기 p.2-37(3. 법적 목적)

KEY ① 2012년 5월 20일 건설안전기사(문제 57번) 출제
② 2016년 3월 6일 건설안전기사(문제 57번) 출제
③ 2017년 9월 23일 건설안전기사(문제 57번) 출제

정보제공
산업안전보건법 시행규칙 제42조(제출서류 등)

[정답] 101 ① 102 ① 103 ③

104 철골건립준비를 할 때 준수하여야 할 사항으로 옳지 않은 것은?

① 지상 작업장에서 건립준비 및 기계기구를 배치할 경우에는 낙하물의 위험이 없는 평탄한 장소를 선정하여 정비하여야 한다.
② 건립작업에 다소 지장이 있다하더라도 수목은 제거하거나 이설하여서는 안된다.
③ 사용전에 기계기구에 대한 정비 및 보수를 철저히 실시하여야 한다.
④ 기계에 부착된 앵카 등 고정장치와 기초구조 등을 확인하여야 한다.

해설

장해물의 제거
① 수목이나 전주 등은 제거 또는 이설
② 이유 : 작업능률을 저하 방지

참고 산업안전기사 필기 p.6-160(2. 건립 준비 및 기계 기구의 배치)

KEY ① 2015년 3월 8일(문제 116번) 출제
② 2019년 3월 3일(문제 108번) 출제

105 가설공사 표준안전 작업지침에 따른 통로발판을 설치하여 사용함에 있어 준수사항으로 옳지 않은 것은?

① 추락의 위험이 있는 곳에는 안전난간이나 철책을 설치하여야 한다.
② 작업발판의 최대폭은 1.6[m] 이내이어야 한다.
③ 비계발판의 구조에 따라 최대 적재하중을 정하고 이를 초과하지 않도록 하여야 한다.
④ 발판을 겹쳐 이음하는 경우 장선 위에서 이음을 하고 겹침길이는 10[cm] 이상으로 하여야 한다.

해설

안전난간 및 통로발판

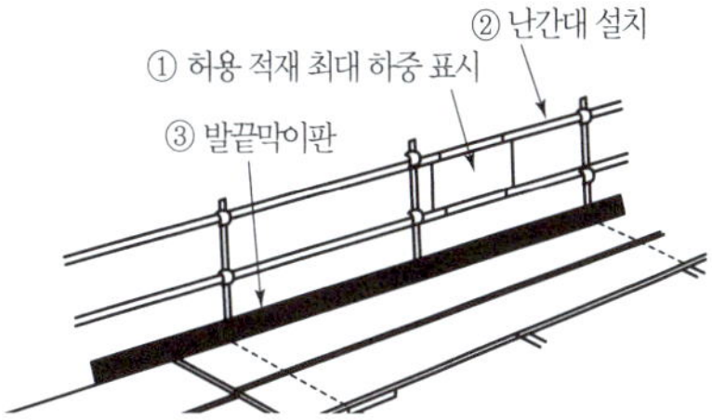

[그림] 안전난간 · 통로발판

참고 ① 산업안전기사 필기 p.6-105(2. 안전난간설치기준)
② 산업안전기사 필기 p.6-151(합격날개 : 합격예측)

KEY ① 2017년 9월 23일 산업기사 출제
② 2018년 3월 4일 산업기사 출제
③ 2018년 8월 19일 산업기사 출제
④ 2021년 8월 14일(문제 105번) 출제

정보제공
산업안전보건기준에 관한 규칙 제13조(안전난간의 구조 및 설치요건)

106 항타기 또는 항발기의 사용 시 준수사항으로 옳지 않은 것은?

① 증기나 공기를 차단하는 장치를 작업관리자가 쉽게 조작할 수 있는 위치에 설치한다.
② 해머의 운동에 의하여 증기호스 또는 공기호스와 해머의 접속부가 파손되거나 벗겨지는 것을 방지하기 위하여 그 접속부가 아닌 부위를 선정하여 증기호스 또는 공기호스를 해머에 고정시킨다.
③ 항타기나 항발기의 권상장치의 드럼에 권상용 와이어로프가 꼬인 경우에는 와이어로프에 하중을 걸어서는 안된다.
④ 항타기나 항발기의 권상장치에 하중을 건 상태로 정지하여 두는 경우에는 쐐기장치 또는 역회전방지용 브레이크를 사용하여 제동하는 등 확실하게 정지시켜 두어야 한다.

[정답] 104 ② 105 ④ 106 ①

PART 04

해설

항타기·항발기 안전기준

① 해머의 운동에 의하여 증기호스 또는 공기호스와 해머의 접속부가 파손되거나 벗겨지는 것을 방지하기 위하여 그 접속부가 아닌 부위를 선정하여 증기호스 또는 공기호스를 해머에 고정시킬 것
② 증기나 공기를 차단하는 장치를 해머의 운전자가 쉽게 조작할 수 있는 위치에 설치할 것
③ 사업주는 항타기나 항발기의 권상장치의 드럼에 권상용 와이어로프가 꼬인 경우에는 와이어로프에 하중을 걸어서는 아니 된다.
④ 사업주는 항타기나 항발기의 권상장치에 하중을 건 상태로 정지하여 두는 경우에는 쐐기장치 또는 역회전방지용 브레이크를 사용하여 제동하는 등 확실하게 정지시켜 두어야 한다.

참고 산업안전기사 필기 p.6-58(합격날개 : 합격예측 및 관련 법규)

KEY 2016년 10월 1일 건설안전기사(문제 117번) 출제

정보제공
산업안전보건기준에 관한 규칙 제217조(사용시의 조치 등)

107 건설업 중 유해위험방지계획서 제출대상 사업장으로 옳지 않은 것은?

① 지상높이가 31[m] 이상인 건축물 또는 인공구조물, 연면적 30,000[m^2] 이상인 건축물 또는 연면적 5,000[m^2] 이상의 문화 및 집회시설의 건설공사
② 연면적 3,000[m^2] 이상의 냉동·냉장 창고시설의 설비공사 및 단열공사
③ 깊이 10[m] 이상인 굴착공사
④ 최대 지간길이가 50[m] 이상인 다리의 건설공사

해설

유해위험방지계획서 제출대상 건설공사

(1) 건축물 또는 시설 등의 건설·개조 또는 해체공사
가. 지상높이가 31미터 이상인 건축물 또는 인공구조물
나. 연면적 3만제곱미터 이상인 건축물
다. 연면적 5천제곱미터 이상인 시설
① 문화 및 집회시설(전시장 및 동물원·식물원은 제외한다)
② 판매시설, 운수시설(고속철도의 역사 및 집배송시설은 제외한다)
③ 종교시설
④ 의료시설 중 종합병원
⑤ 숙박시설 중 관광숙박시설
⑥ 지하도상가
⑦ 냉동·냉장 창고시설
(2) 연면적 5천제곱미터 이상인 냉동·냉장 창고시설의 설비공사 및 단열공사
(3) 최대지간길이가 50[m] 이상인 교량건설 등 공사
(4) 터널건설 등의 공사
(5) 다목적댐, 발전용댐 및 저수용량 2천만톤 이상의 용수전용댐, 지방상수도 전용댐 건설 등의 공사
(6) 깊이 10[m] 이상인 굴착공사

참고 ① 산업안전기사 필기 p.2-44(3. 유해위험방지계획서 제출대상 건설공사)
② 산업안전기사 필기 p.6-20(3. 유해위험방지계획서 제출대상 건설공사)

KEY ① 2016년 5월 8일 기사 출제
② 2017년 3월 5일 산업기사 출제
③ 2018년 4월 28일 기사 출제
④ 2018년 8월 19일 기사·산업기사 동시 출제
⑤ 2018년 9월 15일 기사 출제
⑥ 2019년 3월 3일 기사·산업기사 동시 출제
⑦ 2019년 4월 27일 기사·산업기사 동시 출제
⑧ 2019년 8월 4일 산업기사 출제
⑨ 2019년 9월 21일 기사 출제
⑩ 2020년 8월 22일(문제 117번) 출제

정보제공
산업안전보건법시행령 제42조(유해위험방지계획서 제출대상)

합격자의 조언
제2과목에서도 출제가 됩니다.

108 건설작업용 타워크레인의 안전장치로 옳지 않은 것은?

① 비상정지장치 ② 권과방지장치
③ 해지장치 ④ 자동보수장치

해설

크레인의 방호장치

종류	용도
권과방지장치	양중기의 권상용 와이어로프 또는 지브등의 붐 권상용 와이어로프의 권과 방지 ㉠ 나사형 제동개폐기 ㉡ 롤러형 제동개폐기 ㉢ 캠형 제동개폐기

[정답] 107 ② 108 ④

과부하 방지 장치	정격하중 이상의 하중 부하시 자동으로 상승정지되면서 경보음이나 경보등 발생
비상 정지 장치	돌발사태 발생시 안전유지 위한 전원차단 및 크레인 급정지시키는 장치
제동 장치	운동체와 정지체의 기계적접촉에 의해 운동체를 감속하거나 정지 상태로 유지하는 기능을 하는 장치
기타 방호 장치	① 해지장치 ② 스토퍼(Stopper) ③ 이탈방지장치 ④ 안전밸브 등

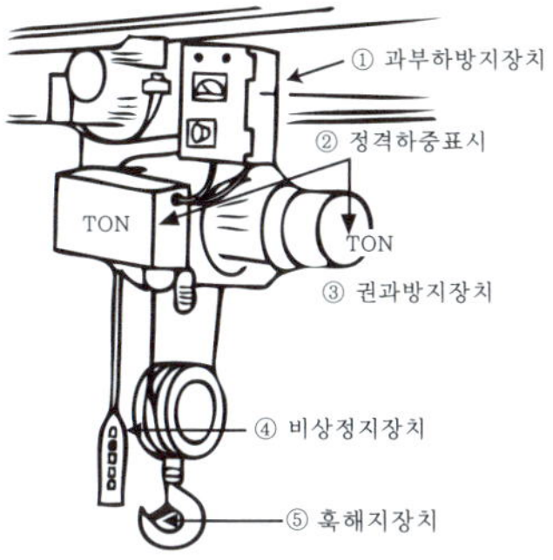

[그림] 크레인의 방호장치

참고 산업안전기사 필기 p.6-131(합격날개 : 합격예측)

KEY ① 2018년 8월 19일 기사 출제
② 2019년 3월 3일(문제 118번) 출제

109 이동식비계를 조립하여 작업을 하는 경우의 준수사항으로 옳지 않은 것은?

① 비계의 최상부에서 작업을 할 때에는 안전난간을 설치하여야 한다.

② 작업발판의 최대적재하중은 400[kg]을 초과하지 않도록 한다.

③ 승강용 사다리는 견고하게 설치하여야 한다.

④ 작업발판은 항상 수평을 유지하고 작업발판 위에서 안전난간을 딛고 작업을 하거나 받침대 또는 사다리를 사용하여 작업하지 않도록 한다.

해설

이동식 비계 작업발판 최대적재 하중 : 250[kg] 초과 금지

참고 산업안전기사 필기 p.6-103(합격날개 : 합격예측 및 관련법규)

KEY ① 2017년 8월 26일 출제
② 2017년 3월 5일 산업기사 출제
③ 2018년 3월 4일 출제
④ 2018년 8월 19일(문제 113번) 출제

합격정보
산업안전보건기준에 관한 규칙 제68조 (이동식비계)

110 토사붕괴원인으로 옳지 않은 것은?

① 경사 및 기울기 증가

② 성토높이의 증가

③ 건설기계 등 하중작용

④ 토사중량의 감소

해설

토석붕괴 재해의 원인

(1) 외적 요인
① 사면, 법면의 경사 및 기울기의 증가
② 절토 및 성토 높이의 증가
③ 공사에 의한 진동 및 반복하중의 증가
④ 지표수 및 지하수의 침투에 의한 토사 중량의 증가
⑤ 지진, 차량, 구조물의 중량
⑥ 토사 및 암석의 혼합층 두께

(2) 내적 요인
① 절토 사면의 토질·암질
② 성토 사면의 토질
③ 토석의 강도 저하

참고 산업안전산업기사 필기 p.6-55(1. 토석붕괴 재해의 원인)

KEY ① 2016년 5월 8일 출제
② 2019년 4월 27일 산업기사 등 10번 이상 출제

정보제공
굴착공사 표준안전작업지침 제28조(토석붕괴의 원인)

111 건설용 리프트의 붕괴 등을 방지하기 위해 받침의 수를 증가시키는 등 안전조치를 하여야 하는 순간풍속 기준은?

① 초당 15[m] 초과 ② 초당 25[m] 초과

③ 초당 35[m] 초과 ④ 초당 45[m] 초과

[정답] 109 ② 110 ④ 111 ③

PART 04

해설

건설용 리프트 붕괴 방지 풍속 : 순간 풍속 35[m/sec] 초과

참고 산업안전기사 필기 p.6-144(합격날개 : 합격예측 및 관련법규)

KEY 2017년 5월 7일 산업기사(문제 90번) 출제

정보제공

산업안전보건기준에 관한 규칙 제154조(붕괴 등의 방지)

112 토사붕괴에 따른 재해를 방지하기 위한 흙막이 지보공 부재로 옳지 않은 것은?

① 흙막이판 ② 말뚝

③ 턴버클 ④ 띠장

해설

흙막이벽 부재(설비)의 종류

① 버팀대(strut)
② 띠장(wale)
③ 버팀대 기둥
④ 모서리 버팀대

참고 산업안전기사 필기 p.6-122(문제 4번 적중)

보충학습

턴버클(turn buckle)

지지막대나 지지 와이어 로프 등의 길이를 조절하기 위한 기구, 철골 구조나 목조의 현장 조립 등에서 다시 세우기나 철근 가새 등에 사용

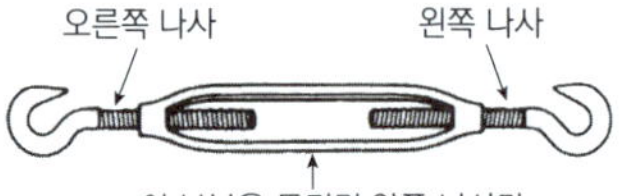

[그림] 턴버클

113 가설구조물의 특징으로 옳지 않은 것은?

① 연결재가 적은 구조로 되기 쉽다.
② 부재 결합이 간략하여 불안전 결합이다.
③ 구조물이라는 개념이 확고하여 조립의 정밀도가 높다.
④ 사용부재는 과소단면이거나 결함재가 되기 쉽다.

해설

가설 구조물의 특징

① 연결재가 부족하여 불안정해지기 쉽다.
② 부재 결합이 간략하고 불완전 결합이 많다.
③ 구조물이라는 통상의 개념이 확고하지 않아 조립의 정밀도가 낮다.
④ 부재는 과소 단면이거나 결함이 있는 재료가 사용되기 쉽다.

참고 산업안전기사 필기 p.6-87(1. 가설 구조물의 특징)

KEY 2022년 3월 5일(문제 106번) 출제

114 사다리식 통로 등의 구조에 대한 설치기준으로 옳지 않은 것은?

① 발판의 간격은 일정하게 할 것
② 발판과 벽과의 사이는 15[cm] 이상의 간격을 유지 할 것
③ 사다리식 통로의 길이가 10[m] 이상인 때에는 7[m] 이내마다 계단참을 설치할 것
④ 사다리의 상단은 걸쳐놓은 지점으로부터 60[cm] 이상 올라가도록 할 것

해설

사다리식 통로의 길이가 10[m] 이상인 경우에는 5[m] 이내마다 계단참을 설치할 것

참고 산업안전기사 필기 p.6-18(합격날개 : 합격예측 및 관련법규)

KEY ① 2016년 10월 1일 산업기사 출제
② 2017년 5월 7일 기사·산업기사 동시출제
③ 2018년 4월 28일 산업기사 출제
④ 2022년 3월 5일(문제 117번) 출제

합격정보

산업안전보건기준에 관한 규칙 제24조 (사다리식 통로등의 구조)

[정답] 112 ③ 113 ③ 114 ③

115 가설통로를 설치하는 경우 준수해야할 기준으로 옳지 않은 것은?

① 경사는 30[°] 이하로 할 것
② 경사가 25[°]를 초과하는 경우에는 미끄러지지 아니하는 구조로 할 것
③ 건설공사에 사용하는 높이 8[m] 이상인 비계다리에는 7[m] 이내마다 계단참을 설치할 것
④ 수직갱에 가설된 통로의 길이가 15[m] 이상인 때에는 10[m] 이내마다 계단참을 설치할 것

해설

경사가 15[°]를 초과하는 경우 미끄러지지 아니하는 구조로 할 것

참고 산업안전기사 필기 p.6-17(합격날개 : 합격예측 및 관련 법규)

KEY ① 2021년 3월 7일(문제 112번) 출제
② 2022년 3월 5일(문제 104번) 출제

합격정보

산업안전보건기준에 관한 규칙 제23조(가설통로의 구조)

116 터널공사에서 발파작업 시 안전대책으로 옳지 않은 것은?

① 발파전 도화선 연결상태, 저항치 조사 등의 목적으로 도통시험 실시 및 발파기의 작동상태에 대한 사전점검 실시
② 모든 동력선은 발원점으로부터 최소한 15[m] 이상 후방으로 옮길 것
③ 지질, 암의 절리 등에 따라 화약량에 대한 검토 및 시방기준과 대비하여 안전조치 실시
④ 발파용 점화회선은 타동력선 및 조명회선과 한곳으로 통합하여 관리

해설

점화회선 · 타동력선 · 조명회선은 반드시 분리하여 관리한다.

KEY ① 2017년 9월 23일 기사·산업기사 동시출제
② 2018년 4월 28일 출제

합격정보

산업안전보건기준에 관한 규칙 제348조(발파의 작업 기준)

117 건설업 산업안전보건관리비 계상 및 사용기준은 산업재해보상 보험법의 적용을 받는 공사 중 총 공사금액이 얼마 이상인 공사에 적용하는가?(단, 전기공사업법, 정보통신공사업법에 의한 공사는 제외)

① 4천만원 ② 3천만원
③ 2천만원 ④ 1천만원

해설

제3조(적용범위) 이 고시는 「산업재해보상보험법」 제6조의 규정에 의하여 「산업재해보상보험법」의 적용을 받는 공사중 총공사금액 2천만원 이상인 공사에 적용한다. 다만, 다음 각 호의 어느 하나에 해당되는 공사중 단가계약에 의하여 행하는 공사에 대하여는 총계약금액을 기준으로 이를 적용한다.

참고 산업안전기사 필기 p.6-38(합격날개 : 합격예측 및 관련 법규)

KEY ① 2016년 3월 6일 기사 출제
② 2017년 5월 7일 산업기사 출제
③ 2017년 8월 26일 기사 · 산업기사 동시 출제
④ 2019년 8월 4일(문제 110번) 출제

정보제공

적용시기 : 2020년 7월 1일부터 2천만원 이상(고시2020-63호)

118 건설업의 공사금액이 850억 원일 경우 산업안전보건법령에 따른 안전관리자의 수로 옳은 것은?(단, 전체 공사기간을 100으로 할 때 공사 전·후 15에 해당하는 경우는 고려하지 않는다.)

① 1명 이상 ② 2명 이상
③ 3명 이상 ④ 4명 이상

해설

안전관리자 수

① 공사금액 50억 이상 800억 원 미만 : 1명
② 공사금액 800억 이상 1,500억 원 미만 : 2명
③ 공사금액 1,500억 이상 2,200억 원 미만 : 3명
④ 공사금액 2,200억 이상 3,000억 원 미만 : 4명

참고 산업안전기사 필기 p.1-211(49. 건설업)

합격정보

산업안전보건법 시행령 [별표 3] 안전관리자의 수 및 선임방법
2023. 12. 12. 개정법 적용

[정답] 115 ② 116 ④ 117 ③ 118 ②

PART 04

119 **거푸집 동바리의 침하를 방지하기 위한 직접적인 조치로 옳지 않은 것은**

① 수평연결재 사용
② 깔목의 사용
③ 콘크리트의 타설
④ 말뚝박기

해설

거푸집동바리의 침하 방지를 위한 직접적인 조치 3가지

① 깔목의 사용
② 콘크리트 타설
③ 말뚝박기

참고 산업안전기사 필기 p.6-88(합격날개 : 합격예측 및 관련법규)

KEY 2022년 4월 24일 (문제 101번) 지문

정보제공
산업안전보건기준에 관한 규칙 제332조의2(동바리 유형에 따른 동바리조립시의 안전조치))

120 **달비계를 사용하는 와이어로프의 사용금지 기준으로 옳지 않은 것은?**

① 이음매가 있는 것
② 열과 전기충격에 의해 손상된 것
③ 지름의 감소가 공칭지름의 7[%]를 초과하는 것
④ 와이어로프의 한 꼬임에서 끊어진 소선의 수가 7[%] 이상인 것

해설

달비계에 사용하는 와이어로프 금지기준

① 이음매가 있는 것
② 와이어로프의 한 꼬임[스트랜드(strand)를 말한다. 이하 같다]에서 끊어진 소선(素線)[필러(pillar)선은 제외한다]의 수가 10[%] 이상(비자전로프의 경우에는 끊어진 소선의 수가 와이어로프 호칭지름의 6배 길이 이내에서 4개 이상이거나 호칭지름 30배 길이 이내에서 8개 이상)인 것
③ 지름의 감소가 공칭지름의 7[%]를 초과하는 것
④ 꼬인 것
⑤ 심하게 변형되거나 부식된 것
⑥ 열과 전기충격에 의해 손상된 것

참고 산업안전기사 필기 p.6-102(합격날개 : 합격예측 및 관련법규)

KEY ① 2017년 3월 5일 기사 출제
② 2018년 4월 28일 산업기사 출제
③ 2019년 8월 4일(문제 116번) 출제

정보제공
산업안전보건기준에 관한 규칙 제63조(달비계의 구조)

녹색직업 녹색자격증코너

오늘이 삶의 마지막 날인 것처럼

바둑시합을 할 때 자기에게 주어진 시간을 다 쓰고 나면 초 읽기를 합니다.
이때 바둑을 두지 못하면 시합은 끝나 버리게 되는 것이지요.
삶에 있어서도 마찬가지입니다.
만약 오늘이 나의 마지막 날이라고 생각해 보십시오.
마지막 날이라면 과연 어떻게 보낼 것인가?
권태롭다고 자리에 누워 짜증만 부리지는 않을 것입니다.
때때로 자신의 삶에 대하여 마감정신을 갖는 것이 필요합니다.
그렇게 함으로써 자신을 채찍질하고 분발하는 계기로 삼는 것입니다.
사실 누구나 자기 자신의 삶이 언제 어디서 어떻게 마감될는지 모릅니다.
때문에 철저하게 마감정신을 가지고 살아야 합니다.
이렇게 살다 보면 더욱 성실한 태도, 애정 어린 태도가 나타납니다.

두렵건데 마지막에 이르러 네 몸 네 육체가 쇠패할 때에
네가 한탄하여(잠언 5:11)

[정답] 119 ① 120 ④

자격종목 및 등급(선택분야)

산업안전기사

※ 본 문제는 복원문제 및 예적(예상적중) 문제로 실제문제와 동일하지 않을 수 있습니다.

1 산업재해 예방 및 안전보건교육

01 산업안전보건법령상 중대재해의 범위에 해당하지 않는 것은?

① 1명의 사망자가 발생한 재해
② 1개월의 요양을 요하는 부상자가 동시에 5명 발생한 재해
③ 3개월의 요양을 요하는 부상자가 동시에 3명 발생한 재해
④ 10명의 직업성 질병자가 동시에 발생한 재해

해설

중대재해의 종류 3가지

① 사망자가 1명 이상 발생한 재해
② 3개월 이상의 요양이 필요한 부상자가 동시에 2명 이상 발생한 재해
③ 부상자 또는 직업성 질병자가 동시에 10명 이상 발생한 재해

참고 산업안전기사 필기 p.1-4(6. 중대재해)

KEY ① 2016년 3월 8일 기사 및 산업기사 동시출제
② 2016년 5월 8일 기사 출제
③ 2020년 8월 22일 기사 출제

합격정보
산업안전보건법 시행규칙 제3조(중대재해의 범위)

02 산업안전보건법령상 잠함(潛函) 또는 잠수작업 등 높은 기압에서 작업하는 근로자의 근로시간 기준은?

① 1일 6시간, 1주 32시간 초과금지
② 1일 6시간, 1주 34시간 초과금지
③ 1일 8시간, 1주 32시간 초과금지
④ 1일 8시간, 1주 34시간 초과금지

해설

근로시간 연장의 제한

사업주는 유해하거나 위험한 작업으로서 대통령령으로 정하는 작업에 종사하는 근로자에게는 1일 6시간, 1주 34시간을 초과하여 근로하게 하여서는 아니된다.

예 잠함 잠수작업

KEY 2017년 8월 26일(문제 18번) 출제

정보제공
산업안전보건법 제139조(유해·위험작업에 대한 근로시간 제한 등)

보충학습

잠함(caisson : 潛函)

지상에서 구축한 철근 콘크리트체의 상자나 통 형태의 지하 구축물(기초 구조물, 하부 구조물)로써 그 밑을 굴착하여 소정의 위치까지 침하시키는 것.(출처 : 인테리어 용어사전)

03 다음 재해사례에서 기인물에 해당하는 것은?

기계작업에 배치된 작업자가 반장의 지시를 받기 전에 정지된 선반을 운전시키면서 변속치차의 덮개를 벗겨내고 치차를 저속으로 운전하면서 급유하려고 할때 오른손이 변속치차에 맞물려 손가락이 절단되었다.

① 덮개 ② 급유
③ 선반 ④ 변속치차

해설

재해발생의 분석시 3가지

① 기인물 : 불안전한 상태에 있는 물체(환경포함 : 선반)
② 가해물 : 직접 사람에게 접촉되어 위해를 가한 물체(변속치차)
③ 사고의 형태(재해형태) : 물체(가해물)와 사람과의 접촉현상(협착)

참고 ① 산업안전기사 필기 p.1-27(합격날개 : 합격예측)
② 산업안전기사 필기 p.1-27(합격날개 : 은행문제)

KEY 2015년 3월 8일 문제 8번 출제

[정답] 01 ② 02 ② 03 ③

보충학습

선반(旋盤 : Lathe)

가공할 공작물을 고정구에 물려 고정한 다음 빠른 속도로 회전시키면서 공구를 대어 가공하는 공작기계

04 레빈(Lewin)의 법칙 $B=f(P \cdot E)$중 B가 의미하는 것은?

① 인간관계 ② 행동
③ 환경 ④ 함수

해설

레빈의 인간행동법칙

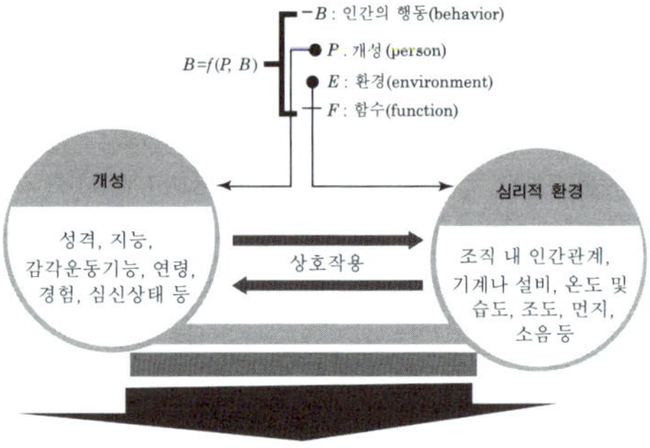

[그림] 인간의 행동이 결정됨

참고 ① 산업안전기사 필기 p.1-77(합격날개 : 합격예측)
② Lewin : 독일 출생의 미국인, 행동주의 심리학파

KEY ① 2011년 6월 12일 기사 출제
② 2016년 3월 6일 기사 출제
③ 2016년 10월 1일 기사 출제
④ 2017년 5월 7일 기사 출제
⑤ 2017년 8월 26일 기사 출제
⑥ 2017년 9월 23일 기사 출제
⑦ 2018년 3월 4일 기사 출제
⑧ 2018년 9월 15일 기사 출제
⑨ 2019년 9월 21일 기사 출제
⑩ 2020년 8월 22일 기사 출제

05 헤드십(headship)의 특성에 관한 설명으로 틀린 것은?

① 상사와 부하의 사회적 간격은 넓다.
② 지휘형태는 권위주의적이다.
③ 상사와 부하의 관계는 지배적이다.
④ 상사의 권한 근거는 비공식적이다.

해설

leadership과 headship의 비교

개인과 상황 변수	leadership	headship
권한 행사	선출된 리더	임명적 헤드
권한 부여	밑으로부터 동의	위에서 위임
권한 귀속	집단 목표에 기여한 공로 인정	공식화된 규정에 의함
상사와 부하와의 관계	개인적인 영향	지배적
부하와의 사회적 관계(간격)	좁음	넓음
지휘 형태	민주주의적	권위주의적
책임 귀속	상사와 부하	상사
권한 근거	개인적	법적 또는 공식적

참고 산업안전기사 필기 p.1-113 (5) leadership과 headship의 비교

KEY ① 2016년 3월 6일 기사 출제
② 2016년 8월 21일 기사 출제
③ 2016년 10월 1일 기사 출제
④ 2017년 5월 7일 기사 출제
⑤ 2017년 9월 23일 기사 출제
⑥ 2018년 3월 4일 기사, 산업기사 출제
⑦ 2018년 8월 19일 산업기사 출제
⑧ 2019년 9월 21일 산업기사 출제
⑨ 2020년 9월 27일 기사 출제
⑩ 2021년 5월 15일(문제 2번) 출제
⑪ 2022년 4월 24일(문제 20번) 출제

06 산업안전보건법에 따라 안전관리자를 정수 이상으로 증원하거나 교체하여 임명할 것을 명할 수 있는 경우가 아닌 것은?

① 중대재해가 연간 5건 발생한 경우
② 안전관리자가 질병으로 인하여 3개월 동안 직무를 수행할 수 없게 된 경우
③ 안전관리자가 질병 외의 사유로 인하여 6개월 동안 직무를 수행할 수 없게 된 경우
④ 해당 사업장의 연간재해율이 전체 평균재해율 이상인 경우

[정답] 04 ② 05 ④ 06 ④

해설

안전관리자의 증원·교체임명

① 해당 사업장의 연간재해율이 같은 업종 평균재해율의 2배 이상인 때
② 중대재해가 연간 2건 이상 발생한 때
③ 관리자가 질병 그 밖의 사유로 3개월 이상 직무를 수행할 수 없게 된 때
④ 화학적 인자로 인한 직업성 질병자가 연간 3명 이상 발생한 경우

참고 산업안전기사 필기 p.1-221(제12조)

합격정보
산업안전보건법 시행규칙 제12조(안전관리자 등의 증원·교체 임명 명령)

KEY ① 2011년 3월 20일 기사 출제
② 2018년 3월 4일 기사 출제

07 다음 중 근로자가 물체의 낙하 또는 비래 및 추락에 의한 위험을 방지 또는 경감하고, 머리부위 감전에 의한 위험을 방지하고자 할 때 사용하여야 하는 안전모의 종류로 가장 적합한 것은?

① A형 ② AB형
③ ABE형 ④ AE형

해설

안전모의 종류 및 용도

종류 기호	사용구분
AB	물체낙하, 날아옴, 추락에 의한 위험을 방지, 경감시키는 것
AE	물체낙하, 날아옴에 의한 위험을 방지 또는 경감하고 머리부위 감전에 의한 위험을 방지하기 위한 것
ABE	물체의 낙하 또는 날아옴 및 추락에 의한 위험을 방지하기 위한 것 및 감전 방지용

참고 산업안전기사 필기 p.1-52(1. 안전모)

KEY 2012년 3월 4일 기사 출제

08 산업안전보건법령상 안전보건표지의 색채와 사용사례의 연결이 틀린 것은?

① 노란색 – 정지신호, 소화설비 및 그 장소, 유해행위의 금지
② 파란색 – 특정 행위의 지시 및 사실의 고지
③ 빨간색 – 화학물질 취급장소에서의 유해·위험 경고
④ 녹색 – 비상구 및 피난소, 사람 또는 차량의 통행표지

해설

안전보건표지의 색채, 색도기준 및 용도

색채	색도기준	용도	사용 예
빨간색	7.5R 4/14	금지	정지신호, 소화설비 및 그 장소, 유해행위의 금지
		경고	화학물질 취급장소에서의 유해·위험 경고
노란색	5Y 8.5/12	경고	화학물질 취급장소에서의 유해·위험 경고, 이외 위험 경고, 주의표지 또는 기계방호물
파란색	2.5PB 4/10	지시	특정 행위의 지시 및 사실의 고지
녹색	2.5G 4/10	안내	비상구 및 피난소, 사람 또는 차량의 통행표지
흰색	N9.5		파란색 또는 녹색에 대한 보조색
검은색	N0.5		문자 및 빨간색 또는 노란색에 대한 보조색

참고 산업안전기사 필기 p.1-62(5. 안전보건표지의 색도기준 및 용도)

KEY ① 2017년 3월 5일 기사 출제
② 2017년 8월 26일 산업기사 출제
③ 2018년 3월 4일 기사 출제
④ 2019년 9월 21일 기사, 산업기사 출제
⑤ 2020년 8월 22일 기사 출제

정보제공
산업안전보건법 시행규칙 [별표 8] 안전보건표지의 색채, 색도기준 및 용도

09 다음 중 하인리히가 제시한 1 : 29 : 300의 재해구성비율에 관한 설명으로 틀린 것은?

① 총 사고발생건수는 300[건]이다.
② 중상 또는 사망은 1[건] 발생된다.
③ 고장이 포함되는 무상해사고는 300[건] 발생된다.
④ 인적, 물적 손실이 수반되는 경상이 29[건] 발생된다.

[정답] 07 ③ 08 ① 09 ①

PART 04

해설

하인리히법칙(1 : 29 : 300 재해구성비율)

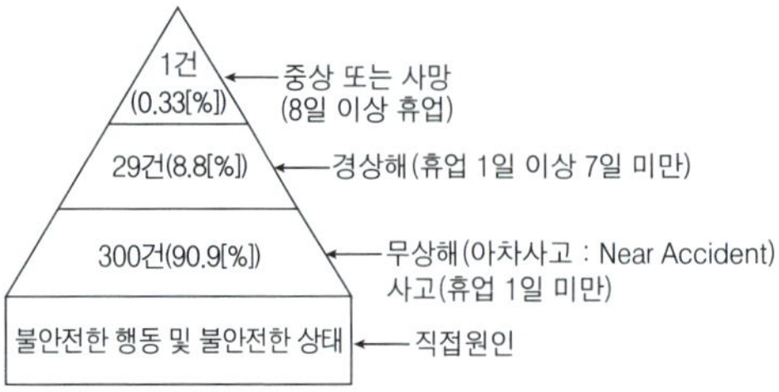

참고 산업안전기사 필기 p.3-33 (1) 하인리히 1 : 29 : 300

보충학습
총사고 발생건수 = 중상해(사망) 1[건] + 경상해 29[건]+무상해 사고 300[건] = 330[건]

보충학습
1대 29대 300의 법칙(하인리히 법칙역사)
보험설계사가 고객 상담을 통해 사고를 분석해 본 결과, 노동 재해가 발생하는 과정에 중상자 한 명이 나오면 그 전에 같은 원인으로 발생한 경상자가 29[명], 또 운 좋게 재난은 피했지만 같은 원인으로 부상을 당할 뻔한 잠재적 상해자가 300[명]이 있었다. 즉 '1대 29대 300의 법칙'이 발견되었다.
H.W.하인리히 : 1930년대 초 미국 한 보험회사 관리

KEY ① 2014년 3월 2일 기사 출제
② 2016년 8월 21일 기사 출제
③ 2021년 8월 14일 기사 출제

10 다음 중 교육훈련 방법에 있어 OJT(On the Job Training)의 특징이 아닌 것은?

① 다수의 근로자들에게 조직적 훈련이 가능하다.
② 개개인에게 적절한 지도 훈련이 가능하다.
③ 훈련 효과에 의해 상호 신뢰이해도가 높아진다.
④ 직장의 실정에 맞게 실제적 훈련이 가능하다.

해설

OJT의 특징
① 개개인에게 적절한 지도훈련이 가능하다.
② 직장의 실정에 맞게 실제적 훈련이 가능하다.
③ 즉시 업무에 연결되는 관계로 몸과 관련이 있다.
④ 훈련에 필요한 업무의 계속성이 끊어지지 않는다.
⑤ 효과가 곧 업무에 나타나며 훈련의 좋고 나쁨에 따라 개선이 쉽다.
⑥ 훈련효과를 보고 상호 신뢰, 이해도가 높아지는 것이 가능하다.

참고 산업안전기사 필기 p.1-142(표. OJT와 OFFJT의 특징)

KEY ① 2017년 3월 5일 기사 출제
② 2017년 5월 7일 기사 출제
③ 2018년 3월 4일 기사 출제
④ 2018년 8월 19일 기사, 산업기사 출제
⑤ 2019년 3월 3일 기사, 산업기사 출제
⑥ 2019년 4월 27일 기사 출제
⑦ 2020년 6월 14일 산업기사 출제
⑧ 2020년 8월 22일 기사 출제

11 산업안전보건법령상 산업안전보건위원회의 사용자위원에 해당되지 않는 사람은?(단, 각 사업장은 해당하는 사람을 선임하여야 하는 대상 사업장으로 한다.)

① 안전관리자
② 산업보건의
③ 명예산업안전감독관
④ 해당 사업장 부서의 장

해설

근로자 위원의 종류
① 근로자 대표
② 명예산업안전감독관이 위촉되어 있는 사업장의 경우 근로자대표가 지명하는 1명 이상의 명예산업안전감독관
③ 근로자대표가 지명하는 9명(근로자인 제②호의 위원이 있는 경우에는 9명에서 그 위원의 수를 제외한 수를 말한다) 이내의 해당 사업장의 근로자

참고 산업안전기사 필기 p.1-193(제35조)

KEY 2020년 6월 7일 기사 출제

정보제공
① 산업안전보건법 시행령 제35조(산업안전보건위원회의 구성)
② 2023. 9. 28 「대통령령 제33597호」 적용

12 주의(Attention)의 특성에 관한 설명 중 틀린 것은?

① 고도의 주의는 장시간 지속하기 어렵다.
② 한 지점에 주의를 집중하면 다른 곳의 주의는 약해진다.
③ 최고의 주의 집중은 의식의 과잉상태에서 가능하다.

[정답] 10 ① 11 ③ 12 ③

④ 여러 자극을 지각할 때 소수의 현란한 자극에 선택적 주의를 기울이는 경향이 있다.

해설

주의의 특성 3가지

① 선택성 : 사람은 한 번에 여러 종류의 자극을 자각하거나 수용하지 못하며 소수의 특정한 것으로 한정해서 선택하는 기능을 말한다.
② 방향성 : 공간적으로 보면 시선의 초점에 맞았을 때는 쉽게 인지되지만 시선에서 벗어난 부분은 무시되기 쉽다.
③ 변동(단속)성 : 주의는 리듬이 있어 언제나 일정한 수순을 지키지는 못한다.

참고 산업안전기사 필기 p.1-117(2. 인간의 주의 특성)

KEY ① 2016년 5월 8일 출제
② 2016년 10월 1일 출제
③ 2017년 3월 4일 산업기사 출제
④ 2018년 4월 28일(문제 22번) 출제
⑤ 2020년 9월 27일(문제 38번) 출제
⑥ 2021년 9월 12일 건설안전기사 출제

보충학습

Phase Ⅳ(과긴장상태) 단계

① 목전의 사건에 깜짝 놀라 거기에 주의를 빼앗기거나 조작을 잘 못하는 에러 행동이 나오기 쉽다.(예 당황, Panic)
② 일본의 의학자 "하시모토 쿠니데" 제시

13 다음 중 재해통계에 있어 강도율이 2.0인 경우에 대한 설명으로 옳은 것은?

① 한 건의 재해로 인해 전체 작업비용의 2.0[%]에 해당하는 손실이 발생하였다.
② 근로자 1,000[명]당 2.0[건]의 재해가 발생하였다.
③ 근로시간 1,000[시간]당 2.0[건]의 재해가 발생하였다.
④ 근로시간 1,000[시간]당 2.0[일]의 근로손실이 발생하였다.

해설

강도율(S.R : Severity Rate of Injury)

① 산재로 인한 1,000[시간]당 근로손실일수를 말함(산업재해의 경중의 정도)
② $강도율 = \frac{총요양근로손실일수}{연근로시간수} \times 1,000$
③ 강도율 2라는 뜻은 1,000[시간]당 작업시 2[일]의 근로손실이 발생한다는 뜻

참고 산업안전기사 필기 p.3-44(4. 강도율)

KEY 2022년 3월 5일 기사 등 20회 이상 출제

합격정보

산업재해통계업무처리규정 제3조(산업재해통계의 산출방법 및 정의)

14 맥그리거(Mcgregor)의 X,Y 이론에서 X 이론에 대한 관리 처방으로 볼 수 없는 것은?

① 직무의 확장
② 권위주의적 리더십의 확립
③ 경제적 보상체제의 강화
④ 면밀한 감독과 엄격한 통제

해설

X·Y 이론의 관리처방

X 이론	Y 이론
경제적 보상 체제의 강화	민주적 리더십의 확립
권위주의적 리더십의 확보	분권화의 권한과 위임
면밀한 감독과 엄격한 통제	목표에 의한 관리
상부책임제도의 강화	직무확장
조직구조의 고충성	비공식적 조직의 활용
	자체평가제도의 활성화

참고 산업안전기사 필기 p.1-100(표. X·Y 이론의 관리처방)

KEY ① 2016년 3월 6일 기사 출제
② 2016년 5월 8일 기사 출제
③ 2018년 3월 4일 기사 출제
④ 2019년 3월 3일 기사 출제
⑤ 2020년 6월 7일 기사 출제

참고 더글라스 맥그리거(Douglas Mcgregor) : 심리학자이자 교수(미국 안티오크대학 총장)

15 다음 설명에 해당하는 학습 지도의 원리는?

학습자가 지니고 있는 각자의 요구와 능력등에 알맞은 학습활동의 기회를 마련해주어야 한다는 원리

[정답] 13 ④ 14 ① 15 ③

PART 04

① 직관의 원리　② 자기활동의 원리
③ 개별화의 원리　④ 사회화의 원리

해설

교육(학습)지도 원리
① 자발성(자기활동)의 원리 : 학습자 자신이 자발적으로 학습에 참여하는 데 중점을 둔 원리
② 개별화의 원리 : 학습자가 지니고 있는 각자의 요구와 능력 등에 알맞은 학습활동의 기회를 마련해 주어야 한다는 원리(계열성 원리)
③ 사회화의 원리 : 학습내용을 현실 사회의 사상과 문제를 기반으로 하여 학교에서 경험한 것과 사회에서 경험한 것을 교류시키고 공동학습을 통해서 협력적이고 우호적인 학습을 진행하는 원리

참고 산업안전기사 필기 p.1-122(3. 학습지도원리)

KEY ① 2017년 9월 23일 기사 출제
② 2018년 4월 28일 기사 출제
③ 2020년 9월 27일 기사 출제

16 주로 관리감독자를 교육대상자로 하며 직무에 관한 지식, 작업을 가르치는 능력, 작업방법을 개선하는 기능 등을 교육내용으로 하는 기업 내 정형교육의 종류는?

① TWI(Training Within Industry)
② MTP(Management Training Program)
③ ATT(American Telephone Telegram)
④ ATP(Administration Training Program)

해설

TWI(Training Within Industry)
주로 감독자를 교육대상자로 하며, 감독자는 ① 직무에 관한 지식, ② 책임에 관한 지식, ③ 작업을 가르치는 능력, ④ 작업방법을 개선하는 기능, ⑤ 사람을 다루는 기량의 5가지 요건을 구비해야 한다는 전제하에 ③, ④, ⑤항을 교육내용으로 하며, 전체 교육시간은 10시간으로, 1일 2시간씩 5일간 실시한다. 한 클래스는 10명 정도, 토의식과 실연법을 중심으로 한다. 오늘날은 작업 안전 훈련 과정을 포함하여 4개 과정으로 하고 있다.

참고 산업안전기사 필기 p.1-145(2. 관리감독자 교육)

보충학습
① MTP : 관리자 훈련, 부장, 과장, 계장 등 중간 관리층을 대상으로 하는 관리자 훈련을 말한다.
② ATT : 미국 전신 전화 회사가 만든 것으로 직급 상하를 떠나 부하직원이 상사에 지도원이 될 수 있다.
③ CCS : 정책의 수립, 조직, 통제 및 운영으로 되어 있으며, 강의법에 토의법이 가미된 것이다.

KEY ① 2016년 3월 6일 기사, 산업기사 출제
② 2016년 8월 21일 산업기사 출제
③ 2017년 5월 7일 산업기사 출제
④ 2017년 8월 26일 산업기사 출제
⑤ 2018년 3월 4일 기사, 산업기사 출제
⑥ 2018년 4월 28일 기사 출제
⑦ 2019년 3월 3일 기사 출제
⑧ 2019년 8월 4일 산업기사 출제
⑨ 2020년 6월 7일 기사 출제
⑩ 2021년 5월 15일 기사 출제

17 국제노동기구(ILO)의 산업재해 정도구분에서 부상 결과 근로자가 신체장해등급 제12급 판정을 받았다면 이는 어느 정도의 부상을 의미하는가?

① 영구 전노동불능
② 영구 일부노동불능
③ 일시 전노동불능
④ 일시 일부노동불능

해설

영구 일부노동불능 상해
① 부상 결과로 신체 부분의 일부가 노동 기능을 상실한 부상
② 신체 장해 등급 제4급에서 제14급에 해당

참고 산업안전기사 필기 p.1-5(8. ILO의 근로불능 상해의 종류)

KEY ① 2018년 4월 28일 기사 출제
② 2019년 3월 3일 기사 출제
③ 2020년 8월 22일 기사 출제

18 참가자가 다수인 경우에 전원을 토의에 참가시키기 위한 방법으로 소집단을 구성하여 회의를 진행시키며 6-6회의라고도 하는 것은?

① 포럼(Forum)
② 심포지엄(Symposium)
③ 버즈 세션(Buzz Session)
④ 패널 디스커션(Panel Discussion)

[정답] 16 ① 17 ② 18 ③

해설

버즈 세션(Buzz Session)

① 6-6회의라고도 한다.
② 먼저 사회자와 기록계를 선출한 후 나머지 사람은 6명씩의 소집단으로 구분하고, 소집단별로 각각 사회자를 선발하여 6분씩 자유토의를 행하여 의견을 종합하는 방법이다.

참고 산업안전기사 필기 p.1-144 (⑥ 버즈 세션)

KEY ① 2015년 3월 8일(문제 12번) 출제
② 2015년 5월 31일(문제 13번) 출제
③ 2016년 3월 6일 기사 출제
④ 2017년 8월 26일 기사 출제
⑤ 2019년 8월 4일 산업기사 출제
⑥ 2020년 8월 22일 기사 출제

19 브레인스토밍 기법에 관한 설명으로 옳은 것은?

① 타인의 의견을 수정하지 않는다.
② 지정된 표현방식에서 벗어나 자유롭게 의견을 제시한다.
③ 참여자에게는 동일한 횟수의 의견제시 기회가 부여된다.
④ 주제와 내용이 다르거나 잘못된 의견은 지적하여 조정한다.

해설

BS의 4원칙

① 타인의 의견을 수정권장(발언)한다.
② 지정된 표현방식에서 벗어나 자유롭게 의견을 제시한다 : 자유분방
③ 참여자에게는 동일한 횟수의 의견제시 무제한 기회
④ 주제와 내용이 다르거나 잘못된 의견은 비판금지

참고 산업안전기사 필기 p.1-14(3. BS의 4원칙)

KEY 2020년 9월 27일 기사 등 10번 이상 출제

20 방진마스크의 사용 조건 중 산소농도의 최소기준으로 옳은 것은?

① 16[%] ② 18[%]
③ 21[%] ④ 23.5[%]

해설

방진·방독마스크 조건 : O_2(산소) 농도 최소기준 : 18[%] 이상

참고 산업안전기사 필기 p.1-55(2. 방진·방독마스크)

KEY 2017년 5월 7일 기사 출제

실기작업형 출제사례

"적정한 공기"라 함은 산소농도의 범위가 (①)[%] 이상, (②)[%] 미만, 탄산가스의 농도가 (③)[%] 미만, 일산화탄소 농도가 30[ppm] 미만, 황화수소의 농도가 (④)[ppm] 미만인 수준의 공기를 말한다.

해답 ① 18 ② 23.5 ③ 1.5 ④ 10

정보제공

산업안전보건기준에 관한 규칙 제618조 (정의)(2024. 1. 1. 적용)

2 인간공학 및 위험성 평가·관리

21 의도는 올바른 것이었지만 행동이 의도한 것과는 다르게 나타나는 오류를 무엇이라 하는가?

① Slip ② Mistake
③ Lapse ④ Violation

해설

인간의 오류 모형

구분	특징
착각(Illusion)	감각적으로 물리현상을 왜곡하는 지각 오류
착오(Mistake)	상황해석을 잘못하거나 목표를 잘못 이해하고 착각하여 행하는 인간의 실수로 위치, 순서, 패턴, 형상, 기억오류 등 외부적 요인에 의해 나타나는 오류
실수(Slip)	의도는 올바른 것이었지만, 행동이 의도한 것과는 다르게 나타나는 오류
건망증(Lapse)	일련의 과정에서 일부를 빠뜨리거나 기억의 실패에 의해 발생하는 오류
위반(Violation)	정해진 규칙을 알고 있음에도 의도적으로 따르지 않거나 무시한 경우에 발생하는 오류

참고 산업안전기사 필기 p.2-19(합격날개 : 합격예측)

KEY ① 2009년 5월 10일(문제 35번) 출제
② 2017년 8월 26일 기사 출제
③ 2019년 3월 3일 기사 출제
④ 2019년 4월 27일 기사 출제
⑤ 2021년 5월 15일 기사 출제

[정답] 19 ② 20 ② 21 ①

22 **산업안전보건법령상 사업주가 유해위험방지계획서를 제출할 때에는 사업장 별로 관련 서류를 첨부하여 해당 작업 시작 며칠 전까지 해당 기관에 제출하여야 하는가?**

① 7일 ② 15일
③ 30일 ④ 60일

해설

유해위험방지 계획서 제출시기 및 부수
① 제조업 : 해당 작업시작 15일 전까지 공단에 2부 제출
② 건설업 : 공사 착공전날까지 공단에 2부 제출

참고 ① 공단 : 한국산업안전보건공단
② 산업안전기사 필기 p.2-37(③ 법적목적)

정보제공
① 산업안전보건법 시행규칙 제42조(제출서류등)
② 2023. 1. 1 개정 「고용노동부령 제363호」 적용

KEY ① 2016년 3월 6일 기사 출제
② 2017년 9월 23일 기사 출제
③ 2022년 4월 24일 기사 출제

23 **부품 배치의 원칙 중 기능적으로 관련된 부품들을 모아서 배치한다는 원칙은?**

① 중요성의 원칙
② 사용 빈도의 원칙
③ 사용 순서의 원칙
④ 기능별 배치의 원칙

해설

부품 배치의 4원칙
① 중요성의 원칙 ② 기능별 배치의 원칙
③ 사용순서의 원칙 ④ 사용빈도의 원칙

참고 산업안전기사 필기 p.2-160(2. 부품배치의 4원칙)

KEY ① 2018년 3월 4일 기사, 산업기사 출제
② 2018년 8월 19일 산업기사 출제
③ 2019년 3월 3일 산업기사 출제
④ 2020년 6월 14일 산업기사 출제
⑤ 2021년 3월 7일(문제 49번) 출제

보충학습
기능별 배치의 원칙 : 기능적으로 관련된 부품을 모아서 배치
예 표시장치, 조정장치

24 **다음 중 FT도에서 최소 컷셋을 올바르게 구한 것은?**

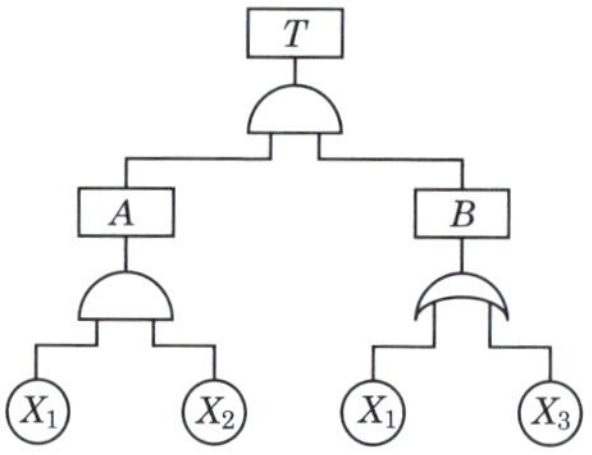

① $(X_1,\ X_2)$ ② $(X_1,\ X_3)$
③ $(X_2,\ X_3)$ ④ $(X_1,\ X_2,\ X_3)$

해설

최소컷셋

$T = A \cdot B = \begin{matrix} X_1 \\ X_2 \end{matrix} \cdot B = \begin{matrix} X_1X_2X_1 \\ X_1X_2X_3 \end{matrix}$

① 컷셋 : $(X_1X_2)(X_1X_2X_3)$
② 미니멀 컷셋 : (X_1X_2)

참고 산업안전기사 필기 p.2-77(5. 컷셋·미니멀 컷셋 요약)

KEY ① 2016년 10월 1일 출제
② 2017년 3월 5일 기사 출제
③ 2021년 8월 14일 기사 출제

25 **자동차를 생산하는 공장의 어떤 근로자가 95[dB](A)의 소음수준에서 하루 8시간 작업하며 매 시간 조용한 휴게실에서 20분씩 휴식을 취한다고 가정하였을 때, 8시간 시간가중평균(TWA)은?(단, 소음은 누적소음노출량측정기로 측정하였으며, OSHA에서 정한 95[dB](A)의 허용시간은 4시간이라 가정한다.)**

① 약 91[dB](A) ② 약 92[dB](A)
③ 약 93[dB](A) ④ 약 94[dB](A)

해설

시간가중평균(TWA)

① 소음노출량(D) $= \dfrac{\text{가동시간}}{\text{기준시간(hr)}} \times 100$

$= \dfrac{8 \times (60-20)}{60 \times 4} \times 100 = 133[\%]$

② $\text{TWA} = 16.61 \times \log\dfrac{133}{100} + 90 = 92.06[\text{dB}]$

참고 가동시간 : $40 \times 8 = 320[\text{분}] = 5.3[\text{시간}]$

[정답] 22 ② 23 ④ 24 ① 25 ②

기준시간 : 4[시간]

누적소음노출량 : $D = \frac{5.3}{4} \times 100 = 133[\%]$

$TWA = {}^{16.61\log(\frac{D}{100})+90}$

$D = \frac{\text{가동시간(hr)}}{\text{기준시간(hr)}}$

보충학습

"시간 가중 평균 농도(TWA)"라 함은 1일 8시간 작업을 기준으로 하여 유해요인의 측정 농도에 발생 시간을 곱하여 8시간으로 나눈 농도를 말하며 산출 공식은 다음과 같다.

$$TWA\ 농도 = \frac{C_1 \cdot T_1 + C_2 \cdot T_2 + \cdots C_n \cdot T_n}{8}$$

주 C : 유해 요인의 측정 농도(단위 : ppm 또는 mg/m^3)
T : 유해 요인의 발생 시간(단위 : 시간)

합격정보

작업환경 측정 및 정도 관리 등에 관한 고시 제36조(소음수준의 평가)

26 다음 중 광원의 밝기에 비례하고, 거리의 제곱에 반비례하며, 반사체의 반사율과는 상관없이 일정한 값을 갖는 것은?

① 광도 ② 휘도
③ 조도 ④ 휘광

해설

조도

① 거리가 증가할 때에 조도는 역제곱의 법칙에 따라 감소한다.

② 공식 : 조도 = $\frac{\text{광도(광원의 밝기)[cd]}}{\text{(거리)}^2} = \frac{\text{비례}}{\text{반비례}}$

참고 산업안전기사 필기 p.2-169(2. 조명)

합격정보

산업안전보건기준에 관한 규칙 제8조(조도)

27 다음 중 반응시간이 가장 느린 감각은?

① 청각 ② 시각
③ 미각 ④ 통각

해설

감각 기능별 반응시간

① 청각 : 0.17[초] ② 촉각 : 0.18[초]
③ 시각 : 0.20[초] ④ 미각 : 0.29[초]
⑤ 통각 : 0.7[초]

참고 산업안전기사 필기 p.1-139(다. 감각 기능별 반응시간)

KEY ① 2007년 5월 13일(문제 27번) 출제
② 2014년 3월 2일 기사 출제

합격자의 증언

1과목, 2과목 공통문제

28 다음 중 욕조곡선에서의 고장 형태에서 일정한 형태의 고장률이 나타나는 구간은?

① 초기고장률 구간 ② 마모고장 구간
③ 피로고장 구간 ④ 우발고장 구간

해설

우발고장의 특징

(1) 정의
① 예측할 수 없을 때에 생기는 고장으로 시운전이나 점검작업으로는 방지할 수 없다.
② 요소의 우발고장에 있어서는 평균고장시간과 비율을 알고 있으면 제어계 전체 고장을 일으키지 않는 신뢰도를 구할 수 있다.(일정형고장)

(2) 우발고장의 고장발생원인
① 안전계수가 낮기 때문에
② stress가 strength보다 크기 때문에
③ 사용자의 과오 때문에
④ 최선의 검사방법으로도 탐지되지 않은 결함 때문에
⑤ 디버깅 중에도 발견되지 않는 고장 때문에
⑥ 예방보전에 의해서도 예방될 수 없는 고장 때문에
⑦ 천재지변에 의한 고장 때문에

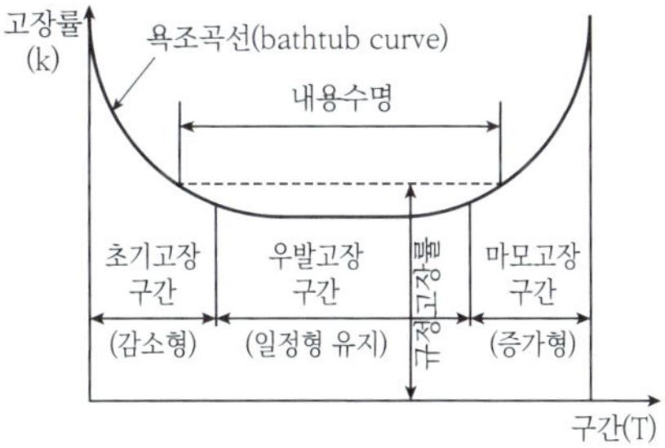

[그림] 욕조곡선

참고 산업안전기사 필기 p.2-12(2. 우발고장)

KEY ① 2009년 5월 10일(문제 28번)
② 2016년 3월 6일 기사 출제
③ 2018년 8월 19일 기사 출제
④ 2019년 8월 4일 산업기사 출제
⑤ 2021년 5월 15일 기사 출제

[정답] 26 ③ 27 ④ 28 ④

29 동작경제의 원칙에 해당하지 않는 것은?

① 공구의 기능을 각각 분리하여 사용하도록 한다.
② 두 팔의 동작은 동시에 서로 반대방향으로 대칭적으로 움직이도록 한다.
③ 공구나 재료는 작업동작이 원활하게 수행되도록 그 위치를 정해준다.
④ 가능하다면 쉽고도 자연스러운 리듬이 작업동작에 생기도록 작업을 배치한다.

해설

공구 및 설비 디자인에 관한 원칙
(Design of tools and equipment)

① 치구나 발로 작동시키는 기기를 사용할 수 있는 작업에서는 이러한 기기를 활용하여 양손이 다른 일을 할 수 있도록 한다.
② 공구의 기능은 결합하여서 사용하도록 한다.
③ 공구와 재료는 가능한 한 사용하기 쉽도록 미리 위치를 잡아준다.
④ 각 손가락이 서로 다른 작업을 할 때에는 작업량을 각 손가락의 능력에 맞도록 분배해야 한다.
⑤ 레버, 핸들 및 통제기기는 작업자가 몸의 자세를 크게 바꾸지 않더라도 조작하기 쉽도록 배열한다.

참고 산업안전기사 필기 p.2-76(3. 공구 및 설비 디자인에 관한 원칙)

KEY ▶ 2023년 4월 1일 산업안전(보건)지도사 출제

30 다음 중 청각적 표시장치보다 시각적 표시장치를 이용하는 경우가 더 유리한 경우는?

① 메시지가 간단한 경우
② 메시지가 추후에 재참조되지 않는 경우
③ 직무상 수신자가 자주 움직이는 경우
④ 메시지가 즉각적인 행동을 요구하지 않는 경우

해설

청각장치와 시각장치의 사용 경위

청각장치 사용 예	시각장치 사용 예
① 전언이 간단할 경우	① 전언이 복잡할 경우
② 전언이 짧을 경우	② 전언이 길 경우
③ 전언이 후에 재참조되지 않을 경우	③ 전언이 후에 재참조될 경우
④ 전언이 시간적인 사상(event)을 다룰 경우	④ 전언이 공간적인 위치를 다룰 경우
⑤ 전언이 즉각적인 행동을 요구할 경우	⑤ 전언이 즉각적인 행동을 요구하지 않을 경우
⑥ 수신자의 시각 계통이 과부하 상태일 경우	⑥ 수신자의 청각 계통이 과부하 상태일 경우
⑦ 수신 장소가 너무 밝거나 암조응(暗調應) 유지가 필요할 경우	⑦ 수신 장소가 너무 시끄러울 경우
⑧ 직무상 수신자가 자주 움직이는 경우	⑧ 직무상 수신자가 한 곳에 머무르는 경우

참고 산업안전기사 필기 p.2-31(문제 43번)

KEY ▶
① 2015년 3월 8일(문제 26번) 출제
② 2016년 3월 6일 기사 출제
③ 2017년 5월 7일 산업기사 출제
④ 2018년 3월 4일 산업기사 출제
⑤ 2018년 4월 28일 산업기사 출제
⑥ 2018년 8월 19일 산업기사 출제
⑦ 2018년 9월 15일 산업기사 출제
⑧ 2019년 4월 27일 산업기사 출제
⑨ 2019년 8월 4일 기사 출제
⑩ 2019년 9월 21일 산업기사 출제
⑪ 2020년 6월 7일 기사 출제
⑫ 2021년 3월 7일 기사 출제
⑬ 2021년 5월 15일 기사 출제

31 의자 설계 시 고려해야할 일반적인 원리와 가장 거리가 먼 것은?

① 자세고정을 줄인다.
② 조정이 용이해야 한다.
③ 디스크가 받는 압력을 줄인다.
④ 요추 부위의 후만곡선을 유지한다.

해설

의자설계시 인간공학적 원칙 4가지

① 등받이의 굴곡은 요추의 굴곡(전만곡)과 일치해야 한다.
② 좌면의 높이는 사람의 신장에 따라 조절 가능해야 한다.
③ 정적인 부하와 고정된 작업자세를 피해야 한다.
④ 의자의 높이는 오금의 높이보다 같거나 낮아야 한다.

참고 산업안전기사 필기 p.2-163(합격날개 : 합격예측)

KEY ▶
① 2017년 3월 5일 기사 출제
② 2020년 6월 7일 기사 출제

[정답] 29 ① 30 ④ 31 ④

32 다음 중 근골격계부담작업에 속하지 않는 것은?

① 하루에 10[회] 이상 25[kg] 이상의 물체를 드는 작업
② 하루에 총 2[시간] 이상 목, 어깨, 팔꿈치, 손목 또는 손을 사용하여 같은 동작을 반복하는 작업
③ 하루에 총 2[시간] 이상 쪼그리고 앉거나 무릎을 굽힌 자세에서 이루어지는 작업
④ 하루에 총 2[시간] 이상 시간당 5[회] 이상 손 또는 무릎을 사용하여 반복적으로 충격을 가하는 작업

해설

근골격계 부담작업

① 하루 4[시간] 이상 집중적으로 자료입력 등을 위해 키보드 또는 마우스를 조작하는 작업
② 하루 2[시간] 이상 목, 어깨, 팔꿈치, 손목 또는 손을 사용하여 같은 동작을 반복하는 작업
③ 하루에 2[시간] 이상 머리 위에 손이 있거나, 팔꿈치가 어깨 위에 있거나, 팔꿈치를 몸통으로부터 들거나 팔꿈치를 몸통 뒤쪽에 위치하도록 하는 상태에서 이루어지는 작업
④ 지지되지 않은 상태이거나 임의로 자세를 바꿀 수 없는 조건에서 하루에 총 2[시간] 이상 목이나 허리를 구부리거나 트는 상태에서 이루어지는 작업
⑤ 하루에 2[시간] 이상 쪼그리고 앉거나 무릎을 굽힌 자세에서 이루어지는 작업
⑥ 하루에 2[시간] 이상 지지되지 않은 상태에서 1[kg] 이상의 물건을 한 손의 손가락으로 집어 옮기거나, 2[kg] 이상에 상응하는 힘을 가하여 한 손의 손가락으로 물건을 쥐는 작업
⑦ 하루에 2[시간] 이상 지지되지 않은 상태에서 4.5[kg] 이상의 물건을 한손으로 들거나 동일한 힘으로 쥐는 작업
⑧ 하루에 10[회] 이상 25[kg] 이상의 물체를 드는 작업
⑨ 하루에 25[회] 이상 10[kg] 이상의 물체를 무릎 아래에서 들거나 어깨 위에서 들거나 팔을 뻗은 상태에서 드는 작업
⑩ 하루에 2[시간] 이상 분당 2[회] 이상 4.5[kg] 이상의 물체를 드는 작업
⑪ 하루에 2[시간] 이상 시간당 10[회] 이상 손 또는 무릎을 사용하여 반복적으로 충격을 가하는 작업

참고 산업안전기사 필기 p.2-112(2. 근골격계 부담 작업)

KEY ① 2018년 8월 19일 기사 출제
② 2022년 3월 5일 기사 출제

합격정보
근골격계 부담 작업의 범위
고시 제2020-12호(제1조) 근골격계 부담 작업

33 다음 중 일반적인 화학설비에 대한 안전성 평가(safety assessment) 절차에 있어 안전대책 단계에 해당되지 않는 것은?

① 보전 ② 설비 대책
③ 위험도 평가 ④ 관리적 대책

해설

화학설비의 안전성 평가 6단계

① 제1단계 : 관계자료의 작성준비
② 제2단계 : 정성적 평가
③ 제3단계 : 정량적 평가(위험도 평가)
④ 제4단계 : 안전대책
㉮ 설비대책 : 안전장치 및 방재장치에 관해서 배려한다.
㉯ 관리적 대책 : 인원배치, 교육훈련 및 보전에 관해서 배려한다.
⑤ 제5단계 : 재평가
⑥ 제6단계 : FTA에 의한 평가

참고 산업안전기사 필기 p.2-40(4. 4단계 : 안전대책수립)

KEY 2023년 4월 1일 산업안전(보건)지도사 출제

보충학습
위험도 평가는 3단계에서 실시한다.

34 다음 중 인간의 과오(Human error)를 정량적으로 평가하고 분석하는 데 사용하는 기법으로 가장 적절한 것은?

① THERP ② FMEA
③ CA ④ FMECA

해설

인간실수율 예측기법(THERP) : 인간신뢰도 분석에서의 HEP에 대한 예측기법

참고 산업안전기사 필기 p.2-64(8. THERP)

KEY ① 2005년 8월 7일(문제 24번)
② 2014년 3월 2일 기사 출제
③ 2017년 3월 5일 산업기사 출제
④ 2020년 8월 22일 기사 출제

보충학습
HEP : 인간신뢰도 기본단위

[정답] 32 ④ 33 ③ 34 ①

PART 04

35 **FTA(Fault Tree Analysis)에 사용되는 논리기호와 명칭이 올바르게 연결된 것은?**

①  : 전이기호

② 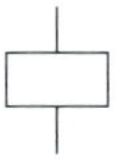 : 기본사상

③ 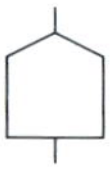 : 통상사상

④  : 결함사상

해설

FTA의 기호

기호	명칭	입 · 출력현상
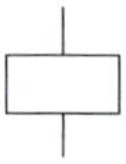	결함사상	개별적인 결함사상(비정상적 사건)
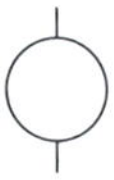	기본사상	더 이상 전개되지 않는 기본적인 사상
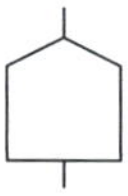	통상사상	통상발생이 예상되는 사상(예상되는 원인)
	생략사상	정보부족, 해석기술의 불충분으로 더 이상 전개할 수 없는 사상. 작업진행에 따라 해석이 가능할 때는 다시 속행한다.

참고 산업안전기사 필기 p.2-70(표. FTA기호)

KEY ① 2016년 10월 1일 산업기사 출제
② 2017년 8월 26일 기사·산업기사 동시 출제
③ 2018년 3월 4일 기사 출제

36 **일반적으로 보통 작업자의 정상적인 시선으로 가장 적합한 것은?**

① 수평선을 기준으로 위쪽 5[℃] 정도
② 수평선을 기준으로 위쪽 15[℃] 정도
③ 수평선을 기준으로 아래쪽 5[℃] 정도
④ 수평선을 기준으로 아래쪽 15[℃] 정도

해설

display가 형성하는 목시각(目視角)

수평작업조건	수직작업조건
① 최적조건 : 15[°] 좌우 및 아래쪽 ② 제한조건 : 95[°] 좌우	① 최적조건 : 0~30[°] 하한 ② 제한조건 : 75[°] 상한, 85[°] 하한

참고 ① 산업안전기사 필기 p.2-163(3. display가 형성하는 목시각)
② 산업안전기사 필기 p.2-165(합격날개 : 은행문제)

KEY 2017년 5월 7일 기사 출제

37 **서브시스템 분석에 사용되는 분석방법으로 시스템 수명주기에서 ㉠에 들어갈 위험분석기법은?**

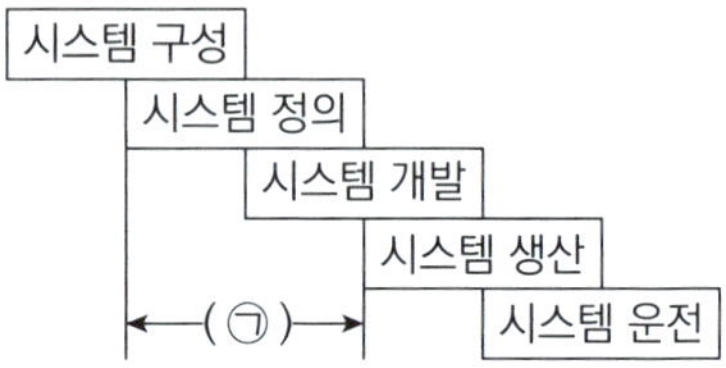

① PHA ② FHA
③ FTA ④ ETA

해설

시스템 분석

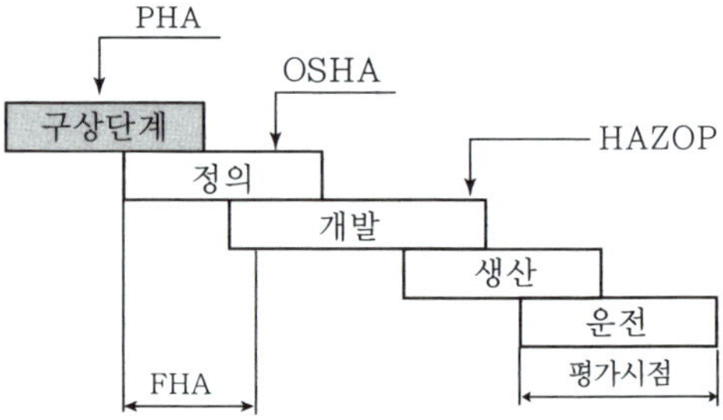

[그림] PHA · OSHA · FHA · HAZOP

참고 산업안전기사 필기 p.2-60(2. 예비 위험 분석)

KEY ① 2012년 3월 4일 출제
② 2016년 5월 8일 산업기사 출제
③ 2018년 8월 19일 출제
④ 2019년 3월 3일 출제

[정답] 35 ③ 36 ④ 37 ②

⑤ 2019년 9월 21일 출제
⑥ 2020년 6월 7일 출제
⑦ 2020년 6월 14일 산업기사 출제
⑧ 2022년 3월 5일 기사 출제

38 다음 현상을 설명하는 이론은?

인간이 감지할 수 있는 외부의 물리적 자극 변화의 최소범위는 표준 자극의 크기에 비례한다.

① 피츠(Fitts) 법칙
② 웨버(Weber) 법칙
③ 신호검출이론(SDT)
④ 힉-하이만(Hick-Hyman) 법칙

해설

웨버(Weber) 법칙

① 같은 종류의 두 자극을 구별할 수 있는 최소 차이는 자극의 강도에 비례한다고 하는 법칙
② Weber비 $= \frac{\text{변화감지역}}{\text{기준자극의 크기}}$
③ Weber비가 작을수록 분별력이 뛰어난 감각이다.

참고 산업안전기사 필기 p.2-172(합격날개 : 합격예측)

KEY 2021년 3월 7일 기사 출제

39 인간 기계시스템의 연구 목적으로 가장 적절한 것은?

① 정보 저장의 극대화
② 운전시 피로의 평준화
③ 시스템의 신뢰성 극대화
④ 안전의 극대화 및 생산능률의 향상

해설

인간 기계 시스템의 연구목적
안전의 극대화 및 생산 능률의 향상

참고 산업안전기사 필기 p.2-6(1. 인간-기계 통합시스템)

KEY ① 2015년 9월 19일 기사 출제
② 2017년 8월 26일 산업기사 출제
③ 2019년 3월 3일 기사 출제

40 어느 부품 1,000개를 100,000시간 동안 가동하였을 때 5개의 불량품이 발생하였을 경우 평균동작시간(MTTF)은?

① 1×10^6 시간　② 2×10^7 시간
③ 1×10^8 시간　④ 2×10^9 시간

해설

평균동작시간 계산

$$\text{MTTF} = \frac{\text{부품수}\times\text{가동시간}}{\text{불량품수(고장수)}} = \frac{1000\times100000}{5}$$
$$= 20000000 = 2\times10^7$$

참고 산업안전기사 필기 p.2-83(3. MTTF)

보충학습

MTTF(Mean Time To Failure)

① 평균작동시간, 고장까지의 평균시간
② 제품 고장시 수명이 다하는 것으로 평균 수명

KEY ① 2008년 제2회 출제
② 2014년 5월 25일(문제 31번) 출제
③ 2020년 9월 27일 기사 출제

PART 04

3 기계·기구 및 설비안전관리

41 산업안전보건법령상 프레스 작업시작 전 점검해야 할 사항에 해당하는 것은?

① 와이어로프가 통하고 있는 곳 및 작업장소의 지반상태
② 하역장치 및 유압장치 기능
③ 권과방지장치 및 그 밖의 경보장치의 기능
④ 1행정 1정지기구·급정지장치 및 비상정지장치의 기능

해설

프레스 작업시작전 점검사항

① 클러치 및 브레이크의 기능
② 크랭크축·플라이휠·슬라이드·연결봉 및 연결나사의 풀림 유무
③ 1행정 1정지기구·급정지장치 및 비상정지장치의 기능
④ 슬라이드 또는 칼날에 의한 위험방지 기구의 기능

[정답] 38 ② 39 ④ 40 ② 41 ④

⑤ 프레스의 금형 및 고정볼트 상태
⑥ 방호장치의 기능
⑦ 전단기(剪斷機)의 칼날 및 테이블의 상태

참고 산업안전기사 필기 p.3-59(표 : 기계·기구의 위험요소 작업시작전 점검사항)

KEY
① 2016년 3월 6일 산업기사 출제
② 2017년 3월 5일 기사 출제
③ 2017년 5월 7일 기사 출제
④ 2017년 8월 26일 기사 출제
⑤ 2018년 3월 4일 기사 출제
⑥ 2018년 4월 28일 기사 출제
⑦ 2018년 8월 19일 기사 출제
⑧ 2019년 3월 3일 기사 출제
⑨ 2019년 4월 27일 산업기사 출제
⑩ 2020년 6월 7일 기사 출제
⑪ 2020년 6월 14일 산업기사 출제
⑫ 2020년 8월 23일 산업기사 출제
⑬ 2021년 8월 14일 기사 출제
⑭ 2022년 3월 5일 기사 출제
⑮ 2022년 4월 24일 기사 출제
⑯ 2023년 4월 1일 산업안전(보건)지도사 출제

정보제공
산업안전보건기준에 관한 규칙 [별표 3] 작업시작전 점검사항

42 기계설비의 작업능률과 안전을 위해 공장의 설비 배치 3단계를 올바른 순서대로 나열한 것은?

① 지역배치 → 건물배치 → 기계배치
② 건물배치 → 지역배치 → 기계배치
③ 기계배치 → 건물배치 → 지역배치
④ 지역배치 → 기계배치 → 건물배치

해설

기계설비 layout 3단계
① 제1단계 : 지역배치
② 제2단계 : 건물배치
③ 제3단계 : 기계배치

참고 산업안전기사 필기 p.3-14(합격날개 : 합격예측)

KEY
① 2016년 8월 21일 기사 출제
② 2018년 4월 15일 실기 필답형 출제
③ 2020년 6월 7일 기사 출제

합격자의 조언
실기 필답형에도 출제되는 문제입니다.

43 아세틸렌 용접장치를 사용하여 금속의 용접·용단 또는 가열작업을 하는 경우 아세틸렌을 발생시키는 게이지 압력은 최대 몇 [kPa] 이하이어야 하는가?

① 17 ② 88
③ 127 ④ 210

해설

아세틸렌 용접장치 최대게이지 압력
127[kPa] 이하

참고 산업안전기사 필기 p.3-114(합격날개 : 합격예측 및 관련법규)

KEY
① 2017년 3월 5일 기사 출제
② 2018년 3월 4일 기사 출제
③ 2020년 8월 22일 기사 출제

정보제공
산업안전보건기준에 관한 규칙 제285조(압력의 제한)

44 회전축, 커플링에 사용하는 덮개는 다음 중 어떠한 위험점을 방호하기 위한 것인가?

① 협착점 ② 접선물림점
③ 절단점 ④ 회전말림점

해설

회전말림점(Trapping-point)
회전하는 물체에 작업복, 머리카락 등이 말려드는 위험이 존재하는 점
예 회전하는 축, 커플링, 돌출된 키나 고정나사, 회전하는 공구 등

① 회전축 ② 커플링 ③ 드릴작업

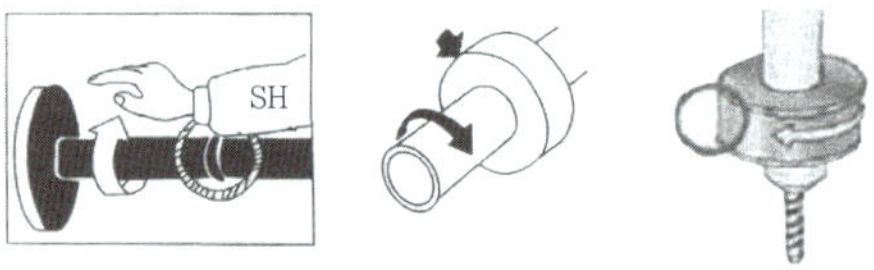

[그림] 회전말림점 예

참고 산업안전기사 필기 p.3-15(4. 위험점의 분류)

KEY 2020년 6월 7일 기사 출제

[정답] 42 ① 43 ③ 44 ④

45 선반 작업에 대한 안전수칙으로 가장 적절하지 않은 것은?

① 선반의 바이트는 끝을 짧게 장치한다.
② 작업 중에는 면장갑을 착용하지 않도록 한다.
③ 작업이 끝난 후 절삭 칩의 제거는 반드시 브러시 등의 도구를 사용한다.
④ 작업 중 일감의 치수 측정 시 기계 운전상태를 저속으로 하고 측정한다.

해설

일감의 치수 측정
① 치수 측정 시 기계 운전상태를 정지하고 측정한다.
② 저속시 가장 큰 힘이 작용한다.(예 자동차 기어변속)

참고 산업안전기사 필기 p.3-81(4. 선박작업시 안전수칙)

KEY 2021년 3월 7일 기사 등 20번 이상 출제

46 보일러 발생증기가 불안정하게 되는 현상이 아닌 것은?

① 캐리오버(carry over)
② 프라이밍(priming)
③ 절탄기(economizer)
④ 포밍(foaming)

해설

절탄기(economizer, 節炭器)
① 보일러 전열면(傳熱面)을 가열하고 난 연도(煙道) 가스에 의하여 보일러 급수를 가열하는 장치
② 장점은 열 이용률의 증가로 인한 연료 소비량의 감소, 증발량의 증가
③ 보일러 몸체에 일어나는 열응력(熱應力)의 경감, 스케일의 감소

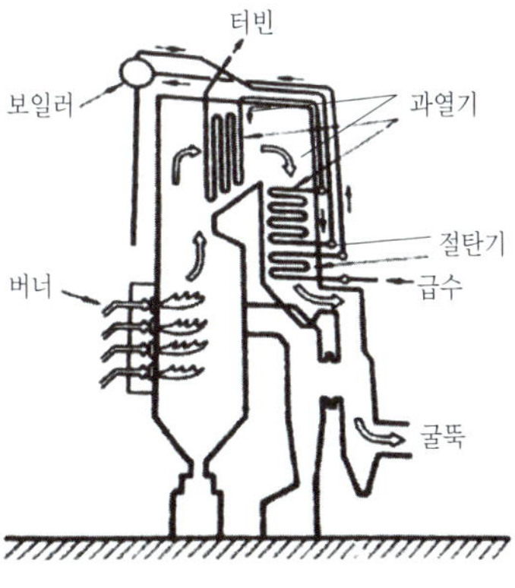

참고 ① 산업안전기사 필기 p.3-120(1. 보일러 이상현상의 종류)
② 산업안전기사 필기 p.3-120(합격날개 : 은행문제)
③ 산업안전기사 필기 p.3-121(합격날개 : 합격예측)

KEY ① 2015년 5월 31일 기사 출제
② 2016년 3월 6일 기사 출제
③ 2020년 6월 14일 산업기사 출제

47 다음 ( ) 안에 들어갈 용어로 알맞은 것은?

사업주는 보일러의 과열을 방지하기 위하여 최고 사용 압력과 상용 압력 사이에서 보일러의 버너연소를 차단할 수 있도록 ( )을(를)부착하여 사용하여야 한다.

① 고저수위 조절장치
② 압력방출장치
③ 압력제한스위치
④ 파열판

해설

압력제한스위치
사업주는 보일러의 과열을 방지하기 위하여 최고사용압력과 상용압력 사이에서 보일러의 버너연소를 차단할 수 있도록 압력제한스위치를 부착하여 사용하여야 한다.

참고 ① 산업안전기사 필기 p.3-121(3. 방호장치의 종류)
② 산업안전기사 필기 p.3-24(합격날개 : 합격예측 및 관련법규)

KEY ① 2017년 3월 5일 기사 출제
② 2020년 8월 22일 기사 출제
③ 2021년 5월 15일 기사 출제

정보제공
산업안전보건기준에 관한 규칙 제117조(압력제한스위치)

[정답] 45 ④ 46 ③ 47 ③

48 다음 중 정(chisel)작업시 안전수칙으로 적합하지 않은 것은?

① 반드시 보안경을 사용한다.
② 담금질한 재료는 정으로 작업하지 않는다.
③ 정작업에서 모서리 부분은 크기를 3[R] 정도로 한다.
④ 철강재를 정으로 절단작업을 할 때 끝날 무렵에는 세게 때려 작업을 마무리한다.

해설

정작업 안전수칙

① 시선은 정의 날끝을 본다.
② 정을 잡은 손의 힘을 뺀다.
③ 처음에는 가볍게 두드리고 점차 힘을 가한 후, 작업이 끝날 때는 가볍게 두드린다.
④ 절삭 칩을 손으로 제거하지 말 것

참고 ① 산업안전기사 필기 p.3-159(문제 19번)
② 산업안전기사 필기 p.3-226(2. 정작업)

KEY ① 2009년 3월 1일(문제 48번) 출제
② 2011년 8월 21일(문제 48번) 출제
③ 2012년 3월 4일(문제 54번) 출제
④ 2014년 3월 2일 기사 출제

① 좋은 예(가볍게 잡는다.) ② 나쁜 예(지나치게 강하게 잡는다.)

[그림] 정을 잡는 법

49 압력용기 등에 설치하는 안전밸브에 관련한 설명으로 옳지 않은 것은?

① 안지름이 150[mm]를 초과하는 압력용기에 대해서는 과압에 따른 폭발을 방지하기 위하여 규정에 맞는 안전밸브를 설치해야 한다.
② 급성 독성물질이 지속적으로 외부에 유출될 수 있는 화학설비 및 그 부속설비에는 파열판과 안전밸브를 병렬로 설치한다.
③ 안전밸브는 보호하려는 설비의 최고사용압력이하에서 작동되도록 하여야 한다.
④ 안전밸브의 배출용량은 그 작동원인에 따라 각각의 소요분출량을 계산하여 가장 큰 수치를 해당 안전밸브의 배출용량으로 하여야 한다.

해설

파열판 및 안전밸브의 직렬설치

사업주는 급성독성물질이 지속적으로 외부에 유출될 수 있는 화학설비 및 그 부속설비에는 파열판과 안전밸브를 직렬로 설치하고 그 사이에는 압력지시계 또는 자동경보장치를 설치하여야 한다.

참고 산업안전기사 필기 p.5-4(합격날개 : 합격예측 및 관련 법규)

KEY ① 2018년 8월 19일 산업기사 출제
② 2019년 3월 3일 기사 출제

정보제공
산업안전보건기준에 관한 규칙 제263조(파열판 및 안전밸브의 직렬설치)

50 기계설비가 이상이 있을 때 기계를 급정지시키거나 방호장치가 작동되도록 하는 것과 전기회로를 개선하여 오동작을 방지하거나 별도의 완전한 회로에 의해 정상기능을 찾을 수 있도록 하는 것은?

① 구조부분 안전화
② 기능적 안전화
③ 보전작업 안전화
④ 외관상 안전화

해설

기능적 안전화

① 반자동 또는 자동제어장치를 갖추고 있어서 에너지 변동에 따라 오동작을 방지하기 위한 장치
② 전압 강하시 기계의 자동정지, 안전장치의 일정방식

참고 산업안전기사 필기 p.3-189(2. 기능의 안전화)

KEY 2012년 3월 4일 기사 출제

[정답] 48 ④ 49 ② 50 ②

51 다음 중 연삭숫돌의 파괴원인과 가장 거리가 먼 것은?

① 외부의 충격을 받았을 때
② 플랜지가 현저히 작을 때
③ 회전력이 결합력보다 클 때
④ 내·외면의 플랜지 지름이 동일할 때

해설

연삭숫돌의 파괴원인
① 숫돌의 속도가 너무 빠르거나 균열이 있을 때
② 플랜지가 현저히 작을 때(플랜지는 숫돌차의 1/3 이상이어야 한다.)
③ 숫돌의 치수(특히 구멍지름)가 부적당할 때
④ 숫돌에 과대한 충격을 주거나 작업에 부적당한 숫돌사용

참고 산업안전기사 필기 p.3-162(문제 31번) 해설

KEY ① 2016년 5월 8일 산업기사 출제
② 2016년 8월 21일 기사 출제
③ 2020년 6월 7일 기사 출제
④ 2020년 6월 14일 산업기사 출제
⑤ 2020년 9월 27일 기사 출제
⑥ 2020년 9월 27일 기사 출제
⑦ 2021년 5월 15일 기사 출제
⑧ 2021년 8월 14일 기사 출제

52 셰이퍼(shaper) 작업에서 위험요인이 아닌 것은?

① 가공칩(chip)비산
② 램(ram)말단부 충돌
③ 바이트(bite)의 이탈
④ 척-핸들(chuck-handle) 이탈

해설

셰이퍼 작업 시 안전대책
① 운전중 램의 운전방향에 있어서는 안 된다.
② 램의 행정 내에 장애물이 있어서는 안 된다.

참고 산업안전기사 필기 p.3-86(4. 셰이퍼 작업 시 안전대책)

KEY ① 2008년 5월 11일 (문제 54번) 출제
② 2011년 3월 20일 기사 출제
③ 2016년 3월 6일 기사 출제

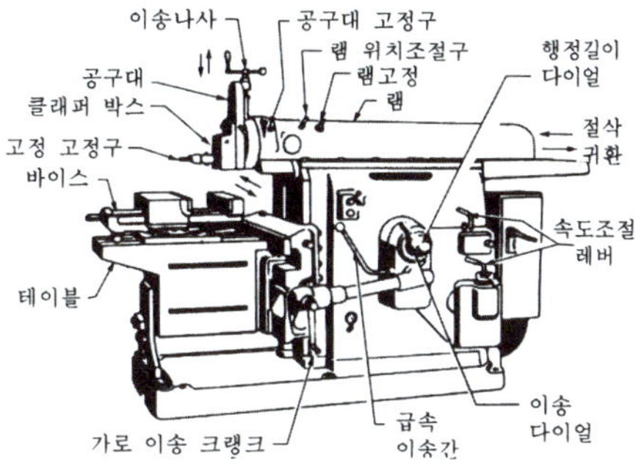

[그림] 셰이퍼

53 다음 중 금속 등의 도체에 교류를 통한 코일을 접근시켰을 때, 결함이 존재하면 코일에 유기되는 전압이나 전류가 변하는 것을 이용한 검사방법은?

① 자분탐상검사 ② 초음파탐상검사
③ 와류탐상검사 ④ 침투형광탐상검사

해설

와류탐상검사(Eddy Current)
① 금속등의 도체에 교류를 통한 코일을 접근
② 결함이 존재하면 코일에 유기되는 전압이나 전류변화 이용

참고 산업안전기사 필기 p.3-224(합격날개 : 은행문제 2)

KEY ① 2017년 3월 5일(문제 48번) 출제
② 2022년 3월 5일 기사 출제

54 다음 중 유체의 흐름에 있어 수격작용(water hammering)과 가장 관계가 적은 것은?

① 과열 ② 밸브의 개폐
③ 압력파 ④ 관내의 유동

해설

워터해머 현상
① 증기관 내에서 증기를 보내기 시작할 때 해머로 치는 듯한 소리를 내며 관이 진동하는 현상
② 워터해머는 캐리오버에 기인한다.

[정답] 51 ④ 52 ④ 53 ③ 54 ①

참고 ① 산업안전기사 필기 p.3-120(합격날개 : 합격예측)
② 산업안전기사 필기 p.3-120(1. 보일러 이상현상의 종류)

보충학습

보일러 과열의 원인

① 수관과 본체의 청소불량
② 관수 부족시 보일러의 가동
③ 수면계의 고장으로 드럼내의 물의 감소

KEY 2015년 3월 8일 기사 출제

55 컨베이어(conveyor) 역전방지장치의 형식을 기계식과 전기식으로 구분할 때 기계식에 해당하지 않는 것은?

① 라쳇식 ② 밴드식
③ 스러스트식 ④ 롤러식

해설

컨베이어의 역전방지 장치

(1) 기계식
① 라쳇식 ② 롤러식 ③ 밴드식
(2) 전기식
① 전기브레이크
② 스러스트브레이크

참고 산업안전기사 필기 p.3-137[(3) 컨베이어의 역전방지 장치]

KEY ① 2012년 8월 26일(문제 60번) 출제
② 2019년 3월 5일(문제 54번) 출제
③ 2022년 3월 5일 기사 출제

56 크레인 로프에 질량 2,000[kg]의 물건을 10[m/s²]의 가속도로 감아올릴 때, 로프에 걸리는 총 하중[kN]은? (단, 중력가속도는 9.8[m/s²])

① 9.6 ② 19.6
③ 29.6 ④ 39.6

해설

총 하중계산

① 힘=질량×가속도=질량×(끌어올리는 가속도+중력가속도)
② 총 하중 $=2{,}000+\frac{2{,}000}{9.8}\times 10$
$=4{,}040\times 9.8=39.6$[KN]

참고 산업안전기사 필기 p.3-149(합격날개 : 참고)

KEY ① 2018년 8월 21일 기사 출제
② 2021년 3월 7일 기사 출제

보충학습

① 총 하중(w)=정하중(w_1)+동하중(w_2)
$=w_1+\frac{w_1}{g}\times a$
② 동하중(w_2) $=\frac{w_1}{g}\times a$
여기서, w : 총하중(kg$_f$)
w_1 : 정하중(kg$_f$)
w_2 : 동하중(kg$_f$)
g : 중력 가속도(9.8m/s²)
a : 가속도(m/s²)
③ 정하중 : 매단 물체의 무게

57 두께 2[mm]이고 치진폭이 2.5[mm]인 목재가공용 둥근톱에서 반발예방장치 분할날의 두께(t)로 적절한 것은?

① 2.2[mm]≤t<2.5[mm]
② 2.0[mm]≤t<3.5[mm]
③ 1.5[mm]≤t<2.5[mm]
④ 2.5[mm]≤t<3.5[mm]

해설

분할날(spreader)의 두께

① 분할날의 두께는 톱날 1.1배 이상이고 톱날의 치진폭 미만으로 할 것
② 공식 : $1.1t_1 \leq t_2 < b = 2.2[\text{mm}] \leq t < 2.5[\text{mm}]$

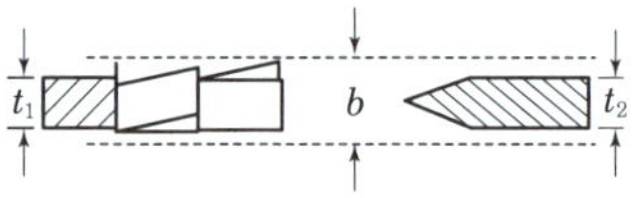

t_1 : 톱날두께 b : 톱날치진폭 t_2 : 분할날두께

[그림] 분할날 두께

참고 산업안전기사 필기 p.3-49(ⓒ 분할날)

KEY 2017년 3월 5일 기사·산업기사 동시 출제

합격정보

산업안전보건기준에 관한 규칙 제101조(원형톱 기계의 톱날접촉 예방장치)

[정답] 55 ③ 56 ④ 57 ①

58 지게차의 헤드가드에 관한 기준으로 틀린 것은?

① 4[t] 이하의 지게차에서 헤드가드의 강도는 지게차 최대하중의 2배 값의 등분포정하중에 견딜 수 있을 것
② 상부틀의 각 개구의 폭 또는 길이가 25[cm] 미만일 것
③ 운전자가 앉아서 조작하는 방식의 지게차의 경우에는 운전자의 좌석 윗면에서 헤드가드의 상부틀 아랫면까지의 높이가 0.903[m] 이상일 것
④ 운전자가 서서 조작하는 방식의 지게차의 상부틀 하면까지의 높이가 1.88[m] 이상일 것

해설

상부틀의 각 개구의 폭 또는 길이 : 16[cm] 미만

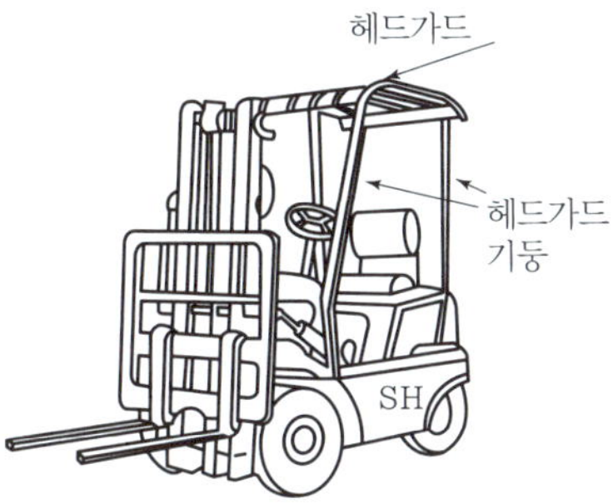

[그림] 포크리프트 헤드가드

참고 ① 산업안전기사 필기 p.3-149(합격날개 : 합격예측)
② 산업안전기사 필기 p.6-71(3. 지게차의 헤드가드 구비조건)

KEY ① 2016년 3월 6일 산업기사 출제
② 2016년 8월 21일 출제
③ 2017년 3월 5일 산업기사 출제
④ 2018년 8월 19일 산업기사 출제
⑤ 2019년 4월 27일 기사, 산업기사 동시출제

합격정보

산업안전보건기준에 관한 규칙 제10절 제2관(지게차)

59 선반가공 시 연속적으로 발생되는 칩으로 인해 작업자가 다치는 것을 방지하기 위하여 칩을 짧게 절단시켜주는 안전장치는?

① 커버 ② 브레이크
③ 보안경 ④ 칩 브레이커

해설

칩브레이커 : 칩을 짧게 끊어주는 선반전용 안전장치

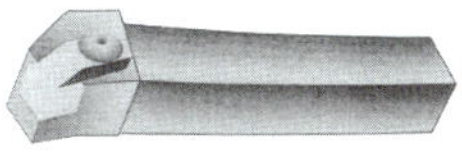

[그림] 선반 클램프형 칩브레이커

참고 산업안전기사 필기 p.3-81(4. 선반작업시 안전장치)

KEY ① 2018년 3월 4일 기사 출제
② 2018년 4월 28일 산업기사 출제
③ 2019년 8월 4일 기사 출제
④ 2020년 6월 7일 기사 출제
⑤ 2022년 4월 24일 기사 출제

60 다음 중 방호장치의 기본목적과 가장 관계가 먼 것은?

① 작업자의 보호
② 기계기능의 향상
③ 인적·물적 손실의 방지
④ 기계위험 부위의 접촉방지

해설

방호장치 기본목적

① 작업자 보호
② 인적·물적 손실 방지
③ 기계위험 부위 접촉방지

참고 산업안전기사 필기 p.3-26(문제 26번)

KEY 2018년 3월 4일 기사 출제

[정답] 58 ② 59 ④ 60 ②

4 전기설비 안전관리

61 화재가 발생하였을 때 조사해야 하는 내용으로 가장 관계가 먼 것은?

① 발화원 ② 착화물
③ 출화의 경과 ④ 응고물

해설

전기화재 폭발의 원인 3가지
① 발화원
② 경로(출화의 경과)
③ 착화물

참고 산업안전기사 필기 p.4-72(1. 전기화재 폭발의 원인)

KEY ① 2017년 3월 5일 산업기사 출제
② 2019년 8월 4일 기사 출제
③ 2020년 6월 7일 기사 출제

62 전로에 시설하는 기계기구의 철대 및 금속제외함에 접지공사를 생략할 수 없는 경우는?

① 30[V] 이하의 기계기구를 건조한 곳에 시설하는 경우
② 물기 없는 장소에 설치하는 저압용 기계기구를 위한 전로에 정격감도전류 40[mA] 이하, 동작시간 2초 이하의 전류동작형 누전차단기를 시설하는 경우
③ 철대 또는 외함의 주위에 적당한 절연대를 설치하는 경우
④ 「전기용품 및 생활용품 안전관리법」의 적용을 받는 이중절연구조로 되어 있는 기계기구를 시설하는 경우

해설

접지를 해야 하는 대상부분
① 전기기계·기구의 금속제 외함, 금속제 외피 및 철대
② 고정 설치되거나 고정배선에 접속된 전기기계·기구의 노출된 비충전 금속체 중 충전될 우려가 있는 다음에 해당하는 비충전 금속체
㉮ 지면이나 접지된 금속체로부터 수직거리 2.4[m], 수평거리 1.5[m] 이내의 것
㉯ 물기 또는 습기가 있는 장소에 설치되어 있는 것
㉰ 금속으로 되어있는 기기접지용 전선의 피복·외장 또는 배선관 등
㉱ 사용전압이 대지전압 150[V]를 넘는 것

참고 산업안전기사 필기 p.4-37(3. 접지를 해야 하는 대상부분)

KEY 2021년 3월 7일 기사 출제

합격정보
산업안전보건기준에 관한 규칙 제302조(전기기계·기구의 접지)

보충학습
누전차단기 설치기준
전기기계·기구에 접속되어 있는 누전차단기는 정격감도전류가 30[mA] 이하이고 작동시간은 0.03[초] 이내일 것(다만, 정격전부하전류가 50[A] 이상인 전기기계·기구에 접속되는 누전차단기는 오작동을 방지하기 위하여 정격감도전류는 200[mA] 이하로, 작동시간은 0.1[초] 이내로 할 수 있다.)

63 저압방폭구조 배선 중 노출 도전성 부분의 보호접지선으로 알맞은 항목은?

① 전선관이 충분한 지락전류를 흐르게 할 시에도 결합부에 본딩(bonding)을 해야 한다.
② 전선관이 최대지락전류를 안전하게 흐르게 할 시 접지선으로 이용 가능하다.
③ 접지선의 전선 또는 선심은 그 절연피복을 흰색 또는 검정색을 사용한다.
④ 접지선은 1,000[V] 비닐절연전선 이상 성능을 갖는 전선을 사용한다.

해설

방폭지역에서 저압 케이블 공사시 사용되는 케이블
① MI케이블
② 600[V] 폴리에틸렌 케이블(EV, EE, CV, CE)
③ 600[V] 비닐절연외장케이블(VV)
④ 600[V] 콘크리트 직매용 케이블(CB-VV, CB-EV)
⑤ 제어용 비닐절연 비닐외장케이블(CVV)
⑥ 연피케이블
⑦ 약전 계장용 케이블
⑧ 보상도선
⑨ 시내대 폴리에틸렌 절연비닐외장케이블(CPEV)
⑩ 시내대 폴리에틸렌 절연 폴리에틸렌 외장케이블(CPEE)
⑪ 강관 외장케이블
⑫ 강대 외장케이블

[정답] 61 ④ 62 ② 63 ②

참고 산업안전기사 필기 p.4-63(합격날개:합격예측)

KEY 2017년 3월 5일 기사 출제

64 자동전격방지장치에 대한 설명으로 틀린 것은?

① 무부하시 전력손실을 줄인다.
② 무부하 전압을 안전전압 이하로 저하시킨다.
③ 용접을 할 때에만 용접기의 주회로를 개로(OFF)시킨다.
④ 교류 아크용접기의 안전장치로서 용접기의 1차 또는 2차 측에 부착한다.

해설

자동전격방지장치(交流-鎔接機用 自動電擊防止裝置)

① 교류아크용접기의 출력측 무부하전압(교류아크용접기의 아크 발생을 정지시켰을 경우에서 용접봉과 피용접물 사이의 전압을 말한다)이 1.5초 이내에 30V 이하가 되도록 교류아크용접기에 장착하는 감전방지용 안전장치(자동전격방지장치(自動電擊防止裝置 : automatic electric shock prevention apparatus))
② 용접을 할 때에는 용접기의 주회로를 폐로(ON)시킨다.

참고 산업안전기사 필기 p.4-78(2. 방호장치의 성능)

KEY ① 2016년 5월 8일 산업기사 출제
② 2017년 5월 7일 기사 출제
③ 2018년 3월 4일 기사 출제
④ 2019년 3월 3일 기사 출제

합격정보
산업안전보건기준에 관한 규칙 제306조(교류아크용접기 등)

65 폭연성 분진 또는 화약류의 분말이 전기설비가 발화원이 되어 폭발할 우려가 있는 곳에 시설하는 저압 옥내 전기설비의 공사 방법으로 옳은 것은?

① 금속관 공사 ② 합성수지관 공사
③ 가요전선관 공사 ④ 캡타이어 케이블 공사

해설

전기설비공사

(1) 분진이 많은 장소의 배선공사방법
① 폭연성 분진(Mg, Al, Ti 등의 먼지로서 폭발할 우려가 있는 것)이 있는 곳의 경우 : 금속관 공사 또는 케이블 공사(단, 캡타이어 케이블은 제외)
② 가연성 분진(소맥분, 전분, 유황 등의 가연성 먼지로서 착화하였을 때 폭발할 우려가 있는 것)이 있는 곳의 경우 : 합성수지관 공사, 금속관 공사, 케이블 공사
③ 일반적인 먼지가 있는 장소(폭연성, 가연성 분진 제외) : 애자사용 공사, 합성수지관 공사, 금속관 공사, 가요전선관 공사, 금속덕트 공사, 케이블 공사 등등
(2) 폭발성 물질과 가스가 있는 창고 내에 전등스위치로 적합한 시설방법 : 밀폐형 스위치

참고 산업안전기사 필기 p.4-69(문제 13번) 적중

KEY 2016년 3월 6일 기사 출제

합격자의 조언
화학설비에도 출제되는 문제입니다.

66 정전기 재해방지를 위한 배관내 액체의 유속제한에 관한 사항으로 옳은 것은?

① 저항률이 $10^{10}[\Omega \cdot cm]$ 미만의 도전성 위험물의 배관유속은 7[m/s] 이하로 할 것
② 에테르, 이황화탄소 등과 같이 유동대전이 심하고 폭발위험성이 높으면 4[m/s] 이하로 할 것
③ 물이나 기체를 혼합하는 비수용성 위험물의 배관내 유속은 5[m/s] 이하로 할 것
④ 저항률이 $10^{10}[\Omega \cdot cm]$ 이상인 위험물의 배관내 유속은 배관내경 4인치일 때 10[m/s] 이하로 할 것

해설

배관내 액체의 유속제한

① 저항률이 $10^{10}[\Omega \cdot m]$ 미만인 도전성 위험물의 배관유속 : 7[m/s] 이하
② 에테르, 이황화탄소 등과 같이 유동성이 심하고 폭발 위험성이 높은 것 : 1[m/s] 이하
③ 물이나 기체를 혼합한 비 수용성 위험물 : 1[m/s] 이하
④ 저항률이 $10^{10}[\Omega \cdot m]$ 이상인 위험물의 배관내 유속은 기준에 준하고, 유입구가 액면 아래로 충분히 잠길 때까지는 1[m/s] 이하

참고 산업안전기사 필기 p.4-38(2. 배관내 액체의 유속제한)

KEY ① 2015년 3월 8일 산업기사 출제
② 2016년 8월 21일 기사 출제
③ 2021년 3월 7일 기사 출제
④ 2021년 5월 15일 기사 출제

[정답] 64 ③ 65 ① 66 ①

67 방폭전기기기의 온도등급에서 기호 $T2$의 의미로 맞는 것은?

① 최고표면온도의 허용치가 135[℃] 이하인 것
② 최고표면온도의 허용치가 200[℃] 이하인 것
③ 최고표면온도의 허용치가 300[℃] 이하인 것
④ 최고표면온도의 허용치가 450[℃] 이하인 것

해설

방폭전기기기의 최고표면온도에 따른 분류 : 압력, 유입, 안전증

최고표면온도의 범위[℃]	온도 등급
450 초과	T1
300 초과 450 이하	T2
200 초과 300 이하	T3
135 초과 200 이하	T4
100 초과 135 이하	T5
85 초과 100 이하	T6

참고 산업안전기사 필기 p.4-60(3. 방폭전기기기의 온도등급 및 폭발 등급))

KEY ① 2018년 3월 4일 기사 출제
② 2020년 8월 22일 기사 출제

68 다음 빈 칸에 들어갈 내용으로 알맞은 것은?

"교류 특고압 가공전선로에서 발생하는 극저주파 전자계는 지표상 1[m]에서 전계가 (ⓐ), 자계가 (ⓑ)가 되도록 시설하는 등 상시 정전유도 및 전자유도 작용에 의하여 사람에게 위험을 줄 우려가 없도록 시설하여야 한다."

① ⓐ 0.35[kV/m] 이하 ⓑ 0.833[μT] 이하
② ⓐ 3.5[kV/m] 이하 ⓑ 8.33[μT] 이하
③ ⓐ 3.5[kV/m] 이하 ⓑ 83.3[μT] 이하
④ ⓐ 35[kV/m] 이하 ⓑ 833[μT] 이하

해설

전기사업법, 전기설비기준

① 특고압 가공전선로에서 발생하는 극저주파 전자계는 지표상 1[m]에서 전계가 3.5[kV/m] 이하
② 자계가 83.3[μT] 이하가 되도록 시설

참고 산업안전기사 필기 p.4-95(문제 67번) 적중

KEY 2022년 3월 5일 기사 출제

69 방폭전기설비 계획 수립시의 기본 방침에 해당되지 않는 것은?

① 가연성 가스 및 가연성 액체의 위험특성 확인
② 시설장소의 제조건 검토
③ 전기설비의 선정 및 결정
④ 위험장소 종별 및 범위의 결정

해설

방폭전기설비 계획 수립시 기본 방침 6가지

① 방폭전기설비 계획의 기본
② 시설장소의 제조건 검토
③ 가연성 가스 및 가연성 액체의 위험특성 확인
④ 위험장소의 종별 및 범위의 결정
⑤ 전기설비 배치의 결정
⑥ 전기설비의 선정

KEY ① 2004년 5월 23일(문제 62번)
② 2014년 3월 2일 기사 출제

은행문제 산업안전기사 필기 p.4-60(합격날개 : 은행문제)

70 활선작업 시 필요한 보호구 중 가장 거리가 먼 것은?

① 고무장갑 ② 안전화
③ 대전방지용 구두 ④ 안전모

해설

활선작업용 보호구 및 방호구

① 절연용 보호구라 함은 절연장갑(고무장갑), 전기용 안전모, 절연용 고무 소매, 절연화(안전화) 등 작업을 하는 사람이 신체에 착용하는 감전방지용 보호구를 말한다.

② 절연용 방호구라 함은 전로의 충전부, 지지울 주변의 전기배선 등에 설치하는 절연판, 절연덮개, 절연시트 등 감전방지용 장구를 말한다.
③ 활선작업용 기구라 함은 그 사용 범위에 작업하는 사람의 손으로 잡을 수 있는 부분이 절연재료로 만들어진 봉상의 절연공구를 말하며 핫 스틱이 좋은 예이다.

[정답] 67 ④ 68 ③ 69 ③ 70 ③

④ 활선작업용 장치라 함은 대지절연을 실시한 활선작업용 차 또는 활선작업용 절연대를 말한다.

참고 산업안전기사 필기 p.4-22(3. 절연용 안전장구)

KEY ① 2016년 8월 21일 기사 출제
② 2019년 3월 3일 산업기사 출제

71 다음 중 불꽃(spark)방전의 발생 시 공기 중에 생성되는 물질은?

① O_2 ② O_3
③ H_2 ④ C

해설

불꽃방전과 스파크 방전시 공기중 생성물질 : O_3(오존)

참고 ① 산업안전기사 필기 p.4-34(3. 불꽃방전)
② 산업안전기사 필기 p.4-59(문제 15번) 적중

KEY ① 2013년 8월 17일 기사(문제 76번) 출제
② 2019년 3월 3일 기사 출제
③ 2023년 2월 28일(문제 74번) 확인

72 인화성 가스 또는 인화성 액체의 용기류가 부식, 열화 등으로 파손되어 가스 또는 액체가 누출 할 염려가 있는 경우의 방폭지역은?

① 0종 장소 ② 1종 장소
③ 2종 장소 ④ 비방폭지역

해설

위험장소의 구분

① 0종 장소 : 장치 및 기기들이 정상 가동되는 경우에 폭발성 가스가 항상 존재하는 장소이다.
② 1종 장소 : 장치 및 기기들이 정상 가동 상태에서 폭발성 가스가 가끔 누출되어 위험 분위기가 존재하는 장소이다.
③ 2종 장소 : 작업자의 조작상 실수나 이상운전으로 폭발성 가스가 누출되거나 유출된 가스가 체류하여 폭발을 일으킬 우려가 있는 장소이다.

참고 산업안전기사 필기 p.4-52(3. 가스 폭발 위험장소)

KEY ① 2011년 3월 20일 기사 출제
② 2018년 8월 19일 산업기사 출제
③ 2020년 6월 7일 기사 출제

73 속류를 차단할 수 있는 최고의 교류전압을 피뢰기의 정격전압이라고 하는데 이 값은 통상적으로 어떤 값으로 나타내고 있는가?

① 최댓값 ② 평균값
③ 실효값 ④ 파고값

해설

실효값(RMS value : 實效)

① 실제로 효과 : 우리나라 – 실효값
② RMS(Root Mean Square) : 외국

참고 산업안전기사 필기 p.4-57(1. 피뢰기의 성능)

KEY ① 2016년 8월 21일 기사 출제
② 2018년 8월 19일 기사 출제
③ 2019년 8월 4일 기사 출제
④ 2021년 3월 7일 기사 출제
⑤ 2022년 4월 24일 기사 출제

PART 04

74 방전의 분류에 속하지 않는 것은?

① 연면 방전
② 불꽃 방전
③ 코로나 방전
④ 스프레이 방전

해설

방전의 종류

① 코로나 방전
② 연면 방전
③ 불꽃 방전
④ 스파크 방전

참고 산업안전기사 필기 p.4-34(3. 방전의 형태 및 영향)

KEY ① 2016년 5월 8일 기사, 산업기사 동시 출제
② 2017년 3월 5일 기사 출제
③ 2023년 2월 28일(문제 71번) 확인

[정답] 71 ② 72 ③ 73 ③ 74 ④

75 화염일주한계에 대한 설명으로 옳은 것은?

① 폭발성 가스와 공기의 혼합기에 온도를 높인 경우 화염이 발생할 때까지의 시간 한계치
② 폭발성 분위기에 있는 용기의 접합면 틈새를 통해 화염이 내부에서 외부로 전파되는 것을 저지할 수 있는 틈새의 최대간격치
③ 폭발성 분위기 속에서 전기불꽃에 의하여 폭발을 일으킬 수 있는 화염을 발생시키기에 충분한 교류파형의 1주기치
④ 방폭설비에서 이상이 발생하여 불꽃이 생성된 경우에 그것이 점화원으로 작용하지 않도록 화염의 에너지를 억제하여 폭발하한계로 되도록 화염 크기를 조정하는 한계치

해설

화염일주한계[최대안전틈새(MESG : Maximum Experimental Safe Gap)]

① 폭발성 분위기 내에 방치된 표준용기의 접합면 틈새를 통하여 폭발화염이 내부에서 외부로 전파되는 것을 저지(최소점화에너지 이하)할 수 있는 틈새의 최대간격치
② 폭발등급측정에 사용되는 표준용기 : 내용적이 8[l], 틈새의 안길이 L이 25[mm]인 용기로서 틈이 폭 W[mm]를 변환시켜서 화염일주한계를 측정하도록 한 것 (안전간격 : 내압방폭구조에 적용)

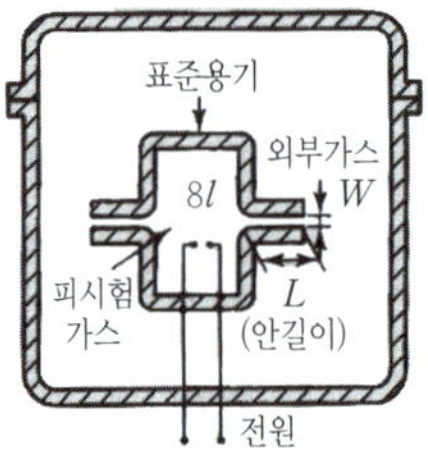

참고 ① 산업안전기사 필기 p.4-59(합격날개 : 합격예측)
② 산업안전기사 필기 p.5-6([그림] 안전간격)

KEY ① 2016년 8월 21일 기사 출제
② 2018년 8월 19일 기사 출제
③ 2020년 6월 7일 기사 출제
④ 2020년 6월 14일 산업기사 출제

76 인체저항이 5,000[Ω]이고, 전류가 3[mA]가 흘렀다. 인체의 정전용량이 0.1[μF]라면 인체에 대전된 정전하는 몇 [μC]인가?

① 0.5 ② 1.0
③ 1.5 ④ 2.0

해설

인체 정전하

① $Q = C \times V = 0.1 \times 15 = 1.5[\mu C]$
② $V = IR = 3 \times 10^{-3} \times 5{,}000 = 15[V]$

참고 ① 산업안전기사 필기 p.4-33(6. 정전기에너지)
② 산업안전기사 필기 p.4-34(합격날개 : 은행문제)

KEY ① 2016년 5월 8일 산업기사 출제
② 2016년 8월 21일 기사 출제
③ 2017년 3월 5일 기사 · 산업기사 출제
④ 2017년 5월 7일 산업기사 출제
⑤ 2018년 3월 4일 기사 출제

보충학습

정전하

도체의 표면에 분포되어 있거나 유전체의 마찰에 의해서 대전한 전하처럼 정지상태인 전기

77 내압방폭구조의 기본적 성능에 관한 사항으로 옳지 않은 것은?

① 내부에서 폭발할 경우 그 압력에 견딜 것
② 폭발화염이 외부로 유출되지 않을 것
③ 습기침투에 대한 보호가 될 것
④ 외함 표면온도가 주위의 인화성 가스에 점화하지 않을 것

해설

내압방폭구조(d)

① 전기설비에서 아크 또는 고열이 발생하여 폭발성 가스에 점화할 우려가 있는 부분을 전폐한 용기에 넣음으로써 폭발이 일어날 경우 이 용기가 압력에 견딘다.
② 외부의 폭발성 가스에 인화될 위험이 없도록 한 구조의 방폭구조이다.

참고 산업안전기사 필기 p.4-53(3. 방폭구조의 종류 및 특징)

KEY ① 2010년 5월 6일(문제 76번) 출제
② 2019년 3월 3일 기사 출제
③ 2019년 4월 27일 기사, 산업기사 동시 출제
④ 2020년 6월 7일 기사 출제

[정답] 75 ② 76 ③ 77 ③

78 활선작업을 시행할 때 감전의 위험을 방지하고 안전한 작업을 하기 위한 활선장구 중 충전중인 전선의 변경작업이나 활선작업으로 애자 등을 교환할 때 사용하는 것은?

① 점프선
② 활선커터
③ 활선시메라
④ 디스콘스위치 조작봉

해설

활선시메라 용도

① 충전중인 전선의 변경시
② 활선작업시 애자 교환시

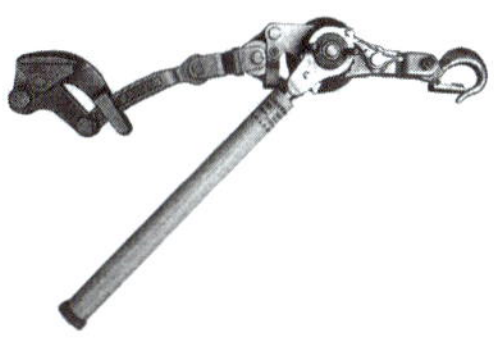

[그림] 활선 장선기(활선 시메라)

참고 산업안전기사 필기 p.4-83(문제 2번) 해설

KEY ① 2015년 8월 16일 기사 출제
② 2016년 3월 6일 기사 출제

보충학습

활선작업용구 및 장치

① 활선시메라 ② 점퍼선
③ 활선커터 ④ 컷아웃스위치조작봉
⑤ 활선작업대 ⑥ 디스콘스위치 조작봉

79 전기설비의 안전을 유지하기 위해서는 체계적인 점검, 보수가 아주 중요하다. 방폭전기설비의 유지보수에 관한 사항으로 틀린 것은?

① 점검원은 해당 전기설비에 대해 필요한 지식과 기능을 가져야 한다.
② 불꽃 점화시점의 경과조치에 따른다.
③ 본질안전방폭구조의 경우에도 통전 중에는 기기의 외함을 열어서는 안 된다.
④ 위험분위기에서 작업시에는 수공구 등의 충격에 의한 불꽃이 생기지 않도록 주의해야 한다.

해설

내압방폭구조의 전기기기 보수시 방폭성능의 복원을 위하여 확인하여야 할 사항

① 용기의 접합면에 손상이 없을 것
② 접합면의 틈새 및 접합면의 안쪽길이는 방폭구조상 필요한 수치가 확보되어 있을 것
③ 용기내면 및 투광성 부품 등에 손상 또는 균열이 없을 것
④ 조임나사류는 균일하고 적절하게 조여져 있을 것
⑤ 녹이 발생하지 않도록 방식처리가 충분히 실시되어 있을 것

참고 산업안전기사 필기 p.4-57(3. 내압방폭구조의 전기기기 보수시 방폭성능의 복원을 위하여 확인하여야 할 사항)

보충학습

본질안전방폭구조(Intrinsic Safety type, i)

① 주어진 이상상태(정상 또는 이상상태)의 조건하에서 어떠한 스파크나 온도에도 영향을 받지 않는 구조이다.
② 본질안전방폭구조 특징 및 유지보수
  ㉮ 폭발분위기에 노출되어 있는 기계기구 내의 전기에너지 권선 상호접속에 의한 전기불꽃 또는 열 영향을 점화에너지 이하의 수준까지 제한하는 것을 기반으로 하는 방폭구조이다.
  ㉯ 통전 중 기기의 외함을 열어 유지보수를 하여도 된다.

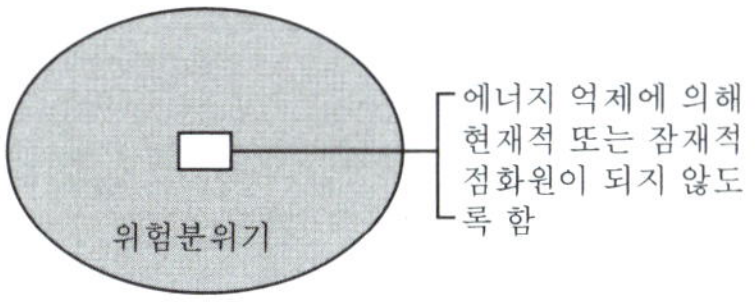

[그림] 본질안전방폭구조

80 다음 중 전기설비기술기준에 따른 전압의 구분으로 틀린 것은?

① 저압 : 직류 1[kV] 이하
② 고압 : 교류 1[kV] 초과, 7[kV] 이하
③ 특고압 : 직류 7[kV] 초과
④ 특고압 : 교류 7[kV] 초과

해설

전압분류

전압분류	직류	교류
저압	1,500[V] 이하	1,000[V] 이하
고압	1,500~7,000[V] 이하	1,000~7,000[V] 이하
특별고압	7,000[V] 초과	7,000[V] 초과

[정답] 78 ③ 79 ③ 80 ①

참고 산업안전기사 필기 p.4-30(문제 30번) 적중

KEY
① 2017년 5월 7일 기사 출제
② 2017년 8월 26일 기사 출제
③ 2018년 3월 4일 기사 출제
④ 2018년 8월 19일 산업기사 출제
⑤ 2019년 3월 3일 기사 출제
⑥ 2022년 3월 5일 기사 출제

5 화학설비 안전관리

81 다음 중 폭발범위에 관한 설명으로 틀린 것은?

① 상한값과 하한값이 존재한다.
② 온도에는 비례하지만 압력과는 무관하다.
③ 가연성 가스의 종류에 따라 각각 다른 값을 갖는다.
④ 공기와 혼합된 가연성 가스의 체적 농도로 나타낸다.

해설

폭발발생의 필수인자
① 인화성 물질 온도
② 조성(인화성 물질의 농도범위)
③ 압력의 방향
④ 용기의 크기와 형태(모양)

참고 산업안전기사 필기 p.5-3(2. 폭발발생의 필수인자)

KEY
① 2014년 3월 2일(문제 85번) 출제
② 2019년 3월 3일(문제 96번) 출제
③ 2020년 9월 27일(문제 84번) 출제
④ 2022년 3월 5일(문제 83번) 출제

보충학습
보일 샤를 법칙에 의해 온도 상승 시 부피, 압력이 상승하여 넓어진다.

$$\frac{P_1V_1}{T_1} = \frac{P_2V_2}{T_2} = K(\text{일정})$$

82 다음 중 반응기를 조작방식에 따라 분류할 때 이에 해당하지 않는 것은?

① 회분식 반응기 ② 반회분식 반응기
③ 연속식 반응기 ④ 관형식 반응기

해설

반응기의 구분

구분	종류	특징
조작(운전) 방식에 의한 분류	회분식 반응기 (Batch Reactor)	① 원료를 반응기 내에 주입하고, 일정시간 반응시킨 다음 생성물을 꺼내는 방식 ② 반응이 진행되는 동안 원료 도입 또는 생성물의 배출이 없다. ③ 다품종 소량 생산에 유리하다.
	반회분식 반응기 (semi-batch Reactor)	① 반응 성분의 일부를 반응기 내에 넣어두고 반응이 진행됨에 따라 다른 성분을 계속 첨가하는 형식의 반응기이다.
	연속식 반응기 (plug flow Reactor)	① 원료를 연속적으로 반응기에 도입하는 동시에 반응 생성물을 연속적으로 반응기에 배출시키면서 반응을 진행시키는 반응기이다. ② 소품종 대량생산에 적합하다.
구조에 의한 분류	① 관형반응기 ③ 교반기형반응기	② 탑형반응기 ④ 유동층형 반응기

참고 산업안전기사 필기 p.5-49(1. 반응기)

KEY
① 2011년 3월 20일 문제 89번 출제
② 2019년 3월 3일(문제 83번) 출제
③ 2021년 8월 14일(문제 99번) 출제
④ 2022년 4월 24일(문제 95번) 출제

83 프로판(C_3H_8)의 연소에 필요한 최소산소농도의 값은 약 얼마인가? 단, 프로판의 폭발하한은 Jone식에 의해 추산한다.)

① 8.1[vol%] ② 11.1[vol%]
③ 15.1[vol%] ④ 20.1[vol%]

해설

최소산소농도(MOC)
① 프로판의 연소식 : $1C_3H_8 + 5O_2 = 3CO_2 + 4H_2O$(여기서 1, 5, 3, 4 = 몰수)

[정답] 81 ② 82 ④ 83 ②

② MOC농도 = 폭발하한계 × $\frac{산소의 몰수}{연료의 몰수}$ [vol%]

③ 프로판의 최소산소농도 = $2.2 \times \frac{5}{1} = 11$ [vol%]

참고 산업안전기사 필기 p.5-19(실전문제)

KEY ① 2004년 5월 23일 기사 출제
② 2018년 3월 4일 기사 출제
③ 2020년 6월 7일 기사 출제

84 산업안전보건법령상 대상 설비에 설치된 안전밸브에 대해서는 경우에 따라 구분된 검사주기마다 안전밸브가 적정하게 작동하는지 검사하여야 한다. 화학공정 유체와 안전밸브의 디스크 또는 시트가 직접 접촉될 수 있도록 설치된 경우의 검사주기로 옳은 것은?

① 매년 1회 이상
② 2년마다 1회 이상
③ 3년마다 1회 이상
④ 4년마다 1회 이상

해설

제261조(안전밸브 등의 설치)

설치된 안전밸브에 대해서는 다음 각 호의 구분에 따른 검사주기마다 국가교정기관에서 교정을 받은 압력계를 이용하여 설정압력에서 안전밸브가 적정하게 작동하는지를 검사한 후 납으로 봉인하여 사용하여야 한다. 다만, 공기나 질소취급용기 등에 설치된 안전밸브 중 안전밸브 자체에 부착된 레버 또는 고리를 통하여 수시로 안전밸브가 적정하게 작동하는지를 확인할 수 있는 경우에는 검사하지 아니할 수 있고 납으로 봉인하지 아니할 수 있다.

① 화학공정 유체와 안전밸브의 디스크 또는 시트가 직접 접촉될 수 있도록 설치된 경우 : 매년 1회 이상
② 안전밸브 전단에 파열판이 설치된 경우 : 2년마다 1회 이상
③ 공정안전보고서 제출 대상으로서 고용노동부장관이 실시하는 공정안전보고서 이행상태 평가결과가 우수한 사업장의 안전밸브의 경우 : 4년마다 1회 이상

참고 산업안전기사 필기 p.5-3(합격날개 : 합격예측 및 관련 법규)

KEY 2021년 3월 7일 기사 출제

합격정보

산업안전보건기준에 관한 규칙 재261조(안전밸브 등의 설치)

보충학습

안전밸브

기기(機器)나 관 등의 파괴를 방지하기 위하여 부착하는 최고 압력을 한정하는 밸브로서, 설정 압력 이상이 되면 유체를 내뿜어 압력을 설정 압력 이하로 낮추도록 되어있다.

85 다음 중 산화반응에 해당하는 것을 모두 나타낸 것은?

㉮ 철이 공기 중에서 녹이 슬었다.
㉯ 솜이 공기 중에서 불에 탔다.

① ㉮ ② ㉯
③ ㉮, ㉯ ④ 없음

해설

산화반응이란 물질이 산소와 결합하거나 수소를 잃는 반응

① 탄소가 산소와 결합하여 이산화탄소가 된다. $C + O_2 \rightarrow CO_2$
② 철(금속)이 공기 중에 산소와 반응하여 녹(금속산화물)슨다.
$4Fe + 3O_2 \rightarrow 2Fe_2O_3$
③ 산화반응은 발열반응이며 경우에 따라서는 반응이 격렬히 진행되는 것도 있으므로 산화성 물질의 취급에는 주의를 요하여야 한다.

보충학습

산화제

(1) 정의
자신은 환원되고 다른 물질을 산화시키는 물질
(2) 산화제의 조건
① 산소를 내기 쉬운 물질
② 수소와 결합하기 쉬운 물질
③ 전자를 얻기 쉬운 물질
④ 발생기산소를 내기 쉬운 물질

참고 산업안전기사 필기 p.5-2(1. 연소)

86 금속의 증기가 공기 중에서 응고되어 화학변화를 일으켜 고체의 미립자로 되어 공기 중에 부유하는 것을 의미하는 용어는?

① 흄(fume)
② 분진(dust)
③ 미스트(mist)
④ 스모크(smoke)

[정답] 84 ① 85 ③ 86 ①

해설

유해물질의 종류별 성상

구분	성상	입자의 지름
흄(fume)	화학반응에 의한 무기성가스 또는 금속증기가 변화하여 생긴 고체의 미립자상의 화합물	0.01~1[μ]
스모크(smoke)	유기물의 불완전 연소에 의하여 생긴 미립자	0.01~1[μ]
미스트(mist)	공기중에 분산된 액체의 미립자	0.1~100[μ]
분진(dust)	공기중에 분산된 고체의 미립자	0.01~100[μ]
가스(gas)	25[℃], 760[mmHg]에서 기체	분자상
증기(vapor)	25[℃], 760[mmHg]에서 액체 또는 고체 표면에서 발생한 기체	분자상

참고 ① 산업안전기사 필기 p.5-65(문제 19번) 적중
② 산업안전기사 필기 p.5-37(합격날개 : 합격예측)

87 다음 중 분진폭발의 특징으로 옳은 것은?

① 가스폭발보다 연소시간이 짧고, 발생에너지가 작다.
② 압력의 파급속도보다 화염의 파급속도가 빠르다.
③ 가스폭발에 비하여 불완전 연소가 적게 발생한다.
④ 주위의 분진에 의해 2차, 3차의 폭발로 파급될 수 있다.

해설

분진폭발

① 분진, mist 등이 일정 농도 이상으로 공기와 혼합시 발화원에 의해 분진 폭발을 일으킨다.
② 마그네슘, 티타늄 등의 분말, 곡물가루 등

[표] 분진폭발의 발생 순서

퇴적분진 → 비산 → 분산 → 점화원 → 1차폭발 → 2차폭발

참고 ① 산업안전기사 필기 p.5-9(합격날개 : 합격예측)
② 산업안전기사 필기 p.5-1132(표. 분진폭발의 특징)

KEY ① 2015년 3월 8일 기사 출제
② 2015년 3월 8일 기사 출제
③ 2017년 3월 5일 기사 출제
④ 2017년 8월 26일 기사 출제
⑤ 2019년 8월 4일 기사 출제
⑥ 2020년 8월 22일 기사 출제
⑦ 2021년 3월 7일 기사 출제
⑧ 2021년 5월 15일 기사 출제
⑨ 2022년 4월 24일 기사 출제

88 숯, 코크스, 목탄의 대표적인 연소 형태는?

① 혼합연소 ② 증발연소
③ 표면연소 ④ 비혼합연소

해설

연소형태

① 확산연소 : 가연성 가스와 공기가 확산에 의해 혼합되면서 연소하는 것 예 수소, 아세틸렌 등의 기체 연소
② 증발연소 : 액체표면에서 발생된 증기가 연소하는 것
예 알코올, 에테르, 등유, 경유 등의 액체연소
③ 분해연소 : 열 분해에 의해 가연성 가스를 방출시켜서 연소하는 것
예 중유, 석탄, 목재, 고체 파라핀 등의 고체연소
④ 표면연소 : 고체 표면에서 연소가 일어나는 것
예 숯, 알루미늄박, 마그네슘 등의 고체연소

참고 산업안전기사 필기 p.5-4(2. 고체연소)

KEY ① 2018년 3월 4일 기사 출제
② 2021년 8월 14일 기사 출제

89 산업안전보건기준에 관한 규칙상 국소배기장치의 후드 설치 기준이 아닌 것은?

① 유해물질이 발생하는 곳마다 설치할 것
② 후드의 개구부 면적은 가능한 한 크게 할 것
③ 외부식 또는 리시버식 후드는 해당 분진등의 발산원에 가장 가까운 위치에 설치할 것
④ 후드 형식은 가능하면 포위식 또는 부스식 후드를 설치할 것

[정답] 87 ④ 88 ③ 89 ②

해설

후드(Hood)

(1) 기능
오염물(Contaminant)의 발생원을 되도록 포위하도록 설치된 국소배기장치의 입구부

(2) 설치기준
① 유해물질이 발생하는 곳마다 설치할 것
② 유해인자의 발생형태 및 비중, 작업방법 등을 고려하여 해당 분진 등의 발산원을 제어할 수 있는 구조로 설치할 것
③ 후드형식은 가능한 한 포위식 또는 부스식 후드를 설치할 것
④ 외부식 또는 리시버식 후드는 해당 분진에 설치할 것
⑤ 후드의 개구면적을 크게 하지 않을 것

참고 산업안전기사 필기 p.5-38(표. 국소배기장치의 후드 및 덕트설치 요령)

KEY 2020년 6월 7일 기사 출제

90 다음 중 자연발화를 방지하기 위한 일반적인 방법으로 적절하지 않은 것은?

① 주위의 온도를 낮춘다.
② 공기의 출입을 방지하고 밀폐시킨다.
③ 습도가 높은 곳에는 저장하지 않는다.
④ 황린의 경우 산소와의 접촉을 피한다.

해설

자연발화 방지대책
① 통풍을 잘 시킬 것
② 습기가 높은 것을 피할 것
③ 연소성 가스의 발생에 주의할 것
④ 저장실의 온도 상승을 피할 것

참고 산업안전기사 필기 p.5-38([표] 자연발화의 형태 및 조건)

KEY ① 2015년 3월 8일 기사 출제
② 2016년 8월 21일 기사 출제
③ 2019년 3월 3일 기사 출제
④ 2019년 4월 27일 기사 출제

91 다음 중 관의 지름을 변경하고자 할 때 필요한 관 부속품은?

① reducer ② elbow
③ plug ④ valve

해설

피팅류(Fittings)의 용도

용도	종류
두 개의 관을 연결할 때	플랜지(flange), 유니언(union), 커플링(coupling), 니플(nipple), 소켓(socket)
관로의 방향을 바꿀 때	엘보(elbow), Y자관(Y-banch), 티(tee), 십자(cross)
관로의 크기를 바꿀 때	축소관(reducer), 부싱(bushing)
가지관을 설치 할 때	티(T), Y자관(Y-branch), 십자(cross)
유로를 차단 할 때	플러그(plug), 캡(cap), 밸브(valve)
유량 조절	밸브(valve)

참고 산업안전기사 필기 p.5-58(합격날개 : 합격예측)

KEY ① 2014년 3월 2일 기사 출제
② 2017년 8월 26일 기사 출제
③ 2020년 9월 27일 기사 출제
④ 2021년 3월 7일 기사 출제

92 트라이에틸알루미늄에 화재가 발생하였을 때 다음 중 가장 적합한 소화약제는?

① 팽창질석 ② 할로겐화합물
③ 이산화탄소 ④ 물

해설

D급(금속화재) 적용 소화제
① 건조사
② 팽창질석
③ 팽창진주암

참고 산업안전기사 필기 p.5-28(문제 33번)

보충학습

트라이에틸알루미늄(triethylaluminium : $(C_2H_5)_3Al$)
폴리에틸렌을 합성할 때 촉매로서 사용되는 중요한 유기금속 화합물로 알루미늄과 에틸렌 및 수소로부터 합성된다.

93 물과 카바이드가 결합하면 어떤 가스가 생성되는가?

① 염소가스 ② 아황산가스
③ 수성가스 ④ 아세틸렌가스

[정답] 90 ② 91 ① 92 ① 93 ④

PART 04

해설

아세틸렌 제조 분자식

$2H_2O$ + CaC_2 → $Ca(OH)_2$ + C_2H_2
(물) (카바이드 = 탄화칼슘) (수산화칼슘) (아세틸렌)

참고 산업안전기사 필기 p.3-114(합격날개 : 합격예측)

KEY ① 2015년 3월 8일 기사 출제
② 2017년 8월 26일 기사 출제
③ 2020년 6월 7일 기사 출제
④ 2021년 5월 15일 기사 출제

94 질화면(Nitrocellulose)은 저장·취급 중에는 에틸 알코올 또는 이소프로필 알코올로 습면의 상태로 되어 있다. 그 이유를 바르게 설명한 것은?

① 질화면은 건조 상태에서는 자연발열을 일으켜 분해폭발의 위험이 존재하기 때문이다.
② 질화면은 알코올과 반응하여 안정한 물질을 만들기 때문이다.
③ 질화면은 건조 상태에서 공기 중의 산소와 환원반응을 하기 때문이다.
④ 질화면은 건조 상태에서 용이하게 중합물을 형성하기 때문이다.

해설

니트로셀룰로오스(nitrocellulose : 질화면) 특징

① 셀룰로오스의 질산에스테르이지만 니트로셀룰로오스란 통칭이 널리 쓰여지고 있다.(알콜침지 보관)
② 셀룰로오스를 황산과 질산을 혼합한 혼산으로 질산에스테르화하여 얻게 되는 백색 섬유상 물질, 질화면이라고도 한다.
③ 히드록실기로 치환한 NO_2기의 수에 따라 함유되는 질소량이 다르다.
④ 일반적으로 무연 화약에는 질소량이 12[%] 이상, 다이너마이트용에는 12[%] 정도, 도료용, 셀룰로이드용 등에는 12[%] 이하를 사용한다.(건조시 분해폭발)
⑤ 편의상 질소량이 약 13[%] 이상의 것을 강면약, 약 10~12[%]의 것을 약면약이라 한다.

KEY ① 2011년 6월 12일 (문제 83번) 출제
② 2018년 4월 28일 (문제 84번) 출제
③ 2022년 4월 24일 (문제 86번) 출제

95 연소이론에 대한 설명으로 틀린 것은?

① 착화온도가 낮을수록 연소위험이 크다.
② 인화점이 낮은 물질은 반드시 착화점도 낮다.
③ 인화점이 낮을수록 일반적으로 연소위험이 크다.
④ 연소범위가 넓을수록 연소위험이 크다.

해설

연소위험과 인화점 · 착화점과의 관계

① 인화점이 낮을수록 연소위험이 크다.
② 착화점이 낮을수록 연소위험이 크다.
③ 연소범위가 넓을수록 연소위험이 크다.
④ 산소농도가 클수록 연소위험이 크다.

참고 산업안전기사 필기 p.5-24(문제 18번)

KEY ① 2003년 5월 25일 기사 출제
② 2018년 3월 4일 기사 출제

96 물이 관 속을 흐를 때 유동하는 물 속의 어느 부분의 정압이 그 때의 물의 증기압보다 낮을 경우 물이 증발하여 부분적으로 증기가 발생되어 배관의 부식을 초래하는 경우가 있다. 이러한 현상을 무엇이라 하는가?

① 서어징(surging)
② 공동현상(cavitation)
③ 비말동반(entrainment)
④ 수격작용(water hammering)

해설

공동현상(cavitation)

유체의 증기압이 물의 증기압보다 낮을 경우 부분적으로 증기를 발생시켜 배관을 부식시키는 현상

참고 산업안전기사 필기 p.5-59(합격날개 : 합격예측)

KEY ① 2015년 8월 16일 (문제 99번) 출제
② 2019년 3월 3일 (문제 97번) 출제

보충학습

① 수격작용(water hammering, 물망치작용)
밸브를 급격히 개폐 시에 배관 내를 유동하던 물이 배관을 치는 현상(압력파가 급격히 관내를 왕복하는 현상)으로 배관 파열을 초래한다.

[정답] 94 ① 95 ② 96 ②

② 맥동현상(surging)
유량이 단속적으로 변하여 펌프입출구에 설치된 진공계, 압력계가 흔들리고 진동과 소음이 일어나며 펌프의 토출량의 변화를 초래한다.

97 공기 중에서 A물질의 폭발하한계가 4[vol%], 상한계가 75[vol%] 라면 이 물질의 위험도는?

① 16.75 ② 17.75
③ 18.75 ④ 19.75

해설

위험도 계산

$$H=\frac{폭발상한계-폭발하한계}{폭발하한계}=\frac{75-4}{4}=17.75$$

참고 산업안전기사 필기 p.5-70(문제 40번) 적중

KEY ① 2015년 5월 31일 (문제 85번) 출제
② 2016년 3월 6일 (문제 86번) 출제
③ 2017년 3월 5일 (문제 82번) 출제
④ 2018년 3월 4일 (문제 89번) 출제
⑤ 2020년 6월 7일 (문제 92번) 출제
⑥ 2021년 3월 7일 (문제 97번) 출제
⑦ 2021년 5월 15일(문제 90번) 출제
⑧ 2022년 4월 24일 (문제 97번) 출제

98 사업주는 산업안전보건법령에서 정한 설비에 대해서는 과압에 따른 폭발을 방지하기 위하여 안전밸브 등을 설치하여야 한다. 다음 중 이에 해당하는 설비가 아닌 것은?

① 원심펌프
② 정변위 압축기
③ 정변위 펌프(토출축에 차단밸브가 설치된 것만 해당한다)
④ 배관(2개 이상의 밸브에 의하여 차단되어 대기온도에서 액체의 열팽창에 의하여 파열될 우려가 있는 것으로 한정한다)

해설

안전밸브 설치 화학설비

사업주는 다음 각 호의 어느 하나에 해당하는 설비에 대해서는 과압에 따른 폭발을 방지하기 위하여 폭발 방지 성능과 규격을 갖춘 안전밸브 또는 파열판(이하 "안전밸브 등"이라 한다.)을 설치하여야 한다. 다만, 안전밸브 등에 상응하는 방호장치를 설치한 경우에는 그러하지 아니하다.

① 압력용기(안지름이 150밀리미터 이하인 압력용기는 제외하며, 압력 용기 중 관형 열교환기의 경우에는 관의 파열로 인하여 상승한 압력이 압력용기의 최고사용압력을 초과할 우려가 있는 경우만 해당한다.)
② 정변위 압축기
③ 정변위 펌프(토출축에 차단밸브가 설치된 것만 해당한다)
④ 배관(2개 이상의 밸브에 의하여 차단되어 대기온도에서 액체의 열팽창에 의하여 파열될 우려가 있는 것으로 한정)

참고 산업안전기사 필기 p.5-3(합격날개 : 합격예측 및 관련 법규)

KEY ① 2017년 5월 7일 출제
② 2018년 4월 28일(문제 83번) 출제

정보제공
산업안전보건기준에 관한 규칙 제261조(안전밸브 등의 설치)

99 열교환기의 열교환 능률을 향상시키기 위한 방법이 아닌 것은?

① 유체의 유속을 적절하게 조절한다.
② 유체의 흐르는 방향을 병류로 한다.
③ 열교환기 입구와 출구의 온도차를 크게 한다.
④ 열전도율이 높은 재료를 사용한다.

해설

열교환기 열교환 능률 향상방법

① 유체의 유속을 적절하게 조절한다.
② 유체의 흐르는 방향을 향류로 한다.
③ 열교환기 입구와 출구의 온도차를 크게 한다.
④ 열전도율이 높은 재료를 사용한다.

참고 산업안전기사 필기 p.5-53(합격날개 : 은행문제)

KEY ① 2018년 8월 19일 기사 출제
② 2022년 3월 5일 기사 출제

보충학습
열교환기(Heat exchanger)
① 두 개 또는 그 이상의 유체 사이에서 열을 교환할 수 있게 고안된 장치를 열교환기라고 한다.
② 열교환기는 유체의 냉각 또는 유체의 온도를 높이는 난방의 목적으로 서로 다른 유체의 열을 교환할 수 있도록 사용된다.
③ 향류(向流 : counter flow : counter current)
㉮ 2개의 유체사이에서 열이나 물질의 이동이 있을 경우 이 유체들이 서로 반대로 흐르는 경우를 의미한다.
㉯ 반대로 흐름의 방향이 서로 같은 경우에는 병류라고하며 서로 수직으로 흐르는 경우는 십자류라고 한다.

[정답] 97 ② 98 ① 99 ②

100 **고압가스 용기 파열사고의 주요 원인 중 하나는 용기의 내압력(耐壓力)부족이다. 다음 중 내압력 부족의 원인으로 틀린 것은?**

① 용기 내벽의 부식　② 강재의 피로
③ 과잉 충전　④ 용접 불량

해설

내압력

(1) 용기의 내압력부족
 ① 용기자체의 결함이 있는 경우 : 용기재료의 불량, 용기 내벽의 부식, 강재의 피로, 용접 불량 등
 ② 용기에 대해 낙하, 충돌 등의 충격 및 기타 타격을 주는 경우
 ③ 용기에 절단, 구멍 뚫기 등의 가공을 하는 경우
(2) 용기 내압(耐壓)의 이상상승
 ① 과잉 충전
 ② 가열, 직사광선, 화재 등에 의한 용기 온도의 상승
 ③ 내용물의 중합반응 또는 분해반응에 의한 것 등

참고 산업안전기사 필기 p.5-74(문제 61번) 적중

KEY ① 2012년 3월 4일 기사 출제
② 2022년 4월 24일 기사 출제

6 건설공사 안전관리

101 **그물코의 크기가 10[cm]인 매듭없는 방망사 신품의 인장강도는 최소 얼마 이상이어야 하는가?**

① 240[kg]　② 320[kg]
③ 400[kg]　④ 500[kg]

해설

방망사의 신품에 대한 인장강도

그물코의 크기 (단위 : [cm])	방망의 종류(단위 : [kg])	
	매듭 없는 방망	매듭 방망
10	240	200
5		110

참고 산업안전기사 필기 p.6-50([표] 방망사의 신품에 대한 인장강도)

KEY ① 2016년 5월 8일 기사 출제
② 2017년 3월 5일 기사 출제
③ 2017년 8월 26일 기사 출제
④ 2018년 4월 28일 기사 출제
⑤ 2018년 8월 19일 기사 출제
⑥ 2019년 3월 3일 기사 출제
⑦ 2019년 8월 4일 기사 출제
⑧ 2020년 8월 22일 기사 출제
⑨ 2021년 8월 14일 기사 출제

102 **공정율이 65[%]인 건설현장의 경우 공사 진척에 따른 산업안전보건관리비의 최소 사용기준으로 옳은 것은? (단, 공정율은 기성공정율을 기준으로 함)**

① 40[%] 이상　② 50[%] 이상
③ 60[%] 이상　④ 70[%] 이상

해설

공사진척에 따른 안전관리비 사용기준

공 정 률	50[%] 이상 70[%] 미만	70[%] 이상 90[%] 미만	90[%] 이상
사용 기준	50[%] 이상	70[%] 이상	90[%] 이상

참고 산업안전기사 필기 p.6-44(표 : 공사진척에 따른 안전관리비 사용기준)

KEY ① 2017년 5월 7일 기사 출제
② 2017년 9월 23일 기사 출제
③ 2019년 8월 4일 산업기사 출제
④ 2020년 6월 7일 기사 출제
⑤ 2020년 9월 27일 기사 출제
⑥ 2021년 3월 7일 기사 출제

정보제공
건설업 산업안전보건관리비계상기준 고시 2022-43호(2022. 6. 2.)

103 **취급·운반의 원칙으로 옳지 않은 것은?**

① 운반 작업을 집중하여 시킬 것
② 생산을 최고로 하는 운반을 생각할 것
③ 곡선 운반을 할 것
④ 연속 운반을 할 것

[정답] 100 ③ 101 ① 102 ② 103 ③

해설

취급, 운반의 5원칙

① 직선운반을 할 것
② 연속운반을 할 것
③ 운반작업을 집중화시킬 것
④ 생산을 최고로 하는 운반을 생각할 것
⑤ 최대한 시간과 경비를 절약할 수 있는 운반방법을 고려할 것

참고 산업안전기사 필기 p.6-171(합격날개 : 합격예측)

KEY ① 2017년 8월 26일 출제
② 2018년 4월 28일 기사 출제
③ 2019년 3월 3일 산업기사 출제
④ 2022년 3월 5일 기사 출제

104 철골작업을 중지하여야 하는 조건에 해당되지 않는 것은?

① 풍속이 초당 10[m] 이상인 경우
② 지진이 진도 4 이상인 경우
③ 강우량이 시간당 1[mm] 이상인 경우
④ 강설량이 시간당 1[cm] 이상인 경우

해설

철골작업시 작업중지기준

① 풍속이 초당 10[m] 이상인 경우
② 강우량이 시간당 1[mm] 이상인 경우
③ 강설량이 시간당 1[cm] 이상인 경우

참고 산업안전기사 필기 p.6-147(표. 악천우시 작업중지기준)

KEY ① 2014년 5월 25일 (문제 101번) 출제
② 2015년 5월 31일 (문제 116번) 출제
③ 2015년 8월 16일 (문제 120번) 출제
④ 2016년 3월 6일 (문제 103번) 출제
⑤ 2021년 3월 7일 (문제 103번) 출제

정보제공
산업안전보건기준에 관한 규칙 제383조(작업의 제한)

105 달비계의 최대 적재하중을 정함에 있어서 활용하는 안전계수의 기준으로 옳은 것은?(단, 곤돌라의 달비계를 제외한다.)

① 달기 와이어로프 : 5 이상
② 달기 강선 : 5 이상
③ 달기 체인 : 3 이상
④ 달기 훅 : 5 이상

해설

달비계의 안전계수

① 달기와이어로프 및 달기 강선의 안전계수는 10 이상
② 달기체인 및 달기훅의 안전계수는 5 이상
③ 달기강대와 달비계의 하부 및 상부지점의 안전계수는 강재의 경우 2.5 이상, 목재의 경우 5 이상

참고 산업안전기사 필기 p.6-92(합격날개 : 합격예측 및 관련 법규)

KEY ① 2016년 3월 6일 기사 출제
② 2016년 10월 1일 산업기사 출제
③ 2018년 3월 4일 기사, 산업기사 동시 출제
④ 2018년 8월 19일 산업기사 출제
⑤ 2019년 3월 3일 기사 출제
⑥ 2020년 6월 7일 기사 출제
⑦ 2021년 8월 14일 기사 출제

정보제공
산업안전보건기준에 관한 규칙 제55조(작업발판의 최대적재하중)

PART 04

106 미리 작업장소의 지형 및 지반상태 등에 적합한 제한속도를 정하지 않아도 되는 차량계 건설기계의 속도 기준은?

① 최대 제한 속도가 10[km/h] 이하
② 최대 제한 속도가 20[km/h] 이하
③ 최대 제한 속도가 30[km/h] 이하
④ 최대 제한 속도가 40[km/h] 이하

해설

산업안전보건기준에 관한 규칙 제98조(제한속도의 지정 등)

① 사업주는 차량계 하역운반기계, 차량계 건설기계(최대제한속도가 시속 10킬로미터 이하인 것은 제외한다)를 사용하여 작업을 하는 경우 미리 작업장소의 지형 및 지반 상태 등에 적합한 제한속도를 정하고, 운전자로 하여금 준수하도록 하여야 한다.
② 사업주는 궤도작업차량을 사용하는 작업, 입환기로 입환작업을 하는 경우에 작업에 적합한 제한속도를 정하고, 운전자로 하여금 준수하도록 하여야 한다.
③ 운전자는 제①항과 제②항에 따른 제한속도를 초과하여 운전해서는 아니 된다.

참고 ① 산업안전기사 필기 p.6-61(합격날개 : 합격예측)
② 산업안전기사 필기 p.6-171(합격날개 : 합격예측)

[정답] 104 ② 105 ④ 106 ①

KEY ① 2014년 8월 17일 기사 출제
② 2017년 8월 26일 기사 출제
③ 2018년 3월 4일 기사 출제
④ 2021년 3월 7일 기사 출제

107 **부두·안벽 등 하역작업을 하는 장소에서는 부두 또는 안벽의 선을 따라 통로를 설치하는 경우에는 폭을 최소 얼마 이상으로 해야 하는가?**

① 70[cm] ② 80[cm]
③ 90[cm] ④ 100[cm]

해설

부두·안벽 등 하역작업을 하는 장소의 안전기준

① 작업장 및 통로의 위험한 부분에는 안전하게 작업할 수 있는 조명을 유지할 것
② 부두 또는 안벽의 선을 따라 통로를 설치하는 경우에는 폭을 90[cm] 이상으로 할 것
③ 육상에서의 통로 및 작업장소로서 다리 또는 선거(船渠) 갑문(閘門)을 넘는 보도(步道) 등의 위험한 부분에는 안전난간 또는 울타리 등을 설치할 것

참고 산업안전기사 필기 p.6-184(합격날개 : 합격예측 및 관련법규)

합격정보

산업안전보건기준에 관한 규칙 제390조(하역작업장의 조치기준)

KEY ① 2018년 4월 28일 기사 출제
② 2019년 3월 3일 기사 출제
③ 2019년 8월 4일 기사 출제
④ 2021년 5월 15일 기사 출제

108 **히빙(Heaving)현상 방지대책으로 틀린 것은?**

① 소단굴착을 실시하여 소단부 흙의 중량이 바닥을 누르게 한다.
② 흙막이 벽체 배면의 지반을 개량하여 흙의 전단강도를 높인다.
③ 부풀어 솟아오르는 바닥면의 토사를 제거한다.
④ 흙막이 벽체의 근입깊이를 깊게 한다.

해설

히빙 방지대책

① 흙막이 근입깊이를 깊게 ② 표토제거 하중감소
③ 지반개량 ④ 굴착면 하중증가
⑤ 어스앵커설치 등

참고 산업안전기사 필기 p.6-19(합격날개 : 합격예측)

합격자의 조언

실기 필답형에도 단골 출제되는 내용입니다.

109 **건설현장에서 높이 5[m] 이상인 콘크리트 교량의설치작업을 하는 경우 재해예방을 위해 준수해야 하는 사항으로 옳지 않은 것은?**

① 작업을 하는 구역에는 관계 근로자가 아닌 사람의 출입을 금지할 것
② 재료, 기구 또는 공구 등을 올리거나 내릴 경우에는 근로자로 하여금 크레인을 이용하도록 하고 달줄, 달포대 등의 사용을 금하도록 할 것
③ 중량물 부재를 크레인 등으로 인양하는 경우에는 부재에 인양용 고리를 견고하게 설치하고, 인양용 로프는 부재에 두 군데 이상 결속하여 인양하여야 하며, 중량물이 안전하게 거치되기 전까지는 걸이로프를 해제시키지 아니할 것
④ 자재나 부재의 낙하·전도 또는 붕괴 등에 의하여 근로자에게 위험을 미칠 우려가 있을 경우에는 출입금지구역의 설정, 자재 또는 가설시설의 좌굴(挫屈)또는 변형 방지를 위한 보강재 부착 등의 조치를 할 것

해설

달줄 또는 달포대 사용

재료·기구 또는 공구 등을 올리거나 내리는 경우 근로자는 달줄 또는 달포대를 사용하게 할 것

참고 산업안전기사 필기 p.6-95(합격날개 : 합격예측 및 관련법규)

[정답] 107 ③ 108 ③ 109 ②

정보제공
산업안전보건기준에 관한 규칙 제57조(비계 등의 조립·해체 및 변경)

KEY ① 2019년 3월 3일 기사 출제
② 2019년 4월 27일 기사 출제

110 산소결핍이라 함은 공기 중 산소농도가 몇 퍼센트[%] 미만일 때를 의미하는가?

① 20[%] ② 18[%]
③ 15[%] ④ 10[%]

해설

산소결핍
① 산소결핍 : 공기중의 산소농도가 18퍼센트 미만인 상태
② 산소결핍증 : 산소가 결핍된 공기를 들이마심으로써 생기는 증상

참고 산업안전기사 필기 p.6-8(합격날개 : 용어정의)

KEY 2017년 3월 5일 기사 출제

정보제공
산업안전보건기준에 관한 규칙 제618조(정의)

111 작업장 출입구 설치 시 준수해야 할 사항으로 옳지 않은 것은?

① 출입구의 위치·수 및 크기가 작업장의 용도와 특성에 맞도록 한다.
② 출입구에 문을 설치하는 경우에는 근로자가 쉽게 열고 닫을 수 있도록 한다.
③ 주된 목적이 하역운반기계용인 출입구에는 보행자용 출입구를 따로 설치하지 않는다.
④ 계단이 출입구와 바로 연결된 경우에는 작업자의 안전한 통행을 위하여 그 사이에 1.2[m] 이상 거리를 두거나 안내표지 또는 비상벨 등을 설치한다.

해설

산업안전보건기준에 관한 규칙
제11조(작업장의 출입구) 사업주는 작업장에 출입구(비상구는 제외한다. 이하 같다)를 설치하는 경우 다음 각 호의 사항을 준수하여야 한다.
1. 출입구의 위치, 수 및 크기가 작업장의 용도와 특성에 맞도록 할 것
2. 출입구에 문을 설치하는 경우에는 근로자가 쉽게 열고 닫을 수 있도록 할 것
3. 주된 목적이 하역운반기계용인 출입구에는 인접하여 보행자용 출입구를 따로 설치할 것
4. 하역운반기계의 통로와 인접하여 있는 출입구에서 접촉에 의하여 근로자에게 위험을 미칠 우려가 있는 경우에는 비상등 · 비상벨 등 경보장치를 할 것
5. 계단이 출입구와 바로 연결된 경우에는 작업자의 안전한 통행을 위하여 그 사이에 1.2미터 이상 거리를 두거나 안내표지 또는 비상벨 등을 설치할 것. 다만, 출입구에 문을 설치하지 아니한 경우에는 그러하지 아니하다.

참고 산업안전기사 필기 p.3-14(합격날개 : 합격예측 및 관련법규)

KEY 2022년 3월 5일 기사 출제

112 장비가 위치한 지면보다 낮은 장소를 굴착하는 데 적합한 장비는?

① 백호 ② 파워셔블
③ 트럭크레인 ④ 진폴

해설

백호(back hoe)[드래그셔블(drag shovel)]
① 토목공사나 수중굴착에 많이 사용된다.
② 지하층이나 기초의 굴착에 사용된다.
③ 기계가 서 있는 지면보다 낮은 장소의 굴착에도 적당하고 수중굴착도 가능하다.
④ 파워셔블과 같이 굳은 지반의 토질에서도 정확한 굴착이 된다.

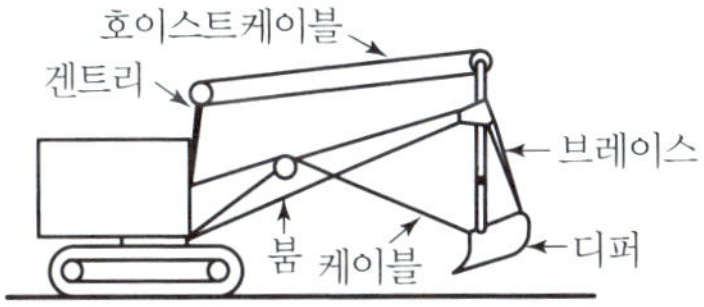

[그림] 백호

참고 산업안전기사 필기 p.6-63(2. 백호)

KEY ① 2015년 3월 8일 기사 출제
② 2018년 8월 19일 기사 출제
③ 2020년 6월 7일 기사 출제
④ 2021년 5월 15일 기사 출제

[정답] 110 ② 111 ③ 112 ①

PART 04

113 가설통로의 설치기준으로 옳지 않은 것은?

① 추락할 위험이 있는 장소에는 안전난간을 설치할 것
② 경사가 10[°]를 초과하는 경우에는 미끄러지지 않는 구조로 할 것
③ 경사는 30[°] 이하로 할 것
④ 건설공사에 사용하는 높이 8[m] 이상인 비계다리에는 7[m] 이내마다 계단참을 설치할 것

해설

가설통로 설치기준

① 견고한 구조로 할 것
② 경사는 30[°] 이하로 할 것. 다만, 계단을 설치하거나 높이 2[m] 미만의 가설통로로서 튼튼한 손잡이를 설치한 경우에는 그러하지 아니하다.
③ 경사가 15[°]를 초과하는 경우에는 미끄러지지 아니하는 구조로 할 것
④ 추락할 위험이 있는 장소에는 안전난간을 설치할 것. 다만, 작업상 부득이한 경우에는 필요한 부분만 임시로 해체할 수 있다.
⑤ 수직갱에 가설된 통로의 길이가 15[m] 이상인 경우에는 10[m] 이내마다 계단참을 설치할 것
⑥ 건설공사에 사용하는 높이 8[m] 이상인 비계다리에는 7[m] 이내마다 계단참을 설치할 것

참고 산업안전기사 필기 p.6-127(문제 40번) 적중

KEY ① 2017년 5월 7일 기사 출제
② 2018년 4월 28일 기사 출제
③ 2019년 8월 4일 기사 출제
④ 2020년 6월 7일 기사 출제
⑤ 2021년 3월 7일 기사 출제
⑥ 2022년 3월 5일 기사 출제
⑦ 2022년 4월 24일 기사 출제

합격정보
산업안전보건기준에 관한 규칙 제23조(가설통로의 구조)

114 산업안전보건법령에 따른 지반의 종류별 굴착면의 기울기 기준으로 옳지 않은 것은?

① 모래 – 1 : 1.8
② 그 밖의 흙 – 1 : 0.3
③ 풍화암 – 1:1.0
④ 연암 – 1:1.0

해설

굴착면의 기울기 기준

지반의 종류	굴착면의 기울기
모래	1 : 1.8
연암 및 풍화암	1 : 1.0
경암	1 : 0.5
그 밖의 흙	1 : 1.2

참고 산업안전기사 필기 p.6-56(표 : 굴착면의 기울기 기준)

KEY ① 2016년 5월 8일 기사·산업기사 동시 출제
② 2017년 3월 5일 기사 출제
③ 2017년 9월 23일 기사 출제
④ 2018년 8월 19일 산업기사 출제
⑤ 2019년 4월 27일 기사·산업기사 동시 출제
⑥ 2020년 6월 7일 기사 출제
⑦ 2020년 8월 22일 기사 출제
⑧ 2020년 9월 27일 기사 출제
⑨ 2022년 3월 5일 기사 출제

정보제공
산업안전보건기준에 관한 규칙 [별표 11] 굴착면의 기울기 기준

115 사다리식 통로의 구조에 대한 아래의 설명 중 ( )에 알맞은 것은?

사다리의 상단은 걸쳐놓은 지점으로부터 ( ) [cm] 이상 올라가도록 할 것

① 30 ② 40
③ 50 ④ 60

해설

사다리 작업의 안전지침

① 안전하게 수리될 수 없는 사다리는 작업장 외로 반출시켜야 한다.
② 사다리는 작업장에서 최소한 위로 60[cm]는 연장되어 있어야 한다.

참고 산업안전기사 필기 p.6-18(합격날개 : 합격예측 및 관련 법규)

KEY 2020년 8월 22일 기사 등 20회 이상 출제

정보제공
산업안전보건기준에 관한 규칙 제24조(사다리식 통로 등의 구조)

[정답] 113 ② 114 ② 115 ④

116 **다음 중 건설재해대책의 사면보호공법에 해당하지 않는 것은?**

① 실드공 ② 식생공
③ 뿜어붙이기공 ④ 블록공

해설

사(비탈)면 보호공법의 구분

분류	구분
식생 공법	떼붙임공
	식생공
	식수공
	파종공
구조물 보호공법	블록(돌)붙임공
	블록(돌)쌓기공
	콘크리트블록 격자공
	뿜어붙이기공
응급대책방법	배수공
	배토공
	압성토공
항구대책방법	옹벽공
	soil nailing 공법
	earth anchor 공법

참고 산업안전기사 필기 p.6-168(합격날개 : 합격예측)

보충학습

실드공법(shield method)

① 연약지반이나 대수지반(帶水地盤)에 터널을 만들 때 작용하는 굴착공법
② 1818년 프랑스에서 개발된 뒤, 1825년 영국 템즈강 하저 횡단 터널공사에 처음 사용하였다.
③ 원래 강이나 바다 등 연약지반이나 대수지반에서 터널을 만들기 위해 고안된 공법이지만, 근래에는 지하철이나 기반시설(상하수도·전기·통신선로 등) 공사를 위한 도시터널 시공에 많이 이용된다.

117 **흙막이 지보공을 설치하였을 때 정기적으로 점검하여야 할 사항과 거리가 먼 것은?**

① 경보장치의 작동상태
② 부재의 손상·변형·부식·변위 및 탈락의 유무와 상태
③ 버팀대의 긴압(緊壓)의 정도
④ 부재의 접속부·부착부 및 교차부의 상태

해설

흙막이 지보공의 정기 점검사항

① 부재의 손상·변형·부식·변위 및 탈락의 유무와 상태
② 버팀대의 긴압의 정도
③ 부재의 접속부·부착부 및 교차부의 상태
④ 침하의 정도

참고 산업안전기사 필기 p.6-106(합격날개 : 합격예측 및 관련법규)

KEY ① 2015년 8월 16일 기사 출제
② 2017년 3월 5일 기사 출제
③ 2019년 3월 3일 기사 출제
④ 2020년 6월 7일 기사 출제
⑤ 2020년 9월 27일 기사 출제

정보제공

산업안전보건기준에 관한 규칙 제347조(붕괴등의 위험방지)

118 **안전난간의 구조 및 설치요건에 대한 기준으로 옳지 않은 것은?**

① 상부난간대는 바닥면·발판 또는 경사로의 표면으로부터 90[cm] 이상 지점에 설치할 것
② 발끝막이판은 바닥면 등으로부터 10[cm] 이상의 높이를 유지할 것
③ 난간대는 지름 1.5[cm] 이상의 금속제파이프나 그 이상의 강도를 가진 재료일 것
④ 안전난간은 구조적으로 가장 취약한 지점에서 가장 취약한 방향으로 작용하는 100[kg] 이상의 하중에 견딜 수 있는 튼튼한 구조일 것

해설

난간대 지름 : 2.7[cm] 이상

참고 산업안전기사 필기 p.6-151(합격날개 : 합격예측 및 관련법규)

합격정보

산업안전보건기준에 관한 규칙 제13조(안전난간의 구조 및 설치요건)

KEY ① 2016년 3월 6일 기사 출제
② 2019년 8월 4일 기사 출제
③ 2021년 8월 14일 기사 출제

[정답] 116 ① 117 ① 118 ③

119 터널공사의 전기발파작업에 관한 설명으로 옳지 않은 것은?

① 전선은 점화하기 전에 화약류를 충진한 장소로부터 30[m] 이상 떨어진 안전한 장소에서 도통시험 및 저항시험을 하여야 한다.
② 점화는 충분한 허용량을 갖는 발파기를 사용하고 규정된 스위치를 반드시 사용하여야 한다.
③ 발파 후 발파기와 발파모선의 연결을 유지한 채 그 단부를 절연시킨 후 재점화가 되지 않도록 한다.
④ 점화는 선임된 발파책임자가 행하고 발파기의 핸들을 점화할 때 이외는 시건장치를 하거나 모선을 분리하여야 하며 발파책임자의 엄중한 관리하에 두어야 한다.

해설

발파 모선의 연결을 제거(분리)한다.

참고 산업안전기사 필기 p.6-108(합격날개 : 합격예측 및 관련법규)

정보제공

산업안전보건기준에 관한 규칙 제348조(발파의 작업기준)

KEY ① 2017년 5월 7일 기사 출제
② 2021년 3월 7일 기사 출제

120 이동식 크레인을 사용하여 작업을 할 때 작업 시작 전 점검 사항이 아닌 것은?

① 주행로의 상측 및 트롤리(trolley)가 횡행하는 레일의 상태
② 권과방지장치 그 밖의 경보장치의 기능
③ 브레이크·클러치 및 조정장치의 기능
④ 와이어로프가 통하고 있는 곳 및 작업장소의 지반상태

해설

이동식크레인 작업시작전 점검사항

① 권과방지장치 그 밖의 경보장치의 기능
② 브레이크 · 클러치 및 조정장치의 기능
③ 와이어로프가 통하고 있는 곳 및 작업장소의 지반상태

참고 산업안전기사 필기 p.3-52(5. 이동식크레인을 사용하여 작업할 때)

KEY ① 2018년 3월 4일 기사 출제
② 2018년 9월 15일 기사 출제

정보제공

산업안전보건기준에 관한 규칙 [별표 3] 작업시작전 점검사항

합격자의 조언

실기 필답형과 작업형에도 출제됩니다.

[정답] 119 ③ 120 ①

자격종목 및 등급(선택분야)

산업안전기사

※ 본 문제는 복원문제 및 예적(예상적중) 문제로 실제문제와 동일하지 않을 수 있습니다.

1 산업재해 예방 및 안전보건교육

01 **안전점검 체크리스트에 포함되어야 할 사항이 아닌 것은?**

① 점검대상 ② 점검부분
③ 점검방법 ④ 점검목적

해설

Check List에 포함되어야 하는 사항

① 점검대상
② 점검부분(점검개소)
③ 점검항목(점검내용 : 마모, 균열, 부식, 파손, 변형 등)
④ 점검주기 또는 기간(점검시기)
⑤ 점검방법(육안점검, 기능점검, 기기점검, 정밀점검)
⑥ 판정기준(안전검사기준, 법령에 의한 기준, KS기준 등)
⑦ 조치사항(점검결과에 따른 결함의 시정사항)

참고 산업안전기사 필기 p.3-51(1. Check List에 포함되어야 하는 사항)

KEY ① 2016년 5월 8일(문제 19번) 출제
② 2017년 5월 7일 기사 출제

02 **하인리히 사고예방대책의 기본원리 5단계로 옳은 것은?**

① 조직 → 사실의 발견 → 분석 → 시정방법의 선정→ 시정책의 적용
② 조직 → 분석 → 사실의 발견 → 시정방법의 선정→ 시정책의 적용
③ 사실의 발견 → 조직 → 분석 → 시정방법의 선정→ 시정책의 적용
④ 사실의 발견 → 분석 → 조직 → 시정방법의 선정→ 시정책의 적용

해설

하인리히 사고예방대책 기본원리 5단계

① 제1단계 : 조직
② 제2단계 : 사실의 발견
③ 제3단계 : 분석평가
④ 제4단계 : 시정방법의 선정
⑤ 제5단계 : 시정책의 적용

참고 산업안전기사 필기 p.3-35(7. 하인리히 사고예방대책 기본원리 5단계)

KEY ① 2016년 10월 1일 출제
② 2017년 5월 7일 기사, 산업기사 동시 출제

PART 04

03 **K형 베어링을 생산하는 경기도 A사업장에 300명의 근로자가 근무하고 있다. 1년에 21건의 재해가 발생하였다면 이 사업장에서 근로자 1명이 평생 작업 시 약 몇 건의 재해를 당할 수 있겠는가?(단, 1일 8시간씩 1년에 300일을 근무하며, 평생근로시간은 10만시간으로 가정한다.)**

① 1건 ② 3건
③ 5건 ④ 6건

해설

환산도수율 계산비교

① 도수(빈도)율 $= \dfrac{\text{재해건수}}{\text{연근로시간수}} \times 10^6$

$= \dfrac{21}{300 \times 8 \times 300} \times 10^6 = 29.17$

② 환산도수율 = 도수율 ÷ 10 = 29.17 ÷ 10 = 2.92
= 도수율 × 0.1 = 2.92 = 3건

참고 산업안전기사 필기 p.3-43(3. 빈도율)

KEY 2023년 3월 1일 산업기사 등 20회 이상 출제

합격정보
산업재해 통계 업무처리규정 제3조(산업재해 통계의 산출방법 및 정의)

[정답] 01 ④ 02 ① 03 ②

보충학습

[표] 근로시간 적용방법

평생근로시간이 10만[시간]인 경우	평생근로시간이 12만[시간]인 경우
① 환산도수율 = 도수율×0.1 ② 환산강도율 = 강도율×100	① 환산도수율 = 도수율×0.12 ② 환산강도율 = 강도율×120

합격자의 조언

① 평생이라는 용어가 나오면 환산도수율을 말합니다.
② 2015년 5월 31일 산업기사 출제

04 산업안전보건법령상 산업안전보건위원회의 구성에서 사용자위원 구성원이 아닌 것은?(단, 해당 위원이 사업장에 선임이 되어 있는 경우에 한한다.)

① 안전관리자 ② 보건관리자
③ 산업보건의 ④ 명예산업안전감독관

해설

사용자위원

① 해당 사업의 대표자
② 안전관리자
③ 보건관리자
④ 산업보건의
⑤ 해당 사업의 대표자가 지명하는 9명 이내의 해당 사업장의 부서장

참고 산업안전기사 필기 p..1-193(제35조)

KEY ① 2017년 9월 23일 기사 출제
② 2018년 4월 28일 기사 출제
③ 2018년 9월 15일 기사 출제
④ 2019년 3월 3일 출제
⑤ 2023년 2월 28일 출제

정보제공

① 산업안전보건법 시행령 제35조(산업안전보건위원회의 구성)
② 2023년 12월 12일 개정법 적용

05 플리커 검사(flicker test)의 목적으로 가장 적절한 것은?

① 혈중 알코올농도 측정
② 체내 산소량 측정
③ 작업강도 측정
④ 피로의 정도 측정

해설

점멸 – 융합주파수(flicker–fusion frequency) : 인지역치방법

① 깜박이는 불빛이 계속 커진 것처럼 보일 때의 주파수(약 30[Hz])
② 목적 : 피로의 정도측정(생리학적 방법)

참고 산업안전기사 필기 .1-105(3. 피로측정검사 방법 3가지)

KEY ① 2017년 3월 5일 기사 출제
② 2019년 9월 21일 기사 출제
③ 2020년 8월 22일 기사 출제

06 보호구 자율안전확인 고시상 자율안전확인 보호구에 표시하여야 하는 사항을 모두 고른 것은?

ㄱ. 모델명 ㄴ. 제조 번호
ㄷ. 사용 기한 ㄹ. 자율안전확인 번호

① ㄱ, ㄴ, ㄷ ② ㄱ, ㄴ, ㄹ
③ ㄱ, ㄷ, ㄹ ④ ㄴ, ㄷ, ㄹ

해설

자율안전 확인 제품 표시 방법

① 형식 또는 모델명
② 규격 또는 등급 등
③ 제조자명
④ 제조번호 및 제조연월
⑤ 자율안전 확인 번호

참고 산업안전기사 필기 p.3-57(2. 자율안전확인제품 표시방법)

KEY 2022년 3월 5일 출제

합격정보

산업안전보건법 시행령 제77조(자율안전 확인대상기계 등)

07 헤링(Hering)의 착시현상에 해당하는 것은?

①
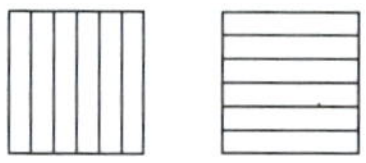
②
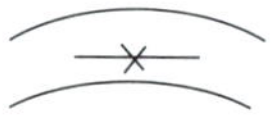
③

④
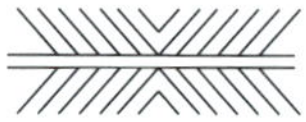

[정답] 04 ④ 05 ④ 06 ② 07 ④

해설

착시의 구분(형상)

① Helmholtz의 분할착시
② Köhler의 윤곽착시
③ Müller-Lyer의 동화착시

참고 산업안전기사 필기 p.1-116(2. 착시의 종류)

KEY ① 2016년 3월 6일 기사 출제
② 2016년 8월 21일 산업기사 출제
③ 2017년 8월 26일 산업기사 출제
④ 2018년 9월 15일 산업기사 출제
⑤ 2019년 9월 21일 기사 출제
⑥ 2021년 5월 15일 기사 출제

08 새로운 자료나 교재를 제시하고, 문제점을 피교육자로 하여금 제기하도록 하거나 의견을 여러 가지 방법으로 발표하게 하여 청중과 토론자간 활발한 의견 개진과 합의를 도출해가는 토의방법은?

① 포럼(Forum)
② 심포지엄(Symposium)
③ 자유토의(Free discussion)
④ 패널 디스커션(Panel discussion)

해설

포럼(Forum)

① 새로운 자료나 교재를 제시하고 거기서의 문제점을 피교육자로 하여금 제기하게 하거나 의견을 여러 가지 방법으로 발표하게 하고 다시 깊이 파고들어 토의를 행하는 방법
② 청중과 토론자간 활발한 의견 개진가능

참고 산업안전기사 필기 p.1-144 (1) 토의식 교육방법

KEY 2021년 9월 12일 기사 등 5회 이상 출제

보충학습

① 심포지엄 : 몇 사람의 전문가에 의하여 과정에 관한 견해를 발표하게 한 뒤 참가자로 하여금 의견이나 질문을 하게 하는 토의법
② 자유토의법 : 참가자는 고정적인 규칙이나 리더에게 얽매이지 않고 자유로이 의견이나 태도를 표명하며, 지식이나 정보를 상호 제공, 교환함으로써 참가자 상호 간의 의견이나 견해의 차이를 상호작용으로 조정하여 집단으로 의견을 요약해 나가는 방법
③ 패널 디스커션 : 패널멤버(교육과제에 정통한 전문가 4~5[명])가 피교육자 앞에서 자유로이 토의하고 뒤에 피교육자 전원이 참가하여 사회자의 사회에 따라 토의하는 방법

09 경보기가 울려도 기차가 오기까지 아직 시간이 있다고 판단하여 건널목을 건너다가 사고를 당했다. 다음 중 이 재해자의 행동성향으로 옳은 것은?

① 착오·착각 ② 무의식행동
③ 억측판단 ④ 지름길반응

해설

억측판단

부주의가 발생하는 경우에 있어 자동차를 운전할 때 신호가 바뀌기 전에 신호가 바뀔 것을 예상하고 자동차를 출발시키는 행동(예 건널목 사고 등)

참고 산업안전기사 필기 p.1-119(합격날개 : 합격예측)

KEY ① 2009년 제3회 출제
② 2016년 3월 6일 기사 출제

보충학습

억측판단의 배경

① 과거의 성공한 경험 : 이전에 그 행위로 성공한 적이 있다.
② 희망적 관측 : 그때도 그랬으니까 괜찮겠지
③ 정보나 지식이 불확실할 때 : 위험한 결과에 대한 지식부족
④ 초조한 심정 : 일을 빨리 끝내고 싶다. 귀찮다는 강한 욕망

합격자의 조언

① 합격예측에서 적중된 것을 확인했습니다.
② 안전한 합격은 합격날개를 꼭 보셔야 합니다.

PART 04

10 산업안전보건법령상 교육대상별 교육내용 중 관리감독자의 정기안전보건교육 내용이 아닌 것은? (단, 산업안전보건법 및 일반관리에 관한 사항은 제외한다.)

① 산업안전 제도에 관한 사항
② 산업보건 및 직업병 예방에 관한 사항
③ 유해·위험 작업환경 관리에 관한 사항
④ 표준안전작업방법 및 지도 요령에 관한 사항

해설

관리감독자 정기안전보건교육 내용

① 산업안전 및 사고 예방에 관한 사항
② 산업보건 및 직업병 예방에 관한 사항
③ 위험성 평가에 관한 사항
④ 유해·위험 작업환경 관리에 관한 사항

[정답] 08 ① 09 ③ 10 ①

⑤ 산업안전보건법령 및 산업재해보상보험 제도에 관한 사항
⑥ 직무스트레스 예방 및 관리에 관한 사항
⑦ 직장 내 괴롭힘, 고객의 폭언 등으로 인한 건강장해 예방 및 관리에 관한 사항
⑧ 작업공정의 유해·위험과 재해 예방대책에 관한 사항
⑨ 사업장 내 안전보건관리체제 및 안전·보건조치 현황에 관한 사항
⑩ 표준안전 작업방법 결정 및 지도·감독 요령에 관한 사항
⑪ 현장근로자와의 의사소통능력 및 강의 능력 등 안전보건교육 능력 배양에 관한 사항
⑫ 비상시 또는 재해 발생 시 긴급조치에 관한 사항
⑬ 그 밖의 관리감독자의 직무에 관한 사항

참고 산업안전기사 필기 p.1-154(3. 관리감독자 정기안전보건교육)

KEY ① 2017년 5월 7일 출제
② 2017년 8월 26일 출제
③ 2018년 3월 4일 출제

정보제공
산업안전보건법시행규칙 [별표 5] 안전보건교육대상별 교육내용

11 다음 무재해운동의 이념 중 "선취의 원칙"에 대한 설명으로 가장 적절한 것은?

① 사고의 잠재요인을 사후에 파악하는 것
② 근로자 전원이 일체감을 조성하여 참여하는 것
③ 위험요소를 사전에 발견, 파악하여 재해를 예방 또는 방지하는 것
④ 관리감독자 또는 경영층에서의 자발적 참여로 안전 활동을 촉진하는 것

해설

무재해운동 기본이념 3원칙의 정의
① 무의원칙 : 근원적으로 산업재해를 없애는 것이며 '0'의 원칙
② 참가의 원칙 : 근로자 전원이 참석하여 문제해결 등을 실천하는 원칙
③ 안전제일(선취해결)의 원칙 : 무재해를 실현하기 위해 일체의 위험요인을 사전에 발견, 파악, 해결하여 재해를 예방하거나 방지하기 위한 원칙

참고 산업안전기사 필기 p.1-10(합격날개 : 합격예측)

KEY ① 2016년 5월 8일 출제
② 2016년 10월 1일 산업기사 출제
③ 2017년 3월 5일 출제
④ 2017년 8월 26일 산업기사 출제
⑤ 2017년 9월 23일 출제
⑥ 2021년 8월 14일 기사 출제

12 버드(Bird)의 재해분포에 따르면 20건의 경상(물적, 인적상해)사고가 발생했을 때 무상해, 무사고(위험순간) 고장은 몇 건이 발생하겠는가?

① 600 ② 800
③ 1,200 ④ 1,600

해설

버드의 무상해 · 무사고 건수 계산
① 1 : 10 : 30 : 600
② 2 : 20 : 60 : 1200

참고 산업안전기사 필기 p.3-33
(3) 버드이론 1:10:30:600의 법칙

KEY ① 2017년 5월 7일 기사, 산업기사 동시 출제
② 2022년 4월 24일 기사 출제

보충학습

버드이론 1:10:30:600의 법칙
① 1960년대 175,300여 건의 보험사고를 분석하여 하인리히가 처음 주장한 사고 발생 연쇄이론을 수정
② 641[건]의 사고 중 중상, 경상, 무상해 물적 손실 사고, 무상해 무손실 사고의 비율이 약 1 : 10 : 30 : 600이라고 제시

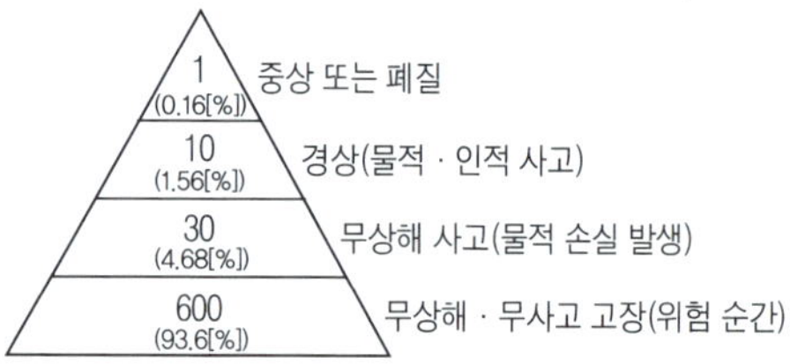

[그림] 버드의 1:10:30:600법칙

13 생체리듬의 변화에 대한 설명으로 틀린 것은?

① 야간에는 체중이 감소한다.
② 야간에는 말초운동 기능이 저하된다.
③ 체온, 혈압, 맥박수는 주간에 상승하고 야간에 감소한다.
④ 혈액의 수분과 염분량은 주간에 증가하고 야간에 감소한다.

[정답] 11 ③ 12 ③ 13 ④

해설

위험일 변화

혈액의 수분, 염분량 : 주간에 감소, 야간에 상승

참고 산업안전기사 필기 p.1-108(5. 위험일의 변화 및 특징)

KEY ① 2017년 8월 26일 출제
② 2017년 9월 23일 출제
③ 2021년 3월 7일 기사 출제

14 산업안전보건법령상 협의체 구성 및 운영에 관한 사항으로 ( )에 알맞은 내용은?

> 도급인은 관계 수급인 근로자가 도급인의 사업장에서 작업을 하는 경우 도급인과 수급인을 구성원으로 하는 안전 및 보건에 관한 협의체를 구성 및 운영하여야 한다. 이 협의체는 (   ) 정기적으로 회의를 개최하고 그 결과를 기록 보존해야 한다.

① 매월 1회 이상　② 2개월마다 1회
③ 3개월마다 1회　④ 6개월마다 1회

해설

제79조(협의체의 구성 및 운영)

① 법 제64조제1항제1호에 따른 안전 및 보건에 관한 협의체(이하 이 조에서 "협의체"라 한다)는 도급인 및 그의 수급인 전원으로 구성해야 한다.
② 협의체는 다음 각 호의 사항을 협의해야 한다.
1. 작업의 시작 시간
2. 작업 또는 작업장 간의 연락방법
3. 재해발생 위험이 있는 경우 대피방법
4. 작업장에서의 법 제36조에 따른 위험성평가의 실시에 관한 사항
5. 사업주와 수급인 또는 수급인 상호 간의 연락 방법 및 작업공정의 조정

③ 협의체는 매월 1회 이상 정기적으로 회의를 개최하고 그 결과를 기록 · 보존해야 한다.

참고 산업안전기사 필기 p.1-228(제79조 : 협의체의 구성 및 운영)

KEY 2021년 5월 15일 출제

합격정보

산업안전보건법 시행규칙 제79조(협의체의 구성 및 운영)

15 파블로프(Pavlov)의 조건반사설에 의한 학습이론의 원리가 아닌 것은?

① 일관성의 원리　② 계속성의 원리
③ 준비성의 원리　④ 강도의 원리

해설

Pavlov의 조건반사(반응)설의 학습원리

① 시간의 원리(the time principle)
② 강도의 원리(the intensity principle)
③ 일관성의 원리(the consistency principle)
④ 계속성의 원리(the continuity principle)

참고 산업안전기사 필기 p.1-149(2. 자극과 반응)

KEY ① 2017년 8월 26일 산업기사 출제
② 2019년 9월 21일 산업기사 출제
③ 2021년 3월 7일 기사 출제

16 다음 중 산업 재해의 분석 및 평가를 위하여 재해발생 건수 등의 추이에 대해 한계선을 설정하여 목표관리를 수행하는 재해통계 분석기법은?

① 폴리건(polygon)
② 관리도(control chart)
③ 파레토도(pareto diagram)
④ 특성요인도(cause & effect diagram)

해설

관리도

재해발생건수 등의 추이파악 → 목표관리 행하는 데 필요한 월별 재해발생 수의 그래프화 → 관리 구역 설정 → 관리하는 방법

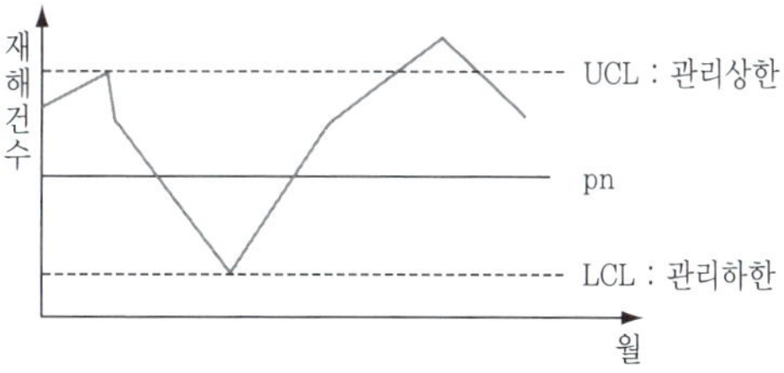

[그림] 관리도

참고 산업안전기사 필기 p.3-4(4. 관리도)

KEY ① 2017년 3월 5일 기사 출제
② 2018년 9월 15일 기사 출제

[정답] 14 ① 15 ③ 16 ②

보충학습
① 파레토도 : 사고의 유형, 기인물 등 분류 항목을 큰 순서대로 도표화한다.
② 특성요인도 : 특성과 요인 관계를 도표로 하여 어골상으로 세분한다.
③ 크로스분석 : 2[개] 이상의 문제 관계를 분석하는 데 사용하는 것으로, 데이터를 집계하고 표로 표시하여 요인별 결과 내역을 교차한 크로스 그림을 작성하여 분석한다.

17 다음 중 부주의의 발생 현상으로 혼미한 정신상태에서 심신의 피로나 단조로운 반복작업시 일어나는 현상은?

① 의식의 과잉　② 의식의 집중
③ 의식의 우회　④ 의식수준의 저하

해설

의식수준의 저하
뚜렷하지 않은 의식의 상태로 심신이 피로하거나 단조로움 등에 의해 발생

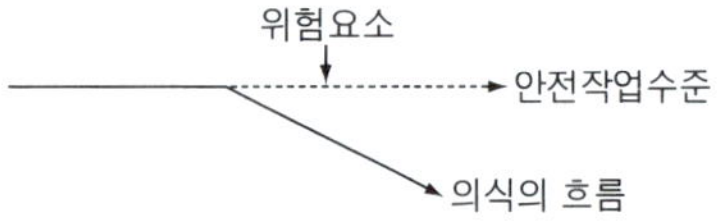

[그림] 의식수준의 저하

참고 산업안전기사 필기 p.1-120(3. 의식수준의 저하)

KEY ① 2017년 8월 26일 출제
② 2019년 8월 4일 출제

보충학습
① 의식의 단절 : 지속적인 흐름에 공백이 발생하며 질병이 있는 경우에만 발생한다.
② 의식의 우회 : 의식의 흐름이 옆으로 빗나가 발생하는 경우로 작업도중의 걱정, 고뇌, 욕구 불만 등에 의해 다른 것에 주의하는 것이 이에 속한다.
③ 의식의 과잉 : 지나친 의욕에 의해서 생기는 부주의 현상으로 돌발사태 및 긴급이상 사태시 순간적으로 긴장되고 의식이 한 방향으로만 쏠리게 되는 경우가 이에 해당된다.
④ 의식의 혼란 : 인간공학적 디자인과 설계의 불량으로 인해 판단의 혼란으로 발생한다.

18 데이비스(K.Davis)의 동기부여 이론 등식으로 옳은 것은?

① 지식×기능=태도
② 지식×상황=동기유발
③ 능력×상황=인간의 성과
④ 능력×동기유발=인간의 성과

해설

데이비스(K. Davis)의 동기부여 이론 등식
① 인간의 성과×물질의 성과=경영의 성과
② 지식(knowledge)×기능(skill)=능력(ability)
③ 상황(situation)×태도(attitude)=동기유발(motivation)
④ 능력×동기유발=인간의 성과(human performance)

참고 산업안전기사 필기 p.1-100(2. 데이비드의 동기부여 이론 등식)

KEY 2021년 5월 15일 기사 등 10회 이상 출제

19 산업안전보건법령상 안전보건관리규정 작성시 포함되어야 할 사항을 모두 고른 것은? (단, 그 밖에 안전 및 보건에 관한 사항은 제외한다.)

ㄱ. 안전보건교육에 관한 사항
ㄴ. 재해사례 연구 · 토의 결과에 관한 사항
ㄷ. 사고 조사 및 대책 수립에 관한 사항
ㄹ. 작업장의 안전 및 보건 관리에 관한 사항
ㅁ. 안전 및 보건에 관한 관리조직과 그 직무에 관한 사항

① ㄱ, ㄴ, ㄷ, ㄹ　② ㄱ, ㄴ, ㄹ, ㅁ
③ ㄱ, ㄷ, ㄹ, ㅁ　④ ㄴ, ㄷ, ㄹ, ㅁ

해설

안전보건관리규정 작성 시 포함사항
① 안전 및 보건에 관한 관리조직과 그 직무에 관한 사항
② 안전보건교육에 관한 사항
③ 작업장의 안전 및 보건 관리에 관한 사항
④ 사고 조사 및 대책 수립에 관한 사항
⑤ 그 밖에 안전 및 보건에 관한 사항

[정답] 17 ④ 18 ④ 19 ③

참고 산업안전기사 필기 p.1-179(제2절 안전보건관리 규정)

KEY 2021년 5월 15일 기사 출제

정보제공

산업안전보건법 제25조(안전보건관리규정의 작성)

20 관리그리드 이론에서 인간관계 유지에는 낮은 관심을 보이지만 과업에 대해서는 높은 관심을 가지는 리더십의 유형에 해당하는 것은?

① (1, 1)형 ② (1, 9)형
③ (9, 1)형 ④ (9, 9)형

해설

관리그리드 이론 5가지 유형

유형	관심도
1.1	무관심형
1.9	인기형
9.1	과업형
5.5	타협형
9.9	이상형

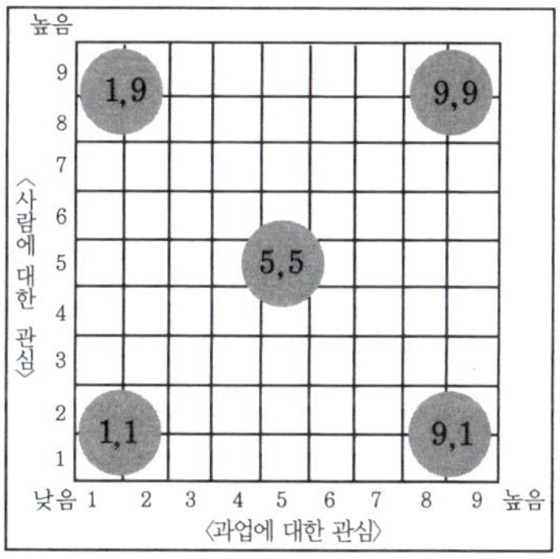

[그림] 관리그리드 이론[SH]

참고 산업안전기사 필기 p.1-80 (3) 관리그리드의 리더십 5가지 이론

KEY ① 2009년 3월 1일 제1회(문제 19번) 출제
② 2009년 7월 26일 제3회(문제 10번) 출제
③ 2020년 6월 7일 기사 출제

합격자의 조언

① 이번 시험에도 출제가능 문제입니다.
② 산업안전기사를 취득하여 이상형이 되었으면 합니다.

2 인간공학 및 위험성 평가·관리

21 정성적 표시장치의 설명으로 틀린 것은?

① 정성적 표시장치의 근본 자료 자체는 정량적인 것이다.
② 전력계에서와 같이 기계적 혹은 전자적으로 숫자가 표시된다.
③ 색채 부호가 부적합한 경우에는 계기판 표시 구간을 형상 부호화하여 나타낸다.
④ 연속적으로 변하는 변수의 대략적인 값이나 변화추세, 변화율 등을 알고자 할 때 사용된다.

해설

시각적 표시장치

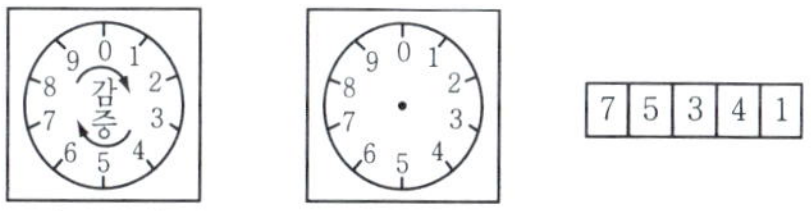

① 정목동침형 ② 정침동목형 ③ 계수형

KEY ① 2015년 3월 8일(문제 34번) 출제
② 2017년 8월 26일 산업기사 출제

보충학습

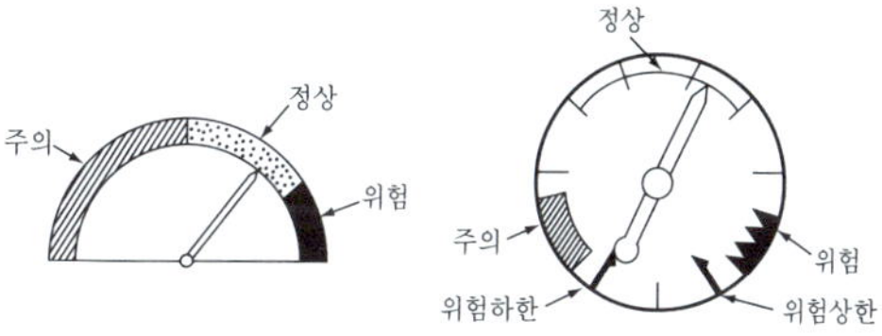

[그림] 정성적 표시장치의 색채 및 형상 암호화

22 FTA에서 사용하는 다음 사상기호에 대한 설명으로 맞는 것은?

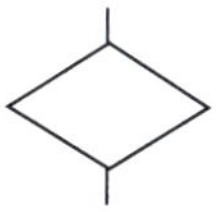

[정답] 20 ③ 21 ② 22 ③

① 시스템 분석에서 좀 더 발전시켜야 하는 사상
② 시스템의 정상적인 가동상태에서 일어날 것이 기대되는 사상
③ 불충분한 자료로 결론을 내릴 수 없어 더 이상 전개 할 수 없는 사상
④ 주어진 시스템의 기본사상으로 고장원인이 분석되었기 때문에 더 이상 분석할 필요가 없는 사상

해설

생략사상

기호	명칭	현상
	생략사상	① 정보부족, 해석기술의 불충분으로 더 이상 전개할 수 없는 사상 ② 작업진행에 따라 해석이 가능할 때는 다시 속행한다.

참고 산업안전기사 필기 p.2-70(표. FTA기호)

KEY ① 2017년 8월 26일 기사 출제
② 2017년 5월 7일 기사 출제
③ 2021년 5월 15일 기사 출제

23 설비보전 방법 중 설비의 열화를 방지하고 그 진행을 지연시켜 수명을 연장하기 위한 점검, 청소, 주유 및 교체 등의 활동은?

① 사후 보전 ② 개량 보전
③ 일상 보전 ④ 보전 예방

해설

보전의 구분

① 사후보전 : 고장이 발생한 이후에 시스템을 원래 상태로 되돌리는 것
② 보전예방 : 유지보수가 필요없는 설비를 만들기 위해 설계단계부터 개선사항 등을 반영하는 관리체계. 즉, 설계부터 근원적으로 고장이 나지 않도록 '보전이 불필요한 설비'를 만드는 것
③ 개량보전 : 설비가 고장난 후에 설계변경, 부품의 개선 등으로 수명을 연장하거나 수리검사가 용이하도록 설비 자체의 체질개선을 꾀하는 보전방식
④ 일상보전 : 설비보전방법 중 설비의 열화를 방지시키고 그 진행을 지연시켜 수명을 연장하기 위한 점검. 청소, 주유 및 교체 등의 활동

참고 산업안전기사 필기 p.2-48(합격날개 : 은행문제 3) 적중

KEY 2021년 5월 15일 출제

24 차폐효과에 대한 설명으로 옳지 않은 것은?

① 차폐음과 배음의 주파수가 가까울 때 차폐효과가 크다.
② 헤어드라이어 소음 때문에 전화 음을 듣지 못한 것과 관련이 있다.
③ 유의적 신호와 배경 소음의 차이를 신호/소음(S/N) 비로 난타낸다.
④ 차폐효과는 어느 한 음 때문에 다른 음에 대한 감도가 증가되는 현상이다.

해설

masking(은폐 : 차폐)현상

dB이 높은 음과 낮은 음이 공존할 때 낮은 음이 강한 음에 가로막혀 숨겨져 들리지 않게 되는 현상

참고 산업안전기사 필기 p.2-173(합격날개 : 합격예측)

KEY ① 2017년 5월 7일 산업기사 출제
② 2019년 9월 21일(문제 58번) 출제
③ 2020년 8월 22일 기사 출제

25 A회사에서는 새로운 기계를 설계하면서 레버를 위로 올리면 압력이 올라가도록 하고, 오른쪽 스위치를 눌렀을 때 오른쪽 전등이 켜지도록 하였다면, 이것은 각각 어떤 유형의 양립성을 고려한 것인가?

① 레버-공간양립성, 스위치-개념양립성
② 레버-운동양립성, 스위치-개념양립성
③ 레버-개념양립성, 스위치-운동양립성
④ 레버-운동양립성, 스위치-공간양립성

해설

양립성(compatibility)

정보입력 및 처리와 관련한 양립성은 인간의 기대와 모순되지 않는 자극 반응조합의 관계를 말하는 것

참고 ① 산업안전기사 필기 p.1-75(6. 양립성)
② 산업안전기사 필기 p.2-179(6. 양립성))

KEY ① 2018년 3월 4일 산업기사 출제
② 2018년 4월 28일 기사·산업기사 동시 출제
③ 2022년 4월 24일 기사 출제

[정답] 23 ③ 24 ④ 25 ④

보충학습

양립성의 종류

종류	특징
공간(spatial)	표시장치나 조종장치에서 물리적 형태 및 공간적 배치
운동(movement)	표시장치의 움직이는 방향과 조종장치의 방향이 사용자의 기대와 일치
개념(conceptual)	이미 사람들이 학습을 통해 알고있는 개념적 연상
양식(modality)	직무에 맞는 응답양식 존재

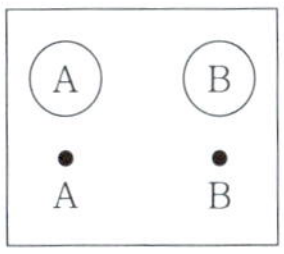

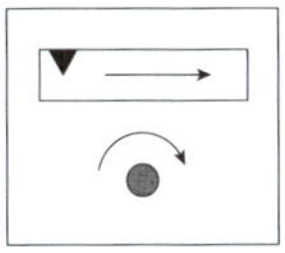

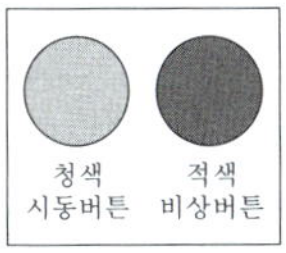

[그림1] 공간 양립성 [그림2] 운동 양립성 [그림3] 개념 양립성

26 Rasmussen은 행동을 세 가지로 분류하였는데, 그 분류에 해당하지 않는 것은?

① 숙련 기반 행동(skill-based behavior)
② 지식 기반 행동(knowledge-based behavior)
③ 경험 기반 행동(experience-based behavior)
④ 규칙 기반 행동(rule-based behavior)

해설

Rasmussen(라스무센)의 행동 세가지 분류

① 숙련 기반 행동(skill-based behavior)
② 지식 기반 행동(knowledge-based behavior)
③ 규칙 기반 행동(rule-based behavior)

참고 ① 산업안전기사 필기 p.2-4(합격날개 : 합격예측)
② 산업안전기사 필기 p.2-22(3. 인간의 행동수준)

KEY ① 2016년 5월 8일 기사 출제
② 2018년 8월 19일 기사 출제

27 결함수분석법에서 path set에 관한 설명으로 맞는 것은?

① 시스템의 약점을 표현한 것이다.
② Top 사상을 발생시키는 조합이다.
③ 시스템이 고장 나지 않도록 하는 사상의 조합이다.
④ 시스템고장을 유발시키는 필요불가결한 기본사상들의 집합이다.

해설

패스셋(path set)

① 기본사상이 일어나지 않을 때 처음으로 정상사상이 일어나지 않는 기본사상의 집합
② 고장나지 않도록 하는 사상의 조합

참고 산업안전기사 필기 p.2-77(합격날개:합격예측)

KEY ① 2018년 4월 18일 산업기사 출제
② 2020년 9월 27일 기사 출제

보충학습

컷셋(cut set)

① 정상사상을 발생시키는 기본사상의 집합
② 기본사상이 발생할 때 정상사상을 발생시킬 수 있는 기본사상의 집합

28 A작업의 평균에너지소비량이 다음과 같을 때, 60분간의 총 작업시간 내에 포함되어야 하는 휴식시간(분)은?

- 휴식중 에너지소비량 : 1.5[kcal/min]
- A작업시 평균 에너지소비량 : 6[kcal/min]
- A기초대사를 포함한 작업에 대한 평균 에너지소비량 상한 : 5[kcal/min]

① 10.3 ② 11.3
③ 12.3 ④ 13.3

해설

휴식시간 계산

휴식시간$(R)=\dfrac{60(E-5)}{E-1.5}=\dfrac{60(6-5)}{6-1.5}=13.33$[분]

여기서, R : 휴식시간(분)
E : 작업 시 평균 에너지 소비량[kcal/분]
60분 : 총작업 시간
1.5[kcal/분] : 휴식시간 중 에너지 소비량
5[kcal/분] : 기초대사량을 포함한 보통작업에 대한 평균 에너지(기초대사량을 포함하지 않을 경우 : 4[kcal/분])

[정답] 26 ③ 27 ③ 28 ④

PART 04

참고 산업안전기사 필기 p.1-102(3. 휴식)

KEY ① 2016년 5월 8일 기사 출제
② 2016년 10월 1일 기사 출제
③ 2018년 9월 15일(문제 43번) 출제
④ 2022년 4월 24일 기사 출제

29 다음 중 설비의 고장과 같이 특정시간 또는 구간에 어떤 사건의 발생확률이 적은 경우 그 사건의 발생횟수를 측정하는데 가장 적합한 확률분포는?

① 와이블 분포(Weibull distribution)
② 푸아송 분포(Poisson distribution)
③ 지수 분포(exponential distribution)
④ 이항 분포(binomial distuibution)

해설

푸아송 분포(Poisson distribution)

① 단위시간안에 어떤 사건이 몇 번 발생할 것인지를 표현하는 이산 확률 분포이다.
② 푸아송 분포는 19세기의 수학자 시메옹 드니 푸아송의 "민사사건과 형사사건 재판의 확률에 관한 연구(1838년)"라는 논문을 통해 알려졌다.

참고 산업안전기사 필기 p.2-65(합격예측 : 푸아송 분포)

KEY 2019년 9월 21일 기사 출제

30 위험 및 운전성 검토(HAZOP)에서 사용되는 가이드 워드 중에서 성질상의 감소를 의미하는 것은?

① Part of ② More less
③ No/Not ④ Other than

해설

유인어(guide words)

① NO 또는 NOT : 설계 의도의 완전한 부정을 의미
② AS Well AS : 성질상의 증가를 나타내는 것으로 설계의도와 운전조건 등 부가적인 행위와 함께 일어나는 것을 의미
③ PART OF : 성질상의 감소, 성취나 성취되지 않음을 나타냄
④ MORE LESS : 양의 증가 또는 양의 감소로 양과 성질을 함께 나타냄
⑤ OTHER THAN : 완전한 대체를 의미
⑥ REVERSE : 설계의도와 논리적인 역을 의미

참고 산업안전기사 필기 p.2-41(2. 유인어)

KEY ① 2011년 8월 21일(문제 28번) 출제
② 2020년 9월 27일 기사 출제

31 다음과 같은 실내 표면에서 일반적으로 추천반사율의 크기를 맞게 나열한 것은?

[다음]
㉠ 바닥 ㉡ 천장 ㉢ 가구 ㉣ 벽

① ㉠<㉣<㉢<㉡ ② ㉣<㉠<㉡<㉢
③ ㉠<㉢<㉣<㉡ ④ ㉣<㉡<㉠<㉢

해설

IES추천 조명반사율 권고

① 바닥 : 20~40[%]
② 가구, 사용기기, 책상 : 25~40[%]
③ 창문발(blind), 벽 : 40~ 60[%]
④ 천장 : 80~90[%]

참고 산업안전기사 필기 p.2-169(1. 옥내 최적반사율)

KEY ① 2016년 3월 6일 산업기사 출제
② 2016년 10월 1일 기사 출제
③ 2017년 8월 26일 산업기사 출제
④ 2017년 9월 23일 산업기사 출제
⑤ 2018년 3월 4일 출제
⑥ 2019년 9월 21일 산업기사 출제

32 인간 에러(human error)에 관한 설명으로 틀린 것은?

① omission errors : 필요한 작업 또는 절차를 수행하지 않는데 기인한 에러
② commission errors : 필요한 작업 또는 절차의 수행지연으로 인한 에러
③ extraneous errors : 불필요한 작업 또는 절차를 수행함으로써 기인한 에러
④ sequential errors : 필요한 작업 또는 절차의 순서 착오로 인한 에러

[정답] 29 ② 30 ① 31 ③ 32 ②

해설

누락오류, 작위오류

① 생략에러(Omission Errors : 부작위 실수) : 직무 또는 어떤 단계를 수행치 않음(누락오류)
② 실행에러(Commission error : 작위 실수) : 직무의 불확실한 수행(선택, 순서, 시간, 정성적 착오)

참고 산업안전기사 필기 p.2-20(2. 인간실수의 분류)

KEY ① 2017년 8월 26일 출제
② 2018년 4월 28일(문제 33번) 출제
③ 2021년 8월 14일 기사 출제

33 다음 중 조종-반응비율(C/R비)에 관한 설명으로 틀린 것은?

① C/R비가 클수록 민감한 제어장치이다.
② "X"가 조종장치의 변위량, "Y"가 표시장치의 변위량일 때 $\frac{X}{Y}$로 표현된다.
③ Knob의 C/R비는 손잡이 1회전시 움직이는 표시장치 이동거리의 역수로 나타낸다.
④ 최적의 C/R비는 제어장치의 종류나 표시장치의 크기, 허용오차 등에 의해 달라진다.

해설

최적 C/R비의 특징

① 이동 동작과 조종 동작을 절충하는 동작이 수반된다.
② 최적치는 두 곡선의 교점 부호이다.
③ C/R비가 작을수록 이동시간은 짧고, 조종은 어려워서 민감한 조종장치이다.
④ 최초통제비 : 2.5~3.0

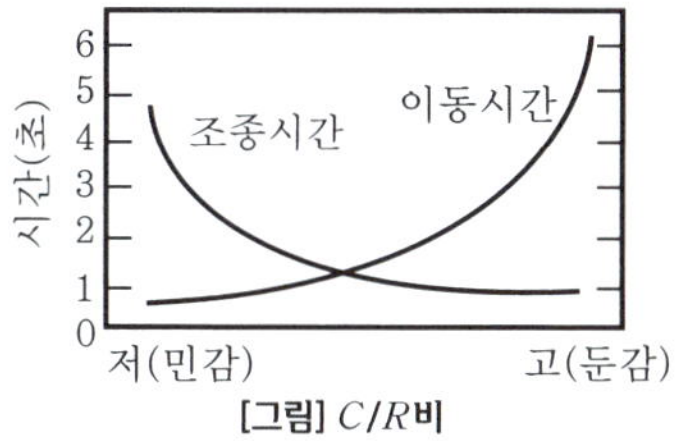

[그림] C/R비

참고 산업안전기사 필기 p.2-175[4. 통제표시비(통제비)]

KEY ① 2019년 8월 4일 산업기사 출제
② 2023년 4월 1일 지도사 출제

34 FT도에 사용하는 기호에서 3개의 입력현상 중 임의의 시간에 2개가 발생하면 출력이 생기는 기호의 명칭은?

① 억제 게이트
② 조합 AND 게이트
③ 배타적 OR 게이트
④ 우선적 AND 게이트

해설

FTA기호

기호	명칭	발생현상
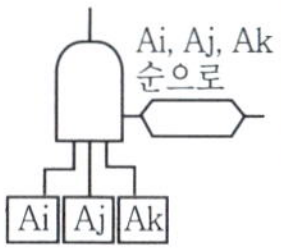	우선적 AND 게이트	입력사상 중에 어떤 현상이 다른 현상보다 먼저 일어날 때에 출력현상이 생긴다.
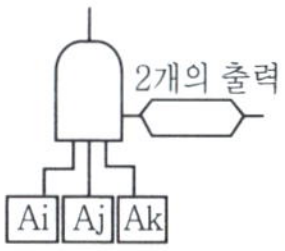	조 합 AND 게이트	3개 이상의 입력현상 중에 언젠가 2개가 일어나면 출력이 생긴다.
	배타적 OR 게이트	OR Gate로 2개 이상의 입력이 동시에 존재할 때에는 출력사상이 생기지 않는다. 예를 들면 '동시에 발생하지 않는다'라고 기입한다.

참고 ① 산업안전기사 필기 p.2-70(표. FTA기호)
② 산업안전기사 필기 p.2-71(합격날개 : 합격예측)

KEY 2021년 9월 12일 기사 등 10회 이상 출제

35 실효 온도(effective temperature)에 영향을 주는 요인이 아닌 것은?

① 온도　② 습도
③ 복사열　④ 공기 유동

해설

실효온도에 영향을 주는 요인

① 온도
② 습도
③ 기류(대류 : 공기유동)

[정답] 33 ① 34 ② 35 ③

참고 산업안전기사 필기 p.2-168(3. 실효온도)

KEY ① 2015년 8월 16일 산업기사 출제
② 2018년 8월 19일 산업기사 출제
③ 2021년 5월 15일 기사 출제

합격팁

열교환(증발)에 영향을 주는 4요소

① 기온 ② 습도 ③ 복사온도 ④ 대류

36 다음 중 불(Bool)대수와 정리를 나타낸 관계식으로 틀린 것은?

① $A \cdot 0 = 0$ ② $A + 1 = 1$
③ $A \cdot \overline{A} = 1$ ④ $A(A+B) = A$

해설

멱등·보수법칙

① 멱등법칙 : $A+A=A$, $A \cdot A=A$
② 보수법칙 : $A+\overline{A}=1$, $A \cdot \overline{A}=0$

참고 산업안전기사 필기 p.2-59(7. 불대수의 기본공식)

KEY 2022년 3월 5일 기사 등 10회 이상 출제

보충학습

불대수의 기본 정리

① $A+0=A$	⑤ $A+A=A$	⑨ $\overline{\overline{A}}=A$
② $A+1=1$	⑥ $A+\overline{A}=1$	⑩ $A+AB=A$
③ $A \cdot 0=0$	⑦ $A \cdot A=A$	⑪ $A+\overline{A}B=A+B$
④ $A \cdot 1=A$	⑧ $A \cdot \overline{A}=0$	⑫ $(A+B) \cdot (A+C)=A+BC$

37 다음 중 인체에서 뼈의 주요기능이 아닌 것은?

① 인체의 지주 ② 장기의 보호
③ 골수의 조혈 ④ 근육의 대사

해설

뼈의 주요기능 및 역할

① 신체 중요부분 보호 ② 신체의 지지 및 형상 유지
③ 신체 활동 수행 ④ 피를 만드는 기능

참고 산업안전기사 필기 p.2-164(합격예측 : 뼈의 역할)

KEY 2018년 4월 28일 산업기사 출제

38 인간이 기계와 비교하여 정보처리 및 결정의 측면에서 상대적으로 우수한 것은?(단, 인공지능은 제외한다.)

① 연역적 추리
② 정량적 정보처리
③ 관찰을 통한 일반화
④ 정보의 신속한 보관

해설

인간과 기계의 기능 비교

구분	인간이 기계보다 우수한 기능	기계가 인간보다 우수한 기능
감지 기능	· 저에너지 자극 감지 · 복잡 다양한 자극 형태 식별 · 예기치 못한 사건의 감지	· 인간의 정상적 감지 범위 밖의 자극 감지 · 인간 및 기계에 대한 모니터 기능
정보처리 및 결정	· 많은 양의 정보를 장시간 보관 · 관찰을 통한 일반화 · 귀납적 추리 · 원칙 적용 · 다양한 문제 해결(정서적)	· 암호화된 정보를 신속하게 대량 보관 · 연역적 추리 · 정량적 정보처리
행동 기능	· 과부하 상태에서는 중요한 일에만 전념	· 과부하 상태에서도 효율적 작동 · 장시간 중량작업 · 반복작업, 동시에 여러 가지 작업 가능

참고 산업안전기사 필기 p.2-10([표] 인간과 기계의 기능 비교)

KEY ① 2016년 5월 8일 산업기사 출제
② 2022년 6월 14일 산업기사 출제

39 태양광선이 내리쬐는 옥외장소의 자연습구 온도 20[℃], 흑구온도 18[℃], 건구온도 30[℃] 일 때 습구흑구온도지수(WBGT)는?

① 20.6[℃] ② 22.5[℃]
③ 25.0[℃] ④ 28.5[℃]

해설

습구 흑구 온도지수(WBGT)

① 옥외(태양광선이 내리 쬐는 장소)

WBGT = 0.7 × 자연습구온도(NWB) + 0.2 × 흑구온도(GT) + 0.1 × 건구온도(DB)

[정답] 36 ③ 37 ④ 38 ③ 39 ①

$=0.7\times 20[℃]+0.2\times 18[℃]+0.1\times 30[℃]$
$=20.6[℃]$

② 옥내 또는 옥외(태양광선이 내리쬐지 않는 장소)
WBGT(℃)=0.7 × 자연습구온도(NWB)+0.3 × 흑구온도(GT)

참고 산업안전기사 필기 p.2-170(합격날개 : 합격예측)

KEY ① 2016년 5월 8일(문제 57번) 출제
② 2022년 4월 24일 기사 출제

40 다음 중 감각적으로 물리현상을 왜곡하는 지각 현상에 해당되는 것은?

① 주의산만 ② 착각
③ 피로 ④ 무관심

해설

용어정의
① 착각 : 물리현상을 왜곡하는 감각적 지각 현상
② 가현운동 : 물리적으로 일정한 위치에 있는 물체가 착각(착시)에 의해 움직이는 것처럼 보이는 현상으로 영화 영상의 방법으로 마치 대상물이 움직이는 것처럼 인식되는 현상

참고 산업안전기사 필기 p.1-117(합격날개 : 합격예측)

KEY 2015년 5월 31일 출제

3 기계·기구 및 설비안전관리

41 둥근톱기계의 방호장치 중 반발예방장치의 종류로 틀린 것은?

① 분할날
② 반발방지 기구(finger)
③ 보조 안내판
④ 안전덮개

해설

둥근톱기계의 반발예방장치 종류
① 반발방지 발톱(finger) : 반발 방지 기구
② 분할날(spreader)
③ 반발방지롤(roll) : 보조 안내판

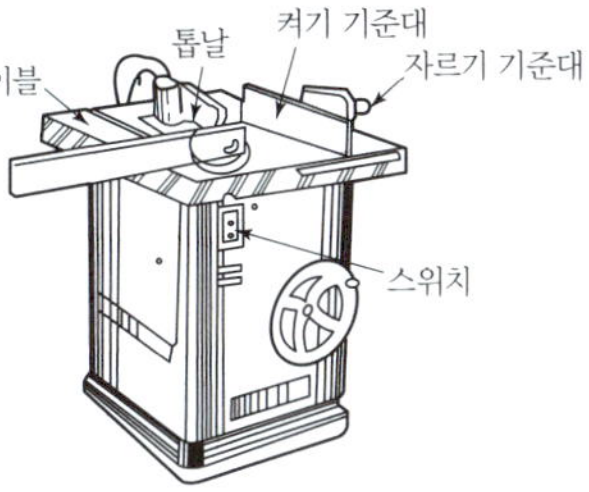

[그림] 목재가공용 둥근톱

참고 산업안전기사 필기 p.3-130(합격날개 : 합격예측)

KEY ① 2016년 5월 8일 산업기사 출제
② 2020년 8월 22일 기사 출제

42 다음 중 산업안전보건법령상 승강기의 종류에 해당하지 않는 것은?

① 승객용엘리베이터 ② 리프트
③ 에스컬레이터 ④ 화물용엘리베이터

해설

승강기 종류 5가지
① 승객용 엘리베이터 ② 승객화물용 엘리베이터
③ 화물용 엘리베이터 ④ 소형화물용 엘리베이터
⑤ 에스컬레이터

참고 산업안전기사 필기 p.3-151(7. 곤돌라 및 승강기)

KEY ① 2020년 9월 27일 기사 출제
② 2023년 7월 22일 실기 필답형 출제

합격정보
산업안전보건기준에 관한 규칙 제132조(양중기)

합격자의 조언
① 실기필답형·작업형 단골출제
② 건설안전기술(제6과목 : 건설공사 안전관리) 출제

43 사람이 작업하는 기계장치에서 작업자가 실수를 하거나 오조작을 하여도 안전하게 유지되게 하는 안전설계방법은?

① Fail Safe ② 다중계화
③ Fool proof ④ Back up

[정답] 40 ② 41 ④ 42 ② 43 ③

해설

Fool proof

① 바보 같은 행동을 방지한다는 뜻으로 사용자가 비록 잘못된 조작을 하더라도 이로 인해 전체의 고장이 발생되지 아니하도록 하는 설계방법
② 카메라에서 셔터와 필름 돌림대의 연동(예 이중 촬영 방지)

참고 산업안전기사 필기 p.3-191(2. Fool proof)

KEY ① 2016년 3월 6일 산업기사 출제
② 2017년 8월 26일 산업기사 출제

44 산업안전보건법령상 산업용 로봇에 의한 작업 시 안전조치 사항으로 적절하지 않은 것은?

① 로봇의 운전으로 인해 근로자가 로봇에 부딪칠 위험이 있을 때에는 높이 1.8[m] 이상의 울타리를 설치하여야 한다.
② 작업을 하고 있는 동안 로봇의 가동스위치 등은 작업에 종사하고 있는 근로자가 아닌 사람이 그 스위치 등을 조작할 수 없도록 필요한 조치를 한다.
③ 로봇의 조작방법 및 순서, 작업 중의 매니퓰레이터의 속도 등에 관한 지침에 따라 작업을 하여야 한다.
④ 작업에 종사하는 근로자가 이상을 발견하면, 관리 감독자에게 우선 보고하고, 지시가 나올 때까지 작업을 진행한다.

해설

교시등의 작업에 조치사항

① 다음 각 목의 사항에 관한 지침을 정하고 그 지침에 따라 작업을 시킬 것
㉮ 로봇의 조작방법 및 순서
㉯ 작업 중의 매니퓰레이터의 속도
㉰ 2명 이상의 근로자에게 작업을 시킬 경우의 신호방법
㉱ 이상을 발견한 경우의 조치
㉲ 이상을 발견하여 로봇의 운전을 정지시킨 후 이를 재가동시킬 경우의 조치
㉳ 그 밖에 로봇의 예기치 못한 작동 또는 오조작에 의한 위험을 방지하기 위하여 필요한 조치
② 작업에 종사하고 있는 근로자 또는 해당 근로자를 감시하는 자가 이상을 발견한 때에는 즉시 로봇의 운전을 정지시키기 위한 조치를 할 것
③ 작업을 하고 있는 동안 로봇의 기동스위치 등에 작업중이라는 표시를 하는 등 작업에 종사하고 있는 근로자가 아닌 사람이 그 스위치 등을 조작할 수 없도록 필요한 조치를 할 것

참고 산업안전기사 필기 p.3-127(합격날개 : 합격예측 및 관련법규)

정보제공
산업안전보건기준에 관한 규칙 제222조(교시 등)

KEY 2019년 8월 4일(문제 42번) 출제

45 와이어로프의 꼬임에 관한 설명으로 틀린 것은?

① 보통 꼬임에는 S꼬임이나 Z꼬임이 있다.
② 보통 꼬임은 스트랜드의 꼬임방향과 로프의 꼬임방향이 반대로 된 것을 말한다.
③ 랭 꼬임은 로프의 끝이 자유로이 회전하는 경우나 킹크가 생기기 쉬운 곳에 적당하다.
④ 랭 꼬임은 보통 꼬임에 비하여 마모에 대한 저항성이 우수하다.

해설

와이어로프의 꼬임 방법

꼬임 / 특징	보통 꼬임	랭 꼬임
외관	• 소선과 로프축은 평행이다.(가닥과 소선의 꼬임이 반대)	• 소선과 로프축은 각도를 가진다.(가닥과 소선의 꼬임이 같은 방향)
장점	• 킹크(kink)를 잘 일으키지 않으므로 취급이 쉽다. • 꼬임이 견고하기 때문에 모양이 잘 흐트러지지 않는다.	• 소선은 긴 거리에 걸쳐서 외부와 접촉하므로 로프의 내마모성이 크다. • 유연하다.
단점	• 소선이 짧은 거리에 걸쳐 외부와 접촉하므로 국부적으로 단선을 일으키기 쉽다.	• 킹크를 일으키기 쉬우므로 취급주의가 필요하다.
용도	• 일반용	• 광산 삭도용

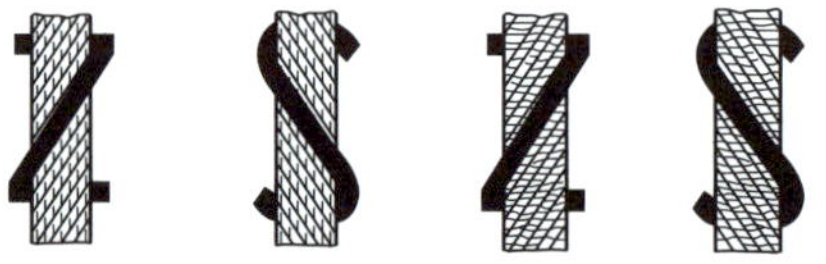
① 보통 Z꼬임 ② 보통 S꼬임 ③ 랭Z꼬임 ④ 랭S꼬임

[그림] 로프 꼬임의 종류(KS D 7013)

[정답] 44 ④ 45 ③

참고 산업안전기사 필기 p.6-177(표. 와이어로프 꼬임 방법)

KEY ① 2019년 3월 3일 출제
② 2019년 4월 27일 기사 출제

46 작업자의 신체부위가 위험한계내로 접근하였을 때 기계적인 작용에 의하여 접근을 못하도록 하는 방호장치는?

① 위치제한형 방호장치
② 접근거부형 방호장치
③ 접근반응형 방호장치
④ 감지형 방호장치

해설

접근거부형 방호장치 설치조건

작업자의 신체부위가 위험한계내로 접근하였을 때 기계적인 작용에 의하여 접근을 못하도록 저지하는 방호장치

참고 산업안전기사 필기 p.3-202(그림. 방호장치의 구분)

KEY 2022년 3월 5일 등 10회 이상 출제

보충학습

① 위치제한형 : 작업자의 신체부위가 위험한계 밖에 있도록 기계의 조작장치를 위험한 작업점에서 안전거리 이상 떨어지게 하거나 조작장치를 양손(양수)으로 동시 조작하게 함으로써 위험한계에 접근하는 것을 제한하는 방호조치
② 접근반응형 : 작업자의 신체부위가 위험한계 또는 그 인접한 거리내로 들어오면 이를 감지하여 그 즉시 기계의 동작을 정지시키고 경보 등을 발하는 방호장치
③ 포집형 : 연삭기 덮개나 빈발예방장치 등과 같이 위험장소에 설치하여 위험원이 비산하거나 튀는 것을 포집하여 작업자로부터 위험원을 차단하는 방호장치
④ 감지형 : 이상온도, 이상기압, 과부하 등 기계의 부하가 안전한계치를 초과하는 경우에 이를 감지하고 자동으로 안전상태가 되도록 조정하거나 기계의 작동을 중지시키는 방호장치

47 반복응력을 받게 되는 기계구조부분의 설계에서 허용응력을 결정하기 위한 기초강도로 가장 적합한 것은?

① 항복점(Yield point)
② 극한 강도(Ultimate strength)
③ 크리프 한도(Creep limit)
④ 피로 한도(Fatigue limit)

해설

피로와 피로한도

① 피로(fatigue) : 재료에 반복하여 하중을 가하면, 반복하는 횟수가 많아짐에 따라 재료의 강도가 저하되는 현상
② 피로한도(fatigue limit) : 허용응력을 결정하기 위한 기초강도

참고 산업안전기사 필기 p.3-221[(1) 용어정의]

KEY 2017년 5월 7일 기사 출제

48 산업안전보건법령상 양중기를 사용하여 작업하는 운전자 또는 작업자가 보기 쉬운 곳에 해당 양중기에 대해 표시하여야 할 내용으로 가장 거리가 먼것은?

① 정격하중 ② 운전 속도
③ 경고 표시 ④ 최대 인양 높이

해설

양중기 표시 사항

① 정격하중 ② 운전 속도 ③ 경고 표시

참고 산업안전기사 필기 p.3-150(합격날개 : 합격예측 및 관련법규)

KEY ① 2017년 3월 5일 기사 출제
② 2020년 8월 22일 기사 출제

정보제공

산업안전보건기준에 관한 규칙 제133조(정격하중 등의 표시)

49 롤러기 급정지장치의 종류가 아닌 것은?

① 어깨조작식 ② 손조작식
③ 복부조작식 ④ 무릎조작식

해설

급정지장치 종류 3가지

급정지장치 조작부의 종류	위치
손으로 조작하는 것	밑면으로부터 1.8[m] 이내
복부로 조작하는 것	밑면으로부터 0.8[m] 이상 1.1[m] 이내
무릎으로 조작하는 것	밑면으로부터 0.6[m] 이내

참고 산업안전기사 필기 p.3-110(합격날개 : 합격예측 및 관련법규)

KEY 2022년 4월 24일 기사 등 10회 이상 출제

[정답] 46 ② 47 ④ 48 ④ 49 ①

PART 04

50 다음 중 드릴작업의 안전수칙으로 가장 적합한 것은?

① 손을 보호하기 위하여 장갑을 착용한다.
② 작은 일감은 양손으로 견고히 잡고 작업한다.
③ 정확한 작업을 위하여 구멍에 손을 넣어 확인한다.
④ 작업시작 전 척 렌치(chuck wrench)를 반드시 뺀다.

해설

드릴작업 안전수칙
① 기계 작동 중 구멍에 손을 넣으면 위험하다.
② 작은 일감은 바이스, 클램프 등으로 고정하고 작업한다.
③ 회전기계에는 장갑 착용을 금지한다.

참고 산업안전기사 필기 p.3-89(3. 드릴 작업시 안전대책)

KEY 2020년 6월 14일 산업기사 등 10회 이상 출제

51 산업안전보건법령상 지게차 작업시작 전 점검사항으로 거리가 가장 먼 것은?

① 제동장치 및 조종장치 기능의 이상 유무
② 압력방출장치의 작동 이상 유무
③ 바퀴의 이상 유무
④ 전조등·후미등·방향지시기 및 경보장치 기능의 이상 유무

해설

지게차를 사용하여 작업을 할 때 작업시작 전 점검사항
① 제동장치 및 조종장치 기능의 이상유무
② 하역장치 및 유압장치 기능의 이상유무
③ 바퀴의 이상유무
④ 전조등·후미등·방향지시기 및 경보장치 기능의 이상유무

참고 산업안전기사 필기 p.3-51(표 : 작업시작전 점검사항)

KEY ① 2018년 3월 4일 기사 출제
② 2021년 5월 15일 기사 출제

합격정보
산업안전보건기준에 관한 규칙 [별표 3] 작업시작전 점검사항

52 비파괴검사 방법 중 육안으로 결함을 검출하는 시험법은?

① 방사선투과시험 ② 와류탐상시험
③ 초음파탐상시험 ④ 자분탐상시험

해설

비파괴검사
① 방사선투과 : 물체에 X선, γ선을 투과하여 물체의 결함을 검출하는 방법
② 와류탐상 : 코일을 이용하여 도체에 시간적으로 변화하는 자계(교류 등)를 걸어, 도체에 발생한 와전류가 결함 등에 의해 변화하는 것을 이용하여 결함을 검출하는 방법
③ 초음파탐상 : 사람이 귀로 들을 수 없는 파장의 짧은 음파를 검사물의 내부에 입사시켜 내부의 결함을 검출하는 방법
④ 자분탐상 : 강자성체에 대해 표면이나 표면하부에 발생하는 결함 또는 물성의 변화 등에 의한 국부적인 현상은 누설자속법을 이용하여 육안으로 결함을 검출하는 방법

참고 산업안전기사 필기 p.3-24(4. 자기탐상검사)

KEY 2018년 4월 28일 출제

53 산업안전보건법령상 보일러의 안전한 가동을 위하여 보일러 규격에 맞는 압력방출장치가 2개 이상 설치된 경우에 최고사용압력 이하에서 1개가 작동되고, 다른 압력방출장치는 최고사용압력의 몇 배 이하에서 작동되도록 부착하여야 하는가?

① 1.03배 ② 1.05배
③ 1.2배 ④ 1.5배

해설

압력방출장치
① 보일러 규격에 적합한 압력방출장치를 최고사용압력 이하에서 작동되도록 1개 또는 2개 이상 설치
② 2개 이상 설치된 경우 최고사용압력 이하에서 1개가 작동되고, 다른 압력방출장치는 최고사용압력 1.05배 이하에서 작동되도록 부착
③ 1년에 1회 이상 토출압력시험 후 납으로 봉인(공정안전관리 이행수준 평가결과가 우수한 사업장은 4년에 1회 이상 토출압력시험 실시)
④ 안전밸브 종류 : 스프링식, 중추식, 지렛대식(일반적으로 스프링식 안전밸브를 많이 사용)

참고 산업안전기사 필기 p.3-121(압력방출장치)

[정답] 50 ④ 51 ② 52 ④ 53 ②

KEY ① 2016년 8월 21일 출제
② 2017년 8월 16일 출제 등 10회 이상 출제

정보제공

산업안전보건기준에 관한 규칙 제116조(압력방출장치)

54 회전 중인 연삭숫돌이 근로자에게 위험을 미칠 우려가 있을 시 덮개를 설치하여야 할 연삭숫돌의 최소 지름은?

① 지름이 5[cm] 이상인 것
② 지름이 10[cm] 이상인 것
③ 지름이 15[cm] 이상인 것
④ 지름이 20[cm] 이상인 것

해설

덮개 설치 연삭숫돌 최소지름 : 5[cm] 이상

참고 산업안전기사 필기 p.3-94(4. 연삭기 구조면에 있어서 안전대책)

KEY ① 2019년 4월 27일 기사 출제
② 2020년 6월 14일 산업기사 출제

합격정보

산업안전보건기준에 관한 규칙 제122조(연삭숫돌의 덮개 등)

55 산업안전보건기준에 관한 규칙에 따라 기계·기구 및 설비의 위험예방을 위하여 사업주는 회전축·기어·풀리 및 플라이휠 등에 부속되는 키·핀 등의 기계요소는 어떠한 형태로 설치하여야 하는가?

① 개방형 ② 돌출형
③ 묻힘형 ④ 고정형

해설

묻힘형

사업주는 회전축·기어·풀리 및 플라이휠 등에 부속되는 키·핀 등의 기계 요소는 묻힘형으로 하거나 해당 부위에 덮개를 설치하여야 한다.

참고 산업안전기사 필기 p.3-197(합격날개 : 합격예측 및 관련법규)

KEY 2017년 8월 26일 산업기사 출제

합격정보

산업안전보건기준에 관한 규칙 제87조(원동기·회전축 등의 위험 방지)

56 용접부 결함에서 전류가 과대하고, 용접속도가 너무 빨라 용접부의 일부가 홈 또는 오목하게 생기는 결함은?

① 언더컷 ② 기공
③ 균열 ④ 융합불량

해설

용접결함의 종류 및 원인

종류	원인	상태	그림
슬래그(slag) 감싸들기	운봉방법불량, 용접전류 및 속도의 부적당, 피복제조성불량	녹은 피복제가 용착, 금속내에 혼입되는 것	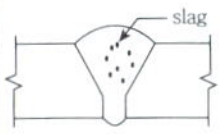
언더컷(under cut)	과대전류, 운봉속도가 빠를 때, 부당한 용접봉 사용	융착금속이 채워지지 않고 홈으로 남게 된 부분	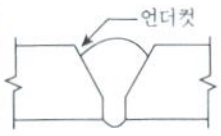
오버랩(over lap)	운봉속도가 느릴 때, 낮은전류	용융된 금속이 모재위에 겹쳐지는 상태	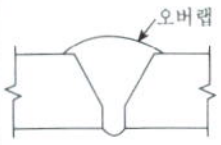
블로홀(blow hole)	아크분위기의 수소 또는 일산화탄소가 너무 많을 때, 모재에 불순물(유황성분)이 많을 때, 융착부 급냉, 이음부에 유지 페인트 등 부착	융착금속에 방출가스로 인해 생긴 기포나 작은 틈	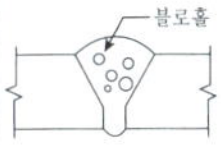
피트(pit)	부식 또는 모재의 화학성분	용접부위에 생기는 작은구멍이나 미세한 갈라짐	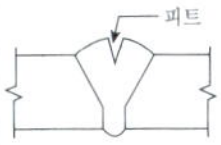
용입부족	운봉속도과다, 낮은 전류	융착금속이 채워지지않고 홈으로 남게 되는 것	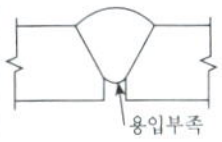

참고 산업안전기사 필기 p.6-168(그림 : 용접결함의 종류)

KEY ① 2017년 3월 5일 산업기사 출제
② 2019년 3월 3일 기사, 산업기사 동시 출제
③ 2020년 9월 27일(문제 47번) 출제

합격자의 조언

제6과목 건설안전기술과목(건설공사 안전관리)에 더 많이 출제됩니다.

[정답] 54 ① 55 ③ 56 ①

57 **롤러의 급정지를 위한 방호장치를 설치하고자 한다. 앞면 롤러 직경이 36[cm]이고, 분당 회전속도가 50[rpm]이라면 급정지거리는 약 얼마 이내이어야 하는가?(단, 무부하동작에 해당한다.)**

① 45[cm]　　② 50[cm]
③ 55[cm]　　④ 60[cm]

해설

급정지거리 계산

① 표면속도(V)$=\frac{\pi DN}{1,000}=\frac{\pi\times360\times50}{1,000}=56.52$[m/min]

② 급정지거리$=\pi D\times\frac{1}{2.5}=(3.14\times360)\times\frac{1}{2.5}$
$=452.16$[mm]$=45$[cm]

참고 산업안전기사 필기 p.3-110(표. 롤의 급정지거리)

KEY 2012년 5월 20일(문제 57번) 등 10회 이상 출제

58 **방호장치 안전인증 고시에 따라 프레스 및 전단기에 사용되는 광전자식 방호장치의 일반구조에 대한 설명으로 가장 적절하지 않은 것은?**

① 정상동작표시램프는 녹색, 위험표시램프는 붉은색으로 하며, 근로자가 쉽게 볼 수 있는 곳에 설치해야 한다.
② 슬라이드 하강 중 정전 또는 방호장치의 이상 시에 정지할 수 있는 구조이어야 한다.
③ 방호장치는 릴레이, 리미트 스위치 등의 전기부품의 고장, 전원전압의 변동 및 정전에 의해 슬라이드가 불시에 동작하지 않아야 하며, 사용전원전압의 ±(100분의 10)의 변동에 대하여 정상으로 작동되어야 한다.
④ 방호장치의 감지기능은 규정한 검출영역 전체에 걸쳐 유효하여야 한다.(다만, 블랭킹 기능이 있는 경우 그렇지 않다.)

해설

광전자식 방호장치의 일반구조

① 방호장치는 릴레이, 리미트 스위치 등의 전기부품의 고장, 전원전압의 변동 및 정전에 의해 슬라이드가 불시에 동작하지 않아야 한다.
② 사용전원전압의 ±(100분의 20)의 변동에 대하여 정상으로 작동되어야 한다.

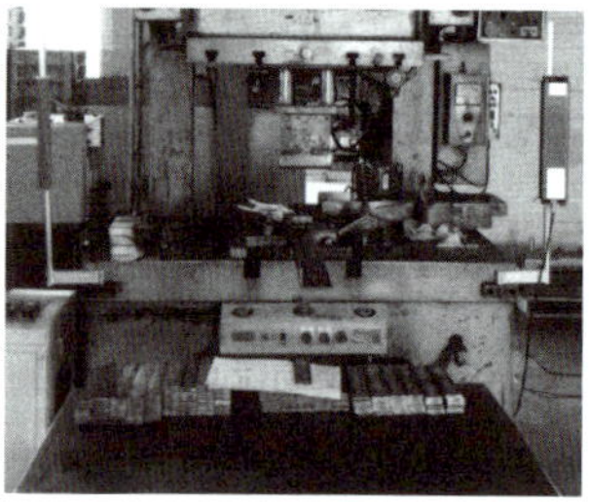

[그림] 광전자식 방호장치

참고 산업안전기사 필기 p.3-103(합격날개 : 합격예측)

KEY ① 2018년 3월 4일 산업기사(문제 54번) 출제
② 2022년 4월 24일 기사 출제

59 **지게차의 안정을 유지하기 위한 안정도 기준으로 틀린 것은?**

① 5톤 미만의 부하 상태에서 하역작업시의 전후 안정도는 4[%] 이내이어야 한다.
② 부하 상태에서 하역작업시의 좌우 안정도는 10[%] 이내이어야 한다.
③ 무부하 상태에서 주행시의 좌우 안정도는 $(15+1.1\times V)$[%]이내이어야 한다.(단, V는 구내 최고 속도[km/h])
④ 부하 상태에서 주행시 전후 안정도는 18[%] 이내이어야 한다.

해설

지게차의 안정조건

안정도	지게차의 상태	
· 하역작업시 전후 안정도 4[%] (5[t] 이상의 것은 3.5[%]) · 부하상태	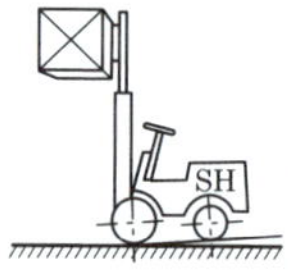	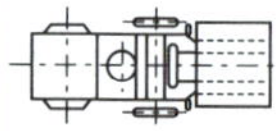 위에서 본 모양
· 주행시의 전후 안정도 18[%] · 부하상태		

[정답] 57 ① 58 ③ 59 ②

· 하역작업시의 좌우 안정도 6[%] · 부하상태		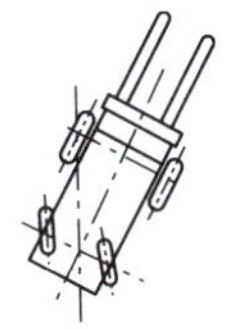
· 주행시의 좌우 안정도(15+1.1V)[%] V : 최고속도[km/hr] · 무부하상태	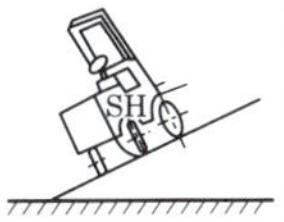	위에서 본 모양

안정도= $\frac{h}{l}$ ×100[%] 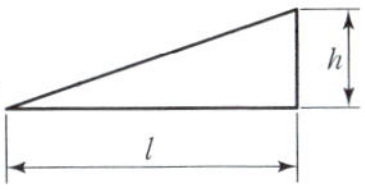

참고 산업안전기사 필기 p.3-136(표. 지게차의 안정조건)

KEY ① 2016년 5월 8일 산업기사 출제
② 2016년 8월 21일 산업기사 출제

60 아세틸렌 용접 시 역류를 방지하기 위하여 설치하여야 하는 것은?

① 안전기　② 청정기
③ 발생기　④ 유량기

해설

안전기

① 역류역화를 방지하기 위하여 취관에 안전기를 설치한다.
② 역화발생 시 최우선 순서 : 산소밸브를 잠근다.

참고 산업안전기사 필기 p.3-177(문제 117번) 적중

KEY ① 2015년 3월 8일(문제 47번) 출제
② 2019년 4월 27일 기사 등 10회 이상 출제

4 전기설비 안전관리

61 피뢰기가 구비하여야 할 조건으로 틀린 것은?

① 제한전압이 낮아야 한다.
② 상용 주파 방전 개시 전압이 높아야 한다.
③ 충격방전 개시전압이 높아야 한다.
④ 속류 차단 능력이 충분하여야 한다.

해설

피뢰기의 성능

① 충격파방전 개시전압이 낮을 것(단, 상용주파 방전개시전압이 높을 것)
② 제한전압이 낮을 것
③ 반복동작이 가능할 것
④ 구조가 견고하고 특성이 변화하지 않을 것
⑤ 점검, 보수가 간단할 것
⑥ 뇌전류에 대한 방전능력이 클 것
⑦ 속류의 차단이 확실할 것(정격전압 : 실효값)

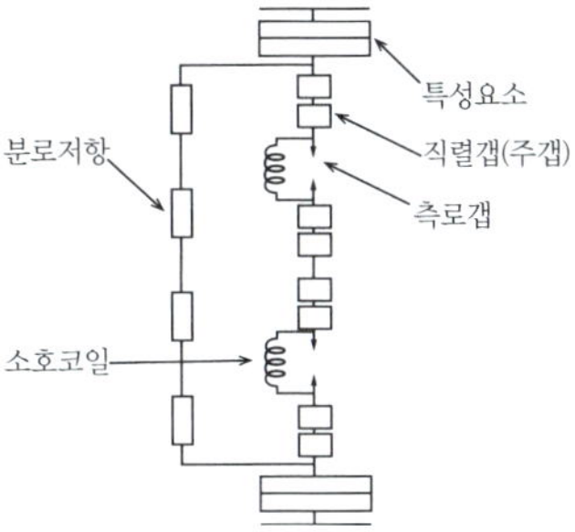

[그림] 피뢰기

참고 산업안전기사 필기 p.4-57(1. 피뢰기의 성능)

KEY ① 2018년 8월 21일 기사 출제
② 2018년 8월 19일 기사 출제
③ 2019년 8월 4일 기사 출제
④ 2020년 6월 14일 산업기사 출제
⑤ 2022년 4월 24일 기사 출제

62 정전기 방지대책 중 적합하지 않는 것은?

① 대전서열이 가급적 먼 것으로 구성한다.
② 카본 블랙을 도포하여 도전성을 부여한다.
③ 유속을 저감 시킨다.
④ 도전성 재료를 도포하여 대전을 감소시킨다.

해설

정전기 방지대책

① 발생 및 대전
- 접지
- 정전화, 정전작업복 착용
- 유속제한, 정치시간 확보
- 대전방지제 사용
- 가습
- 제전기 사용
- 제조장치 및 탱크의 불활성화

[정답] 60 ① 61 ③ 62 ①

② 전격 ─ 대전억제
　　　　└ 대전전하의 신속한 누설
③ 화재 및 폭발 ─ 환기에 의한 위험물질의 제거
　　　　　　　└ 집진에 의한 분진의 제거

참고 산업안전기사 필기 p.4-36([그림] 정전기 방지대책)

KEY ① 2016년 5월 8일 기사 출제
② 2016년 8월 21일 기사 출제
③ 2017년 5월 7일 산업기사 출제
④ 2018년 3월 4일 산업기사 출제
⑤ 2018년 8월 19일 산업기사 출제
⑥ 2019년 3월 3일 산업기사 출제
⑦ 2019년 8월 4일 기사 출제
⑧ 2021년 3월 7일(문제 76번) 출제
⑨ 2021년 5월 15일(문제 79번) 및 (문제 80번) 출제

63 폭발위험장소에서의 본질안전방폭구조에 대한 설명이다. 부적절한 것은?

① 본질안전방폭구조의 기본적 개념은 점화능력의 본질적 억제이다.
② 본질안전방폭구조의 Exib는 fault에 대한 2중 안전보장으로 0종~2종 장소에 사용할 수 있다.
③ 본질안전방폭구조의 적용은 에너지가 1.3[W], 30[V] 및 250[mA] 이하인 개소에 가능하다.
④ 온도, 압력, 액면유량 등의 검출용 측정기는 대표적인 본질안전방폭구조의 예이다.

해설

위험장소 및 방폭구조

위험장소 \ 각부의 구조		방폭구조: 제전전극	고압전선	고압전원
가스, 증기	0종	내압방폭구조	고압전선	내압방폭구조
	1종	내압방폭구조	특수고압전선	내압방폭구조
	2종	내압방폭구조	특수고압전선	내압방폭구조
분진		분진특수방폭구조	특수고압전선	분진방폭구조

참고 산업안전기사 필기 p.4-53(3. 방폭구조의 종류 및 특징)

KEY ① 2001년 6월 3일(문제 66번) 출제
② 2007년 3월 4일(문제 67번) 출제
③ 2015년 5월 31일(문제 70번) 출제

64 한국전기설비규정에 따라 사람이 쉽게 접촉할 우려가 있는 곳에 금속제 외함을 가지는 저압의 기계기구가 시설되어 있다. 이 기계기구의 사용전압이 몇 [V]를 초과할 때 전기를 공급하는 전로에 누전차단기를 시설해야 하는가?(단, 누전차단기를 시설하지 않아도 되는 조건은 제외한다.)

① 30[V]　　② 40[V]
③ 50[V]　　④ 60[V]

해설

KEC 211.2.4 누전차단기의 시설

전원의 자동차단에 의한 저압전로의 보호대책으로 누전차단기를 시설해야 할 대상

(1) 금속제 외함을 가지는 사용전압이 50[V]를 초과하는 저압의 기계기구로서 사람이 쉽게 접촉할 우려가 있는 곳에 시설하는 것에 전기를 공급하는 전로. 다만, 다음의 어느 하나에 해당하는 경우에는 적용하지 아니한다.
　① 기계·기구를 발전소·변전소·개폐소 또는 이에 준하는 곳에 시설하는 경우
　② 기계·기구를 건조한 곳에 시설하는 경우
　③ 대지전압이 150[V] 이하인 기계·기구를 물기가 있는 곳 이외의 곳에 시설하는 경우
(2) 주택의 인입구 등 이 규정에서 누전차단기 설치를 요구하는 전로
(3) 특고압전로, 고압전로 또는 저압전로와 변압기에 의하여 결합되는 사용전압 400[V]초과의 저압전로 또는 발전기에서 공급하는 사용전압 400[V] 초과의 저압전로

KEY 2022년 4월 24일(문제 65번) 출제

65 전기작업 안전의 기본대책에 해당되지 않는 것은?

① 취급자의 자세
② 전기설비의 품질 향상
③ 전기시설의 안전관리 확립
④ 유지보수를 위한 부품 재사용

해설

전기작업의 3대 안전기본대책

① 취급자의 자세
② 전기설비의 품질 향상
③ 전기시설의 안전관리 확립

[정답] 63 ② 64 ③ 65 ④

참고 산업안전기사 필기 p.4-73(1. 법적인 예방대책)

KEY 2016년 5월 8일 기사 출제

66 인체의 전기저항을 0.5[kΩ]이라고 하면 심실세동을 일으키는 위험한계 에너지는 몇 [J]인가?(단, 심실세동전류값 $I=\frac{165}{\sqrt{T}}$[mA]의 Dalziel(달지엘)의 식을 이용하며, 통전시간은 1초로 한다.)

① 13.6　② 12.6
③ 11.6　④ 10.6

해설

위험한계에너지

$$Q=I^2RT=\left(\frac{165}{\sqrt{T}}\times10^{-3}\right)^2\times500\times T$$
$$=\frac{165^2}{T}\times10^{-6}\times500\times T$$
$$=165^2\times10^{-6}\times500=13.61[J]=13.6\times0.24[cal]=3.3[cal]$$

참고 산업안전기사 필기 p.4-18(3. 위험한계에너지)

KEY
① 2008년 5월 11일(문제 71번) 출제
② 2016년 8월 21일 출제
③ 2017년 5월 7일 출제
④ 2018년 3월 4일 출제
⑤ 2018년 4월 28일 기사 · 산업기사 동시출제 등 10회 이상 출제

67 전기설비 방폭구조의 종류가 아닌 것은?

① 근본 방폭구조
② 압력 방폭구조
③ 안전증 방폭구조
④ 본질안전 방폭구조

해설

주요 국가 방폭구조의 기호

나라명 \ 방폭구조	내압	유입	압력	안전증	본질안전	특수	사입
한 국	d	o	p	e	i	s	—
영 국	FLT				ELP		
독 일	Exd	Exo	Exf	Exe	Exi	Exs	Exq
오스트리아	Exd	Exo	Exe	Exi	Exs	Exq	
프랑스	—	—	—	—	—	—	—
이태리	Exd	Exo	Exp	Exe	Exi		Exq
스위스	Exd	Exo	Exf	Exe		Exs	
스웨덴	Xt	Xo	Xy	Xh	Xi	Xs	

참고 산업안전기사 필기 p.4-68(문제 11번 적중))

KEY
① 2018년 3월 4일 산업기사 출제
② 2019년 4월 27일 산업기사 출제 등 10회 이상 출제

정보제공
위험기계·기구방호장치성능검정규정 제52조 (용어의 정의)

68 다음 ( ) 안에 들어갈 내용으로 알맞은 것은?

과전류보호장치는 반드시 접지선외의 전로에 ( )로 연결하여 과전류 발생시 전로를 자동으로 차단하도록 설치할 것

① 직렬　② 병렬
③ 임시　④ 직병렬

해설

과전류차단장치

사업주는 과전류(정격전류를 초과하는 전류로서 단락(短絡)사고전류, 지락사고전류를 포함하는 것을 말한다.)]로 인한 재해를 방지하기 위하여 다음 각 호의 방법으로 과전류차단장치[(차단기·퓨즈 또는 보호계전기 등과 이에 수반되는 변성기(變成器)를 말한다.)]를 설치하여야 한다.

① 과전류차단장치는 반드시 접지선이 아닌 전로에 직렬로 연결하여 과전류 발생시 전로를 자동으로 차단하도록 설치할 것
② 차단기·퓨즈는 계통에서 발생하는 최대 과전류에 대하여 충분하게 차단할 수 있는 성능을 가질 것
③ 과전류차단장치가 전기계통상에서 상호협조·보완되어 과전류를 효과적으로 차단하도록 할 것

참고 산업안전기사 필기 p.4-6(합격날개 : 합격예측 및 관련법규)

KEY 2016년 8월 21일 기사 출제

합격정보
산업안전보건기준에 관한 규칙 제305조(과전류차단장치)

[정답] 66 ① 67 ① 68 ①

69 정전작업시 정전시킨 전로에 잔류전하를 방전할 필요가 있다. 전원차단 이후에도 잔류전하가 남아 있을 가능성이 낮은 것은?

① 전력케이블 ② 용량이 큰 부하기기
③ 전력용콘덴서 ④ 방전 코일

해설

잔류전하가 남아 있을 가능성이 있는 것

① 전력케이블
② 전력콘덴서
③ 용량이 큰 부하기기

참고 산업안전기사 필기 p.4-76(1. 정전작업시 조치사항)

KEY 2019년 4월 27일 기사 출제

보충학습

방전코일 : 콘덴서를 전로로부터 개방할 경우 잔류 전하로 인한 위험한 사고의 방지와 재투입할 때 걸리는 과전압의 방지를 위해서 단시간에 방전시킬 목적으로 설치한다.

70 금속성의 전기기계장치나 구조물에 인체의 일부가 상시 접촉되어 있는 상태의 허용접촉전압으로 옳은 것은?

① 2.5[V] 이하 ② 25[V] 이하
③ 50[V] 이하 ④ 제한없음

해설

종별허용접촉전압

종별	접촉상태	허용접촉전압[V]
제1종	• 인체의 대부분이 수중에 있는 상태	2.5 이하
제2종	• 인체가 많이 젖어 있는 상태 • 금속제 전기기계장치나 구조물에 인체의 일부가 상시접촉되어있는 상태	25 이하
제3종	• 제1종, 제2종 이외의 경우로서 통상적인 인체 상태에 있어서 접촉전압이 가해지면 위험성이 높은 상태	50 이하
제4종	• 제1종, 제2종 이외의 경우로서 통상적인 인체상태에 있어서 접촉전압이 가해져도 위험성이 낮은 상태 • 접촉전압이 가해질 우려가 없는 경우	무제한

참고 산업안전기사 필기 p.4-19([표] 종별 허용 접촉전압)

KEY ① 2016년 3월 6일 산업기사 출제
② 2016년 8월 21일 산업기사 출제
③ 2017년 5월 7일 기사 · 산업기사 동시출제

71 대지를 접지로 이용하는 이유는?

① 대지는 넓어서 무수한 전류통로가 있기 때문에 저항이 작다.
② 대지는 철분을 많이 포함하고 있기 때문에 저항이 작다.
③ 대지는 토양의 주성분이 산화알루미늄(Al_2O_3)이므로 저항이 작다.
④ 대지는 토양의 주성분이 규소(SiO_2)이므로 저항이 영(Zero)에 가깝다.

해설

대지를 접지로 이용하는 이유

① 토양의 주성분은 규소(SiO_2)나 산화알루미늄(Al_2O_3)이므로 완전한 건조 상태에서는 전기가 흐르지 않는 절연체이다.
② 자연계의 토양은 수분이 함유되어 있어 저항률이 [0]에 가까워 전기가 대지로 잘 흐른다.

참고 ① 산업안전기사 필기 p.4-30(2. 접지)
② 산업안전기사 필기 p.4-83(문제 4번) 적중

KEY 2022년 3월 5일 기사 출제

72 정전기 발생현상의 분류에 해당되지 않는 것은?

① 유체대전 ② 마찰대전
③ 박리대전 ④ 교반대전

해설

정전기 대전의 종류

① 유동정전기 대전
② 분출정전기 대전
③ 마찰정전기 대전
④ 박리정전기 대전
⑤ 파괴정전기 대전
⑥ 충돌정전기 대전
⑦ 교반 또는 침강에 의한 정전기 대전

참고 산업안전기사 필기 p.4-33(1. 대전의 종류)

KEY ① 2016년 8월 21일 산업기사 출제
② 2018년 3월 4일 산업기사 출제
③ 2018년 8월 19일 출제
④ 2020년 8월 22일 기사 출제

[정답] 69 ④ 70 ② 71 ① 72 ①

73 저압 및 고압선을 직접 매설식으로 매설할 때 중량물의 압력을 받지 않는 장소에서의 매설깊이는?

① 100[cm] 이상　② 90[cm] 이상
③ 70[cm] 이상　④ 60[cm] 이상

해설

저압 및 고압선의 매설깊이

① 중량물 압력을 받지 않는 장소 : 60[cm] 이상
② 중량물의 압력을 받는 장소 : 120[cm] 이상

참고 산업안전기사 필기 p.4-66(문제 4번) 적중

KEY 2003년 8월 10일(문제 73번)

74 계통접지로 적합하지 않는 것은?

① TN계통　② TT계통
③ IN계통　④ IT계통

해설

접지의 구분 및 종류

구분	종류
종류	① 계통접지(TN, TT, IT계통)　② 보호접지 ③ 피뢰시스템 접지
방법	① 단독접지　② 공통접지　③ 통합접지

참고 산업안전기사 필기 p.4-37(표 : 접지의 구분 및 종류)

KEY 2020년 9월 27일(문제 62번) 참고

75 스파크화재의 방지책이 아닌 것은?

① 개폐기를 불연성 외함 내에 내장시키거나 통형 퓨즈를 사용할 것
② 접지부분의 산화, 변형, 퓨즈의 나사풀림 등으로 인한 접촉저항이 증가되는 것을 방지할 것
③ 가연성증기, 분진 등 위험한 물질이 있는 곳에는 방폭형 개폐기를 사용할 것
④ 유입 개폐기는 절연유의 비중 정도, 배선에 주의하고 주위에는 내수벽을 설치할 것

해설

스파크화재 방지대책

① 개폐기를 불연성 외함에 내장 또는 통형퓨즈 사용
② 접촉부분의 산화, 변형, 퓨즈의 나사풀림 등으로 인한 접촉저항 상승방지
③ 유입 개폐기는 절연유의 열화정도, 유량 등에 주의하고 주위에는 내화벽을 설치할 것
④ 가연성증기, 분진 등 위험한 물질이 있는 곳에는 방폭형 개폐기를 사용

참고 산업안전기사 필기 p.4-86(문제 16번 적중)

KEY 2015년 5월 31일 출제

76 피부의 전기저항 연구에 의하면 인체의 피부 중 1~2[mm^2] 정도의 적은 부분은 전기 자극에 의해 신경이 이상적으로 흥분하여 다량의 피부지방이 분비되기 때문에 그 부분의 전기저항이 1/10 정도로 적어지는 피전점(皮電点) 이 존재한다고 한다. 이러한 피전점이 존재하는 부분은?

① 머리　② 손등
③ 손바닥　④ 발바닥

해설

피전점이 존재하는 곳

① 손등
② 턱
③ 볼
④ 정강이

참고 산업안전기사 필기 p.4-86(문제 15번)

KEY 2016년 5월 8일 기사 출제

77 다음 중 기기보호등급(EPL)에 해당하지 않는 것은?

① EPL Ga　② EPL Ma
③ EPL Dc　④ EPL Mc

[정답] 73 ④ 74 ③ 75 ④ 76 ② 77 ④

PART 04

해설

EPL(Equipment Protection Level) : 기기보호등급

① 기기보호등급을 의미한다.
② 점화원이 될 수 있는 가능성에 기초하여 기기에 부여된 보호등급이다. 폭발성 가스 분위기, 폭발성 분진 분위기, 폭발성 광산 내 분위기의 차이를 구별한다.
③ 종류 : EPL Ma, EPL Mb, EPL Ga, EPL Gb, EPL Gc, EPL Da, EPL Db, EPL Dc

KEY 2022년 4월 24일 기사 출제

78 다음 중 비전도성 가연성 분진은?

① 아연　② 염료
③ 코크스　④ 카본블랙

해설

분진 구분

① 비전도성 가연성 분진 : 밀, 옥수수, 염료, 페놀수지, 설탕, 코코아, 쌀겨, 리그닌, 유황
② 전도성 가연성 분진 : 아연, 티탄, 코크스, 카본블랙, 철, 석탄
③ 폭연성 분진 : 마그네슘, 알루미늄, 알루미늄 브론즈

참고 산업안전기사 필기 p.5-9([표] 증기폭발·분진폭발)

KEY ① 2013년 6월 2일 산업기사 출제
② 2023년 2월 28일 기사 출제

79 인입개폐기를 개방하지 않고 전등용 변압기 1차측 COS만 개방 후 전등용 변압기 접속용 볼트 작업 중 동력용 COS에 접촉, 사망한 사고에 대한 원인으로 가장 거리가 먼 것은?

① 안전장구 미사용
② 동력용 변압기 COS 미개방
③ 전등용 변압기 2차측 COS 미개방
④ 인입구 개폐기 미개방한 상태에서 작업

해설

COS접촉 사망 사고원인

① 안전장구 미사용
② 동력용 변압기 COS 미개방
③ 인입구 개폐기 미개방한 상태에서 작업

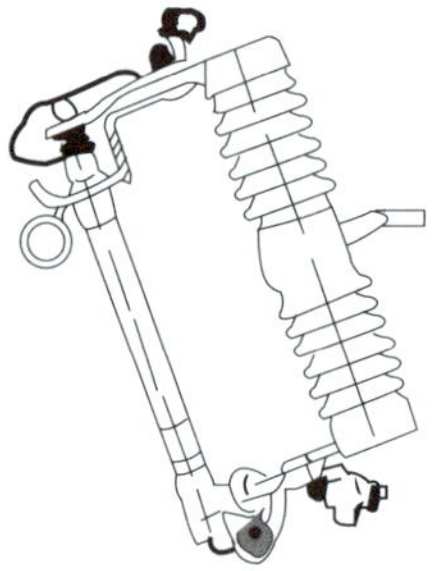

[그림] COS

참고 산업안전기사 필기 p.4-14(문제 18번) 적중

KEY 2018년 4월 28일 기사 출제

보충학습

컷아웃 스위치(COS : Cut Out Switch)

① 컷아웃 스위치는 변압기의 과전류에 의한 보호와 선로의 개폐기를 위하여 설치하며 단극으로써 변압기의 1차측 각 상에 설치한다.
② 퓨즈 용단시 fuse는 link만을 교환할 수 있어 다시 사용할 수 있다.
③ COS의 동작원리는 퓨즈링크에 용단되면서 발생하는 arc열에 의해 퓨즈홀더(fuse holder) 내부의 물질이 분해되어 절연성 가스가 발생된다.
④ 가스는 arc의 지속을 억제시키고 열에 의해서 팽창되어 외부로 방출되면서 arc를 소멸하여 고장을 제거하는 것이다.
⑤ 선로용 퓨즈의 연속 정격전류는 정격전류의 1.5배이고, 최소동작전류는 정격전류의 2배이다.

80 방폭전기기기의 성능을 나타내는 기호표시로 EX P IIA T5를 나타내었을 때 관계가 없는 표시 내용은?

① 온도등급　② 폭발성능
③ 방폭구조　④ 폭발등급

해설

방폭전기기기의 성능 표시기호 : EX P IIA T5

① EX : 방폭구조의 상징
② P : 방폭구조(압력방폭구조)
③ IIA : 가스 · 증기 및 분진의 그룹
④ T5 : 온도등급

참고 산업안전기사 필기 p.4-56(4. 방폭기기의 표시 예)

KEY ① 2017년 5월 7일 기사 출제
② 2019년 4월 27일 기사 출제

[정답] 78 ② 79 ③ 80 ②

5 화학설비 안전관리

81 다음 중 CO_2 소화약제의 장점으로 볼 수 없는 것은?

① 기체 팽창률 및 기화 잠열이 작다.
② 액화하여 용기에 보관할 수 있다.
③ 전기에 대해 부도체이다.
④ 자체 증기압이 높기 때문에 자체 압력으로 방사가 가능하다.

해설

소화약제의 특성
① 탄산가스의 함량은 99.5[%] 이상으로 냄새가 없어야 하며 수분의 중량은 0.05[%] 이하여야 한다.
② 수분이 0.05[%] 이상이면 줄-톰슨효과에 의하여 수분이 결빙되어 노즐의 구멍을 폐쇄시키기 때문이다.
③ 줄-톰슨효과는 기체 또는 액체가 가는 관을 통과할 때 온도가 급강하하여 고체로 되는 현상이다.
④ 증발잠열 : 137.8[cal/g]으로 매우 크다.

참고 산업안전기사 필기 p.5-13(1. 소화약제의 물리적 성질)

KEY 2017년 5월 7일 (문제 85번) 출제

82 건조설비를 사용하여 작업을 하는 경우에 폭발이나 화재를 예방하기 위하여 준수하여야 하는 사항으로 틀린 것은?

① 위험물 건조설비를 사용하는 경우에는 미리 내부를 청소하거나 환기할 것
② 위험물 건조설비를 사용하여 가열건조하는 건조물은 쉽게 이탈되도록 할 것
③ 고온으로 가열건조한 인화성 액체는 발화위험이 없는 온도로 냉각한 후에 격납시킬 것
④ 바깥 면이 현저히 고온이 되는 건조설비에 가까운 장소에는 인화성 액체를 두지 않도록 할 것

해설

건조설비 사용
① 위험물 건조설비를 사용하는 경우에는 미리 내부를 청소하거나 환기할 것
② 위험물 건조설비를 사용하는 경우에는 건조로 인하여 발생하는 가스·증기 또는 분진에 의하여 폭발·화재의 위험이 있는 물질을 안전한 장소로 배출시킬 것
③ 위험물 건조설비를 사용하여 가열건조하는 건조물은 쉽게 이탈되지 아니하도록 할 것
④ 고온으로 가열건조한 인화성 액체는 발화의 위험이 없는 온도로 냉각한 후에 격납시킬 것
⑤ 건조설비(바깥면에 현저하게 고온이 되는 설비만 해당한다.)에 근접한 장소에는 인화성 액체를 두지 않도록 할 것

참고 산업안전기사 필기 p.5-55(합격날개 : 합격예측 및 관련법규)

KEY ① 2016년 8월 21일 산업기사 출제
② 2017년 3월 5일 출제
③ 2019년 4월 27일 기사 출제

정보제공
산업안전보건기준에 관한 규칙 제283조(건조설비의 사용)

83 마그네슘의 저장 및 취급에 관한 설명으로 틀린 것은?

① 화기를 엄금하고, 가열, 충격, 마찰을 피한다.
② 분말이 비산하지 않도록 완전 밀봉하여 저장한다.
③ 1류 또는 6류와 같은 산화제와 혼합되지 않도록 격리, 저장한다.
④ 일단 연소하면 소화가 곤란하지만 초기 소화 또는 소규모 화재시 물, CO_2 소화설비를 이용하여 소화한다.

해설

Mg의 저장취급방법
① 마그네슘은 제2류 위험물 중 물기엄금 물질이다.
② 화기를 엄금하고, 가열, 충격, 마찰을 피한다.
③ 분말은 분진폭발에 위험이 있어 비산하지 않도록 완전 밀봉하여 저장한다.
④ 1류 또는 6류와 같은 산화제 및 할로겐원소와 혼합되지 않도록 격리 저장한다.
⑤ 물과 반응하면 수소 발생, 이산화탄소와는 폭발적인 반응을 하므로 소화는 마른 모래나 분말 소화약제를 사용한다.

참고 산업안전기사 필기 p.5-66(문제 31번) 적중

KEY 2015년 5월 31일(문제 92번) 출제

[정답] 81 ① 82 ② 83 ④

PART 04

84 위험물을 산업안전보건법령에서 정한 기준량 이상으로 제조하거나 취급하는 설비로서 특수화학설비에 해당되는 것은?

① 가열시켜 주는 물질의 온도가 가열되는 위험물질의 분해온도보다 높은 상태에서 운전되는 설비
② 상온에서 게이지 압력으로 200[kPa]의 압력으로 운전되는 설비
③ 대기압 하에서 섭씨 300[℃]로 운전되는 설비
④ 흡열반응이 행하여지는 반응설비

해설

특수화학설비의 종류

① 발열반응이 일어나는 반응장치
② 증류 · 정류 · 증발 · 추출 등 분리를 하는 장치
③ 가열시켜 주는 물질의 온도가 가열되는 위험물질의 분해온도 또는 발화점보다 높은 상태에서 운전되는 설비
④ 반응폭주 등 이상 화학반응에 의하여 위험물질이 발생할 우려가 있는 설비
⑤ 온도가 섭씨 350도 이상이거나 게이지 압력이 980[kPa] 이상인 상태에서 운전되는 설비
⑥ 가열로 또는 가열기

참고 산업안전기사 필기 p.5-17(합격날개 : 합격예측 및 관련 법규)

KEY 2022년 4월 24일 기사 등 10회 이상 출제

정보제공
산업안전보건기준에 관한 규칙 제273조(계측장치 등의 설치)

85 다음 [보기]에서 일반적인 자동제어 시스템의 작동순서를 바르게 나열한 것은?

[보기]

(1) 검출	(2) 조절계
(3) 밸브	(4) 공정상황

① (1) → (2) → (4) → (3)
② (4) → (1) → (2) → (3)
③ (2) → (4) → (1) → (3)
④ (3) → (2) → (4) → (1)

해설

자동제어 시스템의 작동순서
공정상황 → 검출 → 조절계 → 밸브

참고 산업안전기사 필기 p.5-46(1. 제어장치)

KEY ① 2010년 3월 7일(문제 89번) 출제
② 2011년 6월 12일(문제 84번) 출제
③ 2011년 8월 21일(문제 84번) 출제

86 4[%] NaOH 수용액과 10[%] NaOH 수용액을 반응기에 혼합하여 6[%] 100[kg]의 NaOH 수용액을 만들려면 각각 몇 [kg]의 NaOH 수용액이 필요한가?

① 4[%] NaOH 수용액 : 50, 10[%] NaOH 수용액 : 50
② 4[%] NaOH 수용액 : 56.2, 10[%] NaOH 수용액 : 43.8
③ 4[%] NaOH 수용액 : 66.67, 10[%] NaOH 수용액 : 33.33
④ 4[%] NaOH 수용액 : 80, 10[%] NaOH 수용액 : 20

해설

NaOH 수용액

① $\frac{4[\%]\ \text{NaOH}}{(x)[\text{kg}]} + \frac{10[\%]\ \text{NaOH}}{(100-x)[\text{kg}]} \rightarrow \frac{6[\%]\ \text{NaOH의 } 100[\text{kg}]}{100[\text{kg}]}$
② $0.04x + 0.1 \times (100 - x) = 0.06 \times 100$
③ $0.04x + 10 - 0.1x = 6$
④ $x = \frac{4}{0.06} = 66.67[\text{kg}]$
⑤ 4[%] NaOH수용액 = 66.67[kg]
⑥ 10[%] NaOH수용액 = 33.33[kg]

참고 산업안전기사 필기 p.5-77(보충문제)

KEY ① 2009년 5월 10일 (문제 97번)
② 2016년 5월 8일(문제 88번) 출제

[정답] 84 ① 85 ② 86 ③

87 다음 중 열교환기의 보수에 있어 일상점검항목과 정기적 개방점검항목으로 구분할 때 일상점검항목으로 거리가 먼 것은?

① 도장의 노후상황
② 부착물에 의한 오염의 상황
③ 보온재, 보냉재의 파손여부
④ 기초볼트의 체결정도

해설

열교환기 일상점검 항목

① 보온재 및 보냉재의 파손상황
② 도장의 노후 상황
③ Flange부, 용접부 등의 누설여부
④ 기초볼트의 조임 상태

참고 산업안전기사 필기 p.5-53(1. 일상점검 항목)

KEY ① 2009년 5월 10일(문제 83번) 출제
② 2019년 3월 3일(문제 86번) 출제

88 다음 중 인화성 기체의 폭발한계와 폭굉한계를 가장 올바르게 설명한 것은?

① 폭발한계와 폭굉한계는 농도범위가 같다.
② 폭굉한계는 폭발한계의 최상한치에 존재한다.
③ 폭발한계는 폭굉한계보다 농도범위가 넓다.
④ 두 한계의 하한계는 같으나, 상한계는 폭굉한계가 더 높다.

해설

용어정의

(1) 폭발과 폭굉
① 폭발
인화성 기체 또는 액체의 발생속도가 열의 일상속도를 상회하는 현상
② 폭굉(Detonation)
폭발범위 내의 어떤 특정 농도범위에서는 연소의 속도가 폭발에 비해 수백 내지 수천배에 달하는 현상

(2) 폭발(연소)한계에 영향을 주는 요인(KOSHA CODE D-44-2007)
① 온도 : 기준이 되는 25[℃]씩 증가할 때마다 폭발하한계는 값의 8[%]가 감소하며, 폭발상한은 8[%] 증가한다.
-폭발하한계 :
$$L_t = L_{25℃} - (0.8L_{25℃} \times 10^{-3})(T-25)$$
-폭발상한계 :
$$U_t = U_{25℃} - (0.8U_{25℃} \times 10^{-3})(T-25)$$
② 압력 : 폭발하한계에는 영향이 경미하나 폭발상한계에는 크게 영향을 준다. 보통의 경우 가스압력이 높아질수록 폭발범위는 넓어진다.
③ 산소 : 폭발하한계는 공기나 산소 중에서 변함이 없으나 폭발상한계는 산소농도 증가에 따라 비례하여 상승하게 된다.
④ 화염의 진행 방향

참고 산업안전기사 필기 p.5-6(3. 폭굉의 조건)

KEY 2012년 5월 20일(문제 88번) 출제

89 다음 중 연소시 발생하는 열에너지를 흡수하는 매체를 화염 속에 투입하여 소화하는 방법은?

① 냉각소화
② 희석소화
③ 질식소화
④ 억제소화

해설

화재 및 소화기 종류

화재구분	소화대책	적응 소화기
A급 (일반화재)	냉각소화	① 물 소화기 ② 강화액 소화기 ③ 산, 알칼리 소화기
B급 (유류 및 가스화재)	질식소화	① 이산화탄소 소화기 ② 할로겐화합물 소화기 ③ 분말 소화기 ④ 포 소화기
C급(전기화재)	질식소화	① 이산화탄소 소화기 ② 할로겐화합물 소화기 ③ 분말 소화기 ④ 무상강화액 소화기
D급(금속화재)	피복소화	① 건조사 ② 팽창 질석 ③ 팽창 진주암

참고 산업안전기사 필기 p.5-23(문제 13번)

KEY 2014년 5월 25일(문제 83번) 출제

보충학습

소화 구분

① 냉각소화 : 화점의 냉각
② 질식소화 : 불연성 기체, 포말, 고체, 소화 분말로 연소물을 덮는 방법
③ 제거소화 : 가연물의 제거
④ 억제소화 : 연쇄반응의 억제에 의한 소화
⑤ 희석소화 : 수용성인 인화성액체 화재시 물을 방사하여 가연물의 농도를 낮추어 소화

[정답] 87 ② 88 ③ 89 ①

PART 04

90 불연성이지만 다른 물질의 연소를 돕는 산화성 액체 물질에 해당하는 것은?

① 히드라진 ② 과염소산
③ 벤젠 ④ 암모니아

해설

위험물의 분류

① 제1류(산화성 고체) : 아염소산, 염소산, 과염소산나트륨, 무기과산화물, 삼산화크롬, 브롬산염류, 요오드산염류, 과망간산염류, 중크롬산염류
② 제2류(가연성 고체) : 황화인, 적린, 유황, 철분, Mg, 금속분류, 인화성 고체
③ 제3류(자연발화성 및 금수성 물질) : K, Na, 알킬Al, 알킬Li, 황린, 칼슘 또는 Al의 탄화물류 등
④ 제4류(인화성 액체) : 특수인화물류, 동식물류, 알코올류, 제1석유류~제4석유류
⑤ 제5류(자기반응성 물질) : 유기산화물류, 질산에스테르류(니트로셀룰로오스, 질산에틸, 니트로글리세린), 셀룰로이드류, 니트로화합물, 아조화합물류, 디아조화합물류, 히드라진 유도체류
⑥ 제6류(산화성 액체) : 과염소산, 과산화수소, 질산

참고 ① 산업안전기사 필기 p.5-66(문제 27번) 적중
② 2021년 5월 15일(문제 95번) 출제

KEY ① 2017년 5월 7일 출제
② 2018년 4월 25일 출제
③ 2018년 8월 19일 기사 출제
④ 2021년 3월 7일(문제 95번) 출제
⑤ 2021년 5월 15일(문제 86번) 출제

91 산업안전보건법령상 폭발성 물질을 취급하는 화학설비를 설치하는 경우에 단위공정설비로부터 다른 단위공정설비 사이의 안전거리는 설비 바깥 면으로부터 몇 [m] 이상이어야 하는가?

① 10 ② 15
③ 20 ④ 30

해설

안전거리

구 분	안전거리
1. 단위공정시설 및 설비로부터 다른 단위공정시설 및 설비의 사이	설비의 바깥면으로부터 10[m] 이상
2. 플레어스택으로부터 단위공정시설 및 설비, 위험물질 저장탱크 또는 위험물질 하역설비의 사이	플레어스택으로부터 반경 20[m] 이상. 다만, 단위 공정시설 등이 불연재로 시공된 지붕 아래 설치된 경우에는 그러하지 아니하다.
3. 위험물질 저장탱크로부터 단위공정시설 및 설비, 보일러 또는 가열로의 사이	저장탱크의 바깥면으로부터 20[m] 이상. 다만, 저장탱크에 방호벽, 원격조정 소화설비 또는 살수설비를 설치한 경우에는 그러하지 아니하다.
4. 사무실 · 연구실 · 실험실 · 정비실 또는 식당으로부터 단위공정시설 및 설비, 위험물질 저장탱크, 위험물질 하역설비, 보일러 또는 가열로의 사이	사무실 등의 바깥면으로부터 20[m] 이상. 다만, 난방용 보일러인 경우 또는 사무실 등의 벽을 방호구조로 설치한 경우에는 그러하지 아니하다.

참고 산업안전기사 필기 p.5-72(문제 51번) 적중

KEY ① 2010년 7월 25일 기사 출제
② 2019년 4월 27일 산업기사 출제
③ 2022년 3월 5일 기사 출제

92 다음 설명에 해당하는 안전장치는?

"대형의 반응기, 탑, 탱크 등에 있어서 이상상태가 발생할 때 밸브를 정지시켜 원료공급을 차단하기 위한 안전장치로, 공기압식, 유압식, 전기식 등이 있다."

① 파열판 ② 안전밸브
③ 스팀트랩 ④ 긴급차단장치

해설

긴급차단장치

① 화재나 배관의 파열 또는 오조작 등으로 사고가 발생한 경우 저장탱크에서 연결되는 배관 중간에 설치하여 차단한다.
② 작동원리에 따라 공기압식, 유압식, 전기식, 수동식으로 분류하는데 보통 공기압식과 유압식을 채용하고 있다.

참고 산업안전기사 필기 p.5-47(1. 긴급차단장치의 종류)

KEY 2011년 6월 12일 기사 출제

93 다음 중 공기 속에서의 폭발하한계[vol%]값의 크기가 가장 작은 것은?

① H_2 ② CH_4
③ CO ④ C_2H_2

[정답] 90 ② 91 ① 92 ④ 93 ④

해설

공기 중 폭발한계

구분	하한계	상한계
H_2(수소)	4.0	75.0
CH_4(메탄)	5.0	15.0
CO(일산화탄소)	12.5	74.0
C_2H_2(아세틸렌)	2.5	81.0

참고 산업안전기사 필기 p.5-10(표 : 혼합가스의 폭발범위)

KEY 2016년 5월 8일(문제 96번) 출제

94 아세톤에 대한 설명으로 틀린 것은?

① 증기는 유독하므로 흡입하지 않도록 주의해야 한다.
② 무색이고 휘발성이 강한 액체이다.
③ 비중이 0.79 이므로 물보다 가볍다.
④ 인화점이 20[℃]이므로 여름철에 더 인화위험이 높다.

해설

아세톤(CH_3COCH_3)의 특징

① 증기는 유독하므로 흡입하지 않도록 주의해야 한다.
② 무색이고 휘발성이 강한 액체이다.
③ 비중이 0.79 이므로 물보다 가볍다.
④ 인화점-20[℃]이다.

참고 산업안전기사 필기 p.5-36(문제 18번 해설)

KEY ① 2017년 5월 7일(문제 89번) 출제
② 2023년 2월 28일 기사 출제

95 액체 표면에서 발생한 증기농도가 공기 중에서 연소하한농도가 될 수 있는 가장 낮은 액체온도를 무엇이라 하는가?

① 인화점　② 비등점
③ 연소점　④ 발화온도

해설

인화점

① 점화원에 의하여 인화될 수 있는 최저 온도(낮으면 낮을수록 위험하다.)
② 연소가능한 인화성 증기를 발생시킬 수 있는 최저 온도

참고 산업안전산업기사 필기 p.5-39(합격날개 : 합격예측)

KEY ① 2017년 8월 26일 산업기사(문제 77번) 출제
② 2022년 4월 24일 기사 출제

96 화염방지기의 설치에 관한 사항으로 (　)에 옳은 것은?

사업주는 인화성 액체 및 인화성 가스를 저장 취급하는 화학설비에서 증기나 가스를 대기로 방출하는 경우에는 외부로부터의 화염을 방지하기 위하여 화염방지기를 그 설비 (　)에 설치하여야 한다.

① 상단　② 하단
③ 중앙　④ 무게중심

해설

화염방지기 설치 위치 : 설비 상단

참고 산업안전기사 필기 p.5-47(⑤ 화염방지기)

KEY ① 2018년 8월 19일(문제 99번) 출제
② 2022년 4월 24일 기사 출제

합격정보

산업안전보건기준에 관한 규칙 제269조(화염방지기의 설치)

97 CF_3Br 소화약제의 할론 번호를 옳게 나타낸 것은?

① 하론 1031　② 하론 1311
③ 하론 1301　④ 하론 1310

해설

할론 넘버 : C, F, Cl, Br의 개수로 표시

① 일염화 일취화 메탄 : 1011
② 일취화 일염화 이불화 메탄 : 1211
③ 이취화 사불화 에탄 : 2402
④ 일취화 삼불화 메탄 : 1301

[정답] 94 ④ 95 ① 96 ① 97 ③

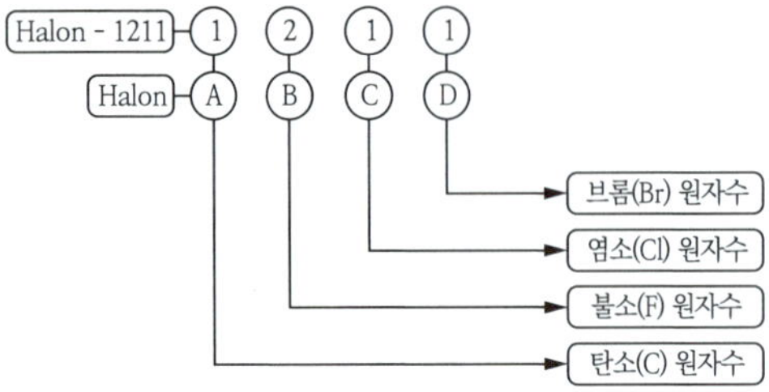

[그림] 명명법

참고 산업안전기사 필기 p.5-15(7. 할로겐화물 소화기)

KEY ① 2008년 7월 27일 기사 출제
② 2016년 8월 21일 산업기사 출제
③ 2018년 8월 19일 기사 출제

98 다음 중 유해화학물질의 중독에 대한 일반적인 응급처치 방법으로 적정하지 않은 것은?

① 알코올 등의 필요한 약품을 투여한다.
② 환자를 안정시키고, 침대에 옆으로 누인다.
③ 호흡 정지시 가능한 경우 인공호흡을 실시한다.
④ 신체를 따뜻하게 하고 신선한 공기를 확보한다.

해설

유해화학물질의 중독에 대한 응급처치 방법
① 환자를 안정시키고, 침대에 옆으로 누인다.
② 호흡 정지시 가능한 경우 인공호흡을 실시한다.
③ 신체를 따뜻하게 하고 신선한 공기를 확보한다.

참고 산업안전기사 필기 p.5-37(2. 위험물의 성질 및 저장위험성)

KEY 2015년 5월 31일(문제 81번) 출제

보충학습
의사의 처방 없이 약품을 임의로 투여하면 안 된다.

99 다음 중 퍼지의 종류에 해당하지 않는 것은?

① 압력퍼지 ② 진공퍼지
③ 스위프퍼지 ④ 가열퍼지

해설

퍼지의 종류
① 진공(저압) 퍼지
② 압력퍼지
③ 스위프 퍼지
④ 사이펀 퍼지

참고 산업안전기사 필기 p.5-20([표] 퍼지의 종류)

KEY ① 2011년 6월 12일(문제 86번) 출제
② 2022년 4월 24일 기사 출제

합격자의 조언
실기 작업형 출제

정보제공
Purge
연소되지 않은 가연성 가스 혹은 유독성 가스가 공정 안에 차 있는 경우 근로자들이 안전하게 작업할 수 있도록 가스를 공정 밖으로 배출하기 위하여 환기시키는 것

100 다음 중 산업안전보건법령상 화학설비의 부속설비로만 이루어진 것은?

① 사이클론, 백필터, 전기집진기 등 분진처리설비
② 응축기, 냉각기, 가열기, 증발기 등 열교환기류
③ 고로 등 점화기를 직접 사용하는 열교환기류
④ 혼합기, 발포기, 압출기 등 화학제품 가공설비

해설

화학설비와 부속설비
(1) 화학설비 : ②, ③, ④
(2) 부속설비 : ①

참고 ① 산업안전기사 필기 p.5-49(합격날개 : 참고)
② 산업안전기사 필기 p.5-50(합격날개 : 참고)

KEY ① 2017년 3월 5일 출제
② 2020년 8월 22일 기사 출제

정보제공
산업안전보건기준에 관한 규칙 [별표 7] 화학설비 및 그 부속설비의 종류

[정답] 98 ① 99 ④ 100 ①

6 건설공사 안전관리

101 항타기 또는 항발기의 권상용 와이어로프의 사용금지기준에 해당되지 않는 것은?

① 이음매가 없는 것
② 지름의 감소가 공칭지름의 7[%]를 초과하는 것
③ 꼬인 것
④ 열과 전기충격에 의해 손상된 것

해설

와이어로프의 사용제한 조건

① 이음매가 있는 것
② 와이어로프의 한 꼬임에서 끊어진 소선의 수가 10[%] 이상인 것
③ 지름의 감소가 공칭지름의 7[%]를 초과하는 것
④ 꼬인 것
⑤ 심하게 변형 또는 부식된 것
⑥ 열과 전기 충격에 의해 손상된 것

참고 산업안전기사 필기 p.6-102(합격날개 : 합격예측)

KEY 2017년 5월 7일 기사, 산업기사 20회 이상 동시출제

정보제공
산업안전보건기준에 관한 규칙 제63조(달비계의 구조)

102 흙막이 가시설 공사 중 발생할 수 있는 보일링(Boiling) 현상에 관한 설명으로 옳지 않은 것은?

① 이 현상이 발생하면 흙막이 벽의 지지력이 상실된다.
② 지하수위가 높은 지반을 굴착할 때 주로 발생한다.
③ 흙막이벽의 근입장 깊이가 부족할 경우 발생한다.
④ 연약한 점토지반에서 굴착면의 융기로 발생한다.

해설

보일링(Boiling)현상

① 투수성이 좋은 사질지반의 흙막이 지면에서 수두차로 인한 상향의 침투압이 발생, 유효응력이 감소하여 전단강도가 상실되는 현상
② 지하수가 모래와 같이 솟아오르는 현상
③ 모래의 액상화

참고 산업안전기사 필기 p.6-6(합격날개 : 합격대책)

KEY ① 2016년 10월 1일 기사 출제
② 2019년 3월 3일 기사 출제
③ 2019년 4월 27일 산업기사 출제
④ 2020년 8월 23일 산업기사 출제

합격팁

히빙(Heaving) 현상

연약성 점토지반 굴착시 굴착외측 흙의 중량에 의해 굴착저면의 흙이 활동전단 파괴되어 굴착내측으로 부풀어 오르는 현상

103 말비계를 조립하여 사용하는 경우에 지주부재와 수평면의 기울기는 최대 몇 도 이하로 하여야 하는가?

① 30[°] ② 45[°]
③ 60[°] ④ 75[°]

해설

말비계의 안전기준

① 기울기 : 75[°] 이하
② 작업발판 폭 : 40[cm] 이상

참고 산업안전기사 필기 p.6-99(7. 말비계)

KEY ① 2016년 5월 8일 산업기사 출제
② 2017년 3월 5일 산업기사 출제
③ 2017년 5월 7일 출제
④ 2017년 9월 23일 (문제 113번) 출제

정보제공
산업안전보건기준에 관한 규칙 제67조(말비계)

104 산업안전보건관리비계상기준에 따른 일반건설공사(갑), 대상액 「5억원 이상~50억원 미만」의 안전관리비 비율 및 기초액으로 옳은 것은?

① 비율 : 1.86[%], 기초액 : 5,349,000원
② 비율 : 1.99[%], 기초액 : 5,499,000원
③ 비율 : 2.35[%], 기초액 : 5,400,000원
④ 비율 : 1.57[%], 기초액 : 4,411,000원

[정답] 101 ① 102 ④ 103 ④ 104 ①

PART 04

해설

공사종류 및 규모별 산업안전관리비 계상기준표

구분 / 공사종류	대상액 5억원 미만	대상액 5억원 이상 50억원 미만		대상액 50억원 이상	영 별표5에 따른 보건관리자 선임대상 건설공사
		비율(X)	기초액(C)		
건축공사	2.93[%]	1.86[%]	5,349,000원	1.97[%]	2.15[%]
토목공사	3.09[%]	1.99[%]	5,499,000원	2.10[%]	2.29[%]
중건설공사	3.43[%]	2.35[%]	5,400,000원	2.44[%]	2.66[%]
특수건설공사	1.85[%]	1.20[%]	3,250,000원	1.27[%]	1.38[%]

참고 산업안전기사 필기 p.6-43(별표1. 공사의 종류 및 규모별 산업안전관리비 계상기준표)

KEY ① 2016년 3월 6일 산업기사 출제
② 2016년 10월 1일 산업기사 출제
③ 2017년 3월 5일 기사 출제
④ 2017년 8월 26일 기사 출제
⑤ 2019년 3월 3일 기사 출제
⑥ 2020년 6월 14일 기사 등 10회 이상 출제

합격정보
2023년 10월 5일 개정법 적용

105 차량계 하역운반기계 등에 화물을 적재하는 경우에 준수하여야 할 사항으로 옳지 않은 것은?

① 하중이 한쪽으로 치우쳐도 효율적으로 적재되도록 할 것
② 구내운반차 또는 화물자동차의 경우 화물의 붕괴 또는 낙하에 의한 위험을 방지하기 위하여 화물에 로프를 거는 등 필요한 조치를 할 것
③ 운전자의 시야를 가리지 않도록 화물을 적재할 것
④ 최대적재량을 초과하지 않도록 할 것

해설

하중이 한쪽으로 치우치지 않도록 쌓을 것

참고 산업안전기사 필기 p.6-135(합격날개 : 합격예측 및 관련법규)

KEY ① 2017년 8월 26일 산업기사 출제
② 2018년 3월 4일 산업기사 출제
③ 2019년 3월 3일 산업기사 출제

정보제공
산업안전보건기준에 관한 규칙 제173조(화물의 적재)

106 안전계수가 4이고 2,000[kg/cm²]의 인장강도를 갖는 강선의 최대허용응력은?

① 500[kg/cm²] ② 1,000[kg/cm²]
③ 1,500[kg/cm²] ④ 2,000[kg/cm²]

해설

최대허용응력

$$\frac{\text{인장강도}}{\text{안전계수}} = \frac{2,000}{4} = 500[\text{kg/cm}^2]$$

참고 산업안전기사 필기 p.6-201(문제 37번)

KEY 2015년 5월 31일(문제 101번) 출제

107 거푸집 동바리의 침하를 방지하기 위한 직접적인 조치로 옳지 않은 것은?

① 수평연결재 사용 ② 깔목의 사용
③ 콘크리트의 타설 ④ 말뚝박기

해설

거푸집동바리의 침하 방지를 위한 직접적인 조치 3가지
① 깔목의 사용
② 콘크리트 타설
③ 말뚝박기

참고 산업안전기사 필기 p.6-88(합격날개 : 합격예측 및 관련법규)

KEY 2022년 4월 24일 (문제 101번) 지문

정보제공
산업안전보건기준에 관한 규칙 제332조(거푸집동바리 등의 안전조치)

108 흙막이 가시설 공사 시 사용되는 각 계측기 설치 목적으로 옳지 않은 것은?

① 지표침하계 – 지표면 침하량 측정
② 수위계 – 지반 내 지하수위의 변화 측정
③ 하중계 – 상부 적재하중 변화 측정
④ 지중경사계 – 지중의 수평 변위량 측정

[정답] 105 ① 106 ① 107 ① 108 ③

해설

계측장치의 종류 및 특성

종류	계측기 설치목적
건물 경사계 (tilt meter)	지상 인접구조물의 기울기를 측정하는 기기
지표면 침하계 (level and staff)	주위 지반에 대한 지표면의 침하량을 측정하는 기기
지중 경사계 (inclinometer)	지중수평변위를 측정하여 흙막이의 기울어진 정도를 파악하는 기기
지중 침하계 (extensionmeter)	지중수직변위를 측정하여 지반의 침하 정도를 파악하는 기기
변형계 (strain gauge)	흙막이 버팀대의 변형 정도를 파악하는 기기
하중계 (load cell)	흙막이 버팀대에 작용하는 토압, 어스 앵커의 인장력 등을 측정하는 기기
토압계 (earth pressure meter)	흙막이에 작용하는 토압의 변화를 파악하는 기기
간극수압계 (piezo meter)	굴착으로 인한 지하의 간극수압을 측정하는 기기
지하수위계 (water level meter)	지하수의 수위변화를 측정하는 기기

참고 산업안전기사 필기 p.6-119(표 : 계측장치의 종류 및 설치목적)

KEY 2021년 9월 12일 기사 등 10회 이상 출제

109 타워크레인을 자립고(自立高) 이상의 높이로 설치할 때 지지벽체가 없어 와이어로프로 지지하는 경우의 준수사항으로 옳지 않은 것은?

① 와이어로프를 고정하기 위한 전용 지지프레임을 사용할 것
② 와이어로프 설치각도는 수평면에서 60[°] 이내로 하되, 지지점은 4개소 이상으로 하고, 같은 각도로 설치할 것
③ 와이어로프와 그 고정부위는 충분한 강도와 장력을 갖도록 설치하되, 와이어로프를 클립·샤클(shackle) 등의 기구를 사용하여 고정하지 않도록 유의할 것
④ 와이어로프가 가공전선(架空電線)에 근접하지 않도록 할 것

해설

타워크레인 강도 · 장력유지

① 와이어로프와 그 고정부위는 충분한 강도와 장력을 갖도록 설치한다.
② 와이어로프를 클립 · 샤클(shackle) 등의 고정기구를 사용하여 견고하게 고정시켜 풀리지 아니하도록 하며, 사용 중에는 충분한 강도와 장력을 유지하도록 할 것

참고 산업안전기사 필기 p.6-198(문제 22번) 적중

KEY ① 2018년 3월 4일 기사 출제
② 2020년 8월 22일 기사 출제

정보제공
산업안전보건기준에 관한 규칙 제142조(타워크레인의 지지)

110 [보기]에서 압쇄기를 사용하여 건물해체시 그 순서로 옳은 것은?

[보기]
A : 보, B : 기둥, C : 슬래브, D : 벽체

① A－B－C－D ② A－C－B－D
③ C－A－D－B ④ D－C－B－A

해설

압쇄기의 사용방법 및 해체순서

① 항시 중기의 안전성을 확인하고 중기침하로 인한 위험을 사전 제거토록 조치하여야 하며, 중기작업구조의 지반다짐을 확인하고 편평도는 1/100 이내이어야 한다.
② 중기의 작업가능 높이보다 높은 부분 해체시에는 해체물을 깔고 올라가 작업을 하고, 이때에는 중기전도로 인한 사고가 발생되지 않도록 조치한다.
③ 외벽을 해체할 때에는 비계철거 작업자와 서로 연락하여야 하고 벽과 연결된 비계는 외벽해체직전에 철거한다.
④ 상층 부분의 보와 기둥, 벽체를 해체할 경우에는 해체물이 비산, 낙하할 위험이 있으므로 해체구조 바로 아래층에 수평 낙하물 방호책을 설치해서 해체물이 비산, 낙하되지 않도록 하여야 한다.
⑤ 압쇄기에 의한 건물해체순서는 슬래브, 보, 벽체, 기둥의 순서로 해체한다.

KEY ① 2009년 제3회 출제
② 2014년 5월 25일(문제 103번) 출제

[정답] 109 ③ 110 ③

111 **터널굴착작업을 하는 때 미리 작성하여야 하는 작업계획서에 포함되어야 할 사항이 아닌 것은?**

① 굴착의 방법
② 암석의 분할방법
③ 환기 또는 조명시설을 설치할 때에는 그 방법
④ 터널지보공 및 복공의 시공방법과 용수의 처리방법

해설

터널굴착작업 작업계획서의 내용
① 굴착의 방법
② 터널지보공 및 복공(覆工)의 시공방법과 용수(涌水)의 처리방법
③ 환기 또는 조명시설을 설치할 때에는 그 방법

참고 산업안전기사 필기 p.6-191(7. 터널굴착작업)

KEY ① 2018년 9월 15일 기사 출제
② 2019년 4월 27일 기사 출제

정보제공
산업안전보건기준에 관한 규칙 [별표4] 사전조사 및 작업계획서 내용

112 **다음은 시스템 비계 구성에 관한 내용이다. ( )안에 들어갈 말로 옳은 것은?**

> 비계 밑단의 수직재와 받침철물은 밀착되도록 설치하고, 수직재와 받침철물의 연결부의 겹침길이는 받침철물 ( ) 이상이 되도록 할 것

① 전체길이의 4분의 1
② 전체길이의 3분의 1
③ 전체길이의 3분의 2
④ 전체길이의 2분의 1

해설

시스템 비계 구성시 준수사항
① 수직재·수평재·가새재를 견고하게 연결하는 구조가 되도록 할 것
② 비계 밑단의 수직재와 받침철물은 밀착되도록 설치하고, 수직재와 받침철물의 연결부의 겹침길이는 받침철물 전체길이의 3분의 1 이상이 되도록 할 것
③ 수평재는 수직재와 직각으로 설치하여야 하며, 체결 후 흔들림이 없도록 견고하게 설치할 것
④ 수직재와 수직재의 연결철물은 이탈되지 않도록 견고한 구조로 할 것
⑤ 벽 연결재의 설치간격은 제조사가 정한 기준에 따라 설치할 것

참고 산업안전보건기준에 관한 규칙 제69조(시스템 비계의 구조)

KEY 2021년 5월 15일 기사 등 5회 이상 출제

113 **항만하역작업에서의 선박승강설비 설치기준으로 옳지 않은 것은?**

① 200톤급 이상의 선박에서 하역작업을 하는 경우에 근로자들이 안전하게 오르내릴 수 있는 있는 현문(舷門) 사다리를 설치하여야 하며, 이 사다리 밑에 안전망을 설치하여야 한다.
② 현문 사다리는 견고한 재료로 제작된 것으로 너비는 55[cm] 이상이어야 한다.
③ 현문 사다리의 양측에는 82[cm] 이상의 높이로 울타리를 설치하여야 한다.
④ 현문 사다리는 근로자의 통행에만 사용하여야 하며, 화물용 발판 또는 화물용 보판으로 사용하도록 해서는 아니 된다.

해설

현문사다리 설치기준 선박 : 300[t]급 이상

참고 산업안전기사 필기 p.6-183(⑤ 항만하역작업의 안전기준)

KEY 2020년 8월 22일 기사 등 5회 이상 출제

정보제공
산업안전보건기준에 관한 규칙 제397조(선박승강설비의 설치)

보충학습
현문사다리 : 보통 갱웨이(Gangway)라고 부르며, 선박이 정박 또는 접안하였을 때 통선 또는 육상과의 연결 통로

[정답] 111 ② 112 ② 113 ①

114 다음 중 토사붕괴의 내적 원인인 것은?

① 절토 및 성토 높이 증가
② 사면, 법면의 기울기 증가
③ 토석의 강도저하
④ 공사에 의한 진동 및 반복하중 증가

해설

토사붕괴 외적 요인
① 사면, 법면의 경사 및 기울기의 증가
② 절토 및 성토 높이의 증가
③ 공사에 의한 진동 및 반복하중의 증가
④ 지표수 및 지하수의 침투에 의한 토사 중량의 증가
⑤ 지진, 차량, 구조물의 하중 작용
⑥ 토사 및 암석의 혼합층 두께

참고 산업안전기사 필기 p.6-55(1. 토석붕괴의 재해원인)

KEY ① 2015년 3월 8일 산업기사 출제
② 2022년 4월 24일 기사 등 10회 이상 출제

보충학습

토사붕괴 내적 원인
① 절토 사면의 토질·암질
② 성토 사면의 토질 구성 분포
③ 토석의 강도 저하

115 추락의 위험이 있는 개구부에 대한 방호조치와 거리가 먼 것은?

① 안전난간, 울타리, 수직형 추락방망 등으로 방호조치를 한다.
② 충분한 강도를 가진 구조의 덮개를 뒤집히거나 떨어지지 않도록 설치한다.
③ 어두운 장소에서도 식별이 가능한 개구부 주의표지를 부착한다.
④ 폭 30[cm] 이상의 발판을 설치한다.

해설

작업발판폭 : 40[cm] 이상

참고 산업안전기사 필기 p.6-94(합격날개 : 합격예측 및 관련 법규)

KEY ① 2017년 8월 26일 출제
② 2020년 8월 23일 산업기사 등 10회 이상 출제

정보제공
① 산업안전보건기준에 관한 규칙 제43조(개구부 등의 방호조치)
② 산업안전보건기준에 관한 규칙 제56조(작업발판의 구조)

116 구조물 해체작업으로 사용되는 공법이 아닌 것은?

① 압쇄공법 ② 잭공법
③ 절단공법 ④ 진공공법

해설

해체 공법의 종류
① 압쇄공법 ② 대형 브레이커공법
③ 전도공법 ④ 철해머에 의한 공법
⑤ 화약발파공법 ⑥ 핸드 브레이커공법
⑦ 팽창압공법 ⑧ 절단공법
⑨ 잭공법 ⑩ 쐐기타입공법
⑪ 화염공법

참고 산업안전기사 필기 p.6-196(문제 11번) 적중

KEY 2016년 5월 8일 기사 출제

117 고소작업대를 설치 및 이동하는 경우에 준수하여야 할 사항으로 옳지 않은 것은?

① 와이어로프 또는 체인의 안전율은 3 이상일 것
② 붐의 최대 지면경사각을 초과 운전하여 전도되지 않도록 할 것
③ 고소작업대를 이동하는 경우 작업대를 가장 낮게 내릴 것
④ 작업대에 끼임·충돌 등 재해를 예방하기 위한 가드 또는 과상승방지장치를 설치할 것

해설

고소작업대의 와이어로프 및 체인의 안전율 : 5 이상

참고 산업안전기사 필기 p.6-50(합격날개 : 합격예측 및 관련 법규)

KEY ① 2017년 3월 5일 산업기사 출제
② 2017년 9월 23일 산업기사 출제

[정답] 114 ③ 115 ④ 116 ④ 117 ①

정보제공

산업안전보건기준에 관한규칙 제186조(고소작업대 설치 등의 조치)

118 토질시험 중 사질토시험에서 얻을 수 있는 값이 아닌 것은?

① 체적압축계수　② 내부마찰각
③ 액상화 평가　④ 탄성계수

해설

체적압축계수

① 점성토지반의 암밀침하량 계산
② 점성토지반의 침하시간 계산

참고 산업안전기사 필기 p.6-7(4. 토질시험의 종류 및 특징)

KEY 2012년 5월 20일(문제 118번) 출제

119 단관비계를 조립하는 경우 벽이음 및 버팀을 설치할 때의 수평방향 조립간격 기준으로 옳은 것은?

① 3[m]　② 5[m]
③ 6[m]　④ 8[m]

해설

강관비계의 조립간격

강관비계의 종류	조립 간격(단위 : [m])	
	수직방향	수평방향
단관비계	5	5
틀비계(높이 5[m] 미만인 것은 제외)	6	8

참고 산업안전기사 필기 p.6-94(표. 조립간격)

KEY 2021년 8월 14일 기사 등 10회 이상 출제

합격정보

산업안전보건기준에 관한 규칙 [별표 5] 강관비계의 조립간격

120 지반의 굴착 작업에 있어서 비가 올 경우를 대비한 직접적인 대책으로 옳은 것은?

① 측구 설치
② 낙하물 방지망 설치
③ 추락 방호망 설치
④ 매설물 등의 유무 또는 상태 확인

해설

굴착작업시 비가 올 경우 직접적인 대책 : 측구(側溝)설치

참고 산업안전기사 필기 p.6-105(합격날개 : 합격예측 및 관련법규)

KEY 2021년 5월 15일(문제 104번) 출제

합격정보

산업안전보건기준에 관한 규칙 제340조(지반의 붕괴 등에 의한 위험방지)

보충학습

측구

① 도로의 노면, 도로 비탈면 또는 측도(側道)의 노면이나 비탈면 및 입접지에 내린 우수의 원활한 처리를 위하여 설치하는 시설로서, 도로의 배수시설(排水施設)
② 배수시설 : 도로시설의 보전, 교통안전, 유지보수 등을 위하여 도로에 설치하는 시설로서 측구(側溝), 집수정 및 도수로(導水路)
③ 측구는 일반적으로 L자형과 U자형이 사용되며, 길어깨에 붙여서 측구를 설치하는 경우에는 교통안전을 위하여 윗면이 열린 측구를 설치해서는 안 된다.

▸ **관련법령 :** 도로의 구조·시설 기준에 관한 규칙 제30조

[정답] 118 ① 119 ② 120 ①

2023년도 기사 정기검정 제3회 (2023년 7월 8일 시행)

자격종목 및 등급(선택분야)

산업안전기사

※ 본 문제는 복원문제 및 예적(예상적중) 문제로 실제문제와 동일하지 않을 수 있습니다.

1 산업재해 예방 및 안전보건교육

01 **OFF.J.T(Off the job Training) 교육방법의 장점으로 옳은 것은?**

① 개개인에게 적절한 지도훈련이 가능하다.
② 훈련에 필요한 업무의 계속성이 끊어지지 않는다.
③ 다수의 대상자를 일괄적, 조직적으로 교육할 수 있다.
④ 효과가 곧 업무에 나타나며, 훈련의 좋고 나쁨에 따라 개선이 용이하다.

해설

OJT와 OFF.J.T

① O.J.T(ON the Job Training) : 현장중심 교육으로 직속상사가 현장에서 업무상의 개별교육이나 지도훈련을 하는 교육형태이다.
② OFF.J.T(OFF the Job Training) : 계층별 또는 직능별 등과 같이 공통된 교육대상자를 현장외의 한 장소에 모아 집체 교육훈련을 실시하는 교육형태이다.

참고 산업안전기사 필기 p.1-142(1. OJT와 OFF JT)

KEY ① 2011년 6월 12일 기사 출제
② 2011년 8월 21일 기사 출제
③ 2013년 6월 2일 기사 출제
④ 2017년 3월 5일 기사 출제
⑤ 2017년 5월 7일 기사 출제
⑥ 2018년 4월 28일 기사 출제
⑦ 2021년 3월 7일 기사 출제

02 **재해의 발생형태 중 다음 그림이 나타내는 것은?**

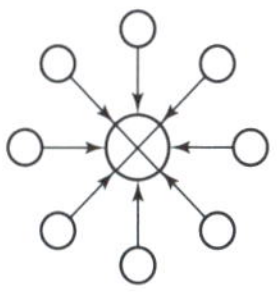

① 단순연쇄형 ② 복합연쇄형
③ 단순자극형 ④ 복합형

해설

산업재해발생의 mechanism(형태) 3가지

① 단순자극형(집중형)
② 연쇄형
③ 복합형

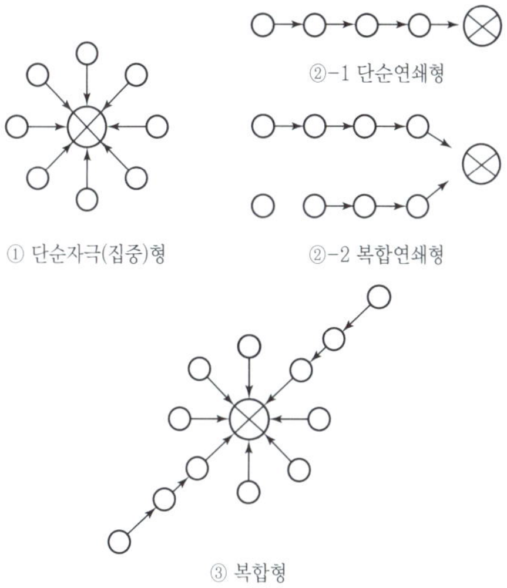

[그림] 재해(⊗)의 발생 형태 3가지

참고 산업안전기사 필기 p.3-32(2. 산업재해발생의 mechanism 3가지)

KEY ① 2018년 4월 28일 기사 출제
② 2020년 9월 27일 기사 출제

03 **하인리히의 재해손실비 산정방식에서 직접비로 볼 수 없는 것은?**

① 직업재활급여 ② 간병급여
③ 생산손실급여 ④ 장해급여

[정답] 01 ③ 02 ③ 03 ③

해설

직접비와 간접비

직접비(법적으로 지급되는 산재보상비)		간접비 (직접비 제외한 모든 비용)
구분	적용	
요양급여	요양비 전액(진찰, 약제, 처치 · 수술 기타 치료, 의료시설수용, 간병, 이송 등)	인적손실 물적손실 생산손실 임금손실 시간손실 기타손실 등
휴업급여	1일당 지급액은 평균임금의 100분의 70에 상당하는 금액	
장해급여	장해등급에 따라 장해보상연금 또는 장해보상일시금으로 지급	
간병급여	요양급여 받은 자가 치유 후 간병이 필요하여 실제로 간병을 받는 자에게 지급	
유족급여	근로자가 업무상 사유로 사망한 경우 유족에게 지급(유족보상연금 또는 유족보상일시금)	
상병보상연금	요양개시 후 2년 경과된 날 이후에 다음의 상태가 계속되는 경우 지급 1. 부상 또는 질병이 치유되지 아니한 상태 2. 부상 또는 질병에 의한 폐질의 정도가 폐질등급기준에 해당	
장의비	평균임금의 120일분에 상당하는 금액	
기타비용	장해특별급여, 유족특별급여(민법에 의한 손해배상 청구)	

참고 산업안전기사 필기 p.3-46(표. 직접비와 간접비)

KEY ① 2012년 8월 26일 기사 출제
② 2013년 8월 18일 기사 출제
③ 2015년 5월 31일 기사 출제
④ 2015년 8월 16일 기사 출제
⑤ 2019년 3월 3일 기사 출제
⑥ 2019년 8월 4일 기사 출제
⑦ 2022년 3월 5일 기사 출제

04 **무재해운동 추진기법 중 위험예지훈련 4라운드 기법에 해당하지 않는 것은?**

① 현상파악　② 행동목표설정
③ 대책수립　④ 안전평가

해설

문제해결의 4단계(4 Round)

① 1R-현상파악
② 2R-본질추구
③ 3R-대책수립
④ 4R-행동목표설정

참고 산업안전기사 필기 p.1-12(1. 위험예지훈련의 4단계)

KEY ① 2015년 3월 8일 기사 출제
② 2015년 8월 16일 기사 출제
③ 2016년 3월 6일 기사 출제
④ 2016년 5월 8일 기사 출제
⑤ 2017년 8월 26일 기사 출제
⑥ 2019년 8월 4일 기사 출제
⑦ 2020년 6월 7일 기사 출제
⑧ 2021년 8월 14일 기사 출제
⑨ 2022년 3월 5일 기사 출제

05 **산업안전보건법령상 사업장에서 산업재해발생 시 사업주가 기록·보존하여야 하는 사항을 모두 고른 것은?(단, 산업재해조사표와 요양신청서의 사본은 보존하지 않았다.)**

ㄱ. 사업장의 개요 및 근로자의 인적사항
ㄴ. 재해 발생의 일시 및 장소
ㄷ. 재해 발생의 원인 및 과정
ㄹ. 재해 재발방지 계획

① ㄱ, ㄹ
② ㄴ, ㄷ, ㄹ
③ ㄱ, ㄴ, ㄷ
④ ㄱ, ㄴ, ㄷ, ㄹ

해설

산업재해발생 시 기록 보존(3년간 보관)해야 할 사항

① 사업장의 개요 및 근로자의 인적사항
② 재해발생의 일시 및 장소
③ 재해발생의 원인 및 과정
④ 재해 재발방지 계획

참고 ① 산업안전기사 필기 p.3-30(합격날개 : 합격예측)
② 산업안전기사 필기 p.1-227(제72조 산업재해기록 등)

KEY 2021년 8월 14일 기사 출제

정보제공

산업안전보건법 시행규칙 제72조(산업재해 기록 등)

[정답] 04 ④ 05 ④

06 **다음 중 몇 사람의 전문가에 의하여 과제에 관한 견해를 발표하게 한 뒤에 참가자로 하여금 의견이나 질문을 하게 하여 토의하는 방법은?**

① 포럼(Forum)
② 심포지엄(Symposium)
③ 케이스 스터디(Case study)
④ 패널 디스커션(Panel discussion)

해설

심포지엄(Symposium)
몇 사람의 전문가에 의하여 과제에 관한 견해를 발표하게 한 뒤 참가자로 하여금 의견이나 질문을 하게 하여 토의하는 방법

참고 산업안전기사 필기 p.1-144 (④ 토의식 교육방법)

KEY ① 2011년 6월 12일 기사 출제
② 2013년 8월 18일 기사 출제
③ 2015년 5월 31일 기사 출제
④ 2015년 8월 16일 기사 출제
⑤ 2018년 3월 4일 기사 출제
⑥ 2020년 6월 7일 기사 출제
⑦ 2022년 3월 5일 기사 출제

07 **연간 근로자수가 1,000명인 공장의 도수율이 10인경우 이 공장에서 연간 발생한 재해건수는 몇 건인가?**

① 20건 ② 22건
③ 24건 ④ 26건

해설

재해건수 계산

① 도수율 = $\frac{\text{재해건수}}{\text{연근로시간수}} \times 10^6$

② $10 = \frac{x}{1{,}000 \times 2{,}400} \times 10^6$

③ $x = 24$[건]

참고 산업안전기사 필기 p.3-65(문제25번) 적중

KEY 2018년 8월 19일 기사 출제

합격자의 조언
천인율, 도수율, 강도율은 이번 시험에도 출제됩니다.

보충학습
연천인율 = 도수율×2.4 = 24[건]

08 **산업안전보건법령상 주로 고음을 차음하고 저음은 차음하지 않는 방음보호구의 기호로 옳은 것은?**

① NRR ② EM
③ EP-1 ④ EP-2

해설

방음보호구 적용범위
소음이 발생되는 사업장에 있어서 근로자의 청력을 보호하기 위하여 사용하는 귀마개와 귀덮개(이하 "방음보호구"라 한다.)에 대하여 적용한다.

[표] 종류 및 등급

종류	등급	기호	성능
귀마개	1종	EP-1	저음부터 고음까지 차음하는 것
	2종	EP-2	주로 고음을 차음하여 회화음 영역인 저음은 차음하지 않는 것
귀덮개	-	EM	

참고 산업안전기사 필기 p.1-58(7. 방음보호구 적용범위)

KEY ① 2013년 3월 10일 기사 출제
② 2019년 8월 4일 기사 출제
③ 2021년 3월 7일 기사 출제

09 **Y-K(Yutaka-Kohate) 성격검사에 관한 사항으로 옳은 것은?**

① C, C' 형은 적응이 빠르다.
② M, M' 형은 내구성, 집념이 부족하다.
③ S, S' 형은 담력, 자신감이 강하다.
④ P, P' 형은 운동, 결단이 빠르다.

해설

C, C'형 : 담즙질(진공성형)

작업 성격 인자	적성 직종의 일반적 성향
① 운동 및 결단이 빠르고 기민하다. ② 적응이 빠르다. ③ 세심하지 않다. ④ 내구, 집념이 부족 ⑤ 진공, 자신감 강함	① 대인적 직업 ② 창조적, 관리자적 직업 ③ 변화있는 기술적, 가공작업 ④ 변화있는 물품을 대상으로 하는 불연속 작업

참고 산업안전기사 필기 p.1-78(1. Y-K 성격검사)

KEY 2020년 9월 27일 기사 출제

[정답] 06 ② 07 ③ 08 ④ 09 ①

PART 04

10 다음 중 산업안전보건법령상 안전보건표지의 종류에 있어 안내표지에 해당하지 않는것은?

① 들것 ② 비상용기구
③ 출입구 ④ 세안장치

해설

안내표지의 종류

① 녹십자표지	② 응급구호표지	③ 들것	④ 세안장치

⑤ 비상용기구	⑥ 비상구	⑦ 좌측비상구	⑧ 우측비상구

참고 산업안전기사 필기 p.1-62(4. 안전보건표지의 종류와 형태)

KEY ① 2011년 6월 12일 기사 출제
② 2014년 8월 17일 기사 출제
③ 2017년 8월 26일 기사 출제

11 일반적으로 시간의 변화에 따라 야간에 상승하는 생체리듬은?

① 맥박수 ② 염분량
③ 혈압 ④ 체중

해설

위험일의 변화 및 특징

① 혈액의 수분, 염분량 : 주간에 감소, 야간에 상승
② 체중 감소, 소화분비액 불량, 말초운동 기능 저하, 피로의 자각 증상 증가
③ 체온, 혈압, 맥박 : 주간에 상승, 야간에 감소

참고 산업안전기사 필기 p.1-108 (5) 위험일의 변화 및 특징

KEY ① 2014년 3월 2일 기사 출제
② 2017년 8월 26일 기사 출제
③ 2018년 4월 28일 기사 출제
④ 2020년 9월 27일 기사 출제
⑤ 2021년 3월 7일 기사 출제

12 교육과정 중 학습경험 조직의 원리에 해당하지 않는 것은?

① 기회의 원리 ② 계속성의 원리
③ 계열성의 원리 ④ 통합성의 원리

해설

학습경험 조직의 원리

① 계속성의 원리 : 경험 요소가 계속적으로 반복되도록 조직화 해야 한다.
② 계열성의 원리 : 경험의 수준을 갈수록 높여 깊이있고 폭넓은 경험이 되도록 하여야 한다.
③ 통합성의 원리 : 학습경험을 횡적으로 연결지어 조화롭게 통합해야 한다.

참고 산업안전기사 필기 p.1-151(합격날개 : 은행문제)

KEY ① 2021년 8월 14일 기사 출제
② 2022년 3월 5일 기사 출제

13 재해원인 분석방법의 통계적 원인분석 중 사고의 유형, 기인물 등 분류항목을 큰 순서대로 도표화한 것은?

① 파레토도 ② 특성요인도
③ 크로스도 ④ 관리도

해설

파레토도(Pareto diagram)

① 관리 대상이 많은 경우 최소의 노력으로 최대의 효과를 얻을 수 있는 방법
② 사고의 유형, 기인물 등 분류항목을 큰 값에서 작은 값의 순서로 도표화하는 데 편리

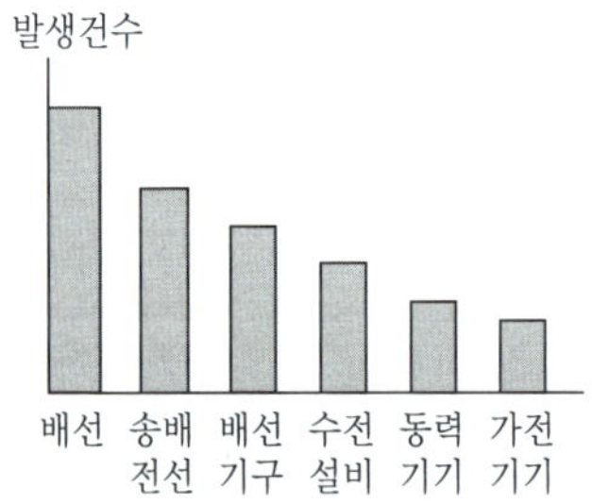

[그림] 전기설비별 감전사고 분포 파레토도

참고 산업안전기사 필기 p.3-3((1) 파레토도)

[정답] 10 ③ 11 ② 12 ① 13 ①

KEY ① 2017년 8월 26일 기사 출제
② 2020년 9월 27일 기사 출제

14 적성요인에 있어 직업적성을 검사하는 항목이 아닌 것은?

① 기능 ② 촉각 적응력
③ 형태식별능력 ④ 운동속도

해설

직업적성검사(職業適性檢查, vocational aptitude test)

① 피검사자의 개인적 특징인 적성과 직업의 특성을 대응시키는 검사이다.
② 직업적성검사는 개인의 적성이나 기질과 특정 직종 또는 직업에서 직무수행에 요구되는 활동간의 관계를 밝혀, 개인의 진로개발이나 구직활동에 유용한 직업정보를 제공하는 데 목적이 있다.
③ 대표적인 직업적성검사로는 일반적성검사(GATB : general aptitude test battery), 차별적성검사(DAT : differential aptitude test), 산업적성검사(FIT : flanagan industrial tests), 고용적성조사(EAS : employee aptitude survey) 등이 있다.
④ 종류
㉮ 지능 : 일반적인 학습능력 및 원리 이해 능력, 추리 판단 능력
㉯ 언어능력 : 단어의 뜻과 함께 그와 관련된 개념을 이해하고 사용하는 능력
㉰ 수리능력 : 빠르고 정확하게 계산하는 능력

참고 산업안전기사 필기 p.1-76(합격날개 : 합격예측)

KEY ① 2011년 6월 12일 기사 출제
② 2019년 8월 4일 기사 출제

15 산업재해 기록·분류에 관한 지침에 따른 분류기준 중 다음의 ( ) 안에 알맞은 것은?

재해자가 넘어짐으로 인하여 기계의 동력 전달부위 등에 끼이는 사고가 발생하여 신체부위가 절단된 경우는 ( )으로 분류한다.

① 넘어짐 ② 끼임
③ 깔림 ④ 절단

해설

협착(끼임)·감김

① 두 물체 사이의 움직임에 의하여 일어난 것으로 직선 운동하는 물체 사이의 협착
② 회전부와 고정체 사이의 끼임
③ 롤러 등 회전체 사이에 물리거나 또는 회전체·돌기부 등에 감긴 경우

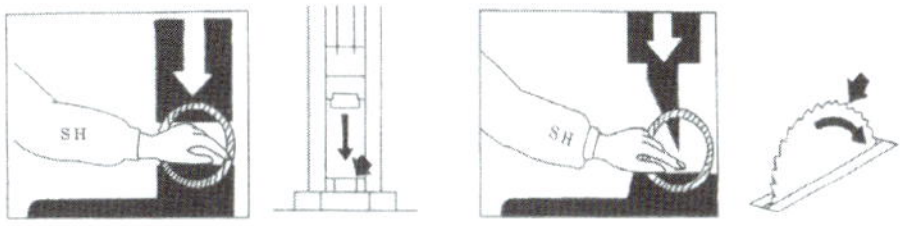

[그림] ①협착점 ②절단점

참고 ① 산업안전기사 필기 p.3-43(표 : 상해종류)
② 산업안전기사 필기 p.3-16(그림 : 기계설비위험점 6가지)

KEY 2018년 8월 19일 기사 출제

16 매슬로우(Maslow)의 욕구 5단계 이론 중 자기 보존에 관한 안전욕구는 몇 단계에 해당되는가?

① 제1단계 ② 제2단계
③ 제3단계 ④ 제4단계

해설

매슬로우(Maslow, A. H.)의 욕구단계 이론

① 제1단계(생리적 욕구 : 생명유지의 기본적 욕구) : 기아, 갈증, 호흡, 배설, 성욕 등 인간의 가장 기본적인 욕구(종족보존)
② 제2단계(안전욕구) : 자기보존욕구
③ 제3단계(사회적 욕구) : 소속감과 애정욕구
④ 제4단계(존경욕구) : 인정받으려는 욕구
⑤ 제5단계(자아실현의 욕구) : 잠재적인 능력을 실현하고자 하는 욕구 (성취욕구)

참고 산업안전기사 필기 p.1-101(5. 매슬로우의 욕구 5단계 이론)

KEY ① 2013년 3월 10일 기사 출제
② 2014년 3월 2일 기사 출제
③ 2016년 5월 8일 기사 출제
④ 2016년 8월 21일 기사 출제
⑤ 2017년 3월 5일 기사 출제
⑥ 2018년 4월 28일 기사 출제
⑦ 2019년 4월 27일 기사 출제
⑧ 2020년 8월 22일 기사 출제
⑨ 2021년 8월 14일 기사 출제
⑩ 2022년 4월 24일 기사 출제

[정답] 14 ② 15 ② 16 ②

PART 04

17 보호구 안전인증 고시상 추락방지대가 부착된 안전대 일반구조에 관한 내용 중 틀린 것은?

① 죔줄은 합성섬유로프를 사용해서는 안된다.
② 고정된 추락방지대의 수직구명줄은 와이어로프 등으로 하여 최소지름이 8[mm]이상이어야 한다.
③ 수직구명줄에서 걸이설비와의 연결부위는 훅 또는 카라비너 등이 장착되어 걸이설비와 확실히 연결되어야 한다.
④ 추락방지대를 부착하여 사용하는 안전대는 신체지지의 방법으로 안전그네만을 사용하여야 하며 수직구명줄이 포함되어야 한다.

해설

추락방지대가 부착된 안전대의 구조

① 추락방지대를 부착하여 사용하는 안전대는 신체지지의 방법으로 안전그네만을 사용하여야 하며 수직구명줄이 포함될 것
② 수직구명줄에서 걸이설비와의 연결부위는 훅 또는 카라비너 등이 장착되어 걸이설비와 확실히 연결될 것
③ 유연한 수직구명줄은 합성섬유로프 또는 와이어로프 등이어야 하며 구명줄이 고정되지 않아 흔들림에 의한 추락방지대의 오작동을 막기 위하여 적절한 긴장수단을 이용, 팽팽히 당겨질 것
④ 죔줄은 합성섬유로프, 웨빙, 와이어로프 등일 것
⑤ 고정된 추락방지대의 수직구명줄은 와이어로프 등으로 하며 최소지름이 8[mm]이상일 것
⑥ 고정 와이어로프에는 하단부에 무게추가 부착되어 있을 것

참고 산업안전기사 필기 p.1-54(3. 추락방지대가 부착된 안전대의 구조)

KEY 2021년 8월 14일 기사 출제

합격정보

보호구 안전인증고시 제2020-35호 [별표 9] 안전대의 성능기준

18 안전교육방법 중 강의법에 대한 설명으로 옳지 않은 것은?

① 단기간의 교육 시간 내에 비교적 많은 내용을 전달할 수 있다.
② 다수의 수강자를 대상으로 동시에 교육할 수 있다.
③ 다른 교육방법에 비해 수강자의 참여가 제약된다.
④ 수강자 개개인의 학습강도를 조절할 수 있다.

해설

강의법의 특징

① 강의법은 그야말로 교사의 일방적인 의사소통으로 진행되는 수업방법이다.
② 교사의 뛰어난 의사소통 능력과 학생들의 뛰어난 청취 능력 및 필기 능력이 요구된다.
③ 강의법을 통해 교사의 가치관 등이 학생들에게 전달될 수 있다.

참고 산업안전기사 필기 p.1-144(표. 토의식 교육과 강의식 교육의 비교)

KEY ① 2012년 5월 20일 기사 출제
② 2019년 8월 4일 기사 출제

19 재해예방의 4원칙이 아닌 것은?

① 손실우연의 원칙
② 사전준비의 원칙
③ 원인계기의 원칙
④ 대책선정의 원칙

해설

재해예방의 4원칙

① 예방가능의 원칙
② 손실우연의 원칙
③ 원인연계(계기)의 원칙
④ 대책선정의 원칙

참고 산업안전기사 필기 p.3-35(6. 하인리히 산업재해예방의 4원칙)

KEY ① 2014년 8월 17일 기사 출제
② 2015년 8월 16일 기사 출제
③ 2017년 3월 5일 기사 출제
④ 2020년 6월 7일 기사 출제
⑤ 2020년 8월 22일 기사 출제
⑥ 2020년 9월 27일 기사 출제
⑦ 2022년 3월 5일 기사 출제

합격자의 조언

반드시 이번 시험에도 출제 예정 문제입니다.

[정답] 17 ① 18 ④ 19 ②

20 부주의에 대한 사고방지 대책 중 기능 및 작업 측면의 대책이 아닌 것은?

① 표준작업의 습관화
② 적성배치
③ 안전의식의 제고
④ 작업조건의 개선

해설

부주의에 대한 기능 및 작업적 측면에 대한 대책
① 적성 배치
② 안전작업 방법 습득
③ 표준작업 동작의 습관화

참고 산업안전기사 필기 p.1-121(④ 기능 및 작업적 측면에 대한 대책)

KEY 2018년 8월 19일 기사 출제

보충학습

부주의에 대한 정신적 측면에 대한 대책
① 주의력의 집중 훈련
② 스트레스의 해소
③ 안전의식의 고취
④ 작업의욕의 고취

2 인간공학 및 위험성 평가·관리

21 산업안전보건기준에 관한 규칙상 작업장의 작업면에 따른 적정 조명 수준은 초정밀작업에서 (㉠)[lux] 이상이고, 보통작업에서는 (㉡)[lux] 이상이다. ( )안에 들어갈 내용은?

① ㉠ : 650, ㉡ : 150
② ㉠ : 650, ㉡ : 250
③ ㉠ : 750, ㉡ : 150
④ ㉠ : 750, ㉡ : 250

해설

작업장의 조도기준
① 초정밀작업 : 750[lux] 이상
② 정밀작업 : 300[lux] 이상
③ 보통작업 : 150[lux] 이상
④ 그 밖의 작업 : 75[lux] 이상

참고 ① 산업안전기사 필기 p.2-169(합격날개 : 합격예측)
② 산업안전기사 필기 p.2-201(문제 12번)

KEY ① 2011년 8월 21일 기사 출제
② 2017년 8월 26일 기사 출제
③ 2019년 3월 3일 기사 출제
④ 2022년 3월 5일 기사 출제

정보제공
산업안전보건기준에 관한 규칙 제8조(조도)

합격자의 조언
필기 제6과목과 실기에서도 출제되는 내용입니다.

22 인간의 실수 중 수행해야 할 작업 및 단계를 생략하여 발생하는 오류는?

① omission error
② commission error
③ sequence error
④ timing error

해설

생략에러와 실행에러
① 생략에러(Omission errors : 부작위 실수) : 직무 또는 어떤 단계를 수행치 않음 (누락오류)
② 실행에러(Commission error : 작위 실수) : 직무의 불확실한 수행(예 선택, 순서, 시간, 정성적 착오)

참고 산업안전기사 필기 p.2-20(2. 인간 실수의 분류)

KEY ① 2013년 6월 2일 기사 출제
② 2013년 8월 18일 기사 출제
③ 2015년 3월 8일 기사 출제
④ 2017년 8월 26일 기사 출제
⑤ 2018년 4월 28일 기사 출제
⑥ 2019년 3월 3일 기사 출제
⑦ 2019년 8월 4일 기사 출제
⑧ 2020년 8월 22일 기사 출제
⑨ 2020년 9월 27일 기사 출제
⑩ 2021년 3월 7일 기사 출제
⑪ 2021년 8월 14일 기사 출제

[정답] 20 ③ 21 ③ 22 ①

23 양립성(compatibility)에 대한 설명 중 틀린 것은?

① 개념 양립성, 운동양립성, 공간양립성 등이 있다.
② 인간의 기대에 맞는 자극과 반응의 관계를 의미한다.
③ 양립성의 효과가 크면 클수록, 코딩의 시간이나 반응의 시간은 길어진다.
④ 양립성이란 제어장치와 표시장치의 연관성이 인간의 예상과 어느 정도 일치하는 것을 의미한다.

해설

양립성[일명 모집단 전형(compatibility, 兩立性)]

① 자극들간의, 반응들간의 혹은 자극-반응들간의 관계가(공간, 운동, 개념적)인간의 기대에 일치되는 정도
② 양립성 정도가 높을수록, 정보처리시 정보변환(암호화, 재암호화)이 줄어들게 되어 학습이 더 빨리 진행되고, 반응시간이 더 짧아지고, 오류가 적어지며, 정신적 부하가 감소하게 된다.

참고 ① 산업안전기사 필기 p.1-75(6.양립성)
② 산업안전기사 필기 p.2-179(6.양립성)

KEY ① 2017년 5월 7일 기사 출제
② 2018년 8월 19일 기사 출제

24 신호검출이론(SDT)의 판정결과 중 신호가 없었는데도 있었다고 말하는 경우는?

① 긍정(hit)
② 누락(miss)
③ 허위(false alarm)
④ 부정(correct rejection)

해설

신호검출이론

① 신호와 소음을 쉽게 식별할 수 없는 상황에 적용된다.
② 일반적인 상황에서 신호 검출을 간섭하는 소음이 있다.
③ 긍정(hit), 허위(false alarm), 누락(miss), 부정(correct rejection)의 네가지 결과로 나눌 수 있다.

KEY ① 2017년 5월 7일 기사 출제
② 2020년 9월 27일 기사 출제

25 [그림]과 같은 FT도에서 a=0.015, b=0.02, c=0.05이면, 정상사상 T가 발생할 확률은 약 얼마인가?

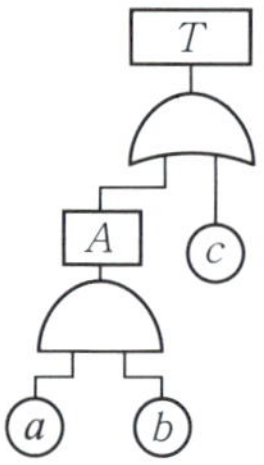

① 0.0002 ② 0.0283
③ 0.0503 ④ 0.950

해설

정상사상 발생확률

① $T=1-(1-A)(1-c)$
$=1-(1-0.0003)(1-0.05)$
$=0.0503$
② $A=a\times b=0.015\times 0.02=0.0003$

참고 산업안전기사 필기 p.2-89(문제 23번)

KEY ① 2013년 8월 18일 기사 출제
② 2015년 8월 16일 기사 출제
③ 2020년 8월 22일 기사 출제
④ 2021년 3월 7일 기사 출제

26 인간-기계 체계를 분석하는 방법 중의 하나인 OSD(Operational Sequence Diagram)에 사용되는 기본 기호 중 전달정보를 나타내는 기호는?

① 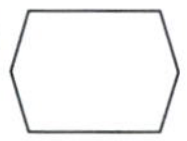
② 
③ 
④ 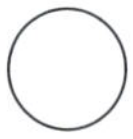

해설

OSD(Operational Sequence Diagram)

'정보-의사결정-행동'으로 하는 작업순서를 기호로써 표시하는 방법

[정답] 23 ③ 24 ③ 25 ③ 26 ③

(1) 기본 기호
○ : 수신정보, □ : 행동, ▽ : 전달정보
(2) lamp가 점화된 것을 보고 button을 누르는 작업 순서

(3) light가 자동으로 켜지면 작업자는 그것을 보고 button을 누르는 경우의 OSD
① 작업자를 중심으로 한 기술

② 시스템을 중심으로 한 기술

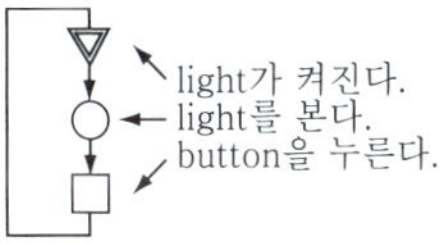

참고 ① 산업안전기사 필기 p.2-28(문제 20번) 적중
② 산업안전기사 필기 p.3-9(3. 공정분석기술)

KEY 2023년 7월 19일 산업기사 출제

27 화학설비에 대한 안전성 평가에서 정성적 평가 항목이 아닌 것은?

① 건조물 ② 취급물질
③ 공장 내의 배치 ④ 입지조건

해설

정성적 평가항목
① 입지조건
② 공장 내의 배치
③ 소방설비
④ 공정기기
⑤ 수송·저장
⑥ 원재료, 중간체, 제품

참고 산업안전기사 필기 p.2-37(1. 안전성 평가 6단계)

KEY ① 2012년 3월 4일 기사 출제
② 2013년 6월 2일 기사 출제
③ 2014년 8월 17일 기사 출제
④ 2015년 5월 31일 기사 출제
⑤ 2016년 5월 8일 기사 출제
⑥ 2017년 8월 26일 기사 출제
⑦ 2018년 3월 4일 기사 출제
⑧ 2019년 3월 3일 기사 출제
⑨ 2022년 3월 5일 기사 출제

28 연구 기준의 요건과 내용이 옳은 것은?

① 무오염성 : 실제로 의도하는 바와 부합해야 한다.
② 적절성 : 반복 실험 시 재현성이 있어야 한다.
③ 신뢰성 : 측정하고자 하는 변수 이외의 다른 변수의 영향을 받아서는 안된다.
④ 민감도 : 피실험자 사이에서 볼 수 있는 예상 차이점에 비례하는 단위로 측정해야 한다.

해설

기준의 요건

구분	특징
적절성 (relevance)	기준이 의도된 목적에 적합하다고 판단되는 정도
무오염성	측정하고자 하는 변수외의 영향이 없도록
기준척도의 신뢰성 (reliability criterion measure)	척도의 신뢰성 즉 반복성 (repeatability)

참고 산업안전기사 필기 p.2-6(합격날개 : 합격예측)

KEY ① 2011년 3월 20일 기사 출제
② 2013년 6월 2일 기사 출제
③ 2014년 3월 2일 기사 출제
④ 2017년 8월 26일 기사 출제
⑤ 2020년 6월 7일 기사 출제
⑥ 2020년 9월 27일 기사 출제
⑦ 2022년 3월 5일 기사 출제

29 다음 중 촉감의 일반적인 척도의 하나인 2점 문턱값(two-point threshold)이 감소하는 순서대로 나열된 것은?

① 손바닥→손가락→손가락 끝
② 손가락→손바닥→손가락 끝
③ 손가락 끝→손가락→손바닥
④ 손가락 끝→손바닥→손가락

[정답] 27 ② 28 ④ 29 ①

해설

촉각적 표시장치

① 2점 문턱값이란 손의 두 점을 눌렀을 때 느끼는 감각이 서로 다르게 느끼는 점 사이의 최소거리
② 손바닥→손가락→손가락 끝

KEY ① 2012년 8월 26일 기사 출제
② 2016년 8월 21일 기사 출제
③ 2020년 9월 27일 기사 출제

30 조종-반응비(Control-Response Ratio, C/R비)에 대한 설명중 틀린 것은?

①조종장치와 표시장치의 이동 거리 비율을 의미한다.
② C/R비가 클수록 조종장치는 민감하다.
③ 최적 C/R비는 조정시간과 이동시간의 교점이다.
④ 이동시간과 조정시간을 감안하여 최적 C/R비를 구할 수 있다.

해설

최적 C/D비(C/R비)

① 이동 동작과 조종 동작을 절충하는 동작이 수반
② 최적치는 두 곡선의 교점 부호
③ C/D비가 작을수록 이동시간은 짧고, 조종은 어려워서 민감한 조종장치이다.

참고 산업안전기사 필기 p.2-177(합격날개 : 합격예측)

KEY ① 2013년 6월 2일 기사 출제
② 2019년 8월 4일 기사 출제

31 섬유유연제 생산 공정이 복잡하게 연결되어 있어 작업자의 불안전한 행동을 유발하는 상황이 발생하고 있다. 이것을 해결하기 위한 위험처리 기술에 해당하지 않는 것은?

① Transfer(위험전가)
② Retention(위험보류)
③ Reduction(위험감축)
④ Rearrange(작업순서의 변경 및 재배열)

해설

Risk 처리(위험조정)기술 4가지

① 위험회피(Avoidance)
② 위험제거(경감, 감축 : Reduction)
③ 위험보유(보류 : Retention)
④ 위험전가(Transfer) : 보험으로 위험조정

참고 산업안전기사 필기 p.2-36(합격날개 : 합격예측)

KEY ① 2014년 3월 2일 기사 출제
② 2018년 8월 19일 기사 출제

32 다음 그림에서 명료도 지수는?

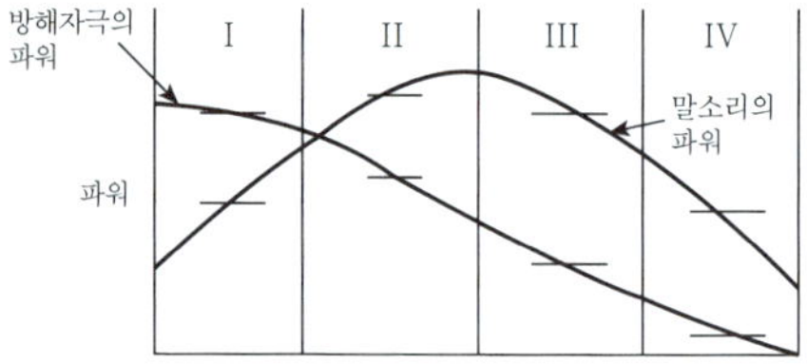

말소리(S)/방해자극(N)	1/2	3/2	4/1	5/1
Log(S/N)	−0.7	0.18	0.6	0.7
말소리 중요도 가중치	1	1	2	1

① 0.38 ② 0.68
③ 1.38 ④ 5.68

해설

명료도 지수(AI : Articulation index)

① 통화 이해도를 추정하는 근거로 사용되는데 각 옥타브대의 음성과 잡음을 데시벨 치에 가중치를 곱하여 합계를 구한 값이다.
② 명료도 지수(통화 이해도 평가척도)
$=(-0.7\times1)+(0.18\times1)+(0.6\times2)+(0.7\times1)$
$=1.38$

KEY ① 2015년 5월 31일 기사 출제
② 2021년 8월 14일 기사 출제

33 국소진동에 지속적으로 노출된 근로자에게 발생할 수 있으며, 말초혈관 장애로 손가락이 창백해지고 동통을 느끼는 질환의 명칭은?

① 레이노병 ② 파킨슨 병
③ 규폐증 ④ C5-dip 현상

[정답] 30 ② 31 ④ 32 ③ 33 ①

해설

레이노병(Raynaud's disease)

① 혈관운동신경 장애를 주증(主症)으로 하는 질환
② 프랑스 의사 M.레이노(1834~1881)가 보고한 것으로 피부교원섬유(皮膚膠原纖維)의 이상에서 오는 교원병(膠原病)으로도 볼 수 있다.
③ 사지(四肢)의 동맥에 간헐적 경련이 일어나 혈액결핍 때문에 손발 끝이 창백해지고 빳빳하게 굳어지며, 냉감(冷感)·의주감(蟻走感:개미가 기어가는 듯한 감각)·동통(疼痛) 등을 느낀다.

KEY 2019년 8월 4일 기사 출제

보충학습

① 파킨슨병 : 신경세포 소실로 발생되는 대표적 퇴행성 신경질환
② 규폐증 : 유리규산 분진을 흡입함에 따라 발생되는 폐의 섬유화 질환
③ C_5- dip : 소음성 난청 초기단계로 4,000[Hz]에서 청력장애가 현저히 커지는 현상

34 FTA에 사용되는 기호 중 "통상 사상"을 나타내는 기호는?

① 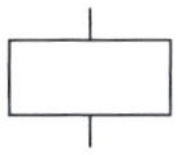

② 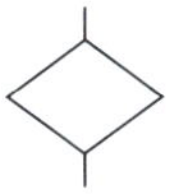

③ 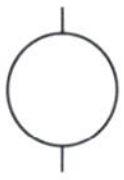

④ 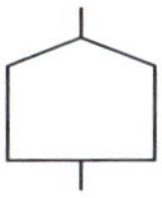

해설

FTA기호

기 호	명 칭	기 호	명 칭
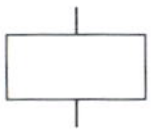	결함사상	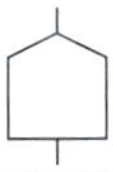	통상사상
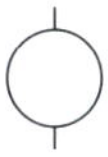	기본사상		생략사상

참고 산업안전기사 필기 p.2-70([표] FTA 기호)

KEY ① 2011년 6월 12일 기사 출제
② 2014년 5월 25일 기사 출제
③ 2016년 8월 21일 기사 출제
④ 2017년 8월 26일 기사 출제
⑤ 2018년 3월 4일 기사 출제
⑥ 2022년 4월 24일 기사 출제

35 시스템의 운용단계에서 이루어져야 할 주요한 시스템안전 부문의 작업이 아닌 것은?

① 생산시스템 분석 및 효율성 검토
② 안전성 손상 없이 사용설명서의 변경과 수정을 평가
③ 운용, 안전성 수준유지를 보증하기 위한 안전성 검사
④ 운용, 보전 및 위급 시 절차를 평가하여 설계 시 고려사항과 같은 타당성 여부 식별

해설

시스템의 운용단계에서 이루어져야 하는 시스템안전 부문의 작업

① 안전성 손상 없이 사용설명서의 변경과 수정을 평가
② 운용, 안전성 수준유지를 보증하기 위한 안전성 검사
③ 운용, 보전 및 위급 시 절차를 평가하여 설계 시 고려사항과 같은 타당성 여부 식별

참고 산업안전기사 필기 p.1-8(합격날개 : 은행문제)

KEY 2017년 8월 26일 기사 출제

36 어떤 소리가 1,000[Hz], 60[dB]인 음과 같은 높이임에도 4배 더 크게 들린다면, 이 소리의 음압수준은 얼마인가?

① 70[dB] ② 80[dB]
③ 90[dB] ④ 100[dB]

해설

음압수준

① 10[dB] 증가 시 소음은 2배 증가
② 20[dB] 증가 시 소음은 4배 증가
③ 60+20=80[dB]

결론

$$4\text{sone} = 2^{\frac{L_1 - 60}{10}}$$

$$10 \times \log 4 = (L_1 - 60)\log 2$$

$$L_1 = \frac{10 \times \log 4}{\log 2} + 60 = 80$$

참고 ① 2002년, 2003년 연속 출제
② 2009년 8월 30일(문제 53번) 출제

KEY ① 2018년 4월 28일 기사 출제
② 2020년 9월 27일 기사 출제

[정답] 34 ④ 35 ① 36 ②

보충학습

[표] phon과 sone의 관계

sone	1	2	4	8	16	32	64	128	256	512	1024
phon	40	50	60	70	80	90	100	110	120	130	140

예 10[phon]이 증가하면 2배의 소리 크기가 되며, 20[phon]이 증가하면 4배의 소리 크기가 된다.

37 병렬로 이루어진 두 요소의 신뢰도가 각각 0.7일 경우, 시스템 전체의 신뢰도는?

① 0.30 ② 0.49
③ 0.70 ④ 0.91

해설

전체신뢰도

$R_s = 1-(1-0.7)(1-0.7) = 0.91$

참고 산업안전기사 필기 p.2-13(2. 병렬체계)

KEY ① 2016년 8월 21일 기사 출제
② 2018년 8월 19일 기사 출제

38 산업안전보건법령상 유해·위험방지계획서의 심사 결과에 따른 구분·판정에 해당하지 않는 것은?

① 적정 ② 일부적정
③ 부적정 ④ 조건부적정

해설

심사결과 구분·판정 3가지

① 적정 : 근로자의 안전과 보건상 필요한 조치가 구체적으로 확보되었다고 인정될 때
② 조건부 적정 : 근로자의 안전과 보건을 확보하기 위하여 일부 개선이 필요하다고 인정될 때
③ 부적정 : 기계·설비 또는 건설물이 심사기준에 위반되어 공사착공시 중대한 위험발생의 우려가 있거나 계획에 근본적 결함이 있다고 인정될 때

참고 산업안전기사 필기 p.2-45(합격날개 : 합격예측)

KEY ① 2014년 3월 2일 기사 출제
② 2015년 8월 16일 기사 출제
③ 2017년 8월 26일 기사 출제
④ 2018년 8월 19일 기사 출제

정보제공

산업안전보건법 시행규칙 제123조(심사결과의 구분)

39 FTA를 수행함에 있어 기본사상들의 발생이 서로 독립인가 아닌가의 여부를 파악하기 위해서는 어느 값을 계산해 보는 것이 가장 적합한가?

① 공분산 ② 분산
③ 고장률 ④ 발생확률

해설

공분산

① FTA 수행시 기본 사상들의 발생이 서로 독립인가 아닌가 여부 판단
② 두 확률변수 X, Y의 기댓값을 각각 $\mu_x = E(X)$, $\mu_Y = E(Y)$라고 하자. 공분산 $\mathrm{Cov}(X, Y)$는 다음과 같이 정의한다.

$$\mathrm{Cov}(X, Y) = E[(X-\mu_X)(Y-\mu_Y)]$$

KEY 2018년 8월 19일 기사 출제

40 일반적으로 인체측정치의 최대집단치를 기준으로 설계하는 것은?

① 선반의 높이
② 공구의 크기
③ 출입문의 크기
④ 안내 데스크의 높이

해설

인체측정

구분	최대 집단치
정의	대상 집단에 대한 인체 측정 변수의 상위 백분위수(percentile)를 기준으로 90, 95, 99[%]치가 사용 예 울타리
사용 예	① 출입문, 통로, 의자사이의 간격 등의 공간 여유의 결정 ② 줄사다리, 그네 등의 지지물의 최소 지지중량(강도)

참고 산업안전기사 필기 p.2-159(1. 최대치수와 최소치수)

KEY 2021년 8월 14일 기사 출제

[정답] 37 ④ 38 ② 39 ① 40 ③

3 기계·기구 및 설비안전관리

41 공기압축기의 방호장치가 아닌 것은?

① 언로드 밸브 ② 압력방출장치
③ 수봉식 안전기 ④ 회전부의 덮개

해설

공기압축기의 방호장치
① 언로드 밸브
② 압력방출장치
③ 회전부의 덮개

[그림] 공기압축기

KEY ① 2011년 3월 20일 기사 출제
② 2013년 8월 18일 기사 출제
③ 2019년 8월 4일 기사 출제

보충학습
수봉식 안전기 : 산소아세틸렌용접장치의 방호장치

42 산업안전보건법령상 압력용기에서 안전인증된 파열판에 안전인증 표시 외에 추가로 나타내어야 하는 사항이 아닌 것은?

① 분출차(%)
② 호칭지름
③ 용도(요구성능)
④ 유체의 흐름방향 지시

해설

파열판의 추가 표시사항
① 호칭지름
② 용도(요구성능)
③ 설정파열압력(MPa) 및 설정온도(°C)
④ 분출용량(kg/h) 또는 공칭분출계수
⑤ 파열판의 재질
⑥ 유체의 흐름방향 지시

참고 산업안전기사 필기 p.3-122(합격날개:합격예측)

KEY ① 2017년 3월 5일 기사 출제
② 2021년 8월 14일 기사 출제

정보제공
방호장치 안전인증 고시(2016. 12. 16)

43 다음 중 동력프레스기 중 hand in die 방식의 프레스기에서 사용하는 방호대책에 해당하는 것은?

① 가드식 방호장치
② 전용 프레스의 도입
③ 자동 프레스의 도입
④ 안전울을 부착한 프레스

해설

금형 안에 손이 들어가는 구조(Hand in Die Type)
(1) 프레스기의 종류, 압력능력 S.P.M, 행정길이·작업방법에 상응하는 방호장치
① 가드식
② 수인식
③ 손쳐내기식
(2) 정지 성능에 상응하는 방호장치
① 양수조작식
② 감응식 광전자식(비접촉)
Inter-Lock(접촉)

참고 산업안전기사 필기 p.3-107(표. 프레스기 안전장치)

KEY 2013년 8월 18일 기사 출제

보충학습
No-hand in die방식의 종류
① 안전울 부착 프레스
② 안전금형 부착 프레스
③ 전용 프레스 도입
④ 자동 프레스 도입

[정답] 41 ③ 42 ① 43 ①

PART 04

44 500[rpm]으로 회전하는 연삭숫돌의 지름이 300 [mm] 일때 원주속도[m/min]는?

① 약 748　② 약 650
③ 약 532　④ 약 471

해설

원주속도

$$V=\frac{\pi DN}{1{,}000}=\frac{\pi\times500\times300}{1{,}000}=471[\text{m/min}]$$

참고 산업안전기사 필기 p.3-89(합격날개 : 합격예측)

KEY ① 2011년 3월 20일 기사 출제
② 2011년 8월 21일 기사 출제
③ 2012년 3월 4일 기사 출제
④ 2014년 3월 2일 기사 출제
⑤ 2016년 3월 6일 기사 출제
⑥ 2017년 8월 26일 기사 출제
⑦ 2020년 9월 27일 기사 출제

45 보일러에서 프라이밍(priming)과 포밍(foaming)의 발생 원인으로 가장 거리가 먼 것은?

① 역화가 발생되었을 경우
② 기계적 결함이 있을 경우
③ 보일러가 과부하로 사용될 경우
④ 보일러 수에 불순물이 많이 포함되었을 경우

해설

보일러 이상연소 현상

구분	현상
불완전 연소	공기의 부족, 연료 분무 상태 불량 등의 원인으로 발생
이상 소화	버너 연소 중 돌연히 불이 꺼지는 현상
2차 연소	불완전 연소에 의해 발생한 미연소가스가 연소실 외, 연관내 또는 연도에서 연소하는 현상
역화	화염이 버너쪽에서 분출하는 현상으로 점화시에 주로 발생

참고 ① 산업안전기사 필기 p.3-120(합격날개 : 합격예측)
② 산업안전기사 필기 p.3-120(2. 보일러의 이상연소 현상)

KEY ① 2017년 8월 26일 기사 출제
② 2021년 3월 7일 기사 출제

46 산업안전보건법상 유해·위험방지를 위한 방호조치를 하지 아니하고는 양도, 대여, 설치 또는 사용에 제공하거나, 양도·대여를 목적으로 진열해서는 아니 되는 기계·기구가 아닌 것은?

① 예초기　② 진공포장기
③ 원심기　④ 롤러기

해설

유해 · 위험 방지를 위하여 방호조치가 필요한 기계 · 기구 등

① 예초기
② 원심기
③ 공기압축기
④ 금속절단기
⑤ 지게차
⑥ 포장기계(진공포장기, 랩핑기로 한정한다)

참고 산업안전보건법 시행령[별표 20]

KEY ① 2011년 6월 12일 기사 출제
② 2016년 8월 21일 기사 출제
③ 2018년 3월 4일 기사 출제
④ 2020년 9월 27일 기사 출제
⑤ 2023년 7월 22일 실기 필답형 출제

47 다음 중 금형 설치·해체작업의 일반적인 안전사항으로 틀린 것은?

① 금형을 설치하는 프레스의 T홈 안길이는 설치 볼트 직경 이하로 한다.
② 금형의 설치용구는 프레스의 구조에 적합한 형태로 한다.
③ 고정볼트는 고정 후 가능하면 나사산이 3~4개 정도 짧게 남겨 슬라이드 면과의 사이에 협착이 발생하지 않도록 해야 한다.
④ 금형 고정용 브래킷(물림판)을 고정시킬 때 고정용 브래킷은 수평이 되게 하고, 고정볼트는 수직이 되게 고정하여야 한다.

[정답] 44 ④ 45 ① 46 ④ 47 ①

해설

금형 탈락 및 운반에 따른 위험방지방법

(1) 프레스기계에 설치하기 위해 금형에 설치하는 홈의 안전대책
① 설치하는 프레스기계의 T홈에 적합한 형상의 것일 것
② 안 길이는 설치볼트 직경의 2배 이상일 것
(2) 금형의 운반에 있어서 형의 어긋남을 방지하기 위해 대판, 안전핀 등을 사용할 것

참고 산업안전기사 필기 p.3-105 (합격날개 : 합격예측)

KEY ① 2018년 8월 19일 기사 출제
② 2022년 3월 5일 기사 출제

48 재료가 변형 시에 외부응력이나 내부의 변형과정에서 방출되는 낮은 응력파(stress wave)를 감지하여 측정하는 비파괴시험은?

① 와류탐상 시험
② 침투탐상 시험
③ 음향탐상 시험
④ 방사선투과 시험

해설

음향탐상시험

① 재료가 변형될 때에 외부응력이나 내부의 변형과정에서 방출하게 되는 낮은 응력파를 감지
② 공학적인 방법으로 재료 또는 구조물이 우는(cry)것을 탐지하는 기술방법

참고 산업안전기사 필기 p.3-224(4. 음향탐상검사)

KEY 2019년 8월 4일 기사 출제

보충학습

응력파(stress wave : 應力波)

① 암석이 매체 내에서 폭파될 때 물체내의 응력은 어떤 종류의 파동에 의해 전달되는 이 파를 응력파라고 한다.
② 원폭거리에 따라 여러 가지의 성질을 갖는 응력파가 전달되나, 응력과 뒤틀림의 관계가 직선적으로 있는 매질 중에 생성하는 것은 탄성파이다.
③ 직선적이 아닌 매질중에 생기는 것은 소성파의 충격파이다.

49 산업안전보건법령상 롤러기의 방호장치 중 롤러의 앞면 표면속도가 30[m/min]이상일 때 무부하 동작에서 급정지거리는?

① 앞면 롤러 원주의 1/2.5 이내
② 앞면 롤러 원주의 1/3 이내
③ 앞면 롤러 원주의 1/3.5 이내
④ 앞면 롤러 원주의 1/5.5 이내

해설

롤러의 급정지거리

앞면롤의 표면속도[m/min]	급정지거리	표면속도 산출공식
30 미만	앞면 롤 원주의 1/3 이내 ($\pi \times D \times \frac{1}{3}$)	$V = \frac{\pi DN}{1,000}$[m/min]
30 이상	앞면 롤 원주의 1/2.5 이내 ($\pi \times D \times \frac{1}{2.5}$)	

참고 산업안전기사 필기 p.3-110(표. 롤러기의 급정지거리)

KEY ① 2014년 3월 2일 기사 출제
② 2014년 5월 25일 기사 출제
③ 2018년 8월 19일 기사 출제
④ 2020년 9월 27일 기사 출제
⑤ 2021년 3월 7일 기사 출제
⑥ 2021년 8월 14일 기사 출제

50 회전축이나 베어링 등이 마모 등으로 변형되거나 회전의 불균형에 의하여 발생하는 진동을 무엇이라 하는가?

① 단속진동 ② 정상진동
③ 충격진동 ④ 우연진동

해설

정상진동

회전축이나 베어링 등이 마모 등으로 변형되거나 회전의 불균형에 의하여 발생하는 진동

참고 산업안전기사 필기 p.3-227(합격날개 : 은행문제 1) 적중

KEY 2014년 8월 17일 기사 출제

[정답] 48 ③ 49 ① 50 ②

PART 04

51 기계설비에 대한 본질적인 안전화 방안의 하나인 풀 프루프(Fool Proof)에 관한 설명으로 거리가 먼 것은?

① 계기나 표시를 보기 쉽게 하거나 이른바 인체공학적 설계도 넓은 의미의 풀 프루프에 해당된다.
② 설비 및 기계장치 일부가 고장이 난 경우 기능의 저하는 가져오나 전체 기능은 정지하지 않는다.
③ 인간이 에러를 일으키기 어려운 구조나 기능을 가진다.
④ 조작순서가 잘못되어도 올바르게 작동한다.

해설

Fool proof
① 바보같은 행동을 방지하다는 뜻
② 사용자가 비록 잘못된 조작을 하더라도 이로 인해 전체의 고장이 발생되지 아니하도록 하는 설계방법
예 카메라에서 셔터와 필름 돌림대의 연동(이중 촬영 방지)

참고 산업안전기사 필기 p.3-192(표. fail safe와 fool proof 설계)

KEY ① 2017년 8월 26일 기사 출제
② 2018년 4월 28일 기사 출제
③ 2020년 8월 22일 기사 출제

52 산업안전보건법령상 프레스를 제외한 사출성형기·주형조형기 및 형단조기 등에 관한 안전조치 사항으로 틀린 것은?

① 근로자의 신체 일부가 말려들어갈 우려가 있는 경우에는 양수조작식 방호장치를 설치하여 사용한다.
② 게이트 가드식 방호장치를 설치할 경우에는 연동 구조를 적용하여 문을 닫지 않아도 동작할 수 있도록 한다.
③ 사출성형기의 전면에 작업용 발판을 설치할 경우 근로자가 쉽게 미끄러지지 않는 구조여야 한다.
④ 기계의 히터 등의 가열 부위, 감전 우려가 있는 부위에는 방호덮개를 설치하여 사용한다.

해설

사출성형기 등의 방호장치
① 사업주는 사출성형기(射出成形機)·주형조형기(鑄型造形機) 및 형단조기(프레스 등은 제외한다) 등에 근로자의 신체 일부가 말려들어갈 우려가 있는 경우 게이트가드(gate guard) 또는 양수조작식 등에 의한 방호장치, 그 밖에 필요한 방호 조치를 하여야 한다.
② 제1항의 게이트가드는 닫지 아니하면 기계가 작동되지 아니하는 연동구조(連動構造)여야 한다.
③ 사업주는 제①항에 따른 기계의 히터 등의 가열 부위 또는 감전 우려가 있는 부위에는 방호덮개를 설치하는 등 필요한 안전 조치를 하여야 한다.

KEY ① 2015년 5월 31일 기사 출제
② 2019년 3월 3일 기사 출제
③ 2021년 8월 14일 기사 출제

합격정보
산업안전보건기준에 관한 규칙 제121조(사출성형기 등의 방호장치)

53 다음 ( )안의 A와 B의 내용을 옳게 나타낸 것은?

> 아세틸렌용접장치의 관리상 발생기에서 (A)미터 이내 또는 발생기실에서 (B)미터 이내의 장소에서는 흡연, 화기의 사용 또는 불꽃이 발생할 위험한 행위를 금지해야 한다.

① A: 7, B: 5　　② A: 3, B: 1
③ A: 5, B: 5　　④ A: 5, B: 3

해설

아세틸렌 용접장치 화기 안전거리
① 발생기 : 5[m]
② 발생기실 : 3[m]

참고 산업안전기사 필기 p.3-172(문제 87번)

KEY 2020년 9월 27일 기사 등 10회 이상 출제

합격정보
산업안전보건기준에 관한 규칙 제290조 (아세틸렌 용접장치의 관리등)

[정답] 51 ② 52 ② 53 ④

54 산업안전보건법상 보일러에 설치하는 압력방출장치에 대하여 검사 후 봉인에 사용되는 재료로 가장 적합한 것은?

① 납 ② 주석
③ 구리 ④ 알루미늄

해설

압력방출 장치

① 보일러 규격에 적합한 압력방출장치를 최고사용압력 이하에서 작동되도록 1개 또는 2개 이상 설치
② 2개 이상 설치된 경우 최고사용압력 이하에서 1개가 작동되고, 다른 압력방출장치는 최고사용압력 1.05배 이하에서 작동되도록 부착
③ 1년에 1회 이상 토출압력시험 후 납으로 봉인(공정안전관리 이행수준 평가결과가 우수한 사업장은 4년에 1회 이상 토출압력 시험 실시)
④ 스프링식, 중추식, 지렛대식(일반적으로 스프링식 안전밸브를 많이 사용)

참고 산업안전기사 필기 p.3-121(3. 방호장치의 종류)

KEY ① 2013년 6월 2일 기사 출제
② 2016년 8월 21일 기사 출제
③ 2019년 3월 3일 기사 출제
④ 2022년 3월 5일 기사 출제

55 산업용 로봇의 작동 범위 내에서 교시 등의 작업을 하는 경우, 작업시작 전 점검사항에 해당하지 않는 것은?

① 외부전선의 피복 또는 외장의 손상유무
② 매니퓰레이터 작동의 이상유무
③ 제동장치 및 비상정지장치의 기능
④ 압력방출장치의 기능

해설

로봇의 작동범위 내에서 그 로봇에 관하여 교시 등(로봇의 동력원을 차단하고 행하는 것을 제외한다)의 작업을 할 때 작업시작 전 점검내용
① 외부전선의 피복 또는 외장의 손상유무
② 매니퓰레이터(manipulator) 작동의 이상유무
③ 제동장치 및 비상정지장치의 기능

참고 산업안전기사 필기 p.3-51([표] 기계 · 기구의 위험요소 작업시작 전 점검사항)

KEY ① 2011년 6월 12일 기사 출제
② 2011년 8월 21일 기사 출제
③ 2012년 8월 26일 기사 출제
④ 2015년 5월 31일 기사 출제
⑤ 2018년 3월 4일 기사 출제
⑥ 2020년 8월 22일 기사 출제
⑦ 2021년 5월 15일 기사 출제

56 질량이 100[kg]인 물체를 길이가 같은 2개의 와이어로프로 매달아 옮기고자 할 때 와이어로프 Ta에 걸리는 장력은 약 몇 N인가?

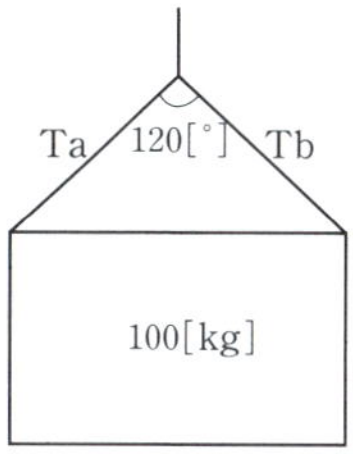

① 200 ② 400
③ 490 ④ 980

해설

하중계산

$$x=\frac{\frac{W_0}{2}}{\cos\frac{\theta}{2}}$$

$$x=\frac{\frac{100[kg]}{2}}{\cos\frac{120}{2}}=\frac{50[kg]}{\cos 60}=100[kg]\times 9.8=980[N]$$

θ : 상부각도
W_0 : 원래의 하중

참고 산업안전기사 필기 p.3-185(문제165번) 적중

KEY ① 2011년 6월 12일 기사 출제
② 2018년 4월 28일 기사 출제
③ 2019년 8월 4일 기사 출제
④ 2023년 7월 22일 실기 필답형 출제

합격자의 조언

① 본 문제는 운반기계에 해당되며 건설공사 안전관리에서도 출제됩니다.
② 실기 작업형에도 출제됩니다.

[정답] 54 ① 55 ④ 56 ④

57 **연삭기 덮개의 개구부 각도가 그림과 같이 150[°] 이하여야 하는 연삭기의 종류로 옳은 것은?**

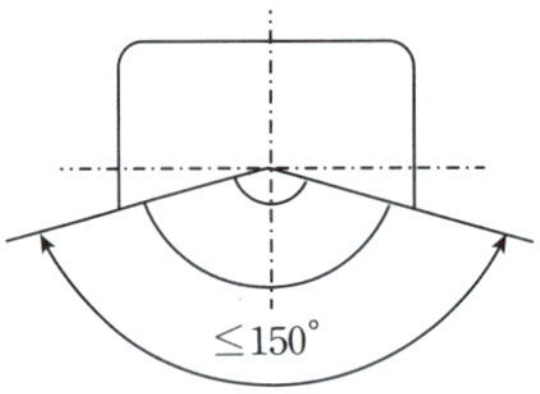

① 센터리스 연삭기 ② 탁상용 연삭기
③ 내면 연삭기 ④ 평면 연삭기

해설

연삭기 종류 및 덮개의 표준형상(개구부각)

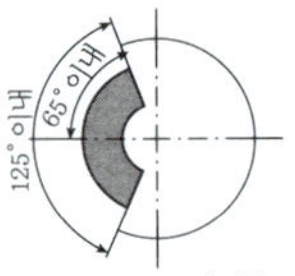

① 일반연삭작업 등에 사용하는 것을 목적으로 하는 탁상용 연삭기의 덮개 각도

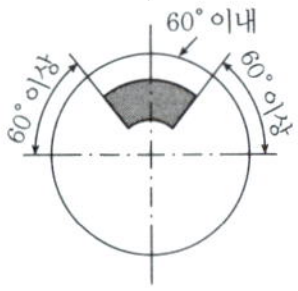

② 연삭숫돌의 상부를 사용하는 것을 목적으로 하는 탁상용 연삭기의 덮개 각도

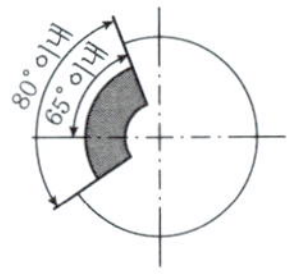

③ ① 및 ② 이외의 탁상용 연삭기, 기타 이와 유사한 연삭기의 덮개 각도

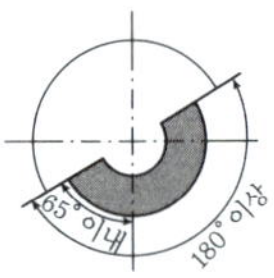

④ 원통연삭기, 센터리스연삭기, 공구연삭기, 만능 연삭기, 기타 이와 비슷한 연삭기의 덮개 각도

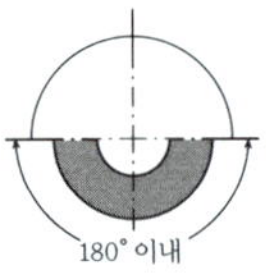

⑤ 휴대용 연삭기, 스윙연삭기, 슬라브연삭기, 기타 이와 비슷한 연삭기의 덮개 각도

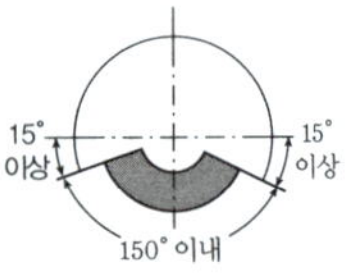

⑥ 평면연삭기, 절단연삭기, 기타 이와 비슷한 연삭기의 덮개 각도

참고 산업안전기사 필기 p.3-94 (그림. 연삭기 종류 및 덮개의 표준형상)

KEY 2018년 8월 19일 기사 출제

58 **산업안전보건법령상 지게차에서 통상적으로 갖추고 있어야 하나, 마스트의 후방에서 화물이 낙하함으로써 근로자에게 위험을 미칠 우려가 없는 때에는 반드시 갖추지 않아도 되는 것은?**

① 전조등 ② 헤드가드
③ 백레스트 ④ 포크

해설

백레스트

① 사업주는 백레스트(backrest)를 갖추지 아니한 지게차를 사용해서는 아니 된다.
② 다만, 마스트의 후방에서 화물이 낙하함으로써 근로자가 위험해질 우려가 없는 경우에는 그러하지 아니하다.

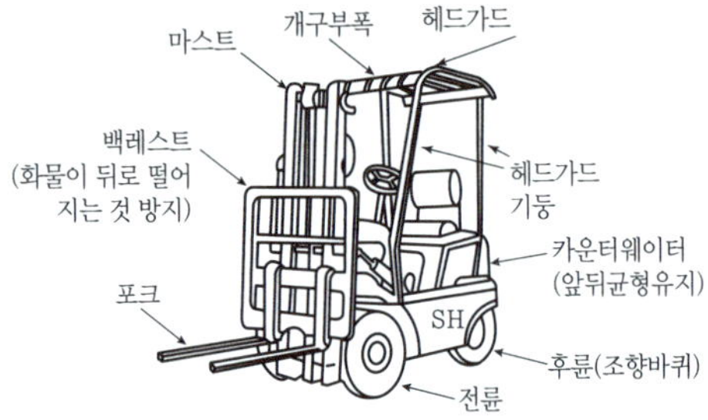

[그림] 지게차 구조

참고 산업안전기사 필기 p.3-149(합격날개 : 합격예측)

KEY ① 2011년 3월 20일 기사 출제
② 2020년 8월 22일 기사 출제
③ 2021년 8월 14일 기사 출제

합격정보
산업안전보건기준에 관한 규칙 제181조(백레스트)

59 **다음 중 컨베이어의 안전장치로 옳지 않은 것은?**

① 비상정지장치 ② 반발예방장치
③ 역회전방지장치 ④ 이탈방지장치

해설

컨베이어 안전장치 종류

① 비상정지장치
② 역회전 방지장치
③ 이탈방지 장치

참고 산업안전기사 필기 p.3-137(3. 컨베이어 안전장치)

[정답] 57 ④ 58 ③ 59 ②

KEY ① 2012년 3월 4일 기사 출제
② 2017년 8월 26일 기사 출제
③ 2019년 4월 27일 기사 출제
④ 2020년 9월 27일 기사 출제
⑤ 2021년 3월 7일 기사 출제

60 기계설비의 작업능률과 안전을 위한 배치(layout)의 3단계를 올바른 순서대로 나열한 것은?

① 지역배치→건물배치→기계배치
② 건물배치→지역배치→기계배치
③ 기계배치→건물배치→지역배치
④ 지역배치→기계배치→건물배치

해설

기계설비 layout 3단계

① 제1단계 : 지역배치
② 제2단계 : 건물배치
③ 제3단계 : 기계배치

참고 산업안전기사 필기 p.3-14(합격날개 : 합격예측)

KEY ① 2013년 6월 2일 기사 출제
② 2016년 8월 21일 기사 출제
③ 2020년 6월 7일 기사 출제

4 전기설비 안전관리

61 전선의 절연 피복이 손상되어 동선이 서로 직접 접촉한 경우를 무엇이라 하는가?

① 절연 ② 누전
③ 접지 ④ 단락

해설

단락(합선 : short-circuit)

① 단락은 전압간의 저항이 0[Ω]에 가까운 회로를 만드는 것으로, 옴의 법칙($I=E/R$)에 따라 극히 큰 전류(단락전류라고 함)가 흐른다.
② 단락사고에서 변전설비를 지키기 위하여 각종 보호 단전기와 차단기가 사용된다.

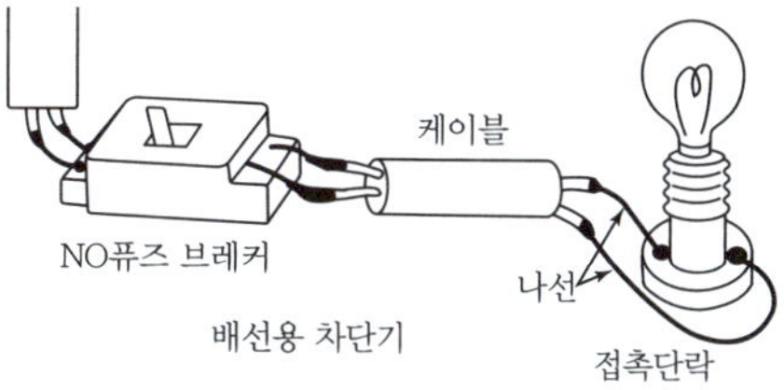

[그림] 단락 현상

참고 산업안전기사 필기 p.4-72(1.전기화재의 발생원인 및 대책)

KEY 2018년 8월 19일 기사 출제

62 KS C IEC 60079-0의 정의에 따라 '두 도전부 사이의 고체 절연물 표면을 따른 최단거리'를 나타내는 명칭은?

① 전기적 간격 ② 절연공간거리
③ 연면거리 ④ 충전물 통과거리

해설

연면거리(creeping distance : 沿面距離)

불꽃 방전을 일으키는 두 전극 간 거리를 고체 유전체의 표면을 따라서 그 최단 거리로 나타낸 값

KEY 2021년 8월 14일 기사 출제

보충학습

공간거리 : 도전부 사이의 공간 최단거리

63 다음 중 전기화재시 소화에 적합한 소화기가 아닌 것은?

① 사염화탄소소화기 ② 분말소화기
③ 산알칼리소화기 ④ CO_2소화기

해설

산·알칼리소화기 : A급 화재에 적합

① 외약제 : $NaHCO_3$
② 내약제 : H_2SO_4
③ 2년에 1회 약제 교환

참고 산업안전기사 필기 p.4-86(문제 19번) 적중

[정답] 60 ① 61 ④ 62 ③ 63 ③

PART 04

KEY ① 2013년 6월 2일 기사 출제
② 2015년 8월 16일 기사 출제

보충학습

제1류: 산화성 고체 제2류: 가연성 고체 제3류: 자연발화 및 금수성 제4류: 인화성 액체 제5류: 자기반응성 물질 제6류: 산화성 액체		대상물 구분											
		건축물 · 그 밖의 공작물	전기설비	알칼리금속과산화물 등	그 밖의 것	철분 · 금속분 · 마그네슘 등	인화성 고체	그 밖의 것	금수성 물질	그 밖의 것	제4류 위험물	제5류 위험물	제6류 위험물
봉상수소화기		○			○		○	○		○		○	○
무상수소화기		○	○		○		○	○		○		○	○
봉상강화액소화기		○			○		○	○		○		○	○
무상강화액소화기		○	○		○		○	○		○	○	○	○
포소화기		○			○		○	○		○	○	○	○
이산화탄소소화기			○				○				○		△
할로겐화합물소화기			○				○				○		
분말 소화기	인산염류소화기	○	○		○		○	○			○		○
	탄산수소염류소화기		○	○		○	○		○		○		
	그 밖의 것			○		○			○				
기타	물통 또는 수조	○			○		○	○		○		○	○
	건조사			○	○	○	○	○	○	○	○	○	○
	팽창질석 또는 팽창진주암			○	○	○	○	○	○	○	○	○	○

64 전기시설의 직접 접촉에 의한 감전방지 방법으로 적절하지 않은 것은?

① 충전부는 내구성이 있는 절연물로 완전히 덮어 감쌀 것
② 충전부가 노출되지 않도록 폐쇄형 외함이 있는 구조로 할 것
③ 충전부에 충분한 절연효과가 있는 방호망 또는 절연 덮개를 설치할 것
④ 충전부는 출입이 용이한 전개된 장소에 설치하고 위험표시 등의 방법으로 방호를 강화할 것

해설

직접접촉에 의한 감전방지대책

① 충전부에 절연 방호망을 설치할 것
② 충전부는 내구성이 있는 절연물로 완전히 덮어 감쌀 것
③ 충전부가 노출되지 않도록 폐쇄형 외함구조로 할 것
④ 관계자 외에 출입을 금지하고 평소에 잠금상태가 되어야 한다.

참고 산업안전기사 필기 p. 4-20(1. 직접접촉에 의한 감전방지 방법)

KEY ① 2012년 8월 26일 기사 출제
② 2013년 6월 2일 기사 출제
③ 2017년 3월 5일 기사 출제
④ 2017년 5월 7일 기사 출제
⑤ 2020년 9월 27일 기사 출제
⑥ 2022년 3월 5일 기사 출제

65 전기기기 방폭의 기본개념과 이를 이용한 방폭구조로 볼 수 없는 것은?

① 점화원의 격리:내압(耐壓) 방폭구조
② 폭발성 위험분위기 해소:유입 방폭구조
③ 전기기기 안전도의 증강:안전증 방폭구조
④ 점화능력의 본질적 억제:본질안전 방폭구조

해설

유입방폭구조(o)

① 유입방폭구조는 아크 또는 고열을 발생하는 전기설비를 용기에 넣고 그 용기 안에 다시 기름을 채워서 외부의 폭발성 가스와 점화원이 접촉하여 인화할 위험이 없도록 하는 구조로 유입 개폐부분에는 가스를 빼내는 배기공을 설치하여야 한다.
② 보통 10[mm] 이상의 유면으로 위험 부위를 커버하고 유면온도가 60[℃] 이상 되면 사용을 금한다.

참고 ① 산업안전기사 필기 p.4-53(3. 방폭구조의 종류 및 특징)
② 산업안전기사 필기 p.4-57(합격날개 : 보충학습)

KEY 2022년 4월 24일 기사 등 10회 이상 출제

보충학습

전기설비의 방폭화 방법

① 점화원의 방폭적 격리 : 내압, 압력, 유입 방폭 구조
② 전기설비의 안전도 증강 : 안전증 방폭구조
③ 점화능력의 본질적 억제 : 본질안전 방폭구조

[정답] 64 ④ 65 ②

66 **지락전류가 거의 0에 가까워서 안정도가 양호하고 무정전의 송전이 가능한 접지방식은?**

① 직접접지방식　② 리엑터접지방식
③ 저항접지방식　④ 소호리엑터접지방식

해설

소호리엑터접지방식
① 지락전류가 0에 가깝고 무정전 송전가능
② 1선 지락고장시 극히 작은 손실전류가 흐른다.

KEY 2019년 8월 4일 기사 출제

보충학습

저항접지방식
① 송전선의 중성점 접지방식의 하나로 중성점을 저항을 통하여 접지하는 것으로 지락고장시의 지락전류를 제어할 수 있다.
② 저항값의 대소에 따라 저저항접지 방식과 고저항접지 방식으로 나누어진다.

67 **정전기 재해를 예방하기 위해 설치하는 제전기의 제전효율은 설치 시에 얼마 이상이 되어야 하는가?**

① 40[%] 이상　② 50[%] 이상
③ 70[%] 이상　④ 90[%] 이상

해설

제전기 설치시 제전효율 : 90[%] 이상

참고 산업안전기사 필기 p.4-41(합격날개 : 은행문제)

KEY ① 2012년 3월 4일 기사 출제
② 2021년 8월 14일 기사 출제

68 **고압 및 특고압의 전로에 시설하는 피뢰기에 접지공사를 할 때 접지저항의 최댓값은 몇 [Ω] 이하로 해야 하는가?**

① 100　② 20
③ 10　④ 5

해설

피뢰기의 접지방법
① 종합접지 : 10[Ω] 이하
② 단독접지 : 20[Ω] 이하

참고 산업안전기사 필기 p.4-58(3. 피뢰기의 접지방법)

KEY ① 2011년 3월 20일 기사 출제
② 2013년 8월 18일 기사 출제
③ 2017년 5월 7일 기사 출제
④ 2017년 8월 26일 기사 출제

보충학습

단독접지 조건이 없으며 저항은 항상 : 10[Ω] 이하

69 **가연성 가스가 있는 곳에 저압·옥내전기설비를 금속관 공사에 의해 시설하고자 한다. 관 상호 간 또는 관과 전기기계기구와는 몇 턱 이상 나사조임으로 접속하여야 하는가?**

① 2턱　② 3턱
③ 4턱　④ 5턱

해설

금속관의 방폭형 부속품에 관한 내용
① 재료는 건식아연도금법에 의하여 아연도금을 한 위에 투명한 도료를 칠하거나 기타 적당한 방법으로 녹이 스는 것을 방지하도록 한 강 또는 가단주철(可鍛鑄鐵)일 것
② 안쪽 면 및 끝부분은 전선을 넣거나 바꿀 때에 전선의 피복을 손상하지 아니하도록 매끈한 것일 것
③ 전선관과의 접속부분의 나사는 5턱 이상 완전히 나사결합이 될 수 있는 길이일 것
④ 접합면 중 나사의 접합은 내압방폭구조(d)의 폭발압력시험에 적합할 것
⑤ 완성품은 내압방폭구조(d)의 폭발압력(기준압력) 측정 및 압력시험에 적합한 것일 것

참고 산업안전기사 필기 p.4-52(합격날개 : 은행문제 1)적중

KEY ① 2014년 8월 17일 기사 출제
② 2020년 9월 27일 기사 출제

70 **인체의 피부저항은 피부에 땀이 나 있는 경우 건조 시 보다 약 어느 정도 저하되는가?**

① $\frac{1}{2} \sim \frac{1}{4}$　② $\frac{1}{6} \sim \frac{1}{10}$
③ $\frac{1}{12} \sim \frac{1}{20}$　④ $\frac{1}{25} \sim \frac{1}{35}$

[정답] 66 ④ 67 ④ 68 ③ 69 ④ 70 ③

PART 04

해설

인체저항

① 피부의 전기저항 : 2,500[Ω](내부조직저항 : 500[Ω])
② 피부가 땀이 나 있을 경우 : 1/12~1/20 정도로 감소
③ 피부가 물에 젖어 있을 경우 : 1/25 정도로 감소
④ 습기가 많을 경우 : 1/10 정도로 감소
⑤ 발과 신발 사이의 저항 : 1,500[Ω]
⑥ 신발과 대지 사이의 저항 : 700[Ω]
⑦ 1[Ω] : 1[V]의 전압이 가해졌을 때 1[A]의 전류가 흐르는 저항

참고 산업안전기사 필기 p.4-17(2. 인체의 저항 및 위험에너지)

KEY 2016년 8월 21일 기사 출제

71 과전류에 의해 전선의 허용전류보다 큰 전류가 흐르는 경우 절연물이 화구가 없더라도 자연히 발화하고 심선이 용단되는 발화단계의 전선 전류밀도[A/mm²]는?

① 10~20　② 30~50
③ 60~120　④ 130~200

해설

전선의 전류밀도에 따른 화재위험정도 분류

화재위험 정도		전선전류밀도 [A/mm²]	비 고
인화단계		40~43	허용전류의 3배 정도가 흐르게 되면 점화원에 대해 절연물이 인화하는 단계
착화단계		43~60	허용전류의 3배 이상의 전류가 흐르게 되어 점화원이 존재하지 않더라도 절연물이 스스로 탄화되어 빨갛게 달구어진 전선의 심선이 노출되는 단계
발화단계	발화후 용융	60~70	착화단계보다 더 큰 전류가 흐르는 경우 점화원 없이도 절연물이 스스로 발화되어 용융되는 단계
발화단계	용융과 동시에 발화	75~120	발화후 용융단계보다 더 큰 전류가 흐르는 경우 점화원 없이도 절연물이 용융되면서 스스로 발화하는 단계
전선폭발 단계		120 이상	전선에 매우 큰 전류가 흐를 경우 전선의 심선이 용융되며 끊어지면서 전선 피복을 뚫고 나와 심선인 동이 폭발하며 비산하는 단계

참고 ① 산업안전기사 필기 p.4-75(표. 절연전선의 과대 전류)
② 산업안전기사 필기 p.4-84(문제 5번)

KEY ① 2015년 8월 16일 기사 출제
② 2019년 8월 4일 기사 출제

72 피뢰시스템의 등급에 따른 회전구체의 반지름으로 틀린 것은?

① I 등급: 20[m]　② II 등급 : 30[m]
③ III 등급 : 40[m]　④ IV 등급 : 60[m]

해설

뇌격전류 파라미터 최솟값과 LPL에 상응하는 회전구체 반지름

수뢰기준			피뢰레벨(LPL)			
구분	기호	단위	Ⅰ	Ⅱ	Ⅲ	Ⅳ
최소 피크전류	I	kA	3	5	10	16
회전구체 반지름	r	m	20	30	45	60

KEY ① 2020년 9월 27일 기사 출제
② 2021년 8월 14일 기사 출제

합격정보
피뢰시스템(KSC IEC 62305)

보충학습
① 피뢰(LP : Lightning Protection)
뇌(뇌방전)로부터 사람뿐만 아니라 내부시스템 및 내용물을 포함한 구조물의 보호를 위한 전체 시스템, 일반적으로 LPS(피뢰 시스템)와 SPM(LEMP 방호대책)으로 구성된다.
② 피뢰 시스템(LPS : Lightning Protection System)
구조물 뇌격으로 인한 물리적 손상을 줄이기 위해 사용되는 전체 시스템을 말한다. 피뢰시스템은 외부시스템과 내부시스템으로 구성된다.
③ 피뢰 구역(LPZ : Lightning Protection Zone)
뇌 전자기적 환경이 정의된 구역을 말한다.
④ 피뢰 레벨(LPL : Lightning Protection Level)
자연적으로 발생하는 뇌방전을 초과하지 않는 최대, 최소 설계값 확률에 관련된 일련의 뇌전류 파라미터로 정해지는 레벨을 말한다. LPL은 뇌전류 파라미터에 따라 보호대책을 설계하는데 이용된다.
⑤ LEMP 방호대책 (SPM, LEMP Protection Measures)
뇌전자기 임펄스(LEMP)의 영향으로부터 내부시스템을 보호하기 위한 대책을 말한다.

73 저압방폭전기의 배관방법에 대한 설명으로 틀린 것은?

① 전선관용 부속품은 방폭구조에 정한 것을 사용한다.

[정답] 71 ③ 72 ③ 73 ②

② 전선관용 부속품은 유효 접속면의 길이를 5[mm] 이상 되도록 한다.
③ 배선에서 케이블의 표면온도가 대상하는 발화온도에 충분한 여유가 있도록 한다.
④ 가요성 피팅(Fitting)은 방폭구조를 이용하되 외경의 반경을 5배 이상으로 한다.

해설

저압방폭전기 배관방법

① 전선관과 전선관용 부속품 또는 전기기기와의 접속, 전선관용 부속품 상호의 접속 또는 전기기기와의 접속은 KS B 0221에서 규정한 관용 평형나사에 의해 나사산이 5산이상 결합되도록 하여야 한다.
② 제1항의 나사결합시에는 전선관과 전선관용 부속품 또는 전기기기와의 접속부분에 록크너트를 사용하여 결합부분이 유효하게 고정되도록 하여야 한다.
③ 전선관을 상호 접속시에는 유니온 커플링을 사용하여 5산이상 유효하게 접속되도록 하여야 한다.
④ 가요성을 요하는 접속부분에는 내압방폭성능을 가진 가요전선관을 사용하여 접속하여야 한다.
⑤ 제4항의 가요전선관 공사시에는 구부림 내측반경은 가요전선관 외경의 5배이상으로 하여 비틀림이 없도록 하여야 한다.

KEY 2017년 8월 26일 기사 출제

74 교류 아크 용접기의 자동전격방지장치는 전격의 위험을 방지하기 위하여 아크 발생이 중단된 후 약 1초 이내에 출력 측 무부하 전압을 자동적으로 몇 [V] 이하로 저하시켜야 하는가?

① 85　　② 70
③ 50　　④ 25

해설

자동전격방지장치 무부하전압

① 시간 : 1±0.3초 이내
② 전압 : 25[V] 이하

참고 산업안전기사 필기 p.4-78(2. 방호 장치의 성능)

KEY ① 2011년 6월 12일 기사 출제
② 2012년 8월 26일 기사 출제
③ 2017년 5월 7일 기사 출제
④ 2018년 3월 4일 기사 출제
⑤ 2020년 9월 27일 기사 출제

75 활선장구 중 활선시메라의 사용 목적이 아닌 것은?

① 충전중인 전선을 장선할 때
② 충전중인 전선의 변경작업을 할 때
③ 활선작업으로 애자 등을 교환할 때
④ 특고압 부분의 검전 및 잔류전하를 방전할 때

해설

활선시메라 사용 목적

① 충전중인 전선을 장선할 때
② 충전중인 전선의 변경작업을 할 때
③ 활선작업으로 애자 등을 교환할 때

참고 산업안전기사 필기 p.4-24([표] 활선 안전용구의 사용 목적)

KEY ① 2015년 8월 16일 기사 출제
② 2016년 3월 6일 기사 출제

76 가수전류(Let-go Current)에 대한 설명으로 옳은 것은?

① 마이크 사용 중 전격으로 사망에 이른 전류
② 전격을 일으킨 전류가 교류인지 직류인지 구별할 수 없는 전류
③ 충전부로부터 인체가 자력으로 이탈할 수 있는 전류
④ 몸이 물에 젖어 전압이 낮은 데도 전격을 일으킨 전류

해설

가수전류(이탈전류)

전격의 영향	교류값
① 인체가 자력으로 이탈 가능한 전류 ② Let-go current ③ 마비한계전류라고 하는 경우도 있음	① 상용주파수 60[Hz]에서 10~15[mA] ② 최저가수전류치 ㉮ 남자 : 9[mA] ㉯ 여자 : 6[mA]

참고 산업안전기사 필기 p.4-17(3. 통전전류에 따른 인체의 영향)

KEY ① 2012년 8월 26일 기사 출제
② 2018년 8월 19일 기사 출제

[정답] 74 ④ 75 ④ 76 ③

PART 04

77 정전기 화재폭발 원인으로 인체 대전에 대한 예방대책으로 옳지 않은 것은?

① Wrist Strap을 사용하여 접지선과 연결한다.
② 대전방지제를 넣은 제전복을 착용한다.
③ 대전방지 성능이 있는 안전화를 착용한다.
④ 바닥 재료는 고유저항이 큰 물질로 사용한다.

해설

인체대전에 대한 정전기 예방대책

① 접지
② 정전화, 정전작업복 착용
③ 유속제한, 정치시간 확보
④ 대전방지제 사용
⑤ 가습
⑥ 제전기 사용
⑦ 제전장치 및 탱크의 불활성화
⑧ 바닥재료는 고유저항이 작은 물질 사용(정전기 발생 방지)

참고 산업안전기사 필기 p.4-36(그림 : 정전기 방지대책)

KEY 2021년 8월 14일 기사 출제

78 전동기용 퓨즈의 사용 목적으로 알맞은 것은?

① 과전압 차단
② 누설전류 차단
③ 지락과전류 차단
④ 회로에 흐르는 과전류 차단

해설

전동기용 퓨즈의 사용목적 : 가장 간단한 과전류차단기

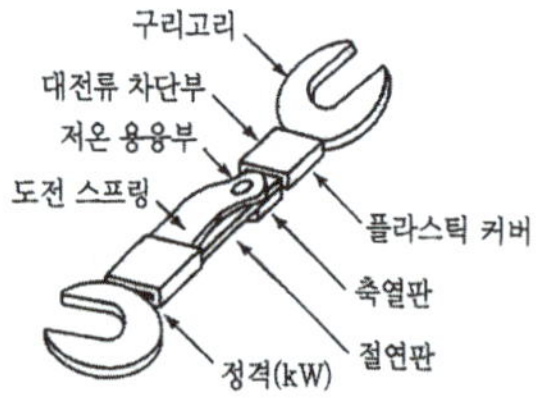

[그림] 고압용 비포장 퓨즈(고리형 퓨즈)

참고 산업안전기사 필기 p.4-3(2. 퓨즈)

KEY ① 2014년 5월 25일 기사 출제
② 2017년 8월 26일 기사 출제

79 정전에너지를 나타내는 식으로 알맞은 것은? (단, Q는 대전 전하량, C는 정전용량이다.)

① $\dfrac{Q}{2C}$　　② $\dfrac{Q}{2C^2}$

③ $\dfrac{Q^2}{2C}$　　④ $\dfrac{Q^2}{2C^2}$

해설

정전기 에너지

① 정전용량 C[F]인 물체에 전압 V[V]가 가해져서 Q[C]의 전하가 축적되어 있을 때 에너지는 $W=\frac{1}{2}QV=\frac{1}{2}CV^2=\frac{1}{2}\frac{Q^2}{C}$[J]이 된다.

② 유도된 전압$=\dfrac{C_1}{C_1+C_2}E$

W : 정전기 에너지[J]
C : 도체의 정전용량[F]
V : 대전전위(유도된 전압)[V]
Q : 대전전하량[C]

참고 산업안전기사 필기 p.4-33(6. 정전기 에너지)

KEY 2019년 8월 4일 기사 출제

80 심장의 맥동주기 중 어느 때에 전격이 인가되면 심실세동을 일으킬 확률이 크고, 위험한가?

① 심방의 수축이 있을 때
② 심실의 수축이 있을 때
③ 심실의 수축 종료 후 심실의 휴식이 있을 때
④ 심실의 수축이 있고 심방의 휴식이 있을 때

해설

전격인가위상 : 심장 맥동주기의 어느 위상에서의 통전여부

심장의 맥동주기	구성 및 현상
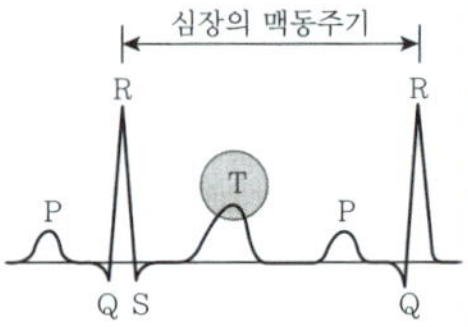	• P파 : 심방수축에 따른 파형 • Q-R-S파 : 심실수축에 따른 파형 • T파 : 심실의 수축 종료 후 심실의 휴식시 발생하는 파형 • R-R파 : 심장의 맥동주기

[정답] 77 ④ 78 ④ 79 ③ 80 ③

참고 산업안전기사 필기 p.4-82 (표. 전격인가위상)

KEY ① 2015년 5월 31일 기사 출제
② 2018년 8월 19일 기사 출제

5 화학설비 안전관리

81 다음 물질 중 공기에서 폭발상한계 값이 가장 큰 것은?

① 사이클로헥산 ② 산화에틸렌
③ 수소 ④ 이황화탄소

해설

주요 인화성 가스의 폭발범위

인화성 가스	폭발하한값[%]	폭발상한값[%]
아세틸렌(C_2H_2)	2.5	81
산화에틸렌(C_2H_4O)	3	80
수소(H_2)	4	75
일산화탄소(CO)	12.5	74
프로판(C_3H_8)	2.1	9.5
에탄(C_2H_6)	3	12.5
메탄(CH_4)	5	15
부탄(C_4H_{10})	1.8	8.4

참고 산업안전기사 필기 p.5-17(합격날개 : 합격예측 및 관련 법규)

KEY ① 2013년 3월 10일 기사 출제
② 2016년 5월 8일 기사 출제
③ 2017년 8월 26일 기사 출제
④ 2021년 3월 7일 기사 출제

82 다음 중 자연발화가 쉽게 일어나는 조건으로 틀린 것은?

① 주위온도가 높을수록
② 열 축적이 클수록
③ 적당량의 수분이 존재할 때
④ 표면적이 작을수록

해설

자연발화조건
① 발열량이 클 것
② 열전도율이 작을 것
③ 주위의 온도가 높을 것
④ 표면적이 넓을 것
⑤ 수분이 적당량 존재할 것

참고 산업안전기사 필기 p.5-7(2. 자연발화조건)

KEY ① 2011년 6월 12일 기사 출제
② 2018년 3월 4일 기사 출제
③ 2018년 8월 19일 기사 출제
④ 2020년 8월 22일 기사 출제
⑤ 2022년 3월 5일 기사 출제

83 산업안전보건법령상 "부식성 산류"에 해당하지 않는 것은?

① 농도 20[%]인 염산
② 농도 40[%]인 인산
③ 농도 50[%]인 질산
④ 농도 60[%]인 아세트산

해설

부식성 물질
① 부식성 산류
㉮ 농도가 20[%] 이상인 염산, 황산, 질산, 기타 이와 동등 이상의 부식성을 지니는 물질
㉯ 농도가 60[%] 이상인 인산, 아세트산, 플루오르산, 기타 이와 동등 이상의 부식성을 가지는 물질
② 부식성 염기류 : 농도가 40[%] 이상인 수산화나트륨, 수산화칼슘, 기타 이와 동등 이상의 부식성을 가지는 염기류

참고 산업안전기사 필기 p.5-36(7. 부식성 물질)

KEY ① 2011년 8월 21일 기사 출제
② 2012년 8월 26일 기사 출제
③ 2019년 8월 4일 기사 출제

정보제공
산업안전보건기준에 관한 규칙 [별표1] 위험물질종류

[정답] 81 ② 82 ④ 83 ②

84 다음 중 화재감지기에 있어 열감지 방식이 아닌 것은?

① 정온식 ② 광전식
③ 차동식 ④ 보상식

해설

화재감지기의 종류

(1) 열감지식
① 차동식 ② 보상식 ③ 정온식
(2) 연기식
① 이온화식 ② 광전식

참고 산업안전기사 필기 p.5-27(문제 31번) 적중

KEY
① 2012년 3월 4일 기사 출제
② 2012년 5월 20일 기사 출제
③ 2013년 3월 10일 기사 출제
④ 2014년 8월 17일 기사 출제
⑤ 2016년 8월 21일 기사 출제
⑥ 2020년 8월 22일 기사 출제

85 사업주는 가스폭발 위험장소 또는 분진폭발 위험장소에 설치되는 건축물 등에 대해서는 규정에서 정한 부분을 내화구조로 하여야 한다. 다음 중 내화구조로 하여야 하는 부분에 대한 기준이 틀린 것은?

① 건축물의 기둥 : 지상 1층(지상 1층의 높이가 6미터를 초과하는 경우에는 6미터)까지
② 위험물 저장·취급용기의 지지대(높이가 30센티미터 이하인 것은 제외) : 지상으로부터 지지대의 끝부분까지
③ 건축물의 보 : 지상 2층(지상 2층의 높이가 10미터를 초과하는 경우에는 10미터)까지
④ 배관·전선관 등의 지지대 : 지상으로부터 1단(1단의 높이가 6미터를 초과하는 경우에는 6미터)까지

해설

제270조(내화기준) ① 사업주는 제230조제1항에 따른 가스폭발 위험장소 또는 분진폭발 위험장소에 설치되는 건축물 등에 대해서는 다음 각 호에 해당하는 부분을 내화구조로 하여야 하며, 그 성능이 항상 유지될 수 있도록 점검·보수 등 적절한 조치를 하여야 한다. 다만, 건축물 등의 주변에 화재에 대비하여 물 분무시설 또는 폼 헤드(foam head)설비 등의 자동소화설비를 설치하여 건축물 등이 화재시에 2시간 이상 그 안전성을 유지할 수 있도록 한 경우에는 내화구조로 하지 아니할 수 있다.
1. 건축물의 기둥 및 보 : 지상 1층(지상 1층의 높이가 6[m]를 초과하는 경우에는 6[m])까지
2. 위험물 저장·취급용기의 지지대(높이가 30[cm] 이하인 것은 제외한다) : 지상으로부터 지지대의 끝부분까지
3. 배관·전선관 등의 지지대 : 지상으로부터 1단(1단의 높이가 6[m]를 초과하는 경우에는 6[m])까지
② 내화재료는 「산업표준화법」에 따른 한국산업표준으로 정하는 기준에 적합하거나 그 이상의 성능을 가지는 것이어야 한다.

참고 산업안전기사 필기 p.5-10(합격날개 : 합격예측 및 관련법규)

KEY
① 2011년 8월 21일 기사 출제
② 2017년 3월 5일 기사 출제
③ 2019년 4월 27일 기사 출제
④ 2020년 9월 27일 기사 출제

정보제공
산업안전보건기준에 관한 규칙 제270조(내화기준)

86 다음 관(pipe) 부속품 중 관로의 방향을 변경하기 위하여 사용하는 부속품은?

① 니플(nipple) ② 유니온(union)
③ 플랜지(flange) ④ 엘보(elbow)

해설

피팅류(Fittings)의 용도

용도	종류
두 개의 관을 연결할 때	플랜지, 유니온, 커플링, 니플, 소켓
관로의 방향을 바꿀 때	엘보, Y지관, 티, 십자
관로의 크기를 바꿀 때	축소관, 부싱
가지관을 설치할 때	티(T), Y지관, 십자
유로를 차단할 때	플러그, 캡, 밸브
유량 조절	밸브

참고 산업안전기사 필기 p.5-58(합격날개 : 합격예측)

KEY
① 2013년 3월 10일 기사 출제
② 2014년 3월 2일 기사 출제
③ 2015년 8월 16일 기사 출제
④ 2016년 3월 6일 기사 출제
⑤ 2016년 5월 8일 기사 출제
⑥ 2020년 6월 7일 기사 출제
⑦ 2020년 9월 27일 기사 출제

[정답] 84 ② 85 ③ 86 ④

87 다음 중 상온에서 물과 격렬히 반응하여 수소를 발생시키는 물질은?

① Au ② K
③ S ④ Ag

해설

K(칼륨) : 칼륨은 금수성 물질로서 산과 접촉 시 수소방출

참고 ① 산업안전기사 필기 p.5-62(문제 4번)
② 산업안전기사 필기 p.5-69(문제 35번) 적중

KEY ① 2012년 5월 20일 기사 출제
② 2016년 5월 8일 기사 출제
③ 2017년 8월 26일 기사 출제
④ 2018년 3월 4일 기사 출제
⑤ 2019년 3월 3일 기사 출제
⑥ 2021년 3월 7일 기사 출제
⑦ 2021년 5월 15일 기사 출제

보충학습

① 반응식 : $2K+2H_2O \rightarrow 2KOH+H_2$
② Cu, Fe, Au, Ag, C : 상온에서 고체로 물과 접촉해도 반응불가
③ K, Na, Mg, Zn, Li : 물과 격렬반응하여 수소 발생

88 공정안전보고서 중 공정안전자료에 포함하여야 할 세부내용에 해당하는 것은?

① 비상조치계획에 따른 교육계획
② 안전운전지침서
③ 각종 건물·설비의 배치도
④ 도급업체 안전관리계획

해설

공정안전자료의 내용

① 취급·저장하고 있는 유해·위험물질의 종류와 수량
② 유해·위험물질에 대한 물질안전보건자료
③ 유해·위험설비의 목록 및 사양
④ 유해·위험설비의 운전방법을 알 수 있는 공정도면
⑤ 각종 건물·설비의 배치도
⑥ 폭발위험장소구분도 및 전기단선도
⑦ 위험설비의 안전설계·제작 및 설치관련지침서

참고 산업안전산업기사 필기 p.5-88(공정안전자료)

KEY ① 2011년 3월 20일 기사 출제
② 2014년 3월 2일 기사 출제
③ 2014년 5월 25일 기사 출제
④ 2018년 3월 4일 기사 출제
⑤ 2019년 4월 27일 기사 출제
⑥ 2021년 5월 15일 기사 출제
⑦ 2021년 8월 14일 기사 출제

정보제공

산업안전보건법시행규칙 제130조의 2(공정안전보고서의 세부내용 등)

89 위험물의 저장방법으로 적절하지 않은 것은?

① 탄화칼슘은 물 속에 저장한다.
② 벤젠은 산화성 물질과 격리시킨다.
③ 금속나트륨은 석유 속에 저장한다.
④ 질산은 갈색병에 넣어 냉암소에 보관한다.

해설

탄화칼슘(CaC_2) : 금수성 물질

참고 산업안전기사 필기 p.5-39(3류 자연 발화성 및 금수성 물질)

KEY ① 2012년 3월 4일 기사 출제
② 2018년 8월 19일 기사 출제
③ 2022년 4월 24일 기사 출제

보충학습

$CaC_2+2H_2O \rightarrow Ca(OH)_2+C_2H_2$

90 다음 중 고체연소의 종류에 해당하지 않는 것은?

① 표면연소 ② 증발연소
③ 분해연소 ④ 혼합연소

해설

고체연소의 종류

① 표면 연소
② 증발연소
③ 분해연소
④ 자기연소

참고 산업안전기사 필기 p.5-4(2. 고체의 연소)

KEY ① 2015년 8월 16일 기사 출제
② 2018년 8월 19일 기사 출제
③ 2021년 8월 14일 기사 출제

[정답] 87 ② 88 ③ 89 ① 90 ④

91 다음 중 응상폭발이 아닌 것은?

① 분해폭발
② 수증기폭발
③ 전선폭발
④ 고상간의 전이에 의한 폭발

해설

응상폭발의 종류
① 수증기 폭발
② 전선폭발
③ 고상전이 폭발

참고 산업안전기사 필기 p.5-9([표] 증기, 분진, 분해 폭발)

KEY ① 2017년 5월 7일 기사 출제
② 2020년 9월 27일 기사 출제

보충학습
(1) 물리적 폭발
① 탱크의 감압폭발
② 수증기 폭발
③ 고압용기의 폭발
(2) 화학적 폭발
① 분해폭발
② 화학폭발
③ 중합폭발
④ 산화폭발

92 다음 중 흡인시 인체에 구내염과 혈뇨, 손 떨림 등의 증상을 일으키며 신경계를 대표적인 표적기관으로 하는 물질은?

① 백금 ② 석회석
③ 수은 ④ 이산화탄소

해설

수은(Hg)중독
① 제련 및 정련 작업장, 온도계, 압력계, 전기계기 등을 제조하는 작업장, 수은화합물의 제조 작업장, 도금 작업장 등에서 일하는 근로자들에게 많이 발생하고 있다.
② 중독의 초기증상으로는 안색이 누렇게 변하며 구토와 두통, 복통과 설사 등 소화불량증세가 나타난다.
③ 중독현상이 더욱 진행되면 구내염에 의한 금속성 입맛이 나고, 침을 많이 흘리게 되며, 심하면 손이 떨려서 글씨를 쓸 수 없게 되는 의지성 진전(intention tremor)이 나타나고 보행도 어렵게 된다.
④ 불면증과 피부병이 더욱 심하게 되면 정신흥분증상이 나타나기도 한다.

참고 산업안전기사 필기 p.5-69(문제 4번)

KEY 2016년 8월 21일 기사 출제

93 가스누출감지경보기 설치에 관한 기술상의 지침으로 틀린 것은?

① 암모니아를 제외한 가연성가스 누출감지경보기는 방폭성능을 갖는 것이어야 한다.
② 독성가스 누출감지경보기는 해당 독성가스 허용농도의 25[%] 이하에서 경보가 울리도록 설정하여야 한다.
③ 하나의 감지대상가스가 가연성이면서 독성인 경우에는 독성가스를 기준하여 가스누출감지경보기를 선정하여야 한다.
④ 건축물 안에 설치되는 경우, 감지 대상가스의 비중이 공기보다 무거운 경우에는 건축물 내의 하부에 설치하여야 한다.

해설

경보설정치
① 가연성 가스누출감지경보기는 감지대상 가스의 폭발하한계 25퍼센트 이하, 독성가스 누출감지경보기는 해당 독성가스의 허용농도 이하에서 경보가 울리도록 설정하여야 한다.
② 가스누출감지경보의 정밀도는 경보설정치에 대하여 가연성 가스누출감지경보기는 ±25퍼센트 이하, 독성가스누출감지경보기는 ±30퍼센트 이하이어야 한다.

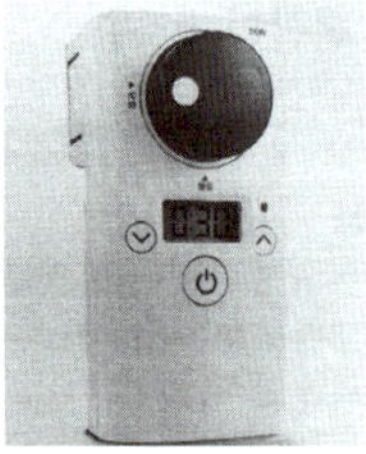

[그림] 가스누출감지경보기

KEY ① 2014년 5월 25일 기사 출제
② 2021년 8월 14일 기사 출제

합격정보
고용노동부고시 제2020-49호 가스누출감지경보기 설치에 관한 기술상의 지침

[정답] 91 ① 92 ③ 93 ②

94 뜨거운 금속에 물이 닿으면 튀는 현상과 같이 핵비등(nuclear boiling) 상태에서 막비등(film boiling)으로 이행하는 온도를 무엇이라 하는가?

① Burn-out point
② Leidenfrost point
③ Entrainment point
④ Sub-cooling boiling point

해설

Leidenfrost point

① 물이 담긴 냄비의 바닥을 가열할 때 냄비바닥의 온도가 비등점(100[℃])에서 점점 올라감에 따라 처음에는 바닥으로부터 공기방울이 올라오고, 이어서 기화된 수증기방울이 올라오며 이 방울이 점점 많아지는 현상을 Nucleate Boiling(핵비등 : 바닥의 움푹한 홈 등에서 기포가 시작된다고 하여 붙인 이름)이라 한다.
② 물은 200[℃] 근방까지는 이러한 끓는 모양을 보인다.

KEY ① 2013년 8월 18일 기사 출제
② 2019년 8월 4일 기사 출제

보충학습

번 아웃 점(burn-out point)

① 비등 전열에 있어 핵 비등에서 막 비등으로 이행할 때 열유속이 극댓값을 나타내는 점
② 막 비등 상태에 이행하기 쉽고 전열면 온도가 매우 높으므로 전열면이 융해 파손하는 경우가 있으므로 중요시되고 있다.

95 사업주는 안전밸브등의 전단·후단에 차단밸브를 설치해서는 아니 된다. 다만 별도로 정한 경우에 해당할 때는 자물쇠형 또는 이에 준하는 형식의 차단밸브를 설치할 수 있다. 이에 해당하는 경우가 아닌 것은?

① 화학설비 및 그 부속설비에 안전밸브등이 복수방식으로 설치되어 있는 경우
② 예비용 설비를 설치하고 각각의 설비에 안전밸브 등이 설치되어 있는 경우
③ 파열판과 안전밸브를 직렬로 설치한 경우
④ 열팽창에 의하여 상승된 압력을 낮추기 위한 목적으로 안전밸브가 설치된 경우

해설

차단밸브의 설치금지기준

① 인접한 화학설비 및 그 부속설비에 안전밸브등이 각각 설치되어 있고, 해당 화학설비 및 그 부속설비의 연결배관에 차단밸브가 없는 경우
② 안전밸브등의 배출용량의 2분의 1 이상에 해당하는 용량의 자동압력조절밸브(구동용 동력원의 공급을 차단하는 경우 열리는 구조인 것으로 한정한다)와 안전밸브등이 병렬로 연결된 경우
③ 화학설비 및 그 부속설비에 안전밸브등이 복수방식으로 설치되어 있는 경우
④ 예비용 설비를 설치하고 각각의 설비에 안전밸브등이 설치되어 있는 경우
⑤ 열팽창에 의하여 상승된 압력을 낮추기 위한 목적으로 안전밸브가 설치된 경우
⑥ 하나의 플레어 스택(flare stack)에 둘 이상의 단위공정의 플레어 헤더(flare header)를 연결하여 사용하는 경우로서 각각의 단위공정의 플레어헤더에 설치된 차단밸브의 열림 · 닫힘 상태를 중앙제어실에서 알 수 있도록 조치한 경우

참고 산업안전기사 필기 p.5-6(합격날개 : 합격예측 및 관련법규)

KEY ① 2012년 3월 4일 기사 출제
② 2014년 3월 2일 기사 출제
③ 2017년 8월 26일 기사 출제
④ 2018년 8월 19일 기사 출제
⑤ 2021년 3월 7일 기사 출제

합격정보

산업안전보건기준에 관한 규칙 제266조(차단밸브의 설치금지)

96 니트로셀룰로오스와 같이 연소에 필요한 산소를 포함하고 있는 물질이 연소하는 것을 무엇이라고 하는가?

① 분해연소　② 확산연소
③ 그을음연소　④ 자기연소

해설

자기연소(자기반응성 물질)

① 제5류 위험물은 인화성이면서 자체 내에 산소를 함유하고 있어 공기 중의 산소를 필요로 하지 않고 연소되는데 이를 자기연소라 한다.
② 니트로 화합물, 다이나마이트 등

참고 산업안전기사 필기 p.5-5(4. 자기연소)

KEY ① 2016년 8월 21일 기사 출제
② 2020년 6월 7일 기사 출제

[정답] 94 ② 95 ③ 96 ④

97 **가연성 물질을 취급하는 장치를 퍼지하고자 할 때 잘못된 것은?**

① 대상물질의 물성을 파악한다.
② 사용하는 불활성가스의 물성을 파악한다.
③ 퍼지용 가스를 가능한 한 빠른 속도로 단시간에 다량 송입한다.
④ 장치 내부를 세정한 후 퍼지용 가스를 송입한다.

해설

퍼지방법

① 퍼지용 가스는 장시간에 걸쳐 천천히 주입한다.
② why : 빨리 주입시 폭발한다.

참고 산업안전기사 필기 p.5-20(표. 퍼지의 종류)

KEY ① 2019년 4월 27일 기사 출제
② 2021년 8월 14일 기사 출제

보충학습

퍼지(purge)

연소되지 않은 가스가 노 안에 또는 기타 장소에 차 있으면 점화를 했을 때 폭발할 우려가 있으므로 점화시키기 전에 이것을 노 밖으로 배출하기 위하여 환기시키는 것을 퍼지라고 한다.

98 **압축기와 송풍의 관로에 심한 공기의 맥동과 진동을 발생하면서 불안정한 운전이 되는 서징(surging) 현상의 방지법으로 옳지 않은 것은?**

① 풍량을 감소시킨다.
② 배관의 경사를 완만하게 한다.
③ 교축밸브를 기계에서 멀리 설치한다.
④ 토출가스를 흡입측에 바이패스 시키거나 방출밸브에 의해 대기로 방출시킨다.

해설

서징(맥동현상) 방지대책

① 풍량을 감소시킨다.
② 배관의 경사를 완만하게 한다.
③ 토출가스를 흡입측에 바이패스 시키거나 방출밸브에 의해 대기로 방출시킨다.

참고 산업안전기사 필기 p.5-81(문제 91번) 해설

KEY ① 2015년 3월 8일 기사 출제
② 2017년 8월 26일 기사 출제
③ 2020년 6월 7일 기사 출제

보충학습

맥동현상 발생원인

① 배관 중에 수조가 있을 때
② 배관 중에 기체상태의 부분이 있을 때
③ 유량조절밸브가 배관 중 수조의 위치 후방에 있을 때
④ 펌프의 특성곡선이 산모양이고 운전점이 그 정상부일 때

99 **대기압하에서 인화점이 0[℃] 이하인 물질이 아닌 것은?**

① 메탄올 ② 이황화탄소
③ 산화프로필렌 ④ 디에틸에테르

해설

주요 인화성 액체의 인화점

물질명	인화점(℃)	물질명	인화점(℃)
아세톤	-20	아세트알데히드	-39
가솔린	-43	에틸알코올	13
경 유	40~85	메탄올	11
등 유	30~60	산화에틸렌	-17.8
벤 젠	-11	이황화탄소	-30
테레빈유	35	에틸에테르	-45

참고 ① 산업안전기사 필기 p.5-25(문제 18번) 해설
② 2020년 9월 27일(문제 82번)

KEY 2020년 9월 27일 기사 출제

보충학습

CH_3OH(메탄올 : 목정)
인화점 : 11~12[℃]

100 **펌프의 사용 시 공동현상(cavitation)을 방지하고자 할 때의 조치사항으로 틀린 것은?**

① 펌프의 회전수를 높인다.
② 흡입비 속도를 작게 한다.
③ 펌프의 흡입관의 헤드(head) 손실을 줄인다.
④ 펌프의 설치높이를 낮추어 흡입양정을 짧게 한다.

[정답] 97 ③ 98 ③ 99 ① 100 ①

해설

cavitation 현상(공동현상)

① 유체에 압력을 가해도 밀도는 극히 작게 증가하고, 압력을 감소시켜 유체의 증기압 이하로 할 경우 부분적으로 증기가 발생하는 현상
② 진공, 소음발생
③ 효율저하 및 침식

참고 산업안전기사 필기 p.5-81(문제 91번) 적중

KEY ① 2012년 8월 26일 기사 출제
② 2013년 8월 18일 기사 출제
③ 2015년 3월 8일 기사 출제
④ 2016년 5월 8일 기사 출제
⑤ 2019년 8월 4일 기사 출제

6 건설공사 안전관리

101 건설공사 유해위험방지계획서를 제출해야 할 대상공사에 해당하지 않는 것은?

① 깊이 10[m]인 굴착공사
② 다목적댐 건설공사
③ 최대 지간길이가 40[m]인 교량건설 공사
④ 연면적 5,000[m^2]인 냉동·냉장창고시설의 설비공사

해설

유해위험 방지계획서 제출 대상 공사

(1) 건축물 또는 시설 등의 건설·개조 또는 해체공사
가. 지상높이가 31미터 이상인 건축물 또는 인공구조물
나. 연면적 3만제곱미터 이상인 건축물
다. 연면적 5천제곱미터 이상인(에) 해당하는 시설
① 문화 및 집회시설(전시장 및 동물원·식물원은 제외한다)
② 판매시설, 운수시설(고속철도의 역사 및 집배송시설은 제외한다)
③ 종교시설
④ 의료시설 중 종합병원
⑤ 숙박시설 중 관광숙박시설
⑥ 지하도상가
⑦ 냉동·냉장 창고시설
(2) 연면적 5천제곱미터 이상의 냉동·냉장창고시설의 설비공사 및 단열공사
(3) 최대지간길이가 50[m] 이상인 교량건설 등 공사
(4) 터널건설 등의 공사
(5) 다목적댐, 발전용댐, 저수용량 2천만톤 이상의 용수전용댐 및 지방상수도 전용댐의 건설 등 공사
(6) 깊이 10[m] 이상인 굴착공사

참고 산업안전기사 필기 p.6-20(3. 유해위험방지계획서 제출대상 건설공사)

KEY 2022년 4월 24일 기사 등 15회 이상 출제

합격정보
산업안전보건법 시행령 제42조(유해위험방지계획서 제출대상)

합격자의 조언
제2과목에도 출제가 됩니다.

102 터널지보공을 조립하는 경우에는 미리 그 구조를 검토한 후 조립도를 작성하고, 그 조립도에 따라 조립하도록 하여야 하는데 이 조립도에 명시하여야 할 사항과 가장 거리가 먼 것은?

① 이음방법
② 단면규격
③ 재료의 재질
④ 재료의 구입처

해설

터널지보공 조립도 명시사항 4가지

① 재료의 재질
② 단면규격
③ 설치간격
④ 이음방법

참고 산업안전기사 필기 p.6-113(합격날개 : 합격예측 및 관련법규)

KEY ① 2013년 8월 18일 기사 출제
② 2017년 8월 26일 기사 출제
③ 2021년 5월 15일 기사 출제

정보제공
산업안전보건기준에 관한 규칙 제363조(조립도)

[정답] 101 ③ 102 ④

PART 04

103 불도저를 이용한 작업 중 안전조치사항으로 옳지 않은 것은?

① 작업종료와 동시에 삽날을 지면에서 띄우고 주차 제동장치를 건다.
② 모든 조종간은 엔진 시동전에 중립 위치에 놓는다.
③ 장비의 승차 및 하차 시 뛰어내리거나 오르지 말고 안전하게 잡고 오르내린다.
④ 야간작업 시 자주 장비에서 내려와 장비 주위를 살피며 점검하여야 한다.

해설

불도저를 비롯한 모든 굴착기계는 작업종료시 삽날은 지면에 밀착시켜야 한다.(이유 : 제동장치 역할을 함)

참고 산업안전기사 필기 p.6-30(합격날개 : 은행문제)

KEY 2020년 9월 27일 기사 출제

104 온도가 하강함에 따라 토중수가 얼어 부피가 약 9[%] 정도 증대하게 됨으로써 지표면이 부풀어오르는 현상은?

① 동상현상 ② 연화현상
③ 리칭현상 ④ 액상화현상

해설

동상현상(frost heave)
온도가 하강함에 따라 토중수가 얼어 부피가 약 9[%] 정도 증대하게 됨으로써 지표면이 부풀어오르는 현상

참고 산업안전기사 필기 p.6-2(합격날개 : 은행문제)

KEY ① 2015년 8월 16일 기사 출제
② 2019년 8월 4일 기사 출제

보충학습

동상원인
① 모관상승고가 크다.
② 투수성이 크다.
③ 지하수위가 높아 동결선 위쪽에 있다.
④ 영하의 온도 지속기간이 길때(동결지수가 크다.)

105 훅걸이용 와이어로프 등이 훅으로부터 벗겨지는 것을 방지하기 위한 장치는?

① 해지장치 ② 권과방지장치
③ 과부하방지장치 ④ 턴버클

해설

크레인의 방호장치

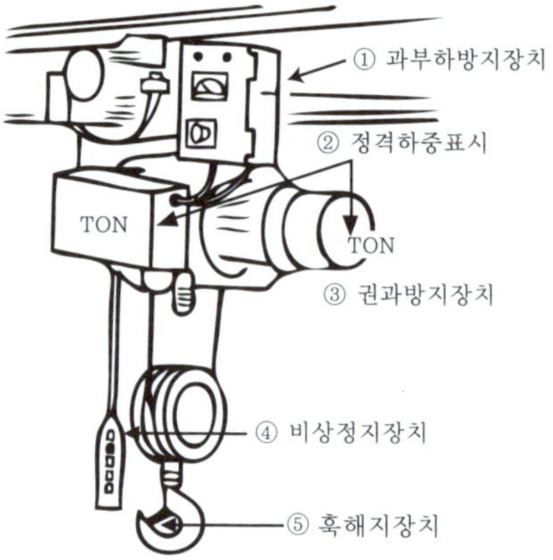

참고 산업안전기사 필기 p.6-131 (합격날개 : 합격예측)

KEY ① 2014년 8월 17일 기사 출제
② 2015년 5월 31일 기사 출제
③ 2018년 8월 19일 기사 출제

합격정보

산업안전보건기준에 관한 규칙 제137조(해지장치의 사용)
사업주는 훅걸이용 와이어로프 등이 훅으로부터 벗겨지는 것을 방지하기 위한 장치(이하 "해지장치"라 한다)를 구비한 크레인을 사용하여야 하며, 그 크레인을 사용하여 짐을 운반하는 경우에는 해지장치를 사용하여야 한다.

106 유한사면에서 원형 활동면에 의해 발생하는 일반적인 사면 파괴의 종류에 해당하지 않는 것은?

① 사면 내 파괴 (Slope failure)
② 사면 선단 파괴(Toe failure)
③ 사면 인장 파괴(Tension failure)
④ 사면 저부파괴(Base failure)

[정답] 103 ① 104 ① 105 ① 106 ③

해설

유한사면의 원호 활동면 붕괴 형태

① 사면 선단 파괴(Toe Failure)
② 사면 내 파괴(Slope Failure)
③ 사면 저부 파괴(Base Failure)

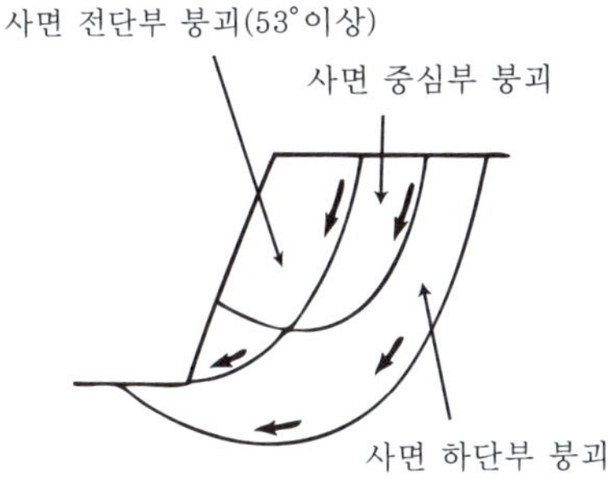

[그림] 사면 붕괴 형태

참고 산업안전기사 필기 p.6-55(합격날개:합격예측)

KEY 2021년 8월 14일 기사 출제

합격정보
굴착공사 표준안전작업 지침 제29조(붕괴의 형태)

107 철골구조의 앵커볼트매립과 관련된 준수사항 중 옳지 않은 것은?

① 기둥중심은 기준선 및 인접기둥의 중심에서 3[mm] 이상 벗어나지 않을 것
② 앵커볼트는 매립 후에 수정하지 않도록 설치할 것
③ 베이스플레이트의 하단은 기준 높이 및 인접 기둥의 높이에서 3[mm] 이상 벗어나지 않을 것
④ 앵커볼트는 기둥중심에서 2[mm] 이상 벗어나지 않을 것

해설

앵커볼트 매립 정밀도 범위

① 기둥 중심은 기준선 및 인접 기둥의 중심에서 5[mm] 이상 벗어나지 않을 것

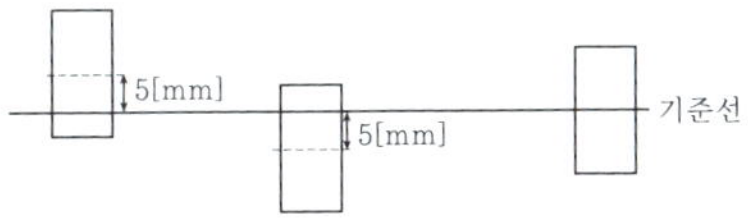

② 인접 기둥 간 중심거리의 오차는 3[mm] 이하일 것

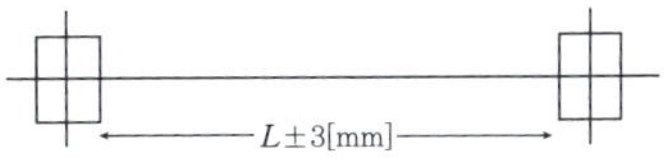

③ 앵커볼트는 기둥 중심에서 2[mm] 이상 벗어나지 않을 것

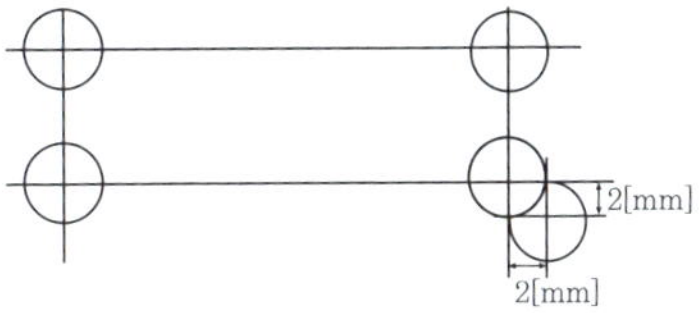

④ Base Plate의 하단은 기준높이 및 인접 기둥 높이에서 3[mm] 이상 벗어나지 않을 것

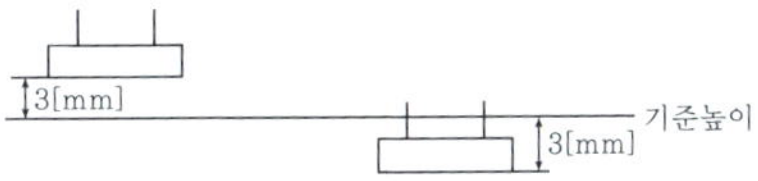

참고 산업안전기사 필기 p.6-161(합격날개 : 합격예측)

KEY ① 2014년 3월 2일 기사 출제
② 2017년 8월 26일 기사 출제

108 건설재해대책의 사면보호공법 중 식물을 생육시켜 그 뿌리로 사면의 표층토를 고정하여 빗물에 의한 침식, 동상, 이완 등을 방지하고, 녹화에 의한 경관조성을 목적으로 시공하는 것은?

① 식생공 ② 쉴드공
③ 뿜어 붙이기공 ④ 블럭공

해설

식생공법의 종류

구분	방법
떼붙임공	떼를 일정한 간격으로 심어서 비탈면을 보호하는 공법(평떼, 줄떼)
식생공	법면에 식물을 번식시켜 법면의 침식과 표면활동 방지
식수공	떼붙임공, 식생공으로 부족할 경우 나무를 심어서 사면보호
파종공	종자, 비료, 안정제, 흙 등을 혼합하여 압력으로 비탈면에 뿜어 붙이는 공법

참고 산업안전기사 필기 p.6-168(합격날개 : 합격예측)

KEY ① 2018년 8월 19일 기사 출제
② 2020년 9월 27일 기사 출제

[정답] 107 ① 108 ①

109 미리 작업장소의 지형 및 지반상태 등에 적합한 제한속도를 정하지 않아도 되는 차량계 건설기계의 속도기준은?

① 최대 제한속도가 10[km/h] 이하
② 최대 제한속도가 20[km/h] 이하
③ 최대 제한속도가 30[km/h] 이하
④ 최대 제한속도가 40[km/h] 이하

해설

제한속도가 정해져 있지 않은 차량계 건설기계 속도 : 10[km/h] 이하

참고 산업안전기사 필기 p.6-61(합격날개 : 합격예측)

KEY ① 2014년 8월 17일 기사 출제
② 2017년 8월 26일 기사 출제
③ 2018년 3월 4일 기사 출제
④ 2021년 3월 7일 기사 출제

합격정보

산업안전보건기준에 관한 규칙 제98조(제한속도의 지정 등)

110 잠함 또는 우물통의 내부에서 굴착작업을 할 때의 준수사항으로 옳지 않은 것은?

① 굴착 깊이가 10[m]를 초과하는 경우에는 해당 작업장소와 외부와의 연락을 위한 통신설비등을 설치하여야 한다.
② 산소 결핍의 우려가 있는 경우에는 산소의 농도를 측정하는 자를 지명하여 측정하도록 한다.
③ 근로자가 안전하게 승강하기 위한 설비를 설치한다.
④ 측정 결과 산소의 결핍이 인정될 경우에는 송기를 위한 설비를 설치하여 필요한 양의 공기를 공급하여야 한다.

해설

잠함작업시 통신설비 설치기준 : 굴착깊이 20[m]초과

참고 산업안전기사 필기 p.6-146(합격날개 : 합격예측 및 관련법규)

KEY ① 2012년 8월 26일 기사 출제
② 2018년 8월 19일 기사 출제

합격정보

산업안전보건기준에 관한 규칙 제377조 (잠함 등 내부에서의 작업)

111 거푸집동바리 구조에서 높이가 $l=3.5$[m]인 파이프서포트의 좌굴하중은? (단, 상부받이판과 하부받이판은 힌지로 가정하고, 단면 2차모멘트 $I=8.31$[cm⁴], 탄성계수 $E=2.1\times10^5$[MPa])

① 14,060[N] ② 15,060[N]
③ 16,060[N] ④ 17,060[N]

해설

오일러의 좌굴하중(P_{cr})

$$P_{cr}=\frac{n\pi^2EI}{l^2}=\frac{\pi^2EI}{(kl)^2}$$
$$=\frac{\pi^2\times2.1\times10^5\times8.31}{350^2}=14{,}060[\mathrm{N}]$$

여기서, n : 지지상태에 따른 좌굴계수
E : 탄성계수 I : 단면 2차모멘트
l : 기둥길이 kl : 유효길이
k : 1.0(양단힌지)

참고 산업안전기사 필기 p.6-95(합격날개 : 합격예측)

KEY 2021년 8월 14일 기사 출제

112 구조물의 해체작업시 해체 작업계획서에 포함하여야 할 사항으로 틀린 것은?

① 해체의 방법 및 해체순서 도면
② 해체물의 처분계획
③ 주변 민원 처리계획
④ 현장 안전 조치 계획

해설

해체작업시 해체계획 작성항목

① 해체의 방법 및 해체의 순서도면
② 가설설비·방호설비·환기설비 및 살수·방화설비 등의 방법
③ 사업장 내 연락 방법
④ 해체물의 처분계획
⑤ 해체 작업용 기계·기구 등의 작업계획서
⑥ 해체 작업용 화약류 등의 사용계획서
⑦ 그밖의 안전보건에 관련된 사항

[정답] 109 ① 110 ① 111 ① 112 ③

참고 ① 산업안전기사 필기 p.6-140(4. 해체작업시 해체계획 작성항목)
② 산업안전기사 필기 p.6-192(10. 건물 등의 해체 작업)

KEY 2015년 8월 16일 기사 출제

정보제공 산업안전보건기준에 관한 규칙 [별표 4] 사전조사 및 작업계획서 내용

113 콘크리트 타설 시 거푸집 측압에 관한 설명으로 옳지 않은 것은?

① 타설속도가 빠를수록 측압이 커진다.
② 거푸집의 투수성이 낮을수록 측압은 커진다.
③ 타설높이가 높을수록 측압이 커진다.
④ 콘크리트의 온도가 높을수록 측압이 커진다.

해설

측압

외기 온도가 낮을수록 측압이 크다.

참고 산업안전기사 필기 p.6-151(3. 측압에 영향을 주는 요인)

KEY ① 2014년 5월 25일 기사 출제
② 2015년 5월 31일 기사 출제
③ 2016년 5월 8일 기사 출제
④ 2017년 3월 5일 기사 출제
⑤ 2019년 8월 4일 기사 출제
⑥ 2020년 6월 7일 기사 출제

114 흙 속의 전단응력을 증대시키는 원인에 해당하지 않는 것은?

① 자연 또는 인공에 의한 지하공동의 형성
② 함수비의 감소에 따른 흙의 단위 체적 중량의 감소
③ 지진, 폭파에 의한 진동 발생
④ 균열내에 작용하는 수압증가

해설

흙의 전단강도(쿨롱의 법칙)

(1) 개요
① 전단강도란 흙에 관한 역학적 성질로 기초의 극한 지지력을 알 수 있다.
② 기초의 하중이 흙의 전단강도 이상이면 흙은 붕괴되고 기초는 침하된다.

(2) 전단강도 공식(coulomb의 법칙)
$\tau = c + \sigma\tan\phi$ = 점착력+마찰력
여기서, τ : 전단강도
c : 점착력
σ : 수직응력
ϕ : 마찰각
$\sigma\tan\phi$: 마찰력

(3) 결론 : 함수비 감소에 따른 흙의 단위체적 중량 증가함

참고 산업안전기사 필기 p.6-3(합격날개 : 합격예측)

KEY ① 2011년 6월 12일 기사 출제
② 2021년 8월 14일 기사 출제

115 다음 와이어로프 중 양중기에 사용가능한 범위안에 있다고 볼 수 있는 것은?

① 와이어로프의 한 꼬임(스트랜드)에서 끊어진 소선의 수가 8[%]인 것
② 지름의 감소가 공칭지름의 8[%]인 것
③ 심하게 부식된 것
④ 이음매가 있는 것

해설

와이어로프 사용금지 기준

① 이음매가 있는 것
② 와이어로프의 한 꼬임[(스트랜드(strand)를 말한다. 이하 같다)]에서 끊어진 소선(素線)[필러(pillar)선은 제외한다)]의 수가 10[%] 이상 (비자전로프의 경우에는 끊어진 소선의 수가 와이어로프 호칭지름의 6배 길이 이내에서 4개 이상이거나 호칭지름 30배 길이 이내에서 8개 이상)인 것
③ 지름의 감소가 공칭지름의 7[%]를 초과하는 것
④ 꼬인 것
⑤ 심하게 변형되거나 부식된 것
⑥ 열과 전기충격에 의해 손상된 것

정보제공

산업안전보건기준에 관한 규칙 제63조(달비계의 구조)

KEY ① 2014년 5월 25일 기사 출제
② 2014년 8월 17일 기사 출제
③ 2015년 3월 8일 기사 출제
④ 2015년 5월 31일 기사 출제
⑤ 2016년 8월 21일 기사 출제
⑥ 2017년 5월 7일 기사 출제
⑦ 2019년 8월 4일 기사 출제
⑧ 2020년 6월 7일 기사 출제
⑨ 2022년 4월 24일 기사 출제

[정답] 113 ④ 114 ② 115 ①

PART 04

116 강관비계를 조립할 때 준수하여야 할 사항으로 옳지 않은 것은?

① 띠장간격은 2[m] 이하로 설치하되, 첫번째 띠장은 지상으로부터 3[m] 이하의 위치에 설치할 것
② 비계기둥의 간격은 띠장 방향에서 1.85[m] 이하로 할 것
③ 비계기둥의 제일 윗부분으로부터 31[m] 되는 지점 밑부분의 비계기둥은 2개의 강관으로 묶어 세울 것
④ 비계기둥 간의 적재하중은 400[kg]을 초과하지 않도록 할 것

해설

강관비계
① 띠장방향 : 1.85[m] 이하
② 첫번째 띠장은 지상으로부터 : 2[m] 이하

참고 산업안전기사 필기 p.6-99(합격날개 : 합격예측 및 관련 법규)

정보제공
산업안전보건기준에 관한 규칙 제60조(강관비계의 구조)

KEY 2022년 3월 5일 기사 등 20회 이상 출제

117 항타기 또는 항발기의 권상장치 드럼축과 권상장치로부터 첫 번째 도르래의 축 간의 거리는 권상장치 드럼폭의 몇 배 이상으로 하여야 하는가?

① 5배 ② 8배
③ 10배 ④ 15배

해설

항타기 또는 항발기의 권상장치의 드럼축과 권상장치로부터 첫 번째 도르래의 축 간의 거리 : 권상장치 드럼폭의 15배 이상

참고 산업안전기사 필기 p.6-57(합격날개 : 합격예측 및 관련 법규)

KEY ① 2012년 3월 4일 기사 출제
② 2014년 8월 17일 기사 출제
③ 2018년 8월 19일 기사 출제

합격정보
산업안전보건기준에 관한 규칙 제216조 (도르래의 부착 등)

118 건축공사로서 대상액이 5억원 이상 50억원 미만인 경우에 산업안전보건관리비의 비율(가) 및 기초액(나)으로 옳은 것은?

① (가) 1.86[%], (나) 5,349,000원
② (가) 1.99[%], (나) 5,499,000원
③ (가) 2.35[%], (나) 5,400,000원
④ (가) 1.57[%], (나) 4,411,000원

해설

공사종류 및 규모별 안전관리비 계상기준표

(단위 : 원)

구 분 / 공사종류	대상액 5억원 미만	대상액 5억원 이상 50억원 미만		대상액 50억원 이상	영 별표5에 따른 보건관리자 선임대상 건설공사
		비율(X)	기초액(C)		
건축공사	2.93[%]	1.86[%]	5,349,000원	1.97[%]	2.15[%]
토목공사	3.09[%]	1.99[%]	5,499,000원	2.10[%]	2.29[%]
중건설공사	3.43[%]	2.35[%]	5,400,000원	2.44[%]	2.66[%]
특수건설공사	1.85[%]	1.20[%]	3,250,000원	1.27[%]	1.38[%]

참고 산업안전기사 필기 p.6-43(별표1. 공사의 종류 및 규모별 안전관리비 계상기준표)

KEY ① 2013년 6월 2일 기사 출제
② 2016년 8월 21일 기사 출제
③ 2017년 3월 5일 기사 출제
④ 2017년 8월 26일 기사 출제
⑤ 2019년 3월 3일 기사 출제
⑥ 2020년 8월 22일 기사 출제

119 흙막이 공법을 흙막이 지지방식에 의한 분류와 구조방식에 의한 분류로 나눌 때 다음 중 지지방식에 의한 분류에 해당하는 것은?

① 수평 버팀대식 흙막이 공법
② H-Pile공법
③ 지하연속벽 공법
④ Top down method 공법

[정답] 116 ① 117 ④ 118 ① 119 ①

해설

지지방식에 의한 분류

(1) 자립식 공법
① 줄기초흙막이
② 어미말뚝식 흙막이
③ 연결재당겨매기식 흙막이

(2) 버팀대식 공법
① 수평버팀대식
② 경사버팀대식
③ 어스앵커 공법

참고 산업안전기사 필기 p.6-119(합격날개 : 합격예측)

KEY ① 2011년 8월 21일 기사 출제
② 2017년 3월 5일 기사 출제
③ 2020년 9월 27일 기사 출제

120 선창의 내부에서 화물취급작업을 하는 근로자가 안전하게 통행할 수 있는 설비를 설치하여야 하는 기준은 갑판의 윗면에서 선창(船倉) 밑바닥까지의 깊이가 최소 얼마를 초과할 때인가?

① 1.3[m] ② 1.5[m]
③ 1.8[m] ④ 2.0[m]

해설

선창내부작업

갑판의 윗면에서 선창 밑바닥까지 깊이 : 1.5[m] 초과

참고 산업안전기사 필기 p.6-183(2. 하역 작업의 안전)

KEY ① 2012년 5월 20일 기사 출제
② 2014년 3월 2일 기사 출제
③ 2019년 8월 4일 기사 출제

정보제공

산업안전보건기준에 관한 규칙 제394조(통행설비의 설치 등)

[정답] 120 ②

2024년도 기사 정기검정 제1회 (2024년 2월 15일 시행)

자격종목 및 등급(선택분야)

산업안전기사

※ 본 문제는 복원문제 및 예적(예상적중) 문제로 실제문제와 동일하지 않을 수 있습니다.

1 산업재해 예방 및 안전보건교육

01 사고예방대책의 기본원리 5단계 중 틀린 것은?

① 1단계 : 안전관리계획

② 2단계 : 현상파악

③ 3단계 : 분석평가

④ 4단계 : 대책의 선정

해설

하인리히 사고예방대책 기본원리 5단계

① 제1단계(안전관리조직 : Organization)

② 제2단계(사실의 발견 : Fact finding:현상파악)

③ 제3단계(분석평가 : Analysis)

④ 제4단계(시정(대)책의 선정 : Selection of remedy)

⑤ 제5단계(시정(대)책의 적용 : Application of remedy)

참고 산업안전기사 필기 p.3-35(7. 하인리히 사고예방대책 기본원리 5단계)

KEY ① 2017년 5월 7일 기사·산업기사 동시 출제
② 2018년 8월 19일 산업기사 출제
③ 2019년 3월 3일(문제 20번) 출제

02 허츠버그(Herzberg)의 일을 통한 동기부여 원칙으로 틀린 것은?

① 새롭고 어려운 업무의 부여

② 교육을 통한 간접적 정보제공

③ 자기과업을 위한 작업자의 책임감 증대

④ 작업자에게 불필요한 통제를 배제

해설

동기부여 방법

① 각 노동자에게 보다 새롭고 힘든 과업을 부여한다.

② 노동자에게 불필요한 통제를 배제한다.

③ 각 노동자에게 완전하고 자연스러운 단위의 도급 작업을 부여할 수 있도록 일을 조정한다.

④ 자기 과업을 위한 노동자의 책임감을 증대시킨다.

⑤ 노동자에게 정기 보고서를 통한 직접적인 정보를 제공한다.

⑥ 특정 작업을 할 기회를 부여한다.

참고 산업안전기사 필기 p.1-99(3. 동기부여 방법)

KEY ① 2009년 5월 10일(문제 5번) 출제
② 2019년 4월 27일(문제1번) 출제

03 Y·G 성격검사에서 "안전, 적응, 적극형"에 해당하는 형의 종류는?

① A형 ② B형

③ C형 ④ D형

해설

Y·G(矢田部·Guilford) 성격검사

① A형(평균형) : 조화적, 적응적

② B형(右偏형) : 정서 불안정, 활동적, 외향적(불안정, 부적응, 적극형)

③ C형(左偏형) : 안전 소극형(온순, 소극적, 안전, 비활동, 내향적)

④ D형(右下형) : 안전, 적응, 적극형(정서 안전, 사회 적응, 활동적 대인관계 양호)

⑤ E형(左下형) : 불안전, 부적응, 수동형(D형과 반대)

참고 산업안전기사 필기 p.1-79(2. Y·G 성격검사)

KEY ① 2020년 6월 7일(문제 4번) 출제
② 2023년 6월 7일 산업기사 출제

04 안전관리조직의 참모식(staff형)에 대한 장점이 아닌 것은?

① 경영자의 조언과 자문역할을 한다.

② 안전정보 수집이 용이하고 빠르다.

③ 안전에 관한 명령과 지시는 생산라인을 통해 신속하게 전달한다.

[정답] 01 ① 02 ② 03 ④ 04 ③

④ 안전전문가가 안전계획을 세워 문제해결 방안을 모색하고 조치한다.

해설

라인형 조직과 스태프형 조직

구 분	장 점	단 점
line형 조직 경영자  작업자	① 안전에 관한 명령과 지시는 생산 라인을 통해 신속·정확히 전달 실시된다. ② 중소 규모 기업에 활용된다.	① 안전 전문 입안이 되어 있지 않아 내용이 빈약하다. ② 안전의 정보가 불충분하다.
staff형 조직 경영자  작업자	① 안전 전문가가 안전 계획을 세워 문제 해결 방안을 모색하고 조치한다. ② 경영자의 조언과 자문 역할을 한다. ③ 안전 정보 수집이 용이하고 빠르다.	① 생산 부문에 협력하여 안전 명령을 전달 실시하므로 안전과 생산을 별개로 취급하기 쉽다. ② 생산 부문은 안전에 대한 책임과 권한이 없다.

참고 산업안전기사 필기 p.1-23(표. 안전보건관리 조직형태)

KEY ① 2016년 3월 6일 기사·산업기사 동시 출제
② 2016년 10월 1일 산업기사 출제
③ 2017년 3월 5일 기사 출제
④ 2017년 5월 7일 기사 출제
⑤ 2017년 8월 26일 기사·산업기사 동시 출제
⑥ 2019년 3월 3일(문제 14번) 출제

05 재해조사의 목적과 가장 거리가 먼 것은?

① 재해예방 자료수집
② 재해관련 책임자 문책
③ 동종 및 유사재해 재발방지
④ 재해발생 원인 및 결함 규명

해설

재해조사의 목적

① 관계자의 책임을 추궁하는 것이 아니다.
② 사고의 진실을 밝혀내는 것이다.

참고 산업안전기사 필기 p.3-31(4. 재해 조사시의 유의사항)

KEY ① 2016년 3월 6일 기사 출제
② 2018년 4월 28일 기사 출제
③ 2019년 4월 27일 기사 출제
④ 2021년 3월 7일(문제 5번) 출제

06 산업안전보건법령상 안전보건표지의 종류 중 다음 표지의 명칭은? (단, 마름모 테두리는 빨간색이며, 안의 내용은 검은색이다.)

① 폭발성물질 경고　② 산화성물질 경고
③ 부식성물질 경고　④ 급성독성물질 경고

해설

경고표지

인화성 물질경고	산화성 물질경고	폭발성 물질경고

급성독성 물질경고	**부식성 물질경고**	**방사성 물질경고**

참고 산업안전기사 필기 p.1-61(4. 안전보건표지의 종류와 형태)

KEY ① 2017년 9월 23일 기사 출제
② 2018년 3월 4일 기사 출제
③ 2019년 4월 27일 기사 출제
④ 2020년 8월 22일(18번) 출제

정보제공
산업안전보건법 시행규칙 [별표 6] 안전보건표지의 종류와 형태

07 학습을 자극(Stimulus)에 의한 반응(Response)으로 보는 이론에 해당하는 것은?

① 장설(Field Theory)
② 통찰설(Insight Theory)
③ 시행착오설(Trial and Error Theory)
④ 기호형태설(Sign-gestalt Theory)

[정답] 05 ② 06 ④ 07 ③

해설

Thorndike의 시행착오설

① 연습 또는 반복의 법칙(the law of exercise or repetition)
② 효과의 법칙(the law of effect)
③ 준비성의 법칙(the law of readiness)

참고 산업안전기사 필기 p.1-149(2. 자극과 반응)

KEY ① 2017년 3월 5일 기사 출제
② 2018년 3월 4일 기사, 산업기사 출제
③ 2020년 6월 7일 기사 출제
④ 2021년 5월 15일(문제 16번) 출제

08 새로운 자료나 교재를 제시하고, 문제점을 피교육자로 하여금 제기하도록 하거나 의견을 여러 가지 방법으로 발표하게 하여 청중과 토론자간 활발한 의견 개진과 합의를 도출해가는 토의방법은?

① 포럼(Forum)
② 심포지엄(Symposium)
③ 자유토의(Free discussion)
④ 패널 디스커션(Panel discussion)

해설

포럼(Forum)

① 새로운 자료나 교재를 제시하고 거기서의 문제점을 피교육자로 하여금 제기하게 하거나 의견을 여러 가지 방법으로 발표하게 하고 다시 깊이 파고들어 토의를 행하는 방법
② 청중과 토론자간 활발한 의견 개진가능

참고 산업안전기사 필기 p.1-144((1) 토의식 교육방법)

KEY ① 2021년 9월 12일 기사 등 5회 이상 출제
② 2023년 6월 4일(문제 8번) 출제

보충학습

① 심포지엄 : 몇 사람의 전문가에 의하여 과정에 관한 견해를 발표하게 한 뒤 참가자로 하여금 의견이나 질문을 하게 하는 토의법
② 자유토의법 : 참가자는 고정적인 규칙이나 리더에게 얽매이지 않고 자유로이 의견이나 태도를 표명하며, 지식이나 정보를 상호 제공, 교환함으로써 참가자 상호 간의 의견이나 견해의 차이를 상호작용으로 조정하여 집단으로 의견을 요약해 나가는 방법
③ 패널 디스커션 : 패널멤버(교육과제에 정통한 전문가 4~5[명])가 피교육자 앞에서 자유로이 토의하고 뒤에 피교육자 전원이 참가하여 사회자의 사회에 따라 토의하는 방법

09 재해원인을 직접원인과 간접원인으로 분류할 때 직접원인에 해당하는 것은?

① 물적 원인 ② 교육적 원인
③ 정신적 원인 ④ 관리적 원인

해설

산업재해원인

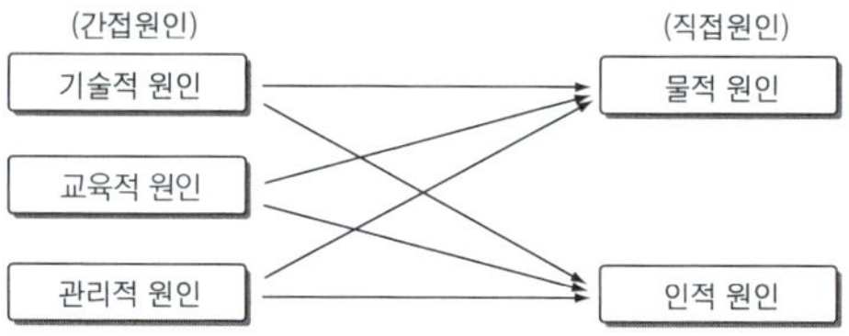

[그림] 직 · 간접재해원인 비교

참고 산업안전기사 필기 p.3-30(그림. 직·간접재해원인 비교)

KEY ① 2017년 5월 7일 산업기사 출제
② 2018년 4월 28일 기사 출제
③ 2019년 4월 27일 기사 출제
④ 2020년 8월 22일(문제 14번) 출제
⑤ 2022년 4월 24일(문제 18번) 출제

10 데이비스(K.Davis)의 동기부여 이론 등식으로 옳은 것은?

① 지식×기능=태도
② 지식×상황=동기유발
③ 능력×상황=인간의 성과
④ 능력×동기유발=인간의 성과

해설

데이비스(K. Davis)의 동기부여 이론 등식

① 인간의 성과×물질의 성과=경영의 성과
② 지식(knowledge)×기능(skill)=능력(ability)
③ 상황(situation)×태도(attitude)=동기유발(motivation)
④ 능력×동기유발=인간의 성과(human performance)

참고 산업안전기사 필기 p.1-100(2. 데이비스의 동기부여 이론 등식)

KEY 2016년 5월 8일(문제 4번) 출제

[정답] 08 ① 09 ① 10 ④

11 매슬로우의 욕구단계 이론에서 편견없이 받아들이는 성향, 타인과의 거리를 유지하며 사생활을 즐기거나 창의성 성격으로 봉사, 특별히 좋아하는 사람과 긴밀한 관계를 유지하려는 인간의 욕구에 해당하는 것은?

① 생리적 욕구 ② 사회적 욕구
③ 자아실현의 욕구 ④ 안전에 대한 욕구

해설

매슬로우(Maslow, A. H.)의 욕구단계 이론

① 제1단계(생리적 욕구 : 생명유지의 기본적 욕구) : 기아, 갈증, 호흡, 배설, 성욕 등 인간의 가장 기본적인 욕구(종족보존)
② 제2단계(안전욕구) : 자기보존욕구
③ 제3단계(사회적 욕구) : 소속감과 애정욕구
④ 제4단계(존경욕구) : 인정받으려는 욕구
⑤ 제5단계(자아실현의 욕구) : 잠재적인 능력을 실현하고자 하는 욕구(성취욕구)

참고 ① 산업안전기사 필기 p.1-101((5) 매슬로우의 욕구 5단계 이론)
② 산업안전기사 필기 p.1-100(합격날개 : 은행문제)

KEY ① 2016년 5월 8일(문제 20번)
② 2024년 2월 15일 등 20번 이상 출제

12 맥그리거(McGregor)의 Y이론과 관계가 없는 것은?

① 직무확장 ② 책임과 창조력
③ 인간관계 관리방식 ④ 권위주의적 리더십

해설

맥그리거의 X, Y이론 대비표

X 이론 (인간을 부정적 측면으로 봄)	Y 이론 (인간을 긍정적 측면으로 봄)
인간불신	상호신뢰
성악설	성선설
인간은 본래 게으르고 태만하여 수동적이고 남의 지배받기를 즐긴다.	인간은 본래 부지런하고 적극적이며 스스로의 일을 자기 책임하에 자주적으로 행한다.
저차원적 욕구(물질욕구)	고차원적 욕구(정신적 욕구)
명령통제에 의한 관리(권위적)	목표 통합과 자기통제에 의한 관리
저개발국형	선진국형

참고 산업안전기사 필기 p.1-100(표. X·Y이론의 특징)

KEY ① 2013년 8월 18일(문제 3번) 출제
② 2015년 3월 8일(문제 19번) 출제
③ 2016년 3월 6일(문제 6번) 출제

13 보호구 안전인증 고시에 따른 안전모의 일반 구조 중 턱끈의 최소 폭 기준은?

① 5[mm] 이상 ② 7[mm] 이상
③ 10[mm] 이상 ④ 12[mm] 이상

해설

턱끈의 최소 폭 : 10[mm] 이상

참고 산업안전산업기사 필기 p.1-89 (2) 안전모의 구비조건

KEY 2017년 3월 5일 산업기사 출제

14 산업안전보건법령상 안전보건교육 중 관리감독자 정기안전보건교육의 교육내용으로 옳은 것은?(단, 산업안전보건법 및 일반관리에 관한 사항을 제외한다.)

① 산업안전 및 재해사례에 관한 사항
② 사고 발생 시 긴급조치에 관한 사항
③ 건강증진 및 질병 예방에 관한 사항
④ 산업보건 및 직업병 예방에 관한 사항

해설

관리감독자 정기안전보건교육 내용

① 산업안전 및 사고 예방에 관한 사항
② 산업보건 및 직업병 예방에 관한 사항
③ 위험성 평가에 관한 사항
④ 유해·위험 작업환경 관리에 관한 사항
⑤ 산업안전보건법령 및 산업재해보상보험 제도에 관한 사항
⑥ 직무스트레스 예방 및 관리에 관한 사항
⑦ 직장 내 괴롭힘, 고객의 폭언 등으로 인한 건강장해 예방 및 관리에 관한 사항
⑧ 작업공정의 유해·위험과 재해 예방대책에 관한 사항
⑨ 사업장 내 안전보건관리체제 및 안전·보건조치 현황에 관한 사항
⑩ 표준안전 작업방법 결정 및 지도·감독 요령에 관한 사항
⑪ 현장근로자와의 의사소통능력 및 강의 능력 등 안전보건교육 능력 배양에 관한 사항
⑫ 비상시 또는 재해 발생 시 긴급조치에 관한 사항
⑬ 그 밖의 관리감독자의 직무에 관한 사항

[정답] 11 ③ 12 ④ 13 ③ 14 ④

참고 산업안전기사 필기 p.1-154(3. 관리감독자 정기안전보건교육)

KEY ① 2017년 5월 7일 출제
② 2017년 8월 26일 출제
③ 2018년 3월 4일(문제 14번) 출제

정보제공
산업안전보건법시행규칙 [별표 5] 안전보건교육대상별 교육내용

15 적응기제 중 도피기제의 유형이 아닌 것은?

① 합리화 ② 고립
③ 퇴행 ④ 억압

해설

도피기제(Excape Mechanism)
갈등을 해결하지 않고 도망감

구분	특징
억압	무의식으로 쑤셔 넣기
퇴행	유아 시절로 돌아가 유치해짐
백일몽	공상의 나래를 펼침
고립(거부)	외부와의 접촉을 끊음

참고 ① 산업안전기사 필기 p.1-115(적응기제 3가지)
② 산업안전기사 필기 p.1-150(합격날개 : 합격예측)

KEY ① 2016년 5월 8일 산업기사 출제
② 2017년 3월 5일 기사 출제
③ 2017년 9월 23일 기사 출제
④ 2018년 3월 4일(문제 19번) 출제

16 생체 리듬(Bio Rhythm)중 일반적으로 33일을 주기로 반복되며, 상상력, 사고력, 기억력 또는 의지, 판단 및 비판력 등과 깊은 관련성을 갖는 리듬은?

① 육체적 리듬 ② 지성적 리듬
③ 감성적 리듬 ④ 생활 리듬

해설

지성적 리듬(I : Intellectual cycle)
PSI학설, 생물시계, 체내시계
① 33일 주기
② 초록(녹)색 표시
③ 일점쇄선 표시
④ 상상력, 사고력, 기억력, 인지력, 판단력 등이 증가

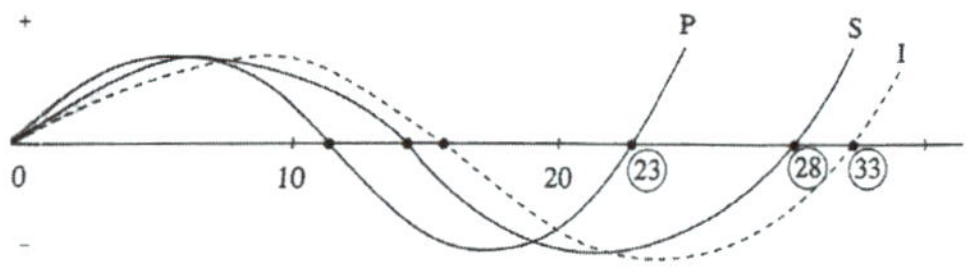

[그림] Biorhythm

참고 산업안전기사 필기 p.1-108(3. 지성적 리듬)

KEY 2018년 3월 4일(문제 20번) 출제

17 보호구 안전인증 고시에 따른 방음용 귀마개 또는 귀덮개와 관련된 용어의 정의 중 다음 (   )안에 알맞은 것은?

> 음압수준이란 음압을 다음 식에 따라 데시벨(dB)로 나타낸 것을 말하며 적분 평균소음계(KS C 1505) 또는 소음계(KS C 1502)에 규정하는 소음계의 (   )특성을 기준으로 한다.

① A ② B
③ C ④ D

해설

음압수준
"음압수준"이란 음압을 다음 식에 따라 데시벨(dB)로 나타낸 것을 말하며 KS C 1505(적분 평균소음계) 또는 KS C 1502(소음계)에 규정하는 소음계의 "C" 특성을 기준으로 한다.

$$\text{음압수준[dB]} = 20\log 10\frac{P}{P_0}$$

P : 측정음압으로서 파스칼(Pa) 단위를 사용
P_0 : 기준음압으로서 20[μPa] 사용

참고 산업안전기사 필기 p.1-63(합격날개 : 합격예측)

KEY ① 2009년 5월 10일 (문제 9번) 출제
② 2017년 8월 26일(문제 12번) 출제

[정답] 15 ① 16 ② 17 ③

18 **아담스(Edward Adams)의 사고연쇄 반응이론 중 관리자가 의사결정을 잘못하거나 감독자가 관리적 잘못을 하였을 때의 단계에 해당하는 것은?**

① 사고　　② 작전적 에러
③ 관리구조결함　　④ 전술적 에러

해설

아담스(Adams)의 사고 연쇄 이론

① 제1단계 : 관리구조
② 제2단계 : 작전적 에러(관리감독에러)
③ 제3단계 : 전술적 에러(불안전한 행동 or 조작)
④ 제4단계 : 사고(물적 사고)
⑤ 제5단계 : 상해 또는 손실

참고 산업안전기사 필기 p.3-31(합격날개 : 합격예측)

KEY 2017년 5월 7일(문제 9번) 출제

19 **KOSHA GUIDE(안전보건 기술지침)의 설명이 틀린 것은?**

① 법령에서 정한 최소 수준이 아닌 더 높은 수준의 기술적 사항을 정리한 자료이다.
② 자율적 안전보건가이드이다.
③ 분류기준 D는 안전설계 지침이다.
④ 법적 구속력이 있다.

해설

KOSHA GUIDE

① 안전보건기술지침이다.
② 문항 ④번이 틀린 이유 : 법적 구속력이 없다.

참고 산업안전기사 필기 p.1-17(7. KOSHA GUIDE)

20 **제조업자는 제조물의 결함으로 인하여 생명·신체 또는 재산에 손해를 입은 자에게 그 손해를 배상하여야 하는데 이를 무엇이라 하는가? (단, 당해 제조물에 대해서만 발생한 손해는 제외한다.)**

① 입증 책임　　② 담보 책임
③ 연대 책임　　④ 제조물 책임

해설

제조물책임(PL)

① 제조물 책임이란 결함 제조물로 인해 생명·신체 또는 재산 손해가 발생할 경우 제조업자 또는 판매업자가 그 손해에 대하여 배상 책임을 지는 것
② 유럽에서는 100여년의 역사를 가지고 있으며, 미국, 일본에서도 1960~70년대부터 사회문제로 대두되어 '소비자 위험부담시대'에서 '판매자 위험부담시대'로 변환
③ 제조업에서 사고발생을 방지할 책임이 있기 때문에 결함 제조물에 대한 전적인 책임이 있다.

참고 산업안전산업기사 필기 p.1-8(2. 제조물 책임)

KEY 2019년 3월 3일 산업기사 출제

2 인간공학 및 위험성 평가·관리

21 **[그림]과 같이 신뢰도 95[%]인 펌프 A가 각각 신뢰도 90[%]인 밸브 B와 밸브 C의 병렬밸브계와 직렬계를 이룬 시스템의 실패 확률은 약 얼마인가?**

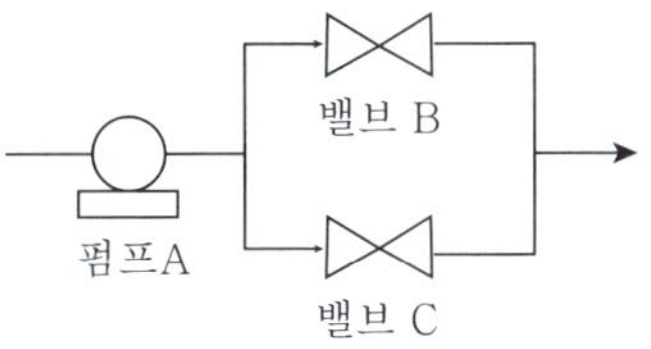

① 0.0091　　② 0.0595
③ 0.9405　　④ 0.9811

해설

실패확률

① 성공확률(R_s) $= A \times [1-(1-B)(1-C)]$
$= 0.95 \times [1-(1-0.9)(1-0.9)]$
$= 0.9405$
② 실패확률 $=$ 1 $-$ 성공확률 $= 1 - 0.9405 = 0.0595$

참고 산업안전산업기사 필기 p.2-89(문제 25번)

KEY ① 2014년 9월 20일(문제 45번) 출제
② 2020년 8월 22일(문제 39번) 출제

[정답] 18 ② 19 ④ 20 ④ 21 ②

PART 04

22 인간의 실수 중 수행해야 할 작업 및 단계를 생략하여 발생하는 오류는?

① omission error ② commission error
③ sequence error ④ timing error

해설

생략에러와 실행에러

① 생략에러(Omission errors : 부작위 실수) : 직무 또는 어떤 단계를 수행치 않음 (누락오류)
② 실행에러(Commission error : 작위 실수) : 직무의 불확실한 수행(예 선택, 순서, 시간, 정성적 착오)

참고 산업안전기사 필기 p.2-20(1. 심리적 분류의 인적오류)

KEY
① 2013년 6월 2일, 8월 18일 출제
② 2015년 3월 8일 출제
③ 2017년 8월 26일 출제
④ 2018년 4월 28일 출제
⑤ 2019년 3월 3일, 8월 4일 출제
⑥ 2020년 8월 22일, 9월 27일 출제
⑦ 2021년 3월 7일, 8월 14일 출제
⑧ 2023년 7월 8일(문제 22번) 출제

23 국소진동에 지속적으로 노출된 근로자에게 발생할 수 있으며, 말초혈관 장애로 손가락이 창백해지고 동통을 느끼는 질환의 명칭은?

① 레이노병 ② 파킨슨 병
③ 규폐증 ④ C_5-dip 현상

해설

레이노병(Raynaud's disease)

① 혈관운동신경 장애를 주증(主症)으로 하는 질환
② 프랑스 의사 M.레이노(1834~1881)가 보고한 것으로 피부교원섬유(皮膚膠原纖維)의 이상에서 오는 교원병(膠原病)으로도 볼 수 있다.
③ 사지(四肢)의 동맥에 간헐적 경련이 일어나 혈액결핍 때문에 손발 끝이 창백해지고 빳빳하게 굳어지며, 냉감(冷感)·의주감(蟻走感:개미가 기어가는 듯한 감각)·동통(疼痛) 등을 느낀다.

KEY
① 2019년 8월 4일 기사 출제
② 2023년 7월 8일(문제 33번) 출제

보충학습

① 파킨슨병 : 신경세포 소실로 발생되는 대표적 퇴행성 신경질환
② 규폐증 : 유리규산 분진을 흡입함에 따라 발생되는 폐의 섬유화 질환
③ C_5- dip : 소음성 난청 초기단계로 4,000[Hz]에서 청력장애가 현저히 커지는 현상

24 산업안전보건기준에 관한 규칙상 작업장의 작업면에 따른 적정 조명 수준은 초정밀작업에서 (㉠)[lux] 이상이고, 보통작업에서는 (㉡)[lux] 이상이다. ( )안에 들어갈 내용은?

① ㉠ : 650, ㉡ : 150
② ㉠ : 650, ㉡ : 250
③ ㉠ : 750, ㉡ : 150
④ ㉠ : 750, ㉡ : 250

해설

작업장의 조도기준

① 초정밀작업 : 750[lux] 이상
② 정밀작업 : 300[lux] 이상
③ 보통작업 : 150[lux] 이상
④ 그 밖의 작업 : 75[lux] 이상

참고 ① 산업안전기사 필기 p.2-169(합격날개 : 합격예측)
② 산업안전기사 필기 p.2-201(문제 52번)

KEY
① 2011년 8월 21일 기사 출제
② 2017년 8월 26일 기사 출제
③ 2019년 3월 3일 기사 출제
④ 2022년 3월 5일 기사 출제
⑤ 2023년 7월 8일(문제 21번) 출제

정보제공

산업안전보건기준에 관한 규칙 제8조(조도)

합격자의 조언

필기 제6과목과 실기에서도 출제되는 내용입니다.

25 양립성(compatibility)에 대한 설명 중 틀린 것은?

① 개념 양립성, 운동양립성, 공간양립성 등이 있다.
② 인간의 기대에 맞는 자극과 반응의 관계를 의미한다.
③ 양립성의 효과가 크면 클수록, 코딩의 시간이나 반응의 시간은 길어진다.
④ 양립성이란 제어장치와 표시장치의 연관성이 인간의 예상과 어느 정도 일치하는 것을 의미한다.

[정답] 22 ① 23 ① 24 ③ 25 ③

해설

양립성[일명 모집단 전형(compatibility, 兩立性)]

① 자극들간의, 반응들간의 혹은 자극 - 반응들간의 관계가(공간, 운동, 개념적)인간의 기대에 일치되는 정도
② 양립성 정도가 높을수록, 정보처리시 정보변환(암호화, 재암호화)이 줄어들게 되어 학습이 더 빨리 진행되고, 반응시간이 더 짧아지고, 오류가 적어지며, 정신적 부하가 감소하게 된다.

참고 ① 산업안전기사 필기 p.1-75(6.양립성)
② 산업안전기사 필기 p.2-179(6.양립성)

KEY ① 2017년 5월 7일 기사 출제
② 2018년 8월 19일 기사 출제
③ 2023년 7월 8일(문제 23번) 출제

26 인간-기계 시스템에서 시스템의 설계를 다음과 같이 구분할 때 제3단계인 기본설계에 해당되지 않는 것은?

1단계 : 시스템의 목표와 성능 명세 결정
2단계 : 시스템의 정의
3단계 : 기본설계
4단계 : 인터페이스설계
5단계 : 보조물 설계
6단계 : 시험 및 평가

① 화면 설계 ② 작업 설계
③ 직무 분석 ④ 기능 할당

해설

인간-기계 시스템 기본 설계 단계(제3단계)

① 작업설계
② 직무분석
③ 기능할당
④ 인간성능-요건명세

참고 산업안전기사 필기 p.2-29(문제 31번) 적중

KEY ① 2009년 7월 26일(문제 39번) 출제
② 2016년 3월 6일, 10월 1일 출제
③ 2018년 9월 15일 산업기사 출제
④ 2019년 3월 3일 출제
⑤ 2019년 4월 27일, 9월 21일 산업기사 출제
⑥ 2020년 9월 27일 출제
⑦ 2021년 5월 15일, 8월 14일(문제 27번) 출제

27 다음 중 욕조곡선에서의 고장 형태에서 일정한 형태의 고장률이 나타나는 구간은?

① 초기고장률 구간
② 마모고장 구간
③ 피로고장 구간
④ 우발고장 구간

해설

우발고장의 특징

(1) 정의
① 예측할 수 없을 때에 생기는 고장으로 시운전이나 점검작업으로는 방지할 수 없다.
② 요소의 우발고장에 있어서는 평균고장시간과 비율을 알고 있으면 제어계 전체 고장을 일으키지 않는 신뢰도를 구할 수 있다.(일정형고장)

(2) 우발고장의 고장발생원인
① 안전계수가 낮기 때문에
② stress가 strength보다 크기 때문에
③ 사용자의 과오 때문에
④ 최선의 검사방법으로도 탐지되지 않은 결함 때문에
⑤ 디버깅 중에도 발견되지 않는 고장 때문에
⑥ 예방보전에 의해서도 예방될 수 없는 고장 때문에
⑦ 천재지변에 의한 고장 때문에

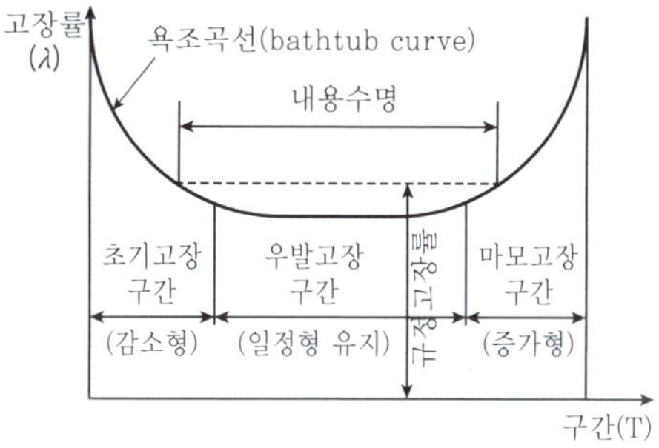

[그림] 욕조곡선

참고 산업안전기사 필기 p.2-12(2. 우발고장)

KEY ① 2009년 5월 10일(문제 28번)
② 2016년 3월 6일 출제
③ 2018년 8월 19일 출제
④ 2019년 8월 4일 산업기사 출제
⑤ 2021년 5월 15일 출제
⑥ 2023년 2월 28일(문제 28번) 출제

[정답] 26 ① 27 ④

28 일반적으로 인체측정치의 최대집단치를 기준으로 설계하는 것은?

① 선반의 높이
② 공구의 크기
③ 출입문의 크기
④ 안내 데스크의 높이

해설

인체측정

구분	최대 집단치
정의	대상 집단에 대한 인체 측정 변수의 상위 백분위수(percentile)를 기준으로 90, 95, 99[%]치가 사용 예 울타리
사용 예	① 출입문, 통로, 의자사이의 간격 등의 공간 여유의 결정 ② 줄사다리, 그네 등의 지지물의 최소 지지중량(강도)

참고 산업안전기사 필기 p.2-159(1. 최대치수와 최소치수)

KEY ① 2021년 8월 14일 기사 출제
② 2023년 7월 8일(문제 40번)

29 다음 중 근골격계부담작업에 속하지 않는 것은?

① 하루에 10[회] 이상 25[kg] 이상의 물체를 드는 작업
② 하루에 총 2[시간] 이상 목, 어깨, 팔꿈치, 손목 또는 손을 사용하여 같은 동작을 반복하는 작업
③ 하루에 총 2[시간] 이상 쪼그리고 앉거나 무릎을 굽힌 자세에서 이루어지는 작업
④ 하루에 총 2[시간] 이상 시간당 5[회] 이상 손 또는 무릎을 사용하여 반복적으로 충격을 가하는 작업

해설

근골격계 부담작업

① 하루 4[시간] 이상 집중적으로 자료입력 등을 위해 키보드 또는 마우스를 조작하는 작업
② 하루 2[시간] 이상 목, 어깨, 팔꿈치, 손목 또는 손을 사용하여 같은 동작을 반복하는 작업
③ 하루에 2[시간] 이상 머리 위에 손이 있거나, 팔꿈치가 어깨 위에 있거나, 팔꿈치를 몸통으로부터 들거나 팔꿈치를 몸통 뒤쪽에 위치하도록 하는 상태에서 이루어지는 작업
④ 지지되지 않은 상태이거나 임의로 자세를 바꿀 수 없는 조건에서 하루에 총 2[시간] 이상 목이나 허리를 구부리거나 트는 상태에서 이루어지는 작업
⑤ 하루에 2[시간] 이상 쪼그리고 앉거나 무릎을 굽힌 자세에서 이루어지는 작업
⑥ 하루에 2[시간] 이상 지지되지 않은 상태에서 1[kg] 이상의 물건을 한 손의 손가락으로 집어 옮기거나, 2[kg] 이상에 상응하는 힘을 가하여 한 손의 손가락으로 물건을 쥐는 작업
⑦ 하루에 2[시간] 이상 지지되지 않은 상태에서 4.5[kg] 이상의 물건을 한손으로 들거나 동일한 힘으로 쥐는 작업
⑧ 하루에 10[회] 이상 25[kg] 이상의 물체를 드는 작업
⑨ 하루에 25[회] 이상 10[kg] 이상의 물체를 무릎 아래에서 들거나 어깨 위에서 들거나 팔을 뻗은 상태에서 드는 작업
⑩ 하루에 2[시간] 이상 분당 2[회] 이상 4.5[kg] 이상의 물체를 드는 작업
⑪ 하루에 2[시간] 이상 시간당 10[회] 이상 손 또는 무릎을 사용하여 반복적으로 충격을 가하는 작업

참고 산업안전기사 필기 p.2-112(2. 근골격계 부담 작업)

KEY ① 2018년 8월 19일 기사 출제
② 2022년 3월 5일 기사 출제
③ 2023년 2월 28일(문제 32번) 출제

합격정보
근골격계 부담 작업의 범위
고시 제2020-12호(제1조) 근골격계 부담 작업

30 A작업의 평균에너지소비량이 다음과 같을 때, 60분간의 총 작업시간 내에 포함되어야 하는 휴식시간(분)은?

• 휴식중 에너지소비량 : 1.5[kcal/min]
• A작업시 평균 에너지소비량 : 6[kcal/min]
• A기초대사를 포함한 작업에 대한 평균 에너지 소비량 상한 : 5[kcal/min]

① 10.3 ② 11.3
③ 12.3 ④ 13.3

해설

휴식시간 계산

휴식시간$(R)=\dfrac{60(E-5)}{E-1.5}=\dfrac{60(6-5)}{6-1.5}=13.33$[분]

여기서, R : 휴식시간(분)
E : 작업 시 평균 에너지 소비량[kcal/분]

[정답] 28 ③ 29 ④ 30 ④

60분 : 총작업 시간
1.5[kcal/분] : 휴식시간 중 에너지 소비량
5[kcal/분] : 기초대사량을 포함한 보통작업에 대한 평균 에너지(기초대사량을 포함하지 않을 경우 : 4[kcal/분])

참고 산업안전기사 필기 p.1-102(3. 휴식)

KEY
① 2016년 5월 8일 기사 출제
② 2016년 10월 1일 기사 출제
③ 2018년 9월 15일(문제 43번) 출제
④ 2022년 4월 24일 기사 출제
⑤ 2023년 6월 4일(문제 28번) 출제

31 인간공학에 대한 설명으로 틀린 것은?

① 인간-기계 시스템의 안전성, 편리성, 효율성을 높인다.
② 인간을 작업과 기계에 맞추는 설계 철학이 바탕이 된다.
③ 인간이 사용하는 물건, 설비, 환경의 설계에 적용된다.
④ 인간의 생리적, 심리적인 면에서의 특성이나 한계점을 고려한다.

해설

인간공학
기계, 기구, 환경 등의 물적 조건을 인간의 특성과 능력에 잘 조화하도록 설계하기 위한 수단을 연구하는 학문이다.

참고 산업안전기사 필기 p.2-2(합격날개 : 합격용어)

KEY
① 2015년 5월 31일(문제 34번) 출제
② 2015년 8월 16일(문제 38번) 출제
③ 2017년 9월 23일 출제
④ 2019년 4월 27일 출제
⑤ 2022년 4월 24일(문제 26번) 출제

32 인간 기계시스템의 연구 목적으로 가장 적절한 것은?

① 정보 저장의 극대화
② 운전시 피로의 평준화
③ 시스템의 신뢰성 극대화
④ 안전의 극대화 및 생산능률의 향상

해설

인간 기계 시스템의 연구목적
안전의 극대화 및 생산 능률의 향상

참고 산업안전기사 필기 p.2-6(1. 인간-기계 통합시스템)

KEY
① 2015년 9월 19일 기사 출제
② 2017년 8월 26일 산업기사 출제
③ 2019년 3월 3일 기사 출제
④ 2023년 2월 28일(문제 39번) 출제

33 다음 중 동작경제의 원칙에 해당하지 않는 것은?

① 공구의 기능을 각각 분리하여 사용하도록 한다.
② 두 팔의 동작은 동시에 서로 반대방향으로 대칭적으로 움직이도록 한다.
③ 공구나 재료는 작업동작이 원활하게 수행되도록 그 위치를 정해준다.
④ 가능하다면 쉽고도 자연스러운 리듬이 작업동작에 생기도록 작업을 배치한다.

해설

공구 및 설비 디자인에 관한 원칙 (Design of tools and equipment)
① 치구나 발로 작동시키는 기기를 사용할 수 있는 작업에서는 이러한 기기를 활용하여 양손이 다른 일을 할 수 있도록 한다.
② 공구의 기능은 결합하여서 사용하도록 한다.
③ 공구와 재료는 가능한 한 사용하기 쉽도록 미리 위치를 잡아준다.
④ 각 손가락이 서로 다른 작업을 할 때에는 작업량을 각 손가락의 능력에 맞도록 분배해야 한다.
⑤ 레버, 핸들 및 통제기기는 작업자가 몸의 자세를 크게 바꾸지 않더라도 조작하기 쉽도록 배열한다.

참고 산업안전기사 필기 p.2-76(3. 공구 및 설비 디자인에 관한 원칙)

KEY
① 2023년 2월 28일(문제 29번) 출제
② 2023년 4월 1일 산업안전(보건)지도사 출제

[정답] 31 ② 32 ④ 33 ①

34 Rasmussen은 행동을 세 가지로 분류하였는데, 그 분류에 해당하지 않는 것은?

① 숙련 기반 행동(skill–based behavior)
② 지식 기반 행동(knowledge–based behavior)
③ 경험 기반 행동(experience–based behavior)
④ 규칙 기반 행동(rule–based behavior)

해설

Rasmussen(라스무센)의 행동 세가지 분류
① 숙련 기반 행동(skill–based behavior)
② 지식 기반 행동(knowledge–based behavior)
③ 규칙 기반 행동(rule–based behavior)

참고 ① 산업안전기사 필기 p.2–4(합격날개 : 합격예측)
② 산업안전기사 필기 p.2–22(3. 인간의 행동수준)

KEY ① 2016년 5월 8일 기사 출제
② 2018년 8월 19일 기사 출제
③ 2023년 6월 4일(문제 26번) 출제

35 연구 기준의 요건과 내용이 옳은 것은?

① 무오염성 : 실제로 의도하는 바와 부합해야 한다.
② 적절성 : 반복 실험 시 재현성이 있어야 한다.
③ 신뢰성 : 측정하고자 하는 변수 이외의 다른 변수의 영향을 받아서는 안된다.
④ 민감도 : 피실험자 사이에서 볼 수 있는 예상 차이점에 비례하는 단위로 측정해야 한다.

해설

기준의 요건

구분	특징
적절성(relevance)	기준이 의도된 목적에 적합하다고 판단되는 정도
무오염성	측정하고자 하는 변수외의 영향이 없도록
기준척도의 신뢰성 (reliability criterion measure)	척도의 신뢰성 즉 반복성 (repeatability)

참고 산업안전기사 필기 p.2–6(합격날개 : 합격예측)

KEY ① 2011년 3월 20일 기사 출제
② 2013년 6월 2일 기사 출제
③ 2014년 3월 2일 기사 출제
④ 2017년 8월 26일 기사 출제
⑤ 2020년 6월 7일, 9월 27일 기사 출제
⑥ 2022년 3월 5일 기사 출제
⑦ 2023년 7월 8일(문제 28번) 출제

36 섬유유연제 생산 공정이 복잡하게 연결되어 있어 작업자의 불안전한 행동을 유발하는 상황이 발생하고 있다. 이것을 해결하기 위한 위험처리 기술에 해당하지 않는 것은?

① Transfer(위험전가)
② Retention(위험보류)
③ Reduction(위험감축)
④ Rearrange(작업순서의 변경 및 재배열)

해설

Risk 처리(위험조정)기술 4가지
① 위험회피(Avoidance)
② 위험제거(경감, 감축 : Reduction)
③ 위험보유(보류 : Retention)
④ 위험전가(Transfer) : 보험으로 위험조정

참고 산업안전기사 필기 p.2–36(합격날개 : 합격예측)

KEY ① 2014년 3월 2일 기사 출제
② 2018년 8월 19일 기사 출제
② 2023년 7월 8일(문제 31번) 출제

37 산업안전보건법령상 유해·위험방지계획서의 심사 결과에 따른 구분·판정에 해당하지 않는 것은?

① 적정 ② 일부적정
③ 부적정 ④ 조건부적정

해설

심사결과 구분·판정 3가지
① 적정 : 근로자의 안전과 보건상 필요한 조치가 구체적으로 확보되었다고 인정될 때
② 조건부 적정 : 근로자의 안전과 보건을 확보하기 위하여 일부 개선이 필요하다고 인정될 때

[정답] 34 ③ 35 ④ 36 ④ 37 ②

③ 부적정 : 기계·설비 또는 건설물이 심사기준에 위반되어 공사 착공시 중대한 위험발생의 우려가 있거나 계획에 근본적 결함이 있다고 인정될 때

참고 산업안전기사 필기 p.2-45(합격날개 : 합격예측)

KEY ① 2014년 3월 2일 기사 출제
② 2015년 8월 16일 기사 출제
③ 2017년 8월 26일 기사 출제
④ 2018년 8월 19일 기사 출제
⑤ 2023년 7월 8일(문제 38번) 출제

정보제공
산업안전보건법 시행규칙 제123조(심사결과의 구분)

38 다음과 같은 실내 표면에서 일반적으로 추천반사율의 크기를 맞게 나열한 것은?

[다음]
㉠ 바닥 ㉡ 천장 ㉢ 가구 ㉣ 벽

① ㉠<㉣<㉢<㉡
② ㉣<㉠<㉡<㉢
③ ㉠<㉢<㉣<㉡
④ ㉣<㉡<㉠<㉢

해설

IES추천 조명반사율 권고
① 바닥 : 20~40[%]
② 가구, 사용기기, 책상 : 25~40[%]
③ 창문발(blind), 벽 : 40~ 60[%]
④ 천장 : 80~90[%]

참고 산업안전기사 필기 p.2-169(1. 옥내 최적반사율)

KEY ① 2016년 3월 6일 산업기사 출제
② 2016년 10월 1일 기사 출제
③ 2017년 8월 26일, 9월 23일 산업기사 출제
④ 2018년 3월 4일 출제
⑤ 2019년 9월 21일 산업기사 출제
⑥ 2023년 6월 4일(문제 31번) 출제

39 의도는 올바른 것이었지만 행동이 의도한 것과는 다르게 나타나는 오류를 무엇이라 하는가?

① Slip
② Mistake
③ Lapse
④ Violation

해설

인간의 오류 모형

구분	특징
착각(Illusion)	감각적으로 물리현상을 왜곡하는 지각 오류
착오(Mistake)	상황해석을 잘못하거나 목표를 잘못 이해하고 착각하여 행하는 인간의 실수로 위치, 순서, 패턴, 형상, 기억오류 등 외부적 요인에 의해 나타나는 오류
실수(Slip)	의도는 올바른 것이었지만, 행동이 의도한 것과는 다르게 나타나는 오류
건망증(Lapse)	일련의 과정에서 일부를 빠뜨리거나 기억의 실패에 의해 발생하는 오류
위반(Violation)	정해진 규칙을 알고 있음에도 의도적으로 따르지 않거나 무시한 경우에 발생하는 오류

참고 산업안전기사 필기 p.2-19(합격날개 : 합격예측)

KEY ① 2009년 5월 10일(문제 35번) 출제
② 2017년 8월 26일 기사 출제
③ 2019년 3월 3일, 4월 27일기사 출제
④ 2021년 5월 15일 기사 출제
⑤ 2023년 2월 28일(문제 21번) 출제

40 산업안전보건법령상 사업주가 유해위험방지계획서를 제출할 때에는 사업장 별로 관련 서류를 첨부하여 해당 작업 시작 며칠 전까지 해당 기관에 제출하여야 하는가?

① 7일
② 15일
③ 30일
④ 60일

해설

유해위험방지 계획서 제출시기 및 부수
① 제조업 : 해당 작업시작 15일 전까지 공단에 2부 제출
② 건설업 : 공사 착공전날까지 공단에 2부 제출

참고 ① 공단 : 한국산업안전보건공단
② 산업안전기사 필기 p.2-37(③ 법적목적)

정보제공
① 산업안전보건법 시행규칙 제42조(제출서류등)
② 2023. 9. 28 개정「고용노동부령 제393호」적용

KEY ① 2016년 3월 6일 기사 출제
② 2017년 9월 23일 기사 출제
③ 2022년 4월 24일 기사 출제
④ 2023년 2월 28일(문제 22번) 출제

[정답] 38 ③ 39 ① 40 ②

3 기계·기구 및 설비안전관리

41 연삭기의 안전작업수칙에 대한 설명 중 가장 거리가 먼 것은?

① 숫돌의 정면에 서서 숫돌 원주면을 사용한다.
② 숫돌 교체시 3분 이상 시운전을 한다.
③ 숫돌의 회전은 최고 사용 원주속도를 초과하여 사용하지 않는다.
④ 연삭숫돌에 충격을 가하지 않는다.

해설

작업자가 숫돌 원주면에서 사용 시 측면에 서서 작업하셔야 합니다.

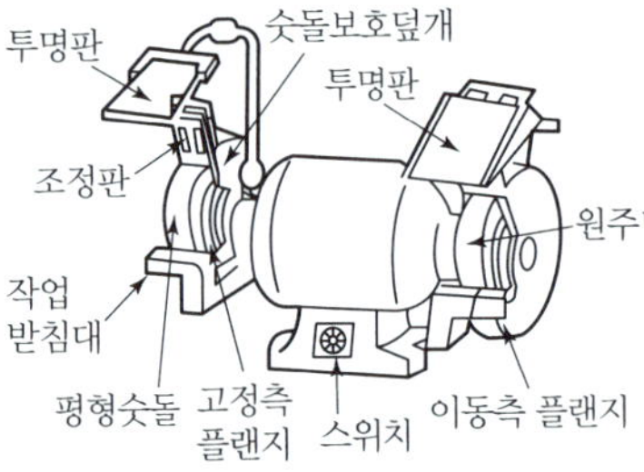

[그림] 탁상용연삭기

참고 산업안전기사 필기 p.3-94(4. 연삭기 구조면에 있어서 안전대책)

KEY ① 2016년 3월 6일 산업기사 출제
② 2020년 6월 7일 기사 출제
③ 2020년 8월 22일(문제 51번) 출제

42 산업안전보건법령상 산업용 로봇에 의한 작업 시 안전조치 사항으로 적절하지 않은 것은?

① 로봇의 운전으로 인해 근로자가 로봇에 부딪칠 위험이 있을 때에는 높이 1.8[m] 이상의 울타리를 설치하여야 한다.
② 작업을 하고 있는 동안 로봇의 가동스위치 등은 작업에 종사하고 있는 근로자가 아닌 사람이 그 스위치 등을 조작할 수 없도록 필요한 조치를 한다.
③ 로봇의 조작방법 및 순서, 작업 중의 매니퓰레이터의 속도 등에 관한 지침에 따라 작업을 하여야 한다.
④ 작업에 종사하는 근로자가 이상을 발견하면, 관리 감독자에게 우선 보고하고, 지시가 나올 때까지 작업을 진행한다.

해설

교시등의 작업에 조치사항

① 다음 각 목의 사항에 관한 지침을 정하고 그 지침에 따라 작업을 시킬 것
㉮ 로봇의 조작방법 및 순서
㉯ 작업 중의 매니퓰레이터의 속도
㉰ 2명 이상의 근로자에게 작업을 시킬 경우의 신호방법
㉱ 이상을 발견한 경우의 조치
㉲ 이상을 발견하여 로봇의 운전을 정지시킨 후 이를 재가동시킬 경우의 조치
㉳ 그 밖에 로봇의 예기치 못한 작동 또는 오조작에 의한 위험을 방지하기 위하여 필요한 조치
② 작업에 종사하고 있는 근로자 또는 해당 근로자를 감시하는 자가 이상을 발견한 때에는 즉시 로봇의 운전을 정지시키기 위한 조치를 할 것
③ 작업을 하고 있는 동안 로봇의 기동스위치 등에 작업중이라는 표시를 하는 등 작업에 종사하고 있는 근로자가 아닌 사람이 그 스위치 등을 조작할 수 없도록 필요한 조치를 할 것

참고 산업안전기사 필기 p.3-127(합격날개 : 합격예측 및 관련법규)

정보제공
산업안전보건기준에 관한 규칙 제222조(교시 등)

KEY ① 2019년 8월 4일(문제 42번) 출제
② 2023년 2월 15일(문제 54번) 출제
③ 2023년 6월 4일(문제 44번) 출제

43 비파괴 검사 방법으로 틀린 것은?

① 인장 시험
② 음향 탐상 시험
③ 와류 탐상 시험
④ 초음파 탐상 시험

[정답] 41 ① 42 ④ 43 ①

해설

파괴 시험과 비파괴 시험

(1) 인장 시험 : 파괴시험
(2) 비파괴검사 종류
① 침투탐상검사
② 자분탐상검사
③ 방사선투과검사
④ 초음파탐상검사
⑤ 와전류탐상검사
⑥ 육안검사
⑦ 누설검사
⑧ 음향방출검사

참고 산업안전기사 필기 p.3-219(1. 인장시험)

KEY ① 2017년 3월 5일 기사 출제
② 2019년 3월 3일 기사 출제
③ 2020년 8월 22일 기사 출제
④ 2021년 3월 7일(문제 41번) 출제

44 컨베이어 설치 시 주의사항에 관한 설명으로 옳지 않은 것은?

① 컨베이어에 설치된 보도 및 운전실 상면은 가능한 수평이어야 한다.
② 근로자가 컨베이어를 횡단하는 곳에는 바닥면 등으로부터 90[cm]이상 120[cm]이하에 상부난간대를 설치하고, 바닥면과의 중간에 중간난간대가 설치된 건널다리를 설치한다.
③ 폭발의 위험이 있는 가연성 분진 등을 운반하는 컨베이어 또는 폭발의 위험이 있는 장소에 사용되는 컨베이어의 전기기계 및 기구는 방폭구조이어야 한다.
④ 보도, 난간, 계단, 사다리의 설치 시 컨베이어를 가동시킨 후에 설치하면서 설치상황을 확인한다.

해설

컨베이어 설치 전 또는 가동개시전에 반드시 정지시킨 후 확인한다.

참고 산업안전기사 필기 p.3-117(합격날개 : 은행문제)

보충학습

컨베이어벨트 사용시 주의사항

경사진 면에 설치 시 역회전방지장치를 설치한다.

45 회전 중인 연삭숫돌이 근로자에게 위험을 미칠 우려가 있을 시 덮개를 설치하여야 할 연삭숫돌의 최소 지름은?

① 5[cm] ② 10[cm]
③ 15[cm] ④ 20[cm]

해설

덮개 설치 연삭숫돌 최소지름 : 5[cm] 이상

참고 산업안전기사 필기 p.3-94(4. 연삭기 구조면에 있어서 안전대책)

KEY ① 2019년 4월 27일 기사 출제
② 2020년 6월 14일 산업기사 출제
③ 2023년 6월 4일(문제 54번) 출제

정보제공

산업안전보건기준에 관한 규칙 제122조(연삭숫돌의 덮개 등)

46 [보기]와 같은 기계요소가 단독으로 발생시키는 위험점은?

[보기]
밀링커터, 둥근톱날

① 협착점 ② 끼임점
③ 절단점 ④ 물림점

해설

위험점 구분

① 협착점(Squeeze-point) : 왕복운동을 하는 동작부분과 움직임이 없는 고정부분 사이에서 형성되는 위험점(왕복+고정)
예 프레스기, 전단기, 성형기, 조형기, 굽힘기계(bending machine)
② 끼임점(Shear-point) : 고정부분과 회전하는 동작부분이 함께 만드는 위험점(회전+고정)
예 연삭숫돌과 덮개, 교반기의 날개와 하우징, 프레임에서 암의 요동운동을 하는 기계부분 등
③ 물림점(Nip-point) : 회전하는 두 개의 회전체에는 물려 들어가는 위험성이 존재한다. 이때 위험점이 발생되는 조건은 회전체가 서로 반대방향으로 맞물려 회전되어야 한다.(회전+회전)
예 롤러와 롤러의 물림, 기어와 기어의 물림 등

[정답] 44 ④ 45 ① 46 ③

PART 04

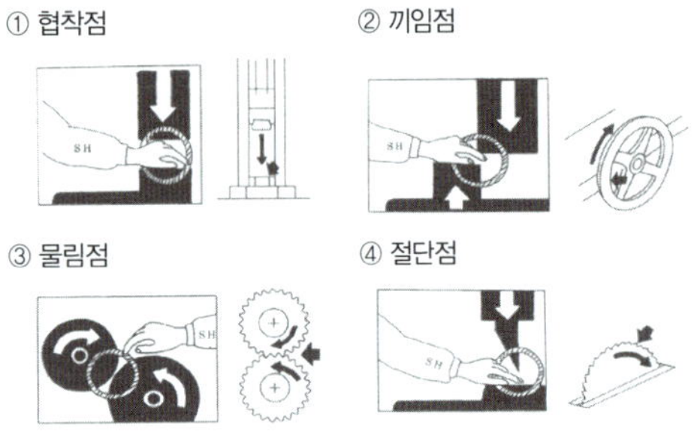

[그림] 위험점

참고 산업안전기사 필기 p.3-15(4. 위험점의 분류)

KEY ① 2017년 3월 5일, 5월 7일, 8월 26일 산업기사 출제
② 2018년 3월 4일(문제 43번) 출제
③ 2022년 4월 24일(문제 53번) 출제

47 프레스의 손쳐내기식 방호장치 설치기준으로 틀린 것은?

① 방호판의 폭이 금형 폭의 1/2 이상이어야 한다.
② 슬라이드 행정수가 300SPM 이상의 것에 사용한다.
③ 손쳐내기봉의 행정(Stroke) 길이를 금형의 높이에 따라 조정할 수 있고 진동폭은 금형폭 이상이어야 한다.
④ 슬라이드 하행정거리의 3/4 위치에서 손을 완전히 밀어내야 한다.

해설

손쳐내기식 방호장치의 일반구조

① 슬라이드 하행정거리의 3/4 위치에서 손을 완전히 밀어내야 한다.
② 손쳐내기봉의 행정(Stroke) 길이를 금형의 높이에 따라 조정할 수 있고 진동폭은 금형폭 이상이어야 한다.
③ 방호판과 손쳐내기봉은 경량이면서 충분한 강도를 가져야 한다.
④ 방호판의 폭은 금형폭의 1/2 이상이어야 하고, 행정길이가 300[mm] 이상의 프레스기계에는 방호판 폭을 300[mm]로 해야 한다.
⑤ 손쳐내기봉은 손 접촉 시 충격을 완화할 수 있는 완충재를 부착해야 한다.
⑥ 부착볼트 등의 고정금속부분은 예리하게 돌출되지 않아야 한다.

참고 산업안전기사 필기 p.3-100(3. 손쳐내기식)

KEY ① 2016년 8월 21일 산업기사 출제
② 2017년 3월 5일 기사 출제
③ 2017년 8월 26일 산업기사 출제
④ 2019년 8월 4일 산업기사 출제
⑤ 2020년 9월 27일 기사 출제
⑥ 2021년 3월 7일(문제 45번) 출제

합격정보

방호장치 안전인증 고시

[별표 1] 프레스 또는 전단기 방호장치의 성능기준(제4조 관련)
31. 손쳐내기식 방호장치의 일반구조

보충학습

보기 ②는 양수조작식 핀클러치 방식에 적용

48 지게차의 헤드가드에 관한 기준으로 틀린 것은?

① 4[t] 이하의 지게차에서 헤드가드의 강도는 지게차 최대하중의 2배 값의 등분포정하중에 견딜 수 있을 것
② 상부틀의 각 개구의 폭 또는 길이가 25[cm] 미만일 것
③ 운전자가 앉아서 조작하는 방식의 지게차의 경우에는 운전자의 좌석 윗면에서 헤드가드의 상부틀 아랫면까지의 높이가 0.903[m] 이상일 것
④ 운전자가 서서 조작하는 방식의 지게차의 상부틀 하면까지의 높이가 1.88[m] 이상일 것

해설

상부틀의 각 개구의 폭 또는 길이 : 16[cm] 미만

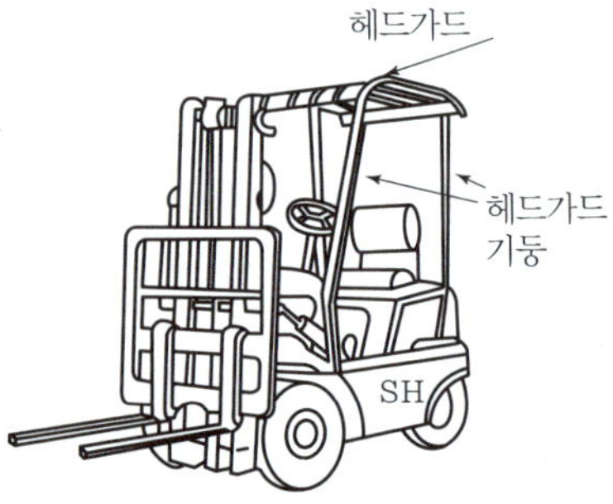

[그림] 포크리프트 헤드가드

참고 ① 산업안전기사 필기 p.3-149(합격날개 : 합격예측)

[정답] 47 ② 48 ②

② 산업안전기사 필기 p.6-71(3. 지게차의 헤드가드 구비조건)

KEY ① 2016년 3월 6일 산업기사 출제
② 2016년 8월 21일 출제
③ 2017년 3월 5일 산업기사 출제
④ 2018년 8월 19일 산업기사 출제
⑤ 2019년 4월 27일 기사, 산업기사 동시출제
⑥ 2023년 2월 28일(문제 58번) 출제

합격정보

산업안전보건기준에 관한 규칙 제10절 제2관(지게차)

49 로봇의 작동범위 내에서 그 로봇에 관하여 교시 등(로봇의 동력원을 차단하고 행하는 것을 제외한다.)의 작업을 행하는 때 작업시작 전 점검 사항으로 옳은 것은?

① 과부하방지장치의 이상 유무
② 압력제한 스위치 등의 기능의 이상 유무
③ 외부전선의 피복 또는 외장의 손상 유무
④ 권과방지장치의 이상 유무

해설

로봇의 작업시작전 점검 사항

① 외부전선의 피복 또는 외장의 손상유무
② 매니퓰레이터(manipulator) 작동의 이상유무
③ 제동장치 및 비상정지장치의 기능

참고 산업안전기사 필기 p.3-51(표. 2. 작업시작전 기계·기구 및 점검내용)

KEY 2018년 3월 4일(문제 41번) 출제

정보제공

산업안전보건기준에 관한 규칙 [별표 3] 작업시작전 점검사항

50 인장강도가 250[N/mm²]인 강판에서 안전율이 4라면 이 강판의 허용응력(N/mm²)은 얼마인가?

① 42.5 ② 62.5
③ 82.5 ④ 102.5

해설

$$\text{허용응력} = \frac{\text{인장강도}}{\text{안전율}} = \frac{250}{4} = 62.5[\text{N/mm}^2]$$

참고 산업안전기사 필기 p.3-189(합격날개 : 합격예측)

KEY ① 2017년 5월 7일 기사 출제
② 2017년 8월 26일 기사 출제
③ 2018년 4월 28일 산업기사 출제
④ 2019년 4월 27일 산업기사 출제
⑤ 2020년 6월 7일(문제 52번) 출제
⑥ 2020년 9월 27일(문제 42번) 출제
⑦ 2021년 8월 14일(문제 49번) 출제
⑧ 2022년 4월 24일(문제 49번) 출제

51 산업안전보건법령상 아세틸렌 용접장치의 아세틸렌 발생기실을 설치하는 경우 준수하여야 하는 사항으로 옳은 것은?

① 벽은 가연성 재료로 하고 철근 콘크리트 또는 그 밖에 이와 동등하거나 그 이상의 강도를 가진 구조로 할 것
② 바닥면적의 16분의 1 이상의 단면적을 가진 배기통을 옥상으로 돌출시키고 그 개구부를 창이나 출입구로부터 1.5미터 이상 떨어지도록 할 것
③ 출입구의 문은 불연성 재료로 하고 두께 1.0밀리미터 이하의 철판이나 그 밖에 그 이상의 강도를 가진 구조로 할 것
④ 발생기실을 옥외에 설치한 경우에는 그 개구부를 다른 건축물로부터 1.0미터 이내 떨어지도록 할 것

해설

제287조(발생기실의 구조 등)

사업주는 발생기실을 설치하는 경우에 다음 각 호의 사항을 준수하여야 한다.

1. 벽은 불연성 재료로 하고 철근 콘크리트 또는 그 밖에 이와 같은 수준이거나 그 이상의 강도를 가진 구조로 할 것
2. 지붕과 천장에는 얇은 철판이나 가벼운 불연성 재료를 사용할 것
3. 바닥면적의 16분의 1 이상의 단면적을 가진 배기통을 옥상으로 돌출시키고 그 개구부를 창이나 출입구로부터 1.5미터 이상 떨어지도록 할 것
4. 출입구의 문은 불연성 재료로 하고 두께 1.5밀리미터 이상의 철판이나 그 밖에 그 이상의 강도를 가진 구조로 할 것
5. 벽과 발생기 사이에는 발생기의 조정 또는 카바이드 공급 등의 작업을 방해하지 않도록 간격을 확보할 것

[정답] 49 ③ 50 ② 51 ②

PART 04

참고 산업안전기사 필기 p.3-115(합격날개 : 합격예측 및 관련 법규)

KEY ① 2016년 3월 6일 산업기사 출제
② 2017년 5월 7일 기사 출제
③ 2018년 3월 4일 산업기사 출제
④ 2018년 4월 28일 기사 출제
⑤ 2019년 8월 4일(문제 56번)
⑥ 2020년 9월 27일 (문제 44번) 출제
⑦ 2022년 4월 24일(문제 60번) 출제

보충학습

아세틸렌 용접장치 화기 안전거리

① 발생기 : 5[m]
② 발생기실 : 3[m]

정보제공

산업안전보건기준에 관한 규칙 제287조(발생기실의 구조 등)

52 밀링 작업 시 안전수칙으로 옳지 않은 것은?

① 테이블 위에 공구나 기타 물건 등을 올려놓지 않는다.
② 제품 치수를 측정할 때는 절삭 공구의 회전을 정지한다.
③ 강력 절삭을 할 때는 일감을 바이스에 짧게 물린다.
④ 상·하, 좌·우 이송장치의 핸들은 사용 후 풀어둔다.

해설

강력절삭시 일감은 깊게 물려야 합니다.

[그림] 밀링바이스

참고 산업안전기사 필기 p.3-84(밀링작업시 안전수칙)

KEY ① 2016년 3월 6일 산업기사 출제
② 2018년 3월 4일, 4월 28일 기사 출제
③ 2020년 6월 7일(문제 43번) 출제

53 어떤 양중기에서 3,000[kg]의 질량을 가진 물체를 한쪽이 45[°]인 각도로 그림과 같이 2개의 와이어로프로 직접 들어올릴 때, 안전율이 고려된 가장 적절한 와이어로프 지름을 표에서 구하면? (단, 안전율은 산업안전보건법령을 따르고, 두 와이어로프의 지름은 동일하며, 기준을 만족하는 가장 작은 지름을 선정한다.)

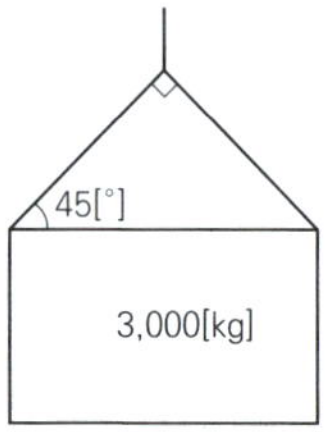

[표] 와이어로프 지름 및 절단강도

와이어로프 지름 [mm]	절단강도 [kN]
10	56
12	88
14	110
16	144

① 10[mm] ② 12[mm]
③ 14[mm] ④ 16[mm]

해설

와이어로프 지름

① $x = \dfrac{\frac{W_0}{2}}{\cos\frac{\theta}{2}}$

② $x = \dfrac{\frac{3{,}000[\text{kg}]}{2}}{\cos\frac{90}{2}} = \dfrac{1{,}500[\text{kg}]}{\cos 45} = 2{,}121.32[\text{kg}]$

θ : 상부각도 W_0 : 원래의 하중

③ 화물을 직접 지지하는 와이어로프 안전계수 : 5
④ $2{,}121.32 \times 5 = 1{,}060.6[\text{kg}]$
⑤ $1[\text{kgf}] = 9.81[\text{N}]$
⑥ $1{,}060.6[\text{kg}] \times \dfrac{9.8[\text{N}]}{1[\text{kg}]} = 104{,}050.746[\text{N}] \div \dfrac{1[\text{kN}]}{1{,}000[\text{N}]}$
$= 104.05[\text{kg}] = 110[\text{kN}]$

참고 산업안전기사 필기 p.3-185(문제 165번) 적중

KEY 2018년 8월 19일(문제 56번) 출제

[정답] 52 ③ 53 ③

합격정보

① 본 문제는 운반기계에 해당되며 건설공사 안전관리에도 출제됩니다.
② 실기 작업형에도 출제됩니다.

54 산업안전보건법령에 따라 산업용 로봇의 작동 범위에서 교시 등의 작업을 하는 경우에 로봇에 의한 위험을 방지하기 위한 조치사항으로 틀린 것은?

① 2명 이상의 근로자에게 작업을 시킬 경우의 신호방법을 정한다.
② 작업 중의 매니퓰레이터 속도에 관한 지침을 정하고 그 지침에 따라 작업한다.
③ 작업을 하는 동안 다른 작업자가 작동시킬 수 없도록 기동스위치에 작업 중 표시를 한다.
④ 작업에 종사하고 있는 근로자가 이상을 발견하면 즉시 안전담당자에게 보고하고 계속해서 로봇을 운전한다.

해설

교시등의 작업에 조치사항

① 다음 각 목의 사항에 관한 지침을 정하고 그 지침에 따라 작업을 시킬 것
  ㉮ 로봇의 조작방법 및 순서
  ㉯ 작업 중의 매니퓰레이터의 속도
  ㉰ 2명 이상의 근로자에게 작업을 시킬 경우의 신호방법
  ㉱ 이상을 발견한 경우의 조치
  ㉲ 이상을 발견하여 로봇의 운전을 정지시킨 후 이를 재가동시킬 경우의 조치
  ㉳ 그 밖에 로봇의 예기치 못한 작동 또는 오조작에 의한 위험을 방지하기 위하여 필요한 조치
② 작업에 종사하고 있는 근로자 또는 해당 근로자를 감시하는 자가 이상을 발견한 때에는 즉시 로봇의 운전을 정지시키기 위한 조치를 할 것
③ 작업을 하고 있는 동안 로봇의 기동스위치 등에 작업중이라는 표시를 하는 등 작업에 종사하고 있는 근로자가 아닌 사람이 그 스위치 등을 조작할 수 없도록 필요한 조치를 할 것

참고 산업안전기사 필기 p.3-127(합격날개 : 합격예측 및 관련법규)

KEY ① 2019년 8월 4일(문제 42번) 출제
② 2024년 2월 15일(문제 42번) 출제

정보제공

산업안전보건기준에 관한 규칙 제222조(교시 등)

55 산업안전보건법령에 따라 사다리식 통로를 설치하는 경우 준수해야 할 기준으로 틀린 것은?

① 사다리식 통로의 기울기는 60[°] 이하로 할 것
② 발판과 벽과의 사이는 15[cm] 이상의 간격을 유지할 것
③ 사다리의 상단은 걸쳐놓은 지점으로부터 60[cm] 이상 올라가도록 할 것
④ 사다리식 통로의 길이가 10[m] 이상인 경우에는 5[m] 이내마다 계단참을 설치할 것

해설

사다리식 통로의 기울기 : 75[°] 이하

참고 산업안전기사 필기 p.6-18(합격날개 : 합격예측 및 관련법규)

KEY 2019년 8월 4일(문제 44번) 출제

정보제공

산업안전보건기준에 관한 규칙 제24조(사다리식 통로 등의 구조)

56 공기압축기의 방호장치가 아닌 것은?

① 언로드 밸브 ② 압력방출장치
③ 수봉식 안전기 ④ 회전부의 덮개

해설

공기압축기의 방호장치

① 언로드 밸브
② 압력방출장치
③ 회전부의 덮개

참고 산업안전기사 필기 p.3-123(합격날개 : 은행문제)

KEY ① 2011년 3월 20일 기사 출제
② 2013년 8월 18일 기사 출제
③ 2019년 8월 4일 기사 출제
④ 2023년 7월 8일(문제 41번) 출제

[정답] 54 ④ 55 ① 56 ③

[그림] 공기압축기

보충학습

수봉식 안전기 : 산소아세틸렌용접장치의 방호장치

57 다음 중 동력프레스기 중 hand in die 방식의 프레스기에서 사용하는 방호대책에 해당하는 것은?

① 가드식 방호장치
② 전용 프레스의 도입
③ 자동 프레스의 도입
④ 안전울을 부착한 프레스

해설

금형 안에 손이 들어가는 구조(Hand in Die Type)

(1) 프레스기의 종류, 압력능력 S.P.M, 행정길이·작업방법에 상응하는 방호장치
① 가드식
② 수인식
③ 손쳐내기식
(2) 정지 성능에 상응하는 방호장치
① 양수조작식
② 감응식 광전자식(비접촉)
Inter-Lock(접촉)

참고 산업안전기사 필기 p.3-107(표. 프레스기 안전장치)

KEY ① 2013년 8월 18일 기사 출제
② 2023년 7월 8일(문제 43번) 출제

보충학습

No-hand in die방식의 종류

① 안전울 부착 프레스
② 안전금형 부착 프레스
③ 전용 프레스 도입
④ 자동 프레스 도입

58 보일러에서 프라이밍(priming)과 포밍(foaming)의 발생 원인으로 가장 거리가 먼 것은?

① 역화가 발생되었을 경우
② 기계적 결함이 있을 경우
③ 보일러가 과부하로 사용될 경우
④ 보일러 수에 불순물이 많이 포함되었을 경우

해설

보일러 이상연소 현상

구분	현상
불완전 연소	공기의 부족, 연료 분무 상태 불량 등의 원인으로 발생
이상 소화	버너 연소 중 돌연히 불이 꺼지는 현상
2차 연소	불완전 연소에 의해 발생한 미연소가스가 연소실 외, 연관내 또는 연도에서 연소하는 현상
역화	화염이 버너쪽에서 분출하는 현상으로 점화시에 주로 발생

참고 ① 산업안전기사 필기 p.3-120(합격날개 : 합격예측)
② 산업안전기사 필기 p.3-120(2. 보일러의 이상연소 현상)

KEY ① 2017년 8월 26일 기사 출제
② 2021년 3월 7일 기사 출제
③ 2023년 7월 8일(문제 45번) 출제

59 산업안전보건법령상 롤러기의 방호장치 중 롤러의 앞면 표면속도가 30[m/min]이상일 때 무부하 동작에서 급정지거리는?

① 앞면 롤러 원주의 1/2.5 이내
② 앞면 롤러 원주의 1/3 이내
③ 앞면 롤러 원주의 1/3.5 이내
④ 앞면 롤러 원주의 1/5.5 이내

[정답] 57 ① 58 ① 59 ①

해설

롤러의 급정지거리

앞면롤의 표면 속도[m/min]	급정지거리	표면속도 산출공식
30 미만	앞면 롤 원주의 1/3 이내 $(\pi \times D \times \frac{1}{3})$	$V = \frac{\pi DN}{1,000}$[m/min]
30 이상	앞면 롤 원주의 1/2.5 이내 $(\pi \times D \times \frac{1}{2.5})$	

참고 산업안전기사 필기 p.3-110(표. 롤러기의 급정지거리)

KEY ① 2014년 3월 2일 기사 출제
② 2014년 5월 25일 기사 출제
③ 2018년 8월 19일 기사 출제
④ 2020년 9월 27일 기사 출제
⑤ 2021년 3월 7일 기사 출제
⑥ 2021년 8월 14일 기사 출제
⑦ 2023년 7월 8일(문제 49번) 출제

60 다음 중 드릴작업의 안전수칙으로 가장 적합한 것은?

① 손을 보호하기 위하여 장갑을 착용한다.
② 작은 일감은 양손으로 견고히 잡고 작업한다.
③ 정확한 작업을 위하여 구멍에 손을 넣어 확인한다.
④ 작업시작 전 척 렌치(chuck wrench)를 반드시 뺀다.

해설

드릴작업 안전수칙

① 기계 작동 중 구멍에 손을 넣으면 위험하다.
② 작은 일감은 바이스, 클램프 등으로 고정하고 작업한다.
③ 회전기계에는 장갑 착용을 금지한다.

참고 산업안전기사 필기 p.3-89(3. 드릴 작업시 안전대책)

KEY ① 2020년 6월 14일 산업기사 등 10회 이상 출제
② 2023년 6월 4일(문제 50번) 출제

4 전기설비 안전관리

61 한국전기설비규정에 따라 욕조나 샤워시설이 있는 욕실 등 인체가 물에 젖어있는 상태에서 전기를 사용하는 장소에 인체감전보호용 누전차단기가 부착된 콘센트를 시설하는 경우 누전차단기의 정격감도전류 및 동작시간은?

① 15[mA] 이하, 0.01[초] 이하
② 15[mA] 이하, 0.03[초] 이하
③ 30[mA] 이하, 0.01[초] 이하
④ 30[mA] 이하, 0.03[초] 이하

해설

인체감전보호용 누전차단기 기준

① 정격 감도 전류 : 15[mA]
② 동작시간 : 0.03[초] 이하

참고 산업안전기사 필기 p.4-5(1. 누전차단기 종류)

KEY ① 2020년 9월 27일 기사 등 20번 이상 출제
② 2021년 3월 7일(문제 63번) 출제
③ 2024년 2월 15일(문제 66번) 출제

62 방폭구조에 관계있는 위험 특징이 아닌 것은?

① 발화온도
② 증기 밀도
③ 화염 일주한계
④ 최소 점화전류

해설

방폭구조에 관계있는 위험 특성

① 발화온도
② 화염 일주한계
③ 최소 점화전류

참고 산업안전기사 필기 p.4-61(1. 방폭전기기기의 선정요건)

KEY ① 2014년 5월 25일(문제 76번) 출제
② 2019년 8월 4일(문제 72번) 출제

[정답] 60 ④ 61 ② 62 ②

PART 04

보충학습

(1) 폭발등급 측정에 사용되는 표준용기
내용적이 8[l], 틈새의 안길이 L이 25[mm]인 용기로서 틈이 폭 W[mm]를 변환시켜서 화염일주한계를 측정하도록 한 것 (안전간격)

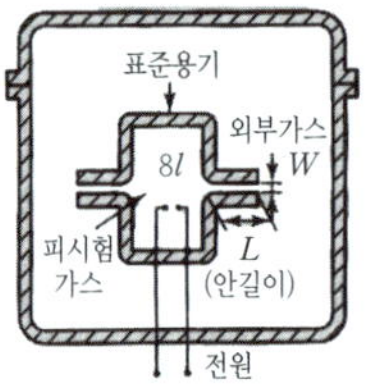

[그림] 안전간격

(2) 폭발성분위기 생성조건에 관계있는 위험 특성
① 인화점 ② 증기밀도 ③ 폭발한계

63 방폭전기설비의 용기내부에 보호가스를 압입하여 내부압력을 외부 대기 이상의 압력으로 유지함으로써 용기 내부에 폭발성가스 분위기가 형성되는 것을 방지하는 방폭구조는?

① 내압 방폭구조 ② 압력 방폭구조
③ 안전증 방폭구조 ④ 유입 방폭구조

해설

압력방폭구조(p)

① 용기 내부에 불연성 가스인 공기나 질소를 압입시켜 내부압력을 유지함으로써 외부의 폭발성 가스가 용기 내부에 침투하지 못하도록 한 구조
② 용기 안의 압력을 항상 용기 외부의 압력보다 높게 해 두어야 한다.

참고 산업안전기사 필기 p.4-54(4. 압력방폭구조)

KEY ① 2017년 8월 26일 기사·산업기사 동시 출제
② 2019년 8월 4일 기사·산업기사 동시 출제

64 누전사고가 발생될 수 있는 취약 개소가 아닌 것은?

① 나선으로 접속된 분기회로의 접속점
② 전선의 열화가 발생한 곳
③ 부도체를 사용하여 이중절연이 되어 있는 곳
④ 리드선과 단자와의 접속이 불량한 곳

해설

누전(electric leakage : 漏電)

(1) 개요 : 절연이 불완전하여 전기의 일부가 전선 밖으로 새어 나와 주변의 도체에 흐르는 현상
(2) 누전의 원인
① 전기장치나 오래된 전선의 절연 불량, 전선 피복의 손상또는 습기의 침입 등이 주된 원인이다.
② 한번 누전현상이 일어나면 그 부분에 계속 누설전류가 흘러 절연상태가 더욱 악화될 수 있으므로 주의가 필요하다.

참고 산업안전기사 필기 p.4-6(2. 누전차단기 설치 장소)

KEY 2019년 8월 4일(문제 78번) 출제

65 제전기의 제전효과에 영향을 미치는 요인으로 볼 수 없는 것은?

① 제전기의 이온 생성능력
② 전원의 극성 및 전선의 길이
③ 대전 물체의 대전전위 및 대전분포
④ 제전기의 설치 위치 및 설치 각도

해설

제전효과에 영향을 미치는 요인

① 단위시간당 이온 생성 능력(50[mA] 이상)
② 설치 위치, 거리, 각도
③ 대전 물체의 대전전위 및 대전분포
④ 피대전 물체의 이동속도
⑤ 대전물체와 제전기 사이의 기류
⑥ 피대전 물체의 형상
⑦ 근접 접지체의 형상 위치 크기

참고 산업안전기사 필기 p.4-44(9. 제전기)

KEY 2015년 5월 31일(문제 72번) 출제

66 욕조나 샤워시설이 있는 욕실 또는 화장실에 콘센트가 시설되어 있다. 해당 전로에 설치된 누전차단기의 정격감도전류와 동작시간은?

① 정격감도전류 15[mA] 이하,
동작시간 0.01[초] 이하

[정답] 63 ② 64 ③ 65 ② 66 ②

② 정격감도전류 15[mA] 이하,
동작시간 0.03[초] 이하

③ 정격감도전류 30[mA] 이하,
동작시간 0.01[초] 이하

④ 정격감도전류 30[mA] 이하,
동작시간 0.03[초] 이하

해설

누전차단기 기준(KS C 4613)

① 승압지구[(220[V]에는 30[mA]의 누전에 30[ms](0.03[sec]) 이내에 작동하는 누전차단기설치(감전보호용)]

② 누전차단기 설치대상전압 : 150[V] 이상

참고 산업안전기사 필기 p.4-5(1. 누전차단기의 종류)

KEY ① 2016년 3월 6일 산업기사 출제
② 2017년 5월 7일 출제
③ 2017년 8월 26일(문제 63번) 출제
④ 2021년 8월 14일(문제 75번) 출제
④ 2024년 2월 15일(문제 61번) 출제

합격정보

제170조(옥내에 시설하는 저압용의 배선기구의 시설) 욕실 등 인체가 물에 젖어있는 상태에서 물을 사용하는 장소에 콘센트를 시설하는 경우

① 〈전기용품안전 관리법〉의 적용을 받는 인체감전보호용 누전차단기(정격감도전류 15[mA] 이하, 동작시간 0.03[초] 이하의 전류동작형)로 보호된 전로에 접속하거나, 인체감전보호용 누전차단기가 부착된 콘센트를 시설하여야 한다.

② 콘센트는 접지 극이 있는 방전형 콘센트를 사용하여 접지하여야 한다.

67 충격전압시험시의 표준충격파형을 1.2×50[μs]로 나타내는 경우 1.2와 50이 뜻하는 것은?

① 파두장 – 파미장

② 최초섬락시간 – 최종섬락시간

③ 라이징타임 – 스테이블타임

④ 라이징타임 – 충격전압인가시간

해설

표준충격 파형

예 1.2×50[μs]

① 1.2 : 파두장

② 50 : 파미장

참고 산업안전기사 필기 p.4-58(합격날개 : 용어정의)

KEY ① 2018년 4월 28일(문제 61번) 출제
② 2020년 6월 7일(문제 77번) 출제

68 정전유도를 받고 있는 접지되어 있지 않는 도전성 물체에 접촉한 경우 전격을 당하게 되는데 이 때 물체에 유도된 전압 V[V]를 옳게 나타낸 것은?(단, E는 송전선의 대지전압, C_1은 송전선과 물체사이의 정전용량, C_2는 물체와 대지사이의 정전용량이며, 물체와 대지 사이의 저항은 무시한다.)

① $V=\dfrac{C_1}{C_1+C_2}\times E$

② $V=\dfrac{C_1+C_2}{C_1+C_2}\times E$

③ $V=\dfrac{C_1}{C_1\times C_2}\times E$

④ $V=\dfrac{C_1\times C_2}{C_1+C_2}\times E$

해설

정전기 에너지

① 정전용량 C[F]인 물체에 전압 V[V]가 가해져서 Q[C]의 전하가 축적되어 있을 때 에너지는 $W=\frac{1}{2}QV=\frac{1}{2}CV^2=\frac{1}{2}\frac{Q^2}{C}$[J]이 된다.

② 유도된 전압$=\dfrac{C_1}{C_1+C_2}E$

W : 정전기 에너지[J]
C : 도체의 정전용량[F]
V : 대전전위(유도된 전압)[V]
Q : 대전전하량[C]

참고 산업안전기사 필기 p.4-33(6. 정전기 에너지)

KEY ① 2006년 3월 5일(문제 73번) 출제
② 2016년 5월 8일 산업기사 출제
③ 2016년 8월 21일 기사 출제
④ 2017년 3월 5일 기사 · 산업기사 동시 출제
⑤ 2017년 5월 7일 산업기사 출제
⑥ 2018년 3월 4일 기사 출제
⑦ 2019년 8월 4일(문제 64번) 출제
⑧ 2020년 9월 27일(문제 68번) 출제

[정답] 67 ① 68 ①

PART 04

69 자동전격방지장치에 대한 설명으로 틀린 것은?

① 무부하시 전력손실을 줄인다.
② 무부하 전압을 안전전압 이하로 저하시킨다.
③ 용접을 할 때에만 용접기의 주회로를 개로(OFF)시킨다.
④ 교류 아크용접기의 안전장치로서 용접기의 1차 또는 2차 측에 부착한다.

해설

자동전격방지장치(交流-鎔接機用 自動電擊防止裝置)

① 교류아크용접기의 출력측 무부하전압(교류아크용접기의 아크 발생을 정지시켰을 경우에서 용접봉과 피용접물 사이의 전압을 말한다)이 1.5초 이내에 30V 이하가 되도록 교류아크용접기에 장착하는 감전방지용 안전장치(자동전격방지장치(自動電擊防止裝置 : automatic electric shock prevention apparatus))
② 용접을 할 때에는 용접기의 주회로를 폐로(ON)시킨다.

참고 산업안전기사 필기 p.4-78(2. 방호장치의 성능)

KEY ① 2016년 5월 8일 산업기사 출제
② 2017년 5월 7일 기사 출제
③ 2018년 3월 4일 기사 출제
④ 2019년 3월 3일 기사 출제
⑤ 2023년 2월 28일(문제 64번) 출제

합격정보
산업안전보건기준에 관한 규칙 제306조(교류아크용접기 등)

70 개폐기, 차단기, 유도 전압조정기의 최대 사용전압이 7[kV] 이하인 전로의 경우 절연 내력시험은 최대 사용 전압의 1.5배의 전압을 몇분간 가하는가?

① 10　　② 15
③ 20　　④ 25

해설

시험전압시간 : 10[분]

[표] 최대사용전압과 시험전압

최대 사용 전압	시험전압	최저시험전압	예
1. 7,000[V] 이하	1.5배	500[V]	6,600 → 9,900
2. 7,000[V] 초과 25,000[V] 중성점 접지식(중성선을 가지는 것으로 그 중성선을 다중 접지하는 것에 한한다.)	0.92배		22,900 → 21,068
3. 7,000[V] 초과 60,000[V] 이하인 전로로 2의 것을 제외	1.25배	10,500[V]	60,000 → 75,000
4. 60,000[V] 초과 중성점 비접지식 전로(전위 변성기를 사용하여 접지하는 것 포함)	1.25배		66,000 → 82,500
5. 60,000[V] 초과 중성점 직접 접지식전로(6과 7의 것을 제외)	1.1배	75,000[V]	66,000 → 72,600
6. 60,000[V] 초과 중성점 직접접지식(7란의 것을 제외)	0.72배		154,000 → 110,880 345,000 → 248,400
7. 170,000[V] 넘는 중성점 직접 접지식 발전소/ 변전소에 시설하는 것 (구내)	0.64배		345,000 → 220,800

단, 전로에 케이블을 사용하는 경우에는 직류로 시험할 수 있으며, 시험 전압은 교류인 경우의 2배

KEY 2021년 3월 7일(문제 67번) 출제

71 접지 목적에 따른 분류에서 병원설비의 의료용 전기전자(ME)기기와 모든 금속부분 또는 도전 바닥에도 접지하여 전위를 동일하게 하기 위한 접지를 무엇이라 하는가?

① 계통 접지
② 등전위 접지
③ 노이즈방지용 접지
④ 정전기 장해방지 이용 접지

해설

등전위 접지목적 : 전위일정(예 병원의료용 기기)

참고 산업안전기사 필기 p.4-41(합격날개 : 은행문제) 적중

KEY ① 2014년 8월 17일(문제 79번) 출제
② 2016년 8월 21일(문제 72번) 출제
③ 2021년 8월 14일(문제 80번) 출제

72 다음 중 전기화재시 소화에 적합한 소화기가 아닌 것은?

① 사염화탄소소화기　　② 분말소화기
③ 산알칼리소화기　　④ CO_2소화기

[정답] 69 ③ 70 ① 71 ② 72 ③

해설

산·알칼리소화기 : A급 화재에 적합

① 외약제 : $NaHCO_3$
② 내약제 : H_2SO_4
③ 2년에 1회 약제 교환

참고 산업안전기사 필기 p.4-86(문제 19번) 적중

KEY ① 2013년 6월 2일 기사 출제
② 2015년 8월 16일 기사 출제
③ 2023년 7월 8일(문제 63번) 출제

보충학습

제1류 : 산화성 고체 제2류 : 가연성 고체 제3류 : 자연발화 및 금수성 제4류 : 인화성 액체 제5류 : 자기반응성 물질 제6류 : 산화성 액체		대상물 구분											
		건축물 · 그 밖의 공작물	전기설비	알칼리금속과산화물 등	그 밖의 것	철분 · 금속분 · 마그네슘 등	인화성 고체	그 밖의 것	금수성 물질	그 밖의 것	제4류 위험물	제5류 위험물	제6류 위험물
봉상수소화기		○			○		○	○		○		○	○
무상수소화기		○	○		○		○	○		○		○	○
봉상강화액소화기		○			○		○	○		○		○	○
무상강화액소화기		○	○		○		○	○		○	○	○	○
포소화기		○			○		○	○		○	○	○	○
이산화탄소소화기			○				○				○		△
할로겐화합물소화기			○				○				○		
분말 소화기	인산염류소화기	○	○		○		○	○			○		○
	탄산수소염류소화기		○	○		○	○		○		○		
	그 밖의 것			○		○			○				
기타	물통 또는 수조	○			○		○	○		○		○	○
	건조사			○	○	○	○	○	○	○	○	○	○
	팽창질석 또는 팽창진주암			○	○	○	○	○	○	○	○	○	○

73 심장의 맥동주기 중 어느 때에 전격이 인가되면 심실세동을 일으킬 확률이 크고, 위험한가?

① 심방의 수축이 있을 때
② 심실의 수축이 있을 때
③ 심실의 수축 종료 후 심실의 휴식이 있을 때
④ 심실의 수축이 있고 심방의 휴식이 있을 때

해설

전격인가위상 : 심장 맥동주기의 어느 위상에서의 통전여부

심장의 맥동주기	구성 및 현상
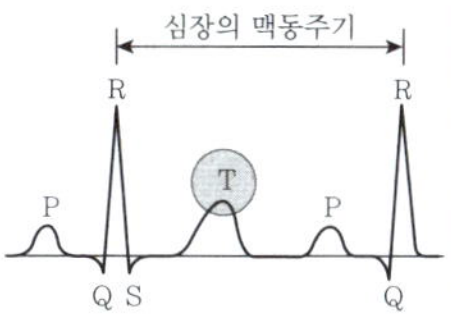 	• P파 : 심방수축에 따른 파형 • Q-R-S파 : 심실수축에 따른 파형 • T파 : 심실의 수축 종료 후 심실의 휴식시 발생하는 파형 • R-R파 : 심장의 맥동주기

참고 산업안전기사 필기 p.4-82(표. 전격인가위상)

KEY ① 2015년 5월 31일 기사 출제
② 2018년 8월 19일 기사 출제
③ 2023년 7월 8일(문제 80번) 출제

74 정전기 방지대책 중 적합하지 않는 것은?

① 대전서열이 가급적 먼 것으로 구성한다.
② 카본 블랙을 도포하여 도전성을 부여한다.
③ 유속을 저감 시킨다.
④ 도전성 재료를 도포하여 대전을 감소시킨다.

해설

정전기 방지대책

① 발생 및 대전
- 접지
- 정전화, 정전작업복 착용
- 유속제한, 정치시간 확보
- 대전방지제 사용
- 가습
- 제전기 사용
- 제조장치 및 탱크의 불활성화

② 전격
- 대전억제
- 대전전하의 신속한 누설

③ 화재 및 폭발
- 환기에 의한 위험물질의 제거
- 집진에 의한 분진의 제거

참고 산업안전기사 필기 p.4-36([그림] 정전기 방지대책)

KEY ① 2016년 5월 8일, 8월 21일기사 출제
② 2017년 5월 7일 산업기사 출제
③ 2018년 3월 4일, 8월 19일 산업기사 출제
④ 2019년 3월 3일 산업기사 출제
⑤ 2019년 8월 4일 기사 출제
⑥ 2021년 3월 7일(문제 76번) 출제
⑦ 2021년 5월 15일(문제 79번) 및 (문제 80번) 출제
⑧ 2023년 6월 4일(문제 62번) 출제

[정답] 73 ③ 74 ①

PART 04

75 화재가 발생하였을 때 조사해야 하는 내용으로 가장 관계가 먼 것은?

① 발화원 ② 착화물
③ 출화의 경과 ④ 응고물

해설

전기화재 폭발의 원인 3가지
① 발화원 ② 경로(출화의 경과) ③ 착화물

참고) 산업안전기사 필기 p.4-72(1. 화재 및 폭발의 원인)

KEY ① 2017년 3월 5일 산업기사 출제
② 2019년 8월 4일 기사 출제
③ 2020년 6월 7일 기사 출제
④ 2023년 2월 28일(문제 61번) 출제

76 다음 중 불꽃(spark)방전의 발생 시 공기 중에 생성되는 물질은?

① O_2 ② O_3
③ H_2 ④ C

해설

불꽃방전과 스파크 방전시 공기중 생성물질 : O_3(오존)

참고) ① 산업안전기사 필기 p.4-34(3. 불꽃방전)
② 산업안전기사 필기 p.4-59(문제 15번) 적중

KEY ① 2013년 8월 17일 기사(문제 76번) 출제
② 2019년 3월 3일 기사 출제
③ 2023년 2월 28일(문제 71번) 출제

77 전기기기, 설비 및 전선로 등의 충전 유무 등을 확인하기 위한 장비는?

① 위상검출기 ② 디스콘 스위치
③ COS ④ 저압 및 고압용 검전기

해설

검전기 : 전기기기, 설비, 전선로 등의 충전유무 확인
① 저압용
② 고압용
③ 특고압용

[그림] 검전기 소형

참고) 산업안전기사 필기 p.4-23(1. 검전기)

KEY ① 2011년 3월 20일(문제 64번) 출제
② 2019년 4월 27일(문제 65번) 출제
③ 2022년 4월 24일(문제 68번) 출제

보충학습

COS : Cut Out Switch

78 다음 ( )안에 알맞은 내용을 나타낸 것은?

폭발성 가스의 폭발등급 측정에 사용되는 표준용기는 내용적이 (㉮)[cm³], 반구상의 플렌지 접합면의 안길이(㉯)[mm]의 구상용기의 틈새를 통과시켜 화염일주 한계를 측정하는 장치이다.

① ㉮ 600 ㉯ 0.4 ② ㉮ 1800 ㉯ 0.6
③ ㉮ 4500 ㉯ 8 ④ ㉮ 8000 ㉯ 25

해설

화염일주한계 = 최대안전틈새 = 안전간격(safety gap)
① 내용적 : 8000[cm³]=8[ℓ]
② 접합면의 안길이 : 25[mm]

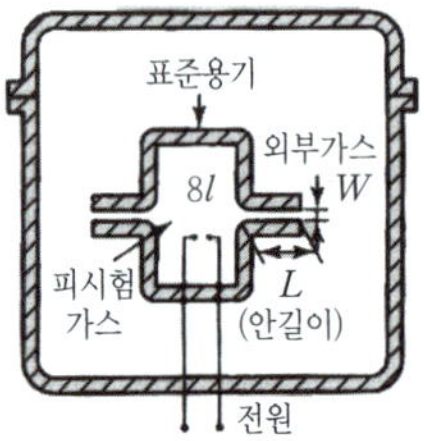

[그림] 폭발등급 측정에 사용되는 표준용기

참고) 산업안전기사 필기 p.4-59 (합격날개 : 합격예측)

KEY ① 2016년 8월 21일 출제
② 2018년 8월 19일(문제 66번) 출제
③ 2022년 3월 5일(문제 61번) 출제

[정답] 75 ④ 76 ② 77 ④ 78 ④

보충학습

화염일주한계

폭발성분위기 내에서 방치된 표준용기의 접합 면 틈새를 통하여 폭발화염이 내부에서 외부로 전파되는 것을 저지할 수 있는 틈새의 최대간격치

79 전격의 위험을 결정하는 주된 인자로 가장 거리가 먼 것은?

① 통전전류 ② 통전시간
③ 통전경로 ④ 접촉전압

해설

1·2차 감전(전격) 위험요소

(1) 전격위험도 결정조건(1차적 감전위험요소)
 ① 통전전류의 크기
 ② 통전시간
 ③ 통전경로
 ④ 전원의 종류(직류보다 상용주파수의 교류전원이 더 위험한 이유 : 극성변화)
 ⑤ 주파수 및 파형
 ⑥ 전격인가위상
(2) 2차적 감전위험요소
 ① 인체의 조건(저항)
 ② 전압
 ③ 계절

참고 산업안전기사 필기 p.4-18(1. 감전요소)

KEY ① 2016년 8월 21일 산업기사 출제
② 2017년 3월 5일 출제
③ 2017년 8월 26일 출제
④ 2018년 3월 4일 산업기사 출제
⑤ 2018년 4월 28일(문제 80번) 출제
⑥ 2022년 3월 5일(문제 65번) 출제

80 다음 중 전기화재의 주요 원인이라고 할 수 없는 것은?

① 절연전선의 열화
② 정전기 발생
③ 과전류 발생
④ 절연저항값의 증가

해설

전기화재의 경로별발생(원인별)

① 단락(합선) : 25[%]
② 전기스파크 : 24[%]
③ 누전 : 15[%]
④ 접촉부의 과열 : 12[%]
⑤ 접촉불량
⑥ 정전기

참고 산업안전기사 필기 p.4-72(2. 경로별 발생)

합격팁

(1) 화재의 3요건
 ① 산소
 ② 발화원
 ③ 착화물
(2) 전기화재
 ① 전기가 원인이 되어 일어나는 화재
 ② 전기화재는 광범위한 손실을 초래

KEY ① 2016년 5월 8일 기사
② 2018년 9월 28일 기사
③ 2018년 8월 19일 기사
④ 2021년 5월 15일(문제 71번) 출제

5 화학설비 안전관리

81 다음 중 산업안전보건법령상 화학설비의 부속설비로만 이루어진 것은?

① 사이클론, 백필터, 전기집진기 등 분진처리설비
② 응축기, 냉각기, 가열기, 증발기 등 열교환기류
③ 고로 등 점화기를 직접 사용하는 열교환기류
④ 혼합기, 발포기, 압출기 등 화학제품 가공설비

해설

화학설비와 부속설비

(1) 화학설비 : ②, ③, ④
(2) 부속설비 : ①

참고 ① 산업안전기사 필기 p.5-49(합격날개 : 참고)
② 산업안전기사 필기 p.5-50(합격날개 : 참고)

[정답] 79 ④ 80 ④ 81 ①

KEY ① 2017년 3월 5일 출제
② 2020년 8월 22일 기사 출제
③ 2023년 6월 4일(문제 100번) 출제

정보제공
산업안전보건기준에 관한 규칙 [별표 7] 화학설비 및 그 부속설비의 종류

82 가스를 분류할 때 독성가스에 해당하지 않는 것은?

① 황화수소 ② 시안화수소
③ 이산화탄소 ④ 산화에틸렌

해설

독성가스 허용농도
① NH_3(암모니아) : 25[ppm]
② $COCl_2$(포스겐) : 0.1[ppm]
③ Cl_2(염소) : 1[ppm]
④ H_2S(황화수소) : 10[ppm]

참고 산업안전기사 필기 p.5-44(표. 주요 고압가스의 분류)

KEY ① 2017년 3월 5일 기사 출제
② 2019년 8월 4일 기사 출제
③ 2022년 4월 24일(문제 84번) 출제

보충학습
① $COCl_2$: 1차 세계대전 독가스
② CO_2 : 불연성가스(질식성 가스)

83 다음 물질이 물과 접촉하였을 때 위험성이 가장 낮은 것은?

① 과산화칼륨 ② 나트륨
③ 메틸리튬 ④ 이황화탄소

해설

인화점
① 정의
인화성 액체가 공기 중에서 인화하기에 충분한 인화성 증기를 발생할 수 있는 최저온도로 보통 위험성의 척도가 되는 것이다.
② 주요 인화성 액체의 인화점

물질명	인화점(℃)	물질명	인화점(℃)
아세톤	-20	아세트알데히드	-39
가솔린	-43	에틸알코올	13
경 유	40~85	메탄올	11
등 유	30~60	산화에틸렌	-17.8
벤 젠	-11	이황화탄소	-30
테레빈유	35	에틸에테르	-45

참고 산업안전기사 필기 p.5-24(문제 18)

KEY ① 2014년 5월 25일(문제 91번) 출제
② 2017년 5월 7일 출제
③ 2019년 4월 27일(문제 81번) 출제

보충학습
CS_2 : 물속에 저장

84 다음 중 폭발범위에 관한 설명으로 틀린 것은?

① 상한값과 하한값이 존재한다.
② 온도에는 비례하지만 압력과는 무관하다.
③ 가연성 가스의 종류에 따라 각각 다른 값을 갖는다.
④ 공기와 혼합된 가연성 가스의 체적 농도로 나타낸다.

해설

폭발발생의 필수인자
① 인화성 물질 온도
② 조성(인화성 물질의 농도범위)
③ 압력의 방향
④ 용기의 크기와 형태(모양)

참고 산업안전기사 필기 p.5-3(2. 폭발발생의 필수인자)

KEY ① 2014년 3월 2일(문제 85번) 출제
② 2019년 3월 3일(문제 96번) 출제
③ 2020년 9월 27일(문제 84번) 출제
④ 2022년 3월 5일(문제 83번) 출제
⑤ 2023년 2월 28일(문제 81번) 출제

보충학습
보일 샤를 법칙에 의해 온도 상승 시 부피, 압력이 상승하여 넓어진다.

$$\frac{P_1V_1}{T_1} - \frac{P_2V_2}{T_2} = K(\text{일정})$$

[정답] 82 ③ 83 ④ 84 ②

85 다음 중 분진폭발의 특징으로 옳은 것은?

① 가스폭발보다 연소시간이 짧고, 발생에너지가 작다.
② 압력의 파급속도보다 화염의 파급속도가 빠르다.
③ 가스폭발에 비하여 불완전 연소가 적게 발생한다.
④ 주위의 분진에 의해 2차, 3차의 폭발로 파급될 수 있다.

해설

분진폭발

① 분진, mist 등이 일정 농도 이상으로 공기와 혼합시 발화원에 의해 분진 폭발을 일으킨다.
② 마그네슘, 티타늄 등의 분말, 곡물가루 등

[표] 분진폭발의 발생 순서

퇴적 분진	→	비산	→	분산	→	점화원	→	1차 폭발	→	2차 폭발

참고 ① 산업안전기사 필기 p.5-9(합격날개 : 합격예측)
② 산업안전기사 필기 p.5-11([표] 분진폭발의 특징)

KEY ① 2015년 3월 8일 기사 출제
② 2017년 3월 5일, 8월 26일 기사 출제
③ 2019년 8월 4일 기사 출제
④ 2020년 8월 22일 기사 출제
⑤ 2021년 3월 7일, 5월 15일 기사 출제
⑥ 2022년 4월 24일 기사 출제
⑦ 2023년 2월 28일(문제 87번) 출제

86 다음 중 인화점에 관한 설명으로 옳은 것은?

① 액체의 표면에서 발생한 증기농도가 공기중에서 연소하한 농도가 될 수 있는 가장 높은 액체온도
② 액체의 표면에서 발생한 증기농도가 공기중에서 연소상한 농도가 될 수 있는 가장 낮은 액체온도
③ 액체의 표면에서 발생한 증기농도가 공기중에서 연소하한 농도가 될 수 있는 가장 낮은 액체온도
④ 액체의 표면에서 발생한 증기농도가 공기중에서 연소상한 농도가 될 수 있는 가장 높은 액체온도

해설

인화점(flash point)

액체의 표면에서 발생한 증기농도가 공기 중에서 연소하한 농도가 될 수 있는 가장 낮은 액체온도

참고 ① 산업안전기사 필기 p.5-39(합격날개 : 합격예측)
② 산업안전기사 필기 p.5-25(문제 18번 해설)

KEY ① 2018년 3월 4일 산업기사 출제
② 2021년 3월 7일(문제 94번) 출제

87 산업안전보건법에서 정한 위험물질을 기준량 이상 제조하거나 취급하는 화학설비로서 내부의 이상 상태를 조기에 파악하기 위하여 필요한 온도계·유량계·압력계 등의 계측장치를 설치하여야 하는 대상이 아닌 것은?

① 가열로 또는 가열기
② 증류·정류·증발·추출 등 분리를 하는 장치
③ 반응폭주 등 이상 화학반응에 의하여 위험물질이 발생할 우려가 있는 설비
④ 흡열반응이 일어나는 반응장치

해설

특수화학설비의 종류

사업주는 위험물을 같은 표에서 정한 기준량 이상으로 제조하거나 취급하는 다음 각 호의 어느 하나에 해당하는 화학설비(이하"특수화학설비"라 한다)를 설치하는 경우에는 내부의 이상 상태를 조기에 파악하기 위하여 필요한 온도계·유량계·압력계 등의 계측장치를 설치하여야 한다.

① 발열반응이 일어나는 반응장치
② 증류·정류·증발·추출 등 분리를 하는 장치
③ 가열시켜 주는 물질의 온도가 가열되는 위험물질의 분해온도 또는 발화점보다 높은 상태에서 운전되는 설비
④ 반응폭주 등 이상 화학반응에 의하여 위험물질이 발생할 우려가 있는 설비
⑤ 온도가 섭씨 350도 이상이거나 게이지 압력이 980킬로파스칼 이상인 상태에서 운전되는 설비
⑥ 가열로 또는 가열기

[정답] 85 ④ 86 ③ 87 ④

PART 04

참고 산업안전기사 필기 p.5-17(합격날개 : 합격예측 및 관련법규)

KEY ① 2017년 8월 28일 산업기사 출제
② 2018년 3월 4일 기사(문제 87번) 출제
③ 2018년 4월 28일 기사 출제
④ 2021년 3월 7일(문제 96번) 출제
⑤ 2021년 5월 15일(문제 81번) 출제
⑥ 2022년 4월 24일(문제 81번) 출제

합격정보
산업안전보건기준에 관한 규칙 제273조(계측장치 등의 설치)

88 가연성 물질을 취급하는 장치를 퍼지하고자 할 때 잘못된 것은?

① 대상물질의 물성을 파악한다.
② 사용하는 불활성가스의 물성을 파악한다.
③ 퍼지용 가스를 가능한 한 빠른 속도로 단시간에 다량 송입한다.
④ 장치 내부를 세정한 후 퍼지용 가스를 송입한다.

해설

퍼지방법
① 퍼지용 가스는 장시간에 걸쳐 천천히 주입한다.
② why : 빨리 주입시 폭발한다.

참고 산업안전기사 필기 p.5-20(표. 퍼지의 종류)

KEY ① 2019년 4월 27일 기사 출제
② 2021년 8월 14일 기사 출제
③ 2023년 7월 8일(문제 97번) 출제

보충학습
퍼지(purge)
연소되지 않은 가스가 노 안에 또는 기타 장소에 차 있으면 점화를 했을 때 폭발할 우려가 있으므로 점화시키기 전에 이것을 노 밖으로 배출하기 위하여 환기시키는 것을 퍼지라고 한다.

89 다음 중 상온에서 물과 격렬히 반응하여 수소를 발생시키는 물질은?

① Au ② K
③ S ④ Ag

해설
K(칼륨) : 칼륨은 금수성 물질로서 산과 접촉 시 수소방출

참고 ① 산업안전기사 필기 p.5-62(문제 4번)
② 산업안전기사 필기 p.5-69(문제 35번) 적중

KEY ① 2012년 5월 20일 기사 출제
② 2016년 5월 8일 기사 출제
③ 2017년 8월 26일 기사 출제
④ 2018년 3월 4일 기사 출제
⑤ 2019년 3월 3일 기사 출제
⑥ 2021년 3월 7일, 5월 15일 기사 출제
⑦ 2023년 7월 8일(문제 87번) 출제

보충학습
① 반응식 : $2K+2H_2O \rightarrow 2KOH+H_2$
② Cu, Fe, Au, Ag, C : 상온에서 고체로 물과 접촉해도 반응불가
③ K, Na, Mg, Zn, Li : 물과 격렬반응하여 수소 발생

90 위험물의 저장방법으로 적절하지 않은 것은?

① 탄화칼슘은 물 속에 저장한다.
② 벤젠은 산화성 물질과 격리시킨다.
③ 금속나트륨은 석유 속에 저장한다.
④ 질산은 갈색병에 넣어 냉암소에 보관한다.

해설
탄화칼슘(CaC_2) : 금수성 물질

참고 산업안전기사 필기 p.5-39(3류 자연 발화성 및 금수성 물질)

KEY ① 2012년 3월 4일 기사 출제
② 2018년 8월 19일 기사 출제
③ 2022년 4월 24일 기사 출제
④ 2023년 7월 8일(문제 89번) 출제

보충학습
$CaC_2+2H_2O \rightarrow Ca(OH)_2+C_2H_2$

91 니트로셀룰로오스와 같이 연소에 필요한 산소를 포함하고 있는 물질이 연소하는 것을 무엇이라고 하는가?

① 분해연소 ② 확산연소
③ 그을음연소 ④ 자기연소

[정답] 88 ③ 89 ② 90 ① 91 ④

해설

자기연소(자기반응성 물질)

① 제5류 위험물은 인화성이면서 자체 내에 산소를 함유하고 있어 공기 중의 산소를 필요로 하지 않고 연소되는데 이를 자기연소라 한다.
② 니트로 화합물, 다이나마이트 등

참고 산업안전기사 필기 p.5-5(4. 자기연소)

KEY ① 2016년 8월 21일 기사 출제
② 2020년 6월 7일 기사 출제
③ 2023년 7월 8일(문제 96번) 출제

92 건조설비를 사용하여 작업을 하는 경우에 폭발이나 화재를 예방하기 위하여 준수하여야 하는 사항으로 틀린 것은?

① 위험물 건조설비를 사용하는 경우에는 미리 내부를 청소하거나 환기할 것
② 위험물 건조설비를 사용하여 가열건조하는 건조물은 쉽게 이탈되도록 할 것
③ 고온으로 가열건조한 인화성 액체는 발화위험이 없는 온도로 냉각한 후에 격납시킬 것
④ 바깥 면이 현저히 고온이 되는 건조설비에 가까운 장소에는 인화성 액체를 두지 않도록 할 것

해설

건조설비 사용

① 위험물 건조설비를 사용하는 경우에는 미리 내부를 청소하거나 환기할 것
② 위험물 건조설비를 사용하는 경우에는 건조로 인하여 발생하는 가스·증기 또는 분진에 의하여 폭발·화재의 위험이 있는 물질을 안전한 장소로 배출시킬 것
③ 위험물 건조설비를 사용하여 가열건조하는 건조물은 쉽게 이탈되지 아니하도록 할 것
④ 고온으로 가열건조한 인화성 액체는 발화의 위험이 없는 온도로 냉각한 후에 격납시킬 것
⑤ 건조설비(바깥면에 현저하게 고온이 되는 설비만 해당한다.)에 근접한 장소에는 인화성 액체를 두지 않도록 할 것

참고 산업안전기사 필기 p.5-55(합격날개 : 합격예측 및 관련법규)

KEY ① 2016년 8월 21일 산업기사 출제
② 2017년 3월 5일 출제
③ 2019년 4월 27일 기사 출제
④ 2023년 6월 4일(문제 82번) 출제

정보제공

산업안전보건기준에 관한 규칙 제283조(건조설비의 사용)

93 다음 중 연소시 발생하는 열에너지를 흡수하는 매체를 화염 속에 투입하여 소화하는 방법은?

① 냉각소화 ② 희석소화
③ 질식소화 ④ 억제소화

해설

화재 및 소화기 종류

화재구분	소화대책	적응 소화기
A급(일반화재)	냉각소화	① 물 소화기 ② 강화액 소화기 ③ 산, 알칼리 소화기
B급(유류 및 가스화재)	질식소화	① 이산화탄소 소화기 ② 할로겐화합물 소화기 ③ 분말 소화기 ④ 포 소화기
C급(전기화재)	질식소화	① 이산화탄소 소화기 ② 할로겐화합물 소화기 ③ 분말 소화기 ④ 무상강화액 소화기
D급(금속화재)	피복소화	① 건조사 ② 팽창 질석 ③ 팽창 진주암

참고 산업안전기사 필기 p.5-23(문제 13번)

KEY 2014년 5월 25일(문제 83번) 출제

보충학습

소화 구분

① 냉각소화 : 화점의 냉각
② 질식소화 : 불연성 기체, 포말, 고체, 소화 분말로 연소물을 덮는 방법
③ 제거소화 : 가연물의 제거
④ 억제소화 : 연쇄반응의 억제에 의한 소화
⑤ 희석소화 : 수용성인 인화성액체 화재시 물을 방사하여 가연물의 농도를 낮추어 소화

[정답] 92 ② 93 ①

PART 04

94 불연성이지만 다른 물질의 연소를 돕는 산화성 액체 물질에 해당하는 것은?

① 히드라진　　② 과염소산
③ 벤젠　　④ 암모니아

해설

위험물의 분류

① 제1류(산화성 고체) : 아염소산, 염소산, 과염소산나트륨, 무기과산화물, 삼산화크롬, 브롬산염류, 요오드산염류, 과망간산염류, 중크롬산염류
② 제2류(가연성 고체) : 황화인, 적린, 유황, 철분, Mg, 금속분류, 인화성 고체
③ 제3류(자연발화성 및 금수성 물질) : K, Na, 알킬Al, 알킬Li, 황린, 칼슘 또는 Al의 탄화물류 등
④ 제4류(인화성 액체) : 특수인화물류, 동식물류, 알코올류, 제1석유류~제4석유류
⑤ 제5류(자기반응성 물질) : 유기산화물류, 질산에스테르류(니트로셀룰로오스, 질산에틸, 니트로글리세린), 셀룰로이드류, 니트로화합물, 아조화합물류, 디아조화합물류, 히드라진 유도체류
⑥ 제6류(산화성 액체) : 과염소산, 과산화수소, 질산

참고 ① 산업안전기사 필기 p.5-66(문제 27번) 적중
② 2021년 5월 15일(문제 95번) 출제

KEY ① 2017년 5월 7일 출제
② 2018년 4월 25일 출제
③ 2018년 8월 19일 기사 출제
④ 2021년 3월 7일(문제 95번) 출제
⑤ 2021년 5월 15일(문제 86번) 출제
⑥ 2023년 6월 4일(문제 90번) 출제

95 CF_3Br 소화약제의 할론 번호를 옳게 나타낸 것은?

① 하론 1031　　② 하론 1311
③ 하론 1301　　④ 하론 1310

해설

할론 넘버 : C, F, Cl, Br의 개수로 표시

① 일염화 일취화 메탄 : 1011
② 일취화 일염화 이불화 메탄 : 1211
③ 이취화 사불화 에탄 : 2402
④ 일취화 삼불화 메탄 : 1301

참고 산업안전기사 필기 p.5-15(7. 할로겐화물 소화기)

KEY ① 2008년 7월 27일 기사 출제
② 2016년 8월 21일 산업기사 출제
③ 2018년 8월 19일 기사 출제
④ 2023년 6월 4일(문제 97번) 출제

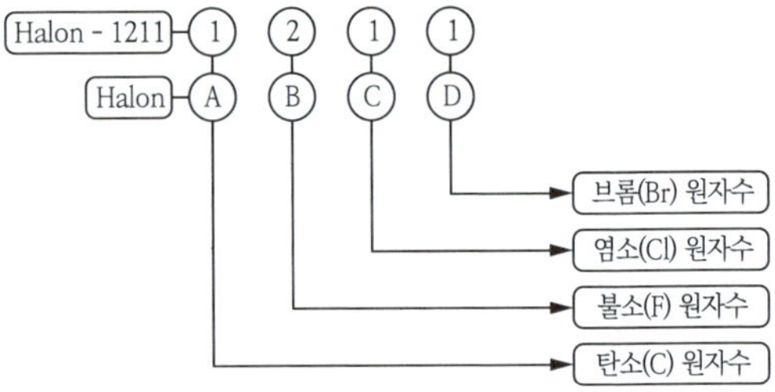

[그림] 명명법

96 프로판(C_3H_8)의 연소에 필요한 최소산소농도의 값은 약 얼마인가? 단, 프로판의 폭발하한은 Jone식에 의해 추산한다.)

① 8.1[vol%]　　② 11.1[vol%]
③ 15.1[vol%]　　④ 20.1[vol%]

해설

최소산소농도(MOC)

① 프로판의 연소식 : $1C_3H_8 + 5O_2 = 3CO_2 + 4H_2O$(여기서 1, 5, 3, 4 = 몰수)

② MOC농도 = 폭발하한계 × $\frac{\text{산소의 몰수}}{\text{연료의 몰수}}$ [vol%]

③ 프로판의 최소산소농도 = $2.2 \times \frac{5}{1} = 11$ [vol%]

참고 산업안전기사 필기 p.5-19(실전문제)

KEY ① 2004년 5월 23일 기사 출제
② 2018년 3월 4일 기사 출제
③ 2020년 6월 7일 기사 출제
④ 2023년 2월 28일(문제 83번) 출제

97 폭발한계와 완전 연소 조성 관계인 Jones식을 이용하여 부탄(C_4H_{10})의 폭발하한계를 구하면 약 몇 [vol%]인가?

① 1.4　　② 1.7
③ 2.0　　④ 2.3

[정답] 94 ② 95 ③ 96 ② 97 ②

해설

C_4H_{10} 양론농도계산

① $C_{st} = \dfrac{100}{1+4.773\left(4+\dfrac{10}{4}\right)} = 3.125$

② 연소하한값 $= 0.55 \times C_{st} = 0.55 \times 3.125 = 1.718$

참고 산업안전기사 필기 p.5-11(보충학습 : 폭발범위의 계산)

KEY ① 2020년 8월 22일(문제 86번) 출제
② 2021년 8월 14일(문제 94번) 출제
③ 2022년 4월 24일(문제 83번) 출제

보충학습

폭발범위의 계산 : Jones식

① 폭발하한계 $= 0.55 \times C_{st}$

② 폭발상한계 $= 3.50 \times C_{st}$

여기서, $C_{st} = \dfrac{100}{1+4.773\left(n+\dfrac{m-f-\lambda}{4}\right)}$

(n: 탄소, m: 수소, f: 할로겐원소, λ: 산소의 원자수)

98 산업안전보건법령상 다음 인화성 가스의 정의에서 ( )안에 알맞은 값은?

> "인화성 가스"란 인화한계 농도의 최저한도가 (㉠) [%] 이하 또는 최고한도와 최저한도의 차가 (㉡) [%] 이상인 것으로서 표준압력(101.3[kPa]), 20[℃]에서 가스 상태인 물질을 말한다.

① ㉠ 13, ㉡ 12
② ㉠ 13, ㉡ 15
③ ㉠ 12, ㉡ 13
④ ㉠ 12, ㉡ 15

해설

"인화성 가스"란 인화한계 농도의 최저한도가 13[%] 이하 또는 최고한도와 최저한도의 차가 12[%] 이상인 것으로서 표준압력(101.3 [kPa])에서 20[℃]에서 가스 상태인 물질을 말한다.

KEY 2022년 4월 24일(문제 91번) 출제

합격정보

산업안전보건법 시행령 [별표 13] 비고

99 다음 설명이 의미하는 것은?

> 온도, 압력 등 제어상태가 규정의 조건을 벗어나는 것에 의한 반응속도가 지수함수적으로 증대되고, 반응용기 내의 온도, 압력이 급격히 이상 상승되어 규정 조건을 벗어나고, 반응이 과격화되는 현상

① 비등 ② 과열·과압
③ 폭발 ④ 반응폭주

해설

반응폭주의 원리

① 반응물질량 제어 실패 : 반응물질과 투입에 다른 반응 활성화로 반응폭주 발생
② 반응온도 제어 실패 : 반응온도의 상승으로 인한 반응속도의 증가로 반응폭주 발생
③ 촉매의 양 제어 실패 : 반응속도를 높이는 촉매의 과 투입에 따른 반응폭주 발생
④ 이물질 흡입에 의한 이상반응 발생으로 반응폭주 발생

참고 산업안전기사 필기 p.5-52(합격날개 : 은행문제)

KEY ① 2017년 5월 7일(문제 97번) 출제
② 2020년 9월 27일(문제 99번) 출제
③ 2022년 3월 5일(문제 81번) 출제

정보제공

산업안전보건기준에 관한규칙 제262조(파열판의 설치)

100 다음 표에 있는 가스들은 위험도가 높은 가스들이다. 위험도 순위로 나열한 것은?

구분 / 종류	폭발하한선	폭발상한선
수소	4.0[vol%]	75.0[vol%]
산화에틸렌	3.0[vol%]	80.0[vol%]
이황화탄소	1.25[vol%]	44.0[vol%]
아세틸렌	2.5[vol%]	81.0[vol%]

[정답] 98 ① 99 ④ 100 ④

PART 04

① 아세틸렌 – 산화에틸렌 – 이황화탄소 – 수소
② 아세틸렌 – 산화에틸렌 – 수소 – 이황화탄소
③ 이황화탄소 – 아세틸렌 – 수소 – 산화에틸렌
④ 이황화탄소 – 아세틸렌 – 산화에틸렌 – 수소

해설

위험도 계산

$$위험도(H) = \frac{폭발상한선(U) - 폭발하한선(L)}{폭발하한선(L)}$$

① 수소 $= \frac{75-4}{4} = 17.75$

② 산화에틸렌 $= \frac{80-3}{3} = 25.67$

③ 이황화탄소 $= \frac{44-1.25}{1.25} = 34.2$

④ 아세틸렌 $= \frac{81-2.5}{2.5} = 31.4$

참고 산업안전기사 필기 p.5-70(문제 40번)

KEY ① 2020년 6월 7일, 6월 14일 출제
② 2021년 3월 7일 출제
③ 2023년 2월 28일 출제

6 건설공사 안전관리

101 중량물을 운반할 때의 바른 자세로 옳은 것은?

① 허리를 구부리고 양손으로 들어올린다.
② 중량은 보통 체중의 60%가 적당하다.
③ 물건은 최대한 몸에서 멀리 떼어서 들어올린다.
④ 길이가 긴 물건은 앞쪽을 높게 하여 운반한다.

해설

인력운반 안전기준

① 1인당 무게는 25[kg] 정도가 적절하며, 무리한 운반 금지
② 2인 이상 1조가 되어 어깨메기로 하여 운반하는 등 안전을 도모
③ 긴 철근을 1인이 운반시 앞쪽을 높게하여 어깨에 메고 뒤쪽 끝을 끌면서 운반
④ 운반시 양끝을 묶어 운반
⑤ 내려놓을 때는 던지지 말고 천천히 내려놓을 것
⑥ 공동 작업시 신호에 따라 작업(신호 준수)

참고 산업안전기사 필기 p.6-182[(1) 인력운반 안전기준]

KEY ① 2017년 5월 7일 산업기사 출제
② 2019년 3월 3일(문제 111번) 출제

102 산업안전보건법령에 따른 지반의 종류별 굴착면의 기울기 기준으로 옳지 않은 것은?

① 모래 – 1 : 1.8
② 그 밖의 흙 – 1 : 0.3
③ 풍화암 – 1:1.0
④ 연암 – 1:1.0

해설

굴착면의 기울기 기준

지반의 종류	굴착면의 기울기
모래	1 : 1.8
연암 및 풍화암	1 : 1.0
경암	1 : 0.5
그 밖의 흙	1 : 1.2

참고 산업안전기사 필기 p.6-56(표 : 굴착면의 기울기 기준)

KEY ① 2016년 5월 8일 기사·산업기사 동시 출제
② 2017년 3월 5일, 9월 23일 기사 출제
③ 2018년 8월 19일 산업기사 출제
④ 2019년 4월 27일 기사·산업기사 동시 출제
⑤ 2020년 6월 7일, 8월 22일, 9월 27일 기사 출제
⑥ 2022년 3월 5일 기사 출제
⑦ 2023년 2월 28일(문제 114번) 출제

정보제공
산업안전보건기준에 관한 규칙 [별표 11] 굴착면의 기울기 기준

103 다음 중 해체작업용 기계·기구로 가장 거리가 먼 것은?

① 압쇄기
② 핸드 브레이커
③ 철제햄머
④ 진동롤러

[정답] 101 ④ 102 ② 103 ④

해설

진동롤러 : 다짐기계

참고 산업안전기사 필기 p.6-59(표. 전압식 다짐기계의 종류 및 특징)

KEY 2020년 8월 22일(문제 111번) 출제

104 다음은 타워크레인을 와이어로프로 지지하는 경우의 준수해야 할 기준이다. 빈칸에 들어갈 알맞은 내용을 순서대로 옳게 나타낸 것은?

와이어로프 설치각도는 수평면에서 ( )도 이내로 하되, 지지점은 ( )개소 이상으로 하고, 같은 각도로 설치할 것

① 45, 4
② 45, 5
③ 60, 4
④ 60, 5

해설

와이어로프로 지지하는 경우 준수사항

① 「산업안전보건법 시행규칙」에 따른 서면심사에 관한 서류(「건설기계관리법」에 따른 형식승인서류를 포함한다) 또는 제조사의 설치작업설명서 등에 따라 설치할 것
② 제①호의 서면심사 서류 등이 없거나 명확하지 아니한 경우에는 「국가기술자격법」에 따른 건축구조·건설기계·기계안전·건설안전기술사 또는 건설안전분야 산업안전지도사의 확인을 받아 설치하거나 기종별·모델별 공인된 표준방법으로 설치할 것
④ 와이어로프를 고정하기 위한 전용 지지프레임을 사용할 것
⑤ 와이어로프 설치각도는 수평면에서 60도 이내로 하고, 지지점은 4개소 이상으로 할 것
⑥ 와이어로프와 그 고정부위는 충분한 강도와 장력을 갖도록 설치하고, 와이어로프를 클립·샤클(shackle) 등의 고정기구를 사용하여 견고하게 고정시켜 풀리지 아니하도록 할 것
⑦ 와이어로프가 가공전선(架空電線)에 근접하지 않도록 할 것

참고 산업안전기사 필기 p.6-138(합격날개 : 합격예측 및 관련법규)

KEY 2015년 5월 31일(문제 114번) 출제

정보제공

산업안전보건기준에 관한 규칙 제142조(타워크레인의 지지)

105 콘크리트 타설작업을 하는 경우에 준수해야 할 사항으로 옳지 않은 것은?

① 당일의 작업을 시작하기 전에 해당 작업에 관한 거푸집동바리 등의 변형·변위 및 지반의 침하 유무 등을 점검하고 이상이 있으면 보수한다.
② 작업 중에는 거푸집동바리 등의 변형·변위 및 침하 유무 등을 감시할 수 있는 감시자를 배치하여 이상이 있으면 작업을 빠른 시간 내 우선 완료하고 근로자를 대피시킨다.
③ 콘크리트 타설작업 시 거푸집붕괴의 위험이 발생할 우려가 있으면 충분한 보강 조치를 한다.
④ 콘크리트를 타설하는 경우에는 편심이 발생하지 않도록 골고루 분산하여 타설한다.

해설

제334조(콘크리트의 타설작업) 사업주는 콘크리트의 타설작업을 하는 경우에는 다음 각 호의 사항을 준수하여야 한다.

1. 당일의 작업을 시작하기 전에 해당 작업에 관한 거푸집 및 동바리를 변형·변위 및 지반의 침하유무 등을 점검하고 이상이 있으면 보수할 것
2. 작업중에는 거푸집동바리 등의 변형·변위 및 침하유무 등을 감시할 수 있는 감시자를 배치하여 이상이 있으면 작업을 중지시키고 근로자를 대피시킬 것
3. 콘크리트의 타설작업시 거푸집붕괴의 위험이 발생할 우려가 있는 경우에는 충분한 보강조치를 할 것
4. 설계도서상의 콘크리트 양생기간을 준수하여 거푸집 및 동바리를 해체할 것
5. 콘크리트를 타설하는 경우에는 편심이 발생하지 않도록 골고루 분산하여 타설할 것

참고 산업안전기사 필기 p.6-91(합격날개 : 합격예측 및 관련법규)

KEY
① 2016년 5월 8일 기사 출제
② 2016년 10월 1일 산업기사 출제
③ 2017년 3월 5일 산업기사 출제
④ 2021년 5월 15일, 8월 14일 기사 출제
⑤ 2022년 3월 5일(문제 118번) 출제

[정답] 104 ③ 105 ②

106 **미리 작업장소의 지형 및 지반상태 등에 적합한 제한속도를 정하지 않아도 되는 차량계 건설기계의 속도 기준은?**

① 최대 제한 속도가 10[km/h] 이하
② 최대 제한 속도가 20[km/h] 이하
③ 최대 제한 속도가 30[km/h] 이하
④ 최대 제한 속도가 40[km/h] 이하

해설

산업안전보건기준에 관한 규칙 제98조(제한속도의 지정 등)

① 사업주는 차량계 하역운반기계, 차량계 건설기계(최대제한속도가 시속 10킬로미터 이하인 것은 제외한다)를 사용하여 작업을 하는 경우 미리 작업장소의 지형 및 지반 상태 등에 적합한 제한속도를 정하고, 운전자로 하여금 준수하도록 하여야 한다.
② 사업주는 궤도작업차량을 사용하는 작업, 입환기로 입환작업을 하는 경우에 작업에 적합한 제한속도를 정하고, 운전자로 하여금 준수하도록 하여야 한다.
③ 운전자는 제①항과 제②항에 따른 제한속도를 초과하여 운전해서는 아니 된다.

참고 ① 산업안전기사 필기 p.6-61(합격날개 : 합격예측)
② 산업안전기사 필기 p.6-171(합격날개 : 합격예측)

KEY ① 2014년 8월 17일 기사 출제
② 2017년 8월 26일 기사 출제
③ 2018년 3월 4일 기사 출제
④ 2021년 3월 7일 기사 출제
⑤ 2023년 7월 8일(문제 109번) 출제

107 **건설현장에 거푸집 및 동바리 설치 시 준수사항으로 옳지 않은 것은?**

① 파이프 서포트 높이가 4.5[m]를 초과하는 경우에는 높이 2[m] 이내마다 2개 방향으로 수평연결재를 설치한다.
② 동바리의 침하 방지를 위해 받침목의 사용, 콘크리트 타설, 말뚝박기 등을 실시한다.
③ 강재와 강재의 접속부는 볼트 또는 클램프 등 전용철물을 사용한다.
④ 강관틀 동바리는 강관틀과 강관틀 사이에 교차가새를 설치한다.

해설

동바리로 사용하는 파이프서포트 안전기준

① 파이프서포트를 3개 이상 이어서 사용하지 아니하도록 할 것
② 파이프서포트를 이어서 사용할 경우에는 4개 이상의 볼트 또는 전용철물을 사용하여 이을 것
③ 높이가 3.5[m]를 초과할 경우에는 높이 2[m] 이내마다 수평연결재를 2개 방향으로 만들고 수평연결재의 변위를 방지할 것

참고 산업안전기사 필기 p.6-88(합격날개 : 합격예측 및 관련법규)

KEY ① 2018년 3월 4일 기사·산업기사 동시 출제
② 2018년 8월 19일 출제
③ 2018년 9월 15일 산업기사 출제
④ 2020년 8월 22일 출제
⑤ 2020년 8월 22일 산업기사등 20번 이상 출제
⑥ 2022년 4월 24일(문제 101번) 출제

정보제공
산업안전보건기준에 관한 규칙 제332조의2(동바리 유형에 따른 동바리 조립시의 안전조치)

108 **건설공사 유해위험방지계획서를 제출해야 할 대상공사에 해당하지 않는 것은?**

① 깊이 10[m]인 굴착공사
② 다목적댐 건설공사
③ 최대 지간길이가 40[m]인 교량건설 공사
④ 연면적 5,000[m^2]인 냉동·냉장창고시설의 설비공사

해설

유해위험 방지계획서 제출 대상 공사

(1) 건축물 또는 시설 등의 건설 · 개조 또는 해체공사
가. 지상높이가 31미터 이상인 건축물 또는 인공구조물
나. 연면적 3만제곱미터 이상인 건축물
다. 연면적 5천제곱미터 이상인(에) 해당하는 시설
① 문화 및 집회시설(전시장 및 동물원 · 식물원은 제외한다)
② 판매시설, 운수시설(고속철도의 역사 및 집배송시설은 제외한다)
③ 종교시설
④ 의료시설 중 종합병원
⑤ 숙박시설 중 관광숙박시설
⑥ 지하도상가
⑦ 냉동 · 냉장 창고시설

[정답] 106 ① 107 ① 108 ③

(2) 연면적 5천제곱미터 이상의 냉동·냉장창고시설의 설비공사 및 단열공사
(3) 최대지간길이가 50[m] 이상인 교량건설 등 공사
(4) 터널건설 등의 공사
(5) 다목적댐, 발전용댐, 저수용량 2천만톤 이상의 용수전용댐 및 지방상수도 전용댐의 건설 등 공사
(6) 깊이 10[m] 이상인 굴착공사

참고 산업안전기사 필기 p.6-20(3. 유해위험방지계획서 제출대상 건설공사)

KEY 2022년 4월 24일 기사 등 15회 이상 출제

합격정보

산업안전보건법 시행령 제42조(유해위험방지계획서 제출대상)

합격자의 조언

제2과목에도 출제가 됩니다.

109 달비계를 사용하는 와이어로프의 사용금지 기준으로 옳지 않은 것은?

① 이음매가 있는 것
② 열과 전기충격에 의해 손상된 것
③ 지름의 감소가 공칭지름의 7[%]를 초과하는 것
④ 와이어로프의 한 꼬임에서 끊어진 소선의 수가 7[%] 이상인 것

해설

달비계에 사용하는 와이어로프 금지기준

① 이음매가 있는 것
② 와이어로프의 한 꼬임[스트랜드(strand)를 말한다. 이하 같다]에서 끊어진 소선(素線)[필러(pillar)선은 제외한다]의 수가 10[%] 이상(비자전로프의 경우에는 끊어진 소선의 수가 와이어로프 호칭지름의 6배 길이 이내에서 4개 이상이거나 호칭지름 30배 길이 이내에서 8개 이상)인 것
③ 지름의 감소가 공칭지름의 7[%]를 초과하는 것
④ 꼬인 것
⑤ 심하게 변형되거나 부식된 것
⑥ 열과 전기충격에 의해 손상된 것

참고 산업안전기사 필기 p.6-102(합격날개 : 합격예측 및 관련법규)

KEY ① 2017년 3월 5일 기사 출제
② 2018년 4월 28일 산업기사 출제
③ 2019년 8월 4일(문제 116번) 출제
④ 2022년 4월 24일(문제 120번) 출제
⑤ 2024년 2월 15일(문제 114번) 출제

정보제공

산업안전보건기준에 관한 규칙 제63조(달비계의 구조)

110 비계에서 벽 고정을 하고 기둥과 기둥을 수평재나 가새로 연결하는 가장 큰 이유는?

① 작업자의 추락재해를 방지하기 위해
② 인장파괴를 방지하기 위해
③ 좌굴을 방지하기 위해
④ 해체를 용이하게 하기 위해

해설

벽연결 역할 기능

① 비계 전체 좌굴을 방지한다.
② 위험방지판, 네트 프레임(net frame) 등에 의한 편심하중을 지탱하여 도괴를 방지한다.
③ 풍하중에 의한 도괴를 방지한다.

참고 산업안전기사 필기 p.6-90(6. 벽연결 역할기능)

KEY 2011년 3월 20일(문제 104번) 출제

용어정의

① 휨 : 부재가 부재 길이 방향에 수직으로 하중을 받을 때 보가 변형되는 현상
② 좌굴 : 부재 길이 방향의 압축력이 걸릴 때(주로 기둥에 하중이 걸리는 경우) 부재가 변형되는 현상

111 건설업 산업안전보건관리비 계상 및 사용 기준에 따른 안전관리비의 개인보호구 및 안전장구 구입비 항목에서 안전관리비로 사용이 가능한 경우는?

① 안전보건관리자가 선임되지 않은 현장에서 안전보건업무를 담당하는 현장관계자용 무전기, 카메라, 컴퓨터, 프린터 등 업무용 기기
② 중대재해 목적으로 발생한 정신질환을 치료하기 위해 소요되는 비용
③ 근로자에게 일률적으로 지급하는 보냉·보온장구
④ 감리원이나 외부에서 방문하는 인사에게 지급하는 보호구

[정답] 109 ④ 110 ③ 111 ②

PART 04

해설

근로자 건강장해예방비 등

① 법·영·규칙에서 규정하거나 그에 준하여 필요로 하는 각종 근로자의 건강장해 예방에 필요한 비용
② 중대재해 목적으로 발생한 정신질환을 치료하기 위해 소요되는 비용
③ 「감염병의 예방 및 관리에 관한 법률」 제2조제1호에 따른 감염병의 확산 방지를 위한 마스크, 손소독제, 체온계 구입비용 및 감염병병원체 검사를 위해 소요되는 비용
④ 법 제128조의2 등에 따른 휴게시설을 갖춘 경우 온도, 조명 설치·관리기준을 준수하기 위해 소요되는 비용

참고 산업안전기사 필기 p.6-41(6. 근로자 건강장해 예방비 등)

KEY
① 2017년 6월 7일 산업기사 출제
② 2018년 3월 4일 기사 출제
③ 2019년 3월 3일 산업기사 출제
④ 2020년 6월 14일 산업기사 출제
⑤ 2022년 3월 5일(문제 103번) 출제

합격정보

2023년 10월 5일 개정고시 적용

112 가설통로의 설치기준으로 옳지 않은 것은?

① 추락할 위험이 있는 장소에는 안전난간을 설치할 것
② 경사가 10[°]를 초과하는 경우에는 미끄러지지 않는 구조로 할 것
③ 경사는 30[°] 이하로 할 것
④ 건설공사에 사용하는 높이 8[m] 이상인 비계다리에는 7[m] 이내마다 계단참을 설치할 것

해설

가설통로 설치기준

① 견고한 구조로 할 것
② 경사는 30[°] 이하로 할 것. 다만, 계단을 설치하거나 높이 2[m] 미만의 가설통로로서 튼튼한 손잡이를 설치한 경우에는 그러하지 아니하다.
③ 경사가 15[°]를 초과하는 경우에는 미끄러지지 아니하는 구조로 할 것
④ 추락할 위험이 있는 장소에는 안전난간을 설치할 것. 다만, 작업상 부득이한 경우에는 필요한 부분만 임시로 해체할 수 있다.
⑤ 수직갱에 가설된 통로의 길이가 15[m] 이상인 경우에는 10[m] 이내마다 계단참을 설치할 것
⑥ 건설공사에 사용하는 높이 8[m] 이상인 비계다리에는 7[m] 이내마다 계단참을 설치할 것

참고 산업안전기사 필기 p.6-127(문제 40번)

KEY
① 2017년 5월 7일 기사 출제
② 2018년 4월 28일 기사 출제
③ 2019년 8월 4일 기사 출제
④ 2020년 6월 7일 기사 출제
⑤ 2021년 3월 7일 기사 출제
⑥ 2022년 3월 5일, 4월 24일 기사 출제
⑦ 2023년 2월 28일(문제 113번) 출제

합격정보

산업안전보건기준에 관한 규칙 제23조(가설통로의 구조)

113 훅걸이용 와이어로프 등이 훅으로부터 벗겨지는 것을 방지하기 위한 장치는?

① 해지장치 ② 권과방지장치
③ 과부하방지장치 ④ 턴버클

해설

크레인의 방호장치

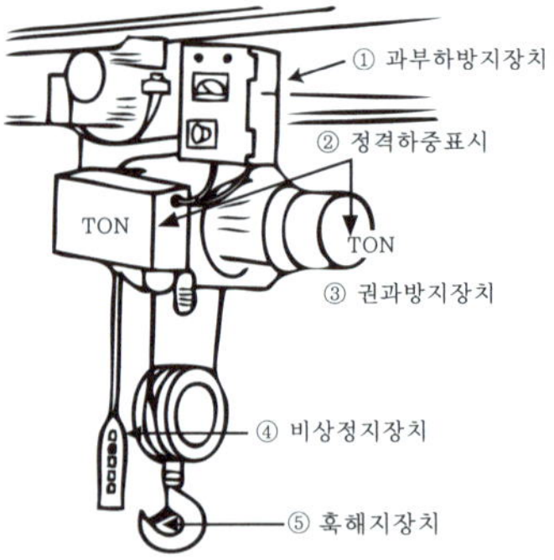

참고 산업안전기사 필기 p.6-131(합격날개 : 합격예측)

KEY
① 2014년 8월 17일 기사 출제
② 2015년 5월 31일 기사 출제
③ 2018년 8월 19일 기사 출제
④ 2023년 7월 8일(문제 105번) 출제

합격정보

산업안전보건기준에 관한 규칙 제137조(해지장치의 사용)

사업주는 훅걸이용 와이어로프 등이 훅으로부터 벗겨지는 것을 방지하기 위한 장치(이하 "해지장치"라 한다)를 구비한 크레인을 사용하여야 하며, 그 크레인을 사용하여 짐을 운반하는 경우에는 해지장치를 사용하여야 한다.

[정답] 112 ② 113 ①

114 다음 와이어로프 중 양중기에 사용가능한 범위안에 있다고 볼 수 있는 것은?

① 와이어로프의 한 꼬임(스트랜드)에서 끊어진 소선의 수가 8[%]인 것
② 지름의 감소가 공칭지름의 8[%]인 것
③ 심하게 부식된 것
④ 이음매가 있는 것

해설

와이어로프 사용금지 기준

① 이음매가 있는 것
② 와이어로프의 한 꼬임[(스트랜드(strand)를 말한다. 이하 같다)]에서 끊어진 소선(素線)[필러(pillar)선은 제외한다)]의 수가 10[%] 이상 (비자전로프의 경우에는 끊어진 소선의 수가 와이어로프 호칭지름의 6배 길이 이내에서 4개 이상이거나 호칭지름 30배 길이 이내에서 8개 이상)인 것
③ 지름의 감소가 공칭지름의 7[%]를 초과하는 것
④ 꼬인 것
⑤ 심하게 변형되거나 부식된 것
⑥ 열과 전기충격에 의해 손상된 것

정보제공
산업안전보건기준에 관한 규칙 제63조(달비계의 구조)

KEY
① 2014년 5월 25일, 8월 17일 기사 출제
② 2015년 3월 8일, 5월 31일 기사 출제
③ 2016년 8월 21일 기사 출제
④ 2017년 5월 7일 기사 출제
⑤ 2019년 8월 4일 기사 출제
⑥ 2020년 6월 7일 기사 출제
⑦ 2022년 4월 24일 기사 출제
⑧ 2023년 7월 8일(문제 115번) 출제
⑨ 2024년 2월 15일(문제 109번) 출제

115 산업안전보건관리비계상기준에 따른 건축공사에서 대상액 「5억원 이상~50억원 미만」의 안전관리비 비율 및 기초액으로 옳은 것은?

① 비율 : 1.86[%], 기초액 : 5,349,000원
② 비율 : 1.99[%], 기초액 : 5,499,000원
③ 비율 : 2.35[%], 기초액 : 5,400,000원
④ 비율 : 1.57[%], 기초액 : 4,411,000원

해설

공사종류 및 규모별 안전관리비 계상기준표

구 분 / 공사종류	대상액 5억원 미만	대상액 5억원 이상 50억원 미만		대상액 50억원 이상	영 별표 5에 따른 보건관리자 선임대상 건설공사
		비율(X)	기초액(C)		
건축공사	2.93[%]	1.86[%]	5,349,000원	1.97[%]	2.15[%]
토목공사	3.09[%]	1.99[%]	5,499,000원	2.10[%]	2.29[%]
중건설공사	3.43[%]	2.35[%]	5,400,000원	2.44[%]	2.66[%]
특수건설공사	1.85[%]	1.20[%]	3,250,000원	1.27[%]	1.38[%]

참고 산업안전기사 필기 p.6-43(별표1. 공사의 종류 및 규모별 산업안전관리비 계상기준표)

KEY
① 2016년 3월 6일 산업기사 출제
② 2016년 10월 1일 산업기사 출제
③ 2017년 3월 5일 기사 출제
④ 2017년 8월 26일 기사 출제
⑤ 2019년 3월 3일 기사 출제
⑥ 2020년 6월 14일 기사 등 10회 이상 출제
⑦ 2023년 6월 4일(문제 104번) 출제

합격정보
2023년 10월 5일 개정법 적용

116 흙막이 가시설 공사 중 발생할 수 있는 보일링(Boiling) 현상에 관한 설명으로 옳지 않은 것은?

① 이 현상이 발생하면 흙막이 벽의 지지력이 상실된다.
② 지하수위가 높은 지반을 굴착할 때 주로 발생한다.
③ 흙막이벽의 근입장 깊이가 부족할 경우 발생한다.
④ 연약한 점토지반에서 굴착면의 융기로 발생한다.

해설

보일링(Boiling)현상

① 투수성이 좋은 사질지반의 흙막이 지면에서 수두차로 인한 상향의 침투압이 발생, 유효응력이 감소하여 전단강도가 상실되는 현상
② 지하수가 모래와 같이 솟아오르는 현상
③ 모래의 액상화

[정답] 114 ① 115 ① 116 ④

PART 04

참고 산업안전기사 필기 p.6-6(합격날개 : 합격대책)

KEY ① 2016년 10월 1일 기사 출제
② 2019년 3월 3일 기사 출제
③ 2019년 4월 27일 산업기사 출제
④ 2020년 8월 23일 산업기사 출제
⑤ 2023년 6월 4일(문제 102번) 출제

합격팁

히빙(Heaving) 현상

연약성 점토지반 굴착시 굴착외측 흙의 중량에 의해 굴착저면의 흙이 활동전단 파괴되어 굴착내측으로 부풀어 오르는 현상

117 단관비계를 조립하는 경우 벽이음 및 버팀을 설치할 때의 수평방향 조립간격 기준으로 옳은 것은?

① 3[m] ② 5[m]
③ 6[m] ④ 8[m]

해설

강관비계의 조립간격

강관비계의 종류	조립 간격(단위 : [m])	
	수직방향	수평방향
단관비계	5	5
틀비계(높이 5[m] 미만인 것은 제외)	6	8

참고 산업안전기사 필기 p.6-94(표. 조립간격)

KEY 2021년 8월 14일 기사 등 10회 이상 출제

합격정보

산업안전보건기준에 관한 규칙 [별표 5] 강관비계의 조립간격

118 그물코의 크기가 10[cm]인 매듭없는 방망사 신품의 인장강도는 최소 얼마 이상이어야 하는가?

① 240[kg] ② 320[kg]
③ 400[kg] ④ 500[kg]

해설

방망사의 신품에 대한 인장강도

그물코의 크기(단위 : [cm])	방망의 종류(단위 : [kg])	
	매듭 없는 방망	매듭 방망
10	240	200
5		110

참고 산업안전기사 필기 p.6-50([표] 방망사의 신품에 대한 인장강도)

KEY ① 2016년 5월 8일 기사 출제
② 2017년 3월 5일, 8월 26일 기사 출제
③ 2018년 4월 28일, 8월 19일 기사 출제
④ 2019년 3월 3일, 8월 4일 기사 출제
⑤ 2020년 8월 22일 기사 출제
⑥ 2021년 8월 14일 기사 출제
⑦ 2023년 2월 28일(문제 101번) 출제

119 부두·안벽 등 하역작업을 하는 장소에서는 부두 또는 안벽의 선을 따라 통로를 설치하는 경우에는 폭을 최소 얼마 이상으로 해야 하는가?

① 70[cm] ② 80[cm]
③ 90[cm] ④ 100[cm]

해설

부두·안벽 등 하역작업을 하는 장소의 안전기준

① 작업장 및 통로의 위험한 부분에는 안전하게 작업할 수 있는 조명을 유지할 것
② 부두 또는 안벽의 선을 따라 통로를 설치하는 경우에는 폭을 90[cm] 이상으로 할 것
③ 육상에서의 통로 및 작업장소로서 다리 또는 선거(船渠) 갑문(閘門)을 넘는 보도(步道) 등의 위험한 부분에는 안전난간 또는 울타리 등을 설치할 것

참고 산업안전기사 필기 p.6-183(합격날개 : 합격예측 및 관련법규)

합격정보

산업안전보건기준에 관한 규칙 제390조(하역작업장의 조치기준)

KEY ① 2018년 4월 28일 기사 출제
② 2019년 3월 3일 기사 출제
③ 2019년 8월 4일 기사 출제
④ 2021년 5월 15일 기사 출제
⑤ 2023년 2월 28일(문제 107번) 출제

[정답] 117 ② 118 ① 119 ③

120 흙막이 지보공을 설치하였을 때 정기적으로 점검하여야 할 사항과 거리가 먼 것은?

① 경보장치의 작동상태
② 부재의 손상·변형·부식·변위 및 탈락의 유무와 상태
③ 버팀대의 긴압(緊壓)의 정도
④ 부재의 접속부·부착부 및 교차부의 상태

해설

흙막이 지보공의 정기 점검사항
① 부재의 손상·변형·부식·변위 및 탈락의 유무와 상태
② 버팀대의 긴압의 정도
③ 부재의 접속부·부착부 및 교차부의 상태
④ 침하의 정도

참고 산업안전기사 필기 p.6-106(합격날개 : 합격예측 및 관련법규)

KEY ① 2015년 8월 16일 기사 출제
② 2017년 3월 5일 기사 출제
③ 2019년 3월 3일 기사 출제
④ 2020년 6월 7일, 9월 27일 기사 출제
⑤ 2023년 2월 28일(문제 117번) 출제

정보제공
산업안전보건기준에 관한 규칙 제347조(붕괴등의 위험방지)

[정답] 120 ①

자격종목 및 등급(선택분야)

산업안전기사

※ 본 문제는 복원문제 및 예적(예상적중) 문제로 실제문제와 동일하지 않을 수 있습니다.

1 산업재해 예방 및 안전보건교육

01 안전관리조직의 참모식(staff형)에 대한 장점이 아닌 것은?

① 경영자의 조언과 자문역할을 한다.
② 안전정보 수집이 용이하고 빠르다.
③ 안전에 관한 명령과 지시는 생산라인을 통해 신속하게 전달한다.
④ 안전전문가가 안전계획을 세워 문제해결 방안을 모색하고 조치한다.

해설

라인형 조직과 스태프형 조직

구 분	장 점	단 점
line형 조직 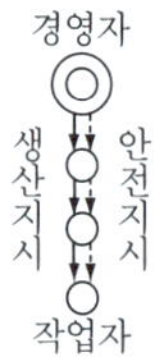	① 안전에 관한 명령과 지시는 생산 라인을 통해 신속 · 정확히 전달 실시된다. ② 중소 규모 기업에 활용된다.	① 안전 전문 입안이 되어 있지 않아 내용이 빈약하다. ② 안전의 정보가 불충분하다.
staff형 조직 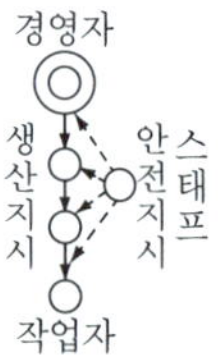	① 안전 전문가가 안전계획을 세워 문제 해결 방안을 모색하고 조치한다. ② 경영자의 조언과 자문 역할을 한다. ③ 안전 정보 수집이 용이하고 빠르다.	① 생산 부문에 협력하여 안전 명령을 전달 실시하므로 안전과 생산을 별개로 취급하기 쉽다. ② 생산 부문은 안전에 대한 책임과 권한이 없다.

참고 산업안전기사 필기 p.1-23(표. 안전보건관리 조직형태)

KEY ① 2016년 3월 6일 기사·산업기사 동시 출제
② 2016년 10월 1일 산업기사 출제
③ 2017년 3월 5일 기사 출제
④ 2017년 5월 7일 기사 출제
⑤ 2017년 8월 26일 기사·산업기사 동시 출제
⑥ 2019년 3월 3일(문제 14번) 출제
⑦ 2024년 2월 15일(문제 4번) 출제

02 매슬로우의 욕구단계 이론에서 편견없이 받아들이는 성향, 타인과의 거리를 유지하며 사생활을 즐기거나 창의성 성격으로 봉사, 특별히 좋아하는 사람과 긴밀한 관계를 유지하려는 인간의 욕구에 해당하는 것은?

① 생리적 욕구　② 사회적 욕구
③ 자아실현의 욕구　④ 안전에 대한 욕구

해설

매슬로우(Maslow, A. H.)의 욕구단계 이론

① 제1단계(생리적 욕구 : 생명유지의 기본적 욕구) : 기아, 갈증, 호흡, 배설, 성욕 등 인간의 가장 기본적인 욕구(종족보존)
② 제2단계(안전욕구) : 자기보존욕구
③ 제3단계(사회적 욕구) : 소속감과 애정욕구
④ 제4단계(존경욕구) : 인정받으려는 욕구
⑤ 제5단계(자아실현의 욕구) : 잠재적인 능력을 실현하고자 하는 욕구(성취욕구)

참고 ① 산업안전기사 필기 p.1-101((5) 매슬로우의 욕구 5단계 이론)
② 산업안전기사 필기 p.1-100(합격날개 : 은행문제)

KEY ① 2016년 5월 8일(문제 20번)
② 2024년 5월 9일 등 20번 이상 출제

03 아담스(Edward Adams)의 사고연쇄 반응이론 중 관리자가 의사결정을 잘못하거나 감독자가 관리적 잘못을 하였을 때의 단계에 해당하는 것은?

① 사고　② 작전적 에러
③ 관리구조결함　④ 전술적 에러

해설

아담스(Adams)의 사고 연쇄 이론

① 제1단계 : 관리구조
② 제2단계 : 작전적 에러(관리감독에러)
③ 제3단계 : 전술적 에러(불안전한 행동 or 조작)
④ 제4단계 : 사고(물적 사고)
⑤ 제5단계 : 상해 또는 손실

[정답] 01 ③ 02 ③ 03 ②

참고 산업안전기사 필기 p.3-31(합격날개 : 합격예측)

KEY ① 2017년 5월 7일(문제 9번) 출제
② 2024년 2월 15일(문제 18번) 출제

04 OFF.J.T(Off the job Training) 교육방법의 장점으로 옳은 것은?

① 개개인에게 적절한 지도훈련이 가능하다.
② 훈련에 필요한 업무의 계속성이 끊어지지 않는다.
③ 다수의 대상자를 일괄적, 조직적으로 교육할 수 있다.
④ 효과가 곧 업무에 나타나며, 훈련의 좋고 나쁨에 따라 개선이 용이하다.

해설

OJT와 OFF.J.T

① O.J.T(ON the Job Training) : 현장중심 교육으로 직속상사가 현장에서 업무상의 개별교육이나 지도훈련을 하는 교육형태이다.
② OFF.J.T(OFF the Job Training) : 계층별 또는 직능별 등과 같이 공통된 교육대상자를 현장외의 한 장소에 모아 집체 교육훈련을 실시하는 교육형태이다.

참고 산업안전기사 필기 p.1-142(1. OJT와 OFF JT)

KEY ① 2011년 6월 12일 기사 출제
② 2011년 8월 21일 기사 출제
③ 2013년 6월 2일 기사 출제
④ 2017년 3월 5일 기사 출제
⑤ 2017년 5월 7일 기사 출제
⑥ 2018년 4월 28일 기사 출제
⑦ 2021년 3월 7일 기사 출제
⑧ 2023년 7월 8일(문제 1번) 출제

05 연간 근로자수가 1,000명인 공장의 도수율이 10인경우 이 공장에서 연간 발생한 재해건수는 몇 건인가?

① 20건 ② 22건
③ 24건 ④ 26건

해설

재해건수 계산

① 도수율 = $\frac{\text{재해건수}}{\text{연근로시간수}} \times 10^6$

② $10 = \frac{x}{1{,}000 \times 2{,}400} \times 10^6$

③ $x = 24$[건]

참고 산업안전기사 필기 p.3-65(문제25번) 적중

KEY ① 2018년 8월 19일 기사 출제
② 2023년 7월 8일(문제 7번) 출제

보충학습

연천인율 = 도수율×2.4 = 24[건]

06 재해원인 분석방법의 통계적 원인분석 중 사고의 유형, 기인물 등 분류항목을 큰 순서대로 도표화한 것은?

① 파레토도 ② 특성요인도
③ 크로스도 ④ 관리도

해설

파레토도(Pareto diagram)

① 관리 대상이 많은 경우 최소의 노력으로 최대의 효과를 얻을 수 있는 방법
② 사고의 유형, 기인물 등 분류항목을 큰 값에서 작은 값의 순서로 도표화하는 데 편리

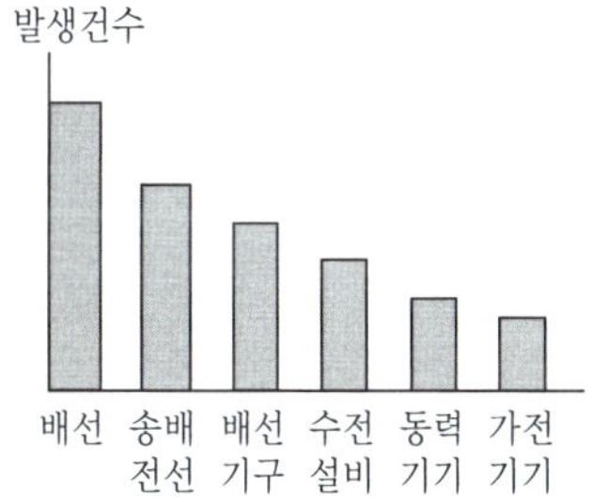

[그림] 전기설비별 감전사고 분포 파레토도

참고 산업안전기사 필기 p.3-3 (1) 파레토도

KEY ① 2017년 8월 26일 출제
② 2020년 9월 27일 출제
③ 2023년 7월 8일(문제 13번) 출제

[정답] 04 ③ 05 ③ 06 ①

PART 04

07 보호구 자율안전확인 고시상 자율안전확인 보호구에 표시하여야 하는 사항을 모두 고른 것은?

ㄱ. 모델명 　 ㄴ. 제조 번호
ㄷ. 사용 기한 　 ㄹ. 자율안전확인 번호

① ㄱ, ㄴ, ㄷ 　 ② ㄱ, ㄴ, ㄹ
③ ㄱ, ㄷ, ㄹ 　 ④ ㄴ, ㄷ, ㄹ

해설

자율안전 확인 제품 표시 방법

① 형식 또는 모델명 　 ② 규격 또는 등급 등
③ 제조자명 　 ④ 제조번호 및 제조연월
⑤ 자율안전 확인 번호

참고 산업안전기사 필기 p.3-57(2. 자율안전확인제품 표시 방법)

KEY ① 2022년 3월 5일 출제
② 2023년 6월 4일(문제 6번) 출제

합격정보

산업안전보건법 시행령 제77조(자율안전 확인대상기계 등)

08 산업안전보건법령상 교육대상별 교육내용 중 관리감독자의 정기안전보건교육 내용이 아닌 것은?(단, 산업안전보건법 및 일반관리에 관한 사항은 제외한다.)

① 산업안전 제도에 관한 사항
② 산업보건 및 직업병 예방에 관한 사항
③ 유해·위험 작업환경 관리에 관한 사항
④ 표준안전작업방법 및 지도 요령에 관한 사항

해설

관리감독자 정기안전보건교육 내용

① 산업안전 및 사고 예방에 관한 사항
② 산업보건 및 직업병 예방에 관한 사항
③ 위험성 평가에 관한 사항
④ 유해·위험 작업환경 관리에 관한 사항
⑤ 산업안전보건법령 및 산업재해보상보험 제도에 관한 사항
⑥ 직무스트레스 예방 및 관리에 관한 사항
⑦ 직장 내 괴롭힘, 고객의 폭언 등으로 인한 건강장해 예방 및 관리에 관한 사항
⑧ 작업공정의 유해·위험과 재해 예방대책에 관한 사항
⑨ 사업장 내 안전보건관리체제 및 안전·보건조치 현황에 관한 사항
⑩ 표준안전 작업방법 결정 및 지도·감독 요령에 관한 사항
⑪ 현장근로자와의 의사소통능력 및 강의 능력 등 안전보건교육 능력 배양에 관한 사항
⑫ 비상시 또는 재해 발생 시 긴급조치에 관한 사항
⑬ 그 밖의 관리감독자의 직무에 관한 사항

참고 산업안전기사 필기 p.1-154(3. 관리감독자 정기안전보건교육)

KEY ① 2017년 5월 7일, 8월 26일 출제
② 2018년 3월 4일 출제
③ 2023년 6월 4일(문제 10번) 출제

합격정보

산업안전보건법시행규칙 [별표 5] 안전보건교육대상별 교육내용

09 파블로프(Pavlov)의 조건반사설에 의한 학습이론의 원리가 아닌 것은?

① 일관성의 원리 　 ② 계속성의 원리
③ 준비성의 원리 　 ④ 강도의 원리

해설

Pavlov의 조건반사(반응)설의 학습원리

① 시간의 원리(the time principle)
② 강도의 원리(the intensity principle)
③ 일관성의 원리(the consistency principle)
④ 계속성의 원리(the continuity principle)

참고 산업안전기사 필기 p.1-149(2. 자극과 반응)

KEY ① 2017년 8월 26일 산업기사 출제
② 2019년 9월 21일 산업기사 출제
③ 2021년 3월 7일 기사 출제
④ 2023년 6월 4일(문제 15번) 출제

10 산업안전보건법령상 안전보건관리규정 작성시 포함되어야 할 사항을 모두 고른 것은? (단, 그 밖에 안전 및 보건에 관한 사항은 제외한다.)

ㄱ. 안전보건교육에 관한 사항
ㄴ. 재해사례 연구 · 토의 결과에 관한 사항
ㄷ. 사고 조사 및 대책 수립에 관한 사항
ㄹ. 작업장의 안전 및 보건 관리에 관한 사항
ㅁ. 안전 및 보건에 관한 관리조직과 그 직무에 관한 사항

[정답] 07 ② 08 ① 09 ③ 10 ③

① ㄱ, ㄴ, ㄷ, ㄹ ② ㄱ, ㄴ, ㄹ, ㅁ
③ ㄱ, ㄷ, ㄹ, ㅁ ④ ㄴ, ㄷ, ㄹ, ㅁ

해설

안전보건관리규정 작성 시 포함사항

① 안전 및 보건에 관한 관리조직과 그 직무에 관한 사항
② 안전보건교육에 관한 사항
③ 작업장의 안전 및 보건 관리에 관한 사항
④ 사고 조사 및 대책 수립에 관한 사항
⑤ 그 밖에 안전 및 보건에 관한 사항

참고 산업안전기사 필기 p.1-179(제2절 안전보건관리 규정)

KEY ① 2021년 5월 15일 기사 출제
② 2023년 6월 4일(문제 19번) 출제

합격정보
산업안전보건법 제25조(안전보건관리규정의 작성)

11 헤드십(headship)의 특성에 관한 설명으로 틀린 것은?

① 상사와 부하의 사회적 간격은 넓다.
② 지휘형태는 권위주의적이다.
③ 상사와 부하의 관계는 지배적이다.
④ 상사의 권한 근거는 비공식적이다.

해설

leadership과 headship의 비교

개인과 상황 변수	leadership	headship
권한 행사	선출된 리더	임명적 헤드
권한 부여	밑으로부터 동의	위에서 위임
권한 귀속	집단 목표에 기여한 공로 인정	공식화된 규정에 의함
상사와 부하와의 관계	개인적인 영향	지배적
부하와의 사회적 관계(간격)	좁음	넓음
지휘 형태	민주주의적	권위주의적
책임 귀속	상사와 부하	상사
권한 근거	개인적	법적 또는 공식적

참고 산업안전기사 필기 p.1-113 (5) leadership과 headship의 비교

KEY ① 2016년 3월 6일, 8월 21일, 10월 1일 기사 출제
② 2017년 5월 7일, 9월 23일 기사 출제
③ 2018년 3월 4일 기사, 산업기사 동시 출제
④ 2018년 8월 19일 산업기사 출제
⑤ 2019년 9월 21일 산업기사 출제
⑥ 2020년 9월 27일 기사 출제
⑦ 2021년 5월 15일(문제 2번) 출제
⑧ 2022년 4월 24일(문제 20번) 출제
⑨ 2023년 2월 28일(문제 5번) 출제

12 산업안전보건법령상 안전보건표지의 색채와 사용사례의 연결이 틀린 것은?

① 노란색 – 정지신호, 소화설비 및 그 장소, 유해행위의 금지
② 파란색 – 특정 행위의 지시 및 사실의 고지
③ 빨간색 – 화학물질 취급장소에서의 유해·위험 경고
④ 녹색 – 비상구 및 피난소, 사람 또는 차량의 통행표지

해설

안전보건표지의 색채, 색도기준 및 용도

색채	색도기준	용도	사용 예
빨간색	7.5R 4/14	금지	정지신호, 소화설비 및 그 장소, 유해행위의 금지
		경고	화학물질 취급장소에서의 유해·위험 경고
노란색	5Y 8.5/12	경고	화학물질 취급장소에서의 유해·위험 경고, 이외 위험 경고, 주의표지 또는 기계방호물
파란색	2.5PB 4/10	지시	특정 행위의 지시 및 사실의 고지
녹색	2.5G 4/10	안내	비상구 및 피난소, 사람 또는 차량의 통행표지
흰색	N9.5		파란색 또는 녹색에 대한 보조색
검은색	N0.5		문자 및 빨간색 또는 노란색에 대한 보조색

참고 산업안전기사 필기 p.1-62(5. 안전보건표지의 색도기준 및 용도)

KEY ① 2017년 3월 5일 기사 출제
② 2017년 8월 26일 산업기사 출제
③ 2018년 3월 4일 기사 출제
④ 2019년 9월 21일 기사, 산업기사 출제
⑤ 2020년 8월 22일 기사 출제
⑥ 2023년 2월 28일(문제 8번) 출제

합격정보
산업안전보건법 시행규칙 [별표 8] 안전보건표지의 색채, 색도기준 및 용도

[정답] 11 ④ 12 ①

13 **주로 관리감독자를 교육대상자로 하며 직무에 관한 지식, 작업을 가르치는 능력, 작업방법을 개선하는 기능 등을 교육내용으로 하는 기업 내 정형교육의 종류는?**

① TWI(Training Within Industry)
② MTP(Management Training Pro-gram)
③ ATT(American Telephone Tele-gram)
④ ATP(Administration Training Pro-gram)

해설

TWI(Training Within Industry)
주로 감독자를 교육대상자로 하며, 감독자는
① 직무에 관한 지식
② 책임에 관한 지식
③ 작업을 가르치는 능력
④ 작업방법을 개선하는 기능
⑤ 사람을 다루는 기량의 5가지 요건을 구비해야 한다는 전제하에 ③, ④, ⑤항을 교육내용으로 하며, 전체 교육시간은 10시간으로, 1일 2시간씩 5일간 실시한다. 한 클래스는 10명 정도, 토의식과 실연법을 중심으로 한다. 오늘날은 작업 안전 훈련 과정을 포함하여 4개 과정으로 하고 있다.

참고 산업안전기사 필기 p.1-145(2. 관리감독자 교육)

보충학습
① MTP : 관리자 훈련, 부장, 과장, 계장 등 중간 관리층을 대상으로 하는 관리자 훈련을 말한다.
② ATT : 미국 전신 전화 회사가 만든 것으로 직급 상하를 떠나 부하직원이 상사에 지도원이 될 수 있다.
③ CCS : 정책의 수립, 조직, 통제 및 운영으로 되어 있으며, 강의법에 토의법이 가미된 것이다.

KEY
① 2016년 3월 6일 기사, 산업기사 출제
② 2016년 8월 21일 산업기사 출제
③ 2017년 5월 7일, 8월 26일 산업기사 출제
④ 2018년 3월 4일 기사, 산업기사 출제
⑤ 2018년 4월 28일 기사 출제
⑥ 2019년 3월 3일 기사 출제
⑦ 2019년 8월 4일 산업기사 출제
⑧ 2020년 6월 7일 기사 출제
⑨ 2021년 5월 15일 기사 출제
⑩ 2023년 2월 28일(문제 16번) 출제

14 **산업안전보건법령상 근로자 안전보건교육 대상에 따른 교육시간 기준 중 틀린 것은?(단, 상시 작업이며, 일용근로자는 제외한다.)**

① 특별교육 – 16시간 이상
② 채용 시 교육 – 8시간 이상
③ 작업내용 변경 시 교육 – 2시간 이상
④ 사무직 종사 근로자 정기교육 – 매분기 1시간 이상

해설

근로자 안전보건교육

교육과정	교육대상		교육시간
정기교육	사무직 종사 근로자		매반기 6시간 이상
	사무직 종사 근로자 외의 근로자	판매업무에 직접 종사하는 근로자	매반기 6시간 이상
		판매업무에 직접 종사하는 근로자 외의 근로자	매반기 12시간 이상
	관리감독자의 지위에 있는 사람		연간 16시간 이상
채용시의 교육	일용근로자		1시간 이상
	일용근로자를 제외한 근로자		8시간 이상
작업내용 변경시의 교육	일용근로자		1시간 이상
	일용근로자를 제외한 근로자		2시간 이상
특별교육	별표 5 제1호라목 각 호의 어느 하나에 해당하는 작업에 종사하는 일용근로자		2시간 이상
	별표 5 제1호라목 제39호의 타워크레인 신호작업에 종사하는 일용근로자		8시간 이상
특별교육	별표 5 제1호라목 각 호의 어느 하나에 해당하는 작업에 종사하는 일용근로자를 제외한 근로자		–16시간 이상(최초 작업에 종사하기 전 4시간 이상 실시하고 12시간은 3개월 이내에서 분할하여 실시가능)
			–단기간 작업 또는 간헐적 작업인 경우에는 2시간 이상
건설업 기초 안전보건교육	건설 일용근로자		4시간 이상

참고 산업안전산업기사 필기 p.1-155(표 : 안전보건교육 교육과정별 교육시간)

[정답] 13 ① 14 ④

KEY ① 2016년 5월 8일 기사 출제
② 2020년 6월 7일 기사 출제
③ 2020년 8월 23일 산업기사 출제
④ 2022년 3월 5일(문제 7번) 출제

합격정보
산업안전보건법 시행규칙 [별표 4] 안전보건교육 교육과정별 교육 시간

15 안전교육에 있어서 동기부여방법으로 가장 거리가 먼 것은?

① 책임감을 느끼게 한다.
② 관리감독을 철저히 한다.
③ 자기 보존본능을 자극한다.
④ 물질적 이해관계에 관심을 두도록 한다.

해설

안전교육훈련 동기부여방법
① 안전의 근본이념(참가치)을 인식시킬 것
② 안전목표를 명확히 설정할 것
③ 결과를 알려줄 것(K.R법 : Knowledge Results)
④ 상과 벌을 줄 것(상벌제도를 합리적으로 시행할 것)
⑤ 경쟁과 협동을 유도할 것
⑥ 동기유발의 최적수준을 유지할 것

참고 산업안전기사 필기 p.1-99(합격날개 : 합격예측)

KEY ① 2016년 5월 8일(문제 19번) 출제
② 2021년 8월 14일(문제 2번) 출제

16 근로자 1,000명 이상의 대규모 사업장에 적합한 안전관리 조직의 유형은?

① 직계식 조직
② 참모식 조직
③ 병렬식 조직
④ 직계참모식 조직

해설

안전보건관리조직의 형태 3가지
① Line형(직계식) : 100명 미만의 소규모 사업장
② Staff형(참모식) : 100 ~ 1,000명의 중규모 사업장
③ Line-staff형(복합식) : 1,000명 이상의 대규모 사업장

참고 산업안전기사 필기 p.1-23(표 : 안전보건관리 조직형태)

KEY ① 2016년 5월 8일, 10월 1일 출제
② 2017년 9월 23일 출제
③ 2019년 3월 3일(문제 15번) 출제
④ 2021년 8월 14일(문제 4번) 출제

17 하인리히 재해 구성 비율 중 무상해사고가 600건이라면 사망 또는 중상 발생 건수는?

① 1
② 2
③ 29
④ 58

해설

하인리히 재해 구성 비율
① 중상해 : 1 → 2
② 경상해 : 29 → 58
③ 무상해 사고 : 300 → 600

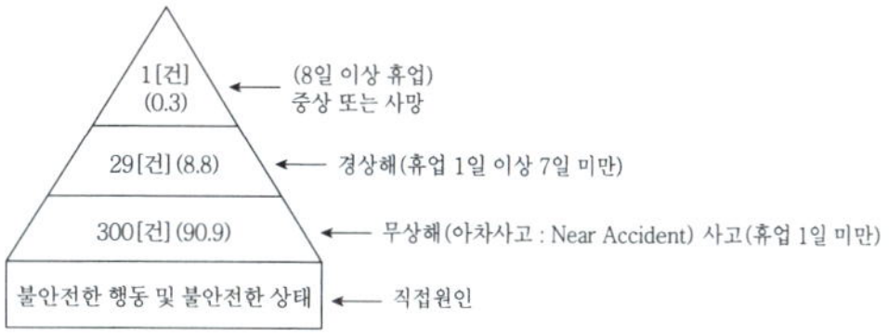

[그림] 하인리히 법칙[단위 : %]

참고 산업안전기사 필기 p.3-33(1. 하인리히의 1:29:300의 재해법칙)

KEY ① 2016년 8월 21일(문제 3번) 출제
② 2021년 8월 14일(문제 8번) 출제

18 교육계획 수립 시 가장 먼저 실시하여야 하는 것은?

① 교육내용의 결정
② 실행교육계획서 작성
③ 교육의 요구사항 파악
④ 교육실행을 위한 순서, 방법, 자료의 검토

해설

교육계획의 수립 및 추진 순서
① 교육의 필요점(요구사항)을 발견한다.
② 교육대상을 결정하고(파악) 그것에 따라 교육내용 및 교육방법을 결정한다.
③ 교육의 준비를 한다.
④ 교육을 실시한다.
⑤ 교육의 성과를 평가 한다.

참고 산업안전기사 필기 p.1-137(합격날개 : 합격예측)

[정답] 15 ② 16 ④ 17 ② 18 ③

KEY ① 2012년 9월 15일 기사 출제
② 2020년 6월 7일 기사 출제
③ 2021년 8월 14일(문제 15번) 출제

19 산업안전보건법상 특정 행위의 지시 및 사실의 고지에 사용되는 안전보건표지의 색도기준으로 옳은 것은?

① 2.5G 4/10　　② 5Y 8.5/12
③ 2.5PB 4/10　　④ 7.5R 4/14

해설

안전보건표지의 색도기준 및 용도

색채	색도기준	용도	사용 예
빨간색	7.5R 4/14	금지	정지신호, 소화설비 및 그 장소, 유해행위의 금지
		경고	화학물질 취급장소에서의 유해 · 위험 경고
노란색	5Y 8.5/12	경고	화학물질 취급장소에서의 유해 · 위험 경고 이외의 위험 경고, 주의표지 또는 기계방호물
파란색	2.5PB 4/10	지시	특정 행위의 지시 및 사실의 고지
녹색	2.5G 4/10	안내	비상구 및 피난소, 사람 또는 차량의 통행표지
흰색	N9.5		파란색 또는 녹색에 대한 보조색
검은색	N0.5		문자 및 빨간색 또는 노란색에 대한 보조색

참고 산업안전기사 필기 p.1-62(5. 안전보건표지의 색도기준 및 용도)

KEY ① 2017년 3월 5일 기사, 8월 26일 산업기사출제
② 2018년 3월 4일 기사 출제
③ 2019년 9월 21일 기사, 산업기사 동시 출제
④ 2021년 5월 15일(문제 3번) 출제

보충학습
산업안전보건법 시행규칙[별표 6] 안전보건표지의 종류와 형태

20 레빈(Lewin)은 인간의 행동 특성을 다음과 같이 표현하였다. 변수 'E'가 의미하는 것은?

$$B=f(P \cdot E)$$

① 연령　　② 성격
③ 환경　　④ 지능

해설

K.Lewin의 법칙

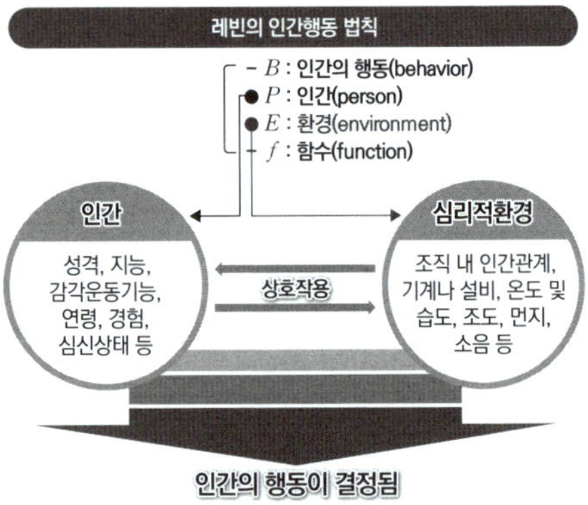

참고 산업안전기사 필기 p.1-77(7. K.Lewin의 법칙)

KEY ① 2016년 10월 1일 기사 출제
② 2017년 5월 7일, 8월 26일, 9월 23일 기사 출제
③ 2018년 3월 4일(문제 4번), 9월 15일 출제
④ 2019년 4월 27일, 8월 4일, 9월 21일 산업기사 출제
⑤ 2020년 8월 22일(문제 9번) 출제

2 인간공학 및 위험성 평가·관리

21 인간공학에 대한 설명으로 틀린 것은?

① 인간-기계 시스템의 안전성, 편리성, 효율성을 높인다.
② 인간을 작업과 기계에 맞추는 설계 철학이 바탕이 된다.
③ 인간이 사용하는 물건, 설비, 환경의 설계에 적용된다.
④ 인간의 생리적, 심리적인 면에서의 특성이나 한계점을 고려한다.

[정답] 19 ③ 20 ③ 21 ②

해설

인간공학

기계, 기구, 환경 등의 물적 조건을 인간의 특성과 능력에 잘 조화하도록 설계하기 위한 수단을 연구하는 학문이다.

참고 산업안전기사 필기 p.2-2(합격날개 : 합격용어)

KEY ① 2015년 5월 31일(34번), 8월 16일(38번) 출제
② 2017년 9월 23일 출제
③ 2019년 4월 27일 출제
④ 2022년 4월 24일(문제 26번) 출제
⑤ 2024년 2월 15일(문제 31번) 출제

22 산업안전보건법령상 사업주가 유해위험방지계획서를 제출할 때에는 사업장 별로 관련 서류를 첨부하여 해당 작업 시작 며칠 전까지 해당 기관에 제출하여야 하는가?

① 7일 ② 15일
③ 30일 ④ 60일

해설

유해위험방지 계획서 제출시기 및 부수

① 제조업 : 해당 작업시작 15일 전까지 공단에 2부 제출
② 건설업 : 공사 착공전날까지 공단에 2부 제출

참고 ① 공단 : 한국산업안전보건공단
② 산업안전기사 필기 p.2-37(③ 법적목적)

합격정보

① 산업안전보건법 시행규칙 제42조(제출서류등)
② 2023. 9. 28 개정「고용노동부령 제393호」적용

KEY ① 2016년 3월 6일 출제
② 2017년 9월 23일 출제
③ 2022년 4월 24일 출제
④ 2023년 2월 28일(문제 22번) 출제
⑤ 2024년 2월 15일(문제 40번) 출제

23 [그림]과 같은 FT도에서 a=0.015, b=0.02, c=0.05이면, 정상사상 T가 발생할 확률은 약 얼마인가?

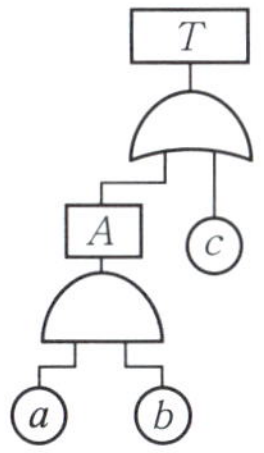

① 0.0002 ② 0.0283
③ 0.0503 ④ 0.950

해설

정상사상 발생확률

① $T=1-(1-A)(1-c)$
$=1-(1-0.0003)(1-0.05)=0.0503$
② $A=a\times b=0.015\times 0.02=0.0003$

참고 산업안전기사 필기 p.2-89(문제 23번)

KEY ① 2013년 8월 18일 기사 출제
② 2015년 8월 16일 기사 출제
③ 2020년 8월 22일 기사 출제
④ 2021년 3월 7일 기사 출제
⑤ 2023년 7월 8일(문제 25번) 출제

24 화학설비에 대한 안전성 평가에서 정성적 평가항목이 아닌 것은?

① 건조물 ② 취급물질
③ 공장 내의 배치 ④ 입지조건

해설

정성적 평가항목

① 입지조건
② 공장 내의 배치
③ 소방설비
④ 공정기기
⑤ 수송·저장
⑥ 원재료, 중간체, 제품

참고 산업안전기사 필기 p.2-37(1. 안전성 평가 6단계)

KEY ① 2012년 3월 4일 기사 출제
② 2013년 6월 2일 기사 출제
③ 2014년 8월 17일 기사 출제
④ 2015년 5월 31일 기사 출제
⑤ 2016년 5월 8일 기사 출제
⑥ 2017년 8월 26일 기사 출제
⑦ 2018년 3월 4일 기사 출제
⑧ 2019년 3월 3일 기사 출제
⑨ 2022년 3월 5일 기사 출제
⑩ 2023년 7월 8일(문제 27번) 출제

[정답] 22 ② 23 ③ 24 ②

PART 04

25 조종-반응비(Control-Response Ratio, C/R비)에 대한 설명중 틀린 것은?

① 조종장치와 표시장치의 이동 거리 비율을 의미한다.
② C/R비가 클수록 조종장치는 민감하다.
③ 최적 C/R비는 조정시간과 이동시간의 교점이다.
④ 이동시간과 조정시간을 감안하여 최적 C/R비를 구할 수 있다.

해설

최적 C/D비(C/R비)
① 이동 동작과 조종 동작을 절충하는 동작이 수반
② 최적치는 두 곡선의 교점 부호
③ C/D비가 작을수록 이동시간은 짧고, 조종은 어려워서 민감한 조종장치이다.

참고 산업안전기사 필기 p.2-177(합격날개 : 합격예측)

KEY ① 2013년 6월 2일 기사 출제
② 2019년 8월 4일 기사 출제
③ 2023년 7월 8일(문제 30번) 출제

26 병렬로 이루어진 두 요소의 신뢰도가 각각 0.7일 경우, 시스템 전체의 신뢰도는?

① 0.30 ② 0.49
③ 0.70 ④ 0.91

해설

전체신뢰도
$R_s = 1-(1-0.7)(1-0.7) = 0.91$

참고 산업안전기사 필기 p.2-13(2. 병렬체계)

KEY ① 2016년 8월 21일 출제
② 2018년 8월 19일 출제
③ 2023년 7월 8일(문제 37번) 출제

27 차폐효과에 대한 설명으로 옳지 않은 것은?

① 차폐음과 배음의 주파수가 가까울 때 차폐효과가 크다.
② 헤어드라이어 소음 때문에 전화 음을 듣지 못한 것과 관련이 있다.
③ 유의적 신호와 배경 소음의 차이를 신호/소음(S/N) 비로 난타낸다.
④ 차폐효과는 어느 한 음 때문에 다른 음에 대한 감도가 증가되는 현상이다.

해설

masking(은폐 : 차폐)현상
dB이 높은 음과 낮은 음이 공존할 때 낮은 음이 강한 음에 가로막혀 숨겨져 들리지 않게 되는 현상

참고 산업안전기사 필기 p.2-173(합격날개 : 합격예측)

KEY ① 2017년 5월 7일 산업기사 출제
② 2019년 9월 21일(문제 58번) 출제
③ 2020년 8월 22일 기사 출제
④ 2023년 6월 4일(문제 24번) 출제

28 태양광선이 내리쬐는 옥외장소의 자연습구 온도 20[℃], 흑구온도 18[℃], 건구온도 30[℃] 일 때 습구흑구온도지수(WBGT)는?

① 20.6[℃] ② 22.5[℃]
③ 25.0[℃] ④ 28.5[℃]

해설

습구 흑구 온도지수(WBGT)
① 옥외(태양광선이 내리 쬐는 장소)
WBGT = 0.7 × 자연습구온도(NWB) + 0.2 × 흑구온도(GT) + 0.1 × 건구온도(DB) = 0.7 × 20[℃] + 0.2 × 18[℃] + 0.1 × 30[℃] = 20.6[℃]
② 옥내 또는 옥외(태양광선이 내리쬐지 않는 장소)
WBGT(℃) = 0.7 × 자연습구온도(NWB) + 0.3 × 흑구온도(GT)

참고 산업안전기사 필기 p.2-170(합격날개 : 합격예측)

KEY ① 2016년 5월 8일(문제 57번) 출제
② 2022년 4월 24일 기사 출제
③ 2023년 6월 4일(문제 39번) 출제

[정답] 25 ② 26 ④ 27 ④ 28 ①

29 다음 중 청각적 표시장치보다 시각적 표시장치를 이용하는 경우가 더 유리한 경우는?

① 메시지가 간단한 경우
② 메시지가 추후에 재참조되지 않는 경우
③ 직무상 수신자가 자주 움직이는 경우
④ 메시지가 즉각적인 행동을 요구하지 않는 경우

해설

청각장치와 시각장치의 사용 경위

청각장치 사용 예	시각장치 사용 예
① 전언이 간단할 경우 ② 전언이 짧을 경우 ③ 전언이 후에 재참조되지 않을 경우 ④ 전언이 시간적인 사상(event)을 다룰 경우 ⑤ 전언이 즉각적인 행동을 요구할 경우 ⑥ 수신자의 시각 계통이 과부하 상태일 경우 ⑦ 수신 장소가 너무 밝거나 암조응(暗調應) 유지가 필요할 경우 ⑧ 직무상 수신자가 자주 움직이는 경우	① 전언이 복잡할 경우 ② 전언이 길 경우 ③ 전언이 후에 재참조될 경우 ④ 전언이 공간적인 위치를 다룰 경우 ⑤ 전언이 즉각적인 행동을 요구하지 않을 경우 ⑥ 수신자의 청각 계통이 과부하 상태일 경우 ⑦ 수신 장소가 너무 시끄러울 경우 ⑧ 직무상 수신자가 한 곳에 머무르는 경우

참고 산업안전기사 필기 p.2-31(문제 43번)

KEY ① 2015년 3월 8일(문제 26번) 출제
② 2016년 3월 6일출제
③ 2017년 5월 7일 산업기사 출제
④ 2018년 3월 4일, 4월 28일 산업기사 출제
⑤ 2018년 8월 19일, 9월 15일 산업기사 출제
⑥ 2019년 4월 27일, 9월 21일 산업기사 출제
⑦ 2019년 8월 4일 출제
⑧ 2020년 6월 7일 출제
⑨ 2021년 3월 7일, 5월 15일 출제
⑩ 2023년 2월 28일(문제 30번) 출제

30 다음 중 인간의 과오(Human error)를 정량적으로 평가하고 분석하는 데 사용하는 기법으로 가장 적절한 것은?

① THERP ② FMEA
③ CA ④ FMECA

해설

인간실수율 예측기법(THERP) : 인간신뢰도 분석에서의 HEP에 대한 예측기법

참고 산업안전기사 필기 p.2-64(8. THERP)

KEY ① 2005년 8월 7일(문제 24번)
② 2014년 3월 2일 기사 출제
③ 2017년 3월 5일 산업기사 출제
④ 2020년 8월 22일 기사 출제
⑤ 2023년 2월 28일(문제 34번) 출제

보충학습

HEP : 인간신뢰도 기본단위

31 서브시스템 분석에 사용되는 분석방법으로 시스템 수명주기에서 ㉠에 들어갈 위험분석기법은?

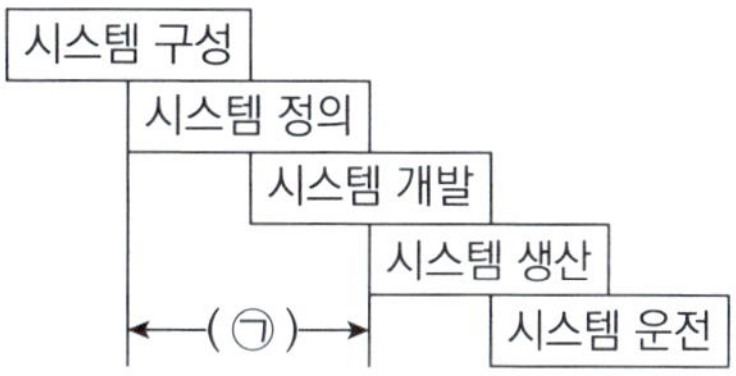

① PHA ② FHA
③ FTA ④ ETA

해설

시스템 분석

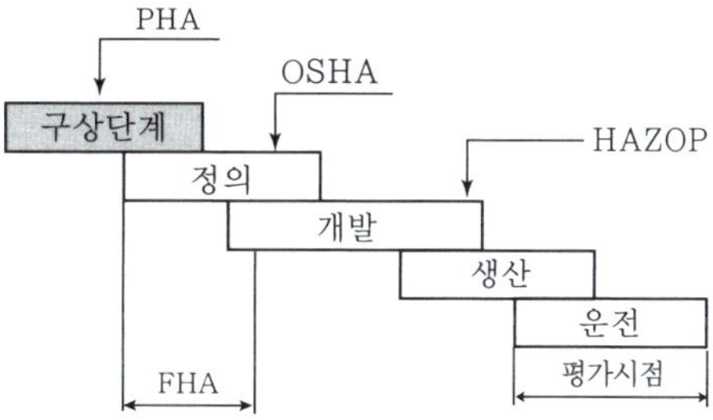

[그림] PHA · OSHA · FHA · HAZOP

참고 산업안전기사 필기 p.2-60(2. 예비 위험 분석)

KEY ① 2012년 3월 4일 출제
② 2016년 5월 8일 산업기사 출제
③ 2018년 8월 19일 출제
④ 2019년 3월 3일, 9월 21일 출제
⑤ 2020년 6월 7일 출제
⑥ 2020년 6월 14일 산업기사 출제
⑦ 2022년 3월 5일 기사 출제
⑧ 2023년 2월 28일(문제 37번) 출제

[정답] 29 ④ 30 ① 31 ②

32 **어느 부품 1,000개를 100,000시간 동안 가동하였을 때 5개의 불량품이 발생하였을 경우 평균동작시간(MTTF)은?**

① 1×10^6 시간　② 2×10^7 시간
③ 1×10^8 시간　④ 2×10^9 시간

해설

평균동작시간 계산

$$MTTF = \frac{부품수\times가동시간}{불량품수(고장수)} = \frac{1000\times100000}{5} = 20000000 = 2\times10^7$$

참고 산업안전기사 필기 p.2-83(3. MTTF)

보충학습

MTTF(Mean Time To Failure)

① 평균작동시간, 고장까지의 평균시간
② 제품 고장시 수명이 다하는 것으로 평균 수명

KEY ① 2008년 제2회 출제
② 2014년 5월 25일(문제 31번) 출제
③ 2020년 9월 27일 기사 출제
④ 2023년 2월 28일(문제 40번) 출제

33 **상황해석을 잘못하거나 목표를 잘못 설정하여 발생하는 인간의 오류 유형은?**

① 실수(Slip)　② 착오(Mistake)
③ 위반(Violation)　④ 건망증(Lapse)

해설

인간의 오류 5가지 모형

구분	특징
착각(Illusion)	감각적으로 물리현상을 왜곡하는 지각 오류
착오(Mistake)	상황해석을 잘못하거나 목표를 잘못 이해하고 착각하여 행하는 인간의 실수로 위치, 순서, 패턴, 형상, 기억오류 등 외부적 요인에 의해 나타나는 오류
실수(Slip)	의도는 올바른 것이었지만, 행동이 의도한 것과는 다르게 나타나는 오류
건망증(Lapse)	일련의 과정에서 일부를 빠뜨리거나 기억의 실패에 의해 발생하는 오류
위반(Violation)	정해진 규칙을 알고 있음에도 의도적으로 따르지 않거나 무시한 경우에 발생하는 오류

참고 산업안전기사 필기 p.2-19(합격날개 : 합격예측)

KEY ① 2009년 5월 10일(문제 35번) 출제
② 2017년 8월 26일 출제
③ 2019년 3월 3일(21번) 4월 27일(47번) 출제
④ 2021년 5월 15일(42번) 9월 12일(59번) 출제
⑤ 2022년 4월 24일(문제 22번) 출제

34 **시스템의 수명곡선(욕조곡선)에 있어서 디버깅(Debugging)에 관한 설명으로 옳은 것은?**

① 초기고장의 결함을 찾아 고장률을 안정시키는 과정이다.
② 우발 고장의 결함을 찾아 고장률을 안정시키는 과정이다.
③ 마모 고장의 결함을 찾아 고장률을 안정시키는 과정이다.
④ 기계 결함을 발견하기 위해 동작시험을 하는 기간이다.

해설

초기고장

① 디버깅(Debugging)기간 : 기계의 초기 결함을 찾아내 고장률을 안정시키는 기간
② 번인(Burn-in)기간 : 물품을 실제로 장시간 가동하여 그 동안에 고장난 것을 제거하는 기간
③ 비행기 : 에이징(Aging)이라 하여 3년 이상 시운전
④ 욕조곡선(Bath-tub) : 예방보전을 하지 않을 때의 곡선은 서양식 욕조 모양과 비슷하게 나타나는 현상

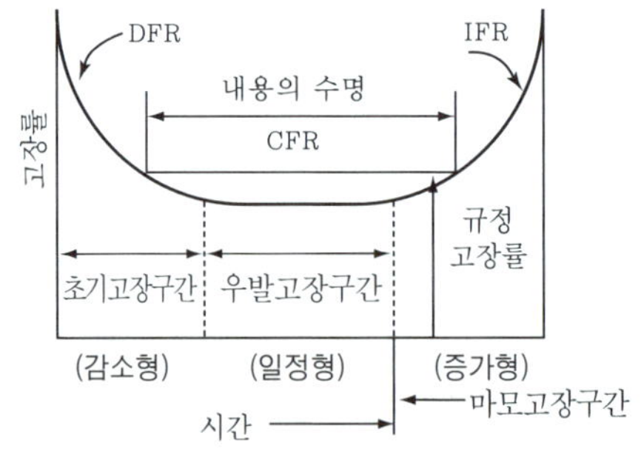

[그림] 기계설비 고장유형

참고 산업안전기사 필기 p.2-13(2. 기계설비 고장 유형)

KEY ① 2018년 3월 4일(문제 44번) 출제
② 2022년 4월 24일(문제 24번) 출제

[정답] 32 ② 33 ② 34 ①

35 경계 및 경보신호의 설계지침으로 틀린 것은?

① 주의를 환기시키기 위하여 변조된 신호를 사용한다.
② 배경소음의 진동수와 다른 진동수의 신호를 사용한다.
③ 귀는 중음역에 민감하므로 500~3,000[Hz]의 진동수를 사용한다.
④ 300[m] 이상의 장거리용으로는 1,000[Hz]를 초과하는 진동수를 사용한다.

해설

경계 및 경보신호(청각적 표시장치) 선택시 지침
① 귀는 중음역에 가장 민감하므로 500~3,000[Hz]의 진동수를 사용
② 고음은 멀리가지 못하므로 300[m] 이상 장거리용으로는 1,000[Hz] 이하의 진동수 사용

KEY ① 2016년 3월 6일 산업기사 출제
② 2017년 3월 5일, 9월 23일 산업기사 출제
③ 2018년 3월 4일(문제 38번) 출제
④ 2022년 4월 24일(문제 38번) 출제

36 FTA(Fault Tree Analysis)에서 사용되는 사상기호 중 통상의 작업이나 기계의 상태에서 재해의 발생 원인이 되는 요소가 있는 것을 나타내는 것은?

① 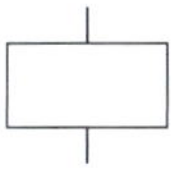
② 
③ 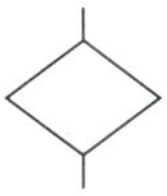
④ 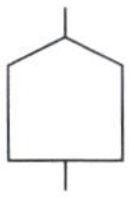

해설

FTA 기호

기 호	명 칭	기 호	명 칭
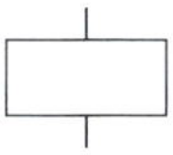	결함사상	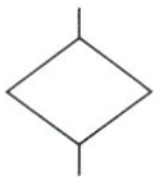	생략사상
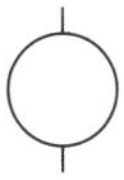	기본사상	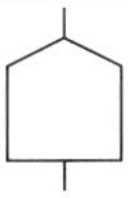	통상사상

참고 산업안전기사 필기 p.2-70(표 : FTA 기호)

KEY ① 2007년 8월 5일(문제 33번) 출제
② 2016년 10월 1일 산업기사 출제
③ 2017년 5월 7일 기사 출제
④ 2017년 8월 19일 산업기사 출제
⑤ 2017년 8월 26일 기사, 산업기사 출제
⑥ 2018년 3월 4일 기사 출제
⑦ 2018년 8월 19일 산업기사 출제
⑧ 2020년 6월 14일 산업기사 출제
⑨ 2021년 5월 15일 기사 출제
⑩ 2021년 8월 14일(문제 33번) 출제
⑪ 2022년 4월 24일(문제 30번) 출제

37 n개의 요소를 가진 병렬 시스템에 있어 요소의 수명(MTTF)이 지수분포를 따를 경우 이 시스템의 수명으로 옳은 것은?

① $\mathrm{MTTF}\times n$
② $\mathrm{MTTF}\times\frac{1}{n}$
③ $\mathrm{MTTF}\left(1+\frac{1}{2}+\cdots+\frac{1}{n}\right)$
④ $\mathrm{MTTF}\left(1\times\frac{1}{2}\times\cdots\times\frac{1}{n}\right)$

해설

MTTF(고장까지의 평균시간 : Mean Time To Failure)
① 기계의 평균수명으로 모든 기계가 t_0를 갖지 않기 때문에 확률분포로 파악
② 고장이 발생하면 그것으로 수명이 없어지는 제품
③ 한번 고장이 발생하면 수명이 다하는 것으로 생각하여 수리하지 않고 폐기 또는 교환하는 제품의 고장까지의 평균시간
④ $MTTF(1+\frac{1}{2}+\cdots+\frac{1}{n})$

참고 산업안전기사 필기 p.2-83(4. MTTF)

KEY ① 2011년 3월 20일(문제 55번) 출제
② 2013년 6월 2일(문제 52번) 출제
③ 2019년 9월 21일 건설안전기사(문제 50번) 출제
④ 2022년 4월 24일(문제 34번) 출제

[정답] 35 ④ 36 ④ 37 ③

38 양립성의 종류가 아닌 것은?

① 개념의 양립성　② 감성의 양립성
③ 운동의 양립성　④ 공간의 양립성

해설

양립성(compatibility)

정보입력 및 처리와 관련한 양립성은 인간의 기대와 모순되지 않는 자극 반응조합의 관계를 말하는 것

참고 ① 산업안전기사 필기 p.1-75(6. 양립성)
② 산업안전기사 필기 p.2-176(합격날개 : 합격예측)

KEY ① 2018년 3월 4일 산업기사 출제
② 2018년 4월 28일 기사·산업기사 동시 출제
③ 2020년 8월 22일(문제 55번) 출제
④ 2022년 3월 5일(문제 26번) 출제

보충학습

양립성의 종류

종류	특징
공간(spatial)	표시장치나 조종장치에서 물리적 형태 및 공간적 배치
운동(movement)	표시장치의 움직이는 방향과 조종장치의 방향이 사용자의 기대와 일치
개념(coneptual)	이미 사람들이 학습을 통해 알고있는 개념적 연상
양식modality)	직무에 맞는 응답양식 존재

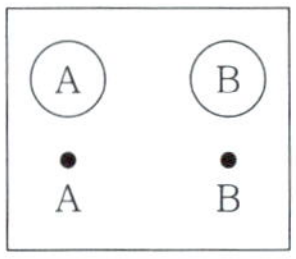

[그림 1] 공간 양립성

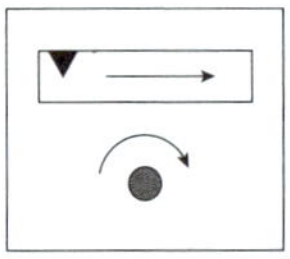

[그림 2] 운동 양립성

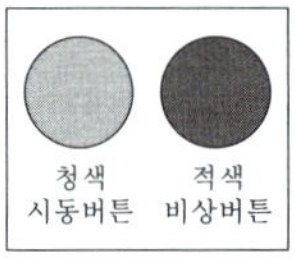

[그림 3] 개념 양립성

39 FTA에서 사용되는 논리게이트 중 입력과 반대되는 현상으로 출력되는 것은?

① 부정 게이트
② 억제 게이트
③ 배타적 OR 게이트
④ 우선적 AND 게이트

해설

부정 Gate

부정 모디파이어 라고도 하며
입력현상의 반대인 출력이 된다.

[그림] 부정 Gate

참고 산업안전기사 필기 p.2-72(합격날개 : 합격예측)

KEY ① 2018년 8월 19일 출제
② 2022년 3월 5일(문제 28번) 출제

보충학습

배타적 OR Gate

① OR Gate로 2개 이상의 입력이 동시에 존재할 때에는 출력사상이 생기지 않는다. 예를 들면 '동시에 발생하지 않는다'라고 기입한다. (1개만 되고, 2개 이상은 안된다.)
② OR 게이트 : 입력사상 중 한 가지라도 발생하면 출력사상 발생.(합집합)
③ AND 게이트 : 입력사상이 전부 발생하는 경우에만 출력사상 발생. (교집합)
④ 우선전 AND 게이트 : 입력사상이 특정한 순서대로 발생한 경우 출력사상 발생.
⑤ 조합 AND 게이트 : 3개의 입력사상 중 오직 2개가 일어나면 출력사상 발생.(1개×, 3개× 오직 2개만 ○)

40 반사경 없이 모든 방향으로 빛을 발하는 점광원에서 3[m] 떨어진 곳의 조도가 300[lux]라면 2[m] 떨어진 곳에서 조도[lux]는?

① 375　② 675
③ 875　④ 975

해설

조도

① $조도 = \frac{광도}{(거리)^2}$
② 빛이 퍼져가는 면적은 거리에 반비례
③ $300[lux] \times (\frac{3}{2})^2 = 675[lux]$

참고 산업안전기사 필기 p.2-168(2. 조명단위)

KEY ① 2017년 3월 5일(문제 46번) 출제
② 2022년 3월 5일(문제 31번) 출제

[정답] 38 ② 39 ① 40 ②

3 기계·기구 및 설비안전관리

41 **프레스의 손쳐내기식 방호장치 설치기준으로 틀린 것은?**

① 방호판의 폭이 금형 폭의 1/2 이상이어야 한다.
② 슬라이드 행정수가 300SPM 이상의 것에 사용한다.
③ 손쳐내기봉의 행정(Stroke) 길이를 금형의 높이에 따라 조정할 수 있고 진동폭은 금형폭 이상이어야 한다.
④ 슬라이드 하행정거리의 3/4 위치에서 손을 완전히 밀어내야 한다.

해설

손쳐내기식 방호장치의 일반구조

① 슬라이드 하행정거리의 3/4 위치에서 손을 완전히 밀어내야 한다.
② 손쳐내기봉의 행정(Stroke) 길이를 금형의 높이에 따라 조정할 수 있고 진동폭은 금형폭 이상이어야 한다.
③ 방호판과 손쳐내기봉은 경량이면서 충분한 강도를 가져야 한다.
④ 방호판의 폭은 금형폭의 1/2 이상이어야 하고, 행정길이가 300[mm] 이상의 프레스기계에는 방호판 폭을 300[mm]로 해야 한다.
⑤ 손쳐내기봉은 손 접촉 시 충격을 완화할 수 있는 완충재를 부착해야 한다.
⑥ 부착볼트 등의 고정금속부분은 예리하게 돌출되지 않아야 한다.

참고 산업안전기사 필기 p.3-100(3. 손쳐내기식)

KEY
① 2016년 8월 21일 산업기사 출제
② 2017년 3월 5일 기사 출제
③ 2017년 8월 26일 산업기사 출제
④ 2019년 8월 4일 산업기사 출제
⑤ 2020년 9월 27일 기사 출제
⑥ 2021년 3월 7일(문제 45번) 출제
⑦ 2024년 2월 15일(문제 47번) 출제

합격정보

방호장치 안전인증 고시

[별표 1] 프레스 또는 전단기 방호장치의 성능기준(제4조 관련)
31. 손쳐내기식 방호장치의 일반구조

보충학습

보기 ②는 양수조작식 핀클러치 방식에 적용

42 **어떤 양중기에서 3,000[kg]의 질량을 가진 물체를 한쪽이 45[°]인 각도로 그림과 같이 2개의 와이어로프로 직접 들어올릴 때, 안전율이 고려된 가장 적절한 와이어로프 지름을 표에서 구하면? (단, 안전율은 산업안전보건법령을 따르고, 두 와이어로프의 지름은 동일하며, 기준을 만족하는 가장 작은 지름을 선정한다.)**

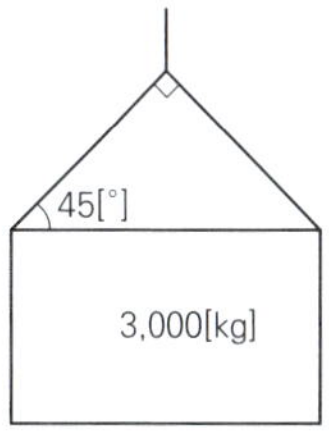

[표] 와이어로프 지름 및 절단강도

와이어로프 지름 [mm]	절단강도 [kN]
10	56
12	88
14	110
16	144

① 10[mm] ② 12[mm]
③ 14[mm] ④ 16[mm]

해설

와이어로프 지름

① $x = \dfrac{\frac{W_0}{2}}{\cos\frac{\theta}{2}}$

② $x = \dfrac{\frac{3,000[kg]}{2}}{\cos\frac{90}{2}} = \dfrac{1,500[kg]}{\cos 45} = 2,121.32[kg]$

θ : 상부각도 W_0 : 원래의 하중

③ 화물을 직접 지지하는 와이어로프 안전계수 : 5
④ $2,121.32 \times 5 = 1,060.6[kg]$
⑤ $1[kgf] = 9.81[N]$
⑥ $1,060.6[kg] \times \dfrac{9.8[N]}{1[kg]} = 104,050.746[N] \div \dfrac{1[kN]}{1,000[N]}$
$= 104.05[kg] = 110[kN]$

참고 산업안전기사 필기 p.3-185(문제 165번) 적중

KEY
① 2018년 8월 19일(문제 56번) 출제
② 2024년 2월 15일(문제 53번) 출제

[정답] 41 ② 42 ③

합격정보

① 본 문제는 운반기계에 해당되며 건설공사 안전관리에도 출제됩니다.
② 실기 작업형에도 출제됩니다.

43 **산업안전보건법령에 따라 사다리식 통로를 설치하는 경우 준수해야 할 기준으로 틀린 것은?**

① 사다리식 통로의 기울기는 60[°] 이하로 할 것
② 발판과 벽과의 사이는 15[cm] 이상의 간격을 유지할 것
③ 사다리의 상단은 걸쳐놓은 지점으로부터 60[cm] 이상 올라가도록 할 것
④ 사다리식 통로의 길이가 10[m] 이상인 경우에는 5[m] 이내마다 계단참을 설치할 것

해설

사다리식 통로의 기울기 : 75[°] 이하

참고 산업안전기사 필기 p.6-18(합격날개 : 합격예측 및 관련 법규)

KEY ① 2019년 8월 4일(문제 44번) 출제
② 2024년 2월 15일(문제 55번) 출제

합격정보

산업안전보건기준에 관한 규칙 제24조(사다리식 통로 등의 구조)

44 **산업안전보건법령상 압력용기에서 안전인증된 파열판에 안전인증 표시 외에 추가로 나타내어야 하는 사항이 아닌 것은?**

① 분출차(%) ② 호칭지름
③ 용도(요구성능) ④ 유체의 흐름방향 지시

해설

파열판의 추가 표시사항

① 호칭지름
② 용도(요구성능)
③ 설정파열압력(MPa) 및 설정온도(°C)
④ 분출용량(kg/h) 또는 공칭분출계수
⑤ 파열판의 재질
⑥ 유체의 흐름방향 지시

참고 산업안전기사 필기 p.3-122(합격날개:합격예측)

KEY ① 2017년 3월 5일 출제
② 2021년 8월 14일 출제
③ 2023년 7월 8일(문제 42번) 출제

합격정보

방호장치 안전인증 고시(2016. 12. 16)

45 **500[rpm]으로 회전하는 연삭숫돌의 지름이 300 [mm] 일때 원주속도[m/min]는?**

① 약 748 ② 약 650
③ 약 532 ④ 약 471

해설

원주속도

$$V=\frac{\pi DN}{1,000}=\frac{\pi\times500\times300}{1,000}=471[\text{m/min}]$$

참고 산업안전기사 필기 p.3-89(합격날개 : 합격예측)

KEY ① 2011년 3월 20일, 8월 21일 출제
② 2012년 3월 4일 출제
③ 2014년 3월 2일 출제
④ 2016년 3월 6일 출제
⑤ 2017년 8월 26일 출제
⑥ 2020년 9월 27일 출제
⑦ 2023년 7월 8일(문제 44번) 출제

46 **기계설비에 대한 본질적인 안전화 방안의 하나인 풀 프루프(Fool Proof)에 관한 설명으로 거리가 먼 것은?**

① 계기나 표시를 보기 쉽게 하거나 이른바 인체공학적 설계도 넓은 의미의 풀 프루프에 해당된다.
② 설비 및 기계장치 일부가 고장이 난 경우 기능의 저하는 가져오나 전체 기능은 정지하지 않는다.
③ 인간이 에러를 일으키기 어려운 구조나 기능을 가진다.
④ 조작순서가 잘못되어도 올바르게 작동한다.

[정답] 43 ① 44 ① 45 ④ 46 ②

해설

Fool proof

① 바보같은 행동을 방지하다는 뜻
② 사용자가 비록 잘못된 조작을 하더라도 이로 인해 전체의 고장이 발생되지 아니하도록 하는 설계방법
예 카메라에서 셔터와 필름 돌림대의 연동(이중 촬영 방지)

참고 산업안전기사 필기 p.3-192(표. fail safe와 fool proof 설계)

KEY ① 2017년 8월 26일 출제
② 2018년 4월 28일 출제
③ 2020년 8월 22일 출제
④ 2023년 7월 8일(문제 51번) 출제

47 질량이 100[kg]인 물체를 길이가 같은 2개의 와이어로프로 매달아 옮기고자 할 때 와이어로프 Ta에 걸리는 장력은 약 몇 N인가?

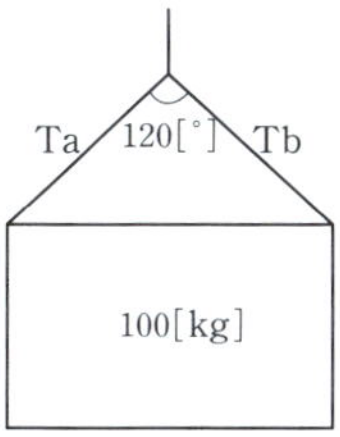

① 200　　② 400
③ 490　　④ 980

해설

하중계산

$$x=\frac{\frac{W_0}{2}}{\cos\frac{\theta}{2}}$$

$$x=\frac{\frac{100[kg]}{2}}{\cos\frac{120}{2}}=\frac{50[kg]}{\cos 60}=100[kg]\times 9.8=980[N]$$

θ : 상부각도　　W_0 : 원래의 하중

참고 ① 본 문제는 운반기계에 해당되며 건설안전기술(건설공사 안전관리)에서도 출제됩니다.
② 실기 작업형에도 출제됩니다.

참고 산업안전기사 필기 p.3-185(문제165번) 적중

KEY ① 2011년 6월 12일 출제
② 2018년 4월 28일 출제
③ 2019년 8월 4일 출제
④ 2023년 7월 8일(문제 56번) 출제

48 산업안전보건법령상 지게차에서 통상적으로 갖추고 있어야 하나, 마스트의 후방에서 화물이 낙하함으로써 근로자에게 위험을 미칠 우려가 없는 때에는 반드시 갖추지 않아도 되는 것은?

① 전조등　　② 헤드가드
③ 백레스트　　④ 포크

해설

백레스트

① 사업주는 백레스트(backrest)를 갖추지 아니한 지게차를 사용해서는 아니 된다.
② 다만, 마스트의 후방에서 화물이 낙하함으로써 근로자가 위험해질 우려가 없는 경우에는 그러하지 아니하다.

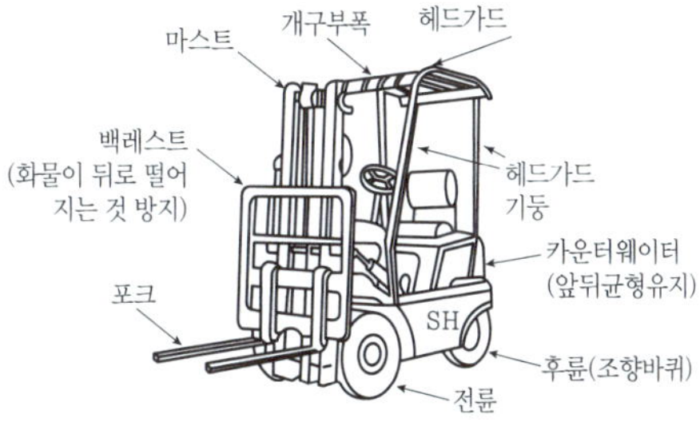

[그림] 지게차 구조

참고 산업안전기사 필기 p.3-149(합격날개 : 합격예측)

KEY ① 2011년 3월 20일 출제
② 2020년 8월 22일 출제
③ 2021년 8월 14일 출제
④ 2023년 7월 8일(문제 58번) 출제

합격정보
산업안전보건기준에 관한 규칙 제181조(백레스트)

49 비파괴검사 방법 중 육안으로 결함을 검출하는 시험법은?

① 방사선투과시험
② 와류탐상시험
③ 초음파탐상시험
④ 자분탐상시험

[정답] 47 ④　48 ③　49 ④

해설

비파괴검사

① 방사선투과 : 물체에 X선, γ선을 투과하여 물체의 결함을 검출하는 방법
② 와류탐상 : 코일을 이용하여 도체에 시간적으로 변화하는 자계(교류 등)를 걸어, 도체에 발생한 와전류가 결함 등에 의해 변화하는 것을 이용하여 결함을 검출하는 방법
③ 초음파탐상 : 사람이 귀로 들을 수 없는 파장의 짧은 음파를 검사물의 내부에 입사시켜 내부의 결함을 검출하는 방법
④ 자분탐상 : 강자성체에 대해 표면이나 표면하부에 발생하는 결함 또는 물성의 변화 등에 의한 국부적인 현상은 누설자속법을 이용하여 육안으로 결함을 검출하는 방법

참고 산업안전기사 필기 p.2-24(4. 자기탐상검사)

KEY ① 2018년 4월 28일 출제
② 2023년 6월 4일(문제 52번) 출제

50 롤러의 급정지를 위한 방호장치를 설치하고자 한다. 앞면 롤러 직경이 36[cm]이고, 분당 회전속도가 50[rpm]이라면 급정지거리는 약 얼마 이내이어야 하는가?(단, 무부하동작에 해당한다.)

① 45[cm] ② 50[cm]
③ 55[cm] ④ 60[cm]

해설

급정지거리 계산

① 표면속도$(V) = \frac{\pi DN}{1,000}$

$= \frac{\pi \times 360 \times 50}{1,000}$

$= 56.52[\text{m/min}]$

② 급정지거리$= \pi D \times \frac{1}{2.5}$

$= (3.14 \times 360) \times \frac{1}{2.5}$

$= 452.16[\text{mm}] = 45[\text{cm}]$

참고 산업안전기사 필기 p.3-110(표. 롤의 급정지거리)

KEY 2023년 6월 4일(문제 57번) 등 10회 이상 출제

51 지게차의 안정을 유지하기 위한 안정도 기준으로 틀린 것은?

① 5톤 미만의 부하 상태에서 하역작업시의 전후 안정도는 4[%] 이내이어야 한다.
② 부하 상태에서 하역작업시의 좌우 안정도는 10[%] 이내이어야 한다.
③ 무부하 상태에서 주행시의 좌우 안정도는 $(15+\ 1.1\times V)$[%]이내이어야 한다.(단, V는 구내 최고 속도[km/h])
④ 부하 상태에서 주행시 전후 안정도는 18[%] 이내이어야 한다.

해설

지게차의 안정조건

안정도	지게차의 상태	
· 하역작업시 전후 안정도 4[%] (5[t] 이상의 것은 3.5[%]) · 부하상태	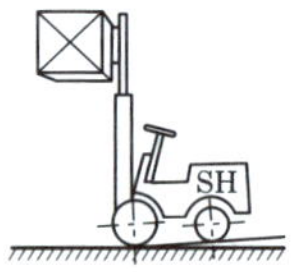	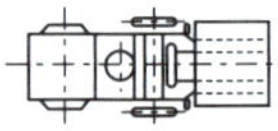 위에서 본 모양
· 주행시의 전후 안정도 18[%] · 부하상태		
· 하역작업시의 좌우 안정도 6[%] · 부하상태		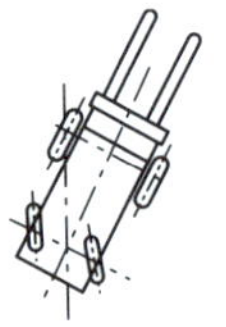 위에서 본 모양
· 주행시의 좌우 안정도(15+1.1V)[%] V : 최고속도 [km/hr] · 무부하상태	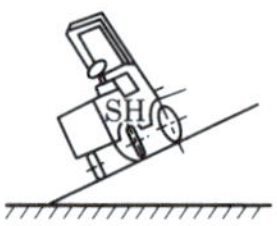	

안정도 $= \frac{h}{l} \times 100[\%]$

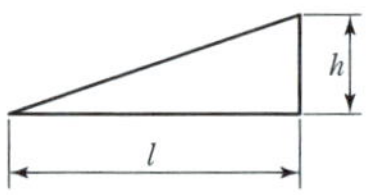

참고 산업안전기사 필기 p.3-136(표. 지게차의 안정조건)

KEY ① 2016년 5월 8일 산업기사 출제
② 2016년 8월 21일 산업기사 출제
③ 2023년 6월 4일(문제 59번) 출제

[정답] 50 ① 51 ②

52 **산업안전보건법령상 프레스 작업시작 전 점검해야 할 사항에 해당하는 것은?**

① 와이어로프가 통하고 있는 곳 및 작업장소의 지반상태
② 하역장치 및 유압장치 기능
③ 권과방지장치 및 그 밖의 경보장치의 기능
④ 1행정 1정지기구·급정지장치 및 비상정지장치의 기능

해설

프레스 작업시작전 점검사항

① 클러치 및 브레이크의 기능
② 크랭크축·플라이휠·슬라이드·연결봉 및 연결나사의 풀림 유무
③ 1행정 1정지기구·급정지장치 및 비상정지장치의 기능
④ 슬라이드 또는 칼날에 의한 위험방지 기구의 기능
⑤ 프레스의 금형 및 고정볼트 상태
⑥ 방호장치의 기능
⑦ 전단기(剪斷機)의 칼날 및 테이블의 상태

참고 산업안전기사 필기 p.3-51(표. 기계·기구의 위험요소 작업 시작 전 점검사항)

KEY ① 2016년 3월 6일 산업기사 출제
② 2017년 1~3회, 2018년 1~3회 출제
③ 2019년 3월 3일 출제
④ 2019년 4월 27일 산업기사 출제
⑤ 2020년 6월 7일 출제
⑥ 2020년 6월 14일, 8월 23일 산업기사 출제
⑦ 2021년 8월 14일 출제
⑧ 2022년 3월 5일, 4월 24일 출제
⑨ 2023년 4월 1일 산업안전(보건)지도사 출제
⑩ 2023년 2월 28일(문제 41번) 출제

합격정보

산업안전보건기준에 관한 규칙 [별표 3] 작업시작전 점검사항

53 **아세틸렌 용접장치를 사용하여 금속의 용접·용단 또는 가열작업을 하는 경우 아세틸렌을 발생시키는 게이지 압력은 최대 몇 [kPa] 이하이어야 하는가?**

① 17 ② 88
③ 127 ④ 210

해설

아세틸렌 용접장치 최대게이지 압력

127[kPa] 이하

참고 산업안전기사 필기 p.3-114(합격날개 : 합격예측 및 관련법규)

KEY ① 2017년 3월 5일 출제
② 2018년 3월 4일 출제
③ 2020년 8월 22일 출제
④ 2023년 2월 28일(문제 43번) 출제

합격정보

산업안전보건기준에 관한 규칙 제285조(압력의 제한)

54 **다음 중 유체의 흐름에 있어 수격작용(water hammering)과 가장 관계가 적은 것은?**

① 과열 ② 밸브의 개폐
③ 압력파 ④ 관내의 유동

해설

워터해머 현상

① 증기관 내에서 증기를 보내기 시작할 때 해머로 치는 듯한 소리를 내며 관이 진동하는 현상
② 워터해머는 캐리오버에 기인한다.

참고 ① 산업안전기사 필기 p.3-120(합격날개 : 합격예측)
② 산업안전기사 필기 p.3-120(1. 보일러 이상현상의 종류)

보충학습

보일러 과열의 원인

① 수관과 본체의 청소불량
② 관수 부족시 보일러의 가동
③ 수면계의 고장으로 드럼내의 물의 감소

KEY ① 2015년 3월 8일 기사 출제
② 2023년 2월 28일(문제 54번) 출제

55 **크레인 로프에 질량 2,000[kg]의 물건을 10[m/s²]의 가속도로 감아올릴 때, 로프에 걸리는 총 하중[kN]은? (단, 중력가속도는 9.8[m/s²])**

① 9.6 ② 19.6
③ 29.6 ④ 39.6

[정답] 52 ④ 53 ③ 54 ① 55 ④

해설

총 하중계산

① 힘=질량×가속도=질량×(끌어올리는 가속도+중력가속도)

② 총 하중$=2,000+\frac{2,000}{9.8}\times 10$

$=4,040\times 9.8=39.6$[KN]

참고 산업안전기사 필기 p.3-149(합격날개 : 참고)

KEY ① 2018년 8월 21일 기사 출제
② 2021년 3월 7일 기사 출제
③ 2023년 2월 28일(문제 56번) 출제

보충학습

① 총 하중(w)=정하중(w_1)+동하중$(w_2)$$=w_1+\frac{w_1}{g}\times a$

② 동하중$(w_2)$$=\frac{w_1}{g}\times a$

여기서, w : 총하중(kg_f) w_1 : 정하중(kg_f)
w_2 : 동하중(kg_f) g : 중력 가속도(9.8m/s^2)
a : 가속도(m/s^2)

③ 정하중 : 매단 물체의 무게

56 산업안전보건법령상 강렬한 소음작업에서 데시벨에 따른 노출시간으로 적합하지 않은 것은?

① 80데시벨 이상의 소음이 1일 10시간 이상 발생하는 작업
② 95데시벨 이상의 소음이 1일 4시간 이상 발생하는 작업
③ 110데시벨 이상의 소음이 1일 30분 이상 발생하는 작업
④ 115데시벨 이상의 소음이 1일 15분 이상 발생하는 작업

해설

강렬한 소음작업 기준

dB 기준	90	95	100	105	110	115
허용노출시간	8시간	4시간	2시간	1시간	30분	15분

참고 산업안전기사 필기 p.2-172(표 : 음압과 허용노출관계)

KEY ① 2016년 8월 26일 기사, 산업기사 출제
② 2020년 8월 22일 기사 출제
③ 2021년 8월 14일(문제 41번) 출제
④ 2022년 4월 24일(문제 50번) 출제

합격정보

산업안전보건기준에 관한 규칙 제512조(정의)

보충학습

① 소음작업 : 1일 8시간 작업을 기준으로 85[dB] 이상의 소음을 발생하는 작업
② 충격소음(최대음압수준) : 140[dBA]

57 산업안전보건법령상 연삭기 작업 시 작업자가 안심하고 작업을 할 수 있는 상태는?

① 탁상용 연삭기에서 숫돌과 작업 받침대의 간격이 5[mm]이다.
② 덮개 재료의 인장강도는 224[MPa]이다.
③ 숫돌 교체 후 2분 정도 시험운전을 실시하여 해당 기계의 이상 여부를 확인하였다.
④ 작업 시작 전 1분 정도 시험운전을 실시하여 해당 기계의 이상 여부를 확인하였다.

해설

연삭기 시험운전 시간

① 작업시작 전 : 1분 이상
② 숫돌 교체시 : 3분 이상

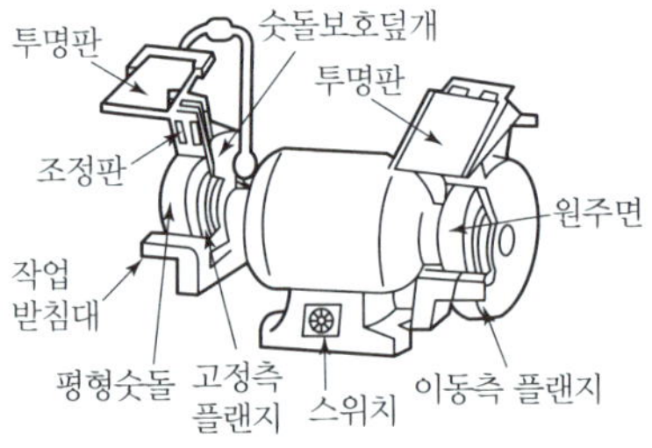

[그림] 탁상용연삭기

참고 산업안전기사 필기 p.3-94(4. 연삭기 구조면에 있어서 안전대책)

KEY ① 2016년 3월 6일 산업기사 출제
② 2020년 6월 7일 기사 출제
③ 2020년 8월 22일(문제 51번) 출제
④ 2022년 4월 24일(문제 52번) 출제

[정답] 56 ① 57 ④

58 조작자의 신체부위가 위험한계 밖에 위치하도록 기계의 조작 장치를 위험구역에서 일정거리 이상 떨어지게 하는 방호장치는?

① 덮개형 방호장치
② 차단형 방호장치
③ 위치제한형 방호장치
④ 접근반응형 방호장치

해설

방호장치의 종류

구 분	종 류	사용용도
위험장소	격리형 방호장치	작업점에 접촉하여 재해가 발생하지 않도록 기계설비 외부에 차단벽이나 방호망을 설치 하는 것
	위치제한형 방호장치	작업자의 신체부위가 위험한계 구역에 있지 아니하고 안전거리를 유지할 수 있도록 하는 것
	접근거부형 방호장치	작업자의 신체부위가 위험한계 구역에 접근 시 신체부위를 안전한 곳으로 되돌리는 것
	접근반응형 방호장치	작업자의 신체부위가 위험한계 구역으로 들어오면 이를 감지하여 작동 중인 기계를 즉시 정지하거나 전원이 차단되도록 하는 것
위험원	포집형 방호장치	위험원이 외부로 비산되지 않도록 포집하는 방식으로 용접흄의 발생을 국소배기장치나 연삭기의 비산칩을 포집하여 방호하는 것을 예로 들 수 있다.
	감지형 방호장치	이상온도, 압력상승, 과부하 등 기계의 이상상황 발생시 이를 감지하여 안전한 상태로 조정하거나 정상상태로 복구되도록 하는 것

참고 산업안전기사 필기 p.3-202(표 : 용도별 방호장치의 구분)

KEY ① 2012년 5월 20일 (문제 50번) 출제
② 2019년 3월 3일 산업기사(문제 50번) 출제
③ 2022년 4월 24일(문제 59번) 출제

59 연삭기에서 숫돌의 바깥지름이 150[mm]일 경우 평형플랜지 지름은 몇 [mm] 이상이어야 하는가?

① 30　　② 50
③ 60　　④ 90

해설

플랜지 지름 계산

플랜지지름 = 숫돌바깥지름 $\times \frac{1}{3} = 150 \times \frac{1}{3} = 50$[mm]

참고 ① 산업안전기사 필기 p.3-93(합격날개 : 합격예측)
② 산업안전기사 필기 p.3-93(은행문제 : 적중)

KEY ① 2016년 8월 21일 산업기사 출제
② 2017년 3월 5일 산업기사 출제
③ 2017년 5월 7일 기사·산업기사 출제
④ 2017년 8월 26일 출제
⑤ 2018년 4월 28일(문제 56번) 출제
⑥ 2022년 3월 5일(문제 43번) 출제

합격정보
위험기계·기구 자율안전확인고시 [별표 1]

60 산업안전보건법령상에서 정한 양중기의 종류에 해당하지 않는 것은?

① 크레인[호이스트(hoist)를 포함한다]
② 도르래
③ 곤돌라
④ 승강기

해설

양중기의 종류 5가지

① 크레인(호이스트 포함)
② 이동식 크레인
③ 리프트(이삿짐운반용 리프트의 경우에는 적재하중이 0.1[t] 이상인 것)
④ 곤돌라
⑤ 승강기

참고 ① 산업안전기사 필기 p.3-141(1. 양중기의 종류)
② 산업안전기사 필기 p.3-139(합격날개 : 합격예측)

KEY 2022년 3월 5일(문제 50번) 등 20회 이상 출제

합격정보
산업안전보건기준에 관한 규칙 제132조(양중기)

[정답] 58 ③　59 ②　60 ②

4 전기설비 안전관리

61 정전유도를 받고 있는 접지되어 있지 않는 도전성 물체에 접촉한 경우 전격을 당하게 되는데 이 때 물체에 유도된 전압 V[V]를 옳게 나타낸 것은?(단, E는 송전선의 대지전압, C1은 송전선과 물체사이의 정전용량, C2는 물체와 대지사이의 정전용량이며, 물체와 대지 사이의 저항은 무시한다.)

① $V=\dfrac{C_1}{C_1+C_2}\times E$

② $V=\dfrac{C_1+C_2}{C_1+C_2}\times E$

③ $V=\dfrac{C_1}{C_1\times C_2}\times E$

④ $V=\dfrac{C_1\times C_2}{C_1+C_2}\times E$

해설

정전기 에너지

① 정전용량 C[F]인 물체에 전압 V[V]가 가해져서 Q[C]의 전하가 축적되어 있을 때 에너지는 $W=\frac{1}{2}QV=\frac{1}{2}CV^2=\frac{1}{2}\frac{Q^2}{C}$[J]이 된다.

② 유도된 전압[V]$=\dfrac{C_1}{C_1+C_2}E$

W : 정전기 에너지[J]
C : 도체의 정전용량[F]
V : 대전전위(유도된 전압)[V]
Q : 대전전하량[C]

참고 산업안전기사 필기 p.4-33(6. 정전기 에너지)

KEY
① 2006년 3월 5일(문제 73번) 출제
② 2016년 5월 8일 산업기사 출제
③ 2016년 8월 21일 기사 출제
④ 2017년 3월 5일 기사·산업기사 동시 출제
⑤ 2017년 5월 7일 산업기사 출제
⑥ 2018년 3월 4일 기사 출제
⑦ 2019년 8월 4일(문제 64번) 출제
⑧ 2020년 9월 27일(문제 68번) 출제
⑨ 2024년 2월 15일(문제 68번) 출제

62 접지 목적에 따른 분류에서 병원설비의 의료용 전기전자(ME)기기와 모든 금속부분 또는 도전 바닥에도 접지하여 전위를 동일하게 하기 위한 접지를 무엇이라 하는가?

① 계통 접지
② 등전위 접지
③ 노이즈방지용 접지
④ 정전기 장해방지 이용 접지

해설

등전위 접지목적 : 전위일정(예 병원의료용 기기)

참고 산업안전기사 필기 p.4-37(합격날개 : 은행문제) 적중

KEY
① 2014년 8월 17일(문제 79번) 출제
② 2016년 8월 21일(문제 72번) 출제
③ 2021년 8월 14일(문제 80번) 출제
④ 2024년 2월 15일(문제 71번) 출제

63 다음 중 전기화재의 주요 원인이라고 할 수 없는 것은?

① 절연전선의 열화
② 정전기 발생
③ 과전류 발생
④ 절연저항값의 증가

해설

전기화재의 경로별발생(원인별)

① 단락(합선) : 25[%]
② 전기스파크 : 24[%]
③ 누전 : 15[%]
④ 접촉부의 과열 : 12[%]
⑤ 접촉불량
⑥ 정전기

참고 산업안전기사 필기 p.4-72(2.경로별 발생)

보충학습

(1) 화재의 3요건
① 산소 ② 발화원 ③ 착화물
(2) 전기화재
① 전기가 원인이 되어 일어나는 화재
② 전기화재는 광범위한 손실을 초래

[정답] 61 ① 62 ② 63 ④

KEY ① 2016년 5월 8일 기사
② 2018년 9월 28일 기사
③ 2018년 8월 19일 기사
④ 2021년 5월 15일(문제 71번) 출제
⑤ 2024년 2월 15일(문제 80번) 출제

64 KS C IEC 60079-0의 정의에 따라 '두 도전부 사이의 고체 절연물 표면을 따른 최단거리'를 나타내는 명칭은?

① 전기적 간격 ② 절연공간거리
③ 연면거리 ④ 충전물 통과거리

해설

연면거리(creeping distance : 沿面距離)

불꽃 방전을 일으키는 두 전극 간 거리를 고체 유전체의 표면을 따라서 그 최단 거리로 나타낸 값

참고 산업안전기사 필기 p.4-43(합격날개 : 은행문제)

KEY ① 2021년 8월 14일 기사 출제
② 2023년 7월 8일(문제 62번) 출제

보충학습

공간거리 : 도전부 사이의 공간 최단거리

65 전기기기 방폭의 기본개념과 이를 이용한 방폭구조로 볼 수 없는 것은?

① 점화원의 격리:내압(耐壓) 방폭구조
② 폭발성 위험분위기 해소:유입 방폭구조
③ 전기기기 안전도의 증강:안전증 방폭구조
④ 점화능력의 본질적 억제:본질안전 방폭구조

해설

유입방폭구조(o)

① 유입방폭구조는 아크 또는 고열을 발생하는 전기설비를 용기에 넣고 그 용기 안에 다시 기름을 채워서 외부의 폭발성 가스와 점화원이 접촉하여 인화할 위험이 없도록 하는 구조로 유입 개폐부분에는 가스를 빼내는 배기공을 설치하여야 한다.
② 보통 10[mm] 이상의 유면으로 위험 부위를 커버하고 유면온도가 60[℃] 이상 되면 사용을 금한다.

참고 ① 산업안전기사 필기 p.4-53(3. 방폭구조의 종류 및 특징)
② 산업안전기사 필기 p.4-57(합격날개 : 보충학습)

KEY ① 2022년 4월 24일 기사 등 10회 이상 출제
② 2023년 7월 8일(문제 65번) 출제

보충학습

전기설비의 방폭화 방법

① 점화원의 방폭적 격리 : 내압, 압력, 유입 방폭 구조
② 전기설비의 안전도 증강 : 안전증 방폭구조
③ 점화능력의 본질적 억제 : 본질안전 방폭구조

66 고압 및 특고압의 전로에 시설하는 피뢰기에 접지공사를 할 때 접지저항의 최댓값은 몇 [Ω] 이하로 해야 하는가?

① 100 ② 20
③ 10 ④ 5

해설

피뢰기의 접지방법

① 종합접지 : 10[Ω] 이하
② 단독접지 : 20[Ω] 이하

참고 산업안전기사 필기 p.4-58(3. 피뢰기의 접지방법)

KEY ① 2011년 3월 20일 기사 출제
② 2013년 8월 18일 기사 출제
③ 2017년 5월 7일, 8월 26일 기사 출제
④ 2023년 7월 8일(문제 68번) 출제

보충학습

단독접지 조건이 없으면 저항은 항상 : 10[Ω] 이하

67 정전에너지를 나타내는 식으로 알맞은 것은? (단, Q는 대전 전하량, C는 정전용량이다.)

① $\frac{Q}{2C}$ ② $\frac{Q}{2C^2}$
③ $\frac{Q^2}{2C}$ ④ $\frac{Q^2}{2C^2}$

[정답] 64 ③ 65 ② 66 ③ 67 ③

해설

정전기 에너지

① 정전용량 C[F]인 물체에 전압 V[V]가 가해져서 Q[C]의 전하가 축적되어 있을 때 에너지는 $W=\frac{1}{2}QV=\frac{1}{2}CV^2=\frac{1Q^2}{2C}$[J]이 된다.

② 유도된 전압 [V] $=\frac{C_1}{C_1+C_2}E$

W : 정전기 에너지[J]
C : 도체의 정전용량[F]
V : 대전전위(유도된 전압)[V]
Q : 대전전하량[C]

참고 산업안전기사 필기 p.4-33(6. 정전기 에너지)

KEY ① 2019년 8월 4일 기사 출제
② 2023년 6월 4일(문제 63번) 출제

68 폭발위험장소에서의 본질안전방폭구조에 대한 설명이다. 부적절한 것은?

① 본질안전방폭구조의 기본적 개념은 점화능력의 본질적 억제이다.
② 본질안전방폭구조의 Exib는 fault에 대한 2중 안전보장으로 0종~2종 장소에 사용할 수 있다.
③ 본질안전방폭구조의 적용은 에너지가 1.3[W], 30[V] 및 250[mA] 이하인 개소에 가능하다.
④ 온도, 압력, 액면유량 등의 검출용 측정기는 대표적인 본질안전방폭구조의 예이다.

해설

위험장소 및 방폭구조

각부의 구조 / 위험장소		방폭구조		
		제전전극	고압전선	고압전원
가스, 증기	0종	내압방폭구조	고압전선	내압방폭구조
	1종	내압방폭구조	특수고압전선	내압방폭구조
	2종	내압방폭구조	특수고압전선	내압방폭구조
분진		분진특수방폭구조	특수고압전선	분진방폭구조

참고 산업안전기사 필기 p.4-53(3. 방폭구조의 종류 및 특징) 적중

KEY ① 2001년 6월 3일(문제 66번) 출제
② 2007년 3월 4일(문제 67번) 출제
③ 2015년 5월 31일(문제 70번) 출제
④ 2023년 6월 4일(문제 63번) 출제

69 금속성의 전기기계장치나 구조물에 인체의 일부가 상시 접촉되어 있는 상태의 허용접촉전압으로 옳은 것은?

① 2.5[V] 이하 ② 25[V] 이하
③ 50[V] 이하 ④ 제한없음

해설

종별허용접촉전압

종별	접촉상태	허용접촉전압[V]
제1종	• 인체의 대부분이 수중에 있는 상태	2.5 이하
제2종	• 인체가 많이 젖어 있는 상태 • 금속제 전기기계장치나 구조물에 인체의 일부가 상시접촉되어있는 상태	25 이하
제3종	• 제1종, 제2종 이외의 경우로서 통상적인 인체 상태에 있어서 접촉전압이 가해지면 위험성이 높은 상태	50 이하
제4종	• 제1종, 제2종 이외의 경우로서 통상적인 인체상태에 있어서 접촉전압이 가해져도 위험성이 낮은 상태 • 접촉전압이 가해질 우려가 없는 경우	무제한

참고 산업안전기사 필기 p.4-19([표] 종별 허용 접촉전압)

KEY ① 2016년 3월 6일 산업기사 출제
② 2016년 8월 21일 산업기사 출제
③ 2017년 5월 7일 기사 · 산업기사 동시출제
④ 2023년 6월 4일(문제 70번) 출제

70 방폭전기기기의 성능을 나타내는 기호표시로 EX P IIA T5를 나타내었을 때 관계가 없는 표시 내용은?

① 온도등급 ② 폭발성능
③ 방폭구조 ④ 폭발등급

[정답] 68 ② 69 ② 70 ②

해설

방폭전기기기의 성능 표시기호 : EX P IIA T5

① EX : 방폭구조의 상징
② P : 방폭구조(압력방폭구조)
③ IIA : 가스 · 증기 및 분진의 그룹
④ T5 : 온도등급

참고 산업안전기사 필기 p.4-56(4. 방폭기기의 표시 예)

KEY ① 2017년 5월 7일 기사 출제
② 2019년 4월 27일 기사 출제
③ 2023년 6월 4일(문제 80번) 출제

합격정보

산업안전보건기준에 관한 규칙 제302조(전기기계·기구의 접지)

보충학습

누전차단기 설치기준

전기기계·기구에 접속되어 있는 누전차단기는 정격감도전류가 30[mA] 이하이고 작동시간은 0.03[초] 이내일 것(다만, 정격전부하전류가 50[A] 이상인 전기기계·기구에 접속되는 누전차단기는 오작동을 방지하기 위하여 정격감도전류는 200[mA] 이하로, 작동시간은 0.1[초] 이내로 할 수 있다.)

71 전로에 시설하는 기계기구의 철대 및 금속제외함에 접지공사를 생략할 수 없는 경우는?

① 30[V] 이하의 기계기구를 건조한 곳에 시설하는 경우
② 물기 없는 장소에 설치하는 저압용 기계기구를 위한 전로에 정격감도전류 40[mA] 이하, 동작시간 2초 이하의 전류동작형 누전차단기를 시설하는 경우
③ 철대 또는 외함의 주위에 적당한 절연대를 설치하는 경우
④ 「전기용품 및 생활용품 안전관리법」의 적용을 받는 이중절연구조로 되어 있는 기계기구를 시설하는 경우

해설

접지를 해야 하는 대상부분

① 전기기계·기구의 금속제 외함, 금속제 외피 및 철대
② 고정 설치되거나 고정배선에 접속된 전기기계·기구의 노출된 비충전 금속체 중 충전될 우려가 있는 다음에 해당하는 비충전 금속체
㉮ 지면이나 접지된 금속체로부터 수직거리 2.4[m], 수평거리 1.5[m] 이내의 것
㉯ 물기 또는 습기가 있는 장소에 설치되어 있는 것
㉰ 금속으로 되어있는 기기접지용 전선의 피복·외장 또는 배선관 등
㉱ 사용전압이 대지전압 150[V]를 넘는 것

참고 산업안전기사 필기 p.4-37(3. 접지를 해야 하는 대상 부분)

KEY ① 2021년 3월 7일 기사 출제
② 2023년 2월 28일(문제 62번) 출제

72 정전기 재해방지를 위한 배관내 액체의 유속제한에 관한 사항으로 옳은 것은?

① 저항률이 10^{10}[Ω·cm] 미만의 도전성 위험물의 배관유속은 7[m/s] 이하로 할 것
② 에테르, 이황화탄소 등과 같이 유동대전이 심하고 폭발위험성이 높으면 4[m/s] 이하로 할 것
③ 물이나 기체를 혼합하는 비수용성 위험물의 배관내 유속은 5[m/s] 이하로 할 것
④ 저항률이 10^{10}[Ω·cm] 이상인 위험물의 배관내 유속은 배관내경 4인치일 때 10[m/s] 이하로 할 것

해설

배관내 액체의 유속제한

① 저항률이 10^{10}[Ω·m] 미만인 도전성 위험물의 배관유속 : 7[m/s] 이하
② 에테르, 이황화탄소 등과 같이 유동성이 심하고 폭발 위험성이 높은 것 : 1[m/s] 이하
③ 물이나 기체를 혼합한 비 수용성 위험물 : 1[m/s] 이하
④ 저항률이 10^{10}[Ω·m] 이상인 위험물의 배관내 유속은 기준에 준하고, 유입구가 액면 아래로 충분히 잠길 때까지는 1[m/s] 이하

참고 산업안전기사 필기 p.4-38(2. 배관내 액체의 유속제한)

KEY ① 2015년 3월 8일 산업기사 출제
② 2016년 8월 21일 출제
③ 2021년 3월 7일, 5월 15일 출제
④ 2023년 2월 28일(문제 66번) 출제

[정답] 71 ② 72 ①

PART 04

73 속류를 차단할 수 있는 최고의 교류전압을 피뢰기의 정격전압이라고 하는데 이 값은 통상적으로 어떤 값으로 나타내고 있는가?

① 최댓값 ② 평균값
③ 실효값 ④ 파고값

해설

실효값(RMS value : 實效)

① 실제로 효과 : 우리나라 – 실효값
② RMS(Root Mean Square) : 외국

참고 산업안전기사 필기 p.4-57(1. 피뢰기의 성능)

KEY ① 2016년 8월 21일 출제
② 2018년 8월 19일 출제
③ 2019년 8월 4일 출제
④ 2021년 3월 7일 출제
⑤ 2022년 4월 24일 출제
④ 2023년 2월 28일(문제 73번) 출제

74 인체저항이 5,000[Ω]이고, 전류가 3[mA]가 흘렀다. 인체의 정전용량이 0.1[μF]라면 인체에 대전된 정전하는 몇 [μC]인가?

① 0.5 ② 1.0
③ 1.5 ④ 2.0

해설

인체 정전하

① $Q=C\times V=0.1\times 15=1.5[\mu C]$
② $V=IR=3\times 10^{-3}\times 5{,}000=15[V]$

참고 ① 산업안전기사 필기 p.4-33(6. 정전기에너지)
② 산업안전기사 필기 p.4-34(합격날개 : 은행문제)

KEY ① 2016년 5월 8일 산업기사 출제
② 2016년 8월 21일 출제
③ 2017년 3월 5일 기사 · 산업기사 출제
④ 2017년 5월 7일 산업기사 출제
⑤ 2018년 3월 4일 출제
⑥ 2023년 2월 28일(문제 76번) 출제

보충학습

정전하

도체의 표면에 분포되어 있거나 유전체의 마찰에 의해서 대전한 전하처럼 정지상태인 전기

75 심실세동전류 $I=\frac{165}{\sqrt{T}}$[mA]라면 심실세동시 인체에 직접받는 전기 에너지 [cal]는 약 얼마인가? (단, T는 통전시간으로 1초이며, 인체의 저항은 500[Ω]으로 한다.)

① 0.52 ② 1.35
③ 2.14 ④ 3.27

해설

위험한계에너지

$$Q=I^2RT[J]=\left(\frac{165}{\sqrt{T}}\times 10^{-3}\right)^2\times 500\times T$$

$$=\frac{165^2}{T}\times 10^{-6}\times 500\times T$$

$$=13.6[J]\times 0.24[cal]=3.26[cal]$$

참고 산업안전기사 필기 p.4-18(3. 위험한계에너지)

KEY ① 2016년 8월 21일 기사 출제
② 2017년 5월 7일 기사 출제
③ 2018년 3월 4일, 8월 19일 기사 출제
④ 2018년 4월 28일 기사·산업기사 동시 출제
⑤ 2019년 3월 4일 기사 출제
⑥ 2020년 8월 22일(문제 67번) 출제
⑦ 2020년 9월 27일(문제 77번) 출제
⑧ 2022년 3월 5일(78번), 4월 24일(77번) 출제

76 교류 아크용접기의 허용사용률[%]은?(단, 정격사용률은 10[%], 2차 정격전류는 500[A], 교류 아크용접기의 사용전류는 250[A]이다.)

① 30 ② 40
③ 50 ④ 60

해설

허용사용률 계산

$$\text{허용사용률}=\frac{(\text{정격2차전류})^2}{(\text{실제용접전류})^2}\times\text{정격사용률}$$

$$=\frac{500^2}{250^2}\times 10=40[\%]$$

참고 산업안전기사 필기 p.4-79(㉯ 허용사용률)

KEY ① 2016년 8월 21일(문제 79번) 출제
② 2017년 8월 26일 출제
③ 2019년 4월 27일(문제 62번) 출제

[정답] 73 ③ 74 ③ 75 ④ 76 ②

④ 2021년 8월 14일(문제 66번) 출제
⑤ 2022년 3월 5일(문제 76번) 출제

77 감전사고를 방지하기 위한 방법으로 틀린 것은?

① 전기기기 및 설비의 위험부에 위험표지
② 전기설비에 대한 누전차단기 설치
③ 전기기기에 대한 정격표시
④ 무자격자는 전기기계 및 기구에 전기적인 접촉 금지

해설

직접접촉에 의한 감전방지대책

① 충전부에 절연 방호망을 설치할 것
② 충전부는 내구성이 있는 절연물로 완전히 덮어 감쌀 것
③ 충전부가 노출되지 않도록 폐쇄형 외함구조로 할 것
④ 관계자 외에 출입을 금지하고 평소에 잠금상태가 되어야 한다.

참고 산업안전기사 필기 p. 4-20(1. 직접접촉에 의한 감전방지 방법)

KEY ① 2016년 8월 21일 산업기사 출제
② 2017년 3월 5일 출제
③ 2017년 5월 7일(문제 76번) 출제
④ 2020년 9월 27일(문제 76번) 출제
⑤ 2022년 3월 5일(문제 70번) 출제

78 다음 중 전기설비기술기준에 따른 전압의 구분으로 틀린 것은?

① 저압 : 직류 1[kV] 이하
② 고압 : 교류 1[kV] 초과, 7[kV] 이하
③ 특고압 : 직류 7[kV] 초과
④ 특고압 : 교류 7[kV] 초과

해설

전압분류

전압분류	직류	교류
저압	1,500[V] 이하	1,000[V] 이하
고압	1,500~7,000[V] 이하	1,000~7,000[V] 이하
특별고압	7,000[V] 초과	7,000[V] 초과

참고 산업안전기사 필기 p.4-30(문제 30번) 적중

KEY ① 2017년 5월 7일 기사 출제
② 2017년 8월 26일 기사 출제
③ 2018년 3월 4일 기사 출제
④ 2018년 8월 19일 산업기사 출제
⑤ 2019년 3월 3일(문제 78번) 출제
⑥ 2022년 3월 5일(문제 79번) 출제

79 감전사고로 인한 전격사의 메커니즘으로 가장 거리가 먼 것은?

① 흉부수축에 의한 질식
② 심실세동에 의한 혈액순환기능의 상실
③ 내장파열에 의한 소화기계통의 기능상실
④ 호흡중추신경 마비에 따른 호흡기능 상실

해설

전격현상의 메커니즘(사망경로)

① 흉부수축에 의한 질식
② 심장의 심실세동에 의한 혈액순환 기능의 상실
③ 뇌의 호흡중추신경 마비에 따른 호흡 정지

참고 산업안전기사 필기 p.4-21(3. 전격현상의 메커니즘)

KEY ① 2013년 3월 10일 (문제 71번) 출제
② 2017년 8월 26일(문제 67번) 출제
③ 2021년 8월 14일(문제 74번) 출제

80 누전차단기의 시설방법 중 옳지 않은 것은?

① 시설장소는 배전반 또는 분전반 내에 설치한다.
② 정격전류용량은 해당 전로의 부하전류 값 이상이어야 한다.
③ 정격감도전류는 정상의 사용상태에서 불필요하게 동작하지 않도록 한다.
④ 인체감전보호형은 0.05초 이내에 동작하는 고감도고속형이어야 한다.

해설

인체감전보호용 누전차단기 기준

① 정격 감도 전류 : 15[mA]
② 동작시간 : 0.03[초] 이내

[정답] 77 ③ 78 ① 79 ③ 80 ④

PART 04

참고 산업안전기사 필기 p.4-5(1. 누전차단기 종류)

KEY 2021년 5월 15일(문제 65번) 등 20번 이상 출제

보충학습

누전차단기 설치기준

전기기계·기구에 접속되어 있는 누전차단기는 정격감도전류가 30[mA]이하이고 작동시간은 0.03[초] 이내일 것(다만, 정격전부하전류가 50[A] 이상인 전기기계·기구에 접속되는 누전차단기는 오작동을 방지하기 위하여 정격감도전류는 200[mA] 이하로, 작동시간은 0.1[초] 이내로 할 수 있다.

5 화학설비 안전관리

81 다음 물질이 물과 접촉하였을 때 위험성이 가장 낮은 것은?

① 과산화칼륨 ② 나트륨
③ 메틸리튬 ④ 이황화탄소

해설

인화점

① 정의
인화성 액체가 공기 중에서 인화하기에 충분한 인화성 증기를 발생할 수 있는 최저온도로 보통 위험성의 척도가 되는 것이다.
② 주요 인화성 액체의 인화점

물질명	인화점(℃)	물질명	인화점(℃)
아세톤	-20	아세트알데히드	-39
가솔린	-43	에틸알코올	13
경 유	40~85	메탄올	11
등 유	30~60	산화에틸렌	-17.8
벤 젠	-11	이황화탄소	-30
테레빈유	35	에틸에테르	-45

참고 산업안전기사 필기 p.5-24(문제 18)

KEY ① 2014년 5월 25일(문제 91번) 출제
② 2017년 5월 7일 출제
③ 2019년 4월 27일(문제 81번) 출제
④ 2024년 2월 15일(문제 83번) 출제

보충학습

CS_2 : 물속에 저장

82 산업안전보건법에서 정한 위험물질을 기준량 이상 제조하거나 취급하는 화학설비로서 내부의 이상 상태를 조기에 파악하기 위하여 필요한 온도계·유량계·압력계 등의 계측장치를 설치하여야 하는 대상이 아닌 것은?

① 가열로 또는 가열기
② 증류·정류·증발·추출 등 분리를 하는 장치
③ 반응폭주 등 이상 화학반응에 의하여 위험물질이 발생할 우려가 있는 설비
④ 흡열반응이 일어나는 반응장치

해설

특수화학설비의 종류

사업주는 위험물을 같은 표에서 정한 기준량 이상으로 제조하거나 취급하는 다음 각 호의 어느 하나에 해당하는 화학설비(이하"특수화학설비"라 한다)를 설치하는 경우에는 내부의 이상 상태를 조기에 파악하기 위하여 필요한 온도계·유량계·압력계 등의 계측장치를 설치하여야 한다.
① 발열반응이 일어나는 반응장치
② 증류·정류·증발·추출 등 분리를 하는 장치
③ 가열시켜 주는 물질의 온도가 가열되는 위험물질의 분해온도 또는 발화점보다 높은 상태에서 운전되는 설비
④ 반응폭주 등 이상 화학반응에 의하여 위험물질이 발생할 우려가 있는 설비
⑤ 온도가 섭씨 350도 이상이거나 게이지 압력이 980킬로파스칼 이상인 상태에서 운전되는 설비
⑥ 가열로 또는 가열기

참고 산업안전기사 필기 p.5-17(합격날개 : 합격예측 및 관련법규)

KEY ① 2017년 8월 28일 산업기사 출제
② 2018년 3월 4일(문제 87번) 출제
③ 2018년 4월 28일 출제
④ 2021년 3월 7일(문제 96번) 출제
⑤ 2021년 5월 15일(문제 81번) 출제
⑥ 2022년 4월 24일(문제 81번) 출제
⑦ 2024년 2월 15일(문제 87번) 출제

합격정보

산업안전보건기준에 관한 규칙 제273조(계측장치 등의 설치)

[정답] 81 ④ 82 ④

83 다음 설명이 의미하는 것은?

온도, 압력 등 제어상태가 규정의 조건을 벗어나는 것에 의한 반응속도가 지수함수적으로 증대되고, 반응용기 내의 온도, 압력이 급격히 이상 상승되어 규정 조건을 벗어나고, 반응이 과격화되는 현상

① 비등　　② 과열·과압
③ 폭발　　④ 반응폭주

해설

반응폭주의 원리

① 반응물질량 제어 실패 : 반응물질과 투입에 다른 반응 활성화로 반응폭주 발생
② 반응온도 제어 실패 : 반응온도의 상승으로 인한 반응속도의 증가로 반응폭주 발생
③ 촉매의 양 제어 실패 : 반응속도를 높이는 촉매의 과 투입에 따른 반응폭주 발생
④ 이물질 흡입에 의한 이상반응 발생으로 반응폭주 발생

참고 산업안전기사 필기 p.5-52(합격날개 : 은행문제)

KEY ① 2017년 5월 7일(문제 97번) 출제
② 2020년 9월 27일(문제 99번) 출제
③ 2022년 3월 5일(문제 81번) 출제
④ 2024년 2월 15일(문제 99번) 출제

합격정보
산업안전보건기준에 관한규칙 제262조(파열판의 설치)

84 산업안전보건법령상 "부식성 산류"에 해당하지 않는 것은?

① 농도 20[%]인 염산
② 농도 40[%]인 인산
③ 농도 50[%]인 질산
④ 농도 60[%]인 아세트산

해설

부식성 물질

① 부식성 산류
㉮ 농도가 20[%] 이상인 염산, 황산, 질산, 기타 이와 동등 이상의 부식성을 지니는 물질
㉯ 농도가 60[%] 이상인 인산, 아세트산, 플루오르산, 기타 이와 동등 이상의 부식성을 가지는 물질
② 부식성 염기류 : 농도가 40[%] 이상인 수산화나트륨, 수산화칼슘, 기타 이와 동등 이상의 부식성을 가지는 염기류

참고 산업안전기사 필기 p.5-36(7. 부식성 물질)

KEY ① 2011년 8월 21일 기사 출제
② 2012년 8월 26일 기사 출제
③ 2019년 8월 4일 기사 출제
④ 2023년 7월 8일(문제 83번) 출제

합격정보
산업안전보건기준에 관한 규칙 [별표1] 위험물질종류

85 다음 관(pipe) 부속품 중 관로의 방향을 변경하기 위하여 사용하는 부속품은?

① 니플(nipple)　　② 유니온(union)
③ 플랜지(flange)　　④ 엘보(elbow)

해설

피팅류(Fittings)의 용도

용도	종류
두 개의 관을 연결할 때	플랜지, 유니온, 커플링, 니플, 소켓
관로의 방향을 바꿀 때	엘보, Y지관, 티, 십자
관로의 크기를 바꿀 때	축소관, 부싱
가지관을 설치할 때	티(T), Y지관, 십자
유로를 차단할 때	플러그, 캡, 밸브
유량 조절	밸브

참고 산업안전기사 필기 p.5-58(합격날개 : 합격예측)

KEY ① 2013년 3월 10일 출제
② 2014년 3월 2일 출제
③ 2015년 8월 16일 출제
④ 2016년 3월 6일, 5월 8일 출제
⑤ 2020년 6월 7일, 9월 27일 출제
⑥ 2023년 7월 8일(문제 86번) 출제

86 다음 중 응상폭발이 아닌 것은?

① 분해폭발
② 수증기폭발
③ 전선폭발
④ 고상간의 전이에 의한 폭발

[정답] 83 ④ 84 ② 85 ④ 86 ①

해설

응상폭발의 종류

① 수증기 폭발 ② 전선폭발
③ 고상간 전이 폭발 ④ 불안정 물질의 폭발
⑤ 혼합·혼촉에 의한 폭발

참고 산업안전기사 필기 p.5-9([표] 증기, 분진, 분해 폭발)

KEY ① 2017년 5월 7일 기사 출제
② 2020년 9월 27일 기사 출제
③ 2023년 7월 8일(문제 91번) 출제

보충학습

(1) 물리적 폭발
① 탱크의 감압폭발 ② 수증기 폭발 ③ 고압용기의 폭발
(2) 화학적 폭발
① 분해폭발 ② 화학폭발 ③ 중합폭발 ④ 산화폭발

보충학습

응상(凝狀)

물질이 엉긴상태를 말한다. 즉, 폭발물의 분자가 응집되어 액체 또는 고체상태

87 가스누출감지경보기 설치에 관한 기술상의 지침으로 틀린 것은?

① 암모니아를 제외한 가연성가스 누출감지경보기는 방폭성능을 갖는 것이어야 한다.
② 독성가스 누출감지경보기는 해당 독성가스 허용농도의 25[%] 이하에서 경보가 울리도록 설정하여야 한다.
③ 하나의 감지대상가스가 가연성이면서 독성인 경우에는 독성가스를 기준하여 가스누출감지경보기를 선정하여야 한다.
④ 건축물 안에 설치되는 경우, 감지 대상가스의 비중이 공기보다 무거운 경우에는 건축물 내의 하부에 설치하여야 한다.

해설

경보설정치

① 가연성 가스누출감지경보기는 감지대상 가스의 폭발하한계 25퍼센트 이하, 독성가스 누출감지경보기는 해당 독성가스의 허용농도 이하에서 경보가 울리도록 설정하여야 한다.
② 가스누출감지경보의 정밀도는 경보설정치에 대하여 가연성 가스누출감지경보기는 ±25퍼센트 이하, 독성가스누출감지경보기는 ±30퍼센트 이하이어야 한다.

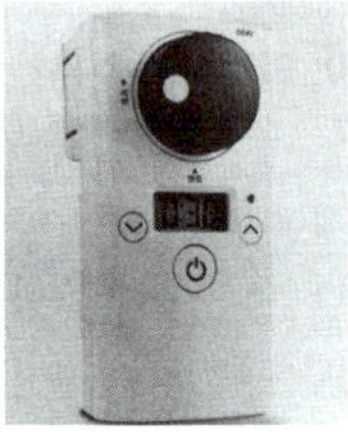

[그림] 가스누출감지경보기

KEY ① 2014년 5월 25일 출제
② 2021년 8월 14일 출제
③ 2023년 7월 8일(문제 93번) 출제

합격정보

고용노동부고시 제2020-49호 가스누출감지경보기 설치에 관한 기술상의 지침

88 사업주는 안전밸브등의 전단·후단에 차단밸브를 설치해서는 아니 된다. 다만 별도로 정한 경우에 해당할 때는 자물쇠형 또는 이에 준하는 형식의 차단밸브를 설치할 수 있다. 이에 해당하는 경우가 아닌 것은?

① 화학설비 및 그 부속설비에 안전밸브등이 복수방식으로 설치되어 있는 경우
② 예비용 설비를 설치하고 각각의 설비에 안전밸브 등이 설치되어 있는 경우
③ 파열판과 안전밸브를 직렬로 설치한 경우
④ 열팽창에 의하여 상승된 압력을 낮추기 위한 목적으로 안전밸브가 설치된 경우

해설

차단밸브의 설치금지기준

① 인접한 화학설비 및 그 부속설비에 안전밸브등이 각각 설치되어 있고, 해당 화학설비 및 그 부속설비의 연결배관에 차단밸브가 없는 경우
② 안전밸브등의 배출용량의 2분의 1 이상에 해당하는 용량의 자동압력조절밸브(구동용 동력원의 공급을 차단하는 경우 열리는 구조인 것으로 한정한다)와 안전밸브등이 병렬로 연결된 경우
③ 화학설비 및 그 부속설비에 안전밸브등이 복수방식으로 설치되어 있는 경우
④ 예비용 설비를 설치하고 각각의 설비에 안전밸브등이 설치되어 있는 경우

[정답] 87 ② 88 ③

⑤ 열팽창에 의하여 상승된 압력을 낮추기 위한 목적으로 안전밸브가 설치된 경우
⑥ 하나의 플레어 스택(flare stack)에 둘 이상의 단위공정의 플레어 헤더(flare header)를 연결하여 사용하는 경우로서 각각의 단위공정의 플레어헤더에 설치된 차단밸브의 열림 · 닫힘 상태를 중앙제어실에서 알 수 있도록 조치한 경우

참고 산업안전기사 필기 p.5-6(합격날개 : 합격예측 및 관련 법규)

KEY ① 2012년 3월 4일 출제
② 2014년 3월 2일 출제
③ 2017년 8월 26일 출제
④ 2018년 8월 19일 출제
⑤ 2021년 3월 7일 출제
⑥ 2023년 7월 8일(문제 95번) 출제

합격정보

산업안전보건기준에 관한 규칙 제266조(차단밸브의 설치금지)

89 마그네슘의 저장 및 취급에 관한 설명으로 틀린 것은?

① 화기를 엄금하고, 가열, 충격, 마찰을 피한다.
② 분말이 비산하지 않도록 완전 밀봉하여 저장한다.
③ 1류 또는 6류와 같은 산화제와 혼합되지 않도록 격리, 저장한다.
④ 일단 연소하면 소화가 곤란하지만 초기 소화 또는 소규모 화재시 물, CO_2 소화설비를 이용하여 소화한다.

해설

Mg의 저장취급방법

① 마그네슘은 제2류 위험물 중 물기엄금 물질이다.
② 화기를 엄금하고, 가열, 충격, 마찰을 피한다.
③ 분말은 분진폭발에 위험이 있어 비산하지 않도록 완전 밀봉하여 저장한다.
④ 1류 또는 6류와 같은 산화제 및 할로겐원소와 혼합되지 않도록 격리 저장한다.
⑤ 물과 반응하면 수소 발생, 이산화탄소와는 폭발적인 반응을 하므로 소화는 마른 모래나 분말 소화약제를 사용한다.

참고 산업안전기사 필기 p.5-68(문제 31번) 적중

KEY ① 2015년 5월 31일(문제 92번) 출제
② 2023년 6월 4일(문제 83번) 출제

90 위험물을 산업안전보건법령에서 정한 기준량 이상으로 제조하거나 취급하는 설비로서 특수화학설비에 해당되는 것은?

① 가열시켜 주는 물질의 온도가 가열되는 위험물질의 분해온도보다 높은 상태에서 운전되는 설비
② 상온에서 게이지 압력으로 200[kPa]의 압력으로 운전되는 설비
③ 대기압 하에서 섭씨 300[℃]로 운전되는 설비
④ 흡열반응이 행하여지는 반응설비

해설

특수화학설비의 종류

① 발열반응이 일어나는 반응장치
② 증류 · 정류 · 증발 · 추출 등 분리를 하는 장치
③ 가열시켜 주는 물질의 온도가 가열되는 위험물질의 분해온도 또는 발화점보다 높은 상태에서 운전되는 설비
④ 반응폭주 등 이상 화학반응에 의하여 위험물질이 발생할 우려가 있는 설비
⑤ 온도가 섭씨 350도 이상이거나 게이지 압력이 980[kPa] 이상인 상태에서 운전되는 설비
⑥ 가열로 또는 가열기

참고 산업안전기사 필기 p.5-17(합격날개 : 합격예측 및 관련 법규)

KEY 2023년 6월 4일(문제 84번) 등 10회 이상 출제

합격정보

산업안전보건기준에 관한 규칙 제273조(계측장치 등의 설치)

91 산업안전보건법령상 폭발성 물질을 취급하는 화학설비를 설치하는 경우에 단위공정설비로부터 다른 단위공정설비 사이의 안전거리는 설비 바깥 면으로부터 몇 [m] 이상이어야 하는가?

① 10 ② 15
③ 20 ④ 30

[정답] 89 ④ 90 ① 91 ①

PART 04

해설

안전거리

구 분	안전거리
1. 단위공정시설 및 설비로부터 다른 단위공정시설 및 설비의 사이	설비의 바깥면으로부터 10[m] 이상
2. 플레어스택으로부터 단위공정시설 및 설비, 위험물질 저장탱크 또는 위험물질 하역설비의 사이	플레어스택으로부터 반경 20[m] 이상. 다만, 단위 공정시설 등이 불연재로 시공된 지붕 아래 설치된 경우에는 그러하지 아니하다.
3. 위험물질 저장탱크로부터 단위공정시설 및 설비, 보일러 또는 가열로의 사이	저장탱크의 바깥면으로부터 20[m] 이상. 다만, 저장탱크에 방호벽, 원격조정 소화설비 또는 살수설비를 설치한 경우에는 그러하지 아니하다.
4. 사무실 · 연구실 · 실험실 · 정비실 또는 식당으로부터 단위공정시설 및 설비, 위험물질 저장탱크, 위험물질 하역설비, 보일러 또는 가열로의 사이	사무실 등의 바깥면으로부터 20[m] 이상. 다만, 난방용 보일러인 경우 또는 사무실 등의 벽을 방호구조로 설치한 경우에는 그러하지 아니하다.

참고 산업안전기사 필기 p.5-72(문제 51번) 적중

KEY ① 2010년 7월 25일 출제
② 2019년 4월 27일 산업기사 출제
③ 2022년 3월 5일 출제
④ 2023년 6월 4일(문제 91번) 출제

92 아세톤에 대한 설명으로 틀린 것은?

① 증기는 유독하므로 흡입하지 않도록 주의해야 한다.
② 무색이고 휘발성이 강한 액체이다.
③ 비중이 0.79 이므로 물보다 가볍다.
④ 인화점이 20[℃]이므로 여름철에 더 인화위험이 높다.

해설

아세톤(CH_3COCH_3)의 특징

① 증기는 유독하므로 흡입하지 않도록 주의해야 한다.
② 무색이고 휘발성이 강한 액체이다.
③ 비중이 0.79 이므로 물보다 가볍다.
④ 인화점-20[℃]이다.

참고 산업안전기사 필기 p.5-25(문제 18번 해설)

KEY ① 2017년 5월 7일(문제 89번) 출제
② 2023년 2월 28일, 6월 4일(문제 94번) 출제

93 액체 표면에서 발생한 증기농도가 공기 중에서 연소하한농도가 될 수 있는 가장 낮은 액체온도를 무엇이라 하는가?

① 인화점 ② 비등점
③ 연소점 ④ 발화온도

해설

인화점

① 점화원에 의하여 인화될 수 있는 최저 온도(낮으면 낮을수록 위험하다.)
② 연소가능한 인화성 증기를 발생시킬 수 있는 최저 온도

참고 산업안전산업기사 필기 p.5-39(합격날개 : 합격예측)

KEY ① 2017년 8월 26일 산업기사(문제 77번) 출제
② 2022년 4월 24일 출제
③ 2023년 6월 4일(문제 95번) 출제

94 다음 중 반응기를 조작방식에 따라 분류할 때 이에 해당하지 않는 것은?

① 회분식 반응기 ② 반회분식 반응기
③ 연속식 반응기 ④ 관형식 반응기

해설

반응기의 구분

구분	종류	특징
조작(운전) 방식에 의한 분류	회분식 반응기 (Batch Reactor)	① 원료를 반응기 내에 주입하고, 일정시간 반응시킨 다음 생성물을 꺼내는 방식 ② 반응이 진행되는 동안 원료 도입 또는 생성물의 배출이 없다. ③ 다품종 소량 생산에 유리하다.
	반회분식 반응기 (semi-batch Reactor)	① 반응 성분의 일부를 반응기 내에 넣어두고 반응이 진행됨에 따라 다른 성분을 계속 첨가하는 형식의 반응기이다.
	연속식 반응기 (plug flow Reactor)	① 원료를 연속적으로 반응기에 도입하는 동시에 반응 생성물을 연속적으로 반응기에 배출시키면서 반응을 진행시키는 반응기이다. ② 소품종 대량생산에 적합하다.
구조에 의한 분류	① 관형반응기 ③ 교반기형반응기	② 탑형반응기 ④ 유동층형 반응기

[정답] 92 ④ 93 ① 94 ④

참고 산업안전기사 필기 p.5-49(1. 반응기)

KEY ① 2011년 3월 20일 문제 89번 출제
② 2019년 3월 3일(문제 83번) 출제
③ 2021년 8월 14일(문제 99번) 출제
④ 2022년 4월 24일(문제 95번) 출제
⑤ 2023년 2월 28일(문제 82번) 출제

95 산업안전보건법령상 대상 설비에 설치된 안전밸브에 대해서는 경우에 따라 구분된 검사주기마다 안전밸브가 적정하게 작동하는지 검사하여야 한다. 화학공정 유체와 안전밸브의 디스크 또는 시트가 직접 접촉될 수 있도록 설치된 경우의 검사주기로 옳은 것은?

① 매년 1회 이상
② 2년마다 1회 이상
③ 3년마다 1회 이상
④ 4년마다 1회 이상

해설

제261조(안전밸브 등의 설치)

설치된 안전밸브에 대해서는 다음 각 호의 구분에 따른 검사주기마다 국가교정기관에서 교정을 받은 압력계를 이용하여 설정압력에서 안전밸브가 적정하게 작동하는지를 검사한 후 납으로 봉인하여 사용하여야 한다. 다만, 공기나 질소취급용기 등에 설치된 안전밸브 중 안전밸브 자체에 부착된 레버 또는 고리를 통하여 수시로 안전밸브가 적정하게 작동하는지를 확인할 수 있는 경우에는 검사하지 아니할 수 있고 납으로 봉인하지 아니할 수 있다.

① 화학공정 유체와 안전밸브의 디스크 또는 시트가 직접 접촉될 수 있도록 설치된 경우 : 매년 1회 이상
② 안전밸브 전단에 파열판이 설치된 경우 : 2년마다 1회 이상
③ 공정안전보고서 제출 대상으로서 고용노동부장관이 실시하는 공정안전보고서 이행상태 평가결과가 우수한 사업장의 안전밸브의 경우 : 4년마다 1회 이상

참고 산업안전기사 필기 p.5-3(합격날개 : 합격예측 및 관련 법규)

KEY ① 2021년 3월 7일 기사 출제
② 2023년 2월 28일(문제 84번) 출제

합격정보

산업안전보건기준에 관한 규칙 제261조(안전밸브 등의 설치)

보충학습

안전밸브

기기(機器)나 관 등의 파괴를 방지하기 위하여 부착하는 최고 압력을 한정하는 밸브로서, 설정 압력 이상이 되면 유체를 내뿜어 압력을 설정 압력 이하로 낮추도록 되어있다.

96 산업안전보건기준에 관한 규칙상 국소배기장치의 후드 설치 기준이 아닌 것은?

① 유해물질이 발생하는 곳마다 설치할 것
② 후드의 개구부 면적은 가능한 한 크게 할 것
③ 외부식 또는 리시버식 후드는 해당 분진등의 발산원에 가장 가까운 위치에 설치할 것
④ 후드 형식은 가능하면 포위식 또는 부스식 후드를 설치할 것

해설

후드(Hood)

(1) 기능
오염물(Contaminant)의 발생원을 되도록 포위하도록 설치된 국소배기장치의 입구부

(2) 설치기준
① 유해물질이 발생하는 곳마다 설치할 것
② 유해인자의 발생형태 및 비중, 작업방법 등을 고려하여 해당 분진 등의 발산원을 제어할 수 있는 구조로 설치할 것
③ 후드형식은 가능한 한 포위식 또는 부스식 후드를 설치할 것
④ 외부식 또는 리시버식 후드는 해당 분진에 설치할 것
⑤ 후드의 개구면적을 크게 하지 않을 것

참고 산업안전기사 필기 p.5-38(표. 국소배기장치의 후드 및 덕트설치 요령)

KEY ① 2020년 6월 7일 기사 출제
② 2023년 2월 28일(문제 89번) 출제

97 질화면(Nitrocellulose)은 저장·취급 중에는 에틸 알코올 또는 이소프로필 알코올로 습면의 상태로 되어 있다. 그 이유를 바르게 설명한 것은?

① 질화면은 건조 상태에서는 자연발열을 일으켜 분해폭발의 위험이 존재하기 때문이다.
② 질화면은 알코올과 반응하여 안정한 물질을 만들기 때문이다.
③ 질화면은 건조 상태에서 공기 중의 산소와 환원반응을 하기 때문이다.
④ 질화면은 건조 상태에서 용이하게 중합물을 형성하기 때문이다.

[정답] 95 ① 96 ② 97 ①

PART 04

해설

니트로셀룰로오스(nitrocellulose : 질화면) 특징

① 셀룰로오스의 질산에스테르이지만 니트로셀룰로오스란 통칭이 널리 쓰여지고 있다.(알콜침지 보관)
② 셀룰로오스를 황산과 질산을 혼합한 혼산으로 질산에스테르화하여 얻게 되는 백색 섬유상 물질, 질화면이라고도 한다.
③ 히드록실기로 치환한 NO_2기의 수에 따라 함유되는 질소량이 다르다.
④ 일반적으로 무연 화약에는 질소량이 12[%] 이상, 다이너마이트용에는 12[%] 정도, 도료용, 셀룰로이드용 등에는 12[%] 이하를 사용한다.(건조시 분해폭발)
⑤ 편의상 질소량이 약 13[%] 이상의 것을 강면약, 약 10~12[%]의 것을 약면약이라 한다.

KEY ① 2011년 6월 12일 (문제 83번) 출제
② 2018년 4월 28일 (문제 84번) 출제
③ 2022년 4월 24일 (문제 86번) 출제
④ 2023년 2월 28일(문제 94번) 출제

98 물이 관 속을 흐를 때 유동하는 물 속의 어느 부분의 정압이 그 때의 물의 증기압보다 낮을 경우 물이 증발하여 부분적으로 증기가 발생되어 배관의 부식을 초래하는 경우가 있다. 이러한 현상을 무엇이라 하는가?

① 서어징(surging)
② 공동현상(cavitation)
③ 비말동반(entrainment)
④ 수격작용(water hammering)

해설

공동현상(cavitation)

유체의 증기압이 물의 증기압보다 낮을 경우 부분적으로 증기를 발생시켜 배관을 부식시키는 현상

참고 산업안전기사 필기 p.5-59(합격날개 : 합격예측)

KEY ① 2015년 8월 16일 (문제 99번) 출제
② 2019년 3월 3일 (문제 97번) 출제
③ 2023년 2월 28일(문제 96번) 출제

보충학습

① 수격작용(water hammering, 물망치작용)
밸브를 급격히 개폐 시에 배관 내를 유동하던 물이 배관을 치는 현상(압력파가 급격히 관내를 왕복하는 현상)으로 배관 파열을 초래한다.
② 맥동현상(surging)
유량이 단속적으로 변하여 펌프입출구에 설치된 진공계, 압력계가 흔들리고 진동과 소음이 일어나며 펌프의 토출량의 변화를 초래한다.

99 고압가스 용기 파열사고의 주요 원인 중 하나는 용기의 내압력(耐壓力)부족이다. 다음 중 내압력 부족의 원인으로 틀린 것은?

① 용기 내벽의 부식　② 강재의 피로
③ 과잉 충전　④ 용접 불량

해설

내압력

(1) 용기의 내압력부족
① 용기자체의 결함이 있는 경우 : 용기재료의 불량, 용기 내벽의 부식, 강재의 피로, 용접 불량 등
② 용기에 대해 낙하, 충돌 등의 충격 및 기타 타격을 주는 경우
③ 용기에 절단, 구멍 뚫기 등의 가공을 하는 경우
(2) 용기 내압(耐壓)의 이상상승
① 과잉 충전
② 가열, 직사광선, 화재 등에 의한 용기 온도의 상승
③ 내용물의 중합반응 또는 분해반응에 의한 것 등

참고 산업안전기사 필기 p.5-74(문제 61번) 적중

KEY ① 2012년 3월 4일 출제
② 2022년 4월 24일 출제
③ 2023년 2월 28일(문제 100번) 출제

100 다음 중 폭발 방호 대책과 가장 거리가 먼 것은?

① 불활성화　② 억제
③ 방산　④ 봉쇄

해설

폭발 재해의 보호대책

① 폭발 봉쇄 : 압력을 완화시켜 폭발을 방지한다.
② 폭발 억제 : 큰 폭발이 되지 않도록 폭발을 진압한다.
③ 폭발 방산 : 안전밸브나 파열판 등으로 탱크 내압력을 방출시킨다.

보충학습

퍼지(불활성화 : purge)

연소되지 않은 가스가 노 안에 또는 기타 장소에 차 있으면 점화를 했을 때 폭발할 우려가 있으므로 점화시키기 전에 이것을 노 밖으로 배출하기 위하여 환기시키는 것을 퍼지라고 한다.(화재방호대책)

참고 산업안전기사 필기 p.5-20(표. 퍼지의 종류)

KEY 2022년 4월 24일(문제 85번)

[정답] 98 ② 99 ③ 100 ①

6 건설공사 안전관리

101 건설현장에 거푸집 및 동바리 설치 시 준수사항으로 옳지 않은 것은?

① 파이프 서포트 높이가 4.5[m]를 초과하는 경우에는 높이 2[m] 이내마다 2개 방향으로 수평연결재를 설치한다.
② 동바리의 침하 방지를 위해 받침목의 사용, 콘크리트 타설, 말뚝박기 등을 실시한다.
③ 강재와 강재의 접속부는 볼트 또는 클램프 등 전용철물을 사용한다.
④ 강관틀 동바리는 강관틀과 강관틀 사이에 교차가새를 설치한다.

해설

동바리로 사용하는 파이프서포트 안전기준

① 파이프서포트를 3개 이상 이어서 사용하지 아니하도록 할 것
② 파이프서포트를 이어서 사용할 경우에는 4개 이상의 볼트 또는 전용철물을 사용하여 이을 것
③ 높이가 3.5[m]를 초과할 경우에는 높이 2[m] 이내마다 수평연결재를 2개 방향으로 만들고 수평연결재의 변위를 방지할 것

참고 산업안전기사 필기 p.6-88(합격날개 : 합격예측 및 관련 법규)

KEY ① 2018년 3월 4일 기사·산업기사 동시 출제
② 2018년 8월 19일 출제
③ 2018년 9월 15일 산업기사 출제
④ 2020년 8월 22일 출제
⑤ 2020년 8월 22일 산업기사등 20번 이상 출제
⑥ 2022년 4월 24일(문제 101번) 출제

합격정보
산업안전보건기준에 관한 규칙 제332조의2(동바리 유형에 따른 동바리 조립시의 안전조치)

102 단관비계를 조립하는 경우 벽이음 및 버팀을 설치할 때의 수평방향 조립간격 기준으로 옳은 것은?

① 3[m] ② 5[m]
③ 6[m] ④ 8[m]

해설

강관비계의 조립간격

강관비계의 종류	조립 간격(단위 : [m])	
	수직방향	수평방향
단관비계	5	5
틀비계(높이 5[m] 미만인 것은 제외)	6	8

참고 산업안전기사 필기 p.6-94(표. 조립간격)

KEY 2024년 2월 15일(문제 117번) 등 10회 이상 출제

합격정보
산업안전보건기준에 관한 규칙 [별표 5] 강관비계의 조립간격

103 철골구조의 앵커볼트매립과 관련된 준수사항 중 옳지 않은 것은?

① 기둥중심은 기준선 및 인접기둥의 중심에서 3[mm] 이상 벗어나지 않을 것
② 앵커볼트는 매립 후에 수정하지 않도록 설치할 것
③ 베이스플레이트의 하단은 기준 높이 및 인접기둥의 높이에서 3[mm] 이상 벗어나지 않을 것
④ 앵커볼트는 기둥중심에서 2[mm] 이상 벗어나지 않을 것

해설

앵커볼트 매립 정밀도 범위

① 기둥 중심은 기준선 및 인접 기둥의 중심에서 5[mm] 이상 벗어나지 않을 것

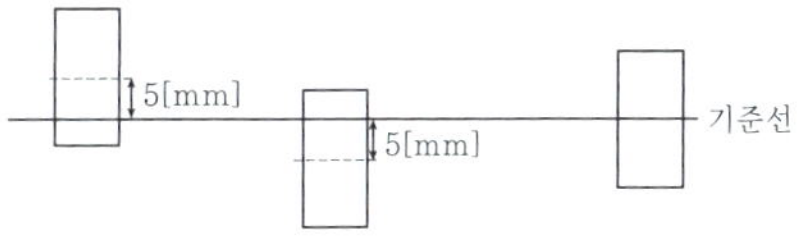

② 인접 기둥 간 중심거리의 오차는 3[mm] 이하일 것

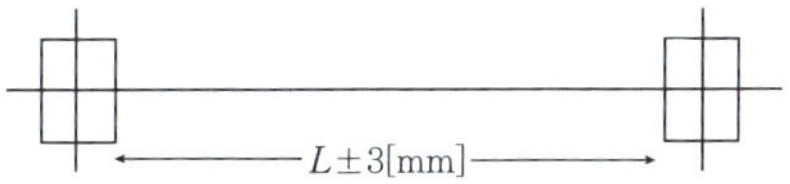

[정답] 101 ① 102 ② 103 ①

PART 04

③ 앵커볼트는 기둥 중심에서 2[mm] 이상 벗어나지 않을 것

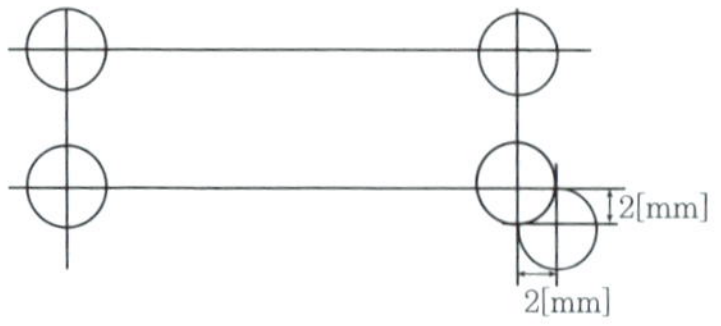

④ Base Plate의 하단은 기준높이 및 인접 기둥 높이에서 3[mm] 이상 벗어나지 않을 것

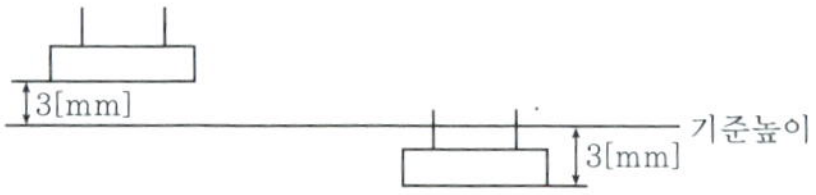

참고 산업안전기사 필기 p.6-161(합격날개 : 합격예측)

KEY
① 2014년 3월 2일 출제
② 2017년 8월 26일 출제
③ 2023년 7월 8일(문제 107번) 출제

104 잠함 또는 우물통의 내부에서 굴착작업을 할 때의 준수사항으로 옳지 않은 것은?

① 굴착 깊이가 10[m]를 초과하는 경우에는 해당 작업장소와 외부와의 연락을 위한 통신설비등을 설치하여야 한다.
② 산소 결핍의 우려가 있는 경우에는 산소의 농도를 측정하는 자를 지명하여 측정하도록 한다.
③ 근로자가 안전하게 승강하기 위한 설비를 설치한다.
④ 측정 결과 산소의 결핍이 인정될 경우에는 송기를 위한 설비를 설치하여 필요한 양의 공기를 공급하여야 한다.

해설

잠함작업시 통신설비 설치기준 : 굴착깊이 20[m]초과

참고 산업안전기사 필기 p.6-146(합격날개 : 합격예측 및 관련법규)

KEY
① 2012년 8월 26일 기사 출제
② 2018년 8월 19일 기사 출제
③ 2023년 7월 8일(문제 110번) 출제

합격정보

산업안전보건기준에 관한 규칙 제377조 (잠함 등 내부에서의 작업)

105 콘크리트 타설 시 거푸집 측압에 관한 설명으로 옳지 않은 것은?

① 타설속도가 빠를수록 측압이 커진다.
② 거푸집의 투수성이 낮을수록 측압은 커진다.
③ 타설높이가 높을수록 측압이 커진다.
④ 콘크리트의 온도가 높을수록 측압이 커진다.

해설

측압

외기 온도가 낮을수록 측압이 크다.

참고 산업안전기사 필기 p.6-151(3. 측압에 영향을 주는 요인)

KEY
① 2014년 5월 25일 출제
② 2015년 5월 31일 출제
③ 2016년 5월 8일 출제
④ 2017년 3월 5일 출제
⑤ 2019년 8월 4일 출제
⑥ 2020년 6월 7일 출제
⑦ 2023년 7월 8일(문제 113번) 출제

106 강관비계를 조립할 때 준수하여야 할 사항으로 옳지 않은 것은?

① 띠장간격은 2[m] 이하로 설치하되, 첫번째 띠장은 지상으로부터 3[m] 이하의 위치에 설치할 것
② 비계기둥의 간격은 띠장 방향에서 1.85[m] 이하로 할 것
③ 비계기둥의 제일 윗부분으로부터 31[m] 되는 지점 밑부분의 비계기둥은 2개의 강관으로 묶어 세울 것
④ 비계기둥 간의 적재하중은 400[kg]을 초과하지 않도록 할 것

해설

강관비계

① 띠장간격 : 1.85[m] 이하
② 첫번째 띠장은 지상으로부터 : 2[m] 이하

[정답] 104 ① 105 ④ 106 ①

참고 산업안전기사 필기 p.6-99(합격날개 : 합격예측 및 관련 법규)

합격정보
산업안전보건기준에 관한 규칙 제60조(강관비계의 구조)

KEY 2023년 7월 8일 기사 등 20회 이상 출제

107 말비계를 조립하여 사용하는 경우에 지주부재와 수평면의 기울기는 최대 몇 도 이하로 하여야 하는가?

① 30[°] ② 45[°]
③ 60[°] ④ 75[°]

해설

말비계의 안전기준

① 기울기 : 75[°] 이하
② 작업발판 폭 : 40[cm] 이상

참고 산업안전기사 필기 p.6-99(7. 말비계)

KEY ① 2016년 5월 8일 산업기사 출제
② 2017년 3월 5일 산업기사 출제
③ 2017년 5월 7일, 9월 23일 (문제 113번) 출제
④ 2023년 6월 4일 (문제 103번) 출제

합격정보
산업안전보건기준에 관한 규칙 제67조(말비계)

108 동바리의 침하를 방지하기 위한 직접적인 조치로 옳지 않은 것은?

① 수평연결재 사용 ② 받침목의 사용
③ 콘크리트의 타설 ④ 말뚝박기

해설

동바리의 침하 방지를 위한 직접적인 조치 4가지

① 받침목의 사용 ② 깔판의 사용
③ 콘크리트 타설 ④ 말뚝박기

참고 산업안전기사 필기 p.6-88(합격날개 : 합격예측 및 관련 법규)

KEY ① 2022년 4월 24일(문제 119번) 출제
② 2023년 6월 4일(문제 107번) 출제

합격정보
산업안전보건기준에 관한 규칙 제332조(동바리조립시의 안전조치)

109 항만하역작업에서의 선박승강설비 설치기준으로 옳지 않은 것은?

① 200톤급 이상의 선박에서 하역작업을 하는 경우에 근로자들이 안전하게 오르내릴 수 있는 있는 현문(舷門) 사다리를 설치하여야 하며, 이 사다리 밑에 안전망을 설치하여야 한다.
② 현문 사다리는 견고한 재료로 제작된 것으로 너비는 55[cm] 이상이어야 한다.
③ 현문 사다리의 양측에는 82[cm] 이상의 높이로 울타리를 설치하여야 한다.
④ 현문 사다리는 근로자의 통행에만 사용하여야 하며, 화물용 발판 또는 화물용 보판으로 사용하도록 해서는 아니 된다.

해설

현문사다리 설치기준 선박 : 300[t]급 이상

참고 산업안전기사 필기 p.6-183(⑤ 항만하역작업의 안전기준)

KEY 2023년 6월 4일(문제 113번) 기사 등 5회 이상 출제

합격정보
산업안전보건기준에 관한 규칙 제397조(선박승강설비의 설치)

보충학습
현문사다리 : 보통 갱웨이(Gangway)라고 부르며, 선박이 정박 또는 접안하였을 때 통선 또는 육상과의 연결 통로

110 달비계의 최대 적재하중을 정함에 있어서 활용하는 안전계수의 기준으로 옳은 것은?(단, 곤돌라의 달비계를 제외한다.)

① 달기 와이어로프 : 5 이상
② 달기 강선 : 5 이상
③ 달기 체인 : 3 이상
④ 달기 훅 : 5 이상

[정답] 107 ④ 108 ① 109 ① 110 ④

해설

달비계의 안전계수

① 달기와이어로프 및 달기 강선의 안전계수는 10 이상
② 달기체인 및 달기훅의 안전계수는 5 이상
③ 달기강대와 달비계의 하부 및 상부지점의 안전계수는 강재의 경우 2.5 이상, 목재의 경우 5 이상

참고 산업안전기사 필기 p.6-92(합격날개 : 합격예측 및 관련 법규)

KEY ① 2016년 3월 6일 출제
② 2016년 10월 1일 산업기사 출제
③ 2018년 3월 4일 기사, 산업기사 동시 출제
④ 2018년 8월 19일 산업기사 출제
⑤ 2019년 3월 3일 출제
⑥ 2020년 6월 7일 출제
⑦ 2021년 8월 14일 출제
⑧ 2023년 2월 28일(문제 105번) 출제

합격정보
산업안전보건기준에 관한 규칙 제55조(작업발판의 최대적재하중)

111 장비가 위치한 지면보다 낮은 장소를 굴착하는 데 적합한 장비는?

① 백호 ② 파워셔블
③ 트럭크레인 ④ 진폴

해설

백호(back hoe)[드래그셔블(drag shovel)]

① 토목공사나 수중굴착에 많이 사용된다.
② 지하층이나 기초의 굴착에 사용된다.
③ 기계가 서 있는 지면보다 낮은 장소의 굴착에도 적당하고 수중 굴착도 가능하다.
④ 파워셔블과 같이 굳은 지반의 토질에서도 정확한 굴착이 된다.

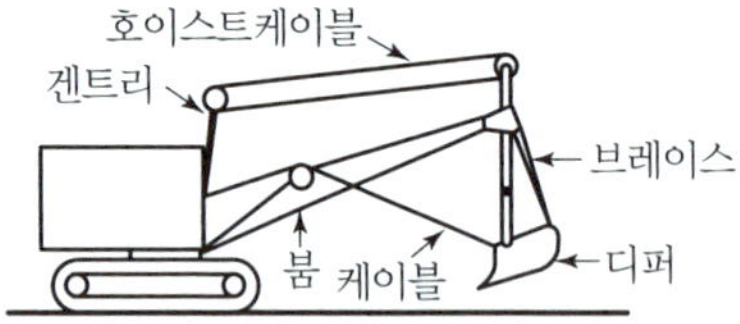

[그림] 백호

참고 산업안전기사 필기 p.6-63(2. 백호)

KEY ① 2015년 3월 8일 기사 출제
② 2018년 8월 19일 기사 출제
③ 2020년 6월 7일 기사 출제
④ 2021년 5월 15일 기사 출제
⑤ 2023년 2월 28일(문제 112번) 출제

112 산업안전보건법령에 따른 지반의 종류별 굴착면의 기울기 기준으로 옳지 않은 것은?

① 모래 − 1 : 1.8 ② 그 밖의 흙 − 1 : 0.3
③ 풍화암 − 1:1.0 ④ 연암 − 1:1.0

해설

굴착면의 기울기 기준

지반의 종류	굴착면의 기울기
모래	1 : 1.8
연암 및 풍화암	1 : 1.0
경암	1 : 0.5
그 밖의 흙	1 : 1.2

참고 산업안전기사 필기 p.6-56(표 : 굴착면의 기울기 기준)

KEY ① 2016년 5월 8일 기사·산업기사 동시 출제
② 2017년 3월 5일, 9월 23일 출제
③ 2018년 8월 19일 산업기사 출제
④ 2019년 4월 27일 기사·산업기사 동시 출제
⑤ 2020년 6월 7일, 8월 22일, 9월 27일 출제
⑥ 2022년 3월 5일 출제
⑦ 2023년 2월 28일(문제 114번) 출제

합격정보
산업안전보건기준에 관한 규칙 [별표 11] 굴착면의 기울기 기준

113 안전난간의 구조 및 설치요건에 대한 기준으로 옳지 않은 것은?

① 상부난간대는 바닥면·발판 또는 경사로의 표면으로부터 90[cm] 이상 지점에 설치할 것
② 발끝막이판은 바닥면 등으로부터 10[cm] 이상의 높이를 유지할 것
③ 난간대는 지름 1.5[cm] 이상의 금속제파이프나 그 이상의 강도를 가진 재료일 것
④ 안전난간은 구조적으로 가장 취약한 지점에서 가장 취약한 방향으로 작용하는 100[kg] 이상의 하중에 견딜 수 있는 튼튼한 구조일 것

해설

난간대 지름 : 2.7[cm] 이상

[정답] 111 ① 112 ② 113 ③

참고 산업안전기사 필기 p.6-151(합격날개 : 합격예측 및 관련법규)

합격정보
산업안전보건기준에 관한 규칙 제13조(안전난간의 구조 및 설치요건)

KEY ① 2016년 3월 6일 출제
② 2019년 8월 4일 출제
③ 2021년 8월 14일 출제
④ 2023년 2월 28일(문제 118번) 출제

114 건설공사의 유해위험방지계획서 제출 기준일로 옳은 것은?

① 당해공사 착공 1개월 전까지
② 당해공사 착공 15일 전까지
③ 당해공사 착공 전날 까지
④ 당해공사 착공 15일 후까지

해설

유해위험방지계획서 제출기간
① 건설업 : 공사착공 전날까지
② 제조업 : 해당작업 시작 15일 전까지
③ 제출처 : 한국산업안전보건공단

참고 산업안전기사 필기 p.2-37(3. 법적 목적)

KEY ① 2012년 5월 20일 건설안전기사(문제 57번) 출제
② 2016년 3월 6일 건설안전기사(문제 57번) 출제
③ 2017년 9월 23일 건설안전기사(문제 57번) 출제
④ 2022년 4월 24일(문제 114번) 출제

합격정보
산업안전보건법 시행규칙 제42조(제출서류 등)

115 가설공사 표준안전 작업지침에 따른 통로발판을 설치하여 사용함에 있어 준수사항으로 옳지 않은 것은?

① 추락의 위험이 있는 곳에는 안전난간이나 철책을 설치하여야 한다.
② 작업발판의 최대폭은 1.6[m] 이내이어야 한다.
③ 비계발판의 구조에 따라 최대 적재하중을 정하고 이를 초과하지 않도록 하여야 한다.
④ 발판을 겹쳐 이음하는 경우 장선 위에서 이음을 하고 겹침길이는 10[cm] 이상으로 하여야 한다.

해설

안전난간 및 통로발판

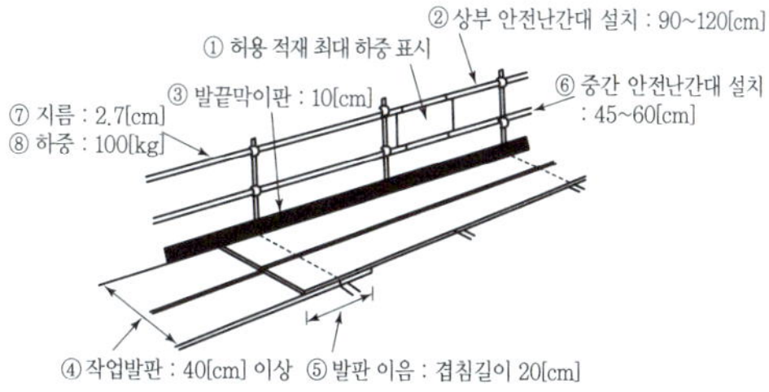

[그림] 안전난간 · 통로발판

참고 ① 산업안전기사 필기 p.6-105(2. 안전난간설치기준)
② 산업안전기사 필기 p.6-151(합격날개 : 합격예측)

KEY ① 2017년 9월 23일 산업기사 출제
② 2018년 3월 4일 산업기사 출제
③ 2018년 8월 19일 산업기사 출제
④ 2021년 8월 14일(문제 105번) 출제
⑤ 2022년 4월 24일(문제 105번) 출제

합격정보
산업안전보건기준에 관한 규칙 제13조(안전난간의 구조 및 설치요건)

116 사다리식 통로 등의 구조에 대한 설치기준으로 옳지 않은 것은?

① 발판의 간격은 일정하게 할 것
② 발판과 벽과의 사이는 15[cm] 이상의 간격을 유지 할 것
③ 사다리식 통로의 길이가 10[m] 이상인 때에는 7 [m] 이내마다 계단참을 설치할 것
④ 사다리의 상단은 걸쳐놓은 지점으로부터 60[cm] 이상 올라가도록 할 것

해설

사다리식 통로의 길이가 10[m] 이상인 경우에는 5[m] 이내마다 계단참을 설치할 것

[정답] 114 ③ 115 ④ 116 ③

참고 산업안전기사 필기 p.6-18(합격날개 : 합격예측 및 관련 법규)

KEY ① 2016년 10월 1일 산업기사 출제
② 2017년 5월 7일 기사·산업기사 동시출제
③ 2018년 4월 28일 산업기사 출제
④ 2022년 3월 5일(문제 117번), 4월 24일(문제 114번) 출제

합격정보
산업안전보건기준에 관한 규칙 제24조 (사다리식 통로등의 구조)

117 건설업 산업안전보건관리비 계상 및 사용기준은 산업재해보상 보험법의 적용을 받는 공사 중 총 공사금액이 얼마 이상인 공사에 적용하는가?(단, 전기공사업법, 정보통신공사업법에 의한 공사는 제외)

① 4천만원 ② 3천만원
③ 2천만원 ④ 1천만원

해설

제3조(적용범위)
이 고시는 「산업재해보상보험법」 제6조의 규정에 의하여 「산업재해보상보험법」의 적용을 받는 공사중 총공사금액 2천만원 이상인 공사에 적용한다. 다만, 다음 각 호의 어느 하나에 해당되는 공사 중 단가계약에 의하여 행하는 공사에 대하여는 총계약금액을 기준으로 이를 적용한다.

참고 산업안전기사 필기 p.6-38(합격날개 : 합격예측 및 관련 법규)

KEY ① 2016년 3월 6일 출제
② 2017년 5월 7일 산업기사 출제
③ 2017년 8월 26일 기사 · 산업기사 동시 출제
④ 2019년 8월 4일(문제 110번) 출제
⑤ 2022년 4월 24일(문제 117번) 출제

합격정보
적용시기 : 2020년 7월 1일부터 2천만원 이상(고시2023-49호)

118 거푸집 해체작업 시 유의사항으로 옳지 않은 것은?

① 일반적으로 수평부재의 거푸집은 연직부재의 거푸집보다 빨리 떼어낸다.
② 해체된 거푸집이나 각목 등에 박혀있는 못 또는 날카로운 돌출물은 즉시 제거하여야 한다.
③ 상하 동시 작업은 원칙적으로 금지하여 부득이한 경우에는 긴밀히 연락을 취하며 작업을 하여야 한다.
④ 거푸집 해체작업장 주위에는 관계자를 제외하고는 출입을 금지시켜야 한다.

해설

거푸집 해체 순서
거푸집은 보 또는 슬래브를 먼저 떼어낸다. 한쪽을 묶어두고 다른 쪽을 떼어낸다.

참고 산업안전기사 필기 p.6-115(7. 거푸집의 해체 시 안전수칙)

KEY ① 2017년 5월 7일, 8월 26일산업기사 출제
② 2019년 4월 27일(문제 102번) 출제
③ 2022년 3월 5일(문제 107번) 출제

119 철골작업 시 철골부재에서 근로자가 수직 방향으로 이동하는 경우에 설치하여야 하는 고정된 승강로의 최대 답단 간격은 얼마 이내인가?

① 20[cm] ② 25[cm]
③ 30[cm] ④ 40[cm]

해설

승강로 답단간격

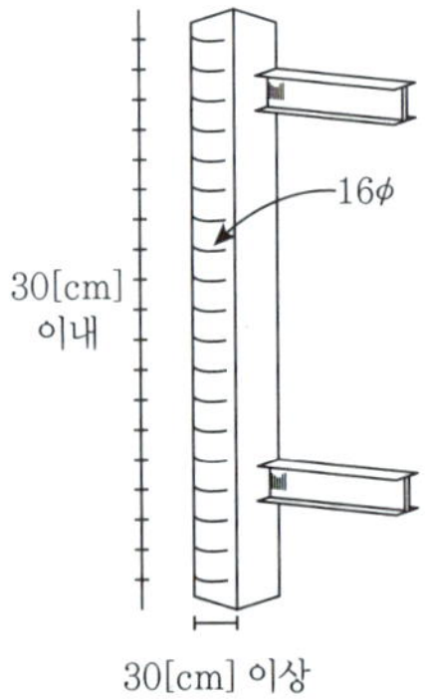

[그림] 고정된 승강로 Trap(답단)

참고 산업안전기사 필기 p.6-168 (그림 : 고정된 승강로 Trap)

KEY ① 2018년 8월 19일, 9월 15일(문제 11번) 출제
② 2018년 7월 7일 기사 작업형 출제
③ 2022년 3월 5일(문제 110번) 출제

[정답] 117 ③ 118 ① 119 ③

합격정보

산업안전보건기준에 관한 규칙 제381조(승강로의 설치)

사업주는 근로자가 수직방향으로 이동하는 철골부재(鐵骨部材)에는 답단(踏段) 간격이 30센티미터 이내인 고정된 승강로를 설치하여야 하며, 수평방향 철골과 수직방향 철골이 연결되는 부분에는 연결작업을 위하여 작업발판 등을 설치하여야 한다.

120 지반 등의 굴착작업 시 경암의 굴착면 기울기로 옳은 것은?

① 1 : 0.3　② 1 : 0.5
③ 1 : 0.8　④ 1 : 1.0

해설

굴착면의 기울기 기준

지반의 종류	굴착면의 기울기
모래	1 : 1.8
연암 및 풍화암	1 : 1.0
경암	1 : 0.5
그 밖의 흙	1 : 1.2

참고 산업안전기사 필기 p.6-56(표. 굴착면의 기울기 기준)

KEY ① 2016년 5월 8일 기사 · 산업기사 동시 출제
② 2020년 6월 7일(문제 111번) 9월 27일(문제 115번) 출제
③ 2021년 9월 12(문제 115번) 출제
④ 2022년 3월 5일(문제 114번) 출제

[정답] 120 ②

PART 04

2024년도 기사 정기검정 제3회 (2024년 7월 27일 시행)

자격종목 및 등급(선택분야)

산업안전기사

※ 본 문제는 복원문제 및 예적(예상적중) 문제로 실제문제와 동일하지 않을 수 있습니다.

1 산업재해 예방 및 안전보건교육

01 **산업안전보건법령상 안전보건표지의 종류 중 다음 표지의 명칭은? (단, 마름모 테두리는 빨간색이며, 안의 내용은 검은색이다.)**

① 폭발성물질 경고
② 산화성물질 경고
③ 부식성물질 경고
④ 급성독성물질 경고

해설

경고표지

인화성 물질경고	산화성 물질경고	폭발성 물질경고

급성독성 물질경고	**부식성 물질경고**	**방사성 물질경고**

참고 산업안전기사 필기 p.1-61(4. 안전보건표지의 종류와 형태)

KEY ① 2017년 9월 23일 출제
② 2018년 3월 4일 출제
③ 2019년 4월 27일 출제
④ 2020년 8월 22일(18번) 출제
⑤ 2024년 2월 15일(6번) 출제

정보제공
산업안전보건법 시행규칙 [별표 6] 안전보건표지의 종류와 형태

02 **새로운 자료나 교재를 제시하고, 문제점을 피교육자로 하여금 제기하도록 하거나 의견을 여러 가지 방법으로 발표하게 하여 청중과 토론자간 활발한 의견 개진과 합의를 도출해가는 토의방법은?**

① 포럼(Forum)
② 심포지엄(Symposium)
③ 자유토의(Free discussion)
④ 패널 디스커션(Panel discussion)

해설

포럼(Forum)

① 새로운 자료나 교재를 제시하고 거기서의 문제점을 피교육자로 하여금 제기하게 하거나 의견을 여러 가지 방법으로 발표하게 하고 다시 깊이 파고들어 토의를 행하는 방법
② 청중과 토론자간 활발한 의견 개진가능

참고 산업안전기사 필기 p.1-143((1) 토의식 교육방법)

KEY ① 2021년 9월 12일 기사 등 5회 이상 출제
② 2023년 6월 4일(문제 8번) 출제
③ 2024년 2월 15일(8번) 출제

보충학습

① 심포지엄
몇 사람의 전문가에 의하여 과정에 관한 견해를 발표하게 한 뒤 참가자로 하여금 의견이나 질문을 하게 하는 토의법
② 자유토의법
참가자는 고정적인 규칙이나 리더에게 얽매이지 않고 자유로이 의견이나 태도를 표명하며, 지식이나 정보를 상호 제공, 교환함으로써 참가자 상호 간의 의견이나 견해의 차이를 상호작용으로 조정하여 집단으로 의견을 요약해 나가는 방법
③ 패널 디스커션
패널멤버(교육과제에 정통한 전문가 4~5[명])가 피교육자 앞에서 자유로이 토의하고 뒤에 피교육자 전원이 참가하여 사회자의 사회에 따라 토의하는 방법

[정답] 01 ④ 02 ①

03 산업안전보건법령상 안전보건교육 중 관리감독자 정기안전보건교육의 교육내용으로 옳은 것은?(단, 산업안전보건법 및 일반관리에 관한 사항을 제외한다.)

① 산업안전 및 재해사례에 관한 사항
② 사고 발생 시 긴급조치에 관한 사항
③ 건강증진 및 질병 예방에 관한 사항
④ 산업보건 및 건강장해 예방에 관한 사항

해설

관리감독자 정기안전보건교육 내용

① 산업안전 및 산업재해 예방에 관한 사항(화재·폭발 사고 발생 시 대피에 관한 사항을 포함한다)
② 산업보건 및 건강장해 예방에 관한 사항(폭염·한파작업으로 인한 건강장해 발생 시 응급조치에 관한 사항을 포함한다)
③ 위험성 평가에 관한 사항
④ 유해·위험 작업환경 관리에 관한 사항
⑤ 산업안전보건법령 및 산업재해보상보험 제도에 관한 사항
⑥ 직무스트레스 예방 및 관리에 관한 사항
⑦ 직장 내 괴롭힘, 고객의 폭언 등으로 인한 건강장해 예방 및 관리에 관한 사항
⑧ 작업공정의 유해·위험과 재해 예방대책에 관한 사항
⑨ 사업장 내 안전보건관리체제 및 안전·보건조치 현황에 관한 사항
⑩ 표준안전 작업방법 결정 및 지도·감독 요령에 관한 사항
⑪ 현장근로자와의 의사소통능력 및 강의 능력 등 안전보건교육 능력 배양에 관한 사항
⑫ 비상시 또는 재해 발생 시 긴급조치에 관한 사항
⑬ 그 밖의 관리감독자의 직무에 관한 사항

참고 산업안전기사 필기 p.1-154(3. 관리감독자 정기안전보건교육)

KEY ① 2017년 5월 7일 출제
② 2017년 8월 26일 출제
③ 2018년 3월 4일(문제 14번) 출제
④ 2024년 2월 15일(14번) 출제

정보제공
산업안전보건법시행규칙 [별표 5] 안전보건교육대상별 교육내용

04 무재해운동 추진기법 중 위험예지훈련 4라운드 기법에 해당하지 않는 것은?

① 현상파악 ② 행동목표설정
③ 대책수립 ④ 안전평가

해설

문제해결의 4단계(4 Round)

① 1R-현상파악 ② 2R-본질추구
③ 3R-대책수립 ④ 4R-행동목표설정

참고 산업안전기사 필기 p.1-12(1. 위험예지훈련의 4단계)

KEY ① 2015년 3월 8일, 8월 16일 출제
② 2016년 3월 6일, 5월 8일 출제
③ 2017년 8월 26일 출제
④ 2019년 8월 4일 출제
⑤ 2020년 6월 7일 출제
⑥ 2021년 8월 14일 출제
⑦ 2022년 3월 5일 출제
⑧ 2023년 7월 8일(4번) 출제

05 재해예방의 4원칙이 아닌 것은?

① 손실우연의 원칙 ② 사전준비의 원칙
③ 원인계기의 원칙 ④ 대책선정의 원칙

해설

재해예방의 4원칙

① 예방가능의 원칙 ② 손실우연의 원칙
③ 원인연계(계기)의 원칙 ④ 대책선정의 원칙

참고 산업안전기사 필기 p.3-35(6. 하인리히 산업재해예방의 4원칙)

KEY ① 2014년 8월 17일 출제
② 2015년 8월 16일 출제
③ 2017년 3월 5일 출제
④ 2020년 6월 7일, 8월 22일, 9월 27일 출제
⑤ 2022년 3월 5일 출제
⑥ 2023년 7월 8일(19번) 출제

06 K형 베어링을 생산하는 경기도 A사업장에 300명의 근로자가 근무하고 있다. 1년에 21건의 재해가 발생하였다면 이 사업장에서 근로자 1명이 평생 작업 시 약 몇 건의 재해를 당할 수 있겠는가?(단, 1일 8시간씩 1년에 300일을 근무하며, 평생근로시간은 10만시간으로 가정한다.)

① 1건 ② 3건
③ 5건 ④ 6건

[정답] 03 ④ 04 ④ 05 ② 06 ②

PART 04

해설

환산도수율 계산비교

① 도수(빈도)율 $= \dfrac{\text{재해건수}}{\text{연근로시간수}} \times 10^6$

$= \dfrac{21}{300 \times 8 \times 300} \times 10^6$

$= 29.17$

② 환산도수율 = 도수율÷10 = 29.17÷10 = 2.92
= 도수율×0.1 = 2.92 = 3건

참고 산업안전기사 필기 p.3-43(3. 빈도율)

KEY ▶ 2023년 6월 4일(문제 3번) 등 20회 이상 출제

합격정보
산업재해 통계 업무처리규정 제3조(산업재해 통계의 산출방법 및 정의)

07 플리커 검사(flicker test)의 목적으로 가장 적절한 것은?

① 혈중 알코올농도 측정
② 체내 산소량 측정
③ 작업강도 측정
④ 피로의 정도 측정

해설

점멸 – 융합주파수(flicker-fusion frequency) : 인지역치 방법

① 깜박이는 불빛이 계속 커진 것처럼 보일 때의 주파수(약 30[Hz])
② 목적 : 피로의 정도측정(생리학적 방법)

참고 ① 산업안전기사 필기 p.1-105(3. 피로측정검사 방법 3가지)
② 산업안전기사 필기 p.1-105(합격날개 : 합격예측)

KEY ▶ ① 2017년 3월 5일 출제
② 2019년 9월 21일 출제
③ 2020년 8월 22일 출제
④ 2023년 6월 4일(문제 5번) 출제

08 경보기가 울려도 기차가 오기까지 아직 시간이 있다고 판단하여 건널목을 건너다가 사고를 당했다. 다음 중 이 재해자의 행동성향으로 옳은 것은?

① 착오·착각　② 무의식행동
③ 억측판단　④ 지름길반응

해설

억측판단

부주의가 발생하는 경우에 있어 자동차를 운전할 때 신호가 바뀌기 전에 신호가 바뀔 것을 예상하고 자동차를 출발시키는 행동(예 건널목 사고 등)

참고 산업안전기사 필기 p.1-119(합격날개 : 합격예측)

KEY ▶ ① 2009년 제3회 출제
② 2016년 3월 6일 출제
③ 2020년 8월 22일 출제
④ 2023년 6월 4일(문제 9번) 출제

보충학습

억측판단의 배경

① 과거의 성공한 경험 : 이전에 그 행위로 성공한 적이 있다.
② 희망적 관측 : 그때도 그랬으니까 괜찮겠지
③ 정보나 지식이 불확실할 때 : 위험한 결과에 대한 지식부족
④ 초조한 심정 : 일을 빨리 끝내고 싶다. 귀찮다는 강한 욕망

09 생체리듬의 변화에 대한 설명으로 틀린 것은?

① 야간에는 체중이 감소한다.
② 야간에는 말초운동 기능이 저하된다.
③ 체온, 혈압, 맥박수는 주간에 상승하고 야간에 감소한다.
④ 혈액의 수분과 염분량은 주간에 증가하고 야간에 감소한다.

해설

위험일 변화

혈액의 수분, 염분량 : 주간에 감소, 야간에 상승

참고 산업안전기사 필기 p.1-108(5. 위험일의 변화 및 특징)

KEY ▶ ① 2017년 8월 26일, 9월 23일출제
② 2021년 3월 7일 출제
③ 2023년 6월 4일(문제 13번) 출제

[정답] 07 ④　08 ③　09 ④

10 다음 중 산업 재해의 분석 및 평가를 위하여 재해발생 건수 등의 추이에 대해 한계선을 설정하여 목표관리를 수행하는 재해통계 분석기법은?

① 폴리건(polygon)
② 관리도(control chart)
③ 파레토도(pareto diagram)
④ 특성요인도(cause & effect diagram)

해설

관리도

재해발생건수 등의 추이파악 → 목표관리 행하는 데 필요한 월별 재해발생 수의 그래프화 → 관리 구역 설정 → 관리하는 방법

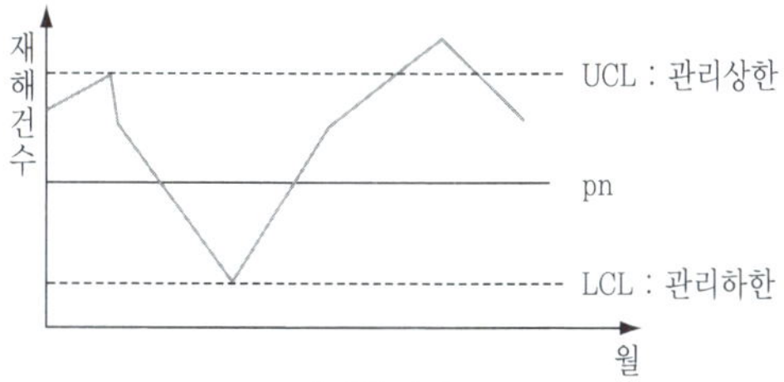

[그림] 관리도

참고 산업안전기사 필기 p.3-4(4. 관리도)

KEY ① 2017년 3월 5일 출제
② 2018년 9월 15일 출제
③ 2023년 6월 4일(문제 16번) 출제

보충학습

① 파레토도 : 사고의 유형, 기인물 등 분류 항목을 큰 순서대로 도표화한다.
② 특성요인도 : 특성과 요인 관계를 도표로 하여 어골상으로 세분한다.
③ 크로스분석 : 2[개] 이상의 문제 관계를 분석하는 데 사용하는 것으로, 데이터를 집계하고 표로 표시하여 요인별 결과 내역을 교차한 크로스 그림을 작성하여 분석한다.

11 관리그리드 이론에서 인간관계 유지에는 낮은 관심을 보이지만 과업에 대해서는 높은 관심을 가지는 리더십의 유형에 해당하는 것은?

① (1, 1)형 ② (1, 9)형
③ (9, 1)형 ④ (9, 9)형

해설

관리그리드 이론 5가지 유형

유형	관심도
1.1	무관심형
1.9	인기형
9.1	과업형
5.5	타협형
9.9	이상형

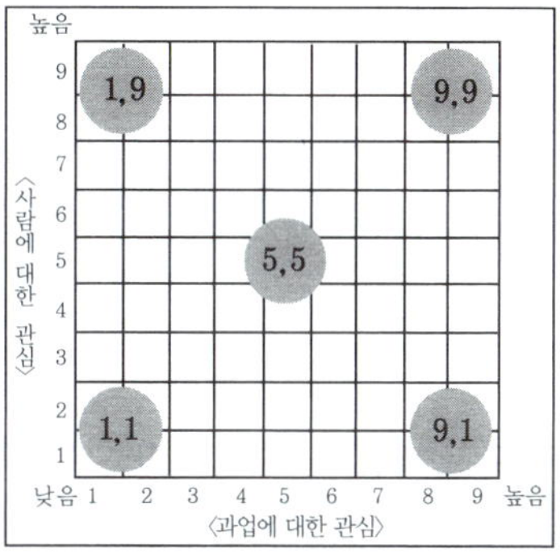

[그림] 관리그리드 이론[SH]

참고 산업안전기사 필기 p.1-80 (3) 관리그리드의 리더십 5가지 이론

KEY ① 2009년 3월 1일 제1회(문제 19번) 출제
② 2009년 7월 26일 제3회(문제 10번) 출제
③ 2020년 6월 7일 출제
④ 2023년 6월 4일(문제 20번) 출제

합격자의 조언
① 이번 시험에도 출제가능 문제입니다.
② 산업안전기사를 취득하여 이상형이 되었으면 합니다.

12 산업안전보건법령상 잠함(潛函) 또는 잠수작업 등 높은 기압에서 작업하는 근로자의 근로시간 기준은?

① 1일 6시간, 1주 32시간 초과금지
② 1일 6시간, 1주 34시간 초과금지
③ 1일 8시간, 1주 32시간 초과금지
④ 1일 8시간, 1주 34시간 초과금지

[정답] 10 ② 11 ③ 12 ②

해설

근로시간 연장의 제한

사업주는 유해하거나 위험한 작업으로서 대통령령으로 정하는 작업에 종사하는 근로자에게는 1일 6시간, 1주 34시간을 초과하여 근로하게 하여서는 아니된다. 예 잠함 잠수작업

KEY ① 2017년 8월 26일(문제 18번) 출제
④ 2023년 2월 28일(문제 2번) 출제

합격정보

산업안전보건법 제139조(유해·위험작업에 대한 근로시간 제한 등)

보충학습

잠함(caisson : 潛函)

지상에서 구축한 철근 콘크리트체의 상자나 통 형태의 지하 구축물(기초 구조물, 하부 구조물)로써 그 밑을 굴착하여 소정의 위치까지 침하시키는 것.(출처 : 인테리어 용어사전)

13 산업안전보건법에 따라 안전관리자를 정수 이상으로 증원하거나 교체하여 임명할 것을 명할 수 있는 경우가 아닌 것은?

① 중대재해가 연간 5건 발생한 경우
② 안전관리자가 질병으로 인하여 3개월 동안 직무를 수행할 수 없게 된 경우
③ 안전관리자가 질병 외의 사유로 인하여 6개월 동안 직무를 수행할 수 없게 된 경우
④ 해당 사업장의 연간재해율이 전체 평균재해율 이상인 경우

해설

안전관리자의 증원·교체임명

① 해당 사업장의 연간재해율이 같은 업종 평균재해율의 2배 이상인 때
② 중대재해가 연간 2건 이상 발생한 때
③ 관리자가 질병 그 밖의 사유로 3개월 이상 직무를 수행할 수 없게 된 때
④ 화학적 인자로 인한 직업성 질병자가 연간 3명 이상 발생한 경우

참고 산업안전기사 필기 p.1-221(제12조)

합격정보

산업안전보건법 시행규칙 제12조(안전관리자 등의 증원·교체 임명 명령)

KEY ① 2011년 3월 20일 출제
② 2018년 3월 4일 출제
③ 2023년 2월 28일(문제 6번) 출제

14 근로자 1,000명 이상의 대규모 사업장에 적합한 안전관리 조직의 유형은?

① 직계식 조직 ② 참모식 조직
③ 병렬식 조직 ④ 직계참모식 조직

해설

안전보건관리조직의 형태 3가지

① Line형(직계식) : 100명 미만의 소규모 사업장
② Staff형(참모식) : 100 ~ 1,000명의 중규모 사업장
③ Line-staff형(복합식) : 1,000명 이상의 대규모 사업장

참고 산업안전기사 필기 p.1-23(표 : 안전보건관리 조직형태)

KEY ① 2016년 5월 8일, 10월 1일 출제
② 2017년 9월 23일 출제
③ 2019년 3월 3일(문제 15번) 출제
④ 2021년 8월 14일(문제 4번) 출제

15 데이비스(K.Davis)의 동기부여 이론에 관한 등식에서 그 관계가 틀린 것은?

① 지식×기능=능력
② 상황×능력=동기유발
③ 능력×동기유발=인간의 성과
④ 인간의 성과×물질의 성과=경영의 성과

해설

데이비스(K. Davis)의 동기부여 이론 등식

① 경영의 성과=인간의 성과×물질의 성과
② 능력(ability)=지식(knowledge)×기능(skill)
③ 동기유발(motivation)=상황(situation)×태도(attitude)
④ 인간의 성과(human performance)=능력×동기유발

참고 산업안전기사 필기 p.1-100(2. 데이비스의 동기부여 이론등식)

KEY ① 2016년 5월 8일 출제
② 2018년 3월 4일 출제
③ 2020년 9월 27일 출제
④ 2021년 5월 15일(문제 6번) 출제

[정답] 13 ④ 14 ④ 15 ②

16 Thorndike의 시행착오설에 의한 학습의 원칙이 아닌 것은?

① 연습의 원칙 ② 효과의 원칙
③ 동일성의 원칙 ④ 준비성의 원칙

해설

시행착오설에 의한 학습의 3원칙

① 효과의 원칙
② 연습의 원칙
③ 준비성의 원칙

참고 산업안전기사 필기 p.1-149(2. Thorndike의 시행착오설)

KEY ① 2017년 3월 5일 출제
② 2018년 3월 4일 기사·산업기사 동시 출제
③ 2020년 6월 7일 출제
④ 2021년 3월 7일(문제 2번) 출제

17 보호구 안전인증 고시상 안전인증 방독마스크의 정화통 종류와 외부 측면의 표시 색이 잘못 연결된 것은?

① 할로겐용 – 회색
② 황화수소용 – 회색
③ 암모니아용 – 회색
④ 시안화수소용 – 회색

해설

방독마스크 흡수관(정화통)의 종류

종 류	시험가스	정화통 외부측면 표시색
유기화합물용	시클로헥산(C_6H_{12}) 디메틸에테르(CH_3OCH_3), 이소부탄(C_4H_{10})	갈색
할로겐용	염소가스 또는 증기(Cl_2)	회색
황화수소용	황화수소가스(H_2S)	회색
시안화수소용	시안화수소가스(HCN)	회색
아황산용	아황산가스(SO_2)	노란색
암모니아용	암모니아가스(NH_3)	녹색

참고 산업안전기사 필기 p.1-55(표 : 방독마스크 흡수관의 종류)

KEY ① 2016년 3월 6일 산업기사 출제
② 2017년 3월 5일 출제
③ 2018년 4월 28일 출제
④ 2021년 5월 15일(문제 7번) 출제

18 사회행동의 기본 형태가 아닌 것은?

① 모방 ② 대립
③ 도피 ④ 협력

해설

인간의 사회적 행동의 기본형태

① 협력(cooperation) : 조력, 분업
② 대립(opposition) : 공격, 경쟁
③ 도피(escape) : 고립, 정신병, 자살
④ 융합(accomodation) : 강제, 타협, 통합

참고 산업안전기사 필기 p.1-110(합격날개 : 합격예측)

KEY ① 2017년 8월 26일 산업기사 출제
② 2022년 3월 5일 건설안전기사 출제
③ 2022년 3월 5일(문제 25번) 출제

19 산업안전보건법령상 안전보건관리규정 작성시 포함되어야 할 사항을 모두 고른 것은? (단, 그 밖에 안전 및 보건에 관한 사항은 제외한다.)

ㄱ. 안전보건교육에 관한 사항
ㄴ. 재해사례 연구·토의 결과에 관한 사항
ㄷ. 사고 조사 및 대책 수립에 관한 사항
ㄹ. 작업장의 안전 및 보건 관리에 관한 사항
ㅁ. 안전 및 보건에 관한 관리조직과 그 직무에 관한 사항

① ㄱ, ㄴ, ㄷ, ㄹ ② ㄱ, ㄴ, ㄹ, ㅁ
③ ㄱ, ㄷ, ㄹ, ㅁ ④ ㄴ, ㄷ, ㄹ, ㅁ

해설

안전보건관리규정 작성 시 포함사항

① 안전 및 보건에 관한 관리조직과 그 직무에 관한 사항
② 안전보건교육에 관한 사항
③ 작업장의 안전 및 보건 관리에 관한 사항
④ 사고 조사 및 대책 수립에 관한 사항
⑤ 그 밖에 안전 및 보건에 관한 사항

참고 산업안전기사 필기 p.1-179(제2절 안전보건관리 규정)

[정답] 16 ③ 17 ③ 18 ① 19 ③

KEY ① 2021년 5월 15일 출제
② 2024년 7월 28일 실기 필답형 출제

합격정보
산업안전보건법 제25조(안전보건관리규정의 작성)

20 **매슬로우(Maslow)의 욕구 5단계 이론 중 자기 보존에 관한 안전욕구는 몇 단계에 해당되는가?**

① 제1단계 ② 제2단계
③ 제3단계 ④ 제4단계

해설

매슬로우(Maslow, A. H.)의 욕구단계 이론
① 제1단계(생리적 욕구 : 생명유지의 기본적 욕구) : 기아, 갈증, 호흡, 배설, 성욕 등 인간의 가장 기본적인 욕구(종족보존)
② 제2단계(안전욕구) : 자기보존욕구
③ 제3단계(사회적 욕구) : 소속감과 애정욕구
④ 제4단계(존경욕구) : 인정받으려는 욕구
⑤ 제5단계(자아실현의 욕구) : 잠재적인 능력을 실현하고자 하는 욕구 (성취욕구)

참고 산업안전기사 필기 p.1-101(5. 매슬로우의 욕구 5단계 이론)

KEY ① 2013년 3월 10일 출제
② 2014년 3월 2일 출제
③ 2016년 5월 8일, 8월 21일 출제
④ 2017년 3월 5일 출제
⑤ 2018년 4월 28일 출제
⑥ 2019년 4월 27일 출제
⑦ 2020년 8월 22일 출제
⑧ 2021년 8월 14일 출제
⑨ 2022년 4월 24일 출제
⑩ 2024년 4월 27일 실기 필답형 출제

2 인간공학 및 위험성 평가·관리

21 **인간-기계 시스템에서 시스템의 설계를 다음과 같이 구분할 때 제3단계인 기본설계에 해당되지 않는 것은?**

1단계 : 시스템의 목표와 성능 명세 결정
2단계 : 시스템의 정의
3단계 : 기본설계
4단계 : 인터페이스설계
5단계 : 보조물 설계
6단계 : 시험 및 평가

① 화면 설계 ② 작업 설계
③ 직무 분석 ④ 기능 할당

해설

인간-기계 시스템 기본 설계 단계(제3단계)
① 작업설계 ② 직무분석
③ 기능할당 ④ 인간성능-요건명세

참고 산업안전기사 필기 p.2-29(문제 31번) 적중

KEY ① 2009년 7월 26일(문제 39번) 출제
② 2016년 3월 6일, 10월 1일 출제
③ 2018년 9월 15일 산업기사 출제
④ 2019년 3월 3일 출제
⑤ 2019년 4월 27일, 9월 21일 산업기사 출제
⑥ 2020년 9월 27일 출제
⑦ 2021년 5월 15일, 8월 14일(문제 27번) 출제
⑧ 2024년 2월 15일(문제 26번) 출제

22 **A작업의 평균에너지소비량이 다음과 같을 때, 60분간의 총 작업시간 내에 포함되어야 하는 휴식시간(분)은?**

- 휴식중 에너지소비량 : 1.5[kcal/min]
- A작업시 평균 에너지소비량 : 6[kcal/min]
- A기초대사를 포함한 작업에 대한 평균 에너지 소비량 상한 : 5[kcal/min]

[정답] 20 ② 21 ① 22 ④

① 10.3 ② 11.3
③ 12.3 ④ 13.3

해설

휴식시간 계산

휴식시간$(R)=\frac{60(E-5)}{E-1.5}=\frac{60(6-5)}{6-1.5}=13.33$[분]

여기서, R : 휴식시간(분)
E : 작업 시 평균 에너지 소비량[kcal/분]
60분 : 총작업 시간
1.5[kcal/분] : 휴식시간 중 에너지 소비량
5[kcal/분] : 기초대사량을 포함한 보통작업에 대한 평균 에너지(기초대사량을 포함하지 않을 경우 : 4[kcal/분])

참고 산업안전기사 필기 p.1-102(3. 휴식)

KEY ① 2016년 5월 8일 출제
② 2016년 10월 1일 출제
③ 2018년 9월 15일(문제 43번) 출제
④ 2022년 4월 24일 출제
⑤ 2023년 6월 4일(문제 28번) 출제
⑥ 2024년 2월 15일(문제 30번) 출제

23 섬유유연제 생산 공정이 복잡하게 연결되어 있어 작업자의 불안전한 행동을 유발하는 상황이 발생하고 있다. 이것을 해결하기 위한 위험처리 기술에 해당하지 않는 것은?

① Transfer(위험전가)
② Retention(위험보류)
③ Reduction(위험감축)
④ Rearrange(작업순서의 변경 및 재배열)

해설

Risk 처리(위험조정)기술 4가지

① 위험회피(Avoidance)
② 위험제거(경감, 감축 : Reduction)
③ 위험보유(보류 : Retention)
④ 위험전가(Transfer) : 보험으로 위험조정

참고 산업안전기사 필기 p.2-36(합격날개 : 합격예측)

KEY ① 2014년 3월 2일 출제
② 2018년 8월 19일 출제
③ 2023년 7월 8일(문제 31번) 출제
④ 2024년 2월 15일(문제 36번) 출제

24 다음과 같은 실내 표면에서 일반적으로 추천반사율의 크기를 맞게 나열한 것은?

[다음]

㉠ 바닥 ㉡ 천장 ㉢ 가구 ㉣ 벽

① ㉠<㉣<㉢<㉡ ② ㉣<㉠<㉡<㉢
③ ㉠<㉢<㉣<㉡ ④ ㉣<㉡<㉠<㉢

해설

IES추천 조명반사율 권고

① 바닥 : 20~40[%]
② 가구, 사용기기, 책상 : 25~40[%]
③ 창문발(blind), 벽 : 40~ 60[%]
④ 천장 : 80~90[%]

참고 산업안전기사 필기 p.2-169(1. 옥내 최적반사율)

KEY ① 2016년 3월 6일 산업기사 출제
② 2016년 10월 1일 출제
③ 2017년 8월 26일, 9월 23일 산업기사 출제
④ 2018년 3월 4일 출제
⑤ 2019년 9월 21일 산업기사 출제
⑥ 2023년 6월 4일(문제 31번) 출제
⑦ 2024년 2월 15일(문제 38번) 출제

25 신호검출이론(SDT)의 판정결과 중 신호가 없었는데도 있었다고 말하는 경우는?

① 긍정(hit)
② 누락(miss)
③ 허위(false alarm)
④ 부정(correct rejection)

해설

신호검출이론

① 신호와 소음을 쉽게 식별할 수 없는 상황에 적용된다.
② 일반적인 상황에서 신호 검출을 간섭하는 소음이 있다.
③ 긍정(hit), 허위(false alarm), 누락(miss), 부정(correct rejection)의 네가지 결과로 나눌 수 있다.

KEY ① 2017년 5월 7일 출제
② 2020년 9월 27일 출제
③ 2023년 7월 8일(문제 24번) 출제

[정답] 23 ④ 24 ③ 25 ③

26 인간-기계 체계를 분석하는 방법 중의 하나인 OSD (Operational Sequence Diagram)에 사용되는 기본 기호 중 전달정보를 나타내는 기호는?

① 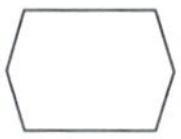
② 
③ 
④ 

해설

OSD(Operational Sequence Diagram)

'정보 - 의사결정 - 행동'으로 하는 작업순서를 기호로써 표시하는 방법

(1) 기본 기호

○ : 수신정보, □ : 행동, ▽ : 전달정보

(2) lamp가 점화된 것을 보고 button을 누르는 작업 순서

(3) light가 자동으로 켜지면 작업자는 그것을 보고 button을 누르는 경우의 OSD

① 작업자를 중심으로 한 기술 ② 시스템을 중심으로 한 기술

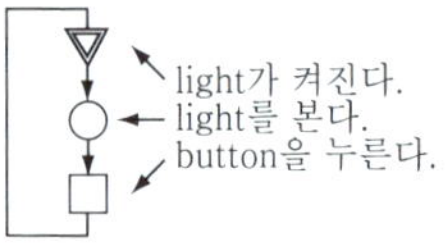

참고 ① 산업안전기사 필기 p.2-28(문제 20번) 적중
② 산업안전기사 필기 p.3-9(3. 공정분석기술)

KEY ① 2023년 7월 19일 산업기사 출제
② 2023년 7월 8일(문제 26번) 출제

27 어떤 소리가 1,000[Hz], 60[dB]인 음과 같은 높이임에도 4배 더 크게 들린다면, 이 소리의 음압수준은 얼마인가?

① 70[dB] ② 80[dB]
③ 90[dB] ④ 100[dB]

해설

음압수준

① 10[dB] 증가 시 소음은 2배 증가
② 20[dB] 증가 시 소음은 4배 증가
③ 60+20=80[dB]

결론 $4\text{sone} = 2^{\frac{L_1-60}{10}}$ $\quad 10 \times \log 4 = (L_1 - 60)\log 2$

$$L_1 = \frac{10 \times \log 4}{\log 2} + 60 = 80$$

KEY ① 2009년 8월 30일(문제 53번) 출제
② 2018년 4월 28일 출제
③ 2020년 9월 27일 출제
④ 2023년 7월 8일(문제 36번) 출제

보충학습

[표] phon과 sone의 관계

sone	1	2	4	8	16	32	64	128	256	512	1024
phon	40	50	60	70	80	90	100	110	120	130	140

예 10[phon]이 증가하면 2배의 소리 크기가 되며, 20[phon]이 증가하면 4배의 소리 크기가 된다.

28 FTA에서 사용하는 다음 사상기호에 대한 설명으로 맞는 것은?

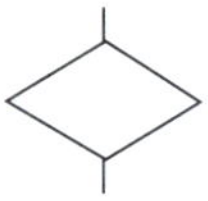

① 시스템 분석에서 좀 더 발전시켜야 하는 사상
② 시스템의 정상적인 가동상태에서 일어날 것이 기대되는 사상
③ 불충분한 자료로 결론을 내릴 수 없어 더 이상 전개 할 수 없는 사상
④ 주어진 시스템의 기본사상으로 고장원인이 분석되었기 때문에 더 이상 분석할 필요가 없는 사상

해설

생략사상

기호	명칭	현상
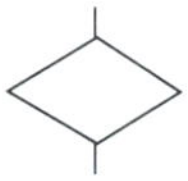	생략사상	① 정보부족, 해석기술의 불충분으로 더 이상 전개할 수 없는 사상 ② 작업진행에 따라 해석이 가능할 때는 다시 속행한다.

참고 산업안전기사 필기 p.2-70(표. FTA기호)

KEY ① 2017년 8월 26일, 5월 7일출제
② 2021년 5월 15일 출제
③ 2023년 6월 4일(문제 22번) 출제

[정답] 26 ③ 27 ② 28 ③

29 **A회사에서는 새로운 기계를 설계하면서 레버를 위로 올리면 압력이 올라가도록 하고, 오른쪽 스위치를 눌렀을 때 오른쪽 전등이 켜지도록 하였다면, 이것은 각각 어떤 유형의 양립성을 고려한 것인가?**

① 레버－공간양립성, 스위치－개념양립성
② 레버－운동양립성, 스위치－개념양립성
③ 레버－개념양립성, 스위치－운동양립성
④ 레버－운동양립성, 스위치－공간양립성

해설

양립성(compatibility)

정보입력 및 처리와 관련한 양립성은 인간의 기대와 모순되지 않는 자극 반응조합의 관계를 말하는 것

참고 ① 산업안전기사 필기 p.1-75(6. 양립성)
② 산업안전기사 필기 p.2-179(6. 양립성)

KEY ① 2018년 3월 4일 산업기사 출제
② 2018년 4월 28일 기사·산업기사 동시 출제
③ 2022년 4월 24일 출제
④ 2023년 6월 4일(문제 25번) 출제

보충학습

양립성의 종류

종류	특징
공간(spatial)	표시장치나 조종장치에서 물리적 형태 및 공간적 배치
운동(movement)	표시장치의 움직이는 방향과 조종장치의 방향이 사용자의 기대와 일치
개념(conceptual)	이미 사람들이 학습을 통해 알고있는 개념적 연상
양식(modality)	직무에 맞는 응답양식 존재

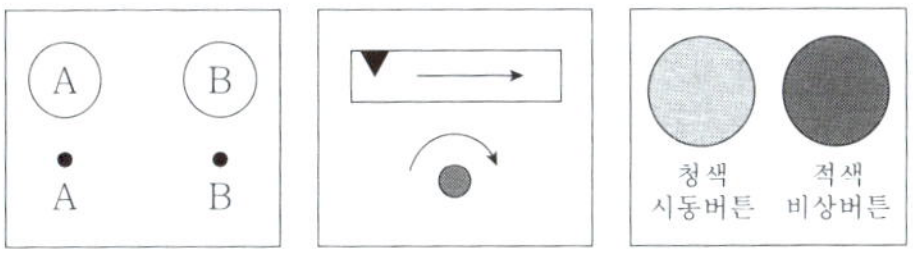

[그림1] 공간 양립성 [그림2] 운동 양립성 [그림3] 개념 양립성

30 **결함수분석법에서 path set에 관한 설명으로 맞는 것은?**

① 시스템의 약점을 표현한 것이다.
② Top 사상을 발생시키는 조합이다.
③ 시스템이 고장 나지 않도록 하는 사상의 조합이다.
④ 시스템고장을 유발시키는 필요불가결한 기본사상들의 집합이다.

해설

패스셋(path set)

① 기본사상이 일어나지 않을 때 처음으로 정상사상이 일어나지 않는 기본사상의 집합
② 고장나지 않도록 하는 사상의 조합

참고 산업안전기사 필기 p.2-77(합격날개:합격예측)

KEY ① 2018년 4월 18일 산업기사 출제
② 2020년 9월 27일 출제
③ 2023년 6월 4일(문제 27번) 출제

보충학습

컷셋(cut set)

① 정상사상을 발생시키는 기본사상의 집합
② 기본사상이 발생할 때 정상사상을 발생시킬 수 있는 기본사상의 집합

31 **위험 및 운전성 검토(HAZOP)에서 사용되는 가이드 워드 중에서 성질상의 감소를 의미하는 것은?**

① Part of ② More less
③ No/Not ④ Other than

해설

유인어(guide words)

① NO 또는 NOT : 설계 의도의 완전한 부정을 의미
② AS Well AS : 성질상의 증가를 나타내는 것으로 설계의도와 운전조건 등 부가적인 행위와 함께 일어나는 것을 의미
③ PART OF : 성질상의 감소, 성취나 성취되지 않음을 나타냄
④ MORE LESS : 양의 증가 또는 양의 감소로 양과 성질을 함께 나타냄
⑤ OTHER THAN : 완전한 대체를 의미
⑥ REVERSE : 설계의도와 논리적인 역을 의미

참고 산업안전기사 필기 p.2-41(2. 유인어)

KEY ① 2011년 8월 21일(문제 28번) 출제
② 2020년 9월 27일 출제
④ 2023년 6월 4일(문제 30번) 출제

[정답] 29 ④ 30 ③ 31 ①

32 **인간 에러(human error)에 관한 설명으로 틀린 것은?**

① omission errors : 필요한 작업 또는 절차를 수행하지 않는데 기인한 에러
② commission errors : 필요한 작업 또는 절차의 수행지연으로 인한 에러
③ extraneous errors : 불필요한 작업 또는 절차를 수행함으로써 기인한 에러
④ sequential errors : 필요한 작업 또는 절차의 순서 착오로 인한 에러

해설

누락오류, 작위오류

① 생략에러(Omission Errors : 부작위 실수) : 직무 또는 어떤 단계를 수행치 않음(누락오류)
② 실행에러(Commission error : 작위 실수) : 직무의 불확실한 수행(선택, 순서, 시간, 정성적 착오)

참고 산업안전기사 필기 p.2-20(2. 인간실수의 분류)

KEY ① 2017년 8월 26일 출제
② 2018년 4월 28일(문제 33번) 출제
③ 2021년 8월 14일 출제
④ 2023년 6월 4일(문제 32번) 출제

33 **FT도에 사용하는 기호에서 3개의 입력현상 중 임의의 시간에 2개가 발생하면 출력이 생기는 기호의 명칭은?**

① 억제 게이트
② 조합 AND 게이트
③ 배타적 OR 게이트
④ 우선적 AND 게이트

해설

FTA기호

기호	명칭	발생현상
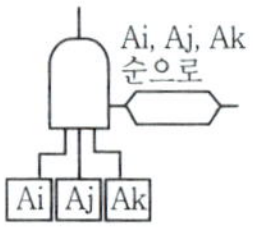	우선적 AND 게이트	입력사상 중에 어떤 현상이 다른 현상보다 먼저 일어날 때에 출력현상이 생긴다.
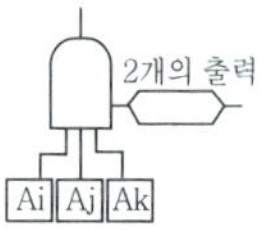	조 합 AND 게이트	3개 이상의 입력현상 중에 언젠가 2개가 일어나면 출력이 생긴다.
	배타적 OR 게이트	OR Gate로 2개 이상의 입력이 동시에 존재할 때에는 출력사상이 생기지 않는다. 예를 들면 '동시에 발생하지 않는다'라고 기입한다.

참고 ① 산업안전기사 필기 p.2-70(표. FTA기호)
② 산업안전기사 필기 p.2-71(합격날개 : 합격예측)

KEY 2023년 6월 4일 기사 등 10회 이상 출제

34 **자동차를 생산하는 공장의 어떤 근로자가 95[dB](A)의 소음수준에서 하루 8시간 작업하며 매 시간 조용한 휴게실에서 20분씩 휴식을 취한다고 가정하였을 때, 8시간 시간가중평균(TWA)은?(단, 소음은 누적소음노출량측정기로 측정하였으며, OSHA에서 정한 95[dB](A)의 허용시간은 4시간이라 가정한다.)**

① 약 91[dB](A)　② 약 92[dB](A)
③ 약 93[dB](A)　④ 약 94[dB](A)

해설

시간가중평균(TWA)

① 소음노출량(D) $= \frac{\text{가동시간}}{\text{기준시간(hr)}} \times 100$

$= \frac{8 \times (60-20)}{60 \times 4} \times 100 = 133[\%]$

② $\text{TWA} = 16.61 \times \log\frac{133}{100} + 90 = 92.06[\text{dB}]$

참고 가동시간 : $40 \times 8 = 320$[분]$=5.3$[시간]
기준시간 : 4[시간]
누적소음노출량 : $D = \frac{5.3}{4} \times 100 = 133[\%]$

$\text{TWA} = 16.61 \times \log\frac{133}{100} + 90$

$D = \frac{\text{가동시간(hr)}}{\text{기준시간(hr)}}$

보충학습

"시간 가중 평균 농도(TWA)"라 함은 1일 8시간 작업을 기준으로 하여 유해요인의 측정 농도에 발생 시간을 곱하여 8시간으로 나눈 농도를 말하며 산출 공식은 다음과 같다.

TWA 농도 $= \frac{C_1 \cdot T_1 + C_2 \cdot T_2 + \cdots C_n \cdot T_n}{8}$

[정답] 32 ② 33 ② 34 ②

㈜ C : 유해 요인의 측정 농도(단위 : ppm 또는 mg/m^3)
T : 유해 요인의 발생 시간(단위 : 시간)

합격정보
작업환경 측정 및 정도 관리 등에 관한 고시 제36조(소음수준의 평가)

참고 산업안전기사 필기 p.2-19(합격날개 : 합격예측)

KEY ① 2009년 5월 10일(문제 35번) 출제
② 2017년 8월 26일 출제
③ 2019년 3월 3일(21번), 4월 27일(47번) 출제
④ 2021년 5월 15일(42번), 9월 12일(59번) 출제
⑤ 2022년 4월 24일(문제 22번) 출제

35 다음 중 광원의 밝기에 비례하고, 거리의 제곱에 반비례하며, 반사체의 반사율과는 상관없이 일정한 값을 갖는 것은?

① 광도　② 휘도
③ 조도　④ 휘광

해설

조도

① 거리가 증가할 때에 조도는 역제곱의 법칙에 따라 감소한다.

② 공식 : $조도 = \frac{광도(광원의\ 밝기)[cd]}{(거리)^2} = \frac{비례}{반비례}$

참고 산업안전기사 필기 p.2-169(2. 조명)

KEY 2023년 2월 28일(문제 26번) 출제

합격정보
산업안전보건기준에 관한 규칙 제8조(조도)

36 상황해석을 잘못하거나 목표를 잘못 설정하여 발생하는 인간의 오류 유형은?

① 실수(Slip)　② 착오(Mistake)
③ 위반(Violation)　④ 건망증(Lapse)

해설

인간의 오류 5가지 모형

구분	특징
착각(Illusion)	감각적으로 물리현상을 왜곡하는 지각 오류
착오(Mistake)	상황해석을 잘못하거나 목표를 잘못 이해하고 착각하여 행하는 인간의 실수로 위치, 순서, 패턴, 형상, 기억오류 등 외부적 요인에 의해 나타나는 오류
실수(Slip)	의도는 올바른 것이었지만, 행동이 의도한 것과는 다르게 나타나는 오류
건망증 (Lapse)	일련의 과정에서 일부를 빠뜨리거나 기억의 실패에 의해 발생하는 오류
위반 (Violation)	정해진 규칙을 알고 있음에도 의도적으로 따르지 않거나 무시한 경우에 발생하는 오류

37 인간공학적 연구에 사용되는 기준 척도의 요건 중 다음 설명에 해당하는 것은?

> 기준 척도는 측정하고자 하는 변수 외의 다른 변수들의 영향을 받아서는 안된다.

① 신뢰성　② 적절성
③ 검출성　④ 무오염성

해설

기준의 요건

구분	특징
적절성(relevance)	기준이 의도된 목적에 적합하다고 판단되는 정도
무오염성	측정하고자 하는 변수외의 영향이 없도록
기준척도의 신뢰성 (reliability criterion measure)	척도의 신뢰성 즉 반복성 (repeatability)

참고 산업안전기사 필기 p.2-6(합격날개 : 합격예측)

KEY ① 2017년 8월 26일 출제
② 2019년 8월 4일 산업기사 출제
③ 2020년 9월 27일(문제 49번) 출제
④ 2022년 3월 5일(문제 34번) 출제

38 산업안전보건기준에 관한 규칙상 작업장의 작업면에 따른 적정 조명 수준은 초정밀작업에서 (㉠) [lux] 이상이고, 보통작업에서는 (㉡) [lux] 이상이다. ( )안에 들어갈 내용은?

① ㉠ : 650, ㉡ : 150　② ㉠ : 650, ㉡ : 250
③ ㉠ : 750, ㉡ : 150　④ ㉠ : 750, ㉡ : 250

[정답] 35 ③　36 ②　37 ④　38 ③

해설

작업장의 조도기준

① 초정밀작업 : 750[lux] 이상
② 정밀작업 : 300[lux] 이상
③ 보통작업 : 150[lux] 이상
④ 그 밖의 작업 : 75[lux] 이상

참고 ① 산업안전기사 필기 p.2-169(합격날개 : 합격예측)
② 산업안전기사 필기 p.2-201(문제 52번)

KEY ① 2011년 8월 21일 출제
② 2017년 8월 26일 출제
③ 2019년 3월 3일 출제
④ 2022년 3월 5일 출제
⑤ 2023년 7월 8일(문제 21번) 출제

합격정보

산업안전보건기준에 관한 규칙 제8조(조도)

합격자의 조언

필기 제6과목과 실기에서도 출제되는 내용입니다.

39 다음 중 조종-반응비율(C/R비)에 관한 설명으로 틀린 것은?

① C/R비가 클수록 민감한 제어장치이다.
② "X"가 조종장치의 변위량, "Y"가 표시장치의 변위량일 때 $\frac{X}{Y}$로 표현된다.
③ Knob의 C/R비는 손잡이 1회전시 움직이는 표시장치 이동거리의 역수로 나타낸다.
④ 최적의 C/R비는 제어장치의 종류나 표시장치의 크기, 허용오차 등에 의해 달라진다.

해설

최적 C/R비의 특징

① 이동 동작과 조종 동작을 절충하는 동작이 수반된다.
② 최적치는 두 곡선의 교점 부호이다.
③ C/R비가 작을수록 이동시간은 짧고, 조종은 어려워서 민감한 조종장치이다.
④ 최초통제비 : 2.5~3.0

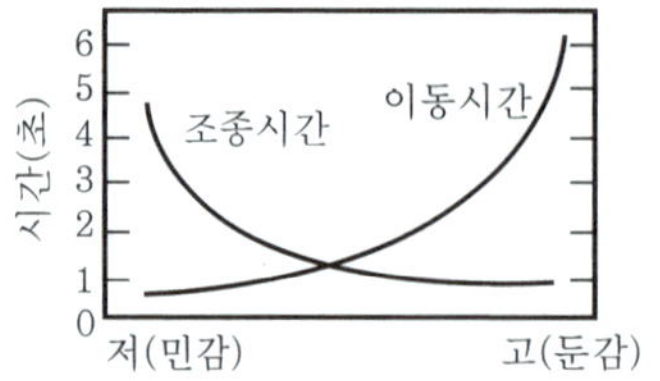

[그림] C/R비

참고 산업안전기사 필기 p.2-175[4. 통제표시비(통제비)]

KEY ① 2019년 8월 4일 산업기사 출제
② 2023년 4월 1일 지도사 출제

40 인간이 기계와 비교하여 정보처리 및 결정의 측면에서 상대적으로 우수한 것은?(단, 인공지능은 제외한다.)

① 연역적 추리
② 정량적 정보처리
③ 관찰을 통한 일반화
④ 정보의 신속한 보관

해설

인간과 기계의 기능 비교

구분	인간이 기계보다 우수한 기능	기계가 인간보다 우수한 기능
감지기능	· 저에너지 자극 감지 · 복잡 다양한 자극 형태 식별 · 예기치 못한 사건의 감지	· 인간의 정상적 감지 범위 밖의 자극 감지 · 인간 및 기계에 대한 모니터 기능
정보처리 및 결정	· 많은 양의 정보를 장시간 보관 · 관찰을 통한 일반화 · 귀납적 추리 · 원칙 적용 · 다양한 문제 해결(정서적)	· 암호화된 정보를 신속하게 대량 보관 · 연역적 추리 · 정량적 정보처리
행동기능	· 과부하 상태에서는 중요한 일에만 전념	· 과부하 상태에서도 효율적 작동 · 장시간 중량작업 · 반복작업, 동시에 여러 가지 작업 가능

참고 산업안전기사 필기 p.2-10([표] 인간과 기계의 기능 비교)

KEY ① 2016년 5월 8일 산업기사 출제
② 2022년 6월 14일 산업기사 출제

[정답] 39 ① 40 ③

3 기계·기구 및 설비안전관리

41 **지게차의 헤드가드에 관한 기준으로 틀린 것은?**

① 4[t] 이하의 지게차에서 헤드가드의 강도는 지게차 최대하중의 2배 값의 등분포정하중에 견딜 수 있을 것
② 상부틀의 각 개구의 폭 또는 길이가 25[cm] 미만일 것
③ 운전자가 앉아서 조작하는 방식의 지게차의 경우에는 운전자의 좌석 윗면에서 헤드가드의 상부틀 아랫면까지의 높이가 0.903[m] 이상일 것
④ 운전자가 서서 조작하는 방식의 지게차의 상부틀 하면까지의 높이가 1.905[m] 이상일 것

해설

상부틀의 각 개구의 폭 또는 길이 : 16[cm] 미만

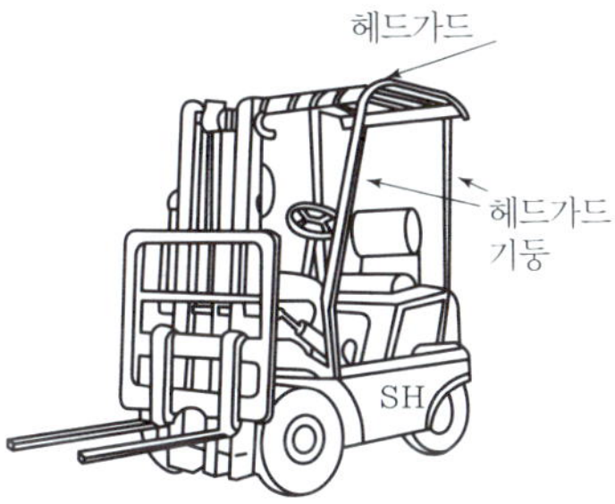

[그림] 포크리프트 헤드가드

참고 ① 산업안전기사 필기 p.3-149(합격날개 : 합격예측)
② 산업안전기사 필기 p.6-71(3. 지게차의 헤드가드 구비조건)

KEY ① 2016년 3월 6일 산업기사 출제
② 2016년 8월 21일 출제
③ 2017년 3월 5일 산업기사 출제
④ 2018년 8월 19일 산업기사 출제
⑤ 2019년 4월 27일 기사, 산업기사 동시출제
⑥ 2023년 2월 28일(문제 58번) 출제
⑦ 2024년 2월 15일(문제 48번) 출제

합격정보

산업안전보건기준에 관한 규칙 제10절 제2관(지게차)

42 **산업안전보건법령상 아세틸렌 용접장치의 아세틸렌 발생기실을 설치하는 경우 준수하여야 하는 사항으로 옳은 것은?**

① 벽은 가연성 재료로 하고 철근 콘크리트 또는 그 밖에 이와 동등하거나 그 이상의 강도를 가진 구조로 할 것
② 바닥면적의 16분의 1 이상의 단면적을 가진 배기통을 옥상으로 돌출시키고 그 개구부를 창이나 출입구로부터 1.5미터 이상 떨어지도록 할 것
③ 출입구의 문은 불연성 재료로 하고 두께 1.0밀리미터 이하의 철판이나 그 밖에 그 이상의 강도를 가진 구조로 할 것
④ 발생기실을 옥외에 설치한 경우에는 그 개구부를 다른 건축물로부터 1.0미터 이내 떨어지도록 할 것

해설

제287조(발생기실의 구조 등)

사업주는 발생기실을 설치하는 경우에 다음 각 호의 사항을 준수하여야 한다.

1. 벽은 불연성 재료로 하고 철근 콘크리트 또는 그 밖에 이와 같은 수준이거나 그 이상의 강도를 가진 구조로 할 것
2. 지붕과 천장에는 얇은 철판이나 가벼운 불연성 재료를 사용할 것
3. 바닥면적의 16분의 1 이상의 단면적을 가진 배기통을 옥상으로 돌출시키고 그 개구부를 창이나 출입구로부터 1.5미터 이상 떨어지도록 할 것
4. 출입구의 문은 불연성 재료로 하고 두께 1.5밀리미터 이상의 철판이나 그 밖에 그 이상의 강도를 가진 구조로 할 것
5. 벽과 발생기 사이에는 발생기의 조정 또는 카바이드 공급 등의 작업을 방해하지 않도록 간격을 확보할 것

참고 산업안전기사 필기 p.3-115(합격날개 : 합격예측 및 관련 법규)

KEY ① 2016년 3월 6일 산업기사 출제
② 2017년 5월 7일 출제
③ 2018년 3월 4일 산업기사 출제
④ 2018년 4월 28일 출제
⑤ 2019년 8월 4일(문제 56번)
⑥ 2020년 9월 27일(문제 44번) 출제
⑦ 2022년 4월 24일(문제 60번) 출제
⑧ 2024년 2월 15일(문제 51번) 출제

[정답] 41 ② 42 ②

보충학습

아세틸렌 용접장치 화기 안전거리

① 발생기 : 5[m]
② 발생기실 : 3[m]

정보제공

산업안전보건기준에 관한 규칙 제287조(발생기실의 구조 등)

43 보일러에서 프라이밍(priming)과 포밍(foaming)의 발생 원인으로 가장 거리가 먼 것은?

① 역화가 발생되었을 경우
② 기계적 결함이 있을 경우
③ 보일러가 과부하로 사용될 경우
④ 보일러 수에 불순물이 많이 포함되었을 경우

해설

보일러 이상연소 현상

구분	현상
불완전 연소	공기의 부족, 연료 분무 상태 불량 등의 원인으로 발생
이상 소화	버너 연소 중 돌연히 불이 꺼지는 현상
2차 연소	불완전 연소에 의해 발생한 미연소가스가 연소실 외, 연관내 또는 연도에서 연소하는 현상
역화	화염이 버너쪽에서 분출하는 현상으로 점화시에 주로 발생

참고 ① 산업안전기사 필기 p.3-120(합격날개 : 합격예측)
② 산업안전기사 필기 p.3-120(2. 보일러의 이상연소 현상)

KEY ① 2017년 8월 26일 출제
② 2021년 3월 7일 출제
③ 2023년 7월 8일(문제 45번) 출제
④ 2024년 2월 15일(문제 58번) 출제

44 다음 중 금형 설치·해체작업의 일반적인 안전사항으로 틀린 것은?

① 금형을 설치하는 프레스의 T홈 안길이는 설치 볼트 직경 이하로 한다.
② 금형의 설치용구는 프레스의 구조에 적합한 형태로 한다.
③ 고정볼트는 고정 후 가능하면 나사산이 3~4개 정도 짧게 남겨 슬라이드 면과의 사이에 협착이 발생하지 않도록 해야 한다.
④ 금형 고정용 브래킷(물림판)을 고정시킬 때 고정용 브래킷은 수평이 되게 하고, 고정볼트는 수직이 되게 고정하여야 한다.

해설

금형 탈락 및 운반에 따른 위험방지방법

(1) 프레스기계에 설치하기 위해 금형에 설치하는 홈의 안전대책
① 설치하는 프레스기계의 T홈에 적합한 형상의 것일 것
② 안 길이는 설치볼트 직경의 2배 이상일 것
(2) 금형의 운반에 있어서 형의 어긋남을 방지하기 위해 대판, 안전핀 등을 사용할 것

참고 산업안전기사 필기 p.3-105(합격날개 : 합격예측)

KEY ① 2018년 8월 19일 출제
② 2022년 3월 5일 출제
③ 2023년 7월 8일(문제 47번) 출제

45 산업안전보건법령상 프레스를 제외한 사출성형기·주형조형기 및 형단조기 등에 관한 안전조치 사항으로 틀린 것은?

① 근로자의 신체 일부가 말려들어갈 우려가 있는 경우에는 양수조작식 방호장치를 설치하여 사용한다.
② 게이트 가드식 방호장치를 설치할 경우에는 연동 구조를 적용하여 문을 닫지 않아도 동작할 수 있도록 한다.
③ 사출성형기의 전면에 작업용 발판을 설치할 경우 근로자가 쉽게 미끄러지지 않는 구조여야 한다.
④ 기계의 히터 등의 가열 부위, 감전 우려가 있는 부위에는 방호덮개를 설치하여 사용한다.

[정답] 43 ① 44 ① 45 ②

해설

사출성형기 등의 방호장치

① 사업주는 사출성형기(射出成形機)·주형조형기(鑄型造形機) 및 형단조기(프레스 등은 제외한다) 등에 근로자의 신체 일부가 말려들어갈 우려가 있는 경우 게이트가드(gate guard) 또는 양수조작식 등에 의한 방호장치, 그 밖에 필요한 방호 조치를 하여야 한다.
② 제1항의 게이트가드는 닫지 아니하면 기계가 작동되지 아니하는 연동구조(連動構造)여야 한다.
③ 사업주는 제①항에 따른 기계의 히터 등의 가열 부위 또는 감전 우려가 있는 부위에는 방호덮개를 설치하는 등 필요한 안전 조치를 하여야 한다.

KEY ① 2015년 5월 31일 출제
② 2019년 3월 3일 출제
③ 2021년 8월 14일 출제
④ 2023년 7월 8일(문제 52번) 출제

합격정보

산업안전보건기준에 관한 규칙 제121조(사출성형기 등의 방호장치)

46 산업용 로봇의 작동 범위 내에서 교시 등의 작업을 하는 경우, 작업시작 전 점검사항에 해당하지 않는 것은?

① 외부전선의 피복 또는 외장의 손상유무
② 매니퓰레이터 작동의 이상유무
③ 제동장치 및 비상정지장치의 기능
④ 압력방출장치의 기능

해설

로봇의 작동범위 내에서 그 로봇에 관하여 교시 등(로봇의 동력원을 차단하고 행하는 것을 제외한다)의 작업을 할 때 작업시작 전 점검내용
① 외부전선의 피복 또는 외장의 손상유무
② 매니퓰레이터(manipulator) 작동의 이상유무
③ 제동장치 및 비상정지장치의 기능

참고 산업안전기사 필기 p.3-51([표] 기계 · 기구의 위험요소 작업시작 전 점검사항)

KEY ① 2011년 6월 12일, 8월 21일출제
② 2012년 8월 26일 출제
③ 2015년 5월 31일 출제
④ 2018년 3월 4일 출제
⑤ 2020년 8월 22일 출제
⑥ 2021년 5월 15일 출제
⑦ 2023년 7월 8일(문제 55번) 출제

47 기계설비의 위험점 중 연삭숫돌과 작업받침대, 교반기의 날개와 하우스 등 고정부분과 회전하는 동작 부분 사이에서 형성되는 위험점은?

① 끼임점 ② 물림점
③ 협착점 ④ 절단점

해설

기계·기구 설비의 6가지 위험점

① 협착점 : 왕복운동을 하는 동작 부분과 움직임이 없는 고정 부분 사이에 형성되는 위험점
② 끼임점 : 고정 부분과 회전하는 동작 부분이 함께 만드는 위험점
③ 절단점 : 회전하는 운동부분 자체의 위험에서 초래되는 위험점
④ 물림점 : 회전하는 두 개의 회전체에 물려 들어갈 위험성이 형성되는 것
⑤ 접선 물림점 : 회전하는 부분의 접선방향으로 물려 들어갈 위험성이 존재하는 점
⑥ 회전 말림점 : 회전하는 물체에 작업복 등이 말려드는 위험이 존재하는 점

참고 산업안전기사 필기 p.3-15(2. 끼임점)

KEY ① 2016년 8월 21일 산업기사 출제
② 2018년 3월 4일 산업기사 출제
③ 2020년 6월 14일 산업기사 출제
④ 2021년 3월 7일(문제 42번) 출제
⑤ 2023년 7월 8일(문제 59번) 출제

48 다음 중 컨베이어의 안전장치로 옳지 않은 것은?

① 비상정지장치 ② 반발예방장치
③ 역회전방지장치 ④ 이탈방지장치

해설

컨베이어 안전장치 종류

① 비상정지장치
② 역회전 방지장치
③ 이탈방지 장치

참고 산업안전기사 필기 p.3-137(3. 컨베이어 안전장치)

KEY ① 2012년 3월 4일 출제
② 2017년 8월 26일 출제
③ 2019년 4월 27일 출제
④ 2020년 9월 27일 출제
⑤ 2021년 3월 7일 출제
⑥ 2023년 6월 4일(문제 42번) 출제

[정답] 46 ④ 47 ① 48 ②

PART 04

49 **와이어로프의 꼬임에 관한 설명으로 틀린 것은?**

① 보통 꼬임에는 S꼬임이나 Z꼬임이 있다.
② 보통 꼬임은 스트랜드의 꼬임방향과 로프의 꼬임방향이 반대로 된 것을 말한다.
③ 랭 꼬임은 로프의 끝이 자유로이 회전하는 경우나 킹크가 생기기 쉬운 곳에 적당하다.
④ 랭 꼬임은 보통 꼬임에 비하여 마모에 대한 저항성이 우수하다.

해설

와이어로프의 꼬임 방법

특징 \ 꼬임	보통 꼬임	랭 꼬임
외관	• 소선과 로프축은 평행이다.(가닥과 소선의 꼬임이 반대)	• 소선과 로프축은 각도를 가진다.(가닥과 소선의 꼬임이 같은 방향)
장점	• 킹크(kink)를 잘 일으키지 않으므로 취급이 쉽다. • 꼬임이 견고하기 때문에 모양이 잘 흐트러지지 않는다.	• 소선은 긴 거리에 걸쳐서 외부와 접촉하므로 로프의 내마모성이 크다. • 유연하다.
단점	• 소선이 짧은 거리에 걸쳐 외부와 접촉하므로 국부적으로 단선을 일으키기 쉽다.	• 킹크를 일으키기 쉬우므로 취급주의가 필요하다.
용도	• 일반용	• 광산 삭도용

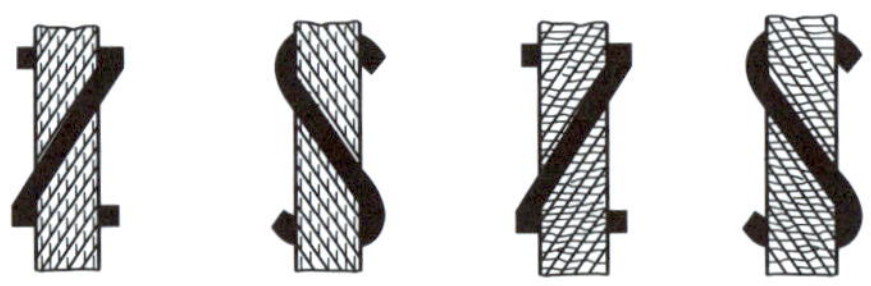

① 보통 Z꼬임 ② 보통 S꼬임 ③ 랭Z꼬임 ④ 랭S꼬임

[그림] 로프 꼬임의 종류(KS D 7013)

참고 산업안전기사 필기 p.6-177(표. 와이어로프 꼬임 방법)

KEY ① 2019년 3월 3일 출제
② 2019년 4월 27일 출제
③ 2023년 6월 4일(문제 45번) 출제

50 **롤러의 급정지를 위한 방호장치를 설치하고자 한다. 앞면 롤러 직경이 36[cm]이고, 분당 회전속도가 50[rpm]이라면 급정지거리는 약 얼마 이내이어야 하는가?(단, 무부하동작에 해당한다.)**

① 45[cm] ② 50[cm]
③ 55[cm] ④ 60[cm]

해설

급정지거리 계산

① 표면속도(V) $= \dfrac{\pi DN}{1,000}$

$= \dfrac{\pi \times 360 \times 50}{1,000} = 56.52[\text{m/min}]$

② 급정지거리 $= \pi D \times \dfrac{1}{2.5}$

$= (3.14 \times 360) \times \dfrac{1}{2.5}$

$= 452.16[\text{mm}] = 45[\text{cm}]$

참고 산업안전기사 필기 p.3-110(표. 롤의 급정지거리)

KEY 2023년 6월 4일(문제 57번) 등 10회 이상 출제

51 **산업안전보건법령상 양중기를 사용하여 작업하는 운전자 또는 작업자가 보기 쉬운 곳에 해당 양중기에 대해 표시하여야 할 내용으로 가장 거리가 먼것은?**

① 정격하중 ② 운전 속도
③ 경고 표시 ④ 최대 인양 높이

해설

양중기 표시 사항

① 정격하중
② 운전 속도
③ 경고 표시

참고 산업안전기사 필기 p.3-150(합격날개 : 합격예측 및 관련법규)

KEY ① 2017년 3월 5일 출제
② 2020년 8월 22일 출제
③ 2023년 6월 4일(문제 48번) 출제

합격정보

산업안전보건기준에 관한 규칙 제133조(정격하중 등의 표시)

[정답] 49 ③ 50 ① 51 ④

52 롤러기 급정지장치의 종류가 아닌 것은?

① 어깨조작식 ② 손조작식
③ 복부조작식 ④ 무릎조작식

해설

급정지장치 종류 3가지

급정지장치 조작부의 종류	위치
손으로 조작하는 것	밑면으로부터 1.8[m] 이내
복부로 조작하는 것	밑면으로부터 0.8[m] 이상 1.1[m] 이내
무릎으로 조작하는 것	밑면으로부터 0.6[m] 이내

참고 산업안전기사 필기 p.3-110(합격날개 : 합격예측 및 관련법규)

KEY 2023년 6월 4일 기사 등 10회 이상 출제

53 산업안전보건법령상 보일러의 안전한 가동을 위하여 보일러 규격에 맞는 압력방출장치가 2개 이상 설치된 경우에 최고사용압력 이하에서 1개가 작동되고, 다른 압력방출장치는 최고사용압력의 몇 배 이하에서 작동되도록 부착하여야 하는가?

① 1.03배 ② 1.05배
③ 1.2배 ④ 1.5배

해설

압력방출장치

① 보일러 규격에 적합한 압력방출장치를 최고사용압력 이하에서 작동되도록 1개 또는 2개 이상 설치
② 2개 이상 설치된 경우 최고사용압력 이하에서 1개가 작동되고, 다른 압력방출장치는 최고사용압력 1.05배 이하에서 작동되도록 부착
③ 1년에 1회 이상 토출압력시험 후 납으로 봉인(공정안전관리 이행수준 평가결과가 우수한 사업장은 4년에 1회 이상 토출압력시험 실시)
④ 안전밸브 종류 : 스프링식, 중추식, 지렛대식(일반적으로 스프링식 안전밸브를 많이 사용)

참고 산업안전기사 필기 p.3-121(압력방출장치)

KEY 2023년 6월 4일(문제 53번) 등 10회 이상 출제

합격정보

산업안전보건기준에 관한 규칙 제116조(압력방출장치)

54 방호장치 안전인증 고시에 따라 프레스 및 전단기에 사용되는 광전자식 방호장치의 일반구조에 대한 설명으로 가장 적절하지 않은 것은?

① 정상동작표시램프는 녹색, 위험표시램프는 붉은색으로 하며, 근로자가 쉽게 볼 수 있는 곳에 설치해야 한다.
② 슬라이드 하강 중 정전 또는 방호장치의 이상 시에 정지할 수 있는 구조이어야 한다.
③ 방호장치는 릴레이, 리미트 스위치 등의 전기부품의 고장, 전원전압의 변동 및 정전에 의해 슬라이드가 불시에 동작하지 않아야 하며, 사용전원전압의 ±(100분의 10)의 변동에 대하여 정상으로 작동되어야 한다.
④ 방호장치의 감지기능은 규정한 검출영역 전체에 걸쳐 유효하여야 한다.(다만, 블랭킹 기능이 있는 경우 그렇지 않다.)

해설

광전자식 방호장치의 일반구조

① 방호장치는 릴레이, 리미트 스위치 등의 전기부품의 고장, 전원전압의 변동 및 정전에 의해 슬라이드가 불시에 동작하지 않아야 한다.
② 사용전원전압의 ±(100분의 20)의 변동에 대하여 정상으로 작동되어야 한다.

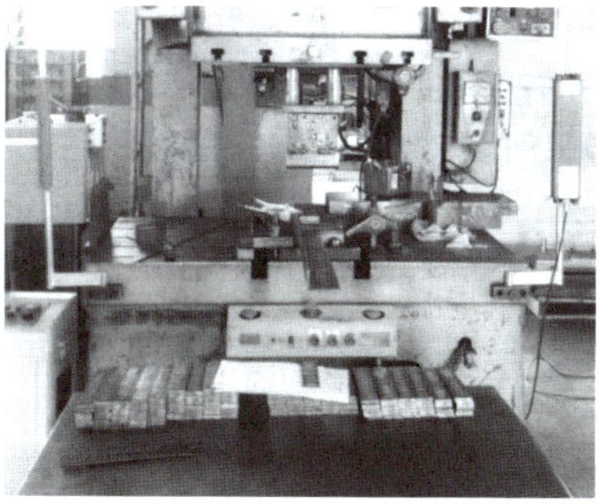

[그림] 광전자식 방호장치

참고 산업안전기사 필기 p.3-103(합격날개 : 합격예측)

KEY ① 2018년 3월 4일 산업기사(문제 54번) 출제
② 2022년 4월 24일 출제
③ 2023년 6월 4일(문제 58번) 출제

[정답] 52 ① 53 ② 54 ③

55 산업안전보건법령상 프레스 작업시작 전 점검해야 할 사항에 해당하는 것은?

① 와이어로프가 통하고 있는 곳 및 작업장소의 지반상태
② 하역장치 및 유압장치 기능
③ 권과방지장치 및 그 밖의 경보장치의 기능
④ 1행정 1정지기구·급정지장치 및 비상정지장치의 기능

해설

프레스 작업시작전 점검사항
① 클러치 및 브레이크의 기능
② 크랭크축·플라이휠·슬라이드·연결봉 및 연결나사의 풀림 유무
③ 1행정 1정지기구·급정지장치 및 비상정지장치의 기능
④ 슬라이드 또는 칼날에 의한 위험방지 기구의 기능
⑤ 프레스의 금형 및 고정볼트 상태
⑥ 방호장치의 기능
⑦ 전단기(剪斷機)의 칼날 및 테이블의 상태

참고 산업안전기사 필기 p.3-51(표. 기계·기구의 위험요소 작업 시작 전 점검사항)

KEY ① 2023년 2월 28일(문제 41번) 등 10회 이상 출제
② 2023년 4월 1일 산업안전(보건)지도사 출제

합격정보
산업안전보건기준에 관한 규칙 [별표 3] 작업시작전 점검사항

56 산업안전보건법령상 연삭기 작업 시 작업자가 안심하고 작업을 할 수 있는 상태는?

① 탁상용 연삭기에서 숫돌과 작업 받침대의 간격이 5[mm]이다.
② 덮개 재료의 인장강도는 224[MPa]이다.
③ 숫돌 교체 후 2분 정도 시험운전을 실시하여 해당 기계의 이상 여부를 확인하였다.
④ 작업 시작 전 1분 정도 시험운전을 실시하여 해당 기계의 이상 여부를 확인하였다.

해설

연삭기 시험운전 시간
① 작업시작 전 : 1분 이상
② 숫돌 교체시 : 3분 이상

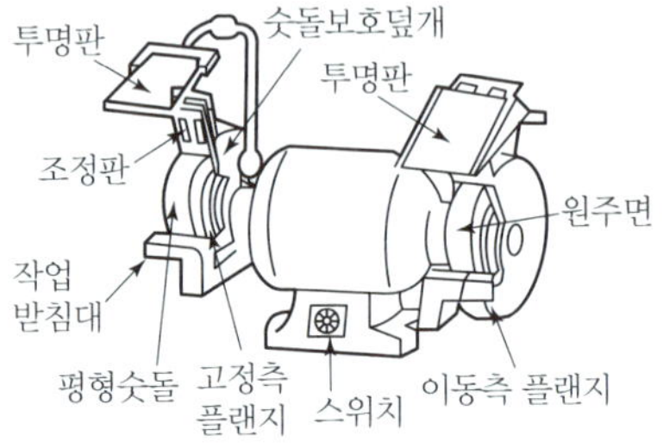

[그림] 탁상용연삭기

참고 산업안전기사 필기 p.3-94(4. 연삭기 구조면에 있어서 안전대책)

KEY ① 2016년 3월 6일 산업기사 출제
② 2020년 6월 7일 출제
③ 2020년 8월 22일(문제 51번) 출제
④ 2022년 4월 24일(문제 52번) 출제

57 강자성체를 자화하여 표면의 누설자속을 검출하는 비파괴 검사 방법은?

① 방사선 투과 시험
② 인장시험
③ 초음파 탐상 시험
④ 자분 탐상 시험

해설

자기(분) 탐상검사(MT : Magnetic Test)
① 강자성체(Fe, Ni, Co 및 그 합금)에 발생한 표면 크랙을 찾아내는 것
② 결함을 가지고 있는 시험에 적절한 자장을 가해 자속(磁束)을 흐르게 하여 결함부에 의해 누설된 누설자속에 의해 생긴 자장에 자분을 흡착시켜 큰 자분 모양으로 나타내어 육안으로 결함을 검출하는 방법

참고 산업안전기사 필기 p.3-224(④ 자기 탐상검사)

KEY ① 2019년 3월 3일(문제 57번) 출제
② 2021년 8월 14일(문제 53번) 출제

[정답] 55 ④ 56 ④ 57 ④

58 선반 작업에 대한 안전수칙으로 가장 적절하지 않은 것은?

① 선반의 바이트는 끝을 짧게 장치한다.
② 작업 중에는 면장갑을 착용하지 않도록 한다.
③ 작업이 끝난 후 절삭 칩의 제거는 반드시 브러시 등의 도구를 사용한다.
④ 작업 중 일감의 치수 측정 시 기계 운전상태를 저속으로 하고 측정한다.

해설

일감의 치수 측정
① 치수 측정 시 기계 운전상태를 정지하고 측정한다.
② 저속시 가장 큰 힘이 작용한다.

참고 산업안전기사 필기 p.3-81(4. 선박작업시 안전수칙)

KEY 2021년 3월 7일 기사 등 20번 이상 출제

59 다음 중 절삭가공으로 틀린 것은?

① 선반 ② 밀링
③ 프레스 ④ 보링

해설

절삭가공에 사용되는 공작기계의 종류
① 선반 ② 드릴링 머신 ③ 밀링 머신 ④ 세이빙 머신

보충학습

press(프레스) : 비절삭(소성)가공 기계

참고 ① 산업안전기사 필기 p.3-79(중점학습내용)
② 산업안전기사 필기 p.3-95(1. 소성기공의 개요)

KEY 2021년 3월 7일(문제 49번) 출제

60 자동화 설비를 사용하고자 할 때 기능의 안전화를 위하여 검토할 사항으로 거리가 가장 먼 것은?

① 재료 및 가공 결함에 의한 오동작
② 사용압력 변동 시의 오동작
③ 전압강하 및 정전에 따른 오동작
④ 단락 또는 스위치 고장 시의 오동작

해설

기능의 안전화 대책
① 전압강하 및 정전에 따른 오작동
② 사용압력 변동 시 오작동
③ 밸브고장 시 오작동
④ 단락 또는 스위치 고장 시 오작동

보충학습

구조의 안전화
결함을 사전에 제거(예 재료, 설계, 가공 결함)

참고 산업안전기사 필기 p.3-189(2. 기능의 안전화)

KEY ① 2020년 8월 23일 산업기사 출제
② 2021년 3월 7일(문제 56번) 출제

4 전기설비 안전관리

61 욕조나 샤워시설이 있는 욕실 또는 화장실에 콘센트가 시설되어 있다. 해당 전로에 설치된 누전차단기의 정격감도전류와 동작시간은?

① 정격감도전류 15[mA] 이하, 동작시간 0.01[초] 이하
② 정격감도전류 15[mA] 이하, 동작시간 0.03[초] 이하
③ 정격감도전류 30[mA] 이하, 동작시간 0.01[초] 이하
④ 정격감도전류 30[mA] 이하, 동작시간 0.03[초] 이하

해설

누전차단기 기준(KS C 4613)
① 승압지구[(220[V]에는 30[mA]의 누전에 30[ms](0.03[sec]) 이내에 작동하는 누전차단기설치(감전보호용)]
② 누전차단기 설치대상전압 : 150[V] 이상

참고 산업안전기사 필기 p.4-5(1. 누전차단기의 종류)

KEY ① 2016년 3월 6일 산업기사 출제
② 2017년 5월 7일, 8월 26일(문제 63번) 출제
③ 2021년 8월 14일(문제 75번) 출제
④ 2024년 2월 15일(문제 61번) 출제

[정답] 58 ④ 59 ③ 60 ① 61 ②

합격정보

제170조(옥내에 시설하는 저압용의 배선기구의 시설) 욕실 등 인체가 물에 젖어있는 상태에서 물을 사용하는 장소에 콘센트를 시설하는 경우

① 〈전기용품안전 관리법〉의 적용을 받는 인체감전보호용 누전차단기(정격감도전류 15[mA] 이하, 동작시간 0.03[초] 이하의 전류동작형)로 보호된 전로에 접속하거나, 인체감전보호용 누전차단기가 부착된 콘센트를 시설하여야 한다.

② 콘센트는 접지 극이 있는 방전형 콘센트를 사용하여 접지하여야 한다

62 자동전격방지장치에 대한 설명으로 틀린 것은?

① 무부하시 전력손실을 줄인다.

② 무부하 전압을 안전전압 이하로 저하시킨다.

③ 용접을 할 때에만 용접기의 주회로를 개로(OFF)시킨다.

④ 교류 아크용접기의 안전장치로서 용접기의 1차 또는 2차 측에 부착한다.

해설

자동전격방지장치(交流-鎔接機用 自動電擊防止裝置)

① 교류아크용접기의 출력측 무부하전압(교류아크용접기의 아크 발생을 정지시켰을 경우에서 용접봉과 피용접물 사이의 전압을 말한다)이 1.5초 이내에 30V 이하가 되도록 교류아크용접기에 장착하는 감전방지용 안전장치(자동전격방지장치(自動電擊防止裝置 : automatic electric shock prevention apparatus))

② 용접을 할 때에는 용접기의 주회로를 폐로(ON)시킨다.

참고 산업안전기사 필기 p.4-78(2. 방호장치의 성능)

KEY
① 2016년 5월 8일 산업기사 출제
② 2017년 5월 7일 출제
③ 2018년 3월 4일 출제
④ 2019년 3월 3일 출제
⑤ 2023년 2월 28일(문제 64번) 출제
⑥ 2024년 2월 15일(문제 69번) 출제

합격정보

산업안전보건기준에 관한 규칙 제306조(교류아크용접기 등)

63 다음 중 전기화재시 소화에 적합한 소화기가 아닌 것은?

① 사염화탄소소화기 ② 분말소화기

③ 산알칼리소화기 ④ CO_2소화기

해설

산·알칼리소화기 : A급 화재에 적합

① 외약제 : $NaHCO_3$
② 내약제 : H_2SO_4
③ 2년에 1회 약제 교환

참고 산업안전기사 필기 p.4-86(문제 19번) 적중

KEY
① 2013년 6월 2일 출제
② 2015년 8월 16일 출제
③ 2023년 7월 8일(문제 63번) 출제
④ 2024년 2월 15일(문제 72번) 출제

보충학습

제1류: 산화성 고체 제2류: 가연성 고체 제3류: 자연발화 및 금수성 제4류: 인화성 액체 제5류: 자기반응성 물질 제6류: 산화성 액체		대상물 구분											
		건축물 · 그 밖의 공작물	전기설비	알칼리금속과산화물 등	그 밖의 것	철분 · 금속분 · 마그네슘 등	인화성 고체	그 밖의 것	금수성 물질	그 밖의 것	제4류 위험물	제5류 위험물	제6류 위험물
봉상수소화기		○			○		○	○		○		○	○
무상수소화기		○	○		○		○	○		○		○	○
봉상강화액소화기		○			○		○	○		○		○	○
무상강화액소화기		○	○		○		○	○		○	○	○	○
포소화기		○			○		○	○		○	○	○	○
이산화탄소소화기			○				○				○		△
할로겐화합물소화기			○				○				○		
분말 소화기	인산염류소화기	○	○		○		○	○			○		○
	탄산수소염류소화기		○	○		○	○		○		○		
	그 밖의 것			○		○			○				
기타	물통 또는 수조	○			○		○	○		○		○	○
	건조사			○	○	○	○	○	○	○	○	○	○
	팽창질석 또는 팽창진주암			○	○	○	○	○	○	○	○	○	○

[정답] 62 ③ 63 ③

64 다음 ( )안에 알맞은 내용을 나타낸 것은?

폭발성 가스의 폭발등급 측정에 사용되는 표준용기는 내용적이 (㉮)[cm^3], 반구상의 플렌지 접합면의 안길이(㉯)[mm]의 구상용기의 틈새를 통과시켜 화염일주 한계를 측정하는 장치이다.

① ㉮ 600 ㉯ 0.4 ② ㉮ 1800 ㉯ 0.6
③ ㉮ 4500 ㉯ 8 ④ ㉮ 8000 ㉯ 25

해설

화염일주한계 = 최대안전틈새 = 안전간격(safety gap)

① 내용적 : 8000[cm^3]=8[ℓ]
② 접합면의 안길이 : 25[mm]

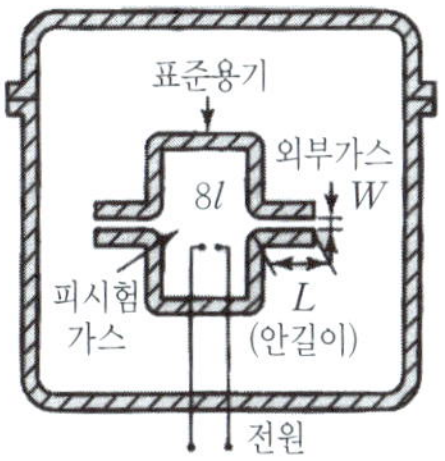

[그림] 폭발등급 측정에 사용되는 표준용기

참고 산업안전기사 필기 p.4-59 (합격날개 : 합격예측)

KEY ① 2016년 8월 21일 출제
② 2018년 8월 19일(문제 66번) 출제
③ 2022년 3월 5일(문제 61번) 출제
④ 2024년 2월 15일(문제 78번) 출제

보충학습

화염일주한계

폭발성분위기 내에서 방치된 표준용기의 접합 면 틈새를 통하여 폭발화염이 내부에서 외부로 전파되는 것을 저지할 수 있는 틈새의 최대간격치

65 전선의 절연 피복이 손상되어 동선이 서로 직접 접촉한 경우를 무엇이라 하는가?

① 절연 ② 누전
③ 접지 ④ 단락

해설

단락(합선 : short-circuit)

① 단락은 전압간의 저항이 0[Ω]에 가까운 회로를 만드는 것으로, 옴의 법칙($I=E/R$)에 따라 극히 큰 전류(단락전류라고 함)가 흐른다.
② 단락사고에서 변전설비를 지키기 위하여 각종 보호 단전기와 차단기가 사용된다.

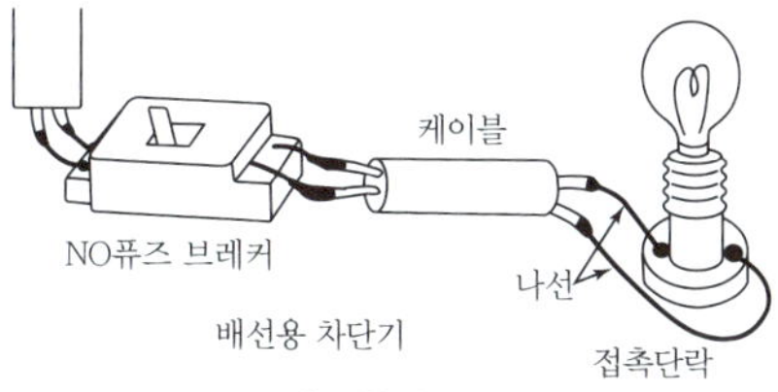

[그림] 단락 현상

참고 산업안전기사 필기 p.4-72(1.전기화재의 발생원인 및 대책)

KEY ① 2018년 8월 19일 출제
② 2023년 7월 8일(문제 61번) 출제

66 정전기 재해를 예방하기 위해 설치하는 제전기의 제전효율은 설치 시에 얼마 이상이 되어야 하는가?

① 40[%] 이상 ② 50[%] 이상
③ 70[%] 이상 ④ 90[%] 이상

해설

제전기 설치시 제전효율 : 90[%] 이상

참고 산업안전기사 필기 p.4-41(합격날개 : 은행문제)

KEY ① 2012년 3월 4일 출제
② 2021년 8월 14일 출제
③ 2023년 7월 8일(문제 67번) 출제

67 과전류에 의해 전선의 허용전류보다 큰 전류가 흐르는 경우 절연물이 화구가 없더라도 자연히 발화하고 심선이 용단되는 발화단계의 전선 전류밀도[A/mm^2]는?

① 10~20 ② 30~50
③ 60~120 ④ 130~200

[정답] 64 ④ 65 ④ 66 ④ 67 ③

해설

전선의 전류밀도에 따른 화재위험정도 분류

화재위험 정도		전선전류밀도 [A/mm²]	비 고
인화단계		40~43	허용전류의 3배 정도가 흐르게 되면 점화원에 대해 절연물이 인화하는 단계
착화단계		43~60	허용전류의 3배 이상의 전류가 흐르게 되어 점화원이 존재하지 않더라도 절연물이 스스로 탄화되어 빨갛게 달구어진 전선의 심선이 노출되는 단계
발화단계	발화후 용융	60~70	착화단계보다 더 큰 전류가 흐르는 경우 점화원 없이도 절연물이 스스로 발화되어 용융되는 단계
발화단계	용융과 동시에 발화	75~120	발화후 용융단계보다 더 큰 전류가 흐르는 경우 점화원 없이도 절연물이 용융되면서 스스로 발화하는 단계
전선폭발단계		120 이상	전선에 매우 큰 전류가 흐를 경우 전선의 심선이 용융되며 끊어지면서 전선피복을 뚫고 나와 심선인 동이 폭발하며 비산하는 단계

참고 ① 산업안전기사 필기 p.4-75(표. 절연전선의 과대 전류)
② 산업안전기사 필기 p.4-84(문제 5번)

KEY ① 2015년 8월 16일 출제
② 2019년 8월 4일 출제
③ 2023년 7월 8일(문제 71번) 출제

68 교류 아크 용접기의 자동전격방지장치는 전격의 위험을 방지하기 위하여 아크 발생이 중단된 후 약 1초 이내에 출력 측 무부하 전압을 자동적으로 몇 [V] 이하로 저하시켜야 하는가?

① 85 ② 70
③ 50 ④ 25

해설

자동전격방지장치 무부하전압

① 시간 : 1±0.3초 이내 ② 전압 : 25[V] 이하

참고 산업안전기사 필기 p.4-78(2. 방호 장치의 성능)

KEY ① 2011년 6월 12일 출제
② 2012년 8월 26일 출제
③ 2017년 5월 7일 출제
④ 2018년 3월 4일 출제
⑤ 2020년 9월 27일 출제
⑥ 2023년 7월 8일(문제 74번) 출제

69 한국전기설비규정에 따라 사람이 쉽게 접촉할 우려가 있는 곳에 금속제 외함을 가지는 저압의 기계기구가 시설되어 있다. 이 기계기구의 사용전압이 몇 [V]를 초과할 때 전기를 공급하는 전로에 누전차단기를 시설해야 하는가?(단, 누전차단기를 시설하지 않아도 되는 조건은 제외한다.)

① 30[V] ② 40[V]
③ 50[V] ④ 60[V]

해설

KEC 211.2.4 누전차단기의 시설

전원의 자동차단에 의한 저압전로의 보호대책으로 누전차단기를 시설해야 할 대상

(1) 금속제 외함을 가지는 사용전압이 50[V]를 초과하는 저압의 기계기구로서 사람이 쉽게 접촉할 우려가 있는 곳에 시설하는 것에 전기를 공급하는 전로. 다만, 다음의 어느 하나에 해당하는 경우에는 적용하지 아니한다.
① 기계·기구를 발전소·변전소·개폐소 또는 이에 준하는 곳에 시설하는 경우
② 기계·기구를 건조한 곳에 시설하는 경우
③ 대지전압이 150[V] 이하인 기계·기구를 물기가 있는 곳 이외의 곳에 시설하는 경우

(2) 주택의 인입구 등 이 규정에서 누전차단기 설치를 요구하는 전로

(3) 특고압전로, 고압전로 또는 저압전로와 변압기에 의하여 결합되는 사용전압 400[V]초과의 저압전로 또는 발전기에서 공급하는 사용전압 400[V] 초과의 저압전로

KEY ① 2022년 4월 24일(문제 65번) 출제
② 2023년 6월 4일(문제 64번) 출제
③ 2024년 4월 27일 실기 필답형 출제

70 인체의 전기저항을 0.5[kΩ]이라고 하면 심실세동을 일으키는 위험한계 에너지는 몇 [J]인가?(단, 심실세동전류값 $I=\frac{165}{\sqrt{T}}$[mA]의 Dalziel(달지엘)의 식을 이용하며, 통전시간은 1초로 한다.)

① 13.6 ② 12.6
③ 11.6 ④ 10.6

[정답] 68 ④ 69 ③ 70 ①

해설

위험한계에너지

$$Q = I^2RT = \left(\frac{165}{\sqrt{T}} \times 10^{-3}\right)^2 \times 500 \times T$$
$$= \frac{165^2}{T} \times 10^{-6} \times 500 \times T$$
$$= 165^2 \times 10^{-6} \times 500 = 13.61[J]$$
$$= 13.6 \times 0.24[cal] = 3.3[cal]$$

참고 산업안전기사 필기 p.4-18(3. 위험한계에너지)

KEY ① 2008년 5월 11일(문제 71번) 출제
② 2016년 8월 21일 출제
③ 2017년 5월 7일 출제
④ 2018년 3월 4일 출제
⑤ 2018년 4월 28일 기사 · 산업기사 동시출제 등 10회 이상 출제

71 저압 및 고압선을 직접 매설식으로 매설할 때 중량물의 압력을 받지 않는 장소에서의 매설깊이는?

① 100[cm] 이상 ② 90[cm] 이상
③ 70[cm] 이상 ④ 60[cm] 이상

해설

저압 및 고압선의 매설깊이
① 중량물 압력을 받지 않는 장소 : 60[cm] 이상
② 중량물의 압력을 받는 장소 : 120[cm] 이상

참고 산업안전기사 필기 p.4-66(문제 4번) 적중

KEY ① 2003년 8월 10일(문제 73번)
② 2023년 6월 4일(문제 73번) 출제

72 스파크화재의 방지책이 아닌 것은?

① 개폐기를 불연성 외함 내에 내장시키거나 통형 퓨즈를 사용할 것
② 접지부분의 산화, 변형, 퓨즈의 나사풀림 등으로 인한 접촉저항이 증가되는 것을 방지할 것
③ 가연성증기, 분진 등 위험한 물질이 있는 곳에는 방폭형 개폐기를 사용할 것
④ 유입 개폐기는 절연유의 비중 정도, 배선에 주의하고 주위에는 내수벽을 설치할 것

해설

스파크화재 방지대책
① 개폐기를 불연성 외함에 내장 또는 통형퓨즈 사용
② 접촉부분의 산화, 변형, 퓨즈의 나사풀림 등으로 인한 접촉저항 상승방지
③ 유입 개폐기는 절연유의 열화정도, 유량 등에 주의하고 주위에는 내화벽을 설치할 것
④ 가연성증기, 분진 등 위험한 물질이 있는 곳에는 방폭형 개폐기를 사용

참고 산업안전기사 필기 p.4-86(문제 16번 적중)

KEY ① 2015년 5월 31일 출제
② 2023년 6월 4일(문제 75번) 출제

73 다음 빈 칸에 들어갈 내용으로 알맞은 것은?

"교류 특고압 가공전선로에서 발생하는 극저주파 전자계는 지표상 1[m]에서 전계가 (ⓐ), 자계가 (ⓑ)가 되도록 시설하는 등 상시 정전유도 및 전자유도 작용에 의하여 사람에게 위험을 줄 우려가 없도록 시설하여야 한다."

① ⓐ 0.35[kV/m] 이하 ⓑ 0.833[μT] 이하
② ⓐ 3.5[kV/m] 이하 ⓑ 8.33[μT] 이하
③ ⓐ 3.5[kV/m] 이하 ⓑ 83.3[μT] 이하
④ ⓐ 35[kV/m] 이하 ⓑ 833[μT] 이하

해설

전기사업법, 전기설비기준
① 특고압 가공전선로에서 발생하는 극저주파 전자계는 지표상 1[m]에서 전계가 3.5[kV/m] 이하
② 자계가 83.3[μT] 이하가 되도록 시설

참고 산업안전기사 필기 p.4-95(문제 67번) 적중

KEY ① 2022년 3월 5일 출제
② 2023년 2월 15일(문제 68번) 출제

[정답] 71 ④ 72 ④ 73 ③

PART 04

74 인화성 가스 또는 인화성 액체의 용기류가 부식, 열화 등으로 파손되어 가스 또는 액체가 누출 할 염려가 있는 경우의 방폭지역은?

① 0종 장소 ② 1종 장소
③ 2종 장소 ④ 비방폭지역

해설

위험장소의 구분

① 0종 장소 : 장치 및 기기들이 정상 가동되는 경우에 폭발성 가스가 항상 존재하는 장소이다.
② 1종 장소 : 장치 및 기기들이 정상 가동 상태에서 폭발성 가스가 가끔 누출되어 위험 분위기가 존재하는 장소이다.
③ 2종 장소 : 작업자의 조작상 실수나 이상운전으로 폭발성 가스가 누출되거나 유출된 가스가 체류하여 폭발을 일으킬 우려가 있는 장소이다.

참고 산업안전기사 필기 p.4-52(3. 가스 폭발 위험장소)

KEY ① 2011년 3월 20일 출제
② 2018년 8월 19일 산업기사 출제
③ 2020년 6월 7일 출제
④ 2023년 2월 15일(문제 72번) 출제

75 다음 중 전기화재의 종류에 해당하는 것은?

① A급 ② B급
③ C급 ④ D급

해설

화재의 종류 및 특성

화재구분 / 화재의 종류	화재 급수	소화기 표시 색상	소화 효과	화재특성
일반 가연물 화재	A급	백색	냉각 소화	① 백색연기 발생 ② 연소 후 재를 남긴다.
유류화재	B급	황색	질식 효과	① 검은연기 발생 ② 연소 후 재를 남기지 않는다.
전기화재	C급	청색	질식 효과	전기시설물이 점화원의 기능을 하며 발화 후 일반 유류화재로 전환
금속화재	D급	무색	마른모래피복 (건조사)	금속이 열을 발생
가스화재	E급	황색		재가 없음
부엌화재	K급			주방화재

참고 산업안전기사 필기 p.5-23(문제 13번 적중)

KEY ① 2016년 8월 21일 산업기사 출제
② 2018년 8월 19일 출제
③ 2020년 8월 22일(문제 81번), 9월 27일(문제 95번) 출제
④ 2022년 3월 5일(문제 82번) 출제

76 내전압용절연장갑의 등급에 따른 최대사용전압이 틀린 것은?(단, 교류 전압은 실효값이다.)

① 등급 00 : 교류 500[V]
② 등급 1 : 교류 7,500[V]
③ 등급 2 : 직류 17,000[V]
④ 등급 3 : 직류 39,750[V]

해설

절연장갑의 등급 및 표시

등급	최대사용전압		등급별 색상
	교류([V], 실효값)	직류[V]	
00	500	750	갈색
0	1,000	1,500	빨간색
1	7,500	11,250	흰색
2	17,000	25,500	노란색
3	26,500	39,750	녹색
4	36,000	54,000	등색

[주] 직류값은 교류에 1.5를 곱하면 된다. 예 500 × 1.5 = 750

참고 ① 산업안전기사 필기 p.1-51(합격날개 : 합격예측)
② 산업안전기사 필기 p.4-23(합격날개 : 합격예측)

KEY ① 2018년 4월 28일 산업기사 출제
② 2018년 8월 19일 출제
③ 2019년 4월 27일 출제
④ 2020년 6월 14일 산업기사 출제
⑤ 2020년 9월 27일 기사(문제 13번) 출제
⑥ 2021년 5월 15일(문제 68번) 출제

[정답] 74 ③ 75 ③ 76 ③

77 고압 및 특고압 전로에 시설하는 피뢰기의 설치 장소로 잘못된 곳은?

① 가공전선로와 지중전선로가 접속되는 곳
② 발전소, 변전소의 가공전선 인입구 및 인출구
③ 고압 가공전선로에 접속하는 배전용 변압기의 저압측
④ 고압 가공전선로로부터 공급을 받는 수용장소의 인입구

해설

피뢰기 설치 장소

고압 가공전선로에 접속하는 배전용 변압기의 고압측 및 특고압측에 설치

참고 산업안전기사 필기 p.4-53(2. 피뢰기 설비)

KEY ① 2016년 5월 8일 출제
② 2017년 3월 5일 출제
③ 2021년 3월 7일(문제 71번) 출제

78 절연물의 절연계급을 최고허용온도가 낮은 온도에서 높은 온도 순으로 배치한 것은?

① Y종 → A종 → E종 → B종
② A종 → B종 → E종 → Y종
③ Y종 → E종 → B종 → A종
④ B종 → Y종 → A종 → E종

해설

절연물의 내열구분

종별	허용 최고 온도[℃]	절연물의 종류
Y종	90	유리화수지, 메타크릴수지, 폴리에틸렌, 폴리염화비닐, 폴리스티렌
A종	105	폴리에스테르수지, 셀룰로오스 유도체, 폴리아미드, 폴리비닐포르말
E종	120	멜라민수지, 페놀수지의 유기질, 폴리에스테르수지
B종	130	무기질기재의 각종 성형 적층물
F종	155	에폭시수지, 폴리우레탄수지, 변성실리콘수지
H종	180	유리, 실리콘, 고무
C종	180 이상	실리콘, 플루오르화에틸렌

참고 산업안전기사 필기 p.4-74(표 : 절연물의 내열구분)

KEY ① 2020년 6월 7일 출제
② 2021년 3월 7일(문제 78번) 출제

79 속류를 차단할 수 있는 최고의 교류전압을 피뢰기의 정격전압이라고 하는데 이 값은 통상적으로 어떤 값으로 나타내고 있는가?

① 최댓값 ② 평균값
③ 실효값 ④ 파고값

해설

실효값(RMS value : 實效)

① 실제로 효과 : 우리나라 - 실효값
② RMS(Root Mean Square) : 외국

참고 산업안전기사 필기 p.4-57(1. 피뢰기의 성능)

KEY ① 2016년 8월 21일 출제
② 2018년 8월 19일 출제
③ 2019년 8월 4일 출제
④ 2021년 3월 7일(문제 72번) 출제

80 심장의 맥동주기 중 어느 때에 전격이 인가되면 심실세동을 일으킬 확률이 크고, 위험한가?

① 심방의 수축이 있을 때
② 심실의 수축이 있을 때
③ 심실의 수축 종료 후 심실의 휴식이 있을 때
④ 심실의 수축이 있고 심방의 휴식이 있을 때

해설

전격인가위상 : 심장 맥동주기의 어느 위상에서의 통전여부

심장의 맥동주기	구성 및 현상
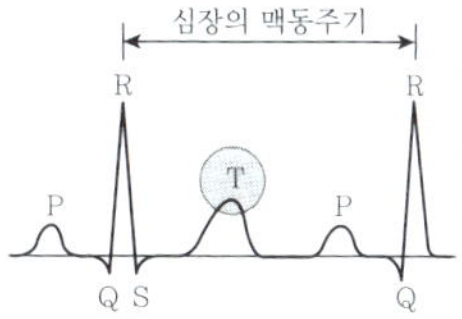	• P파 : 심방수축에 따른 파형 • Q-R-S파 : 심실수축에 따른 파형 • T파 : 심실의 수축 종료 후 심실의 휴식시 발생하는 파형 • R-R파 : 심장의 맥동주기

참고 산업안전기사 필기 p.4-82(표. 전격인가위상)

KEY ① 2015년 5월 31일 출제
② 2018년 8월 19일 출제
③ 2023년 7월 8일(문제 80번) 출제

[정답] 77 ③ 78 ① 79 ③ 80 ③

5 화학설비 안전관리

81 가스를 분류할 때 독성가스에 해당하지 않는 것은?

① 황화수소 ② 시안화수소
③ 이산화탄소 ④ 산화에틸렌

해설

독성가스 허용농도

① NH_3(암모니아) : 25[ppm]
② $COCl_2$(포스겐) : 0.1[ppm]
③ Cl_2(염소) : 1[ppm]
④ H_2S(황화수소) : 10[ppm]

참고 산업안전기사 필기 p.5-44(표. 주요 고압가스의 분류)

KEY ① 2017년 3월 5일 출제
② 2019년 8월 4일 출제
③ 2022년 4월 24일(문제 84번) 출제
④ 2024년 2월 15일(문제 82번) 출제

보충학습

① $COCl_2$: 1차 세계대전 독가스
② CO_2 : 불연성가스(질식성 가스)
② 주요 인화성 액체의 인화점

물질명	인화점(℃)	물질명	인화점(℃)
아세톤	-20	아세트알데히드	-39
가솔린	-43	에틸알코올	13
경 유	40~85	메탄올	11
등 유	30~60	산화에틸렌	-17.8
벤 젠	-11	이황화탄소	-30
테레빈유	35	에틸에테르	-45

참고 산업안전기사 필기 p.5-24(문제 18)

KEY ① 2014년 5월 25일(문제 91번) 출제
② 2017년 5월 7일 출제
③ 2019년 4월 27일(문제 81번) 출제
④ 2024년 2월 15일(문제 83번) 출제

보충학습

CS_2 : 물속에 저장

82 가연성 물질을 취급하는 장치를 퍼지하고자 할 때 잘못된 것은?

① 대상물질의 물성을 파악한다.
② 사용하는 불활성가스의 물성을 파악한다.
③ 퍼지용 가스를 가능한 한 빠른 속도로 단시간에 다량 송입한다.
④ 장치 내부를 세정한 후 퍼지용 가스를 송입한다.

해설

퍼지방법

① 퍼지용 가스는 장시간에 걸쳐 천천히 주입한다.
② why : 빨리 주입시 폭발한다.

참고 산업안전기사 필기 p.5-20(표. 퍼지의 종류)

KEY ① 2019년 4월 27일 출제
② 2021년 8월 14일 출제
③ 2023년 7월 8일(문제 97번) 출제
④ 2024년 2월 15일(문제 88번) 출제

보충학습

퍼지(purge)

연소되지 않은 가스가 노 안에 또는 기타 장소에 차 있으면 점화를 했을 때 폭발할 우려가 있으므로 점화시키기 전에 이것을 노 밖으로 배출하기 위하여 환기시키는 것을 퍼지라고 한다.

83 다음 중 상온에서 물과 격렬히 반응하여 수소를 발생시키는 물질은?

① Au ② K
③ S ④ Ag

해설

K(칼륨) : 칼륨은 금수성 물질로서 산과 접촉 시 수소방출

참고 ① 산업안전기사 필기 p.5-62(문제 4번)
② 산업안전기사 필기 p.5-69(문제 35번) 적중

KEY ① 2012년 5월 20일 출제
② 2016년 5월 8일 출제
③ 2017년 8월 26일 출제
④ 2018년 3월 4일 출제
⑤ 2019년 3월 3일 출제
⑥ 2021년 3월 7일, 5월 15일 출제

[정답] 81 ③ 82 ③ 83 ②

⑦ 2023년 7월 8일(문제 87번) 출제
⑧ 2024년 2월 15일(문제 89번) 출제

보충학습

① 반응식 : $2K+2H_2O \rightarrow 2KOH+H_2$
② Cu, Fe, Au, Ag, C : 상온에서 고체로 물과 접촉해도 반응불가
③ K, Na, Mg, Zn, Li : 물과 격렬반응하여 수소 발생

84 다음 중 자연발화가 쉽게 일어나는 조건으로 틀린 것은?

① 주위온도가 높을수록
② 열 축적이 클수록
③ 적당량의 수분이 존재할 때
④ 표면적이 작을수록

해설

자연발화조건

① 발열량이 클 것
② 열전도율이 작을 것
③ 주위의 온도가 높을 것
④ 표면적이 넓을 것
⑤ 수분이 적당량 존재할 것

참고 산업안전기사 필기 p.5-7(2. 자연발화조건)

KEY ① 2011년 6월 12일 출제
② 2018년 3월 4일 출제
③ 2018년 8월 19일 출제
④ 2020년 8월 22일 출제
⑤ 2022년 3월 5일 출제
⑥ 2024년 7월 8일(문제 82번) 출제

85 압축기와 송풍기의 관로에 심한 공기의 맥동과 진동을 발생하면서 불안정한 운전이 되는 서징(surging) 현상의 방지법으로 옳지 않은 것은?

① 풍량을 감소시킨다.
② 배관의 경사를 완만하게 한다.
③ 교축밸브를 기계에서 멀리 설치한다.
④ 토출가스를 흡입측에 바이패스 시키거나 방출밸브에 의해 대기로 방출시킨다.

해설

서징(맥동현상) 방지대책

① 풍량을 감소시킨다.
② 배관의 경사를 완만하게 한다.
③ 토출가스를 흡입측에 바이패스 시키거나 방출밸브에 의해 대기로 방출시킨다.

참고 산업안전기사 필기 p.5-81(문제 91번) 해설

KEY ① 2015년 3월 8일 출제
② 2017년 8월 26일 출제
③ 2020년 6월 7일 출제
④ 2023년 7월 8일(문제 98번) 출제

보충학습

맥동현상 발생원인

① 배관 중에 수조가 있을 때
② 배관 중에 기체상태의 부분이 있을 때
③ 유량조절밸브가 배관 중 수조의 위치 후방에 있을 때
④ 펌프의 특성곡선이 산모양이고 운전점이 그 정상부일 때

86 대기압하에서 인화점이 0[℃] 이하인 물질이 아닌 것은?

① 메탄올
② 이황화탄소
③ 산화프로필렌
④ 디에틸에테르

해설

주요 인화성 액체의 인화점

물질명	인화점(℃)	물질명	인화점(℃)
아세톤	−20	아세트알데히드	−39
가솔린	−43	에틸알코올	13
경 유	40~85	메탄올	11
등 유	30~60	산화에틸렌	−17.8
벤 젠	−11	이황화탄소	−30
테레빈유	35	에틸에테르	−45

참고 ① 산업안전기사 필기 p.5-25(문제 18번 해설)
② 2020년 9월 27일(문제 82번)

KEY ① 2020년 9월 27일 출제
② 2024년 7월 8일(문제 99번) 출제

보충학습

CH_3OH(메탄올 : 목정) 인화점 : 11~12[℃]

[정답] 84 ④ 85 ③ 86 ①

PART 04

87 4[%] NaOH 수용액과 10[%] NaOH 수용액을 반응기에 혼합하여 6[%] 100[kg]의 NaOH 수용액을 만들려면 각각 몇 [kg]의 NaOH 수용액이 필요한가?

① 4[%] NaOH 수용액 : 50,
 10[%] NaOH 수용액 : 50
② 4[%] NaOH 수용액 : 56.2,
 10[%] NaOH 수용액 : 43.8
③ 4[%] NaOH 수용액 : 66.67,
 10[%] NaOH 수용액 : 33.33
④ 4[%] NaOH 수용액 : 80,
 10[%] NaOH 수용액 : 20

해설

NaOH 수용액

① $\frac{4[\%]\ \text{NaOH}}{(x)[\text{kg}]} + \frac{10[\%]\ \text{NaOH}}{(100-x)[\text{kg}]} \rightarrow \frac{6[\%]\ \text{NaOH의 } 100[\text{kg}]}{100[\text{kg}]}$
② $0.04x + 0.1 \times (100 - x) = 0.06 \times 100$
③ $0.04x + 10 - 0.1x = 6$
④ $x = \frac{4}{0.06} = 66.67[\text{kg}]$
⑤ 4[%] NaOH수용액 = 66.67[kg]
⑥ 10[%] NaOH수용액 = 33.33[kg]

참고 산업안전기사 필기 p.5-77(보충문제)

KEY ① 2009년 5월 10일 (문제 97번)
② 2016년 5월 8일(문제 88번) 출제
③ 2023년 6월 4일(문제 86번) 출제

88 다음 중 공기 속에서의 폭발하한계[vol%]값의 크기가 가장 작은 것은?

① H_2 ② CH_4
③ CO ④ C_2H_2

해설

공기 중 폭발한계

구분	하한계	상한계
H_2(수소)	4.0	75.0
CH_4(메탄)	5.0	15.0
CO(일산화탄소)	12.5	74.0
C_2H_2(아세틸렌)	2.5	81.0

참고 산업안전기사 필기 p.5-10(표 : 혼합가스의 폭발범위)

KEY ① 2016년 5월 8일(문제 96번) 출제
② 2023년 6월 4일(문제 93번) 출제

89 다음 중 퍼지의 종류에 해당하지 않는 것은?

① 압력퍼지 ② 진공퍼지
③ 스위프퍼지 ④ 가열퍼지

해설

퍼지의 종류
① 진공(저압) 퍼지
② 압력퍼지
③ 스위프 퍼지
④ 사이펀 퍼지

참고 산업안전기사 필기 p.5-20([표] 퍼지의 종류)

KEY ① 2011년 6월 12일(문제 86번) 출제
② 2022년 4월 24일 출제
③ 2023년 6월 4일(문제 99번) 출제

합격자의 조언
실기 작업형 출제

보충학습

Purge
연소되지 않은 가연성 가스 혹은 유독성 가스가 공정 안에 차 있는 경우 근로자들이 안전하게 작업할 수 있도록 가스를 공정 밖으로 배출하기 위하여 환기시키는 것

90 다음 중 분진폭발의 특징으로 옳은 것은?

① 가스폭발보다 연소시간이 짧고, 발생에너지가 작다.
② 압력의 파급속도보다 화염의 파급속도가 빠르다.
③ 가스폭발에 비하여 불완전 연소가 적게 발생한다.
④ 주위의 분진에 의해 2차, 3차의 폭발로 파급될 수 있다.

[정답] 87 ③ 88 ④ 89 ④ 90 ④

해설

분진폭발

① 분진, mist 등이 일정 농도 이상으로 공기와 혼합시 발화원에 의해 분진 폭발을 일으킨다.
② 마그네슘, 티타늄 등의 분말, 곡물가루 등

[표] 분진폭발의 발생 순서

퇴적 분진 →	비산 →	분산 →	점화원 →	1차 폭발 →	2차 폭발

참고 ① 산업안전기사 필기 p.5-9(합격날개 : 합격예측)
② 산업안전기사 필기 p.5-11([표] 분진폭발의 특징)

KEY ① 2015년 3월 8일 출제
② 2017년 3월 5일, 8월 26일 출제
③ 2019년 8월 4일 출제
④ 2020년 8월 22일 출제
⑤ 2021년 3월 7일, 5월 15일 출제
⑥ 2022년 4월 24일 출제
⑦ 2023년 2월 28일(문제 87번) 출제

91 숯, 코크스, 목탄의 대표적인 연소 형태는?

① 혼합연소 ② 증발연소
③ 표면연소 ④ 비혼합연소

해설

연소형태

① 확산연소 : 가연성 가스와 공기가 확산에 의해 혼합되면서 연소하는 것 예 수소, 아세틸렌 등의 기체 연소
② 증발연소 : 액체표면에서 발생된 증기가 연소하는 것
예 알코올, 에테르, 등유, 경유 등의 액체연소
③ 분해연소 : 열 분해에 의해 가연성 가스를 방출시켜서 연소하는 것
예 중유, 석탄, 목재, 고체 파라핀 등의 고체연소
④ 표면연소 : 고체 표면에서 연소가 일어나는 것
예 숯, 알루미늄박, 마그네슘 등의 고체연소

참고 산업안전기사 필기 p.5-4(2. 고체연소)

KEY ① 2018년 3월 4일 출제
② 2021년 8월 14일 출제
③ 2023년 2월 28일(문제 88번) 출제

92 물과 카바이드가 결합하면 어떤 가스가 생성되는가?

① 염소가스 ② 아황산가스
③ 수성가스 ④ 아세틸렌가스

해설

아세틸렌 제조 분자식

$2H_2O + CaC_2 \rightarrow Ca(OH)_2 + C_2H_2$
(물) (카바이드 = 탄화칼슘) (수산화칼슘) (아세틸렌)

참고 산업안전기사 필기 p.3-114(합격날개 : 합격예측)

KEY ① 2015년 3월 8일 출제
② 2017년 8월 26일 출제
③ 2020년 6월 7일 출제
④ 2021년 5월 15일 출제
⑤ 2023년 2월 28일(문제 93번) 출제

93 공기 중에서 A물질의 폭발하한계가 4[vol%], 상한계가 75[vol%] 라면 이 물질의 위험도는?

① 16.75 ② 17.75
③ 18.75 ④ 19.75

해설

위험도 계산

$$H = \frac{\text{폭발상한계} - \text{폭발하한계}}{\text{폭발하한계}} = \frac{75-4}{4} = 17.75$$

참고 산업안전기사 필기 p.5-70(문제 40번) 적중

KEY ① 2015년 5월 31일 (문제 85번) 출제
② 2016년 3월 6일 (문제 86번) 출제
③ 2017년 3월 5일 (문제 82번) 출제
④ 2018년 3월 4일 (문제 89번) 출제
⑤ 2020년 6월 7일 (문제 92번) 출제
⑥ 2021년 3월 7일 (문제 97번), 5월 15일(문제 90번) 출제
⑦ 2022년 4월 24일 (문제 97번) 출제
⑧ 2023년 2월 28일(문제 97번) 출제

[정답] 91 ③ 92 ④ 93 ②

94 열교환탱크 외부를 두께 0.2[m]의 단열재(열전도율 K=0.037 [kcal/m·h·℃])로 보온하였더니 단열재 내면은 40[℃], 외면은 20[℃]이었다. 면적 1[m²]당 1시간에 손실되는 열량(kcal)은?

① 0.0037　　② 0.037
③ 1.37　　④ 3.7

해설

열교환기 손실 열량 계산

$$Q = KA\frac{\Delta T}{\Delta X}$$

$$= 0.037 \times \frac{(40-20)[℃]}{0.2} = 3.7[\text{kcal}]$$

여기서, K : 전열계수　A : 면적
ΔX : 두께　ΔT : 온도변화량

참고 산업안전기사 필기 p.5-76(문제 68번) 적중

KEY ① 2020년 6월 7일 출제
② 2022년 4월 24일(문제 90번) 출제

95 메탄, 에탄, 프로판의 폭발하한계가 각각 5[vol%], 3[vol%], 2.1[vol%]이일 때, 다음 중 폭발하한계가 가장 낮은 것은? (단, Le Chatelier의 법칙을 이용한다.)?

① 메탄 20[vol%], 에탄 30[vol%], 프로판 50[vol%]의 혼합가스
② 메탄 30[vol%], 에탄 30[vol%], 프로판 40[vol%]의 혼합가스
③ 메탄 40[vol%], 에탄 30[vol%], 프로판 30[vol%]의 혼합가스
④ 메탄 50[vol%], 에탄 30[vol%], 프로판 20[vol%]의 혼합가스

해설

르샤틀리에(Le Chatelier) 법칙

(1) $L = \dfrac{100}{\dfrac{V_1}{L_1} + \dfrac{V_2}{L_2} + \cdots\cdots + \dfrac{V_n}{L_n}}$ (순수한 혼합가스일 경우)

(2) $L = \dfrac{V_1 + V_2 + \cdots\cdots + V_n}{\dfrac{V_1}{L_1} + \dfrac{V_2}{L_2} + \cdots\cdots + \dfrac{V_n}{L_n}}$ (혼합가스가 공기와 섞여 있을 경우)

여기서, L : 혼합가스의 폭발한계[%] – 폭발상한, 폭발하한 모두 적용 가능
$L_1, L_2, L_3, \cdots, L_n$: 각 성분가스의 폭발한계(%) – 폭발상한계, 폭발하한계
$V_1, V_2, V_3, \cdots, V_n$: 전체 혼합가스 중 각 성분가스의 비율(%) – 부피비

(3) 결론

① $\dfrac{100}{\dfrac{20}{5} + \dfrac{30}{3} + \dfrac{50}{2.1}} = 2.65[\text{vol\%}]$

② $\dfrac{100}{\dfrac{30}{5} + \dfrac{30}{3} + \dfrac{40}{2.1}} = 2.86[\text{vol\%}]$

③ $\dfrac{100}{\dfrac{40}{5} + \dfrac{30}{3} + \dfrac{30}{2.1}} = 3.09[\text{vol\%}]$

④ $\dfrac{100}{\dfrac{50}{5} + \dfrac{30}{3} + \dfrac{20}{2.1}} = 3.39[\text{vol\%}]$

참고 산업안전기사 필기 p.5-77(문제 74번)

KEY ① 2020년 8월 22일 등 수없이 출제
② 2022년 4월 24일(문제 99번) 출제

96 공기 중에서 A 가스의 폭발하한계는 2.2[vol%]이다. 이 폭발하한계 값을 기준으로 하여 표준상태에서 A 가스와 공기의 혼합기체 1[m³]에 함유되어 있는 A 가스의 질량을 구하면 약 몇 [g] 인가?(단, A 가스의 분자량은 26 이다.)

① 19.02　　② 25.54
③ 29.02　　④ 35.54

해설

A(C_2H_2)가스의 질량

① 표준상태 0[℃], 1기압에서 기체의 부피는 22.4[L]
$\dfrac{22.4}{1{,}000} = 0.224[\text{m}^3]$

② 분자량은 26, 농도는 폭발하한계로 구하면 0.022가 되므로 기체의 단위부피당 질량 $= \dfrac{26 \times 0.022}{0.0224} = 25.54[\text{g}]$

KEY ① 2010년 5월 9일 문제 82번 출제
② 2019년 3월 3일(문제 100번) 출제
③ 2021년 8월 14일(문제 86번) 출제

[정답] 94 ④　95 ①　96 ②

보충학습

샤를의 법칙

① 압력이 일정할 때 기체의 부피는 온도의 증가에 비례한다.

② $\frac{T_2}{T_1} = \left(\frac{V_2}{V_1}\right)$ 또는 $V_1T_2 = V_2T_1$ 으로 표시된다.

③ 표준상태 0[℃], 1기압에서 기체의 부피는 22.4[L]이다.

④ 기체의 단위부피당 질량[g/m³]은 $\frac{\text{농도} \times \text{분자량}}{V_1}$ 으로 구한다.

97 산업안전보건법령상 특수화학설비를 설치할 때 내부의 이상상태를 조기에 파악하기 위하여 필요한 계측장치를 설치하여야 한다. 이러한 계측장치로 거리가 먼 것은?

① 압력계 ② 유량계
③ 온도계 ④ 비중계

해설

특수화학설비의 종류

사업주는 위험물을 같은 표에서 정한 기준량 이상으로 제조하거나 취급하는 다음 각 호의 어느 하나에 해당하는 화학설비(이하"특수화학설비"라 한다)를 설치하는 경우에는 내부의 이상 상태를 조기에 파악하기 위하여 필요한 온도계·유량계·압력계 등의 계측장치를 설치하여야 한다.

① 발열반응이 일어나는 반응장치
② 증류·정류·증발·추출 등 분리를 하는 장치
③ 가열시켜 주는 물질의 온도가 가열되는 위험물질의 분해온도 또는 발화점보다 높은 상태에서 운전되는 설비
④ 반응폭주 등 이상 화학반응에 의하여 위험물질이 발생할 우려가 있는 설비
⑤ 온도가 섭씨 350도 이상이거나 게이지 압력이 980킬로파스칼 이상인 상태에서 운전되는 설비
⑥ 가열로 또는 가열기

참고 산업안전기사 필기 p.5-17(합격날개 : 합격예측 및 관련 법규)

KEY ① 2017년 8월 28일 산업기사 출제
② 2018년 3월 4일 기사(문제 87번) 출제
③ 2018년 4월 28일 출제
④ 2021년 3월 7일(문제 96번) 출제

합격정보

산업안전보건기준에 관한 규칙 제273조(계측장치 등의 설치)

98 위험물을 산업안전보건법령에서 정한 기준량 이상으로 제조하거나 취급하는 설비로서 특수화학설비에 해당되는 것은?

① 가열시켜 주는 물질의 온도가 가열되는 위험물질의 분해온도보다 높은 상태에서 운전되는 설비
② 상온에서 게이지 압력으로 200[kPa]의 압력으로 운전되는 설비
③ 대기압 하에서 300[℃]로 운전되는 설비
④ 흡열반응이 행하여지는 반응설비

해설

특수화학설비의 종류

사업주는 별표 9에 따른 위험물을 같은 표에서 정한 기준량 이상으로 제조하거나 취급하는 다음 각 호의 어느 하나에 해당하는 화학설비(이하 "특수화학설비"라 한다)를 설치하는 경우에는 내부의 이상 상태를 조기에 파악하기 위하여 필요한 온도계 · 유량계 · 압력계 등의 계측장치를 설치하여야 한다.

① 발열반응이 일어나는 반응장치
② 증류 · 정류 · 증발 · 추출 등 분리를 하는 장치
③ 가열시켜 주는 물질의 온도가 가열되는 위험물질의 분해온도 또는 발화점보다 높은 상태에서 운전되는 설비
④ 반응폭주 등 이상 화학반응에 의하여 위험물질이 발생할 우려가 있는 설비
⑤ 온도가 섭씨 350도 이상이거나 게이지 압력이 980킬로파스칼 이상인 상태에서 운전되는 설비
⑥ 가열로 또는 가열기

참고 산업안전기사 필기 p.5-17(합격날개 : 합격예측 및 관련 법규)

KEY ① 2017년 8월 28일 산업기사 출제
② 2018년 3월 4일 기사, 산업기사 출제
③ 2018년 4월 28일 출제

합격정보

산업안전보건기준에 관한 규칙 제273조(계측장치 등의 설치)

99 다음 관(pipe) 부속품 중 관로의 방향을 변경하기 위하여 사용하는 부속품은?

① 니플(nipple) ② 유니온(union)
③ 플랜지(flange) ④ 엘보(elbow)

[정답] 97 ④ 98 ① 99 ④

PART 04

해설

피팅류(Fittings)의 용도

용도	종류
두 개의 관을 연결할 때	플랜지, 유니온, 커플링, 니플, 소켓
관로의 방향을 바꿀 때	엘보, Y지관, 티, 십자
관로의 크기를 바꿀 때	축소관, 부싱
가지관을 설치할 때	티(T), Y지관, 십자
유로를 차단할 때	플러그, 캡, 밸브
유량 조절	밸브

참고 산업안전기사 필기 p.5-58(합격날개 : 합격예측)

KEY ① 2013년 3월 10일 출제
② 2014년 3월 2일 출제
③ 2015년 8월 16일 출제
④ 2016년 3월 6일, 5월 8일 출제
⑤ 2020년 6월 7일, 9월 27일 출제
⑥ 2023년 7월 8일(문제 86번) 출제

100 **다음 중 화재감지기에 있어 열감지 방식이 아닌 것은?**

① 정온식 ② 광전식
③ 차동식 ④ 보상식

해설

화재감지기의 종류

(1) 열감지식
① 차동식
② 보상식
③ 정온식
(2) 연기식
① 이온화식
② 광전식

참고 산업안전기사 필기 p.5-27(문제 31번) 적중

KEY ① 2012년 3월 4일, 5월 20일 출제
② 2013년 3월 10일 출제
③ 2014년 8월 17일 출제
④ 2016년 8월 21일 출제
⑤ 2020년 8월 22일 출제
⑥ 2023년 7월 8일(문제 84번) 출제

6 건설공사 안전관리

101 **공정율이 65[%]인 건설현장의 경우 공사 진척에 따른 산업안전보건관리비의 최소 사용기준으로 옳은 것은? (단, 공정율은 기성공정율을 기준으로 함)**

① 40[%] 이상 ② 50[%] 이상
③ 60[%] 이상 ④ 70[%] 이상

해설

공사진척에 따른 안전관리비 사용기준

공 정 률	50[%] 이상 70[%] 미만	70[%] 이상 90[%] 미만	90[%] 이상
사용 기준	50[%] 이상	70[%] 이상	90[%] 이상

참고 산업안전기사 필기 p.6-44(표 : 공사진척에 따른 안전관리비 사용기준)

KEY ① 2017년 5월 7일, 9월 23일 출제
② 2019년 8월 4일 산업기사 출제
③ 2020년 6월 7일(문제 103번) 출제

정보제공
건설업 산업안전보건관리비계상기준 고시 2025-11호(2025. 2. 12.)

102 **사업주가 유해위험방지 계획서 제출 후 건설공사 중 6개월 이내마다 안전보건공단의 확인을 받아야 할 내용이 아닌 것은?**

① 유해위험방지 계획서의 내용과 실제공사 내용이 부합하는지 여부
② 유해위험방지 계획서 변경 내용의 적정성
③ 자율안전관리 업체 유해위험방지 계획서 제출·심사 면제
④ 추가적인 유해·위험요인의 존재 여부

[정답] 100 ② 101 ② 102 ③

해설

유해위험방지계획서 공단 확인 내용

① 유해위험방지 계획서의 내용과 실제공사 내용이 부합하는지 여부
② 유해위험방지 계획서 변경 내용의 적정성
③ 추가적인 유해·위험요인의 존재 여부

KEY ▶ 2020년 6월 7일(문제 104번) 출제

정보제공

산업안전보건법 시행규칙 제46조(확인)

103 구축물에 안전진단 등 안전성 평가를 실시하여 근로자에게 미칠 위험성을 미리 제거하여야 하는 경우가 아닌 것은?

① 구축물 또는 이와 유사한 시설물의 인근에서 굴착·항타작업 등으로 침하·균열 등이 발생하여 붕괴의 위험이 예상될 경우
② 구조물, 건축물, 그 밖의 시설물이 그 자체의 무게·적설·풍압 또는 그 밖에 부가되는 하중 등으로 붕괴 등의 위험이 있을 경우
③ 화재 등으로 구축물 또는 이와 유사한 시설물의 내력(耐力)이 심하게 저하되었을 경우
④ 구축물의 구조체가 안전측으로 과도하게 설계가 되었을 경우

해설

구축물 안전성 평가내용

① 구축물등의 인근에서 굴착·항타작업 등으로 침하·균열 등이 발생하여 붕괴의 위험이 예상될 경우
② 구축물등에 지진, 동해(凍害), 부동침하(不同沈下) 등으로 균열·비틀림 등이 발생했을 경우
③ 구축물등이 그 자체의 무게·적설·풍압 또는 그 밖에 부가되는 하중 등으로 붕괴 등의 위험이 있을 경우
④ 화재 등으로 구축물등의 내력(耐力)이 심하게 저하됐을 경우
⑤ 오랜 기간 사용하지 않던 구축물등을 재사용하게 되어 안전성을 검토해야 하는 경우
⑥ 구축물등의 주요구조부에 대한 설계 및 시공 방법의 전부 또는 일부를 변경하는 경우
⑦ 그 밖의 잠재위험이 예상될 경우

KEY ▶ 2020년 6월 7일(문제 110번) 출제

정보제공

산업안전보건기준에 관한 규칙 제52조(구축물등의 안전성 평가)

104 장비 자체보다 높은 장소의 땅을 굴착하는데 적합한 장비는?

① 파워셔블(power shovel)
② 불도저(bulldozer)
③ 드래그라인(Drag line)
④ 클램셸(clamshell)

해설

파워셔블(Power shovel) [dipper shovel : 동력삽]

① 굳은 점토 등 지반면보다 높은 곳의 땅파기에 적합하다.
② 앞으로 흙을 긁어서 굴착하는 방식이다.

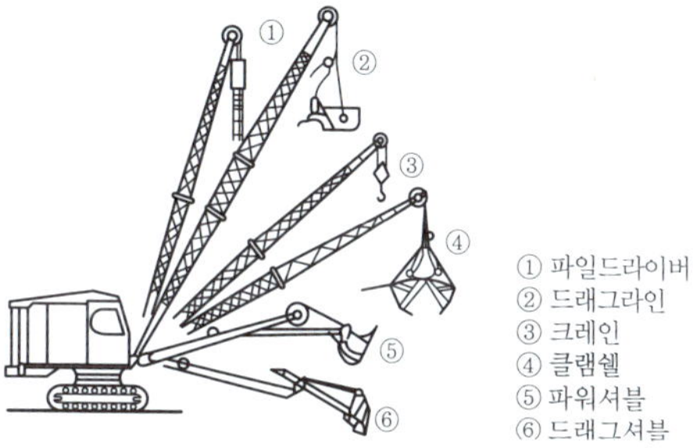

[그림] 굴착기의 앞부속장치

참고 산업안전기사 필기 p.6-62(1. 파워셔블)

KEY ▶ ① 2016년 5월 8일 출제
② 2018년 9월 15일 산업기사 출제
③ 2019년 9월 21일 산업기사 출제
④ 2020년 8월 22일(문제 113번) 출제

105 산업안전보건법령에 따른 양중기의 종류에 해당하지 않는 것은?

① 곤돌라 ② 리프트
③ 클램셸 ④ 크레인

해설

클램셀(clam shell)

① 연약지반이나 수중굴착 및 자갈 등을 싣는 데 적합하다.
② 깊은 땅파기 공사와 흙막이 버팀대를 설치하는 데 사용한다.
③ 수중굴착 및 수조물의 기초바닥 등과 같은 협소하고 상당히 깊은 범위의 굴착과 호퍼(hopper)에 적당하다.

[정답] 103 ④ 104 ① 105 ③

PART 04

참고 산업안전기사 필기 p.6-63(4. 클렘쉘)

KEY ① 2016년 5월 8일 산업기사 출제
② 2017년 5월 7일 산업기사 출제
③ 2019년 8월 4일(문제 120번) 출제
④ 2020년 9월 7일(문제 102번) 출제

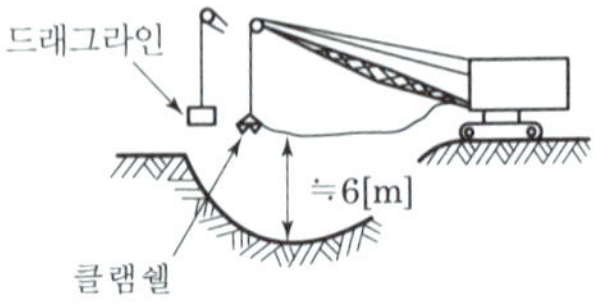

[그림] 드래그라인과 클렘쉘의 작업

보충학습

제132조(양중기)

"양중기"라 함은 다음 각 호의 기계를 말한다.

① 크레인(호이스트를 포함한다.)
② 이동식크레인
③ 리프트(이삿짐운반용 리프트의 경우에는 적재하중이 0.1[t] 이상의 것으로 한정한다.)
④ 곤돌라
⑤ 승강기

106 건설현장에서 작업으로 인하여 물체가 떨어지거나 날아올 위험이 있는 경우에 대한 안전조치에 해당하지 않는 것은?

① 수직보호망 설치
② 방호선반 설치
③ 울타리 설치
④ 낙하물 방지망 설치

해설

낙하, 비래에 의한 위험방지 안전기준

① 낙하물 방지망 ② 수직보호망
③ 방호 선반의 설치 ④ 출입금지 구역의 설정
⑤ 보호구 착용

참고 산업안전기사 필기 p.6-76(출제예상문제 : 1번) 적중

KEY ① 2017년 8월 26일 출제
② 2019년 9월 21일 출제
③ 2020년 6월 7일 출제
④ 2021년 5월 15일(문제 115번) 출제

합격정보

산업안전보건기준에 관한 규칙 제14조(낙하물에 의한 위험의 방지)

107 굴착공사에 있어서 비탈면붕괴를 방지하기 위하여 실시하는 대책으로 옳지 않은 것은?

① 지표수의 침투를 막기 위해 표면 배수공을 한다.
② 지하수위를 내리기 위해 수평배수공을 설치한다.
③ 비탈면 하단을 성토한다.
④ 비탈면 상부에 토사를 적재한다.

해설

붕괴방지공법

① 활동할 가능성이 있는 토사는 제거하여야 한다.
② 비탈면 또는 법면의 하단을 다져서 활동이 안 되도록 저항을 만들어야 한다.
③ 지표수가 침투되지 않도록 배수를 시키고 지하수위를 낮추기 위하여 수평 보링(boring)을 하여 배수시켜야 한다.
④ 말뚝(강관, H형강, 철근 콘크리트)을 박아 지반을 강화시킨다.

참고 산업안전기사 필기 p.6-57(2. 붕괴방지 공법)

KEY ① 2016년 3월 6일 출제
② 2021년 5월 15일(문제 119번) 출제

합격정보

굴착공사 표준안전 작업지침 제31조(예방)

108 비계의 높이가 2[m] 이상인 작업장소에 작업발판을 설치할 때 그 폭은 최소 얼마이상이어야 하는가?

① 30[cm] ② 40[cm]
③ 50[cm] ④ 60[cm]

해설

작업발판 폭 : 40[cm] 이상

참고 산업안전기사 필기 p.6-94(합격날개 : 합격예측 및 관련법규)

KEY ① 2017년 8월 24일 기사·산업기사 동시 출제
② 2018년 4월 28일(문제 101번) 출제
③ 2019년 4월 27일(문제 119번) 출제
④ 2020년 9월 27일(문제 112번) 출제
② 2021년 9월 12일(문제 102번) 출제

정보제공

산업안전보건기준에 관한 규칙 제56조(작업발판의 구조)

[정답] 106 ③ 107 ④ 108 ②

109 달비계의 구조에서 달비계 작업발판의 폭과 틈새기준으로 옳은 것은?

① 작업발판의 폭 30[cm] 이상, 틈새 3[cm] 이하
② 작업발판의 폭 40[cm] 이상, 틈새 3[cm] 이하
③ 작업발판의 폭 30[cm] 이상, 틈새 없도록 할 것
④ 작업발판의 폭 40[cm] 이상, 틈새 없도록 할 것

해설

달비계 안전기준
① 작업 발판의 폭 : 40[cm] 이상
② 틈새 : 없도록 할 것

참고 ① 산업안전기사 필기 p.6-94(합격날개 : 합격예측 및 관련법규)
② 산업안전기사 필기 p.6-102(합격날개 : 합격예측 및 관련법규)

KEY ① 2017년 3월 5일(문제 108번)
② 2017년 8월 26일 기사·산업기사 동시 출제
③ 2019년 3월 3일 출제
④ 2021년 9월 12일(문제 105번) 출제

합격정보
산업안전보건기준에 관한 규칙 제63조(달비계의 구조)

보충학습
달비계 중 5[m] 이상 작업 발판 폭 기준
① 폭 : 20[cm] 이상
② 틈 : 틈새가 없도록 할 것

110 강관을 사용하여 비계를 구성하는 경우의 준수사항으로 옳지 않은 것은?

① 비계기둥의 간격은 띠장 방향에서는 1.85[m] 이하, 장선(長線) 방향에서는 1.5[m] 이하로 할 것
② 띠장 간격은 2.0[m] 이하로 할 것
③ 비계기둥 간의 적재하중을 400[kg]을 초과하지 않도록 할 것
④ 비계기둥의 제일 윗부분으로 부터 31[m]되는 지점 밑부분의 비계기둥은 3개의 강관으로 묶어 세울 것

해설

강관비계의 구조
① 비계기둥의 간격은 띠장 방향에서는 1.85미터 이하, 장선(線) 방향에서는 1.5미터 이하로 할 것. 다만, 선박 및 보트 건조작업의 경우 안전성에 대한 구조검토를 실시하고 조립도를 작성하면 띠장 방향 및 장선 방향으로 각각 2.7미터 이하로 할 수 있다.
② 띠장 간격은 2.0미터 이하로 할 것. 다만, 작업의 성질상 이를 준수하기가 곤란하여 쌍기둥틀 등에 의하여 해당 부분을 보강한 경우에는 그러하지 아니하다.
③ 비계기둥의 제일 윗부분으로부터 31 미터되는 지점 밑부분의 비계기둥은 2개의 강관으로 묶어 세울 것. 다만, 브라켓(bracket. 까치발) 등 으로 보강하여 2개의 강관으로 묶을 경우 이상의 강도가 유지되는 경우에는 그러하지 아니하다.
④ 비계기둥 간의 적재하중은 400킬로그램을 초과하지 않도록 할 것

참고 산업안전기사 필기 p.6-99(합격날개 : 합격예측 및 관련법규)

KEY ① 2017년 3월 5일(문제 110번) 출제
② 2017년 8월 26일 기사, 산업기사 출제
③ 2018년 3월 4일(문제 110번) 출제
④ 2019년 8월 4일 산업기사 출제
⑤ 2020년 8월 23일 산업기사 출제
⑥ 2021년 3월 2일 PBT 출제
⑦ 2021년 3월 7일(문제 104번), 5월 15일(문제 117번) 출제

정보제공
산업안전보건기준에 관한 규칙 제60조(강관비계의 구조)

111 안흙막이 가시설 공사 시 사용되는 각 계측기 설치 목적으로 옳지 않은 것은?

① 지표침하계 – 지표면 침하량 측정
② 수위계 – 지반 내 지하수위의 변화 측정
③ 하중계 – 상부 적재하중 변화 측정
④ 지중경사계 – 인접지반의 수평 변위량 측정

[정답] 109 ④ 110 ④ 111 ③

PART 04

해설

계측기 종류 및 설치 목적

종류	설치 목적
하중계 (load cell)	흙막이 버팀대에 작용하는 토압, 어스 앵커의 인장력 등을 측정하는 계측기
토압계 (earth pressure meter)	흙막이에 작용하는 토압의 변화를 파악하는 계측기
간극 수압계 (piezo meter)	굴착으로 인한 지하의 간극수압을 측정하는 계측기
지하수위계 (water level meter)	지하수의 수위변화를 측정하는 계측기

참고 산업안전기사 필기 p.6-119(표.계측장치의 종류 및 설치목적)

KEY ① 2016년 3월 6일, 10월 1일 산업기사 출제
② 2017년 3월 5일, 5월 7일 산업기사 출제
③ 2017년 5월 7일 출제
④ 2018년 4월 28일, 9월 15일 출제
⑤ 2019년 3월 3일 산업기사, 4월 27일 출제
⑥ 2021년 3월 7일(문제 105번), 9월 12일(문제 108번) 출제

112 다음은 산업안전보건법령에 따른 투하설비 설치에 관련된 사항이다. (   )안에 들어갈 내용으로 옳은 것은?

> 사업주는 높이가 (   )미터 이상인 장소로부터 물체를 투하하는 때에는 적당한 투하설비를 설치하거나 감시인을 배치하는 등 위험방지를 위하여 필요한 조치를 하여야 한다.

① 1　② 2
③ 3　④ 4

해설

투하설비 설치
① 높이 3[m] 이상인 장소
② 감시인 배치

KEY ① 2020년 9월 27일(문제 116번) 보충학습
② 2021년 5월 15일(문제 111번) 출제

합격정보
산업안전보건기준에 관한 규칙 제15조(투하설비등)

113 작업중이던 미장공이 상부에서 떨어지는 공구에 의해 상해를 입었다면 어느 부분에 대한 결함이 있었겠는가?

① 작업대 설치　② 작업방법
③ 낙하물 방지시설 설치　④ 비계설치

해설

낙하, 비래에 의한 위험방지 안전기준
① 낙하물 방지망
② 수직보호망
③ 방호 선반의 설치
④ 출입금지 구역의 설정
⑤ 보호구 착용

참고 산업안전기사 필기 p.6-76(출제예상문제 : 1번) 적중

KEY ① 2017년 8월 26일 출제
② 2012년 3월 4일(문제 119번) 출제
③ 2019년 9월 21일 출제
④ 2020년 6월 7일 출제
⑤ 2021년 5월 15일, 9월 12일(문제 112번)

합격정보
산업안전보건기준에 관한 규칙 제14조(낙하물에 의한 위험의 방지)

114 건설현장에서 동력을 사용하는 항타기 또는 항발기에 대하여 무너짐을 방지하기 위하여 준수하여야 할 사항으로 옳지 않은 것은?

① 버팀줄만으로 상단 부분을 안정시키는 경우에는 버팀줄을 4개 이상으로 하고 같은 간격으로 배치할 것
② 버팀대만으로 상단부분을 안정시키는 경우에는 버팀대는 3개 이상으로 하고 그 하단 부분은 견고한 버팀·말뚝 또는 철골 등으로 고정시킬 것
③ 궤도 또는 차로 이동하는 항타기 또는 항발기에 대해서는 불시에 이동하는 것을 방지하기 위하여 레일 클램프(rail clamp) 및 쐐기 등으로 고정시킬 것

[정답] 112 ③ 113 ③ 114 ①

④ 연약한 지반에 설치하는 경우에는 각부나 가대의 침하를 방지하기 위하여 깔판·깔목 등을 사용할 것

해설

항타기 및 항발기 버팀줄 개수 : 3개 이상

참고 산업안전기사 필기 p.6-55(합격날개 : 합격예측 및 관련 법규)

KEY ① 2018년 9월 15일 기사·산업기사 동시 출제
② 2020년 8월 22일(문제 118번) 출제
② 2021년 9월 12일(문제 113번) 출제

정보제공
산업안전보건기준에 관한 규칙 제209조(무너짐의 방지)

115 이동식비계 조립 및 사용 시 준수사항으로 옳지 않은 것은?

① 비계의 최상부에서 작업을 하는 경우에는 안전난간을 설치할 것
② 승강용사다리는 견고하게 설치할 것
③ 작업발판은 항상 수평을 유지하고 작업발판 위에서 작업을 위한 거리가 부족할 경우
④ 작업발판의 최대적재하중은 250[kg]을 초과하지 않도록 할 것

해설

이동식비계 조립시 준수사항
① 이동식비계의 바퀴에는 뜻밖의 갑작스러운 이동 또는 전도를 방지하기 위하여 브레이크 · 쐐기 등으로 바퀴를 고정시킨 다음 비계의 일부를 견고한 시설물에 고정하거나 아웃트리거(outrigger, 전도방지용 지지대)를 설치하는 등 필요한 조치를 할 것
② 승강용사다리는 견고하게 설치할 것
③ 비계의 최상부에서 작업을 하는 경우에는 안전난간을 설치할 것
④ 작업발판은 항상 수평을 유지하고 작업발판 위에서 안전난간을 딛고 작업을 하거나 받침대 또는 사다리를 사용하여 작업하지 않도록 할 것
⑤ 작업발판의 최대적재하중은 250킬로그램을 초과하지 않도록 할 것

참고 산업안전기사 필기 p.6-96(4. 이동식비계)

KEY 2021년 3월 7일(문제 109번), 9월 12일(문제 118번) 출제

정보제공
산업안전보건기준에 관한 규칙 제68조(이동식비계)

116 산업안전보건법령에 따른 중량물 취급작업 시 작업계획서에 포함시켜야 할 사항이 아닌 것은?

① 협착위험을 예방할 수 있는 안전대책
② 감전위험을 예방할 수 있는 안전대책
③ 추락위험을 예방할 수 있는 안전대책
④ 전도위험을 예방할 수 있는 안전대책

해설

중량물 취급작업 작업계획서 내용
① 추락위험을 예방할 수 있는 안전대책
② 낙하위험을 예방할 수 있는 안전대책
③ 전도위험을 예방할 수 있는 안전대책
④ 협착위험을 예방할 수 있는 안전대책
⑤ 붕괴위험을 예방할 수 있는 안전대책

참고 산업안전기사 필기 p.6-192(11. 중량물 취급작업)

KEY ① 2018년 4월 28일 산업기사 출제
② 2019년 3월 3일 산업기사 출제
② 2021년 9월 12일(문제 119번) 출제

정보제공
산업안전보건기준에 관한 규칙 [별표 4] 사전조사 및 작업계획서 내용

117 취급·운반의 원칙으로 옳지 않은 것은?

① 운반 작업을 집중하여 시킬 것
② 생산을 최고로 하는 운반을 생각할 것
③ 곡선 운반을 할 것
④ 연속 운반을 할 것

해설

취급, 운반의 5원칙
① 직선운반을 할 것
② 연속운반을 할 것
③ 운반작업을 집중화시킬 것
④ 생산을 최고로 하는 운반을 생각할 것
⑤ 최대한 시간과 경비를 절약할 수 있는 운반방법을 고려할 것

[정답] 115 ③ 116 ② 117 ③

PART 04

참고 산업안전기사 필기 p.6-161(합격날개 : 합격예측)

KEY ① 2017년 8월 26일 출제
② 2018년 4월 28일 출제
③ 2019년 3월 3일 산업기사 출제
④ 2022년 3월 5일(문제 109번) 출제

참고 산업안전기사 필기 p.6-171(합격날개 : 합격예측)

118 철골작업 시 철골부재에서 근로자가 수직 방향으로 이동하는 경우에 설치하여야 하는 고정된 승강로의 최대 답단 간격은 얼마 이내인가?

① 20[cm]　② 25[cm]
③ 30[cm]　④ 40[cm]

해설

승강로 답단간격

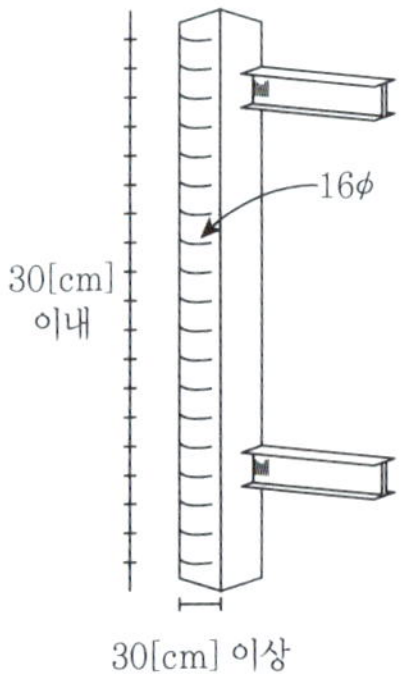

[그림] 고정된 승강로 Trap(답단)

참고 산업안전기사 필기 p.6-168 (그림 : 고정된 승강로 Trap)

KEY ① 2018년 8월 19일, 9월 15일(문제 110번) 출제
② 2018년 7월 7일 기사 작업형 출제
③ 2022년 3월 5일(문제 110번) 출제

정보제공

산업안전보건기준에 관한 규칙 제381조(승강로의 설치)

사업주는 근로자가 수직방향으로 이동하는 철골부재(鐵骨部材)에는 답단(踏段) 간격이 30센티미터 이내인 고정된 승강로를 설치하여야 하며, 수평방향 철골과 수직방향 철골이 연결되는 부분에는 연결작업을 위하여 작업발판 등을 설치하여야 한다.

119 콘크리트 타설작업을 하는 경우에 준수해야 할 사항으로 옳지 않은 것은?

① 당일의 작업을 시작하기 전에 해당 작업에 관한 거푸집동바리 등의 변형·변위 및 지반의 침하 유무 등을 점검하고 이상이 있으면 보수한다.
② 작업 중에는 거푸집동바리 등의 변형·변위 및 침하 유무 등을 감시할 수 있는 감시자를 배치하여 이상이 있으면 작업을 빠른 시간 내 우선 완료하고 근로자를 대피시킨다.
③ 콘크리트 타설작업 시 거푸집붕괴의 위험이 발생할 우려가 있으면 충분한 보강 조치를 한다.
④ 콘크리트를 타설하는 경우에는 편심이 발생하지 않도록 골고루 분산하여 타설한다.

해설

제334조(콘크리트의 타설작업) 사업주는 콘크리트의 타설작업을 하는 경우에는 다음 각 호의 사항을 준수하여야 한다.

1. 당일의 작업을 시작하기 전에 해당 작업에 관한 거푸집동바리 등의 변형·변위 및 지반의 침하유무 등을 점검하고 이상이 있으면 보수할 것
2. 작업중에는 거푸집동바리 등의 변형·변위 및 침하유무 등을 감시할 수 있는 감시자를 배치하여 이상이 있으면 작업을 중지시키고 근로자를 대피시킬 것
3. 콘크리트의 타설작업시 거푸집붕괴의 위험이 발생할 우려가 있는 경우에는 충분한 보강조치를 할 것
4. 설계도서상의 콘크리트 양생기간을 준수하여 거푸집동바리 등을 해체할 것
5. 콘크리트를 타설하는 경우에는 편심이 발생하지 않도록 골고루 분산하여 타설할 것

참고 산업안전기사 필기 p.6-91(합격날개 : 합격예측 및 관련 법규)

KEY ① 2016년 5월 8일 출제
② 2016년 10월 1일 산업기사 출제
③ 2017년 3월 5일 산업기사 출제
④ 2021년 5월 15일, 8월 14일기사 출제
⑤ 2022년 3월 5일(문제 110번) 출제

[정답] 118 ③ 119 ②

120 **철골건립준비를 할 때 준수하여야 할 사항으로 옳지 않은 것은?**

① 지상 작업장에서 건립준비 및 기계기구를 배치할 경우에는 낙하물의 위험이 없는 평탄한 장소를 선정하여 정비하여야 한다.
② 건립작업에 다소 지장이 있다하더라도 수목은 제거하거나 이설하여서는 안된다.
③ 사용전에 기계기구에 대한 정비 및 보수를 철저히 실시하여야 한다.
④ 기계에 부착된 앵커 등 고정장치와 기초구조 등을 확인하여야 한다.

해설

장해물의 제거
① 수목이나 전주 등은 제거 또는 이설
② 이유 : 작업능률을 저하 방지

참고 산업안전기사 필기 p.6-160(2. 건립 준비 및 기계 기구의 배치)

KEY ① 2015년 3월 8일(문제 116번) 출제
② 2019년 3월 3일(문제 108번) 출제
③ 2022년 4월 24일(문제 104번) 출제

PART 04

[정답] 120 ②

SAFETY ENGINEER

PART 05

2025년 과년도 전회차 문제해설

2025년도 기사 제 1 회 (2025년 2월 7일 시행)
기사 제 2 회 (2025년 5월 10일 시행)
기사 제 3 회 (2025년 8월 9일 시행)

2025년도 기사 정기검정 제1회 (2025년 2월 7일 시행)

자격종목 및 등급(선택분야)

산업안전기사

※ 본 문제는 복원문제 및 예적(예상적중) 문제로 실제문제와 동일하지 않을 수 있습니다.

1 산업재해 예방 및 안전보건교육

01 보호구 안전인증 고시상 안전인증 방독마스크의 정화통 종류와 외부 측면의 표시 색이 잘못 연결된 것은?

① 할로겐용 – 회색
② 황화수소용 – 회색
③ 암모니아용 – 회색
④ 시안화수소용 – 회색

해설

방독마스크 흡수관(정화통)의 종류

종 류	시험가스	정화통 외부측면 표시색
유기화합물용	시클로헥산(C_6H_{12}) 디메틸에테르(CH_3OCH_3), 이소부탄(C_4H_{10})	갈색
할로겐용	염소가스 또는 증기(Cl_2)	회색
황화수소용	황화수소가스(H_2S)	회색
시안화수소용	시안화수소가스(HCN)	회색
아황산용	아황산가스(SO_2)	노란색
암모니아용	암모니아가스(NH_3)	녹색

참고 산업안전기사 필기 p.1-55(표 : 방독마스크 흡수관의 종류)

KEY ① 2016년 3월 6일 산업기사 출제
② 2017년 3월 5일 출제
③ 2018년 4월 28일 출제
④ 2021년 5월 15일(문제 7번) 출제
⑤ 2024년 7월 27일(문제 17번) 출제

02 Y·G 성격검사에서 "안전, 적응, 적극형"에 해당하는 형의 종류는?

① A형 ② B형
③ C형 ④ D형

해설

Y·G(矢田部·Guilford) 성격검사

① A형(평균형) : 조화적, 적응적
② B형(右偏형) : 정서 불안정, 활동적, 외향적(불안정, 부적응, 적극형)
③ C형(左偏형) : 안전 소극형(온순, 소극적, 안전, 비활동, 내향적)
④ D형(右下형) : 안전, 적응, 적극형(정서 안전, 사회 적응, 활동적 대인관계 양호)
⑤ E형(左下형) : 불안전, 부적응, 수동형(D형과 반대)

참고 산업안전기사 필기 p.1-79(2. Y·G 성격검사)

KEY ① 2020년 6월 7일(문제 4번) 출제
② 2023년 6월 7일 산업기사 출제
③ 2024년 2월 15일(문제 3번) 출제

03 매슬로우(Maslow)의 욕구 5단계 이론 중 자기보존에 관한 안전욕구는 몇 단계에 해당되는가?

① 제1단계 ② 제2단계
③ 제3단계 ④ 제4단계

해설

매슬로우(Maslow, A. H.)의 욕구단계 이론

① 제1단계(생리적 욕구 : 생명유지의 기본적 욕구) : 기아, 갈증, 호흡, 배설, 성욕 등 인간의 가장 기본적인 욕구(종족보존)
② 제2단계(안전욕구) : 자기보존욕구
③ 제3단계(사회적 욕구) : 소속감과 애정욕구
④ 제4단계(존경욕구) : 인정받으려는 욕구
⑤ 제5단계(자아실현의 욕구) : 잠재적인 능력을 실현하고자 하는 욕구 (성취욕구)

참고 산업안전기사 필기 p.1-101(5. 매슬로우의 욕구 5단계 이론)

KEY ① 2014년 3월 2일 출제
② 2016년 5월 8일, 8월 21일 출제
③ 2017년 3월 5일 출제

[정답] 01 ③ 02 ④ 03 ②

④ 2018년 4월 28일 출제
⑤ 2019년 4월 27일 출제
⑥ 2020년 8월 22일 출제
⑦ 2021년 8월 14일 출제
⑧ 2022년 4월 24일 출제
⑨ 2024년 7월 27일(문제 20번) 등 10회 이상 출제
⑩ 2024년 4월 27일 실기 필답형 출제

04 산업안전보건법령상 안전보건표지의 종류 중 다음 표지의 명칭은? (단, 마름모 테두리는 빨간색이며, 안의 내용은 검은색이다.)

① 폭발성물질 경고
② 산화성물질 경고
③ 부식성물질 경고
④ 급성독성물질 경고

해설

경고표지

인화성 물질경고	산화성 물질경고	폭발성 물질경고

급성독성 물질경고	**부식성 물질경고**	**방사성 물질경고**

참고 산업안전기사 필기 p.1-61(4. 안전보건표지의 종류와 형태)

KEY ① 2017년 9월 23일 출제
② 2018년 3월 4일 출제
③ 2019년 4월 27일 출제
④ 2020년 8월 22일(18번) 출제
⑤ 2024년 2월 15일(6번), 7월 27일(1번) 출제

정보제공
산업안전보건법 시행규칙 [별표 6] 안전보건표지의 종류와 형태

05 생체리듬의 변화에 대한 설명으로 틀린 것은?

① 야간에는 체중이 감소한다.
② 야간에는 말초운동 기능이 저하된다.
③ 체온, 혈압, 맥박수는 주간에 상승하고 야간에 감소한다.
④ 혈액의 수분과 염분량은 주간에 증가하고 야간에 감소한다.

해설

위험일 변화
혈액의 수분, 염분량 : 주간에 감소, 야간에 상승

참고 산업안전기사 필기 p.1-108(5. 위험일의 변화 및 특징)

KEY ① 2017년 8월 26일, 9월 23일출제
② 2021년 3월 7일 출제
③ 2023년 6월 4일(문제 13번) 출제
④ 2024년 7월 27일(문제 9번) 출제

06 안전관리조직의 참모식(staff형)에 대한 장점이 아닌 것은?

① 경영자의 조언과 자문역할을 한다.
② 안전정보 수집이 용이하고 빠르다.
③ 안전에 관한 명령과 지시는 생산라인을 통해 신속하게 전달한다.
④ 안전전문가가 안전계획을 세워 문제해결 방안을 모색하고 조치한다.

해설

라인형 조직과 스태프형 조직

구 분	장 점	단 점
line형 조직 	① 안전에 관한 명령과 지시는 생산 라인을 통해 신속 · 정확히 전달 실시된다. ② 중소 규모 기업에 활용된다.	① 안전 전문 입안이 되어 있지 않아 내용이 빈약하다. ② 안전의 정보가 불충분하다.

[정답] 04 ④ 05 ④ 06 ③

구 분	장 점	단 점
staff형 조직 	① 안전 전문가가 안전계획을 세워 문제 해결 방안을 모색하고 조치한다. ② 경영자의 조언과 자문 역할을 한다. ③ 안전 정보 수집이 용이하고 빠르다.	① 생산 부문에 협력하여 안전 명령을 전달 실시하므로 안전과 생산을 별개로 취급하기 쉽다. ② 생산 부문은 안전에 대한 책임과 권한이 없다.

참고 산업안전기사 필기 p.1-23(표. 안전보건관리 조직형태)

KEY ① 2016년 3월 6일 기사·산업기사 동시 출제
② 2016년 10월 1일 산업기사 출제
③ 2017년 3월 5일, 5월 7일 기사 출제
④ 2017년 8월 26일 기사·산업기사 동시 출제
⑤ 2019년 3월 3일(문제 14번) 출제
⑥ 2024년 2월 15일(문제 4번), 5월 9일(문제 1번) 출제

07 산업안전보건법령상 교육대상별 교육내용 중 관리감독자의 정기안전보건교육 내용이 아닌 것은?(단, 산업안전보건법 및 일반관리에 관한 사항은 제외한다.)

① 산업안전 제도에 관한 사항
② 산업보건 및 건강장해 예방에 관한 사항
③ 유해·위험 작업환경 관리에 관한 사항
④ 표준안전작업방법 및 지도 요령에 관한 사항

해설

관리감독자 정기안전보건교육 내용

① 산업안전 및 산업재해 예방에 관한 사항(화재·폭발 사고 발생 시 대피에 관한 사항을 포함한다)
② 산업보건 및 건강장해 예방에 관한 사항(폭염·한파작업으로 인한 건강장해 발생 시 응급조치에 관한 사항을 포함한다)
③ 위험성 평가에 관한 사항
④ 유해·위험 작업환경 관리에 관한 사항
⑤ 산업안전보건법령 및 산업재해보상보험 제도에 관한 사항
⑥ 직무스트레스 예방 및 관리에 관한 사항
⑦ 직장 내 괴롭힘, 고객의 폭언 등으로 인한 건강장해 예방 및 관리에 관한 사항
⑧ 작업공정의 유해·위험과 재해 예방대책에 관한 사항
⑨ 사업장 내 안전보건관리체제 및 안전·보건조치 현황에 관한 사항
⑩ 표준안전 작업방법 결정 및 지도·감독 요령에 관한 사항
⑪ 현장근로자와의 의사소통능력 및 강의 능력 등 안전보건교육 능력 배양에 관한 사항
⑫ 비상시 또는 재해 발생 시 긴급조치에 관한 사항
⑬ 그 밖의 관리감독자의 직무에 관한 사항

참고 산업안전기사 필기 p.1-154(3. 관리감독자 정기안전보건교육)

KEY ① 2017년 5월 7일, 8월 26일 출제
② 2018년 3월 4일 출제
③ 2023년 6월 4일(문제 10번) 출제
④ 2024년 5월 9일(문제 8번) 출제

합격정보
산업안전보건법시행규칙 [별표 5] 안전보건교육대상별 교육내용

08 사고예방대책의 기본원리 5단계 중 틀린 것은?

① 1단계 : 안전관리계획
② 2단계 : 현상파악
③ 3단계 : 분석평가
④ 4단계 : 대책의 선정

해설

하인리히 사고예방대책 기본원리 5단계

① 제1단계(안전관리조직 : Organization)
② 제2단계(사실의 발견 : Fact finding:현상파악)
③ 제3단계(분석평가 : Analysis)
④ 제4단계(시정(대)책의 선정 : Selection of remedy)
⑤ 제5단계(시정(대)책의 적용 : Application of remedy)

참고 산업안전기사 필기 p.3-35(7. 하인리히 사고예방대책 기본원리 5단계)

KEY ① 2017년 5월 7일 기사·산업기사 동시 출제
② 2018년 8월 19일 산업기사 출제
③ 2019년 3월 3일(문제 20번) 출제
④ 2024년 5월 9일(문제 8번) 출제

09 재해조사의 목적과 가장 거리가 먼 것은?

① 재해예방 자료수집
② 재해관련 책임자 문책
③ 동종 및 유사재해 재발방지
④ 재해발생 원인 및 결함 규명

해설

재해조사의 목적

① 관계자의 책임을 추궁하는 것이 아니다.
② 사고의 진실을 밝혀내는 것이다.

참고 산업안전기사 필기 p.3-30(4. 재해 조사시의 유의사항)

[정답] 07 ① 08 ① 09 ②

KEY ① 2016년 3월 6일 기사 출제
② 2018년 4월 28일 기사 출제
③ 2019년 4월 27일 기사 출제
④ 2021년 3월 7일(문제 5번) 출제
⑤ 2024년 2월 15일(문제 5번) 출제

10 재해원인을 직접원인과 간접원인으로 분류할 때 직접원인에 해당하는 것은?

① 물적 원인 ② 교육적 원인
③ 정신적 원인 ④ 관리적 원인

해설

산업재해원인

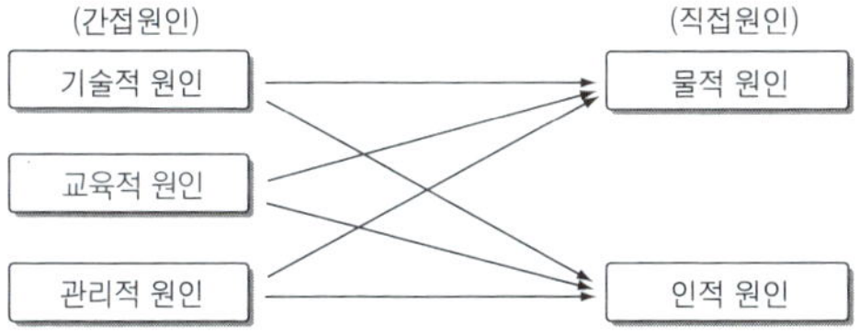

[그림] 직 · 간접재해원인 비교

참고 산업안전기사 필기 p.3-29(그림. 직·간접재해원인 비교)

KEY ① 2017년 5월 7일 산업기사 출제
② 2018년 4월 28일 기사 출제
③ 2019년 4월 27일 기사 출제
④ 2020년 8월 22일(문제 14번) 출제
⑤ 2022년 4월 24일(문제 18번) 출제
⑥ 2024년 2월 15일(문제 9번) 출제

11 적응기제 중 도피기제의 유형이 아닌 것은?

① 합리화 ② 고립
③ 퇴행 ④ 억압

해설

도피기제(Excape Mechanism) : 갈등을 해결하지 않고 도망감

구분	특징
억압	무의식으로 쑤셔 넣기
퇴행	유아 시절로 돌아가 유치해짐
백일몽	공상의 나래를 펼침
고립(거부)	외부와의 접촉을 끊음

참고 ① 산업안전기사 필기 p.1-115(적응기제 3가지)
② 산업안전기사 필기 p.1-150(합격날개 : 합격예측)

KEY ① 2016년 5월 8일 산업기사 출제
② 2017년 3월 5일 기사 출제
③ 2017년 9월 23일 기사 출제
④ 2018년 3월 4일(문제 19번) 출제
⑤ 2024년 2월 15일(문제 15번) 출제

12 보호구 안전인증 고시에 따른 방음용 귀마개 또는 귀덮개와 관련된 용어의 정의 중 다음 (　)안에 알맞은 것은?

음압수준이란 음압을 다음 식에 따라 데시벨(dB)로 나타낸 것을 말하며 적분 평균소음계(KSC1505) 또는 소음계 (KSC1502)에 규정하는 소음계의 (　)특성을 기준으로 한다.

① A ② B
③ C ④ D

해설

음압수준

"음압수준"이란 음압을 다음 식에 따라 데시벨(dB)로 나타낸 것을 말하며 KSC1505(적분 평균소음계) 또는 KSC1502(소음계)에 규정하는 소음계의 "C" 특성을 기준으로 한다.

$$\text{음압수준[dB]} = 20\log 10\frac{P}{P_0}$$

P : 측정음압으로서 파스칼(Pa) 단위를 사용
P_0 : 기준음압으로서 20[μPa] 사용

참고 산업안전기사 필기 p.1-63(합격날개 : 합격예측)

KEY ① 2009년 5월 10일 (문제 9번) 출제
② 2017년 8월 26일(문제 12번) 출제
③ 2024년 2월 15일(문제 17번) 출제

[정답] 10 ① 11 ① 12 ③

PART 05

13 다음 중 몇 사람의 전문가에 의하여 과제에 관한 견해를 발표하게 한 뒤에 참가자로 하여금 의견이나 질문을 하게 하여 토의하는 방법은?

① 포럼(Forum)
② 심포지엄(Symposium)
③ 케이스 스터디(Case study)
④ 패널 디스커션(Panel discussion)

해설

심포지엄(Symposium)

몇 사람의 전문가에 의하여 과제에 관한 견해를 발표하게 한 뒤 참가자로 하여금 의견이나 질문을 하게 하여 토의하는 방법

참고 산업안전기사 필기 p.1-144(④ 토의식 교육방법)

KEY ① 2011년 6월 12일 기사 출제
② 2013년 8월 18일 기사 출제
③ 2015년 5월 31일, 8월 16일 기사 출제
④ 2018년 3월 4일 기사 출제
⑤ 2020년 6월 7일 기사 출제
⑥ 2022년 3월 5일 기사 출제
⑦ 2023년 7월 8일(문제 6번) 출제

14 적성요인에 있어 직업적성을 검사하는 항목이 아닌 것은?

① 지능 ② 촉각 적응력
③ 형태식별능력 ④ 운동속도

해설

직업적성검사(職業適性檢査, vocational aptitude test)

① 피검사자의 개인적 특징인 적성과 직업의 특성을 대응시키는 검사이다.
② 직업적성검사는 개인의 적성이나 기질과 특정 직종 또는 직업에서 직무수행에 요구되는 활동간의 관계를 밝혀, 개인의 진로개발이나 구직활동에 유용한 직업정보를 제공하는 데 목적이 있다.
③ 대표적인 직업적성검사로는 일반적성검사(GATB : general aptitude test battery), 차별적성검사(DAT : differential aptitude test), 산업적성검사(FIT : flanagan industrial tests), 고용적성조사(EAS : employee aptitude survey) 등이 있다.
④ 종류
㉮ 지능 : 일반적인 학습능력 및 원리 이해 능력, 추리 판단 능력
㉯ 언어능력 : 단어의 뜻과 함께 그와 관련된 개념을 이해하고 사용하는 능력
㉰ 수리능력 : 빠르고 정확하게 계산하는 능력

참고 산업안전기사 필기 p.1-77(합격날개 : 합격예측)

KEY ① 2011년 6월 12일 기사 출제
② 2019년 8월 4일 기사 출제
③ 2023년 7월 8일(문제 14번) 출제

15 부주의에 대한 사고방지 대책 중 기능 및 작업 측면의 대책이 아닌 것은?

① 표준작업의 습관화 ② 적성배치
③ 안전의식의 제고 ④ 작업조건의 개선

해설

부주의에 대한 기능 및 작업적 측면에 대한 대책

① 적성 배치
② 안전작업 방법 습득
③ 표준작업 동작의 습관화

참고 산업안전기사 필기 p.1-121(④ 기능 및 작업적 측면에 대한 대책)

KEY ① 2018년 8월 19일 기사 출제
② 2023년 7월 8일(문제 20번) 출제

보충학습

부주의에 대한 정신적 측면에 대한 대책

① 주의력의 집중 훈련
② 스트레스의 해소
③ 안전의식의 고취
④ 작업의욕의 고취

16 안전점검 체크리스트에 포함되어야 할 사항이 아닌 것은?

① 점검대상 ② 점검부분
③ 점검방법 ④ 점검목적

해설

Check List에 포함되어야 하는 사항

① 점검대상
② 점검부분(점검개소)
③ 점검항목(점검내용 : 마모, 균열, 부식, 파손, 변형 등)
④ 점검주기 또는 기간(점검시기)
⑤ 점검방법(육안점검, 기능점검, 기기점검, 정밀점검)
⑥ 판정기준(안전검사기준, 법령에 의한 기준, KS기준 등)
⑦ 조치사항(점검결과에 따른 결함의 시정사항)

[정답] 13 ② 14 ② 15 ③ 16 ④

참고 산업안전기사 필기 p.3-50(1. Check List에 포함되어야 하는 사항)

KEY ① 2016년 5월 8일(문제 19번) 출제
② 2017년 5월 7일 기사 출제
③ 2023년 6월 4일(문제 1번) 출제

17 산업안전보건법령상 협의체 구성 및 운영에 관한 사항으로 ( )에 알맞은 내용은?

> 도급인은 관계 수급인 근로자가 도급인의 사업장에서 작업을 하는 경우 도급인과 수급인을 구성원으로 하는 안전 및 보건에 관한 협의체를 구성 및 운영하여야 한다. 이 협의체는 ( ) 정기적으로 회의를 개최하고 그 결과를 기록 보존해야 한다.

① 매월 1회 이상　② 2개월마다 1회
③ 3개월마다 1회　④ 6개월마다 1회

해설

제79조(협의체의 구성 및 운영)

① 법 제64조제1항제1호에 따른 안전 및 보건에 관한 협의체(이하 이 조에서 "협의체"라 한다)는 도급인 및 그의 수급인 전원으로 구성해야 한다.
② 협의체는 다음 각 호의 사항을 협의해야 한다.
1. 작업의 시작 시간
2. 작업 또는 작업장 간의 연락방법
3. 재해발생 위험이 있는 경우 대피방법
4. 작업장에서의 법 제36조에 따른 위험성평가의 실시에 관한 사항
5. 사업주와 수급인 또는 수급인 상호 간의 연락 방법 및 작업공정의 조정

③ 협의체는 매월 1회 이상 정기적으로 회의를 개최하고 그 결과를 기록·보존해야 한다.

참고 산업안전기사 필기 p.1-228(제79조 : 협의체의 구성 및 운영)

KEY ① 2021년 5월 15일 출제
② 2023년 6월 4일(문제 14번) 출제

합격정보
산업안전보건법 시행규칙

18 다음 중 부주의의 발생 현상으로 혼미한 정신상태에서 심신의 피로나 단조로운 반복작업시 일어나는 현상은?

① 의식의 과잉　② 의식의 집중
③ 의식의 우회　④ 의식수준의 저하

해설

의식수준의 저하
뚜렷하지 않은 의식의 상태로 심신이 피로하거나 단조로움 등에 의해 발생

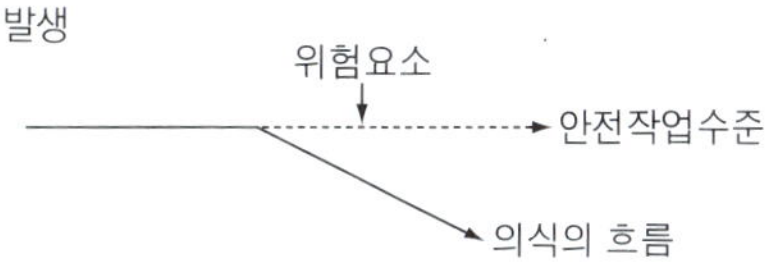

[그림] 의식수준의 저하

참고 산업안전기사 필기 p.1-120(3. 의식수준의 저하)

KEY ① 2017년 8월 26일 출제
② 2019년 8월 4일 출제
③ 2023년 6월 4일(문제 17번) 출제

보충학습
① 의식의 단절 : 지속적인 흐름에 공백이 발생하며 질병이 있는 경우에만 발생한다.
② 의식의 우회 : 의식의 흐름이 옆으로 빗나가 발생하는 경우로 작업도중의 걱정, 고뇌, 욕구 불만 등에 의해 다른 것에 주의하는 것이 이에 속한다.
③ 의식의 과잉 : 지나친 의욕에 의해서 생기는 부주의 현상으로 돌발사태 및 긴급이상 사태시 순간적으로 긴장되고 의식이 한 방향으로만 쏠리게 되는 경우가 이에 해당된다.
④ 의식의 혼란 : 인간공학적 디자인과 설계의 불량으로 인해 판단의 혼란으로 발생한다.

19 산업안전보건법령상 중대재해의 범위에 해당하지 않는 것은?

① 1명의 사망자가 발생한 재해
② 1개월의 요양을 요하는 부상자가 동시에 5명 발생한 재해
③ 3개월의 요양을 요하는 부상자가 동시에 3명 발생한 재해
④ 10명의 직업성 질병자가 동시에 발생한 재해

[정답] 17 ① 18 ④ 19 ②

해설

중대재해의 종류 3가지

① 사망자가 1명 이상 발생한 재해
② 3개월 이상의 요양이 필요한 부상자가 동시에 2명 이상 발생한 재해
③ 부상자 또는 직업성 질병자가 동시에 10명 이상 발생한 재해

참고 산업안전기사 필기 p.1-4(6. 중대재해)

KEY ① 2016년 3월 8일 기사 및 산업기사 동시출제
② 2016년 5월 8일 기사 출제
③ 2020년 8월 22일 기사 출제
③ 2023년 2월 28일(문제 1번) 출제

합격정보
산업안전보건법 시행규칙 제3조(중대재해의 범위)

20 산업안전보건법령상 안전관리자의 업무가 아닌 것은?(단, 그 밖에 고용노동부장관이 정하는 사항은 제외한다.)

① 업무 수행 내용의 기록
② 산업재해에 관한 통계의 유지·관리·분석을 위한 보좌 및 지도·조언
③ 안전교육계획의 수립 및 안전교육 실시에 관한 보좌 및 지도·조언
④ 작업장 내에서 사용되는 전체 환기장치 및 국소 배기장치 등에 관한 설비의 점검

해설

안전관리자의 업무

① 산업안전보건위원회 또는 안전보건에 관한 노사협의체에서 심의·의결한 업무와 해당 사업장의 안전보건관리규정 및 취업규칙에서 정한 업무
② 위험성평가에 관한 보좌 및 지도·조언
③ 안전인증대상 기계 등과 자율안전확인대상 기계 등 구입 시 적격품의 선정에 관한 보좌 및 지도·조언
④ 해당 사업장 안전교육계획의 수립 및 안전교육 실시에 관한 보좌 및 지도·조언
⑤ 사업장 순회점검·지도 및 조치의 건의
⑥ 산업재해 발생의 원인 조사·분석 및 재발 방지를 위한 기술적 보좌 및 지도·조언
⑦ 산업재해에 관한 통계의 유지·관리·분석을 위한 보좌 및 지도·조언
⑧ 법 또는 법에 따른 명령으로 정한 안전에 관한 사항의 이행에 관한 보좌 및 지도·조언
⑨ 업무수행 내용의 기록·유지
⑩ 그 밖에 안전에 관한 사항으로서 고용노동부장관이 정하는 사항

참고 산업안전기사 필기 p.1-26(2. 안전관리자의 업무)

KEY ① 2017년 3월 5일, 5월 7일, 9월 23일 기사 출제
② 2018년 3월 4일, 4월 28일 기사 출제
③ 2018년 8월 19일 산업기사 출제
④ 2020년 6월 7일(문제 1번) 출제
⑤ 2022년 4월 24일(문제 19번) 출제

합격정보
산업안전보건법 시행령 제18조(안전관리자의 업무 등)

2 인간공학 및 위험성 평가·관리

21 FTA(Fault Tree Analysis)에서 사용되는 사상기호 중 통상의 작업이나 기계의 상태에서 재해의 발생 원인이 되는 요소가 있는 것을 나타내는 것은?

①
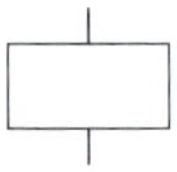
②

③
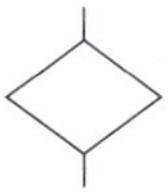
④
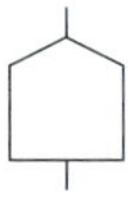

해설

FTA 기호

기 호	명 칭	기 호	명 칭
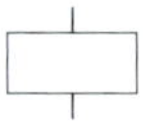	결함사상		생략사상
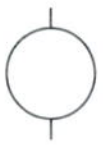	기본사상	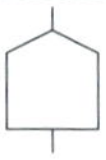	통상사상

참고 산업안전기사 필기 p.2-70(표 : FTA 기호)

KEY ① 2007년 8월 5일(문제 33번) 출제
② 2016년 10월 1일 산업기사 출제
③ 2017년 5월 7일 기사 출제
④ 2017년 8월 19일 산업기사 출제
⑤ 2017년 8월 26일 기사, 산업기사 출제
⑥ 2018년 3월 4일 기사 출제
⑦ 2018년 8월 19일 산업기사 출제
⑧ 2020년 6월 14일 산업기사 출제
⑨ 2021년 5월 15일, 8월 14일(문제 33번) 기사 출제
⑩ 2022년 4월 24일(문제 30번) 출제
⑪ 2024년 5월 9일(문제 36번) 출제

[정답] 20 ④ 21 ④

22 섬유유연제 생산 공정이 복잡하게 연결되어 있어 작업자의 불안전한 행동을 유발하는 상황이 발생하고 있다. 이것을 해결하기 위한 위험처리 기술에 해당하지 않는 것은?

① Transfer(위험전가)
② Retention(위험보류)
③ Reduction(위험감축)
④ Rearrange(작업순서의 변경 및 재배열)

해설

Risk 처리(위험조정)기술 4가지

① 위험회피(Avoidance)
② 위험제거(경감, 감축 : Reduction)
③ 위험보유(보류 : Retention)
④ 위험전가(Transfer) : 보험으로 위험조정

참고 산업안전기사 필기 p.2-36(합격날개 : 합격예측)

KEY ① 2014년 3월 2일 출제
② 2018년 8월 19일 출제
③ 2023년 7월 8일(문제 31번) 출제
④ 2024년 2월 15일(문제 36번), 7월 27일(문제 23번) 출제

23 신호검출이론(SDT)의 판정결과 중 신호가 없었는데도 있었다고 말하는 경우는?

① 긍정(hit)
② 누락(miss)
③ 허위(false alarm)
④ 부정(correct rejection)

해설

신호검출이론

① 신호와 소음을 쉽게 식별할 수 없는 상황에 적용된다.
② 일반적인 상황에서 신호 검출을 간섭하는 소음이 있다.
③ 긍정(hit), 허위(false alarm), 누락(miss), 부정(correct rejection)의 네가지 결과로 나눌 수 있다.

KEY ① 2017년 5월 7일 출제
② 2020년 9월 27일 출제
③ 2023년 7월 8일(문제 24번) 출제
④ 2024년 7월 27일(문제 25번) 출제

24 어떤 소리가 1,000[Hz], 60[dB]인 음과 같은 높이임에도 4배 더 크게 들린다면, 이 소리의 음압수준은 얼마인가?

① 70[dB] ② 80[dB]
③ 90[dB] ④ 100[dB]

해설

음압수준

① 10[dB] 증가 시 소음은 2배 증가
② 20[dB] 증가 시 소음은 4배 증가
③ 60+20=80[dB]

결론 $4\text{sone} = 2^{\frac{L_1-60}{10}}$ $10 \times \log 4 = (L_1 - 60)\log 2$

$$L_1 = \frac{10 \times \log 4}{\log 2} + 60 = 80$$

참고 산업안전기사 필기 p.2-173(합격날개 : 합격예측)

KEY ① 2009년 8월 30일(문제 53번) 출제
② 2018년 4월 28일 출제
③ 2020년 9월 27일 출제
④ 2023년 7월 8일(문제 36번) 출제
⑤ 2024년 7월 27일(문제 27번) 출제

보충학습

[표] phon과 sone의 관계

sone	1	2	4	8	16	32	64	128	256	512	1024
phon	40	50	60	70	80	90	100	110	120	130	140

예 10[phon]이 증가하면 2배의 소리 크기가 되며, 20[phon]이 증가하면 4배의 소리 크기가 된다.

25 산업안전보건법령상 사업주가 유해위험방지계획서를 제출할 때에는 사업장 별로 관련 서류를 첨부하여 해당 작업 시작 며칠 전까지 해당 기관에 제출하여야 하는가?

① 7일 ② 15일
③ 30일 ④ 60일

해설

유해위험방지 계획서 제출시기 및 부수

① 제조업 : 해당 작업시작 15일 전까지 공단에 2부 제출
② 건설업 : 공사 착공전날까지 공단에 2부 제출

참고 ① 공단 : 한국산업안전보건공단
② 산업안전기사 필기 p.2-37(③ 법적목적)

[정답] 22 ④ 23 ③ 24 ② 25 ②

PART 05

KEY ① 2016년 3월 6일 출제
② 2017년 9월 23일 출제
③ 2022년 4월 24일 출제
④ 2023년 2월 28일(문제 22번) 출제
⑤ 2024년 2월 15일(문제 40번), 5월 9일(문제 22번) 출제

합격정보
① 산업안전보건법 시행규칙 제42조(제출서류등)
② 2025. 1. 31 개정「고용노동부령 제419호」적용

26 화학설비에 대한 안전성 평가에서 정성적 평가 항목이 아닌 것은?

① 건조물 ② 취급물질
③ 공장 내의 배치 ④ 입지조건

해설

정성적 평가항목

① 입지조건 ② 공장 내의 배치
③ 소방설비 ④ 공정기기
⑤ 수송·저장 ⑥ 원재료, 중간체, 제품

참고 산업안전기사 필기 p.2-37(1. 안전성 평가 6단계)

KEY ① 2012년 3월 4일 기사 출제
② 2013년 6월 2일 기사 출제
③ 2014년 8월 17일 기사 출제
④ 2015년 5월 31일 기사 출제
⑤ 2016년 5월 8일 기사 출제
⑥ 2017년 8월 26일 기사 출제
⑦ 2018년 3월 4일 기사 출제
⑧ 2019년 3월 3일 기사 출제
⑨ 2022년 3월 5일 기사 출제
⑩ 2023년 7월 8일(문제 27번) 출제
⑪ 2024년 5월 9일(문제 24번) 출제

27 병렬로 이루어진 두 요소의 신뢰도가 각각 0.7일 경우, 시스템 전체의 신뢰도는?

① 0.30 ② 0.49
③ 0.70 ④ 0.91

해설

전체신뢰도

$R_s = 1-(1-0.7)(1-0.7) = 0.91$

참고 산업안전기사 필기 p.2-13(2. 병렬체계)

KEY ① 2016년 8월 21일 출제
② 2018년 8월 19일 출제
③ 2023년 7월 8일(문제 37번) 출제
④ 2024년 5월 9일(문제 26번) 출제

28 경계 및 경보신호의 설계지침으로 틀린 것은?

① 주의를 환기시키기 위하여 변조된 신호를 사용한다.
② 배경소음의 진동수와 다른 진동수의 신호를 사용한다.
③ 귀는 중음역에 민감하므로 500~3,000[Hz]의 진동수를 사용한다.
④ 300[m] 이상의 장거리용으로는 1,000[Hz]를 초과하는 진동수를 사용한다.

해설

경계 및 경보신호(청각적 표시장치) 선택시 지침

① 귀는 중음역에 가장 민감하므로 500~3,000[Hz]의 진동수를 사용
② 고음은 멀리가지 못하므로 300[m] 이상 장거리용으로는 1,000[Hz] 이하의 진동수 사용

참고 ① 산업안전기사 필기 p.2-195(문제 23번)
② 산업안전기사 필기 p.2-203(문제 69번)

KEY ① 2016년 3월 6일 산업기사 출제
② 2017년 3월 5일, 9월 23일 산업기사 출제
③ 2018년 3월 4일(문제 38번) 출제
④ 2022년 4월 24일(문제 38번) 출제
⑤ 2024년 5월 9일(문제 35번) 출제

29 반사경 없이 모든 방향으로 빛을 발하는 점광원에서 3[m] 떨어진 곳의 조도가 300[lux]라면 2[m] 떨어진 곳에서 조도[lux]는?

① 375 ② 675
③ 875 ④ 975

[정답] 26 ② 27 ④ 28 ④ 29 ②

해설

조도

① $조도 = \frac{광도}{(거리)^2}$

② 빛이 퍼져가는 면적은 거리에 반비례

③ $300[lux] \times (\frac{3}{2})^2 = 675[lux]$

참고 산업안전기사 필기 p.2-168(2. 조명단위)

KEY ① 2017년 3월 5일(문제 46번) 출제
② 2022년 3월 5일(문제 31번) 출제
③ 2024년 5월 9일(문제 40번) 출제

30 다음 중 근골격계부담작업에 속하지 않는 것은?

① 하루에 10[회] 이상 25[kg] 이상의 물체를 드는 작업
② 하루에 총 2[시간] 이상 목, 어깨, 팔꿈치, 손목 또는 손을 사용하여 같은 동작을 반복하는 작업
③ 하루에 총 2[시간] 이상 쪼그리고 앉거나 무릎을 굽힌 자세에서 이루어지는 작업
④ 하루에 총 2[시간] 이상 시간당 5[회] 이상 손 또는 무릎을 사용하여 반복적으로 충격을 가하는 작업

해설

근골격계 부담작업

① 하루 4[시간] 이상 집중적으로 자료입력 등을 위해 키보드 또는 마우스를 조작하는 작업
② 하루 2[시간] 이상 목, 어깨, 팔꿈치, 손목 또는 손을 사용하여 같은 동작을 반복하는 작업
③ 하루에 2[시간] 이상 머리 위에 손이 있거나, 팔꿈치가 어깨 위에 있거나, 팔꿈치를 몸통으로부터 들거나 팔꿈치를 몸통 뒤쪽에 위치하도록 하는 상태에서 이루어지는 작업
④ 지지되지 않은 상태이거나 임의로 자세를 바꿀 수 없는 조건에서 하루에 총 2[시간] 이상 목이나 허리를 구부리거나 트는 상태에서 이루어지는 작업
⑤ 하루에 2[시간] 이상 쪼그리고 앉거나 무릎을 굽힌 자세에서 이루어지는 작업
⑥ 하루에 2[시간] 이상 지지되지 않은 상태에서 1[kg] 이상의 물건을 한 손의 손가락으로 집어 옮기거나, 2[kg] 이상에 상응하는 힘을 가하여 한 손의 손가락으로 물건을 쥐는 작업
⑦ 하루에 2[시간] 이상 지지되지 않은 상태에서 4.5[kg] 이상의 물건을 한손으로 들거나 동일한 힘으로 쥐는 작업
⑧ 하루에 10[회] 이상 25[kg] 이상의 물체를 드는 작업
⑨ 하루에 25[회] 이상 10[kg] 이상의 물체를 무릎 아래에서 들거나 어깨 위에서 들거나 팔을 뻗은 상태에서 드는 작업
⑩ 하루에 2[시간] 이상 분당 2[회] 이상 4.5[kg] 이상의 물체를 드는 작업
⑪ 하루에 2[시간] 이상 시간당 10[회] 이상 손 또는 무릎을 사용하여 반복적으로 충격을 가하는 작업

참고 산업안전기사 필기 p.2-112(2. 근골격계 부담 작업)

KEY ① 2018년 8월 19일 기사 출제
② 2022년 3월 5일 기사 출제
③ 2023년 2월 28일(문제 32번) 출제
④ 2024년 2월 15일(문제 29번) 출제

합격정보

근골격계 부담 작업의 범위
고시 제2020-12호(제3조) 근골격계 부담 작업

31 인간 기계시스템의 연구 목적으로 가장 적절한 것은?

① 정보 저장의 극대화
② 운전시 피로의 평준화
③ 시스템의 신뢰성 극대화
④ 안전의 극대화 및 생산능률의 향상

해설

인간 기계 시스템의 연구목적

안전의 극대화 및 생산 능률의 향상

참고 산업안전기사 필기 p.2-6(1. 인간-기계 통합시스템)

KEY ① 2015년 9월 19일 기사 출제
② 2017년 8월 26일 산업기사 출제
③ 2019년 3월 3일 기사 출제
④ 2023년 2월 28일(문제 39번) 출제
⑤ 2024년 2월 15일(문제 32번) 출제

[정답] 30 ④ 31 ④

PART 05

32 다음 중 동작경제의 원칙에 해당하지 않는 것은?

① 공구의 기능을 각각 분리하여 사용하도록 한다.
② 두 팔의 동작은 동시에 서로 반대방향으로 대칭적으로 움직이도록 한다.
③ 공구나 재료는 작업동작이 원활하게 수행되도록 그 위치를 정해준다.
④ 가능하다면 쉽고도 자연스러운 리듬이 작업동작에 생기도록 작업을 배치한다.

해설

공구 및 설비 디자인에 관한 원칙
(Design of tools and equipment)

① 치구나 발로 작동시키는 기기를 사용할 수 있는 작업에서는 이러한 기기를 활용하여 양손이 다른 일을 할 수 있도록 한다.
② 공구의 기능은 결합하여서 사용하도록 한다.
③ 공구와 재료는 가능한 한 사용하기 쉽도록 미리 위치를 잡아준다.
④ 각 손가락이 서로 다른 작업을 할 때에는 작업량을 각 손가락의 능력에 맞도록 분배해야 한다.
⑤ 레버, 핸들 및 통제기기는 작업자가 몸의 자세를 크게 바꾸지 않더라도 조작하기 쉽도록 배열한다.

참고 산업안전기사 필기 p.2-76(3. 공구 및 설비 디자인에 관한 원칙)

KEY ① 2023년 2월 28일(문제 29번) 출제
② 2023년 4월 1일 산업안전(보건)지도사 출제
③ 2024년 2월 15일(문제 33번) 출제

33 의도는 올바른 것이었지만 행동이 의도한 것과는 다르게 나타나는 오류를 무엇이라 하는가?

① Slip ② Mistake
③ Lapse ④ Violation

해설

인간의 오류 모형

구분	특징
착각(Illusion)	감각적으로 물리현상을 왜곡하는 지각 오류
착오(Mistake)	상황해석을 잘못하거나 목표를 잘못 이해하고 착각하여 행하는 인간의 실수로 위치, 순서, 패턴, 형상, 기억오류 등 외부적 요인에 의해 나타나는 오류
실수(Slip)	의도는 올바른 것이었지만, 행동이 의도한 것과는 다르게 나타나는 오류
건망증(Lapse)	일련의 과정에서 일부를 빠뜨리거나 기억의 실패에 의해 발생하는 오류
위반(Violation)	정해진 규칙을 알고 있음에도 의도적으로 따르지 않거나 무시한 경우에 발생하는 오류

참고 산업안전기사 필기 p.2-19(합격날개 : 합격예측)

KEY ① 2009년 5월 10일(문제 35번) 출제
② 2017년 8월 26일 기사 출제
③ 2019년 3월 3일, 4월 27일기사 출제
④ 2021년 5월 15일 기사 출제
⑤ 2023년 2월 28일(문제 21번) 출제
⑥ 2024년 2월 15일(문제 39번) 출제

34 시스템의 운용단계에서 이루어져야 할 주요한 시스템안전 부문의 작업이 아닌 것은?

① 생산시스템 분석 및 효율성 검토
② 안전성 손상 없이 사용설명서의 변경과 수정을 평가
③ 운용, 안전성 수준유지를 보증하기 위한 안전성 검사
④ 운용, 보전 및 위급 시 절차를 평가하여 설계 시 고려사항과 같은 타당성 여부 식별

해설

시스템의 운용단계에서 이루어져야 하는 시스템안전 부문의 작업

① 안전성 손상 없이 사용설명서의 변경과 수정을 평가
② 운용, 안전성 수준유지를 보증하기 위한 안전성 검사
③ 운용, 보전 및 위급 시 절차를 평가하여 설계 시 고려사항과 같은 타당성 여부 식별

참고 산업안전기사 필기 p.1-8(합격날개 : 은행문제)

KEY ① 2017년 8월 26일 기사 출제
② 2023년 7월 8일(문제 35번) 출제

[정답] 32 ① 33 ① 34 ①

35 FTA를 수행함에 있어 기본사상들의 발생이 서로 독립인가 아닌가의 여부를 파악하기 위해서는 어느 값을 계산해 보는 것이 가장 적합한가?

① 공분산 ② 분산
③ 고장률 ④ 발생확률

해설

공분산

① FTA 수행시 기본 사상들의 발생이 서로 독립인가 아닌가 여부 판단
② 두 확률변수 X, Y의 기댓값을 각각 $\mu_x=E(X)$, $\mu_Y=E(Y)$라고 하자. 공분산 $\mathrm{Cov}(X, Y)$는 다음과 같이 정의한다.

$$\mathrm{Cov}(X, Y)=E[(X-\mu_x)(Y-\mu_Y)]$$

참고 산업안전기사 필기 p.2-101(문제 85번 적중)

KEY ① 2018년 8월 19일 기사 출제
② 2023년 7월 8일(문제 39번) 출제

36 설비보전 방법 중 설비의 열화를 방지하고 그 진행을 지연시켜 수명을 연장하기 위한 점검, 청소, 주유 및 교체 등의 활동은?

① 사후 보전 ② 개량 보전
③ 일상 보전 ④ 보전 예방

해설

보전의 구분

① 사후보전 : 고장이 발생한 이후에 시스템을 원래 상태로 되돌리는 것
② 보전예방 : 유지보수가 필요없는 설비를 만들기 위해 설계단계부터 개선사항 등을 반영하는 관리체계. 즉, 설계부터 근원적으로 고장이 나지 않도록 '보전이 불필요한 설비'를 만드는 것
③ 개량보전 : 설비가 고장난 후에 설계변경, 부품의 개선 등으로 수명을 연장하거나 수리검사가 용이하도록 설비 자체의 체질개선을 꾀하는 보전방식
④ 일상보전 : 설비보전방법 중 설비의 열화를 방지시키고 그 진행을 지연시켜 수명을 연장하기 위한 점검, 청소, 주유 및 교체 등의 활동

참고 산업안전기사 필기 p.2-48(합격날개 : 은행문제 3) 적중

KEY ① 2021년 5월 15일 출제
② 2023년 6월 4일(문제 23번) 출제

37 다음 중 일반적인 화학설비에 대한 안전성 평가(safety assessment) 절차에 있어 안전대책 단계에 해당되지 않는 것은?

① 보전 ② 설비 대책
③ 위험도 평가 ④ 관리적 대책

해설

화학설비의 안전성 평가 6단계

① 제1단계 : 관계자료의 작성준비
② 제2단계 : 정성적 평가
③ 제3단계 : 정량적 평가(위험도 평가)
④ 제4단계 : 안전대책
㉮ 설비대책 : 안전장치 및 방재장치에 관해서 배려한다.
㉯ 관리적 대책 : 인원배치, 교육훈련 및 보전에 관해서 배려한다.
⑤ 제5단계 : 재평가
⑥ 제6단계 : FTA에 의한 평가

참고 산업안전기사 필기 p.2-40(4. 4단계 : 안전대책수립)

KEY ① 2023년 2월 28일(문제 33번) 출제
② 2023년 4월 1일 산업안전(보건)지도사 출제

보충학습

위험도 평가는 3단계에서 실시한다.

PART 05

38 다음 현상을 설명하는 이론은?

> 인간이 감지할 수 있는 외부의 물리적 자극 변화의 최소범위는 표준 자극의 크기에 비례한다.

① 피츠(Fitts) 법칙
② 웨버(Weber) 법칙
③ 신호검출이론(SDT)
④ 힉-하이만(Hick-Hyman) 법칙

해설

웨버(Weber) 법칙

① 같은 종류의 두 자극을 구별할 수 있는 최소 차이는 자극의 강도에 비례한다고 하는 법칙
② $\text{Weber비}=\dfrac{\text{변화감지역}}{\text{기준자극의 크기}}$
③ Weber비가 작을수록 분별력이 뛰어난 감각이다.

[정답] 35 ① 36 ③ 37 ③ 38 ②

참고 산업안전기사 필기 p.2-172(합격날개 : 합격예측)

KEY ① 2021년 3월 7일 기사 출제
② 2023년 2월 28일(문제 38번) 출제

39 **밝은 곳에서 어두운 곳으로 갈 때 망막에 조응이 형성되는 생리적 과정인 암조응이 발생하는데 완전 암조응(Dark adaptation)이 발생하는데 소요되는 시간은?**

① 약 3~5분 ② 약 10~5분
③ 약 30~40분 ④ 약 60~90분

해설

암조응

① 밝은 곳에서 어두운 곳으로 갈 때 : 원추세포의 감수성 상실, 간상세포에 의해 물체 식별
② 완전 암조응 : 보통 30~40분 소요(명조응 : 수초 내지 1~2분)

참고 산업안전기사 필기 p.2-175(7. 암조응)

KEY ① 2019년 4월 27일 산업기사 출제
② 2022년 4월 24일(문제 25번) 출제

40 **1sone에 관한 설명으로 ( )에 알맞은 수치는?**

1sone : (ㄱ)[Hz], (ㄴ)[dB]의 음압수준을 가진 순음의 크기

① ㄱ : 1,000, ㄴ : 1
② ㄱ : 4,000, ㄴ : 1
③ ㄱ : 1,000, ㄴ : 40
④ ㄱ : 4,000, ㄴ : 40

해설

음의 크기의 수준

① Phon : 1,000[Hz] 순음의 음압수준(dB)을 나타낸다.
② sone : 1,000[Hz], 40[dB]의 음압수준을 가진 순음의 크기 (=40[Phon])를 1 [sone]이라 한다.
③ sone과 Phon의 관계식
∴ sone치 = $2^{(phon-40)/10}$

참고 산업안전기사 필기 p.2-173(합격날개 : 합격예측)

KEY ① 2015년 8월 16일(문제 22번) 출제
② 2016년 3월 6일 기사, 산업기사 동시 출제
③ 2019년 3월 3일(문제 29번), 4월 27일(문제 55번) 출제
④ 2021년 5월 15일(문제 30번) 출제
⑤ 2022년 4월 24일(문제 40번) 출제

3 기계·기구 및 설비안전관리

41 **그림과 같이 2줄의 와이어로프로 중량물을 달아 올릴 때, 로프에 가장 힘이 적게 걸리는 각도(θ)는?**

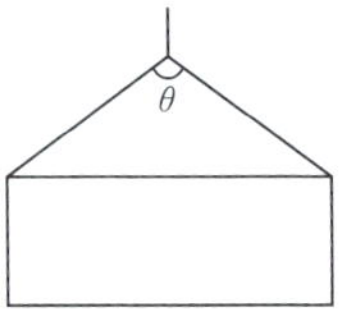

① 30[°] ② 60[°]
③ 90[°] ④ 120[°]

해설

sling wire 한 가닥에 걸리는 하중

$$하중 = \frac{하물의\ 무게}{2} \div \cos\frac{\theta}{2}$$

[표] 각도변화

①	②	③	④
$\frac{\frac{W}{2}}{\cos\frac{30}{2}}=0.51$	$\frac{\frac{W}{2}}{\cos\frac{60}{2}}=0.57$	$\frac{\frac{W}{2}}{\cos\frac{120}{2}}=1$	$\frac{\frac{W}{2}}{\cos\frac{150}{2}}=1.9$

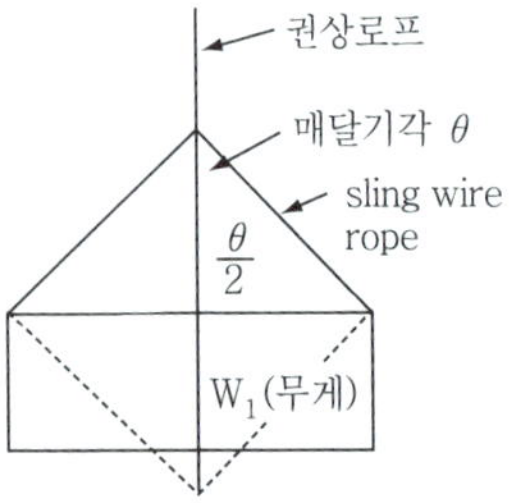

참고 산업안전기사 필기 p.3-153(그림. 달아매기 각도에 의한 장력의 변화)

[정답] 39 ③ 40 ③ 41 ①

KEY ① 2006년 3월 5일(문제 47번) 출제
② 2008년 5월 11일(문제 48번) 출제
③ 2019년 8월 4일 산업기사(문제 51번) 출제
④ 2025년 2월 7일 산업기사 출제

42 **기계설비의 위험점 중 연삭숫돌과 작업받침대, 교반기의 날개와 하우스 등 고정부분과 회전하는 동작 부분 사이에서 형성되는 위험점은?**

① 끼임점 ② 물림점
③ 협착점 ④ 절단점

해설

기계·기구 설비의 6가지 위험점

① 협착점 : 왕복운동을 하는 동작 부분과 움직임이 없는 고정 부분 사이에 형성되는 위험점
② 끼임점 : 고정 부분과 회전하는 동작 부분이 함께 만드는 위험점
③ 절단점 : 회전하는 운동부분 자체의 위험에서 초래되는 위험점
④ 물림점 : 회전하는 두 개의 회전체에 물려 들어갈 위험성이 형성되는 것
⑤ 접선 물림점 : 회전하는 부분의 접선방향으로 물려 들어갈 위험성이 존재하는 점
⑥ 회전 말림점 : 회전하는 물체에 작업복 등이 말려드는 위험이 존재하는 점

참고 산업안전기사 필기 p.3-15(2. 끼임점)

KEY ① 2016년 8월 21일 산업기사 출제
② 2018년 3월 4일 산업기사 출제
③ 2020년 6월 14일 산업기사 출제
④ 2021년 3월 7일(문제 42번) 출제
⑤ 2023년 7월 8일(문제 59번) 출제
⑥ 2024년 7월 27일(문제 47번) 출제

43 **다음 중 컨베이어의 안전장치로 옳지 않은 것은?**

① 비상정지장치 ② 반발예방장치
③ 역회전방지장치 ④ 이탈방지장치

해설

컨베이어 안전장치 종류

① 비상정지장치
② 역회전 방지장치
③ 이탈방지 장치

참고 산업안전기사 필기 p.3-136(3. 컨베이어 안전장치)

KEY ① 2012년 3월 4일 출제
② 2017년 8월 26일 출제
③ 2019년 4월 27일 출제
④ 2020년 9월 27일 출제
⑤ 2021년 3월 7일 출제
⑥ 2023년 6월 4일(문제 42번) 출제
⑦ 2024년 7월 27일(문제 48번) 출제

44 **롤러의 급정지를 위한 방호장치를 설치하고자 한다. 앞면 롤러 직경이 36[cm]이고, 분당 회전속도가 50[rpm]이라면 급정지거리는 약 얼마 이내이어야 하는가?(단, 무부하동작에 해당한다.)**

① 45[cm] ② 50[cm]
③ 55[cm] ④ 60[cm]

해설

급정지거리 계산

① 표면속도$(V)=\frac{\pi DN}{1,000}=\frac{\pi\times 360\times 50}{1,000}$
$=56.52[\text{m/min}]$

② 급정지거리$=\pi D\times\frac{1}{2.5}=(3.14\times 360)\times\frac{1}{2.5}$
$=452.16[\text{mm}]=45[\text{cm}]$

참고 산업안전기사 필기 p.3-109(표. 롤의 급정지거리)

KEY ① 2023년 6월 4일(문제 57번) 등 10회 이상 출제
② 2024년 7월 27일(문제 50번) 출제

45 **산업안전보건법령상 보일러의 안전한 가동을 위하여 보일러 규격에 맞는 압력방출장치가 2개 이상 설치된 경우에 최고사용압력 이하에서 1개가 작동되고, 다른 압력방출장치는 최고사용압력의 몇 배 이하에서 작동되도록 부착하여야 하는가?**

① 1.03배 ② 1.05배
③ 1.2배 ④ 1.5배

[정답] 42 ① 43 ② 44 ① 45 ②

PART 05

해설

압력방출장치

① 보일러 규격에 적합한 압력방출장치를 최고사용압력 이하에서 작동되도록 1개 또는 2개 이상 설치
② 2개 이상 설치된 경우 최고사용압력 이하에서 1개가 작동되고, 다른 압력방출장치는 최고사용압력 1.05배 이하에서 작동되도록 부착
③ 1년에 1회 이상 토출압력시험 후 납으로 봉인(공정안전관리 이행수준 평가결과가 우수한 사업장은 4년에 1회 이상 토출압력시험 실시)
④ 안전밸브 종류 : 스프링식, 중추식, 지렛대식(일반적으로 스프링식 안전밸브를 많이 사용)

참고 산업안전기사 필기 p.3-120(압력방출장치)

KEY ① 2023년 6월 4일(문제 53번) 등 10회 이상 출제
② 2024년 7월 27일(문제 53번) 출제

합격정보

산업안전보건기준에 관한 규칙 제116조(압력방출장치)

46 산업안전보건법령에 따라 사다리식 통로를 설치하는 경우 준수해야 할 기준으로 틀린 것은?

① 사다리식 통로의 기울기는 60[°] 이하로 할 것
② 발판과 벽과의 사이는 15[cm] 이상의 간격을 유지할 것
③ 사다리의 상단은 걸쳐놓은 지점으로부터 60[cm] 이상 올라가도록 할 것
④ 사다리식 통로의 길이가 10[m] 이상인 경우에는 5[m] 이내마다 계단참을 설치할 것

해설

사다리식 통로의 기울기 : 75[°] 이하

참고 산업안전기사 필기 p.6-17(합격날개 : 합격예측 및 관련법규)

KEY ① 2019년 8월 4일(문제 44번) 출제
② 2024년 2월 15일(문제 55번), 5월 9일(문제 43번) 출제

합격정보

산업안전보건기준에 관한 규칙 제24조(사다리식 통로 등의 구조)

47 500[rpm]으로 회전하는 연삭숫돌의 지름이 300 [mm] 일때 원주속도[m/min]는?

① 약 748 ② 약 650
③ 약 532 ④ 약 471

해설

원주속도

$$V=\frac{\pi DN}{1,000}=\frac{\pi\times500\times300}{1,000}$$
$$=471[\text{m/min}]$$

참고 산업안전기사 필기 p.3-88(합격날개 : 합격예측)

KEY ① 2011년 3월 20일, 8월 21일 출제
② 2012년 3월 4일 출제
③ 2014년 3월 2일 출제
④ 2016년 3월 6일 출제
⑤ 2017년 8월 26일 출제
⑥ 2020년 9월 27일 출제
⑦ 2023년 7월 8일(문제 44번) 출제
⑧ 2024년 5월 9일(문제 45번) 출제
⑨ 2025년 2월 7일 산업기사 출제

48 질량이 100[kg]인 물체를 길이가 같은 2개의 와이어로프로 매달아 옮기고자 할 때 와이어로프 Ta에 걸리는 장력은 약 몇 N인가?

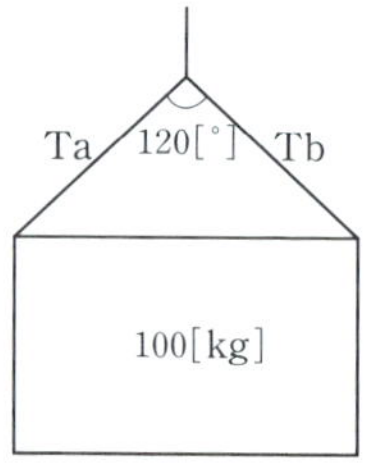

① 200 ② 400
③ 490 ④ 980

[정답] 46 ① 47 ④ 48 ④

해설

하중계산

$$x=\frac{\frac{W_0}{2}}{\cos\frac{\theta}{2}}$$

$$x=\frac{\frac{100[\text{kg}]}{2}}{\cos\frac{120}{2}}=\frac{50[\text{kg}]}{\cos 60}=100[\text{kg}]\times 9.8=980[\text{N}]$$

θ : 상부각도　　　W_0 : 원래의 하중

참고 ① 본 문제는 운반기계에 해당되며 건설안전기술(건설공사 안전관리)에서도 출제됩니다.
② 실기 작업형에도 출제됩니다.

참고 산업안전기사 필기 p.3-184(문제165번) 적중

KEY ① 2011년 6월 12일 출제
② 2018년 4월 28일 출제
③ 2019년 8월 4일 출제
④ 2023년 7월 8일(문제 56번) 출제
⑤ 2024년 5월 9일(문제 47번) 출제

49 크레인 로프에 질량 2,000[kg]의 물건을 10[m/s²]의 가속도로 감아올릴 때, 로프에 걸리는 총 하중[kN]은? (단, 중력가속도는 9.8[m/s²])

① 9.6　　② 19.6
③ 29.6　　④ 39.6

해설

총 하중계산

① 힘＝질량×가속도
　＝질량×(끌어올리는 가속도＋중력가속도)

② 총 하중$=2{,}000+\frac{2{,}000}{9.8}\times 10$
$=4{,}040\times 9.8=39.6$[KN]

참고 산업안전기사 필기 p.3-148(합격날개 : 참고)

KEY ① 2018년 8월 21일 기사 출제
② 2021년 3월 7일 기사 출제
③ 2023년 2월 28일(문제 56번) 출제

보충학습

① 총 하중(w)＝정하중(w_1)＋동하중$(w_2)=w_1+\frac{w_1}{g}\times a$

② 동하중$(w_2)=\frac{w_1}{g}\times a$

여기서, w : 총하중(kg_f)　　w_1 : 정하중(kg_f)
w_2 : 동하중(kg_f)　　g : 중력 가속도(9.8m/s²)
a : 가속도(m/s²)

③ 정하중 : 매단 물체의 무게

50 비파괴 검사 방법으로 틀린 것은?

① 인장 시험
② 음향 탐상 시험
③ 와류 탐상 시험
④ 초음파 탐상 시험

해설

파괴 시험과 비파괴 시험

(1) 인장 시험 : 파괴시험
(2) 비파괴검사 종류
① 침투탐상검사　　② 자분탐상검사
③ 방사선투과검사　　④ 초음파탐상검사
⑤ 와전류탐상검사　　⑥ 육안검사
⑦ 누설검사　　⑧ 음향방출검사

참고 산업안전기사 필기 p.3-218(1. 인장시험)

KEY ① 2017년 3월 5일 기사 출제
② 2019년 3월 3일 기사 출제
③ 2020년 8월 22일 기사 출제
④ 2021년 3월 7일(문제 41번) 출제
⑤ 2024년 2월 15일(문제 43번) 출제

51 회전 중인 연삭숫돌이 근로자에게 위험을 미칠 우려가 있을 시 덮개를 설치하여야 할 연삭숫돌의 최소 지름은?

① 5[cm]　　② 10[cm]
③ 15[cm]　　④ 20[cm]

해설

덮개 설치 연삭숫돌 최소지름 : 5[cm] 이상

참고 산업안전기사 필기 p.3-93(4. 연삭기 구조면에 있어서 안전대책)

KEY ① 2019년 4월 27일 기사 출제
② 2020년 6월 14일 산업기사 출제
③ 2023년 6월 4일(문제 54번) 출제
④ 2024년 2월 15일(문제 45번) 출제

정보제공

산업안전보건기준에 관한 규칙 제122조(연삭숫돌의 덮개 등)

[정답] 49 ④ 50 ① 51 ①

52 인장강도가 250[N/mm^2]인 강판에서 안전율이 4라면 이 강판의 허용응력(N/mm^2)은 얼마인가?

① 42.5　　② 62.5
③ 82.5　　④ 102.5

해설

$$허용응력 = \frac{인장강도}{안전율}$$

$$= \frac{250}{4} = 62.5[N/mm^2]$$

참고 산업안전기사 필기 p.3-188(합격날개 : 합격예측)

KEY ① 2017년 5월 7일, 8월 26일기사 출제
② 2018년 4월 28일 산업기사 출제
③ 2019년 4월 27일 산업기사 출제
④ 2020년 6월 7일(문제 52번), 9월 27일(문제 42번) 출제
⑤ 2021년 8월 14일(문제 49번) 출제
⑥ 2022년 4월 24일(문제 49번) 출제
⑦ 2024년 2월 15일(문제 50번) 출제

53 사람이 작업하는 기계장치에서 작업자가 실수를 하거나 오조작을 하여도 안전하게 유지되게 하는 안전설계방법은?

① Fail Safe　　② 다중계화
③ Fool proof　　④ Back up

해설

Fool proof
① 바보 같은 행동을 방지한다는 뜻으로 사용자가 비록 잘못된 조작을 하더라도 이로 인해 전체의 고장이 발생되지 아니하도록 하는 설계방법
② 카메라에서 셔터와 필름 돌림대의 연동(예 이중 촬영 방지)

참고 산업안전기사 필기 p.3-190(2. Fool proof)

KEY ① 2016년 3월 6일 산업기사 출제
② 2017년 8월 26일 산업기사 출제
③ 2023년 6월 4일(문제 43번) 출제

54 산업안전보건법령상 지게차 작업시작 전 점검사항으로 거리가 가장 먼 것은?

① 제동장치 및 조종장치 기능의 이상 유무
② 압력방출장치의 작동 이상 유무
③ 바퀴의 이상 유무
④ 전조등·후미등·방향지시기 및 경보장치 기능의 이상 유무

해설

지게차를 사용하여 작업을 할 때 작업시작 전 점검사항
① 제동장치 및 조종장치 기능의 이상유무
② 하역장치 및 유압장치 기능의 이상유무
③ 바퀴의 이상유무
④ 전조등·후미등·방향지시기 및 경보장치 기능의 이상유무

참고 산업안전기사 필기 p.3-50(표 : 작업시작전 점검사항)

KEY ① 2018년 3월 4일 기사 출제
② 2021년 5월 15일 기사 출제
③ 2023년 6월 4일(문제 51번) 출제

합격정보
산업안전보건기준에 관한 규칙 [별표 3] 작업시작전 점검사항

55 회전축, 커플링에 사용하는 덮개는 다음 중 어떠한 위험점을 방호하기 위한 것인가?

① 협착점　　② 접선물림점
③ 절단점　　④ 회전말림점

해설

회전말림점(Trapping-point)
회전하는 물체에 작업복, 머리카락 등이 말려드는 위험이 존재하는 점
예 회전하는 축, 커플링, 돌출된 키나 고정나사, 회전하는 공구 등

① 회전축　　② 커플링　　③ 드릴작업

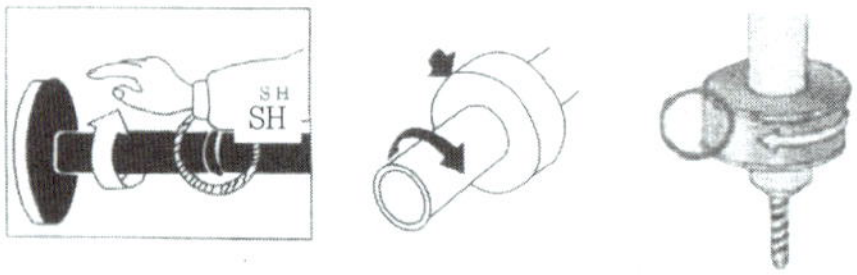

[그림] 회전말림점 예

참고 산업안전기사 필기 p.3-15(4. 위험점의 분류)

[정답] 52 ② 53 ③ 54 ② 55 ④

KEY ① 2020년 6월 7일 기사 출제
② 2023년 2월 28일(문제 44번) 출제

56 보일러 발생증기가 불안정하게 되는 현상이 아닌 것은?

① 캐리오버(carry over)
② 프라이밍(priming)
③ 절탄기(economizer)
④ 포밍(foaming)

해설

절탄기(economizer, 節炭器)

① 보일러 전열면(傳熱面)을 가열하고 난 연도(煙道) 가스에 의하여 보일러 급수를 가열하는 장치
② 장점은 열 이용률의 증가로 인한 연료 소비량의 감소, 증발량의 증가
③ 보일러 몸체에 일어나는 열응력(熱應力)의 경감, 스케일의 감소

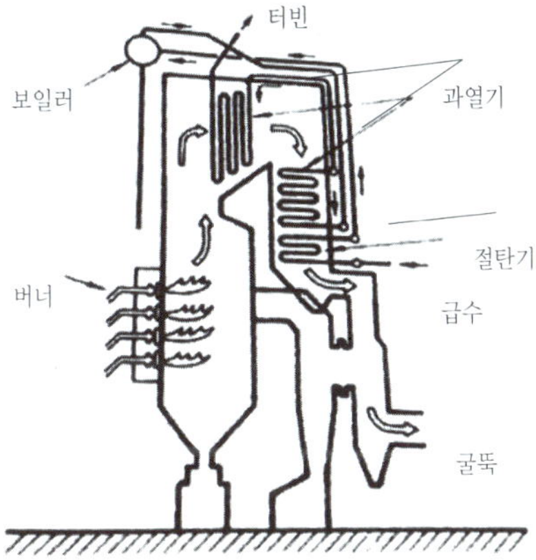

참고 ① 산업안전기사 필기 p.3-119(1. 보일러 이상현상의 종류)
② 산업안전기사 필기 p.3-119(합격날개 : 은행문제)
③ 산업안전기사 필기 p.3-120(합격날개 : 합격예측)

KEY ① 2015년 5월 31일 기사 출제
② 2016년 3월 6일 기사 출제
③ 2020년 6월 14일 산업기사 출제
④ 2023년 2월 28일(문제 46번) 출제

57 압력용기 등에 설치하는 안전밸브에 관련한 설명으로 옳지 않은 것은?

① 안지름이 150[mm]를 초과하는 압력용기에 대해서는 과압에 따른 폭발을 방지하기 위하여 규정에 맞는 안전밸브를 설치해야 한다.
② 급성 독성물질이 지속적으로 외부에 유출될 수 있는 화학설비 및 그 부속설비에는 파열판과 안전밸브를 병렬로 설치한다.
③ 안전밸브는 보호하려는 설비의 최고사용압력이하에서 작동되도록 하여야 한다.
④ 안전밸브의 배출용량은 그 작동원인에 따라 각각의 소요분출량을 계산하여 가장 큰 수치를 해당 안전밸브의 배출용량으로 하여야 한다.

해설

파열판 및 안전밸브의 직렬설치

사업주는 급성독성물질이 지속적으로 외부에 유출될 수 있는 화학설비 및 그 부속설비에는 파열판과 안전밸브를 직렬로 설치하고 그 사이에는 압력지시계 또는 자동경보장치를 설치하여야 한다.

참고 산업안전기사 필기 p.5-3(합격날개 : 합격예측 및 관련법규)

KEY ① 2018년 8월 19일 산업기사 출제
② 2019년 3월 3일 기사 출제
③ 2023년 2월 28일(문제 49번) 출제

합격정보
산업안전보건기준에 관한 규칙 제263조(파열판 및 안전밸브의 직렬설치)

58 다음 중 금속 등의 도체에 교류를 통한 코일을 접근시켰을 때, 결함이 존재하면 코일에 유기되는 전압이나 전류가 변하는 것을 이용한 검사방법은?

① 자분탐상검사
② 초음파탐상검사
③ 와류탐상검사
④ 침투형광탐상검사

[정답] 56 ③ 57 ② 58 ③

PART 05

해설

와류탐상검사(Eddy Current)

① 금속등의 도체에 교류를 통한 코일을 접근
② 결함이 존재하면 코일에 유기되는 전압이나 전류변화 이용

참고 산업안전기사 필기 p.3-223(합격날개 : 은행문제 2)

KEY ① 2017년 3월 5일(문제 48번) 출제
② 2022년 3월 5일 기사 출제
③ 2023년 2월 28일(문제 53번) 출제

59 **컨베이어(conveyor) 역전방지장치의 형식을 기계식과 전기식으로 구분할 때 기계식에 해당하지 않는 것은?**

① 라쳇식 ② 밴드식
③ 스러스트식 ④ 롤러식

해설

컨베이어의 역전방지 장치

(1) 기계식
① 라쳇식
② 롤러식
③ 밴드식
(2) 전기식
① 전기브레이크
② 스러스트브레이크

참고 산업안전기사 필기 p.3-136[(3) 컨베이어의 역전방지 장치]

KEY ① 2012년 8월 26일(문제 60번) 출제
② 2019년 3월 5일(문제 54번) 출제
③ 2022년 3월 5일 기사 출제
④ 2023년 2월 28일(문제 55번) 출제

60 **두께 2[mm]이고 치진폭이 2.5[mm]인 목재가공용 둥근톱에서 반발예방장치 분할날의 두께(t)로 적절한 것은?**

① $2.2[mm] \le t < 2.5[mm]$
② $2.0[mm] \le t < 3.5[mm]$
③ $1.5[mm] \le t < 2.5[mm]$
④ $2.5[mm] \le t < 3.5[mm]$

해설

분할날(spreader)의 두께

① 분할날의 두께는 톱날 1.1배 이상이고 톱날의 치진폭 미만으로 할 것
② 공식 : $1.1t_1 \le t_2 < b = 2.2[mm] \le t < 2.5[mm]$

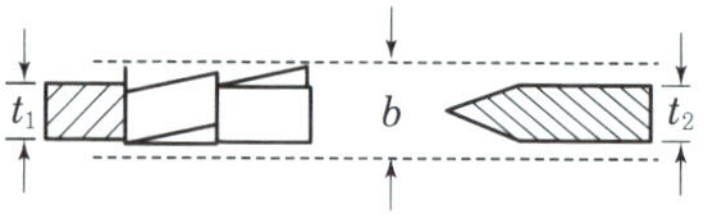

t_1 : 톱날두께 b : 톱날치진폭 t_2 : 분할날두께

[그림] 분할날 두께

참고 산업안전기사 필기 p.3-131(ⓒ 분할날)

KEY ① 2017년 3월 5일 기사·산업기사 동시 출제
② 2023년 2월 28일(문제 57번) 출제

합격정보

산업안전보건기준에 관한 규칙 제101조(원형톱 기계의 톱날접촉 예방장치)

4 전기설비 안전관리

61 **교류 아크 용접기의 자동전격방지장치는 전격의 위험을 방지하기 위하여 아크 발생이 중단된 후 약 1초 이내에 출력 측 무부하 전압을 자동적으로 몇 [V] 이하로 저하시켜야 하는가?**

① 85 ② 70
③ 50 ④ 25

해설

자동전격방지장치 무부하전압

① 시간 : 1±0.3초 이내
② 전압 : 25[V] 이하

참고 산업안전기사 필기 p.4-78(2. 방호 장치의 성능)

KEY ① 2011년 6월 12일 출제
② 2012년 8월 26일 출제
③ 2017년 5월 7일 출제
④ 2018년 3월 4일 출제
⑤ 2020년 9월 27일 출제
⑥ 2023년 7월 8일(문제 74번) 출제
⑦ 2024년 7월 27일(문제 68번) 출제

[정답] 59 ③ 60 ① 61 ④

62 인체의 전기저항을 0.5[kΩ]이라고 하면 심실세동을 일으키는 위험한계 에너지는 몇 [J]인가?(단, 심실세동전류값 $I=\frac{165}{\sqrt{T}}$[mA]의 Dalziel(달지엘)의 식을 이용하며, 통전시간은 1초로 한다.)

① 13.6 ② 12.6
③ 11.6 ④ 10.6

해설

위험한계에너지

$$Q=I^2RT=\left(\frac{165}{\sqrt{T}}\times10^{-3}\right)^2\times500\times T$$
$$=\frac{165^2}{T}\times10^{-6}\times500\times T=165^2\times10^{-6}\times500=13.61[J]$$
$$=13.6\times0.24[cal]=3.3[cal]$$

참고 산업안전기사 필기 p.4-18(3. 위험한계에너지)

KEY ① 2008년 5월 11일(문제 71번) 출제
② 2016년 8월 21일 출제
③ 2017년 5월 7일 출제
④ 2018년 3월 4일 출제
⑤ 2018년 4월 28일 기사·산업기사 동시출제
⑥ 2024년 7월 27일(문제 70번) 출제 등 10회 이상 출제

63 인화성 가스 또는 인화성 액체의 용기류가 부식, 열화 등으로 파손되어 가스 또는 액체가 누출 할 염려가 있는 경우의 방폭지역은?

① 0종 장소 ② 1종 장소
③ 2종 장소 ④ 비방폭지역

해설

위험장소의 구분

① 0종 장소 : 장치 및 기기들이 정상 가동되는 경우에 폭발성 가스가 항상 존재하는 장소이다.
② 1종 장소 : 장치 및 기기들이 정상 가동 상태에서 폭발성 가스가 가끔 누출되어 위험 분위기가 존재하는 장소이다.
③ 2종 장소 : 작업자의 조작상 실수나 이상운전으로 폭발성 가스가 누출되거나 유출된 가스가 체류하여 폭발을 일으킬 우려가 있는 장소이다.

참고 산업안전기사 필기 p.4-52(3. 가스 폭발 위험장소)

KEY ① 2011년 3월 20일 출제
② 2018년 8월 19일 산업기사 출제
③ 2020년 6월 7일 출제
④ 2023년 2월 15일(문제 72번) 출제
⑤ 2024년 7월 27일(문제 74번) 출제

64 내전압용절연장갑의 등급에 따른 최대사용전압이 틀린 것은?(단, 교류 전압은 실효값이다.)

① 등급 00 : 교류 500[V]
② 등급 1 : 교류 7,500[V]
③ 등급 2 : 직류 17,000[V]
④ 등급 3 : 직류 39,750[V]

해설

절연장갑의 등급 및 표시

등급	최대사용전압		등급별 색상
	교류([V], 실효값)	직류[V]	
00	500	750	갈색
0	1,000	1,500	빨간색
1	7,500	11,250	흰색
2	17,000	25,500	노란색
3	26,500	39,750	녹색
4	36,000	54,000	등색

[주] 직류값은 교류에 1.5를 곱하면 된다. 예 500×1.5＝750

참고 ① 산업안전기사 필기 p.1-51(합격날개 : 합격예측)
② 산업안전기사 필기 p.4-23(합격날개 : 합격예측)

KEY ① 2018년 4월 28일 산업기사 출제
② 2018년 8월 19일 출제
③ 2019년 4월 27일 출제
④ 2020년 6월 14일 산업기사 출제
⑤ 2020년 9월 27일 기사(문제 13번) 출제
⑥ 2021년 5월 15일(문제 68번) 출제
⑦ 2024년 7월 27일(문제 76번) 출제
⑧ 2025년 2월 7일 산업기사 출제

65 고압 및 특고압 전로에 시설하는 피뢰기의 설치장소로 잘못된 곳은?

① 가공전선로와 지중전선로가 접속되는 곳
② 발전소, 변전소의 가공전선 인입구 및 인출구
③ 고압 가공전선로에 접속하는 배전용 변압기의 저압측
④ 고압 가공전선로로부터 공급을 받는 수용장소의 인입구

[정답] 62 ① 63 ③ 64 ③ 65 ③

PART 05

해설

피뢰기 설치 장소

고압 가공전선로에 접속하는 배전용 변압기의 고압측 및 특고압측에 설치

참고 산업안전기사 필기 p.4-57(2. 피뢰기 설비)

KEY
① 2016년 5월 8일 출제
② 2017년 3월 5일 출제
③ 2021년 3월 7일(문제 71번) 출제
④ 2024년 7월 27일(문제 77번) 출제

66 KS C IEC 60079-0의 정의에 따라 '두 도전부 사이의 고체 절연물 표면을 따른 최단거리'를 나타내는 명칭은?

① 전기적 간격 ② 절연공간거리
③ 연면거리 ④ 충전물 통과거리

해설

연면거리(creeping distance : 沿面距離)

불꽃 방전을 일으키는 두 전극 간 거리를 고체 유전체의 표면을 따라서 그 최단 거리로 나타낸 값

참고 산업안전기사 필기 p.4-33(합격날개 : 은행문제)

KEY
① 2021년 8월 14일 기사 출제
② 2023년 7월 8일(문제 62번) 출제
③ 2024년 5월 9일(문제 64번) 출제

보충학습

공간거리 : 도전부 사이의 공간 최단거리

67 정전에너지를 나타내는 식으로 알맞은 것은? (단, Q는 대전 전하량, C는 정전용량이다.)

① $\frac{Q}{2C}$ ② $\frac{Q}{2C^2}$
③ $\frac{Q^2}{2C}$ ④ $\frac{Q^2}{2C^2}$

해설

정전기 에너지

① 정전용량 C[F]인 물체에 전압 V[V]가 가해져서 Q[C]의 전하가 축적되어 있을 때 에너지는 $W=\frac{1}{2}QV=\frac{1}{2}CV^2=\frac{1Q^2}{2C}$[J]이 된다.

② 유도된 전압 [V] $=\frac{C_1}{C_1+C_2}E$

W : 정전기 에너지[J]
C : 도체의 정전용량[F]
V : 대전전위(유도된 전압)[V]
Q : 대전전하량[C]

참고 산업안전기사 필기 p.4-33(6. 정전기 에너지)

KEY
① 2019년 8월 4일 기사 출제
② 2023년 6월 4일(문제 63번) 출제
③ 2024년 5월 9일(문제 67번) 출제

68 금속성의 전기기계장치나 구조물에 인체의 일부가 상시 접촉되어 있는 상태의 허용접촉전압으로 옳은 것은?

① 2.5[V] 이하 ② 25[V] 이하
③ 50[V] 이하 ④ 제한없음

해설

종별허용접촉전압

종별	접촉상태	허용접촉전압[V]
제1종	• 인체의 대부분이 수중에 있는 상태	2.5 이하
제2종	• 인체가 많이 젖어 있는 상태 • 금속제 전기기계장치나 구조물에 인체의 일부가 상시접촉되어있는 상태	25 이하
제3종	• 제1종, 제2종 이외의 경우로서 통상적인 인체 상태에 있어서 접촉전압이 가해지면 위험성이 높은 상태	50 이하
제4종	• 제1종, 제2종 이외의 경우로서 통상적인 인체상태에 있어서 접촉전압이 가해져도 위험성이 낮은 상태 • 접촉전압이 가해질 우려가 없는 경우	무제한

참고 산업안전기사 필기 p.4-20([표] 종별 허용 접촉전압)

KEY
① 2016년 3월 6일 산업기사 출제
② 2016년 8월 21일 산업기사 출제
③ 2017년 5월 7일 기사 · 산업기사 동시출제
④ 2023년 6월 4일(문제 70번) 출제
⑤ 2024년 5월 9일(문제 69번) 출제

[정답] 66 ③ 67 ③ 68 ②

69 방폭전기기기의 성능을 나타내는 기호표시로 EX P IIA T5를 나타내었을 때 관계가 없는 표시 내용은?

① 온도등급 ② 폭발성능
③ 방폭구조 ④ 폭발등급

해설

방폭전기기기의 성능 표시기호 : EX P IIA T5

① EX : 방폭구조의 상징
② P : 방폭구조(압력방폭구조)
③ IIA : 가스 · 증기 및 분진의 그룹
④ T5 : 온도등급

참고 산업안전기사 필기 p.4-56(4. 방폭기기의 표시 예)

KEY ① 2017년 5월 7일 기사 출제
② 2019년 4월 27일 기사 출제
③ 2023년 6월 4일(문제 80번) 출제
④ 2024년 5월 9일(문제 70번) 출제

70 인체저항이 5,000[Ω]이고, 전류가 3[mA]가 흘렀다. 인체의 정전용량이 0.1[μF]라면 인체에 대전된 정전하는 몇 [μC]인가?

① 0.5 ② 1.0
③ 1.5 ④ 2.0

해설

인체 정전하

① $Q = C \times V = 0.1 \times 15 = 1.5[\mu C]$
② $V = IR = 3 \times 10^{-3} \times 5{,}000 = 15[V]$

참고 ① 산업안전기사 필기 p.4-33(6. 정전기에너지)
② 산업안전기사 필기 p.4-34(합격날개 : 은행문제)

KEY ① 2016년 5월 8일 산업기사 출제
② 2016년 8월 21일 출제
③ 2017년 3월 5일 기사 · 산업기사 출제
④ 2017년 5월 7일 산업기사 출제
⑤ 2018년 3월 4일 출제
⑥ 2023년 2월 28일(문제 76번) 출제
⑦ 2024년 5월 9일(문제 74번) 출제

보충학습

정전하

도체의 표면에 분포되어 있거나 유전체의 마찰에 의해서 대전한 전하처럼 정지상태인 전기

71 감전사고로 인한 전격사의 메커니즘으로 가장 거리가 먼 것은?

① 흉부수축에 의한 질식
② 심실세동에 의한 혈액순환기능의 상실
③ 내장파열에 의한 소화기계통의 기능상실
④ 호흡중추신경 마비에 따른 호흡기능 상실

해설

전격현상의 메커니즘(사망경로)

① 흉부수축에 의한 질식
② 심장의 심실세동에 의한 혈액순환 기능의 상실
③ 뇌의 호흡중추신경 마비에 따른 호흡 정지

참고 산업안전기사 필기 p.4-22(3. 전격현상의 메커니즘)

KEY ① 2013년 3월 10일 (문제 71번) 출제
② 2017년 8월 26일(문제 67번) 출제
③ 2021년 8월 14일(문제 74번) 출제
④ 2024년 5월 9일(문제 79번) 출제

72 누전차단기의 시설방법 중 옳지 않은 것은?

① 시설장소는 배전반 또는 분전반 내에 설치한다.
② 정격전류용량은 해당 전로의 부하전류 값 이상이어야 한다.
③ 정격감도전류는 정상의 사용상태에서 불필요하게 동작하지 않도록 한다.
④ 인체감전보호형은 0.05초 이내에 동작하는 고감도고속형이어야 한다.

해설

인체감전보호용 누전차단기 기준

① 정격 감도 전류 : 15[mA]
② 동작시간 : 0.03[초] 이내

참고 산업안전기사 필기 p.4-5(1. 누전차단기 종류)

KEY ① 2021년 5월 15일(문제 65번) 출제
② 2024년 5월 9일(문제 80번) 등 20번 이상 출제

[정답] 69 ② 70 ③ 71 ③ 72 ④

보충학습

누전차단기 설치기준

전기기계·기구에 접속되어 있는 누전차단기는 정격감도전류가 30[mA]이하이고 작동시간은 0.03[초] 이내일 것(다만, 정격전부하전류가 50[A] 이상인 전기기계·기구에 접속되는 누전차단기는 오작동을 방지하기 위하여 정격감도전류는 200[mA] 이하로, 작동시간은 0.1[초] 이내로 할 수 있다.

73 누전사고가 발생될 수 있는 취약 개소가 아닌 것은?

① 나선으로 접속된 분기회로의 접속점
② 전선의 열화가 발생한 곳
③ 부도체를 사용하여 이중절연이 되어 있는 곳
④ 리드선과 단자와의 접속이 불량한 곳

해설

누전(electric leakage : 漏電)

(1) 개요 : 절연이 불완전하여 전기의 일부가 전선 밖으로 새어 나와 주변의 도체에 흐르는 현상
(2) 누전의 원인
① 전기장치나 오래된 전선의 절연 불량, 전선 피복의 손상또는 습기의 침입 등이 주된 원인이다.
② 한번 누전현상이 일어나면 그 부분에 계속 누설전류가 흘러 절연상태가 더욱 악화될 수 있으므로 주의가 필요하다.

참고 산업안전기사 필기 p.4-6(2. 누전차단기 설치 장소)

KEY ① 2019년 8월 4일(문제 78번) 출제
② 2024년 2월 15일(문제 64번) 출제

74 충격전압시험시의 표준충격파형을 1.2×50[μs]로 나타내는 경우 1.2와 50이 뜻하는 것은?

① 파두장 – 파미장
② 최초섬락시간 – 최종섬락시간
③ 라이징타임 – 스테이블타임
④ 라이징타임 – 충격전압인가시간

해설

표준충격 파형

예 1.2×50[μs]
① 1.2 : 파두장
② 50 : 파미장

참고 산업안전기사 필기 p.4-58(합격날개 : 합격예측)

KEY ① 2018년 4월 28일(문제 61번) 출제
② 2020년 6월 7일(문제 77번) 출제
③ 2024년 2월 15일(문제 67번) 출제

75 개폐기, 차단기, 유도 전압조정기의 최대 사용 전압이 7[kV] 이하인 전로의 경우 절연 내력시험은 최대 사용 전압의 1.5배의 전압을 몇분간 가하는가?

① 10 ② 15
③ 20 ④ 25

해설

시험전압시간 : 10[분]

[표] 최대사용전압과 시험전압

최대 사용 전압	시험 전압	최저 시험전압	예
1. 7,000[V] 이하	1.5배	500[V]	6,600→9,900
2. 7,000[V] 초과 25,000[V] 중성점 접지식(중성선을 가지는 것으로 그 중성선을 다중 접지하는 것에 한한다.)	0.92배		22,900→21,068
3. 7,000[V] 초과 60,000[V] 이하인 전로로 2의 것을 제외	1.25배	10,500[V]	60,000→75,000
4. 60,000[V] 초과 중성점 비접지식 전로(전위 변성기를 사용하여 접지하는 것 포함)	1.25배		66,000→82,500
5. 60,000[V] 초과 중성점 직접 접지식전로(6과 7의 것을 제외)	1.1배	75,000[V]	66,000→72,600
6. 60,000[V] 초과 중성점 직접접지식(7란의 것을 제외)	0.72배		154,000→110,880 345,000→248,400
7. 170,000[V] 넘는 중성점 직접 접지식 발전소/변전소에 시설하는 것(구내)	0.64배		345,000→220,800

단, 전로에 케이블을 사용하는 경우에는 직류로 시험할 수 있으며, 시험 전압은 교류인 경우의 2배

KEY ① 2021년 3월 7일(문제 67번) 출제
② 2024년 2월 15일(문제 70번) 출제

[정답] 73 ③ 74 ① 75 ①

76 정전기 방지대책 중 적합하지 않는 것은?

① 대전서열이 가급적 먼 것으로 구성한다.
② 카본 블랙을 도포하여 도전성을 부여한다.
③ 유속을 저감 시킨다.
④ 도전성 재료를 도포하여 대전을 감소시킨다.

해설

정전기 방지대책

① 발생 및 대전
- 접지
- 정전화, 정전작업복 착용
- 유속제한, 정치시간 확보
- 대전방지제 사용
- 가습
- 제전기 사용
- 제조장치 및 탱크의 불활성화

② 전격
- 대전억제
- 대전전하의 신속한 누설

③ 화재 및 폭발
- 환기에 의한 위험물질의 제거
- 집진에 의한 분진의 제거

참고 산업안전기사 필기 p.4-36([그림] 정전기 방지대책)

KEY ① 2016년 5월 8일, 8월 21일 기사 출제
② 2017년 5월 7일 산업기사 출제
③ 2018년 3월 4일, 8월 19일 산업기사 출제
④ 2019년 3월 3일 산업기사 출제
⑤ 2019년 8월 4일 기사 출제
⑥ 2021년 3월 7일(문제 76번) 출제
⑦ 2021년 5월 15일(문제 79번) 및 (문제 80번) 출제
⑧ 2023년 6월 4일(문제 62번) 출제
⑨ 2024년 2월 15일(문제 74번) 출제

77 전격의 위험을 결정하는 주된 인자로 가장 거리가 먼 것은?

① 통전전류 ② 통전시간
③ 통전경로 ④ 접촉전압

해설

1·2차 감전(전격) 위험요소

(1) 전격위험도 결정조건(1차적 감전위험요소)
① 통전전류의 크기
② 통전시간
③ 통전경로
④ 전원의 종류(직류보다 상용주파수의 교류전원이 더 위험한 이유 : 극성변화)
⑤ 주파수 및 파형
⑥ 전격인가위상

(2) 2차적 감전위험요소
① 인체의 조건(저항)
② 전압
③ 계절

참고 산업안전기사 필기 p.4-19(1. 감전요소)

KEY ① 2016년 8월 21일 산업기사 출제
② 2017년 3월 5일, 8월 26일 출제
③ 2018년 3월 4일 산업기사 출제
④ 2018년 4월 28일(문제 80번) 출제
⑤ 2022년 3월 5일(문제 65번) 출제
⑥ 2024년 2월 15일(문제 79번) 출제

78 전기시설의 직접 접촉에 의한 감전방지 방법으로 적절하지 않은 것은?

① 충전부는 내구성이 있는 절연물로 완전히 덮어 감쌀 것
② 충전부가 노출되지 않도록 폐쇄형 외함이 있는 구조로 할 것
③ 충전부에 충분한 절연효과가 있는 방호망 또는 절연 덮개를 설치할 것
④ 충전부는 출입이 용이한 전개된 장소에 설치하고 위험표시 등의 방법으로 방호를 강화할 것

해설

직접접촉에 의한 감전방지대책

① 충전부에 절연 방호망을 설치할 것
② 충전부는 내구성이 있는 절연물로 완전히 덮어 감쌀 것
③ 충전부가 노출되지 않도록 폐쇄형 외함구조로 할 것
④ 관계자 외에 출입을 금지하고 평소에 잠금상태가 되어야 한다.

참고 산업안전기사 필기 p. 4-20(1. 직접접촉에 의한 감전방지 방법)

KEY ① 2012년 8월 26일 기사 출제
② 2013년 6월 2일 기사 출제
③ 2017년 3월 5일, 5월 7일 기사 출제
④ 2020년 9월 27일 기사 출제
⑤ 2022년 3월 5일 기사 출제
⑥ 2023년 7월 8일(문제 64번) 출제

[정답] 76 ① 77 ④ 78 ④

79 **활선장구 중 활선시메라의 사용 목적이 아닌 것은?**

① 충전중인 전선을 장선할 때
② 충전중인 전선의 변경작업을 할 때
③ 활선작업으로 애자 등을 교환할 때
④ 특고압 부분의 검전 및 잔류전하를 방전할 때

해설

활선시메라 사용 목적
① 충전중인 전선을 장선할 때
② 충전중인 전선의 변경작업을 할 때
③ 활선작업으로 애자 등을 교환할 때

참고 산업안전기사 필기 p.4-24([표] 활선 안전용구의 사용 목적)

KEY ① 2015년 8월 16일 기사 출제
② 2016년 3월 6일 기사 출제
③ 2023년 7월 8일(문제 64번) 출제

80 **활선작업 시 필요한 보호구 중 가장 거리가 먼 것은?**

① 고무장갑 ② 안전화
③ 대전방지용 구두 ④ 안전모

해설

활선작업용 보호구 및 방호구
① 절연용 보호구라 함은 절연장갑(고무장갑), 전기용 안전모, 절연용 고무 소매, 절연화(안전화) 등 작업을 하는 사람이 신체에 착용하는 감전방지용 보호구를 말한다.
② 절연용 방호구라 함은 전로의 충전부, 지지울 주변의 전기배선 등에 설치하는 절연판, 절연덮개, 절연시트 등 감전방지용 장구를 말한다.
③ 활선작업용 기구라 함은 그 사용 범위에 작업하는 사람의 손으로 잡을 수 있는 부분이 절연재료로 만들어진 봉상의 절연공구를 말하며 핫 스틱이 좋은 예이다.
④ 활선작업용 장치라 함은 대지절연을 실시한 활선작업용 차 또는 활선작업용 절연대를 말한다.

참고 산업안전기사 필기 p.4-22(3. 절연용 안전장구)

KEY ① 2016년 8월 21일 기사 출제
② 2019년 3월 3일 산업기사 출제
③ 2023년 2월 28일(문제 70번) 출제

5 화학설비 안전관리

81 **압축기와 송풍기의 관로에 심한 공기의 맥동과 진동을 발생하면서 불안정한 운전이 되는 서징(surging) 현상의 방지법으로 옳지 않은 것은?**

① 풍량을 감소시킨다.
② 배관의 경사를 완만하게 한다.
③ 교축밸브를 기계에서 멀리 설치한다.
④ 토출가스를 흡입측에 바이패스 시키거나 방출밸브에 의해 대기로 방출시킨다.

해설

서징(맥동현상) 방지대책
① 풍량을 감소시킨다.
② 배관의 경사를 완만하게 한다.
③ 토출가스를 흡입측에 바이패스 시키거나 방출밸브에 의해 대기로 방출시킨다.

참고 산업안전기사 필기 p.5-81(문제 91번) 해설

KEY ① 2015년 3월 8일 출제
② 2017년 8월 26일 출제
③ 2020년 6월 7일 출제
④ 2023년 7월 8일(문제 98번) 출제
⑤ 2024년 7월 27일(문제 85번) 출제

보충학습

맥동현상 발생원인
① 배관 중에 수조가 있을 때
② 배관 중에 기체상태의 부분이 있을 때
③ 유량조절밸브가 배관 중 수조의 위치 후방에 있을 때
④ 펌프의 특성곡선이 산모양이고 운전점이 그 정상부일 때

82 **다음 중 분진폭발의 특징으로 옳은 것은?**

① 가스폭발보다 연소시간이 짧고, 발생에너지가 작다.
② 압력의 파급속도보다 화염의 파급속도가 빠르다.
③ 가스폭발에 비하여 불완전 연소가 적게 발생한다.

[정답] 79 ④ 80 ③ 81 ③ 82 ④

④ 주위의 분진에 의해 2차, 3차의 폭발로 파급될 수 있다.

해설

분진폭발

① 분진, mist 등이 일정 농도 이상으로 공기와 혼합시 발화원에 의해 분진 폭발을 일으킨다.
② 마그네슘, 티타늄 등의 분말, 곡물가루 등

[표] 분진폭발의 발생 순서

퇴적 분진	→	비산	→	분산	→	점화원	→	1차 폭발	→	2차 폭발

참고 ① 산업안전기사 필기 p.5-9(합격날개 : 합격예측)
② 산업안전기사 필기 p.5-11([표] 분진폭발의 특징)

KEY ① 2015년 3월 8일 출제
② 2017년 3월 5일, 8월 26일 출제
③ 2019년 8월 4일 출제
④ 2020년 8월 22일 출제
⑤ 2021년 3월 7일, 5월 15일 출제
⑥ 2022년 4월 24일 출제
⑦ 2023년 2월 28일(문제 87번) 출제
⑧ 2024년 7월 27일(문제 90번) 출제

83 공기 중에서 A물질의 폭발하한계가 4[vol%], 상한계가 75[vol%] 라면 이 물질의 위험도는?

① 16.75 ② 17.75
③ 18.75 ④ 19.75

해설

위험도 계산

$$H=\frac{폭발상한계-폭발하한계}{폭발하한계}=\frac{75-4}{4}=17.75$$

참고 산업안전기사 필기 p.5-70(문제 40번) 적중

KEY ① 2015년 5월 31일 (문제 85번) 출제
② 2016년 3월 6일 (문제 86번) 출제
③ 2017년 3월 5일 (문제 82번) 출제
④ 2018년 3월 4일 (문제 89번) 출제
⑤ 2020년 6월 7일 (문제 92번) 출제
⑥ 2021년 3월 7일 (문제 97번), 5월 15일(문제 90번) 출제
⑦ 2022년 4월 24일 (문제 97번) 출제
⑧ 2023년 2월 28일(문제 97번) 출제
⑨ 2024년 7월 27일(문제 93번) 출제

84 산업안전보건법령상 "부식성 산류"에 해당하지 않는 것은?

① 농도 20[%]인 염산
② 농도 40[%]인 인산
③ 농도 50[%]인 질산
④ 농도 60[%]인 아세트산

해설

부식성 물질

① 부식성 산류
㉮ 농도가 20[%] 이상인 염산, 황산, 질산, 기타 이와 동등 이상의 부식성을 지니는 물질
㉯ 농도가 60[%] 이상인 인산, 아세트산, 플루오르산, 기타 이와 동등 이상의 부식성을 가지는 물질
② 부식성 염기류 : 농도가 40[%] 이상인 수산화나트륨, 수산화칼슘, 기타 이와 동등 이상의 부식성을 가지는 염기류

참고 산업안전기사 필기 p.5-36(7. 부식성 물질)

KEY ① 2011년 8월 21일 기사 출제
② 2012년 8월 26일 기사 출제
③ 2019년 8월 4일 기사 출제
④ 2023년 7월 8일(문제 83번) 출제
⑤ 2024년 5월 9일(문제 84번) 출제

합격정보
산업안전보건기준에 관한 규칙 [별표1] 위험물질종류

PART 05

85 다음 중 응상폭발이 아닌 것은?

① 분해폭발
② 수증기폭발
③ 전선폭발
④ 고상간의 전이에 의한 폭발

해설

응상폭발의 종류

① 수증기 폭발
② 전선폭발
③ 고상간 전이 폭발
④ 불안정 물질의 폭발
⑤ 혼합·혼촉에 의한 폭발

참고 산업안전기사 필기 p.5-9([표] 증기, 분진, 분해 폭발)

[정답] 83 ② 84 ② 85 ①

KEY ① 2017년 5월 7일 기사 출제
② 2020년 9월 27일 기사 출제
③ 2023년 7월 8일(문제 91번) 출제
④ 2024년 5월 9일(문제 86번) 출제

보충학습1

(1) 물리적 폭발
① 탱크의 감압폭발 ② 수증기 폭발 ③ 고압용기의 폭발
(2) 화학적 폭발
① 분해폭발 ② 화학폭발 ③ 중합폭발 ④ 산화폭발

보충학습2

응상(凝狀)

물질이 엉긴상태를 말한다. 즉, 폭발물의 분자가 응집되어 액체 또는 고체상태

86 사업주는 안전밸브등의 전단·후단에 차단밸브를 설치해서는 아니 된다. 다만 별도로 정한 경우에 해당할 때는 자물쇠형 또는 이에 준하는 형식의 차단밸브를 설치할 수 있다. 이에 해당하는 경우가 아닌 것은?

① 화학설비 및 그 부속설비에 안전밸브등이 복수방식으로 설치되어 있는 경우
② 예비용 설비를 설치하고 각각의 설비에 안전밸브 등이 설치되어 있는 경우
③ 파열판과 안전밸브를 직렬로 설치한 경우
④ 열팽창에 의하여 상승된 압력을 낮추기 위한 목적으로 안전밸브가 설치된 경우

해설

차단밸브의 설치금지기준

① 인접한 화학설비 및 그 부속설비에 안전밸브등이 각각 설치되어 있고, 해당 화학설비 및 그 부속설비의 연결배관에 차단밸브가 없는 경우
② 안전밸브등의 배출용량의 2분의 1 이상에 해당하는 용량의 자동압력조절밸브(구동용 동력원의 공급을 차단하는 경우 열리는 구조인 것으로 한정한다)와 안전밸브등이 병렬로 연결된 경우
③ 화학설비 및 그 부속설비에 안전밸브등이 복수방식으로 설치되어 있는 경우
④ 예비용 설비를 설치하고 각각의 설비에 안전밸브등이 설치되어 있는 경우
⑤ 열팽창에 의하여 상승된 압력을 낮추기 위한 목적으로 안전밸브가 설치된 경우
⑥ 하나의 플레어 스택(flare stack)에 둘 이상의 단위공정의 플레어 헤더(flare header)를 연결하여 사용하는 경우로서 각각의 단위공정의 플레어헤더에 설치된 차단밸브의 열림 · 닫힘 상태를 중앙제어실에서 알 수 있도록 조치한 경우

참고 산업안전기사 필기 p.5-6(합격날개 : 합격예측 및 관련법규)

KEY ① 2012년 3월 4일 출제
② 2014년 3월 2일 출제
③ 2017년 8월 26일 출제
④ 2018년 8월 19일 출제
⑤ 2021년 3월 7일 출제
⑥ 2023년 7월 8일(문제 95번) 출제
⑦ 2024년 5월 9일(문제 88번) 출제

합격정보

산업안전보건기준에 관한 규칙 제266조(차단밸브의 설치금지)

87 산업안전보건법령상 대상 설비에 설치된 안전밸브에 대해서는 경우에 따라 구분된 검사주기마다 안전밸브가 적정하게 작동하는지 검사하여야 한다. 화학공정 유체와 안전밸브의 디스크 또는 시트가 직접 접촉될 수 있도록 설치된 경우의 검사주기로 옳은 것은?

① 매년 1회 이상 ② 2년마다 1회 이상
③ 3년마다 1회 이상 ④ 4년마다 1회 이상

해설

제261조(안전밸브 등의 설치)

설치된 안전밸브에 대해서는 다음 각 호의 구분에 따른 검사주기마다 국가교정기관에서 교정을 받은 압력계를 이용하여 설정압력에서 안전밸브가 적정하게 작동하는지를 검사한 후 납으로 봉인하여 사용하여야 한다. 다만, 공기나 질소취급용기 등에 설치된 안전밸브 중 안전밸브 자체에 부착된 레버 또는 고리를 통하여 수시로 안전밸브가 적정하게 작동하는지를 확인할 수 있는 경우에는 검사하지 아니할 수 있고 납으로 봉인하지 아니할 수 있다.
① 화학공정 유체와 안전밸브의 디스크 또는 시트가 직접 접촉될 수 있도록 설치된 경우 : 2년 마다 1회 이상
② 안전밸브 전단에 파열판이 설치된 경우 : 3년마다 1회 이상
③ 공정안전보고서 제출 대상으로서 고용노동부장관이 실시하는 공정안전보고서 이행상태 평가결과가 우수한 사업장의 안전밸브의 경우 : 4년마다 1회 이상

참고 산업안전기사 필기 p.5-3(합격날개 : 합격예측 및 관련법규)

KEY ① 2021년 3월 7일 기사 출제
② 2023년 2월 28일(문제 84번) 출제
③ 2024년 5월 9일(문제 95번) 출제

[정답] 86 ③ 87 ②

합격정보

① 산업안전보건기준에 관한 규칙 제261조(안전밸브 등의 설치)
② 2024. 6. 28. 개정법 적용

보충학습

안전밸브

기기(機器)나 관 등의 파괴를 방지하기 위하여 부착하는 최고 압력을 한정하는 밸브로서, 설정 압력 이상이 되면 유체를 내뿜어 압력을 설정 압력 이하로 낮추도록 되어있다.

88 질화면(Nitrocellulose)은 저장·취급 중에는 에틸 알코올 또는 이소프로필 알코올로 습면의 상태로 되어 있다. 그 이유를 바르게 설명한 것은?

① 질화면은 건조 상태에서는 자연발열을 일으켜 분해폭발의 위험이 존재하기 때문이다.
② 질화면은 알코올과 반응하여 안정한 물질을 만들기 때문이다.
③ 질화면은 건조 상태에서 공기 중의 산소와 환원반응을 하기 때문이다.
④ 질화면은 건조 상태에서 용이하게 중합물을 형성하기 때문이다.

해설

니트로셀룰로오스(nitrocellulose : 질화면) 특징

① 셀룰로오스의 질산에스테르이지만 니트로셀룰로오스란 통칭이 널리 쓰여지고 있다.(알콜침지 보관)
② 셀룰로오스를 황산과 질산을 혼합한 혼산으로 질산에스테르화하여 얻게 되는 백색 섬유상 물질, 질화면이라고도 한다.
③ 히드록실기로 치환한 NO_2기의 수에 따라 함유되는 질소량이 다르다.
④ 일반적으로 무연 화약에는 질소량이 12[%] 이상, 다이너마이트용에는 12[%] 정도, 도료용, 셀룰로이드용 등에는 12[%] 이하를 사용한다.(건조시 분해폭발)
⑤ 편의상 질소량이 약 13[%] 이상의 것을 강면약, 약 10~12[%]의 것을 약면약이라 한다.

참고 산업안전기사 필기 p.5-39(5류 위험물)

KEY ① 2011년 6월 12일 (문제 83번) 출제
② 2018년 4월 28일 (문제 84번) 출제
③ 2022년 4월 24일 (문제 86번) 출제
④ 2023년 2월 28일(문제 94번) 출제
⑤ 2024년 5월 9일(문제 97번) 출제

89 다음 중 폭발 방호 대책과 가장 거리가 먼 것은?

① 불활성화 ② 억제
③ 방산 ④ 봉쇄

해설

폭발 재해의 보호대책

① 폭발 봉쇄 : 압력을 완화시켜 폭발을 방지한다.
② 폭발 억제 : 큰 폭발이 되지 않도록 폭발을 진압한다.
③ 폭발 방산 : 안전밸브나 파열판 등으로 탱크 내압력을 방출시킨다.

보충학습

퍼지(불활성화 : purge)

연소되지 않은 가스가 노 안에 또는 기타 장소에 차 있으면 점화를 했을 때 폭발할 우려가 있으므로 점화시키기 전에 이것을 노 밖으로 배출하기 위하여 환기시키는 것을 퍼지라고 한다.(화재방호대책)

참고 산업안전기사 필기 p.5-20(표. 퍼지의 종류)

KEY ① 2022년 4월 24일(문제 85번)
② 2024년 5월 9일(문제 100번) 출제

90 다음 중 폭발범위에 관한 설명으로 틀린 것은?

① 상한값과 하한값이 존재한다.
② 온도에는 비례하지만 압력과는 무관하다.
③ 가연성 가스의 종류에 따라 각각 다른 값을 갖는다.
④ 공기와 혼합된 가연성 가스의 체적 농도로 나타낸다.

해설

폭발발생의 필수인자

① 인화성 물질 온도
② 조성(인화성 물질의 농도범위)
③ 압력의 방향
④ 용기의 크기와 형태(모양)

참고 산업안전기사 필기 p.5-3(2. 폭발발생의 필수인자)

KEY ① 2014년 3월 2일(문제 85번) 출제
② 2019년 3월 3일(문제 96번) 출제
③ 2020년 9월 27일(문제 84번) 출제
④ 2022년 3월 5일(문제 83번) 출제
⑤ 2023년 2월 28일(문제 81번) 출제
⑥ 2024년 2월 15일(문제 84번) 출제

[정답] 88 ① 89 ① 90 ②

PART 05

보충학습

보일 샤를 법칙에 의해 온도 상승 시 부피, 압력이 상승하여 넓어진다.

$\frac{P_1V_1}{T_1} = \frac{P_2V_2}{T_2} = K$(일정)

91 다음 중 연소시 발생하는 열에너지를 흡수하는 매체를 화염 속에 투입하여 소화하는 방법은?

① 냉각소화 ② 희석소화
③ 질식소화 ④ 억제소화

해설

화재 및 소화기 종류

화재구분	소화대책	적응 소화기
A급(일반화재)	냉각소화	① 물 소화기 ② 강화액 소화기 ③ 산, 알칼리 소화기
B급(유류 및 가스화재)	질식소화	① 이산화탄소 소화기 ② 할로겐화합물 소화기 ③ 분말 소화기 ④ 포 소화기
C급(전기화재)	질식소화	① 이산화탄소 소화기 ② 할로겐화합물 소화기 ③ 분말 소화기 ④ 무상강화액 소화기
D급(금속화재)	피복소화	① 건조사 ② 팽창 질석 ③ 팽창 진주암

참고 산업안전기사 필기 p.5-23(문제 13번) 해설

KEY ① 2014년 5월 25일(문제 83번) 출제
② 2024년 2월 15일(문제 93번) 출제

보충학습

소화 구분

① 냉각소화 : 화점의 냉각
② 질식소화 : 불연성 기체, 포말, 고체, 소화 분말로 연소물을 덮는 방법
③ 제거소화 : 가연물의 제거
④ 억제소화 : 연쇄반응의 억제에 의한 소화
⑤ 희석소화 : 수용성인 인화성액체 화재시 물을 방사하여 가연물의 농도를 낮추어 소화

92 산업안전보건법령상 다음 인화성 가스의 정의에서 ( )안에 알맞은 값은?

> "인화성 가스"란 인화한계 농도의 최저한도가 (㉠)[%] 이하 또는 최고한도와 최저한도의 차가 (㉡)[%] 이상인 것으로서 표준압력(101.3[kPa]), 20[℃]에서 가스 상태인 물질을 말한다.

① ㉠ 13, ㉡ 12
② ㉠ 13, ㉡ 15
③ ㉠ 12, ㉡ 13
④ ㉠ 12, ㉡ 15

해설

"인화성 가스"란 인화한계 농도의 최저한도가 13[%] 이하 또는 최고한도와 최저한도의 차가 12[%] 이상인 것으로서 표준압력(101.3 [㎪])에서 20[℃]에서 가스 상태인 물질을 말한다.

참고 산업안전기사 필기 p.5-36(합격날개 : 합격예측)

KEY ① 2022년 4월 24일(문제 91번) 출제
② 2024년 2월 15일(문제 98번) 출제

합격정보

산업안전보건법 시행령 [별표 13] 비고

93 다음 물질 중 공기에서 폭발상한계 값이 가장 큰 것은?

① 사이클로헥산 ② 산화에틸렌
③ 수소 ④ 이황화탄소

해설

주요 인화성 가스의 폭발범위

인화성 가스	폭발하한값[%]	폭발상한값[%]
아세틸렌(C_2H_2)	2.5	81
산화에틸렌(C_2H_4O)	3	80
수소(H_2)	4	75
일산화탄소(CO)	12.5	74
프로판(C_3H_8)	2.1	9.5
에탄(C_2H_6)	3	12.5
메탄(CH_4)	5	15

[정답] 91 ① 92 ① 93 ②

인화성 가스	폭발하한값[%]	폭발상한값[%]
부탄(C_4H_{10})	1.8	8.4
이황화탄소(CS_2)	1.0	44
사이클로헥산(헥세인)(C_6H_{12})	1.26	7.75

참고 산업안전기사 필기 p.5-17(합격날개 : 합격예측 및 관련 법규)

KEY ① 2013년 3월 10일 기사 출제
② 2016년 5월 8일 기사 출제
③ 2017년 8월 26일 기사 출제
④ 2021년 3월 7일 기사 출제
⑤ 2023년 7월 8일(문제 81번) 출제

94 공정안전보고서 중 공정안전자료에 포함하여야 할 세부내용에 해당하는 것은?

① 비상조치계획에 따른 교육계획
② 안전운전지침서
③ 각종 건물·설비의 배치도
④ 도급업체 안전관리계획

해설

공정안전자료의 내용

① 취급·저장하고 있는 유해·위험물질의 종류와 수량
② 유해·위험물질에 대한 물질안전보건자료
③ 유해·위험설비의 목록 및 사양
④ 유해·위험설비의 운전방법을 알 수 있는 공정도면
⑤ 각종 건물·설비의 배치도
⑥ 폭발위험장소구분도 및 전기단선도
⑦ 위험설비의 안전설계·제작 및 설치관련지침서

참고 산업안전산업기사 필기 p.5-88(공정안전자료)

KEY ① 2011년 3월 20일 기사 출제
② 2014년 3월 2일, 5월 25일 기사 출제
③ 2018년 3월 4일 기사 출제
④ 2019년 4월 27일 기사 출제
⑤ 2021년 5월 15일, 8월 14일 기사 출제
⑥ 2023년 7월 8일(문제 88번) 출제

합격정보

산업안전보건법시행규칙 제130조의 2(공정안전보고서의 세부내용 등)

95 뜨거운 금속에 물이 닿으면 튀는 현상과 같이 핵비등(nuclear boiling) 상태에서 막비등(film boiling)으로 이행하는 온도를 무엇이라 하는가?

① Burn-out point
② Leidenfrost point
③ Entrainment point
④ Sub-cooling boiling point

해설

Leidenfrost point

① 물이 담긴 냄비의 바닥을 가열할 때 냄비바닥의 온도가 비등점(100[℃])에서 점점 올라감에 따라 처음에는 바닥으로부터 공기방울이 올라오고, 이어서 기화된 수증기방울이 올라오며 이 방울이 점점 많아지는 현상을 Nucleate Boiling(핵비등 : 바닥의 움푹한 홈 등에서 기포가 시작된다고 하여 붙인 이름)이라 한다.
② 물은 200[℃] 근방까지는 이러한 끓는 모양을 보인다.

KEY ① 2013년 8월 18일 기사 출제
② 2019년 8월 4일 기사 출제
③ 2023년 7월 8일(문제 94번) 출제

보충학습

번 아웃 점(burn-out point)

① 비등 전열에 있어 핵 비등에서 막 비등으로 이행할 때 열유속이 극댓값을 나타내는 점
② 막 비등 상태에 이행하기 쉽고 전열면 온도가 매우 높으므로 전열면이 융해 파손하는 경우가 있으므로 중요시되고 있다.

읽을꺼리

라이덴프로스트효과는 요한 고틀롭 라이덴프로스트가 그의 저서인 "A Tract About Some Qualities of Common Water"에서 처음 논의하면서 그의 이름을 따서 지어졌다.

96 펌프의 사용 시 공동현상(cavitation)을 방지하고자 할 때의 조치사항으로 틀린 것은?

① 펌프의 회전수를 높인다.
② 흡입비 속도를 작게 한다.
③ 펌프의 흡입관의 헤드(head) 손실을 줄인다.
④ 펌프의 설치높이를 낮추어 흡입양정을 짧게 한다.

[정답] 94 ③ 95 ② 96 ①

PART 05

해설

cavitation 현상(공동현상)

① 유체에 압력을 가해도 밀도는 극히 작게 증가하고, 압력을 감소시켜 유체의 증기압 이하로 할 경우 부분적으로 증기가 발생하는 현상
② 진공, 소음발생
③ 효율저하 및 침식

참고 산업안전기사 필기 p.5-81(문제 91번) 적중

KEY ① 2012년 8월 26일 기사 출제
② 2013년 8월 18일 기사 출제
③ 2015년 3월 8일 기사 출제
④ 2016년 5월 8일 기사 출제
⑤ 2019년 8월 4일 기사 출제
⑥ 2023년 7월 8일(문제 100번) 출제

97 다음 중 CO_2 소화약제의 장점으로 볼 수 없는 것은?

① 기체 팽창률 및 기화 잠열이 작다.
② 액화하여 용기에 보관할 수 있다.
③ 전기에 대해 부도체이다.
④ 자체 증기압이 높기 때문에 자체 압력으로 방사가 가능하다.

해설

소화약제의 특성

① 탄산가스의 함량은 99.5[%] 이상으로 냄새가 없어야 하며 수분의 중량은 0.05[%] 이하여야 한다.
② 수분이 0.05[%] 이상이면 줄-톰슨효과에 의하여 수분이 결빙되어 노즐의 구멍을 폐쇄시키기 때문이다.

③ 줄-톰슨효과는 기체 또는 액체가 가는 관을 통과할 때 온도가 급강하하여 고체로 되는 현상이다.
④ 증발잠열 : 137.8[cal/g]으로 매우 크다.

참고 산업안전기사 필기 p.5-13(1. 소화약제의 물리적 성질)

KEY ① 2017년 5월 7일 (문제 85번) 출제
② 2023년 6월 4일(문제 81번) 출제

98 다음 [보기]에서 일반적인 자동제어 시스템의 작동순서를 바르게 나열한 것은?

[보기]

(1) 검출 (2) 조절계
(3) 밸브 (4) 공정상황

① (1) → (2) → (4) → (3)
② (4) → (1) → (2) → (3)
③ (2) → (4) → (1) → (3)
④ (3) → (2) → (4) → (1)

해설

자동제어 시스템의 작동순서

공정상황 → 검출 → 조절계 → 밸브

참고 산업안전기사 필기 p.5-46(1. 제어장치)

KEY ① 2010년 3월 7일(문제 89번) 출제
② 2011년 6월 12일(문제 84번) 출제
③ 2011년 8월 21일(문제 84번) 출제
④ 2023년 6월 4일(문제 85번) 출제

99 화염방지기의 설치에 관한 사항으로 ( )에 옳은 것은?

사업주는 인화성 액체 및 인화성 가스를 저장 취급하는 화학설비에서 증기나 가스를 대기로 방출하는 경우에는 외부로부터의 화염을 방지하기 위하여 화염방지기를 그 설비 ( )에 설치하여야 한다.

① 상단 ② 하단
③ 중앙 ④ 무게중심

해설

화염방지기 설치 위치 : 설비 상단

참고 산업안전기사 필기 p.5-47(⑤ 화염방지기)

[정답] 97 ① 98 ② 99 ①

KEY ① 2018년 8월 19일(문제 99번) 출제
② 2022년 4월 24일 기사 출제
③ 2023년 6월 4일(문제 96번) 출제

합격정보
산업안전보건기준에 관한 규칙 제269조 (화염방지기의 설치)

100 **사업주는 산업안전보건법령에서 정한 설비에 대해서는 과압에 따른 폭발을 방지하기 위하여 안전밸브 등을 설치하여야 한다. 다음 중 이에 해당하는 설비가 아닌 것은?**

① 원심펌프
② 정변위 압축기
③ 정변위 펌프(토출축에 차단밸브가 설치된 것만 해당한다)
④ 배관(2개 이상의 밸브에 의하여 차단되어 대기온도에서 액체의 열팽창에 의하여 파열될 우려가 있는 것으로 한정한다)

해설

안전밸브 설치 화학설비

사업주는 다음 각 호의 어느 하나에 해당하는 설비에 대해서는 과압에 따른 폭발을 방지하기 위하여 폭발 방지 성능과 규격을 갖춘 안전밸브 또는 파열판(이하 "안전밸브 등"이라 한다.)을 설치하여야 한다. 다만, 안전밸브 등에 상응하는 방호장치를 설치한 경우에는 그러하지 아니하다.

① 압력용기(안지름이 150밀리미터 이하인 압력용기는 제외하며, 압력 용기 중 관형 열교환기의 경우에는 관의 파열로 인하여 상승한 압력이 압력용기의 최고사용압력을 초과할 우려가 있는 경우만 해당한다.)
② 정변위 압축기
③ 정변위 펌프(토출축에 차단밸브가 설치된 것만 해당한다)
④ 배관(2개 이상의 밸브에 의하여 차단되어 대기온도에서 액체의 열팽창에 의하여 파열될 우려가 있는 것으로 한정)

참고 산업안전기사 필기 p.5-3(합격날개 : 합격예측 및 관련법규)

KEY ① 2017년 5월 7일 출제
② 2018년 4월 28일(문제 83번) 출제
③ 2023년 2월 28일(문제 98번) 출제

합격정보
산업안전보건기준에 관한 규칙 제261조(안전밸브 등의 설치)

6 건설공사 안전관리

101 **잠함 또는 우물통의 내부에서 굴착작업을 할 때의 준수사항으로 옳지 않은 것은?**

① 굴착 깊이가 10[m]를 초과하는 경우에는 해당 작업장소와 외부와의 연락을 위한 통신설비등을 설치하여야 한다.
② 산소 결핍의 우려가 있는 경우에는 산소의 농도를 측정하는 자를 지명하여 측정하도록 한다.
③ 근로자가 안전하게 승강하기 위한 설비를 설치한다.
④ 측정 결과 산소의 결핍이 인정될 경우에는 송기를 위한 설비를 설치하여 필요한 양의 공기를 공급하여야 한다.

해설

잠함작업시 통신설비 설치기준 : 굴착깊이 20[m]초과

참고 산업안전기사 필기 p.6-146(합격날개 : 합격예측 및 관련법규)

KEY ① 2012년 8월 26일 기사 출제
② 2018년 8월 19일 기사 출제
③ 2023년 7월 8일(문제 110번) 출제
④ 2024년 5월 9일(문제 104번) 출제

합격정보
산업안전보건기준에 관한 규칙 제377조 (잠함 등 내부에서의 작업)

102 **말비계를 조립하여 사용하는 경우에 지주부재와 수평면의 기울기는 최대 몇 도 이하로 하여야 하는가?**

① 30[°] ② 45[°]
③ 60[°] ④ 75[°]

[정답] 100 ① 101 ① 102 ④

해설

말비계의 안전기준

① 기울기 : 75[°] 이하
② 작업발판 폭 : 40[cm] 이상

참고 산업안전기사 필기 p.6-99(7. 말비계)

KEY ① 2016년 5월 8일 산업기사 출제
② 2017년 3월 5일 산업기사 출제
③ 2017년 5월 7일, 9월 23일 (문제 113번) 출제
④ 2023년 6월 4일 (문제 103번) 출제
⑤ 2024년 5월 9일(문제 107번) 출제

합격정보
산업안전보건기준에 관한 규칙 제67조(말비계)

103 장비가 위치한 지면보다 낮은 장소를 굴착하는 데 적합한 장비는?

① 백호 ② 파워셔블
③ 트럭크레인 ④ 진폴

해설

백호(back hoe)[드래그셔블(drag shovel)]

① 토목공사나 수중굴착에 많이 사용된다.
② 지하층이나 기초의 굴착에 사용된다.
③ 기계가 서 있는 지면보다 낮은 장소의 굴착에도 적당하고 수중굴착도 가능하다.
④ 파워셔블과 같이 굳은 지반의 토질에서도 정확한 굴착이 된다.

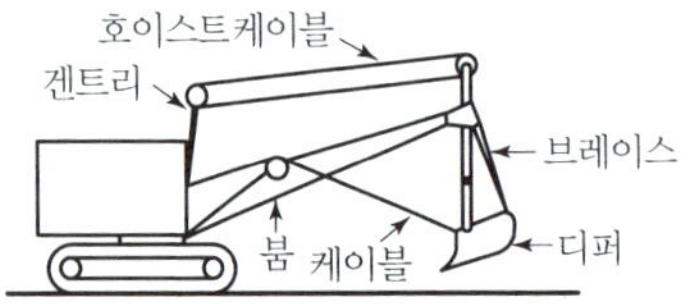

[그림] 백호

참고 산업안전기사 필기 p.6-63(2. 백호)

KEY ① 2015년 3월 8일 기사 출제
② 2018년 8월 19일 기사 출제
③ 2020년 6월 7일 기사 출제
④ 2021년 5월 15일 기사 출제
⑤ 2023년 2월 28일(문제 112번) 출제
⑥ 2024년 5월 9일(문제 111번) 출제

104 산업안전보건법령에 따른 지반의 종류별 굴착면의 기울기 기준으로 옳지 않은 것은?

① 모래 – 1 : 1.8
② 그 밖의 흙 – 1 : 0.3
③ 풍화암 – 1:1.0
④ 연암 – 1:1.0

해설

굴착면의 기울기 기준

지반의 종류	굴착면의 기울기
모래	1 : 1.8
연암 및 풍화암	1 : 1.0
경암	1 : 0.5
그 밖의 흙	1 : 1.2

참고 산업안전기사 필기 p.6-56(표 : 굴착면의 기울기 기준)

KEY ① 2016년 5월 8일 기사·산업기사 동시 출제
② 2017년 3월 5일, 9월 23일 출제
③ 2018년 8월 19일 산업기사 출제
④ 2019년 4월 27일 기사·산업기사 동시 출제
⑤ 2020년 6월 7일, 8월 22일, 9월 27일 출제
⑥ 2022년 3월 5일 출제
⑦ 2023년 2월 28일(문제 114번) 출제
⑧ 2024년 5월 9일(문제 112번) 출제

합격정보
산업안전보건기준에 관한 규칙 [별표 11] 굴착면의 기울기 기준

105 건설공사의 유해위험방지계획서 제출 기준일로 옳은 것은?

① 당해공사 착공 1개월 전까지
② 당해공사 착공 15일 전까지
③ 당해공사 착공 전날 까지
④ 당해공사 착공 15일 후까지

[정답] 103 ① 104 ② 105 ③

해설

유해위험방지계획서 제출기간

① 건설업 : 공사착공 전날까지
② 제조업 : 해당작업 시작 15일 전까지
③ 제출처 : 한국산업안전보건공단

참고 산업안전기사 필기 p.2-37(3. 법적 목적)

KEY ① 2012년 5월 20일 건설안전기사(문제 57번) 출제
② 2016년 3월 6일 건설안전기사(문제 57번) 출제
③ 2017년 9월 23일 건설안전기사(문제 57번) 출제
④ 2022년 4월 24일(문제 114번) 출제
⑤ 2024년 5월 9일(문제 114번) 출제

합격정보

산업안전보건법 시행규칙 제42조(제출서류 등)

106 건설업 산업안전보건관리비 계상 및 사용기준은 산업재해보상 보험법의 적용을 받는 공사 중 총 공사금액이 얼마 이상인 공사에 적용하는가?(단, 전기공사업법, 정보통신공사업법에 의한 공사는 제외)

① 4천만원 ② 3천만원
③ 2천만원 ④ 1천만원

해설

제3조(적용범위)

이 고시는 「산업재해보상보험법」 제6조의 규정에 의하여 「산업재해보상보험법」의 적용을 받는 공사중 총공사금액 2천만원 이상인 공사에 적용한다. 다만, 다음 각 호의 어느 하나에 해당되는 공사 중 단가계약에 의하여 행하는 공사에 대하여는 총계약금액을 기준으로 이를 적용한다.

참고 산업안전기사 필기 p.6-38(합격날개 : 합격예측 및 관련법규)

KEY ① 2016년 3월 6일 출제
② 2017년 5월 7일 산업기사 출제
③ 2017년 8월 26일 기사 · 산업기사 동시 출제
④ 2019년 8월 4일(문제 110번) 출제
⑤ 2022년 4월 24일(문제 117번) 출제
⑥ 2024년 5월 9일(문제 117번) 출제

합격정보

적용시기 : 2020년 7월 1일부터 2천만원 이상

107 다음은 타워크레인을 와이어로프로 지지하는 경우의 준수해야 할 기준이다. 빈칸에 들어갈 알맞은 내용을 순서대로 옳게 나타낸 것은?

> 와이어로프 설치각도는 수평면에서 ( )도 이내로 하되, 지지점은 ( )개소 이상으로 하고, 같은 각도로 설치할 것

① 45, 4 ② 45, 5
③ 60, 4 ④ 60, 5

해설

와이어로프로 지지하는 경우 준수사항

① 「산업안전보건법 시행규칙」에 따른 서면심사에 관한 서류(「건설기계관리법」에 따른 형식승인서류를 포함한다) 또는 제조사의 설치작업설명서 등에 따라 설치할 것
② 제①호의 서면심사 서류 등이 없거나 명확하지 아니한 경우에는 「국가기술자격법」에 따른 건축구조·건설기계·기계안전·건설안전기술사 또는 건설안전분야 산업안전지도사의 확인을 받아 설치하거나 기종별·모델별 공인된 표준방법으로 설치할 것
④ 와이어로프를 고정하기 위한 전용 지지프레임을 사용할 것
⑤ 와이어로프 설치각도는 수평면에서 60도 이내로 하고, 지지점은 4개소 이상으로 할 것
⑥ 와이어로프와 그 고정부위는 충분한 강도와 장력을 갖도록 설치하고, 와이어로프를 클립·샤클(shackle) 등의 고정기구를 사용하여 견고하게 고정시켜 풀리지 아니하도록 할 것
⑦ 와이어로프가 가공전선(架空電線)에 근접하지 않도록 할 것

참고 산업안전기사 필기 p.6-138(합격날개 : 합격예측 및 관련법규)

KEY ① 2015년 5월 31일(문제 114번) 출제
② 2024년 2월 15일(문제 104번) 출제

정보제공

산업안전보건기준에 관한 규칙 제142조(타워크레인의 지지)

[정답] 106 ③ 107 ③

PART 05

108 달비계를 사용하는 와이어로프의 사용금지 기준으로 옳지 않은 것은?

① 이음매가 있는 것
② 열과 전기충격에 의해 손상된 것
③ 지름의 감소가 공칭지름의 7[%]를 초과하는 것
④ 와이어로프의 한 꼬임에서 끊어진 소선의 수가 7[%] 이상인 것

해설

달비계에 사용하는 와이어로프 금지기준

① 이음매가 있는 것
② 와이어로프의 한 꼬임[스트랜드(strand)를 말한다. 이하 같다]에서 끊어진 소선(素線)[필러(pillar)선은 제외한다]의 수가 10[%] 이상(비자전로프의 경우에는 끊어진 소선의 수가 와이어로프 호칭지름의 6배 길이 이내에서 4개 이상이거나 호칭지름 30배 길이 이내에서 8개 이상)인 것
③ 지름의 감소가 공칭지름의 7[%]를 초과하는 것
④ 꼬인 것
⑤ 심하게 변형되거나 부식된 것
⑥ 열과 전기충격에 의해 손상된 것

참고 산업안전기사 필기 p.6-102(합격날개 : 합격예측 및 관련법규)

KEY ① 2017년 3월 5일 기사 출제
② 2018년 4월 28일 산업기사 출제
③ 2019년 8월 4일(문제 116번) 출제
④ 2022년 4월 24일(문제 120번) 출제
⑤ 2024년 2월 15일(문제 109번) 출제

합격정보

산업안전보건기준에 관한 규칙 제63조(달비계의 구조)

109 다음 와이어로프 중 양중기에 사용가능한 범위안에 있다고 볼 수 있는 것은?

① 와이어로프의 한 꼬임(스트랜드)에서 끊어진 소선의 수가 8[%]인 것
② 지름의 감소가 공칭지름의 8[%]인 것
③ 심하게 부식된 것
④ 이음매가 있는 것

해설

문제 108번 해설 확인

정보제공

산업안전보건기준에 관한 규칙 제63조(달비계의 구조)

KEY ① 2014년 5월 25일, 8월 17일기사 출제
② 2015년 3월 8일, 5월 31일 기 사 출제
③ 2016년 8월 21일 기사 출제
④ 2017년 5월 7일 기사 출제
⑤ 2019년 8월 4일 기사 출제
⑥ 2020년 6월 7일 기사 출제
⑦ 2022년 4월 24일 기사 출제
⑧ 2023년 7월 8일(문제 115번) 출제
⑨ 2024년 2월 15일(문제 114번) 출제

110 그물코의 크기가 10[cm]인 매듭없는 방망사 신품의 인장강도는 최소 얼마 이상이어야 하는가?

① 240[kg] ② 320[kg]
③ 400[kg] ④ 500[kg]

해설

방망사의 신품에 대한 인장강도

그물코의 크기 (단위 : [cm])	방망의 종류(단위 : [kg])	
	매듭 없는 방망	매듭 방망
10	240	200
5		110

참고 산업안전기사 필기 p.6-50([표] 방망사의 신품에 대한 인장강도)

KEY ① 2016년 5월 8일 기사 출제
② 2017년 3월 5일, 8월 26일 기사 출제
③ 2018년 4월 28일, 8월 19일 기사 출제
④ 2019년 3월 3일, 8월 4일 기사 출제
⑤ 2020년 8월 22일 기사 출제
⑥ 2021년 8월 14일 기사 출제
⑦ 2023년 2월 28일(문제 101번) 출제
⑧ 2024년 2월 15일(문제 118번) 출제

보충학습

방망사의 폐기시 인장강도

그물코의 크기 (단위 : [cm])	방망의 종류(단위 : [kg])	
	매듭 없는 방망	매듭 방망
10	150	135
5		60

[정답] 108 ④ 109 ① 110 ①

111 **불도저를 이용한 작업 중 안전조치사항으로 옳지 않은 것은?**

① 작업종료와 동시에 삽날을 지면에서 띄우고 주차 제동장치를 건다.
② 모든 조종간은 엔진 시동전에 중립 위치에 놓는다.
③ 장비의 승차 및 하차 시 뛰어내리거나 오르지 말고 안전하게 잡고 오르내린다.
④ 야간작업 시 자주 장비에서 내려와 장비 주위를 살피며 점검하여야 한다.

해설

브레이크

불도저를 비롯한 모든 굴착기계는 작업종료시 삽날은 지면에 밀착시켜야 한다.(이유 : 제동장치 역할을 함)

참고 산업안전기사 필기 p.6-65(합격날개 : 은행문제)

KEY ① 2020년 9월 27일 기사 출제
② 2023년 7월 8일(문제 103번) 출제

112 **거푸집동바리 구조에서 높이가 l=3.5[m] 인 파이프서포트의 좌굴하중은?(단, 상부받이판과 하부받이판은 힌지로 가정하고, 단면2차모멘트 I=8.31[cm⁴], 탄성계수 E=2.1×10⁵[MPa])**

① 14,060[N] ② 15,060[N]
③ 16,060[N] ④ 17,060[N]

해설

오일러의 좌굴하중(P_{cr})

$$P_{cr}=\frac{n\pi^2EI}{l^2}=\frac{\pi^2EI}{(kl)^2}=\frac{\pi^2\times2.1\times10^5\times8.31}{350^2}$$
$$=14{,}060[\text{N}]$$

여기서, n : 지지상태에 따른 좌굴계수
E : 탄성계수
I : 단면 2차모멘트
l : 기둥길이
kl : 유효길이
k : 1.0(양단힌지)

참고 산업안전기사 필기 p.6-95(합격날개 : 합격예측)

KEY ① 2021년 8월 14일 기사 출제
② 2023년 7월 8일(문제 111번) 출제

113 **항타기 또는 항발기의 권상장치 드럼축과 권상장치로부터 첫 번째 도르래의 축 간의 거리는 권상장치 드럼폭의 몇 배 이상으로 하여야 하는가?**

① 5배 ② 8배
③ 10배 ④ 15배

해설

드럼폭

항타기 또는 항발기의 권상장치의 드럼축과 권상장치로부터 첫 번째 도르래의 축 간의 거리 : 권상장치 드럼폭의 15배 이상

참고 산업안전기사 필기 p.6-57(합격날개 : 합격예측 및 관련법규)

KEY ① 2012년 3월 4일 기사 출제
② 2014년 8월 17일 기사 출제
③ 2018년 8월 19일 기사 출제
④ 2023년 7월 8일(문제 117번) 출제

합격정보
산업안전보건기준에 관한 규칙 제216조 (도르래의 부착 등)

114 **선창의 내부에서 화물취급작업을 하는 근로자가 안전하게 통행할 수 있는 설비를 설치하여야 하는 기준은 갑판의 윗면에서 선창(船倉) 밑바닥까지의 깊이가 최소 얼마를 초과할 때인가?**

① 1.3[m] ② 1.5[m]
③ 1.8[m] ④ 2.0[m]

해설

선창내부작업

갑판의 윗면에서 선창 밑바닥까지 깊이 : 1.5[m] 초과

참고 산업안전기사 필기 p.6-183(2. 하역 작업의 안전)

KEY ① 2012년 5월 20일 기사 출제
② 2014년 3월 2일 기사 출제
③ 2019년 8월 4일 기사 출제
④ 2023년 7월 8일(문제 120번) 출제

합격정보
산업안전보건기준에 관한 규칙 제394조(통행설비의 설치 등)

[정답] 111 ① 112 ① 113 ④ 114 ②

115 안전계수가 4이고 2,000[kg/cm²]의 인장강도를 갖는 강선의 최대허용응력은?

① 500[kg/cm²]　② 1,000[kg/cm²]
③ 1,500[kg/cm²]　④ 2,000[kg/cm²]

해설

최대허용응력

$=\frac{\text{인장강도}}{\text{안전계수}}=\frac{2,000}{4}=500[kg/cm^2]$

참고 산업안전기사 필기 p.6-201(문제 37번)

KEY ① 2015년 5월 31일(문제 101번) 출제
② 2023년 6월 4일(문제 106번) 출제

116 다음은 시스템 비계 구성에 관한 내용이다. (　)안에 들어갈 말로 옳은 것은?

> 비계 밑단의 수직재와 받침철물은 밀착되도록 설치하고, 수직재와 받침철물의 연결부의 겹침길이는 받침철물 (　) 이상이 되도록 할 것

① 전체길이의 4분의 1
② 전체길이의 3분의 1
③ 전체길이의 3분의 2
④ 전체길이의 2분의 1

해설

시스템 비계 구성시 준수사항

① 수직재·수평재·가새재를 견고하게 연결하는 구조가 되도록 할 것
② 비계 밑단의 수직재와 받침철물은 밀착되도록 설치하고, 수직재와 받침철물의 연결부의 겹침길이는 받침철물 전체길이의 3분의 1 이상이 되도록 할 것
③ 수평재는 수직재와 직각으로 설치하여야 하며, 체결 후 흔들림이 없도록 견고하게 설치할 것
④ 수직재와 수직재의 연결철물은 이탈되지 않도록 견고한 구조로 할 것
⑤ 벽 연결재의 설치간격은 제조사가 정한 기준에 따라 설치할 것

참고 산업안전기사 필기 p.6-104(합격날개 : 합격예측 및 관련법규)

KEY ① 2021년 5월 15일 기사 등 5회 이상 출제
② 2023년 6월 4일(문제 112번) 출제

합격정보

산업안전보건기준에 관한 규칙 제69조(시스템 비계의 구조)

117 추락의 위험이 있는 개구부에 대한 방호조치와 거리가 먼 것은?

① 안전난간, 울타리, 수직형 추락방망 등으로 방호조치를 한다.
② 충분한 강도를 가진 구조의 덮개를 뒤집히거나 떨어지지 않도록 설치한다.
③ 어두운 장소에서도 식별이 가능한 개구부 주의표지를 부착한다.
④ 폭 30[cm] 이상의 발판을 설치한다.

해설

작업발판폭 : 40[cm] 이상

참고 산업안전기사 필기 p.6-94(합격날개 : 합격예측 및 관련법규)

KEY ① 2017년 8월 26일 출제
② 2020년 8월 23일 산업기사 출제
③ 2023년 6월 4일(문제 115번) 등 10회 이상 출제

합격정보

① 산업안전보건기준에 관한 규칙 제43조(개구부 등의 방호조치)
② 산업안전보건기준에 관한 규칙 제56조(작업발판의 구조)

118 히빙(Heaving)현상 방지대책으로 틀린 것은?

① 소단굴착을 실시하여 소단부 흙의 중량이 바닥을 누르게 한다.
② 흙막이 벽체 배면의 지반을 개량하여 흙의 전단강도를 높인다.
③ 부풀어 솟아오르는 바닥면의 토사를 제거한다.
④ 흙막이 벽체의 근입깊이를 깊게 한다.

[정답] 115 ① 116 ② 117 ④ 118 ③

해설

히빙 방지대책
① 흙막이 근입깊이를 깊게
② 표토제거 하중감소
③ 지반개량
④ 굴착면 하중증가
⑤ 어스앵커설치 등

참고 산업안전기사 필기 p.6-7(합격날개 : 합격예측)

KEY 2023년 2월 28일(문제 108번) 출제

합격자의 조언

실기 필답형에도 단골 출제되는 내용입니다.

119 산소결핍이라 함은 공기 중 산소농도가 몇 퍼센트[%] 미만일 때를 의미하는가?

① 20[%] ② 18[%]
③ 15[%] ④ 10[%]

해설

산소결핍
① 산소결핍 : 공기중의 산소농도가 18퍼센트 미만인 상태
② 산소결핍증 : 산소가 결핍된 공기를 들이마심으로써 생기는 증상

참고 산업안전기사 필기 p.6-8(합격날개 : 용어정의)

KEY ① 2017년 3월 5일 기사 출제
② 2023년 2월 28일(문제 110번) 출제

합격정보
산업안전보건기준에 관한 규칙 제618조(정의)

120 가설통로의 설치기준으로 옳지 않은 것은?

① 경사가 15[°]를 초과하는 때에는 미끄러지지 않는 구조로 한다.
② 건설공사에 사용하는 높이 8[m] 이상인 비계다리에는 7[m] 이내마다 계단참을 설치한다.
③ 수직갱에 가설된 통로의 길이가 15[m] 이상일 경우에는 15[m] 이내 마다 계단참을 설치한다.
④ 추락의 위험이 있는 장소에는 안전난간을 설치한다.

해설

수직갱에 가설된 통로의 길이가 15[m] 이상인 경우에는 10[m] 이내마다 계단참을 설치할 것

참고 산업안전기사 필기 p.6-17(합격날개 : 합격예측 및 관련법규)

합격정보
산업안전보건기준에 관한 규칙 제23조(가설통로의 구조)

KEY ① 2021년 3월 7일(문제 112번) 출제
② 2022년 3월 5일(문제 104번) 출제

PART 05

[정답] 119 ② 120 ③

2025도 기사 정기검정 제2회 (2025년 5월 10일 시행)

자격종목 및 등급(선택분야)

산업안전기사

※ 본 문제는 복원문제 및 예적(예상적중) 문제로 실제문제와 동일하지 않을 수 있습니다.

1 산업재해 예방 및 안전보건교육

01 **무재해운동 추진기법 중 위험예지훈련 4라운드 기법에 해당하지 않는 것은?**

① 현상파악　　② 행동목표설정
③ 대책수립　　④ 안전평가

해설

문제해결의 4단계(4 Round)
① 1R-현상파악
② 2R-본질추구
③ 3R-대책수립
④ 4R-행동목표설정

참고 산업안전기사 필기 p.1-12(1. 위험예지훈련의 4단계)

KEY ① 2015년 3월 8일, 8월 16일 출제
② 2016년 3월 6일, 5월 8일 출제
③ 2017년 8월 26일 출제
④ 2019년 8월 4일 출제
⑤ 2020년 6월 7일 출제
⑥ 2021년 8월 14일 출제
⑦ 2022년 3월 5일 출제
⑧ 2023년 7월 8일(4번) 출제
⑧ 2024년 7월 27일(4번) 출제

02 **K형 베어링을 생산하는 경기도 A사업장에 300명의 근로자가 근무하고 있다. 1년에 21건의 재해가 발생하였다면 이 사업장에서 근로자 1명이 평생 작업 시 약 몇 건의 재해를 당할 수 있겠는가?(단, 1일 8시간씩 1년에 300일을 근무하며, 평생근로시간은 10만 시간으로 가정한다.)**

① 1건　　② 3건
③ 5건　　④ 6건

해설

환산도수율 계산비교

① 도수(빈도)율 $= \dfrac{\text{재해건수}}{\text{연근로시간수}} \times 10^6$

$= \dfrac{21}{300 \times 8 \times 300} \times 10^6 = 29.17$

② 환산도수율 = 도수율 ÷ 10 = 29.17 ÷ 10 = 2.92
= 도수율 × 0.1 = 2.92 ≒ 3건

참고 산업안전기사 필기 p.3-43(3. 빈도율)

KEY 2024년 7월 27일(문제 6번) 등 20회 이상 출제

합격정보
산업재해 통계 업무처리규정 제3조(산업재해 통계의 산출방법 및 정의)

03 **플리커 검사(flicker test)의 목적으로 가장 적절한 것은?**

① 혈중 알코올농도 측정　　② 체내 산소량 측정
③ 작업강도 측정　　④ 피로의 정도 측정

해설

점멸-융합주파수(flicker-fusion frequency) : 인지역치방법
① 깜박이는 불빛이 계속 켜진 것처럼 보일 때의 주파수(약 30[Hz])
② 목적 : 피로의 정도측정(생리학적 방법)

참고 ① 산업안전기사 필기 p.1-105(3. 피로측정검사 방법 3가지)
② 산업안전기사 필기 p.1-105(합격날개 : 합격예측)

KEY ① 2017년 3월 5일 출제
② 2019년 9월 21일 출제
③ 2020년 8월 22일 출제
④ 2023년 6월 4일(문제 5번) 출제
⑤ 2024년 7월 27일(문제 7번) 출제

[정답] 01 ④　02 ②　03 ④

04 **산업안전보건법령상 안전보건교육 중 관리감독자 정기안전보건교육의 교육내용으로 옳은 것은? (단, 산업안전보건법 및 일반관리에 관한 사항을 제외한다.)**

① 산업안전 및 재해사례에 관한 사항
② 사고 발생 시 긴급조치에 관한 사항
③ 건강증진 및 질병 예방에 관한 사항
④ 산업보건 및 건강장해 예방에 관한 사항

해설

관리감독자 정기안전보건교육 내용

① 산업안전 및 산업재해 예방에 관한 사항(화재·폭발 사고 발생 시 대피에 관한 사항을 포함한다)
② 산업보건 및 건강장해 예방에 관한 사항(폭염·한파작업으로 인한 건강장해 발생 시 응급조치에 관한 사항을 포함한다)
③ 위험성 평가에 관한 사항
④ 유해·위험 작업환경 관리에 관한 사항
⑤ 산업안전보건법령 및 산업재해보상보험 제도에 관한 사항
⑥ 직무스트레스 예방 및 관리에 관한 사항
⑦ 직장 내 괴롭힘, 고객의 폭언 등으로 인한 건강장해 예방 및 관리에 관한 사항
⑧ 작업공정의 유해·위험과 재해 예방대책에 관한 사항
⑨ 사업장 내 안전보건관리체제 및 안전·보건조치 현황에 관한 사항
⑩ 표준안전 작업방법 결정 및 지도·감독 요령에 관한 사항
⑪ 현장근로자와의 의사소통능력 및 강의 능력 등 안전보건교육 능력 배양에 관한 사항
⑫ 비상시 또는 재해 발생 시 긴급조치에 관한 사항
⑬ 그 밖의 관리감독자의 직무에 관한 사항

참고 산업안전기사 필기 p.1-154(3. 관리감독자 정기안전보건교육)

KEY ① 2017년 5월 7일, 8월 26일출제
② 2018년 3월 4일(문제 14번) 출제
③ 2024년 2월 15일(14번), 7월 27일(3번) 출제

합격정보

산업안전보건법시행규칙 [별표 5] 안전보건교육대상별 교육내용 (2025. 6. 1. 시행개정법 적용)

05 **관리그리드 이론에서 인간관계 유지에는 낮은 관심을 보이지만 과업에 대해서는 높은 관심을 가지는 리더십의 유형에 해당하는 것은?**

① (1, 1)형 ② (1, 9)형
③ (9, 1)형 ④ (9, 9)형

해설

관리그리드 이론 5가지 유형

유형	1.1	1.9	9.1	5.5	9.9
관심도	무관심형	인기형	과업형	타협형	이상형

참고 산업안전기사 필기 p.1-80 (3) 관리그리드의 리더십 5가지 이론

KEY ① 2009년 3월 1일 제1회(문제 19번) 출제
② 2009년 7월 26일 제3회(문제 10번) 출제
③ 2020년 6월 7일 출제
④ 2023년 6월 4일(문제 20번) 출제
⑤ 2024년 7월 27일(11번) 출제

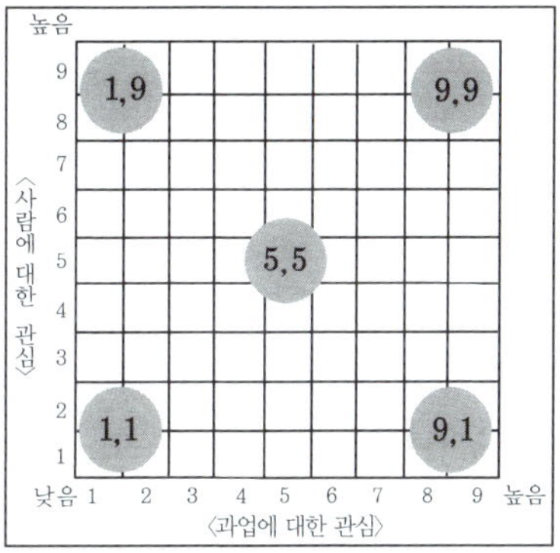

[그림] 관리그리드 이론[SH]

06 **OFF.J.T(Off the job Training) 교육방법의 장점으로 옳은 것은?**

① 개개인에게 적절한 지도훈련이 가능하다.
② 훈련에 필요한 업무의 계속성이 끊어지지 않는다.
③ 다수의 대상자를 일괄적, 조직적으로 교육할 수 있다.
④ 효과가 곧 업무에 나타나며, 훈련의 좋고 나쁨에 따라 개선이 용이하다.

[정답] 04 ④ 05 ③ 06 ③

해설

OJT와 OFF.J.T

① O.J.T(ON the Job Training) : 현장중심 교육으로 직속상사가 현장에서 업무상의 개별교육이나 지도훈련을 하는 교육형태이다.
② OFF.J.T(OFF the Job Training) : 계층별 또는 직능별 등과 같이 공통된 교육대상자를 현장외의 한 장소에 모아 집체 교육훈련을 실시하는 교육형태이다.

참고 산업안전기사 필기 p.1-142(1. OJT와 OFF JT)

KEY ① 2011년 6월 12일 기사 출제
② 2011년 8월 21일 기사 출제
③ 2013년 6월 2일 기사 출제
④ 2017년 3월 5일, 5월 7일 기사 출제
⑤ 2018년 4월 28일 기사 출제
⑥ 2021년 3월 7일 기사 출제
⑦ 2023년 7월 8일(문제 1번) 출제
⑧ 2024년 5월 9일(문제 4번) 출제

07 파블로프(Pavlov)의 조건반사설에 의한 학습이론의 원리가 아닌 것은?

① 일관성의 원리
② 계속성의 원리
③ 준비성의 원리
④ 강도의 원리

해설

Pavlov의 조건반사(반응)설의 학습원리

① 시간의 원리(the time principle)
② 강도의 원리(the intensity principle)
③ 일관성의 원리(the consistency principle)
④ 계속성의 원리(the continuity principle)

참고 산업안전기사 필기 p.1-149(2. 자극과 반응)

KEY ① 2017년 8월 26일 산업기사 출제
② 2019년 9월 21일 산업기사 출제
③ 2021년 3월 7일 기사 출제
④ 2023년 6월 4일(문제 15번) 출제
⑤ 2024년 5월 9일(문제 9번) 출제

08 산업안전보건법상 특정 행위의 지시 및 사실의 고지에 사용되는 안전보건표지의 색도기준으로 옳은 것은?

① 2.5G 4/10　② 5Y 8.5/12
③ 2.5PB 4/10　④ 7.5R 4/14

해설

안전보건표지의 색도기준 및 용도

색채	색도기준	용도	사용 예
빨간색	7.5R 4/14	금지	정지신호, 소화설비 및 그 장소, 유해행위의 금지
		경고	화학물질 취급장소에서의 유해·위험 경고
노란색	5Y 8.5/12	경고	화학물질 취급장소에서의 유해·위험 경고, 이외 위험 경고, 주의표지 또는 기계방호물
파란색	2.5PB 4/10	지시	특정 행위의 지시 및 사실의 고지
녹색	2.5G 4/10	안내	비상구 및 피난소, 사람 또는 차량의 통행표지
흰색	N9.5		파란색 또는 녹색에 대한 보조색
검은색	N0.5		문자 및 빨간색 또는 노란색에 대한 보조색

참고 산업안전기사 필기 p.1-62(5. 안전보건표지의 색도기준 및 용도)

KEY ① 2017년 3월 5일 기사, 8월 26일 산업기사출제
② 2018년 3월 4일 기사 출제
③ 2019년 9월 21일 기사, 산업기사 동시 출제
④ 2021년 5월 15일(문제 3번) 출제
⑤ 2024년 5월 9일(문제 19번) 출제

보충학습

산업안전보건법 시행규칙[별표 6] 안전보건표지의 종류와 형태

09 산업안전보건법령상 근로자 안전보건교육 대상에 따른 교육시간 기준 중 틀린 것은?(단, 상시 작업이며, 일용근로자는 제외한다.)

① 특별교육 – 16시간 이상
② 채용 시 교육 – 8시간 이상
③ 작업내용 변경 시 교육 – 2시간 이상
④ 사무직 종사 근로자 정기교육 – 매분기 1시간 이상

[정답] 07 ③ 08 ③ 09 ④

해설

근로자 안전보건교육

교육과정	교육대상		교육시간
정기교육	사무직 종사 근로자		매반기 6시간 이상
	그 밖의 근로자	판매업무에 직접 종사하는 근로자	매반기 6시간 이상
		판매업무에 직접 종사하는 근로자 외의 근로자	매반기 12시간 이상
	관리감독자의 지위에 있는 사람		연간 16시간 이상
채용시의 교육	일용근로자		1시간 이상
	일용근로자를 제외한 근로자		8시간 이상
작업내용 변경시의 교육	일용근로자		1시간 이상
	일용근로자를 제외한 근로자		2시간 이상
특별교육	별표 5 제1호라목 각 호의 어느 하나에 해당하는 작업에 종사하는 일용근로자		2시간 이상
특별교육	별표 5 제1호라목 제40호의 타워크레인 신호작업에 종사하는 일용근로자		8시간 이상
	별표 5 제1호라목 각 호의 어느 하나에 해당하는 작업에 종사하는 일용근로자를 제외한 근로자		16시간 이상(최초 작업에 종사하기 전 4시간 이상 실시하고 12시간은 3개월 이내에서 분할하여 실시가능)
			단기간 작업 또는 간헐적 작업인 경우에는 2시간 이상
건설업 기초 안전·보건교육	건설 일용근로자		4시간 이상

참고 산업안전산업기사 필기 p.1-155(표 : 안전보건교육 교육과정별 교육시간)

KEY ① 2016년 5월 8일 기사 출제
② 2020년 6월 7일 기사 출제
③ 2020년 8월 23일 산업기사 출제
④ 2022년 3월 5일(문제 7번) 출제
⑤ 2024년 5월 9일(문제 14번) 출제

합격정보

산업안전보건법 시행규칙 [별표 4] 안전보건교육 교육과정별 교육시간

10 허츠버그(Herzberg)의 일을 통한 동기부여 원칙으로 틀린 것은?

① 새롭고 어려운 업무의 부여
② 교육을 통한 간접적 정보제공
③ 자기과업을 위한 작업자의 책임감 증대
④ 작업자에게 불필요한 통제를 배제

해설

동기부여 방법

① 각 노동자에게 보다 새롭고 힘든 과업을 부여한다.
② 노동자에게 불필요한 통제를 배제한다.
③ 각 노동자에게 완전하고 자연스러운 단위의 도급 작업을 부여할 수 있도록 일을 조정한다.
④ 자기 과업을 위한 노동자의 책임감을 증대시킨다.
⑤ 노동자에게 정기 보고서를 통한 직접적인 정보를 제공한다.
⑥ 특정 작업을 할 기회를 부여한다.

참고 산업안전기사 필기 p.1-99(3. 동기부여 방법)

KEY ① 2009년 5월 10일(문제 5번) 출제
② 2019년 4월 27일(문제1번) 출제
③ 2024년 2월 15일(문제 2번) 출제

11 학습을 자극(Stimulus)에 의한 반응(Response)으로 보는 이론에 해당하는 것은?

① 장설(Field Theory)
② 통찰설(Insight Theory)
③ 시행착오설(Trial and Error Theory)
④ 기호형태설(Sign-gestalt Theory)

해설

Thorndike의 시행착오설

① 연습 또는 반복의 법칙(the law of exercise or repetition)
② 효과의 법칙(the law of effect)
③ 준비성의 법칙(the law of readiness)

참고 산업안전기사 필기 p.1-149(2. 자극과 반응)

KEY ① 2017년 3월 5일 기사 출제
② 2018년 3월 4일 기사, 산업기사 출제
③ 2020년 6월 7일 기사 출제
④ 2021년 5월 15일(문제 16번) 출제
⑤ 2024년 2월 15일(문제 7번) 출제

[정답] 10 ② 11 ③

12 **새로운 자료나 교재를 제시하고, 문제점을 피교육자로 하여금 제기하도록 하거나 의견을 여러 가지 방법으로 발표하게 하여 청중과 토론자간 활발한 의견 개진과 합의를 도출해가는 토의방법은?**

① 포럼(Forum)
② 심포지엄(Symposium)
③ 자유토의(Free discussion)
④ 패널 디스커션(Panel discussion)

해설

포럼(Forum)

① 새로운 자료나 교재를 제시하고 거기서의 문제점을 피교육자로 하여금 제기하게 하거나 의견을 여러 가지 방법으로 발표하게 하고 다시 깊이 파고들어 토의를 행하는 방법
② 청중과 토론자간 활발한 의견 개진가능

참고 산업안전기사 필기 p.1-144((1) 토의식 교육방법)

KEY ① 2021년 9월 12일 기사 등 5회 이상 출제
② 2023년 6월 4일(문제 8번) 출제
③ 2024년 2월 15일(문제 8번) 출제

보충학습

① 심포지엄 : 몇 사람의 전문가에 의하여 과정에 관한 견해를 발표하게 한 뒤 참가자로 하여금 의견이나 질문을 하게 하는 토의법
② 자유토의법 : 참가자는 고정적인 규칙이나 리더에게 얽매이지 않고 자유로이 의견이나 태도를 표명하며, 지식이나 정보를 상호 제공, 교환함으로써 참가자 상호 간의 의견이나 견해의 차이를 상호작용으로 조정하여 집단으로 의견을 요약해 나가는 방법
③ 패널 디스커션 : 패널멤버(교육과제에 정통한 전문가 4~5[명])가 피교육자 앞에서 자유로이 토의하고 뒤에 피교육자 전원이 참가하여 사회자의 사회에 따라 토의하는 방법

13 **보호구 안전인증 고시에 따른 안전모의 일반 구조 중 턱끈의 최소 폭 기준은?**

① 5[mm] 이상
② 7[mm] 이상
③ 10[mm] 이상
④ 12[mm] 이상

해설

턱끈의 최소 폭 : 10[mm] 이상

참고 산업안전산업기사 필기 p.1-54 (2) 안전모의 구비조건

KEY ① 2017년 3월 5일 산업기사 출제
② 2024년 2월 15일(문제 13번) 출제

보충학습

안전모의 구조 및 명칭

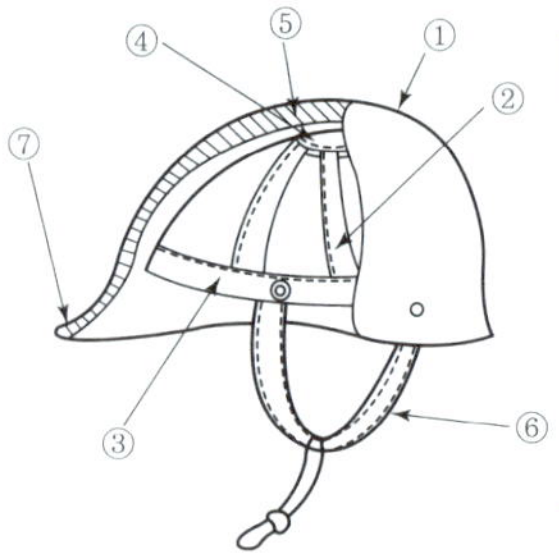

번호		명칭
①		모체
②	착장체	머리받침끈
③	착장체	머리고정대
④	착장체	머리받침고리
⑤		충격흡수재
⑥		턱끈
⑦		모자챙

14 **아담스(Edward Adams)의 사고연쇄 반응이론 중 관리자가 의사결정을 잘못하거나 감독자가 관리적 잘못을 하였을 때의 단계에 해당하는 것은?**

① 사고
② 작전적 에러
③ 관리구조결함
④ 전술적 에러

해설

아담스(Adams)의 사고 연쇄 이론

① 제1단계 : 관리구조
② 제2단계 : 작전적 에러(관리감독에러)
③ 제3단계 : 전술적 에러(불안전한 행동 or 조작)
④ 제4단계 : 사고(물적 사고)
⑤ 제5단계 : 상해 또는 손실

참고 산업안전기사 필기 p.3-31(합격날개 : 합격예측)

KEY ① 2017년 5월 7일(문제 9번) 출제
② 2024년 2월 15일(문제 18번) 출제

15 **재해의 발생형태 중 다음 그림이 나타내는 것은?**

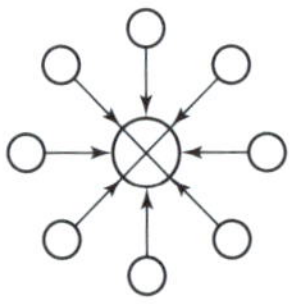

① 단순연쇄형
② 복합연쇄형
③ 단순자극형
④ 복합형

[정답] 12 ① 13 ③ 14 ② 15 ③

해설

산업재해발생의 mechanism(형태) 3가지

① 단순자극형(집중형) ② 연쇄형 ③ 복합형

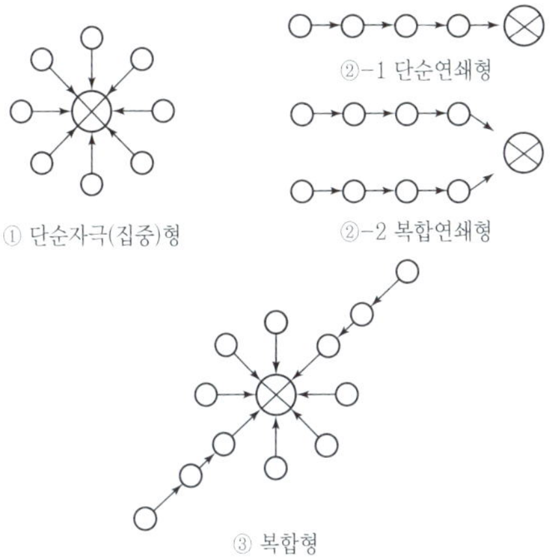

[그림] 재해(⊗)의 발생 형태 3가지

참고 산업안전기사 필기 p.3-32(2. 산업재해발생의 형태 3가지)

16 산업안전보건법령상 사업장에서 산업재해발생 시 사업주가 기록·보존하여야 하는 사항을 모두 고른 것은?(단, 산업재해조사표와 요양신청서의 사본은 보존하지 않았다.)

ㄱ. 사업장의 개요 및 근로자의 인적사항
ㄴ. 재해 발생의 일시 및 장소
ㄷ. 재해 발생의 원인 및 과정
ㄹ. 재해 재발방지 계획

① ㄱ, ㄹ
② ㄴ, ㄷ, ㄹ
③ ㄱ, ㄴ, ㄷ
④ ㄱ, ㄴ, ㄷ, ㄹ

해설

산업재해발생 시 기록 보존(3년간 보존)해야 할 사항

① 사업장의 개요 및 근로자의 인적사항
② 재해발생의 일시 및 장소
③ 재해발생의 원인 및 과정
④ 재해 재발방지 계획

참고 ① 산업안전기사 필기 p.3-30(합격날개 : 합격예측)
② 산업안전기사 필기 p.1-227(제72조 산업재해기록 등)

KEY ① 2021년 8월 14일 기사 출제
② 2023년 7월 8일(문제 5번) 출제

합격정보

산업안전보건법 시행규칙 제72조(산업재해 기록 등)

17 참가자가 다수인 경우에 전원을 토의에 참가시키기 위한 방법으로 소집단을 구성하여 회의를 진행시키며 6-6회의라고도 하는 것은?

① 포럼(Forum)
② 심포지엄(Symposium)
③ 버즈 세션(Buzz Session)
④ 패널 디스커션(Panel Discussion)

해설

버즈 세션(Buzz Session)

① 6-6회의라고도 한다.
② 먼저 사회자와 기록계를 선출한 후 나머지 사람은 6명씩의 소집단으로 구분하고, 소집단별로 각각 사회자를 선발하여 6분씩 자유토의를 행하여 의견을 종합하는 방법이다.

참고 산업안전기사 필기 p.1-144 (⑥ 버즈 세션)

KEY ① 2015년 3월 8일(문제 12번) 출제
② 2015년 5월 31일(문제 13번) 출제
③ 2016년 3월 6일 기사 출제
④ 2017년 8월 26일 기사 출제
⑤ 2019년 8월 4일 산업기사 출제
⑥ 2020년 8월 22일 기사 출제
⑦ 2023년 2월 28일(문제 18번) 출제

18 산업안전보건법령상 산업안전보건위원회의 구성·운영에 관한 설명 중 틀린 것은?

① 정기회의는 분기마다 소집한다.
② 위원장은 위원 중에서 호선(互選)한다.
③ 근로자대표가 지명하는 명예산업안전 감독관은 근로자 위원에 속한다.
④ 공사금액 100억원 이상 건설업의 경우 산업안전보건위원회를 구성·운영해야 한다.

[정답] 16 ④ 17 ③ 18 ④

PART 05

해설

건설업 산업안전보건위원회 구성 조건

① 공사금액 : 120억원 이상
② 토목공사 : 150억원 이상

참고 산업안전기사 필기 p.1-24(20. 건설업)

KEY ① 2020년 6월 7일 기사 출제
② 2022년 3월 5일(문제 1번) 출제

합격정보

① 산업안전보건법 시행령 제35조(산업안전보건위원회의 구성)
② 산업안전보건법 시행령 제36조(산업안전보건위원회의 위원장)
③ 산업안전보건법 시행령 제37조(산업안전보건위원회의 회의 등)
④ 산업안전보건법 시행령 [별표 9] 산업안전보건위원회를 구성해야할 사업의 종류 및 사업장의 상시 근로자 수(예 제조업 : 50명, 100명, 300명 등)

19 산업재해보험적용근로자 1,000명인 플라스틱 제조 사업장에서 작업 중 재해 5건이 발생하였고, 1명이 사망하였을 때 이 사업장의 사망만인율은?

① 2　　② 5
③ 10　　④ 20

해설

$$\text{사망만인율} = \frac{\text{사망자수}}{\text{산재보험적용 근로자수}} \times 10{,}000$$

$$= \frac{1}{1{,}000} \times 10{,}000 = 10$$

참고 산업안전기사 필기 p.3-44(합격날개 : 합격예측)

KEY ① 2019년 4월 27일 산업기사 출제
② 2022년 3월 5일(문제 4번) 출제

합격정보

산업재해 통계업무처리 규정 제3조(산업재해 통계의 산출방법 및 정의)

20 버드(Bird)의 신 도미노이론 5단계에 해당하지 않는 것은?

① 제어부족(관리)　　② 직접원인(징후)
③ 간접원인(평가)　　④ 기본원인(기원)

해설

버드(Frank Bird)의 최신(새로운) 연쇄성(Domino) 이론

① 제1단계 : 전문적 관리 부족(제어 부족)
② 제2단계 : 기본원인(기원)
③ 제3단계 : 직접원인(징후) : 인적 원인+물적 원인
④ 제4단계 : 사고(접촉)
⑤ 제5단계 : 상해(손해, 손실)

참고 산업안전기사 필기 p.3-32(2. 버드의 최신 연쇄성 이론)

KEY ① 2017년 3월 5일(문제 9번) 출제
② 2022년 3월 5일(문제 8번) 출제

2 인간공학 및 위험성 평가·관리

21 A작업의 평균에너지소비량이 다음과 같을 때, 60분간의 총 작업시간 내에 포함되어야 하는 휴식시간(분)은?

- 휴식중 에너지소비량 : 1.5[kcal/min]
- A작업시 평균 에너지소비량 : 6[kcal/min]
- A기초대사를 포함한 작업에 대한 평균 에너지소비량 상한 : 5[kcal/min]

① 10.3　　② 11.3
③ 12.3　　④ 13.3

해설

휴식시간 계산

$$\text{휴식시간}(R) = \frac{60(E-5)}{E-1.5} = \frac{60(6-5)}{6-1.5} = 13.33[\text{분}]$$

여기서, R : 휴식시간(분)
E : 작업 시 평균 에너지 소비량[kcal/분]
60분 : 총작업 시간
1.5[kcal/분] : 휴식시간 중 에너지 소비량
5[kcal/분] : 기초대사량을 포함한 보통작업에 대한 평균에너지(기초대사량을 포함하지 않을 경우 : 4[kcal/분])

참고 산업안전기사 필기 p.1-102(3. 휴식)

KEY ① 2016년 5월 8일 출제
② 2016년 10월 1일 출제
③ 2018년 9월 15일(문제 43번) 출제

[정답] 19 ③ 20 ③ 21 ④

④ 2022년 4월 24일 출제
⑤ 2023년 6월 4일(문제 28번) 출제
⑥ 2024년 2월 15일(문제 30번), 7월 27일(문제 22번) 출제

22 다음과 같은 실내 표면에서 일반적으로 추천반사율의 크기를 맞게 나열한 것은?

[다음]
㉠ 바닥　㉡ 천장　㉢ 가구　㉣ 벽

① ㉠<㉣<㉢<㉡
② ㉣<㉠<㉡<㉢
③ ㉠<㉢<㉣<㉡
④ ㉣<㉡<㉠<㉢

해설

IES추천 조명반사율 권고
① 바닥 : 20~40[%]
② 가구, 사용기기, 책상 : 25~40[%]
③ 창문발(blind), 벽 : 40~ 60[%]
④ 천장 : 80~90[%]

참고 산업안전기사 필기 p.2-169(1. 옥내 최적반사율)

KEY ① 2016년 3월 6일 산업기사 출제
② 2016년 10월 1일 출제
③ 2017년 8월 26일, 9월 23일 산업기사 출제
④ 2018년 3월 4일 출제
⑤ 2019년 9월 21일 산업기사 출제
⑥ 2023년 6월 4일(문제 31번) 출제
⑦ 2024년 2월 15일(문제 38번), 7월 27일(문제 24번) 출제

23 A회사에서는 새로운 기계를 설계하면서 레버를 위로 올리면 압력이 올라가도록 하고, 오른쪽 스위치를 눌렀을 때 오른쪽 전등이 켜지도록 하였다면, 이것은 각각 어떤 유형의 양립성을 고려한 것인가?

① 레버－공간양립성, 스위치－개념양립성
② 레버－운동양립성, 스위치－개념양립성
③ 레버－개념양립성, 스위치－운동양립성
④ 레버－운동양립성, 스위치－공간양립성

해설

양립성(compatibility)
정보입력 및 처리와 관련한 양립성은 인간의 기대와 모순되지 않는 자극 반응조합의 관계를 말하는 것

참고 ① 산업안전기사 필기 p.1-75(6. 양립성)
② 산업안전기사 필기 p.2-179(6. 양립성)

KEY ① 2018년 3월 4일 산업기사 출제
② 2018년 4월 28일 기사·산업기사 동시 출제
③ 2022년 4월 24일 출제
④ 2023년 6월 4일(문제 25번) 출제
⑤ 2024년 7월 27일(문제 29번) 출제

보충학습

양립성의 종류

종류	특징
공간(spatial)	표시장치나 조종장치에서 물리적 형태 및 공간적 배치
운동(movement)	표시장치의 움직이는 방향과 조종장치의 방향이 사용자의 기대와 일치
개념(coneptual)	이미 사람들이 학습을 통해 알고있는 개념적 연상
양식(modality)	직무에 맞는 응답양식 존재

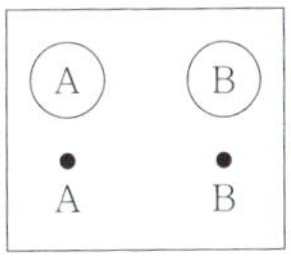

[그림 1] 공간 양립성

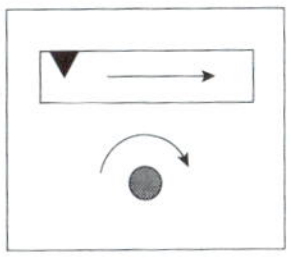
[그림 2] 운동 양립성

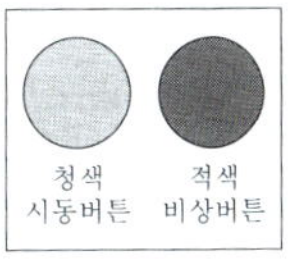

[그림 3] 개념 양립성

24 어떤 소리가 1,000[Hz], 60[dB]인 음과 같은 높이임에도 4배 더 크게 들린다면, 이 소리의 음압수준은 얼마인가?

① 70[dB]　② 80[dB]
③ 90[dB]　④ 100[dB]

해설

음압수준
① 10[dB] 증가 시 소음은 2배 증가
② 20[dB] 증가 시 소음은 4배 증가
③ 60+20=80[dB]

결론 $4\text{sone}=2^{\frac{L_1-60}{10}}$　$10\times\log4=(L_1-60)\log2$

$$L_1=\frac{10\times\log4}{\log2}+60=80$$

[정답] 22 ③　23 ④　24 ②

참고 산업안전기사 필기 p.2-173(합격날개 : 합격예측)

KEY ① 2009년 8월 30일(문제 53번) 출제
② 2018년 4월 28일 출제
③ 2020년 9월 27일 출제
④ 2023년 7월 8일(문제 36번) 출제
⑤ 2024년 7월 27일(문제 27번) 출제

보충학습

[표] phon과 sone의 관계

sone	1	2	4	8	16	32	64	128	256	512	1024
phon	40	50	60	70	80	90	100	110	120	130	140

예 10[phon]이 증가하면 2배의 소리 크기가 되며, 20[phon]이 증가하면 4배의 소리 크기가 된다.

25 인간의 실수 중 수행해야 할 작업 및 단계를 생략하여 발생하는 오류는?

① omission error
② commission error
③ sequence error
④ timing error

해설

생략에러와 실행에러

① 생략에러(Omission errors : 부작위 실수) : 직무 또는 어떤 단계를 수행치 않음 (누락오류)
② 실행에러(Commission error : 작위 실수) : 직무의 불확실한 수행(예 선택, 순서, 시간, 정성적 착오)

참고 산업안전기사 필기 p.2-20(1. 심리적 분류의 인적오류)

KEY ① 2013년 6월 2일, 8월 18일 출제
② 2015년 3월 8일 출제
③ 2017년 8월 26일 출제
④ 2018년 4월 28일 출제
⑤ 2019년 3월 3일, 8월 4일 출제
⑥ 2020년 8월 22일, 9월 27일 출제
⑦ 2021년 3월 7일, 8월 14일 출제
⑧ 2023년 7월 8일(문제 22번) 출제
⑨ 2024년 2월 15일(문제 22번) 출제

26 태양광선이 내리쬐는 옥외장소의 자연습구 온도 20[℃], 흑구온도 18[℃], 건구온도 30[℃] 일 때 습구흑구온도지수(WBGT)는?

① 20.6[℃]　② 22.5[℃]
③ 25.0[℃]　④ 28.5[℃]

해설

습구 흑구 온도지수(WBGT)

① 옥외(태양광선이 내리 쬐는 장소)
WBGT＝0.7×자연습구온도(NWB)＋0.2×흑구온도(GT)＋0.1 ×건구온도(DB)＝0.7×20[℃]＋0.2×18[℃]＋0.1×30[℃]＝20.6[℃]
② 옥내 또는 옥외(태양광선이 내리쬐지 않는 장소)
WBGT(℃)＝0.7×자연습구온도(NWB)＋0.3×흑구온도(GT)

참고 산업안전기사 필기 p.2-170(합격날개 : 합격예측)

KEY ① 2016년 5월 8일(문제 57번) 출제
② 2022년 4월 24일 기사 출제
③ 2023년 6월 4일(문제 39번) 출제
④ 2024년 5월 9일(문제 28번) 출제

27 어느 부품 1,000개를 100,000시간 동안 가동하였을 때 5개의 불량품이 발생하였을 경우 평균동작시간(MTTF)은?

① 1×10^6 시간　② 2×10^7 시간
③ 1×10^8 시간　④ 2×10^9 시간

해설

평균동작시간 계산

$$\text{MTTF} = \frac{\text{부품수}\times\text{가동시간}}{\text{불량품수(고장수)}} = \frac{1000\times100000}{5}$$

$$= 20000000 = 2\times10^7$$

참고 산업안전기사 필기 p.2-83(3. MTTF)

KEY ① 2008년 제2회 출제
② 2014년 5월 25일(문제 31번) 출제
③ 2020년 9월 27일 기사 출제
④ 2023년 2월 28일(문제 40번) 출제
⑤ 2024년 5월 9일(문제 32번) 출제

[정답] 25 ① 26 ① 27 ②

보충학습

MTTF(Mean Time To Failure)

① 평균작동시간, 고장까지의 평균시간
② 제품 고장시 수명이 다하는 것으로 평균 수명

28 시스템의 수명곡선(욕조곡선)에 있어서 디버깅(Debugging)에 관한 설명으로 옳은 것은?

① 초기고장의 결함을 찾아 고장률을 안정시키는 과정이다.
② 우발 고장의 결함을 찾아 고장률을 안정시키는 과정이다.
③ 마모 고장의 결함을 찾아 고장률을 안정시키는 과정이다.
④ 기계 결함을 발견하기 위해 동작시험을 하는 기간이다.

해설

초기고장

① 디버깅(Debugging)기간 : 기계의 초기 결함을 찾아내 고장률을 안정시키는 기간
② 번인(Burn－in)기간 : 물품을 실제로 장시간 가동하여 그 동안에 고장난 것을 제거하는 기간
③ 비행기 : 에이징(Aging)이라 하여 3년 이상 시운전
④ 욕조곡선(Bath－tub) : 예방보전을 하지 않을 때의 곡선은 서양식 욕조 모양과 비슷하게 나타나는 현상

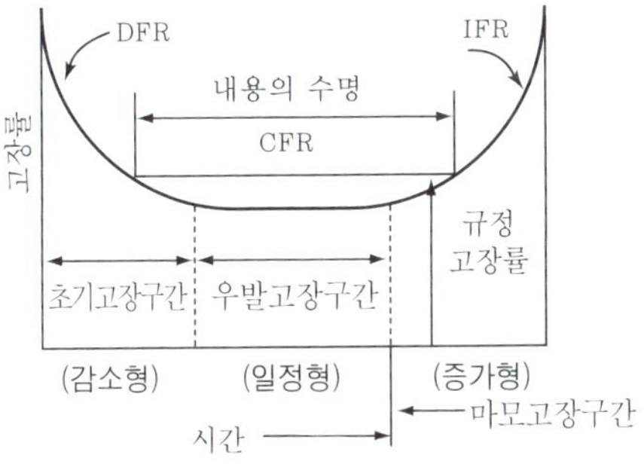

[그림] 기계설비 고장유형

참고 산업안전기사 필기 p.2-13(2. 기계설비 고장 유형)

KEY ① 2018년 3월 4일(문제 44번) 출제
② 2022년 4월 24일(문제 24번) 출제
③ 2024년 5월 9일(문제 34번) 출제

29 n개의 요소를 가진 병렬 시스템에 있어 요소의 수명(MTTF)이 지수분포를 따를 경우 이 시스템의 수명으로 옳은 것은?

① $\mathrm{MTTF} \times n$
② $\mathrm{MTTF} \times \dfrac{1}{n}$
③ $\mathrm{MTTF}\left(1+\dfrac{1}{2}+\cdots+\dfrac{1}{n}\right)$
④ $\mathrm{MTTF}\left(1\times\dfrac{1}{2}\times\cdots\times\dfrac{1}{n}\right)$

해설

MTTF(고장까지의 평균시간 : Mean Time To Failure)

① 기계의 평균수명으로 모든 기계가 t_0를 갖지 않기 때문에 확률분포로 파악
② 고장이 발생하면 그것으로 수명이 없어지는 제품
③ 한번 고장이 발생하면 수명이 다하는 것으로 생각하여 수리하지 않고 폐기 또는 교환하는 제품의 고장까지의 평균시간
④ $MTTF(1+\frac{1}{2}+\cdots+\frac{1}{n})$

참고 산업안전기사 필기 p.2-83(4. MTTF)

KEY ① 2011년 3월 20일(문제 55번) 출제
② 2013년 6월 2일(문제 52번) 출제
③ 2019년 9월 21일 건설안전기사(문제 50번) 출제
④ 2022년 4월 24일(문제 34번) 출제
⑤ 2024년 5월 9일(문제 37번) 출제

PART 05

30 [그림]과 같이 신뢰도 95[%]인 펌프 A가 각각 신뢰도 90[%]인 밸브 B와 밸브 C의 병렬밸브계와 직렬계를 이룬 시스템의 실패 확률은 약 얼마인가?

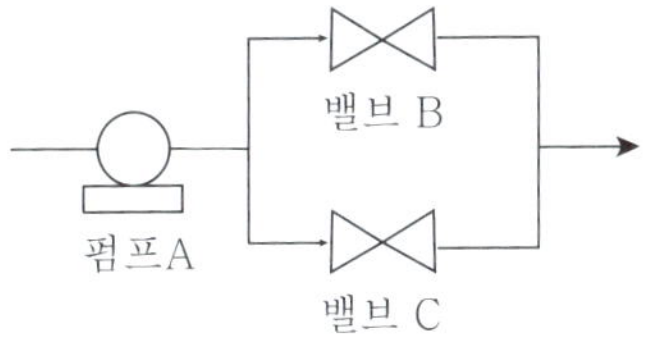

① 0.0091 ② 0.0595
③ 0.9405 ④ 0.9811

[정답] 28 ① 29 ③ 30 ②

해설

실패확률

① 성공확률(R_s) $= A \times [1-(1-B)(1-C)]$

$= 0.95 \times [1-(1-0.9)(1-0.9)]$

$= 0.9405$

② 실패확률 = 1 − 성공확률 = $1-0.9405=0.0595$

참고 산업안전산업기사 필기 p.2-89(문제 25번)

KEY ① 2014년 9월 20일(문제 45번) 출제
② 2020년 8월 22일(문제 39번) 출제
③ 2024년 2월 15일(문제 21번) 출제

31 다음 중 욕조곡선에서의 고장 형태에서 일정한 형태의 고장률이 나타나는 구간은?

① 초기고장률 구간 ② 마모고장 구간
③ 피로고장 구간 ④ 우발고장 구간

해설

우발고장의 특징

(1) 정의
① 예측할 수 없을 때에 생기는 고장으로 시운전이나 점검작업으로는 방지할 수 없다.
② 요소의 우발고장에 있어서는 평균고장시간과 비율을 알고 있으면 제어계 전체 고장을 일으키지 않는 신뢰도를 구할 수 있다.(일정형고장)

(2) 우발고장의 고장발생원인
① 안전계수가 낮기 때문에
② stress가 strength보다 크기 때문에
③ 사용자의 과오 때문에
④ 최선의 검사방법으로도 탐지되지 않은 결함 때문에
⑤ 디버깅 중에도 발견되지 않는 고장 때문에
⑥ 예방보전에 의해서도 예방될 수 없는 고장 때문에
⑦ 천재지변에 의한 고장 때문에

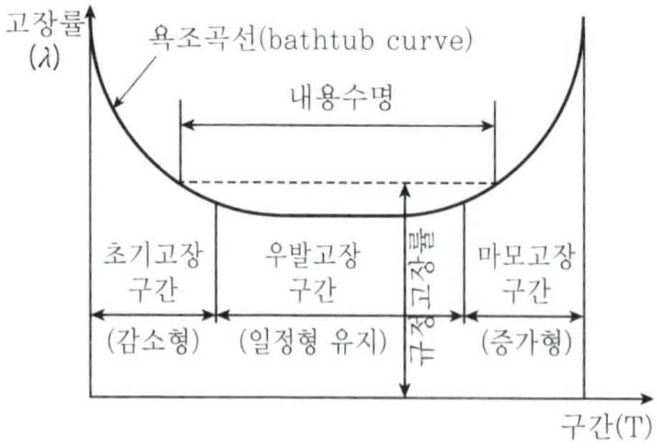

[그림] 욕조곡선

참고 산업안전기사 필기 p.2-12(2. 우발고장)

KEY ① 2009년 5월 10일(문제 28번)
② 2016년 3월 6일 출제
③ 2018년 8월 19일 출제
④ 2019년 8월 4일 산업기사 출제
⑤ 2021년 5월 15일 출제
⑥ 2023년 2월 28일(문제 28번) 출제
⑦ 2024년 2월 15일(문제 27번) 출제

32 연구 기준의 요건과 내용이 옳은 것은?

① 무오염성 : 실제로 의도하는 바와 부합해야 한다.
② 적절성 : 반복 실험 시 재현성이 있어야 한다.
③ 신뢰성 : 측정하고자 하는 변수 이외의 다른 변수의 영향을 받아서는 안된다.
④ 민감도 : 피실험자 사이에서 볼 수 있는 예상 차이점에 비례하는 단위로 측정해야 한다.

해설

기준의 요건

구분	특징
적절성(relevance)	기준이 의도된 목적에 적합하다고 판단되는 정도
무오염성	측정하고자 하는 변수외의 영향이 없도록
기준척도의 신뢰성 (reliability criterion measure)	척도의 신뢰성 즉 반복성 (repeatability)

참고 산업안전기사 필기 p.2-6(합격날개 : 합격예측)

KEY ① 2011년 3월 20일 기사 출제
② 2013년 6월 2일 기사 출제
③ 2014년 3월 2일 기사 출제
④ 2017년 8월 26일 기사 출제
⑤ 2020년 6월 7일, 9월 27일 기사 출제
⑥ 2022년 3월 5일 기사 출제
⑦ 2023년 7월 8일(문제 28번) 출제
⑧ 2024년 2월 15일(문제 35번) 출제

[정답] 31 ④ 32 ④

33 다음 중 근골격계부담작업에 속하지 않는 것은?

① 하루에 10[회] 이상 25[kg] 이상의 물체를 드는 작업
② 하루에 총 2[시간] 이상 목, 어깨, 팔꿈치, 손목 또는 손을 사용하여 같은 동작을 반복하는 작업
③ 하루에 총 2[시간] 이상 쪼그리고 앉거나 무릎을 굽힌 자세에서 이루어지는 작업
④ 하루에 총 2[시간] 이상 시간당 5[회] 이상 손 또는 무릎을 사용하여 반복적으로 충격을 가하는 작업

해설

근골격계 부담작업
① 하루 4[시간] 이상 집중적으로 자료입력 등을 위해 키보드 또는 마우스를 조작하는 작업
② 하루 2[시간] 이상 목, 어깨, 팔꿈치, 손목 또는 손을 사용하여 같은 동작을 반복하는 작업
③ 하루에 2[시간] 이상 머리 위에 손이 있거나, 팔꿈치가 어깨 위에 있거나, 팔꿈치를 몸통으로부터 들거나 팔꿈치를 몸통 뒤쪽에 위치하도록 하는 상태에서 이루어지는 작업
④ 지지되지 않은 상태이거나 임의로 자세를 바꿀 수 없는 조건에서 하루에 총 2[시간] 이상 목이나 허리를 구부리거나 트는 상태에서 이루어지는 작업
⑤ 하루에 2[시간] 이상 쪼그리고 앉거나 무릎을 굽힌 자세에서 이루어지는 작업
⑥ 하루에 2[시간] 이상 지지되지 않은 상태에서 1[kg] 이상의 물건을 한 손의 손가락으로 집어 옮기거나, 2[kg] 이상에 상응하는 힘을 가하여 한 손의 손가락으로 물건을 쥐는 작업
⑦ 하루에 2[시간] 이상 지지되지 않은 상태에서 4.5[kg] 이상의 물건을 한손으로 들거나 동일한 힘으로 쥐는 작업
⑧ 하루에 10[회] 이상 25[kg] 이상의 물체를 드는 작업
⑨ 하루에 25[회] 이상 10[kg] 이상의 물체를 무릎 아래에서 들거나 어깨 위에서 들거나 팔을 뻗은 상태에서 드는 작업
⑩ 하루에 2[시간] 이상 분당 2[회] 이상 4.5[kg] 이상의 물체를 드는 작업
⑪ 하루에 2[시간] 이상 시간당 10[회] 이상 손 또는 무릎을 사용하여 반복적으로 충격을 가하는 작업

참고 산업안전기사 필기 p.2-112(2. 근골격계 부담 작업)

KEY ① 2018년 8월 19일 기사 출제
② 2022년 3월 5일 기사 출제
③ 2023년 2월 28일(문제 32번) 출제
④ 2024년 2월 15일(문제 29번) 출제

합격정보
고용노동부고시 제2020-12호(제3조 근골격계 부담 작업)

34 인간 기계시스템의 연구 목적으로 가장 적절한 것은?

① 정보 저장의 극대화
② 운전시 피로의 평준화
③ 시스템의 신뢰성 극대화
④ 안전의 극대화 및 생산능률의 향상

해설

인간 기계 시스템의 연구목적
안전의 극대화 및 생산 능률의 향상

참고 산업안전기사 필기 p.2-6(1. 인간-기계 통합시스템)

KEY ① 2015년 9월 19일 기사 출제
② 2017년 8월 26일 산업기사 출제
③ 2019년 3월 3일 기사 출제
④ 2023년 2월 28일(문제 39번) 출제
⑤ 2024년 2월 15일(문제 32번) 출제

35 HAZOP 기법에서 사용하는 가이드워드와 그 의미가 잘못 연결된 것은?

① Part of : 성질상의 감소
② As well as : 성질상의 증가
③ Other than : 기타 환경적인 요인
④ More/Less : 정량적인 증가 또는 감소

해설

유인어(guide words)
① NO 또는 NOT : 설계 의도의 완전한 부정을 의미
② AS Well AS : 성질상의 증가를 나타내는 것으로 설계의도와 운전조건 등 부가적인 행위와 함께 일어나는 것을 의미
③ PART OF : 성질상의 감소, 성취나 성취되지 않음을 나타냄
④ MORE LESS : 양의 증가 또는 양의 감소로 양과 성질을 함께 나타냄
⑤ OTHER THAN : 완전한 대체를 의미
⑥ REVERSE : 설계의도와 논리적인 역을 의미

참고 산업안전기사 필기 p.2-41(2. 유인어)

KEY ① 2016년 5월 8일 출제
② 2018년 3월 4일(문제 37번) 출제
③ 2020년 9월 27일(문제 58번) 출제
④ 2021년 9월 12일(문제 55번) 출제
⑤ 2024년 4월 24일(문제 27번) 출제

[정답] 33 ④ 34 ④ 35 ③

PART 05

36 통화이해도 척도로서 통화 이해도에 영향을 주는 잡음의 영향을 추정하는 지수는?

① 명료도 지수 ② 통화 간섭 수준
② 이해도 점수 ④ 통화 공진 수준

해설

통화 간섭 수준(SIL)

① 통화 이해도에 영향을 주는 잡음의 영향 추정 지수
② 통화 이해도 척도

참고 산업안전기사 필기 p.2-171(4. 소음)

KEY 2022년 3월 5일(문제 32번) 출제

보충학습

통화 이해도 측정 방법

① 송화자료를 수화자에게 전송하는 실험
② 명료도지수의 사용 : 옥타브대의 음성과 잡음의 dB값에 가중치를 곱하여 합계를 구하는 방법
③ 이해도 점수 : 송화 내용 중에서 알아듣고 인식한 비율(%)
④ 통화간섭수준(SIL) : 통화 이해도에 끼치는 잡음의 영향을 추정하는 지수
⑤ 소음기준(NC)곡선 : 사무실, 회의실, 공장 등에서의 통화평가방법

37 빨강, 노랑, 파랑의 3가지 색으로 구성된 교통 신호등이 있다. 신호등은 항상 3가지 색 중 하나가 켜지도록 되어 있다. 1시간 동안 조사한 결과, 파란등은 총 30분 동안, 빨간등과 노란등은 각각 총 15분 동안 켜진 것으로 나타났다. 이 신호등의 총 정보량은 몇 [bit]인가?

① 0.5 ② 0.75
③ 1.0 ④ 1.5

해설

정보량

① A(파란등) 확률 $=\frac{30분}{60분}=0.5$

B(빨간등) 확률 $=\frac{15분}{60분}=0.25$

C(노란등) 확률 $=\frac{15분}{60분}=0.25$

② $A=\frac{\log\left(\frac{1}{0.5}\right)}{\log 2}=1$ $\quad B=\frac{\log\left(\frac{1}{0.25}\right)}{\log 2}=2$

$C=\frac{\log\left(\frac{1}{0.25}\right)}{\log 2}=2$

③ 정보량 $=(0.5\times A)+(0.25\times B)+(0.25\times C)$

$=(0.5\times 1)+(0.25\times 2)+(0.25\times 2)=1.5$

참고 산업안전기사 필기 p.2-78(합격날개 : 합격예측)

KEY ① 2011년 8월 21일(문제 24번) 출제
② 2017년 5월 7일 기사·산업기사 동시 출제
③ 2017년 9월 23일 산업기사 출제
④ 2018년 4월 28일 기사 출제
⑤ 2019년 3월 3일 산업기사 출제
⑥ 2019년 4월 27일(문제 40번) 출제

38 결함수분석의 기대효과와 가장 관계가 먼 것은?

① 시스템의 결함 진단
② 시간에 따른 원인 분석
③ 사고원인 규명의 간편화
④ 사고원인 분석의 정량화

해설

FTA의 활용 및 기대 효과

① 사고원인 규명의 간편화
② 사고원인 분석의 일반화
③ 사고원인 분석의 정량화
④ 노력, 시간의 절감
⑤ 시스템의 결함진단
⑥ 안전점검 체크리스트 작성

참고 산업안전기사 필기 p.2-68(2. FTA실시)

KEY ① 2018년 3월 4일 산업기사 출제
② 2019년 4월 27일(문제 33번) 출제

[정답] 36 ② 37 ④ 38 ②

39 **작업의 강도는 에너지대사율(RMR)에 따라 분류된다. 분류 기준 중, 중(中)작업(보통작업)의 에너지대사율은?**

① 0~1[RMR] ② 2~4[RMR]
③ 4~7[RMR] ④ 7~9[RMR]

해설

작업강도의 구분
① 경작업 : 0~2
② 중(中)작업 : 2~4
③ 중(重)작업 : 4~7
④ 초중작업 : 7 이상

참고 산업안전기사 필기 p.1-102(② 작업강도구분)

KEY 2019년 8월 4일(문제 21번) 출제

40 **국소진동에 지속적으로 노출된 근로자에게 발생할 수 있으며, 말초혈관 장애로 손가락이 창백해지고 동통을 느끼는 질환의 명칭은?**

① 레이노병
② 파킨슨 병
③ 규폐증
④ C_5-dip 현상

해설

레이노병(Raynaud's disease)
① 혈관운동신경 장애를 주증(主症)으로 하는 질환
② 프랑스 의사 M.레이노(1834~1881)가 보고한 것으로 피부교원섬유(皮膚膠原纖維)의 이상에서 오는 교원병(膠原病)으로도 볼 수 있다.
③ 사지(四肢)의 동맥에 간헐적 경련이 일어나 혈액결핍 때문에 손발 끝이 창백해지고 빳빳하게 굳어지며, 냉감(冷感)·의주감(蟻走感:개미가 기어가는 듯한 감각)·동통(疼痛) 등을 느낀다.

참고 산업안전기사 필기 p.2-139(2. 진동)

KEY 2019년 8월 4일(문제 39번) 출제

보충학습

① 파킨슨병 : 신경세포 소실로 발생되는 대표적 퇴행성 신경질환
② 규폐증 : 유리규산 분진을 흡입함에 따라 발생되는 폐의 섬유화 질환
③ C_5- dip : 소음성 난청 초기단계로 4,000[Hz]에서 청력장애가 현저히 커지는 현상

3 기계·기구 및 설비안전관리

41 **산업안전보건법령상 아세틸렌 용접장치의 아세틸렌 발생기실을 설치하는 경우 준수하여야 하는 사항으로 옳은 것은?**

① 벽은 가연성 재료로 하고 철근 콘크리트 또는 그 밖에 이와 동등하거나 그 이상의 강도를 가진 구조로 할 것
② 바닥면적의 16분의 1 이상의 단면적을 가진 배기통을 옥상으로 돌출시키고 그 개구부를 창이나 출입구로부터 1.5미터 이상 떨어지도록 할 것
③ 출입구의 문은 불연성 재료로 하고 두께 1.0밀리미터 이하의 철판이나 그 밖에 그 이상의 강도를 가진 구조로 할 것
④ 발생기실을 옥외에 설치한 경우에는 그 개구부를 다른 건축물로부터 1.0미터 이내 떨어지도록 할 것

해설

제287조(발생기실의 구조 등)
사업주는 발생기실을 설치하는 경우에 다음 각 호의 사항을 준수하여야 한다.
1. 벽은 불연성 재료로 하고 철근 콘크리트 또는 그 밖에 이와 같은 수준이거나 그 이상의 강도를 가진 구조로 할 것
2. 지붕과 천장에는 얇은 철판이나 가벼운 불연성 재료를 사용할 것
3. 바닥면적의 16분의 1 이상의 단면적을 가진 배기통을 옥상으로 돌출시키고 그 개구부를 창이나 출입구로부터 1.5미터 이상 떨어지도록 할 것
4. 출입구의 문은 불연성 재료로 하고 두께 1.5밀리미터 이상의 철판이나 그 밖에 그 이상의 강도를 가진 구조로 할 것
5. 벽과 발생기 사이에는 발생기의 조정 또는 카바이드 공급 등의 작업을 방해하지 않도록 간격을 확보할 것

참고 산업안전기사 필기 p.3-114(합격날개 : 합격예측 및 관련법규)

KEY ① 2016년 3월 6일 산업기사 출제
② 2017년 5월 7일 출제
③ 2018년 3월 4일 산업기사 출제
④ 2018년 4월 28일 출제
⑤ 2019년 8월 4일(문제 56번)

[정답] 39 ② 40 ① 41 ②

PART 05

⑥ 2020년 9월 27일(문제 44번) 출제
⑦ 2022년 4월 24일(문제 60번) 출제
⑧ 2024년 2월 15일(문제 51번), 7월 27일(문제 42번) 출제

보충학습

아세틸렌 용접장치 화기 안전거리

① 발생기 : 5[m]
② 발생기실 : 3[m]

합격정보

산업안전보건기준에 관한 규칙 제287조(발생기실의 구조 등)

42 다음 중 금형 설치·해체작업의 일반적인 안전사항으로 틀린 것은?

① 금형을 설치하는 프레스의 T홈 안길이는 설치 볼트 직경 이하로 한다.
② 금형의 설치용구는 프레스의 구조에 적합한 형태로 한다.
③ 고정볼트는 고정 후 가능하면 나사산이 3~4개 정도 짧게 남겨 슬라이드 면과의 사이에 협착이 발생하지 않도록 해야 한다.
④ 금형 고정용 브래킷(물림판)을 고정시킬 때 고정용 브래킷은 수평이 되게 하고, 고정볼트는 수직이 되게 고정하여야 한다.

해설

금형 탈락 및 운반에 따른 위험방지방법

(1) 프레스기계에 설치하기 위해 금형에 설치하는 홈의 안전대책
 ① 설치하는 프레스기계의 T홈에 적합한 형상의 것일 것
 ② 안 길이는 설치볼트 직경의 2배 이상일 것
(2) 금형의 운반에 있어서 형의 어긋남을 방지하기 위해 대판, 안전핀 등을 사용할 것

참고 산업안전기사 필기 p.3-104(합격날개 : 합격예측)

KEY ① 2018년 8월 19일 출제
② 2022년 3월 5일 출제
③ 2023년 7월 8일(문제 47번) 출제
④ 2024년 7월 27일(문제 44번) 출제

43 와이어로프의 꼬임에 관한 설명으로 틀린 것은?

① 보통 꼬임에는 S꼬임이나 Z꼬임이 있다.
② 보통 꼬임은 스트랜드의 꼬임방향과 로프의 꼬임방향이 반대로 된 것을 말한다.
③ 랭 꼬임은 로프의 끝이 자유로이 회전하는 경우나 킹크가 생기기 쉬운 곳에 적당하다.
④ 랭 꼬임은 보통 꼬임에 비하여 마모에 대한 저항성이 우수하다.

해설

와이어로프의 꼬임 방법

특징 \ 꼬임	보통 꼬임	랭 꼬임
외관	• 소선과 로프축은 평행이다.(가닥과 소선의 꼬임이 반대)	• 소선과 로프축은 각도를 가진다.(가닥과 소선의 꼬임이 같은 방향)
장점	• 킹크(kink)를 잘 일으키지 않으므로 취급이 쉽다. • 꼬임이 견고하기 때문에 모양이 잘 흐트러지지 않는다.	• 소선은 긴 거리에 걸쳐서 외부와 접촉하므로 로프의 내마모성이 크다. • 유연하다.
단점	• 소선이 짧은 거리에 걸쳐 외부와 접촉하므로 국부적으로 단선을 일으키기 쉽다.	• 킹크를 일으키기 쉬우므로 취급주의가 필요하다.
용도	• 일반용	• 광산 삭도용

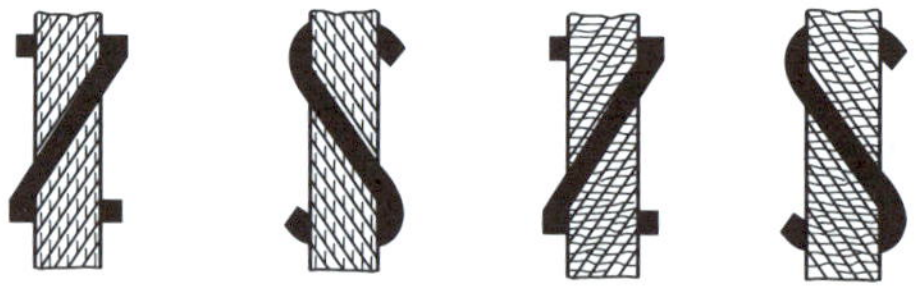

① 보통 Z꼬임 ② 보통 S꼬임 ③ 랭Z꼬임 ④ 랭S꼬임

[그림] 로프 꼬임의 종류(KS D 7013)

참고 산업안전기사 필기 p.6-176(표. 와이어로프 꼬임 방법)

KEY ① 2019년 3월 3일 출제
② 2019년 4월 27일 출제
③ 2023년 6월 4일(문제 45번) 출제
④ 2024년 7월 27일(문제 49번) 출제

[정답] 42 ① 43 ③

보충학습

킹크(kink)

와이어 로프 등의 사용시에 생기는 로프 상태의 하나로, 그림에서 ① 처럼 바퀴가 생겨 있을 때 펴지 않고 그대로 인장하면, ②, ③과 같은 상태(이것을 킹크라 한다)로 되고, 이 상태가 된 후에는펴도 ④처럼 되어 원래대로 되돌아가지 않는다. 한 번 킹크 상태가 된 부분의 손상은 영구적이며, 겉보기로는 펴진 것처럼 보이지만 그것이 약점이 되어 로프가 절단된다. 바퀴가 형성되면 반드시 손을 대어 원래대로 펴주어 킹크 상태가 되지 않도록 하는 것이 중요하다.

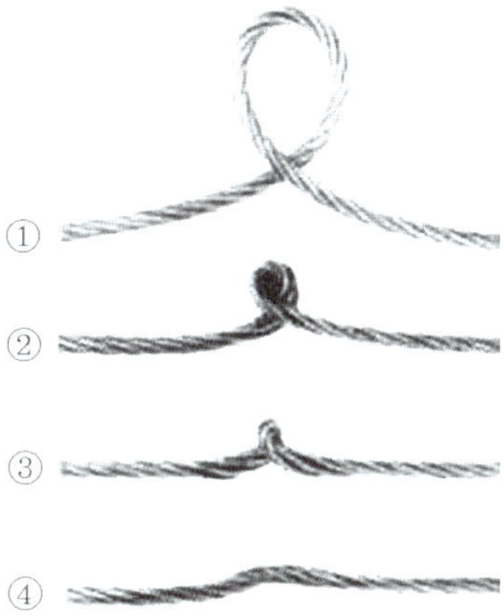

44 롤러기 급정지장치의 종류가 아닌 것은?

① 어깨조작식　② 손조작식
③ 복부조작식　④ 무릎조작식

해설

급정지장치 종류 3가지

급정지장치 조작부의 종류	위치
손으로 조작하는 것	밑면으로부터 1.8[m] 이내
복부로 조작하는 것	밑면으로부터 0.8[m] 이상 1.1[m] 이내
무릎으로 조작하는 것	밑면으로부터 0.6[m] 이내

참고 산업안전기사 필기 p.3-109(합격날개 : 합격예측 및 관련법규)

KEY 2024년 7월 27일 기사(문제 52번) 등 10회 이상 출제

45 방호장치 안전인증 고시에 따라 프레스 및 전단기에 사용되는 광전자식 방호장치의 일반구조에 대한 설명으로 가장 적절하지 않은 것은?

① 정상동작표시램프는 녹색, 위험표시램프는 붉은색으로 하며, 근로자가 쉽게 볼 수 있는 곳에 설치해야 한다.
② 슬라이드 하강 중 정전 또는 방호장치의 이상 시에 정지할 수 있는 구조이어야 한다.
③ 방호장치는 릴레이, 리미트 스위치 등의 전기부품의 고장, 전원전압의 변동 및 정전에 의해 슬라이드가 불시에 동작하지 않아야 하며, 사용전원전압의 ±(100분의 10)의 변동에 대하여 정상으로 작동되어야 한다.
④ 방호장치의 감지기능은 규정한 검출영역 전체에 걸쳐 유효하여야 한다.(다만, 블랭킹 기능이 있는 경우 그렇지 않다.)

해설

광전자식 방호장치의 일반구조

① 방호장치는 릴레이, 리미트 스위치 등의 전기부품의 고장, 전원전압의 변동 및 정전에 의해 슬라이드가 불시에 동작하지 않아야 한다.
② 사용전원전압의 ±(100분의 20)의 변동에 대하여 정상으로 작동되어야 한다.

참고 산업안전기사 필기 p.3-102(합격날개 : 합격예측)

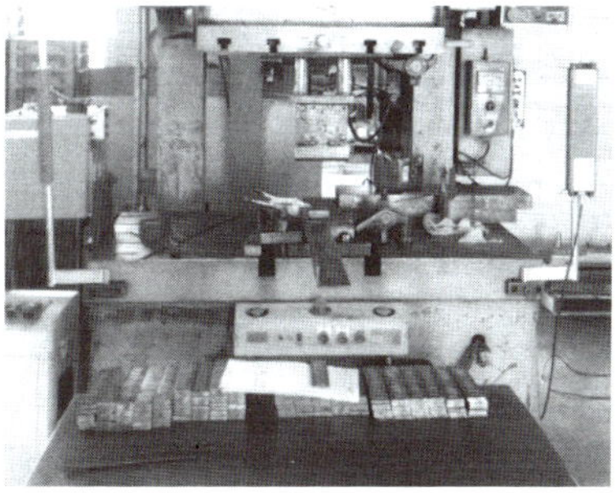

[그림] 광전자식 방호장치

KEY ① 2018년 3월 4일 산업기사(문제 54번) 출제
② 2022년 4월 24일 출제
③ 2023년 6월 4일(문제 58번) 출제
④ 2024년 7월 27일(문제 54번) 출제

[정답] 44 ① 45 ③

PART 05

46 선반 작업에 대한 안전수칙으로 가장 적절하지 않은 것은?

① 선반의 바이트는 끝을 짧게 장치한다.
② 작업 중에는 면장갑을 착용하지 않도록 한다.
③ 작업이 끝난 후 절삭 칩의 제거는 반드시 브러시 등의 도구를 사용한다.
④ 작업 중 일감의 치수 측정 시 기계 운전상태를 저속으로 하고 측정한다.

해설

일감의 치수 측정
① 치수 측정 시 기계 운전상태를 정지하고 측정한다.
② 저속시 가장 큰 힘이 작용한다.

참고 산업안전기사 필기 p.3-80(4. 선박작업시 안전수칙)

KEY 2024년 7월 27일 기사(문제 58번) 등 20번 이상 출제

47 프레스의 손쳐내기식 방호장치 설치기준으로 틀린 것은?

① 방호판의 폭이 금형 폭의 1/2 이상이어야 한다.
② 슬라이드 행정수가 300SPM 이상의 것에 사용한다.
③ 손쳐내기봉의 행정(Stroke) 길이를 금형의 높이에 따라 조정할 수 있고 진동폭은 금형폭 이상이어야 한다.
④ 슬라이드 하행정거리의 3/4 위치에서 손을 완전히 밀어내야 한다.

해설

손쳐내기식 방호장치의 일반구조
① 슬라이드 하행정거리의 3/4 위치에서 손을 완전히 밀어내야 한다.
② 손쳐내기봉의 행정(Stroke) 길이를 금형의 높이에 따라 조정할 수 있고 진동폭은 금형폭 이상이어야 한다.
③ 방호판과 손쳐내기봉은 경량이면서 충분한 강도를 가져야 한다.
④ 방호판의 폭은 금형폭의 1/2 이상이어야 하고, 행정길이가 300[mm] 이상의 프레스기계에는 방호판 폭을 300[mm]로 해야 한다.
⑤ 손쳐내기봉은 손 접촉 시 충격을 완화할 수 있는 완충재를 부착해야 한다.
⑥ 부착볼트 등의 고정금속부분은 예리하게 돌출되지 않아야 한다.
⑦ 속도제한 : 300SPM 이상의 고속프레스는 부적합

참고 산업안전기사 필기 p.3-99(3. 손쳐내기식)

KEY ① 2016년 8월 21일 산업기사 출제
② 2017년 3월 5일 기사, 8월 26일 산업기사 출제
③ 2019년 8월 4일 산업기사 출제
④ 2020년 9월 27일 기사 출제
⑤ 2021년 3월 7일(문제 45번) 출제
⑥ 2024년 2월 15일(문제 47번), 5월 9일(문제 41번) 출제

합격정보

방호장치 안전인증 고시
[별표 1] 프레스 또는 전단기 방호장치의 성능기준(제4조 관련)
31. 손쳐내기식 방호장치의 일반구조

보충학습

보기 ②는 양수조작식 핀클러치 방식에 적용

48 산업안전보건법령상 압력용기에서 안전인증된 파열판에 안전인증 표시 외에 추가로 나타내어야 하는 사항이 아닌 것은?

① 분출차(%)
② 호칭지름
③ 용도(요구성능)
④ 유체의 흐름방향 지시

해설

파열판의 추가 표시사항
① 호칭지름
② 용도(요구성능)
③ 설정파열압력(MPa) 및 설정온도(°C)
④ 분출용량(kg/h) 또는 공칭분출계수
⑤ 파열판의 재질
⑥ 유체의 흐름방향 지시

참고 산업안전기사 필기 p.3-121(합격날개:합격예측)

KEY ① 2017년 3월 5일 출제
② 2021년 8월 14일 출제
③ 2023년 7월 8일(문제 42번) 출제
④ 2024년 5월 9일(문제 44번) 출제

합격정보

방호장치 안전인증 고시 2021-22호(2021 3. 11)

[정답] 46 ④ 47 ② 48 ①

49 **산업안전보건법령상 지게차에서 통상적으로 갖추고 있어야 하나, 마스트의 후방에서 화물이 낙하함으로써 근로자에게 위험을 미칠 우려가 없는 때에는 반드시 갖추지 않아도 되는 것은?**

① 전조등　　② 헤드가드
③ 백레스트　　④ 포크

해설

백레스트

① 사업주는 백레스트(backrest)를 갖추지 아니한 지게차를 사용해서는 아니 된다.
② 다만, 마스트의 후방에서 화물이 낙하함으로써 근로자가 위험해질 우려가 없는 경우에는 그러하지 아니하다.

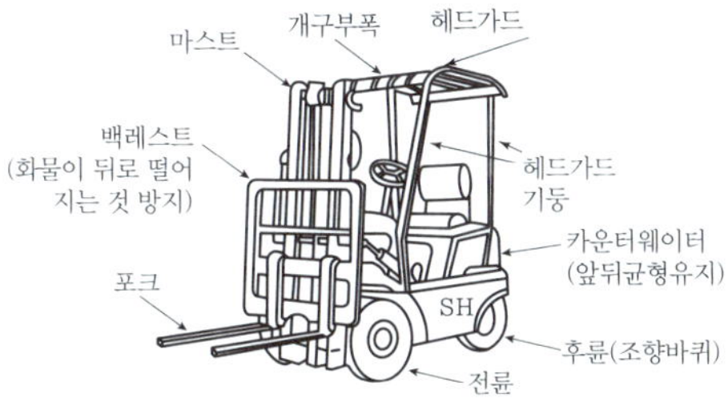

[그림] 지게차 구조

참고 산업안전기사 필기 p.3-148(합격날개 : 합격예측)

KEY ① 2011년 3월 20일 출제
② 2020년 8월 22일 출제
③ 2021년 8월 14일 출제
④ 2023년 7월 8일(문제 58번) 출제
⑤ 2024년 5월 9일(문제 48번) 출제

합격정보
산업안전보건기준에 관한 규칙 제181조(백레스트)

50 **지게차의 안정을 유지하기 위한 안정도 기준으로 틀린 것은?**

① 5톤 미만의 부하 상태에서 하역작업시의 전후 안정도는 4[%] 이내이어야 한다.
② 부하 상태에서 하역작업시의 좌우 안정도는 10[%] 이내이어야 한다.
③ 무부하 상태에서 주행시의 좌우 안정도는 (15+ 1.1×V)[%]이내이어야 한다.(단, V는 구내 최고 속도[km/h])
④ 부하 상태에서 주행시 전후 안정도는 18[%] 이내이어야 한다.

해설

지게차의 안정조건

안정도	지게차의 상태	
· 하역작업시 전후 안정도 4[%] (5[t] 이상의 것은 3.5[%]) · 부하상태	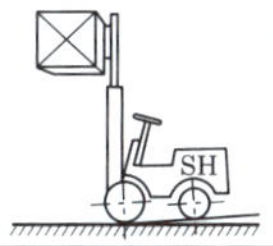	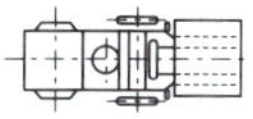
· 주행시의 전후 안정도 18[%] · 부하상태		위에서 본 모양
· 하역작업시의 좌우 안정도 6[%] · 부하상태		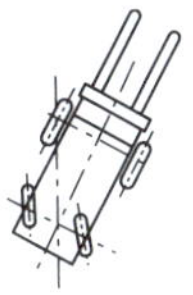
· 주행시의 좌우 안정도(15+1.1V)[%] V : 최고속도[km/hr] · 무부하상태	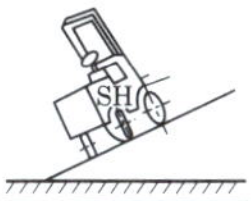	위에서 본 모양

$$안정도=\frac{h}{l}\times100[\%]$$

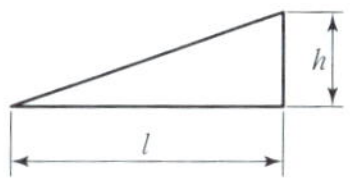

참고 산업안전기사 필기 p.3-135(표. 지게차의 안정조건)

KEY ① 2016년 5월 8일, 8월 21일산업기사 출제
② 2023년 6월 4일(문제 59번) 출제
③ 2024년 5월 9일(문제 51번) 출제

51 **아세틸렌 용접장치를 사용하여 금속의 용접·용단 또는 가열작업을 하는 경우 아세틸렌을 발생시키는 게이지 압력은 최대 몇 [kPa] 이하이어야 하는가?**

① 17　　② 88
③ 127　　④ 210

해설

아세틸렌 용접장치 최대게이지 압력

127[kPa] 이하

참고 산업안전기사 필기 p.3-113(합격날개 : 합격예측 및 관련법규)

[정답] 49 ③ 50 ② 51 ③

KEY ① 2017년 3월 5일 출제
② 2018년 3월 4일 출제
③ 2020년 8월 22일 출제
④ 2023년 2월 28일(문제 43번) 출제
⑤ 2024년 5월 9일(문제 53번) 출제

합격정보
산업안전보건기준에 관한 규칙 제285조(압력의 제한)

52 산업안전보건법령상 강렬한 소음작업에서 데시벨에 따른 노출시간으로 적합하지 않은 것은?

① 80데시벨 이상의 소음이 1일 10시간 이상 발생하는 작업
② 95데시벨 이상의 소음이 1일 4시간 이상 발생하는 작업
③ 110데시벨 이상의 소음이 1일 30분 이상 발생하는 작업
④ 115데시벨 이상의 소음이 1일 15분 이상 발생하는 작업

해설

강렬한 소음작업 기준

dB 기준	90	95	100	105	110	115
허용노출시간	8시간	4시간	2시간	1시간	30분	15분

참고 산업안전기사 필기 p.2-171(표 : 음압과 허용노출관계)

KEY ① 2016년 8월 26일 기사, 산업기사 출제
② 2020년 8월 22일 기사 출제
③ 2021년 8월 14일(문제 41번) 출제
④ 2022년 4월 24일(문제 50번) 출제
⑤ 2024년 5월 9일(문제 56번) 출제

합격정보
산업안전보건기준에 관한 규칙 제512조(정의)

보충학습
① 소음작업 : 1일 8시간 작업을 기준으로 85[dB] 이상의 소음을 발생하는 작업
② 충격소음(최대음압수준) : 140[dBA]

53 연삭기에서 숫돌의 바깥지름이 150[mm]일 경우 평형플랜지 지름은 몇 [mm] 이상이어야 하는가?

① 30　　② 50
③ 60　　④ 90

해설

플랜지 지름 계산

플랜지지름 = 숫돌바깥지름 $\times \frac{1}{3} = 150 \times \frac{1}{3} = 50$[mm]

참고 ① 산업안전기사 필기 p.3-93(합격날개 : 합격예측)
② 산업안전기사 필기 p.3-93(은행문제 : 적중)

KEY ① 2016년 8월 21일 산업기사 출제
② 2017년 3월 5일, 5월 7일 산업기사 출제
③ 2017년 5월 7일, 8월 26일 출제
④ 2018년 4월 28일(문제 56번) 출제
⑤ 2022년 3월 5일(문제 43번) 출제
⑥ 2024년 5월 9일(문제 59번) 출제

합격정보
위험기계·기구 자율안전확인고시 [별표 1]

54 산업안전보건법령상에서 정한 양중기의 종류에 해당하지 않는 것은?

① 크레인[호이스트(hoist)를 포함한다]
② 도르래
③ 곤돌라
④ 승강기

해설

양중기의 종류 5가지
① 크레인(호이스트 포함)
② 이동식 크레인
③ 리프트(이삿짐운반용 리프트의 경우에는 적재하중이 0.1[t] 이상인 것)
④ 곤돌라
⑤ 승강기

참고 ① 산업안전기사 필기 p.3-140(1. 양중기의 종류)
② 산업안전기사 필기 p.3-138(합격날개 : 합격예측)

KEY ① 2022년 3월 5일(문제 50번) 등 20회 이상 출제
② 2024년 5월 9일(문제 60번) 출제

합격정보
산업안전보건기준에 관한 규칙 제132조(양중기)

[정답] 52 ① 53 ② 54 ②

55 **[보기]와 같은 기계요소가 단독으로 발생시키는 위험점은?**

> [보기]
> 밀링커터, 둥근톱날

① 협착점　　② 끼임점
③ 절단점　　④ 물림점

해설

위험점 구분

① 협착점(Squeeze-point) : 왕복운동을 하는 동작부분과 움직임이 없는 고정부분 사이에서 형성되는 위험점(왕복+고정)
　예 프레스기, 전단기, 성형기, 조형기, 굽힘기계(bending machine)
② 끼임점(Shear-point) : 고정부분과 회전하는 동작부분이 함께 만드는 위험점(회전+고정)
　예 연삭숫돌과 덮개, 교반기의 날개와 하우징, 프레임에서 암의 요동운동을 하는 기계부분 등
③ 물림점(Nip-point) : 회전하는 두 개의 회전체에는 물려 들어가는 위험성이 존재한다. 이때 위험점이 발생되는 조건은 회전체가 서로 반대방향으로 맞물려 회전되어야 한다.(회전+회전)
　예 롤러와 롤러의 물림, 기어와 기어의 물림 등

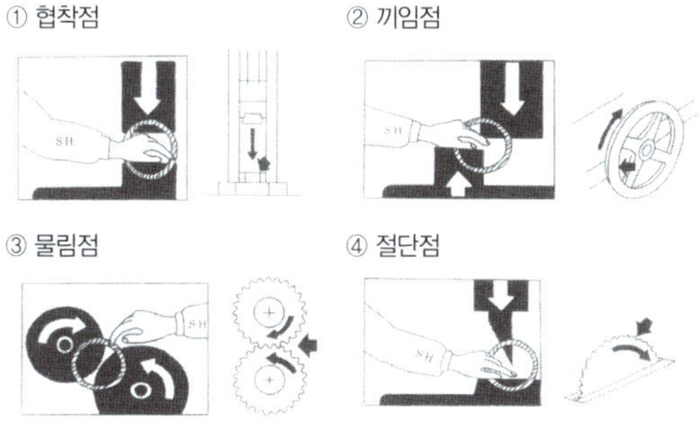

[그림] 위험점

참고 산업안전기사 필기 p.3-14(4. 위험점의 분류)

KEY ① 2017년 3월 5일, 5월 7일, 8월 26일 산업기사 출제
② 2018년 3월 4일(문제 43번) 출제
③ 2022년 4월 24일(문제 53번) 출제
④ 2024년 2월 15일(문제 46번) 출제

56 **로봇의 작동범위 내에서 그 로봇에 관하여 교시 등(로봇의 동력원을 차단하고 행하는 것을 제외한다.)의 작업을 행하는 때 작업시작 전 점검 사항으로 옳은 것은?**

① 과부하방지장치의 이상 유무
② 압력제한 스위치 등의 기능의 이상 유무
③ 외부전선의 피복 또는 외장의 손상 유무
④ 권과방지장치의 이상 유무

해설

로봇의 작업시작전 점검 사항

① 외부전선의 피복 또는 외장의 손상유무
② 매니퓰레이터(manipulator) 작동의 이상유무
③ 제동장치 및 비상정지장치의 기능

참고 산업안전기사 필기 p.3-50(표. 2. 작업시작전 기계·기구 및 점검내용)

KEY ① 2018년 3월 4일(문제 41번) 출제
② 2024년 2월 15일(문제 49번) 출제

정보제공
산업안전보건기준에 관한 규칙 [별표 3] 작업시작전 점검사항

57 **둥근톱기계의 방호장치 중 반발예방장치의 종류로 틀린 것은?**

① 분할날
② 반발방지 기구(finger)
③ 보조 안내판
④ 안전덮개

해설

둥근톱기계의 반발예방장치 종류

① 반발방지 발톱(finger) : 반발 방지 기구
② 분할날(spreader)
③ 반발방지롤(roll) : 보조 안내판

[정답] 55 ③　56 ③　57 ④

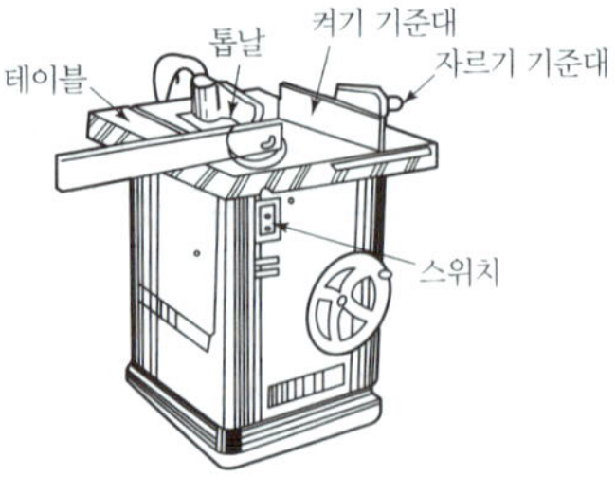

[그림] 목재가공용 둥근톱

참고 산업안전기사 필기 p.3-129(합격날개 : 합격예측)

KEY ① 2016년 5월 8일 산업기사 출제
② 2020년 8월 22일 기사 출제
③ 2023년 6월 4일(문제 41번) 출제

58 아세틸렌 용접 시 역류를 방지하기 위하여 설치하여야 하는 것은?

① 안전기 ② 청정기
③ 발생기 ④ 유량기

해설

안전기

① 역류역화를 방지하기 위하여 취관에 안전기를 설치한다.
② 역화발생 시 최우선 순서 : 산소밸브를 잠근다.

참고 산업안전기사 필기 p.3-176(문제 117번) 적중

KEY ① 2015년 3월 8일(문제 47번) 출제
② 2019년 4월 27일 기사 출제
③ 2023년 6월 4일(문제 60번)등 10회 이상 출제

59 다음 중 지게차의 작업 상태별 안정도에 관한 설명으로 틀린 것은?(단, V는 최고속도[km/h]이다.)

① 기준 부하상태에서 하역작업 시의 전후 안정도는 20[%] 이내이다.
② 기준 부하상태에서 하역작업 시의 좌우 안정도는 6[%] 이내이다.
③ 기준 부하상태에서 주행 시의 전후 안정도는 18[%] 이내이다.
④ 기준 무부하상태에서 주행 시의 좌우 안정도는 (15+1.1V)[%] 이내이다.

해설

지게차의 안정조건

안정도	지게차의 상태	
· 하역작업시 전후 안정도 4[%] (5[t] 이상의 것은 3.5[%]) · 부하상태		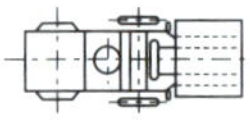 위에서 본 모양
· 주행시의 전후 안정도 18[%] · 부하상태		
· 하역작업시의 좌우 안정도 6[%] · 부하상태		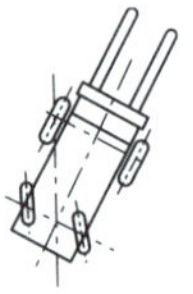 위에서 본 모양
· 주행시의 좌우 안정도(15+1.1V)[%] V : 최고속도[km/hr] · 무부하상태	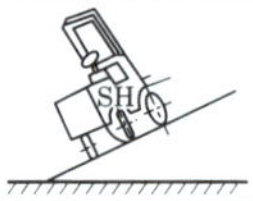	

$$안정도 = \frac{h}{l} \times 100[\%]$$

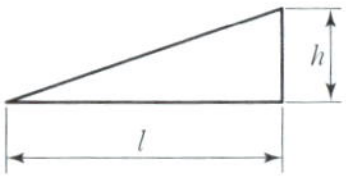

참고 산업안전기사 필기 p.3-135(표. 지게차의 안정조건)

KEY ① 2016년 5월 8일 산업기사 출제
② 2016년 8월 21일 산업기사 출제
③ 2017년 5월 7일(문제 46번) 출제
④ 2022년 4월 24일(문제 44번) 출제

합격정보

건설기계 안전기준에 관한 규칙 제22조(안정도)

① 지게차는 다음 각 호에 해당하는 지면에서 중심선이 지면의 기울어진 방향과 평행할 경우 앞이나 뒤로 넘어지지 아니하여야 한다.
1. 지게차의 최대하중상태에서 쇠스랑을 가장 높이 올린 경우 기울기가 100분의 4(지게차의 최대하중이 5톤 이상인 경우에는 100분의 3.5)인 지면
2. 지게차의 기준부하상태에서 주행할 경우 기울기가 100분의 18인 지면

② 지게차는 다음 각 호에 해당하는 지면에서 중심선이 지면의 기울어진 방향과 직각으로 교차할 경우 옆으로 넘어지지 아니하여야 한다.
1. 지게차의 최대하중상태에서 쇠스랑을 가장 높이 올리고 마스트를 가장 뒤로 기울인 경우 기울기가 100분의 6인 지면
2. 지게차의 기준무부하상태에서 주행할 경우 구배가 지게차의 최고주행속도에 1.1을 곱한 후 15를 더한 값인 지면. 다만, 규격이 5,000킬로그램 미만인 경우에는 최대 기울기가 100분의 50, 5,000킬로그램 이상인 경우에는 최대 기울기가 100분의 40인 지면을 말한다.

[정답] 58 ① 59 ①

60 산업안전보건법령상 목재가공용 기계에 사용되는 방호장치의 연결이 옳지 않은 것은?

① 둥근톱기계 : 톱날접촉예방장치
② 띠톱기계 : 날접촉예방장치
③ 모떼기기계 : 날접촉예방장치
④ 동력식 수동대패기계 : 반발예방장치

해설

동력식 수동대패기계 방호장치
날접촉예방장치

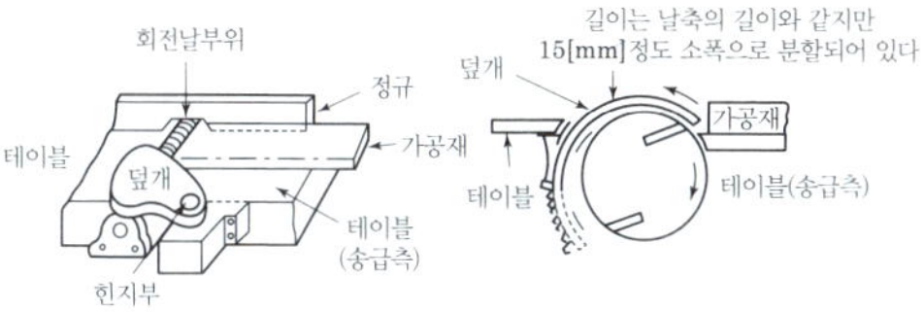

[그림] 가동식 날접촉 예방장치

참고 산업안전기사 필기 p.3-133(3. 날접촉 예방장치 종류)

합격정보
산업안전보건기준에 관한 규칙 제109조(대패기계의 날접촉 예방장치)

KEY ① 2018년 3월 4일(문제 53번) 출제
② 2022년 3월 5일(문제 48번) 출제

4 전기설비 안전관리

61 접지의 목적과 효과로 볼 수 없는 것은?

① 낙뢰에 의한 피해방지
② 송배전선에서 지락사고의 발생 시 보호계전기를 신속하게 작동시킴
③ 설비의 절연물이 손상되었을 때 흐르는 누설전류에 의한 감전 방지
④ 송배전선로의 지락사고 시 대지전위의 상승을 억제하고 절연강도를 상승시킴

해설

접지의 목적
① 접지는 누전시에 인체에 가해지는 전압을 감소시킴으로써 감전을 방지
② 지락 전류를 원활히 흐르게 함으로써 차단기를 확실히 동작시켜 화재·폭발의 위험을 방지

참고 산업안전기사 필기 p.4-36(1. 접지의 목적)

KEY ① 2018년 4월 28일 기사 출제
② 2019년 8월 4일(문제 74번) 출제

읽을거리

Earthing(어싱)
'땅'(Earth)과 '현재진행형'(ing)의 합성어로, 맨발로 땅을 밟으며 지구와 몸을 하나로 연결한다는 의미를 갖고 있다. 이는 단순히 '걷기 운동'에 초점이 맞춘 것이 아닌 땅과 직접 접촉하는 '접지(接地)'를 핵심으로 하는데, '지구와 우리 몸을 연결한다'는 의미에서 '어싱(Earthing)'이라는 명칭이 붙은 것이다. 그리고 이러한 어싱을 즐기는 이들을 가리켜 '어싱족 (Earthing族)'이라고 한다.

62 다음 중 유류화재의 화재급수에 해당하는 것은?

① A급　② B급
③ C급　④ D급

해설

화재의 종류 및 특성

화재구분 / 화재의 종류	화재 급수	소화기 표시 색상	소화효과	화재특성
일반 가연물 화재	A급	백색	냉각 소화	① 백색연기 발생 ② 연소 후 재를 남긴다.
유류화재	B급	황색	질식 효과	① 검은연기 발생 ② 연소 후 재를 남기지 않는다.
전기화재	C급	청색	질식 효과	전기시설물이 점화원의 기능을 하며 발화 후 일반 유류화재로 전환
금속화재	D급	무색	마른모래피복(건조사)	금속이 열을 발생
가스화재	E급	황색		재가 없음
부엌화재	K급			주방화재

참고 산업안전기사 필기 p.5-23(문제 13번 적중)

KEY ① 2016년 8월 21일 산업기사 출제
② 2018년 8월 19일 출제
③ 2020년 8월 22일(문제 81번) 출제

[정답] 60 ④　61 ④　62 ②

63 한국전기설비규정에 따라 사람이 쉽게 접촉할 우려가 있는 곳에 금속제 외함을 가지는 저압의 기계기구가 시설되어 있다. 이 기계기구의 사용전압이 몇 [V]를 초과할 때 전기를 공급하는 전로에 누전차단기를 시설해야 하는가?(단, 누전차단기를 시설하지 않아도 되는 조건은 제외한다.)

① 30[V] ② 40[V]
③ 50[V] ④ 60[V]

해설

KEC 211.2.4 누전차단기의 시설

전원의 자동차단에 의한 저압전로의 보호대책으로 누전차단기를 시설해야 할 대상

(1) 금속제 외함을 가지는 사용전압이 50[V]를 초과하는 저압의 기계기구로서 사람이 쉽게 접촉할 우려가 있는 곳에 시설하는 것에 전기를 공급하는 전로. 다만, 다음의 어느 하나에 해당하는 경우에는 적용하지 아니한다.
① 기계·기구를 발전소·변전소·개폐소 또는 이에 준하는 곳에 시설하는 경우
② 기계·기구를 건조한 곳에 시설하는 경우
③ 대지전압이 150[V] 이하인 기계·기구를 물기가 있는 곳 이외의 곳에 시설하는 경우

(2) 주택의 인입구 등 이 규정에서 누전차단기 설치를 요구하는 전로

(3) 특고압전로, 고압전로 또는 저압전로와 변압기에 의하여 결합되는 사용전압 400[V]초과의 저압전로 또는 발전기에서 공급하는 사용전압 400[V] 초과의 저압전로

참고 산업안전기사 필기 p.4-5(4. 과전류 누전차단기)

KEY ① 2022년 4월 24일(문제 65번) 출제
② 2023년 6월 4일(문제 64번) 출제
③ 2024년 4월 27일 실기 필답형 출제
④ 2024년 7월 27일(문제 69번) 출제

64 다음 빈 칸에 들어갈 내용으로 알맞은 것은?

"교류 특고압 가공전선로에서 발생하는 극저주파 전자계는 지표상 1[m]에서 전계가 (ⓐ), 자계가 (ⓑ)가 되도록 시설하는 등 상시 정전유도 및 전자유도 작용에 의하여 사람에게 위험을 줄 우려가 없도록 시설하여야 한다."

① ⓐ 0.35[kV/m] 이하 ⓑ 0.833[μT] 이하
② ⓐ 3.5[kV/m] 이하 ⓑ 8.33[μT] 이하
③ ⓐ 3.5[kV/m] 이하 ⓑ 83.3[μT] 이하
④ ⓐ 35[kV/m] 이하 ⓑ 833[μT] 이하

해설

전기사업법, 전기설비기준

① 특고압 가공전선로에서 발생하는 극저주파 전자계는 지표상 1[m]에서 전계가 3.5[kV/m] 이하
② 자계가 83.3[μT] 이하가 되도록 시설

참고 산업안전기사 필기 p.4-95(문제 67번) 적중

KEY ① 2022년 3월 5일 출제
② 2023년 2월 15일(문제 68번) 출제
③ 2024년 7월 27일(문제 73번) 출제

65 절연물의 절연계급을 최고허용온도가 낮은 온도에서 높은 온도 순으로 배치한 것은?

① Y종 → A종 → E종 → B종
② A종 → B종 → E종 → Y종
③ Y종 → E종 → B종 → A종
④ B종 → Y종 → A종 → E종

해설

절연물의 내열구분

종별	허용 최고 온도 [℃]	절연물의 종류
Y종	90	유리화수지, 메타크릴수지, 폴리에틸렌, 폴리염화비닐, 폴리스티렌
A종	105	폴리에스테르수지, 셀룰로오스 유도체, 폴리아미드, 폴리비닐포르말
E종	120	멜라민수지, 페놀수지의 유기질, 폴리에스테르수지
B종	130	무기질기재의 각종 성형 적층물
F종	155	에폭시수지, 폴리우레탄수지, 변성실리콘수지
H종	180	유리, 실리콘, 고무
C종	180 이상	실리콘, 플루오르화에틸렌

참고 산업안전기사 필기 p.4-74(표 : 절연물의 내열구분)

KEY ① 2020년 6월 7일 출제
② 2021년 3월 7일(문제 78번) 출제
③ 2024년 7월 27일(문제 78번) 출제

[정답] 63 ③ 64 ③ 65 ①

66 **정전유도를 받고 있는 접지되어 있지 않는 도전성 물체에 접촉한 경우 전격을 당하게 되는데 이 때 물체에 유도된 전압 V[V]를 옳게 나타낸 것은?(단, E는 송전선의 대지전압, C_1은 송전선과 물체사이의 정전용량, C_2는 물체와 대지사이의 정전용량이며, 물체와 대지 사이의 저항은 무시한다.)**

① $V=\dfrac{C_1}{C_1+C_2}\times E$

② $V=\dfrac{C_1+C_2}{C_1+C_2}\times E$

③ $V=\dfrac{C_1}{C_1\times C_2}\times E$

④ $V=\dfrac{C_1\times C_2}{C_1+C_2}\times E$

해설

정전기 에너지

① 정전용량 C[F]인 물체에 전압 V[V]가 가해져서 Q[C]의 전하가 축적되어 있을 때 에너지는 $W=\frac{1}{2}QV=\frac{1}{2}CV^2=\frac{1}{2}\frac{Q^2}{C}$[J]이 된다.

② 유도된 전압[V]$=\dfrac{C_1}{C_1+C_2}E$

W : 정전기 에너지[J]
C : 도체의 정전용량[F]
V : 대전전위(유도된 전압)[V]
Q : 대전전하량[C]

참고 산업안전기사 필기 p.4-33(6. 정전기 에너지)

KEY ① 2006년 3월 5일(문제 73번) 출제
② 2016년 5월 8일 산업기사 출제
③ 2016년 8월 21일 기사 출제
④ 2017년 3월 5일 기사·산업기사 동시 출제
⑤ 2017년 5월 7일 산업기사 출제
⑥ 2018년 3월 4일 기사 출제
⑦ 2019년 8월 4일(문제 64번) 출제
⑧ 2020년 9월 27일(문제 68번) 출제
⑨ 2024년 2월 15일(문제 68번), 5월 9일(문제 61번) 출제

67 **전기기기 방폭의 기본개념과 이를 이용한 방폭구조로 볼 수 없는 것은?**

① 점화원의 격리 : 내압(耐壓) 방폭구조
② 폭발성 위험분위기 해소 : 유입 방폭구조
③ 전기기기 안전도의 증강 : 안전증 방폭구조
④ 점화능력의 본질적 억제 : 본질안전 방폭구조

해설

유입방폭구조(o)

① 유입방폭구조는 아크 또는 고열을 발생하는 전기설비를 용기에 넣고 그 용기 안에 다시 기름을 채워서 외부의 폭발성 가스와 점화원이 접촉하여 인화할 위험이 없도록 하는 구조로 유입 개폐부분에는 가스를 빼내는 배기공을 설치하여야 한다.
② 보통 10[mm] 이상의 유면으로 위험 부위를 커버하고 유면온도가 60[℃] 이상 되면 사용을 금한다.

참고 ① 산업안전기사 필기 p.4-53(3. 방폭구조의 종류 및 특징)
② 산업안전기사 필기 p.4-57(합격날개 : 보충학습)

KEY 2024년 5월 9일(문제 65번) 등 10회 이상 출제

보충학습

전기설비의 방폭화 방법

① 점화원의 방폭적 격리 : 내압, 압력, 유입 방폭 구조
② 전기설비의 안전도 증강 : 안전증 방폭구조
③ 점화능력의 본질적 억제 : 본질안전 방폭구조

68 **정전기 재해방지를 위한 배관내 액체의 유속제한에 관한 사항으로 옳은 것은?**

① 저항률이 10^{10}[Ω·cm] 미만의 도전성 위험물의 배관유속은 7[m/s] 이하로 할 것
② 에테르, 이황화탄소 등과 같이 유동대전이 심하고 폭발위험성이 높으면 4[m/s] 이하로 할 것
③ 물이나 기체를 혼합하는 비수용성 위험물의 배관내 유속은 5[m/s] 이하로 할 것
④ 저항률이 10^{10}[Ω·cm] 이상인 위험물의 배관내 유속은 배관내경 4인치일 때 10[m/s] 이하로 할 것

[정답] 66 ① 67 ② 68 ①

PART 05

해설

배관내 액체의 유속제한

① 저항률이 10^{10}[Ω·m] 미만인 도전성 위험물의 배관유속 : 7[m/s] 이하
② 에테르, 이황화탄소 등과 같이 유동성이 심하고 폭발 위험성이 높은 것 : 1[m/s] 이하
③ 물이나 기체를 혼합한 비 수용성 위험물 : 1[m/s] 이하
④ 저항률이 10^{10}[Ω·m] 이상인 위험물의 배관내 유속은 기준에 준하고, 유입구가 액면 아래로 충분히 잠길 때까지는 1[m/s] 이하

참고 산업안전기사 필기 p.4-38(2. 배관내 액체의 유속제한)

KEY ① 2015년 3월 8일 산업기사 출제
② 2016년 8월 21일 출제
③ 2021년 3월 7일, 5월 15일 출제
④ 2023년 2월 28일(문제 66번) 출제
⑤ 2024년 5월 9일(문제 72번) 출제

69 금속성의 전기기계장치나 구조물에 인체의 일부가 상시 접촉되어 있는 상태의 허용접촉전압으로 옳은 것은?

① 2.5[V] 이하
② 25[V] 이하
③ 50[V] 이하
④ 제한없음

해설

종별허용접촉전압

종별	접촉상태	허용접촉전압[V]
제1종	• 인체의 대부분이 수중에 있는 상태	2.5 이하
제2종	• 인체가 많이 젖어 있는 상태 • 금속제 전기기계장치나 구조물에 인체의 일부가 상시접촉되어있는 상태	25 이하
제3종	• 제1종, 제2종 이외의 경우로서 통상적인 인체 상태에 있어서 접촉전압이 가해지면 위험성이 높은 상태	50 이하
제4종	• 제1종, 제2종 이외의 경우로서 통상적인 인체상태에 있어서 접촉전압이 가해져도 위험성이 낮은 상태 • 접촉전압이 가해질 우려가 없는 경우	무제한

참고 산업안전기사 필기 p.4-19([표] 종별 허용 접촉전압)

KEY ① 2016년 3월 6일 산업기사 출제
② 2016년 8월 21일 산업기사 출제
③ 2017년 5월 7일 기사 · 산업기사 동시출제
④ 2023년 6월 4일(문제 70번) 출제
⑤ 2024년 5월 9일(문제 69번) 출제

70 교류 아크용접기의 허용사용률[%]은?(단, 정격사용률은 10[%], 2차 정격전류는 500[A], 교류 아크용접기의 사용전류는 250[A]이다.)

① 30
② 40
③ 50
④ 60

해설

허용사용률 계산

$$\text{허용사용률} = \frac{(\text{정격2차전류})^2}{(\text{실제용접전류})^2} \times \text{정격사용률} = \frac{500^2}{250^2} \times 10 = 40[\%]$$

참고 산업안전기사 필기 p.4-79(㉯ 허용사용률)

KEY ① 2016년 8월 21일(문제 79번) 출제
② 2017년 8월 26일 출제
③ 2019년 4월 27일(문제 62번) 출제
④ 2021년 8월 14일(문제 66번) 출제
⑤ 2022년 3월 5일(문제 76번) 출제
⑥ 2024년 5월 9일(문제 76번) 출제

71 다음 중 전기설비기술기준에 따른 전압의 구분으로 틀린 것은?

① 저압 : 직류 1[kV] 이하
② 고압 : 교류 1[kV] 초과, 7[kV] 이하
③ 특고압 : 직류 7[kV] 초과
④ 특고압 : 교류 7[kV] 초과

해설

전압분류

전압분류	직류	교류
저압	1,500[V] 이하	1,000[V] 이하
고압	1,500~7,000[V] 이하	1,000~7,000[V] 이하
특별고압	7,000[V] 초과	7,000[V] 초과

참고 산업안전기사 필기 p.4-30(문제 30번) 적중

KEY ① 2017년 5월 7일, 8월 26일기사 출제
② 2018년 3월 4일 기사, 8월 19일 산업기사 출제
③ 2019년 3월 3일(문제 78번) 출제
④ 2022년 3월 5일(문제 79번) 출제
⑤ 2024년 5월 9일(문제 78번) 출제

[정답] 69 ② 70 ② 71 ①

72 지락전류가 거의 0에 가까워서 안정도가 양호하고 무정전의 송전이 가능한 접지방식은?

① 직접접지방식
② 리엑터접지방식
③ 저항접지방식
④ 소호리엑터접지방식

해설

소호리엑터접지방식

① 지락전류가 0에 가깝고 무정전 송전가능
② 1선 지락고장시 극히 작은 손실전류가 흐른다.

참고 산업안전기사 필기 p.4-36(2. 접지)

KEY ① 2019년 8월 4일 기사 출제
② 2023년 7월 8일(문제 66번) 출제

보충학습

저항접지방식

① 송전선의 중성점 접지방식의 하나로 중성점을 저항을 통하여 접지하는 것으로 지락고장시의 지락전류를 제어할 수 있다.
② 저항값의 대소에 따라 저저항접지 방식과 고저항접지 방식으로 나누어진다.

73 계통접지로 적합하지 않는 것은?

① TN계통　② TT계통
③ IN계통　④ IT계통

해설

접지의 구분 및 종류

구분	종류
종류	① 계통접지(TN, TT, IT계통) ② 보호접지 ③ 피뢰시스템 접지
방법	① 단독접지 ② 공통접지 ③ 통합접지

참고 산업안전기사 필기 p.4-37(표 : 접지의 구분 및 종류)

KEY ① 2020년 9월 27일(문제 62번) 참고
② 2023년 6월 4일(문제 74번) 출제

74 저압방폭구조 배선 중 노출 도전성 부분의 보호 접지선으로 알맞은 항목은?

① 전선관이 충분한 지락전류를 흐르게 할 시에도 결합부에 본딩(bonding)을 해야 한다.
② 전선관이 최대지락전류를 안전하게 흐르게 할 시 접지선으로 이용 가능하다.
③ 접지선의 전선 또는 선심은 그 절연피복을 흰색 또는 검정색을 사용한다.
④ 접지선은 1,000[V] 비닐절연전선 이상 성능을 갖는 전선을 사용한다.

해설

방폭지역에서 저압 케이블 공사시 사용되는 케이블

① MI케이블
② 600[V] 폴리에틸렌 케이블(EV, EE, CV, CE)
③ 600[V] 비닐절연외장케이블(VV)
④ 600[V] 콘크리트 직매용 케이블(CB-VV, CB-EV)
⑤ 제어용 비닐절연 비닐외장케이블(CVV)
⑥ 연피케이블
⑦ 약전 계장용 케이블
⑧ 보상도선
⑨ 시내대 폴리에틸렌 절연비닐외장케이블(CPEV)
⑩ 시내대 폴리에틸렌 절연 폴리에틸렌 외장케이블(CPEE)
⑪ 강관 외장케이블
⑫ 강대 외장케이블

참고 산업안전기사 필기 p.4-63(합격날개:합격예측)

KEY ① 2017년 3월 5일 기사 출제
② 2023년 2월 28일(문제 63번) 출제

75 교류 아크용접기의 사용에서 무부하 전압이 80[V], 아크 전압 25[V], 아크 전류 300[A]일 경우 효율은 약 몇 [%]인가?(단, 내부손실은 4[kW]이다.)

① 65.2　② 70.5
③ 75.3　④ 80.6

[정답] 72 ④ 73 ③ 74 ② 75 ①

PART 05

해설

효율계산

① 사용전력=아크전압×전류=25×300=7500[W]
② 총 전력=사용전력+손실전력
=7,500+4,000=11,500[W]
③ 효율=$\frac{\text{사용전력}}{\text{총전력}}\times100=\frac{7,500}{11,500}\times100=65.22$[%]

참고 산업안전기사 필기 p.4-78(2. 전격방지기의 설치시 주의사항)

KEY ① 2012년 8월 26일(문제 66번) 출제
② 2016년 3월 6일(문제 78번) 출제
③ 2022년 4월 24일(문제 71번) 출제

76 내압방폭구조의 필요충분조건에 대한 사항으로 틀린 것은?

① 폭발화염이 외부로 유출되지 않을 것
② 습기침투에 대한 보호를 충분히 할 것
③ 내부에서 폭발한 경우 그 압력에 견딜 것
④ 외함의 표면온도가 외부의 폭발성가스를 점화하지 않을 것

해설

내압(耐壓)방폭구조(explosion proof : d)의 특징

① 용기의 내부에 폭발성 가스의 폭발이 일어날 경우에 용기가 폭발압력에 견디고 또한 외부의 폭발성 분위기에의 불꽃의 전파를 방지하도록 한 방폭구조
② 점화원의 방폭적 격리
③ MESG 특성 적용

참고 산업안전기사 필기 p.4-53(1. 내압방폭구조)

KEY ① 2019년 3월 3일 기사 출제
② 2019년 4월 27일 기사 · 산업기사 동시출제
③ 2020년 6월 7일(문제 71번) 출제
④ 2022년 3월 5일(문제 67번) 출제

보충학습

최대 실험 안전 간격(MESG): 내압 방폭 설비의 기준

① Group IIA: MESG $\geq$ 0.9[mm]
② Group IIB: 0.5[mm] $<$ MESG $<$ 0.9[mm]
③ Group IIC: MESG $\leq$ 0.5[mm]

77 정전작업 시 작업 중의 조치사항으로 옳은 것은?

① 검전기에 의한 정전확인
② 개폐기의 관리
③ 잔류전하의 방전
④ 단락접지 실시

해설

정전작업 중(작업 시) 조치사항

① 작업지휘자에 의해 작업한다.
② 개폐기를 관리한다.
③ 단락접지 상태를 확인·관리한다.(혼촉 또는 오동작 방지)
④ 근접활선에 대한 방호상태를 관리한다.

참고 산업안전기사 필기 p.4-76(2. 작업중)

KEY ① 2017년 8월 21일, 5월 7일기사 출제
② 2019년 3월 3일(문제 61번) 출제

보충학습

작업 전 조치사항

① 검전기에 의한 정전확인
② 잔류전하의 방전
③ 단락접지 실시

78 자동전격방지장치에 대한 설명으로 틀린 것은?

① 무부하시 전력손실을 줄인다.
② 무부하 전압을 안전전압 이하로 저하시킨다.
③ 용접을 할 때에만 용접기의 주회로를 개로(OFF)시킨다.
④ 교류 아크용접기의 안전장치로서 용접기의 1차 또는 2차 측에 부착한다.

해설

용접을 할 때에는 용접기의 주회로를 폐로(ON)시킨다.

참고 산업안전기사 필기 p.4-78(2. 방호장치의 성능)

KEY ① 2016년 5월 8일 산업기사 출제
② 2017년 5월 7일 기사 출제
③ 2018년 3월 4일 기사 출제
④ 2019년 3월 3일(문제 62번) 출제

[정답] 76 ② 77 ② 78 ③

79 **감전사고가 발생했을 때 피해자를 구출하는 방법으로 틀린 것은?**

① 피해자가 계속하여 전기설비에 접촉되어 있다면 우선 그 설비의 전원을 신속히 차단한다.
② 감전 상황을 빠르게 판단하고 피해자의 몸과 충전부가 접촉되어 있는지를 확인한다.
③ 충전부에 감전되어 있으면 몸이나 손을 잡고 피해자를 곧바로 이탈시켜야 한다.
④ 절연 고무장갑, 고무장화 등을 착용한 후에 구원해 준다.

해설

어떠한 경우라도 감전자의 몸이나 손을 잡으면 안된다.(이유 : 동시감전)

참고 산업안전기사 필기 p.4-21(합격날개 : 은행문제)

KEY ① 2014년 5월 24일(문제 64번) 출제
② 2019년 3월 3일(문제 71번) 출제

80 **전기설비기술기준에서 정의하는 전압의 구분으로 틀린 것은?**

① 교류 저압 : 1,000[V] 이하
② 직류 저압 : 1,500[V] 이하
③ 직류 고압 : 1,500[V] 초과 7,000[V] 이하
④ 특고압 : 7,000[V] 미만

해설

전압분류

전압분류	직류	교류
저압	1,500[V] 이하	1,000[V] 이하
고압	1,500~7,000[V] 이하	1,000~7,000[V] 이하
특별고압	7,000[V] 초과	7,000[V] 초과

참고 산업안전기사 필기 p.4-30(문제 30번) 적중

KEY ① 2017년 5월 7일, 8월 26일기사 출제
② 2018년 3월 4일 기사, 8월 19일 산업기사 출제
③ 2019년 3월 3일(문제 78번) 출제

5 화학설비 안전관리

81 **다음 중 자연발화가 쉽게 일어나는 조건으로 틀린 것은?**

① 주위온도가 높을수록
② 열 축적이 클수록
③ 적당량의 수분이 존재할 때
④ 표면적이 작을수록

해설

자연발화조건

① 발열량이 클 것
② 열전도율이 작을 것
③ 주위의 온도가 높을 것
④ 표면적이 넓을 것
⑤ 수분이 적당량 존재할 것

참고 산업안전기사 필기 p.5-7(2. 자연발화조건)

KEY ① 2011년 6월 12일 출제
② 2018년 3월 4일, 8월 19일 출제
③ 2020년 8월 22일 출제
④ 2022년 3월 5일 출제
⑤ 2024년 7월 27일(문제 84번) 출제

PART 05

82 **4[%] NaOH 수용액과 10[%] NaOH 수용액을 반응기에 혼합하여 6[%] 100[kg]의 NaOH 수용액을 만들려면 각각 몇 [kg]의 NaOH 수용액이 필요한가?**

① 4[%] NaOH 수용액 : 50, 10[%] NaOH 수용액 : 50
② 4[%] NaOH 수용액 : 56.2, 10[%] NaOH 수용액 : 43.8
③ 4[%] NaOH 수용액 : 66.67, 10[%] NaOH 수용액 : 33.33
④ 4[%] NaOH 수용액 : 80, 10[%] NaOH 수용액 : 20

[정답] 79 ③ 80 ④ 81 ④ 82 ③

해설

NaOH 수용액

① $\frac{4[\%]\ NaOH}{(x)[kg]} + \frac{10[\%]\ NaOH}{(100-x)[kg]} \rightarrow \frac{6[\%]\ NaOH의\ 100[kg]}{100[kg]}$

② $0.04x + 0.1 \times (100 - x) = 0.06 \times 100$

③ $0.04x + 10 - 0.1x = 6$

④ $x = \frac{4}{0.06} = 66.67[kg]$

⑤ 4[%] NaOH수용액 = 66.67[kg]

⑥ 10[%] NaOH수용액 = 33.33[kg]

참고 산업안전기사 필기 p.5-77(보충문제)

KEY ① 2009년 5월 10일 (문제 97번)
② 2016년 5월 8일(문제 88번) 출제
③ 2023년 6월 4일(문제 86번) 출제
④ 2024년 7월 27일(문제 87번) 출제

83 다음 중 퍼지의 종류에 해당하지 않는 것은?

① 압력퍼지 ② 진공퍼지
③ 스위프퍼지 ④ 가열퍼지

해설

퍼지의 종류

① 진공(저압) 퍼지
② 압력퍼지
③ 스위프 퍼지
④ 사이펀 퍼지

참고 산업안전기사 필기 p.5-20([표] 퍼지의 종류)

KEY ① 2011년 6월 12일(문제 86번) 출제
② 2022년 4월 24일 출제
③ 2023년 6월 4일(문제 99번) 출제
④ 2024년 7월 27일(문제 89번) 출제

합격자의 조언

실기 작업형 출제

보충학습

Purge

연소되지 않은 가연성 가스 혹은 유독성 가스가 공정 안에 차 있는 경우 근로자들이 안전하게 작업할 수 있도록 가스를 공정 밖으로 배출하기 위하여 환기시키는 것

84 물과 카바이드가 결합하면 어떤 가스가 생성되는가?

① 염소가스 ② 아황산가스
③ 수성가스 ④ 아세틸렌가스

해설

아세틸렌 제조 분자식

$2H_2O + CaC_2 \rightarrow Ca(OH)_2 + C_2H_2$
(물) (카바이드 = 탄화칼슘) (수산화칼슘) (아세틸렌)

참고 산업안전기사 필기 p.3-114(합격날개 : 합격예측)

KEY ① 2015년 3월 8일 출제
② 2017년 8월 26일 출제
③ 2020년 6월 7일 출제
④ 2021년 5월 15일 출제
⑤ 2023년 2월 28일(문제 93번) 출제
⑥ 2024년 7월 27일(문제 92번) 출제
⑦ 2025년 5월 10일(문제 94번) 출제

85 메탄, 에탄, 프로판의 폭발하한계가 각각 5[vol%], 3[vol%], 2.1[vol%]이일 때, 다음 중 폭발하한계가 가장 낮은 것은? (단, Le Chatelier의 법칙을 이용한다.)?

① 메탄 20[vol%], 에탄 30[vol%], 프로판 50[vol%]의 혼합가스
② 메탄 30[vol%], 에탄 30[vol%], 프로판 40[vol%]의 혼합가스
③ 메탄 40[vol%], 에탄 30[vol%], 프로판 30[vol%]의 혼합가스
④ 메탄 50[vol%], 에탄 30[vol%], 프로판 20[vol%]의 혼합가스

해설

르샤틀리에(Le Chatelier) 법칙

(1) $L = \frac{100}{\frac{V_1}{L_1} + \frac{V_2}{L_2} + \cdots\cdots + \frac{V_n}{L_n}}$ (순수한 혼합가스일 경우)

(2) $L = \frac{V_1 + V_2 + \cdots\cdots + V_n}{\frac{V_1}{L_1} + \frac{V_2}{L_2} + \cdots\cdots + \frac{V_n}{L_n}}$ (혼합가스가 공기와 섞여 있을 경우)

[정답] 83 ④ 84 ④ 85 ①

여기서, L : 혼합가스의 폭발한계[%] – 폭발상한, 폭발하한 모두 적용 가능

$L_1, L_2, L_3, \cdots, L_n$: 각 성분가스의 폭발한계(%) – 폭발상한계, 폭발하한계

$V_1, V_2, V_3, \cdots, V_n$: 전체 혼합가스 중 각 성분가스의 비율(%) – 부피비

(3) 결론

① $\dfrac{100}{\dfrac{20}{5}+\dfrac{30}{3}+\dfrac{50}{2.1}}=2.65[\text{vol}\%]$

② $\dfrac{100}{\dfrac{30}{5}+\dfrac{30}{3}+\dfrac{40}{2.1}}=2.86[\text{vol}\%]$

③ $\dfrac{100}{\dfrac{40}{5}+\dfrac{30}{3}+\dfrac{30}{2.1}}=3.09[\text{vol}\%]$

④ $\dfrac{100}{\dfrac{50}{5}+\dfrac{30}{3}+\dfrac{20}{2.1}}=3.39[\text{vol}\%]$

참고 산업안전기사 필기 p.5-77(문제 74번)

KEY ① 2020년 8월 22일 등 수없이 출제
② 2022년 4월 24일(문제 99번) 출제
③ 2024년 7월 27일(문제 95번) 출제

86 위험물을 산업안전보건법령에서 정한 기준량 이상으로 제조하거나 취급하는 설비로서 특수화학설비에 해당되는 것은?

① 가열시켜 주는 물질의 온도가 가열되는 위험물질의 분해온도보다 높은 상태에서 운전되는 설비
② 상온에서 게이지 압력으로 200[kPa]의 압력으로 운전되는 설비
③ 대기압 하에서 300[℃]로 운전되는 설비
④ 흡열반응이 행하여지는 반응설비

해설

특수화학설비의 종류

사업주는 별표 9에 따른 위험물을 같은 표에서 정한 기준량 이상으로 제조하거나 취급하는 다음 각 호의 어느 하나에 해당하는 화학설비(이하 "특수화학설비"라 한다)를 설치하는 경우에는 내부의 이상 상태를 조기에 파악하기 위하여 필요한 온도계 · 유량계 · 압력계 등의 계측장치를 설치하여야 한다.

① 발열반응이 일어나는 반응장치
② 증류 · 정류 · 증발 · 추출 등 분리를 하는 장치
③ 가열시켜 주는 물질의 온도가 가열되는 위험물질의 분해온도 또는 발화점보다 높은 상태에서 운전되는 설비
④ 반응폭주 등 이상 화학반응에 의하여 위험물질이 발생할 우려가 있는 설비
⑤ 온도가 섭씨 350도 이상이거나 게이지 압력이 980킬로파스칼 이상인 상태에서 운전되는 설비
⑥ 가열로 또는 가열기

참고 산업안전기사 필기 p.5-17(합격날개 : 합격예측 및 관련법규)

KEY ① 2017년 8월 28일 산업기사 출제
② 2018년 3월 4일 기사, 산업기사 출제
③ 2018년 4월 28일 출제
④ 2024년 7월 27일(문제 98번) 출제
⑤ 2025년 5월 10일(문제 92번) 출제

합격정보

산업안전보건기준에 관한 규칙 제273조(계측장치 등의 설치)

87 가스누출감지경보기 설치에 관한 기술상의 지침으로 틀린 것은?

① 암모니아를 제외한 가연성가스 누출감지경보기는 방폭성능을 갖는 것이어야 한다.
② 독성가스 누출감지경보기는 해당 독성가스 허용농도의 25[%] 이하에서 경보가 울리도록 설정하여야 한다.
③ 하나의 감지대상가스가 가연성이면서 독성인 경우에는 독성가스를 기준하여 가스누출감지경보기를 선정하여야 한다.
④ 건축물 안에 설치되는 경우, 감지 대상가스의 비중이 공기보다 무거운 경우에는 건축물 내의 하부에 설치하여야 한다.

해설

경보설정치

① 가연성 가스누출감지경보기는 감지대상 가스의 폭발하한계 25퍼센트 이하, 독성가스 누출감지경보기는 해당 독성가스의 허용농도 이하에서 경보가 울리도록 설정하여야 한다.
② 가스누출감지경보의 정밀도는 경보설정치에 대하여 가연성 가스누출감지경보기는 ±25퍼센트 이하, 독성가스누출감지경보기는 ±30퍼센트 이하이어야 한다.

[정답] 86 ① 87 ②

PART 05

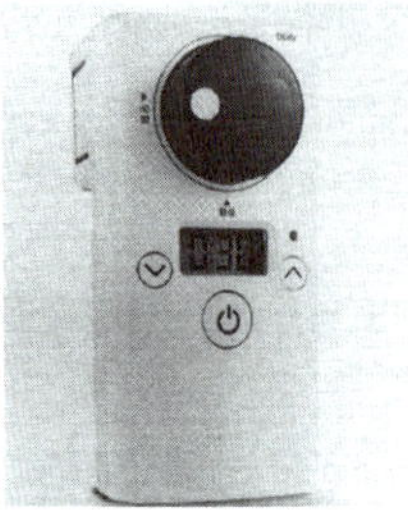

[그림] 가스누출감지경보기

KEY ① 2014년 5월 25일 출제
② 2021년 8월 14일 출제
③ 2023년 7월 8일(문제 93번) 출제
④ 2024년 5월 9일(문제 87번) 출제

합격정보
고용노동부고시 제2020-49호 가스누출감지경보기 설치에 관한 기술상의 지침

88 마그네슘의 저장 및 취급에 관한 설명으로 틀린 것은?

① 화기를 엄금하고, 가열, 충격, 마찰을 피한다.
② 분말이 비산하지 않도록 완전 밀봉하여 저장한다.
③ 1류 또는 6류와 같은 산화제와 혼합되지 않도록 격리, 저장한다.
④ 일단 연소하면 소화가 곤란하지만 초기 소화 또는 소규모 화재시 물, CO_2 소화설비를 이용하여 소화한다.

해설

Mg의 저장취급방법
① 마그네슘은 제2류 위험물 중 물기엄금 물질이다.
② 화기를 엄금하고, 가열, 충격, 마찰을 피한다.
③ 분말은 분진폭발에 위험이 있어 비산하지 않도록 완전 밀봉하여 저장한다.
④ 1류 또는 6류와 같은 산화제 및 할로겐원소와 혼합되지 않도록 격리 저장한다.
⑤ 물과 반응하면 수소 발생, 이산화탄소와는 폭발적인 반응을 하므로 소화는 마른 모래나 분말 소화약제를 사용한다.

참고 산업안전기사 필기 p.5-68(문제 31번) 적중

KEY ① 2015년 5월 31일(문제 92번) 출제
② 2023년 6월 4일(문제 83번) 출제
③ 2024년 5월 9일(문제 89번) 출제

89 아세톤에 대한 설명으로 틀린 것은?

① 증기는 유독하므로 흡입하지 않도록 주의해야 한다.
② 무색이고 휘발성이 강한 액체이다.
③ 비중이 0.79 이므로 물보다 가볍다.
④ 인화점이 20[℃]이므로 여름철에 더 인화위험이 높다.

해설

아세톤(CH_3COCH_3)의 특징
① 증기는 유독하므로 흡입하지 않도록 주의해야 한다.
② 무색이고 휘발성이 강한 액체이다.
③ 비중이 0.79 이므로 물보다 가볍다.
④ 인화점-20[℃]이다.

참고 산업안전기사 필기 p.5-25(문제 18번 해설)

KEY ① 2017년 5월 7일(문제 89번) 출제
② 2023년 2월 28일, 6월 4일(문제 94번) 출제
③ 2024년 5월 9일(문제 92번) 출제

90 산업안전보건기준에 관한 규칙상 국소배기장치의 후드 설치 기준이 아닌 것은?

① 유해물질이 발생하는 곳마다 설치할 것
② 후드의 개구부 면적은 가능한 한 크게 할 것
③ 외부식 또는 리시버식 후드는 해당 분진등의 발산원에 가장 가까운 위치에 설치할 것
④ 후드 형식은 가능하면 포위식 또는 부스식 후드를 설치할 것

[정답] 88 ④ 89 ④ 90 ②

해설

후드(Hood)

(1) 기능 : 오염물(Contaminant)의 발생원을 되도록 포위하도록 설치된 국소배기장치의 입구부

(2) 설치기준
① 유해물질이 발생하는 곳마다 설치할 것
② 유해인자의 발생형태 및 비중, 작업방법 등을 고려하여 해당 분진 등의 발산원을 제어할 수 있는 구조로 설치할 것
③ 후드형식은 가능한 한 포위식 또는 부스식 후드를 설치할 것
④ 외부식 또는 리시버식 후드는 해당 분진에 설치할 것
⑤ 후드의 개구면적을 크게 하지 않을 것

참고 산업안전기사 필기 p.5-38(표. 국소배기장치의 후드 및 덕트설치 요령)

KEY ① 2020년 6월 7일 기사 출제
② 2023년 2월 28일(문제 89번) 출제
③ 2024년 5월 9일(문제 96번) 출제

91 **물이 관 속을 흐를 때 유동하는 물 속의 어느 부분의 정압이 그 때의 물의 증기압보다 낮을 경우 물이 증발하여 부분적으로 증기가 발생되어 배관의 부식을 초래하는 경우가 있다. 이러한 현상을 무엇이라 하는가?**

① 서어징(surging)
② 공동현상(cavitation)
③ 비말동반(entrainment)
④ 수격작용(water hammering)

해설

공동현상(cavitation)

유체의 증기압이 물의 증기압보다 낮을 경우 부분적으로 증기를 발생시켜 배관을 부식시키는 현상

참고 산업안전기사 필기 p.5-59(합격날개 : 합격예측)

KEY ① 2015년 8월 16일 (문제 99번) 출제
② 2019년 3월 3일 (문제 97번) 출제
③ 2023년 2월 28일(문제 96번) 출제
④ 2024년 5월 9일(문제 98번) 출제

보충학습

① 수격작용(water hammering, 물망치작용)
밸브를 급격히 개폐 시에 배관 내를 유동하던 물이 배관을 치는 현상(압력파가 급격히 관내를 왕복하는 현상)으로 배관 파열을 초래한다.

② 맥동현상(surging)
유량이 단속적으로 변하여 펌프입출구에 설치된 진공계, 압력계가 흔들리고 진동과 소음이 일어나며 펌프의 토출량의 변화를 초래한다.

92 **산업안전보건법에서 정한 위험물질을 기준량 이상 제조하거나 취급하는 화학설비로서 내부의 이상 상태를 조기에 파악하기 위하여 필요한 온도계·유량계·압력계 등의 계측장치를 설치하여야 하는 대상이 아닌 것은?**

① 가열로 또는 가열기
② 증류·정류·증발·추출 등 분리를 하는 장치
③ 반응폭주 등 이상 화학반응에 의하여 위험물질이 발생할 우려가 있는 설비
④ 흡열반응이 일어나는 반응장치

해설

특수화학설비의 종류

사업주는 위험물을 같은 표에서 정한 기준량 이상으로 제조하거나 취급하는 다음 각 호의 어느 하나에 해당하는 화학설비(이하"특수화학설비"라 한다)를 설치하는 경우에는 내부의 이상 상태를 조기에 파악하기 위하여 필요한 온도계·유량계·압력계 등의 계측장치를 설치하여야 한다.

① 발열반응이 일어나는 반응장치
② 증류·정류·증발·추출 등 분리를 하는 장치
③ 가열시켜 주는 물질의 온도가 가열되는 위험물질의 분해온도 또는 발화점보다 높은 상태에서 운전되는 설비
④ 반응폭주 등 이상 화학반응에 의하여 위험물질이 발생할 우려가 있는 설비
⑤ 온도가 섭씨 350도 이상이거나 게이지 압력이 980킬로파스칼 이상인 상태에서 운전되는 설비
⑥ 가열로 또는 가열기

참고 산업안전기사 필기 p.5-17(합격날개 : 합격예측 및 관련법규)

KEY ① 2017년 8월 28일 산업기사 출제
② 2018년 3월 4일(문제 87번), 4월 28일 출제
③ 2021년 3월 7일(문제 96번), 5월 15일(문제 81번) 출제
④ 2022년 4월 24일(문제 81번) 출제
⑤ 2024년 2월 15일(문제 81번) 출제
⑥ 2025년 5월 10일(문제 86번) 출제

합격정보

산업안전보건기준에 관한 규칙 제273조(계측장치 등의 설치)

[정답] 91 ② 92 ④

PART 05

93 다음 중 인화점에 관한 설명으로 옳은 것은?

① 액체의 표면에서 발생한 증기농도가 공기중에서 연소하한 농도가 될 수 있는 가장 높은 액체온도
② 액체의 표면에서 발생한 증기농도가 공기중에서 연소상한 농도가 될 수 있는 가장 낮은 액체온도
③ 액체의 표면에서 발생한 증기농도가 공기중에서 연소하한 농도가 될 수 있는 가장 낮은 액체온도
④ 액체의 표면에서 발생한 증기농도가 공기중에서 연소상한 농도가 될 수 있는 가장 높은 액체온도

해설

인화점(flash point)
액체의 표면에서 발생한 증기농도가 공기 중에서 연소하한 농도가 될 수 있는 가장 낮은 액체온도

참고 ① 산업안전기사 필기 p.5-39(합격날개 : 합격예측)
② 산업안전기사 필기 p.5-25(문제 18번 해설)

KEY ① 2018년 3월 4일 산업기사 출제
② 2021년 3월 7일(문제 94번) 출제
③ 2024년 2월 15일(문제 86번) 출제

94 위험물의 저장방법으로 적절하지 않은 것은?

① 탄화칼슘은 물 속에 저장한다.
② 벤젠은 산화성 물질과 격리시킨다.
③ 금속나트륨은 석유 속에 저장한다.
④ 질산은 갈색병에 넣어 냉암소에 보관한다.

해설

탄화칼슘(CaC_2) : 금수성 물질

참고 산업안전기사 필기 p.5-39(3류 자연 발화성 및 금수성 물질)

KEY ① 2012년 3월 4일 기사 출제
② 2018년 8월 19일 기사 출제
③ 2022년 4월 24일 기사 출제
④ 2023년 7월 8일(문제 89번) 출제
⑤ 2024년 2월 15일(문제 90번) 출제
⑥ 2025년 5월 10일(문제 84번) 출제

보충학습
$CaC_2+2H_2O \rightarrow Ca(OH)_2+C_2H_2$

95 불연성이지만 다른 물질의 연소를 돕는 산화성 액체 물질에 해당하는 것은?

① 히드라진 ② 과염소산
③ 벤젠 ④ 암모니아

해설

위험물의 분류
① 제1류(산화성 고체) : 아염소산, 염소산, 과염소산나트륨, 무기과산화물, 삼산화크롬, 브롬산염류, 요오드산염류, 과망간산염류, 중크롬산염류
② 제2류(가연성 고체) : 황화인, 적린, 유황, 철분, Mg, 금속분류, 인화성 고체
③ 제3류(자연발화성 및 금수성 물질) : K, Na, 알킬Al, 알킬Li, 황린, 칼슘 또는 Al의 탄화물류 등
④ 제4류(인화성 액체) : 특수인화물류, 동식물류, 알코올류, 제1석유류~제4석유류
⑤ 제5류(자기반응성 물질) : 유기산화물류, 질산에스테르류(니트로셀룰로오스, 질산에틸, 니트로글리세린), 셀룰로이드류, 니트로화합물, 아조화합물류, 디아조화합물류, 히드라진 유도체류
⑥ 제6류(산화성 액체) : 과염소산, 과산화수소, 질산

참고 ① 산업안전기사 필기 p.5-66(문제 27번) 적중
② 2021년 5월 15일(문제 95번) 출제

KEY ① 2017년 5월 7일 출제
② 2018년 4월 25일 출제
③ 2018년 8월 19일 기사 출제
④ 2021년 3월 7일(문제 95번), 5월 15일(문제 86번) 출제
⑤ 2023년 6월 4일(문제 90번) 출제
⑥ 2024년 2월 15일(문제 94번) 출제

96 프로판(C_3H_8)의 연소에 필요한 최소산소농도의 값은 약 얼마인가? 단, 프로판의 폭발하한은 Jone식에 의해 추산한다.)

① 8.1[vol%] ② 11.1[vol%]
③ 15.1[vol%] ④ 20.1[vol%]

[정답] 93 ③ 94 ① 95 ② 96 ②

해설

최소산소농도(MOC)

① 프로판의 연소식 : $1C_3H_8 + 5O_2 = 3CO_2 + 4H_2O$(여기서 1, 5, 3, 4 = 몰수)

② MOC농도 = 폭발하한계 × $\frac{\text{산소의 몰수}}{\text{연료의 몰수}}$ [vol%]

③ 프로판의 최소산소농도 = $2.2 \times \frac{5}{1} = 11$ [vol%]

참고 산업안전기사 필기 p.5-19(실전문제)

KEY
① 2004년 5월 23일 기사 출제
② 2018년 3월 4일 기사 출제
③ 2020년 6월 7일 기사 출제
④ 2023년 2월 28일(문제 83번) 출제
⑤ 2024년 2월 15일(문제 96번) 출제

97 니트로셀룰로오스와 같이 연소에 필요한 산소를 포함하고 있는 물질이 연소하는 것을 무엇이라고 하는가?

① 분해연소　② 확산연소
③ 그을음연소　④ 자기연소

해설

자기연소(자기반응성 물질)

① 제5류 위험물은 인화성이면서 자체 내에 산소를 함유하고 있어 공기 중의 산소를 필요로 하지 않고 연소되는데 이를 자기연소라 한다.

② 니트로 화합물, 다이나마이트 등

참고 산업안전기사 필기 p.5-5(4. 자기연소)

KEY
① 2016년 8월 21일 기사 출제
② 2020년 6월 7일 기사 출제
③ 2023년 7월 8일(문제 96번) 출제
④ 2024년 2월 15일(문제 91번) 출제
⑤ 2025년 5월 10일(문제 95번) 출제

98 CF_3Br 소화약제의 할론 번호를 옳게 나타낸 것은?

① 하론 1031　② 하론 1311
③ 하론 1301　④ 하론 1310

해설

할론 넘버 : C, F, Cl, Br의 개수로 표시

① 일염화 일취화 메탄 : 1011
② 일취화 일염화 이불화 메탄 : 1211
③ 이취화 사불화 에탄 : 2402
④ 일취화 삼불화 메탄 : 1301

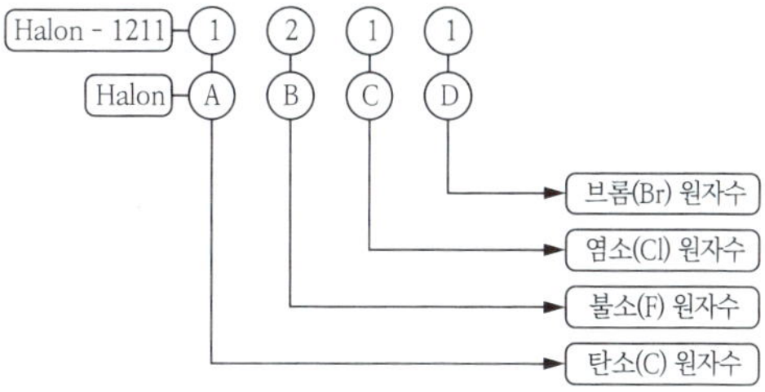

[그림] 명명법

참고 산업안전기사 필기 p.5-15(7. 할로겐화물 소화기)

KEY
① 2008년 7월 27일 기사 출제
② 2016년 8월 21일 산업기사 출제
③ 2018년 8월 19일 기사 출제
④ 2023년 6월 4일(문제 97번) 출제
⑤ 2024년 2월 15일(문제 95번) 출제

99 사업주는 가스폭발 위험장소 또는 분진폭발 위험장소에 설치되는 건축물 등에 대해서는 규정에서 정한 부분을 내화구조로 하여야 한다. 다음 중 내화구조로 하여야 하는 부분에 대한 기준이 틀린 것은?

① 건축물의 기둥 : 지상 1층(지상 1층의 높이가 6미터를 초과하는 경우에는 6미터)까지
② 위험물 저장·취급용기의 지지대(높이가 30센티미터 이하인 것은 제외) : 지상으로부터 지지대의 끝부분까지
③ 건축물의 보 : 지상 2층(지상 2층의 높이가 10미터를 초과하는 경우에는 10미터)까지
④ 배관·전선관 등의 지지대 : 지상으로부터 1단(1단의 높이가 6미터를 초과하는 경우에는 6미터)까지

[정답] 97 ④　98 ③　99 ③

해설

제270조(내화기준)

① 사업주는 제230조제1항에 따른 가스폭발 위험장소 또는 분진폭발 위험장소에 설치되는 건축물 등에 대해서는 다음 각 호에 해당하는 부분을 내화구조로 하여야 하며, 그 성능이 항상 유지될 수 있도록 점검·보수 등 적절한 조치를 하여야 한다. 다만, 건축물 등의 주변에 화재에 대비하여 물 분무시설 또는 폼 헤드(foam head)설비 등의 자동소화설비를 설치하여 건축물 등이 화재시에 2시간 이상 그 안전성을 유지할 수 있도록 한 경우에는 내화구조로 하지 아니할 수 있다.

1. 건축물의 기둥 및 보 : 지상 1층(지상 1층의 높이가 6[m]를 초과하는 경우에는 6[m])까지
2. 위험물 저장·취급용기의 지지대(높이가 30[cm] 이하인 것은 제외한다) : 지상으로부터 지지대의 끝부분까지
3. 배관·전선관 등의 지지대 : 지상으로부터 1단(1단의 높이가 6[m]를 초과하는 경우에는 6[m])까지

② 내화재료는 「산업표준화법」에 따른 한국산업표준으로 정하는 기준에 적합하거나 그 이상의 성능을 가지는 것이어야 한다.

참고 산업안전기사 필기 p.5-10(합격날개 : 합격예측 및 관련법규)

합격정보

산업안전보건기준에 관한 규칙 제270조(내화기준)

KEY ① 2011년 8월 21일(문제 96번) 출제
② 2017년 3월 5일(문제 90번) 출제
③ 2019년 4월 27일(문제 86번) 출제
④ 2020년 9월 27일(문제 81번) 출제

100 어떤 습한 고체재료 10[kg]을 완전 건조 후 무게를 측정하였더니 6.8[kg]이었다. 이 재료의 건조량 기준 함수율은 몇 [kg·H_2O/kg]인가?

① 0.25 ② 0.36
③ 0.47 ④ 0.58

해설

함수율 계산

$$함수율 = \frac{습한\ 고체재료 - 건조후\ 무게}{건조후\ 무게}$$

$$= \frac{10-6.8}{6.8} = 0.47[kg \cdot H_2O/kg]$$

참고 산업안전기사 필기 p.6-6(⑤ 함수율)

KEY ① 2014년 5월 25일(문제 94번) 출제
② 2020년 9월 27일(문제 89번) 출제

6 건설공사 안전관리

101 공정율이 65[%]인 건설현장의 경우 공사 진척에 따른 산업안전보건관리비의 최소 사용기준으로 옳은 것은? (단, 공정율은 기성공정율을 기준으로 함)

① 40[%] 이상 ② 50[%] 이상
③ 60[%] 이상 ④ 70[%] 이상

해설

공사진척에 따른 안전관리비 사용기준

공 정 률	50[%] 이상 70[%] 미만	70[%] 이상 90[%] 미만	90[%] 이상
사용 기준	50[%] 이상	70[%] 이상	90[%] 이상

참고 산업안전기사 필기 p.6-44(표 : 공사진척에 따른 안전관리비 사용기준)

KEY ① 2017년 5월 7일, 9월 23일 출제
② 2019년 8월 4일 산업기사 출제
③ 2020년 6월 7일(문제 103번) 출제
④ 2024년 7월 27일(문제 101번) 출제

정보제공

건설업 산업안전보건관리비계상기준 고시 2025-11호(2025. 2. 12.)

102 산업안전보건법령에 따른 양중기의 종류에 해당하지 않는 것은?

① 곤돌라 ② 리프트
③ 클램셸 ④ 크레인

해설

클램쉘(clam shell)

① 연약지반이나 수중굴착 및 자갈 등을 싣는 데 적합하다.
② 깊은 땅파기 공사와 흙막이 버팀대를 설치하는 데 사용한다.
③ 수중굴착 및 수조물의 기초바닥 등과 같은 협소하고 상당히 깊은 범위의 굴착과 호퍼(hopper)에 적당하다.

참고 산업안전기사 필기 p.6-63(4. 클렘쉘)

[정답] 100 ③ 101 ② 102 ③

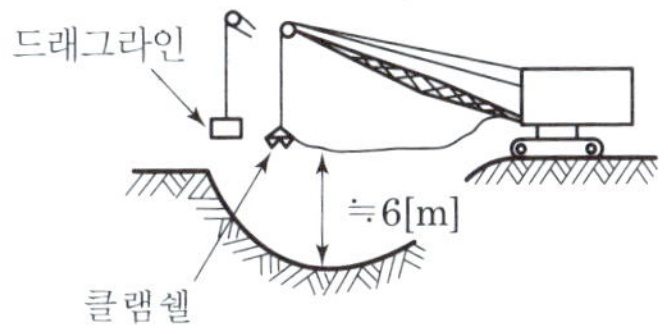

[그림] 드래그라인과 클렘쉘의 작업

KEY ① 2016년 5월 8일 산업기사 출제
② 2017년 5월 7일 산업기사 출제
③ 2019년 8월 4일(문제 120번) 출제
④ 2020년 9월 7일(문제 102번) 출제
⑤ 2024년 7월 27일(문제 105번) 출제

보충학습

제132조(양중기)

"양중기"라 함은 다음 각 호의 기계를 말한다.
① 크레인(호이스트를 포함한다.)
② 이동식크레인
③ 리프트(이삿짐운반용 리프트의 경우에는 적재하중이 0.1[t] 이상의 것으로 한정한다.)
④ 곤돌라
⑤ 승강기

103 굴착공사에 있어서 비탈면붕괴를 방지하기 위하여 실시하는 대책으로 옳지 않은 것은?

① 지표수의 침투를 막기 위해 표면 배수공을 한다.
② 지하수위를 내리기 위해 수평배수공을 설치한다.
③ 비탈면 하단을 성토한다.
④ 비탈면 상부에 토사를 적재한다.

해설

붕괴방지공법

① 활동할 가능성이 있는 토사는 제거하여야 한다.
② 비탈면 또는 법면의 하단을 다져서 활동이 안 되도록 저항을 만들어야 한다.
③ 지표수가 침투되지 않도록 배수를 시키고 지하수위를 낮추기 위하여 수평 보링(boring)을 하여 배수시켜야 한다.
④ 말뚝(강관, H형강, 철근 콘크리트)을 박아 지반을 강화시킨다.

참고 산업안전기사 필기 p.6-57(2. 붕괴방지 공법)

KEY ① 2016년 3월 6일 출제
② 2021년 5월 15일(문제 119번) 출제
③ 2024년 7월 27일(문제 107번) 출제

합격정보

굴착공사 표준안전 작업지침 제31조(예방)

104 흙막이 가시설 공사 시 사용되는 각 계측기 설치 목적으로 옳지 않은 것은?

① 지표침하계 – 지표면 침하량 측정
② 수위계 – 지반 내 지하수위의 변화 측정
③ 하중계 – 상부 적재하중 변화 측정
④ 지중경사계 – 인접지반의 수평 변위량 측정

해설

계측기 종류 및 설치 목적

종류	설치 목적
하중계 (load cell)	흙막이 버팀대에 작용하는 토압, 어스 앵커의 인장력 등을 측정하는 계측기
토압계 (earth pressure meter)	흙막이에 작용하는 토압의 변화를 파악하는 계측기
간극 수압계 (piezo meter)	굴착으로 인한 지하의 간극수압을 측정하는 계측기
지하수위계 (water level meter)	지하수의 수위변화를 측정하는 계측기

참고 산업안전기사 필기 p.6-119(표.계측장치의 종류 및 설치목적)

KEY ① 2016년 3월 6일, 10월 1일 산업기사 출제
② 2017년 3월 5일, 5월 7일 산업기사 출제
③ 2017년 5월 7일 출제
④ 2018년 4월 28일, 9월 15일 출제
⑤ 2019년 3월 3일 산업기사, 4월 27일 출제
⑥ 2021년 3월 7일(문제 105번), 9월 12일(문제 108번) 출제
⑦ 2024년 7월 27일(문제 111번) 출제

[정답] 103 ④ 104 ③

PART 05

105 철골구조의 앵커볼트매립과 관련된 준수사항 중 옳지 않은 것은?

① 기둥중심은 기준선 및 인접기둥의 중심에서 3[mm] 이상 벗어나지 않을 것
② 앵커볼트는 매립 후에 수정하지 않도록 설치할 것
③ 베이스플레이트의 하단은 기준 높이 및 인접기둥의 높이에서 3[mm] 이상 벗어나지 않을 것
④ 앵커볼트는 기둥중심에서 2[mm] 이상 벗어나지 않을 것

해설

앵커볼트 매립 정밀도 범위

① 기둥 중심은 기준선 및 인접 기둥의 중심에서 5[mm] 이상 벗어나지 않을 것

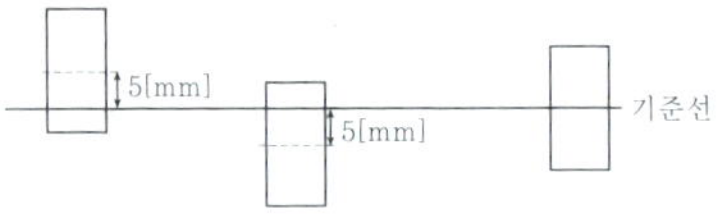

② 인접 기둥 간 중심거리의 오차는 3[mm] 이하일 것

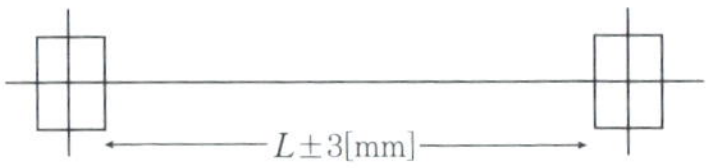

③ 앵커볼트는 기둥 중심에서 2[mm] 이상 벗어나지 않을 것

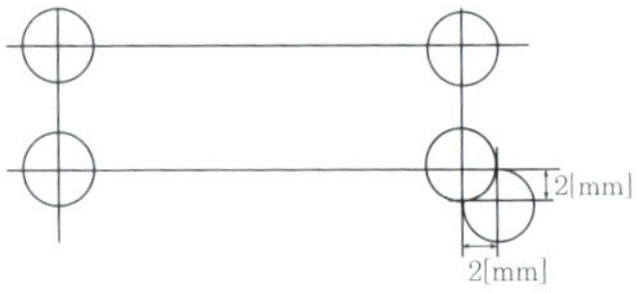

④ Base Plate의 하단은 기준높이 및 인접 기둥 높이에서 3[mm] 이상 벗어나지 않을 것

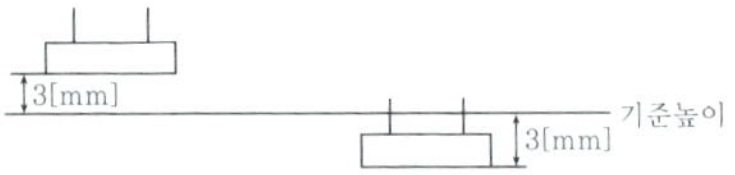

참고 산업안전기사 필기 p.6-161(합격날개 : 합격예측)

KEY ① 2014년 3월 2일 출제
② 2017년 8월 26일 출제
③ 2023년 7월 8일(문제 107번) 출제
④ 2024년 5월 9일(문제 103번) 출제

106 강관비계를 조립할 때 준수하여야 할 사항으로 옳지 않은 것은?

① 띠장간격은 2[m] 이하로 설치하되, 첫번째 띠장은 지상으로부터 3[m] 이하의 위치에 설치할 것
② 비계기둥의 간격은 띠장 방향에서 1.85[m] 이하로 할 것
③ 비계기둥의 제일 윗부분으로부터 31[m] 되는 지점 밑부분의 비계기둥은 2개의 강관으로 묶어 세울 것
④ 비계기둥 간의 적재하중은 400[kg]을 초과하지 않도록 할 것

해설

강관비계

① 띠장간격 : 1.85[m] 이하
② 첫번째 띠장은 지상으로부터 : 2[m] 이하

참고 산업안전기사 필기 p.6-99(합격날개 : 합격예측 및 관련법규)

합격정보
산업안전보건기준에 관한 규칙 제60조(강관비계의 구조)

KEY 2024년 5월 9일(문제 106번) 등 20회 이상 출제

107 동바리의 침하를 방지하기 위한 직접적인 조치로 옳지 않은 것은?

① 수평연결재 사용
② 받침목의 사용
③ 콘크리트의 타설
④ 말뚝박기

해설

동바리의 침하 방지를 위한 직접적인 조치 4가지

① 받침목의 사용
② 깔판의 사용
③ 콘크리트 타설
④ 말뚝박기

[정답] 105 ① 106 ① 107 ①

참고 산업안전기사 필기 p.6-88(합격날개 : 합격예측 및 관련 법규)

KEY ① 2022년 4월 24일(문제 119번) 출제
② 2023년 6월 4일(문제 107번) 출제
③ 2024년 5월 9일(문제 108번) 출제

합격정보

산업안전보건기준에 관한 규칙 제332조(동바리조립시의 안전조치)

108 안전난간의 구조 및 설치요건에 대한 기준으로 옳지 않은 것은?

① 상부난간대는 바닥면·발판 또는 경사로의 표면으로부터 90[cm] 이상 지점에 설치할 것
② 발끝막이판은 바닥면 등으로부터 10[cm] 이상의 높이를 유지할 것
③ 난간대는 지름 1.5[cm] 이상의 금속제파이프나 그 이상의 강도를 가진 재료일 것
④ 안전난간은 구조적으로 가장 취약한 지점에서 가장 취약한 방향으로 작용하는 100[kg] 이상의 하중에 견딜 수 있는 튼튼한 구조일 것

해설

난간대 지름 : 2.7[cm] 이상

참고 산업안전기사 필기 p.6-151(합격날개 : 합격예측 및 관련법규)

KEY ① 2016년 3월 6일 출제
② 2019년 8월 4일 출제
③ 2021년 8월 14일 출제
④ 2023년 2월 28일(문제 118번) 출제
⑤ 2024년 5월 9일(문제 113번) 출제

합격정보

산업안전보건기준에 관한 규칙 제13조(안전난간의 구조 및 설치요건)

109 지반 등의 굴착작업 시 경암의 굴착면 기울기로 옳은 것은?

① 1 : 0.3 ② 1 : 0.5
③ 1 : 0.8 ④ 1 : 1.0

해설

굴착면의 기울기 기준

지반의 종류	굴착면의 기울기
모래	1 : 1.8
연암 및 풍화암	1 : 1.0
경암	1 : 0.5
그 밖의 흙	1 : 1.2

참고 산업안전기사 필기 p.6-56(표. 굴착면의 기울기 기준)

KEY ① 2016년 5월 8일 기사 · 산업기사 동시 출제
② 2020년 6월 7일(문제 111번) 9월 27일(문제 115번) 출제
③ 2021년 9월 12(문제 115번) 출제
④ 2022년 3월 5일(문제 114번) 출제
⑤ 2024년 5월 9일(문제 120번) 출제

110 중량물을 운반할 때의 바른 자세로 옳은 것은?

① 허리를 구부리고 양손으로 들어올린다.
② 중량은 보통 체중의 60%가 적당하다.
③ 물건은 최대한 몸에서 멀리 떼어서 들어올린다.
④ 길이가 긴 물건은 앞쪽을 높게 하여 운반한다.

해설

인력운반 안전기준

① 1인당 무게는 25[kg] 정도가 적절하며, 무리한 운반 금지
② 2인 이상 1조가 되어 어깨메기로 하여 운반하는 등 안전을 도모
③ 긴 철근을 1인이 운반시 앞쪽을 높게하여 어깨에 메고 뒤쪽 끝을 끌면서 운반
④ 운반시 양끝을 묶어 운반
⑤ 내려놓을 때는 던지지 말고 천천히 내려놓을 것
⑥ 공동 작업시 신호에 따라 작업(신호 준수)

참고 산업안전기사 필기 p.6-182[(1) 인력운반 안전기준]

KEY ① 2017년 5월 7일 산업기사 출제
② 2019년 3월 3일(문제 111번) 출제
③ 2024년 2월 15일(문제 101번) 출제

[정답] 108 ③ 109 ② 110 ④

111 가설통로의 설치기준으로 옳지 않은 것은?

① 추락할 위험이 있는 장소에는 안전난간을 설치할 것
② 경사가 10[°]를 초과하는 경우에는 미끄러지지 않는 구조로 할 것
③ 경사는 30[°] 이하로 할 것
④ 건설공사에 사용하는 높이 8[m] 이상인 비계다리에는 7[m] 이내마다 계단참을 설치할 것

해설

가설통로 설치기준

① 견고한 구조로 할 것
② 경사는 30[°] 이하로 할 것. 다만, 계단을 설치하거나 높이 2[m] 미만의 가설통로로서 튼튼한 손잡이를 설치한 경우에는 그러하지 아니하다.
③ 경사가 15[°]를 초과하는 경우에는 미끄러지지 아니하는 구조로 할 것
④ 추락할 위험이 있는 장소에는 안전난간을 설치할 것. 다만, 작업상 부득이한 경우에는 필요한 부분만 임시로 해체할 수 있다.
⑤ 수직갱에 가설된 통로의 길이가 15[m] 이상인 경우에는 10[m] 이내마다 계단참을 설치할 것
⑥ 건설공사에 사용하는 높이 8[m] 이상인 비계다리에는 7[m] 이내마다 계단참을 설치할 것

참고 산업안전기사 필기 p.6-127(문제 40번)

KEY ① 2017년 5월 7일 기사 출제
② 2018년 4월 28일 기사 출제
③ 2019년 8월 4일 기사 출제
④ 2020년 6월 7일 기사 출제
⑤ 2021년 3월 7일 기사 출제
⑥ 2022년 3월 5일, 4월 24일 기사 출제
⑦ 2023년 2월 28일(문제 113번) 출제
⑧ 2024년 2월 15일(문제 112번) 출제

합격정보
산업안전보건기준에 관한 규칙 제23조(가설통로의 구조)

112 부두·안벽 등 하역작업을 하는 장소에서는 부두 또는 안벽의 선을 따라 통로를 설치하는 경우에는 폭을 최소 얼마 이상으로 해야 하는가?

① 70[cm] ② 80[cm]
③ 90[cm] ④ 100[cm]

해설

부두·안벽 등 하역작업을 하는 장소의 안전기준

① 작업장 및 통로의 위험한 부분에는 안전하게 작업할 수 있는 조명을 유지할 것
② 부두 또는 안벽의 선을 따라 통로를 설치하는 경우에는 폭을 90[cm] 이상으로 할 것
③ 육상에서의 통로 및 작업장소로서 다리 또는 선거(船渠) 갑문(閘門)을 넘는 보도(步道) 등의 위험한 부분에는 안전난간 또는 울타리 등을 설치할 것

참고 산업안전기사 필기 p.6-183(합격날개 : 합격예측 및 관련법규)

합격정보
산업안전보건기준에 관한 규칙 제390조(하역작업장의 조치기준)

KEY ① 2018년 4월 28일 기사 출제
② 2019년 3월 3일, 8월 4일 기사 출제
③ 2021년 5월 15일 기사 출제
④ 2023년 2월 28일(문제 107번) 출제
⑤ 2024년 2월 15일(문제 119번) 출제

113 흙 속의 전단응력을 증대시키는 원인에 해당하지 않는 것은?

① 자연 또는 인공에 의한 지하공동의 형성
② 함수비의 감소에 따른 흙의 단위 체적 중량의 감소
③ 지진, 폭파에 의한 진동 발생
④ 균열내에 작용하는 수압증가

해설

흙의 전단강도(쿨롱의 법칙)

(1) 개요
① 전단강도란 흙에 관한 역학적 성질로 기초의 극한 지지력을 알 수 있다.
② 기초의 하중이 흙의 전단강도 이상이면 흙은 붕괴되고 기초는 침하된다.

(2) 전단강도 공식(coulomb의 법칙)
$\tau = c + \sigma \tan\phi$
= 점착력 + 마찰력
여기서, τ : 전단강도 c : 점착력
σ : 수직응력 ϕ : 마찰각
$\sigma\tan\phi$: 마찰력
(3) 결론 : 함수비 감소에 따른 흙의 단위체적 중량 증가함

[정답] 111 ② 112 ③ 113 ②

참고 산업안전기사 필기 p.6-3(합격날개 : 합격예측)

KEY ① 2011년 6월 12일 기사 출제
② 2021년 8월 14일 기사 출제
③ 2023년 7월 8일(문제 114번) 출제

114 타워크레인을 자립고(自立高) 이상의 높이로 설치할 때 지지벽체가 없어 와이어로프로 지지하는 경우의 준수사항으로 옳지 않은 것은?

① 와이어로프를 고정하기 위한 전용 지지프레임을 사용할 것
② 와이어로프 설치각도는 수평면에서 60[°] 이내로 하되, 지지점은 4개소 이상으로 하고, 같은 각도로 설치할 것
③ 와이어로프와 그 고정부위는 충분한 강도와 장력을 갖도록 설치하되, 와이어로프를 클립·샤클(shackle) 등의 기구를 사용하여 고정하지 않도록 유의할 것
④ 와이어로프가 가공전선(架空電線)에 근접하지 않도록 할 것

해설

타워크레인 강도 · 장력유지
① 와이어로프와 그 고정부위는 충분한 강도와 장력을 갖도록 설치한다.
② 와이어로프를 클립 · 샤클(shackle) 등의 고정기구를 사용하여 견고하게 고정시켜 풀리지 아니하도록 하며, 사용 중에는 충분한 강도와 장력을 유지하도록 할 것

참고 산업안전기사 필기 p.6-198(문제 22번) 적중

KEY ① 2018년 3월 4일 기사 출제
② 2020년 8월 22일 기사 출제
③ 2023년 6월 4일(문제 109번) 출제

합격정보
산업안전보건기준에 관한 규칙 제142조(타워크레인의 지지)

115 고소작업대를 설치 및 이동하는 경우에 준수하여야 할 사항으로 옳지 않은 것은?

① 와이어로프 또는 체인의 안전율은 3 이상일 것
② 붐의 최대 지면경사각을 초과 운전하여 전도되지 않도록 할 것
③ 고소작업대를 이동하는 경우 작업대를 가장 낮게 내릴 것
④ 작업대에 끼임·충돌 등 재해를 예방하기 위한 가드 또는 과상승방지장치를 설치할 것

해설

고소작업대의 와이어로프 및 체인의 안전율 : 5 이상

참고 산업안전기사 필기 p.6-50(합격날개:합격예측 및 관련법규)

KEY ① 2017년 3월 5일 산업기사 출제
② 2017년 9월 23일 산업기사 출제
③ 2023년 6월 4일(문제 117번) 출제

합격정보
산업안전보건기준에 관한규칙 제186조(고소작업대 설치 등의 조치)

PART 05

116 지반의 굴착 작업에 있어서 비가 올 경우를 대비한 직접적인 대책으로 옳은 것은?

① 측구 설치
② 낙하물 방지망 설치
③ 추락 방호망 설치
④ 매설물 등의 유무 또는 상태 확인

해설

굴착작업시 비가 올 경우 직접적인 대책 : 측구(側溝)설치

참고 산업안전기사 필기 p.6-105(합격날개 : 합격예측 및 관련법규)

KEY ① 2021년 5월 15일(문제 104번) 출제
③ 2023년 6월 4일(문제 120번) 출제

합격정보
산업안전보건기준에 관한 규칙 제339조(굴착면의 붕괴 등에 의한 위험방지)

[정답] 114 ③ 115 ① 116 ①

보충학습

측구

① 도로의 노면, 도로 비탈면 또는 측도(側道)의 노면이나 비탈면 및 입접지에 내린 우수의 원활한 처리를 위하여 설치하는 시설로서, 도로의 배수시설(排水施設)
② 배수시설 : 도로시설의 보전, 교통안전, 유지보수 등을 위하여 도로에 설치하는 시설로서 측구(側溝), 집수정 및 도수로(導水路)
③ 측구는 일반적으로 L자형과 U자형이 사용되며, 길어깨에 붙여서 측구를 설치하는 경우에는 교통안전을 위하여 윗면이 열린 측구를 설치해서는 안 된다.

관련법령

도로의 구조·시설 기준에 관한 규칙 제30조

117 이동식비계를 조립하여 작업을 하는 경우의 준수사항으로 옳지 않은 것은?

① 비계의 최상부에서 작업을 할 때에는 안전난간을 설치하여야 한다.
② 작업발판의 최대적재하중은 400[kg]을 초과하지 않도록 한다.
③ 승강용 사다리는 견고하게 설치하여야 한다.
④ 작업발판은 항상 수평을 유지하고 작업발판 위에서 안전난간을 딛고 작업을 하거나 받침대 또는 사다리를 사용하여 작업하지 않도록 한다.

해설

이동식 비계 작업발판 최대적재 하중 : 250[kg] 초과 금지

참고 산업안전기사 필기 p.6-103 (합격날개 : 합격예측 및 관련법규)

KEY ① 2017년 8월 26일 출제
② 2017년 3월 5일 산업기사 출제
③ 2018년 3월 4일, 8월 19일(문제 113번) 출제
④ 2022년 4월 24일(문제 109번) 출제

합격정보

산업안전보건기준에 관한 규칙 제68조 (이동식비계)

118 철골 건립기계 선정 시 사전 검토사항과 가장 거리가 먼 것은?

① 건립기계의 소음영향
② 건립기계로 인한 일조권 침해
③ 건물형태
④ 작업반경

해설

타워크레인 선정시 사전 검토사항

① 작업반경
② 입지조건
③ 건립기계의 소음영향
④ 건물형태
⑤ 인양능력

참고 산업안전기사 필기 p.6-131(합격날개 : 합격예측)

KEY ① 2019년 3월 3일 기사 출제
② 2019년 8월 4일(문제 118번) 출제

119 건설공사 유해위험방지계획서를 제출해야 할 대상공사에 해당하지 않는 것은?

① 깊이 10[m]인 굴착공사
② 다목적댐 건설공사
③ 최대 지간길이가 40[m]인 다리건설 공사
④ 연면적 5,000[m^2]인 냉동·냉장창고시설의 설비공사

해설

유해위험 방지계획서 제출 대상 공사

(1) 건축물 또는 시설 등의 건설·개조 또는 해체공사
가. 지상높이가 31미터 이상인 건축물 또는 인공구조물
나. 연면적 3만제곱미터 이상인 건축물
다. 연면적 5천제곱미터 이상인(에) 해당하는 시설
① 문화 및 집회시설(전시장 및 동물원·식물원은 제외한다)
② 판매시설, 운수시설(고속철도의 역사 및 집배송시설은 제외한다)
③ 종교시설
④ 의료시설 중 종합병원
⑤ 숙박시설 중 관광숙박시설
⑥ 지하도상가
⑦ 냉동·냉장 창고시설

[정답] 117 ② 118 ② 119 ③

(2) 연면적 5천제곱미터 이상의 냉동·냉장창고시설의 설비공사 및 단열공사
(3) 최대지간길이(다리의 기둥과 기둥의 중심사이의 거리)가 50[m] 이상인 다리건설 등 공사
(4) 터널건설 등의 공사
(5) 다목적댐, 발전용댐, 저수용량 2천만톤 이상의 용수전용댐 및 지방상수도 전용댐의 건설 등 공사
(6) 깊이 10[m] 이상인 굴착공사

참고 산업안전기사 필기 p.6-20

KEY ① 2018년 3월 4일 기사 출제
② 2019년 8월 4일(문제 115번) 출제

합격정보

산업안전보건법 시행령 제42조(유해위험방지계획서 제출대상)

120 건설업 산업안전보건관리비 계상 및 사용기준(고용노동부 고시)은 산업재해보상 보험법의 적용을 받는 공사 중 총 공사금액이 얼마 이상인 공사에 적용하는가?

① 4천만원 ② 3천만원
③ 2천만원 ④ 1천만원

해설

제3조(적용범위) 이 고시는 「산업재해보상보험법」 제6조의 규정에 의하여 「산업재해보상보험법」의 적용을 받는 공사중 총공사금액 2천만원 이상인 공사에 적용한다. 다만, 다음 각 호의 어느 하나에 해당되는 공사중 단가계약에 의하여 행하는 공사에 대하여는 총계약금액을 기준으로 이를 적용한다.

참고 산업안전기사 필기 p.6-38(제3조 적용범위)

KEY ① 2016년 3월 6일 기사 출제
② 2017년 5월 7일 산업기사 출제
③ 2017년 8월 26일 기사·산업기사 동시 출제
④ 2019년 8월 4일(문제 110번) 출제

[정답] 120 ③

PART 05

2025년도 기사 정기검정 제3회 (2025년 8월 9일 시행)

자격종목 및 등급(선택분야)

산업안전기사

※ 본 문제는 복원문제 및 예적(예상적중) 문제로 실제문제와 동일하지 않을 수 있습니다.

1 산업재해 예방 및 안전보건교육

01 **보호구 안전인증 고시상 안전인증 방독마스크의 정화통 종류와 외부 측면의 표시 색이 잘못 연결된 것은?**

① 할로겐용 – 회색　② 황화수소용 – 회색
③ 암모니아용 – 회색　④ 시안화수소용 – 회색

해설

방독마스크 흡수관(정화통)의 종류

종 류	시험가스	정화통 외부측면 표시색
유기화합물용	시클로헥산(C_6H_{12}) 디메틸에테르(CH_3OCH_3), 이소부탄(C_4H_{10})	갈색
할로겐용	염소가스 또는 증기(Cl_2)	회색
황화수소용	황화수소가스(H_2S)	회색
시안화수소용	시안화수소가스(HCN)	회색
아황산용	아황산가스(SO_2)	노란색
암모니아용	암모니아가스(NH_3)	녹색

참고 산업안전기사 필기 p.1-57(표 : 방독마스크 흡수관의 종류)

KEY
① 2016년 3월 6일 산업기사 출제
② 2017년 3월 5일 기사 출제
③ 2018년 4월 28일 기사 출제
④ 2021년 5월 15일(문제 7번) 출제
⑤ 2022년 3월 5일(문제 20번) 출제

02 **보호구 자율안전확인 고시상 자율안전확인 보호구에 표시하여야 하는 사항을 모두 고른 것은?**

ㄱ. 모델명　ㄴ. 제조 번호
ㄷ. 사용 기한　ㄹ. 자율안전확인 번호

① ㄱ, ㄴ, ㄷ　② ㄱ, ㄴ, ㄹ
③ ㄱ, ㄷ, ㄹ　④ ㄴ, ㄷ, ㄹ

해설

자율안전 확인 제품 표시 방법

① 형식 또는 모델명
② 규격 또는 등급 등
③ 제조자명
④ 제조번호 및 제조연월
⑤ 자율안전 확인 번호

참고 산업안전기사 필기 p.3-57(2. 자율안전확인제품 표시방법)

KEY 2022년 4월 24일(문제 3번) 출제

03 **산업재해의 분석 및 평가를 위하여 재해발생건수 등의 추이에 대해 한계선을 설정하여 목표관리를 수행하는 재해통계 분석기법은?**

① 관리도　② 안전 T점수
③ 파레토도　④ 특성 요인도

해설

관리도(Control chart)

재해발생건수 등의 추이파악 → 목표관리 행하는 데 필요한 월별 재해발생 수의 그래프화 → 관리 구역 설정 → 관리하는 방법

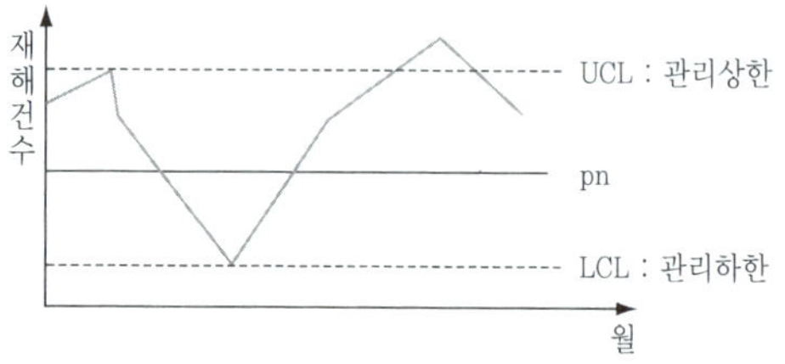

[그림] 관리도

참고 산업안전기사 필기 p.3-4(4. 관리도)

KEY
① 2017년 3월 5일(문제 14번) 출제
② 2018년 9월 15일 출제
③ 2022년 4월 4일(문제 6번) 출제

[정답] 01 ③ 02 ② 03 ①

04 레빈(Lewin)의 법칙 $B=f(P \cdot E)$중 B가 의미하는 것은?

① 인간관계　② 행동
③ 환경　④ 함수

해설

레빈의 인간행동법칙

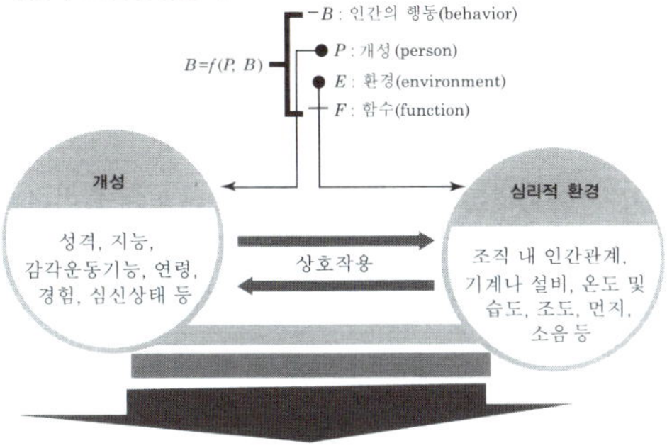

[그림] 인간의 행동이 결정됨

참고 ① 산업안전기사 필기 p.1-79(합격날개 : 합격예측)
② Lewin : 독일 출생의 미국인, 행동주의 심리학파

KEY ① 2011년 6월 12일 기사 출제
② 2016년 3월 6일, 10월 1일 기사 출제
③ 2017년 5월 7일, 8월 26일, 9월 23일 기사 출제
④ 2018년 3월 4일, 9월 15일 기사 출제
⑤ 2019년 9월 21일 기사 출제
⑥ 2020년 8월 22일 기사 출제
⑦ 2023년 2월 28일(문제 4번) 출제

05 경보기가 울려도 기차가 오기까지 아직 시간이 있다고 판단하여 건널목을 건너다가 사고를 당했다. 다음 중 이 재해자의 행동성향으로 옳은 것은?

① 착오·착각　② 무의식행동
③ 억측판단　④ 지름길반응

해설

억측판단

부주의가 발생하는 경우에 있어 자동차를 운전할 때 신호가 바뀌기 전에 신호가 바뀔 것을 예상하고 자동차를 출발시키는 행동(예 건널목 사고 등)

참고 산업안전기사 필기 p.1-121(합격날개 : 합격예측)

KEY ① 2009년 제3회 출제
② 2016년 3월 6일 기사 출제
③ 2023년 6월 4일(문제 9번) 출제

보충학습

억측판단의 배경

① 과거의 성공한 경험 : 이전에 그 행위로 성공한 적이 있다.
② 희망적 관측 : 그때도 그랬으니까 괜찮겠지
③ 정보나 지식이 불확실할 때 : 위험한 결과에 대한 지식부족
④ 초조한 심정 : 일을 빨리 끝내고 싶다. 귀찮다는 강한 욕망

합격자의 조언

① 합격예측에서 적중된 것을 확인했습니다.
② 안전한 합격은 합격날개를 꼭 보셔야 합니다.

06 다음 중 부주의의 발생 현상으로 혼미한 정신상태에서 심신의 피로나 단조로운 반복작업시 일어나는 현상은?

① 의식의 과잉　② 의식의 집중
③ 의식의 우회　④ 의식수준의 저하

해설

의식수준의 저하

뚜렷하지 않은 의식의 상태로 심신이 피로하거나 단조로움 등에 의해 발생

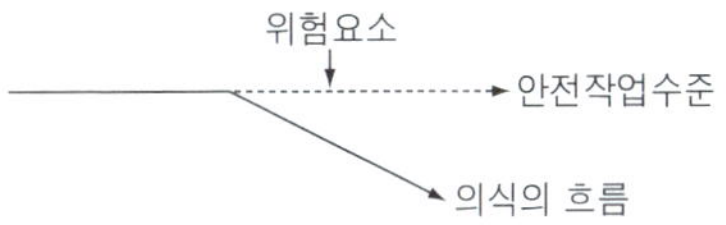

[그림] 의식수준의 저하

참고 산업안전기사 필기 p.1-122(3. 의식수준의 저하)

KEY ① 2017년 8월 26일 출제
② 2019년 8월 4일 출제
③ 2023년 6월 4일(문제 17번) 출제

보충학습

① 의식의 단절 : 지속적인 흐름에 공백이 발생하며 질병이 있는 경우에만 발생한다.
② 의식의 우회 : 의식의 흐름이 옆으로 빗나가 발생하는 경우로 작업도중의 걱정, 고뇌, 욕구 불만 등에 의해 다른 것에 주의하는 것이 이에 속한다.
③ 의식의 과잉 : 지나친 의욕에 의해서 생기는 부주의 현상으로 돌발사태 및 긴급이상 사태시 순간적으로 긴장되고 의식이 한 방향으로만 쏠리게 되는 경우가 이에 해당된다.
④ 의식의 혼란 : 인간공학적 디자인과 설계의 불량으로 인해 판단의 혼란으로 발생한다.

[정답] 04 ② 05 ③ 06 ④

PART 05

07 부주의에 대한 사고방지 대책 중 기능 및 작업 측면의 대책이 아닌 것은?

① 표준작업의 습관화 ② 적성배치
③ 안전의식의 제고 ④ 작업조건의 개선

해설

부주의에 대한 기능 및 작업적 측면에 대한 대책
① 적성 배치
② 안전작업 방법 습득
③ 표준작업 동작의 습관화

참고 산업안전기사 필기 p.1-123(④ 기능 및 작업적 측면에 대한 대책)

KEY ① 2018년 8월 19일 기사 출제
② 2023년 7월 8일(문제 20번) 출제

보충학습

부주의에 대한 정신적 측면에 대한 대책
① 주의력의 집중 훈련
② 스트레스의 해소
③ 안전의식의 고취(제고)
④ 작업의욕의 고취(제고)

08 새로운 자료나 교재를 제시하고, 문제점을 피교육자로 하여금 제기하도록 하거나 의견을 여러 가지 방법으로 발표하게 하여 청중과 토론자간 활발한 의견 개진과 합의를 도출해가는 토의방법은?

① 포럼(Forum)
② 심포지엄(Symposium)
③ 자유토의(Free discussion)
④ 패널 디스커션(Panel discussion)

해설

포럼(Forum)
① 새로운 자료나 교재를 제시하고 거기서의 문제점을 피교육자로 하여금 제기하게 하거나 의견을 여러 가지 방법으로 발표하게 하고 다시 깊이 파고들어 토의를 행하는 방법
② 청중과 토론자간 활발한 의견 개진가능

참고 산업안전기사 필기 p.1-146((1) 토의식 교육방법)

KEY ① 2021년 9월 12일 기사 등 5회 이상 출제
② 2023년 6월 4일(문제 8번) 출제
③ 2024년 2월 15일(문제 8번) 출제

보충학습

① 심포지엄 : 몇 사람의 전문가에 의하여 과정에 관한 견해를 발표하게 한 뒤 참가자로 하여금 의견이나 질문을 하게 하는 토의법
② 자유토의법 : 참가자는 고정적인 규칙이나 리더에게 얽매이지 않고 자유로이 의견이나 태도를 표명하며, 지식이나 정보를 상호 제공, 교환함으로써 참가자 상호 간의 의견이나 견해의 차이를 상호작용으로 조정하여 집단으로 의견을 요약해 나가는 방법
③ 패널 디스커션 : 패널멤버(교육과제에 정통한 전문가 4~5[명])가 피교육자 앞에서 자유로이 토의하고 뒤에 피교육자 전원이 참가하여 사회자의 사회에 따라 토의하는 방법

09 산업안전보건법령상 안전보건교육 중 관리감독자 정기안전보건교육의 교육내용으로 옳은 것은?(단, 산업안전보건법 및 일반관리에 관한 사항을 제외한다.)

① 산업안전 및 재해사례에 관한 사항
② 사고 발생 시 긴급조치에 관한 사항
③ 건강증진 및 질병 예방에 관한 사항
④ 산업보건 및 건강장해 예방에 관한 사항

해설

관리감독자 정기안전보건교육 내용
① 산업안전 및 산업재해 예방에 관한 사항(화재 · 폭발 사고 발생 시 대피에 관한 사항을 포함한다)
② 산업보건 및 건강장해 예방에 관한 사항(폭염 · 한파작업으로 인한 건강장해 발생 시 응급조치에 관한 사항을 포함한다)
③ 위험성 평가에 관한 사항
④ 유해·위험 작업환경 관리에 관한 사항
⑤ 산업안전보건법령 및 산업재해보상보험 제도에 관한 사항
⑥ 직무스트레스 예방 및 관리에 관한 사항
⑦ 직장 내 괴롭힘, 고객의 폭언 등으로 인한 건강장해 예방 및 관리에 관한 사항
⑧ 작업공정의 유해·위험과 재해 예방대책에 관한 사항
⑨ 사업장 내 안전보건관리체제 및 안전·보건조치 현황에 관한 사항
⑩ 표준안전 작업방법 결정 및 지도·감독 요령에 관한 사항
⑪ 현장근로자와의 의사소통능력 및 강의 능력 등 안전보건교육 능력 배양에 관한 사항
⑫ 비상시 또는 재해 발생 시 긴급조치에 관한 사항
⑬ 그 밖의 관리감독자의 직무에 관한 사항

참고 산업안전기사 필기 p.1-156(3. 관리감독자 정기안전보건교육)

KEY ① 2017년 5월 7일, 8월 26일 출제
② 2018년 3월 4일(문제 14번) 출제
③ 2024년 2월 15일(문제 14번) 출제

[정답] 07 ③ 08 ① 09 ④

합격정보

산업안전보건법시행규칙 [별표 5] 안전보건교육대상별 교육내용

10 산업안전보건법령상 안전보건관리규정 작성시 포함되어야 할 사항을 모두 고른 것은? (단, 그 밖에 안전 및 보건에 관한 사항은 제외한다.)

ㄱ. 안전보건교육에 관한 사항
ㄴ. 재해사례 연구 · 토의 결과에 관한 사항
ㄷ. 사고 조사 및 대책 수립에 관한 사항
ㄹ. 작업장의 안전 및 보건 관리에 관한 사항
ㅁ. 안전 및 보건에 관한 관리조직과 그 직무에 관한 사항

① ㄱ, ㄴ, ㄷ, ㄹ ② ㄱ, ㄴ, ㄹ, ㅁ
③ ㄱ, ㄷ, ㄹ, ㅁ ④ ㄴ, ㄷ, ㄹ, ㅁ

해설

안전보건관리규정 작성 시 포함사항

① 안전 및 보건에 관한 관리조직과 그 직무에 관한 사항
② 안전보건교육에 관한 사항
③ 작업장의 안전 및 보건 관리에 관한 사항
④ 사고 조사 및 대책 수립에 관한 사항
⑤ 그 밖에 안전 및 보건에 관한 사항

참고 산업안전기사 필기 p.1-181(제2절 안전보건관리 규정)

KEY ① 2021년 5월 15일 기사 출제
② 2023년 6월 4일(문제 19번) 출제
③ 2024년 5월 9일(문제 10번) 출제

합격정보

산업안전보건법 제25조(안전보건관리규정의 작성)

11 산업안전보건법령상 근로자 안전보건교육 대상에 따른 교육시간 기준 중 틀린 것은?(단, 상시 작업이며, 일용근로자는 제외한다.)

① 특별교육 – 16시간 이상
② 채용 시 교육 – 8시간 이상
③ 작업내용 변경 시 교육 – 2시간 이상
④ 사무직 종사 근로자 정기교육 – 매분기 1시간 이상

해설

근로자 안전보건교육

교육과정	교육대상		교육시간
정기교육	사무직 종사 근로자		매반기 6시간 이상
	그 밖의 근로자	판매업무에 직접 종사하는 근로자	매반기 6시간 이상
		판매업무에 직접 종사하는 근로자 외의 근로자	매반기 12시간 이상
	관리감독자의 지위에 있는 사람		연간 16시간 이상
채용시의 교육	일용근로자		1시간 이상
	일용근로자를 제외한 근로자		8시간 이상
작업내용 변경시의 교육	일용근로자		1시간 이상
	일용근로자를 제외한 근로자		2시간 이상
특별교육	별표 5 제1호라목 각 호의 어느 하나에 해당하는 작업에 종사하는 일용근로자		2시간 이상
	별표 5 제1호라목 제40호의 타워크레인 신호작업에 종사하는 일용근로자		8시간 이상
특별교육	별표 5 제1호라목 각 호의 어느 하나에 해당하는 작업에 종사하는 일용근로자를 제외한 근로자		16시간 이상(최초 작업에 종사하기 전 4시간 이상 실시하고 12시간은 3개월 이내에서 분할하여 실시가능)
			단기간 작업 또는 간헐적 작업인 경우에는 2시간 이상
건설업 기초 안전·보건교육	건설 일용근로자		4시간 이상

참고 산업안전산업기사 필기 p.1-157(표 : 안전보건교육 교육과정별 교육시간)

KEY ① 2016년 5월 8일 기사 출제
② 2020년 6월 7일 기사, 8월 23일 산업기사 출제
③ 2022년 3월 5일(문제 7번) 출제
④ 2024년 5월 9일(문제 14번) 출제

합격정보

산업안전보건법 시행규칙 [별표 4] 안전보건교육 교육과정별 교육시간

[정답] 10 ③ 11 ④

12 산업안전보건법령상 잠함(潛函) 또는 잠수작업 등 높은 기압에서 작업하는 근로자의 근로시간 기준은?

① 1일 6시간, 1주 32시간 초과금지
② 1일 6시간, 1주 34시간 초과금지
③ 1일 8시간, 1주 32시간 초과금지
④ 1일 8시간, 1주 34시간 초과금지

해설

근로시간 연장의 제한

사업주는 유해하거나 위험한 작업으로서 대통령령으로 정하는 작업에 종사하는 근로자에게는 1일 6시간, 1주 34시간을 초과하여 근로하게 하여서는 아니된다. 예 잠함 잠수작업

KEY ① 2017년 8월 26일(문제 18번) 출제
② 2023년 2월 28일(문제 2번) 출제
③ 2024년 7월 27일(문제 12번) 출제

합격정보

산업안전보건법 제139조(유해·위험작업에 대한 근로시간 제한 등)

보충학습

잠함(caisson : 潛函)

지상에서 구축한 철근 콘크리트체의 상자나 통 형태의 지하 구축물(기초 구조물, 하부 구조물)로써 그 밑을 굴착하여 소정의 위치까지 침하시키는 것.(출처 : 인테리어 용어사전)

13 산업안전보건법에 따라 안전관리자를 정수 이상으로 증원하거나 교체하여 임명할 것을 명할 수 있는 경우가 아닌 것은?

① 중대재해가 연간 5건 발생한 경우
② 안전관리자가 질병으로 인하여 3개월 동안 직무를 수행할 수 없게 된 경우
③ 안전관리자가 질병 외의 사유로 인하여 6개월 동안 직무를 수행할 수 없게 된 경우
④ 해당 사업장의 연간재해율이 전체 평균재해율 이상인 경우

해설

안전관리자의 증원·교체임명

① 해당 사업장의 연간재해율이 같은 업종 평균재해율의 2배 이상인 때
② 중대재해가 연간 2건 이상 발생한 때
③ 관리자가 질병 그 밖의 사유로 3개월 이상 직무를 수행할 수 없게 된 때
④ 화학적 인자로 인한 직업성 질병자가 연간 3명 이상 발생한 경우

참고 산업안전기사 필기 p.1-224(제12조)

합격정보

산업안전보건법 시행규칙 제12조(안전관리자 등의 증원·교체 임명 명령)

KEY ① 2011년 3월 20일 출제
② 2018년 3월 4일 출제
③ 2023년 2월 28일(문제 6번) 출제
④ 2024년 7월 27일(문제 13번) 출제

14 관리그리드 이론에서 인간관계 유지에는 낮은 관심을 보이지만 과업에 대해서는 높은 관심을 가지는 리더십의 유형에 해당하는 것은?

① (1, 1)형 ② (1, 9)형
③ (9, 1)형 ④ (9, 9)형

해설

관리그리드 이론 5가지 유형

유형	1.1	1.9	9.1	5.5	9.9
관심도	무관심형	인기형	과업형	타협형	이상형

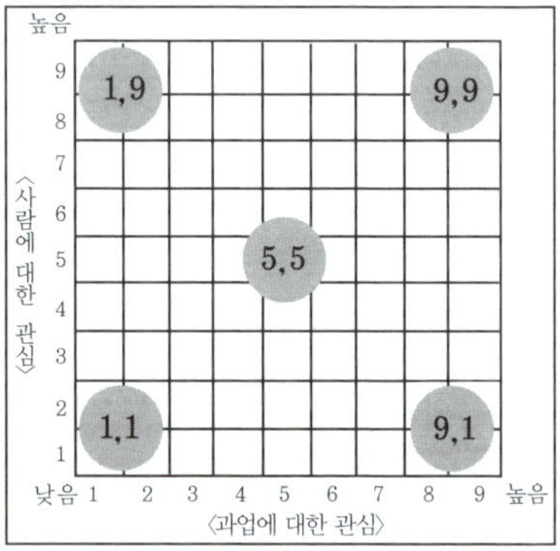

[그림] 관리그리드 이론[SH]

[정답] 12 ② 13 ④ 14 ③

참고 산업안전기사 필기 p.1-83 (3) 관리그리드의 리더십 5가지 이론

KEY ① 2009년 3월 1일(문제 19번), 7월 26일(문제 10번) 출제
② 2020년 6월 7일 출제
③ 2023년 6월 4일(문제 20번) 출제
④ 2024년 7월 27일(11번) 출제
⑤ 2025년 5월 10일(5번) 출제

15 산업재해보험적용근로자 1,000명인 플라스틱 제조 사업장에서 작업 중 재해 5건이 발생하였고, 1명이 사망하였을 때 이 사업장의 사망만인율은?

① 2　　② 5
③ 10　　④ 20

해설

$$사망만인율 = \frac{사망자수}{산재보험적용\ 근로자수} \times 10{,}000$$

$$= \frac{1}{1{,}000} \times 10{,}000 = 10$$

참고 산업안전기사 필기 p.3-43(합격날개 : 합격예측)

KEY ① 2019년 4월 27일 산업기사 출제
② 2022년 3월 5일(문제 4번) 출제
③ 2025년 5월 10일(19번) 출제

합격정보
산업재해 통계업무처리 규정 제3조(산업재해 통계의 산출방법 및 정의)

16 매슬로우(Maslow)의 욕구 5단계 이론 중 자기보존에 관한 안전욕구는 몇 단계에 해당되는가?

① 제1단계　　② 제2단계
③ 제3단계　　④ 제4단계

해설

매슬로우(Maslow, A. H.)의 욕구단계 이론
① 제1단계(생리적 욕구 : 생명유지의 기본적 욕구) : 기아, 갈증, 호흡, 배설, 성욕 등 인간의 가장 기본적인 욕구(종족보존)
② 제2단계(안전욕구) : 자기보존욕구
③ 제3단계(사회적 욕구) : 소속감과 애정욕구
④ 제4단계(존경욕구) : 인정받으려는 욕구
⑤ 제5단계(자아실현의 욕구) : 잠재적인 능력을 실현하고자 하는 욕구 (성취욕구)

참고 산업안전기사 필기 p.1-103(5. 매슬로우의 욕구 5단계 이론)

KEY ① 2014년 3월 2일 출제
② 2016년 5월 8일, 8월 21일 출제
③ 2017년 3월 5일 출제
④ 2018년 4월 28일 출제
⑤ 2019년 4월 27일 출제
⑥ 2020년 8월 22일 출제
⑦ 2021년 8월 14일 출제
⑧ 2022년 4월 24일 출제
⑨ 2024년 7월 27일(문제 20번) 등 10회 이상 출제
⑩ 2024년 4월 27일 실기 필답형 출제
⑪ 2025년 2월 7일(문제 3번) 출제

17 생체리듬의 변화에 대한 설명으로 틀린 것은?

① 야간에는 체중이 감소한다.
② 야간에는 말초운동 기능이 저하된다.
③ 체온, 혈압, 맥박수는 주간에 상승하고 야간에 감소한다.
④ 혈액의 수분과 염분량은 주간에 증가하고 야간에 감소한다.

해설

위험일 변화
혈액의 수분, 염분량 : 주간에 감소, 야간에 상승

참고 산업안전기사 필기 p.1-110(5. 위험일의 변화 및 특징)

KEY ① 2017년 8월 26일, 9월 23일출제
② 2021년 3월 7일 출제
③ 2023년 6월 4일(문제 13번) 출제
④ 2024년 7월 27일(문제 9번) 출제
⑤ 2025년 2월 7일(문제 5번) 출제

18 재해원인을 직접원인과 간접원인으로 분류할 때 직접원인에 해당하는 것은?

① 물적 원인　　② 교육적 원인
③ 정신적 원인　　④ 관리적 원인

[정답] 15 ③　16 ②　17 ④　18 ①

해설

산업재해원인

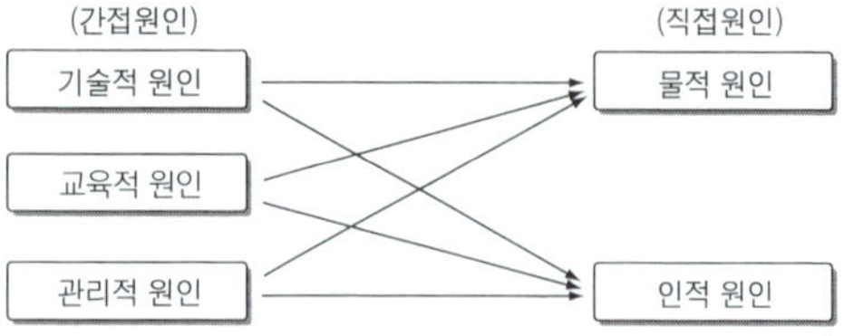

[그림] 직 · 간접재해원인 비교

참고 산업안전기사 필기 p.3-29(그림. 직·간접재해원인 비교)

KEY
① 2017년 5월 7일 산업기사 출제
② 2018년 4월 28일 기사 출제
③ 2019년 4월 27일 기사 출제
④ 2020년 8월 22일(문제 14번) 출제
⑤ 2022년 4월 24일(문제 18번) 출제
⑥ 2024년 2월 15일(문제 9번) 출제
⑦ 2025년 2월 7일(문제 10번) 출제

19 적응기제 중 도피기제의 유형이 아닌 것은?

① 합리화 ② 고립
③ 퇴행 ④ 억압

해설

도피기제(Excape Mechanism):
갈등을 해결하지 않고 도망감

구분	특징
억압	무의식으로 쑤셔 넣기
퇴행	유아 시절로 돌아가 유치해짐
백일몽	공상의 나래를 펼침
고립(거부)	외부와의 접촉을 끊음

참고 ① 산업안전기사 필기 p.1-117(적응기제 3가지)
② 산업안전기사 필기 p.1-152(합격날개 : 합격예측)

KEY
① 2016년 5월 8일 산업기사 출제
② 2017년 3월 5일, 9월 23일 기사 출제
③ 2018년 3월 4일(문제 19번) 출제
④ 2024년 2월 15일(문제 15번) 출제
⑤ 2025년 2월 7일(문제 11번) 출제

20 다음 중 몇 사람의 전문가에 의하여 과제에 관한 견해를 발표하게 한 뒤에 참가자로 하여금 의견이나 질문을 하게 하여 토의하는 방법은?

① 포럼(Forum)
② 심포지엄(Symposium)
③ 케이스 스터디(Case study)
④ 패널 디스커션(Panel discussion)

해설

심포지엄(Symposium)
몇 사람의 전문가에 의하여 과제에 관한 견해를 발표하게 한 뒤 참가자로 하여금 의견이나 질문을 하게 하여 토의하는 방법

참고 산업안전기사 필기 p.1-146(④ 토의식 교육방법)

KEY
① 2011년 6월 12일 기사 출제
② 2013년 8월 18일 기사 출제
③ 2015년 5월 31일, 8월 16일 기사 출제
④ 2018년 3월 4일 기사 출제
⑤ 2020년 6월 7일 기사 출제
⑥ 2022년 3월 5일 기사 출제
⑦ 2023년 7월 8일(문제 6번) 출제
⑤ 2025년 2월 7일(문제 13번) 출제

2 인간공학 및 위험성 평가·관리

21 A사의 안전관리자는 자사 화학 설비의 안전성 평가를 실시하고 있다. 그 중 제2단계인 정성적 평가를 진행하기 위하여 평가항목을 설계관계 대상과 운전관계 대상으로 분류하였을 때 설계관계 항목이 아닌 것은?

① 건조물
② 공장 내 배치
③ 입지조건
④ 원재료, 중간제품

[정답] 19 ① 20 ② 21 ④

해설

정성적 평가(제2단계)

(1) 설계관계
① 입지조건
② 공장내의 배치
③ 건조물
④ 소방용 설비 등

(2) 운전관계
① 원재료
② 중간제품 등의 위험성
③ 프로세스의 운전조건 수송, 저장 등에 대한 안전대책
④ 프로세스기기의 선정요건

참고 산업안전기사 필기 p.2-37(합격날개 : 합격예측)

KEY 2022년 3월 5일(문제 25번) 출제

22 위험분석 기법 중 시스템 수명주기 관점에서 적용 시점이 가장 빠른 것은?

① PHA ② FHA
③ OHA ④ SHA

해설

시스템 분석

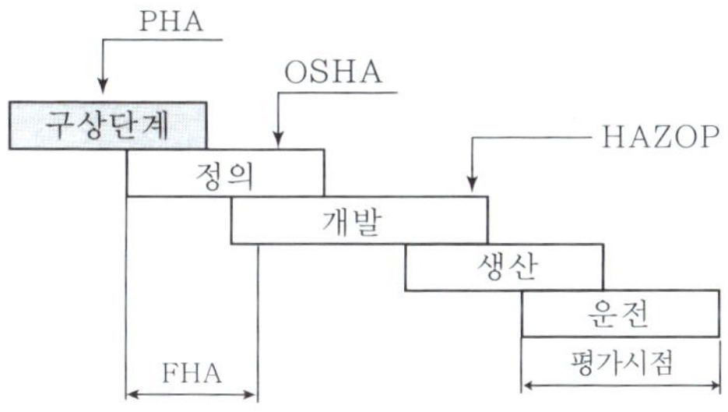

[그림] PHA · OSHA · FHA · HAZOP

참고 산업안전기사 필기 p.2-60(2. 예비 위험 분석)

KEY
① 2012년 3월 4일 출제
② 2016년 5월 8일 산업기사 출제
③ 2018년 8월 19일 출제
④ 2019년 3월 3일, 9월 21일 출제
⑤ 2020년 6월 7일 기사, 6월 14일 산업기사 출제
⑥ 2022년 3월 5일(문제 38번), 4월 24일(문제 21번) 출제

23 그림과 같은 FT도에 대한 최소 컷셋(minimal cut sets)으로 옳은 것은?(단, Fussell의 알고리즘을 따른다.)

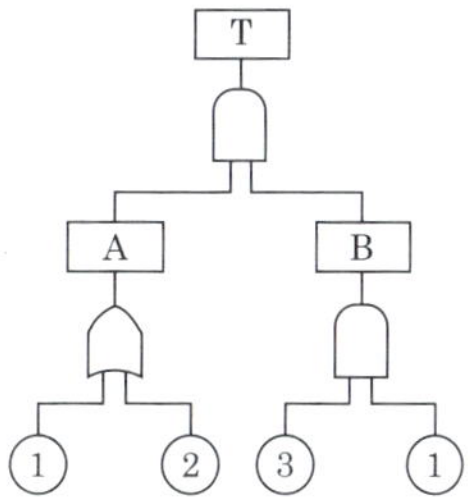

① {1, 2} ② {1, 3}
③ {2, 3} ④ {1, 2, 3}

해설

최소컷셋

① $T = A \cdot B$

$= \begin{matrix} X_1 \\ X_2 \end{matrix} \cdot B$

$= \begin{matrix} X_1X_1X_3 \\ X_2X_1X_3 \end{matrix}$

② 컷셋 = $(X_1X_3)(X_1X_2X_3)$
③ 미니멀(최소) 컷셋 = (X_1X_3)

참고 산업안전기사 필기 p.2-77(5. 컷셋·미니멀 컷셋 요약)

KEY
① 2016년 10월 1일 출제
② 2021년 8월 14일(문제 28번) 출제
③ 2022년 4월 24일(문제 28번) 출제

24 FTA(Fault Tree Analysis)에서 사용되는 사상기호 중 통상의 작업이나 기계의 상태에서 재해의 발생 원인이 되는 요소가 있는 것을 나타내는 것은?

① 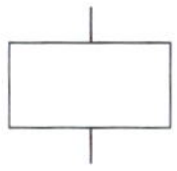
② 
③ 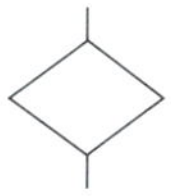
④ 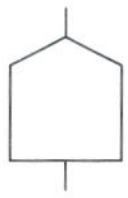

[정답] 22 ① 23 ② 24 ④

해설

FTA 기호

기 호	명 칭	기 호	명 칭
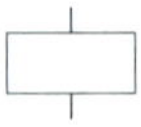	결함사상		생략사상
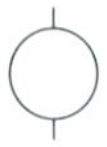	기본사상		통상사상

참고 산업안전기사 필기 p.2-70(표 : FTA 기호)

KEY
① 2007년 8월 5일(문제 33번) 출제
② 2016년 10월 1일 산업기사 출제
③ 2017년 5월 7일, 8월 26일 기사 출제
④ 2017년 8월 19일 산업기사 출제
⑤ 2018년 3월 4일 기사, 8월 19일 산업기사 출제
⑥ 2020년 6월 14일 산업기사 출제
⑦ 2021년 5월 15일, 8월 14일(문제 33번) 출제
⑧ 2022년 4월 24일(문제 30번) 출제

25 FTA(Fault Tree Analysis)에 관한 설명으로 옳은 것은?

① 정성적 분석만 가능하다.
② 복잡하고 대형화된 시스템의 신뢰성 분석 및 안정성 분석에 이용되는 기법이다.
③ FT에 동일한 사건이 중복되어 나타나는 경우 상향식(Bottom up)으로 정상사건 T의 발생 확률을 계산할 수 있다.
④ 기초사건과 생략사건의 확률값이 주어지게 되더라도 정상사건의 최종적인 발생확률을 계산할 수 없다.

해설

FTA의 특징

① FTA는 시스템이나 기기의 신뢰성이나 안전성을 그림으로 그려 해석하는 방법
② 대륙간 탄도탄(ICBM : Intercontinental Ballistic Missile)의 고장에 곤욕을 치르고 있는 미 국방성이 BTL에 의뢰하여 W.A.Watson 등에 의해 고안되어 1961년 개발 미사일의 발사 제어 시스템의 안전성 확립에 활용하여 성과를 거둠
③ 1965년 Boeing 항공회사의 D.F.Haasl에 의해 보완됨으로써 실용화되기 시작한 시스템의 고장 해석방법

참고 산업안전기사 필기 p.2-67(5. FTA 특징)

KEY 2022년 4월 24일(문제 39번) 출제

26 다음에서 설명하는 용어는?

유해 · 위험요인을 파악하고 해당 유해 · 위험요인에 의한 부상 또는 질병의 발생 가능성(빈도)과 중대성(강도)을 추정 · 결정하고 감소대책을 수립하여 실행하는 일련의 과정을 말한다.

① 위험성 결정　② 위험성 평가
③ 위험빈도 추정　④ 유해·위험요인 파악

해설

위험성 평가 용어정의

① "유해·위험요인"이란 유해·위험을 일으킬 잠재적 가능성이 있는 것의 고유한 특징이나 속성을 말한다.
② "위험성"이란 유해·위험요인이 사망, 부상 또는 질병으로 이어질 수 있는 가능성과 중대성 등을 고려한 위험의 정도를 말한다.
③ "위험성평가"란 사업주가 스스로 유해·위험요인을 파악하고 해당 유해·위험요인의 위험성 수준을 결정하여, 위험성을 낮추기 위한 적절한 조치를 마련하고 실행하는 과정을 말한다.
④ "근로자"란 기간제, 단시간, 파견 등 고용형태 및 국적과 관계없이 「산업안전보건법」 제2조제3호에 따른 근로자를 말한다.

참고 산업안전기사 필기 p.2-43(합격날개 : 은행문제)

KEY 2022년 4월 24일(문제 37번) 출제

합격정보
사업장 위험성 평가에 관한 지침 제3조(정의)

27 부품 배치의 원칙 중 기능적으로 관련된 부품들을 모아서 배치한다는 원칙은?

① 중요성의 원칙　② 사용 빈도의 원칙
③ 사용 순서의 원칙　④ 기능별 배치의 원칙

해설

부품 배치의 4원칙

① 중요성의 원칙
② 기능별 배치의 원칙
③ 사용순서의 원칙
④ 사용빈도의 원칙

[정답] 25 ② 26 ② 27 ④

참고 산업안전기사 필기 p.2-160(2. 부품배치의 4원칙)

KEY ① 2018년 3월 4일 기사, 산업기사 출제
② 2018년 8월 19일 산업기사 출제
③ 2019년 3월 3일 산업기사 출제
④ 2020년 6월 14일 산업기사 출제
⑤ 2021년 3월 7일(문제 49번) 출제
⑥ 2023년 2월 28일(문제 23번) 출제

보충학습
기능별 배치의 원칙 : 기능적으로 관련된 부품을 모아서 배치
예 표시장치, 조정장치

28 **다음 중 광원의 밝기에 비례하고, 거리의 제곱에 반비례하며, 반사체의 반사율과는 상관없이 일정한 값을 갖는 것은?**

① 광도 ② 휘도
③ 조도 ④ 휘광

해설
조도
① 거리가 증가할 때에 조도는 역제곱의 법칙에 따라 감소한다.
② 공식 : $\text{조도} = \dfrac{\text{광도(광원의 밝기)[cd]}}{(\text{거리})^2} = \dfrac{\text{비례}}{\text{반비례}}$

참고 산업안전기사 필기 p.2-169(2. 조명)

KEY 2023년 2월 28일(문제 26번) 출제

합격정보
산업안전보건기준에 관한 규칙 제8조(조도)

29 **A회사에서는 새로운 기계를 설계하면서 레버를 위로 올리면 압력이 올라가도록 하고, 오른쪽 스위치를 눌렀을 때 오른쪽 전등이 켜지도록 하였다면, 이것은 각각 어떤 유형의 양립성을 고려한 것인가?**

① 레버－공간양립성, 스위치－개념양립성
② 레버－운동양립성, 스위치－개념양립성
③ 레버－개념양립성, 스위치－운동양립성
④ 레버－운동양립성, 스위치－공간양립성

해설
양립성(compatibility)
정보입력 및 처리와 관련한 양립성은 인간의 기대와 모순되지 않는 자극 반응조합의 관계를 말하는 것

참고 ① 산업안전기사 필기 p.1-77(6. 양립성)
② 산업안전기사 필기 p.2-179(6. 양립성)

KEY ① 2018년 3월 4일 산업기사 출제
② 2018년 4월 28일 기사·산업기사 동시 출제
③ 2022년 4월 24일 기사 출제
④ 2023년 6월 4일(문제 25번) 출제

보충학습
양립성의 종류

종류	특징
공간(spatial)	표시장치나 조종장치에서 물리적 형태 및 공간적 배치
운동(movement)	표시장치의 움직이는 방향과 조종장치의 방향이 사용자의 기대와 일치
개념(coneptual)	이미 사람들이 학습을 통해 알고있는 개념적 연상
양식(modality)	직무에 맞는 응답양식 존재

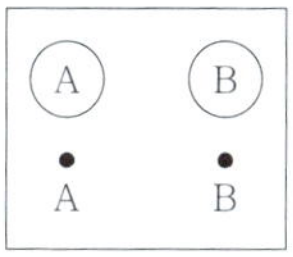

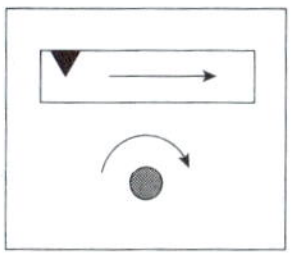
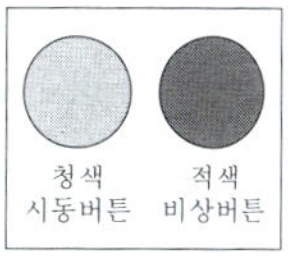

[그림 1] 공간 양립성 [그림 2] 운동 양립성 [그림 3] 개념 양립성

30 **다음 중 인체에서 뼈의 주요기능이 아닌 것은?**

① 인체의 지주 ② 장기의 보호
③ 골수의 조혈 ④ 근육의 대사

해설
뼈의 주요기능 및 역할
① 신체 중요부분 보호
② 신체의 지지 및 형상 유지
③ 신체 활동 수행
④ 피를 만드는 기능

참고 산업안전기사 필기 p.2-164(합격예측 : 뼈의 역할)

KEY ① 2018년 4월 28일 산업기사 출제
② 2023년 6월 4일(문제 37번) 출제

[정답] 28 ③ 29 ④ 30 ④

PART 05

31 연구 기준의 요건과 내용이 옳은 것은?

① 무오염성 : 실제로 의도하는 바와 부합해야 한다.
② 적절성 : 반복 실험 시 재현성이 있어야 한다.
③ 신뢰성 : 측정하고자 하는 변수 이외의 다른 변수의 영향을 받아서는 안된다.
④ 민감도 : 피실험자 사이에서 볼 수 있는 예상 차이점에 비례하는 단위로 측정해야 한다.

해설

기준의 요건

구분	특징
적절성(relevance)	기준이 의도된 목적에 적합하다고 판단되는 정도
무오염성	측정하고자 하는 변수외의 영향이 없도록
기준척도의 신뢰성 (reliability criterion measure)	척도의 신뢰성 즉 반복성 (repeatability)

참고 산업안전기사 필기 p.2-6(합격날개 : 합격예측)

KEY ① 2011년 3월 20일 기사 출제
② 2013년 6월 2일 기사 출제
③ 2014년 3월 2일 기사 출제
④ 2017년 8월 26일 기사 출제
⑤ 2020년 6월 7일, 9월 27일 기사 출제
⑥ 2022년 3월 5일 기사 출제
⑦ 2023년 7월 8일(문제 28번) 출제

32 섬유유연제 생산 공정이 복잡하게 연결되어 있어 작업자의 불안전한 행동을 유발하는 상황이 발생하고 있다. 이것을 해결하기 위한 위험처리 기술에 해당하지 않는 것은?

① Transfer(위험전가)
② Retention(위험보류)
③ Reduction(위험감축)
④ Rearrange(작업순서의 변경 및 재배열)

해설

Risk 처리(위험조정)기술 4가지

① 위험회피(Avoidance)
② 위험제거(경감, 감축 : Reduction)
③ 위험보유(보류 : Retention)
④ 위험전가(Transfer) : 보험으로 위험조정

참고 산업안전기사 필기 p.2-36(합격날개 : 합격예측)

KEY ① 2014년 3월 2일 기사 출제
② 2018년 8월 19일 기사 출제
③ 2023년 7월 8일(문제 31번) 출제

33 인간의 실수 중 수행해야 할 작업 및 단계를 생략하여 발생하는 오류는?

① omission error
② commission error
③ sequence error
④ timing error

해설

생략에러와 실행에러

① 생략에러(Omission errors : 부작위 실수) : 직무 또는 어떤 단계를 수행치 않음 (누락오류)
② 실행에러(Commission error : 작위 실수) : 직무의 불확실한 수행(예 선택, 순서, 시간, 정성적 착오)

참고 산업안전기사 필기 p.2-20(1. 심리적 분류의 인적오류)

KEY ① 2013년 6월 2일, 8월 18일 출제
② 2015년 3월 8일 출제
③ 2017년 8월 26일 출제
④ 2018년 4월 28일 출제
⑤ 2019년 3월 3일, 8월 4일 출제
⑥ 2020년 8월 22일, 9월 27일 출제
⑦ 2021년 3월 7일, 8월 14일 출제
⑧ 2023년 7월 8일(문제 22번) 출제
⑨ 2024년 2월 15일(문제 22번) 출제

[정답] 31 ④ 32 ④ 33 ①

34 다음 중 근골격계부담작업에 속하지 않는 것은?

① 하루에 10[회] 이상 25[kg] 이상의 물체를 드는 작업
② 하루에 총 2[시간] 이상 목, 어깨, 팔꿈치, 손목 또는 손을 사용하여 같은 동작을 반복하는 작업
③ 하루에 총 2[시간] 이상 쪼그리고 앉거나 무릎을 굽힌 자세에서 이루어지는 작업
④ 하루에 총 2[시간] 이상 시간당 5[회] 이상 손 또는 무릎을 사용하여 반복적으로 충격을 가하는 작업

해설

근골격계 부담작업
① 하루 4[시간] 이상 집중적으로 자료입력 등을 위해 키보드 또는 마우스를 조작하는 작업
② 하루 2[시간] 이상 목, 어깨, 팔꿈치, 손목 또는 손을 사용하여 같은 동작을 반복하는 작업
③ 하루에 2[시간] 이상 머리 위에 손이 있거나, 팔꿈치가 어깨 위에 있거나, 팔꿈치를 몸통으로부터 들거나 팔꿈치를 몸통 뒤쪽에 위치하도록 하는 상태에서 이루어지는 작업
④ 지지되지 않은 상태이거나 임의로 자세를 바꿀 수 없는 조건에서 하루에 총 2[시간] 이상 목이나 허리를 구부리거나 트는 상태에서 이루어지는 작업
⑤ 하루에 2[시간] 이상 쪼그리고 앉거나 무릎을 굽힌 자세에서 이루어지는 작업
⑥ 하루에 2[시간] 이상 지지되지 않은 상태에서 1[kg] 이상의 물건을 한 손의 손가락으로 집어 옮기거나, 2[kg] 이상에 상응하는 힘을 가하여 한 손의 손가락으로 물건을 쥐는 작업
⑦ 하루에 2[시간] 이상 지지되지 않은 상태에서 4.5[kg] 이상의 물건을 한손으로 들거나 동일한 힘으로 쥐는 작업
⑧ 하루에 10[회] 이상 25[kg] 이상의 물체를 드는 작업
⑨ 하루에 25[회] 이상 10[kg] 이상의 물체를 무릎 아래에서 들거나 어깨 위에서 들거나 팔을 뻗은 상태에서 드는 작업
⑩ 하루에 2[시간] 이상 분당 2[회] 이상 4.5[kg] 이상의 물체를 드는 작업
⑪ 하루에 2[시간] 이상 시간당 10[회] 이상 손 또는 무릎을 사용하여 반복적으로 충격을 가하는 작업

참고 산업안전기사 필기 p.2-112(2. 근골격계 부담 작업)

KEY ① 2018년 8월 19일 기사 출제
② 2022년 3월 5일 기사 출제
③ 2023년 2월 28일(문제 32번) 출제
④ 2024년 2월 15일(문제 29번) 출제

합격정보
고용노동부고시 제2020-12호(제3조 근골격계 부담 작업)

35 인간공학에 대한 설명으로 틀린 것은?

① 인간-기계 시스템의 안전성, 편리성, 효율성을 높인다.
② 인간을 작업과 기계에 맞추는 설계 철학이 바탕이 된다.
③ 인간이 사용하는 물건, 설비, 환경의 설계에 적용된다.
④ 인간의 생리적, 심리적인 면에서의 특성이나 한계점을 고려한다.

해설

인간공학
기계, 기구, 환경 등의 물적 조건을 인간의 특성과 능력에 잘 조화하도록 설계하기 위한 수단을 연구하는 학문이다.

참고 산업안전기사 필기 p.2-2(합격날개 : 합격용어)

KEY ① 2015년 5월 31일(문제 34번), 8월 16일(문제 38번) 출제
② 2017년 9월 23일 출제
③ 2019년 4월 27일 출제
④ 2022년 4월 24일(문제 26번) 출제
⑤ 2024년 2월 15일(문제 31번) 출제

PART 05

36 산업안전보건법령상 사업주가 유해위험방지계획서를 제출할 때에는 사업장 별로 관련 서류를 첨부하여 해당 작업 시작 며칠 전까지 해당 기관에 제출하여야 하는가?

① 7일　② 15일
③ 30일　④ 60일

해설

유해위험방지 계획서 제출시기 및 부수
① 제조업 : 해당 작업시작 15일 전까지 공단에 2부 제출
② 건설업 : 공사 착공전날까지 공단에 2부 제출

참고 ① 공단 : 한국산업안전보건공단
② 산업안전기사 필기 p.2-37(③ 법적목적)

합격정보
① 산업안전보건법 시행규칙 제42조(제출서류등)
② 2023. 9. 28 개정 「고용노동부령 제393호」 적용

[정답] 34 ④ 35 ② 36 ②

KEY ① 2016년 3월 6일 출제
② 2017년 9월 23일 출제
③ 2022년 4월 24일 출제
④ 2023년 2월 28일(문제 22번) 출제
⑤ 2024년 2월 15일(문제 40번), 5월 9일(문제 22번) 출제

37 화학설비에 대한 안전성 평가에서 정성적 평가 항목이 아닌 것은?

① 건조물 ② 취급물질
③ 공장 내의 배치 ④ 입지조건

해설

정성적 평가항목
① 입지조건
② 공장 내의 배치
③ 소방설비
④ 공정기기
⑤ 수송·저장
⑥ 원재료, 중간체, 제품

참고 산업안전기사 필기 p.2-37(1. 안전성 평가 6단계)

KEY ① 2012년 3월 4일 기사 출제
② 2013년 6월 2일 기사 출제
③ 2014년 8월 17일 기사 출제
④ 2015년 5월 31일 기사 출제
⑤ 2016년 5월 8일 기사 출제
⑥ 2017년 8월 26일 기사 출제
⑦ 2018년 3월 4일 기사 출제
⑧ 2019년 3월 3일 기사 출제
⑨ 2022년 3월 5일 기사 출제
⑩ 2023년 7월 8일(문제 27번) 출제
⑪ 2024년 5월 9일(문제 24번) 출제

38 위험 및 운전성 검토(HAZOP)에서 사용되는 가이드 워드 중에서 성질상의 감소를 의미하는 것은?

① Part of ② More less
③ No/Not ④ Other than

해설

유인어(guide words)
① NO 또는 NOT : 설계 의도의 완전한 부정을 의미
② AS Well AS : 성질상의 증가를 나타내는 것으로 설계의도와 운전조건 등 부가적인 행위와 함께 일어나는 것을 의미
③ PART OF : 성질상의 감소, 성취나 성취되지 않음을 나타냄
④ MORE LESS : 양의 증가 또는 양의 감소로 양과 성질을 함께 나타냄
⑤ OTHER THAN : 완전한 대체를 의미
⑥ REVERSE : 설계의도와 논리적인 역을 의미

참고 산업안전기사 필기 p.2-41(2. 유인어)

KEY ① 2011년 8월 21일(문제 28번) 출제
② 2020년 9월 27일 출제
④ 2023년 6월 4일(문제 30번) 출제
⑤ 2024년 7월 27일(문제 31번) 출제

39 다음과 같은 실내 표면에서 일반적으로 추천반사율의 크기를 맞게 나열한 것은?

[다음]
㉠ 바닥 ㉡ 천장 ㉢ 가구 ㉣ 벽

① ㉠<㉣<㉢<㉡
② ㉣<㉠<㉡<㉢
③ ㉠<㉢<㉣<㉡
④ ㉣<㉡<㉠<㉢

해설

IES추천 조명반사율 권고
① 바닥 : 20~40[%]
② 가구, 사용기기, 책상 : 25~40[%]
③ 창문발(blind), 벽 : 40~ 60[%]
④ 천장 : 80~90[%]

참고 산업안전기사 필기 p.2-169(1. 옥내 최적반사율)

KEY ① 2016년 3월 6일 산업기사 출제
② 2016년 10월 1일 출제
③ 2017년 8월 26일, 9월 23일 산업기사 출제
④ 2018년 3월 4일 출제
⑤ 2019년 9월 21일 산업기사 출제
⑥ 2023년 6월 4일(문제 31번) 출제
⑦ 2024년 2월 15일(문제 38번), 7월 27일(문제 24번) 출제
⑧ 2025년 5월 10일(문제 22번) 출제

[정답] 37 ② 38 ① 39 ③

40 의도는 올바른 것이었지만 행동이 의도한 것과는 다르게 나타나는 오류를 무엇이라 하는가?

① Slip ② Mistake
③ Lapse ④ Violation

해설

인간의 오류 모형

구분	특징
착각(Illusion)	감각적으로 물리현상을 왜곡하는 지각 오류
착오(Mistake)	상황해석을 잘못하거나 목표를 잘못 이해하고 착각하여 행하는 인간의 실수로 위치, 순서, 패턴, 형상, 기억오류 등 외부적 요인에 의해 나타나는 오류
실수(Slip)	의도는 올바른 것이었지만, 행동이 의도한 것과는 다르게 나타나는 오류
건망증(Lapse)	일련의 과정에서 일부를 빠뜨리거나 기억의 실패에 의해 발생하는 오류
위반(Violation)	정해진 규칙을 알고 있음에도 의도적으로 따르지 않거나 무시한 경우에 발생하는 오류

참고 산업안전기사 필기 p.2-19(합격날개 : 합격예측)

KEY ① 2009년 5월 10일(문제 35번) 출제
② 2017년 8월 26일 기사 출제
③ 2019년 3월 3일, 4월 27일기사 출제
④ 2021년 5월 15일 기사 출제
⑤ 2023년 2월 28일(문제 21번) 출제
⑥ 2024년 2월 15일(문제 39번) 출제
⑦ 2025년 2월 7일(문제 33번) 출제

3 기계·기구 및 설비안전관리

41 산업안전보건법령상 크레인에 전용탑승설비를 설치하고 근로자를 달아 올린 상태에서 작업에 종사시킬 경우 근로자의 추락 위험을 방지하기 위하여 실시해야 할 조치 사항으로 적합하지 않은 것은?

① 승차석 외의 탑승 제한
② 안전대나 구명줄의 설치
③ 탑승설비의 하강시 동력하강방법을 사용
④ 탑승설비가 뒤집히거나 떨어지지 않도록 필요한 조치

해설

탑승의 제한기준

① 탑승설비가 뒤집히거나 떨어지지 않도록 필요한 조치를 할 것
② 안전대나 구명줄을 설치하고, 안전난간을 설치할 수 있는 구조인 경우에는 안전난간을 설치할 것
③ 탑승설비를 하강시킬 때에는 동력하강방법으로 할 것

참고 산업안전기사 필기 p.3-204(합격날개 : 합격예측 및 관련법규)

KEY 2022년 3월 5일(문제 42번) 출제

합격정보

산업안전보건기준에 관한 규칙 제86조(탑승의 제한)

42 산업안전보건법령상에서 정한 양중기의 종류에 해당하지 않는 것은?

① 크레인[호이스트(hoist)를 포함한다]
② 도르래
③ 곤돌라
④ 승강기

해설

양중기의 종류 5가지

① 크레인(호이스트 포함)
② 이동식 크레인
③ 리프트(이삿짐운반용 리프트의 경우에는 적재하중이 0.1[t] 이상인 것)
④ 곤돌라
⑤ 승강기

참고 ① 산업안전기사 필기 p.3-140(1. 양중기의 종류)
② 산업안전기사 필기 p.3-138(합격날개 : 합격예측)

KEY ① 2021년 5월 15일 등 20회 이상 출제
② 2022년 3월 5일(문제 50번) 출제

합격정보

산업안전보건기준에 관한 규칙 제132조(양중기)

43 다음 중 와이어 로프의 구성요소가 아닌 것은?

① 클립 ② 소선
③ 스트랜드 ④ 심강

[정답] 40 ① 41 ① 42 ② 43 ①

PART 05

해설

와이어 로프의 구성요소

① 소선(wire)
② 가닥(strand)
③ 심(core) 또는 심강

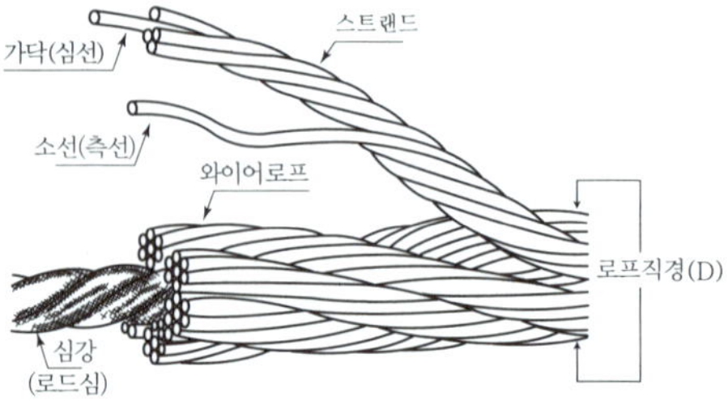

[그림] 로프의 형태

참고 산업안전기사 필기 p.3-155(그림 : 로프의 형태)

KEY 2022년 4월 24일(문제 41번) 출제

44 다음 중 지게차의 작업 상태별 안정도에 관한 설명으로 틀린 것은?(단, V는 최고속도[km/h]이다.)

① 기준 부하상태에서 하역작업 시의 전후 안정도는 20[%] 이내이다.
② 기준 부하상태에서 하역작업 시의 좌우 안정도는 6[%] 이내이다.
③ 기준 부하상태에서 주행 시의 전후 안정도는 18[%] 이내이다.
④ 기준 무부하상태에서 주행 시의 좌우 안정도는 (15+1.1V)[%] 이내이다.

해설

지게차의 안정조건

안정도	지게차의 상태	
· 하역작업시 전후 안정도 4[%] (5[t] 이상의 것은 3.5[%]) · 부하상태		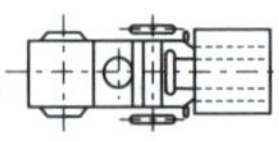 위에서 본 모양
· 주행시의 전후 안정도 18[%] · 부하상태		
· 하역작업시의 좌우 안정도 6[%] · 부하상태		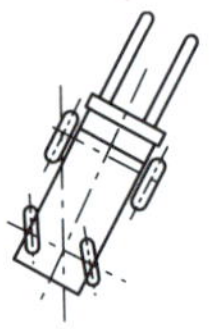 위에서 본 모양
· 주행시의 좌우 안정도(15+1.1V)[%] V : 최고속도[km/hr] · 무부하상태	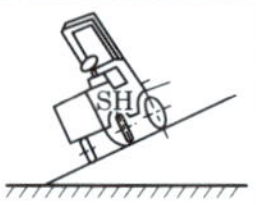	

$$\text{안정도} = \frac{h}{l} \times 100[\%]$$

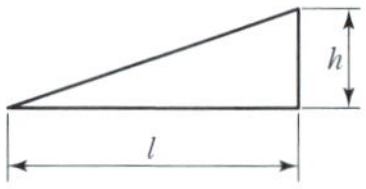

참고 산업안전기사 필기 p.3-135(표. 지게차의 안정조건)

KEY ① 2016년 5월 8일, 8월 21일 산업기사 출제
② 2017년 5월 7일(문제 46번) 출제
③ 2022년 4월 24일(문제 44번) 출제

합격정보

건설기계 안전기준에 관한 규칙 제22조(안정도)

① 지게차는 다음 각 호에 해당하는 지면에서 중심선이 지면의 기울어진 방향과 평행할 경우 앞이나 뒤로 넘어지지 아니하여야 한다.
  1. 지게차의 최대하중상태에서 쇠스랑을 가장 높이 올린 경우 기울기가 100분의 4(지게차의 최대하중이 5톤 이상인 경우에는 100분의 3.5)인 지면
  2. 지게차의 기준부하상태에서 주행할 경우 기울기가 100분의 18인 지면
② 지게차는 다음 각 호에 해당하는 지면에서 중심선이 지면의 기울어진 방향과 직각으로 교차할 경우 옆으로 넘어지지 아니하여야 한다.
  1. 지게차의 최대하중상태에서 쇠스랑을 가장 높이 올리고 마스트를 가장 뒤로 기울인 경우 기울기가 100분의 6인 지면
  2. 지게차의 기준무부하상태에서 주행할 경우 구배가 지게차의 최고주행속도에 1.1을 곱한 후 15를 더한 값인 지면. 다만, 규격이 5,000킬로그램 미만인 경우에는 최대 기울기가 100분의 50, 5,000킬로그램 이상인 경우에는 최대 기울기가 100분의 40인 지면을 말한다.

45 크레인 로프에 질량 2,000[kg]의 물건을 10[m/s^2]의 가속도로 감아올릴 때, 로프에 걸리는 총 하중[kN]은? (단, 중력가속도는 9.8[m/s^2])

① 9.6　　② 19.6
③ 29.6　　④ 39.6

[정답] 44 ①　45 ④

해설

총 하중계산

① 힘=질량×가속도

=질량×(끌어올리는 가속도+중력가속도)

② 총 하중=2,000+$\frac{2,000}{9.8}$×10 =4,040×9.8=39.6[KN]

참고 산업안전기사 필기 p.3-148(합격날개 : 참고)

KEY ① 2018년 8월 21일 기사 출제
② 2021년 3월 7일 기사 출제
③ 2023년 2월 28일(문제 56번) 출제

보충학습

① 총 하중(w)=정하중(w_1)+동하중(w_2)=$w_1+\frac{w_1}{g}\times a$

② 동하중(w_2)=$\frac{w_1}{g}\times a$

여기서, w : 총하중(kg_f)　w_1 : 정하중(kg_f)
w_2 : 동하중(kg_f)　g : 중력 가속도($9.8m/s^2$)
a : 가속도(m/s^2)

③ 정하중 : 매단 물체의 무게

46 둥근톱기계의 방호장치 중 반발예방장치의 종류로 틀린 것은?

① 분할날
② 반발방지 기구(finger)
③ 보조 안내판
④ 안전덮개

해설

둥근톱기계의 반발예방장치 종류

① 반발방지 발톱(finger) : 반발 방지 기구
② 분할날(spreader)
③ 반발방지롤(roll) : 보조 안내판

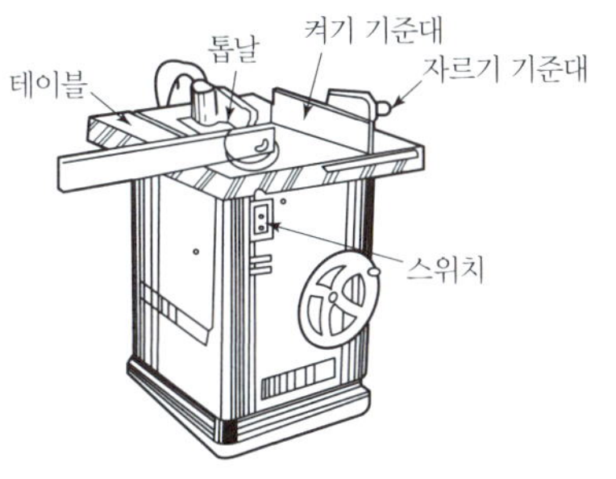

[그림] 목재가공용 둥근톱

참고 산업안전기사 필기 p.3-129(합격날개 : 합격예측)

KEY ① 2016년 5월 8일 산업기사 출제
② 2020년 8월 22일 기사 출제
③ 2023년 6월 4일(문제 41번) 출제

47 산업안전보건법령상 산업용 로봇에 의한 작업 시 안전조치 사항으로 적절하지 않은 것은?

① 로봇의 운전으로 인해 근로자가 로봇에 부딪칠 위험이 있을 때에는 높이 1.8[m] 이상의 울타리를 설치하여야 한다.
② 작업을 하고 있는 동안 로봇의 가동스위치 등은 작업에 종사하고 있는 근로자가 아닌 사람이 그 스위치 등을 조작할 수 없도록 필요한 조치를 한다.
③ 로봇의 조작방법 및 순서, 작업 중의 매니퓰레이터의 속도 등에 관한 지침에 따라 작업을 하여야 한다.
④ 작업에 종사하는 근로자가 이상을 발견하면, 관리 감독자에게 우선 보고하고, 지시가 나올 때까지 작업을 진행한다.

해설

교시등의 작업에 조치사항

① 다음 각 목의 사항에 관한 지침을 정하고 그 지침에 따라 작업을 시킬 것
㉠ 로봇의 조작방법 및 순서
㉡ 작업 중의 매니퓰레이터의 속도
㉢ 2명 이상의 근로자에게 작업을 시킬 경우의 신호방법
㉣ 이상을 발견한 경우의 조치
㉤ 이상을 발견하여 로봇의 운전을 정지시킨 후 이를 재가동시킬 경우의 조치
㉥ 그 밖에 로봇의 예기치 못한 작동 또는 오조작에 의한 위험을 방지하기 위하여 필요한 조치

② 작업에 종사하고 있는 근로자 또는 해당 근로자를 감시하는 자가 이상을 발견한 때에는 즉시 로봇의 운전을 정지시키기 위한 조치를 할 것

③ 작업을 하고 있는 동안 로봇의 기동스위치 등에 작업중이라는 표시를 하는 등 작업에 종사하고 있는 근로자가 아닌 사람이 그 스위치 등을 조작할 수 없도록 필요한 조치를 할 것

참고 산업안전기사 필기 p.3-126(합격날개 : 합격예측 및 관련법규)

KEY ① 2019년 8월 4일(문제 42번) 출제
② 2023년 6월 4일(문제 44번) 출제

합격정보

산업안전보건기준에 관한 규칙 제222조(교시 등)

[정답] 46 ④ 47 ④

PART 05

48 공기압축기의 방호장치가 아닌 것은?

① 언로드 밸브 ② 압력방출장치
③ 수봉식 안전기 ④ 회전부의 덮개

해설

공기압축기의 방호장치
① 언로드 밸브
② 압력방출장치
③ 회전부의 덮개

[그림] 공기압축기

참고 산업안전기사 필기 p.3-123(3. 공기압축기 안전기준)

KEY ① 2011년 3월 20일 기사 출제
② 2013년 8월 18일 기사 출제
③ 2019년 8월 4일 기사 출제
④ 2023년 7월 8일(문제 41번) 출제

보충학습
수봉식 안전기 : 산소아세틸렌용접장치의 방호장치

49 보일러에서 프라이밍(priming)과 포밍(foaming)의 발생 원인으로 가장 거리가 먼 것은?

① 역화가 발생되었을 경우
② 기계적 결함이 있을 경우
③ 보일러가 과부하로 사용될 경우
④ 보일러 수에 불순물이 많이 포함되었을 경우

해설

보일러 이상연소 현상

구분	현상
불완전 연소	공기의 부족, 연료 분무 상태 불량 등의 원인으로 발생
이상 소화	버너 연소 중 돌연히 불이 꺼지는 현상
2차 연소	불완전 연소에 의해 발생한 미연소가스가 연소실 외, 연관내 또는 연도에서 연소하는 현상
역화	화염이 버너쪽에서 분출하는 현상으로 점화시에 주로 발생

참고 ① 산업안전기사 필기 p.3-119(합격날개 : 합격예측)
② 산업안전기사 필기 p.3-119(2. 보일러의 이상연소 현상)

KEY ① 2017년 8월 26일 기사 출제
② 2021년 3월 7일 기사 출제
③ 2023년 7월 8일(문제 45번) 출제

50 연삭기의 안전작업수칙에 대한 설명 중 가장 거리가 먼 것은?

① 숫돌의 정면에 서서 숫돌 원주면을 사용한다.
② 숫돌 교체시 3분 이상 시운전을 한다.
③ 숫돌의 회전은 최고 사용 원주속도를 초과하여 사용하지 않는다.
④ 연삭숫돌에 충격을 가하지 않는다.

해설

작업자가 숫돌 원주면에서 사용 시 측면에 서서 작업하셔야 합니다.

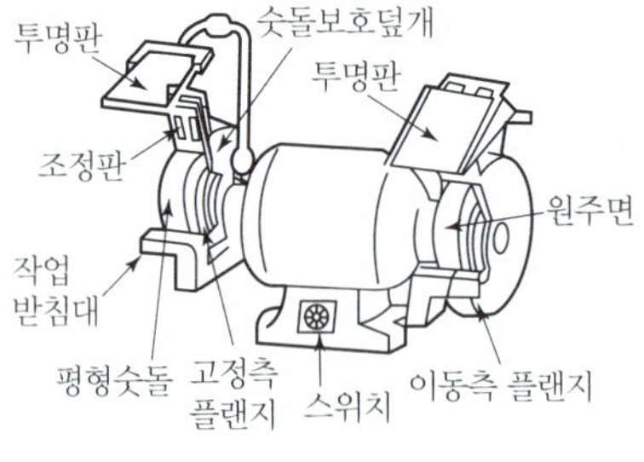

[그림] 탁상용연삭기

참고 산업안전기사 필기 p.3-93(4. 연삭기 구조면에 있어서 안전대책)

KEY ① 2016년 3월 6일 산업기사 출제
② 2020년 6월 7일 기사 출제
③ 2020년 8월 22일(문제 51번) 출제
④ 2024년 2월 15일(문제 41번) 출제

[정답] 48 ③ 49 ① 50 ①

51 밀링 작업 시 안전수칙으로 옳지 않은 것은?

① 테이블 위에 공구나 기타 물건 등을 올려놓지 않는다.
② 제품 치수를 측정할 때는 절삭 공구의 회전을 정지한다.
③ 강력 절삭을 할 때는 일감을 바이스에 짧게 물린다.
④ 상·하, 좌·우 이송장치의 핸들은 사용 후 풀어둔다.

해설

강력절삭시 일감은 깊게 물려야 합니다.

[그림] 밀링바이스

참고 산업안전기사 필기 p.3-83(밀링작업시 안전수칙)

KEY ① 2016년 3월 6일 산업기사 출제
② 2018년 3월 4일, 4월 28일 기사 출제
③ 2020년 6월 7일(문제 43번) 출제
④ 2024년 2월 15일(문제 52번) 출제

52 다음 중 드릴작업의 안전수칙으로 가장 적합한 것은?

① 손을 보호하기 위하여 장갑을 착용한다.
② 작은 일감은 양손으로 견고히 잡고 작업한다.
③ 정확한 작업을 위하여 구멍에 손을 넣어 확인한다.
④ 작업시작 전 척 렌치(chuck wrench)를 반드시 뺀다.

해설

드릴작업 안전수칙
① 기계 작동 중 구멍에 손을 넣으면 위험하다.
② 작은 일감은 바이스, 클램프 등으로 고정하고 작업한다.
③ 회전기계에는 장갑 착용을 금지한다.

참고 산업안전기사 필기 p.3-88(3. 드릴 작업시 안전대책)

KEY ① 2020년 6월 14일 산업기사 등 10회 이상 출제
② 2023년 6월 4일(문제 50번) 출제
③ 2024년 2월 15일(문제 60번) 출제

53 보호구 자율안전확인 고시상 자율안전확인 보호구에 표시하여야 하는 사항을 모두 고른 것은?

ㄱ. 모델명　　ㄴ. 제조 번호
ㄷ. 사용 기한　　ㄹ. 자율안전확인 번호

① ㄱ, ㄴ, ㄷ　　② ㄱ, ㄴ, ㄹ
③ ㄱ, ㄷ, ㄹ　　④ ㄴ, ㄷ, ㄹ

해설

자율안전 확인 제품 표시 방법
① 형식 또는 모델명
② 규격 또는 등급 등
③ 제조자명
④ 제조번호 및 제조연월
⑤ 자율안전 확인 번호

참고 산업안전기사 필기 p.3-57(2. 자율안전확인제품 표시방법)

KEY ① 2022년 3월 5일 출제
② 2023년 6월 4일(문제 6번) 출제
③ 2024년 5월 9일(문제 7번) 출제

합격정보
산업안전보건법 시행령 제77조(자율안전 확인대상기계 등)

54 하인리히 재해 구성 비율 중 무상해사고가 600건이라면 사망 또는 중상 발생 건수는?

① 1　　② 2
③ 29　　④ 58

해설

하인리히 재해 구성 비율
① 중상해 : 1 → 2
② 경상해 : 29 → 58
③ 무상해 사고 : 300 → 600

[정답] 51 ③ 52 ④ 53 ② 54 ②

PART 05

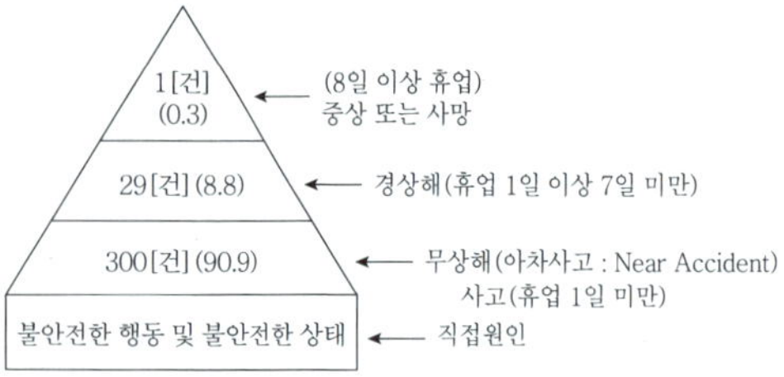

[그림] 하인리히 법칙[단위 : %]

참고 산업안전기사 필기 p.3-33(1. 하인리히의 1:29:300의 재해법칙)

KEY ① 2016년 8월 21일(문제 3번) 출제
② 2021년 8월 14일(문제 8번) 출제
③ 2024년 5월 9일(문제 17번) 출제

55 롤러의 급정지를 위한 방호장치를 설치하고자 한다. 앞면 롤러 직경이 36[cm]이고, 분당 회전속도가 50[rpm]이라면 급정지거리는 약 얼마 이내이어야 하는가?(단, 무부하동작에 해당한다.)

① 45[cm] ② 50[cm]
③ 55[cm] ④ 60[cm]

해설

급정지거리 계산

① 표면속도$(V)=\dfrac{\pi DN}{1,000}=\dfrac{\pi\times 360\times 50}{1,000}=56.52[\text{m/min}]$

② 급정지거리$=\pi D\times\dfrac{1}{2.5}=(3.14\times 360)\times\dfrac{1}{2.5}$

$=452.16[\text{mm}]=45[\text{cm}]$

참고 산업안전기사 필기 p.3-109(표. 롤의 급정지거리)

KEY ① 2023년 6월 4일(문제 57번) 등 10회 이상 출제
② 2024년 7월 27일(문제 50번) 출제

56 재해원인을 직접원인과 간접원인으로 분류할 때 직접원인에 해당하는 것은?

① 물적 원인 ② 교육적 원인
③ 정신적 원인 ④ 관리적 원인

해설

산업재해원인

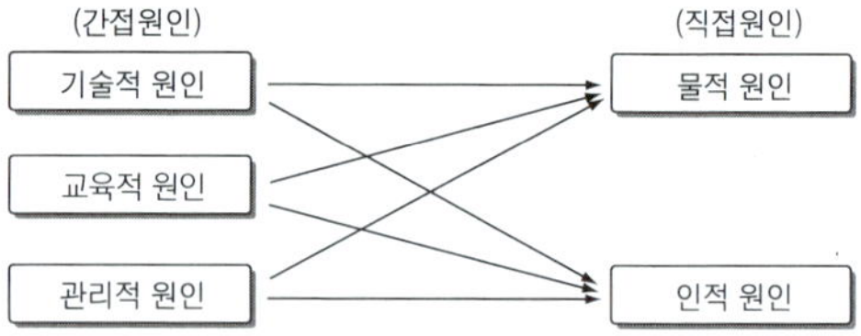

[그림] 직 · 간접재해원인 비교

참고 산업안전기사 필기 p.3-29(그림. 직·간접재해원인 비교)

KEY ① 2017년 5월 7일 산업기사 출제
② 2018년 4월 28일 기사 출제
③ 2019년 4월 27일 기사 출제
④ 2020년 8월 22일(문제 14번) 출제
⑤ 2022년 4월 24일(문제 18번) 출제
⑥ 2024년 2월 15일(문제 9번) 출제
⑦ 2025년 2월 7일(문제 10번) 출제

57 안전점검 체크리스트에 포함되어야 할 사항이 아닌 것은?

① 점검대상 ② 점검부분
③ 점검방법 ④ 점검목적

해설

Check List에 포함되어야 하는 사항

① 점검대상
② 점검부분(점검개소)
③ 점검항목(점검내용 : 마모, 균열, 부식, 파손, 변형 등)
④ 점검주기 또는 기간(점검시기)
⑤ 점검방법(육안점검, 기능점검, 기기점검, 정밀점검)
⑥ 판정기준(안전검사기준, 법령에 의한 기준, KS기준 등)
⑦ 조치사항(점검결과에 따른 결함의 시정사항)

참고 산업안전기사 필기 p.3-50(1. Check List에 포함되어야 하는 사항)

KEY ① 2016년 5월 8일(문제 19번) 출제
② 2017년 5월 7일 기사 출제
③ 2023년 6월 4일(문제 1번) 출제
④ 2025년 2월 7일(문제 16번) 출제

[정답] 55 ① 56 ① 57 ④

58 **K형 베어링을 생산하는 경기도 A사업장에 300명의 근로자가 근무하고 있다. 1년에 21건의 재해가 발생하였다면 이 사업장에서 근로자 1명이 평생 작업 시 약 몇 건의 재해를 당할 수 있겠는가?(단, 1일 8시간씩 1년에 300일을 근무하며, 평생근로시간은 10만 시간으로 가정한다.)**

① 1건 ② 3건
③ 5건 ④ 6건

해설

환산도수율 계산비교

① $\text{도수(빈도)율} = \dfrac{\text{재해건수}}{\text{연근로시간수}} \times 10^6$

$= \dfrac{21}{300 \times 8 \times 300} \times 10^6$

$= 29.17$

② 환산도수율 = 도수율 ÷ 10 = 29.17 ÷ 10 = 2.92
= 도수율 × 0.1
= 2.92 = 3건

참고 산업안전기사 필기 p.3-43(3. 빈도율)

KEY ① 2024년 7월 27일(문제 6번) 등 20회 이상 출제
② 2025년 5월 10일(문제 2번) 출제

합격정보
산업재해 통계 업무처리규정 제3조(산업재해 통계의 산출방법 및 정의)

59 **산업안전보건법령상 사업장에서 산업재해발생 시 사업주가 기록·보존하여야 하는 사항을 모두 고른 것은?(단, 산업재해조사표와 요양신청서의 사본은 보존하지 않았다.)**

ㄱ. 사업장의 개요 및 근로자의 인적사항
ㄴ. 재해 발생의 일시 및 장소
ㄷ. 재해 발생의 원인 및 과정
ㄹ. 재해 재발방지 계획

① ㄱ, ㄹ ② ㄴ, ㄷ, ㄹ
③ ㄱ, ㄴ, ㄷ ④ ㄱ, ㄴ, ㄷ, ㄹ

해설

산업재해발생 시 기록 보존(3년간 보존)해야 할 사항
① 사업장의 개요 및 근로자의 인적사항
② 재해발생의 일시 및 장소
③ 재해발생의 원인 및 과정
④ 재해 재발방지 계획

참고 ① 산업안전기사 필기 p.3-30(합격날개 : 합격예측)
② 산업안전기사 필기 p.1-227(제72조 산업재해기록 등)

KEY ① 2021년 8월 14일 기사 출제
② 2023년 7월 8일(문제 5번) 출제
③ 2025년 5월 10일(문제 16번) 출제

합격정보
산업안전보건법 시행규칙 제72조(산업재해 기록 등)

60 **산업재해보험적용근로자 1,000명인 플라스틱 제조 사업장에서 작업 중 재해 5건이 발생하였고, 1명이 사망하였을 때 이 사업장의 사망만인율은?**

① 2 ② 5
③ 10 ④ 20

해설

$\text{사망만인율} = \dfrac{\text{사망자수}}{\text{산재보험적용 근로자수}} \times 10{,}000$

$= \dfrac{1}{1{,}000} \times 10{,}000 = 10$

참고 산업안전기사 필기 p.3-43(합격날개 : 합격예측)

KEY ① 2019년 4월 27일 산업기사 출제
② 2022년 3월 5일(문제 4번) 출제
③ 2025년 5월 10일(문제 19번) 출제

합격정보
산업재해 통계업무처리 규정 제3조(산업재해 통계의 산출방법 및 정의)

[정답] 58 ② 59 ④ 60 ③

PART 05

4 전기설비 안전관리

61 **한국전기설비규정에 따라 보호등전위본딩 도체로서 주접지단자에 접속하기 위한 등전위본딩 도체(구리도체)의 단면적은 몇 [mm²] 이상이어야 하는가?(단, 등전위본딩 도체는 설비 내에 있는 가장 큰 보호접지 도체 단면적의 $\frac{1}{2}$이상의 단면적을 가지고 있다.)**

① 2.5 ② 6
③ 16 ④ 50

해설

등전위 본딩

① 낙뢰시 접지되어있는 주접지도체에 다른 기기나 보호해야할 대상을 도체를 이용하여 전위차가 접지도체와 등전위가 되게하여 낙뢰로 부터 보호되게 하는 방법
② 주 접지단자에 접속되는 등전위본딩선의 단면적
㉮ 동 6[mm²] ㉯ 알루미늄 16[mm²] ㉰ 철 50[mm²]
③ 등전위본딩도체
주접지단자에 접속하기 위한 등전위본딩 도체는 설비 내에 있는 가장 큰 보호접지도체 단면적의 1/2 이상의 단면적을 가져야 하고 위의 단면적 이상이어야 한다.
④ 중성선 : 다선식 전로에서 전원의 중성극에 접속된 전선
⑤ 분기회로 : 간선에서 분기하여 분기과전류 차단기를 거쳐서 부하에 이르는 사이의 배선
⑥ 등전위본딩(등 전위접속) : 등 전위성을 얻기 위해 전선간을 전기적으로 접속하는 조치를 말한다.

참고 ① 산업안전기사 필기 p.4-43(8. 본딩)
② 산업안전기사 필기 p.4-43(합격날개 : 합격예측)

KEY 2022년 3월 5일(문제 63번) 출제

62 **밸브 저항형 피뢰기의 구성요소로 옳은 것은?**

① 직렬갭, 특성요소 ② 병렬갭, 특성요소
③ 직렬갭, 충격요소 ④ 병렬갭, 충격요소

해설

피뢰기 특징

(1) 피뢰기의 기능
① 기능 : 이상전압의 내습 시 이를 신속하게 대지로 방전하고 속류를 차단한다.
② 역할 : 뇌전류 및 이상전압으로부터 전기기계기구를 보호한다.

(2) 피뢰기 구성요소
① 직렬캡 : 정상 시에는 방전을 하지 않고 절연상태를 유지하며, 이상과 전압 발생 시에는 신속히 이상 전압을 대지로 방전하고 속류를 차단하는 역할을 한다.
② 특성요소 : 뇌전류 방전 시 피뢰기 자신의 전위 상승을 억제하여 자신의 절연 파괴를 방지하는 역할을 한다.

(3) 피뢰기의 종류
① 갭 저항형 피뢰기
② 갭 레스형 피뢰기
③ 밸브형 피뢰기 밸브
④ 저항형 피뢰기

(4) 피뢰기의 제한전압
피뢰기 단자 간에 남게되는 충격전압

참고 산업안전기사 필기 p.4-57(2. 피뢰기 설비)

KEY ① 2008년 5월 11일(문제 74번) 출제
② 2019년 3월 3일(문제 79번) 출제
③ 2022년 3월 5일(문제 76번) 출제

63 **다음 중 전기설비기술기준에 따른 전압의 구분으로 틀린 것은?**

① 저압 : 직류 1[kV] 이하
② 고압 : 교류 1[kV] 초과, 7[kV] 이하
③ 특고압 : 직류 7[kV] 초과
④ 특고압 : 교류 7[kV] 초과

해설

전압분류

전압분류	직류	교류
저압	1,500[V] 이하	1,000[V] 이하
고압	1,500~7,000[V] 이하	1,000~7,000[V] 이하
특별고압	7,000[V] 초과	7,000[V] 초과

참고 산업안전기사 필기 p.4-30(문제 30번) 적중

KEY ① 2017년 5월 7일, 8월 26일 기사 출제
② 2018년 3월 4일 기사 출제
③ 2018년 8월 19일 산업기사 출제
④ 2019년 3월 3일(문제 78번) 출제
⑤ 2022년 3월 5일(문제 79번) 출제

[정답] 61 ② 62 ① 63 ①

64 **대지에서 용접작업을 하고 있는 작업자가 용접봉에 접촉한 경우 통전전류는?(단, 용접기의 출력 측 무부하전압 : 90[V], 접촉저항(손, 용접봉 등 포함) : 10[kΩ], 인체의 내부저항 : 1[kΩ], 발과 대지의 접촉저항 : 20[kΩ] 이다.)**

① 약 0.19[mA]　　② 약 0.29[mA]
③ 약 1.96[mA]　　④ 약 2.90[mA]

해설

통전전류

① R=10+1+20=31[kΩ]
② $I=\frac{V}{R}=\frac{90}{31}=2.90$[mA]

참고 산업안전기사 필기 p.4-25 (문제 4번)

KEY ① 1995년 8월 27일 기출문제
② 2022년 4월 24일(문제 61번) 출제

65 **산업안전보건기준에 관한 규칙에 따른 전기기계·기구의 설치시 고려할 사항으로 거리가 먼 것은?**

① 전기기계·기구의 충분한 전기적 용량 및 기계적 강도
② 전기기계·기구의 안전효율을 높이기 위한 시간 가동율
③ 습기·분진 등 사용장소의 주위 환경
④ 전기적·기계적 방호수단의 적정성

해설

전기기계·기구의 설치시 고려사항

① 전기 기계기구의 충분한 전기적 용량 및 기계적 강도
② 습기·분진 등 사용장소의 주위 환경
③ 전기적, 기계적 방호수단의 적정성

참고 산업안전기사 필기 p.4-37(합격날개 : 합격예측 및 관련법규)

KEY 2022년 4월 24일(문제 78번) 출제

합격정보

산업안전보건기준에 관한 규칙 제 303조 (전기기계·기구의 적정설치 등)

66 **정전기 방지대책 중 적합하지 않는 것은?**

① 대전서열이 가급적 먼 것으로 구성한다.
② 카본 블랙을 도포하여 도전성을 부여한다.
③ 유속을 저감 시킨다.
④ 도전성 재료를 도포하여 대전을 감소시킨다.

해설

정전기 방지대책

① 발생 및 대전
- 접지
- 정전화, 정전작업복 착용
- 유속제한, 정치시간 확보
- 대전방지제 사용
- 가습
- 제전기 사용
- 제조장치 및 탱크의 불활성화

② 전격
- 대전억제
- 대전전하의 신속한 누설

③ 화재 및 폭발
- 환기에 의한 위험물질의 제거
- 집진에 의한 분진의 제거

참고 산업안전기사 필기 p.4-36([그림] 정전기 방지대책)

KEY ① 2016년 5월 8일, 8월 21일 기사 출제
② 2017년 5월 7일 산업기사 출제
③ 2018년 3월 4일, 8월 19일 산업기사 출제
④ 2019년 3월 3일 산업기사, 8월 4일 기사 출제
⑤ 2021년 3월 7일(문제 76번) 출제
⑥ 2021년 5월 15일(문제 79번) 및 (문제 80번) 출제
⑦ 2023년 6월 4일(문제 62번) 출제

67 **정전기 발생현상의 분류에 해당되지 않는 것은?**

① 유체대전　　② 마찰대전
③ 박리대전　　④ 교반대전

해설

정전기 대전의 종류

① 유동정전기 대전
② 분출정전기 대전
③ 마찰정전기 대전
④ 박리정전기 대전
⑤ 파괴정전기 대전
⑥ 충돌정전기 대전
⑦ 교반 또는 침강에 의한 정전기 대전

참고 산업안전기사 필기 p.4-33(1. 대전의 종류)

[정답] 64 ④ 65 ② 66 ① 67 ①

PART 05

KEY ① 2016년 8월 21일 산업기사 출제
② 2018년 3월 4일 산업기사 출제
③ 2018년 8월 19일 출제
④ 2020년 8월 22일 기사 출제
⑤ 2023년 6월 4일(문제 72번) 출제

68 정전기 재해를 예방하기 위해 설치하는 제전기의 제전효율은 설치 시에 얼마 이상이 되어야 하는가?

① 40[%] 이상 ② 50[%] 이상
③ 70[%] 이상 ④ 90[%] 이상

해설

제전기 설치시 제전효율 : 90[%] 이상

참고 산업안전기사 필기 p.4-41(합격날개 : 은행문제)

KEY ① 2012년 3월 4일 기사 출제
② 2021년 8월 14일 기사 출제
③ 2023년 7월 8일(문제 67번) 출제

69 정전에너지를 나타내는 식으로 알맞은 것은? (단, Q는 대전 전하량, C는 정전용량이다.)

① $\frac{Q}{2C}$ ② $\frac{Q}{2C^2}$
③ $\frac{Q^2}{2C}$ ④ $\frac{Q^2}{2C^2}$

해설

정전기 에너지

① 정전용량 C[F]인 물체에 전압 V[V]가 가해져서 Q[C]의 전하가 축적되어 있을 때 에너지는
$W=\frac{1}{2}QV=\frac{1}{2}CV^2=\frac{1Q^2}{2C}$[J]이 된다.

② 유도된 전압$=\frac{C_1}{C_1+C_2}E$

W : 정전기 에너지[J]
C : 도체의 정전용량[F]
V : 대전전위(유도된 전압)[V]
Q : 대전전하량[C]

참고 산업안전기사 필기 p.4-33(6. 정전기 에너지)

KEY ① 2019년 8월 4일 기사 출제
② 2023년 7월 8일(문제 79번) 출제

70 한국전기설비규정에 따라 욕조나 샤워시설이 있는 욕실 등 인체가 물에 젖어있는 상태에서 전기를 사용하는 장소에 인체감전보호용 누전차단기가 부착된 콘센트를 시설하는 경우 누전차단기의 정격감도전류 및 동작시간은?

① 15[mA] 이하, 0.01[초] 이하
② 15[mA] 이하, 0.03[초] 이하
③ 30[mA] 이하, 0.01[초] 이하
④ 30[mA] 이하, 0.03[초] 이하

해설

인체감전보호용 누전차단기 기준

① 정격 감도 전류 : 15[mA]
② 동작시간 : 0.03[초] 이하

참고 산업안전기사 필기 p.4-5(1. 누전차단기 종류)

KEY ① 2020년 9월 27일 기사 등 20번 이상 출제
② 2021년 3월 7일(문제 63번) 출제
③ 2024년 2월 15일(문제 61번) 출제

71 누전사고가 발생될 수 있는 취약 개소가 아닌 것은?

① 나선으로 접속된 분기회로의 접속점
② 전선의 열화가 발생한 곳
③ 부도체를 사용하여 이중절연이 되어 있는 곳
④ 리드선과 단자와의 접속이 불량한 곳

해설

누전(electric leakage : 漏電)

(1) 개요 : 절연이 불완전하여 전기의 일부가 전선 밖으로 새어 나와 주변의 도체에 흐르는 현상
(2) 누전의 원인
① 전기장치나 오래된 전선의 절연 불량, 전선 피복의 손상또는 습기의 침입 등이 주된 원인이다.
② 한번 누전현상이 일어나면 그 부분에 계속 누설전류가 흘러 절연상태가 더욱 악화될 수 있으므로 주의가 필요하다.

참고 산업안전기사 필기 p.4-6(2. 누전차단기 설치 장소)

KEY ① 2019년 8월 4일(문제 78번) 출제
② 2024년 2월 15일(문제 64번) 출제

[정답] 68 ④ 69 ③ 70 ② 71 ③

72 다음 중 전기화재의 주요 원인이라고 할 수 없는 것은?

① 절연전선의 열화
② 정전기 발생
③ 과전류 발생
④ 절연저항값의 증가

해설

전기화재의 경로별발생(원인별)
① 단락(합선) : 25[%]
② 전기스파크 : 24[%]
③ 누전 : 15[%]
④ 접촉부의 과열 : 12[%]
⑤ 접촉불량
⑥ 정전기

참고 산업안전기사 필기 p.4-72(2.경로별 발생)

보충학습
(1) 화재의 3요건
① 산소 ② 발화원 ③ 착화물
(2) 전기화재
① 전기가 원인이 되어 일어나는 화재
② 전기화재는 광범위한 손실을 초래

KEY ① 2016년 5월 8일 기사
② 2018년 9월 28일, 8월 19일 기사
③ 2021년 5월 15일(문제 71번) 출제
④ 2024년 2월 15일(문제 80번), 5월 9일(문제 63번) 출제

73 감전사고를 방지하기 위한 방법으로 틀린 것은?

① 전기기기 및 설비의 위험부에 위험표지
② 전기설비에 대한 누전차단기 설치
③ 전기기기에 대한 정격표시
④ 무자격자는 전기기계 및 기구에 전기적인 접촉 금지

해설

직접접촉에 의한 감전방지대책
① 충전부에 절연 방호망을 설치할 것
② 충전부는 내구성이 있는 절연물로 완전히 덮어 감쌀 것
③ 충전부가 노출되지 않도록 폐쇄형 외함구조로 할 것
④ 관계자 외에 출입을 금지하고 평소에 잠금상태가 되어야 한다.

참고 산업안전기사 필기 p. 4-20(1. 직접접촉에 의한 감전방지 방법)

KEY ① 2016년 8월 21일 산업기사 출제
② 2017년 3월 5일 출제
③ 2017년 5월 7일(문제 76번) 출제
④ 2020년 9월 27일(문제 76번) 출제
⑤ 2022년 3월 5일(문제 70번) 출제
⑥ 2024년 5월 9일(문제 77번) 출제

74 다음 (   )안에 알맞은 내용을 나타낸 것은?

폭발성 가스의 폭발등급 측정에 사용되는 표준용기는 내용적이 (㉮)[cm3], 반구상의 플렌지 접합면의 안길이(㉯)[mm]의 구상용기의 틈새를 통과시켜 화염일주 한계를 측정하는 장치이다.

① ㉮ 600 ㉯ 0.4
② ㉮ 1800 ㉯ 0.6
③ ㉮ 4500 ㉯ 8
④ ㉮ 8000 ㉯ 25

해설

화염일주한계 = 최대안전틈새 = 안전간격(safety gap)
① 내용적 : 8000[cm^3]=8[ℓ]
② 접합면의 안길이 : 25[mm]

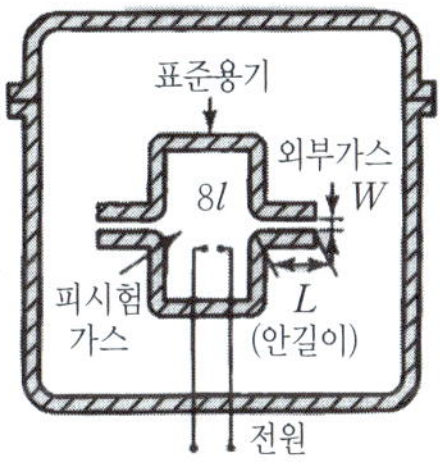

[그림] 폭발등급 측정에 사용되는 표준용기

참고 산업안전기사 필기 p.4-59 (합격날개 : 합격예측)

KEY ① 2016년 8월 21일 출제
② 2018년 8월 19일(문제 66번) 출제
③ 2022년 3월 5일(문제 61번) 출제
④ 2024년 2월 15일(문제 78번), 7월 27일(문제 64번) 출제

[정답] 72 ④ 73 ③ 74 ④

PART 05

보충학습

화염일주한계

폭발성분위기 내에서 방치된 표준용기의 접합 면 틈새를 통하여 폭발화염이 내부에서 외부로 전파되는 것을 저지할 수 있는 틈새의 최대간격치

KEY
① 2011년 3월 20일 출제
② 2018년 8월 19일 산업기사 출제
③ 2020년 6월 7일 출제
④ 2023년 2월 15일(문제 72번) 출제
⑤ 2020년 9월 27일 기사(문제 13번) 출제
⑥ 2021년 5월 15일(문제 68번) 출제
⑦ 2024년 7월 27일(문제 74번) 출제

75 교류 아크 용접기의 자동전격방지장치는 전격의 위험을 방지하기 위하여 아크 발생이 중단된 후 약 1초 이내에 출력 측 무부하 전압을 자동적으로 몇 [V] 이하로 저하시켜야 하는가?

① 85 ② 70
③ 50 ④ 25

해설

자동전격방지장치 무부하전압

① 시간 : 1±0.3초 이내 ② 전압 : 25[V] 이하

참고 산업안전기사 필기 p.4-78(2. 방호 장치의 성능)

KEY
① 2011년 6월 12일 출제
② 2012년 8월 26일 출제
③ 2017년 5월 7일 출제
④ 2018년 3월 4일 출제
⑤ 2020년 9월 27일 출제
⑥ 2023년 7월 8일(문제 74번) 출제
⑦ 2024년 7월 27일(문제 68번) 출제

76 인화성 가스 또는 인화성 액체의 용기류가 부식, 열화 등으로 파손되어 가스 또는 액체가 누출 할 염려가 있는 경우의 방폭지역은?

① 0종 장소 ② 1종 장소
③ 2종 장소 ④ 비방폭지역

해설

위험장소의 구분

① 0종 장소 : 장치 및 기기들이 정상 가동되는 경우에 폭발성 가스가 항상 존재하는 장소이다.
② 1종 장소 : 장치 및 기기들이 정상 가동 상태에서 폭발성 가스가 가끔 누출되어 위험 분위기가 존재하는 장소이다.
③ 2종 장소 : 작업자의 조작상 실수나 이상운전으로 폭발성 가스가 누출되거나 유출된 가스가 체류하여 폭발을 일으킬 우려가 있는 장소이다.

참고 산업안전기사 필기 p.4-52(3. 가스 폭발 위험장소)

77 인체의 전기저항을 0.5[kΩ]이라고 하면 심실세동을 일으키는 위험한계 에너지는 몇 [J]인가?(단, 심실세동전류값 $I=\frac{165}{\sqrt{T}}$[mA]의 Dalziel(달지엘)의 식을 이용하며, 통전시간은 1초로 한다.)

① 13.6 ② 12.6
③ 11.6 ④ 10.6

해설

위험한계에너지

$$Q=I^2RT=\left(\frac{165}{\sqrt{T}}\times10^{-3}\right)^2\times500\times T$$

$$=\frac{165^2}{T}\times10^{-6}\times500\times T$$

$$=165^2\times10^{-6}\times500=13.61[J]$$

$$=13.6\times0.24[cal]=3.3[cal]$$

참고 산업안전기사 필기 p.4-18(3. 위험한계에너지)

KEY
① 2008년 5월 11일(문제 71번) 출제
② 2016년 8월 21일 출제
③ 2017년 5월 7일 출제
④ 2018년 3월 4일 기사, 4월 28일 기사 · 산업기사 출제
⑤ 2024년 7월 27일(문제 70번) 출제 등 10회 이상 출제
⑥ 2025년 2월 7일(문제 62번) 출제

78 내전압용절연장갑의 등급에 따른 최대사용전압이 틀린 것은?(단, 교류 전압은 실효값이다.)

① 등급 00 : 교류 500[V]
② 등급 1 : 교류 7,500[V]
③ 등급 2 : 직류 17,000[V]
④ 등급 3 : 직류 39,750[V]

[정답] 75 ④ 76 ③ 77 ① 78 ③

해설

절연장갑의 등급 및 표시

등급	최대사용전압		등급별 색상
	교류([V], 실효값)	직류[V]	
00	500	750	갈색
0	1,000	1,500	빨간색
1	7,500	11,250	흰색
2	17,000	25,500	노란색
3	26,500	39,750	녹색
4	36,000	54,000	등색

[주] 직류값은 교류에 1.5를 곱하면 된다. 예 500 × 1.5 = 750

참고 ① 산업안전기사 필기 p.1-51(합격날개 : 합격예측)
② 산업안전기사 필기 p.4-23(합격날개 : 합격예측)

KEY ① 2018년 4월 28일 산업기사, 8월 19일 기사 출제
② 2019년 4월 27일 출제
③ 2020년 6월 14일 산업기사, 9월 27일(문제 13번) 출제
④ 2021년 5월 15일(문제 68번) 출제
⑤ 2024년 7월 27일(문제 76번) 출제
⑥ 2025년 2월 7일 산업기사, 2월 7일(문제 64번) 출제

79 절연물의 절연계급을 최고허용온도가 낮은 온도에서 높은 온도 순으로 배치한 것은?

① Y종 → A종 → E종 → B종
② A종 → B종 → E종 → Y종
③ Y종 → E종 → B종 → A종
④ B종 → Y종 → A종 → E종

해설

절연물의 내열구분

종별	허용 최고 온도[℃]	절연물의 종류
Y종	90	유리화수지, 메타크릴수지, 폴리에틸렌, 폴리염화비닐, 폴리스티렌
A종	105	폴리에스테르수지, 셀룰로오스 유도체, 폴리아미드, 폴리비닐포르말
E종	120	멜라민수지, 페놀수지의 유기질, 폴리에스테르수지
B종	130	무기질기재의 각종 성형 적층물
F종	155	에폭시수지, 폴리우레탄수지, 변성실리콘수지
H종	180	유리, 실리콘, 고무
C종	180 이상	실리콘, 플루오르화에틸렌

참고 산업안전기사 필기 p.4-74(표 : 절연물의 내열구분)

KEY ① 2020년 6월 7일 출제
② 2021년 3월 7일(문제 78번) 출제
③ 2024년 7월 27일(문제 78번) 출제
④ 2025년 5월 10일(문제 65번) 출제

80 내압방폭구조의 필요충분조건에 대한 사항으로 틀린 것은?

① 폭발화염이 외부로 유출되지 않을 것
② 습기침투에 대한 보호를 충분히 할 것
③ 내부에서 폭발한 경우 그 압력에 견딜 것
④ 외함의 표면온도가 외부의 폭발성가스를 점화하지 않을 것

해설

내압(耐壓)방폭구조(explosion proof : d)의 특징

① 용기의 내부에 폭발성 가스의 폭발이 일어날 경우에 용기가 폭발압력에 견디고 또한 외부의 폭발성 분위기에의 불꽃의 전파를 방지하도록 한 방폭구조
② 점화원의 방폭적 격리
③ MESG 특성 적용

참고 산업안전기사 필기 p.4-53(1. 내압방폭구조)

KEY ① 2019년 3월 3일 기사 출제
② 2019년 4월 27일 기사·산업기사 동시출제
③ 2020년 6월 7일(문제 71번) 출제
④ 2022년 3월 5일(문제 67번) 출제
⑤ 2025년 5월 10일(문제 76번) 출제

보충학습

최대 실험 안전 간격(MESG): 내압 방폭 설비의 기준

① Group IIA: MESG ≥ 0.9[mm]
② Group IIB: 0.5[mm] < MESG < 0.9[mm]
③ Group IIC: MESG ≤ 0.5[mm]

[정답] 79 ① 80 ②

PART 05

5 화학설비 안전관리

81 다음 중 폭발범위에 관한 설명으로 틀린 것은?

① 상한값과 하한값이 존재한다.
② 온도에는 비례하지만 압력과는 무관하다.
③ 가연성 가스의 종류에 따라 각각 다른 값을 갖는다.
④ 공기와 혼합된 가연성 가스의 체적 농도로 나타낸다.

해설

폭발발생의 필수인자
① 인화성 물질 온도
② 조성(인화성 물질의 농도범위)
③ 압력의 방향
④ 용기의 크기와 형태(모양)

참고 산업안전기사 필기 p.5-3(2. 폭발발생의 필수인자)

KEY ① 2014년 3월 2일(문제 85번) 출제
② 2019년 3월 3일(문제 96번) 출제
③ 2020년 9월 27일(문제 84번) 출제
④ 2022년 3월 5일(문제 83번) 출제

보충학습
보일 샤를 법칙에 의해 온도 상승 시 부피, 압력이 상승하여 넓어진다.

$$\frac{P_1V_1}{T_1} - \frac{P_2V_2}{T_2} = K(\text{일정})$$

82 다음 [표]와 같은 혼합가스의 폭발범위(vol%)로 옳은 것은?

종류	용적비율 (vol%)	폭발하한계 (vol%)	폭발상한계 (vol%)
CH_4	70	5	15
C_2H_6	15	3	12.5
C_3H_8	5	2.1	9.5
C_4H_{10}	10	1.9	8.5

① 3.75~13.21　② 4.33~13.21
③ 4.33~15.22　④ 3.75~15.22

해설

혼합가스의 폭발범위

① $L(\text{하한}) = \dfrac{100}{\dfrac{V_1}{L_1}+\dfrac{V_2}{L_2}+\dfrac{V_3}{L_3}+\dfrac{V_4}{L_4}}$

$= \dfrac{100}{\dfrac{70}{5}+\dfrac{15}{3}+\dfrac{5}{2.1}+\dfrac{10}{1.9}}$

$= 3.75$

② $U(\text{상한}) = \dfrac{100}{\dfrac{V_1}{L_1}+\dfrac{V_2}{L_2}+\dfrac{V_3}{L_3}+\dfrac{V_4}{L_4}}$

$= \dfrac{100}{\dfrac{70}{15}+\dfrac{15}{12.5}+\dfrac{5}{9.5}+\dfrac{10}{8.5}}$

$= 13.21$

$\therefore V$ = 각성분의 체적
L = 각성분의 폭발하한치(LFL)

참고 산업안전기사 필기 p.5-11(보충학습 : 혼합가스의 폭발범위)

KEY ① 2017년 8월 26일 산업기사 출제
② 2018년 8월 19일(문제 86번) 출제
③ 2022년 3월 5일(문제 84번) 출제

83 다음 중 퍼지(purge)의 종류에 해당하지 않는 것은?

① 압력퍼지　② 진공퍼지
③ 스위프퍼지　④ 가열퍼지

해설

퍼지(purge)의 종류
① 압력퍼지
② 진공 퍼지
③ 가압퍼지
④ 스위프 퍼지
⑤ 사이펀 퍼지

참고 산업안전기사 필기 p.5-20(표 : 퍼지의 종류)

KEY ① 2011년 6월 12일(문제 86번) 출제
② 2018년 4월 28일(문제 91번) 출제
③ 2021년 8월 14일(문제 82번) 출제
④ 2022년 4월 24일(문제 82번) 출제

[정답] 81 ② 82 ① 83 ④

84 폭발한계와 완전 연소 조성 관계인 Jones식을 이용하여 부탄(C_4H_{10})의 폭발하한계를 구하면 약 몇 [vol%]인가?

① 1.4　② 1.7
③ 2.0　④ 2.3

해설

C_4H_{10} 양론농도계산

① $C_{st}=\dfrac{100}{1+4.773\left(4+\dfrac{10}{4}\right)}=3.125$

② 연소하한값 $=0.55\times C_{st}=0.55\times 3.125=1.718$

참고 산업안전기사 필기 p.5-11(보충학습 : 폭발범위의 계산)

KEY ① 2020년 8월 22일(문제 86번) 출제
② 2021년 8월 14일(문제 94번) 출제
③ 2022년 4월 24일(문제 83번) 출제

보충학습

폭발범위의 계산 : Jones식
① 폭발하한계$=0.55\times C_{st}$
② 폭발상한계$=3.50\times C_{st}$

여기서, $C_{st}=\dfrac{100}{1+4.773\left(n+\dfrac{m-f-\lambda}{4}\right)}$

(n:탄소, m:수소, f:할로겐원소, λ:산소의 원자수)

85 다음 [표]의 가스(A~D)를 위험도가 큰 것부터 작은 순으로 나열한 것은?

가스	폭발하한값	폭발상한값
A	4.0 [vol%]	75.0 [vol%]
B	3.0 [vol%]	80.0 [vol%]
C	1.25 [vol%]	44.0 [vol%]
D	2.5 [vol%]	81.0 [vol%]

① D−B−C−A　② D−B−A−C
③ C−D−A−B　④ C−D−B−A

해설

위험도 계산

위험도$(H)=\dfrac{U-L}{L}$

① $A=\dfrac{75-4}{4}=17.75$　② $B=\dfrac{80-3}{3}=25.67$
③ $C=\dfrac{44-1.25}{1.25}=34.2$　④ $D=\dfrac{81-2.5}{2.5}=31.4$

참고 산업안전기사 필기 p.5-60(㉮ 위험도)

KEY ① 2021년 5월 15일 기사 등 10회 이상 출제
② 2018년 8월 19일 산업기사 등 10회 이상 출제
③ 2022년 4월 24일(문제 97번) 출제

86 다음 중 반응기를 조작방식에 따라 분류할 때 이에 해당하지 않는 것은?

① 회분식 반응기　② 반회분식 반응기
③ 연속식 반응기　④ 관형식 반응기

해설

반응기의 구분

구분	종류	특징
조작(운전) 방식에 의한 분류	회분식 반응기 (Batch Reactor)	① 원료를 반응기 내에 주입하고, 일정시간 반응시킨 다음 생성물을 꺼내는 방식 ② 반응이 진행되는 동안 원료 도입 또는 생성물의 배출이 없다. ③ 다품종 소량 생산에 유리하다.
	반회분식 반응기 (semi-batch Reactor)	① 반응 성분의 일부를 반응기 내에 넣어두고 반응이 진행됨에 따라 다른 성분을 계속 첨가하는 형식의 반응기이다.
	연속식 반응기 (plug flow Reactor)	① 원료를 연속적으로 반응기에 도입하는 동시에 반응 생성물을 연속적으로 반응기에 배출시키면서 반응을 진행시키는 반응기이다. ② 소품종 대량생산에 적합하다.
구조에 의한 분류	① 관형반응기 ③ 교반기형반응기	② 탑형반응기 ④ 유동층형 반응기

참고 산업안전기사 필기 p.5-49(1. 반응기)

KEY ① 2011년 3월 20일 문제 89번 출제
② 2019년 3월 3일(문제 83번) 출제
③ 2021년 8월 14일(문제 99번) 출제
④ 2022년 4월 24일(문제 95번) 출제
⑤ 2023년 2월 28일(문제 82번) 출제

[정답] 84 ② 85 ④ 86 ④

87 **산업안전보건법령상 대상 설비에 설치된 안전밸브에 대해서는 경우에 따라 구분된 검사주기마다 안전밸브가 적정하게 작동하는지 검사하여야 한다. 화학공정 유체와 안전밸브의 디스크 또는 시트가 직접 접촉될 수 있도록 설치된 경우의 검사주기로 옳은 것은?**

① 매년 1회 이상
② 2년마다 1회 이상
③ 3년마다 1회 이상
④ 4년마다 1회 이상

해설

제261조(안전밸브 등의 설치)

설치된 안전밸브에 대해서는 다음 각 호의 구분에 따른 검사주기마다 국가교정기관에서 교정을 받은 압력계를 이용하여 설정압력에서 안전밸브가 적정하게 작동하는지를 검사한 후 납으로 봉인하여 사용하여야 한다. 다만, 공기나 질소취급용기 등에 설치된 안전밸브 중 안전밸브 자체에 부착된 레버 또는 고리를 통하여 수시로 안전밸브가 적정하게 작동하는지를 확인할 수 있는 경우에는 검사하지 아니할 수 있고 납으로 봉인하지 아니할 수 있다.

① 화학공정 유체와 안전밸브의 디스크 또는 시트가 직접 접촉될 수 있도록 설치된 경우 : 2년마다 1회 이상
② 안전밸브 전단에 파열판이 설치된 경우 : 3년마다 1회 이상
③ 공정안전보고서 제출 대상으로서 고용노동부장관이 실시하는 공정안전보고서 이행상태 평가결과가 우수한 사업장의 안전밸브의 경우 : 4년마다 1회 이상

참고 산업안전기사 필기 p.5-3(합격날개 : 합격예측 및 관련법규)

KEY ① 2021년 3월 7일 기사 출제
② 2023년 2월 28일(문제 84번) 출제

합격정보

산업안전보건기준에 관한 규칙 제261조(안전밸브 등의 설치)

보충학습

안전밸브

기기(機器)나 관 등의 파괴를 방지하기 위하여 부착하는 최고 압력을 한정하는 밸브로서, 설정 압력 이상이 되면 유체를 내뿜어 압력을 설정 압력 이하로 낮추도록 되어있다.

88 **공기 중에서 A물질의 폭발하한계가 4[vol%], 상한계가 75[vol%] 라면 이 물질의 위험도는?**

① 16.75 ② 17.75
③ 18.75 ④ 19.75

해설

위험도 계산

$$H=\frac{\text{폭발상한계}-\text{폭발하한계}}{\text{폭발하한계}}=\frac{75-4}{4}=17.75$$

참고 산업안전기사 필기 p.5-70(문제 40번) 적중

KEY ① 2015년 5월 31일(문제 85번) 출제
② 2016년 3월 6일(문제 86번) 출제
③ 2017년 3월 5일(문제 82번) 출제
④ 2018년 3월 4일(문제 89번) 출제
⑤ 2020년 6월 7일(문제 92번) 출제
⑥ 2021년 3월 7일(문제 97번), 5월 15일(문제 90번) 출제
⑦ 2022년 4월 24일(문제 97번) 출제
⑧ 2023년 2월 28일(문제 97번) 출제

89 **마그네슘의 저장 및 취급에 관한 설명으로 틀린 것은?**

① 화기를 엄금하고, 가열, 충격, 마찰을 피한다.
② 분말이 비산하지 않도록 완전 밀봉하여 저장한다.
③ 1류 또는 6류와 같은 산화제와 혼합되지 않도록 격리, 저장한다.
④ 일단 연소하면 소화가 곤란하지만 초기 소화 또는 소규모 화재시 물, CO_2 소화설비를 이용하여 소화한다.

해설

Mg의 저장취급방법

① 마그네슘은 제2류 위험물 중 물기엄금 물질이다.
② 화기를 엄금하고, 가열, 충격, 마찰을 피한다.
③ 분말은 분진폭발에 위험이 있어 비산하지 않도록 완전 밀봉하여 저장한다.
④ 1류 또는 6류와 같은 산화제 및 할로겐원소와 혼합되지 않도록 격리 저장한다.
⑤ 물과 반응하면 수소 발생, 이산화탄소와는 폭발적인 반응을 하므로 소화는 마른 모래나 분말 소화약제를 사용한다.

참고 산업안전기사 필기 p.5-66(문제 31번) 적중

KEY ① 2015년 5월 31일(문제 92번) 출제
② 2023년 6월 4일(문제 83번) 출제

[정답] 87 ② 88 ② 89 ④

90 위험물을 산업안전보건법령에서 정한 기준량 이상으로 제조하거나 취급하는 설비로서 특수화학설비에 해당되는 것은?

① 가열시켜 주는 물질의 온도가 가열되는 위험물질의 분해온도보다 높은 상태에서 운전되는 설비
② 상온에서 게이지 압력으로 200[kPa]의 압력으로 운전되는 설비
③ 대기압 하에서 섭씨 300[℃]로 운전되는 설비
④ 흡열반응이 행하여지는 반응설비

해설

특수화학설비의 종류

① 발열반응이 일어나는 반응장치
② 증류 · 정류 · 증발 · 추출 등 분리를 하는 장치
③ 가열시켜 주는 물질의 온도가 가열되는 위험물질의 분해온도 또는 발화점보다 높은 상태에서 운전되는 설비
④ 반응폭주 등 이상 화학반응에 의하여 위험물질이 발생할 우려가 있는 설비
⑤ 온도가 섭씨 350도 이상이거나 게이지 압력이 980[kPa] 이상인 상태에서 운전되는 설비
⑥ 가열로 또는 가열기

참고 산업안전기사 필기 p.5-17(합격날개 : 합격예측 및 관련법규)

KEY ① 2022년 4월 24일 기사 등 10회 이상 출제
② 2023년 6월 4일(문제 84번) 출제

합격정보

산업안전보건기준에 관한 규칙 제273조(계측장치 등의 설치)

91 다음 물질 중 공기에서 폭발상한계 값이 가장 큰 것은?

① 사이클로헥산 ② 산화에틸렌
③ 수소 ④ 이황화탄소

해설

주요 인화성 가스의 폭발범위

인화성 가스	폭발하한값[%]	폭발상한값[%]
아세틸렌(C_2H_2)	2.5	81
산화에틸렌(C_2H_4O)	3	80
수소(H_2)	4	75
일산화탄소(CO)	12.5	74
프로판(C_3H_8)	2.1	9.5
에탄(C_2H_6)	3	12.5
메탄(CH_4)	5	15
부탄(C_4H_{10})	1.8	8.4

참고 산업안전기사 필기 p.5-17(합격날개 : 합격예측 및 관련법규)

KEY ① 2013년 3월 10일 기사 출제
② 2016년 5월 8일 기사 출제
③ 2017년 8월 26일 기사 출제
④ 2021년 3월 7일 기사 출제
⑤ 2023년 7월 8일(문제 81번) 출제

92 다음 관(pipe) 부속품 중 관로의 방향을 변경하기 위하여 사용하는 부속품은?

① 니플(nipple)
② 유니온(union)
③ 플랜지(flange)
④ 엘보(elbow)

해설

피팅류(Fittings)의 용도

용도	종류
두 개의 관을 연결할 때	플랜지, 유니온, 커플링, 니플, 소켓
관로의 방향을 바꿀 때	엘보, Y지관, 티, 십자
관로의 크기를 바꿀 때	축소관, 부싱
가지관을 설치할 때	티(T), Y지관, 십자
유로를 차단할 때	플러그, 캡, 밸브
유량 조절	밸브

참고 산업안전기사 필기 p.5-58(합격날개 : 합격예측)

KEY ① 2013년 3월 10일 기사 출제
② 2014년 3월 2일 기사 출제
③ 2015년 8월 16일 기사 출제
④ 2016년 3월 6일, 5월 8일 기사 출제
⑤ 2020년 6월 7일, 9월 27일 기사 출제
⑥ 2023년 7월 8일(문제 86번) 출제

[정답] 90 ① 91 ② 92 ④

93 가스를 분류할 때 독성가스에 해당하지 않는 것은?

① 황화수소　② 시안화수소
③ 이산화탄소　④ 산화에틸렌

해설

독성가스 허용농도

① NH_3(암모니아) : 25[ppm]
② $COCl_2$(포스겐) : 0.1[ppm]
③ Cl_2(염소) : 1[ppm]
④ H_2S(황화수소) : 10[ppm]

참고 산업안전기사 필기 p.5-44(표. 주요 고압가스의 분류)

KEY
① 2017년 3월 5일 기사 출제
② 2019년 8월 4일 기사 출제
③ 2022년 4월 24일(문제 84번) 출제
④ 2024년 2월 15일(문제 82번) 출제

보충학습

① $COCl_2$: 1차 세계대전 독가스
② CO_2 : 불연성가스(질식성 가스)

94 다음 중 상온에서 물과 격렬히 반응하여 수소를 발생시키는 물질은?

① Au　② K
③ S　④ Ag

해설

K(칼륨) : 칼륨은 금수성 물질로서 산과 접촉 시 수소방출

참고
① 산업안전기사 필기 p.5-62(문제 4번)
② 산업안전기사 필기 p.5-69(문제 35번) 적중

KEY
① 2012년 5월 20일 기사 출제
② 2016년 5월 8일 기사 출제
③ 2017년 8월 26일 기사 출제
④ 2018년 3월 4일 기사 출제
⑤ 2019년 3월 3일 기사 출제
⑥ 2021년 3월 7일, 5월 15일 기사 출제
⑦ 2023년 7월 8일(문제 87번) 출제
⑧ 2024년 2월 15일(문제 89번) 출제

보충학습

① 반응식 : $2K+2H_2O \rightarrow 2KOH+H_2$
② Cu, Fe, Au, Ag, C : 상온에서 고체로 물과 접촉해도 반응불가
③ K, Na, Mg, Zn, Li : 물과 격렬반응하여 수소 발생

95 CF_3Br 소화약제의 할론 번호를 옳게 나타낸 것은?

① 하론 1031　② 하론 1311
③ 하론 1301　④ 하론 1310

해설

할론 넘버 : C, F, Cl, Br의 개수로 표시

① 일염화 일취화 메탄 : 1011
② 일취화 일염화 이불화 메탄 : 1211
③ 이취화 사불화 에탄 : 2402
④ 일취화 삼불화 메탄 : 1301

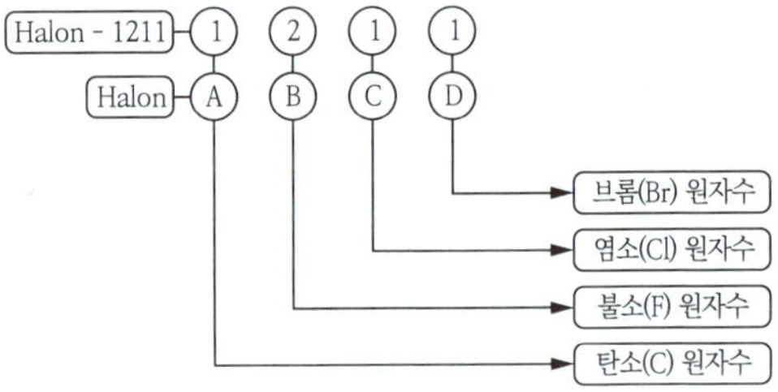

[그림] 명명법

참고 산업안전기사 필기 p.5-15(7. 할로겐화물 소화기)

KEY
① 2008년 7월 27일 기사 출제
② 2016년 8월 21일 산업기사 출제
③ 2018년 8월 19일 기사 출제
④ 2023년 6월 4일(문제 97번) 출제
⑤ 2024년 2월 15일(문제 95번) 출제

96 다음 설명이 의미하는 것은?

> 온도, 압력 등 제어상태가 규정의 조건을 벗어나는 것에 의한 반응속도가 지수함수적으로 증대되고, 반응용기 내의 온도, 압력이 급격히 이상 상승되어 규정 조건을 벗어나고, 반응이 과격화되는 현상

① 비등　② 과열·과압
③ 폭발　④ 반응폭주

[정답] 93 ③　94 ②　95 ③　96 ④

해설

반응폭주의 원리

① 반응물질량 제어 실패 : 반응물질과 투입에 다른 반응 활성화로 반응폭주 발생
② 반응온도 제어 실패 : 반응온도의 상승으로 인한 반응속도의 증가로 반응폭주 발생
③ 촉매의 양 제어 실패 : 반응속도를 높이는 촉매의 과 투입에 따른 반응폭주 발생
④ 이물질 흡입에 의한 이상반응 발생으로 반응폭주 발생

참고 산업안전기사 필기 p.5-52(합격날개 : 은행문제)

KEY ① 2017년 5월 7일(문제 97번) 출제
② 2020년 9월 27일(문제 99번) 출제
③ 2022년 3월 5일(문제 81번) 출제
④ 2024년 2월 15일(문제 99번) 출제
⑤ 2024년 5월 9일(문제 83번) 출제

합격정보

산업안전보건기준에 관한규칙 제262조(파열판의 설치)

97 가스를 분류할 때 독성가스에 해당하지 않는 것은?

① 황화수소 ② 시안화수소
③ 이산화탄소 ④ 산화에틸렌

해설

독성가스 허용농도

① NH_3(암모니아) : 25[ppm]
② $COCl_2$(포스겐) : 0.1[ppm]
③ Cl_2(염소) : 1[ppm]
④ H_2S(황화수소) : 10[ppm]

참고 산업안전기사 필기 p.5-44(표. 주요 고압가스의 분류)

KEY ① 2017년 3월 5일 출제
② 2019년 8월 4일 출제
③ 2022년 4월 24일(문제 84번) 출제
④ 2024년 2월 15일(문제 82번) 출제
⑤ 2024년 7월 27일(문제 81번) 출제

보충학습

① $COCl_2$: 1차 세계대전 독가스
② CO_2 : 불연성가스(질식성 가스)

98 산업안전보건법령상 "부식성 산류"에 해당하지 않는 것은?

① 농도 20[%]인 염산
② 농도 40[%]인 인산
③ 농도 50[%]인 질산
④ 농도 60[%]인 아세트산

해설

부식성 물질

① 부식성 산류
㉮ 농도가 20[%] 이상인 염산, 황산, 질산, 기타 이와 동등 이상의 부식성을 지니는 물질
㉯ 농도가 60[%] 이상인 인산, 아세트산, 플루오르산, 기타 이와 동등 이상의 부식성을 가지는 물질
② 부식성 염기류 : 농도가 40[%] 이상인 수산화나트륨, 수산화칼슘, 기타 이와 동등 이상의 부식성을 가지는 염기류

참고 산업안전기사 필기 p.5-36(7. 부식성 물질)

KEY ① 2011년 8월 21일 기사 출제
② 2012년 8월 26일 기사 출제
③ 2019년 8월 4일 기사 출제
④ 2023년 7월 8일(문제 83번) 출제
⑤ 2024년 5월 9일(문제 84번) 출제
⑥ 2025년 2월 7일(문제 84번) 출제

합격정보

산업안전보건기준에 관한 규칙 [별표1] 위험물질종류

99 다음 중 응상폭발이 아닌 것은?

① 분해폭발
② 수증기폭발
③ 전선폭발
④ 고상간의 전이에 의한 폭발

해설

응상폭발의 종류

① 수증기 폭발
② 전선폭발
③ 고상간 전이 폭발
④ 불안정 물질의 폭발
⑤ 혼합·혼촉에 의한 폭발

[정답] 97 ③ 98 ② 99 ①

참고 산업안전기사 필기 p.5-9([표] 증기, 분진, 분해 폭발)

KEY ① 2017년 5월 7일 기사 출제
② 2020년 9월 27일 기사 출제
③ 2023년 7월 8일(문제 91번) 출제
④ 2024년 5월 9일(문제 86번) 출제
⑤ 2025년 2월 7일(문제 85번) 출제

보충학습1

(1) 물리적 폭발
① 탱크의 감압폭발
② 수증기 폭발
③ 고압용기의 폭발
(2) 화학적 폭발
① 분해폭발
② 화학폭발
③ 중합폭발
④ 산화폭발

보충학습2

응상(凝狀)

물질이 엉긴상태를 말한다. 즉, 폭발물의 분자가 응집되어 액체 또는 고체상태

100 니트로셀룰로오스와 같이 연소에 필요한 산소를 포함하고 있는 물질이 연소하는 것을 무엇이라고 하는가?

① 분해연소 ② 확산연소
③ 그을음연소 ④ 자기연소

해설

자기연소(자기반응성 물질)

① 제5류 위험물은 인화성이면서 자체 내에 산소를 함유하고 있어 공기 중의 산소를 필요로 하지 않고 연소되는데 이를 자기연소라 한다.
② 니트로 화합물, 다이나마이트 등

참고 산업안전기사 필기 p.5-5(4. 자기연소)

KEY ① 2016년 8월 21일 기사 출제
② 2020년 6월 7일 기사 출제
③ 2023년 7월 8일(문제 96번) 출제
④ 2024년 2월 15일(문제 91번) 출제
⑤ 2025년 5월 10일(문제 97번) 출제

6 건설공사 안전관리

101 추락·재해방지 설비 중 근로자의 추락재해를 방지 할 수 있는 설비로 작업발판 설치가 곤란한 경우에 필요한 설비는?

① 경사로 ② 추락방호망
③ 고정사다리 ④ 달비계

해설

작업발판 설치가 곤란한 경우 : 추락방호망 설치

참고 산업안전기사 필기 p.6-88(1. 건설가시설물 설치 및 관리)

KEY 2022년 3월 5일(문제 102번) 출제

합격정보

산업안전보건기준에 관한 규칙 제42조(추락의 방지)

102 가설구조물의 문제점으로 옳지 않은 것은?

① 도괴(무너짐)재해의 가능성이 크다.
② 추락재해 가능성이 크다.
③ 부재의 결합이 간단하나 연결부가 견고하다.
④ 구조물이라는 통상의 개념이 확고하지 않으며 조립의 정밀도가 낮다.

해설

가설 구조물의 특징

① 연결재가 부족하여 불안정해지기 쉽다.
② 부재 결합이 간략하고 불완전 결합이 많다.
③ 구조물이라는 통상의 개념이 확고하지 않아 조립의 정밀도가 낮다.
④ 부재는 과소 단면이거나 결함이 있는 재료가 사용되기 쉽다.

참고 산업안전기사 필기 p.6-87(1. 가설 구조물의 특징)

KEY 2022년 3월 5일(문제 106번) 출제

[정답] 100 ④ 101 ② 102 ③

103 사다리식 통로 등을 설치하는 경우 통로 구조로서 옳지 않은 것은?

① 발판의 간격은 일정하게 한다.
② 발판과 벽과의 사이는 15[cm] 이상의 간격을 유지한다.
③ 사다리의 상단은 걸쳐놓은 지점으로부터 60[cm] 이상 올라가도록 한다.
④ 폭은 40[cm] 이상으로 한다.

해설

사다리식 통로 폭 : 30[cm]이상

참고 산업안전기사 필기 p.6-18(합격날개 : 합격예측 및 관련법규)

KEY
① 2016년 10월 1일 산업기사 출제
② 2017년 5월 7일 기사·산업기사 동시출제
③ 2018년 4월 28일 산업기사 출제
④ 2022년 3월 5일(문제 117번) 출제

104 동바리의 침하를 방지하기 위한 직접적인 조치로 옳지 않은 것은?

① 수평연결재 사용
② 받침목의 사용
③ 콘크리트의 타설
④ 말뚝박기

해설

동바리의 침하 방지를 위한 직접적인 조치 4가지
① 받침목의 사용
② 깔판의 사용
③ 콘크리트 타설
④ 말뚝박기

참고 산업안전기사 필기 p.6-88(합격날개 : 합격예측 및 관련법규)

KEY
① 2022년 4월 24일 (문제 101번) 지문
② 2022년 4월 24일(문제 119번) 출제

정보제공
산업안전보건기준에 관한 규칙 제332조(동바리 조립시의 안전조치)

105 달비계를 사용하는 와이어로프의 사용금지 기준으로 옳지 않은 것은?

① 이음매가 있는 것
② 열과 전기충격에 의해 손상된 것
③ 지름의 감소가 공칭지름의 7[%]를 초과하는 것
④ 와이어로프의 한 꼬임에서 끊어진 소선의 수가 7[%] 이상인 것

해설

달비계에 사용하는 와이어로프 금지기준
① 이음매가 있는 것
② 와이어로프의 한 꼬임[스트랜드(strand)를 말한다. 이하 같다]에서 끊어진 소선(素線)[필러(pillar)선은 제외한다]의 수가 10[%] 이상(비자전로프의 경우에는 끊어진 소선의 수가 와이어로프 호칭지름의 6배 길이 이내에서 4개 이상이거나 호칭지름 30배 길이 이내에서 8개 이상)인 것
③ 지름의 감소가 공칭지름의 7[%]를 초과하는 것
④ 꼬인 것
⑤ 심하게 변형되거나 부식된 것
⑥ 열과 전기충격에 의해 손상된 것

참고 산업안전기사 필기 p.6-102(합격날개 : 합격예측 및 관련법규)

KEY
① 2017년 3월 5일 기사 출제
② 2018년 4월 28일 산업기사 출제
③ 2019년 8월 4일(문제 116번) 출제
④ 2022년 4월 24일(문제 120번) 출제

합격정보
산업안전보건기준에 관한 규칙 제63조(달비계의 구조)

106 그물코의 크기가 10[cm]인 매듭없는 방망사 신품의 인장강도는 최소 얼마 이상이어야 하는가?

① 240[kg] ② 320[kg]
③ 400[kg] ④ 500[kg]

해설

방망사의 신품에 대한 인장강도

그물코의 크기 (단위 : [cm])	방망의 종류(단위 : [kg])	
	매듭 없는 방망	매듭 방망
10	240	200
5		110

[정답] 103 ④ 104 ① 105 ④ 106 ①

PART 05

참고 산업안전기사 필기 p.6-50([표] 방망사의 신품에 대한 인장강도)

KEY ① 2016년 5월 8일 기사 출제
② 2017년 3월 5일, 8월 26일 기사 출제
③ 2018년 4월 28일, 8월 19일 기사 출제
④ 2019년 3월 3일, 8월 4일 기사 출제
⑤ 2020년 8월 22일 기사 출제
⑥ 2021년 8월 14일 기사 출제
⑦ 2023년 2월 28일(문제 101번) 출제

107 철골작업을 중지하여야 하는 조건에 해당되지 않는 것은?

① 풍속이 초당 10[m] 이상인 경우
② 지진이 진도 4 이상인 경우
③ 강우량이 시간당 1[mm] 이상인 경우
④ 강설량이 시간당 1[cm] 이상인 경우

해설

철골작업시 작업중지기준
① 풍속이 초당 10[m] 이상인 경우
② 강우량이 시간당 1[mm] 이상인 경우
③ 강설량이 시간당 1[cm] 이상인 경우

참고 산업안전기사 필기 p.6-148(표. 악천우시 작업중지기준)

KEY ① 2014년 5월 25일(문제 101번) 출제
② 2015년 5월 31일(문제 116번), 8월 16일(문제 120번) 출제
③ 2016년 3월 6일 (문제 103번) 출제
④ 2021년 3월 7일 (문제 103번) 출제
⑤ 2023년 2월 28일(문제 104번) 출제

합격정보
산업안전보건기준에 관한 규칙 제383조(작업의 제한)

108 가설통로의 설치기준으로 옳지 않은 것은?

① 추락할 위험이 있는 장소에는 안전난간을 설치할 것
② 경사가 10[°]를 초과하는 경우에는 미끄러지지 않는 구조로 할 것
③ 경사는 30[°] 이하로 할 것
④ 건설공사에 사용하는 높이 8[m] 이상인 비계다리에는 7[m] 이내마다 계단참을 설치할 것

해설

가설통로 설치기준
① 견고한 구조로 할 것
② 경사는 30[°] 이하로 할 것. 다만, 계단을 설치하거나 높이 2[m] 미만의 가설통로로서 튼튼한 손잡이를 설치한 경우에는 그러하지 아니하다.
③ 경사가 15[°]를 초과하는 경우에는 미끄러지지 아니하는 구조로 할 것
④ 추락할 위험이 있는 장소에는 안전난간을 설치할 것. 다만, 작업상 부득이한 경우에는 필요한 부분만 임시로 해체할 수 있다.
⑤ 수직갱에 가설된 통로의 길이가 15[m] 이상인 경우에는 10[m] 이내마다 계단참을 설치할 것
⑥ 건설공사에 사용하는 높이 8[m] 이상인 비계다리에는 7[m] 이내마다 계단참을 설치할 것

참고 산업안전기사 필기 p.6-127(문제 40번)

KEY ① 2017년 5월 7일 기사 출제
② 2018년 4월 28일 기사 출제
③ 2019년 8월 4일 기사 출제
④ 2020년 6월 7일 기사 출제
⑤ 2021년 3월 7일 기사 출제
⑥ 2022년 3월 5일, 4월 24일 기사 출제
⑤ 2023년 2월 28일(문제 113번) 출제

합격정보
산업안전보건기준에 관한 규칙 제23조(가설통로의 구조)

109 흙막이 가시설 공사 중 발생할 수 있는 보일링(Boiling) 현상에 관한 설명으로 옳지 않은 것은?

① 이 현상이 발생하면 흙막이 벽의 지지력이 상실된다.
② 지하수위가 높은 지반을 굴착할 때 주로 발생한다.
③ 흙막이벽의 근입장 깊이가 부족할 경우 발생한다.
④ 연약한 점토지반에서 굴착면의 융기로 발생한다.

[정답] 107 ② 108 ② 109 ④

해설

보일링(Boiling)현상

① 투수성이 좋은 사질지반의 흙막이 지면에서 수두차로 인한 상향의 침투압이 발생, 유효응력이 감소하여 전단강도가 상실되는 현상
② 지하수가 모래와 같이 솟아오르는 현상
③ 모래의 액상화

참고 산업안전기사 필기 p.6-6(합격날개 : 합격대책)

KEY ① 2016년 10월 1일 기사 출제
② 2019년 3월 3일 기사, 4월 27일 산업기사 출제
③ 2020년 8월 23일 산업기사 출제
④ 2023년 6월 4일(문제 102번) 출제

합격팁

히빙(Heaving) 현상

연약성 점토지반 굴착시 굴착외측 흙의 중량에 의해 굴착저면의 흙이 활동전단 파괴되어 굴착내측으로 부풀어 오르는 현상

110 산업안전보건관리비계상기준에 따른 건축공사, 대상액 「5억원 이상~50억원 미만」의 안전관리비 비율 및 기초액으로 옳은 것은?

① 비율 : 2.28[%], 기초액 : 4,325,000원
② 비율 : 1.99[%], 기초액 : 5,499,000원
③ 비율 : 2.35[%], 기초액 : 5,400,000원
④ 비율 : 1.57[%], 기초액 : 4,411,000원

해설

공사종류 및 규모별 안전관리비 계상기준표

구분 / 공사종류	대상액 5억원 미만	대상액 5억원 이상 50억원 미만		대상액 50억원 이상	영 별표5에 따른 보건관리자 선임대상 건설공사
		비율(X)	기초액(C)		
건축공사	3.11[%]	2.28[%]	4,325,000원	2.37[%]	2.64[%]
토목공사	3.15[%]	2.53[%]	3,300,000원	2.60[%]	2.73[%]
중건설공사	3.64[%]	3.05[%]	2,975,000원	3.11[%]	3.39[%]
특수건설공사	2.07[%]	1.59[%]	2,450,000원	1.64[%]	1.78[%]

참고 산업안전기사 필기 p.6-43(별표1. 공사의 종류 및 규모별 산업안전관리비 계상기준표)

KEY ① 2016년 3월 6일, 10월 1일 산업기사 출제
② 2017년 3월 5일, 8월 26일 기사 출제
③ 2019년 3월 3일 기사 출제
④ 2020년 6월 14일 기사 등 10회 이상 출제
⑤ 2023년 6월 4일(문제 102번) 출제

합격정보

2025년 2월 12일 개정법 적용

111 다음은 시스템 비계 구성에 관한 내용이다. ( )안에 들어갈 말로 옳은 것은?

> 비계 밑단의 수직재와 받침철물은 밀착되도록 설치하고, 수직재와 받침철물의 연결부의 겹침길이는 받침철물 ( ) 이상이 되도록 할 것

① 전체길이의 4분의 1
② 전체길이의 3분의 1
③ 전체길이의 3분의 2
④ 전체길이의 2분의 1

해설

시스템 비계 구성시 준수사항

① 수직재·수평재·가새재를 견고하게 연결하는 구조가 되도록 할 것
② 비계 밑단의 수직재와 받침철물은 밀착되도록 설치하고, 수직재와 받침철물의 연결부의 겹침길이는 받침철물 전체길이의 3분의 1 이상이 되도록 할 것
③ 수평재는 수직재와 직각으로 설치하여야 하며, 체결 후 흔들림이 없도록 견고하게 설치할 것
④ 수직재와 수직재의 연결철물은 이탈되지 않도록 견고한 구조로 할 것
⑤ 벽 연결재의 설치간격은 제조사가 정한 기준에 따라 설치할 것

참고 산업안전보건기준에 관한 규칙 제69조(시스템 비계의 구조)

KEY ① 2021년 5월 15일 기사 등 5회 이상 출제
② 2023년 6월 4일(문제 112번) 출제

112 건설공사 유해위험방지계획서를 제출해야 할 대상공사에 해당하지 않는 것은?

① 깊이 10[m]인 굴착공사
② 다목적댐 건설공사
③ 최대 지간길이가 40[m]인 다리건설 공사
④ 연면적 5,000[m^2]인 냉동·냉장창고시설의 설비공사

[정답] 110 ① 111 ② 112 ③

PART 05

해설

유해위험 방지계획서 제출 대상 공사

(1) 건축물 또는 시설 등의 건설·개조 또는 해체공사
　가. 지상높이가 31미터 이상인 건축물 또는 인공구조물
　나. 연면적 3만제곱미터 이상인 건축물
　다. 연면적 5천제곱미터 이상인(에) 해당하는 시설
　　① 문화 및 집회시설(전시장 및 동물원·식물원은 제외한다)
　　② 판매시설, 운수시설(고속철도의 역사 및 집배송시설은 제외한다)
　　③ 종교시설
　　④ 의료시설 중 종합병원
　　⑤ 숙박시설 중 관광숙박시설
　　⑥ 지하도상가
　　⑦ 냉동·냉장 창고시설
(2) 연면적 5천제곱미터 이상의 냉동·냉장창고시설의 설비공사 및 단열공사
(3) 최대지간길이가 50[m] 이상인 다리건설 등 공사
(4) 터널건설 등의 공사
(5) 다목적댐, 발전용댐, 저수용량 2천만톤 이상의 용수전용댐 및 지방상수도 전용댐의 건설 등 공사
(6) 깊이 10[m] 이상인 굴착공사

참고 산업안전기사 필기 p.6-20(3. 유해위험방지계획서 제출 대상 건설공사)

KEY ① 2022년 4월 24일 기사 등 15회 이상 출제
② 2023년 7월 8일(문제 101번) 출제

합격정보
산업안전보건법 시행령 제42조(유해위험방지계획서 제출대상)

합격자의 조언
제3과목에도 출제가 됩니다.

113 유한사면에서 원형 활동면에 의해 발생하는 일반적인 사면 파괴의 종류에 해당하지 않는 것은?

① 사면 내 파괴 (Slope failure)
② 사면 선단 파괴(Toe failure)
③ 사면 인장 파괴(Tension failure)
④ 사면 저부파괴(Base failure)

해설

유한사면의 원호 활동면 붕괴 형태
① 사면 선단 파괴(Toe Failure)
② 사면 내 파괴(Slope Failure)
③ 사면 저부 파괴(Base Failure)

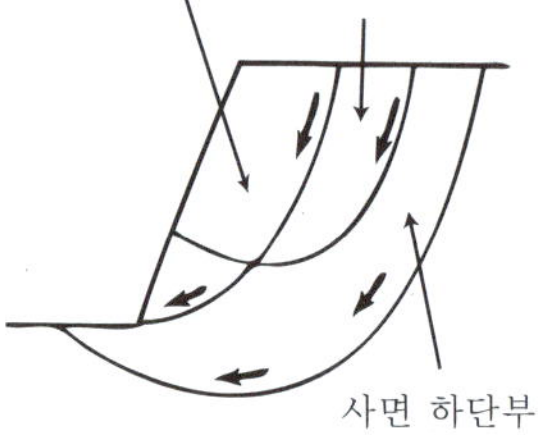

[그림] 사면 붕괴 형태

참고 산업안전기사 필기 p.6-55(합격날개:합격예측)

KEY ① 2021년 8월 14일 기사 출제
② 2023년 7월 8일(문제 106번) 출제

합격정보
굴착공사 표준안전작업 지침 제29조(붕괴의 형태)

114 콘크리트 타설작업을 하는 경우에 준수해야 할 사항으로 옳지 않은 것은?

① 당일의 작업을 시작하기 전에 해당 작업에 관한 거푸집동바리 등의 변형·변위 및 지반의 침하 유무 등을 점검하고 이상이 있으면 보수한다.
② 작업 중에는 거푸집동바리 등의 변형·변위 및 침하 유무 등을 감시할 수 있는 감시자를 배치하여 이상이 있으면 작업을 빠른 시간 내 우선 완료하고 근로자를 대피시킨다.
③ 콘크리트 타설작업 시 거푸집붕괴의 위험이 발생할 우려가 있으면 충분한 보강 조치를 한다.
④ 콘크리트를 타설하는 경우에는 편심이 발생하지 않도록 골고루 분산하여 타설한다.

해설

제334조(콘크리트의 타설작업) 사업주는 콘크리트의 타설작업을 하는 경우에는 다음 각 호의 사항을 준수하여야 한다.
1. 당일의 작업을 시작하기 전에 해당 작업에 관한 거푸집 및 동바리를 변형·변위 및 지반의 침하유무 등을 점검하고 이상이 있으면 보수할 것

[정답] 113 ③ 114 ②

2. 작업중에는 거푸집동바리 등의 변형·변위 및 침하유무 등을 감시할 수 있는 감시자를 배치하여 이상이 있으면 작업을 중지시키고 근로자를 대피시킬 것
3. 콘크리트의 타설작업시 거푸집붕괴의 위험이 발생할 우려가 있는 경우에는 충분한 보강조치를 할 것
4. 설계도서상의 콘크리트 양생기간을 준수하여 거푸집 및 동바리를 해체할 것
5. 콘크리트를 타설하는 경우에는 편심이 발생하지 않도록 골고루 분산하여 타설할 것

참고 산업안전기사 필기 p.6-91(합격날개 : 합격예측 및 관련 법규)

KEY ① 2016년 5월 8일 기사, 10월 1일 산업기사 출제
② 2017년 3월 5일 산업기사 출제
③ 2021년 5월 15일, 8월 14일 기사 출제
④ 2022년 3월 5일(문제 118번) 출제
⑤ 2024년 2월 15일(문제 105번) 출제

115 잠함 또는 우물통의 내부에서 굴착작업을 할 때의 준수사항으로 옳지 않은 것은?

① 굴착 깊이가 10[m]를 초과하는 경우에는 해당 작업장소와 외부와의 연락을 위한 통신설비등을 설치하여야 한다.
② 산소 결핍의 우려가 있는 경우에는 산소의 농도를 측정하는 자를 지명하여 측정하도록 한다.
③ 근로자가 안전하게 승강하기 위한 설비를 설치한다.
④ 측정 결과 산소의 결핍이 인정될 경우에는 송기를 위한 설비를 설치하여 필요한 양의 공기를 공급하여야 한다.

해설

잠함작업시 통신설비 설치기준 : 굴착깊이 20[m]초과

참고 산업안전기사 필기 p.6-146(합격날개 : 합격예측 및 관련 법규)

KEY ① 2012년 8월 26일 기사 출제
② 2018년 8월 19일 기사 출제
③ 2023년 7월 8일(문제 110번) 출제
④ 2024년 5월 9일(문제 104번) 출제

합격정보
산업안전보건기준에 관한 규칙 제377조 (잠함 등 내부에서의 작업)

116 산업안전보건법령에 따른 지반의 종류별 굴착면의 기울기 기준으로 옳지 않은 것은?

① 모래 – 1 : 1.8
② 그 밖의 흙 – 1 : 0.3
③ 풍화암 – 1:1.0
④ 연암 – 1:1.0

해설

굴착면의 기울기 기준

지반의 종류	굴착면의 기울기
모래	1 : 1.8
연암 및 풍화암	1 : 1.0
경암	1 : 0.5
그 밖의 흙	1 : 1.2

참고 산업안전기사 필기 p.6-56(표 : 굴착면의 기울기 기준)

KEY ① 2016년 5월 8일 기사·산업기사 동시 출제
② 2017년 3월 5일, 9월 23일 출제
③ 2018년 8월 19일 산업기사 출제
④ 2019년 4월 27일 기사·산업기사 동시 출제
⑤ 2020년 6월 7일, 8월 22일, 9월 27일 출제
⑥ 2022년 3월 5일 출제
⑦ 2023년 2월 28일(문제 114번) 출제
⑧ 2024년 5월 9일(문제 112번) 출제

합격정보
산업안전보건기준에 관한 규칙 [별표 11] 굴착면의 기울기 기준

117 취급·운반의 원칙으로 옳지 않은 것은?

① 운반 작업을 집중하여 시킬 것
② 생산을 최고로 하는 운반을 생각할 것
③ 곡선 운반을 할 것
④ 연속 운반을 할 것

해설

취급, 운반의 5원칙
① 직선운반을 할 것
② 연속운반을 할 것
③ 운반작업을 집중화시킬 것
④ 생산을 최고로 하는 운반을 생각할 것
⑤ 최대한 시간과 경비를 절약할 수 있는 운반방법을 고려할 것

[정답] 115 ① 116 ② 117 ③

PART 05

참고 산업안전기사 필기 p.6-161(합격날개 : 합격예측)

KEY ① 2017년 8월 26일 출제
② 2018년 4월 28일 출제
③ 2019년 3월 3일 산업기사 출제
④ 2022년 3월 5일(문제 109번) 출제
⑤ 2024년 7월 27일(문제 117번) 출제

118 **말비계를 조립하여 사용하는 경우에 지주부재와 수평면의 기울기는 최대 몇 도 이하로 하여야 하는가?**

① 30[°] ② 45[°]
③ 60[°] ④ 75[°]

해설

말비계의 안전기준
① 기울기 : 75[°] 이하
② 작업발판 폭 : 40[cm] 이상

참고 산업안전기사 필기 p.6-99(6. 말비계)

KEY ① 2016년 5월 8일 산업기사 출제
② 2017년 3월 5일 산업기사 출제
③ 2017년 5월 7일, 9월 23일 (문제 113번) 출제
④ 2023년 6월 4일 (문제 103번) 출제
⑤ 2024년 5월 9일(문제 107번) 출제
⑥ 2025년 2월 7일(문제 102번) 출제

합격정보
산업안전보건기준에 관한 규칙 제67조(말비계)

119 **다음은 타워크레인을 와이어로프로 지지하는 경우의 준수해야 할 기준이다. 빈칸에 들어갈 알맞은 내용을 순서대로 옳게 나타낸 것은?**

> 와이어로프 설치각도는 수평면에서 ( )도 이내로 하되, 지지점은 ( )개소 이상으로 하고, 같은 각도로 설치할 것

① 45, 4 ② 45, 5
③ 60, 4 ④ 60, 5

해설

와이어로프로 지지하는 경우 준수사항
① 「산업안전보건법 시행규칙」에 따른 서면심사에 관한 서류(「건설기계관리법」에 따른 형식승인서류를 포함한다) 또는 제조사의 설치작업설명서 등에 따라 설치할 것
② 제①호의 서면심사 서류 등이 없거나 명확하지 아니한 경우에는 「국가기술자격법」에 따른 건축구조·건설기계·기계안전·건설안전기술사 또는 건설안전분야 산업안전지도사의 확인을 받아 설치하거나 기종별·모델별 공인된 표준방법으로 설치할 것
④ 와이어로프를 고정하기 위한 전용 지지프레임을 사용할 것
⑤ 와이어로프 설치각도는 수평면에서 60도 이내로 하고, 지지점은 4개소 이상으로 할 것
⑥ 와이어로프와 그 고정부위는 충분한 강도와 장력을 갖도록 설치하고, 와이어로프를 클립·샤클(shackle) 등의 고정기구를 사용하여 견고하게 고정시켜 풀리지 아니하도록 할 것
⑦ 와이어로프가 가공전선(架空電線)에 근접하지 않도록 할 것

참고 산업안전기사 필기 p.6-138(합격날개 : 합격예측 및 관련법규)

KEY ① 2015년 5월 31일(문제 114번) 출제
② 2024년 2월 15일(문제 104번) 출제
③ 2025년 2월 7일(문제 107번) 출제

정보제공
산업안전보건기준에 관한 규칙 제142조(타워크레인의 지지)

120 **동바리의 침하를 방지하기 위한 직접적인 조치로 옳지 않은 것은?**

① 수평연결재 사용 ② 받침목의 사용
③ 콘크리트의 타설 ④ 말뚝박기

해설

동바리의 침하 방지를 위한 직접적인 조치 4가지
① 받침목의 사용
② 깔판의 사용
③ 콘크리트 타설
④ 말뚝박기

참고 산업안전기사 필기 p.6-88(합격날개 : 합격예측 및 관련법규)

KEY ① 2022년 4월 24일(문제 119번) 출제
② 2023년 6월 4일(문제 107번) 출제
③ 2024년 5월 9일(문제 108번) 출제
④ 2025년 5월 10일(문제 107번) 출제

합격정보
산업안전보건기준에 관한 규칙 제332조(동바리조립시의 안전조치)

[정답] 118 ④ 119 ③ 120 ①

저자약력

정재수(青波:鄭再琇)

인하대학교 공학박사/GTCC 교육학명예박사/한양대학교 공학석사/공학사/문학사/각종국가고시 출제, 검토, 채점, 감독, 면접위원역임/매경TV/EBS/KBS라디오 출연 및 강사/중소기업진흥공단 강사/대한산업안전협회 강사/호원대학교, 신성대학교, 대림대학교, 수원대학교 외래교수/울산대학교, 군산대학교, 한경대학교 등 특강/한국폴리텍 II 대학 산학협력단장, 평생교육원장, 산학기술연구소장, 디자인센터장/한국폴리텍 대학 교수/한국폴리텍대학남인천캠퍼스 학장/대한민국산업현장 교수/(사)대한민국에너지상생포럼 집행위원장/(사)한국안전돌봄서비스협회 회장/(사)대한민국 청렴코리아 공동대표/협성대학교 IPP추진기획단 특별위원/인천광역시 새마을문고 회장/한국요양신문 논설위원/생명살림운동 강사/GTCC 대학교 겸임교수/ISO국제선임심사원/한국열린사이버대학교 특임교수/**한국방송통신대학교 및 한국 폴리텍 대학 공동 선정 동영상 강의**

[저서]
- 산업안전공학(도서출판 세화)
- 기계안전기술사(도서출판 세화)
- 건설안전기술사(도서출판 세화)
- 산업안전기사(필기, 실기 필답형, 작업형)(도서출판 세화)
- 건설안전기사(필기, 실기 필답형, 작업형)(도서출판 세화)
- 산업안전지도사 시리즈(도서출판 세화)
- 산업보건지도사 시리즈(도서출판 세화)
- 산업안전보건(한국산업인력공단)
- 공업고등학교안전교재(서울교과서)
- 산업안전보건동영상(한국산업인력공단) 등 60여권 저술
- 한국방송통신대학과 한국폴리텍대학 선정 동영상 촬영

[상훈]
대한민국 근정 포장(대통령)/국무총리 표창/행정자치부 장관표창/300만 인천광역시민상 수상과 효행표창 등 8회 수상/인천광역시 교육감 상 수상/Vision2010교육혁신대상수상/2018년 대한민국청렴대상수상/30년이상봉사 새마을기념장 수상/몽골 옵스 주지사 표창 수상

[출강기업(무순)]
삼성(전자, 건설, 중공업, 조선, 물산)/현대(건설, 자동차, 중공업, 제철)/대우(건설, 자동차, 조선), SK(정유, 건설)/GS건설/에스원(S1)/두산(건설, 중공업), 동부(반도체), POSCO건설, 멀티캠퍼스, e-mart, CJ, 한국수자원공사 등 100여기업/이상 안전자격증특강

국가기술자격 필기시험 집중 대비서(녹색자격증, 녹색직업)

벼락치기 산업안전기사 필기

5판 6쇄 발행	**2026. 1. 22. (25.09.29.인쇄)**
4판 5쇄 발행	2025. 1. 15
3판 4쇄 발행	2024. 2. 14
3판 3쇄 발행	2023. 8. 10
2판 2쇄 발행	2023. 3. 20.
초판 1쇄 발행	2022. 1. 24.

지은이 정재수
펴낸이 박 용
펴낸곳 도서출판 세화 **주소** 경기도 파주시 회동길 325-22(서패동 469-2)
영업부 (031)955-9331~2 **편집부** (031)955-9333 **FAX** (031)955-9334
등록 1978. 12. 26 (제 1-338호)

정가 28,000원
ISBN 978-89-317-1349-7 13530

본 도서의 내용 문의 및 궁금한 점은 더 정확한 정보를 위하여 저자분에게 문의하시고, 세화 홈페이지 수험서 자료실이나 저자 이메일로 문의바랍니다. **저자명** 정재수(jjs90681@naver.com) **Mobile** 010-7209-6627